Handbuch der Landwirtschaft und Ernährung
in den Entwicklungsländern

Band 4
Spezieller Pflanzenbau
in den Tropen und Subtropen

Handbuch der Landwirtschaft und Ernährung in den Entwicklungsländern

Herausgeber des Gesamtwerkes
Prof. Dr. Peter von Blanckenburg, Berlin
Prof. Dr. Hans-Diedrich Cremer, Gießen

Band 1: Sozialökonomie der ländlichen Entwicklung
Herausgeber: Prof. Dr. P. von Blanckenburg, Berlin

Band 2: Nahrung und Ernährung
Herausgeber: Prof. Dr. H.-D. Cremer, Gießen

Band 3: Grundlagen des Pflanzenbaues in den Tropen und Subtropen
Herausgeber: Prof. Dr. S. Rehm, Göttingen

Band 4: Spezieller Pflanzenbau in den Tropen und Subtropen
Herausgeber: Prof. Dr. S. Rehm, Göttingen

Band 5: Tierzucht in den Tropen und Subtropen
Herausgeber: Prof. Dr. P. Horst, Berlin

E.U.
VERLAG
EUGEN
ULMER

Spezieller Pflanzenbau in den Tropen und Subtropen

Herausgegeben von
Sigmund Rehm
Göttingen

2., völlig neubearbeitete und erweiterte Auflage
Mit 307 Abbildungen
und 108 Tabellen

VERLAG
EUGEN
ULMER

CIP-Kurztitelaufnahme der Deutschen Bibliothek

Handbuch der Landwirtschaft und Ernährung
in den Entwicklungsländern Hrsg. d. Gesamtw.
Peter von Blanckenburg; Hans-Diedrich Cremer. –
2., völlig neubearb. u. erw. Aufl. – Stuttgart: Ulmer.

NE: Blanckenburg, Peter von [Hrsg.]

2. völlig neubearb. u. erw. Aufl.
Bd. 4. Spezieller Pflanzenbau in den Tropen
und Subtropen/hrsg. von Sigmund Rehm. – 1989.
   ISBN 3-8001-3072-6
NE: Rehm, Sigmund [Hrsg.]

© 2. Aufl. 1989 (1. Aufl. 1971) Eugen Ulmer GmbH & Co.
Wollgrasweg 41, 7000 Stuttgart 70 (Hohenheim)
Printed in Germany
Lektorat: Dr. Steffen Volk
Herstellung: Otmar Schwerdt
Umschlagentwurf: A. Krugmann
Satz und Druck: Ungeheuer + Ulmer KG GmbH + Co, Ludwigsburg

Geleitwort

Die erste Auflage des Handbuches der Landwirtschaft und Ernährung in den Entwicklungsländern war in zwei Bänden 1967 und 1971 erschienen. In die Redaktion der stark erweiterten Neuauflage sind neben den beiden Herausgebern der ersten Auflage Prof. Dr. S. Rehm, Göttingen, und Prof. Dr. P. Horst, Berlin, eingetreten. Das Gesamtwerk umfaßt jetzt fünf Bände, von denen die ersten drei
– Sozialökonomie der ländlichen Entwicklung
– Nahrung und Ernährung
– Grundlagen des Pflanzenbaues in den Tropen und Subtropen
zwischen 1982 und 1986 erschienen sind.
Wir freuen uns, daß mit dem nunmehr vorliegenden Band 4 die Darstellung des Pflanzenbaues in den Tropen und Subtropen abgeschlossen ist. Die drei früher vorgelegten Bände haben in der Wissenschaft sowie bei Fachkräften der Ent-

wicklungshilfe, der Wirtschaft und der Verwaltung und vor allem auch bei Studenten reges Interesse gefunden. Wir erwarten, daß das auch bei diesem Band, der den speziellen Pflanzenbau in besonders ausführlicher Form und nach dem neuesten Stand der wissenschaftlichen Erkenntnisse darstellt, der Fall sein wird. Der abschließende Band 5 „Tierzucht in den Tropen und Subtropen" ist in Vorbereitung.
Unser besonderer Dank gilt an dieser Stelle dem Kollegen Rehm als dem Herausgeber der Bände 3 und 4 sowie dem Verleger Roland Ulmer, der das Gesamtwerk in allen seinen Phasen stets nachdrücklich unterstützt.

Berlin und Gießen, Frühjahr 1989
Peter von Blanckenburg
Hans-Diedrich Cremer

Vorwort des Herausgebers

Band 4 der Neuauflage folgt im wesentlichen der Anordnung und dem Umfang der Behandlung der einzelnen Kulturpflanzen in der 1. Auflage (Bd. 2, S. 241–650). Weggefallen ist das Kapitel über Dauerweiden, das in Bd. 5 gebracht wird. Erweitert wurde die Behandlung der Gemüsearten (Kap. 4) wegen der besonderen Bedeutung dieser Pflanzen für die Ernährung und die Darstellung der Gewürze (Kap. 7) wegen ihres erheblichen Exportwertes. Neu aufgenommen wurden Arzneipflanzen (Kap. 8), ätherische Öle (Kap. 9) und, zusätzlich zu Faserpflanzen und Kautschuk, weitere Rohstofflieferanten (Kap. 12). Neu ist auch die Erwähnung der zahlreichen Kulturpflanzen von geringer oder nur lokaler ökonomischer Bedeutung; das Interesse an ihnen ist unter dem Gesichtspunkt ökologisch orientierter Landnutzung (Diversifizierung, Fruchtwechsel, Mischkulturen, optimale Nutzung ökologischer Nischen und marginaler Standorte), aber auch wegen der Notwendigkeit der Erhaltung genetischer Ressourcen und der Suche nach erneuerbaren Rohstoffen in den letzten Jahren erheblich gestiegen.

Die wichtigen Arten wurden in der traditionellen Weise nach dem Hauptnutzungszweck gruppiert. Kap. 4 (Gemüse und Körnerleguminosen) weicht davon etwas ab: seine Gliederung nach botanischen Familien bot an, bei Cucurbitaceen und Solanaceen auch die Arten zu behandeln, die als Obst zu bezeichnen sind (Melonen, Kapstachelbeeren u. a.). Die Einteilung nach der Hauptnutzung birgt die Gefahr, daß Nebennutzungen übersehen oder gering geachtet werden. Auf die Nebennutzungen wurde jeweils am Ende eines Kapitels hingewiesen, z. T. auch durch Kreuzverweisungen. Diese sind bewußt auf die wichtigsten Beziehungen beschränkt worden. Das Sachregister bietet hier nützliche Ergänzungen.

Die Darstellung der einzelnen Arten folgt im allgemeinen einem vorgegebenen Schema, das aber nicht streng eingehalten wurde, da die Probleme nicht bei allen Arten gleichartig sind (z. B. Unterschiede in der Bedeutung der Züchtung, des Pflanzenschutzes) und weil der Herausgeber die persönliche Sicht der Autoren nicht verwischen wollte.

Bei den wissenschaftlichen Namen der Pflanzen habe ich für alle Kapitel die im Herbst 1986 erschienene Neuauflage des MANSFELD (SCHULTZE-MOTEL, J. (Hrsg.) 1986: RUDOLF MANSFELD, Verzeichnis landwirtschaftlicher und gärtnerischer Kulturpflanzen, 2. Aufl., Springer, Berlin) zu Rate gezogen, auch wenn ich ihr nicht immer gefolgt bin; es gibt ja nicht selten Fälle, in denen es fraglich ist, ob die Zusammenfassung einer Formengruppe in einer Art oder ihre Trennung in zwei oder mehr Arten taxonomisch bzw. praktisch gerechtfertigt ist. Der MANSFELD wurde für alle Beiträge benutzt, wird aber nicht in den einzelnen Kapiteln zitiert; er bietet durch die Nennung einer großen Zahl von Arten, die hier nicht behandelt werden konnten, eine sehr willkommene Ergänzung dieses Handbuchbandes.

Als Grundlage der Namen von Krankheitserregern und Schädlingen diente KRANZ, J., SCHMUTTERER, H., und KOCH, W. (1979): Krankheiten, Schädlinge und Unkräuter im tropischen Pflanzenbau, Parey, Berlin. Da auch dieses Werk für alle Beiträge benutzt wurde, wird es nicht in den Literaturlisten der einzelnen Kapitel zitiert; seine allgemeine Zugänglichkeit ließ es gerechtfertigt erscheinen, bei den wissenschaftlichen Namen der Krankheiten und Schädlinge auf die Angabe der Autorennamen zu verzichten.

Die Übersetzung der Beiträge fremdsprachiger Autoren ins Deutsche wurde durch Doktoranden und Studenten am Institut für Pflanzenbau und Tierhygiene in den Tropen und Subtropen durchgeführt und von mir auf Korrektheit geprüft.

Wie in Bd. 3 sind alle Tabellen und Abbildungen, bei denen keine Quelle genannt wird, Originale der Autoren, die als solche nicht besonders gekennzeichnet werden.

Durch den verspäteten Eingang einiger Manuskripte hat sich die Publikation dieses Bandes verzögert. Das ergab Probleme bei der Aktualisierung der statistischen Angaben und der Literaturhinweise. Ich danke allen Mitarbeitern für ihr Verständnis dieser Schwierigkeit. Als Grundlage für die Produktions- und Handelsstatistiken wurde das Jahr 1983 festgelegt, um die Einheitlichkeit zu wahren. Bei den Literaturhinweisen bemühten sich Autoren und Herausgeber, alle wichtigen neueren Veröffentlichungen noch zu erfassen. Obwohl manche wertvolle ältere Publikation aus Raumgründen nicht angeführt wird, sind die Literaturlisten umfangreicher als in der 1. Auflage; darin spiegelt sich das Wachstum pflanzenbaulicher Forschung in den Entwicklungsländern.

Ein Buch dieses Umfangs kann nicht die verschiedenen Anbauverfahren einer Kulturart in allen Weltteilen und unter den verschiedenen ökologischen und wirtschaftlichen Bedingungen abdecken. So mußte auf die Nennung von Sorten, Düngungsmaßnahmen, zu empfehlenden Pflanzenschutzmitteln und ähnlichem weitgehend verzichtet werden. Trotzdem hoffen wir, daß die gebotene Information den Benutzern einen genügend detaillierten und vor allem zuverlässigen Einblick in die Möglichkeiten und Grenzen des Pflanzenbaus in den Entwicklungsländern bietet.

Göttingen, Herbst 1988

Sigmund Rehm

Mitarbeiterverzeichnis

ACHTNICH, W., Prof. Dr.
Institut für Pflanzenbau und Tierhygiene in den Tropen und Subtropen der Universität Göttingen,
Grisebachstr. 6, D-3400 Göttingen

ALLEWELDT, G., Prof. Dr. Dr. h.c.
Bundesforschungsanstalt für Rebenzüchtung,
Geilweilerhof, D-6741 Siebeldingen

BASAK, S. L., Ph. D.
Jute Agricultural Research Institute,
Barrackpore, 24 Parganas, West Bengal, Pin 743101, Indien

BJARNASON, M., Dr.
Centro Internacional de Mejoramiento de Maíz y Trigo,
Apdo. Postal 6-641, 06600 México, D. F., Mexiko

BOULANGER, J., Ing. Agr.
Institut de Recherches du Coton et des Textiles Exotiques,
B. P. 5035, F-34032 Montpellier Cedex, Frankreich

BROUSSE, G.
Conseil Oléicole International,
Juan Bravo, 10–2°, Madrid-6, Spanien

BRUIJN, G. H. DE, Dr.
Vakgroep Tropische Plantenteelt,
Landbouwuniversiteit Wageningen,
Postbus 341, 6700 AH Wageningen,
Niederlande

CAESAR, K., Prof. Dr.
Institut für Nutzpflanzenforschung der Technischen Universität Berlin, Fachgebiet Acker- und Pflanzenbau,
Albrecht-Thaer-Weg 5, D-1000 Berlin 33

DEMIR, I., Prof. Dr.
Ege Universitesi Ziraat Fakültesi
Tarla Bitkileri Bölümü, Bornova – Izmir, Türkei

EIJNATTEN, C. L. M. VAN, Dr.
Vakgroep Tropische Plantenteelt,
Landbouwuniversiteit Wageningen,
Postbus 341, 6700 AH Wageningen,
Niederlande

ESPIG, G., Dipl.-Ing. agr.
Institut für Pflanzenproduktion in den Tropen und Subtropen der Universität Hohenheim,
Postfach 70 05 62, D-7000 Stuttgart 70

FARIS, D. G.
International Crops Research Institute for the Semi-Arid Tropics,
Patancheru P. O., Andhra Pradesh 502324, Indien

FERWERDA, J. D., Prof. Dr.
Thijsselaan 23, 6705 AK Wageningen, Niederlande

FLACH, M., Prof. Dr.
Vakgroep Tropische Plantenteelt,
Landbouwuniversiteit Wageningen,
Postbus 341, 6700 AH Wageningen,
Niederlande

HARTMANN, H. D., Prof. Dr.
Institut für Gemüsebau, Forschungsanstalt für Weinbau, Gartenbau, Getränketechnologie und Landespflege, Postfach 11 54,
D-6222 Geisenheim

HAVE, H. TEN, Dr.
Vakgroep Tropische Plantenteelt,
Landbouwuniversiteit Wageningen,
Postbus 341, 6700 AH Wageningen,
Niederlande

HAWTIN, G. C., Dr.
International Development Research Centre,
University of British Columbia,
5990 Iona Drive, Vancouver, B. C., V6T 1L4, Kanada

HIEPKO, G., Dr.
BASF Aktiengesellschaft,
D-6703 Limburgerhof

HOUSE, L. R., Dr.
International Crops Research Institute for the Semi-Arid Tropics,
SADCC, P. O. Box 776, Bulawayo, Zimbabwe

HUSZ, G. St., Univ.-Doz. Dipl.-Ing. Dr.
ÖKO-Datenservice-Gesellschaft
Budinskygasse 18, A-1190 Wien, Österreich

KOCH, H., Dr.
Institut für Pflanzenbau und Tierhygiene in den Tropen und Subtropen der Universität Göttingen,
Grisebachstr. 6, D-3400 Göttingen

LEIHNER, D., Prof. Dr.
Institut für Pflanzenproduktion in den Tropen und Subtropen der Universität Hohenheim, Postfach 70 05 62, D-7000 Stuttgart 70

LEMS, G., Ir.
Bureau voor Onderwijsontwikkeling en Onderwijsresearch, Landbouwuniversiteit Wageningen, Postbus 9101, NL-6700 HB Wageningen, Niederlande

LENZ, F., Prof. Dr.
Institut für Obstbau und Gemüsebau der Universität Bonn, Auf dem Hügel 6, D-5300 Bonn

LÜDDERS, P., Prof. Dr.
Institut für Nutzpflanzenforschung der Technischen Universität Berlin, Fachgebiet Obstbau, Albrecht-Thaer-Weg 3, D-1000 Berlin 33

MENDEL, K., Prof. Dr.
23a Ha'nassi Ha'rishon Street, Rehovot 76302, Israel

PLARRE, W., Prof. Dr.
Fürstenstr. 28, D-1000 Berlin 37

PRINZ, D., Prof. Dr.
Institut für Wasserbau und Kulturtechnik der Universität Karlsruhe, Kaiserstr. 12, D-7500 Karlsruhe (früher Institut für Pflanzenbau und Tierhygiene in den Tropen und Subtropen der Universität Göttingen)

REHM, S., Prof. Dr.
Institut für Pflanzenbau und Tierhygiene in den Tropen und Subtropen der Universität Göttingen, Grisebachstr. 6, D-3400 Göttingen

REISCH, W., Dr.
Bienwaldstr. 61, D-7512 Rheinstetten, früher Landesanstalt für Pflanzenbau und Tabakforschung, Rheinstetten-Forchheim

SATYABALAN, K.
Ananda Vilas, Opposite Parur Courts, North Parur 683 513, Ernakulam District, Kerala, Indien

SAURE, M., Dr.
Dorfstr. 17, D-2151 Moisburg

SCHMIDT, G., Dr., Ph. D.
Nyankpala Agricultural Experiment Station, P.O.B. 483, Tamale, Ghana

SCHROEDER, C. A., Prof. Ph. D.
University of California Department of Biology, Los Angeles, CA. 90024, USA

SCHUSTER, W., Prof. Dr.
Institut für Pflanzenbau und Pflanzenzüchtung, Ludwigstr. 23, D-6300 Gießen

SEEGELER, C. J. P., Dr. Ir.
Department of Plant Taxonomy, Agricultural University Wageningen, P.O.B. 8010, 6700 ED Wageningen, Niederlande

THUNG, M., Dr.
Centro Nacional de Pesquisa – Arroz, Feijão, EMBRAPA, Caixa Postal 179, 74.000 Goiânia, Go., Brasilien

TINDALL, H. D., Prof.
Silsoe College, Cranfield Institute of Technology, Silsoe, Bedford MK45 4DT, England

TOXOPEUS, H., Ir.
Stichting voor Plantenverdeling SVP, Postbus 117, 6700 AC Wageningen, Niederlande

WALLIS, J. A. N., M. A.
Economic Development Institute of the World Bank, 1818 H Street, N. W., Washington, D. C. 20433, USA

WESSEL, M., Prof. Dr.
Vakgroep Tropische Plantenteelt, Landbouwuniversiteit Wageningen, Postbus 341, 6700 AH Wageningen, Niederlande

WINNER, C., Prof. Dr.
Institut für Zuckerrübenforschung, Holtenser Landstr. 77, D-3400 Göttingen

WORMER, T. M., Prof. Dr.
De Blauwe Wereld 71, 1398 EP Muiden, Niederlande

Inhaltsverzeichnis

1 Stärkepflanzen

1.1 Getreide

1.1.1 Reis

Hillenius Ten Have

Botanisch: *Oryza sativa* L.
                und *O. glaberrima* Steud.
Englisch: rice, paddy
Französisch: riz
Spanisch: arroz

Als Herkunftszentrum von *O. sativa* wird der indisch-chinesische Raum angesehen. In Südostasien wird er seit dem Altertum angebaut; von dort aus hat er sich über die Tropen, Subtropen und die gemäßigte Zone ausgebreitet. Gegenwärtig wird Reis zwischen 50° nördlicher und 35° südlicher Breite und bis in eine Höhe von 2500 m angebaut.

Wirtschaftliche Bedeutung
In vielen Ländern und Regionen, besonders in Südostasien, ist Reis die bei weitem wichtigste Kulturpflanze und spielt wirtschaftlich eine bedeutende Rolle. Die Art eignet sich sehr gut für den Anbau im humiden Tiefland der Tropen und Subtropen. Vielfach wird Reis auf tiefgelegenen Alluvialböden der Küstenregionen angebaut oder weiter im Inland in Flußtälern oder weiten Schwemmebenen. Naß- oder Wasserreis kann jahrhundertelang auf derselben Fläche angebaut werden, da dieses System für die Erhaltung der Bodenfruchtbarkeit sehr vorteilhaft ist. Reis wird bei sehr unterschiedlicher Wasserversorgung angebaut. Neben dem reinen Regenfeldbau gibt es viele Spielarten von Bewässerungskultur. Im Extremfall werden viele Sorten auf Flächen angebaut, die am Ende 2 bis 5 m tief unter Wasser stehen (Abb. 1). Etwa 45 % der gesamten Reis-Anbaufläche ist unter Bewässerung mit relativ gleichmäßigen Ertragsleistungen. Die restliche Fläche ist sehr stark von einer natürlichen Wasserversorgung (Regenmenge, Überschwemmungen, Dürre) abhängig mit entsprechend großen Ertragsschwankungen. Etwa 25 % der Weltgetreideproduktion sind Rohreis, der Weizenanteil liegt geringfügig hö-

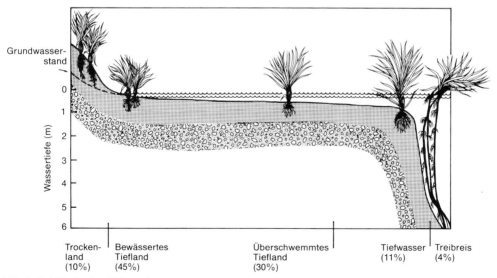

Abb. 1. Reisländer der Welt nach Wasserregimen und Sortentypen. Zahlen in Klammern sind die Prozente der Weltanbaufläche unter dem betreffenden Anbautyp. (Nach 8)

Tab. 1. Weltproduktion von Getreide 1983. (Nach 11)

Art	Fläche (10⁶ ha)	Produktion (10⁶ t)	Ertrag (kg ha⁻¹)
Weizen	230	498	2166
Reis[1]	144	450	3114
Mais	123	344	2798
Gerste	79	167	2113
Sorghum	46	62	1344
Hirsen	41	30	712
Hafer	27	43	1621
Roggen	18	32	1745
Andere, einschl. Mischungen	10	13	1300
Gesamt bzw. Durchschnitt	718	1639	2282

[1] Rohreis; geschälter Reis = etwa 67 %

her (Tab. 1). Ca. 90 % der gesamten Reismenge werden in Asien erzeugt, wo nur einige wenige Länder – beispielsweise China, Thailand, Pakistan und Burma – auch Reis exportieren. Außerhalb Asiens sind die wichtigsten Reisexportländer die USA und Australien. Man schätzt, daß etwa die Hälfte der Weltreisproduktion direkt von den Familien der Erzeuger konsumiert wird. Der Weltmarkt nimmt etwa 4 % der gesamten Reisproduktion auf, während dieser Anteil für Weizen bei ca. 20 % liegt. Meistens wird versucht, regionale Reisknappheit durch die Einfuhr von Weizen zu überwinden. Tab. 2 gibt Informationen über die wichtigsten Reiserzeugerländer, über Anbauflächen und Durchschnittserträge.

Typisch für den Reisanbau in Südostasien sind i. a. Kleinbetriebe (0,2 bis 2,0 ha), vielfach Pachtbesitz und Pacht gegen Naturalabgaben, sowie geringe Inputs und viel Handarbeit. Viele asiatische Reisbauern leiden unter einer schweren Schuldenlast mit hohen Zinssätzen, um den

Tab. 2. Anbaufläche, Produktion und Ertrag von Reis in ausgewählten Regionen und Ländern 1983. (Nach 11)

Region oder Land	Fläche (10⁶ ha)	Produktion (10⁶ t)	Ertrag (kg ha⁻¹)
Welt	144	450	3114
Asien	130,5	417,1	3197
Südamerika	6,3	12,4	1953
Nord- und Mittelamerika	1,6	7,0	4230
Afrika	4,9	8,6	1736
Europa	0,3	1,7	5079
China	34,0	172,2	5067
Indien	41,0	90,0	2195
Indonesien	9,1	34,3	3769
Bangladesch	10,6	21,7	2047
Thailand	9,4	18,5	1972
Burma	4,7	14,5	3085
Philippinen	3,3	8,2	2470
Japan	2,3	13,0	5701
Brasilien	5,1	7,8	1518
USA	0,9	4,5	5153
Italien	0,2	1,0	5856

Anbau und die laufenden Ausgaben, z.B. für Nahrung und Kleidung, zu finanzieren. Die Rückzahlung der Kredite erfolgt mit ungeschältem Reis (paddy) oder in bar unmittelbar nach der Ernte, wenn die Reispreise am niedrigsten sind. Die Regierungen bemühen sich in der Regel, die Verbraucherpreise für Reis verhältnismäßig niedrig zu halten, aber dieses Bemühen hat zur Folge, daß für den Erzeuger nur ein geringer Anreiz zur Intensivierung und Produktionssteigerung besteht. Unsichere Pachtverträge und hohe Naturalabgaben behindern die Verbesserung der Anbaufläche oder Investitionen für die Bodenfruchtbarkeit. Der Erfolg oder Mißerfolg einer Reisernte kann weitreichende Konsequenzen für das Wohlergehen großer Teile der Bevölkerung haben.

Wo Reis das Grundnahrungsmittel bildet, wird die erforderliche Menge pro Kopf und Jahr auf 170 kg geschälter Reis geschätzt. Bei einer Familie von 6 Personen entspricht das einem jährlichen Bedarf von 1000 kg weißem Reis oder 1500 kg Rohreis (paddy) zum häuslichen Verzehr.

Botanik

Die Gattung *Oryza* gehört zur Tribus Oryzeae der Gramineae und umfaßt etwa 20 Arten in den tropischen und subtropischen Gebieten Afrikas, Asiens, Australiens und Amerikas. Neben der hauptsächlich angebauten Art O. *sativa* gibt es in Westafrika eine zweite kultivierte Art, O. *glaberrima*, die jedoch allmählich von O. *sativa*-Sorten verdrängt wird. Die Klassifizierung der verschiedenen Wildarten der Gattung *Oryza* ist noch im Fluß. Seit kurzem liegt ein Schlüssel zur Bestimmung und Klassifizierung vor (6).

Einige *Oryza*-Arten sind schädliche Unkräuter in Reisfeldern; ihre Körner zeichnen sich aus durch ein rotes Perikarp, frühes Ausfallen und ausgeprägte Dormanz. Rote Körner senken gewöhnlich den Marktwert und können das Erntegut für den Export völlig unbrauchbar machen. Die Einteilung der Reissorten erfolgt meistens nach Pflanzentyp, Vegetationsdauer, Photoperiodizität, Anbausystem, Korngröße und -form. Im Handel wird allgemein zwischen langkörnig (long grain), mittellang (medium grain) und kurzkörnig (short grain) unterschieden. Koch- und Geschmacksqualität können sehr unterschiedlich sein: trocken oder klebrig kochender Reis oder duftender Reis mit einem besonderen Aroma (1).

Eine weitere gebräuchliche Einteilung der Reissorten ist die in die „Indica-Gruppe", die in den Tropen und Subtropen dominiert, und in den „Japonica-Typ", der vor allem in der gemäßigten Zone und den Gebieten der Subtropen mit langen Sommertagen vorkommt, sowie in eine Zwischengruppe, die meist als „Javanica" oder „Indica-Japonica" bezeichnet wird. Durch züchterische Bearbeitung sind inzwischen viele Indica-Halbzwergsorten entwickelt worden mit dunkelgrünen Blättern, kurzem festem Stroh, einem hohen Ertrags-Index und guter Reaktion auf Stickstoffdüngung.

Die Bestockung beginnt wenige Wochen nach der Keimung, wenn die junge Pflanze 4 bis 5 Blätter hat; danach verläuft sie synchron mit dem Erscheinen der Blätter am Haupthalm. Zunächst werden die Bestockungstriebe über den Hauptsproß mit Nährstoffen versorgt; wenn sie ungefähr drei Blätter haben, werden sie selbständig. Die Bestockung hängt sehr stark von der Nährstoffversorgung der Pflanze (N- und P-Gehalt), von der Sorte und von der Temperatur ab. Späte Bestockungstriebe sterben meistens aufgrund von Licht- und Nährstoffmangel, oder sie bleiben vegetativ.

Die Vegetationsdauer hängt vor allem von der Sorte und der natürlichen Tageslänge ab. Man unterscheidet drei Perioden:
a) die vegetative Periode (von der Keimung bis zur Rispenanlage,
b) die reproduktiven Periode (von der Rispenanlage bis zur Blüte) und
c) die Reifephase.

Gewöhnlich erstrecken sich die beiden letzten Phasen in den Tropen über ungefähr je einen Monat. Sortenunterschiede der Vegetationsdauer werden also vor allem durch die Länge der vegetativen Phase bestimmt. Sorten mit langer Vegetationsdauer (5 Monate oder mehr) sind zumeist hochwüchsig, haben ein niedriges Korn-Stroh-Verhältnis und reagieren schwach auf Stickstoffdüngung. Die Vegetationsdauer verschiedener Sorten liegt zwischen 3½ und 8 Monaten.

Reis ist eine Kurztagpflanze oder tagneutral. Letztere Sorten haben eine relativ kurze Vegetationsperiode und eignen sich deshalb für den Bewässerungsfeldbau mit zwei oder mehr Ernten im Jahr und für den Regenfeldbau in Gegenden mit einer kurzen Regenzeit. Photoperiodisch empfindliche Sorten haben eine lange Vegetationsdauer und beginnen zu blühen, wenn die Tage kürzer werden (38). Unabhängig vom Zeitpunkt der Aussaat oder des Auspflanzens blühen diese Sorten am Ende der Regenzeit, so daß die Reife bei günstigen Wetterbedingungen stattfindet. Dieses einheitliche Blühen und Reifen ist auch unter dem Gesichtspunkt des Pflanzenschutzes von großer Bedeutung. Die photoperiodisch empfindlichen Sorten werden sowohl als Tiefwasser- oder Treibreis angebaut als auch in einigen Anbausystemen auf terrassierten Reisfeldern an Berghängen.

Die Samen vieler traditioneller Sorten haben eine Dormanzperiode. Dies ist im Regenfeldbau sehr vorteilhaft, wenn die Ernte bei feuchtem Wetter stattfindet, da die Dormanz die Keimung an der Rispe verhindert. Es bestehen große Sortenunterschiede. Die Dormanz kann leicht durch eine Wärmebehandlung gebrochen werden (5 bis 7 Tage bei 50 °C) (27).

Ökophysiologie

Warmes Klima, zuverlässige Wasserversorgung und starke Sonneneinstrahlung sind wichtige Bedingungen zur Erzeugung hoher Erträge (21, 41). Die Temperatur während der vegetativen und der reproduktiven Periode muß mindestens 15 °C betragen. Niedrige Temperaturen in den frühen Entwicklungsstadien führen zu verlangsamtem Wachstum und können eine hohe Sterilitätsrate auslösen, wenn sie während oder nach der Blüte auftreten. Bei niedrigen Temperaturen verfärben sich die Blätter gelb.

Die optimale Temperatur für Direktsaat liegt zwischen 25 °C und 30 °C. Höhere Temperaturen begünstigen das Wachstum der oberirdischen Pflanzenteile, haben dagegen eine schwächere Verankerung der jungen Pflanzen zur Folge (gelegentlich problematisch bei breitwürfiger Aussaat in stehendes Wasser).

Hohe Lichtintensitäten während der letzten 45 Tage vor der Ernte fördern die Kornproduktion und die Reaktion auf Stickstoffdüngung (Abb. 2) (9). Wo Wasser keinen begrenzenden Faktor darstellt, werden während der Trockenzeit wesentlich höhere Erträge und ein weit besseres Ansprechen auf N-Düngung erzielt als während der wolkenreichen Monsunmonate (8, 15).

Etwa 70–80 % des Kornertrages werden durch die Photosynthese vom Beginn der Blüte an er-

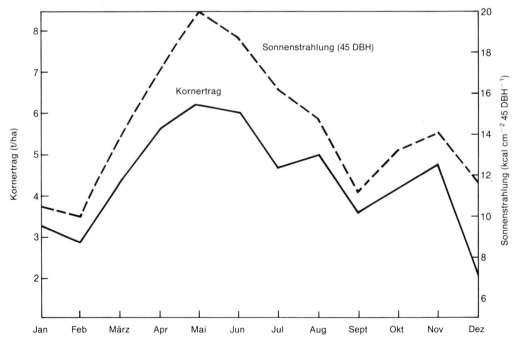

Abb. 2. Mittlerer Kornertrag von IR8 (aus 9 Einzelbehandlungen) und Summe der Sonnenstrahlung während der 45 der Ernte vorausgehenden Tage (DBH = days before harvest). (Nach 8)

zeugt. Der Rest stammt aus Kohlenhydraten, die in den Blättern und Trieben gespeichert sind. Relativ kühle Nächte verlängern die Reifeperiode und steigern dadurch die Erträge (Japan). Auf hohe Niederschläge, starken Wind und hohe Stickstoffgaben reagieren die Pflanzen mit Lager (schwächerer Samenansatz, höhere Sterilität) und mit erhöhter Anfälligkeit für bakterielle Krankheiten.

Für Regenfeldbau sind fruchtbare Böden mit guter Struktur, guter Wasserkapazität, hohem Grundwasserspiegel und einem pH zwischen 5 und 7 vorteilhaft. Für Bewässerungskultur sind demgegenüber schwerere Böden mit geringer Durchlässigkeit vorzuziehen. Der pH-Bereich ist hier etwas weiter.

Bei reinem Regenfeldbau braucht Reis mindestens 800 mm Niederschlag während der Vegetationszeit. In diesem Fall spielen die Niederschlagsverteilung, die Bodeneigenschaften, die Temperatur und die Vegetationsdauer eine wichtige Rolle. Reis reagiert äußerst empfindlich auf Wassermangel 20 Tage vor bis 10 Tage nach der Blüte (20, 26).

Im Bewässerungsanbau braucht Reis ungefähr 1400 bis 2000 mm Wasser. Die tatsächliche Menge richtet sich nach der Höhe der Versickerungsverluste, den Wetterbedingungen, der Vegetationsdauer und der Anbaumethode. Nasse Bodenbearbeitung (engl. puddling) erfordert bereits eine Mindestmenge von 200 mm Wasser.

Das Bewässerungswasser kann gelegentlich erheblich zur Nährstoffversorgung beitragen. Wasser aus Sümpfen ist in der Regel nährstoffarm. Die Vewendung alkalischen Wassers kann die Bodeneigenschaften und das Pflanzenwachstum negativ beeinflussen. Salzböden können durch Bewässerungsanbau von Reis verbessert werden (flaches Wurzelsystem und Abnahme der Salzkonzentration durch Regen und Bewässerungswasser).

Anbau

Anbausysteme. Die verschiedenen Systeme, nach denen Reis angebaut wird, können in drei Hauptgruppen eingeteilt werden: a) ausschließlich regenabhängiger Trockenfeldbau, b) vollständig bewässerter Anbau und c) verschiedene Zwischenformen von a) und b). Einfache Bezeichnungen wie „Trockenreis" (engl. rainfed rice), „Bergreis" (engl. upland rice) oder „Sumpfreis" (engl. lowland rice) sind meistens zu ungenau, um wirklich aussagekräftig zu sein. Man schätzt, daß der Reis auf über 80 % der Weltanbaufläche als Naßreis kultiviert wird. Die übrige Fläche ist hauptsächlich auf die natürlichen Niederschläge angewiesen, teilweise mit gelegentlichen, kurzfristigen Überschwemmungen. Bewässerter Reis braucht gut kontrolliertes Wassermanagement, in der Praxis läßt dies allerdings oft zu wünschen übrig. Eine Einteilung der Reiskultur läßt sich am besten nach Wassermenge und -herkunft vornehmen. Die wichtigsten Systeme sind:

a) *Trockenreis unter Wanderfeldbau:* Die Anbautechniken sind bei diesem Verfahren sehr ähnlich wie für Mais. Gewöhnlich werden verschiedene andere Pflanzen wie Maniok, Mais und Hülsenfrüchte zusammen mit dem Reis angebaut. Dieses System der Mischkultur ist für den Wanderfeldbauern von Interesse. Die Anbautechnik erfordert meist wenig Zeit und Arbeit. Die Durchschnittserträge schwanken zwischen 1000 und 2000 kg/ha.

b) *Reis im Regenfeldbau in Fruchtfolge mit anderen Kulturen:* In diesem Fall ist Reis eine der Kulturen in einem (semi)permanenten Anbausystem. Häufig auftretende ernste Probleme sind unzureichende Bodenfruchtbarkeit, Verunkrautung und Dürren. Einige wichtige Zwischenkulturen sind Mais, Erdnüsse, Wurzel- und Knollenpflanzen. Die Erträge liegen im Durchschnitt bei 1000 kg/ha.

c) *Zwischenformen von Regenfeldbau und Naßkultur:* Wie unter a) und b) wird die Saat in den trockenen Boden ausgesät. In den ersten Wochen erfolgt die Wasserversorgung durch die Niederschläge, später werden die Felder unterschiedlich stark überflutet. Dieses System wird manchmal als „Regenbeckenreis" (rainfed bunded rice) bezeichnet. Die Anbautechnik ist oft extensiv und die Erträge sind niedrig.

Aussaat in das trockene Feld wird auch bei Treibreis praktiziert. Etwa 5 bis 7 Wochen nach dem Aufgehen werden die Felder mit Flußwasser bis schließlich zu einer Tiefe von 1,5 bis 6 m überflutet. Die Gesamtfläche unter Treibreis wird auf ca. 6 Mio. ha geschätzt. Diese Form kommt in Bangladesch, Burma, Thailand, Vietnam, Indien und

Westafrika vor. Für kurze Zeit kann das Längenwachstum der Triebe von Treibreis ca. 10 cm pro Tag betragen. Wenn die Überschwemmung rechtzeitig zurückgeht, kann die Ernte auf trockenen Feldern stattfinden. Andernfalls wird sie mit kleinen Booten eingebracht.

Ebenso wie bei a) und b) kann nur eine Ernte pro Jahr erzeugt werden. Es besteht ein hohes Risiko, die Inputs sind gering, und die durchschnittlich erzielten Erträge liegen meist nicht über 1500 kg/ha.

d) *Naßkultur mit unvollständiger oder fehlender Wasserregulierung:* Je nach örtlichen Gegebenheiten wird entweder verpflanzt (Abb. 3) oder direkt gesät. Unsichere Wasserversorgung und Mangel an guter Wasserregulierung führen gewöhnlich zu einem extensiven Anbautyp, minimalen Inputs und niedrigen und unzuverlässigen Erträgen. In gewissen Fällen wird zweimal verpflanzt, um hohe Setzlinge zu erhalten, die einen hohen Wasserstand überdauern können (23).

e) *Bewässerter Reis mit Verpflanzen:* Meistens wird vorgekeimtes Saatgut in bewässerte Saatbeete ausgesät, die etwa 5 bis 8 % der später zu bepflanzenden Fläche einnehmen. Zum Verpflanzen auf einen Hektar braucht man ca. 40 bis 50 kg Saatgut. Die Setzlinge können nach 3½ bis 6 Wochen ausgepflanzt werden, je nach Vegetationsdauer der Sorte und Wachstumsbedingungen.

Obwohl das Verpflanzen sehr arbeitsintensiv ist, bietet es dem Kleinbauern doch einige entscheidende Vorteile: mehr Zeit zur Bodenbearbeitung, geringerer Wasserbedarf, geringerer Saatgutverbrauch, bessere Kontrolle in den ersten Entwicklungsstadien, besserer und einheitlicherer Bestand, effektivere Unkrautbekämpfung und geringere Anforderungen an Ebnung und Wassermanagement. Die gesamte Vegetationsperiode wird allerdings leicht verlängert.

In den Tropen folgt auf den Anbau von Reis entweder eine Bracheperiode oder die Aussaat einer zweiten Kultur wie Mais, Erdnuß, Sojabohne (Abb. 4) oder wieder Reis. Wiederholter Reisanbau führt gewöhnlich zu großen Problemen mit Schädlingen und Ratten. Die durchschnittlichen Erträge bei ver-

Abb. 3. Verpflanzen von Reis in Talsümpfen (Westafrika).

Abb. 4. Sojabohne als Zweitfrucht nach Reis.

pflanztem Reis unter Bewässerung schwanken zwischen 2500 und 4000 kg/ha.

f) *Bewässerter Reis mit Direktsaat:* Wesentliche Voraussetzung für dieses System sind perfekt ebene Felder, sehr gute Wasserregulierung und -wirtschaft und effiziente Unkrautbekämpfung. Ein Wechsel vom Verpflanzen zur Direktsaat erhöht das Risiko von Ernteeinbußen erheblich und die Unkrautkontrolle wird – gemessen in Mann-Tagen oder Geld – teurer. Kleinräumig wird die Direktsaat in Reihen praktiziert; doch auch zur erfolgreichen Anwendung dieser Methode sind die Anforderungen an Saatbettvorbereitung und Wasserregulierung hoch.

Direktsaat, entweder in drainierte, verschlämmte (engl. puddled) Böden oder in stehendes Wasser, wird im mechanisierten Reisanbau praktiziert (USA, Australien, Wageningen-Projekt in Surinam). Der Saatgutbedarf liegt allgemein bei 100 bis 150 kg/ha. Vollständige Mechanisierung erfordert große Investitionen und stellt hohe Ansprüche an Organisation und Management, Personal, Wartung der Maschinen etc. Die Anforderungen beim mechanischen Anbau in den Tropen werden meistens unterschätzt.

Selbst ein geringerer Mechanisierungsgrad im Reisanbau in den Tropen kann mit zahlreichen Problemen verbunden sein. Mechanisiertes Verpflanzen ist bisher noch ziemlich arbeitsintensiv und stellt hohe Ansprüche an die Bodenbedingungen, die Anzucht der Setzlinge und das Wassermanagement. Die Mechanisierung gewisser Anbautechniken ist Bestandteil des gesamten Reisanbausystems; bei der Entscheidung über ihre Anwendbarkeit und ihre Vorteile sollten alle Gesichtspunkte und Konsequenzen wohl überlegt werden. Vollmechanisierten Reisanbau findet man nur in kleinem Maßstab und nur in wenigen tropischen Ländern. Prinzipiell können unter identischen Bedingungen die gleichen Erträge wie mit verpflanztem Reis erzielt werden.

Chemische Prozesse in überfluteten Reisfeldern. Durch Überflutung und nasse Bodenbearbeitung entweicht die Luft aus dem Boden und die Gasdiffusion wird stark erschwert. Sauerstoffmangel an sich schadet dem Reis nicht, da sein Wurzelsystem durch das Aerenchym in den Sprossen Sauerstoff enthält. Nach der Bestockungsphase entwickelt die Pflanze eine oberflächennahe Schicht feinverzweigter Wurzeln, die aus dem Wasser und der obersten Bodenschicht direkt Sauerstoff aufnehmen können.

Unter anaeroben Bedingungen ist die Zersetzung von organischem Material langsamer und weniger vollständig als in aeroben Böden. Die chemischen und biochemischen Prozesse in überfluteten Reisböden werden vor allem von der Art und Menge des organischen Materials sowie von Temperatur und pH-Wert bestimmt. Wenn kein Sauerstoff vorhanden ist, dienen verschiedene organische und anorganische Verbindungen als Elektronenakzeptor. Die Reduktionsvorgänge folgen einer bestimmten Reihenfolge. Die Reduktion von Fe^{3+} zu beweglichen Fe^{2+}-Verbindungen beginnt, wenn der größte Teil des verfügbaren Mn zu leichter löslichen Verbindungen reduziert worden ist. Die Menge des Fe^{2+} ist stark pH-abhängig, so daß in sauren Böden mit einem hohen Anteil leicht zersetzbaren organischen Materials schnell toxische Konzentrationen von reduziertem Eisen auftreten.

Die Reduktion von Sulfat und der anaerobe Abbau des organischen Materials führt zur Bildung von H_2S, das schon in kleinsten Mengen auf die Reiswurzeln toxisch wirkt. Organische Säuren wie Essigsäure oder Buttersäure sind in sauren Böden besonders schädlich. Aus diesem Grund kann es unter bestimmten Bedingungen leicht zu schlechtem Wachstum der Kultur kommen, wenn viel Grünmasse naß eingearbeitet wird.

Ein Ergebnis der Reduktionsvorgänge ist, daß mehr P in pflanzenverfügbarer Form vorliegt. Auch die Verfügbarkeit von K und einigen anderen Kationen steigt als indirektes Ergebnis der Reduktionsvorgänge im Boden. Zn und Cu sind dagegen Elemente, die unter reduzierten Bedingungen weniger gut verfügbar sind.

Die Mineralisierung des organischen Materials in überschwemmten Böden erzeugt relativ viel Ammonium-N zur Aufnahme durch die Pflanze. In der flachen, oxidierten Oberflächenschicht eines überschwemmten Bodens wird Ammonium-N aus Dünger in Nitrat umgewandelt. Verlagerung der Nitrate in die darunterliegende, reduzierende Bodenschicht führt zum Verlust durch Denitrifikation und Auswaschung. Nitratdünger sind deshalb im Naßreisanbau ungeeignet. Zeitweiliges Trockenlegen der Reisfelder fördert die Oxidation von Ammonium. Der dabei gebildete Nitrat-N geht wieder teilweise verloren, wenn die Felder erneut überschwemmt werden.

Die Reduktionsprozesse sowie mangelhafte interne Dränage können zu toxischen Konzentrationen schädlicher Substanzen in der Wurzelzone führen, so daß die Nährstoffversorgung des Reises gestört wird, was allgemein als „physiologische Störungen" bezeichnet wird (37). Diese Störungen sind i. a. im permanenten Reisanbau auf schlecht durchlässige Böden mit reichlich organischer Substanz und schlechter Dränage zu finden. Eisentoxizität ist eine relativ häufige Störung; in Sri Lanka ist sie unter der Bezeichnung „bronzing" bekannt. Die „akiochi"-Krankheit in Japan ist vor allem auf einen H_2S-Überschuß zurückzuführen.

Einige Empfehlungen zur Verhinderung der Anreicherung solch schädlicher Substanzen im Boden sind folgende: – Verzicht auf nasses Einarbeiten von viel organischem Material, – Verbesserung der Oberflächen- und der internen Entwässerung der Felder, – Einbeziehung von Zweitkulturen oder einer Trockenbrache in die Fruchtfolge, – Anbau von (toleranten) Sorten mit kürzerer Vegetationsdauer, – Vermeidung von sulfathaltigen Düngern und Einführung einer Zwischenentwässerung des Bestandes (z. B. ein- bis zweimal je nach Boden, Niederschlag und Vegetationsdauer).

Anbautechniken. *Nasse Bodenbearbeitung:* In vielen Gebieten der Tropen wird das Land immer noch ausschließlich in Handarbeit vorbereitet. Die vorhandene Vegetation, ob tot oder lebend, wird teilweise oder vollständig in den Boden eingearbeitet oder in Haufen auf das Feld gelegt. Das Pflügen mit Wasserbüffeln oder Kühen ist ebenfalls weit verbreitet (Abb. 5, 6).

Die nasse Bodenbearbeitung ist das in den Tropen übliche Verfahren. Zuerst wird der Boden zur Erleichterung der Arbeit wassergesättigt. Die verschiedenen Maßnahmen (Pflügen, Eggen, Ebnen) lassen sich am besten mit einer flachen Schicht Wasser auf dem Feld durchführen. Diese Maßnahmen der nassen Bodenbearbeitung (puddling) werden meist aus folgenden Gründen vorgenommen:

Abb. 5. Feldvorbereitung in Handarbeit.

Abb. 6. Pflügen eines überfluteten Feldes.

- Mangel an Energie zur Bearbeitung des trockenen Bodens;
- Einschränkung von Wasser- und Nährstoffverlusten;
- Erleichterung des Verpflanzens und der Unkrautbekämpfung;
- Verbesserung der Mineralstoffversorgung der Kultur.

Das Verschlämmen (puddling) zerstört die Bodenstruktur und vermindert die Durchlässigkeit. Der Boden wird weich und verringert so die Befahrbarkeit des Feldes. Da der Boden mehr Wasser aufnimmt und hält, dauert es nach der Ernte länger, erneut eine gute Bodenstruktur für den Anbau einer zweiten Kultur zu bekommen. Untergearbeitete Pflanzenreste und intensives Verschlämmen können physiologische Störungen hervorrufen. Versuche auf den jungen Böden der Küstenebene von Surinam haben gezeigt, daß durch intensives Verschlämmen Ernteeinbußen von 15 % verglichen mit trockener Bodenbearbeitung zu verzeichnen sind (14). In bestimmten Böden kann sich eine harte, undurchlässige Schicht (Pflugsohle) ausbilden, die im Laufe vieler Jahre in 15 bis 20 cm Tiefe durch die Verlagerung von Fe- und Mn-Verbindungen unter aeroben Bedingungen entsteht.

Nasse Bodenbearbeitung erfordert in Handarbeit 40 bis 70 Mann-Tage pro ha, je nach Bodeneigenschaften und Reisanbausystem. Bei Einsatz tierischer Zugkraft braucht sie etwa 15 bis 20 Tierarbeitstage und ungefähr 30 Mann-Tage pro ha, bis das Feld zum Verpflanzen oder zur Aussaat fertig ist.

Verpflanzen und Direktsaat: Nasse Saatbeete brauchen gutes Wassermanagement und werden in der Regel an geeigneten Stellen angelegt. Die optimale Saatmenge schwankt zwischen 50 und 80 g/m². Zum Zeitpunkt des Verpflanzens werden die Setzlinge herausgezogen, gebündelt und zum Feld gebracht. Zur Erleichterung der Arbeit werden die Wurzeln und Blätter oft gestutzt. Als Faustregel gilt: Verbleib im Saatbeet in Wochen entspricht der Vegetationsdauer der Sorte in Monaten. Die Anzahl der Pflanzen pro Pflanzstelle schwankt gewöhnlich zwischen zwei und fünf. Als Notmaßnahme werden manchmal 12 bis 16 Tage alte Setzlinge verwendet (Dapog-Methode), doch erfordert dies vollkommen ebene Felder und sehr gute Wasserregulierung (8). Während der Anzucht im Saatbeet werden die Felder für das Auspflanzen vorbereitet. Das Ver-

pflanzen findet gewöhnlich bei einer flachen Schicht Wasser auf dem Feld statt (Abb. 3). Der Wasserstand wird nach wenigen Tagen allmählich erhöht. Frühes und flaches Pflanzen (3 bis 4 cm) begünstigt die Bestockung. Wenn das Verpflanzen erst spät stattfinden kann, sind engere Pflanzabstände, mehr Setzlinge pro Pflanzstelle und höhere N-Grundgaben vorteilhaft. Besonders für Kurzstrohsorten (kein Lager) sind geringe Pflanzabstände von vielleicht 20 × 15 cm zur Erzielung hoher Erträge wichtig. Ausgefallene Pflanzstellen sollten 7 bis 12 Tage nach dem Verpflanzen neu bepflanzt werden. Angestrebt ist eine Rispendichte von 250 bis 400 pro m². Alle späteren Kulturmaßnahmen sollten auf schwere Rispen abzielen.

Wo der Zeitpunkt des Verpflanzens sehr unsicher ist, bevorzugen die Bauern meist regenabhängige Saatbeete. Das Wachstum ist langsamer und der Zeitpunkt fürs Verpflanzen kann flexibler gewählt werden.

Zur Direktsaat auf verschlämmten Böden oder in Wasser wird gewöhnlich vorgekeimtes Saatgut verwendet. Die Samen werden 24 h lang in Wasser eingeweicht und dann für 36 bis 48 h inkubiert.

Direktsaat mit vorgekeimtem Saatgut wird selten von Kleinbauern praktiziert, da das Risiko zu hoch ist (schlechte, ungleichmäßige Bestände; viel Unkraut). Sie ist jedoch im mechanisierten, bewässerten Reisanbau die übliche Methode. Die Saat wird in das Wasser oder breitwürfig auf den Schlamm ausgesät; die Felder werden nach 3 bis 7 Tagen erneut überflutet. Die letztgenannte Methode spart Saatgut, ermöglicht eine bessere Kontrolle des Anwachsens und von Schneckenschäden, fördert allerdings die Verunkrautung. Rechtzeitiges Nachsäen auf schlechten Stellen ist eine wichtige Maßnahme zur Erzielung eines guten und gleichmäßigen Bestandes.

Bewässerung und Wassermanagement: Mangel an guter Wasserregulierung oder schlechtes Wassermanagement sind die Hauptgründe für niedrige Erträge bei Naßreiskultur (schlechte Bestände, mangelhafte Bestockung, starke Verunkrautung). Sie wirken sich auch stark auf Nutzen und Rentabilität verschiedener Inputs aus. Mit Bewässerung und sorgfältigem Wassermanagement können demnach erheblich höhere Erträge erzielt werden (3).

Sorgfältiges Wassermanagement (Abb. 7) ist sehr wichtig für gute Keimung und einen gleich-

Abb. 7. Bewässerte Reisfelder in Indonesien.

mäßigen Bestand (z. B. bei Direktsaat in Wasser) und zur wirksamen Bekämpfung verschiedener Unkräuter. Insbesondere in den ersten Wochen nach der Aussaat muß man gewöhnlich einen Kompromiß finden. Später kann ein vorübergehendes Anheben des Wasserspiegels auf etwa 20 cm sehr effektiv zur Unkrautbekämpfung beitragen, ohne den späteren Ertrag wesentlich zu beeinträchtigen. Während der verbleibenden Vegetationsperiode wird ein Wasserstand von 5 bis 10 cm als optimal angesehen. Ein ständig hoher Wasserspiegel bewirkt schlechtere Bestockung, schwächere Halme und geringere Erträge.

Nach Möglichkeit werden die Felder zur chemischen Unkrautbekämpfung und zur Stickstoffdüngung, manchmal mehrmals, trockengelegt und nach einigen Tagen erneut überflutet. Eine Erneuerung des stehenden Wassers ist anzustreben, wenn es stark verschmutzt oder mit Schaum bedeckt ist. Starke Regenfälle verbessern die Qualität des Wassers. Ein vorübergehendes Anheben des Wasserspiegels kann wünschenswert sein, um Schäden durch Ratten oder Schadinsekten einzuschränken. Ständig fließende Bewässerung ist gewöhnlich nicht gerechtfer-

tigt, da hierbei extrem viel Wasser verbraucht wird. Etwa 2 bis 3 Wochen vor der Ernte wird das Wasser endgültig abgelassen, um die Erntearbeiten zu erleichtern. Werden in den Reisfeldern Fische gehalten, stellt dies höhere Anforderungen an das Wasermanagement und den Einsatz chemischer Mittel zur Unkraut- und Schädlingsbekämpfung.

Um zu starkes vegetatives Wachstum zu verhindern oder Probleme mit physiologischen Störungen gering zu halten, können die Felder, je nach Boden- und Klimabedingungen, ein- oder zweimal für eine Woche oder mehr trockengelegt werden.

Die Evapotranspirationsverluste eines Reisbestandes in den Tropen schwanken zwischen 4 und 7 mm pro Tag. Verluste durch Versickerung betragen auf schweren Böden weniger als 2 mm pro Tag, können aber auf leichten Böden mit geneigter Topographie bis auf 10 mm pro Tag ansteigen. Der Wasserverlust eines Reisfeldes wird von einer Vielzahl verschiedener Faktoren beeinflußt, z. B. Bodentyp, Topographie, Höhe des Grundwasserspiegels, Nähe von Drängräben, Vorbereitung der Fläche, Tiefe des auf dem

Feld stehenden Wassers und Wartung der Feldeinfassungen. Versickerungsverluste und Dränwasser von höher gelegenen Feldern können zur Bewässerung tiefer liegender Felder wiederverwendet werden. Durch Bewässerungsrotation kann Wasser eingespart werden; dies erfordert jedoch ein hohes Niveau der Anbautechnik und des Wassermanagements sowie gute Kooperation zwischen den Bauern, um Ertragseinbußen durch Verunkrautung, Wasserstreß und schlechte Nährstoffversorgung zu verhindern. Gut abgestimmte Anbautechniken und gute Zusammenarbeit zwischen den Bauern sind auch dann notwendig, wenn mehrere Reisfelder aus einem Kanal bewässert werden und das Bewässerungswasser von einem Feld zum nächsten fließt.

Unkrautkontrolle: Probleme mit Unkräutern hängen von dem Reisanbausystem, der Pflanzmethode, der Sorte und den Anbautechniken ab. Fehlende Wasserregulierung und mangelhaftes Wassermanagement haben erhebliche Folgen für die Unkrautkonkurrenz. Selbst in bewässerten Feldern mit ausgepflanztem Reis ist es oft nötig, ein- bis zweimal in Handarbeit das Unkraut zu entfernen, um die Fläche unkrautfrei zu halten. Die Bedeutung rechtzeitiger Unkrautbekämpfung kann nicht überbetont werden. Besonders wichtig ist die weitere Erforschung ökologischer Kontrollmaßnahmen unter Bedingungen, wo keine wirksame Wasserregulierung vorhanden ist.

Die wichtigsten Unkräuter von Naßreis sind Gräser (z.B. *Echinochloa* spp., *Ischaemum rugosum* Salisb.), Seggen (z.B. *Cyperus* spp., *Fimbristylis littoralis* Gaudich.), Sumpfpflanzen (z.B. *Monochoria vaginalis* (Burm. f.) Presl, *Sphenoclea zeylanica* Gaertn.), Wasserpflanzen und roter Reis *(Oryza sativa).*

Die meisten Kräuter und Seggen können mit den herkömmlichen Herbiziden wie 2,4-D und MCPA durch Spritzen nach dem Aufgehen bekämpft werden. Als Granulat können diese Produkte bei bewässertem Reis vor dem Aufgehen auch gegen Gräser erfolgreich eingesetzt werden. Granulierte Herbizide sind im Bewässerungsanbau gut geeignet, da für ihre Anwendung keine spezielle Ausrüstung nötig ist und Regen nicht als Störfaktor wirksam werden kann. Chemische Unkrautbekämpfung bei Direktsaat und unzureichender Wasserregulierung ist dagegen äußerst schwierig (8).

In den Tropen erfolgt die Unkrautbekämpfung meist noch per Hand. Mechanisches Jäten zwischen ausgepflanzten Reihen ist für die Mehrheit der Reisbauern nicht sehr vielversprechend. Manuelles Jäten in ausgepflanzten Reisbeständen erfordert etwa 20 bis 40 Arbeitstage pro ha; bei Direktsaat wird sogar noch mehr Arbeitskraft gebraucht, um die Felder unkrautfrei zu halten. In verschiedenen Regionen stellt die Verunkrautung mit rotem oder wildem Reis (*O. sativa*, *O. rufipogon* Griff., *O. barthii* A. Chev.) ein großes Problem dar, weil sie zu Ertrags- und Qualitätsminderungen führt. Bekämpfungsmaßnahmen umfassen gute Anbautechniken (Bodenvorbereitung, Verpflanzen, Reihensaat, Fruchtfolge, Nutzung der Brachevegetation als Weide), Verwendung reinen Saatguts und rechtzeitiges Entfernen nicht sortenechter Pflanzen per Hand. Es sollte verhindert werden, daß roter Reis zur vollen Blüte kommt, da spontane Kreuzungen auftreten (die Rotfärbung des Perikarps ist dominant), die Samen leicht abfallen und im Boden für viele Jahre lebensfähig bleiben.

Düngung. Ernterückstände und andere organische N-Quellen sind in der Regel zur Erzielung hoher Erträge nicht ausreichend. Der N-Beitrag durch Regen und Bewässerungswasser ist vernachlässigbar gering. Wesentlich wichtiger ist die biologische N-Fixierung durch Blaualgen und durch Bakterien im anaeroben Boden und in der Rhizosphäre der Reizwurzeln. Die meisten Bestimmungen dieser Anreicherung mit N schwanken zwischen 20 und 50 kg/ha, je nach

Tab. 3. Nährstoffentzug durch eine Reisernte. (Nach 14)

Trockensubstanz	Nährstoffentzug in kg				
	N	P_2O_5	K_2O	CaO	SiO_2
1000 kg Korn	12,6	5,4	3,4	1,0	60
1000 kg Stroh	5,7	1,7	16,1	3,6	145

Faktoren wie pH-Wert, organischem Material und verfügbarem P (34).

Entzug von N aus dem Boden erfolgt bei Aufnahme durch die Pflanze und durch N-Verluste. Die wichtigsten Arten solcher Verluste sind Denitrifikation, Auswaschung, Oberflächenabfluß und Verflüchtigung als Ammoniak. Von N-Düngergaben werden etwa 30 bis 50 % direkt von der Reiskultur aufgenommen; ein Teil wird von Mikroorganismen festgelegt, und der Rest geht verloren. Durchschnittswerte für die Aufnahme durch den Reisbestand sind in Tab. 3 zusammengestellt.

Frühe N-Düngung begünstigt vegetatives Wachstum und Bestockung. Spätere Gaben, etwa zum Zeitpunkt der Rispenanlage, erhöhen die Zahl der gefüllten Ährchen pro Rispe und haben ein höheres Korn-Stroh-Verhältnis zur Folge. Durch eine sehr späte Kopfdüngung kann der Eiweißgehalt des Korns gesteigert werden, die Wirkung auf die Ertragshöhe ist jedoch geringer als bei früherer Anwendung (4).

Für eine einzige Kopfdüngung liegt der optimale Zeitpunkt etwa während der Rispenanlage (ungefähr ein Monat vor der Blüte). Bei zwei Kopfdüngungen ist die günstigste Zeit während der Bestockung und während der Rispenanlage. Verteilte N-Gaben ermöglichen bessere Kontrolle der Bestandesentwicklung und können die N-Verluste verringern. Falls Kopfdüngung hohe N-Verluste bedingt oder schwierig durchzuführen ist, sollte der Grunddüngung mehr Sorgfalt und Bedeutung zukommen, und umgekehrt.

Die Grunddüngung mit N erfolgt gewöhnlich beim letzten Durchgang der Bodenvorbereitung und wird in den verschlämmten Boden eingearbeitet. Zur Kopfdüngung von Naßreis ist die beste Methode, die Felder ordentlich zu entwässern und sie ein bis zwei Tage nach der N-Ausbringung wieder zu überfluten (14, 16). In der Praxis können diese Bedingungen allerdings oft nicht erfüllt werden. Breitwürfige N-Düngung in tiefes, stehendes Wasser hat eine geringe Düngerwirksamkeit (8, 14).

In den letzten zehn Jahren wird verbesserten Methoden und dem Zeitpunkt der Düngeranwendung, der Entwicklung neuer Produkte und der biologischen N_2-Fixierung in überschwemmten Reisfeldern viel Aufmerksamkeit geschenkt. In einigen Teilen von China und Vietnam wird der Wasserfarn Azolla als Gründünger zur N-Versorgung von Reis verwendet. In Verbindung mit der Blaualge Anabaena azollae Strassburger kann viel Stickstoff aus der Atmosphäre fixiert werden; die Handhabung und Einarbeitung des Azolla-Farns ist jedoch eine sehr zeitraubende Beschäftigung (31).

Tiefeinbringen von Harnstoff (als Brikett oder Supergranulat) in reduzierten Boden ist eine brauchbare Methode, erfordert aber viel Arbeit (8). Bei Böden mit wechselnder Überflutung und Austrocknung ist der Einsatz schwefelumhüllten Harnstoffs zu überlegen, da dieses Produkt den N nur langsam freisetzt.

Die Wirkung der N-Düngung auf den Kornertrag hängt von dem Reisanbausystem, der Sorte, der Vegetationsdauer, dem Auftreten von Krankheiten und Schädlingen und dem Standard der Anbautechniken ab. Eine große Zahl von Feldversuchen in Indien hat gezeigt, daß die optimalen N-Raten für traditionelle Langstrohsorten zwischen 40 und 80 kg/ha schwanken (15). Moderne Kurzstrohsorten zeigten einen wesentlich höheren Bedarf zur optimalen Versorgung. Es ist offensichtlich, daß die Ergebnisse solcher Düngungsversuche nicht direkt für allgemeine Empfehlungen zu verwenden sind, da die Versuchsbedingungen sich manchmal wesentlich von den Produktionsbedingungen der Bauern unterscheiden. Zahlreiche Düngungsversuche in Indien mit modernen Sorten unter Bewässerung haben gezeigt, daß Gaben von 1 kg N pro ha während der Regenzeit durchschnittliche Ertragssteigerungen von 10 bis 15 kg Korn zur Folge hatten. Bei Anwendung während der Trockenzeit lagen diese Ertragsreaktionen bei 20 bis 25 kg Korn (17). In einer Reihe von Ländern sind die Kosten für N-Dünger hoch im Verhältnis zum Marktwert des ungeschälten Reises.

Schwere P-Mangel-Symptome zeigen sich in schlechtem vegetativem Wachstum und schwacher Bestockung, verspäteter Blüte und Reife und in einer hohen Sterilitätsrate. Gewöhnlich werden wasserlösliche Phosphate als Grunddüngung angewendet. Die P-Verfügbarkeit hängt auch von der Bodentemperatur ab. Die Wirkung von N-Dünger ist besser, wenn genügend P vorhanden ist.

K-Mangel findet man meistens auf leichten, sandigen Böden, er kann aber auch in Torfböden auftreten. Ein Mangel an diesem Nährstoff kann auch vorkommen, wenn toxische Substanzen seine Aufnahme durch die Pflanze verhindern als

Ergebnis schwerer Bodenreduktion. Die Entfernung des Reisstrohs vom Feld hat starken K-Entzug aus dem System zur Folge.

Fe-Mangel kann bei Trockenreis im Regenfeldbau vorkommen sowie in Saatbeeten. Die Verwendung toleranter Sorten und die Förderung reduzierender Bedingungen verringern das Problem.

Über Probleme mit Zn-Mangel in Naßreis wurde vor etwa 20 Jahren das erste Mal berichtet. Dies ist ein wichtiges Nährstoffproblem, das in vielen Reisanbaugebieten recht häufig ist. Glücklicherweise sind Korrekturmaßnahmen wie Bodengaben, Behandlung der Setzlinge und Spritzen der Blätter nicht sehr teuer und leicht durchzuführen (8).

Arbeitsbedarf. Wasserbüffel, Kühe und Ochsen sind die wichtigsten Zugtiere im Naßreisanbau. In weiten Teilen Westafrikas gibt es aufgrund der von Tsetse-Fliegen übertragenen Nagana-Seuche keine Zugtierhaltung.

Reis in Bewässerungskultur mit Verpflanzen erfordert viel Arbeit. Wenn alle Arbeiten per Hand ausgeführt werden, braucht man etwa 130 bis über 200 Arbeitstage pro ha. Da die Wuchsbedingungen dabei jedoch besser sind und das Risiko geringer, investiert der Bauer meistens mehr Arbeit in seinen Reisbau. Hilfe von außen zu Zeiten des größten Arbeitsbedarfs wird gewöhnlich in bar oder in Naturalien bezahlt oder in Mann-Tagen verrechnet.

Tab. 4 gibt einen Überblick über den Gesamtarbeitsbedarf. Bodenvorbereitung, Verpflanzen und Erntearbeiten haben einen besonders hohen Bedarf. Betriebsgröße, angewandte Anbautechniken, Familienzusammensetzung und gleichzeitiger Anbau anderer Kulturen sind einige der begrenzenden Faktoren für die gewünschte Sorgfalt, die ein Bauer seiner Reiskultur zuwenden kann. Im Intensivanbau unter Bewässerung sollten alle Kulturmaßnahmen rechtzeitig und angemessen durchgeführt werden.

Für einen Durchschnittshaushalt von 5 bis 6 Personen kann die verfügbare Arbeitskraft pro Monat mit 40 bis 50 „Menschen-Tagen" pro Familie angesetzt werden. Für solch eine Familie mit einem Hektar verpflanztem Reis kommt der erste Engpaß bei der Bodenvorbereitung und dem Verpflanzen; die Erntearbeiten haben einen zweiten, sogar noch höheren Spitzenbedarf. Bei der Planung neuer Bewässerungsprojekte sollte die zu erwartende Arbeitsbelastung genau in Rechnung gestellt werden bei der Entscheidung über optimale Parzellengrößen und den Grad der Mechanisierung.

Die Mechanisierung (40) hat zunehmende Bedeutung vor allem wegen des Zeitgewinns, durch den zwei oder mehr Ernten im Jahr ermöglicht werden, abgesehen von den auch in Entwicklungsländern steigenden Arbeitskosten. Neben der Anpassung üblicher Geräte für die Bodenbearbeitung im nassen Zustand (z. B. Gitterräder für Traktoren) gibt es Spezialgeräte für alle in Tab. 4 genannten Arbeiten (13). Kleingeräte, die auch auf Betrieben geringer Größe lohnend eingesetzt werden können, sind vor allem in Japan und China entwickelt worden.

Fruchtfolgen. Ohne Bewässerungseinrichtungen wird i. a. eine Reisernte pro Jahr angebaut. Je nach Bodenbedingungen, Temperatur und Niederschlagsverteilung kann Reis innerhalb eines Jahres im Fruchtwechsel mit anderen Getreidearten, Körnerleguminosen, einigen anderen Kulturen oder mit Brachevegetation als Rinderwei-

Tab. 4. Zusammenstellung des durchschnittlichen Arbeitsbedarfs für den Anbau von 1 ha verpflanztem Reis, wenn alle Arbeitsgänge von Hand ausgeführt werden.

Arbeitsgang	Zahl der Arbeitstage	Verfügbare Zeit in Wochen
Landvorbereitung und Anlage der Saatbeete	40–70	5–6
Verpflanzen	20–30	1,5–2
Unkrautjäten	20–40	5–7
Pflegearbeiten	10–20	13–15
Ernte, Dreschen, Reinigen, Lagern	40–60	2*

* In verschiedenen Regionen mit nur einer Reisernte im Jahr wird das Erntegut gestapelt und später gedroschen

de angebaut werden. Selbst bei Bewässerung ist es recht häufig, daß nur eine Reisernte pro Jahr erzeugt wird, da nicht genügend Wasser für zweimaligen Anbau zur Verfügung steht. Monokultur mit zwei (manchmal drei) Reisernten pro Jahr findet man in tropischen Gebieten mit geeigneten Bewässerungseinrichtungen, wenn die Böden zu schwer sind und die Niederschlagsverteilung zu ungünstig ist, um einen Fruchtwechsel mit sekundären Kulturen zu erlauben.

In den tropischen Gebieten, in denen Reis praktisch die einzige Ackerpflanze ist, wird der Anbau meistens mit Viehhaltung oder extensiver Fischproduktion als weitere Einkommens- und Nahrungsquelle kombiniert. Auf Java ist die Gartenbauwirtschaft hoch entwickelt; auf einer begrenzten Fläche um das Haus werden, getrennt von den Reisfeldern, eine große Anzahl an Gemüsearten, Obstbäumen und anderen Pflanzen zum häuslichen Verzehr und zu Verkaufszwecken angebaut.

Planmäßige Fischzucht in überschwemmten Reisfeldern findet man in begrenztem Umfang. Häufiger ist das Abfischen der einheimischen Bestände in den Reisfeldern. Einige Arten sind für die Jungpflanzen schädlich. Bedeutsamer ist die Fischproduktion in Bewässerungs- und Abflußkanälen, Teichen, Wasserspeichern und Sümpfen. Sie stellt eine wichtige Quelle für Eiweiß, Vitamine und Calcium dar (5).

Krankheiten und Schädlinge

Humides tropisches Klima, viele alternative Wirtspflanzen und das Fehlen ausgeprägter reisfreier Perioden im Jahr begünstigen viele Krankheiten und Schädlinge, die den Reis angreifen. Die pflanzenbauliche Bedeutung von bakteriellen, Pilz- und Viruskrankheiten variiert beträchtlich von Region zu Region. Wirkungsvolle chemische Krankheitsbekämpfung ist aus vielen Gründen von den meisten Reisbauern in den Tropen nicht zu erreichen, so daß Resistenzzüchtung und phytosanitäre Maßnahmen vorrangige Bedeutung haben.

In vielen Teilen Asiens ist die Weißblättrigkeit (engl. bacterial leaf blight, verursacht durch *Xanthomonas oryzae*) eine verheerende Krankheit, da sie von warmem, feuchtem Wetter und kräftigem vegetativem Wachstum der Reiskultur (N-Düngung) gefördert wird. Viruskrankheiten wie Tungro, hoja blanca und „grassy stunt"

werden von Insekten übertragen, so daß die Züchtung auf Resistenz gegen das Virus und den Vektor gerichtet ist (29). Eine sehr häufige Pilzkrankheit ist der Blattbrand (engl. blast), der von *Pyricularia oryzae* verursacht wird. Außer der Schädigung der vegetativen Organe (engl. leaf blast) befällt der Pilz auch den Rispenansatz (engl. neck blast, rotten neck) und bewirkt so beträchtliche Ertrags- und Qualitätseinbußen. Es gibt viele verschiedene Rassen, so daß die Resistenzzüchtung stark erschwert ist. Die Schwere des Befalls ist in Gebieten mit kühlen Nächten und Taubildung besonders groß (32).

Eine Vielzahl von Insektenarten ernährt sich vom Stengel, den Blättern oder den sich entwickelnden Körnern der Reispflanzen (2, 19, 33). Stengelbohrer bilden eine sehr bedeutende Gruppe. Im vegetativen Stadium bohren sich die Larven in den Stengel ein und töten die jungen Triebe (engl. dead hearts). In einem späteren Stadium werden die Rispen an ihrem Ansatz abgetrennt, was zu leeren oder weißen Rispen führt.

Delphaciden (z. B. *Nilaparvata lugens*, engl. brown planthopper) und Zwergzikaden (z. B. *Nephotettix* spp., engl. green leafhoppers) schädigen die Pflanzen, indem sie die vegetativen Teile ansaugen, das Xylem- und Phloemgewebe verstopfen und Viruskrankheiten übertragen. Der direkte Schaden durch diese Insekten kann sehr schwer sein (Braunfärbung, engl. hopper burn). Die Larven der Gallmücken (*Orseolia oryzae*) sind in der Bestockungsphase besonders gefährlich, da sie die Blattprimordien angreifen und so die jungen Triebe in röhrenförmige Gallen ohne Rispen umwandeln.

Raupen (*Spodoptera* spp.) können schwere Schäden hervorrufen und junge Reisbestände innerhalb sehr kurzer Zeit kahlfressen. Einige Arten beißen die Stengel oder die Rispen ab, so daß jede Regeneration unmöglich ist. Reiswanzen (*Leptocorisa* spp., *Oebalus* spp.) sind körnersaugende Insekten und verursachen niedrige Erträge und schlechte Qualität. Stengelwanzen töten junge Triebe und verursachen leere Rispen.

Vogelschäden in reifenden Beständen können sehr schwer sein. Rattenbekämpfung ist in der Regel nur dann wirksam, wenn ein integriertes Programm relativ großräumig durchgeführt wird. Wasserschnecken können in frisch gesäten Reisfeldern großen Schaden anrichten. Einige

Schneckenarten übertragen Bilharziose (Schistosomiasis).

Eine Reihe von Insektenarten kann ausreichend
unter Kontrolle gehalten werden, wenn im letzten Verschlämmungsdurchgang granulierte, systemische Insektizide in den Boden eingearbeitet
werden. Zu dieser Maßnahme ist keine besondere Ausrüstung notwendig, sie kann mit einer N-
Grunddüngung kombiniert werden, und sie ist
im Blick auf die Wasserqualität und Fischkultur
vorteilhaft (35).

Im Rahmen integrierter Kontrollmaßnahmen ist
die Züchtung neuer Sorten mit genügendem Re-
sistenzniveau oder Toleranz von überragender
Bedeutung für den tropischen Reisbauern. Das
International Rice Research Institute (IRRI) ist
nach wie vor die führende Autorität in der Entwicklung wirksamer Auswahlmethoden, im
Auffinden geeigneter Resistenzquellen und in
der Koordination internationaler Auswertung
von vielversprechendem Material. Die große,
weltweite Sammlung genetischen Materials im
IRRI (über 60 000 Proben) ist in dieser Hinsicht
von hervorragender Bedeutung (28).

Ernte und Verarbeitung

Die Ernte erfolgt gewöhnlich per Hand: Mit
einem winzigen Messer wird Rispe für Rispe
abgeschnitten oder ein Bündel Halme mit einer
Sichel (Abb. 8). Die Bündel werden meistens für
einige Tage auf dem Feld belassen, bevor sie
gestapelt oder gedroschen werden. Sowohl eine
zu frühe als auch eine zu späte Ernte führt zu
einem höheren Anteil an Bruchreis. Das Dreschen erfolgt meistens per Hand, durch Tiere,
einfache Geräte oder kleine Maschinen. Das
Korn sollte ordentlich getrocknet und gesäubert
und frei von Insekten oder Nagetieren gelagert
werden.

Der Erntezeitpunkt und die Trocknungsmethode beeinflussen das Auftreten feiner Risse im
Korn sehr stark. Diese Risse kommen durch
schnelle Feuchtigkeitsaufnahme des trockenen
Kerns oder durch schnelle Wasserabgabe des
nassen Korns zustande. Solche Risse machen das
Produkt anfälliger für ein Zerbrechen während
des Schälens. Der Bruchanteil hängt auch von
dem Schälvorgang sowie von Größe, Form und
Härte des Korns ab.

Abb. 8. Ernte einer hochwüchsigen, schwachstrohigen Sorte (Sumatra).

Im mechanisierten Reisbau in Surinam wurde gefunden, daß die optimale Erntezeit bei einem Feuchtegehalt des Korns von 19 bis 21 % (während der Mittagszeit und bei trockenem Wetter) lag. Frühere oder spätere Ernte hatte eine geringere Schälausbeute zur Folge (14). In Gegenden mit höheren Temperaturen und geringerer relativer Luftfeuchte ist bei mechanischer Ernte in der Regel ein etwas höherer Feuchtegehalt des Korns zu empfehlen. Soll das Korn als Saatgut verwendet werden, ist die Rißbildung nicht von Bedeutung, und die Ernte kann sich um einige Tage verzögern.

Das Entspelzen oder Schälen erfolgt in einer Reismühle oder – für den häuslichen Verzehr – durch Zerstampfen in einem Holzmörser mit Stößel. Der so erhaltene entspelzte oder braune Reis ist schlecht haltbar (Eiweiß und Mineralstoffe in der Außenschicht und Fett im Keim). Zur Vermarktung wird der braune Reis geschält und poliert, wodurch der Embryo und ein Teil der Vitamine, Minerale und Proteine entfernt werden. Die weitverbreitete Methode des „parboiling" – eine Behandlung des ungeschälten Materials mit heißem Wasser oder Wasserdampf, gefolgt von Trocknung – verbessert den Nährwert und die Schälausbeute und verringert den Verlust durch Bruch.

Beim kommerziellen Schälen von Rohreis erhält man die folgenden Produkte:

polierter Reis (Head-Reis und Bruchreis)	69 %
Reisschliff	2 %
Reiskleie	8,5 %
Spelzen	20 %

Durch das Polieren gehen über 50 % des Thiamins, Riboflavins, Niacins und der Minerale verloren, und der Proteingehalt sinkt um etwa ein Prozent. Reisschliff und -kleie haben daher einen hohen Futterwert: Sie enthalten etwa je 10 bis 15 % Eiweiß und Fett. Geschälter, polierter Reis enthält etwa 90 % Kohlenhydrate und 7 bis 7,5 % Eiweiß von hohem Nährwert. Etwa 3,5 bis 4 % des Proteins sind Lysin. Seit vielen Jahren ist das IRRI aktiv mit der Entwicklung geeigneter Sorten mit höherm Eiweißgehalt befaßt; dies erweist sich allerdings als schwierige Aufgabe (24).

Außer der Reiskleie werden von den größeren Reismühlen oder von Sekundärbetrieben als Nebenprodukte Reisöl (7) und Reispelzen geliefert. Die Spelzen werden u. a. als Brennmaterial genutzt, wobei die Silikatskelette als Rückstand anfallen, die für Schamottesteine, als Zusatz zu Zement und für andere Zwecke gebraucht werden (18).

Reisstroh ist in vielen Regionen ein wichtiges Viehfutter (25). Außerdem dient es als Substrat für den Reisstrohpilz (*Volvariella volvacea* [Fr.] Sing.), als Flechtmaterial, für kunstgewerbliche Produkte und zur Zellstoff- und Papierherstellung (18, 30).

Wege zur Steigerung der Reisproduktion

Die Ernährungssituation in den Entwicklungsländern (→ Bd. 2, VON BLANCKENBURG und CREMER, S. 17–37) macht klar, daß der Steigerung der Reiserzeugung, des wichtigsten tropischen Grundnahrungsmittels, eine außerordentliche Bedeutung zukommt. Um dieses Ziel zu erreichen, können prinzipiell die folgenden Schritte unternommen werden:

a) *Ausweitung der Anbaufläche.* Die realen Möglichkeiten, neue Flächen unter Reis in Kultur zu nehmen, sind in vielen Ländern sehr begrenzt. Wo es möglich ist, erfordert dies hohe Investitionen und viel Zeit. Im Durchschnitt der letzten 15 Jahre wuchs die Reisanbaufläche weltweit um ungefähr 1,1 % im Jahr.

b) *Verbesserung der bestehenden Flächen.* Auf diesem Gebiet gibt es viele echte Möglichkeiten, besonders im Hinblick auf eine bessere Wasserregulierung. Verbesserung der Be- und Entwässerungseinrichtungen, Verhinderung von Überschwemmungen und Sanierung vieler Bewässerungsprojekte bieten gute Aussichten für eine Produktionssteigerung. Maßnahmen zur Verbesserung der Infrastruktur und zur Melioration können daneben viele zusätzliche Beschäftigungsmöglichkeiten schaffen.

c) *Einsatz verbesserter Sorten und bessere Anbautechniken.* Diesem Aspekt wurde in den letzten 15 bis 20 Jahren viel Aufmerksamkeit geschenkt; er wird gewöhnlich mit dem Ausdruck „grüne Revolution" bezeichnet. Die Grundidee dahinter ist nicht neu. Wenn die physischen Wachstumsbedingungen gut sind, können die Durchschnittserträge beträchtlich gesteigert werden, vorausgesetzt, daß gleichermaßen einige wesentliche Bedingungen auf dem Gebiet der Infrastruktur und der institutionellen Unterstützung erfüllt sind. Die größten Fortschritte waren demzufolge in den Gebieten zu verzeichnen, in denen bereits relativ hohe Flächenerträge erzielt wurden, und wo den Bauern attraktive, zuverlässige und anwendbare Programme (packages) mit verbesserten Sorten zusammen mit erhöhten Inputs angeboten wurden (22).

Eindrucksvolle Erfolge sind seit den 60er Jahrten in der Reiszüchtung erzielt worden. Der bedeutendste Fortschritt war die Entdeckung der Bedeutung und des Nutzens eines einzelnen, rezessiven Gens für einen halbzwergwüchsigen (semidwarf) Pflanzentyp, wie es in den chinesischen Sorten ‚Dee-geo-woo-gen' und ‚Taichung Native 1' vorkommt. Dieses Gen wurde in eine große Zahl neuer Sorten eingekreuzt, die i. a. „Kurzstrohsorten", „moderne Sorten" oder „hochertragreiche Sorten" genannt werden (Abb. 9). Ihre Pflanzenhöhe beträgt etwa 80 bis 100 cm. Es ist offensichtlich, daß eine Erweiterung der engen genetischen Grundlage des Halbzwergwuchses sehr wichtig ist. Viele Forschungs- und Züchtungsarbeiten richten sich auch auf die Verbesserung von Reissorten für mehr marginale Bedingungen der Wasserregulierung und der Wachstumsfaktoren (12).

Vor einigen Jahren wurde in China mit der Entwicklung von Hybridreis begonnen; z. Z. sind dort beinahe 7 Mio. ha mit Hybridsorten bestellt, deren Ertrag 20 bis 30 % höher ist als der reinerbiger Sorten. Forschung über Hybridreis wurde jetzt auch in einigen anderen Ländern in Angriff genommen (10, 36, 39).

Zwei Faktoren spielen bei der Annahme neuer Sorten eine bedeutende Rolle: höherer finanziel-

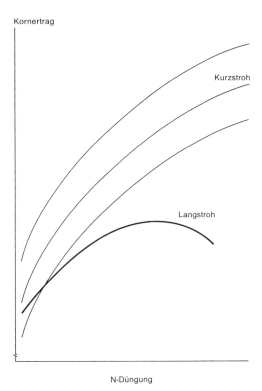

Abb. 10. Kornertrag einiger moderner Sorten und einer traditionellen Langstrohsorte in Reaktion auf steigende N-Gaben. (Nach 15, 17)

ler Ertrag bei ähnlichen Anbaubedingungen und erheblich höhere Erträge bei gleichzeitig höheren Inputs (vor allem Dünger). Mehrere sogenannte „hochertragreiche Sorten" erfüllen die erste Bedingung nicht richtig (Abb. 10).

Angemessene und problemorientierte Forschung kann als Motor landwirtschaftlicher Entwicklung angesehen werden, es sollten jedoch andere Bedingungen gleichermaßen erfüllt sein, um diese Entwicklung tatsächlich voranzutreiben. Verbesserte landwirtschaftliche Technologie allein genügt nicht. Sie sollte auch für den Kleinbauern erreichbar sein und von der Landbevölkerung angewendet werden können. Dies ist in den mehr marginalen Gebieten ein zeitaufwendiger, schwieriger und kostspieliger Prozeß, da diese Gebiete meistens stark benachteiligt sind durch mangelhafte Infrastruktur und das Fehlen wirkungsvoller institutioneller Unterstützung. Nichtsdestoweniger werden eine Steigerung und Verbesserung der landwirtschaftlichen Produk-

Abb. 9. IR22 als Beispiel einer halbzwergwüchsigen Sorte.

tion und mehr produktive Beschäftigungsmöglichkeiten dringend gebraucht zur Verbesserung der Lebens- und Arbeitsbedingungen in den ländlichen Gebieten. Dies ist auch wichtig, um die Abwanderung der Bevölkerung zu den großen städtischen Zentren mit bereits bestehender hoher Arbeitslosigkeit zu verlangsamen.

Literatur

 1. ANGLADETTE, A. (1966): Le Riz. Maisonneuve et Larose, Paris.
 2. ANONYM (1970): Pest Control in Rice. PANS Manual No. 3. Min. Overseas Devel., London.
 3. ANONYM (1976): Symposium on Water Management in Rice Fields. Trop. Agric. Res. Ser. No. 9. Trop. Agric. Res. Center, Min. Agric For., Ibaraki, Japan.
 4. ATANASIU, N., and SAMY, J. (1983): Rice. Effective Use of Fertilizers. Centre d'Etude de l'Azote, Zürich.
 5. BLOM, P. S. (1983): Rice land fisheries in the tropics. Abstr. Trop. Agric. 9 (2), 9–19.
 6. CHANG, T. T. (1976): Manual on Genetic Conservation of Rice Germ Plasm for Evaluation and Utilization. IRRI, Los Baños, Philippine.
 7. CORNELIUS, J. A. (1980): Rice bran oil for edible purposes: a review. Trop. Sci. 22, 1–26.
 8. DE DATTA, S. K. (1981): Principles and Practices of Rice Production. Wiley, New York.
 9. DE DATTA, S. K., and ZARATE, P. M. (1970): Environmental conditions affecting the growth characters, nitrogen response and grain yield of tropical rice. Biometeorology 4, 71–89.
10. EFFERSON, J. N. (1984): Growing potential of hybrid rice. World Farming and Agrimanagement 26 (3), 6, 22, 24.
11. FAO (1984): Production Yearbook, Vol. 37. FAO, Rom.
12. FUCHS, A. (1980) Nutzpflanzen der Tropen und Subtropen (Hrsg. G. FRANKE). Bd. 4, Pflanzenzüchtung. Hirzel, Leipzig.
13. GRIST, D. H. (1975): Rice, 5th Ed. Longman, London.
14. HAVE, H. TEN (1967): Research and Breeding for Mechanical Culture of Rice in Surinam. Pudoc, Wageningen, Niederlande.
15. HAVE, H. TEN (1971): Nitrogen response of rice as influenced by varietal and seasonal differences. Fert. News (Indien) 16 (5), 28–35.
16. HAVE, H. TEN (1971): Methods of nitrogen application for transplanted rice. Fert. News (Indien) 16 (9), 23–29.
17. HAVE, H. TEN (1972): Nitrogen response of dwarf and tall rice varieties. Fert. News (Indien) 17 (6), 31–35.
18. HOGAN, J. T., and HOUSTON, D. F. (1967): Rice By-Products Utilization. Processing Agric. Products Informal Working Bull. No. 30. FAO, Rom.
19. IRRI (1967): The Major Insect Pests of the Rice Plant. Johns Hopkins, Baltimore.
20. IRRI (1975): Major Research in Upland Rice. IRRI, Los Baños, Philippinen.
21. IRRI (1976): Climate and Rice, IRRI, Los Baños, Philippinen.
22. IRRI (1978): Economic Consequences of the New Rice Technology. IRRI, Los Baños, Philippinen.
23. IRRI (1979): Rainfed Lowland Rice: Selected Papers from the 1978 Intern. Rice Res. Conf. IRRI, Los Baños, Philippinen.
24. IRRI (1979): Proceedings of the Workshop on Chemical Aspects of Rice Grain Quality. IRRI, Los Baños, Philippinen.
25. JACKSON, M. G. (1977): Rice straw as livestock feed. World Animal Rev. 23, 25–31.
26. JACQUOT, M., et COURTOIS, B. (1983): Le Riz Pluvial. Maisonneuve et Larose, Paris.
27. JENNINGS, P. R., and DE JESUS, J. Jr. (1964): Effect of heat on breaking seed dormancy in rice. Crop Sci. 4, 530–533.
28. KHUSH, G. S., and VIRMANI, S. S. (1985): Breeding rice for disease resistance. In: RUSSELL, G. E. (ed.): Progress in Plant Breeding – 1, 239–279. Butterworths, London.
29. LING, K. C. (1972): Rice Virus Diseases. IRRI, Los Baños, Philippinen.
30. LUH, B. S. (1980): Rice: Production and Utilization. AVI Publ. Co., Westport, Connecticut.
31. LUMPKIN, TH. A., and PLUCKNETT, D. L. (1982): Azolla as a Green Manure: Use and Management in Crop Production. Westview Press, Boulder, Colorado.
32. OU, S. H. (1972): Rice Diseases. Commonwealth Mycol. Inst., Kew, Surrey, England.
33. PATHAK, M. D., and DHALIWAL, G. S. (1981): Trends and Strategies for Insect Problems in Tropical Asia. IRRI Res. Paper Ser. No. 64. IRRI, Los Baños, Philippinen.
34. ROGER, P. A., and WATANABE, I. (1982): Research on Algae, Blue-Green Algae, and Phototrophic Nitrogen Fixation at the International Rice Research Institute (1963–1981). Summarization, Problems, and Prospects. IRRI Res. Paper Ser. No. 78. IRRI, Los Baños, Philippinen.
35. SEIBER, J. N., HEINRICHS, E. A., AQUINO, G. B., VALENCIA, S. L., ANDRADE, P., and ARGENTE, A. M. (1978): Residues of Carbofuran Applied as a Systemic Insecticide in Irrigated Wetland Rice: Implications for Insect Control. IRRI Res. Paper Ser. No. 17. IRRI, Los Baños, Philippinen.
36. SWAMINATHAN, M. S. (1985) Genetics and some emerging trends in agriculture. Indian J. Genet. 45, 1–11.
37. TANAKA, A., and YOSHIDA, S. (1970): Nutritional Disorders of the Rice Plant in Asia. IRRI Techn. Bull. 10. IRRI, Los Baños, Philippinen.
38. VERGARA, B. S., and CHANG, T. T. (1976): The Flowering Response of the Rice Plant to Photoperiod: A Review of the Literature. IRRI Techn. Bull. 8. IRRI, Los Baños, Philippinen.
39. VIRMANI, S. S., and EDWARDS, I. B. (1983): Current status and future prospects for breeding hybrid rice and wheat. Adv. Agron. 36, 145–214.
40. WANDERS, A. A., and MOENS, A. (1982): Present status of mechanization of rice production and

further needs, especially in small-scale farming.
Intern. Congr. 12th Agric. Mach. Exhib. Landbouw RAI 82, Amsterdam, 107–141.
41. YOSHIDA, S. (1977): Rice. In: ALVIM, P. DE T., and
KOZLOWSKI, T. T. (eds.): Ecophysiology of Tropical Crops, 57–87. Academic Press, New York.

1.1.2 Mais

MAGNI BJARNASON

Botanisch: *Zea mays* L.
Englisch: maize, Am.: corn
Französisch: maïs
Spanisch: maíz

Wirtschaftliche Bedeutung
Mais ist eine der wichtigsten Getreidearten. Von
1981 bis 1983 wurden pro Jahr durchschnittlich
416 Mio. t Mais auf 127 Mio. ha Anbaufläche
produziert. Dies entspricht fast einem Viertel der
Weltgetreideproduktion. Der Mais ist die am
weitesten verbreitete Nutzpflanze; in den Tropen wird Mais bis in Höhenlagen von fast
4000 m angebaut, und in den gemäßigten Zonen
findet man Mais bis über 60° nördlicher Breite.
Die Anzahl der Länder mit einer Maisanbauflä-
che von über 100 000 ha ist inzwischen auf mehr
als 70 gestiegen, von denen 53 zu den Entwicklungsländern zählen. Daten über Entwicklungsländer sind allerdings häufig lückenhaft, da der
Mais oft in Mischkulturen angebaut wird und
die Anbaufläche daher schwer zu schätzen ist.
Der Anteil der Industrienationen an der Weltmaisproduktion beträgt etwa 63 %, und fast die
Hälfte der Weltmaisproduktion kommt allein

aus den Vereinigten Staaten von Amerika. Auf
die Entwicklungsländer entfallen nur etwa 37 %
der Weltmaisproduktion, ihr Anteil an der gesamten Mais-Anbaufläche wird auf 62 % geschätzt (Tab. 1). Unter den Entwicklungsländern sind die Volksrepublik China, Brasilien,
Mexiko, Argentinien und Indien Hauptproduzenten: Für jedes dieser Länder werden über 5
Mio. t Mais jährlich geschätzt. Dreizehn weitere
Entwicklungsländer produzieren jeweils mehr
als 1 Mio. t (Abb. 11).
In den letzten zwei Jahrzehnten ist die Maisproduktion in den Industrieländern jährlich um etwa 3,8 % gestiegen. Dreiviertel dieser Ertragssteigerung ist auf höhere Hektarerträge zurückzuführen. Statistiken über Entwicklungsländer
schätzen die Produktionssteigerung hier auf nur
2,5 %, je zur Hälfte werden höhere Erträge und
Erweiterung der Anbaufläche angenommen.
Die Bedeutung von Mais im Welthandel hat in
letzter Zeit schneller zugenommen als für jede
andere Getreideart. In den Jahren 1970 bis 1972
wurden 33 Mio. t und 1980 bis 1982 76 Mio. t
auf dem Weltmarkt gehandelt. Das entspricht
einer jährlichen Zuwachsrate von 8,9 %. Zum
Vergleich betrug das Handelsvolumen des Weizens in 1980 bis 1982 knapp 100 Mio. t, aber
die jährliche Zuwachsrate war nur 3,5 %. Die
Hauptimporteure sind derzeit unter den Industrienationen zu finden, aber die Maisimporte
der Entwicklungsländer stiegen in den letzten
zwei Jahrzehnten durchschnittlich um 15 % pro
Jahr.

Botanik
Der Mais, *Zea mays* L., stammt aus der Familie
der Gramineen, Tribus Maydeae, die in sieben

Tab. 5. Mais: Fläche, Ertrag und Produktion nach Region, 1981–1983. Nach (7).

Region	Fläche (Mio. ha)	Ertrag (t/ha)	Produktion (Mio. t)	Flächen- anteile (%)	Produktions- anteile (%)
Entwicklungsländer	78,4	2,0	155,6	61,9	37,4
Afrika	15,5	1,2	19,0	12,2	4,6
Asien	36,3	2,4	86,1	28,7	20,7
Lateinamerika	26,6	1,9	50,5	21,0	12,1
Industrieländer	48,3	5,4	260,2	38,1	62,6
Westliche Welt	38,8	5,8	225,5	30,6	54,2
Osteuropa und UdSSR	9,5	3,7	34,7	7,5	8,3
Weltproduktion	126,7	3,3	415,7	100	100

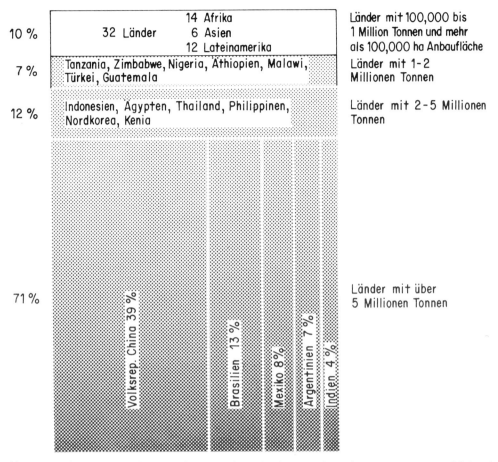

Abb. 11. Wichtige Maisproduzenten der Entwicklungsländer. Anteil an deren Gesamtmaisproduktion in Prozent. (Nach 7)

Gattungen eingeteilt ist. Nur zwei von ihnen, *Zea* und *Tripsacum,* gehören der Neuen Welt an, die anderen fünf kommen aus Asien (13). Teosinte, die wild in Mexiko und Guatemala wächst, wurde früher einer anderen Gattung (*Euchlaena mexicana* Schrad.) zugeordnet, dann als selbständige Art der Gattung *Zea* (*Z. mexicana* [Schrad.] Kuntze) aufgefaßt. Heute wird sie als Unterart von *Z. mays* (*Z. mays* L. ssp. *mexicana* [Schrad.] Iltis) behandelt, da sie die gleiche Chromosomenzahl wie Mais (2n = 20) besitzt und sich leicht mit diesem kreuzen läßt (19, 32). Eine mehrjährige diploide Teosinte, *Z. diploperennis* Iltis, Doebley et Guzman, wurde kürzlich in Mexiko wiederentdeckt (18) und läßt mehr Kenntnisse über Ursprung und Evolution des Maises erhoffen. Derzeit ist noch umstritten, ob

Teosinte ein direkter Mais-Vorfahre ist. Häufige Introgression von Teosinte zum Mais hat offensichtlich im Laufe der Geschichte stattgefunden. Der Mais ist eine sehr alte Kulturpflanze, die seit Jahrtausenden auf dem amerikanischen Kontinent angebaut wird. Älteste bekannte archäologische Funde von Maiskolben-Resten wurden auf ein Alter von etwa 7000 Jahren geschätzt und stammen aus Tehuacan, Mexiko (→ Bd. 3, PLARRE, S. 196). Die lange Domestikation führte zur völligen Abhängigkeit vom Menschen für Verbreitung und Weitervermehrung von Mais. Natürliche und künstliche Auslese zusammen mit Fremdbestäubung ermöglichten die Anpassung an sehr verschiedene ökologische Bedingungen. Unterschiedliche Ansprüche der Menschen verschiedener Kulturkreise ließen eine

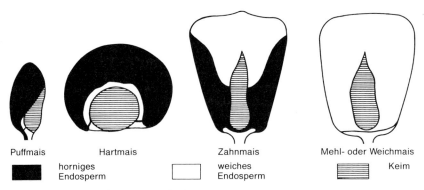

Puffmais   Hartmais   Zahnmais   Mehl- oder Weichmais

⬛ horniges Endosperm   ⬜ weiches Endosperm   ▤ Keim

Abb. 12. Längsschnitt von Maiskörnern verschiedener Typen.

große Vielfalt von Maisformen entstehen, und Austausch von Genmaterial zwischen den einzelnen Regionen trug weiter zur Variabilität bei. Der Mais ist eine einjährige, robuste Pflanze. Das Hauptwurzelsystem besteht aus Adventivwurzeln, die dem untersten Knoten des Stengels unmittelbar über dem Mesokotyl entspringen. Sie können bis 1,5 m Tiefe reichen, der größte Teil befindet sich jedoch in den oberen Bodenschichten. Die meisten Maisformen zeigen keine oder nur geringe Bestockung. Jedoch gibt es Sorten, z.B. im amerikanischen Hochland, die viele Nebentriebe haben, die auch Kolben bilden. Der Bestockungsgrad ist stark von den Umweltbedingungen abhängig. Der Mais ist monözisch. Der Stengel endet in einem verzweigten, lockeren männlichen Blütenstand, der Rispe oder Fahne. Die weiblichen Blütenstände, die Kolben, entspringen der unteren bis mittleren Stengelhälfte. In der Regel wird nur ein Kolben je Pflanze ausgebildet, es gibt aber Genotypen, die zwei oder mehr Kolben je Pflanze ausbilden können, vor allem bei geringer Pflanzendichte. Der Kolben besteht aus einer Spindel,

auf der paarweise Ährchen mit zwei Blüten in Längsreihen angeordnet sind, wovon die eine rudimentär ist. Der Kolben wird von Lieschblättern umgeben. Jede Blüte hat einen Fruchtknoten und langfädige Griffelnarben. Zur Blütezeit wächst die Vielzahl der Narben von den Fruchtknoten in Form einer lockeren Quaste (engl. silk) aus den Lieschblättern heraus. Meistens reifen die männlichen Blüten vor dem Erscheinen der Griffelnarben (Protandrie). Fremdbestäubung ist die Regel, sie erfolgt durch den Wind.

Das reife Korn (Karyopse) besteht aus einer zusammengewachsenen Frucht- und Samenschale, Embryo und Endosperm. Früher wurde die Art *Zea mays* L. in sieben Hauptvarietäten hauptsächlich nach den Endospermtypen (Abb. 12) unterteilt (23), die in Tab. 6 zusammengestellt sind.

Einige dieser Unterscheidungsmerkmale werden jeweils nur durch einen Erbfaktor bestimmt und gelten als ausreichend für die Unterteilung der Korntypen. Für die Klassifizierung anderer morphologischer und agronomischer Eigenschaften,

Tab. 6. Alte Gruppierung der Haupttypen von *Z. mays* ssp. *mays* in Varietäten.

Botanische Bezeichnung	Deutsche Namen	Englische Namen
var. *amylacea* Sturt.	Weichmais, Mehlmais	softcorn, floury corn
var. *ceratina* Kulesh.	Wachsmais	waxy corn
var. *everta* Sturt.	Puffmais	popcorn
var. *indentata* Sturt.	Zahnmais	dent corn
var. *indurata* Sturt.	Hartmais, Hornmais	flint corn
var. *saccharata* Sturt.	Zuckermais	sweet corn
var. *tunicata* Larr. ex St. Hil.	Spelzmais	pod corn

die oft polygen vererbt werden, reicht diese Unterteilung nicht aus. Deshalb wird heute die Klassifizierung in „Rassen" (engl. races) als nützlicher angesehen. Eine Rasse wird definiert als eine Gruppe von Populationen, die genügend viele Merkmale gemeinsam haben, die sich durch Panmixie reproduzieren und die sich gewissen Gebieten zuteilen lassen (5). Die erste umfangreiche Beschreibung solcher Rassen wurde über die verschiedenen Formengruppen des Maises in Mexiko gegeben (31). Etwa 130 verschiedene Rassen wurden inzwischen in der Neuen Welt beschrieben (14).

Ökophysiologie

Mit seiner großen genetischen Variabilität ist Mais eine der anpassungsfähigsten Kulturpflanzen. Seinen Ursprung von den wärmeren Zonen der Erde verleugnet er allerdings bis heute nicht. Die Hauptanbaugebiete sind in den temperierten Ländern die wärmeren Zonen und die Teile der Tropen und Subtropen, wo genügend Wasser vorhanden ist.

Mais gehört zu den C_4-Pflanzen ($\rightarrow$ Bd. 3, REHM, S. 94 ff.), die bei hohen Temperaturen eine höhere Photosyntheserate haben und Wasser effizienter nutzen als C_3-Pflanzen. Er verträgt praktisch keinen Frost, die Keimtemperaturen sollten über 10 °C liegen; sehr hohe Bodentemperaturen können aber das Wachstum junger Maispflanzen beeinträchtigen (16). Bei optimalen Bedingungen vergehen nur vier bis fünf Tage zwischen Aussaat und Auflauf. Optimales Wachstum erfolgt bei Tagestemperaturen zwischen 30 und 33 °C und bei kühlen Nächten (9). In tropischen und subtropischen Gebieten begrenzen, außer in Gebirgslagen, nicht niedrige Temperaturen oder Frost den Maisanbau, sondern die Niederschlagsmenge und vor allem deren Verteilung. Der Gesamtwasserverbrauch während der Vegetationsperiode wird mit 410 bis 640 mm angegeben (15). Im Vergleich zu anderen Getreidearten braucht Mais zur Erzeugung einer Einheit Trockenmasse wenig Wasser. Sorghum ist als einzige Getreideart Mais in der Effizienz der Wassernutzung überlegen. Der Wasserbedarf von Mais ist in den verschiedenen Entwicklungsstufen unterschiedlich hoch. Am höchsten ist er während und kurz nach der Blüte. Wassermangel kann dann zu starken Ertragseinbußen führen.

Im tropischen Regenwald ist der Himmel während der Vegetationsperiode die meiste Zeit bedeckt und die geringe Sonneneinstrahlung kann den Ertrag limitieren. Versuche in Westafrika (22) haben gezeigt, daß weitaus höhere Erträge in der Guinea Savanne als in der Zone des Regenwaldes erzielt werden können, was auf die starke Sonneneinstrahlung in der Savanne zurückgeführt wird.

Mais gedeiht auf sehr unterschiedlichen Böden, am besten aber auf sandigem Lehm im pH-Bereich von 6 bis 7. Stauende Nässe kann zu starken Ertragsminderungen führen. Zur Produktion von 1 t Körnern entzieht die Pflanze dem Boden 27 bis 29 kg N, 4,5 bis 5 kg P und 15 bis 20 kg K. Diese Werte wurden bei mittleren bis hohen Erträgen ermittelt (24). Auf sauren Böden ist Mais sehr empfindlich gegen hohe Al^{3+}-Konzentrationen, die durch Kalkung zu beheben sind.

Züchtung

In den Vereinigten Staaten und in Europa wird Maiszüchtung heute fast immer mit Hybridmaiszüchtung gleichgesetzt. In der Hybridmaiszüchtung werden leicht vermehrbare, reinerbige Inzuchtlinien gekreuzt, nachdem sie auf ihre Kombinationseignung geprüft wurden. Die so entstandenen Hybridsorten lassen sich dann durch jährlich wiederholte Kreuzung der Elternlinien beliebig reproduzieren. Die Methoden der Hybridmaiszüchtung sind ausführlich in der Literatur beschrieben (3, 14, 28, vgl. auch Bd. 3, PLARRE, S. 225 ff.).

Der Anbau von Hybridmais erfordert jedes Jahr neues Saatgut. Das setzt eine entsprechende Saatgutindustrie, ein effektives Verteilungssystem sowie ein hohes Niveau der landwirtschaftlichen Produktion voraus. Die meisten Entwicklungsländer können das noch nicht aufweisen, deshalb werden derzeit hier vorwiegend die offenbestäubten Sorten angebaut. Sie können von den Bauern ohne Ertragseinbußen mehrere Jahre hintereinander nachgebaut werden, wenn ihr Saatgut von einem gut isolierten Feld genommen wird. Vorteil der offenbestäubten Sorten ist die einfache und billige Saatgutvermehrung, was eine rasche Verteilung erlaubt, bei der die Bauern selber das Saatgut weitergeben können.

Das Internationale Mais- und Weizenforschungszentrum, CIMMYT (Centro Internacional de Mejoramiento de Maíz y Trigo), mit Hauptsitz in Mexiko, hat daher ein Züchtungssystem aufgebaut, das diesen Gegebenheiten gerecht wird (26). Durch die Verfahren der rekurrenten Selektion (→ Bd. 3, PLARRE, S. 219 ff.) werden Maispopulationen verbessert, die den verschiedenen Anforderungen der Länder der Tropen und Subtropen hinsichtlich Korntyp, Reifegruppe usw. angepaßt sind. Von diesen Populationen werden Vollgeschwisterfamilien (engl. full-sib families) in verschiedenen Ländern Leistungsprüfungen unterzogen. Die besten Familien (ungefähr zehn) an jedem Standort werden selektiert und von Restsaatgut miteinander gekreuzt. Zudem wird anhand der Prüfdaten von jeder Population über die Standorte hinweg von den besten Familien eine Sorte gebildet. Diese Sorten werden in darauffolgenden Jahren in einheitlichen Sortenversuchen international getestet. Sie werden dann nationalen Programmen zur direkten Vermehrung und Zulassung zum Handel oder für Züchtungszwecke zur Verfügung gestellt. Solche Sorten können aus nachfolgenden Generationen unter Zufallspaarung in isolierten Parzellen mit einfacher Massenauslese erhalten werden. Neben der leichten Vermehrung erwartet man von Sorten dieser Struktur ein höheres Pufferungsvermögen gegenüber wechselnden Umweltbedingungen, wie z.B. zeitweilige Trockenheit, Krankheits- oder Schädlingsbefall, als von Hybridsorten, die meist eine engere genetische Basis besitzen. Versuchsdaten zeigen, daß sie auch ein beachtliches Leistungsvermögen haben (8). Maispopulationen, die durch die Verfahren der rekurrenten Selektion verbessert worden sind, stellen auch für Hybridmaisprogramme ein gutes Ausgangsmaterial dar.

Neben dem Kornertrag ist in den Tropen als Zuchtziel die Ertragsstabilität von besonderer Bedeutung. Dazu gehören Resistenz gegenüber Krankheiten und Schädlingen sowie Trockenheitsresistenz. Frühreifende Sorten werden für Gebiete mit kurzer Regenzeit benötigt. Ein weiteres wichtiges Zuchtziel ist die Standfestigkeit. Tropischer Mais wird häufig sehr lang und der Kolbenansatz ist sehr hoch am Stamm. Die Auslese kürzerer Pflanzentypen kann die Standfestigkeit wesentlich verbessern. Der Kornanteil an der Gesamtpflanze (engl. harvest index) wird durch einen kürzeren Pflanzentyp vergrößert (11). Abb. 13 zeigt ein Beispiel erfolgreicher Züchtung einer auch unter tropischen Bedingungen kurzstämmigen und ertragreichen Maissorte. Die hochwüchsige Ausgangssorte hatte eine

Abb. 13. Selektion der niedrigwüchigen Maissorte 'Tuxpeño Crema I'. Nachbau von 17 Selektionsgenerationen, nummeriert von rechts nach links, zur Demonstration des Zuchterfolges (Foto CIMMYT).

Höhe von 273 cm, einen Kornertrag von 4,05 t/ha und einen Ertragsindex von 0,30. Nach 20 Selektionszyklen hatte die neue Sorte 'Tuxpeño Crema I' eine Wuchshöhe von 143 cm, einen Kornertrag von 6,79 t/ha und einen Ertragsindex von 0,49.

Die biologische Wertigkeit des Maisproteins ist wegen des geringen Gehaltes an den essentiellen Aminosäuren Lysin und Tryptophan relativ niedrig. Inzwischen ist es gelungen, Mutanten zu finden, bei denen der Gehalt an diesen Aminosäuren wesentlich erhöht ist. Die Mutante *opaque-2* wurde bei der Züchtung von Maissorten mit hochwertigem Protein in erster Linie verwendet. Gute Fortschritte wurden in den letzten Jahren bei der Verbesserung des Ertrages und der Kornmerkmale dieser Mutante erzielt (30).

Anbau

Kennzeichnend für die humiden Tropen sind hohe Niederschlagsmengen und hohe Intensität der Niederschläge, starke Erosionsneigung und folglich rasche Auswaschung der Nährstoffe und starke Verunkrautung. Soll Mais erfolgreich angebaut werden, muß all diesen Faktoren Rechnung getragen werden.

Die Anbaumethoden für Mais sind sehr vielfältig, und besonders in den tropischen Gebieten bestehen große regionale und lokale Unterschiede. Dabei ist Mais Teil komplexer Anbausysteme in vorwiegend kleinbäuerlichen Betrieben. In den humiden und subhumiden Tropen, besonders in Lateinamerika und Afrika, sind unterschiedliche Brachesysteme vorherrschend, die vom Wanderfeldbau bis zur intensiveren Umlagewirtschaft reichen. Mais wird in diesen Anbausystemen vorwiegend in Mischkultur oder Zwischenkultur angebaut, in Lateinamerika z. B. mit *Phaseolus*-Bohnen, in Afrika häufig in Kombinationen mit Maniok, Yam, Kuhbohnen, Hirse, Melonen usw. Die bestehenden Brache- und Mischkultursysteme sind zur Erhaltung der Bodenfruchtbarkeit und Herabsetzung der Erosionsgefahr sowie zur Unterdrückung der Unkräuter auf tropischen Böden gut geeignet. Sie sind jedoch sehr arbeitsintensiv und lassen sich schlecht mit vorhandenen Maschinen mechanisieren. Daher geben sie wenig Raum für eine notwendige Produktivitätssteigerung und Intensivierung des Maisanbaus bei steigenden Bevölkerungszahlen.

Mais ist im Jugendstadium sehr empfindlich gegen Unkraut, deshalb sollte er ein möglichst unkrautfreies Saatbett erhalten. Im traditionellen Anbau wird der Boden mit einer Hacke oder mit einem einfachen Pflug oft nur leicht bearbeitet. Bei vollmechanisierten Großprojekten mit konventioneller Bodenbearbeitung im Maisanbau sind in den humiden Tropen schwerwiegende Erosionsschäden beobachtet worden. Deshalb wird derzeit intensiv an Methoden gearbeitet, die unter tropischen Bedingungen einen intensiven Maisanbau erlauben, ohne dabei die Bodenfruchtbarkeit zu gefährden (17). Eine der Alternativen ist die minimale Bodenbearbeitung, die in Nordamerika im Maisanbau schon weit verbreitet ist. Dabei wird die Unkrautbekämpfung mit unterschiedlich wirkenden Herbiziden durchgeführt. Für mehrjährige Unkräuter stehen zur Bekämpfung vor der Aussaat besondere Mittel wie z. B. Glyphosate zur Verfügung. Als Vorauflaufmittel hat sich eine Mischung von Atrazin und Paraquat bewährt. In Anbausystemen mit Mais-Maniok und Mais-Yam wurde eine Mischung von Atrazin und Metolachlor mit Erfolg verwendet (1). Minimalbodenbearbeitung erhält weitgehend die organische Substanz des Bodens und setzt die Erosionsgefahr herab, jedoch ist es nötig, für die möglichen Verdichtungsprobleme bodengerechte Lösungen zu finden (17). Herbizideinsatz hat im praktischen Maisanbau in den Tropen noch kaum Einzug gehalten. Dazu bedarf es einer zuverlässigen Vermarktung sowie einer gut organisierten Ausbildung von Beratern und Bauern.

In den Tropen erfolgt die Aussaat, sobald regelmäßige Regenfälle angefangen haben. Verspätete Saat kann zu starken Ertragsminderungen führen. Besonders auf leichten Böden und bei hohen Temperaturen ist eine Aussaattiefe bis 8 cm angebracht, weil die oberste Bodenschicht schnell austrocknet und sehr heiß werden kann (16), wenn sie nicht durch Mulch abgedeckt wird. Mulch können ausgewählte Deckpflanzen sein (engl. live mulch) (2) oder Reste aus der vorherigen Vegetation. Anbau auf Kämmen (engl. ridges) kann erosionsmindernd wirken, und in semiariden Gebieten werden oft Kammerfurchen (engl. tied ridges) eingesetzt, um das Regenwasser besser zu konservieren (20).

Die optimale Bestandesdichte in Reinkultur von Mais richtet sich nach der Sorte und nach der Wasser- und Nährstoffversorgung. Bei den Sorten, die in den Tropen etwa 120 Tage von der Aussaat bis zur Ernte benötigen, ist eine Bestandesdichte von 40 000 bis 55 000 Pflanzen/ha meist im Bereich des Optimums. Bei frühreifenden Sorten (85 bis 95 Tage von Aussaat bis zur Ernte) und bei sehr kurzwüchsigen Sorten sind auch höhere Bestandesdichten angebracht. Zu hohe Bestandesdichten führen leicht zum Lagern der Pflanzen, und die Zahl der Pflanzen ohne Kolben steigt. Meist wird in Reihen mit 75 bis 90 cm Abstand ausgesät. Der Abstand zwischen den Einzelpflanzen innerhalb der Reihe hängt von der angestrebten Bestandesdichte ab. Für Bestandesdichten in Mischkulturen sind noch wenig Empfehlungen vorhanden.

Bei der Aussaat kann die Grunddüngung mit N, P und K erfolgen, wenn Kalium notwendig ist. In den Tropen wird empfohlen, etwa ein Drittel der N-Düngung bei der Aussaat zu geben und zwei Drittel ungefähr vier Wochen später (10, 21). Dadurch wird Verlusten durch Auswaschung vorgebeugt und sichergestellt, daß die Pflanze in den kritischen Entwicklungsstadien genügend Stickstoff zur Verfügung hat. Außerdem wird das finanzielle Risiko des Bauern beim eventuellen Ausbleiben der Regenfälle kurz nach der Aussaat vermindert.

Rechtzeitige Unkrautbekämpfung ist die wichtigste Pflegemaßnahme, um gute Erträge in den Tropen zu sichern. Besonders in den ersten sechs Wochen nach der Aussaat müssen Unkräuter intensiv bekämpft werden.

In den Tropen wird Mais noch meist mit der Hand geerntet. Entweder werden die Kolben von der Pflanze abgebrochen, oder die ganzen Pflanzen werden abgeschnitten und in Bündeln im Feld einige Monate zum weiteren Austrocknen gelassen. Körnermais kann jederzeit, nachdem die physiologische Reife abgeschlossen ist, geerntet werden, jedoch sollte die Ernte möglichst nach Anfang der Trockenzeit erfolgen, um das Trocknen des Maises zu erleichtern. In den meisten Entwicklungsländern wird ein Teil des Maises, unabhängig von der Sorte, im Stadium der Milchreife grün geerntet und als Gemüse verkauft, besonders in den Monaten des geringsten Nahrungsmittelangebotes kurz vor der Haupterntezeit.

Krankheiten und Schädlinge

Von den vielen Krankheiten und Schädlingen, die Mais befallen können, werden hier nur die erwähnt, die in den Tropen ökonomisch am wichtigsten sind. Einzelheiten über ihre Biologie, Symptome, Verbreitung und Kontrollmaßnahmen finden sich in der Literatur (4, 25, 29).

Hohe Luftfeuchtigkeit und Wärme der Tropen begünstigen die Pilzkrankheiten. Die wichtigsten Blattfleckenkrankheiten sind *Helminthosporium maydis*, die in den Niederungen unterhalb von 1200 m Höhe bei Temperaturen von 20 bis 32 °C vorherrscht, und *Helminthosporium turcicum*, die in tropischen Höhenlagen über 1000 m bei Temperaturen von 18 bis 27 °C und bei hoher Luftfeuchtigkeit sowie in den Niederungen in der kühleren Jahreszeit auftritt. Die wichtigsten Rostkrankheiten sind *Puccinia polysora* und *Puccinia sorghi*. *Puccinia polysora* tritt bei hohen Temperaturen (27 °C) und hoher relativer Luftfeuchtigkeit verbreitet auf, während *Puccinia sorghi* im Hochland bei 16 bis 23 °C und hoher relativer Luftfeuchtigkeit vorkommt. Falscher Mehltau greift mit zehn verschiedenen Spezies Mais an, sieben von ihnen werden als *Sclerospora (Peronosclerospora)* und drei als *Sclerophthora* klassifiziert. Die Krankheit breitet sich in allen tropischen Gebieten aus. Sie begrenzte besonders in Südostasien die Maisproduktion, bis in jüngster Zeit neue, resistente Sorten gezüchtet wurden (12). Stengelfäule wird von mehreren Pilzen verursacht: *Fusarium* spp., *Macrophomina phaseoli*, *Pythium aphanidermatum* und *Cephalosporium maydis*. Von den Kolbenfäulen seien hier *Fusarium* spp., *Diplodia* spp. und *Rhizoctonia zeae* erwähnt.

Die am häufigsten verbreiteten Bakteriosen, *Erwinia chrysanthemi*, *E. stewartii* und *Pseudomonas lapsa* verursachen ebenfalls Stengelfäule. Zu den Virosen zählt die Strichelkrankheit des Maises (engl. maize streak virus disease), die in Afrika südlich der Sahara zu totalen Ernteverlusten führen kann. Das Virus wird nur durch Maiszikaden (engl. leafhoppers) der Gattung *Cicadulina* übertragen. „Maize mottle chlorotic stunt" (MMCS) wird durch denselben Vektor übertragen und tritt deshalb oft mit „maize streak virus" zusammen auf (27). *Peregrinus maidis* überträgt das Mais-Mosaikvirus und ist auf Hawaii, in Südamerika und in der Karibik verbreitet. „Maize stunt disease" ist in Mittelamerika und im nördlichen Südamerika eine der häufigsten Maiskrankheiten. Sie wird durch Spiroplasma verursacht und durch amerikanische Maiszikaden, meist *Dalbulus* spp., übertragen.

Striga spp. sind parasitische Pflanzen und führen auf verseuchten Feldern zu großen Ertragsminderungen. Sie sind vorwiegend in den trockeneren Gebieten Afrikas und Asiens anzutreffen (→ Bd. 3, ALKÄMPER, S. 459).

Als besonders erfolgreich für die Bekämpfung von Maiskrankheiten hat sich der Anbau resistenter Sorten erwiesen. Internationale Zusammenarbeit und intensiver Austausch von Genmaterial ermöglichten gute Fortschritte. Auch Anbaumaßnahmen, wie bestimmte Fruchtfolgen, optimale Saatzeit und gesundes Saatgut tragen wesentlich zur Minderung der Maiskrankheiten bei. Chemische Mittel kommen vor allem als Beizmittel, z. B. gegen den falschen Mehltau, in Betracht.

Von den Insekten, die den Mais in den Tropen befallen, sind die folgenden am bedeutendsten: Asiatischer Maiszünsler, *Ostrinia furnacalis* in Südostasien, *Chilo partellus*, gefleckter Stengelbohrer, im nordöstlichen Afrika und in Asien; *Busseola fusca, Sesamia calamistis* und *Eldana saccharina* in Afrika. *Diatraea* spp., Maisstengelbohrer, *Spodoptera frugiperda*, Amerikanischer Heerwurm, *Heliothis* spp., und *Diabrotica* spp. richten auf dem amerikanischen Kontinent große Schäden an. *Sitophilus* spp. und *Sitotroga cerealella* sind weltweit verbreitete Vorratsschädlinge.

Bei der Resistenzzüchtung gegen Insekten sind noch nicht so spektakuläre Erfolge erzielt worden wie bei den verschiedenen Maiskrankheiten, und sie bleibt eine schwierige und langfristige Aufgabe, die inzwischen in einigen internationalen Institutionen in Angriff genommen wurde. Für kurzfristige Kontrollmaßnahmen kommen deshalb vor allem chemische Bekämpfungsmittel in Betracht.

Wirbeltiere von Nagern bis zu Affen können vor allem in Afrika beträchtliche Schäden an Mais verursachen; auch Vögel gehören zu dieser Schadtiergruppe, da solche mit kräftigen Schnäbeln es schnell lernen, die schützenden Lieschen zu zerreißen (6). Der Schutz der Maisfelder gegen diese Schädlinge ist oft sehr schwierig.

Verarbeitung und Verwertung

Mais wird vielseitiger als jede andere Getreideart verwendet. Er dient direkt der menschlichen Ernährung, er wird als Körnermais oder Silage an Tiere verfüttert oder als Grundstoff bzw. Zusatz in industriell hergestellten Nahrungs- und Genußmitteln verarbeitet. Auch für Industrieprodukte, die nicht als Nahrungsmittel dienen, wie z. B. Stärke, ist Mais Rohstoff.

Mais wird in den Industrieländern vorwiegend an Tiere verfüttert, in den Entwicklungsländern dagegen dient der größte Teil der Maisproduktion direkt der menschlichen Ernährung. Für große Teile der Bevölkerung Mittelamerikas und Afrikas ist Mais ein wichtiges Grundnahrungsmittel.

In traditionellen Systemen in den Tropen werden für die Trocknung des Maises verschiedene Methoden angewendet. Häufig wird er in den Lieschblättern aufgehängt oder auf Gerüsten gelagert und an der Luft getrocknet. Für die Mehrzahl der Gerichte wird er in Mörsern zerstampft oder zwischen Mühlsteinen zerrieben. Tortillas in Mittelamerika oder unterschiedliche Breigerichte in Afrika werden aus dem Maismehl gemacht. Anstatt Körnermais wird auch schon Maismehl auf dem Markt angeboten, das entweder von kleinen, lokalen Mühlen über Händler vertrieben wird oder aus industriellen Anlagen stammt.

In Ländern mit steigendem Pro-Kopf-Einkommen besteht die Tendenz, anstatt Mais mehr Weizen und Reis für Nahrungszwecke zu verwenden, während der Maisbedarf für die Tierfütterung, besonders in der Geflügelproduktion, ansteigt.

Literatur

1. AKOBUNDU, I. O. (1980): Weed science research at the International Institute of Tropical Agriculture and research needs in Africa. Weed Sci. 28, 439–445.
2. AKOBUNDU, I. O. (1980): Live mulch: a new approach to weed control and crop production in the tropics. Proc. British Crop. Conf. – Weeds, Brighton, 377–382.
3. ALLARD, R. W. (1960): Principles of Plant Breeding. Wiley, New York.
4. AMERICAN PHYTHOPATHOLOGICAL SOCIETY (1976): A Compendium of Corn Diseases. Amer. Phytopath. Soc., St. Paul, Minnesota.
5. BRIEGER, F. G., GURGEL, J. T. A., PATERNIANI, E., BLUMENSCHEIN, A., and ALLEONI, M. R. (1958): Races of Maize in Brazil and other Eastern South American Countries. Nat. Acad. Sci. – Nat. Res. Counc. Publ. No. 593.
6. BULLARD, R. W., and YORK, J. O. (1985): Breeding for bird resistance in sorghum and maize. In: RUSSELL, G. E. (ed.): Progress in Plant Breeding – 1, 193–222. Butterworths, London.

7. CIMMYT (1984): Maize Facts and Trends. Report Two: An analysis of changes in Third World food and feed uses of maize. Centro Internacional de Mejoramiento de Maíz y Trigo, El Batan, Mexiko.

8. CIMMYT (1985): Report on Maize Improvement 1980–81. Centro Internacional des Mejoramiento de Maíz y Trigo, El Batan, Mexiko.

9. DUNCAN, W. G. (1975): Maize. In: EVANS L. T. (ed.): Crop Physiology – Some Case Histories, 23–50. Cambridge Univ. Press, Cambridge.

10. FAYEMI, A. A. (1966): Effects of time of nitrogen application on yields of maize in the tropics. Exp. Agric. 2, 101–105.

11. FISCHER, K. S., and PALMER, A. F. E. (1980): Yield efficiency in tropical maize. In: Proc. Symp. Potential Productivity of Field Crops under Different Environments. IRRI, Los Baños, Philippinen.

12. FREDERIKSEN, R. A., and RENFRO, B. L. (1977): Global status of maize downy mildew. Ann. Rev. Phytopathol. 15, 249–275.

13. GALINAT, W. C. (1977): The origin of corn. In: SPRAGUE, G. F. (ed.): Corn and Corn Improvement, 1–47. Am. Soc. Agron., Madison, Wisconsin.

14. HALLAUER, A. R., and Fo MIRANDA, J. B. (1981): Quantitative Genetics in Maize Breeding. Iowa State Univ. Press, Ames, Iowa.

15. HANWAY, D. G. (1966): Irrigation. In: PIERRE, W. H., ALDRICH, S. A., and MARTIN, W. P. (eds.): Advances in Corn Production: Principles and Practices. Iowa State Univ. Press, Ames, Iowa.

16. IITA (1975): Annual Report for 1974. International Institute of Tropical Agriculture, Ibadan, Nigeria.

17. IITA (1981): Annual Report for 1980. International Institute of Tropical Agriculture, Ibadan, Nigeria.

18. ILTIS, H. H. (1979): *Zea diploperennis* (Gramineae): A new teosinte from Mexico. Science 203, 186–188.

19. ILTIS, H. H., and DOEBLEY, J. F. (1980): Taxonomy of *Zea* (Gramineae). II. Subspecific categories in the *Zea mays* complex and generic synopsis. Amer. J. Bot. 67, 994–1004.

20. JONES, M. J., and WILD, A. (1975): Soils of the West African Savanna. Commonwealth Agric. Bureaux, Farnham Royal, Slough, England.

21. KANG, B. T. (1979): Soil fertility management for maize production in the humid and sub-humid regions of West Africa. IITA 1st Ann. Res. Conf., International Institute of Tropical Agriculture, Ibadan, Nigeria.

22. KASSAM, A. H., KOWAL, J., DAGG, M., and HARRISON, M. N. (1975): Maize in West Africa: its potential in savanna areas. World Crops 27, 73–78.

23. KULESHOV, N. N. (1933): World's diversity of phenotypes of maize. J. Am. Soc. Agron. 25, 688–700.

24. MÖHR, P. J., and DICKINSON, E. B. (1979): Mineral nutrition in maize. In: HÄFLIGER, E. (ed.) Maize. CIBA-GEIGY, Basel.

25. ORTEGA, A., VASAL, S. K., MIHM, J., and HERSHEY, C. (1980): Breeding for insect resistance in maize.

26. PALIWAL, R. L., and SPRAGUE, E. W. (1982): Improving Adaptation and Yield Dependability in the Developing World. Centro Internacional de Mejoramiento de Maíz y Trigo, El Batan, Mexiko.

27. ROSSEL, H. W., and THOTTAPPILLY, G. (1982): Maize chlorotic stunt in Africa: a manifestation of maize mottle virus? Proc. Int. Maize Virus Dis. Colloq. and Workshop, Ohio Agric. Res. Dev. Cent., Wooster.

28. SPRAGUE, G. F., and EBERHART, S. A. (1977): Corn breeding. In: SPRAGUE, G. F. (ed.): Corn and Corn Improvement, 305–362. Am. Soc. Agron., Madison, Wisconsin.

29. ULLSTRUP, A. J. (1977): Diseases of corn. In: SPRAGUE, G. F. (ed.): Corn and Corn Improvement, 391–500. Am. Soc. Agron., Madison, Wisconsin.

30. VASAL, S. K., VILLEGAS, E., BJARNASON, M., GELAW, B., and GOERTZ, P. (1980): Genetic modifiers and breeding strategies in developing hard endosperm opaque-2 materials. In: POLLMER, W. G., and PHIPPS, R. H. (eds.): Improvement of Quality Traits of Maize for Grain and Silage Use, 37–71. Nijhoff, The Hague.

31. WELLHAUSEN, E. J., ROBERTS, L. M., HERNANDEZ, X., and MANGELSDORF, P. C. (1952): Races of Maize in Mexico. Bussey Institution, Harvard University, Cambridge.

32. ZEVEN, A. C., and DE WET, J. M. J. (1982): Dictionary of Cultivated Plants and Their Regions of Diversity. Pudoc, Wageningen.

In: MAXWELL, F. G., and JENNINGS, P. R. (eds.): Breeding Plants Resistant to Insects, 371–419. Wiley, New York.

1.1.3   Sorghum

LELAND R. HOUSE[1]

Botanisch:	*Sorghum bicolor* (L.) Moench
Englisch:	sorghum
Französisch:	sorgho
Spanisch:	sorgo

Wirtschaftliche Bedeutung

In der Welt ist Sorghum das fünftwichtigste Getreide nach Weizen, Reis, Mais und Gerste. Die größten Anbauflächen (Tab. 7) liegen in Asien und Afrika, unter den Ländern hat Indien die größte Fläche unter Sorghum, ihm folgen Nigeria, USA, Sudan, Argentinien und China. In der Produktion stehen Asien sowie Nord- und Mittelamerika an der Spitze, bei den Ländern USA und Indien. Auch in China, Argentinien

---

[1]   ICRISAT Journal Article No. JA-286

Tab. 7. Fläche, Produktion und Ertrag von Sorghum 1983. Nach (5).

Region und ausgewählte Länder	Fläche (Mio. ha)	Produktion (Mio. t)	Ertrag (kg · ha^{-1})
Afrika	15,0	9,0	597
Nigeria	5,9	2,7	449
Sudan	3,5	1,8	520
Nord- und Mittelamerika	6,3	19,1	3022
USA	4,0	12,3	3063
Mexiko	1,9	6,4	3358
Südamerika	3,1	9,5	3001
Argentinien	2,5	8,3	3274
Asien	20,9	23,2	1109
Indien	16,5	12,0	727
China	2,8	10,0	3573
Australien	0,7	1,0	1413
UdSSR	0,2	0,2	900
Welt	46,5	62,5	1344

und Mexiko nimmt die Sorghumproduktion eine bedeutende Stellung ein; in den USA, Indien und Argentinien steht Sorghum an der dritten Stelle hinter Mais und Weizen oder Reis, in Mexiko sogar an zweiter Stelle hinter Mais und vor Weizen, in China an vierter Stelle vor Gerste. Die Erträge sind in all den Ländern hoch, in denen die modernen Hybridsorten (s. u.) bei ausreichenden Niederschlägen und mit guter Düngung angebaut werden. In Afrika sind die Erträge niedrig, nicht nur weil die traditionellen Sorten ein geringes Ertragspotential haben, sondern auch weil Sorghum meist auf marginalen Standorten der semiariden Gebiete angebaut wird. Weltweit nahm die Anbaufläche in den 50er und 60er Jahren nach Einführung der ertragreichen amerikanischen Sorten schnell zu. Seit Beginn der 70er Jahre ist sie ziemlich konstant geblieben, die Produktion betrug aber 1969/71 erst 54 Mio. t, ist also bis 1983 um 15 % gestiegen.

Botanik
Sorghum umfaßt sehr viele Formen, die außer als Getreide auch als Grünfutter, zur Zuckergewinnung und für technische Zwecke (Besen, Fasern, Baumaterial, Brennstoff) verwendet werden. Sie wurden früher zum Teil als getrennte Arten behandelt; heute werden sie meist als zu einer einzigen Art gehörend aufgefaßt. Die Getreidesorten werden der ssp. *bicolor* (Syn. *Sorghum vulgare* Pers.) zugeordnet, die ihrerseits die fünf Rassen Bicolor, Guinea, Caudatum, Kafir und Durra sowie verschiedene Hybridrassen umfaßt (3, 8). Die Rasse Bicolor hat offene Infloreszenzen und ist von Afrika bis Ostasien verbreitet. Guinea hat große, lockere Infloreszenzen und kommt hauptsächlich in Westafrika, aber auch im Rift Valley Ostafrikas vor. Caudatum hat überwiegend kompakte, aber auch offene Infloreszenzen und ist in Zentralafrika zuhause. Kafir hat kompakte Blütenstände und wird von den Bantuvölkern vom mittleren Afrika bis Südafrika angebaut. Durra mit sehr kompakten Infloreszenzen ist ein charakteristisches Getreide der islamischen Völker von der östlichen Sahelzone bis Indien.

Die größte Formenvielfalt von Sorghum findet man im Nordosten Afrikas, dem abessinischen Mannigfaltigkeitszentrum VAVILOVs (4). Auch ein westafrikanischer Ursprung wurde vorgeschlagen, dafür gibt es aber kaum gesicherte Hinweise. Vielleicht begann die Kultivierung in Äthiopien im 4. oder 3. Jahrtausend v. Chr. Sie könnte sich dann zum oberen Niger in Westafrika durch den Sudan ausgebreitet haben. Wahrscheinlich gab es auch eine Verbreitung südwärts von Äthiopien bis nach Südafrika, aber dafür gibt es wenig Beweise. Die Durra-Typen finden sich heute fortlaufend von Äthiopien ausgehend durch den Nahen Osten und quer durch

Indien bis nach Thailand (8). Man nimmt an, daß diese Verbreitung ungefähr 1000 bis 800 v. Chr. erfolgte. In alten Schriften wird der Sorghumanbau in Indien im 1. Jahrhundert n. Chr. erwähnt. 60 bis 70 n. Chr. berichtete Plinius, daß die Frucht von Indien nach Italien eingeführt wurde. Nach China gelangte sie wahrscheinlich auf den Handelswegen von Indien nach dem Nahen Osten im 3. Jahrhundert n. Chr. Für den amerikanischen Kontinent stellt Sorghum eine junge Getreideart dar, sie wurde dort erst 1857 eingeführt.

Die Getreidesorten von Sorghum bilden keine oder nur sehr kurze Rhizome; sie sind einjährig oder kurzzeitig ausdauernd. Gut entwickelte Rhizome hat nur *Sorghum halepense* (L.) Pers., das oft ein schädliches Unkraut ist (8). Einige Sorghumsorten, besonders Sudangras und einige andere Futterhirsen, bestocken sich üppig. Die Bestockungstriebe entwickeln sich aus den Adventivknospen der untersten Halmknoten.

Alle 3 bis 6 Tage bildet sich ein neues Blatt am Stengel. Die Blätter sind wechselständig mit einer Knospe in jeder Blattachse, ausgenommen am Fahnenblatt. Aus diesen Knospen können Seitentriebe gebildet werden. Die Mittelrippe des Blattes ist bei Sorten mit saftigem Stengel grünlich und bei Sorten mit trockenem Halm weißlich. Der Halm wächst zu einer Länge von 0,5 bis 4 m heran; das Mark ist süß oder unschmackhaft, saftig oder trocken.

Die Differenzierung der Blütenstände beginnt meist 30 bis 40 Tage nach der Keimung, kann aber auch früher oder erst nach 90 oder mehr Tagen erfolgen. Die Blütenrispe steht am Stengelende. Ihre Blütezeit dauert 4 bis 5 Tage. Das Blühen beginnt an der Spitze und schreitet nach unten fort. Die Gestalt der vollentwickelten Rispe variiert von kopfförmig geschlossen (kompakt) mit ovaler oder zylindrischer Form, aufrecht oder nach unten gebogen, bis offen mit langen gerade oder hängenden Ästen. Die Zentralspindel kann lang oder gestaucht sein mit kurzen oder langen Ästen. Die Form der Rispe ist ein wichtiges Kennzeichen der Rassen (s. o.). Die einblütigen Ährchen stehen paarweise, das eine sitzend und zwittrig, das andere gestielt und steril oder männlich; auch seine Antheren müssen bei der Kastration für Kreuzungszwecke entfernt werden. Die Hüllspelzen haben verschiedene Farben. Sie können rot, purpur-schwarz oder gelbbraun sein; letztere bedingen geringere Kornverfärbung in feuchtem Wetter. Einige Spelzentypen sind härter als die anderen. Diese sind schwierig zu kastrieren, deshalb sollten sie nur als Polleneltern verwendet werden.

Die Samen sind rund bis abgeflacht (engl. turtle backed); die runden Samen mit einem dicken Perikarp sind am leichtesten zu schälen. Die Samenfarbe variiert beträchtlich, im allgemeinen wird der weiße Typ als Nahrungsmittel bevorzugt. Bunte Samen – einige mit Samenschale – sind bitter im Geschmack. Das Endosperm ist normalerweise weiß, kann aber auch gelb sein. Seine unterschiedliche Härte ist für die Nahrungszubereitung wichtig. Die physiologische Reife des Samens erkennt man, wenn sich eine schwarze Schicht in dem Nabel des Samens bildet.

Ökophysiologie

Ein Symposium über die Agroklimatologie von Sorghum und Perlhirse fand bei ICRISAT im November 1982 statt (11). Eine zusammenfassende Darstellung bietet (17). Über 55 % der Sorghumproduktion kommen aus den semiariden Tropen (SAT), verteilt über vier Kontinente und 48 Länder (22). Die durchschnittlichen Jahrestemperaturen übersteigen in den SAT 18 °C. Der Niederschlag übertrifft die Evapotranspirationsrate nur während 2 bis 4,5 Monaten in den trockenen SAT und während 4,5 bis 7 Monaten in den naß/trockenen SAT. Der Variationskoeffizient des Regens ist mit 20 bis 30 % hoch. Sorghum wächst auch auf staunassen Böden, so daß es zu einer guten Folgefrucht nach Reis wird. Ebenso wächst es in höhergelegenen Gebieten Ostafrikas und Zentralamerikas, wo Kältetoleranz wichtig ist.

Für die Verbesserung des Sorghumanbaus sollten zwei Situationen beachtet werden:

1. Produktion unter klimatisch günstigen Bedingungen, wo durch gutes Management Erträge von über 12 t/ha erzielt worden sind,
2. Produktion unter widrigen Bedingungen, wo die Verhinderung oder Begrenzung von Ernteverlusten Vorrang haben.

Photoperiodisch ist Sorghum eine quantitative Kurztagpflanze, es kann aber auch tagneutral sein (18). In Westafrika ist die photoperiodische Sensivtität ein wichtiges Anpassungskriterium. MILLER et al. (15) haben Sorghum in 5 Klassen eingeteilt, entsprechend ihrem Verhalten gegenüber der Tageslänge. Zusätzlich zur photoperiodischen Reaktion verzögern niedrige Temperaturen, Wasser- und Nahrungsstreß das Blühen. *Feuchtigkeit* ist in vielen Gebieten produktionsbegrenzend. In den vergangenen Jahren sind zahlreiche Arbeiten erschienen, die sich mit Maßnahmen der Transpirationskontrolle und dem Entzug des Bodenwassers beschäftigten (14). Es wird versucht, den Genotyp und die landwirtschaftlichen Maßnahmen mit der an dem jeweiligen Standort zu erwartenden Wasserversorgung in Einklang zu bringen. Bis jetzt gibt es hierfür jedoch noch keine erfolgreiche Strategie.

Kurz vor der Blütendifferenzierung ist die Pflanze am empfindlichsten gegen Wasserstreß. Während der Kornfüllung liegt die empfindlichste Phase gegen Feuchtigkeitsstreß 6 bis 9 Tage nach der Blüte. Es gibt bestimmte Situationen, besonders in Westafrika, in denen während mancher Jahre die Pflanzen die Feuchtigkeitsreserven aufbrauchen und daher ihre Samen nicht ausreichend füllen können.

Hohe *Temperatur* an der Bodenoberfläche setzt den Durchtritt der Koleoptile aus dem Boden spürbar herab (18). Es gibt jedoch genetische Unterschiede; bei einigen Linien wurde nachgewiesen, daß sie sogar bei Bodenoberflächentemperaturen bis zu 55 °C keimen. Die Entfaltung der Blätter wird von der Temperatur, besonders während der Nacht, stark beeinflußt. Auch hierbei gibt es ausgesprochene genetische Variationen.

Die Bestockung (30) wird durch kühlere Temperaturen (< 18 °C) angeregt. Die meisten Sorghumsorten bestocken sich nicht bei höheren Temperaturen; auch für dieses Merkmal gibt es eine genetische Variabilität.

Die Anlage der Blüten ist empfindlich gegen hohe Temperaturen. Wenn die Nachttemperaturen während der kritischen Entwicklungsphasen 5 °C über dem Optimum gehalten wurden, traten Ertragsminderungen von 25 bis 36 % ein, die im wesentlichen durch die geringere Zahl ausgebildeter Körner bedingt waren (30).

Sowohl *Boden*verdichtung als auch Bodenverkrustung begrenzen die Keimfähigkeit. Sorghum hat ein faseriges Wurzelsystem, welches sich in tiefem, gut strukturiertem Boden bis zu 1,8 m oder tiefer erstreckt mit einer seitlichen Ausdehnung von 1 bis 1,5 m (8). Das Eindringen der Wurzeln in den Boden hängt von zahlreichen Faktoren ab, von denen pH und Tiefe wichtige

Beispiele darstellen. Unter einem pH-Wert von 5 wird die Aluminiumtoxizität ein Problem, sie behindert das Wurzelwachstum und die Fähigkeit der Pflanze, Wasser und Nährstoffe aufzunehmen (2).

Züchtung

Weltweit werden sowohl traditionelle Sorten als auch Hybriden angebaut. Die Hybriden dominieren z. B. in den USA, die alten Sorten in den Ländern Westafrikas. Es gibt Ansätze, die Verwendung von Hybriden in Indien und China zu steigern. Der Einsatz von Hybriden erfordert oft ein Abweichen von der traditionellen Landwirtschaft.

Bedeutende Ziele bei der Verbesserung von Sorghum sind (1, 8, 10):

1. Verbesserte Erträge und Ertragsstabilität in Gebieten mit ausreichender oder begrenzter Feuchtigkeit,
2. Schaffung von erhöhter Variabilität, um die Selektion effektiver zu gestalten. Die Weltsammlung von ca. 25 000 Herkünften ist eine bedeutende Quelle der Variabilität. Die Texas Experiment Station und das US Department of Agriculture (USDA), die sich mit der Anpassung tropischer Formen an gemäßigte Klimate beschäftigten, haben wertvolles Genmaterial zu dieser Sammlung beigetragen,
3. Erhöhung des Niveaus der Resistenz gegen Krankheiten, Insekten, Vögel, Striga (8a), Feuchtigkeits- und Temperaturstreß, Nährstoffmangel und pH-Wert des Bodens, Verbesserung der Bestandsbildung, Resistenz gegen das Schimmeln des Korns etc.,
4. Nahrungs- und Futterqualität.

Die Sorten, die in der entwickelten Landwirtschaft verwendet werden, sind gewöhnlich tagneutral mit einem Ertragsindex von 0,5 bis 0,3. Sie haben oft einen niedrigen Wuchshabitus, um mechanisches Ernten zu erleichtern. Die Rispe ist halbkompakt bis aufgelockert, von elliptischer oder zylindrischer Form (Abb. 14). Sogar unter tropischen Bedingungen blühen diese Pflanzen regelmäßig in weniger als 75 Tagen. Sudangras und Sorghum-Sudangras-Hybriden werden als Heu und Silage verwendet.

Die von den traditionellen Farmern in Afrika, Asien und Zentralamerika angebauten Sorten sind oft hochwüchsig (Wuchshöhe 2,5 bis 4 m), photoperiodisch empfindlich und haben den sehr niedrigen Ertragsindex von 0,2. Bei ihrer

Abb. 14. Fruchtstände eines großkörnigen Sorghumhybriden (X 4039) mit halbkompakten Rispen. (Foto Northrup, King & Co.)

Selektion wurden Typen für einen frühen Aussaattermin bevorzugt, um den Insekten- und Krankheitsbefall zu verringern. Dazu sollte die Reife erst nach der Regenzeit einsetzen, wenn die Gefahr des Verschimmelns der Körner geringer geworden war. Die Sorten mußten vielseitig verwendbar sein, das Korn als Nahrungsmittel, die Stengel und Blätter als Viehfutter, die Stengel auch als Baumaterial und zusammen mit den Wurzelstöcken als Brennmaterial.

Bei Sorghum werden die allgemein gebrauchten Züchtungsverfahren wie Stammbaumzüchtung, Rückkreuzung usw. angewandt (7, 8). Rekurrente Ausleseverfahren, die zunächst für allogame Arten entwickelt wurden, sind für Sorghum angepaßt worden, gewöhnlich durch Nutzung der Gene ms_3 und ms_7 für männliche Sterilität, um den Grad der Rekombination zu erhöhen. Die ganze Palette der rekurrenten Selektionsver-

fahren ist bei Sorghum anwendbar. Sie sind ein wirkungsvolles Werkzeug für die gleichzeitige Kombination verschiedener Merkmale.

Anbau

Vermehrung. Sorghum wird nur durch Saat vermehrt. Die Sortenechtheit wird im Züchtersaatgut aufrechterhalten. Zur Produktion der Handelssaat, die an die Farmer verkauft wird, sind mehrere Vermehrungsschritte nötig. Reinheit und Typenechtheit der Eltern von Hybriden werden ebenfalls im Züchtersaatgut gesichert. Dann muß die Stammsaat der Eltern vermehrt werden, ehe die kommerzielle Hybridsaat auf großen Kreuzungsfeldern produziert werden kann (Abb. 15). Bei traditionellen Sorten können die Farmer ihr eigenes Saatgut behalten, bei Hybriden müssen sie das Saatgut jedesmal kaufen, wenn sie Sorghum anbauen.

Abb. 15. Saatproduktion von Sorghumhybriden. Zwölf Reihen der weiblichen Linie (rote Körner) wechseln mit 4 Reihen der männlichen Linie (gelbe Körner). Der F_1-Hybrid hat goldgelbe Körner und gelbes Endosperm. (Foto Northrup, King & Co.)

Bodenvorbereitung. Die Bodenbearbeitungsmethoden hängen von der verfügbaren Zugkraft und dem Gerät ab, sowie von der Beschaffenheit und dem Feuchtigkeitsgehalt des jeweiligen Bodens. Bei der Verwendung von Traktoren werden die Ernterückstände zerkleinert und untergepflügt; dabei entsteht häufig eine rauhe Oberfläche, die der Bodenkonservierung dient. Zur Schaffung einer gleichmäßigen Krümelstruktur wird der Boden in einer Tiefe von 5 bis 25 cm bearbeitet, gleichgültig, ob die Bearbeitung mit dem Traktor, mit durch Tiere gezogenen Geräten oder durch Handhacke erfolgt; dabei wird das Unkraut vernichtet. Die Bodenoberfläche bleibt glatt liegen oder wird in Kämme und Furchen gebracht, besonders für Bewässerungszwecke.

Aussaat und Wiederaustrieb. Gesät wird entweder in Reihen oder breitwürfig. Die Reihenpflanzung ist dort gebräuchlich, wo mit traktor- oder tiergezogenen Geräten gearbeitet wird. Der Reihenabstand beträgt 45 bis 90 cm. Die Saatmenge wird so bemessen, daß man Feldbestände von 150 000 bis 180 000 Pflanzen pro ha erhält. Bedingung dafür ist, daß die Pflanzen nicht mehr als 2,5 m hoch werden und daß Wasser und Fruchtbarkeit ausreichen. In trockneren Gebieten werden die Saatgutmengen der jeweiligen Feuchtigkeit angepaßt und variieren (für niedrigere Pflanzen) von 60 000 bis 100 000 Pflanzen/ ha. In der traditionellen Landwirtschaft werden bei einer Pflanzenhöhe von 2,5 bis 4 m die Aussaatmengen so bemessen, daß man Feldbestände von 45 000 bis 50 000 Pflanzen erhält. Futtersorghum wird mit sehr hoher Saatdichte angebaut (50 kg Saat/ha).

Wiederaustrieb ist zwar möglich, aber nicht allgemein üblich. Nicht alle Sorten treiben wieder gut aus, daher ist es nötig, diese Fähigkeit bei interessierenden Typen besonders zu ermitteln. Beim Wiederaustrieb läßt man nach der Ernte Stoppeln von 10 bis 15 cm Höhe stehen. Man sollte nach Möglichkeit zusätzlich düngen und bewässern, um den Wasseraustrieb zu fördern.

In den SAT wird Sorghum im allgemeinen als Mischkultur mit den verschiedensten Leguminosen oder anderen Getreidearten, besonders Mais und Perlhirse, angebaut.

Düngung und Pflege. Sorghum hat ein besonders kräftiges Aneignungsvermögen für Nährstoffe, die meisten Sorten reagieren aber gut auf zusätzlichen Dünger. Auf den meisten Böden spricht Sorghum gut auf N und P an, eine Reaktion auf K ist nicht so häufig. Außerdem kann ein Bedarf an Zn, Fe, S oder anderen Mikronährstoffen bestehen (2).

Zum Grubbern verwendet man traktor- oder tiergezogene Geräte, oder die Bodenbearbeitung erfolgt von Hand. Herbizide werden besonders auf großflächig angelegten Farmen verwendet. Man benutzt Bandspritzung (in der Reihe) oder besprüht die gesamte Fläche. Bei der Bandspritzung wird das Unkraut zwischen den Reihen mit Grubbern entfernt. Atrazin wird bei Sorghum allgemein verwendet, Propazin ist jedoch auf leichten Böden sicherer (19). Terbutryn, Terbuthylazin und Linuron werden ebenfalls für leichte Böden empfohlen, um Rückstände zu vermeiden. Auch Alachlor und Metolachlor wurden verwendet, sie verursachten aber häufig Schäden an der Frucht. Propachlor wurde gegen Ungräser verwendet, ebenso bewährte sich eine Nachauflaufbehandlung mit 2,4-D gegen breitblättrige Unkräuter. Schutzmittel (engl. safeners) zur Saatgutbehandlung werden jetzt entwickelt, um die Schäden, die durch verschiedene Herbizide verursacht werden, zu reduzieren.

Es ist ratsam, mit den Herbiziden auf kleinen Versuchsfeldern einige Jahre zu experimentieren, bevor man Empfehlungen an die Farmer weitergibt, um sicher zu sein, daß keine Schäden an der Kultur entstehen können.

Ernte. Die Ernte kann jederzeit nach der physiologischen Reife des Korns erfolgen, normalerweise aber bleibt die Frucht auf dem Felde, bis eine Kornfeuchtigkeit von 12 bis 18 % erreicht ist. Das gedroschene Korn wird in einer Trocknungsanlage oder in der Sonne getrocknet. Ein gutes Dreschverhalten gilt als wichtiges Selektionsmerkmal für den Züchter.

Krankheiten und Schädlinge

Krankheiten. Kornschimmel ist die wichtigste Krankheit bei Sorghum (6), besonders bei frühreifenden, tagneutralen Sorten. Die wichtigsten Pathogene sind *Curvularia lunata* und *Fusarium*

moniliforme; auch *Fusarium semitectum, Alternaria* spp., *Cladosporium* spp. und *Phoma* spp. tragen zum Kornschimmel bei. Schutz gegen diese Krankheit ist möglich, indem man resistente Sorten verwendet und Aussaattermine und Pflanzenreife so ausrichtet, daß die Zeit der Kornbildung und Kornreife nicht in die Regenperiode fällt.

Auch Stengelfäulen (12) sind wichtige Krankheiten, am schwerwiegendsten ist die durch *Macrophomina phaseolina* hervorgerufene Schwarzbeinigkeit (engl. charcoal rot), ferner durch *Fusarium* spp. verursachte Fäule. Man kann eine gewisse Kontrolle ausüben, indem man resistente (einschließlich lange grün bleibender, „nonsenescent") Sorten verwendet und die Pflanzenpopulation und Düngung dem zu erwartenden Niederschlag so anpaßt, daß Streßsituationen besonders während des Schoß- bis Blühstadiums verringert werden.

Der durch *Sclerospora sorghi* verursachte Falsche Mehltau greift die Blätter und die Rispe an. Seine verschiedenen Symptome sind zerfetzte Blätter, gehemmtes Wachstum und fehlende Kornausbildung (29). Diese Krankheit spielt gegenwärtig eine große Rolle bei den Quarantänemaßnahmen verschiedener Länder. Sie läßt sich kontrollieren durch resistente Wirtspflanzen (Immunität ist nachgewiesen worden), durch Anbauverfahren und chemische Bekämpfung; die Behandlung des Saatgutes mit Metalaxyl hat sich als durchaus wirksam erwiesen (16).

Die Brennfleckenkrankheit, verursacht durch *Colletotrichum graminicola*, ruft Schäden hervor, die von Kornmißbildung, Blütenstielbruch und Stengelfäule bis zu weitverbreiteten Blattschäden reichen (29). Die Krankheit kann sich sehr schnell ausbreiten und beträchtlichen Schaden verursachen. Resistenz und sorgfältige Entfernung infizierter Pflanzenreste unterstützen die Bekämpfung der Brennfleckenkrankheit.

Viren sind wichtige Krankheitserreger. Das bedeutendste ist das Zuckerrohr-Mosaikvirus, gefolgt von den A- und B-Linien des Mais-Zwergmosaikvirus (29). Resistenz und Immunität sind bekannt (24). Blattlausbekämpfung kann zur Eindämmung dieser Krankheiten beitragen, ebenso die Anpassung des Aussaattermins und die Vernichtung anderer Wirtspflanzen.

Bezüglich weiterer, meist nur örtlich wichtiger Krankheiten kann nur auf die Literatur verwiesen werden (4, 6, 12, 23, 29).

Schadinsekten. Die Gruppe der Stengelbohrer stellt das Hauptproblem unter den Insekten dar (13, 21, 26). Zu dieser gehören *Acigona ignefusalis, Busseola fusca, Chilo partellus, Diatraea saccharalis, D. grandiosella, Eldana saccharina, Ostrinia nubilalis, Sesamia inferens, S. cretica* und *S. calamistis*. Die Schädigung beginnt schon im Sämlingsstadium durch Blattfraß. Im Ernstfall kann dadurch der Vegetationspunkt vernichtet werden, was das Absterben des jüngsten Blattes im Zentrum zur Folge hat (engl. dead heart). Die Larven fressen an der Pflanze während jeder Entwicklungsperiode; auch in den Stengel und den Blütenstiel bohren sie sich ein. Das Resultat dieses Befalls sind Kümmerkörner und Umbruch des Stiels. Schutz ist möglich durch Resistenz, sanitäre Maßnahmen, wie Vernichtung der Erntereste (Stoppeln), frühes Pflügen, um eingegrabene Larven und Puppen an die Oberfläche zu befördern, und chemische Maßnahmen, wobei sich Granulate gegenüber Sprays durchsetzen konnten (21).

Die Gallmücke *Contarinia sorghicola* ist eine kleine (2 mm) leuchtend orangerote Fliege, die ihre Eier während der Blühperiode in die Blüten legt. Die Made frißt am Fruchtknoten und zerstört den sich entwickelnden Samen. Diesen Schädling findet man weltweit in vielen Sorghum-Anbaugebieten. Die Bekämpfung erfolgt durch den Anbau resistenter Sorten oder durch gleichzeitige Aussaat von Sorten, die zur selben Zeit blühen, über große Gebiete, um den Aufbau einer Population über mehrere Generationen zu vermeiden.

Die Halmfliege *Atherigona soccata* findet man in Afrika und Asien an Sorghum. Die Fliege legt ihre Eier einzeln an die Unterseite der Sämlingsblätter. Die Made wandert zum Vegetationspunkt, tötet ihn und frißt das verfallende Gewebe. Sorten mit guter Resistenz sind verfügbar, jedoch ist fast überall ein früher Aussaattermin die wirkungsvollste Gegenmaßnahme. Der Befall ist besonders ernst, wenn sich die Aussaat wegen erneuter Pflanzung verspätet, und in Indien bei Anbau in der Nachmonsunzeit. Systemische Insektizide wie Furadan, Fesulfothion und Isofenphos, die bei der Aussaat nahe am Saatgut in den Boden eingebracht werden, geben wirkungsvollen Schutz (21).

Von der grünen Getreideblattlaus *Schizaphis graminum* gibt es zwei Biotypen, C und E. Dieser Schädling spielt besonders in Amerika eine wichtige Rolle. Die grünen Läuse saugen Saft aus den Pflanzen, was im schlimmsten Falle zu deren Tod führen kann. Resistente Hybriden, geringe Dosen von Insektiziden und die Erhaltung der natürlichen Feinde und Parasiten bieten Gegenmaßnahmen (25, 26).

Die Banks' Grasmilbe *Oligonychus pratensis* verhindert die Sorghumproduktion in Teilen von Westtexas und kann ernste Schäden auf den Great Plains der USA verursachen (25, 26). Die Milbe saugt den Pflanzensaft und kann dadurch im Ernstfall die Pflanze töten. Die in Indien beheimatete Milbe *O. indicus* ist von geringer Bedeutung. Die Milben sind extrem klein, die Bewegungen auf der Pflanze erkennt man gerade noch mit bloßem Auge. Sie bilden Gespinste auf den Blättern und manchmal auch auf der Rispe. Gegenmaßnahmen schließen den Anbau resistenter Sorten, Insektizide und natürliche Feinde ein. Die Anpassung des Aussaattermins kann ebenfalls zur Bekämpfung beitragen.

Sorghum wird von vielen anderen Insekten befallen, die jedoch meist von geringerer Bedeutung sind. Zu nennen sind vor allem der amerikanische und der ortientalische Heerwurm, die Gruppe der Rispenwanzen (engl. head bugs) und die verschiedenen Rispenraupen (engl. earhead webworms) (4, 13, 25, 26).

Traditionelle Verarbeitung und Verwendung

Sorghum stellt ein wichtiges Grundnahrungsmittel dar. Die Zubereitung von Sorghum kann in 8 Hauptkategorien unterteilt werden (20):

1. Ungesäuertes Brot: roti (Indien), tortilla (Zentralamerika)
2. Gesäuertes Brot: injera (Äthiopien), kisra (Sudan), dosai (Indien)
3. Dicker Brei: to oder tuwo (Westafrika), ugali (Ostafrika), bagobe (Botswana), sankati (Indien)
4. Dünner Brei (fermentiert oder unfermentiert): ogi (Nigeria), ugi (Ostafrika), ambali (Indien), edi (Uganda)
5. Über Dampf gegarte Gerichte: couscous (Westafrika), wowoto (China), Nudeln (China)
6. Gekochtes Sorghum: soru (Indien)
7. Snacks: Puffsorghum, süßes Sorghum
8. Alkoholische und nichtalkoholische Getränke: Wein (China, Korea), Bier (Afrika), Erfrischungsgetränk (Afrika und Teile von Lateinamerika)

Für die meisten dieser Nahrungsmittel wird das ganze Korn zu Mehl vermahlen – von sehr fein bis grobkörnig. Häufig wird erst das Perikarp entfernt, indem man die Körner anfeuchtet und dann in einem Mörser stampft. Mehl gewinnt man durch weiteres Stampfen, Mahlen zwischen Steinen oder mit Hilfe maschinengetriebener Mühlen (9).

Für gekochtes Sorghum wird das Korn geschält, aber nicht zu Mehl verarbeitet; das ganze Endosperm wird ähnlich wie bei der Reiszubereitung gekocht. Um Brei zuzubereiten, wird das Mehl in heißes oder kochendes Wasser eingerührt, dessen pH neutral (Ugali, Ugi), basisch (Mali) oder sauer (Obervolta) ist. Man läßt den Brei 3 bis 10 Minuten kochen, bis die gewünschte Konsistenz erreicht ist. Er wird immer mit einer Tunke aus Leguminosen, Gemüse, Fisch oder Fleisch gegessen.

Der Teig zur Brotherstellung kann entweder fermentiert sein (injera, kisra, dosai) oder nicht fermentiert (roti, tortilla). Der Teig wird mit den Händen zu einem flachen Brot von wenigen Millimetern Dicke geknetet (roti, tortilla). Gesäuertes Brot wird hergestellt, indem man einen dünnen fermentierten Teig auf eine heiße Platte gießt; daraus erhält man ein Fladenbrot von 25 bis 50 cm Durchmesser.

Getränke werden aus weißen oder (häufiger) aus farbigen Samen hergestellt, die Dauer der Fermentierung hängt von der jeweiligen Art des gewünschten Produktes ab (27, 28).

Im allgemeinen wird das weißkörnige Sorghum als Nahrungsmittel bevorzugt, das farbige zur Bierherstellung. Für gekochte Produkte sind Sorten erwünscht, deren dickes Perikarp ein hartes Endosperm bedeckt. Sie sind leichter zu schälen, d. h. das Perikarp kann entfernt werden, ohne das Endosperm zu zerbrechen. Weichstärke-Endosperme werden zur Herstellung von Tortillas und Injera bevorzugt. Die Härte des Endosperms ist somit ein wichtiges Merkmal für die Zubereitung der entsprechenden Gerichte, daneben spielen Farbe, Textur und Geschmack eine Rolle. Dicker Brei wird nicht geschätzt, wenn er an Fingern und Zähnen kleben bleibt. Nahrung aus Sorghum wird gewöhnlich einmal am Tag zubereitet und im Laufe dieses Tages oder am nächsten Morgen verzehrt. Daher ist die Haltbarkeit der zubereiteten Nahrung für diesen Zeitraum ohne den Verlust des gewünschten Geschmacks wichtig; sie ist eine Eigenschaft der verwendeten Sorte.

Literatur

1. BULLARD, R. W., and YORK, J. O. (1985): Breeding for bird resistance in sorghum and maize. In: RUSSELL, G. E. (ed.): Progress in Plant Breeding – 1, 193–222. Butterworths, London.
2. CLARK, R. B. (1982): Mineral nutritional factors reducing sorghum yields: micronutrients and acidity. In: (10), 179–190.
3. DE WET, J. M. J. (1978): Systematics and evolution of Sorghum sect. Sorghum (Gramineae). Am. J. Bot. 65, 477–484.
4. DOGGETT, H. (1970): Sorghum. Longmans, London.
5. FAO (1984): Production Yearbook, Vol. 37, FAO, Rom.
6. FREDERIKSEN, R. A. (1982): Disease problems in sorghum. In: (10), 263–271.
7. FUCHS, A. (1980): Nutzpflanzen der Tropen und Subtropen, Bd. 4: Pflanzenzüchtung. Hirzel, Leipzig.
8. HOUSE, L. R. (1985): A Guide to Sorghum Breeding. 2nd ed. ICRISTAT, Patancheru, A. P., Indien.
8a. HOUSLEY, T. L., EJETA, G., CHERIF-ARI, O., NETZLY, D. H., and BUTLER, L. G. (1987): Progress towards an understanding of sorghum resistance to Striga. In: WEBER, H. Ch., and FORSTREUTER, W. (eds): 4th International Symposium on Parasitic Flowering Plants, 411–419. Philipps-Universität, Marburg.
9. ICRISAT (1982): Proceedings of the International Symposium on Sorghum Grain Quality, Oct. 1981. ICRISAT, Patancheru, A. P., Indien.
10. ICRISAT (1982): Sorghum in the Eighties. Proc. Intern. Symposium, 2–7 Nov. 1981, ICRISAT, Patancheru, A. P., Indien.
11. ICRISAT (1983): WMO/ICRISAT Symposium-Planning Meeting on Agroclimatology of Sorghum and Pearl Millet. ICRISAT, Patancheru, A. P., Indien.
12. ICRISAT (1984): Sorghum Root and Stalk Rots, a Critical Review. Proc. Discussion on Research Needs and Strategies, Bellagio, Italy, 1983. ICRISAT, Patancheru, A. P., Indien.
13. ICRISAT (1985): Proceedings of the International Sorghum Entomology Workshop, 15–21 July, 1984. ICRISAT, Patancheru, A. P., Indien.
14. JORDAN, W. R., and SULLIVAN, C. Y. (1982): Reaction and resistance of grain sorghum to heat and drought. In: (10), 131–142.
15. MILLER, F. R., BARNES, D. K., and CRUZADO, H. J. (1968): Effect of tropical photoperiod on the growth of sorghum when grown in 12 monthly plantings. Crop Sci. 8, 499–502.
16. MUGHOGHO, L. K. (1982): Strategies for sorghum disease control. In: (10), 273–282.
17. NORMAN, M. J. T., PEARSON, C. J., and SEARLE, P. G. E. (1984): The Ecology of Tropical Food Crops. Cambridge Univ. Press, Cambridge.
18. PEACOCK, J. M. (1982): Response and tolerance of sorghum to temperature stress. In: (10), 143–159.
19. RAMAIAH, K. V., and PARKER, C. (1982): Striga and other weeds in sorghum. In: (10), 291–302.

20. ROONEY, L. W., and MURTY, D. S. (1982): Evaluation of sorghum food quality. In: (10), 571–588.
21. SESHU REDDY, K. V. (1982): Sorghum insect pest management – II. In: (10), 237–246.
22. SIVAKUMAR, M. V. K., and VIRMANI, S. M. (1982): The physical environment. In: (10), 83–100.
23. TARR, S. A. J. (1962): Diseases of Sorghum, Sudan Grass and Broom Corn. Commonwealth Mycol. Inst., Kew, Surrey.
24. TEAKLE, D. S. (1980): The cause and control of sorghum viral diseases in Australia. In: ICRISAT: Proc. Intern. Workshop on Sorghum Diseases, 409–415. ICRISAT, Patancheru, A. P., Indien.
25. TEETES, G. L. (1982): Sorghum insect management – I. In: (10), 225–235.
26. TEETES, G. L., SESHU REDDY, K. V., LEUSCHNER, K., and HOUSE, L. R. (1983): Sorghum Insect Identification Handbook. ICRISAT, Patancheru, A. P., Indien.
27. VOGEL, S., and GRAHAM, M. (eds.): Sorghum and Millet Food Production and Use. Report Workshop Nairobi, 4–7 July, 1978. IDRC, Ottawa, Ontario, Canada.
28. WALL, J. S., and ROSS, W. M. (eds.): 1970: Sorghum Production and Utilization. Avi Publ. Co., Westport, Connecticut.
29. WILLIAMS, R. J., FREDERIKSEN, R. A., and GIRARD, J.-C. (1978): Sorghum and Pearl Millet Disease Identification Handbook. ICRISAT, Patancheru, A. P., Indien.
30. WILSON, G. L., and EASTIN, J. D. (1982): The plant and its environment. In: (10), 101–119.

1.1.4 Weizen

WERNER PLARRE

Botanisch:	*Triticum aestivum* L. emend. Fiori et Paol., *T. turgidum* (L.) Thell. convar. *durum* (Desf.) MacKey (Syn. *T. durum* Desf.).
Englisch:	common wheat, durum wheat
Französisch:	blé ordinaire, blé dur
Spanisch:	trigo blando, trigo duro

Wirtschaftliche Bedeutung

Weizen ist nicht nur das wichtigste Grundnahrungsmittel für ⅓ der Menschheit, sondern unter den landwirtschaftlichen Erzeugnissen das bedeutungsvollste Handelsprodukt (14). Bereits im Altertum hat er in der Alten Welt eine ernährungspolitisch weitreichende Rolle gespielt. Besonders bekannt geworden sind die biblisch legendär verbrämten Weizeneinkäufe der Israelis in Ägypten. Dabei handelte es sich nach den

Funden in den Pyramiden um den Emmerweizen, *T. turgidum* ssp. *dicoccon* (Schrank) Thell., der ein naher Verwandter des später entstandenen Durumweizens ist. Im Vergleich zum Backweizen hat Durum nur eine regionale Bedeutung gewonnen, allerdings eine sehr dominierende im gesamten Mittelmeerraum.

Zu Beginn der 80er Jahre wurden von den 236,6 Mio. ha Weizen in der Welt 92 % mit Saat- und 8 % mit Durumweizen bestellt, bezogen auf die Produktion wurden aber nur 6 % erreicht (Tab. 8, 9). Die Differenz kommt zustande, weil die Ertragsleistung des Durum innerhalb größerer Schwankungen im Mittel bei etwa 75 % im Vergleich zum Saatweizen liegt (s. u.). Ökologisch prädestinierte Länder für den Anbau von Durum, wie die vorderasiatischen und nordafrikanischen, könnten mit höheren Erträgen eine wesentliche Verbesserung ihrer gesamten Ernährungs- und Wirtschaftssituation erreichen. In den Industrieländern steigt der Bedarf an Qualitätsdurum für die Teigwarenherstellung. In der EG ist z. Z. erlaubt, daß Durum- mit Aestivum-Sorten verschnitten werden. Große Anstrengungen, wie z. B. in der Bundesrepublik, bestehen darin, durch Ausweitung des Durumanbaus von teuren Importen unabhängig zu werden; 1987 soll dieses Ziel erreicht sein.

Die große wirtschaftliche Bedeutung wird natürlich durch den Saatweizen (Brotweizen, *T. aestivum*) bestimmt. Die zunehmende Nachfrage, wie sie sich am deutlichsten an den Importmengen vieler Länder der Dritten Welt – besonders in den traditionell reisanbauenden – nachweisen läßt, ist bislang immer gedeckt worden. Unter den Exportländern besteht große Konkurrenz. Verkaufen z. B. die USA der UdSSR einige Mio. t Weizen zu subventionierten Preisen, befürchtet man in Argentinien Einnahmeausfälle bis zu 1 Mrd. US-$ (Marktsituation Sommer 1986). Wie aus Tab. 10 zu entnehmen, brauchten einige große Länder wie China, Indien, Pakistan, Mexiko in den letzten Jahren trotz des z. T. großen Bevölkerungswachstums ihre Importmengen nicht weiter zu erhöhen. Ihre Produktionssteigerung ist in erster Linie dem Züchtungsfortschritt zuzuschreiben. Dies ist auch der Grund dafür, daß im Weltmaßstab kaum noch eine Flächenausweitung eingetreten ist (Tab. 8) (→ Bd. 3, PLARRE, S. 216, Tab. 27). Derzeit liefert Weizen fast 30 % der Gesamtproduktion aller Getreidearten, Reis 26 %.

Tab. 8. Erzeugung von Weizen in den wichtigsten Anbaugebieten. Nach (13).

Gebiet	Fläche (Mio. ha)		Ertrag (t/ha)		Produktion (Mio. t)	
	1974/76	1981/83	1974/76	1981/83	1974/76	1981/83
Welt	227,4	236,6	1,7	2,0	383,4	479,5
Afrika	8,7	8,1	1,1	1,2	9,5	9,5
Algerien	2,2	1,7	0,7	0,6	1,5	1,0
Äthiopien	0,6	0,7	1,0	1,2	0,6	0,9
Marokko	1,8	1,8	1,0	0,9	1,9	1,7
Südafrika	1,7	1,8	1,1	1,2	1,9	2,2
Nordamerika	38,5	43,8	2,0	2,4	76,0	102,9
Kanada	9,9	12,9	1,8	2,0	18,0	26,2
Mexiko	0,8	0,9	3,6	4,0	2,9	3,8
USA	27,8	29,9	2,0	2,4	55,0	72,9
Südamerika	9,8	10,1	1,3	1,5	12,9	15,2
Argentinien	5,3	6,9	1,6	1,7	8,5	11,7
Brasilien	3,0	2,2	0,9	1,0	2,6	2,1
Asien (ohne UdSSR)	74,8	80,5	1,4	1,9	105,9	154,0
China	27,7	28,3	1,6	2,5	45,5	69,8
Indien	19,0	22,5	1,3	1,7	24,9	38,8
Iran	5,8	6,1	0,9	1,1	5,4	6,6
Pakistan	6,0	7,2	1,3	1,6	8,0	11,7
Türkei	9,1	9,0	1,6	1,9	14,2	17,0
Europa (ohne UdSSR)	26,5	26,2	3,2	3,8	84,7	98,9
UdSSR	60,4	55,8	1,4	1,5	82,3	83,0
Australien	8,6	12,0	1,4	1,3	11,7	15,7

Tab. 9. Schätzwerte für den Durumanbau. Abgeändert nach (26).

Gebiet	Fläche (Mio. ha)	Erträge (t/ha)		Produktion (Mio. t)
	1979/81	1969/71	1979/81	1979/81
Europ. Mittelmeerländer	2,1	1,8	2,1	4,4
Westasiatische Länder sowie China und Äthiopien	5,0	1,0	1,5	7,5
Indien, Iran, Afghanistan	2,0	–	1,3	2,6
Nordafrika	3,5	0,7	0,8	2,8
UdSSR	3,0	–	1,2	3,6
Nordamerika	3,4	1,9	1,7	5,8
Lateinamerika	0,3	–	2,0	0,6
Welt	19,3	–	1,4	27,3
% vom Gesamtweizen	8,1	–	76,1	6,1

Für die steigende Nachfrage von Weizenprodukten in den Tropen und Subtropen kommt eine Reihe von Gründen in Betracht, die hier nur stichwortartig aufgeführt werden können (6, 10). Die Bevölkerung bevorzugt Weizenprodukte (Brot) mehr und mehr gegenüber traditionellen Grundnahrungsmitteln, die aus Knollenfrüchten oder anderen Getreidearten hergestellt werden. Diese Konsumänderung läßt sich zurückführen auf:

– Einkommenssteigerungen, wie in Nigeria, Korea und Indonesien,
– die rasch voranschreitende Urbanisierung, wie in Lateinamerika, Westafrika und Ostchina (Stadtbevölkerung bevorzugt „Fertigprodukte" wie Brot gegenüber Reis),
– die Landesregierungen, die den Brotpreis durch Subvention aus politischen Gründen niedrig halten, um in Großstädten keine Unruhen unter der ärmeren Bevölkerung aufkommen zu lassen (Brasilien, Chile, Nordafrika),
– die in den letzten Jahren erheblich gesteigerte direkte Nahrungshilfe in Hungergebieten (Sahelzone, Ostafrika), die sich mit Weizenimporten leicht bewerkstelligen läßt.

In Ergänzung zur o. a. Wertbeurteilung des Durumweizens sei noch eingefügt, daß der Weizen auf dem Weltmarkt nach bestimmten Qualitätskriterien gehandelt wird. Die USA als größter Exporteur bieten ihren Weizen in verschiedenen Handelsklassen an. Je nach dem Verarbeitungswert in der Müllerei und Bäckerei werden die Sorten wie folgt eingeordnet (4, 20): Harter Roter Sommerweizen (engl. hard red spring), Durumweizen (hier wird rotschaliger gesondert, und zwar negativer bewertet), Harter Roter Winterweizen (h. r. winter), Weicher Roter Winterweizen (soft r. w.), Weißer Weizen (white; soft/hard, winter/spring). Außerdem gibt es noch Mischweizenpartien (mixed wheat). Für die Erzeugung teurer Hartweizen, die sich durch ein glasiges „hartes" Endosperm mit hohem Eiweißgehalt (Kleberanteil) auszeichnen („Manitobaweizen") sind bestimmte Umwelt- und Erbfaktoren ausschlaggebend. Durumweizen wird fälschlicherweise oft wegen seiner Endospermbeschaffenheit ebenfalls als Hartweizen bezeichnet. Da sich der Terminus Hartweizen im Handel international fest eingebürgert hat, sollte diese Bezeichnung für den Durum nicht mehr als deutsches Synonym benutzt werden. Die o. a. Hartweizen sind alle dem *T. aestivum* zuzuordnen. In der Preisrelation rangiert Durum → Hart → Weichweizen. Je nach Angebot und Nachfrage schwanken die Preise sehr. Durumweizen wird in Nordafrika und im Vorderen Orient durchschnittlich um 20 % teurer gehandelt als Aestivumweizen (26).

Tab. 10. Weizenhandel in ausgewählten Import- und Exportländern. Nach (14).

Gebiet	Import Menge (Mio. t) 1981	Import Menge (Mio. t) 1984	Import Wert (Mio. US$) 1984	Export Menge (Mio. t) 1981	Export Menge (Mio. t) 1984	Export Wert (Mio. US$) 1984
Welt	104,1	115,6	20480	105,4	116,1	18159
Afrika	16,3	19,4	3628	0,1	0,1	16
Ägypten	5,9	7,0	1387	–	–	–
Algerien	2,3	3,0	571	–	–	–
Marokko	2,3	2,4	356	–	–	–
Nigeria	1,5	1,3	320	–	–	–
Amerika	9,0	12,6	2220	64,3	72,8	11459
Kanada	–	–	–	16,2	21,6	3754
Mexiko	1,1	0,3	41	–	–	–
USA	0,0	0,1	15	45,1	43,6	6698
Argentinien	–	–	–	3,8	7,4	986
Brasilien	4,4	4,9	846	–	–	–
Chile	1,0	1,0	155	–	–	–
Asien ohne UdSSR	37,7	40,1	7122	1,1	1,5	240
China	13,7	11,0	2050	–	0,0	2
Indien	1,4	1,5	315	–	–	–
Indonesien	1,4	1,5	279	–	–	–
Iran	1,6	3,5	620	–	–	–
Korea (Rep.)	2,0	2,7	424	–	–	–
Philippinen	0,8	0,8	136	–	–	–
UdSSR	18,7	27,3	4703	2,4	1,9	323
Europa ohne UdSSR	19,2	15,9	2735	25,6	29,1	4464
Australien	–	–	–	10,7	10,6	1662

Botanik

Taxonomie. In der Literatur werden die botanischen Namen nicht einheitlich gebraucht. Laufend werden aufgrund neuer cytogenetischer und biochemischer Erkenntnisse Vorschläge für eine neue Sippeneinteilung vorgelegt (5, 25). Bei ZANDER (12) ist 1984 Durumweizen noch als eigene Art aufgeführt. Dies kann jedoch nicht mehr vertreten werden. Es ist richtiger, ihn als convar. oder als var. (31) einzuordnen. Bei anderen Weizenarten aus den Gattungen *Triticum, Aegilops* u. a., die in den Stammbaum der Tribus Triticeae zu integrieren sind, werden gleichfalls wechselnde Namen genannt, die von Züchtungsforschern immer wieder korrigiert werden (→ Bd. 3, PLARRE, S. 191, und Publikationen in [25]). Im folgenden sind bei der Sippenzuordnung die Angaben von ZANDER (12), aber auch die von ZELLER (31) sowie von ZEVEN und DE WET (32), beachtet worden.

Die Abstammung und Geschichte des tetraploiden Durumweizens (2n = 28, Genom AABB) und des hexaploiden Saatweizens (2n = 42, Genom AABBDD) sind in Bd. 3 (PLARRE, S. 192 f, Tab. 21 und Abb. 61) dargestellt worden. Einzelheiten über die Verwandtschaftsbeziehungen der verschiedenen *Triticum*-Formen finden sich in (5, 25, 31, 32). Heute haben nur noch die freidreschenden Nacktweizen eine wirtschaftliche Bedeutung.

Der Brotweizen ist bereits mit verschiedenen Formen in den ersten vorchristlichen Jahrtausenden in Eurasien weit verbreitet anzutreffen, ist aber nicht in Afrika zu finden. Erst weiße Siedler führten ihn in Süd- und Ostafrika ein. Desgleichen gelangte er mit den europäischen Einwanderern nach Nord- und Südamerika sowie nach Australien (→ Bd. 3, PLARRE, S. 210 f), wo sich heute die Überschußgebiete für den Export befinden (Tab. 10).

Morphologie. Wie bei anderen Getreidearten entstehen beim Weizen nach der primären Keimwurzel sproßbürtige Wurzeln sowohl am unteren Sproßende als auch an den unteren Halmknoten (Kronenwurzeln). Aus den unteren Knoten wachsen auch weitere Halme heraus. Die Bestockungsfähigkeit, d. h. die Anzahl hervorbrechender Halme, ist erblich bedingt, aber auch modifizierbar. Für die Erntesicherheit ist die Festigkeit der Halme (Standfestigkeit) sehr ausschlaggebend. Beim Saatweizen sind sie meist hohl, beim Durum zumindest im oberen Teil

markhaltig. Dies kann als Artmerkmal herangezogen werden. Die Standfestigkeit wird dadurch aber nicht verbessert. Über kurze Halme (Halbzwerge, Zwerge) mit kürzeren Internodien ist dies eher möglich und praktisch bei den High Yielding Varieties (HYV) realisiert.

Da sich gleichmäßigere Bestände entwickeln, wenn nur ein Halm je Pflanze aufwächst, widmet man den einhalmigen Genotypen heute verstärkt Aufmerksamkeit und sieht in einem solchen Typus den Ertragsweizen der Zukunft. Vom 'Gigas Uniculm' mit sehr langer Ähre und vielen Spindelstufen (Ährchen) gibt es bereits verschiedene Varianten (25). Mit 500 reifen Pflanzen/m^2, 80 Körnern/Ähre, d. h. mit 20 Ährchen zu je 4 Körnern und einem TKG von 40 g werden dann 16 t/ha geerntet. Da in einem Weizenährchen bis zu 7 Blüten angelegt und durchaus bis zu 5 fruchtbar sein können, wie bei den HYV, besteht die beste Voraussetzung, die hohe Bekörnung/Ähre zu erreichen (Abb. 16,

Abb. 16. Ähre einer HYV, Ausschnitt mit einigen Spindelstufen und Ährchen. Das mittlere hat bei 7 Blüten 5 Körner.

Abb. 17. Ähren einer indischen HYV mit je etwa 2 × 12 = 24 Spindelstufen und Ährchen. An der linken Ähre sind an der 2. und 3. Stufe deutlich 7 Blüten erkennbar, wovon 2 steril sind. Die Grannen sind z. T. entfernt.

17). Wie bei den meisten anderen Getreideblüten sind neben einem einsamigen Fruchtknoten 3 Antheren vorhanden. Die Selbstbestäubung ist nicht immer absolut (→ Bd. 3, Plarre, S. 218, Tab. 28). Unter Trockenbedingungen öffnen sich die Blüten weiter und Fremdbefruchtung kann stattfinden (→ Plarre, Kap. 1.1.5, natürliche Kreuzungen zwischen Weizen und Roggen). Bei der Kornentwicklung verwachsen Samenschale (Testa) und Fruchtwand zur Karyopse wie bei den meisten Getreidearten. Die Spelzen umhüllen das reife Korn nur sehr lose (freidreschender Nacktweizen). Grannentragende Deckspelzen sind für Weizen subtropisch-tropischer Gebiete typisch. Die Kornfarbe wird durch Pigmenteinlagerung in der Fruchtwand, Testa und im Endosperm (Aleuron) bestimmt. Durumweizen liefert infolge der Carotineinlagerung ein gelbliches Mehl. Die unterschiedliche Kornhärte wird durch die Kompaktierung der Stärkekörner bedingt.

Ökophysiologie

Eine größere Anzahl fertiler Blüten in einem Ährchen erhöht bei den heutigen Genotypen die Sink-Kapazität (engl. sink demand). Damit ist eine verstärkte Translokation der Kohlenhydrate verbunden. Für eine bestmögliche Kornfüllung (hohes TKG) bleibt dann noch die Frage nach der Stickstoffversorgung zu beantworten. Vom Weizen ist seit alters her bekannt, daß er nur auf nährstoffreicheren Böden erfolgreich zu kultivieren ist. Lößlehmböden mit einem hohen Anteil an Dauerhumus bei Niederschlägen um 500 mm (vgl. die Steppengebiete Ukraine, Prärie, Pampa) sind besonders geeignet. Auf eine Bewässerung während der Streckungsphase der Halme und während der beginnenden Kornfüllung reagiert Weizen mit hoher Bekörnung und hohem TKG. In Gebieten des Regenfeldbaues kann daher eine Zusatzbewässerung bei Niederschlägen um 250 mm sehr entscheidend für die Erzielung eines wirtschaftlich vertretbaren Ertrages sein. Bei 230 mm Regen dürfte die unterste Grenze liegen, bei der überhaupt noch ein Anbau, wenngleich sehr extensiv, möglich ist (3).

Bei Hitze, besonders bei heißen Winden in ariden und semiariden Gebieten, können in der Reifephase bei Temperaturen > 25° Trockenschäden auftreten (1), im Mittelmeerraum als échaudage bekannt. Als Folge verringert sich das Korngewicht, niedrige Werte für TKG sind typisch, wie Beispiele aus Indien zeigen (3, 10). Durumweizen ist besser adaptiert, da die Assimilations-Dissimilationsprozesse bei hohen Temperaturen weitgehend eingestellt werden können (Dormanz). Er kommt mit 300 bis 450 mm Regen in subtropischen Anbauarealen aus und bringt hier bei guter Qualität höhere Erträge als Brotweizen (26).

Die ursprünglichen Weizen im Orient waren Winterformen (→ Bd. 3, Plarre, S. 193) und hatten einen Vernalisationsbedarf. Diese Eigenschaft hat im Laufe der Zeit eine große Variabilität erreicht. Manche Sorten brauchen 60 Tage Vernalisation und andere überhaupt keine; deren gesamte Vegetationszeit beträgt nur 60 bis 70 Tage wie bei kanadischen und chinesischen Sommerweizensorten. Für den Anbau in subtropisch-tropischen Gebieten sind Sommertypen mit etwa 125 bis 145 Tagen Vegetationszeit als Ertragssorten am besten geeignet.

Die Vegetationsdauer wird außer von der Temperatur von der photoperiodischen Reaktionsnorm bestimmt. Weizen ist eine quantitative Langtagpflanze, und es muß sehr bezweifelt werden, ob es wirklich tagneutrale Formen gibt, auch wenn dies bei oberflächlicher Betrachtung der HYV so aussieht, da sie bei relativ kurzen Tageslängen ihre Reproduktionsphase scheinbar unverzögert erreichen und mit einer hohen Kornproduktion abschließen. Unter Langtagbedingungen am 50° N bei Spätaussaat im Mai (16-Stunden-Tag) verkürzen sie ihre Vegeta-

tionszeit extrem bis auf 95 Tage und bringen dann nicht mehr die erwarteten hohen Kornerträge im Vergleich zu lokalen Sommerformen mit längerer Vegetationszeit (22). Adaptierte Sorten müssen so veranlagt sein, daß die für die Ertragsbildung verantwortlichen endogenen und exogenen Faktoren in einem bestimmten Anbaugebiet optimal zur Wechselwirkung gelangen. Mit all diesen züchterischen und anbautechnischen Fragen befassen sich die internationalen Agrarforschungsinstitute Centro Internacional de Mejoramiento de Maíz y Trigo (CIMMYT) in Mexiko und International Center for Agricultural Research in the Dry Areas (ICARDA) in

Abb. 18. Indische Weizensorten: 1. Langstrohig, etwa 115 cm, 2. Halbzwerg (semi dwarf) mit 1 rezessiven Gen, etwa 85 cm, 3. mit 2 rezessiven Genen, etwa 70 cm, 4. Zwerg (triple dwarf) mit 3 rezessiven Genen, etwa 55 cm. (Aus 28)

Aleppo, und zwar CIMMYT überwiegend, aber nicht ausschließlich, mit Saat- und ICARDA mit Durumweizen (7, 8, 9, 15, 16).

Bedenkt man, wie immens die Merkmalsvariabilität zugenommen hat, die heute einen Anbau unter z. T. sehr gegensätzlichen ökologischen Gegebenheiten ermöglicht (Ausbreitung bis 65° N und 55° S, Kälte-/Hitzetoleranz), erhebt sich die Frage nach den ökophysiologischen Grenzen. Hierauf wird im folgenden Abschnitt näher eingegangen.

Züchtung

Ertragssteigerung. Im letzten Jahrzehnt ist in den Entwicklungsländern im Durchschnitt eine Steigerung der Hektarerträge um 4 % jährlich zu verzeichnen, woran die Züchtung mindestens einen Anteil von 25 bis 30 % hat, soweit es die Entwicklung der HYV betrifft sogar von 35 bis 40 % (→ Bd. 3, PLARRE, S. 215 f). Bei diesen im CIMMYT (7, 8, 9) gezüchteten Sorten, an denen der Friedensnobelpreisträger von 1970, BORLAUG, einen großen Anteil hat, handelt es sich um Genotypen mit einer Vielzahl optimal kombinierter Ertragsmerkmale. Der entscheidende

Durchbruch ist durch die Kombination der schon besprochenen morphologischen und physiologischen Komponenten mit Kurzstrohigkeit und hohem Aneignungsvermögen für Stickstoff erzielt worden. Herkömmliche Weizensorten nutzen die Nährstoffe schlecht aus (Abb. 18, 19). Bei allen Getreidearten ist es züchterisch schwierig, die Ertragskomponenten mit Kurzstrohigkeit in einem Phänotyp zu vereinigen, damit bei höheren Düngergaben die Standfestigkeit gewährleistet und die Erträge erhöht werden. Mit den HYV ist es gelungen, eine genetisch-physiologisch sehr bedeutsame Korrelation, nämlich langer Halm/Ertragstyp, zu brechen (21, 22).

Adaptationszüchtung. Beim Anbau von Weizen in Trockengebieten mit Bewässerung spielt oft das Problem der Salztoleranz eine große Rolle. Weizen reagiert zwar sehr positiv auf die Zusatzbewässerung, ist aber nicht so salzverträglich wie z. B. Zuckerrübe, Baumwolle, Sonnenblume u. a. Arten. Nach Anzucht vieler tausender Genotypen in Nährlösungen mit einer dem Meerwasser ähnlichen Salzkonzentration und Weiterkultivierung unter Salzstreß erreichten bei einem Züchtungsversuch 2 % einer vorselektierten Ausgangspopulation die volle Kornreife. Danach besitzen 4x-Formen eine bessere Salztoleranz als andere Weizen (25, 30). Über den weiteren Züchtungsweg zur Ertragsverbesserung → Bd. 3, PLARRE, S. 224 f.

In den humiden Gebieten werden Sorten verlangt, die gegenüber niedrigen pH-Werten unempfindlich reagieren. Damit muß meist eine Aluminiumtoleranz verbunden sein. Kombinierte Labor-Feldversuche in Brasilien haben gezeigt, daß auch nicht hochgradig tolerante Sorten wie z. B. 'Alondra' anbauwürdig sein können, wenn sie in der Lage sind, den in solchen Böden fixierten Phosphor zu mobilisieren und effizient zu verwerten (7, 30).

An einer Adaptation des Weizens an feuchtheiße Standorte innerhalb der Äquatorialzone sind viele Länder interessiert, in der Hoffnung, damit mehr zur Eigenversorgung, d. h. zum Importabbau, beitragen zu können. Im CIMMYT glaubt man, Sorten entwickeln zu können, die für ausgewählte Areale mit etwas kühleren Temperaturen und reduzierter Feuchtigkeit während der „Wintersaison" angebaut werden können (10). Über den hohen Infektionsdruck durch alle möglichen Krankheiten und Schädlinge, die sich

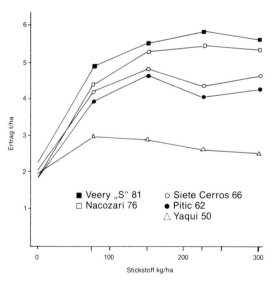

Abb. 19. Unterschiedliche N-Ausnutzung von 5 CIMMYT-Sorten bei Bewässerung. Die Indexzahlen geben das Zulassungsjahr der Sorten an, 'Yaqui' ist noch eine langstrohige Sorte. 'Veery S' ist auch unter ungünstigen Bedingungen alten Lokalsorten überlegen. (Abgeändert nach 8)

fortlaufend schneller anpassen als die Züchtung resistente Sorten bereitstellen kann, scheint man sich nicht völlig im klaren zu sein. Außerdem kommt das Problem der Verunkrautung hinzu. Der Einsatz von Herbiziden müßte im großen Stil erfolgen; bei den hohen Niederschlägen ist die Wirkung aber zweifelhaft. Das trifft auch für die mineralische Düngung zu. Darüber hinaus muß bei der Einführung einer annuellen Getreideart wie dem Weizen mit Bodenschäden (Erosion, Nährstoffauswaschung) gerechnet werden. CIMMYT hat aber die Herausforderung angenommen und erhält für sein Programm "wheat adapted to tropical climates" die besondere finanzielle Unterstützung durch das United Nations Development Programme (UNDP) (7, 10). Zusammenfassend ist festzustellen, daß geeignete Sorten für die feuchtheißen Tropen jeweils einzeln oder in verschiedenen Kombinationen folgende Komplexmerkmale besitzen müssen: Hitzetoleranz, übermäßige Bestockungsfähigkeit zur Unkrautunterdrückung (s. gegensätzliches Zuchtziel ‚Uniculm'), Resistenzen gegen Braunrost, verschiedene Arten von *Helminthosporium* und von *Fusarium*.

Resistenzzüchtung. Die Züchtung auf Resistenz gegen Krankheiten, weniger gegen Schädlinge, hat seither in allen Anbauzonen einen großen Aufwand erfordert. Über wieviele Jahre eine Sorte „anbausicher" ist, bevor sie durch den Befall mit genetisch veränderten Schadorganismen größere Ertragseinbußen erfährt, ist sehr unterschiedlich. Im subtropisch-tropischen Bereich ist bei Fehlen einer Diapause schneller mit einer Biotypenentwicklung zu rechnen als im gemäßigten Klima. Eine resistente Einlinien-Sorte wird durchschnittlich nach 5 bis 7 Jahren bereits wieder so stark befallen, daß sie aus dem Verkehr gezogen werden muß. Mit Viellinien-Sorten (multiline varieties) ist es möglich, einer raschen Biotypenentwicklung effektiver entgegenzutreten (→ Bd. 3, PLARRE, S. 220 f, KRANZ und ZOEBELEIN, 399 f). CIMMYT hat beim Aestivum solche Sorten zur Eindämmung des Braun- und Gelbrostes für Indien und Pakistan entwickelt, und beim Durum ließ sich mit Multilines in Indien der Schwarzrostbefall reduzieren (19). Schließlich wird versucht, mittels sogenannter „weiter Kreuzungen" Resistenzgene von *Aegilops* spp., Quecke (*Agropyron* spp.), Elymus (*Elymus* spp.) oder Roggen (*Secale cereale* L.) in die Weizengenome zu inkorporieren (8, 10) (→ PLARRE, Kap. 1.1.5).

Qualitätszüchtung. Neben der Verbesserung innerer und äußerer Qualitätsmerkmale wie z. B. der Klebergüte oder der Korngröße muß der Züchter die Forderungen nach technologischer Qualität beachten. Das gilt in erster Linie für eine Verarbeitung des Weizenkornes in Großmühlen und des Mehles in Brotfabriken sowie in der Teigwarenindustrie. Einzelheiten zur Qualitätszüchtung sind zu finden bei (20) und (31).

Anbau

Bei der Abhandlung der Anbaumaßnahmen (Aussaat, Sortenwahl, Pflegearbeiten usw.) soll nachfolgend eine Gliederung nach Produktionsgebieten in den verschiedenen Kontinenten den Überblick erleichtern.

Nördliche Subtropen. *Mittelmeerraum einschließlich Vorderer Orient.* Für diese Region hat ICARDA ein Forschungsmandat. Semiaride und aride Standorte bestimmen hier Art und Weise des Weizenanbaus. Durumsorten dominieren. ICARDA entwickelt aber für bestimmte Areale auch adaptierte Aestivumsorten. Es sollte jedoch nicht soweit kommen, daß Qualitätsdurum dadurch verdrängt wird, wie z. B. in Ägypten. In Tunesien ist erfreulicherweise wieder ein umgekehrter Trend zu verzeichnen (26). Den Durum baut man in Nordafrika durchweg unter ungünstigeren Bedingungen an als den Aestivum. Dadurch werden sehr unterschiedliche Erträge erzielt (Tab. 9). Mit anerkanntem Saatgut verbesserter Sorten unter Beachtung der Pflegemaßnahmen einschließlich Bewässerung könnten 5 t/ha geerntet werden. Wichtig ist eine Resistenz gegen Schwarzrost, der unter den Blattkrankheiten am gefährlichsten werden kann. Um der Verunkrautung zu begegnen, versucht ICARDA, Genotypen zu selektieren, die zur Unterdrückung befähigt sind. Hierfür eignen sich Langstrohtypen mit lockeren Ähren, die gleichzeitig weniger von *Septoria* und *Fusarium* befallen werden, besser als die kompaktährigen Kurzstrohformen. Lockerährige Durumformen (Abb. 20) sind auch im CIMMYT gezüchtet worden (17).

Der Anbau von Aestivum-Sorten – meist sind es Sommerformen – erfolgt unter Zusatzbewässerung. Hierbei können die HYV der standfesten Halbzwergsorten (Abb. 18) ihr Ertragspotential

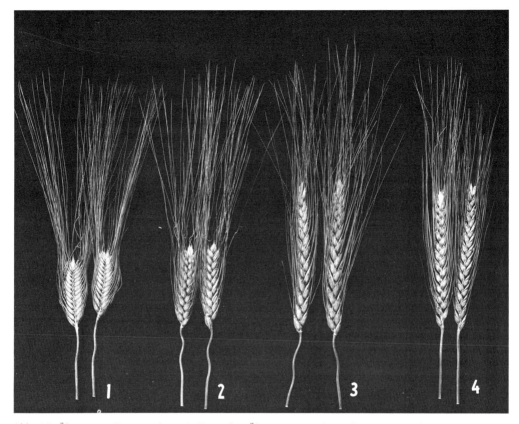

Abb. 20. Ähren vom Durumweizen: 1. Kompakte Ähren einer traditionellen Sorte, zu dichte Spindelstufen beeinträchtigen die Kornentwicklung, 2. Semikompakte eines CIMMYT-Halbzwerges, 3. Lockere mit hoher Spindelstufenzahl aus einer Emmer-Kreuzung, 4. Lockere aus Kreuzung Aestivum × Durum. (Aus 17)

voll ausnutzen und 6 t/ha Körner liefern, wie z. B. in Israel. Die Düngung ist mit ausschlaggebend, wobei je nach Bodenart und Vorfrucht gestaffelte oder einmalige Gaben, N-Dünger allein oder mit P-Dünger kombiniert, zu verabreichen sind (1).

Um in den o. a. Gebieten, in denen die Niederschläge im Winter fallen, die Feuchtigkeit richtig auszunutzen, muß im Spätherbst ausgesät werden, kurz vor Beginn oder auch während der Regenzeit. Auf schwer bearbeitbaren Böden muß für die Saatbettvorbereitung der erste Regen abgewartet werden. Drillsaat hat fast überall die Breitsaat verdrängt. Furcheneinsaat, wie sie z. B. im Iran gehandhabt wird, kann zur besseren Ausnutzung der Feuchtigkeit günstig sein. Die Saatmengen richten sich nach dem Wasservorrat: Je weniger Wasser verfügbar ist,

desto weniger Pflanzen sollten aufwachsen. Als eine mittlere Bestandesdichte sind 300 bis 350 ährentragende Halme/m^2 anzusehen.

Die Nährstoffversorgung des Weizens als Hauptfrucht kann durch bestimmte Vorfrüchte verbessert werden, z. B. durch Leguminosen, die der Futtergewinnung dienen. Mit intensiver Bewässerung lassen sich auch Körnerleguminosen anbauen. Die Brache vor Weizen völlig ungenutzt zu lassen, wird immer weniger gutgeheißen.

Die direkte Übernahme der in Mexiko gezüchteten HYV hat in manchen Anbauarealen im Iran und in Marokko anfänglich zu Fehlschlägen geführt (18, 21). Seit einiger Zeit werden spezielle Kreuzungsprogramme unter Einbeziehung endemischen Materials aus den späteren Empfängerländern im CIMMYT durchgeführt, und die F$_2$-

Populationen werden für die Auslese im Produktionsgebiet angebaut.

Indischer Subkontinent mit Anrainerstaaten. In Indien und in Pakistan sind mit den HYV, die im Laufe der letzten Jahre durch züchterische Bearbeitung den Erfordernissen (Resistenzen, Qualität) angepaßt wurden, große Erfolge erzielt worden. Auch die extremen Kurzstrohtypen (triple dwarfs) haben hier eine größere Bedeutung erlangt (Abb. 18). Im Indus- und Gangesdelta, wo heftige Regen und Sturm vor der Ernte auftreten, sind sie die bisher einzigen standfesten Weizen (28). Da auch die N- und P-Düngergaben gesteigert werden konnten, sind jetzt Erträge im Landesdurchschnitt erzielt worden, die 1983 in Pakistan und Indien bei 1,7 bis 1,8 t/ha lagen (Tab. 8).

Weizen wird als Winterkultur – auch mit Sommerformen – im Spätherbst (rabi season) ausgesät und örtlich verschieden nach 125 bis 150 Tagen im April geerntet (21). In der Fruchtfolge steht Weizen nach Zuckerrohr, z. B. in Pakistan, und nach Baumwolle oder Mais, die als Sommerkulturen (kharif season) angebaut werden. Bei Furchenbewässerung wird er in Indien auch im Mischanbau kultiviert, wobei er in die Furchen, und eine trockenholdere Kulturart (Leguminosen, Baumwolle) auf die Dämme ausgesät wird (24). In Bewässerungsgebieten mit Reis, der erst spät im Oktober-November geerntet wird, hat man erfolgreich Weizen mit kurzer Vegetationszeit (120 Tage) als Zweitfrucht eingeführt. Eine dieser ertragreichsten Sorten ist 'Sonalika', mit der 3 bis 4 t/ha geerntet werden können und die nun seit mehr als 15 Jahren angebaut wird (28). Sie ist nicht nur in Nordindien weit verbreitet, sondern auch in Nepal und in Bangladesch. Auf 600 000 ha (fast 70 % der Weizenfläche) war sie 1981 in Bangladesch angebaut. Wie erwähnt, ist eine so lange Anbauzeit eine Ausnahme. Diese Qualitätssorte – sie besitzt die bevorzugten amberfarbigen Körner – muß jetzt zurückgezogen werden: In allen Anbaugebieten wird sie stark von Braunrost und *Helminthosporium* spp. befallen (8, 10).

China. Die Weizenanbaufläche in China lag zu Beginn der 80er Jahre wenig unter der in den USA. Im letzten Jahrzehnt hat sie sich kaum verändert. Was die Gesamtproduktion betrifft, so wurde nur in der UdSSR und in den USA mehr Weizen geerntet (Tab. 8). Inzwischen erreichte das Ertragsniveau 3 t/ha, so daß 1986

89 Mio. t geerntet werden konnten. Neue Sorten, mehr Zusatzbewässerung, höhere Düngergaben und Ausweitung der Vielfachnutzung (multiple cropping) einer Fläche haben zu dieser Produktionssteigerung geführt (29). Zur Vielfachnutzung gehören (→ Bd. l3, PRINZ, S. 151 ff): 2 bis 3 Ernten mit Reis und Weizen auf einer Fläche im Jahr (sequential cropping), überlappende Mischkulturen (relay cropping), wobei Mais etwa 30 Tage vor der Weizenernte zwischen die Weizenreihen gesät und Mischkulturen mit Weizen u. a. Arten alternierend in Reihen zur gleichen Zeit ausgesät werden (intercropping).

Nach ZHOU (10) gibt es zwischen 23° und 45° N drei Anbauzonen, die sich in 10 ökologisch unterschiedliche Gebiete aufgliedern lassen. In der Südzone (southern winter wheat region), die bis in den Tropengürtel hineinreicht, erstreckt sich das Anbaugebiet südlich des Yangtse und von der Südostküste nach Westen bis an das Jünnan-Gebirge. Im nördlichen Teil dieser Zone regnet es zwischen 800 und 1500 m, im südlichen zwischen 1000 und 2400 mm. Die Januartemperaturen schwanken zwischen 2 °C und 10 °C bzw. 6 °C und 19 °C. Auf den nährstoffreichen Böden lassen sich 2 bis 3 Ernten erzielen in Fruchtfolge Weizen/Reis und Reis/Reis/Weizen, wobei auch Baumwolle, Gerste und Raps mit einbezogen werden. Vom Weizen werden meist Sommerformen des Soft-red-Typus im Herbst gesät. Ein wichtiges Zuchtziel wird mit der Auswuchsresistenz verfolgt, da bei feuchtwarmem Erntewetter bereits Keimung auf der Ähre eintreten kann. Des weiteren spielt Rostresistenz eine große Rolle. In dem feuchtwarmen Klima können Fusariosen an Körnern sehr stark schädigen, und wenn die Temperaturen während der Reife > 30 °C ansteigen, werden Notreifesymptome (geringes Korngewicht) beobachtet. Frühreife Sorten werden dann weniger geschädigt. In dieser südlichen Zone sind etwa 9 Mio. ha registriert, d. h. fast ⅓ der Weizenfläche Chinas.

Eine zweite nördliche Zone (northern winter wheat region) dehnt sich nördlich des Yangtse um das Gelbe Meer herum aus, umfaßt die Provinzen Hupeh und Schansi im Norden und erstreckt sich im Westen bis an die Gebirgsketten. Hier werden hauptsächlich hell- bis rotfarbige Weizen des Red-hard-winter-Typus angebaut, weniger solche vom Soft-Typ. Auf den Lößböden reichen auch Niederschläge von 400 bis 500 mm aus, um sichere Ernten zu erzielen. Im südlichen Teil dieser Zone werden bei Bewässerung durch den Yangtse auch zwei Kulturen Weizen mit Reis oder Mais im Jahr angebaut (29). In dieser Kornkammer Chinas sind über 50 % der Anbaufläche zu finden.

In der nordwestlichen Zone und im nordöstlichsten Teil Chinas läßt sich in den Trockengebieten wie in der Provinz Sinkiang (Xingjiang) mit etwa 350 mm Regen und in der Provinz Heilungkiang (Heilongjiang) südlich der Gebirge des Amurbogens bei etwas höheren Niederschlägen noch erfolgreich Weizen mit Winter- und Sommerformen anbauen (10, 29).

Subtropisches Nordamerika (Mexiko). In Mexiko hat die Ertragssteigerung nach der schnellen Verbreitung der HYV in den 60er Jahren dazu geführt, daß die Importe eingestellt werden konnten und Weizen sogar exportiert wurde (21). Wenn seit einigen Jahren wieder Weizen eingeführt wird (Tab. 10), liegt dies nicht am Leistungspotential der Sorten oder an den Anbautechniken noch an klimatisch ungünstigen Einwirkungen, sondern an dem großen Bedarf infolge übermäßigen Bevölkerungswachstums. Die Hektarerträge lassen weiterhin eine steigende Tendenz erkennen: mit fast 4 t im Landesdurchschnitt ist ein Niveau erreicht, das über 50 % höher liegt als in den USA (Tab. 8).

Bei der Entwicklung der HYV hat eine große Rolle gespielt, daß sehr verschiedenartige Kreuzungseltern wie die Zwergformen ('Norin') aus Japan, Sommerformen aus Italien, Winterweizen aus der UdSSR u. a. verwendet und daß die Kreuzungspopulationen bei zweimaliger Vermehrung im Jahr einmal an der Küste und dann im Hochland (2000 m) unter sehr unterschiedlichen Auslesebedingungen angebaut wurden. So sind Sorten mit großer ökologischer Streubreite entstanden. Zur Zeit kann angenommen werden, daß von den rund 100 Mio. ha Weizen in allen Entwicklungsländern etwa 50 Mio. ha mit Sorten bestellt werden, die direkt aus dem CIMMYT kommen oder deren Ausgangspopulationen dort hergestellt wurden. Alle reagieren positiv auf höhere N-Gaben (Stickstoffökotypen) und sind daher als „highly responsive varieties" zu bezeichnen. Ob sie unter ungünstigen Bedingungen, bei niedrigem Einsatz von Betriebsmitteln (low input) den Lokalsorten auch überlegen sind, darüber gibt es verschiedene Meinungen. Eine objektive Überprüfung sollte

vorgenommen werden, wie dies mit der Sorte 'Veery S' geschehen ist (9). Bei bester Ausnutzung des jeweils verfügbaren Stickstoffs bringt sie unter ungünstigen Bedingungen an Standorten mit starkem Infektionsdruck höhere Erträge als die Lokalsorten (Abb. 19). Diese Sorte entstand aus einer sehr komplizierten Kreuzung, u. a. ist der Winterweizen 'Kavkas' aus der UdSSR eingekreuzt worden, und in ihrem Genom ist eine Chromosomenaberration, eine Weizen-Roggen-Translokation 1B/1R, inkorporiert.

Äquatorialzone. *Süd- und Südostasien.* In der Äquatorialzone – etwa zwischen 20° N und 20° S – ist der Weizenanbau sehr großen Risiken ausgesetzt. In humiden Gebieten mit hochentwickeltem Reisanbau ist es nicht nur sehr schwierig, adaptierte Weizensorten zu züchten, sondern auch entsprechende Anbaumethoden zu entwickeln. Im subtropischen Bangladesch zeigt sich schon deutlich, daß Probleme bei der Bodenbearbeitung und in der Bewässerungstechnik auftreten (10). In Sri Lanka, Thailand, Indonesien und auf den Philippinen werden trotzdem in Zusammenarbeit mit CIMMYT große Anstrengungen unternommen, den Weizenanbau einzuführen (8, 10).

Wenn auch nicht zu verkennen ist, daß sich kleinere ökologische Nischen mit geringeren Niederschlägen in den Bergregionen (> 1500 m) finden lassen, so sollten besser angepaßte Nahrungspflanzen (Reis, Knollengewächse) bevorzugt werden.

Mittelamerika – nördliches Südamerika. Im Hochland zwischen 1600 und 2800 m sind bei gleichmäßiger Verteilung der Niederschläge zwischen 600 und 800 mm einige Anbaunischen zu erschließen, wie z. B. in Costa Rica oder Guatemala. Ähnlich liegen die Verhältnisse in Kolumbien, Ecuador und im nördlichen Peru, wo in den Anden Weizen bis in Höhen von 3200 m angebaut werden kann. Im Landesdurchschnitt wurden zu Beginn der 80er Jahre bis zu 1,6 t/ha geerntet, so z. B. in Kolumbien. Die Gesamtanbaufläche hat sich in dieser Region im letzten Jahrzehnt aber um fast 50 % verringert, sie beträgt noch 150 000 ha (13).

Auf den durchweg sauren Böden ist es wichtig, alkalische N- und genügend P-Dünger zu verabreichen (10). Die größten Probleme ergeben sich mit der Verunkrautung. Neben chemischen Mitteln versucht man, mit größeren Saatstärken (bis

160 kg/ha) und folglich dichteren Beständen damit fertig zu werden.

Afrika. Bei Niederschlägen bis 1000 mm bei zwei Regenzeiten finden sich günstige Lagen im Hochland Ostafrikas, wo in Äthiopien schon seit alters her, in Kenia und Tansania seit Ende des 19. Jahrhunderts Weizen angebaut wird. Ertragssteigerungen sind in Äthiopien erreicht worden (Tab. 8). Die 4x-Weizen wurden bis auf Durum von 6x-Sorten abgelöst. In Kenia werden zwischen 1900 und 3100 m seit Jahrzehnten rund 120 000 ha bestellt. Neuzüchtungen aus dem CIMMYT-Material, eine funktionierende Saatgutorganisation (→ Bd. 3, PLARRE, S. 238) und verbesserte Anbaumaßnahmen (Saattermine, Düngeranwendung) haben zur kontinuierlichen Steigerung und Stabilisierung der Erträge geführt: 1974–1976 lagen sie zwischen 1,4 und 1,6 t/ha, 1981–1983 zwischen 2,1 und 2,4 t/ha. In Ostafrika ist immer wieder mit dem Auftreten neuer Rostbiotypen zu rechnen. In den kühleren Höhenlagen tritt Gelbrost gefährlich auf. Epidemien versucht man zu begegnen, indem man viele unterschiedliche Sorten – etwa 30 für 120 000 ha – zur Verfügung stellt, die, wie in einem Flickenteppich verteilt, angebaut werden (patch carpet), so daß sich neue Biotypen nicht explosionsartig auf einer Wirtssorte vermehren können. Schäden können aber auch von anderen Krankheiten (*Fusarium* spp., *Septoria* spp., *Xanthomonas* spp.) verursacht werden.

Südliche Subtropen. *Südamerika (Andenregion, Pampa, nördliches La-Plata-Gebiet).* In der Andenregion wird Weizen zwischen 30°S und 42°S in Höhen bis zu 2500 m angetroffen. Im nördlichen Teil gibt es bis zum 36. Breitengrad nur geringe Sommerregen, die Gesamtniederschläge liegen < 500 mm. Sommer- und Winterweizenanbau wird mit Zusatzbewässerung betrieben. Im Süden nehmen die Niederschläge zu und werden bei 2000 mm zum begrenzenden Anbaufaktor. In den Trockengebieten hat der Durum mit etwa 300 000 ha in Argentinien und Chile eine gewisse Bedeutung (Tab. 9). Weizen steht im Fruchtwechsel mit Gerste, Mais, Luzerne und Raps. Die Saatstärken liegen bei 140 kg/ha und bei Breitsaat bei 200 kg/ha. In Chile schwankte die Anbaufläche in den letzten Jahren zwischen 370 000 ha und 470 000 ha bei Erträgen zwischen 1,6 und 1,7 t/ha. In den 70er Jahren waren es 650 000 ha. Billige Importe haben zur Einschränkung geführt.

In Argentinien sind die Hauptanbaugebiete in der Pampa zu finden, die Anfang der 80er Jahre 75 % der südamerikanischen Produktion geliefert hat. Boden und Klima (Steppenböden, 500 bis 1000 mm Regen) sind günstig für die Erzeugung von Qualitätsweizen. Erst in jüngster Zeit hat man begonnen, die seit langem genutzten Flächen zu düngen. Besonders in Gebieten mit höheren Niederschlägen, wo Weizen einer Sommerkultur (Mais, Sorghum, Sonnenblume) folgt, werden sehr gute Wirkungen erzielt; 1980 waren es aber erst 1,5 Mio. ha, die mit Stickstoff versorgt wurden. Mit CIMMYT wird in der Züchtung zusammengearbeitet: neue standfeste Sorten sind entwickelt worden, wichtig sind Resistenzen gegen Schwarzrost, *Fusarium* spp., *Septoria* spp. Ertragseinbußen durch Flugbrand könnten reduziert werden, wenn man das Saatgut richtig beizte.

Nördlich des Rio de la Plata sind große Anbaugebiete in Uruguay und in Brasilien im Staate Rio Grande do Sul unter ähnlichen Anbaubedingungen wie in der nördlichen Pampa anzutreffen. Derzeit sind Bestrebungen im Gange, den Anbau weiter nordwärts einzuführen (10). Die Züchtungsprogramme sind auf Auslese Al-toleranter Sorten abgestimmt, die an niedrige pH-Werte adaptiert sind.

Die Aussaat wird generell im Winter mit Sommerformen vorgenommen. Nach der Ausdehnung des Sojaanbaues in Brasilien haben die Bauern in den 70er Jahren Weizen als Zweitfrucht der Soja folgen lassen. Infolge sehr niedrig festgesetzter Erzeugerpreise wurde diese Fruchtfolge wieder aufgegeben. Die Anbaufläche ist dadurch drastisch eingeschränkt worden. Die Hektarerträge sind niedrig (Tab. 8), die Anbautechniken extensiv ohne Saatgutbeize, Düngung und Pflege.

Südafrika – Australien. In beiden Kontinenten gibt es ökologisch günstige Anbauareale. Maßgeblich sind Winterregen von Mai bis September-Oktober, allerdings mit jährlich größeren Schwankungen: in Südafrika zwischen 350 und 650 mm, in Australien zwischen 250 und 500 mm. Der Weizen wird im Winter (April-Juni) ausgesät und reift oft unter großer Hitze im November-Dezember.

In Südafrika wird Weizen auch nördlich des Winterregengebietes im Oranjefreistaat und im Transvaal, in warmen Teilen als Winterfrucht unter Bewässerung, angebaut. Mit Bewässerung

Tab. 11. Die wichtigsten Weizenkrankheiten in subtropisch-tropischen Gebieten. Zusammengestellt nach (8, 23, 27).

Deutsche Bezeichnung	Botanischer Name	Englisch	Befallene Organe, Symptome	Kontrolle
Pilzkrankheiten				
Schwarzrost	*Puccinia graminis* f. sp. *tritici*	stem rust, black rust	alle oberirdischen Teile; dunkelbraune und schwarze Pusteln (Sporenlager)	Resistenzzüchtung
Braunrost	*P. recondita* f. sp. *tritici*	leaf rust, brown rust	Blätter, Blattscheiden; rundliche, rotbraune Pusteln	Resistenzzüchtung
Gelbrost Streifenrost	*P. striiformis* f. sp. *tritici*	stripe rust, yellow rust	Blätter, Blattscheiden, oberer Halm, Spelzen; gelbe Pustelstreifen	Resistenzzüchtung
Blattdürre	*Septoria tritici*	speckled leaf blotch	Blätter; unregelmäßige chlorotische Flecken, kleine schwarze Punkte	Resistenzzüchtung, Fruchtfolge, Saatbeize
Spelzenbräune	*S. nodorum*	glume blotch	Blätter, Ähren; dunkelbraune Flecken	Blattspritzung, Saatbeize
Helminthosporium-Blattflecken	*Helminthosporium* spp. (Syn. *Cochliobolus* spp., *Drechslera* spp.)	Helminthosporium leaf blotch, spot blotch	dunkelbraune ovallängliche Blattläsionen (Flecken)	Resistenzzüchtung, weite Kreuzungen
Fusariumbefall	*Fusarium* spp. (*F. graminum*, *F. culmorum* u. a.)	scab, head blight	Blüten, Spelzen; ölig rosafarbener Belag an Körnern	Saatreinigung, Resistenzzüchtung
Indischer Weizenhartbrand	*Tilletia indica* (Syn. *Neovassia indica*) noch nicht exakt klassifiziert	karnal bunt, partial bunt	Boden → Korn- oder direkter Kornbefall, Myzel im Halm, Sporenlager im Korn, stinkend	Saatbeize, Resistenzzüchtung
Weizenflugbrand	*Ustilago tritici*	loose smut	Blüten-Keimlingsinfektion, Myzel im Halm, Sporenlager in Blütenanlagen	Saatbeize Resistenzzüchtung
Bakterienkrankheiten				
Bakterielle Streifenkrankheit	*Xanthomonas campestris* verschiedene Stämme	black chaff, bacterial stripe als 2 Stämme	braune Flecken an Spelzen, Blättern, Blattscheiden; chlorotische Streifen mit filmartigem Belag	Saatbehandlung (Heißwasser, Streptomycin), Resistenzzüchtung?
Virosen				
Gelbverzwergungsvirus auf Gramineen	verschiedene Stämme	barley yellow dwarf virus = BYDV	Blätter, Läuse-Vektoren; Frühinfektion Kümmerwuchs, sonst streifige Vergilbung	Resistenzzüchtung

lohnt sich auch ein Anbau im südlichen Teil von Zimbabwe. Hier sind die im CIMMYT unter gleichen photoperiodischen Bedingungen gezüchteten Sorten gut adaptiert: Im Landesdurchschnitt wurden 1981–1983 auf 36 000 ha im Mittel 4,9 t/ha geerntet! Im Staat Südafrika ist im letzten Jahrzehnt kaum eine Flächenveränderung eingetreten. Eine geringe Ertragssteigerung ist zu verzeichnen (Tab. 8). Nach wie vor wird aber Weizen exportiert, auch 1983 und 1984 waren es 170 000 bzw. 105 000 t (14).

In Australien befinden sich die Hauptanbaugebiete im Hinterland der Ostküste zwischen 23° S und 38° S und im Südwesten des Kontinents. Die Fläche hat sich fortlaufend ausgeweitet. Die Erträge fluktuieren sehr stark, im Durchschnitt ist keine Steigerung zu erkennen (13). Zur Verbesserung der Ertragssicherheit sind frühreife, kurzstrohige Sorten entwickelt worden. Bei den sehr geringen Sommerniederschlägen muß die Aussaat so rechtzeitig erfolgen, daß die Winterfeuchtigkeit gut ausgenutzt wird. In Queensland ist aber im Juni-August mit Frost zu rechnen. An Krankheiten spielen Schwarz- und Braunrost eine große Rolle. Australien hat einen Anteil am Weltexport von jährlich rund 10 % (14).

Krankheiten und Schädlinge

Da die wichtigsten Krankheiten in den verschiedenen Anbauzonen in den vorhergehenden Abschnitten jeweils mit angeführt worden sind, genügt nachstehend eine Zusammenfassung in Tabellenform zur Übersicht (Tab. 11). Bei den drei Rostpilzarten ist ihre jeweilige Latenzzeit bzw. die Schnelligkeit ihrer Vermehrung spezifisch vom Temperaturverlauf abhängig; für die Befallsintensität gibt es für jede Art eine andere Optimumkurve (27). Gelbrost ist die gefährlichere Art in kühleren Höhenlagen, Schwarzrost unter hohen Temperaturen, Braunrost nimmt eine Zwischenstellung ein (Ausfüllung ökologischer Nischen). Der Pilzbefall kann je nach Umweltbedingungen und Resistenz einer Wirtssorte sehr variabel sein.

In den Tropen und Subtropen spielen Schädlinge eine untergeordnete Rolle. Auf eine sehr schädliche Getreidewanze (Eurygaster) wird im folgenden Abschnitt näher eingegangen. CIMMYT (23, 27) hat zwei Broschüren über Weizen- und Gerstenkrankheiten sowie über Nematoden u.a. Schädlinge herausgegeben, die gute Bilder und Richtlinien zur Beurteilung der Befallsintensität enthalten.

Verarbeitung und Verwertung

Der teuerste Weizen, der Durum, besitzt wertvollere Inhaltsstoffe mit der besseren Eignung zur Teigwarenverarbeitung als der Aestivum. Die Korneigenschaften: glasige Konsistenz des harten Endosperms, hoher Carotingehalt (bernsteinfarbenes Korn, gelblicher Grieß, Provitamin A), hoher Eiweißgehalt und Klebergüte sind die maßgeblichen Qualitätskriterien. Glasigkeit beruht auf der besonderen physikalischen Eigenschaft der Stärke und bedingt beim Mahlen einen höheren Grießanteil (semolina). Beim Rohproteingehalt reicht die Variationsbreite von 8,3 bis 21,8 % der Korntrockenmasse. Die deutsche Teigwarenindustrie fordert mindestens 14,5 %.

In den nordafrikanischen und orientalischen Ländern wird Durum etwa wie folgt verwendet: zu 50 % für die Herstellung von ein- oder zweischichtigen Fladenbroten (arabisch tannour bzw. khobz), zu 15 % für Teigwaren, zu 20 % für Spezialgerichte (burghul u.a.) und der Rest für weitere Produkte (16, 26). Fladenbrote können auch aus Mehlmischungen von Durum- und Aestivumweizen gebacken werden.

Die Importländer vor allem in Europa und Nordamerika verarbeiten Durum zu Teigwaren wie Makkaroni, Spaghetti, Nudeln u.ä. Neuartig sind nach Art von Puffreis hergestellte und geröstete Körner, die als Snacks verkauft werden. Um den Bedarf an Teigwaren z.B. in der Bundesrepublik zu decken, werden jährlich 400 000 t Durumweizen benötigt.

Eine erhebliche Verschlechterung der Durummehle kann durch den Befall mit Getreidewanzen (suni bug) der Gattung Eurygaster verursacht werden, die während der Milchreife an den Körnern saugen. Durch die proteolytischen Enzyme, die über den Speichel ins Korn gelangen, wird der Kleber hinsichtlich seiner physikochemischen Beschaffenheit so verändert, daß er seine Elastizität verliert. Mit solch „schwachen" Teigen lassen sich keine „khobz" backen. Der Schaden kann erst am Mehl festgestellt werden (11).

Für die Verarbeitung des Aestivumweizens ist entscheidend, inwieweit sein Mehl zum Backen voluminöser Brotlaibe verwendet werden kann. Die größere Quellfähigkeit, Elastizität und Dehnbarkeit (Festigkeit) des Saatweizenklebers ist bedingt durch die Gene, die das D-Genom enthält. Neben einer guten Backfähigkeit (Klebergüte) ist aber ebenso eine gute Mahlfähigkeit für die Qualitätsbewertung wichtig (2, 4, 31). Bei Hartweizensorten trennt sich das Mehl leichter von der Kleie, und wegen des höheren Anteils beschädigter Stärkekörner nimmt es mehr Wasser auf als ein Weichweizenmehl. Klebermenge und -güte bestimmen beim Gär-(Hefeteig) und Backprozeß die Volumenausbeute und Porung des Gebäckes. Geringes Volumen und sehr ungleiche Poren machen ein Gebäck unansehnlich und beeinträchtigen den Geschmack, die Bekömmlichkeit und z. B. auch die Verwendbarkeit als Toastbrot.

Beim vollautomatischen Backprozeß in Brotfabriken, die heute ebenso wie die Großmühlen ihren Einzug in die Subtropen und Tropen halten, wird eine besondere technologische Qualität der Mehle verlangt: ihre Teige dürfen nicht an den Förderschnecken kleben bleiben. Sorten, deren Mehle dieser Forderung nicht entsprechen, werden als ,T minus' bezeichnet, d. h. technologisch nicht backfähig. Solche Weizen werden in Ländern mit Überproduktion nur als Futterweizen gehandelt.

Aus Weizenmehl lassen sich nicht nur verschiedene Brot- und Brötchensorten herstellen, sondern viele andere Gebäckvarianten wie Kuchen, Biskuit, Keks oder auch Teigwaren vor allem in Mischung mit Durummehl (4, 20, 25). Schließlich läßt sich Aestivummehl in Mischung mit Mehlen von ganz anderen Arten wie Roggen, Mais, Soja, Lupinen u. a. verbacken.

Wie in Ländern der gemäßigten Zone wird Brot in den Subtropen und Tropen mit Zukost (Fleisch, Käse) verzehrt. Es ist Kalorien- und Eiweißlieferant sowie Vitaminträger besonders für den B-Komplex. Beim Aestivumweizen variiert das Kornprotein zwischen 8 und 18,5 % der Trockenmasse. In 100 g Weißbrot sind 6 bis 8 g Eiweiß enthalten. Die biologische Wertigkeit liegt unter der anderer Getreidearten; an der Verbesserung (höherer Lysinanteil) wird züchterisch gearbeitet (21).

Literatur

1. ARNON, I. (1972): Crop Production in Dry Regions. Vol. II: Systematic Treatment of the Principal Crops. Leonard Hill, London.
2. AUFHAMMER, G., und FISCHBECK, G. (1973): Getreide. Produktionstechnik und Verwertung. DLG-Verlag, Frankfurt (Main).
3. BOMMER, D., and DAMBROTH, M. (1974): Agrometeorology of the Wheat Crop. Proc. WMO-Symp. 1973. Deutscher Wetterdienst, Offenbach (Main).
4. BROUWER, W. (1972): Handbuch des Speziellen Pflanzenbaues, Bd. 1. Parey, Berlin.
5. CHAPMAN, C. G. D. (1985): The Genetic Resources of Wheat. Intern. Board for Plant Gen. Resources (IBPGR), FAO, Rome.
6. CIMMYT (1983): World Wheat Facts and Trends. Report Two: An Analysis of Rapidly Rising Third World Consumption and Imports of Wheat. Mexico.
7. CIMMYT (1984): Report on Wheat Improvement 1981. Mexico.
8. CIMMYT (1985): Report on Wheat Improvement 1983. Mexico.
9. CIMMYT (1985): Research Highlights 1984. Mexico.
10. CIMMYT (1985): Wheats for More Tropical Environments. Proceedings Intern. Symposium 1985. Mexico.
11. EL-HARAMEIN, F. J., WILLIAMS, P., and RASHWANI, A. (1984): A simple test for the degree of damage caused in wheat by suni bug (Eurygaster sp.) infestation. Rachis 3 (1), 11–12.
12. ENCKE, F., BUCHHEIM, G., und SEYBOLD, S. (1984): Zander, Handwörterbuch der Pflanzennamen. 13. Aufl. Ulmer, Stuttgart.
13. FAO (1984): Production Yearbook, Vol. 37, FAO, Rom.
14. FAO (1984, 1985): Trade Yearbook, Vol. 37, 38. FAO, Rom.
15. ICARDA (1984): Annual Report 1983. Aleppo.
16. ICARDA (1985): Research Highlights 1984. Aleppo.
17. LEIHNER, D. E., and ORTIZ, F. G. (1978): Improvement of durum wheat – plant type, yield potential, and adaptation. Euphytica 27, 785–799.
18. MUDRA, A. (1972): Weizenzüchtung im Iran – Ein Beitrag zum Problem der HY-Sorten. Z. Pflanzenzüchtg. 68, 181–242.
19. PANDEY, H. N. (1984): Development of multilines in durum wheat cultivars. Rachis 3 (1), 9–10.
20. PETERSON, R. F. (1965): Wheat. Botany, Cultivation, and Utilization. Leonard Hill, London.
21. PLARRE, W. (1971): Die Züchtung leistungsfähigerer Getreidesorten als Beitrag zur Sicherung der Welternährung. Fortschr. Pflanzenzüchtg., Beiheft 2. Parey, Berlin.
22. PLARRE, W. (1971): Wechselwirkungen zwischen Genotyp und Umwelt bei High Yielding Varieties (HYV). Bericht 32. Arbeitstagung Saatzuchtleiter in Gumpenstein (Österreich) 1971, 30–73.
23. PRESCOTT, J. M., BURNETT, P. A., SAARI, E. E. et al. (1986): Wheat Diseases and Pests: A Guide for Field Identification. CIMMYT, Mexico.
24. RUTHENBERG, H. (1976): Farming Systems in the Tropics. 2nd ed., Clarendon Press, Oxford.
25. SAKAMOTO, S. (1983): Sixth International Wheat Genetics Symposium, Kyoto 1983. Publ. Faculty of Agriculture Kyoto University.

26. SRIVASTAVA, J. P. (1984): Durum wheat – its world status and potential in the Middle East and North Africa. Rachis 3 (1), 1–8.
27. STUBBS, R. W., PRESCOTT, J. M., SAARI, E. E., and DUBIN, H. J. (1986): Cereal Disease Methodology Manual. CIMMYT, Mexico.
28. SWAMINATHAN, M. S. (1968): India's success with dwarf wheats. Span 11, 138–142.
29. WORLD BANK (1985): China, Agriculture to the Year 2000. Intern. Bank for Reconstruction and Development, Washington, D.C.
30. WRIGHT, M. J. (1976): Plant Adaptation to Mineral Stress in Problem Soils. Proc. Workshop Nat. Agric. Library, Beltsville, Publ. Cornell Univ., Ithaca. N.Y.
31. ZELLER, F., und ODENBACH, W. (1985): Weizen (Triticum spec.). In: HOFFMANN, W., MUDRA, A., und PLARRE, W. (Hrsg.): Lehrbuch der Züchtung landwirtschaftlicher Kulturpflanzen. Bd. 2, 2. Aufl., 39–77. Parey, Berlin.
32. ZEVEN, A. C., and DE WET, J. M. (1982): Dictionary of Cultivated Plants and their Regions of Diversity. Centre for Agric. Publ. and Doc., Wageningen.

1.1.5   Triticale

WERNER PLARRE

Botanisch: × *Triticosecale* Wittmack ex A. Camus
Englisch: triticale
Französisch: triticale
Spanisch: triticale

Wirtschaftliche Bedeutung

Seit den 60er Jahren hat Triticale stetig eine Anbauausweitung erfahren. Zunächst schien es, daß er nur für die gemäßigten Zonen eine gewisse Bedeutung erlangen würde. In Ungarn wurden 1968 die ersten beiden 6x-Sorten zugelassen und in Kanada 1969 die sehr bekannt gewordene Sorte 'Rosner' (10). Im CIMMYT sind seit 1964 intensive Forschungs- und Züchtungsarbeiten aufgenommen worden (12). Ende der 70er Jahre wurde Triticale bereits in einigen subtropischen Ländern in die Praxis eingeführt. Gegenüber seinen Eltern, Weizen und Roggen, zeigte er sich besonders in Höhenlagen zwischen 1800 und 3000 m im Ertrag überlegen, so z. B. 8x-Triticale in China auf dem Jünnan-Kueitschou-Plateau und 6x-Formen in Zentralmexiko. In wenigen Jahren hat sich die Anbaufläche auf der Welt fast verdoppelt: von 400 000 ha 1979 auf 750 000 ha 1983. In der UdSSR, den USA, in Kanada, Argentinien, Südafrika, China, Australien, Mexiko, Ungarn, der BRD, Spanien und Portugal betrug die Anbaufläche 1979 10 000 ha und mehr. Bis 1983 hat sich der Anbau in einigen dieser Länder (China, Australien) erheblich ausgeweitet, durch Zulassung neuer Sorten wurde er auch in Marokko, Tunesien, Zypern, Indien, Äthiopien, Kenia, Ruanda, Brasilien, Kolumbien, Italien, Bulgarien und Polen kommerzialisiert (3, 4, 9, 10, 14).

Triticale wird als Brotgetreide und als Viehfutter angebaut. Die Verwertung erfolgt am zweckdienlichsten im Erzeugerbetrieb. Wegen seiner großen Blattmasse ist auch eine Grünfutternutzung wirtschaftlich.

Botanik

Kreuzungen zwischen 6x-Aestivumweizen und 2x-Roggen (*Secale cereale* L.) sind nachweislich im vorigen Jahrhundert wiederholt durchgeführt worden (13). Ein fertiler Bastard konnte erstmals 1888 von RIMPAU vorgestellt werden. In der Zuchtstation Saratow (UdSSR) entstanden 1917 durch natürliche Fremdbefruchtung des Weizens mit Roggen (offenes Abblühen) Tausende von Hybridkörnern. Die meisten der 1918 entdeckten F_1-Pflanzen blieben aber steril (12). Ob fertile reine Bastarde auftreten, hängt davon ab, inwieweit unreduzierte Gameten in beiden Geschlechtern entstehen, die dann zur Befruchtung kommen, und ob sich anschließend die Zahl der Chromosomen in der Zygote verdoppelt, so daß die Folgegeneration ihrerseits normale 1n, funktionsfähige Geschlechtszellen bilden kann. Seit den dreißiger Jahren erreicht man die Chromosomenverdopplung durch Colchicinbehandlung der aus einer Kreuzung hervorgehenden F_1-Pflanzen mühelos und kann fertile Primärbastarde in großer Zahl herstellen (10, 12, 14, 16) (→ Bd. 3, PLARRE, S. 228, Abb. 75). Da sowohl 4x- als auch 6x-Weizen mit 2x-Roggen gekreuzt werden können, erhält man demzufolge 6x- oder 8x-Triticale, wie dies aus der Darstellung in Tab. 12 zu ersehen ist.

Da die Chromosomen sehr verschiedener Genome verdoppelt, d. h. polyploidisiert werden, gehört Triticale zu den allopolyploiden Kulturpflanzen. Infolge der hierbei eingetretenen genidentischen Duplizierung der Chromosomensätze (Genome) züchten die Bastarde konstant weiter ohne Aufspaltung, zumal Selbstbefruchtung aufgrund der in der Überzahl vorhandenen Wei-

Tab. 12. Vereinfachte Wiedergabe der Herstellung von 6x- und 8x-Triticale (s. Abb. 21 und 22).

	4x-Weizen	6x-Weizen	2x-Roggen	Triticale
Genome	AABB	AABBDD	RR	
Chromosomenzahl 2 n	28	42	14	
Gameten n	14	21	7	
Chromosomen in Zygoten, nach Colchicinierung	14	+	7	= 3x = 21 steril = 6x = 42 fertil
Chromosomen in Zygoten, nach Colchicinierung		21 +	7	= 4x = 28 steril = 8x = 56 fertil

zengenome vorherrscht. Unter trockenwarmen Bedingungen nimmt allerdings der Anteil an Fremdbefruchtung zu.

In der Praxis sind überwiegend 6x-Triticale zu finden, die 8x-Formen haben nur eine lokale Bedeutung, wie z. B. in China. Es gibt auch noch 4x-Triticale mit 2n = 28 Chromosomen, davon gehören 14 zu einem Mischgenom (AB) etwa mit 8 A + 6 B-Homologen und 14 Paarlinge zum Roggengenom. Diese Formen haben vorerst nur wissenschaftlichen Wert (10).

Die auffälligsten Merkmalsunterschiede zu den Elternarten zeigen sich an den Ähren (Abb. 21, 22). In ihrer Größe lassen sie eine Heterosiswirkung erkennen. Eine Ertragsüberlegenheit verbindet sich damit nicht zwangsweise. Eine Reihe nachteiliger Eigenschaften ist zu konstatieren, die es gilt, durch die züchterische Bearbeitung zu minimieren bzw. zu eliminieren.

– Die Fertilität ist reduziert, besonders beim 8x-Triticale. Die Chromosomenzahl ist instabil, d. h. es treten in den Nachkommen numeri-

Abb. 21. Ähren der beiden Eltern Aestivumweizen (A) und Roggen (B), steriler F_1-Bastard (C), fertiler 8x-Triticale (D). (Aus 10)

Abb. 22. Ähren der beiden Eltern Durumweizen (A) und Roggen (B), fertiler 6x-Triticale (C). (Aus 10.)

sche Aberranten auf. Pflanzen mit < 56 Chromosomen sind außerdem schwachwüchsig.

- Die Zahl der Ährchen (Spindelstufen) kann zwar höher als bei den Eltern sein, aber die Zahl fertiler Blüten ist geringer als z.B. bei den HY-Weizensorten, da Roggen nur 2 fertile Blüten besitzt und sich diese Eltereigenschaft im Bastard auswirkt. Neuerdings will man den vielblütigen Roggen 'Canary' zum Kreuzen verwenden (3).
- Die Endospermentwicklung verläuft wegen der sehr unterschiedlichen Genomeinwirkungen disharmonisch, und es werden Schrumpfkörner gebildet (Abb. 23) (12).
- Die Halmlänge zeigt wie die Ähren eine Bastardwüchsigkeit (Heterosis), wodurch die Lageranfälligkeit erhöht und die Mähdreschernte erschwert wird.
- Roggen hat durchweg eine hohe α-Amylaseaktivität, die besonders unter warmfeuchten Reifebedingungen vorzeitig die Keimung auslöst (Auswuchs) und somit die Mehlqualität verschlechtert (6).

Züchtung und Ökophysiologie

Zur Überwindung der vorstehend genannten Nachteile war und ist es notwendig, sich ein genetisch sehr verschiedenartiges und umfangreiches Ausgangsmaterial für eine erfolgreiche Auslese verfügbar zu machen. CIMMYT und ICARDA (→ PLARRE, Kap. 1.1.4) haben entsprechende Programme entwickelt und beachtliche Erfolge erzielt, wie dies letztlich durch die Anbauausweitung in subtropischen Gebieten bestätigt wird (3, 4, 5, 7, 8, 9).

Da die 6x-Triticale von vornherein wegen ihrer cytologischen Stabilität günstiger zu beurteilen sind, gilt ihnen die größere züchterische Aufmerksamkeit. Methodisch geht man dabei verschiedene Wege. Neben der Herstellung neuer

Abb. 23. Schrumpfkornbildung (niedriges hl-Gewicht) eines älteren 6x-Triticale (li.) im Vergleich zu einer neueren Auslese mit verbesserter Kornqualität (höheres hl-Gewicht) aus CIMMYT (s. auch Tab. 13). (Aus 5)

Bastarde aus Weizen × Roggen (Primärtriticale) und neuer Rekombinanten über nachfolgende Kreuzungen verschiedener Primärtriticale werden sekundäre und Substitutionstriticale erzeugt. Die sekundären entstehen aus Kreuzungen unterschiedlicher Ploidiestufen wie z. B. aus hexaploiden × oktoploiden Formen, in deren Nachkommenschaften neue 6x-Rekombinanten ausgelesen werden können. Dies ist auch möglich über Kreuzungen der 6x-Triticale mit 6x-Weizen oder 2x-Roggen. Das D-Genom wird dabei nicht immer wieder vollständig eliminiert, und seine Chromosomen substituieren mitunter ein oder mehrere Roggenchromosomen. Solche Triticale haben dann z. B. die Genomformel AABB $(D_2 R_5) (D_2 R_5)$, wenn von den 7 Roggenchromosomen 2 vom D-Genom ersetzt worden sind. Diese Substitutionslinien sind in den letzten Jahren in Mexiko bereits als Sorten zugelassen worden (4). Am wichtigsten hierbei war eine Verkürzung des Halmes (Halbzwerg) in Kombination mit hohem Kornertrag, der hauptsächlich auf einer besseren Kornfüllung, d. h. Erhöhung des TKG und des Hektolitergewichtes (hl) basiert (Abb. 23, Tab. 13).

Insgesamt gesehen geht es darum, Triticalesorten zu züchten, welche die wertvollen Eigenschaften beider Elternarten in sich vereinigen. In diesen Typen sollte vom Weizen die hohe Ertragsleistung und die gute Kornqualität mit der Anspruchslosigkeit, Krankheits- und Kälteresistenz des Roggens kombiniert sein (10).

Praktisch läuft es aber darauf hinaus, einen intermediären Typus beider Getreidearten für bestimmte Anbaugebiete zu entwickeln. Als ökologische Nischen bieten sich Übergangsareale zwischen Weizen- und Roggenanbaugebieten an.

Derartige Standorte sind gekennzeichnet durch ein trockenes bis feuchtkühles Klima und nährstoffärmere, z. T. leichte saure Böden, die für den Weizenanbau im Grenzbereich liegen, wo aber Roggen auch keine Höchsterträge bringt oder nicht marktgängig ist. In den höheren Lagen der Subtropen, in China wie in Nordafrika, Himalajavorland oder Zentralmexiko tritt Frost während der Vegetationszeit auf. Die saueren Böden haben oft eine hohe Konzentration an Al-Ionen mit toxischer Wirkung (Nordindien, Brasilien). Sowohl im CIMMYT als auch im ICARDA wird bei der Züchtung diesen Umweltbedingungen besonders Rechnung getragen (4, 8).

Anbau

Triticale ist anbautechnisch wie verwandte Getreidearten Weizen oder Gerste zu behandeln. Dies betrifft Aussaatstärken, Pflegemaßnahmen und Erntetechnik in gleicher Weise. Da Triticale auch zur Grünfutternutzung angebaut wird, sollten die Saatstärken hierfür erhöht werden, etwa auf 100 kg/ha, wenn für die Körnerproduktion 75 kg/ha angemessen sind (1).

In den Trockengebieten Nordafrikas und Westasiens (Regen < 500 mm) ist Triticale in den Höhenlagen unter sehr wechselhaften Witterungsbedingungen dem Durum- und Aestivumweizen überlegen (9). Hier werden Winterformen verlangt, die wegen der Winterregen spätsaatverträglich und frostresistent sein müssen, andererseits aber auch hitzetolerant, da ihre Reifephase unter hohen Temperaturen abläuft. Frühreife (Vegetationszeit um 125 Tage) ist dabei ein wichtiges Zuchtziel. Wie sich gezeigt hat, sind unter solchen Bedingungen Triticale-For-

Tab. 13. Erhöhung des hl-Gewichtes (kg/hl) bei 6x-Triticale in neueren Auslesen im CIMMYT seit 1977 im Vergleich zu älteren Sorten und zum Weizen bzw. Roggen (Mittelwerte) (s. auch Abb. 23). Zusammengestellt nach (3, 5, 15, 17)

Linien, Sorten	1977/78 (kg/hl)	1981/82 (kg/hl)
Beste Auslesen	67,3	72,1–74,3
'Beagle'	64,0	64,3
'Cananea 79'	64,1	64,9
Aestivum 'Pavon'		76,8
Gute Aestivumsorten		um 80,0
Gute Roggensorten		um 71,0

men mit dem vollen Roggengenom besser adaptiert als Substitutionslinien.

Beim Anbau von Leguminosen für Futterzwecke kann Triticale als Mischkultur dienen (9).

Krankheiten

Die Roggenkomponente im Triticale hat bislang die allgemeinen Erwartungen erfüllt. Gegenüber den in subtropischen Gebieten gefährlich auftretenden Blattkrankheiten (Rostarten) besitzt er durchweg eine bessere Resistenz als Weizen, auch gegenüber Flugbrand und Hartbrand. Größere Anfälligkeit besteht jedoch gegenüber den *Helminthosporium*- und *Fusarium*-Arten (→ PLARRE, Kap. 1.1.4). Bei einer Anbauausweitung, vor allem in Gebieten mit hohem Infektionsdruck, muß damit gerechnet werden, daß spezifische Pathotypen auftreten. Dann muß die Resistenzzüchtung intensiviert werden. Vorarbeiten mit „weiten Kreuzungen" sind eingeleitet, wie z.B. die Inkorporierung (Introgressionszüchtung) von *Agropyron*-Genen (16).

Verarbeitung und Verwertung

Triticale dient als Kalorien- und Eiweißlieferant für Mensch und Tier. Als Viehfutter ist er besonders für Schweine und Hühner geeignet. Inwieweit er künftig bei einer besseren Versorgung mit hochwertigeren Nahrungsmitteln auch in den Ländern der Dritten Welt überwiegend als Futtergetreide verwertet wird, ist noch nicht abzuschätzen. In einem hochentwickelten subtropischen Gebiet wie Australien wurde 1984 die Ernte von insgesamt 137 000 ha der Futtermittelindustrie zugeführt, das sind 20 bis 25 % des Futtergetreides in diesem Lande.

Die Verwendung als Nahrungsgetreide ist aus mehreren Gründen zu propagieren. Waren bislang die Mehlausbeuten wegen des niedrigen Hektolitergewichtes (hl) geringer als beim Weizen, so ist dies bei den neuen Sorten z.B. in Mexiko kaum mehr der Fall (Tab. 13). Die Mehle lassen sich allein, besser aber in Mischungen – 25 % Weizenmehlanteil oder mehr – zu dicklaibigen Broten verbacken (2). Dabei sollte die kürzere Gärzeit beachtet werden, die nur 65 % der Fermentationszeit im Vergleich zum Weizenbackvorgang beträgt (17). Reine Triticalemehle mit geringerer Gärkraft (Kleberqualität) sind gut geeignet zur Herstellung landesüblicher Flachbrote wie „tortilla" (Mexiko) und „chapati" (Indien). Die Roggenkomponente ermöglicht auch ein Backen mit Sauerteig (7).

Da die Substitutionstriticale Gene des D-Genoms enthalten, besitzen sie z.T. eine bessere Backqualität als die mit dem vollen Roggengenom. Wegen der großen genetischen Unterschiede lassen sich aber keine allgemeinen Empfehlungen geben, inwieweit reine Triticale- oder Mischmehle zur Herstellung der verschiedenen Backwaren zu verwenden sind (5).

Was die Inhaltsstoffe des Triticalekorns angeht, so sind der höhere Eiweißgehalt gegenüber dem Weizen und Roggen und der hohe Lysinanteil hervorzuheben (Tab. 14). Der Nährwert dieser neuen Getreideart liegt demzufolge über dem der Elternarten.

Literatur

1. BISHNOI, U. R. (1980): Effect of seeding rates and row spacing on forage and grain production of triticale, wheat, and rye. Crop Sci. 20, 107–108.
2. CIMMYT (1982): CIMMYT Review 1982. El Batan, Mexico.
3. CIMMYT (1984): Report on Wheat Improvement 1981. Mexico.

Tab. 14. Eiweiß- und Lysingehalt (Mittelwerte) in Triticale, Aestivumweizen und Roggen. Zusammengestellt nach verschiedenen Autoren

Autoren	% Protein im Korn			% Lysin im Protein		
	Roggen	Weizen	Triticale	Roggen	Weizen	Triticale
(10)	9,4	10,6	13,5	–	–	–
(12)	–	–	–	3,70	3,10	3,40
(14)	–	12,2	14,9	–	2,70	3,30
(15)	–	12,9	13,5	–	3,00	3,70
(7)	–	–	14,3	–	2,95	3,95

4. CIMMYT (1985): Report on Wheat Improvement 1983. Mexico.
5. CIMMYT (1984): Research Highlights 1983. Mexico.
6. CIMMYT (1985): Research Highlights 1984. Mexico.
7. ICARDA (1983): Annual Report 1982. Aleppo.
8. ICARDA (1985): ICARDA – A Partner in Cereal Improvement. Aleppo.
9. ICARDA (1985): Research Highlights for 1984. Aleppo.
10. KROLOW, K.-D. (1985): Triticale (*Triticosecale* Wittmack). In HOFFMANN, W., MUDRA, A., und PLARRE, W.: Lehrbuch der Züchtung landwirtschaftlicher Kulturpflanzen, Bd. 2, 2. Aufl., 67–77.
11. MATHESON, E. M. (1984): Triticales are booming down-under. Rachis 3 (1), 29.
12. MÜNTZING, A. (1979): Triticale, Results and Problems. Fortschr. der Pflanzenzüchtung, Heft 10. Parey, Berlin.
13. STACE, C. A. (1987): Triticale: a case of nomenclatural mistreatment. Taxon 36, 445–452.
14. WANG, CH.-Y., SUN, Y. S., LIYING, X. et al. (1986): Triticale breeding in China. Suppl. Intern. Triticale Symp., Sidney 1986, Occassional Publ. No. 31 (DARWEY, N., ed.), 50–58.
15. WOLFF, A. (1976): Wheat × Rye = Triticale. CIMMYT Today, No. 5, Mexico.
16. ZIEGLER, D.-J. (1985): Introgressionsversuche mit *Agropyron elongatum* (2n = 14) zur Verbesserung von Triticale. Inaug.-Diss. Fachber. Biologie, Freie Univ. Berlin.
17. ZILLINSKY, F., SKOVMAND, B., and AMAYA, A. (1980): Triticale: adaptation, production and uses. Span 23, 83–84.

1.1.6 Gerste

WERNER PLARRE

Botanisch:	*Hordeum vulgare* L.
Englisch:	barley
Französisch:	orge
Spanisch:	cebada

Wirtschaftliche Bedeutung

Unter den Getreidearten steht die Gerste in der Produktion im Weltmaßstab an 4. Stelle (25). In den letzten Jahren hat sich die Gesamtanbaufläche kaum verändert (Tab. 15). Eine geringe Einschränkung ist in den Entwicklungsländern festzustellen, in denen die Produktion trotzdem, wenn auch nur leicht, gestiegen ist. Die in einigen Ländern durchaus bedeutende Steigerung

Tab. 15. Erzeugung von Gerste in einigen wichtigen Anbaugebieten. Nach (12).

Gebiet	Fläche (Mio. ha)		Ertrag (t/ha)		Produktion (Mio. t)	
	1974/76	1981/83	1974/76	1981/83	1974/76	1981/83
Welt	79,2	79,4	2,0	2,0	154,2	161,2
Afrika	4,5	4,9	0,9	0,8	4,2	4,0
Algerien	0,8	0,9	0,7	0,6	0,6	0,6
Äthiopien	0,8	0,9	0,9	1,3	0,8	1,1
Marokko	2,0	2,1	1,1	0,7	2,3	1,5
Nordamerika	8,2	9,1	2,2	2,7	17,7	24,3
Südamerika	1,0	0,6	1,2	1,2	1,2	0,7
Asien	11,9	11,2	1,3	1,5	15,7	16,7
China	1,7	1,2	1,7	2,5	3,0	3,0
Indien	2,8	1,7	1,0	1,2	2,9	2,1
Iran	1,4	1,4	0,9	1,0	1,3	1,4
Korea (Rep.)	0,7	0,3	2,3	2,4	1,6	0,8
Syrien	1,0	1,5	0,8	0,7	0,8	1,0
Türkei	2,6	3,0	1,6	2,0	4,2	6,0
Europa (ohne UdSSR)	18,8	19,6	3,2	3,4	59,2	67,1
UdSSR	32,6	31,1	1,6	1,5	53,2	44,7
Australien	2,2	2,8	1,3	1,2	2,9	3,4
Alle Entwicklungsländer	17,5	16,7	1,2	1,3	21,2	21,4

der Flächenerträge zeigt, daß auch bei der Gerste Züchtungsfortschritte in Verbindung mit verbesserten Anbaumaßnahmen zu verzeichnen sind (18, 26).

Es darf nicht außer acht gelassen werden, daß der Gerstenanbau in den Subtropen nach wie vor auf die für den Getreideanbau als marginal zu bezeichnenden Standorte beschränkt geblieben ist. Anders ist es dagegen in Europa und Nordamerika, wo wegen der Erzeugung guter Braugersten mit hohem Marktwert ein Intensivanbau mit entsprechenden Aufwendungen unter günstigen Boden- und Klimabedingungen betrieben wird. Dies ist die Erklärung dafür, daß hier fast um das Dreifache höhere Erträge erzielt werden (22).

In den subtropischen Anbaugebieten, in Nord- und Ostafrika sowie in Asien und Südamerika, hat die Gerste regional einen hohen wirtschaftlichen Stellenwert unter den landwirtschaftlichen Erzeugnissen. Sie ist einmal Grundnahrungsmittel und zum anderen wertvolles Viehfutter (1, 18, 28).

Da Gerste in der Hauptsache das Malz für die Bierherstellung liefert und der Bierkonsum weltweit ständig zunimmt, kommt ihr als Rohstofflieferant für die Genußmittelindustrie ein großer Handelswert zu. Sehr interessant ist, wie sich der

Tab. 16. Zunahme des Malzhandels in den letzten Jahren mit Beispielen des Imports in einigen Entwicklungsländern und des Exports aus entwickelten Ländern. Nach (13).

	Import			
	Menge (1000 t)		Wert (Mio. US-$)	
Gebiet	1977/78	82/83	1977/78	82/83
Welt	2220	2875	696	1013
Afrika	335	470	129	191
Kamerun	36	65	15	26
Nigeria	77	155	32	72
Südamerika	420	400	122	149
Kolumbien	5	31	1	11
Venezuela	150	160	38	50
Asien	610	800	190	289
Philippinen	80	115	18	31
Malaysia	15	22	5	9
Alle Entwicklungsländer	995	1145	322	440
	Export			
	Menge (1000 t)		Wert (Mio. US-$)	
	1977/78	82/83	1977/78	82/83
Welt	2220	2890	572	822
Europa	1700	2145	446	609
Benelux	440	410	125	122
Frankreich	600	805	154	234
Großbritannien	130	385	37	113
Tschechoslowakei	215	200	45	38
Nordamerika	205	283	48	71
Australien	193	350	45	99
Alle entwickelten Länder	2095	2790	539	783

Welthandel mit Malz in den letzten Jahren entwickelt hat. Wie aus Tab. 16 zu ersehen, hat sein Importwert 1982/83 die Milliardengrenze in US-$ überschritten. Im Laufe von 5 Jahren hat die Einfuhr in einigen Tropenländern ganz beträchtlich zugenommen, auf alle Entwicklungsländer bezogen im Mittel um 15 %. Die Kosten sind dabei um 40 %, nämlich von 322 auf 440 Mio. US-$, gestiegen! Vom gesamten Exporterlös kassieren im Malzhandel > 95 % die entwickelten Länder (13). Wird dann verständlich, warum man auch in tropischen Gebieten dazu übergeht, Braugersten anzubauen? Auf den Philippinen, wo z.B. der Malzimport sehr stark zugenommen hat, oder in Korea (Rep.) ist dies der Fall (7, 23). Die Gerste hat sich im Laufe ihrer Evolution von einer Ausgangsform mit „arider Konstitution" zu einer „kosmopolitischen Art" entwickelt und gedeiht heute sehr gut in humiden Gebieten der gemäßigten Zone; ob

sie aber auch genetisch das Adaptationspotential für eine humid-tropische Pflanze besitzt, müssen die weiteren Züchtungsarbeiten erst noch zeigen.

Botanik

Abstammung, Systematik, Verbreitung. Neben dem Weizen gehört Gerste zu den ältesten Kulturpflanzen. Im Nahen Osten (Fruchtbarer Halbmond) hat sich zwischen dem 9. und 6. Jahrtausend v. Chr. eine hohe Ackerbaukultur mit Weizen- und Gerstenanbau entwickelt (→ Bd. 3, PLARRE, S. 192). Hier ist das Hauptverbreitungsgebiet der Wildgerste *Hordeum spontaneum* C. Koch, aus der die Kulturgerste hervorgegangen ist. Diese Wildgerste ist zweizeilig, und alle mehrzeiligen Formen sind abgeleitete Formen. Nach einem archäobotanischen Fund im mittleren Niltal könnte es aber auch schon im 15./16. Jahrtausend v. Chr. zur Inkulturnahme

Abb. 24. Verschiedene Ährenformen von li. nach re. *H. vulgare* ssp. *spontaneum*, zweizeilig; *H. v.* ssp. *agriocrithon*, sechszeilig; orientalische Gerste 'Menelik' dichtährig = 9 cm; Landsorte aus Franken von 1830 lockerährig = 11 cm; deutsche Braugerste 'Union' dichtährig; alle drei Kulturgersten haben 14 Spindelstufen an jeder Zeile und sind zweizeilig.

der Gerste gekommen sein (29). Allerdings ist dies der einzige Nachweis aus so früher Zeit. Da im Industal mehrzeilige Kulturformen aus dem 6. Jahrtausend gefunden wurden und auch mehrzeilig spindelbrüchige in diesem Raum, besonders in Tibet, weit verbreitet sind, gibt es möglicherweise verschiedene Domestikationszentren. Eindeutig bleibt aber, daß die mehrzeiligen Gersten aus zweizeiligen durch eine Allelabänderung, d. h. durch eine einfache Genmutation entstanden sind (14). Eine andere Allelmutation im Locus Bt, die sich rezessiv vererbt, also mit bt zu bezeichnen ist, hat zur Entstehung von Gersten mit nicht auseinanderbrechenden Ähren bei der Reife geführt. Spindelfestigkeit ist das wichtigste Kulturmerkmal. Weiterhin werden unter den ältesten Kulturgersten bereits nacktkörnige, d. h. freidreschende gefunden (→ Bd. 3, PLARRE, S. 201, Tab. 24). Noch heute werden auch spindelbrüchige genutzt, wie *H. agriocrithon* Åberg (mehrzeilig) von den Nomaden in Tibet (Abb. 24) (23).

Die vorstehend genannten Gersten besitzen nur ein Genom mit 2n = 14 Chromosomen. Im Lau-

fe der Evolution haben sich zwar die morphologischen und physiologischen Merkmale drastisch verändert, die Diversität beruht aber nur auf Genunterschieden. Eine Kreuzungsbarriere besteht nicht, und daher ist es gerechtfertigt, alle Sippen in einer Art, *H. vulgare* L., zusammenzufassen, und *spontaneum, agriocrithon* und andere „Arten" als Subspecies von *H. vulgare* zu klassifizieren (25). Die Kulturgersten sind dann als *H. vulgare* ssp. *vulgare* zu bezeichnen; innerhalb dieser Subspecies werden die verschiedenen Kultursippen als Convarietates (convar.) eingeordnet (convar. *distichon* (L.) Alef., convar. *vulgare* (Syn. convar. *hexastichon* (L.) Alef.), convar. *deficiens* (Steud.) Mansf. u. a.) (Abb. 24, 25) (14).

Die mehrzeiligen Gersten haben ursprünglich auf ihrer Wanderung von Westasien über Nordindien und Zentralasien bis nach Japan eine weite Verbreitung erlangt. In umgekehrter Richtung sind in der Hauptsache zweizeilige Formen nach Europa und Afrika eingewandert. In Äthiopien finden wir ein sekundäres Genzentrum (Abb. 25; → Bd. 3, PLARRE, S. 205). In die

Abb. 25. Verschiedene Ährenformen von li. nach re. 'Arabische Schwarze' convar. *deficiens* (fehlende Seitenährchen); äthiopische Grannenlose convar. *deficiens*, lockerährig = 10 cm; äthiop. Gerste convar. *vulgare*, dichtährig = 6 cm; 'Hiproly' convar. *distichon* dichtährig nacktkörnig; Nepalgerste convar. *vulgare* dichtährig.

neue Welt und nach Australien gelangte die Gerste mit europäischen Siedlern (22).

Morphologie. Für Wurzel- und Halmmerkmale einschließlich der Bestockung, wie sie für Getreidearten typisch ist, gilt dasselbe, was hierzu im Kap. 1.1.4, Weizen, steht, ebenso was den Ährenaufbau betrifft. Hierbei ist erwähnt worden, welche Bedeutung den einzelnen Merkmalen in ihrer Funktion als Ertragskomponenten zukommt. Wie beim Weizen läßt sich die Ausbildung der vegetativen und generativen Organe in Verbindung mit entwicklungsphysiologischen Abschnitten leicht registrieren (Bestockungsphase, Ährenschieben u. a.).

Bei der Gerste spielt die unterschiedliche Fertilität, die zwischen zwei- und mehrzeiligen Formen besteht, in mehrfacher Hinsicht eine Rolle. In Abb. 26 ist zu erkennen, daß einheitlich je 3 einblütige Ährchen an einer Spindelstufe sitzen. Bei mehrzeiligen sind alle fertil, bei zweizeiligen nur die Blüte des mittleren Ährchens. Dies beruht, wie o. a., auf einem Allelunterschied, wobei die heterozygoten Genotypen $V^d v$ stark vergrößerte Seitenblüten besitzen ($V^d V^d$ = zweizeilig, vv = mehrzeilig). Wichtige Gesichtspunkte für die Praxis sind:

- mehrzeilige Gersten haben eine bessere Ertragsstruktur als zweizeilige,
- die Körner der Mittelreihe sind voller und gleichförmiger ausgebildet als in den Seitenreihen,
- zweizeilige sind wegen des höheren Vollgerstenanteils bei der Siebsortierung mit 2,5 mm besser als mehrzeilige für Brauzwecke geeig-

net (höhere Stärkeausbeute, niedrigerer Eiweißgehalt, gleichmäßigere Keimung).

Infolgedessen werden, vor allem in Europa, mehrzeilige Wintergersten (lange Vegetationszeit) als ertragreiche Futter- und zweizeilige Sommerformen als Qualitätsbraugersten gezüchtet und angebaut. In Amerika und Australien werden häufiger mehrzeilige für beide Zwecke verwendet.

In trockenheißen Gebieten, wie in Arabien, finden sich Landsorten mit schwarzen Ähren und roten Halmen. Gegenüber starker Sonneneinstrahlung ist dies eine gute Anpassung (Abb. 25). Die Pigmente gehören zu verschiedenen Stoffgruppen (5), bei Braugersten sind sie unerwünscht (23).

Ökophysiologie

Im Entstehungsgebiet der Gerste sind in den Bergländern des Orients zuerst Winterformen ausgelesen worden (HOPF, schriftliche Mitteilung). Sie besitzen ein Vernalisationsbedürfnis, das sehr variabel ist. Je nach Genotyp (Sorte) beträgt es 2 bis mehrere Wochen. Dabei wirken auch Temperaturen, die nur wenig unter 10 °C liegen (5). Sorten mit geringem Kältebedarf lassen sich im zeitigen Frühjahr säen (Wechselgersten). Umgekehrt können Sommergersten ohne Vernalisation in den Subtropen nicht nur im Frühjahr, sondern auch im Herbst bzw. Winter ausgesät werden. Sie vertragen Frost, wenn auch nicht die tiefen Temperaturen wie Wintergerste, deren kälteresistenteste Sorten bis −16 °C überstehen.

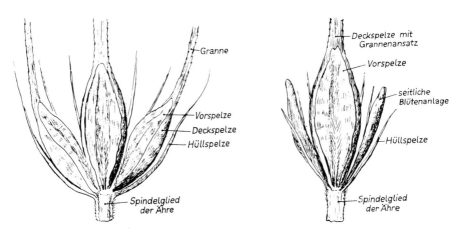

Abb. 26. Ährchenaufbau bei einer mehr- und zweizeiligen Gerste. (Aus 4)

Photoperiodisch reagiert Gerste wie eine typische Langtagpflanze. Bei Wintergersten ist der Langtagcharakter stärker ausgeprägt, sie bestocken sich im Kurztag intensiv und sind dann als repens-Typen gut erkenntlich. Sommergersten sind weniger sensitiv. Sie haben daher die weite Verbreitung erfahren, die bis zur Grenze des Ackerbaues im Norden bis zum 70. Breitengrad und im Süden bis nach Patagonien reicht. In den niederen Breiten gibt es adaptierte Formen im Bereich des 10. Breitengrades in Äthiopien und in den Anden.

Sommerformen mit kurzer Vegetationszeit (< 120 Tage) bringen günstige Voraussetzungen mit, unter Trockenbedingungen die geringen Niederschläge auszunutzen, zweizeilige sind dabei den mehrzeiligen ertragsüberlegen. Bestimmte Genotypen kommen mit 200 bis 250 mm Regen aus. Das ist hinsichtlich des Wasserbedarfs die untere Grenze für den Getreideanbau ohne Zusatzbewässerung.

Unter hohen Temperaturen, wie sie zur Reifezeit an solchen Standorten herrschen (um 40 °C), wird Gerste weniger als Weizen geschädigt, zumal sie früher ihr Wachstum beendet und nach Aufhören der Assimilation die Respiration einstellt. Unter derartigen Bedingungen bringt Gerste höhere Erträge als Weizen. Daß die Erträge dann allerdings unter 0,8 t/ha liegen, ist verständlich (Tab. 15).

Als Pflanze mit arider Konstitution ist die Gerste ursprünglich genökologisch an den Trockenstandort angepaßt. Hier sind es die flachen kalkhaltigen Lößlehmböden, auf denen sie am besten gedeiht. Diese milden krümeligen Böden zeichnen sich durch eine gute Wasserführung aus. Die pH-Werte schwanken zwischen neutral und leicht alkalisch. Entsprechend dem Nährstoffangebot und der Bodenbeschaffenheit bildet sich ein unterschiedliches, aber stets leistungsfähiges Wurzelsystem aus (5). Gegenüber Bodenversalzung besteht eine größere Toleranz als bei anderen Getreidearten. Diese ist züchterisch ausgenutzt worden und hat zur Entwicklung von „Salzgersten" geführt, die ausschließlich mit Meerwasser bewässert werden können (11).

Auf ihrer Wanderung in die humiden Gebiete ist die Gerste unter Auslesebedingungen geraten, unter denen sie zu einer semihumiden Pflanze geworden ist. Durch diese genökologische Veränderung ist sie heute gut an die Anbaubedingungen in niederschlagreichen Gebieten der ge-

mäßigten Zone adaptiert. Hier wird Gerste sogar auf sauren Böden angebaut (21). In feuchteren subtropischen Gebirgslagen (Nord- und Ostafrika, Himalaja) sind Endemiten entstanden, – in 4000 m in Tibet allerdings unter Trockenbedingungen – die für die Gerstenzüchtung in Europa, Amerika und Australien wertvolles Genmaterial geliefert haben (14).

Züchtung

Seit einigen Jahren befassen sich CIMMYT in Mexiko und ICARDA in Syrien (→ PLARRE, Kap. 1.1.4) sehr intensiv mit der Züchtung von Gersten für subtropische Gebiete (8, 10, 15, 17). Hierbei ist es zu einer guten Kooperation gekommen und die Aufgaben werden koordiniert durchgeführt. ICARDA hat das Mandat, für die Trockengebiete Westasiens und Afrikas neue Sorten zu entwickeln (16, 23, 26). Die Zuchtziele lassen sich wie folgt skizzieren:

– Anpassung an Standorte mit < 250 mm Niederschlag, Trockenheitstoleranz (6),
– Verbesserung der Krankheitsresistenz hochertragreicher Linien (18),
– Entwicklung von Sorten mit üppiger Grünmasse zur Beweidung mit guter Regeneration und relativ hohem Kornertrag zwecks Doppelnutzung (28).

Im CIMMYT stehen Aufgaben im Vordergrund, die bei der Züchtung von Gersten für feuchtere Höhenlagen bedeutungsvoll sind. Resistenzzüchtung spielt dabei die Hauptrolle (9). Neben diesen internationalen Instituten, die mit nationalen Forschungsstellen die Züchtungsprogramme abstimmen und Material austauschen, werden in den einzelnen Ländern auch unabhängig je nach Landesbedarf neue Sorten gezüchtet. Einige Beispiele seien genannt.

– Tunesien: Es sollen lokal angepaßte Kombinationstypen zur Korn- und Strohnutzung mit hoher energetischer Leistung gezüchtet werden (1),
– Indien: Nacktkörnige HYV werden verlangt, die als Zwergformen unter Bewässerung für einen Intensivanbau in Nordindien geeignet sind, wo sie ausschließlich als Brotgetreide angebaut werden (24),
– Korea (Rep.): Gerste ist die zweitwichtigste Nahrungspflanze. Eine besondere Qualität wird bevorzugt, und zwar Nacktgersten mit wachsartigem Endosperm. Es müssen frühreifende, frostharte Winterformen sein, die auf

Abb. 27. Links Saargut der nacktkörnigen 'Hiproly', rechts eines Berliner Zuchtstammes mit weizenähnlichen Körnern, selektiert aus einer Mehrfachkreuzung 'Hiproly' mit Spelzgersten. (Nach 23)

Feuchtstandorten den Fruchtwechsel mit Reis in einem Jahr zulassen (7).

Bei der Züchtung nacktkörniger Sorten wird auf hohen Eiweißgehalt und gute Eiweißqualität geachtet. Seit dem Auffinden einer endemischen Form mit hohem Eiweiß- und Lysingehalt in Äthiopien (Hiproly = high protein lysin), aber mit sonst geringem Anbauwert (Schrumpfkörner, kurze Ähre, weicher Halm, s. Abb. 26, 27) sind umfangreiche Kreuzungen zur Ertragsverbesserung vielerorts durchgeführt worden (23). Auslesepopulationen hat auch ICARDA erhalten.

Was die Züchtungsmethoden betrifft, so lassen sich bei Gerste sehr verschiedenartige anwenden. Auslesen aus Landsorten werden ebenso noch durchgeführt wie komplizierte Kreuzungen und Mutationszüchtung (14). Es ist zu beachten, daß Gerste zwar Selbstbefruchter ist, mehrzeilige Formen aber zur Fremdbefruchtung neigen. Landsorten sind wie Auslesepopulationen zu behandeln. Mit männlich sterilen Genotypen lassen sich leicht sogenannte „composite crosses" herstellen, die über viele Generationen als Genreservoire dienen und auf die man z. B. bei der

Züchtung auf Krankheitsresistenz (2, 20) oder Salztoleranz zurückgreift (11, 23) (→ Bd. 3, PLARRE, S. 224).

Als Kreuzungspartner werden sehr häufig Wildformen, vor allem der ssp. *spontaneum* zur Resistenz-, aber auch zur Strohwertverbesserung verwendet (6).

Anbau

Subtropische Trockengebiete (bis 600 mm Niederschlag). Wie oben erwähnt, kann Gerste schon bei 200 mm Regen Erträge bringen, die freilich immer niedrig sind. Mit Zunahme der Niederschläge in Verbindung mit mehr Feuchtmonaten – in ariden Gebieten rechnet man mit zwei Monaten, in semiariden mit 2 bis 7 Monaten – tritt rasch eine Ertragssteigerung ein. Da die Regenmengen insgesamt und in der monatlichen Verteilung sehr schwanken, ist es schwierig, bestimmte Anbaumaßnahmen zu empfehlen (6).

In Nordafrika und Westasien werden rund 12 Mio. ha mit Gerste angebaut, davon 10 % mit Bewässerung. Vorherrschend ist eine kleinbäuerliche Landwirtschaft. Gerste wird oft nach

Gerste angebaut, besonders in den Grenzlagen. Daneben findet sich eine Rotation Gerste – Brache oder Gerste – Leguminosen. Die Kleinbauern halten vielfach noch an ihren Landsorten (Populationen) fest, die nicht sehr ertragreich sind, aber wenig krankheitsanfällig. Allerdings werden diese in feuchten Jahren durch *Helminthosporium, Rhynchosporium*, Gelbrost und Mehltau stark geschädigt (18). Größere Produktionssteigerungen wären mit folgenden Maßnahmen zu erreichen (26):
— mit leistungsfähigeren Sorten, vor allem für die Bewässerungslandwirtschaft, wobei der Erzeugung von Qualitätssaatgut große Bedeutung zukommt,
— mit sorgfältigerer Saatbettvorbereitung, Konservierung der Winterfeuchtigkeit, Einbeziehung eines Leguminosenanbaues auf der Sommerbrache,
— mit früher Aussaat vor der Regenzeit (wasserkonservierende Saatbettvorbereitung) evtl. mit Herbizidanwendung (Vorauflaufmittel),
— mit Drillsaat anstatt Breitsaat, vor allem, wenn ausreichend Bodenfeuchtigkeit zum Keimen gewährleistet ist (40 bis 100 Sämlinge sollten auf 1 m² auflaufen),
— mit Unkrautkontrolle in den ersten Wochen nach Aufgang,
— durch Düngen mit N und P, variiert je nach Bodenfruchtbarkeit. Stickstoff zeigt meist die größte Wirkung, Gaben von 50 kg/ha können ausreichend sein (3, 5). Späte Gaben zum Ährenausschieben bei genügender Bodenfeuchte erhöhen den Eiweißgehalt im Korn, ohne den Kornertrag zu steigern.

In den anderen Trockengebieten der Erde wie in Australien hat sich der Anbau in den letzten Jahren um ⅓ ausgedehnt. Die Erträge sind gering (Tab. 15), es werden aber von den Großflächen gute Braugersten geerntet, und große einheitliche Partien können ins Ausland verkauft werden. Der Malzexport hat stark zugenommen (Tab. 16).

Feuchttropische Gebiete, einschließlich der montanen Regionen (> 600 mm Niederschlag). Wie erwähnt, kann es unter günstigen Bedingungen, wie aus Nordindien bekannt, vorteilhaft sein, kurzhalmige HYV anzubauen. Der Züchtung dieser Sorten kam zu Hilfe, daß zwei natürlich entstandene Zwergmutanten und eine künstlich induzierte gefunden wurden, die für Kreuzungen verwendet werden konnten. Aus den Kreuzungspopulationen sind verschiedene nacktkörnige Rekombinationen ausgelesen und zu Sorten entwickelt worden. Wegen ihrer verbesserten Standfestigkeit vertragen sie höhere Düngergaben (24). Je nach der Ergiebigkeit der Winterregen sind 2 bis 3 Bewässerungen vorzunehmen, und zwar im Abstand von 30 bis 35 Tagen nach der Aussaat bis zur Blüte, dazu jeweils 20 bis 35 kg N/ha.

Der P-Dünger, etwa 25 bis 30 kg, wird zur Aussaat gegeben, Kali nur auf K-armen Böden. In diesem Gebiet ist Gerste dem Weizen vorzuziehen, da sie früher reift und für eine späte Winteraussaat nach Reis, Zuckerrohr, Ölsenf oder Kartoffeln angebaut werden kann. Die neuen Sorten bringen im Mittel der Versuche bei Bewässerung Erträge von 3,2 t/ha, die genau so hoch liegen wie beim Weizen. Ein weiterer Vorteil kommt noch hinzu: diese Gersten können zu einer besseren Ausnutzung der Salzböden – etwa 7 Mio. ha in der Ganges-Ebene – mit verwendet werden (24).

In China ist der Gerstenanbau nach der FAO-Statistik (12) in den letzten Jahren beträchtlich zurückgegangen (Tab. 15). Dies stimmt aber nicht mit der Literatur überein, nach der in China noch etwa 4 Mio. ha angebaut werden, was sehr unwahrscheinlich ist (19). Etwa 1 Mio. ha sollen es im Hauptanbaugebiet in der Küstenregion der Provinz Kiangsu sein (nördlich von Schanghai). In diesem Gebiet ist Gerste ebenfalls eine bevorzugte Kulturart wegen ihrer Salztoleranz. Aufgrund ihrer kurzen Vegetationszeit paßt sie gut in eine Rotation mit zwei oder vier Kulturen im Jahr ebenso wie in ein Vielfachnutzungssystem (multiple cropping), und zwar als Wintergerste, mit Aussaat Anfang Oktober im nördlichen Teil dieser Region bis Anfang November im Süden. Erntezeit ist von Mitte bis Ende Mai. Im Nachbarland Korea (Rep.) werden gleichfalls frühreifende Wintergersten, die hier winterhart sein müssen, bevorzugt als Vorfrucht für Reis gewählt. Hierfür stehen jetzt auch HYV zur Verfügung (7). In einem anderen wichtigen Anbaugebiet Asiens, in Tibet, werden trockenholde Sommergersten, und zwar überwiegend mehrzeilige Nacktformen, angebaut.

Im montanen subtropisch-tropischen Bereich hat der Gerstenanbau in Äthiopien eine sehr große, in Amerika eine geringe Bedeutung. In Äthiopien sind in den Gebirgstälern sehr verschiedenartige Landsorten zu finden. Ihre züchterische Verbesserung hat zu ersten Erfolgen im Landesmaßstab geführt: Unter low input-Bedingungen sind die Erträge gestiegen, sie liegen über denen des Weizens. Der Anbau ist ausgedehnt worden (Tab. 15). Die Genbank in Addis Abeba hat einen Anteil hieran (schriftl. Mitteilung).

CIMMYT bemüht sich um die Verbesserung der Sorten und Anbaumaßnahmen in Mittel- und Südamerika. Die Arbeiten laufen ausschließlich unter dem Gesichtspunkt, den Anbau von Brot- und/oder Futtergersten zu fördern, also keine Braugersten zu züchten. Nacktkörnige und bespelzte HYV sowie frühreife Formen mit 90 Tagen Vegetationszeit sind entwickelt worden (8). In Mexiko werden im Hochland etwa 250 000 ha angebaut. Die Erträge liegen bei 2 t/ ha. Es gibt Krankheitsprobleme ähnlich wie beim Weizen. In den Andenstaaten ist der Gerstenanbau stark zurückgegangen. In Brasilien hat er sich ausgeweitet; 100 000 ha sind derzeit registriert. Die Gerste wird hier, wie auch aus Argentinien bekannt, für Brauzwecke mit verwendet, und zwar sowohl zwei- als auch mehrzeilige Sorten. Diese haben 2 bis 3 % geringere Extraktausbeute als die in Europa angebauten Sorten, deren Ausbeute bei 80 % und höher liegt (14).

Krankheiten und Schädlinge

Gerste wird in den warmen Ländern von denselben Krankheiten und Schädlingen befallen wie in der gemäßigten Zone. In den semihumiden und humiden Gebieten sind die Blattkrankheiten am gefährlichsten. Unter ihnen stehen die Rostarten (*Puccinia hordei*, Braunrost, *P. striiformis* f. sp. *hordei*, Gelbrost) obenan. Der Braunrost kann als die gefährlichste Rostart in den feuchten Subtropen bezeichnet werden. Daneben können die Blattfleckenkrankheiten, *Helminthosporium* spp. (*Pyrenophora* spp.), besonders *H. teres*, und *Rhynchosporium secalis* zu großen Ertragseinbußen führen. Schließlich ist noch das Gelbverzwergungsvirus zu nennen. Gegen diese fünf Krankheiten wird prioritär von CIMMYT resistentes Zuchtmaterial entwickelt (8, 10). Gegen Braunrost versucht man auch Fungizide einzusetzen (9).

Zystenbildende Nematoden spielen unter den Schädlingen die größte Rolle. Aus der Gattung *Heterodera* gibt es weltweit verbreitet verschiedene Arten, die am Getreide nicht wirtspezifisch parasitieren und mit Ausweitung des Getreide-

baues günstige Vermehrungs- und Verbreitungsbedingungen finden. Sie können zu einem den Ertrag stark reduzierenden Schadfaktor werden (9, 27).

Die genannten Krankheiten sind auch aus semiariden und ariden Gebieten bekannt, dort aber weniger gravierend. Bedeutungsvoll sind besonders in den kühleren Lagen *Rhynchosporium*, Gelb- und Braunrost sowie *Helminthosporium*. Bisweilen treten auch Gerstenhartbrand (*Ustilago hordei*), Mehltau (*Erysiphe graminis* f. sp. *hordei*) und Virosen auf (15). Unter den Schädlingen kann die Getreidehalmwespe (*Cephus pygmaeus*) gefährlich werden.

Verwertung und Verarbeitung

Gerste ist als Nahrungsmittel Kalorienlieferant; es sollte aber auch Wert auf den Eiweißgehalt und die Eiweißqualität gelegt werden. In den Körnern schwankt der Eiweißgehalt zwischen 9 und 21 % bei einem Mittelwert von 13 %. Proteinreiche Mehle lassen sich wie die vom Weizen zu verschiedenen Brotarten verbacken, und zwar allein oder in Mischungen mit Weizenmehl zu Fladenbroten, bekannt aus Indien als „chapati", aus dem Orient als „tannour" und „khobz". Dicklaibige Brote können aus Mehlmischungen gebacken werden, die 80 % eines Weizenmehles mit Aufmischeffekt und 20 % Gerstenmehl enthalten (8). Anderes Gebäck wie Biskuit kann aus reinem Gerstenmehl hergestellt werden. Brei- und Suppengerichte werden aus mehr oder weniger gut geschälten bzw. polierten Körnern (Graupen) von Spelzgersten zubereitet. Bei Nacktgersten, deren Körner in Form und Farbe Weizenkörnern sehr ähnlich sein können (Abb. 27), entfällt das Schälen. Sie sind daher als Nahrungsmittel einfacher und vielseitiger zu nutzen als Spelzgersten. In Ostasien werden sie zusammen mit Reis zubereitet (7), und in Indien ist es beliebt, sie geröstet (sattu) zu essen (24). Einen höheren Nährwert besitzen hierbei die Lysingersten. Im Rohprotein kann der Lysingehalt bei 4 % und höher liegen, während er bei anderen Gersten bei gleichem Eiweißgehalt um 3,5 % beträgt. Lysin- und Rohproteingehalt sind negativ korreliert, es gibt aber wertvolle Kombinationsgersten (23). Die verbesserte Verdaulichkeit des Eiweißes spielt in der Tierernährung eine wichtige Rolle. Hier werden Spelz- wie Nacktgersten als Kraft- und Eiweißfutter eingesetzt. Wie erwähnt, wird die Züchtung einer Zweinutzungsgerste mit hohem Korn- und Grünmasseertrag im ICARDA intensiv betrieben (1, 23, 28). Hierbei geht es vor allem darum, die Gerstenfelder im Winter bzw. im zeitigen Frühjahr zu beweiden, ohne größere Einbußen im Kornertrag in Kauf zu nehmen. Da auch Gerstenstroh einen hohen Nährwert haben kann, ist sogar von einer Dreifachnutzung zu sprechen. Eine Beweidung wird auch in Mischkulturen mit Leguminosen vorgenommen (17).

Die dritte Verwertungsmöglichkeit, Gerste für die Malzherstellung in der Bierbrauerei zu verwenden, spielt für den Anbau in den subtropischen Gebieten, wie in Australien und Südamerika, seit langem eine Rolle. Im ICARDA (15) hat man jetzt aber auch Gersten verfügbar, die in der Malzindustrie verarbeitet werden können. Nach einer empirischen Kalkulation lassen sich aus 1 t Gerste 750 kg Malz = 40 hl Bier herstellen (22). Malz wird aber auch zur Gewinnung von Sirup und sonstigen Extrakten verwendet, die zur Süßung von Nahrungs- und Genußmitteln dienen. Ebenso werden Backhilfsmittel aus Malz gewonnen (5).

Literatur

1. Amara, H., Ketata, H., and Zouaghi, M. (1985): Use of barley (*Hordeum vulgare* L.) for forage and grain in Tunisia. Rachis 4 (2), 28–33.
2. Andres, M. W., and Wilcoxson, R. D. (1986): Barley composite cross CC XXXV-A as a source for both specific and slow rusting resistance against leaf rust. Crop Sci. 26, 273–275.
3. Arnon, I. (1972): Crop Production in Dry Regions. Vol. II: Systematic Treatment of the Principal Crops. Leonard Hill, London.
4. Aufhammer, G., und Fischbeck, G. (1973): Getreide, Produktionstechnik und Verwertung. DLG-Verlag, Frankfurt (Main).
5. Briggs, D. E. (1978): Barley. Chapman & Hall, London.
6. Ceccarelli, S., and Mekni, M. S. (1985): Barley breeding for areas receiving less than 250 mm annual rainfall. Rachis 4 (2), 3–9.
7. Cho, C. H. (1983): Major barley research in Korea. Rachis 2 (2), 20.
8. CIMMYT (1982): Review 1982. El Batan, México.
9. CIMMYT (1984): Report on Wheat Improvement 1981, México.
10. CIMMYT (1985): Report on Wheat Improvement 1983, México.
11. Epstein, E., Kingsbury, R. W., Norlyn, J. D., and Rush, D. W. (1979): Production of food crops and other biomass by seawater culture, 77–90. In: Hollaender, A. (ed.): The Biosaline Concept. Plenum Press, New York.
12. FAO (1984): Production Yearbook Vol. 37. FAO, Rom.
13. FAO (1980, 1984): Trade Yearbook, Vol. 33, 37. FAO, Rom.
14. Fischbeck, G. (1985): Gerste (*Hordeum vulgare* L.). In: Hoffmann, W., Mudra, A., und Plarre, W.: Lehrbuch der Züchtung landwirtschaftlicher Kulturpflanzen, Bd. 2, 2. Aufl., 77–97. Parey, Berlin.
15. ICARDA (1983): Annual Report 1982. Aleppo.
16. ICARDA (1984): Annual Report 1983. Aleppo.
17. ICARDA (1985): Research Highlights for 1984. Aleppo.
18. Mekni, M. S., and Kourieh, A. (1984): Barley – its world status and production conditions in West Asia, North Africa, and neighboring countries. Rachis 3 (2), 2–7.
19. Min, S. Y. (1985): Barley agronomy in Jiangsu, China, Rachis 4 (1), 35.
20. Muona, O., Allard, R. W., and Webster, R. K. (1982): Evolution of resistance to *Rhynchosporium secalis* (Oud.) Davis in barley composite cross II. Theor. Appl. Genet. 61, 209–214.
21. Plarre, W. (1976): Die Entwicklung genökologischer Veränderungen (dargestellt am Beispiel der Gerste in den letzten 150 Jahren). Schriftenreihe für Vegetationskunde 10, 133–153, Bundesanst. Veg.kunde, Natursch. und Landsch.pflege, Bonn-Bad Godesberg.
22. Plarre, W., and Hoffmann, W. (1963): Barley growing and breeding in Europe. 1st Intern. Barley Gen. Symp., 7–57, Wageningen, ed. S. Broekhuizen, Wageningen.
23. Proceedings of the IV. Barley Genetics Symposium (1981): Barley Genetics IV. Edinburgh Univ. Press, Edinburgh.
24. Ram, M. (1983): Evolution of high yielding huskless barley varieties – an event in Indian agriculture. Rachis 2 (2), 17–19.
25. Rasmusson, D. C. (1985): Barley. Agronomy Series Monograph No. 26. Amer. Soc. Agron., Madison, WI.
26. Srivastava, J. P., and Winslow, M. D. (1985): Improving wheat and barley production in moisture-limiting areas, Rachis 4(1), 2–8.
27. Stubbs, R. W., Prescott, J. M., Saari, E. E., and Dubin, H. J. (1986): Cereal Disease Methodology Manual. CIMMYT, México.
28. Yau, S. K., and Mekni, M. S. (1985): Characterization of dual-purpose barley – an approach. Rachis 4 (1), 28–34.
29. Zeven, A. C., and De Wet, J. M. J. (1982): Dictionary of Cultivated Plants and Their Regions of Diversity. Pudoc, Wageningen.

1.1.7 Hirsen

Sigmund Rehm

Unter dem Sammelnamen Hirsen werden verschiedene kleinsamige Getreidearten der warmen Länder zusammengefaßt (2, 6, 16, 23). Alle Hirsearten stammen aus Afrika oder Asien; nur dort spielen sie auch heute eine bedeutende Rolle. Von den 41 Mio. ha ihrer Anbaufläche in der Welt liegen 38,4 Mio. in den Entwicklungsländern, in Afrika 15,3 Mio., in Asien 23,4 Mio. ha mit einer Produktion von 8,7 bzw. 20,9 Mio. t (11). Trotz ihres i. a. sehr niedrigen Ertragsniveaus von 0,7 t/ha liefern sie in einigen Ländern einen entscheidenden Beitrag zur Ernährung. Die Bedeutung der meisten Hirsearten liegt in ihrer Anspruchslosigkeit, kurzen Vegetationsdauer und Salz- und Trockenheitstoleranz. In den Ländern der Sahelzone mit ihren extrem trockenen Klimabedingungen sind sie (überwiegend Perlhirse) daher das dominierende Getreide: Im Tschad liefern sie 88 %, in Senegal 81 % und in Mali und Niger 77 % der gesamten Getreideproduktion; an den marginalen Standorten sind sie durch kein anderes Getreide zu ersetzen.

Ein kleiner Teil der Hirsesamen wird als Vogelfutter exportiert, die Hauptmenge wird im Erzeugungsland verzehrt. Die Körner werden meist gemahlen und als Brei gekocht oder als Fladenbrot gebacken. In Asien werden manche Hirsearten auch ungemahlen wie Reis zubereitet. Besonders in Afrika dient ein erheblicher Teil der Hirseernte zur Bereitung eines sauren, schwach alkoholischen Bieres. Im Nährwert entsprechen die meisten Hirsen etwa dem Weizen (15, 23). Wegen ihrer Schnellwüchsigkeit werden mehrere Arten auch als Futterpflanzen angebaut (Halmfutter).

Die wichtigeren Hirsearten werden im folgenden etwas ausführlicher behandelt. An der Spitze steht Perlhirse mit einer Weltproduktion von über 12 Mio. t, gefolgt von Borstenhirse (7 Mio. t), Rispenhirse (5 Mio. t) und Fingerhirse (3,5 Mio. t). Bei allen anderen Arten liegt die Weltproduktion unter 1 Mio. t; sie werden nur kurz besprochen.

Perlhirse

Botanisch:	*Pennisetum americanum* (L.) Leeke (Syn. *P. spicatum* [L.] Roem. et Schult., *P. typhoides* [Burm. f.] Stapf et C. E. Hubb., *P. glaucum* [L.] R. Br., neuerdings wieder als gültiger Name interpretiert [6a])
Englisch:	pearl millet, bulrush millet
Französisch:	millet à chandelle, pénicillaire
Indisch:	bajra

Die Perlhirse wurde in der Sahelzone Afrikas domestiziert (3, 12, 24) und gelangte über O-Afrika etwa 1000 v. Chr. nach Indien, wo sich ein zweites Mannigfaltigkeitszentrum entwickelte (6, 22). Außer den Getreideformen wurden in neuerer Zeit hervorragende Futtersorten entwickelt, die weltweit verbreitet sind (→ ESPIG, Kap. 13).

Perlhirse ist eine kräftige Pflanze, deren Stengel 1,0 bis 4,5 m hoch werden. In der Bestockungsfähigkeit bestehen große Sortenunterschiede, ebenso bei der Ausbildung der Seitentriebe, die aus den obersten Knoten treiben. Am Haupttrieb wird der Blütenstand 10 bis 60 cm lang, mit 1,5 bis 4,5 cm Durchmesser, an den Seitentrieben kürzer. Die Ährchen sitzen in Gruppen von 1 bis 4, meist 2, am Ende der zahlreichen kurzen Seitenästchen. Die Narben erscheinen 4 Tage vor den Antheren. Folge dieser Protogynie

Abb. 28. Perlhirse. Weißsamige, ertragreiche Sorte.

ist eine Fremdbestäubung von rund 75 %. Die Körner ragen bei vielen Formen über die Spelzen hinaus und werden beim Dreschen von den Spelzen befreit. Die Kornfarbe variiert von weiß (Abb. 28), gelb, rötlich bis beinahe schwarz. Das TKG beträgt bei den meisten Formen 5 bis 10 g, es gibt aber auch großkörnige mit einem TKG von 15 g. Das Mehl der meisten Sorten ist weiß, selten durch Carotin gelb gefärbt.

Perlhirse gilt als die Hirse, die mit der geringsten Regenmenge noch eine Ernte liefert (17). Im Sahel dringt sie in die nördlichste Randzone gegen die Sahara vor. Auf sandigem Boden können frühreife Sorten noch bei 180 mm Regen gedeihen. Um höhere Erträge zu erzielen, ist mehr Feuchtigkeit nötig, im Hauptanbaugebiet fallen 400 bis 1000 mm Niederschläge. Ihre Wärmeansprüche und Hitzeresistenz sind hoch (13). Bei genügender Wasserversorgung reagiert sie in erstaunlichem Maß auf hohe Bodenfruchtbarkeit, eine lohnende Ertragssteigerung ist noch mit 160 kg N/ha gefunden worden. Außer Sorghum gibt es kaum eine andere Getreideart, die eine so große ökologische Streubreite hat. Die Empfehlungen für Phosphatdüngung variieren von 20 bis 40 kg P_2O_5/ha, die für Kalidünger von 0 bis 50 kg K_2O/ha.

Die Aussaat wird meist direkt vorgenommen; in manchen Gegenden Indiens und des Sudan wird Perlhirse auch in Saatbeeten gezogen und verpflanzt. Die Pflanzweite hängt von der Bestockungsfähigkeit der Sorte und den Niederschlägen ab (Reihenabstand 30 bis 120 cm, in der Reihe 10 bis 15 cm). Pro ha werden 5 bis 10 kg Saat benötigt (Direktsaat). Frühe Sorten reifen in 65 bis 80, späte in 120 bis 180 Tagen. Kurztag beschleunigt die Entwicklung (13). Die Erträge sind in den Trockengebieten 0,2 bis 1 t/ha, bei genügend Niederschlägen oder unter Bewässerung werden von den neuen Hybridsorten Erträge bis 4 t/ha erreicht. Das wohlschmeckende Korn hat einen hohen Nährwert.

In der Züchtung stehen seit dem Auffinden mehrerer cytoplasmatisch männlich steriler Linien die Hybriden im Vordergrund, die Mehrerträge bis zu 66 % bringen (4, 18, 20). Auch bei der Perlhirse sind niedrige Formen, die ein günstigeres Verhältnis von Blattmasse und Körnerertrag haben, gefunden worden (4). Neben Ertrag und Qualität (Eiweißgehalt bis 15,1 %) stehen Resistenz gegen Krankheiten und Vogelfraß im Vordergrund der Züchtung. Vogelresistente Sorten

haben kräftige, lange Borsten, lange Spelzen, die die Körner einschließen, und dunkle Spelzen- und Kornfarbe (31).

Pilzkrankheiten spielen nur in feuchteren Gebieten eine größere Rolle. Zu nennen sind vor allem eine Rasse des Falschen Getreidemehltaus, *Sclerospora graminicola*, die die Rispen vergrünen läßt, der Rost *Puccinia penniseti*, der Langbrand *Tolyposporium penicillariae* und das Mutterkorn *Claviceps fusiformis* (27, 33). Die größten Ernteverluste werden durch Vögel verursacht. Auch *Striga* kann den Ertrag wesentlich mindern.

Borstenhirse

Botanisch:	*Setaria italica* (L.) P. Beauv.
Englisch:	foxtail millet
Französisch:	millet des oiseaux
Spanisch:	mijo menor

Die Borstenhirse (2, 6, 23, 27, 32) wird als Körnerfrucht von Portugal bis Japan angebaut. Ihre größte Bedeutung hat sie in Nordchina, ferner in Japan, Zentralasien und Indien; der Anbau in Vorderasien und im Mittelmeergebiet ist gering.

Die Pflanzen bestocken sich gut; ihre Stengel sind bis oben beblättert und enden in einer meist nickenden, geschlossenen oder gelappten Scheinähre. Die Ährchen sitzen einzeln an den Enden der verzweigten Seitenäste. Es gibt viele Sorten, die sich in der Bestockung, der Halmlänge (20 bis 200 cm), der Rispenlänge (5 bis 30 cm) und -dicke (1,0 bis 3 cm), der Länge der Borsten (2,2 bis 14 mm) und der Kornfarbe (gelb, orange, rot, schwarz) und Korngröße (TKG 1,5 bis 4 g) unterscheiden.

Borstenhirse ist flachwurzelnd und nicht trockenresistent, die frühen Sorten entwickeln sich aber so schnell, daß sie mit wenig Niederschlägen (400 bis 500 mm) auskommen, die Hauptanbaugebiete haben 500 bis 700 mm. In ihren sonstigen klimatologischen Ansprüchen ähnelt sie der Rispenhirse, mit der sie oft als Mischkultur angebaut wird. Sie gedeiht auf allen Bodentypen. Stauende Nässe verträgt sie nicht.

Meist wird die Borstenhirse im Regenfeldbau angebaut, in Indien hin und wieder unter Bewässerung, häufig gemischt mit anderen Kulturen, in Breit- oder Drillsaat (Reihenabstand 15 bis 20 cm, in Trockengebieten weiter, Saatmenge 6 bis 30 kg/ha).

Die Vegetationsdauer beträgt bei frühen Sorten 60 bis 70, bei mittleren 70 bis 90 und bei den großen ostasiatischen 100 bis 120 Tage. Die Erträge liegen meist bei 0,8 bis 0,9 t/ha, bei guter Düngung und ausreichender Wasserversorgung werden 1,2 bis 1,6 t/ha erzielt, mit guten Sorten und unter optimalen Bedingungen 4 bis 5 t/ha. Der Nährwert der einzelnen Sorten zeigt große Unterschiede, es gibt Formen mit 17 % Roheiweiß, solche mit hohem Kleberanteil, die ein backfähiges Mehl liefern, andere haben 5,9 % Fett, außerdem gibt es Typen, in denen die Stärke zu 100 % als Amylopektin vorliegt, und Formen mit weißem oder mit gelbem Endosperm.

In der Züchtung findet neben Ertragssteigerung und Qualitätsverbesserung die Resistenz gegen Vogelfraß (langborstige Rispen), gegen Krankheiten und gegen Termiten Beachtung.

Als Schädlinge stehen die Vögel an erster Stelle; auch die Gallmücke *Contarinia sorghicola* kann fühlbare Verluste verursachen. Von Krankheiten sind vor allem der allgemein verbreitete Flugbrand *Ustilago crameri* zu nennen, in Gebieten mit hoher Luftfeuchtigkeit Mehltau (*Sclerospora graminicola*) und Rost (*Uromyces leptodermis*).

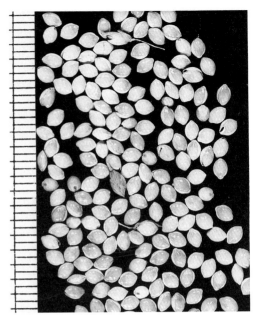

Abb. 29. Rispenhirse. Gedroschene Körner einer hellfrüchtigen Sorte. (Foto PLARRE).

Rispenhirse

Botanisch:	*Panicum miliaceum* L.
Englisch:	common millet, proso millet
Französisch:	millet commun
Spanisch:	mijo común, mijo mayor
Russisch:	proso

Die Rispenhirse (2, 6, 23, 27, 32, Abb. 29) stammt aus Zentralasien und ist dort, zusammen mit der Borstenhirse, die Körnerfrucht der Halbnomaden. Im Süden der UdSSR, in Indien und im nördlichen China ist sie ein wichtiges Getreide. Die weitaus größte Menge wird im Süden der UdSSR erzeugt, wo sie auf ca. 4 Mio. ha angebaut wird.

P. miliaceum hat große, ziemlich breite Blätter und schlanke, hohle Halme, die 30 bis 120 (150) cm hoch werden. Die Rispen sind lose oder kompakt, 10 bis 30 cm lang, nickend oder aufrecht. Die Ährchen sitzen an den Enden langer Stiele und sind etwa 5 mm lang. Deck- und Vorspelze sind glatt und weißlich, gelb, rot, braun oder schwärzlich gefärbt. Das TKG der nicht entspelzten Körner beträgt 4 bis 8 g.

Rispenhirse ist flachwurzelnd und nicht eigentlich trockenresistent. Durch ihre schnelle Entwicklung kommt sie aber mit wenig Wasser aus. Sie ist daher das bevorzugte Getreide in Gegenden mit kurzer Regenzeit und heißen Sommern. Im Mittelmeergebiet wird sie am Ende der Regenzeit (Februar/April) gesät. Der Anbau erstreckt sich verhältnismäßig weit nach Norden und bis 2700 m Höhe (Anbaugrenze: Juli-Isotherme von 20°). Außer auf grobem Sand mit zu niedriger Wasserkapazität gedeiht sie auf jedem Boden.

Die Aussaat wird breitwürfig oder gedrillt mit einem Reihenabstand von 20 bis 30 cm vorgenommen. Wie alle kleinsamigen Hirsearten braucht Rispenhirse ein festes Saatbett. In Teilen Indiens wird Rispenhirse auch in Saatbeeten angezogen und verpflanzt. Die Angaben über Saatmengen reichen von 8 bis 35 kg/ha. Dichtsaat wird dort empfohlen, wo Unkrautkonkurrenz ins Gewicht fällt und genügend Feuchtigkeit verfügbar ist. Nach 6 bis 9 Wochen erscheinen die Rispen, nach 10 bis 12 (16) Wochen kann geerntet werden. Bei den alten Sorten fallen die reifen Körner leicht ab, und die Ährchen einer Rispe reifen nicht gleichzeitig; das Getreide muß daher vor der vollen Reife geschnitten und vor dem Dreschen getrocknet wrden. Neue Sorten aus der UdSSR haben festen Kornsitz, d. h. sind ausfallsicher und können mit dem Mähdrescher geerntet werden.

Die Erträge wechseln je nach Wachstumsbedingungen sehr. In Indien rechnet man mit 0,4 bis 0,6 t/ha auf Trockenland, 1,0 bis 1,7 t/ha unter Bewässerung und bis 2,5 t/ha auf fruchtbarem, schwerem Boden. Maximalerträge liegen über 5 t/ha. Das Mehl ist wohlschmeckend, hat aber bei den alten Sorten einen verhältnismäßig geringen Nährwert. In der UdSSR wurden Sorten mit einem Eiweißgehalt bis zu 18 % und einem Ölgehalt bis zu 5 % gezüchtet; ihr diätetischer Wert ist hoch, das Eiweiß enthält bis zu 1,94 % Tryptophan und bis zu 2,5 % Methionin. Außer zur menschlichen Ernährung wird Rispenhirse in der UdSSR auch zur Gewinnung von Alkohol, Stärke, Traubenzucker, Öl und Futtermitteln verwendet.

Rispenhirse hat verhältnismäßig wenig unter Krankheiten und Schädlingen zu leiden. Fühlbare Verluste kann der Brandpilz *Sphacelotheca destruens* verursachen. Als ernster Schädling, besonders der spätreifen Sorten, tritt manchmal die Gallmücke *Stenodiplosis panici* auf. Bei schwerem Befall sind alle Rispen taub.

Fingerhirse

Botanisch:	*Eleusine coracan* (L.) Gaertn.
Englisch:	finger millet
Französisch:	éleusine
Hindi:	ragi
Singhalesisch:	kurrakan
Äthiopisch:	dagussa

Fingerhirse (2, 6, 7, 23, 25, 27, 30) wird in Asien und Afrika angebaut. Die erste Inkulturnahme erfolgte wahrscheinlich in Afrika (34), doch ist auch der Anbau in Indien sehr alt. In Asien erstreckt sich ihr Anbau von Vorderindien bis Japan. In einigen Teilen Südindiens und Zentralafrikas ist sie die Hauptnahrung der ländlichen Bevölkerung.

Die Pflanze ist auch im vegetativen Zustand leicht kenntlich an den seitlich komprimierten, gekielten Blattscheiden, deren Kiel sich auf der Mittelrippe des deutlich gefalteten Blattes fortsetzt. Unter guten Bedingungen bestockt sich die Pflanze stark und bildet viele Halme, die 30 bis 90 (150) cm hoch werden. Die Einzelähren wer-

den meist 7,5 bis 10 cm lang, sind gerade oder einwärts gekrümmt, bei einigen Formen verzweigt und tragen 60 bis 80 Ährchen in zwei Reihen (Abb. 30). Jedes Ährchen enthält 4 bis 6 (bis zu 12) Blüten. An der reifen Frucht sind Fruchtwand und Samenschale nicht verwachsen, die hellbraune, faltige Fruchtwand ist bei der Reife papierartig dünn, zerbrechlich und leicht vom Samen zu trennen (Abb. 31). Ährchen und Früchte sitzen sehr fest und sind schwer zu dreschen.

Fingerhirse stellt höhere Ansprüche an die Wasserversorgung als andere Hirsearten. Die untere Grenze des Anbaus liegt bei etwa 500 mm Regen. Wenn der Boden gut dräniert ist, verträgt sie hohe Niederschläge. In Indien und Afrika wird sie auch in Bewässerungskultur gezogen. Ihr Wärmebedürfnis ist nicht sehr hoch (Temperaturoptimum etwa 24°); der Anbau geht in Äthiopien bis 2500 m Höhe, in Indien bis 2700 m. In Indien deckt sich ihr Hauptanbaugebiet mit den Gebieten des Reisbaus. Sie wächst auf

Abb. 30. Fingerhirse. Links reifer, rechts unreifer Fruchtstand. (Foto Espig)

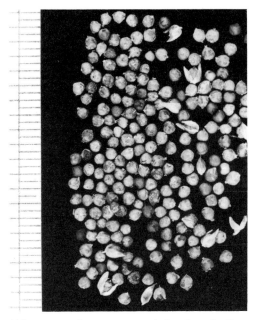

Abb. 31. Fingerhirse. Körner nach dem Drusch. (Foto PLARRE)

jedem Boden, von schwerem Lehm bis zu armem, flachem Sand (Flachwurzler) und verträgt ziemlich viel Salz. Die Aussaat wird direkt ins Feld breitwürfig oder gedrillt vorgenommen (Saatmenge 7,5 bis 15 kg/ha, Reihenabstand 10 bis 30 cm) oder durch Verpflanzen (Anzucht in Saatbeeten, Verpflanzen nach 25 bis 35 Tagen). Gute Düngung ist Voraussetzung für hohe Erträge; wo Fingerhirse das Hauptnahrungsmittel ist, erhält sie allen verfügbaren organischen Dünger. Stickstoffgaben bis zu 90 kg N/ha haben sich als lohnend erwiesen; sie bewirken stärkere und frühere Bestockung. Als weitere Düngergaben werden je 20 bis 30 kg P_2O_5 und K_2O pro ha empfohlen. Nach 3 bis 4 Monaten beginnt die Ernte; sie erstreckt sich oft über mehrere Wochen, weil nicht alle Fruchtstände gleichzeitig reifen. Nach der Ernte werden die Felder beweidet, da die Pflanzen mit der Körnerreife nicht absterben.

Die Erträge im Regenfeldbau liegen bei 0,5 bis 1,0 t/ha, unter Bewässerung wird etwa das Doppelte erzielt. Spitzenerträge gehen bis 7 t/ha. Die Körner haben ein TKG von 2,5 g, ihr Nährwert ist wegen des niedrigen Eiweiß- und Fettgehaltes gering, doch hat das Eiweiß einen relativ hohen Gehalt an Cystin, Tyrosin und Tryptophan. In

einzelnen Zuchtlinien wurden bis 14 % Roheiweiß gefunden. Infolge der Kleinkörnigkeit sowie des niedrigen Fett- und Eiweißgehaltes ist dieses Getreide auch unter primitiven Verhältnissen praktisch unbegrenzt haltbar. Die ungedroschenen Fruchtstände können viele Jahre lagern.

In Afrika und Asien gibt es Hunderte von Varietäten, die sich erhalten haben, da Fingerhirse überwiegend selbstbefruchtend ist. Sie unterscheiden sich im Wasserbedarf, Bestockung, Höhe, Anthocyanbildung, Form und Größe der Seitenähren, Farbe und Geschmack der Körner, Reifezeit, Ertrag und Krankheitsresistenz. In Indien wird Ragi seit vielen Jahren züchterisch bearbeitet. Zuchtziele sind vor allem Ertragssteigerung, bestimmte Kornfarben und Qualitätsverbesserung, Trockenresistenz und Resistenz gegen Krankheiten, vor allem gegen *Pyricularia*. Krankheiten und Schädlinge spielen bei Fingerhirse eine geringe Rolle. Nur *Pyricularia eleusinae* tritt in Indien manchmal so stark auf, daß Bekämpfungsmaßnahmen erforderlich werden und sich lohnen. Daneben kommt die Blattfleckenkrankheit *Helminthosporium nodulosum* und die Brandkrankheit *Melanopsichium eleusinis* vor. Vogelfraß stellt bei Fingerhirse keine Gefahr dar.

Hirsen geringerer Bedeutung

Die folgende Zusammenstellung nennt nur die angebauten Arten; gelegentlich werden in Notzeiten auch wildwachsende Arten als Getreide genutzt (2).

Brachiaria deflexa (Schumach.) Hubb. var. *sativa* R. Port.: kolo rassé. In Obervolta und Mali in kleinem Umfang angebaut (2, 16, 28).

Brachiaria ramosa (L.) Stapf.: anda korra, browntop millet. In Teilen Indiens als Getreide, in den USA als Vogelfutter angebaut (2, 6).

Coix lacryma-jobi L., Hiobsträne, adlay. Formen mit weicher Umhüllung der Samen in den humiden Tropen aller Kontinente als Getreide und Futterpflanzen angebaut. Sehr nahrhaft (Roheiweißgehalt 21 %) (1, 2, 19).

Digitaria cruciata (Nees) A. Camus var. *esculenta* Bor: raishan. In den Khasi Hills Indiens als Getreide und Futterpflanze (2, 6, 29).

Digitaria exilis (Kipp.) Stapf: Fonio. Wichtiges Getreide in einigen Ländern Westafrikas (2, 16).

Digitaria iburua Stapf: Iburu. In der Sudanzone Westafrikas in kleinem Umfang angebaut (2, 16).

Echinochloa colona (L.) Link: Shamahirse. In Ostafrika, besonders aber in Indien gelegentlich als Getreide und Futterpflanze angebaut. Weltweit verbreitet als Unkraut (2, 6, 9).

Echinochloa frumentacea (Roxb.) Link: Sawahirse. In Indien und Südostasien Getreide und Futterpflanze (2, 6, 26, 34).

Echinochloa utilis Ohwi et Yabuno: Japanische Hirse. In Japan, Nordchina und Korea als Getreide angebaut, sonst Futterpflanze (2, 21, 34).

Eragrostis tef (Zuccagni) Trotter: Teff. Wichtigstes Getreide Äthiopiens, in anderen Ländern als schnellwüchsiges Futtergras genutzt (2, 5, 14).

Panicum sumatrense Roth ex Roem. et Schult.: Kutkihirse. Wegen ihrer Anspruchslosigkeit in Indien und Sri Lanka an armen Standorten angebaut (2, 6).

Paspalum scrobiculatum L.: Kodahirse. In Indien, China und Japan als Getreide, sonst als Futterpflanze. Geringe Ansprüche an Boden und Wasser (2, 6, 8, 27).

Phalaris canariensis L.: Kanariengras. Im westlichen Mittelmeergebiet angebaut, hauptsächlich als Vogelfutter, ausnahmsweise als Nahrungspflanze (2, 32).

Literatur

1. ARORA, R. K. (1977): Job's tears *(Coix lacrymajobi)* – a minor food and fodder crop of northeastern India. Econ. Bot. 31, 358–366.
2. BAUDET, J. C. (1981): Les Céréales Mineures. Bibliographie Analytique. Agence de Coopération Culturelle et Technique, Paris.
3. BRUNKEN, J., DE WET, J. M. J., and HARLAN, J. R. (1977): The morphology and domestication of pearl millet. Econ. Bot. 31, 163–174.
4. BURTON, G. W., and POWELL, J. B. (1968): Pearl millet breeding and cytogenetics. Adv. Agron. 20, 49–89.
5. COSTANZA, S. H., DE WET, J. M. J., and HARLAN, J. R. (1979): Literature review and numerical taxonomy of *Eragrostis tef* (T'ef). Econ. Bot. 33, 413–424.
6. COUNCIL OF SCIENTIFIC AND INDUSTRIAL RESEARCH (1948–1976): The Wealth of India. Raw Materials. 11 vols. Publication and Information Directorate, CSIR, New Delhi.
6a. DE WET, J. M. J. (1987): Pearl millet *(Pennisetum glaucum)* in Africa and India. Proc. Intern. Pearl Millet Workshop, 3–4. ICRISAT, Patancheru, Indien.
7. DE WET, J. M. J., RAO, K. E. P., BRINK, D. E., and MENGESHA, M. H. (1984): Systematics and evolution of *Eleusine coracana* (Gramineae). Am. J. Bot. 71, 550–557.

8. DE WET, J. M. J., PRASADO RAO, K. E., MENGESHA, M. H., and BRINK, D. E. (1983): Diversity in kodo millet, *Paspalum scrobiculatum.* Econ. Bot. 37, 159–163.
9. DE WET, J. M. J., PRASADO RAO, K. E., MENGESHA, M. H., and BRINK, D. E. (1983): Domestication of sawa millet *(Echinochloa colona).* Econ. Bot. 37, 283–291.
10. DEYOE, C. W., and ROBINSON, R. J. (1979): Sorghum and pearl millet foods. In: INGLETT, G. E., and CHARALAMBOUS, G. (eds.): Tropical Foods: Chemistry and Nutrition, Vol. 1, 217–237. Academic Press, New York.
11. FAO (1984): FAO Production Yearbook, Vol. 37. FAO, Rom.
12. FERRARIS, R. (1973): Pearl Millet *(Pennisetum typhoides).* Commonwealth Agric. Bureaux, Farnham Royal, Slough, England.
13. FIELD CROPS RESEARCH (1985): Special Issue: Pearl Millet. Field Crops Res. 11 (2/3), 113–290.
14. FRÖHLICH, G. (1982): Über einige Nutzpflanzen Äthiopiens von lokaler Bedeutung. Beitr. trop. Landw. Veterinärmed. 20, 109–124.
15. HULSE, J. H., LAING, E. M., and PEARSON, O. E. (1981): Sorghum and Millets: Their Composition and Nutritive Value. Academic Press, London.
16. HUTCHINSON, J., CLARK, J. G. G., JOPE, E. M., and RILEY, R. (eds.) (1977): The Early History of Agriculture. Oxford University Press, Oxford.
17. INTERNATIONAL CROPS RESEARCH INSTITUTE FOR THE SEMI-ARID TROPICS (1984): Agrometeorology of Sorghum and Millet in the Semi-Arid Tropics. Proc. Int. Symp., 15–20 Nov. 1982. ICRISAT, Patancheru, Indien.
18. JAUHAR, P. P. (1981): Cytogenetics and Breeding of Pearl Millet and Related Species. Progress and Topics in Cytogenetics, Vol. 1. Liss, New York.
19. KOUL, A. K. (1974): Job's tears. In: HUTCHINSON, J. B. (ed.): Evolutionary Studies in World Crops, 63–66. Cambridge University Press, London.
20. KUMAR, K. A., and ANDREWS, D. J. (1984): Cytoplasmic male sterility in pearl millet *(Pennisetum americanum* [L.] Leeke) – a review. Adv. Appl. Biol. 10, 113–144.
21. MULDOON, D. K., PEARSON, C. J., and WHEELER, J. L. (1982): The effect of temperature on growth and development of *Echinochloa* millets. Ann. Bot. 50, 665–672.
22. NORMAN, M. J. T., PEARSON, C. J., and SEARLE, P. G. E. (1984): The Ecology of Tropical Food Crops. Cambridge University Press, Cambridge.
23. RACHIE, K. O. (o. J): The Millets. Importance, Utilization and Outlook. ICRISAT, Patancheru, Indien.
24. RACHIE, K. O., and MAJMUDAR, J. V. (1980): Pearl Millet. Pennsylvania State University Press, University Park, Pennsylvania.
25. RACHIE, K. O., and PETERS, L. V. (o. J): The *Eleusines.* A Review of the World Literature. ICRISAT, Patancheru, Indien.
26. RAI, R. S., NEWATIA, R. K., CHAUDHARI, L. B., and RAI, B. (1980): How to have two tonnes of „sawan" from a hectare. Indian Farming 30 (6), 16–18.

27. RAMAKRISHNAN, T. S. (1963): Diseases of Millets. Indian Council Agric. Res., New Delhi.
28. ROSE INNES, R. (1977): A Manual of Ghana Grasses. Land Resources Div., Min. Overs. Dev., Tolworth Tower, Surbiton, England.
29. SINGH, H. B., and ARORA, R. K. (1972): Raishan (*Digitaria* sp.) – a minor millet of the Khasi Hills, India. Econ. Bot. 26, 376–380.
30. THOMAS, D. G. (1970): Finger millet (*Eleusine coracana* (L.) Gaertn.). In: JAMESON, J. D. (ed.): Agriculture in Uganda. Oxford Univ. Press, London.
31. VERMA, S. K. (1980): Field pests of pearl millet in India. Trop. Pest Management 26, 13–20.
32. VILLAX, E. J. (1963): La Culture des Plantes Fourragères dans la Région Méditerranéenne Occidentale. Inst. Rech. Agron. Rabat, Marokko.
33. WILLIAMS, R. J., FREDERIKSEN, R. A., and GIRARD, J.-C. (1978): Sorghum and Millet Disease Identification Handbook. Information Bull. 2, ICRISAT, Patancheru, Indien.
34. ZEVEN, A. C., and DE WET, J. M. J. (1982): Dictionary of Cultivated Plants and Their Regions of Diversity. 2nd ed. Pudoc, Wageningen.

1.1.8   Pseudozerealien

WOLFRAM ACHTNICH

Als Pseudozerealien werden verschiedene Arten der Gattungen *Amaranthus*, *Chenopodium* und *Fagopyrum* bezeichnet, die wegen ihrer zahlreich gebildeten stärkehaltigen Samen wie Getreide genutzt werden. Sie zeichnen sich durch einen bemerkenswert hohen Proteingehalt aus. Einige Formen finden auch als Blattgemüse Verwendung. Die vor allem in den höheren Lagen Zentral- und Südamerikas als Grundnahrungsmittel angebauten Arten wurden durch ertragreicheres Getreide verdrängt. Heute finden sie wegen ihres hohen Nährwertes bei gleichzeitiger Anspruchslosigkeit bezüglich des Standortes erneut Beachtung (2, 6, 22, 25, 32).

Körneramaranth
Botanisch: *Amaranthus* spp.

Aus Grabbeigaben, die in Tehuácan (Mexiko) gefunden wurden, läßt sich der Anbau von Körneramaranth in Zentralamerika für einen Zeitraum von über 4000 Jahren nachweisen. Trotz des von den spanischen Kolonisatoren wegen der mit der Amaranthkultur verbundenen blutigen Opferfeiern erlassenen Verbots hat sich der Anbau von Körneramaranth in abgelegenen Ge-

genden erhalten und über die Kontinente nach Asien und Afrika ausgedehnt, so daß die Anbaufläche außerhalb Lateinamerikas größer ist als in den Zentren der Domestikation in Mexiko und den Hochtälern der Anden. Seit Beginn des 19. Jahrhunderts wird weißsamiger Körneramaranth in Indien, Nepal, China und Ostsibirien angebaut. In Ost- und Südafrika führten Inder den Anbau ein. Weit verbreitet in Asien und Afrika ist auch die Nutzung verschiedener *Amaranthus*-Arten als Gemüsepflanzen (→ TINDALL, Kap. 4.9). Für die Ernährung, besonders der auf marginalen Böden wirtschaftenden ärmeren Bevölkerung, ist *Amaranthus* von erheblicher Bedeutung (5, 6, 22, 23).

Amaranth ist eine schnell wachsende krautige Pflanze mit kräftigem Sproß, mehr oder weniger verzweigt, dicht belaubt mit aufrecht stehendem oder sich neigendem Blütenstand und zahlreichen durch Betaxanthine und Betacyan gefärbten roten, gelben oder weißen Blüten, aus welchen bis zu 50 000 kleine Samen je Pflanze hervorgehen. Die Pflanze ist monözisch, getrenntgeschlechtlich, selbstfertil. Infolge von Protogynie herrscht jedoch Fremdbestäubung (Wind, gelegentlich auch Insekten) vor. Als C_4-Pflanze ist *Amaranthus* sehr gut an tropische und subtropische Klimate angepaßt, hitze- und trockenheitsverträglich und sehr produktiv. Unter den etwa 60 *Amaranthus*-Arten werden vorzugsweise *A. caudatus* L., *A. cruentus* L. und *A. hypochondriacus* L. zur Körnergewinnung genutzt (2, 6, 23, 27, 28).

A. caudatus, Inkaweizen (Syn. *A. edulis* Speg., *A. mantegazzianus* Passer.), wächst seit über 2000 Jahren auf meist kleinen Flächen in den Andentälern. Auf fruchtbarem Boden erreicht er 2 bis 3 m Höhe. Der Blütenstand ist keulenförmig. Im Anbau ist der Inkaweizen in Argentinien, Bolivien, Peru, Indien und Nepal verbreitet.

A. cruentus (Syn. *A. paniculatus* L.) ist etwa 5000 Jahre als Kulturpflanze in tieferen Lagen der Tropen und Subtropen im Anbau. Der Blütenstand steht buschig aufrecht. Die Art umfaßt viele Formen, die zur Körnergewinnung (weiße Samen) und als Gemüse genutzt werden. Die Hauptanbaugebiete liegen im südlichen Mexiko, in Guatemala, Indien und China.

A. hypochondriacus (Syn. *A. leucocarpus* S. Wats., *A. frumentaceus* Roxb.) ist meist wenig verzweigt, hochwachsend (Abb. 32); die Blüten-

Abb. 32. *Amaranthus hypochondriacus* L. in Vollblüte.

stände haben längere hängende Ästchen. Er liefert die höchsten Erträge (weiße Samen, gute Kocheigenschaften, angenehmer Geschmack). Im Anbau ist er in Mexiko und den Südwest-Staaten der USA, in Indien, Nepal, China und der Mongolei verbreitet (10, 18, 33).

Die züchterische Bearbeitung der zahlreichen *Amaranthus*-Arten wird durch taxonomische Unsicherheiten und die Beschaffenheit der Pflanzen (winzige Blütenorgane) erschwert. Nach der Chromosomenzahl werden 2 Sektionen unterschieden: *Amaranthotypus* mit der Basiszahl x = 16, vorwiegend verbreitet in Amerika, und *Blitopsis* mit der Basiszahl x = 17, vorwiegend verbreitet in Afrika. Die besprochenen Arten sind diploid 2 n = 32. Als spontan entstandener Polyploider ist *A. dubius* Mart. ex Thell. mit 2 n = 64 bekannt, der wegen seiner großen Blätter vor allem als Gemüse genutzt wird, daneben aber auch als lästiges Unkraut vorkommt. Seine Samen sind mit einem 1000-Korn-Gewicht von 0,22 g besonders klein. Über Colchicin induzierte Tetraploidie bei *A. caudatus* wird aus Indien berichtet (20, 24, 32). Gegenüber der diploiden Form lag hier das Samengewicht bei dem Poly-

ploiden um bis zu 50 % höher. Ausgelesen wurde bisher auf gut entwickelte Fruchtstände und reichliche Samenproduktion. Die Samengröße (1000-Korn-Gewicht 0,7 bis 0,9) ist dagegen in Jahrtausenden kaum verändert worden. Weitere Zuchtziele sind Standfestigkeit, verminderter Kornausfall, Tagneutralität, maschinengerechtes Wachstumsverhalten (gleichmäßiger Wuchs, gleichzeitiges Abreifen) sowie Verbesserung der Mahl- und Backqualität.

An den Standort stellt Körneramaranth keine besonderen Ansprüche. Er gedeiht noch auf kargem Boden im weiten Bereich zwischen pH 4,5 und pH 8, sowohl an der Küste als auch in Höhenlagen von über 3000 m. Ein mittlerer Jahresniederschlag von 600 bis 800 mm gilt als optimal, doch ist der Anbau auch in einem Niederschlagsbereich zwischen 200 und 2000 mm/Jahr noch möglich. Die Keimtemperatur liegt zwischen 16 und 35 °C, bei 8 °C stockt das Wachstum, Frost wird nicht vertragen. Während der Vegetationszeit wird ein Temperaturmittel von 26 bis 28 °C als optimal angesehen (23). Die feine Saat benötigt ein gartenmäßig hergerichtetes, gut dräniertes, zur Vermeidung von Erosionsschaden möglichst ebenes Saatbett. Es wird meist breitwürfig (1 bis 1,5 kg/ha) gesät und die Saat mit einem festen Besen 1 bis 2 cm tief eingearbeitet. Später erfolgt eine Ausdünnung des Bestandes auf 30 bis 35 Pflanzen/m². Bei maschineller Aussaat (1 bis 2 kg/ha) beträgt der Abstand zwischen den Reihen 50 bis 80 cm. Die Samen keimen nach etwa einer Woche. Als Düngung werden unterschiedliche Mengen Stallmist gegeben. Handelsdünger steht selten zur Verfügung. In Trockengebieten ist Bewässerung üblich, insgesamt 5 bis 7 Wassergaben im Abstand von 10 bis 15 Tagen. Da der Bestand nach wenigen Wochen den Boden deckt (Abb. 33), ist stärkere Verunkrautung meist nicht zu befürchten. Notwendigenfalls wird 2- bis 3mal gehackt, jeweils nach der Bewässerung. Nach etwa 2 Monaten blüht der Bestand. Zur Reife werden 4 bis 5 Monate (im Hochland auch länger) benötigt. Die Ernte erfolgt von Hand mit der Sichel, wegen der Gefahr des Ausfallens der Samen meist vor der Vollreife. Anschließend wird das Erntegut getrocknet, gedroschen (häufig noch durch Austreten) und geworfelt. Der Kornertrag liegt bei 1 bis 3 t/ha, wobei das Ertragspotential (in Versuchen bis 6 t/ha) noch keineswegs ausgeschöpft ist. Sehr verbreitet ist

Abb. 33. *Amaranthus*-Anbau im Hochgebirge in Nepal.

der Anbau in Mischkultur mit Mais, kleinen Hirsen oder Leguminosen (Urdbohne, Mungbohne, Straucherbse) sowie Okra oder rotem Pfeffer, die vor der Amaranthaussaat gesät bzw. gepflanzt werden (12, 13, 14, 19).

Krankheiten und Schädlinge spielen bei Körneramaranth noch eine untergeordnete Rolle. Unter den Pilzen sind es vor allem *Alternaria* (*A. amaranthi* u. a.) und weißer Rost, *Albugo bliti,* die Stengel und Blätter befallen. Sie werden – wenn überhaupt – mit Kupferpräparaten, Carbamaten oder Benomyl bekämpft. Als Schädlinge treten Blattwanzen (*Lygus* spp.) und Stammbohrer (*Lixus* spp., Käfer), in Indien besonders *L. brachyrhinus,* sowie, weniger bedeutend, Raupen ver-

schiedener Schmetterlinge und Motten, Zikaden und Blattflöhe auf, die mit Kontaktinsektiziden (organischen Phosphorverbindungen, HCH u. a.) bekämpft werden (13, 23, 32).

Als Nahrungsmittel zeichnet sich Körneramaranth im Hinblick auf seine Inhaltsstoffe besonders aus. Die Samen enthalten 60 bis 70 % Stärke, 16 % Protein, 6 % Fett, Mineralstoffe und Vitamine. Mit einem Lysin-Gehalt von 6,2 g/100 g Protein übertrifft *Amaranthus* die lysinreichen Maissorten mit den Genen *opaque-2* oder *floury-2.* Die Körner werden in verschiedener Weise konsumiert als Suppe, Brei oder Pilaf (mit Fleisch und rotem Pfeffer). Aus dem Mehl wird Fladenbrot (tortilla, chapati) hergestellt.

Das Mehl ist nicht backfähig. In der Mischung mit Weizenmehl wirkt sich jedoch der hohe Lysinanteil besonders vorteilhaft aus. Eine Spezialität ist die Popcorn-ähnliche Zubereitung der Körner durch Aufblähen auf einer auf 130 °C erhitzten Platte und anschließende Vermischung mit Zuckersirup oder Honig, die bei den Kechua-Indios als Millmi, in Indien als Laddoo bezeichnet wird. Die beim Mahlvorgang anfallende Kleie enthält 30 % Protein, 20 % Fett (mit 70 % Anteil Öl- und Linolsäure) sowie Mineralstoffe und Vitamine (3, 13, 17, 23, 32).

Quinoa

Botanisch: *Chenopodium quinoa* Willd.

Als Kulturpflanze der hochgelegenen Andentäler (2500 bis 4000 m) wird Quinoa seit über 3000 Jahren in Bolivien, Chile, Peru und Ecuador angebaut (Abb. 34), ist aber über diese Region hinaus nicht weiter bekannt geworden. Nach Ankunft der Spanier wurde Quinoa in den günstigeren Lagen zunehmend durch Gerste verdrängt. In abgelegenen Gebieten des Hochlandes blieb jedoch Quinoa und die noch anspruchslosere Cañahua, *C. pallidicaule* Aellen (*C. cani-*

hua Cook) erhalten. Die in Mexiko in Höhenlagen von 1200 bis 3000 m in geringem Umfang hauptsächlich als Gemüsepflanze angebaute Huauzontle, *C. nuttalliae* Saff., wird heute meist als Form von Quinoa (33) oder als Unterart von *C. berlandieri* (*C. berlandieri* Moq. ssp. *nuttalliae* [Saff.] Wilson et Heiser) (2) aufgefaßt. Insgesamt werden in den genannten Ländern etwa 25 000 t Quinoa pro Jahr produziert (6, 22, 25, 26, 29, 31, 32, 33).

Quinoa wächst 120 bis 150 cm hoch, einstengelig und wenig verzweigt, und bildet sorghumähnliche Blütenstände (Abb. 35). Die Pflanze ist gynomonözisch (weibliche und hermaphroditische Blüten in einem Blütenstand), so daß Selbstbestäubung überwiegt. Die zahlreich gebildeten weißlich bis rosarot gefärbten Samen (Durchmesser 1,5 bis 2,5 mm, Tausendkorngewicht 1,7 bis 3,4 g) enthalten 58 % Stärke, 5 % Zucker, 12 bis 19 % Protein, 4 bis 5 % Fett sowie größere Mengen Mineralstoffe und Vitamine, in der Samenschale außerdem bitteres, giftiges Saponin.

Die seit Jahrtausenden im Anbau befindlichen Quinoaformen zeigen deutliche Kulturpflanzeneigenschaften, weichen aber im Saponingehalt

Abb. 34. Quinoa-Bestand im Hochland von Bolivien.

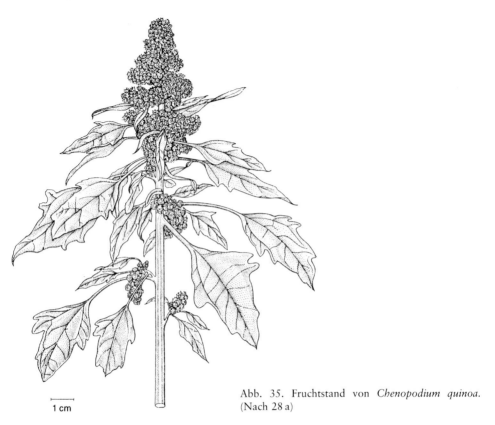

Abb. 35. Fruchtstand von *Chenopodium quinoa*.
(Nach 28 a)

1 cm

kaum von den Wildformen ab, so daß angenommen werden kann, daß dieser auch eine Schutzfunktion (Insekten, Vögel, Nagetiere) hat, die bewußt erhalten wurde. In jüngerer Zeit sind auch saponinfreie Linien ausgelesen worden (Sorte 'Sajama') (16).

Im Gegensatz zur amphidiploiden Spezies Quinoa (2 n = 36) weist die diploide Cañahua (2 n = 18) noch weitgehend Wildpflanzeneigenschaften auf (buschiger Wuchs, starker Kornausfall, Kleinsamigkeit). Sie wird in Höhenlagen zwischen 3500 und 4800 m angebaut und reift dort in 95 bis 150 Tagen. Der Ertrag liegt meist unter 0,5 t/ha. Künstlich erzeugte Tetraploide (2 n = 36) weisen ein höheres Samengewicht auf (15, 16).

Im Anbau benötigt Quinoa einen gut bearbeiteten Boden. Die Aussaat erfolgt breitwürfig (10 bis 20 kg/ha) oder in Reihen (5 bis 10 kg/ha) mit einer Saattiefe von 1 bis 1,5 cm. Die Bestandsdichte beträgt 15 bis 20 Pflanzen/m². Die Früchte reifen nach 4 bis 6 Monaten. Wegen des Ausfallens der Samen wird jedoch vor Vollreife geerntet und das Erntegut nachgetrocknet. Der Kornertrag liegt bei 0,5 bis 1 t/ha, unter sehr günstigen Bedingungen auch bei 3 bis 4 t/ha. Krankheiten und Schädlinge treten bei Quinoa nur in geringem Maße auf (*Peronospora* sp., *Phyllosticta* sp., *Rhizoctonia* sp., auf Jungpflanzen Larven mehrerer Mottenarten, an ausgewachsenen Pflanzen Käfer der Gattung *Epicauta* und verschiedene Vogelarten). Besondere Bekämpfungsmaßnahmen werden kaum durchgeführt (6, 22, 29, 32).

Nach der Ernte wird das getrocknete Erntegut gedroschen, geworfelt und nach Herauslösung der Samen aus den Fruchtknäueln das Saponin durch Waschen in alkalischer Lösung entfernt. Die Körner werden geröstet als Suppe oder Brei genossen oder zu Mehl vermahlen zusammen mit Weizenmehl verbacken. Zur Herstellung des alkoholischen Getränks Chicha werden die Samen grob zerschlagen, gekocht und nach gründlichem Kauen vergoren. Die Blätter werden auch als Gemüse gegessen oder verfüttert. Die aus Stengeln, Blättern und ausgedroschenen Fruchtständen gewonnene Asche (Llipta) wird zusammen mit Kokablättern gekaut (6, 7, 15, 22, 29, 32).

Buchweizen

Botanisch: *Fagopyrum esculentum* Moench

Heimat des erst im 14. Jahrhundert in Europa bekannt gewordenen Buchweizens ist Zentralasien (Nepal, Tibet, Turkestan). Nach der Verbreitung in Indien, China, Sibirien und Japan erfolgte im Mittelalter die Einführung der Buchweizenkultur in Mitteleuropa. In Rußland, Polen und den Balkanländern erreicht der Anbau die größte Ausdehnung, während in Mitteleuropa kaum noch Buchweizen angebaut wird. In Amerika und Afrika findet Buchweizen als Futterpflanze (Geflügel) Verwendung. Die Gesamtproduktion zur Körnernutzung ist im Laufe des 20. Jahrhunderts von über 2 Mio. t/Jahr auf weniger als 0,5 Mio. t/Jahr gesunken. Hauptproduzent ist die Sowjetunion (4, 8, 32, 33).

Als Vorfahr des Buchweizens wird *F. cymosum* Meissn. angesehen, eine ausdauernde, Rhizombildende, großblätterige Art der mittleren Höhenlagen (1500 bis 3000) im Himalaja von Kaschmir bis Sikkim, die als Viehfutter, gelegentlich auch als Blattgemüse genutzt wird. Buchweizen ist ein einjähriges bis 60 cm rasch hochwachsendes Kraut mit hohem Sproß und achsel- bzw. endständig angeordneten Infloreszenzen mit weißen oder rosa Blüten (Abb. 36). Die Frucht, eine dreikantige, 4 bis 6 mm lange Nuß (Achaene) enthält im geschälten Kern 9,77 % Eiweiß, 1,73 % Fett, 72,4 % Kohlenhydrate, 1,58 % Rohfaser und 1,72 % Mineralstoffe. Das Tausendkorngewicht beträgt 23 bis 30 g.

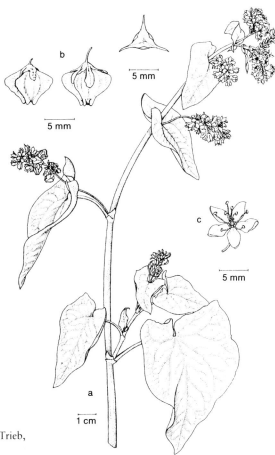

Abb. 36. *Fagopyrum esculentum.* (a) blühender Trieb, (b) Früchte, (c) Blüte. (Nach 28a.)

Der bei *F. esculentum* (2 n = 16) vorliegende Dimorphismus – es werden Pflanzen mit langgriffeligen und andere mit kurzgriffeligen Blüten unterschieden – bedingt bei Selbstung oder Bestäubung innerhalb des gleichen Typus Inkompatibilität. Diese Heterostylie ist von den Züchtern als Basis zur Gewinnung von Hybridsaat benutzt worden. Es sind aber auch durch Selektion bzw. Colchicin-induzierte Polyploidie homostyle, selbstfertile Sorten mit wesentlich verbessertem Ertrag erzielt worden (1, 4, 8, 32). Neben *F. esculentum* wird, besonders in höheren Lagen bis 5000 m, *F. tataricum* (L.) Gaertn. angebaut. Die Spezies ist stämmiger und größer und, im Gegensatz zum gemeinen Buchweizen, selbstfertil. Im Anbau besteht zwischen beiden Arten kein Unterschied. Buchweizen ist eine Kultur für marginale Standorte und kann als solche durchaus an Bedeutung gewinnen. Feuchtkühles Klima wird gut vertragen, jedoch kein Frost. Die Ansprüche an den Boden sind gering. Saure Böden kommen noch in Frage und sind besser geeignet als schwerer, kalkhaltiger Ton. Es genügt eine einfache Bodenbearbeitung. Auf Düngung wird meist zugunsten einer Düngergabe zur Vorfrucht oder Nachfrucht verzichtet. Die Saat erfolgt überwiegend breitwürfig (30 bis 50 kg/ha) oder in Reihen (15 bis 30 kg/ha). In wenigen Wochen deckt der Pflanzenbestand den Boden. Die Vegetationszeit beträgt 70 bis 120 Tage. Der Kornertrag liegt zwischen 0,5 und 1,5 t/ha, unter günstigen Verhältnissen auch bei 3 bis 4 t/ha. Krankheiten und Schädlinge spielen im Buchweizenanbau nur eine untergeordnete Rolle. Gelegentlich auftretender Pilzbefall, Kopfbrand (*Sphacelotheca* sp.), Blattfleckenkrankheit (*Septoria* sp., *Cercospora* sp.), Mehltau (*Erysiphe* sp.) u. a. werden, wenn überhaupt, mit den gebräuchlichen Fungiziden bekämpft.

Buchweizen wird zu Graupen verarbeitet und als Suppe, Brei und Grütze oder auch wie Reis gekocht konsumiert. Das Korn läßt sich zu Mehl vermahlen (Mehlausbeute etwa 60 %) und dieses zur Herstellung von Pfannkuchen und Fladen verwenden oder mit Weizenmehl vermischt zu Brot verbacken. Wegen des hohen Fettanteils ist Buchweizen leicht verderblich und nicht lagerfähig. Im Kern enthalten sind auch 3 bis 5 % (*F. esculentum*) bzw. 6 bis 8 % (*F. tataricum*) des Flavonglykosids Rutin (Vitamin P). Als Futtermittel werden die Körner für Geflügel und das Mehl in Futtermischungen besonders für Rinder sowie die Grünmasse (10 bis 15 t/ha) verwendet. Die blühenden Buchweizenbestände sind als gute Bienenweide (100 bis 150 kg Honig/ha) bekannt (4, 9, 11, 21, 32).

Literatur

1. ADACHI, T., YABUYA, T., and NAGATOMA, T. (1982): Inheritance of stylar morphology and loss of self-incompatibility in the progenies of induced autotetraploid buckwheat. Jap. J. Breed. 32, 61–70.
2. BAUDET, J. C. (1981): Les Céréales Mineures. Agence de Coopération Culturelle et Technique, Paris.
3. BECKER, R., WHEELER, E. L., LORENZ, K., STOFFORD, A. E., and GROSJEAN, O. K. (1981): A compositional study of amaranth grain. J. Food Sci. 46, 1175–1180.
4. BOHANEC, B., JAVORNIK, B., KREFT, I., and VOMBERGAR, B. (eds.) (1981): Proceedings of the First International Symposium on Buckwheat. Biotech. Fak., Univ. Edvarda Kardelja, Ljubljana, Jugoslawien.
5. BRENAN, J. P. M. (1981): The genus *Amaranthus* in Southern Africa. J. South African Bot. 47, 451–492.
6. BRÜCHER, H. (1977): Tropische Nutzpflanzen. Ursprung, Evolution und Domestikation. Springer, Berlin.
7. BRUIN, A. DE (1964): Investigation of the food value of quinua and cañihua seed. J. Food Sci. 29, 872–876.
8. CAMPBELL, C. G. (1976): Buckwheat. *Fagopyrum* (Polygonaceae). In: (30), 235–237.
9. CHANDEL, K. P. S. (1980): Buckwheat, a neglected crop of the hills. Indian Farming 30 (4), 13–14.
10. COONS, M. P. (1982): Relationships of *Amaranthus caudatus*. Econ. Bot. 36, 129–146.
11. DEJONG, H. (1972): Buckwheat. Field Crop Abstr. 25, 389–396.
12. EDWARDS, A. D. (1980): Grain Amaranth, Characteristics and Culture. Organic Gardening and Farming Research Center, New Crops Department, Kutztown, Pa. Rodale Press, Emmaus, Pennsylvania.
13. EDWARDS, A. D. (1981): Amaranth Grain Production Guide. Rodale Press, Emmaus, Pennsylvania.
14. FEINE, L. B., HARWOOD, R. R., KAUFFMAN, C. S., and SENFT, J. P. (1979): Amaranth: gentle giant of the past and future. In: RITCHIE, G. A. (ed.): New Agricultural Crops, 41–63. Westview Press, Boulder, Colorado.
15. GADE, D. W. (1970): Ethnobotany of cañahua (*Chenopodium pallidicaule*), rustic seed crop of the altiplano. Econ. Bot. 24, 55–61.
16. GANDARILLAS, H., and GATIERREZ, J. (1973): Polyploidy induced in *Chenopodium pallidicaule*. Bol. Genet. Castelar 8, 13–16.

17. GILBERT, L., and KAUFFMAN, C. S. (1981): Cooking characteristics and sensory qualities of amaranth grain varieties. Rodale Res. Rept. 81–36. Rodale Press, Emmaus, Pennsylvania.
18. HANELT, P. (1968): Beiträge zur Kulturpflanzenflora. I. Bemerkungen zur Systematik und Anbaugeschichte einiger *Amaranthus*-Arten. Kulturpflanze 16, 127–149.
19. KAUFFMAN, C. S., and HAAS, P. W. (1982): Grain amaranth: an overview of research and production methods. Rodale Res. Rept. NC 83–85. Rodale Press, Emmaus, Pennsylvania.
20. MURRAY, M. J. (1940): Colchicine induced tetraploids in dioecious and monoecious species of the Amaranthaceae. J. Hered. 31, 477–485.
21. NARAIN, P. (1976): Buckwheat. A potential crop for Uttar Pradesh. Indian Farming 26 (2), 17–18.
22. NATIONAL ACADEMY OF SCIENCES (1975): Underexploited Tropical Plants with Promising Economic Value. Nat. Acad. Sci., Washington, D.C.
23. NATIONAL RESEARCH COUNCIL (1984): Amaranth: Modern Prospects for an Ancient Crop. National Academy Press, Washington, D.C.
24. PAL, M., and KHOSHOO, T. N. (1968): Cytogenetics of the raw autotetraploid *Amaranthus edulis*. Tech. Comm. Nat. Bot. Gardens, Lucknow/Indien, 25–36.
25. REHM, S., und ESPIG, G. (1984): Die Kulturpflanzen der Tropen und Subtropen. 2. Aufl. Ulmer, Stuttgart.
26. RITTER, E. (1986): Anbau und Verwendungsmöglichkeiten von *Chenopodium quinoa* Willd. in Deutschland. Diss., Bonn.
27. SAUER, J. D. (1967): The grain amaranths and their relatives; a revised taxonomic and geographic survey. Ann. Missouri Bot. Garden 54, 103–137.
28. SAUER, J. D. (1976): Grain amaranths. *Amaranthus* spp. (Amaranthaceae). In: (30), 4–7.
28a. SCHULTZE-MOTEL, J. (Hrsg.) (1986): RUDOLF MANSFELD Verzeichnis landwirtschaftlicher und gärtnerischer Kulturpflanzen. 2. Aufl. Springer, Berlin.
29. SIMMONDS, N. W. (1965): The grain chenopods of the tropical American highlands. Econ. Bot. 19, 223–235.
30. SIMMONDS, N. W. (ed.) (1976): Evolution of Crop Plants. Longman, London.
31. SIMMONDS, N. W. (1976): Quinoa and relatives. *Chenopodium* spp. (Chenopodiaceae). In: (30), 29–30.
32. SINGH, H., and THOMAS, T. A. (1978): Grain Amaranths, Buckwheat and Chenopods. Indian Council Agric. Res., New Delhi.
33. ZEVEN, A. C., and DE WET, J. M. J. (1982): Dictionary of Cultivated Plants and Their Regions of Diversity. Pudoc, Wageningen.

1.2 Knollenpflanzen

1.2.1 Maniok

DIETRICH E. LEIHNER

Botanisch:	*Manihot esculenta* Crantz
Englisch:	cassava
Französisch:	manioc
Spanisch:	yuca
Portugiesisch:	mandioca

Wirtschaftliche Bedeutung

Maniok ist nach Reis, Mais und Zuckerrohr der viertwichtigste Lieferant energiereicher Nahrung in den Tropen und stellt für etwa 750 Mio. Menschen eine bedeutende Nahrungs- und Einkommensgrundlage dar. Die stärkehaltige Wurzelkultur hat ihr Ursprungsgebiet in Amerika. Heute wird sie in den Tropen Afrikas, Asiens und Amerikas angebaut, wo 44 %, 32 % und 23 % der Weltmaniokproduktion erzeugt werden. Die Welterzeugung erreichte 1983 etwa 124 Mio. t frische Wurzeln, wovon ungefähr 60 % auf den menschlichen Direktverzehr entfielen (15, 16).

Zwischen 1970 und 1980 war in Asien eine Produktionssteigerung von annähernd 100 % zu verzeichnen, als Folge einer Ausdehnung der Anbaufläche ebenso wie aufgrund von Ertragssteigerungen. Ein drastischer Anstieg der Exporte getrockneter Maniokschnitzel und Pellets in die Länder der EG darf als Hauptgrund für diese Produktionsausweitung angesehen werden. In Afrika war im gleichen Zeitraum eine mittlere jährliche Produktionssteigerung von nur 1,8 % zu verzeichnen, weitgehend auf Grund einer Vergrößerung der Anbaufläche, während die Produktion in Amerika um etwa 1 % jährlich zurückging, bedingt durch eine Ertragsminderung in Brasilien (16). Eine Verdrängung von Maniok auf marginale landwirtschaftliche Nutzflächen durch Soja kann als Grund hierfür angegeben werden.

Für die kommenden Jahre dürfte der starke Produktionszuwachs in Asien kaum beibehalten werden wegen zunehmender Exporterschwerung in die EG-Länder. Dagegen werden aller Voraussicht nach Afrika und Amerika verstärkte Produktionszuwachsraten erreichen aufgrund einer zunehmenden Erschließung alternativer

Nutzungsmöglichkeiten für Maniok wie z. B. die Alkoholherstellung (zur Treibstoffgewinnung) und die zunehmende Verwendung von Maniok und seinen Subprodukten in den Industrien der Erzeugerländer selbst, wo Textil-, Papier-, Klebstoff- und Futtermittelindustrien beständig an Bedeutung gewinnen (8).

Botanik

Maniok hat in den Tropen Amerikas vermutlich zwei Ursprungszentren. Ein primäres Zentrum soll sich im Süden Brasiliens und in Paraguay, ein sekundäres Zentrum im südlichen Mexico und Guatemala befinden. Seit seiner Domestizierung, wahrscheinlich früher als 5000 v. Chr., wird Maniok nur als Kulturform angebaut, ein wilder Vorfahr ist nicht bekannt (30). Eine verwandte Art ist *M. glaziovii* Muell. Arg., der Cearakautschuk, welcher in der Kautschukgewinnung keine Rolle mehr spielt, jedoch in asiatischen Anbausystemen als Pfropfholz auf *M. esculenta* als Unterlage Bedeutung besitzt (Mu-

kibat System). Andere Arten der Gattung, die 180 Wildarten umfaßt (44), besitzen züchterisch interessante Eigenschaften, wie reichliche Erzeugung verdickter Wurzeln, hoher Stärke- und niedriger HCN-Gehalt, Dürreresistenz sowie Resistenz gegenüber wichtigen Maniokkrankheiten und Schädlingen; sie werden zwar gegenwärtig nicht wirtschaftlich genutzt, bieten aber ein wichtiges Potential für die Züchtung (34, 35).

Maniok ist eine perennierende Euphorbiacee. Er bildet, vom Pflanzstück ausgehend, 1 bis 4 Primärsprosse, die mit zunehmendem Alter verholzen. Nach frühestens 2, meist nach 4 bis 5 Monaten kommt das Längenwachstum der Primärsprosse zum Stillstand und das Spitzenmeristem (Vegetationspunkt) bildet Blütenstände, entweder nur einen terminalen oder neben diesem auch seitlich stehende. Gleichzeitig treiben aus den obersten Blattachseln 2 bis 6 Sekundärsprosse aus (Abb. 37) (7), deren Blüh- und Verzweigungsrhythmus dem der Primärsprosse ent-

Abb. 37. Maniokverzweigung. Im linken Teil hat der Vegetationspunkt drei Blütenstände gebildet (jetzt mit fast reifen Früchten); knapp unter diesen sind zwei vegetative Zweige ausgetrieben, von denen der obere für die Aufnahme abgeschnitten wurde. Im rechten Teil endet der Sproß mit einem Blütenstand, der zwei junge Früchte und eine männliche Blüte trägt (Foto ACHTNICH).

spricht. Auch alle später gebildeten Seitensprosse folgen diesem Wechsel. Manche Sorten kommen selbst innerhalb eines Jahres nicht zur Blüte
und verzweigen sich demzufolge auch nicht
(Abb. 38). Je nach Wuchs- und Verzweigungs-
habitus wird die Gesamtpflanze 1,5 bis 4 m
hoch.

Die schraubig angeordneten Blätter sitzen an
langen Stielen und sind in 3 bis 9 durch starke
Einbuchtungen voneinander getrennte Lappen
gegliedert. Die Farbe des Blattstiels (violett, rot,
grün oder weiß) sowie die Form und Farbe der
Lappen (schmal oder breit, hellgrün, dunkelgrün
bis violett) sind wichtige Sortenmerkmale.

Maniok ist einhäusig mit eingeschlechtigen Blüten. Jede Rispe trägt weibliche und männliche
Blüten. Die weiblichen Blüten öffnen sich 1 bis 2
Wochen früher als die männlichen (Abb. 37). Es
kommt daher innerhalb der gleichen Infloreszenz nie zur Selbstbefruchtung, innerhalb der
gleichen Pflanze ist Selbstung hingegen möglich.
Die Frucht ist eine Kapsel mit drei Samen, die in
3 bis 5 Monaten reifen (Abb. 39).

Nach dem Auspflanzen von Stecklingen bilden
sich fibröse Wurzeln in großer Zahl am Schnitt-
ende und an den im Boden befindlichen Nodien.

Abb. 38. Frühverzweigender, spätverzweigender und
nichtverzweigender Wuchshabitus bei Maniok (Fotos
CIAT).

Abb. 39. Manioksamen (Foto CIAT).

Abb. 40. Wurzelknollen eines Hochertrags-Maniok-hybriden (Foto KAWANO).

Schon nach Ablauf des ersten Monats beginnt die Stärkeeinlagerung, die nach dem dritten Monat schnell zunimmt und mit einer Verdickung einiger der fibrösen Wurzeln einhergeht. Verdickung und Längenwachstum der Wurzelknollen kann über mehrere Jahre fortgesetzt werden. Zum Erntezeitpunkt (8 bis 24 Monate) sind die verdickten Wurzeln meist 20 bis 60 cm lang und 5 bis 15 cm dick (Abb. 40). Die Wurzel umgibt ein korkhaltiges Gewebe (Periderm), unter dem sich das wenige Millimeter starke Rindengewebe (Cortex) mit dem Phloemteil der Leitbündel befindet. Die äußere Zellschicht der Cortex ist je nach Sorte weiß, cremefarben oder rosa bis schwach violett gefärbt. Den Hauptanteil der verdickten Wurzeln bildet das Markparenchym, das von feinen Gefäßbündeln durchzogen ist; in seinem Zentrum findet sich ein kräftiger Gefäßbündelstrang (21).

Stärke wird vor allem im Mark, aber auch in der Cortex eingelagert. Der Gesamttrockenmassegehalt der frischen Wurzel liegt bei 30 bis 40 %, der Stärkegehalt zwischen 25 und 35 % und der Eiweißgehalt bei 0,5 bis 1,5 %; Schwankungen innerhalb dieser Bereiche und über sie hinaus sind sorten- und umweltbedingt.

Für die menschliche und tierische Ernährung ist ferner der Gehalt der Pflanze an Linamarin, einem cyanogenen Glycosid, von Interesse. Wenn das Glycosid in Kontakt mit dem ebenfalls im Gewebe vorhandenen Enzym Linamarase kommt, wird Blausäure (HCN) frei. Im ungestörten Wurzelgewebe sind 7 bis 17 % des Gesamt-HCN als freies Cyan vorhanden, der Rest in Glycosidform. Maniokblätter weisen die höchsten HCN-Konzentrationen auf (200 bis 850 mg/kg Frischgewicht), während in den Stengeln mittlere Gehalte gemessen werden (120 bis 280 mg/kg). Niedrigste HCN-Gehalte (30 bis 270 mg/kg) befinden sich in den Wurzeln, wobei der HCN-Gehalt der Cortex bis zehnmal größer sein kann als der des Markes (17). Stark abweichende HCN-Konzentrationen in verschiedenen Wurzeln derselben Pflanze sowie Schwankungen in Abhängigkeit von Standort und Anbaubedingungen, Alter der Pflanze, Jahreszeit und sogar Tageszeit lassen eine Einteilung von Manioksorten in süße und bittere auf der Basis der HCN-

Konzentration in den Wurzeln als nicht geeignet erscheinen, obschon bittere Sorten im Mittel meist auch höhere HCN-Werte zeigen (4).

Ökophysiologie

Maniok wird heute weltweit zwischen 30° nördlicher und 30° südlicher Breite angebaut. Er ist eine Pflanze des tropisch-heißen Tieflandes mit feuchtem oder wechselfeuchtem Klima, findet aber gelegentlich den Weg in tropische Höhenlagen bis zu 2000 m üNN. Die Temperaturanpassung reicht so von 18 °C bis über 28 °C mittlere Jahrestemperatur. Unterhalb 16 °C ist das Wachstum stark gehemmt, eine nenneswerte Ertragsbildung findet nicht statt. Größte Wurzelgewichtszunahmen werden nur mit einem optimalen Blattflächenindex (Gesamtblattfläche/von ihr bedeckte Grundfläche) von 2,5 bis 3,5 erreicht (8, 9, 36). Dieser optimale Blattflächenindex wird aber von verschiedenen Sorten in unterschiedlichen Temperaturbereichen erzielt (Abb. 41). Daraus folgt, daß für unterschiedliche Temperaturbereiche verschiedene Sorten gebraucht werden, um höchste Wurzelerträge zu erzielen. Im unteren Temperaturbereich sind nur die extrem wüchsigen Sorten produktiv, während bei hohen Temperaturen die weniger wuchskräftigen Sorten höchste Erträge bringen (23).

Über die Tageslängenreaktion von Maniok ist wenig bekannt. Im Gewächshaus konnte unter Langtagbedingungen eine Verringerung der Wurzelzahl und damit des Wurzelgesamtgewichtes je Pflanze nachgewiesen werden (3). In Feldversuchen mit künstlicher Beleuchtung (15-h-Tag) wurde eine Umverteilung der Gesamttrockenmasse zugunsten von Blättern und Stengeln auf Kosten der Wurzeln beobachtet. Dieser Effekt stellte sich nur ein, wenn die Langtagbehandlung während der ersten drei Monate nach dem Pflanzen erfolgte. Spätere Behandlungen erwiesen sich als unwirksam. Auch bei Maniok gibt es offenbar weniger und stärker tageslängenempfindliche Sorten. Für den Anbau in Gebieten mit merklichen Tageslängenschwankungen sollten daher tageslängenunempfindliche Sorten gewählt werden oder der Beginn der Vegetationsperiode mit der Kurztagphase des Jahres zusammenfallen.

Maniok braucht volles Sonnenlicht für unbehindertes Wachstum und Ertragsbildung. Verminderte Sonnenstrahlung führt nicht nur zu einer Verringerung der Gesamtwachstumsrate, sondern beeinflußt auch die Assimilatverteilung negativ im Sinne einer geringeren Einlagerung in die Wurzeln und mehr Bildung von Blatt- und Stengelmasse. Verminderte Sonnenstrahlung verkürzt ferner die Lebensdauer der Blätter und führt so zu einem geringeren Blattflächenindex, was zur weiteren Verringerung der Gesamtwachstumsrate beiträgt. Ein Anbau im Schatten anderer Kulturpflanzen wie Ölpalme, Kokospalme oder Kautschuk, welchen man besonders in Asien häufig antrifft, führt daher zu niedrigen Wurzelerträgen (33).

In bezug auf den Wasser- und Nährstoffbedarf kann Maniok als besonders genügsame Kulturpflanze bezeichnet werden. Ausreichende Bodenfeuchte ist jedoch zum Vegetationsbeginn unerläßlich. Auf Trockenheit reagieren die Pflanzen mit einer Verringerung des Blattflächenindex, nicht aufgrund von vermehrtem Blattfall, sondern als Folge einer verringerten Verzweigung und Blattbildungsrate sowie der Bildung kleinerer Blätter (11). Die Verringerung der Blattfläche zusammen mit einer Einschränkung der Transpiration durch Verengung der Spaltöffnungen ist eine Wasserkonservierungsstrategie, welche es Maniok erlaubt, die Photosynthese auch unter Wassermangel fortzusetzen. Da die Bildung oberirdischer Organe reduziert ist, werden die gebildeten Assimilate hauptsächlich in die Wurzeln eingelagert (13). Während viele annuelle Kulturen durch mehrwöchige Trockenheit vernichtet werden, über-

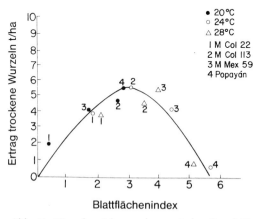

Abb. 41. Wurzelgewichtszunahme zwischen 8 und 16 Monaten von vier Manioksorten in drei Temperaturbereichen als Funktion des Blattflächenindex. (Nach 23)

lebt Maniok nicht nur eine solche Streßphase, er kann sogar die Ertragsbildung in verringertem Umfang fortsetzen. Ferner wird nach Wiederherstellen günstiger Feuchtigkeitsbedingungen eine Erholung der Pflanzen beobachtet, die bei Parametern wie Einzelblattgröße und Wurzelgewichtszunahme über das bei nicht gestreßten Pflanzen beobachtete Niveau hinausgeht (12). Der Maniokanbau ist daher selbst in Gebieten mit mehrmonatigen Trockenperioden möglich, die geschätzte mindestens erforderliche Jahresniederschlagsmenge liegt bei 500 mm. Perhumide Bedingungen mit 3000 mm Jahresniederschlägen und mehr sind dagegen physiologisch gesehen für Maniok unproblematisch, es können jedoch Probleme pflanzenbaulicher Art auftreten (s. u.).

Maniok gedeiht am besten auf tiefgründigen, fruchtbaren Böden, hat jedoch die Fähigkeit, selbst an extrem unfruchtbaren Standorten einen Ertrag zu bringen. Das System der die Pflanze versorgenden fibrösen Wurzeln ist zwar schütter, aber tiefreichend und wird fast immer durch Symbiose mit natürlich vorkommenden Mykorrhizapilzen bei der Aufnahme von P, möglicherweise auch anderer Nährstoffe und Wasser, unterstützt. Ähnlich wie bei Wassermangel verringert sich bei Nährstoffmangel der Blattflächenindex auf Grund verlangsamter Blattbildung und geringerer Größe der Einzelblätter. In den kleineren Einzelblättern kann so die Konzentration der wichtigsten Nährstoffe aufrechterhalten werden, so daß die photosynthetische Aktivität des Einzelblattes nur wenig beeinträchtigt wird. Gleichermaßen wird die Assimilateverteilung zugunsten einer Einlagerung in die Wurzeln beeinflußt (7). Die Summe dieser Faktoren dürfte entscheidend zur teilweisen Erhaltung der Produktivität von Maniok auf unfruchtbaren Böden beitragen.

Züchtung

Die Auslese als einfachste Form der genetischen Verbesserung kann bei Maniok erhebliche Fortschritte bringen, wenn eine Kollektion von Manioksorten mit ausreichend großer genetischer Vielfalt zur Verfügung steht. Für die Kreuzungszüchtung ist entscheidend, daß bei Maniok die meisten Eigenschaften quantitativ vererbt werden, mit vorwiegend additiver Genwirkung. So kann die Auswahl der Kreuzungseltern sich unmittelbar an deren morphologischen, Resistenz-

oder Leistungseigenschaften orientieren. Maniok ist außerordentlich heterozygot, daher kann schon in der stark spaltenden F_1 mit der Selektion begonnen werden. Die weiteren Generationen werden vegetativ vermehrt und als F_1C_1, F_1C_2, F_1C_3 etc. bezeichnet.

Systematische Versuche zur genetischen Verbesserung von Maniok begannen unter den Kolonialverwaltungen der Niederländer, Franzosen und Engländer in Indonesien, Madagaskar und Kenia. Ab 1940 begann die Entwicklung neuer Sorten am Instituto Agronômico de Campinas in São Paulo, Brasilien, deren erfolgreiches Beispiel die Sorte 'Mantequeira' (CMC 40) ist.

Wichtige Züchtungsprogramme gibt es heute in Indien am Central Tuber Crops Research Institute (CTCRI) sowie an den internationalen Agrarforschungszentren IITA und CIAT. Am CTCRI und IITA stehen Resistenz gegenüber der afrikanischen Mosaikkrankheit (AMD) und der Maniokbakteriose (CBB) als Zuchtziele im Vordergrund. Mit Erfolg wurden Resistenzgene von *M. glaziovii* in *M. esculenta* eingekreuzt. Am CTCRI befaßte man sich ferner mit der Erzeugung polyploider Linien und mit Mutationszüchtung zur Verbesserung der Wurzelqualität sowie mit zytologischen Studien (20). Erfolgreiche Manioksorten des CTCRI sind 'H-1687' und 'H-2304'. Die am IITA gezüchteten Sorten 'TMS 30572' und 'TMS 50193' verbinden AMD und CBB-Resistenz mit hohem Ertrag und guten Qualitätseigenschaften (22).

Am CIAT wurde zunächst die Erzeugung eines idealen Maniokhochertragstypus angestrebt. Auf der Basis physiologischer Kriterien wurden Sorten erzeugt, die späte Verzweigung, großflächiges Einzelblatt, lange Blattlebensdauer, optimalen Blattflächenindex und hohen Ernteindex in sich vereinigten (9, 24, 25).

Gleichzeitig wurde mit Kreuzungsprogrammen zur Erzielung Bakteriose-, Längenwuchs-, Thrips- und Spinnmilben-resistenter Sorten begonnen und eine nachhaltige Erhöhung des Stärkegehaltes der Wurzeln angestrebt. Obschon Sorten mit breiter Anpassung gefunden wurden ('CMC 40', 'M Col 1684'), hat sich die Züchtung am CIAT neuerdings mehr an den Bedürfnissen einiger deutlich voneinander unterschiedener Ökosysteme der Tropen orientiert, um Sorten mit Toleranz gegenüber den spezifischen Streßfaktoren in diesen Ökosystemen zu erhalten (8, 24). Neuere Hochertragszüchtungen wie

'CM 489-1', 'CM 523-7', 'CM 681-2' und 'CM 849-1' sind daher zwar mit regional breiter, nicht jedoch mit globaler Anpassung ausgestattet.

Anbau

Vermehrung. Für den Anbau wird Maniok vegetativ über ausreichend verholzte Stengelabschnitte vermehrt. Ein Steckling sollte mindestens 20 cm lang sein und nicht unter 4 bis 5 Knospen haben, um den Aufgang zu sichern. Der Durchmesser des Marks sollte nicht mehr als 50 % des Gesamtdurchmessers betragen (Abb. 42). Eine einjährige Pflanze liefert unter günstigen Wachstumsbedingungen 10 bis 30 Stecklinge, unter schlechten Bedingungen 1 bis 5. Die niedrige Vermehrungsrate von maximal 900 Stecklingen pro Pflanze und Jahr bei Verwendung normaler, 20 cm langer Stecklinge führte zur Ausarbeitung verschiedener Schnellvermehrungssysteme. Kurze Stengelabschnitte mit nur zwei Knospen werden zur Sproßproduktion eingesetzt. Die Sprosse können nach Bewurzelung unmittelbar ins Feld ausgepflanzt werden. Eine Jahresleistung von 20 000 bis 36 000 Stecklingen je Pflanze ist mit dieser Methode

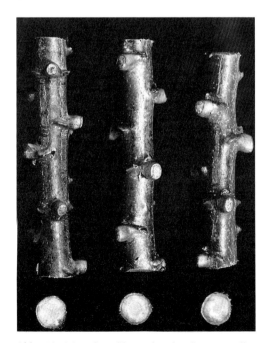

Abb. 42. Maniokstecklinge für den kommerziellen Anbau (Foto CIAT).

Abb. 43. Meristemkulturen von Maniok (Foto CIAT).

möglich (10). Ein anspruchsvolleres System, bei dem 100 bis 150 Blätter einer 3 bis 4 Monate alten Pflanze zusammen mit Blattstiel und Achselknospe zur Bewurzelung in eine Nebelkammer überführt werden, kann einen jährlichen Stecklingsertrag von 3 bis $4,5 \times 10^5$ 20-cm-Stecklingen erbringen (8).

Um die Verbreitung von Krankheiten, besonders systemischer Natur, mit vegetativem Pflanzmaterial zu vermeiden, wird Maniok heute als Meristemkultur transportiert und ausgehend von diesem mit hoher Sicherheit krankheitsfreien Gewebe vermehrt (Abb. 43). Die Anwendung dieser Vermehrungstechnik für Maniok ist noch nicht weit verbreitet, obwohl selbst in Entwicklungsländern bereits einige entsprechend ausgestattete Programme nach dieser Methode arbeiten (40).

Landvorbereitung. Eine gute Landvorbereitung ist bei Maniok ebenso wie bei anderen Kulturen wichtige Voraussetzung für hohe Erträge, wobei

intensive Bearbeitung von Hand oder mit Zug-
tieren als gleichwertig mit maschineller Bearbeitung angesehen werden kann. Die einfachste
Form der Vorbereitung nach Brandrodung einer
Fläche ist das Auflockern der Pflanzstelle mit
einer Hacke und Pflanzen der Stecklinge mit
dem Pflanzholz. In vielen Gebieten Afrikas, Südostasiens und Lateinamerikas werden mit der
Hacke Hügel aufgehäufelt, die ein lockeres, tiefgründiges Substrat für das Pflanzen von Maniok
auf der Spitze oder an einer Seite des Hügels
liefern (37). Günstige Belüftungs- und Dränage-
bedingungen, Anhäufen von organischer Substanz und Nährstoffen sowie leichte Unkrautkontrolle und Ernte sind die Vorteile dieser Art
der Bodenbearbeitung. Die minimale Bodenbearbeitung hat sich bisher als wenig geeignet erwiesen, während die besten Aufgangs- und Er-
tragsergebnisse mit herkömmlichem Pflügen,
zwei Eggenstrichen und Furchenhäufelung erzielt werden. Die Bodenbearbeitung sollte eine
Auflockerung des Bodens bis in mindestens 20
cm Tiefe bewirken, um eine ungehinderte Wurzelentwicklung zu gewährleisten. Auf Staunässe
reagiert Maniok mit Wurzelfäule – bis zu 80 %
Ertragsausfall wurden beobachtet –; er bedarf
daher einer guten inneren Dränage des Bodens.
Bei Anbau auf mittleren bis schweren Böden
unter   niederschlagsreichen   Bedingungen
(> 1200 mm/a) ist deshalb die Bodenbearbeitung in Form von Hügeln, Beeten oder gehäufel-
ten Kämmen unumgänglich (38).

Pflanzen in Reinkultur. Der Pflanzzeitpunkt
richtet sich in äquatornahen Gebieten nach der
Verteilung der Regen- und Trockenperioden, in
äquatorfernen Gebieten nach dem Temperatur-
zyklus. Nahe dem Äquator kann bei gleichmäßiger Regenverteilung das ganze Jahr über gepflanzt werden, doch erlaubt auch der zweimali-
ge Anbau zu Beginn der ersten und zweiten
Regenperiode eines Jahres die Ausnutzung der
verfügbaren Bodenfeuchte und eine Verteilung
von Arbeitsspitzen. Unter hohem Krankheits-
druck ist der Anbau gegen Ende einer Regenperiode dem Anpflanzen zu ihrem Beginn vorzuziehen, da die epidemiologische Entwicklung
von Krankheiten in der Trockenzeit gehemmt
wird (32).
Die Pflanzdichte richtet sich bei Maniok nach
dem Pflanzentypus, den klimatischen Bedingungen, der Bodenfruchtbarkeit und dem Verwendungszweck der Wurzeln. Wüchsige, frühver-

zweigende Sorten erreichen höchste Wurzelerträge schon bei 8000 bis 10 000 Pflanzen/ha,
während wenigerwüchsige, spätverzweigende
Sorten ihr Ertragsmaximum erst bei 15 000 bis
20 000 Pflanzen/ha erreichen. Temperatur, Bodenfeuchte und Fruchtbarkeit eines Standortes
beeinflussen den Wuchshabitus, so daß für die
gleiche Sorte an verschiedenen Standorten verschiedene Pflanzdichten zu empfehlen sind (27).
Ein quadratisches Pflanzmuster ist bei Reinkultur angebracht, da so die früheste Bodenbedekkung, volle Ausnutzung von Sonnenenergie und
Unterdrückung von Unkräutern gegeben sind, es
sei denn, daß z. B. durch Mechanisierung eine
andere räumliche Anordnung der Pflanzen vor-
gegeben ist.
Maniokstecklinge werden oft waagerecht gepflanzt und vollständig mit Boden bedeckt, was
eine flache Wurzelausbreitung und damit leichte
Ernte bewirkt. Bei senkrechtem Pflanzen des
Stecklings (Knospen nach oben) bilden sich tief-
erreichende Wurzeln, die die Ernte erschweren,
aber eine bessere Verankerung der Pflanzen bewirken und Lagerung verhindern. Die senkrechte Pflanzposition sorgt ferner für schnellen Aufgang und sichert diesen bei unregelmäßiger Niederschlagsverteilung zu Beginn der Vegetationsperiode. Schräg eingepflanzte Stecklinge
zeigen ähnliches Verhalten wie senkrecht gepflanzte. Die Pflanztiefe sollte bei waagerechtem
Pflanzen 5 bis 7 cm betragen, während bei einem
senkrecht oder schräg gepflanzten, 20 cm langen
Steckling etwa die halbe Stecklingslänge mit Boden bedeckt sein sollte (27).

Pflanzen in Mischkultur. Knapp die Hälfte des
weltweit angebauten Manioks wird in Mischkultur gepflanzt. Als anfänglich langsam wachsende Langzeitkultur eignet sich Maniok zum
Mischanbau mit schnell räumenden Kulturen
wie Körnerleguminosen, Mais, Hirsen, Melonen
und Süßkartoffeln. Ein gemeinsamer Anbau
kann sowohl zu Beginn als auch gegen Ende des
Vegetationszyklus von Maniok erfolgen. Für
den Mischanbau mit niedrigwüchsigen Kulturen
eignen sich Manioksorten mit aufrechtem
Wuchs, später Verzweigung und mittlerer
Wüchsigkeit, da mit diesem Pflanzentyp die interspezifische Konkurrenz gering ist. Für den
Mischanbau mit hochwüchsigen Kulturen sind
dagegen mehr die starkwüchsigen, auch frühver-
zweigenden Sorten geeignet. Als relativer Pflanzzeitpunkt von Maniok und Mischkulturen ist in

der Regel die gleichzeitige Aussaat am vorteilhaftesten. Wenn das Mischsystem außer Maniok nur ein bis zwei weitere Komponenten umfaßt, kann die für Reinkultur beste Pflanzdichte aller Komponenten beibehalten werden. Das Pflanzmuster von Maniok sollte jedoch im Mischanbau unter Beibehaltung der Pflanzdichte von quadratisch nach rechteckig geändert werden (z. B. von 1×1 m nach $1,8 \times 0,6$ m), so daß zwischen den Reihen mehr Raum zur Unterbringung der anderen Mischkomponenten zur Verfügung steht und die interspezifische Konkurrenz vermindert wird (29).

Düngung und Pflege. Maniok kann dem Boden große Mengen Nährstoffe entziehen, wenn hohe Erträge erzielt werden. Die Entzugswerte schwanken je nach Bodeneigenschaften und Sorten, es können jedoch für den Entzug durch 1 t frischer Wurzeln etwa folgende Werte angenommen werden: 4,1 kg K, 2,3 kg N, 0,6 kg Ca, 0,5 kg P und 0,3 kg Mg. Mit einem Ernteertrag von 30 t/ha frischer Wurzeln werden so 123 kg K, 69 kg N, 18 kg Ca, 15 kg P und 9 kg Mg je Hektar entzogen (18). Bei Nutzung der gesamten Pflanze erhöhen sich die Entzugswerte beträchtlich. Nach diesen Werten muß die Düngung von Maniok dem K-Bedarf der Pflanze besonders Rechnung tragen (36). Auf nährstoffarmen Böden ist K_2SO_4 dem KCl häufig überlegen, da es die Pflanze gleichzeitig mit S versorgt. Eine Aufteilung der K-Gesamtmenge auf zwei Gaben (zum Pflanzzeitpunkt und 2 bis 3 Monate danach) sorgt für beste Ausnutzung dieses Nährstoffs. Der dem Entzug nach zweitwichtigste Nährstoff N sollte sparsam verwendet werden, da eine hohe N-Düngung übermäßiges Blatt- und Stengelwachstum auf Kosten der Wurzelverdickung bewirkt. Verschiedene N-Quellen können für Maniok als gleichwertig betrachtet werden. Eine Aufteilung des Gesamt-N auf zwei Gaben wirkt sich wie bei K günstig auf die Ausnützung dieses Nährstoffs aus. Eine Unterstützung der N-Versorgung kann sowohl durch Untersaat mit perennierenden Leguminosen wie z. B. *Stylosanthes guianensis* oder *Desmodium heterophyllum* erfolgen (29), als auch durch rotative Verwendung von Gründüngepflanzen wie *Mucuna, Vigna* oder *Crotalaria.* Phosphat wird von Maniok nur in geringen Mengen entzogen, es ist aber ein für Wachstum und Ertragsbildung wichtiges Element. Auf armen tropischen, häufig P-fixierenden Böden sollte nur ein Teil des gesamten

P-Bedarfs in löslicher Form (z. B. Triplesuperphosphat) gedüngt werden, während der andere Teil als Thomasphosphat oder natürliches Rohphosphat vor der Aussaat in den Boden eingearbeitet werden sollte. Maniok ist bei der Aufnahme von P aus nährstoffarmen Böden, wie erwähnt, in hohem Maße auf die Unterstützung durch symbiotische Mykorrhizapilze angewiesen. Kulturtechnische Maßnahmen mit dem Ziel, diese Symbiose zu fördern und wirkungsvoller zu machen, wie z. B. Bodenbeimpfung mit effizienten Pilzstämmen, Anwendung nur bescheidener P-Düngergaben, Vermeidung hoher Bodentemperaturen durch Mulchen und Mischkultur, sowie Rotation mit anderen Mykorrhizaträgern, sind hierbei in Betracht zu ziehen (19, 41).

Maniok toleriert pH-Werte bis unter 4, doch ist auf sehr sauren Standorten eine geringe Kalkgabe notwendig, um Wachstum und Ertragsbildung zu fördern. Dolomitischer Kalk ist wegen seines zusätzlichen Mg-Gehaltes normalem Kalk vorzuziehen. Im Bereich der Mikronährstoffe ist Maniok besonders empfindlich gegenüber Zinkmangel, welcher auf Böden mit hohem oder niedrigem pH ebenso wie nach starker Aufkalkung beobachtet wird. Seine Behebung kann durch Behandlung der Stecklinge vor dem Auspflanzen mit 2- bis 4%iger Zinksulfatlösung (Tauchbad 15 min) oder Blattdüngung mit Zinksulfatlösung erreicht werden. Bei schwerem Mangel kann auch eine Direktdüngung der Pflanzen mit Zinksulfat oder Zinkoxid (vor dem Pflanzen einarbeiten) erfolgen. Im Feld zeigt Maniok nur selten deutliche Nährstoffmangelsymptome (siehe Kapitel Ökophysiologie); alle Mangelsymptome und praktische Methoden zu ihrer Behebung sind in (1) dargestellt.

Unter den Pflegemaßnahmen nimmt die Unkrautkontrolle bei Maniok den wichtigsten Platz ein. Maniok ist während der ersten 3 bis 4 Monate besonders anfällig gegenüber Unkrautkonkurrenz (14), weshalb die rechtzeitige Unkrautkontrolle während dieser Zeit von großer Bedeutung für die Ertragsbildung ist. Je nach Wuchstyp und Pflanzabstand muß zu Beginn der Vegetationsperiode 2- bis 3mal gehackt werden. Der Einsatz eines flach arbeitenden, von Tieren oder dem Traktor gezogenen Grubbers ist während der ersten 45 Tage ebenfalls möglich. Herbizide werden nach dem Pflanzen ausgebracht; der Kontakt mit senkrecht gepflanzten Stecklingen schadet nicht, sofern Knospenakti vierung und Sproßbildung noch nicht begonnen haben. Mischungen von Herbiziden wie Diuron mit Alachlor, Linuron mit Metolachlor oder Oxifluorfen mit Alachlor kommen wegen ihres breiten Wirkungsspektrums bevorzugt zur Anwendung. Später können Paraquat oder Mischungen von Paraquat mit Diuron oder Oxifluorfen eingesetzt werden, wenn die Ausbringung unter Verwendung abgeschirmter Düsen erfolgt. Kulturtechnische Maßnahmen zur Unterstützung der Unkrautkontrolle, wie z. B. Verwendung von Qualitätspflanzgut zur Sicherung einer schnellen Anfangsentwicklung, fehlstellenfreier Bestand, Mulchen oder Untersaat von annuellen oder perennierenden Leguminosen, sollten zunehmend Beachtung finden (26).

Ernte. Der Erntezeitpunkt von Maniok ist sorten- und umweltabhängig, es gibt keine physiologisch genau definierte Reife (45). Früheste Sorten können schon mit 7 Monaten geerntet werden, meistens erfolgt die Ernte aber 10 bis 14 Monate nach dem Pflanzen. Unter kühleren Bedingungen (tropische Höhenlagen) werden gute Erträge erst nach 15 bis 18 Monaten erzielt, und in äquatorfernen Gebieten mit kühler Jahreszeit bleibt Maniok während zweier Vegetationsperioden auf dem Feld, so daß auch hier die Ernte erst nach ca. 18 Monaten erfolgt. An kühlen Standorten (20 °C mittlere Jahrestemperatur) nimmt der Stärkegehalt der Wurzeln mit zunehmendem Alter beständig zu, während an wärmeren Standorten (24 °C, 28 °C) der Stärkegehalt ein Maximum nach ca. 12 bzw. 8 Monaten erreicht und später wieder absinkt (23).

Maniok wird weitgehend von Hand geerntet. Kleinbauern benutzen eine Anzahl einfacher Hilfsmittel wie Hüftgurte, Hebel, arbeitstiergezogene Pflüge u. ä., um sich diese harte physische Arbeit zu erleichtern. Am CIAT wurde ein einfaches, traktorgekoppeltes Erntehilfsgerät entwickelt, während in Australien bereits Maniokvollernter zum Einsatz kommen (7).

Krankheiten und Schädlinge

Etwa 30 *Maniokkrankheiten* sind heute bekannt und beschrieben, welche durch Bakterien, Pilze, Viren und virusähnliche Erreger sowie durch Mykoplasmen verursacht werden (5, 31, 42, 42a). Die Maniokbakteriose (CBB), verursacht durch *Xanthomonas campestris* pv. *manihotis*, hat weltweite Verbreitung. Rechtwinklige, wäßrige Flecken breiten sich auf den Blättern aus

und führen zu einem fortschreitenden Absterben der grünen Blattfläche und der Stengel, an denen Latexausscheidung beobachtet wird.

Die Afrikanische Mosaikkrankheit (AMD), mit großer Wahrscheinlichkeit eine Viruserkrankung, übertragen durch Insekten des Genus *Bemisia*, verursacht in Afrika und Teilen Asiens starke Ertragseinbußen. Ihre Symptome sind unregelmäßige Chlorosen, Deformation der Blätter und Kümmerwuchs. Blattflecken verursachende pilzliche Erreger wie *Cercosporidium henningsii* und *Cercospora vicosae* ebenso wie die pilzlichen Cortikal- und Epidermalparasiten *Elsinoë brasiliensis*, der Erreger des übermäßigen Längenwuchses, und *Colletotrichum manihotis*, der Erreger der Maniokanthraknose, sind überall anzutreffen und verursachen bei anfälligen Sorten erheblichen Ertragsausfall.

Unter den Wurzelfäuleerregern sind *Phytophthora drechsleri* und *Rhizoctonia* spp. am weitesten verbreitet. Für die Bekämpfung dieser Krankheiten sind phytosanitäre und anbautechnische Maßnahmen wie die Auslese gesunden Pflanzmaterials (Kontrolle von Blatt- und Stengelerkrankungen) und gute Dränage (Kontrolle von Wurzelfäulen) besonders zu beachten. Die Anwendung von Pestiziden ist bei der Langzeitkultur Maniok in der Regel weder wirtschaftlich noch ökologisch zu vertreten. Eine Ausnahme bildet die Tauchbadbehandlung von Stecklingen mit einer Fungizidmischung (31), die immer durchgeführt werden sollte. Sie kontrolliert Epidermal- und Cortikalparasiten und schützt die Stecklinge während des Lagerns oder nach dem Pflanzen vor bodenbürtigen Krankheitserregern. *Maniokschädlinge* sind heute in großer Zahl bekannt und beschrieben (2, 31, 42, 46). Blattfressende Insekten wie der Hornwurm *Erinnyis ello* und die Heuschrecke *Zonocerus elegans* sind in Amerika bzw. Afrika weit verbreitet und können Maniok während einer Vegetationsperiode mehrfach befallen und vollständig entlauben. Thrips der Gattungen *Frankliniella*, *Corynothrips* und *Caliothrips* sowie Spinnmilben der Gattungen *Mononychellus*, *Tetranychus* und *Oligonychus* (6) befallen die Blätter besonders während trockener Perioden. Eine dieser in Amerika heimischen Gattungen, die grüne Spinnmilbe *Mononychellus tanajoa* wurde ebenso wie die Schmierlaus *Phenacoccus manihoti* erst vor kurzem nach Afrika übertragen, wo sich beide Arten wegen des Fehlens natürlicher

Feinde schnell ausbreiten (42, 46). Die Fruchtfliege *Anastrepha pickeli* befällt außer den Früchten auch die Stengel der Maniokpflanze. Nach Perforation und Eiablage 10 bis 20 cm unterhalb der Vegetationskegel fressen die Larven Gänge ins Markgewebe der Stengel. Die Vegetationskegel sterben ab und zusammen mit dem Fraßschaden erfolgt fast immer eine Sekundärinfektion durch das Bakterium *Erwinia carotovora* pv. *carotovora*. So befallene Stengel sind nicht mehr als Pflanzmaterial verwendbar.

Für die Schädlingsbekämpfung gilt das bereits für die Krankheitskontrolle Gesagte: Anbautechnische und biologische Kontrollmethoden sollten Vorrang vor der Pestizidanwendung haben. Zur Hornwurmkontrolle könne z. B. Wespen der Gattungen *Trichogramma* (Eiparasit) oder *Polistes* (Larvenprädator) eingesetzt werden. Eine Anwendung von *Bacillus thuringiensis* var. *thuringiensis* kontrolliert gezielt die Hornwurmlarven, ohne den Nützlingspopulationen zu schaden. Resistenz gegen Thrips wird bei Maniok durch ein einfaches morphologisches und somit stabiles Merkmal vermittelt, die Behaarung des Vegetationskegels. In Gebieten mit hohen Thripspopulationen sollten daher nur Sorten, die dieses Merkmal besitzen, angebaut werden. Um einer Verbreitung von am Pflanzmaterial anhaftenden Schädlingen wie Spinnmilben, Schmierläusen und Schildläusen entgegenzuwirken, kann der Tauchbadbehandlung der Stecklinge auch ein Insektizid wie z. B. Malathion beigegeben werden.

Verarbeitung und Verwertung

Die Verarbeitung von Maniok zur Verwendung als menschliche Nahrung schließt Kochen, Braten oder Zerreiben der frischen Wurzeln für die Zubereitung von Farinha und Cazabe (Amerika) oder Gari und Fufu (Afrika) mit ein. Maniokblätter werden vorwiegend in Afrika als Gemüse verzehrt. In Familien- oder Großbetrieben erzeugte Maniokstärke findet in Backwaren (pan de yuca) und Babynahrung sowie weiterverarbeitet zu Perltapioka oder Glucose Verwendung. Außer in der menschlichen Ernährung spielt Maniok eine wichtige Rolle in der Tierernährung. Die Menge des weltweit in bäuerlichen Kleinbetrieben an Schweine, Geflügel und Rinder frisch verfütterten Maniok ist beträchtlich, jedoch statistisch nicht zu erfassen (39).

Darüber hinaus verwendet die Futtermittelindustrie einiger EG-Staaten sowie auch mancher tropischer Länder getrocknete Maniokchips und -pellets vorwiegend südostasiatischer Herkunft bei der Kraftfutterherstellung. Die EG-Einfuhren getrockneten Manioks betrugen 1981 ca. 6 Mio. t (43). Die industrielle Stärkeherstellung, bei der die Stärke durch Herauswaschen und Zentrifugieren aus den fein zerkleinerten Wurzeln gewonnen wird, liefert ein bei der Klebstoff-, Papier- und Textilherstellung hochgeschätztes Produkt. Den Beginn eines neuen Verwendungsbereiches für Maniok stellt die Alkoholgewinnung durch Vergärung fein zerkleinerter Wurzeln mit Hefe dar. Der gewonnene Ethylalkohol kann für industrielle Zwecke und als Treibstoff Verwendung finden. Brasilien ist in der Entwicklung dieses Nutzungszweiges am weitesten fortgeschritten (28).

Literatur

1. ASHER, C. J., EDWARDS, D. G., and HOWELER, R. H. (1980): Nutritional Disorders of Cassava (*Manihot esculenta* Crantz). Dep. Agric., University of Queensland, St. Lucia, Queensland, Australien.
2. BELLOTTI, A., and VAN SCHOONHOVEN, A. (1978): Cassava Pests and Their Control. CIAT, Cali, Kolumbien.
3. BOLHUIS, G. G. (1966): Influence of length of the illumination period on root formation in cassava (*Manihot utilissima* Pohl). Netherlands J. Agric. Sci. 14, 251–254.
4. BOURDOUX, P., MAFUTA, M., HANSON, A., and ERMANS, A. M. (1980): Cassava toxicity: the role of linamarin. In: ERMANS, A. M., MBULAMOKO, N. M., DELANGE, F., and AHLUWALIA, R. (eds.): Role of Cassava in the Etiology of Endemic Goitre and Cretinism. Intern. Devel. Res. Centre, Ottawa, Kanada.
5. BREKELBAUM, T., BELLOTTI, A., and LOZANO, J. C. (eds.) (1978): Proceedings Cassava Protection Workshop. CIAT, Cali, Colombia, 7–12 November 1977. CIAT, Cali, Kolumbien.
6. BYRNE, D. H., BELLOTTI, A. C., and GUERRERO, J. M. (1983): The cassava mites. Trop. Pest Management 29, 378–394.
7. CENTRO INTERNACIONAL DE AGRICULTURA TROPICAL (1979): Annual Report for 1978. Cassava Program. CIAT, Cali, Kolumbien.
8. COCK, J. H. (1985): Cassava: New Potential for a Neglected Crop. Westview Press, Boulder, Colorado.
9. COCK, J. H., FRANKLIN, D., SANDOVAL, G., and JURI, P. (1979): The ideal cassava plant for maximum yield. Crop Sci. 19, 271–279.
10. COCK, J. H., WHOLEY, D. W., y LOZANO, J. C. (1976): Sistema Rápido de Propagación de Yuca. CIAT, Cali, Kolumbien.

11. CONNOR, D. J., and COCK, J. H. (1981): Response of cassava to water shortage. II. Canopy dynamics. Fields Crops Res. 4, 285–296.
12. CONNOR, D. J., COCK, J. H., and PARRA, G. E. (1981): Response of cassava to water shortage. I. Growth and yield. Field Crops Res. 4, 181–200.
13. CONNOR, D. J., and PALTA, J. (1981): Response of cassava to water shortage. III. Stomatal control of plant water status. Field Crops Res. 4, 297–311.
14. DOLL, J., and PIEDRAHITA, W. (1976): Methods of Weed Control in Cassava. CIAT, Cali, Kolumbien.
15. FAO (1978): FAO Commodity Projections. Cassava: Supply, Demand and Trade Projections, 1985. ESC:PROJC/1817. FAO, Rom.
16. FAO (1984): FAO Production Yearbook, Vol. 37. FAO, Rom.
17. GOMEZ, G., DE LA CUESTA, D., VALDIVIESO, M., y KAWANO, K. (1980): Contenido de cianuro total y libre en parénquima y cáscara de raíces de diez variedades promisorias de yuca. Turrialba 30, 361–365.
18. HOWELER, R. H. (1981): Mineral Nutrition and Fertilization of Cassava (Manihot esculenta Crantz). CIAT, Cali, Kolumbien.
19. HOWELER, R. H., and SIEVERDING, E. (1983): Potential and limitations of mycorrhizal inoculation illustrated by experiments with field-grown cassava. Plant and Soil 75, 245–261.
20. HRISHI, N. (1978): Breeding techniques in cassava. In: HRISHI, N., and NAIR, G. R. (eds.): Cassava Production Technology. Central Tuber Crops Research Institute, Trivandrum, Indien.
21. HUNT, L. A., WHOLEY, D. W., and COCK, J. H. (1977): Growth physiology of cassava (Manihot esculenta Crantz). Field Crop Abstr. 30, 77–91.
22. INTERNATIONAL INSTITUTE FOR TROPICAL AGRICULTURE (1980): Annual Report for 1979. IITA, Ibadan, Nigeria.
23. IRIKURA, Y., COCK, J. H., and KAWANO, K. (1979): The physiological basis of genotype-temperature interactions in cassava. Field Crops Res. 2, 227–239.
24. JENNINGS, D. L., and HERSHEY, C. H. (1985): Cassava breeding: a decade of progress from international programmes. In: RUSSELL, G. E. (ed.): Progress in Plant Breeding – 1, 89–116. Butterworths, London.
25. KAWANO, K., DAZA, P., AMAYA, A., RIOS, M., and GONÇALVES, W. M. F. (1978): Evaluation of cassava germplasm for productivity. Crop Sci. 18, 377–380.
26. LEIHNER, D. E. (1980): Cultural control of weeds in cassava. In: WEBER, E. J., TORO, J. C., and GRAHAM, M. (eds.): Cassava Cultural Practices. Proc. Workshop Salvador, Bahia, Brazil, 18–21 March 1980. Intern. Devel. Res. Centre. Ottawa, Kanada.
27. LEIHNER, D. E. (1980): A minimum input technology for cassava production. Z. f. Acker- und Pflanzenbau 149, 261–270.
28. LEIHNER, D. E. (1981): Fuel from biomass – future role and potential of cassava. Entwicklung und ländlicher Raum 15 (1), 18–21.
29. LEIHNER, D. E. (1983): Management and Evaluation of Intercropping Systems with Cassava. CIAT, Cali, Kolumbien.
30. LEON, J. (1977): Origin, evolution and early dispersal of root and tuber crops. In: COCK, J. H., MACINTYRE, R., and GRAHAM, M. (eds.): Proceedings 4th Symposium Intern. Soc. Tropical Root Crops, CIAT, Cali, Colombia, 1–7 August 1976, 20–36. Intern. Devel. Res. Centre, Ottawa, Kanada.
31. LOZANO, J. C., BELLOTTI, A., REYES, J. A., HOWELER, R. H., LEIHNER, D. E., and DOLL, J. (1981): Field Problems in Cassava. 2nd ed. CIAT, Cali, Kolumbien.
32. LOZANO, J. C., and TERRY, E. R. (1977): Cassava diseases and their control. Proc. 4th Symposium Intern. Soc. Tropical Root Crops, Cali, Colombia. Intern. Devel. Res. Centre, Ottawa, Kanada.
33. MOHAN KUMAR, C. R., and HRISHI, N. (1979): Intercropping systems with cassava in Kerala State, India. In: WEBER, E., NESTEL, B., and CAMPBELL, M. (eds.): Intercropping with Cassava. Proc. Intern. Workshop Trivandrum, India, 27 Nov–1 Dec 1978. Intern. Devel. Res. Centre, Ottawa, Kanada.
34. NASSAR, N. M. A. (1978): Wild Manihot species of central Brazil for cassava breeding. Can. J. Plant Sci. 58, 257–261.
35. NASSAR, N. M. A. (1986): Genetic variation of wild Manihot species native to Brazil and its potential for cassava improvement. Field Crops Res. 13, 177–184.
36. NORMAN, M. J. T., PEARSON, C. J., and SEARLE, P. G. E. (1984): The Ecology of Tropical Food Crops. Cambridge University Press, Cambridge.
37. OKIGBO, B. N., and GREENLAND, D. J. (1976): Intercropping systems in tropical Africa. In: PAPENDICK, R. I., SANCHEZ, P. A., and TRIPLETT, G. B. (eds.): Multiple Cropping, 63–101. American Society of Agronomy, Madison, Wisconsin.
38. OLIVEROS, B., LOZANO, J. C., and BOOTH, R. H. (1974): A Phytophthora root rot of cassava in Colombia. Plant Disease Reporter 58, 703–705.
39. PHILLIPS, T. P. (1974): Cassava Utilization and Potential Markets. International Development Research Centre, Ottawa, Kanada.
40. ROCA, W. R., RODRIGUEZ, J., BELTRAN, J., ROA, J., and MAFLA, G. (1982): Tissue culture for the conservation and international exchange of germplasm. In: FUJIWARA, A. (ed.): Plant Tissue Culture. Japanese Association for Plant Tissue Culture, Tokyo.
41. SIEVERDING, E. (1985): Influence of method of VA mycorrhizal inoculum placement on the spread of root infection in field-grown cassava. Z. Acker- und Pflanzenbau 154, 161–170.
42. TERRY, E. R., ODURO, K. A., and CAVENESS, F. (eds.) (1981): Tropical Root Crops: Research Strategies for the 1980s. Proc. 1st Triennial Root Crops Symposium, 8–12 September 1980, Ibadan, Nigeria. Intern. Devel. Res. Centre, Ottawa, Kanada.
42a. THÉBERGE, R. L. (ed.) (1985): Common African Pests and Diseases of Cassava, Yam, Sweet Potato and Cocoyam. IITA, Ibadan, Nigeria.

43. UNITED STATES DEPARTMENT OF AGRICULTURE (1982): Foreign Agricultural Service. Report WR-18-82. USDA, Washington, D.C.
44. VIÉGAS, A. P. (o. J.): Estudos sobre a Mandioca. Inst. Agron. Estado São Paulo, São Paulo, Brasilien.
45. VRIES, C. A. de (1985): Optimum harvest time of cassava *(Manihot esculenta)*. Abstr. Trop. Agric. 10 (1), 9–14.
46. WODAGENEH, A. (1985): Cassava and cassava pests in Africa. FAO Plant Prot. Bull. 33, 101–108.

1.2.2   Batate (Süßkartoffel)

WERNER PLARRE

Botanisch:	*Ipomoea batatas* (L.) Poir. in Lam.
Englisch:	sweet potato
Französisch:	patate douce
Spanisch:	batata, camote
Chinesisch:	fan-shu

Wirtschaftliche Bedeutung

Im Weltmaßstab sind in den letzten 10 Jahren bis 1983 von der Batate zwischen 110 und 125 Mio. t Knollen geerntet worden. Damit rangiert sie nach der Kartoffel und knapp hinter Maniok an dritter Stelle in der Produktion der Knollenpflanzen. Wie aus Tab. 17 hervorgeht, konzen-triert sich der Anbau in Asien, wo in China ⅔ der Weltanbaufläche zu finden sind. Da hier auch hohe Hektarerträge erzielt werden, die in den letzten Jahren noch weiter gesteigert werden konnten, werden im Reich der Mitte 80 % der Welternte erzeugt. Auffällig sind die sehr großen Ertragsunterschiede beim Vergleich zu allen anderen Anbauregionen mit mehr als 100 000 ha, wo etwa nur die Hälfte und weniger, wie z. B. in Süd- und Mittelamerika, oder gar nur ⅓ wie in anderen asiatischen und afrikanischen Ländern sowie in den Inselstaaten des Pazifik geerntet werden. Das liegt sowohl an der Sortenleistung als auch an den Anbaumethoden (3, 10, 17, 24, 25) (→ Bd. 3, PLARRE, S. 216, Tab. 27). Nicht zuletzt spielt aber die soziale Einstellung eine Rolle, ob Bataten als wertvolles Grundnahrungsmittel oder als zu vernachlässigende Nebenkultur für Notzeiten zu gelten haben (24). Dies ist sicher auch mit ein Grund für eine Anbaueinschränkung, wie sie besonders in Südamerika, einigen asiatischen und westafrikanischen Ländern zu verzeichnen ist (6). Dagegen ist in Ostafrika und z. B. in Vietnam der Anbau wegen der Bedeutung der Batate als wertvoller Grundnahrungspflanze ausgedehnt worden.

Die Nutzung als Kohlenhydratquelle zur Deckung des Kalorienbedarfs steht in den meisten Anbaugebieten im Vordergrund. In einzelnen Regionen, wie im Hochland von Neuguinea, ist die Batate auch eine Eiweißpflanze. Hier hat sie

Tab. 17. Erzeugung von Süßkartoffeln in einigen Anbaugebieten i. J. 1983. Nach (6).

Gebiet	Fläche (1000 ha)	Ertrag (t/ha)	Produktion (Mio. t)
Welt	7914	14,5	114,9
Afrika	812	6,3	5,1
Uganda	156	4,9	0,8
Ruanda	118	9,3	1,0
Mittel- und Nordamerika	211	6,1	1,3
Südamerika	165	8,5	1,4
Brasilien	85	8,8	0,8
Asien	6598	16,1	106,2
China	5245	18,2	95,7
Vietnam	382	4,5	1,7
Indonesien	270	7,9	2,1
Indien	215	7,3	1,6
Ozeanien	116	5,4	0,6

an der gesamten Nahrungsversorgung einiger Millionen Bergbewohner einen Anteil von 80 % (19, 27).

Eine Nutzung als Grüngemüsepflanze ist von untergeordneter Bedeutung, dagegen werden Grünteile und Knollen als Viehfutter vielerorts verwendet. Neuerdings laufen Versuche, Süßkartoffeln zur Alkoholgewinnung als Energiepflanzen anzubauen, wie z. B. in Indonesien, wo auf einigen Inseln eine lohnende Produktion bei drei Ernten im Jahr erreicht werden kann (24). Trotz der vielseitigen Verwendungsmöglichkeiten und der noch besser auszuschöpfenden Ertragsfähigkeit fehlt offenbar der Anreiz, die Batate als Verkaufsfrucht anzubauen. Seit einiger Zeit wird sie allerdings in westlichen Industrieländern, besonders in USA, wo es ebenso wie in Japan auch eine beachtliche Eigenproduktion von 0,6 bzw. 1,4 Mio. t jährlich gibt (6), fortlaufend zum Verzehr im Handel angeboten.

Botanik

Aus der Familie der Convolvulaceae mit etwa 1600 Arten sind nur wenige Kulturpflanzen hervorgegangen; von diesen hat lediglich die Batate weltwirtschaftliche Bedeutung erlangt, während *Ipomoea aquatica* (→ TINDALL, Kap. 4.9) auf Südostasien beschränkt geblieben ist.

Wie es zur Entstehung von *I. batatas* gekommen ist und wie sie sich über die gesamten Tropen und Subtropen verbreitet hat, darüber ist viel berichtet worden (24, 25, 27, → auch Bd. 3, PLARRE, S. 197). Mit $2n = 6x = 90$ Chromosomen, wobei sich wahrscheinlich nur ein Ausgangsgenom B vervielfacht hat, ist die Batate eine polyploide Art und stammt direkt von der gleichfalls hexaploiden *I. trifida* (H.B.K.) G. Don ab. Der Hauptunterschied besteht darin, daß die Ausgangsform keine oder kaum Wurzelknollen ausbildet. Diese Eigenschaft ist offenbar durch sukzessive Genmutationen entstanden. Dieser Vorgang hat sich in Mittel- und Südamerika wiederholt ereignet. Indiz hierfür ist: Es gibt eine genetisch bedingte Kreuzungssterilität zwischen den verschiedenen geographischen Herkünften. Die Süßkartoffel ist danach polyphyletischen Ursprungs (24). Aus den amerikanischen Zentren ist sie bereits in vorgeschichtlicher Zeit auf die pazifischen Inseln gelangt, aber noch nicht bis Südostasien. Hier ist sie erst in der nachkolumbianischen Zeit durch die Europäer eingeführt worden, auch nach Neuguinea (27).

Südostasien ist zu einem sekundären Genzentrum geworden. Nach Nordamerika kam die Batate erst um 1650.

Mit der oben erwähnten Kreuzungssterilität läßt sich eine Gruppierung vornehmen. Diese Inkompatibilität ist aber nicht absolut, ebenso wie die Selbststerilität, da immer wieder Genmutationen auftreten, die eine Kreuzung bzw. Selbstung, wenn auch nur mit geringem Samenansatz, ermöglichen. Die Blühfähigkeit ist allerdings unter Langtagsbedingungen oft verhindert (16), in den Tropen und Subtropen aber nicht eingeschränkt (Abb. 44), so daß innerhalb einer Klonpopulation mit hohem Ansatz zu rechnen ist (100 Samen/Pflanze [13]). Der Züchter kann demzufolge aus einem immensen Genpool von Sämlingen selektieren. Die Blüten stehen einzeln oder an wenigblütigen Infloreszenzen in den Blattachseln. Ihre Farbe variiert von weiß bis rotviolett. Die Frucht ist eine aufspringende Kapsel mit 2 bis 4 Samen.

Sehr wichtig für die Reproduktion einer Süßkartoffel, und zwar für eine genetisch identische, ist die Fähigkeit, sich rasch vegetativ zu vermehren,

Abb. 44. Batatenklon 'Tinta', Neuguinea – 1500 m.

auch kann sie perennierend sein. Diese Eigenschaft ist nicht erst mit der Fähigkeit zur „Tuberization" (knollenförmiges Anschwellen der Wurzeln und Einlagerung von Stärke, Zucker, Eiweiß u. a. Substanzen) während der Evolution eingetreten (24). Die blattreichen Stengel mit einer Vielzahl von Nodien wachsen rankend über mehrere Meter (7, 17) und bilden besonders unter feuchten Bedingungen Adventivwurzeln, so daß bei Trennung von der Mutterpflanze sehr schnell ein Klon entsteht. Diese Adventivwurzeln sind wiederum zur Knollenbildung befähigt. Inwieweit sie hierzu prädestiniert sind, hängt von der Ausbildung der Kambiumschicht ab, die über ihr meristematisches Gewebe das sekundäre Dickenwachstum steuert. Die Adventivwurzeln bleiben aber vielfach nur Faserwurzeln und fungieren nicht als Speicher, sondern als nährstoffaufnehmende Organe (Abb. 45). Die Knollenzahl/Steckling liegt selten > 10, meist zwischen 4 und 6. Eine Einzelknolle wiegt nach der Reife 0,1 bis 1,0 kg, meist zwischen 150 und 250 g (17, 24). Die Wurzeln werden wie alle übrigen Organe von milchsaftführenden Röhren durchzogen. Der Latex ist geschmacksneutral.

Für eine optimale Entwicklung der Knollen ist eine Vielzahl von genetischen und Umweltfaktoren mit ihrer Wechselwirkung verantwortlich. Hierbei ist der Kenntnis über die Source-sink-Kapazität zur Verbesserung der Ertragsleistung eine große Bedeutung beizumessen (9).

Ökophysiologie

Entsprechend ihrer Herkunft ist die Batate an feuchttropische Bedingungen adaptiert, d. h. sie gedeiht optimal bei Niederschlägen um 1000 mm und höher, 500 mm können noch ausreichend sein. Hoher Feuchtigkeitsanspruch besteht während der Jugendentwicklung und zu Beginn der Knollenbildung. Bewässerung kann dann günstig sein. Bei Staunässe stockt das Wachstum. In Gebieten mit > 3000 mm Regen

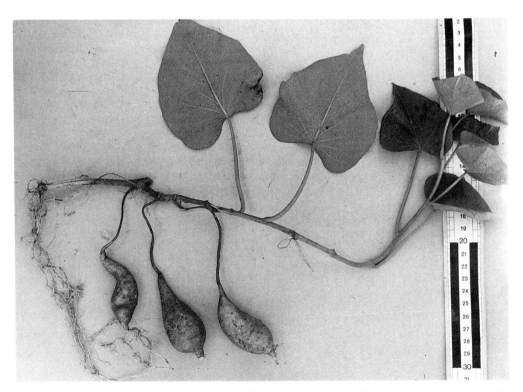

Abb. 45. Batatensteckling einige Wochen nach der Pflanzung während der „Tuberization": neben wachsenden Knollen bilden sich lange haarige Faserwurzeln aus.

wie im Bergland von Neuguinea wird daher eine Hügelbeetkultur betrieben, die einem gut funktionierenden Dränsystem entspricht (19, 27).

Hohe Lufttemperaturen um 25 °C sind für eine intensive Photosyntheseleistung ausschlaggebend, höhere Bodentemperaturen (um 20 °C) begünstigen die Knollenentwicklung, dagegen wirken sich noch höhere (um 30 °C) nachteilig aus (7, 22).

Wie bei anderen tropischen Pflanzen treten bereits Blattschädigungen bei Temperaturen < 12 °C auf. In diesem kritischen Bereich (chilling range) wird natürlich auch die Kohlenhydratsynthese reduziert (26). Da der Süßkartoffelanbau aber in Grenzgebiete zur gemäßigten Zone und in den Tropen bis zu 2800 m vorgedrungen ist, muß man hier evtl. mit Ertragseinbußen durch „Kälteschäden" rechnen. Diese können kompensiert werden durch Klone mit einer kurzen Vegetationszeit (3 bis 4 Monate) und im tropischen Hochland oder in subtropischen ungünstigen Arealen auch durch eine verlängerte Entwicklungszeit (7 bis 9 oder 11 Mo-

nate), während unter tropischen Tieflandbedingungen 4 bis 5 Monate für ertragreiche Sorten ausreichend sind. Bei der Anpassung an niedrigere Temperaturen könnten rotschalige Formen einen Selektionsvorteil aufweisen (19); sicherer wäre allerdings, ein biochemisches Kriterium für die Auslese zu finden (26).

Im Zusammenhang mit der Dauer der Vegetationszeit, die immer vom Pflanztermin bis zur physiologischen Reife der Knollen erfaßt wird, hat außer den o. a. Umweltfaktoren die Tageslänge einen Einfluß auf die genetische Reaktionsnorm. Der natürliche 11,5- bis 12,5-Stunden-Tag der Tropen erhöht den Knollenertrag im Vergleich zu kürzeren oder längeren Tagesphotoperioden (16). Dabei wirken hohe Lichtintensitäten ertragsfördernd.

Die Batate bevorzugt sandig-lehmige Böden. Im steinigen Untergrund treten Knollendeformationen auf. Schwere Böden, vor allem mit Staunässe (s. o.), sind für den Anbau ungeeignet. Ein pH-Bereich zwischen 5,6 und 6,6 ist optimal (17, 23).

Abb. 46a. Variabilität bei 6 Tieflandklonen aus Neuguinea. Klon Nr. 2 und Nr. 5 haben die günstigste Form. Die Rindenfarbe ist Weiß bis Gelblich (Nr. 1, 2, 3, 6), Orange (Nr. 5) und Rot (Nr. 4). Die Blattform variiert von ganzrandig (Nr. 2 und Nr. 4) bis gekerbt (Nr. 1), gebuchtet (Nr. 5) bis tief gelappt (Nr. 3 und 6). Mitunter gibt es auch Blattformunterschiede an einer Pflanze.

Züchtung

Wie schon erwähnt, läßt sich das Ertragspotential der Batate durch Neuzüchtungen wesentlich verbessern. Hierbei muß man sich bei den wichtigsten Ertragskomponenten Knollenzahl und -gewicht/Pflanze, da beide Merkmale negativ korreliert sind, am besten für einen Kombinationstyp entscheiden, wenn nicht sehr große aber weniger Knollen einen besonderen Marktwert (industrielle Verarbeitung) besitzen. Da eine sehr große Variabilität in der Knollenform auftritt (Abb. 46a, b), sollte man kugel- und sphäroidförmige bevorzugen, die nicht nur wegen der leichteren Ernte und bei der Verarbeitung Vorteile besitzen, sondern auch wegen ihrer Form für die Translokation der Speichersubstanzen. Die Sink-Kapazität ist in solchen Knollen während ihrer Entwicklung gegenüber anders geformten erhöht (24).

In der Qualitätszüchtung werden verschiedene Ziele verfolgt. Die Erhöhung des Eiweißgehaltes, die Veränderung des Stärke/Zuckerverhält- nisses, um die Akzeptanz als Grundnahrungsmittel zu verbessern, und die Steigerung des Carotingehaltes (Provitamin A) sind als wichtigste zu nennen. Für alle diese Merkmale gibt es eine große Variabilität, die ohne weiteres noch erweitert werden kann. Dies wird heute durch Kreuzungszüchtung im großen Stile betrieben. Wie in der Kartoffelzüchtung kann man F_1-Sämlinge aus umfangreichen Kreuzungspopulationen von 100 000 und mehr Individuen selektieren, wobei wegen des hohen Heterozygotiegrades der Batate sehr verschiedenartige Genotypen herausspalten, die leicht geklont werden können. Eine Klonprüfung ist erforderlich, um eine endgültige Beurteilung vorzunehmen (1, 14, 25).

Zur Risikominderung gegenüber dem Befall mit Schadorganismen empfiehlt sich, verschiedene Klone, die aber in bestimmten Eigenschaften (Knollenfarbe, Reifezeit u. a.) phänotypisch gleich sind, gemischt anzubauen. Eine Klonmischung kann einfach über eine Massenauslese

Abb. 46b. Variabilität bei 3 rotschaligen Hochlandklonen aus Neuguinea – 1500 m, 'Kereloh' besitzt die günstigste Knollenform.

von gelbfleischigen oder von eiweißreichen Phä-
notypen zur Steigerung des Carotin- bzw. Ge-
samteiweißertrages erfolgreich vorgenommen
werden. In manchen Gebieten, wie im tropischen Hochland, werden sogar sehr unterschiedliche Klone zusammen ausgepflanzt. Hier hat
sich dadurch ein sehr reichhaltiges Genreservoir
erhalten (19). Die Zahl der Klone (Sorten) beträgt z. B. allein in Papua-Neuguinea wahrscheinlich mehrere tausend.
Auf Probleme der Resistenzzüchtung wird weiter unten näher eingegangen. Daß ein Bedarf
vorliegt, mehr frühreifende Klone verfügbar zu
haben, ist oben erläutert worden; zu ihrer Ertragsverbesserung kann gleichfalls die Kreuzungszüchtung dienen (25).

Anbau

Vermehrung. Wie in den vorangehenden Abschnitten angegeben, läßt sich die Vermehrung
vegetativ sehr leicht sowohl über Stecklinge
(Stengel mit mehreren Internodien) als auch
über Knollen, welche die Fähigkeit zur Bildung
von Adventivsprossen besitzen, vornehmen. Ist
ausreichende Bodenfeuchtigkeit vorhanden – in
Gebieten mit getrennten Regen- und Trockenperioden sollte man immer zu Beginn der Regenzeit pflanzen – bewurzeln sich die Stecklinge
innerhalb weniger Tage. Knollen in der Größe,
wie sie bei der Kartoffelvermehrung verwendet
werden (20 bis 50 g), sind natürlich in Trockengebieten begünstigt und lassen sich maschinell
leichter pflanzen als Stengelstücke (17).
Landvorbereitung. Zur Herrichtung des Pflanzbettes ist die Bodenlockerung entscheidend; dabei ist Pflügen nicht unbedingt erforderlich,
wenn doch, dann nur bis etwa 25 cm. In Kleinbetrieben wird meist nur mit der Hacke gearbeitet. In Gebieten mit Maniok- und Yamanbau
wendet man für Bataten die gleichen Anbautechniken an. Es werden entweder Dämme hergerichtet, Hügelbeete, oder es wird ins gelockerte
flache Land gepflanzt. Am häufigsten ist die
erste Methode anzutreffen, die in Großbetrieben
bevorzugt angewendet wird. Die Dämme sollten
etwa 35 cm hoch sein, der Abstand bis 100 cm,
auf nährstoffreicheren Böden enger, 60 bis 80
cm. In Gebieten mit stauender Nässe und auf
Gebirgsterrassen sind bei hohen Niederschlägen
Hügelbeete, in die viel organische Masse (Ver-
rottungsmaterial) eingebracht wird, sorgfältig
herzurichten, womit natürlich viel Handarbeit

verbunden ist (Abb. 47, 48). Der Flachlandanbau ist zwar am wenigsten aufwendig, bringt
aber oft geringere Erträge (17, 25).
Pflanzen. Beim Pflanzen von Stecklingen und
Knollen sind folgende Einzelheiten noch zu erwähnen: Die Verwendung von Knollen ist vom
pflanzgutökonomischen Standpunkt aus gesehen nicht rationell, zumal in tropischen Gebieten oft Lagerschwierigkeiten bestehen und der
Gesundheitswert der Knollen zu wünschen übrig
läßt. Meist pflanzt man mit Stecklingen. Man
legt Beete, in die Mutterstecklinge oder Knollen
gepflanzt werden, an einem Feuchtstandort an
und schneidet von einige Wochen alten Pflanzen
die Ranken mit mehreren Nodien (vine cuttings). Je nach Pflanzentyp (Busch-, Verzwei-
gungstyp) und örtlichen Erfahrungen wird man
unterschiedlich lange Stecklinge verwenden
(27). Anhaltspunkte lassen sich aus der Tab. 18
entnehmen. Im übrigen liegt der Knollenertrag
von Stecklingen nicht niedriger, als wenn mit
Knollen gepflanzt wird (20).
Der Pflanzenabstand in der Reihe ist von geringerer Auswirkung, zwischen 30 und 50 cm
sollten gewählt werden; in manchen Gegenden

Abb. 47. Einpflanzen von 2–5 Stecklingen in ein Loch
auf Hügelbeete mit einfachem Pflanzstock, Neuguinea
– 1500 m.

Abb. 48. Hügelbeetkultur an Steilhängen in Neuguinea – 1500 m. Deutlich läßt sich das Dränsystem zwischen den Beeten verfolgen. Die Regenmenge beträgt hier > 5000 mm! Je nach der Topographie ist die Beetfläche sehr verschieden, auf dem Bilde etwa zwischen 4 und 30 m². Es wird ein Mischanbau betrieben.

werden auch zwei Stecklinge in ein Loch gesetzt. Auf Hügelbeeten werden bis 5 Stecklinge zusammen gepflanzt, um schnell eine dichte Bedeckung wegen der Erosionsgefahr zu erhalten (Abb. 48). Bei 2 bis 5 Pflanzen/m² ist die Voraussetzung für einen hohen Ertrag erfüllt. Da die Batate Ranken bildet, kann sie in Kleinbetrieben zur besseren Standraum- und Lichtausnutzung

Tab. 18. Regional gebräuchliche Stengellängen bei der Stecklingspflanzung. Zusammengestellt nach verschiedenen Autoren.

Land	Stengellänge (cm)	Internodien	Pflanztiefe (cm)	Autor
Trinidad	30–45	–	20	8
Florida	30–38	–	–	8
Westafrika	ca. 30	–	15–20	17
Sierra Leone	25 (60)	–	–	8
West-Neuguinea Hochland	30–50	6–10	15–20	19
China	30	8 dicht beieinander	–	25
China	20	–	–	1
Malaysia	–	6	2 Internodien	8
Pazifischer Raum	23–45	–	15–30	27

auch an Stäben wie eine Kletterpflanze kultiviert werden.

Pflege und Düngung. Eine Verunkrautungsgefahr besteht nur in den ersten beiden Monaten, der man mit Hacken begegnen kann. In Großbetrieben hat sich die Herbizidanwendung eingebürgert, wobei auch Vorauflaufmittel eingesetzt werden (17). Das Auslegen von schwarzen Plastikstreifen zwischen den Reihen dient der Unkrautbekämpfung, in der gemäßigten Zone aber in erster Linie der Bodenerwärmung.

Die Süßkartoffel spricht auf Düngung an; wie die Kartoffel hat sie einen hohen Kalibedarf. Sind die Hauptnährstoffe N-P-K in einem Volldünger mit einem Anteil von 6-9-15 vorhanden, ist je nach Bodenart und Fruchtfolge eine Gesamtmenge zu wählen, die zwischen 550 und 1100 kg/ha variieren kann (23). In den Tropen sollte wegen der vielfach schon stark sauren Böden weniger Ammonsulfat, sondern mehr Harnstoff oder Ammonnitrat verabreicht werden, vor allem, wenn der N-Dünger allein gegeben wird (17). Organische Dünger, besonders Komposte, sind in Kleinbetrieben und bei Hügelbeetkultur gebräuchliche Nährstoffquellen. In China werden bis zu 30 t/ha hiervon eingearbeitet (1).

Fruchtfolge. Wegen der sehr positiven Reaktion gegenüber einer N-Düngung pflanzt man die Batate häufig nach Leguminosen, sonst aber auch alternierend mit anderen Intensivkulturen wie Reis, Weizen, Soja und Erdnuß wie z.B. in China (1). Da sie einen unkrautfreien Acker hinterläßt, ist sie eine gute Vorfrucht für Trockenreis oder Jute, wie z.B. in Pakistan (3). Unter Umständen kann sie aber bei unsauberer Ernte in der Nachfrucht als lästiges Unkraut auftreten. Der Anbau in Mischkulturen wird häufig praktiziert (19, 24, 27).

Ernte und Lagerung. Meistens erfolgt die Rodung von Hand mit örtlich verschiedenen Grabwerkzeugen. Für den Hausgebrauch kann eine Intervallernte vorgenommen werden, da jüngere Ranken über längeren Zeitraum wieder Knollen bilden, wenn die älteren entfernt sind. Bei maschineller Rodung (Kartoffelerntemaschinen) sollte das Kraut vorher beseitigt werden. Sollen die Knollen eingelagert werden, muß man sie vorher am besten auf dem Felde abtrocknen lassen. Bataten lassen sich in Räumen, die hinsichtlich Temperatur und Feuchtigkeit reguliert werden können, über Monate lagern. Zunächst

sind höhere Trocknungstemperaturen (26 bis 30 °C) erforderlich, nach 10 bis 20 Tagen niedrigere, die aber nicht wesentlich unter 10 °C absinken sollten. Die Luftfeuchte sollte 85 bis 90 % betragen (24, 25). Eine Einlagerung ist auch in relativ einfachen Erdmieten möglich, die nicht nur wegen der Temperaturabsenkung tiefer als 20 cm anzulegen sind, sondern auch um dem Befall mit den Larven der Rüsselkäfer *Cylas* spp. zu begegnen (LEUSCHNER, schriftl. Mitteilung).

Krankheiten und Schädlinge

Unter den Krankheiten können Virosen große Schäden hervorrufen. Besonders im tropischen Tiefland treten sie meist in Form von Mischinfektionen auf. Die Symptome am Laub sind denen bei der Kartoffel vergleichbar (21). Auch eine Knolleninfektion kann sehr auffällige Merkmalsveränderungen hervorrufen, wie die Ausbildung von korkartigem Gewebe (24). Als Vektoren kommen Blattläuse und verschiedene Arten der Weißen Fliege aus der Gattung *Bemisia* bzw. *Trialeurodes* in Betracht (24). Virosen sind am besten durch integrierte Maßnahmen, d. h. durch Auslese toleranter Klone, Verwendung gesunden Pflanzmaterials, Vektorenbekämpfung u. ä. einzudämmen. Pilz- und Bakterienkrankheiten, verursacht durch *Fusarium*- oder *Streptomyces*-Arten, spielen eine untergeordnete Rolle. Im Hochland ab 1200 m sind keine größeren Schädigungen durch Krankheiten zu beobachten. Überall wird hier aber ein Gemisch mit Yam, Taro, Zuckerrohr und diversen Gemüsepflanzen kultiviert (19, 27).

Unter den Schädlingen sind verschiedene Arten der Gattung *Cylas* sowohl im tropischen als auch im subtropischen Anbaugebiet weit verbreitet. Die Käfer legen ihre Eier an Stengeln und Knollen einzeln in kleine Aushöhlungen ab. Die Larven zerfressen dann Stengel und Knollen. Bei Temperaturen unter 15 °C findet keine Vermehrung mehr statt. Eine wirksame Bekämpfung wird daneben auch erreicht, wenn von Zeit zu Zeit Insektizide auf dem Felde eingesetzt werden; außerdem ist der Rotationszyklus zu beachten, und schließlich sind weniger anfällige Sorten anzubauen (24).

Verarbeitung und Verwertung

Über den Anteil der einzelnen Inhaltsstoffe in den Süßkartoffelknollen liegen sehr unterschiedliche Angaben vor (Tab. 19). Je nach Herkunft

Tab. 19. Prozentwerte von Inhaltsstoffen in Süßkartoffeln, zusammengestellt nach verschiedenen Autoren (x̄ = Mittelwerte, I.E. = Internationale Einheiten Vitamin A, () = stark abweichende Einzelwerte).

Autor	Wasser [%]	Stärke [%]	Zucker [%]	Pektine [%]	Eiweiß [%]	Fett [%]	Carotine [mg/100 g]
(5)	60–85	18–22,5	8–10	9	0,8 –2,0	0,5–1,0	–
(17)	(50)–81	8–29	(0,5)–2,5	(0,5)–7,5	0,95–2,4	–	bis 12
(11)	ca. 70	9–20	3– 4	–	–	–	bis 31
(24)	ca. 70	ca. 20	ca. 5	–	1–2	0,1–0,2	0–8000 I.E.
(26)	x̄ = 68,5	20,2	5,4	–	1,8	0,7	3500 I.E., bis 28
(24)	x̄ = 71,5	Kohlenhydrate: 26,7			1,2	0,3	5345 I.E.
(24)	68–80	Kohlenhydrate: 16–27			1,4 –2,5	0,3–1,1	–
(12)	ca. 70	Tieflandklone Neuguinea			1,2 –2,9	–	–
(19)	ca. 70	Hochlandklone Neuguinea			0,3 –1,5 (2,4)	–	–

bzw. Sorte und je nach Anbaubedingungen variieren die Werte mehr oder weniger. Ein höherer Zuckergehalt kann die Akzeptanz als Grundnahrungsmittel vermindern (24). In der Züchtung wird versucht, das Verhältnis Stärke:Zucker zugunsten des Stärkeanteils zu erweitern. Die Stärke selbst setzt sich aus etwa ¼ Amylose und aus ¾ Amylopektin zusammen. Wenn man Bataten nur gart, wie es die Bergbevölkerung in Neuguinea tut, kommt der Zuckergeschmack weniger zur Geltung. Entsprechend der Knollentextur nach dem Kochen lassen sich die Klone der Kartoffel vergleichbar in drei Klassen gruppieren: fest-mehlig, weich-feucht/gelatineartig, faserig für Futter- und Industriezwecke (17).

Die Knollen können wie bei der Kartoffel zu Chips verarbeitet und gebraten frisch verzehrt oder auch konserviert werden. Sie lassen sich auch zu Püree verarbeiten. Industriell werden sie zur Gewinnung von Stärkederivaten, Sirup oder von Alkohol verwendet (2, 24).

Das Knolleneiweiß ist qualitativ hoch einzuschätzen, der Aminosäureanteil liegt bei 80 bis 90 %. Für Lysin und Methionin sind im Rohprotein bis 4,6 % bzw. 1,5 % gefunden worden (15). In Gebirgslagen erhöht sich der Anteil der essentiellen Aminosäuren signifikant (18). Bei diesen adaptierten Sorten ist aber der Gesamteiweißgehalt im Vergleichsanbau niedriger als bei Tieflandklonen (18).

Ernährungsphysiologisch erfüllt die Batate eine wichtige Funktion bei der Versorgung mit Provitamin A. Hier erklärt sich die große Variabilität auf Grund der Sortenunterschiede: weißfleischige Knollen besitzen einen geringeren Carotingehalt als gelbfleischige. Diese dienen als Ausgangsmaterial für industrielle Carotingewinnung (Tab. 19). Junge Grünteile können gut als Gemüse verwendet werden (24).

In der Tierfütterung können Chips in der Schweinemast 25 % Maisanteil ohne Masteinbuße ersetzen (24). Wichtig ist hierbei, die Trypsininhibitoren zu inaktivieren. Neuerdings kennt man auch Sortenunterschiede (4). Schließlich lassen sich Knollen und Grünmasse als Silage auch in der Rinderfütterung verwerten (24).

Literatur

1. BARTOLINI, P. U. (1981-1982): Report on a trip to the Peoples Republic of China. Trop. Root and Tuber Crops Newsl. No. 12 and 13, 5–10.

2. BOUWKAMP, J. C. (ed.) (1985): Sweet Potato Products: A Natural Resource for the Tropics. CRC Press, Boca Raton, Florida.
3. CHATTERJEE, B. N., and MANDAL, N. C. (1975): Growth and yield of sweet potato (Ipomoea batatas [L.] Lam.) in the Gangetic plains of West Bengal. J. Root Crops 1, 25–28.
4. DICKEY, L. F., and COLLINS, W. W. (1984): Cultivar differences in trypsin inhibitors of sweet potato roots. J. Amer. Soc. Hort. Sci. 109, 750–754.
5. ESDORN, I., und PIRSON, H. (1973): Die Nutzpflanzen der Tropen und Subtropen in der Weltwirtschaft 2. Aufl. G. Fischer, Stuttgart.
6. FAO (1984): Production Yearbook, Vol. 37. FAO, Rom.
7. FISCHER, G. (1985): Einfluß von Bodentemperatur und Schnitt auf Sproßentwicklung und Knollenertrag bei Bataten (Ipomoea batatas [L.] Poir.). Diplomarbeit Inst. Nutzpflanzenforschung, Techn. Universität Berlin.
8. GODFREY-SAM-AGGREY, W. (1974): Effects of cutting lengths on sweet potato yields in Sierra Leone. Exp. Agric. 10, 33–37.
9. HAHN, S. K. (1977): A quantitative approach to source potentials and sink capacities among reciprocal grafts of sweet potato varieties. Crop Sci. 17, 559–562.
10. HAYNES, P. H., and WHOLEY, D. W. (1971): Variability in commercial sweet potatoes (Ipomoea batatas [L.] Lam.) in Trinidad. Exp. Agric. 7, 27–32.
11. HOPPE, H. A. (1981): Taschenbuch der Drogenkunde. De Gruyter, Berlin.
12. HUETT, D. O. (1976): Evaluation of yield, variability and quality of sweet potato cultivars in subtropical Australia. Exp. Agric. 12, 9–16.
13. LEE, L. (1974): Studies on the variation and mean performance in successive generations of a randomly intermating population of sweet potatoes. J. Taiwan Agric. Res. 23, 255–262.
14. MARTIN, F. W. (1983): Differences in yield between sweet potato seedlings and their derived clones. Trop. Root and Tuber Crops Newsl. 14, 41–43.
15. MARTIN, F. W., and SPLITTSTOESSER, W. E. (1975): A comparison of total protein and amino acids of tropical roots and tubers. Trop. Root and Tuber Crops Newsl. 8, 7–15.
16. MCDAVID, C. R., and ALAMU, S. (1980): Effect of daylength on the growth and development of whole plants and rooted leaves of sweet potato (Ipomoea batatas). Trop. Agric. (Trinidad) 57, 113–119.
17. ONWUEME, I. C. (1978): The Tropical Tuber Crops. John Wiley, Chichester.
18. OOMEN, H. A. P. C., SPOON, W., HEESTERMAN, J. E., RUINARD, J., LUYKEN, R., and SLUMP, P. (1961): The sweet potato as the staff of life of the Highland Papuan. Trop. Geogr. Med. 13, 55–66.
19. PLARRE, W. (1981): Erforschung der Nutz- und Kulturpflanzen im zentralen Hochland von West-Irian (Irian Yaja). Arbeitsber. Deutsche Forschungsgem. (DFG), Bonn, Schwerpunktprogramm „Mensch, Kultur und Umwelt im Hochland von West-Irian".

20. RAY, P. K., and MISHRA, S. S. (1983): Sweet potato productivity as affected by recurrent use of vines as planting material. Scientia Hortic. 20, 319–322.
21. ROSS, H. (1985): Knollen- und Wurzelarten, Kartoffel. In: HOFFMANN, W., MUDRA, A., und PLARRE, W. (Hrsg.): Lehrbuch der Züchtung landwirtschaftlicher Kulturpflanzen. Bd. 2, Spezieller Teil, 2. Aufl., 211–245. Parey, Berlin.
22. SEKIOKA, H. (1971): The effect of temperature on the translocation and accumulation of carbohydrates in sweet potato. Trop. Root and Tuber Crops Tomorrow (Honolulu) 1, 37–40.
23. TSUNO, Y. (o. J.): Sweet Potato. Nutrient Physiology and Cultivation. Intern. Potash Inst., Bern.
24. VILLAREAL, R. L., and GRIGGS, T. D. (1982): Sweet Potato. Proc. 1st Intern. Symposium, AVRDC, Tainan/Taiwan.
25. WANG, H. (1975): The Breeding and Cutivation of Sweet Potatoes. Techn. Bull. No. 26. Food & Fertilizer Technology Center Taiwan.
26. WU, H. B.-F., YU, T.-T., and LIOU, T.-D. (1974): Physiological and biochemical comparisons of sweet potato varieties sensitive (Tai – Lung 57) and insensitive (Red – Tuber – Tail) to chilling temperatures. In: BIELESKI, R. L., FERGUSON, A. R., and CRESSWELL, M. M. (eds.): Mechanisms of Regulation of Plant Growth, 483–486. Bull. 12, Royal Soc., Wellington, Neuseeland.
27. YEN, D. E. (1974): The Sweet Potato and Oceania. Bishop Museum Bull. 236, Honolulu.

1.2.3 YAM

GERARD H. DE BRUIJN

Botanisch: *Dioscorea* spp.
Englisch: yam
Französisch: igname
Spanisch: ñame

Yams sind Arten der Gattung *Dioscorea*. In der US-Literatur werden manchmal auch die Knollen der Süßkartoffel *(Ipomoea batatas)* als Yam bezeichnet. Auch der Name cocoyam, der für einige *Colocasia*- und *Xanthosoma*-Arten gebräuchlich ist, könnte irreführen.

Wirtschaftliche Bedeutung

Grundnahrungsmittel als Stärkelieferant ist Yam nur in der westafrikanischen Yam-Zone. Dort werden ungefähr 94 % der Weltproduktion angebaut (8). Der Hauptproduzent ist Nigeria. In verschiedenen ostasiatischen und pazifischen Regionen sowie in der Karibik ist Yam ebenfalls von einiger Wichtigkeit (Tab. 20).

Tab. 20. Ertrag und Produktion von Yam in einigen Erdteilen und in den Ländern, die mindestens 150 000 t im Jahr erzeugen. Nach (8).

Erdteile	Ertrag (t/ha)	Produktion (1000 t)	Länder	Ertrag (t/ha)	Produktion (1000 t)
Afrika	11,1	25 944	Nigeria	12,8	19 200
Nord- und Mittelamerika	5,8	367	Elfenbeinküste	9,9	2 996
Südamerika	8,3	326	Ghana	8,2	937
Ozeanien	13,8	252	Benin	10,6	858
Asien	12,8	185	Kamerun	4,8	400
Gesamte Welt	10,9	27 076	Togo	11,3	336
			Zaire	7,3	220
			Tschad	9,3	219
			Äthiopien	3,6	215
			Brasilien	9,1	200
			Zentralafrik. Republik	4,7	198
			Papua Neuguinea	15,1	175
			Japan	20,0	170
			Jamaika	4,7	160

Eine große Rolle spielt Yam im sozialen und religiösen Leben der yamessenden Bevölkerung von West-Afrika. Das weist auf seine traditionelle Bedeutung in diesen Gebieten hin. Ein gutes Beispiel hierfür ist das „new-yam festival", welches in verschiedenen Formen in der westafrikanischen Yam-Zone existiert (19). Das „new-yam festival" wird zu dem Zeitpunkt gefeiert, an dem Yam das erste Mal im Jahr geerntet oder gegessen werden kann. Auch in anderen Erdteilen kommen in der Yamproduktion Rituale vor, z. B. in West-Irian und Neu-Kaledonien. Yam ist im Vergleich zu anderen stärkehaltigen Grundnahrungsmitteln sehr teuer. Er kostet 3- bis 5mal so viel wie eine gleiche Menge Maniok (4). Aus diesem Grund ist Yam in einigen Gebieten von anderen Wurzel- und Knollenpflanzen, wie z. B. Maniok und Süßkartoffel, verdrängt worden. Diese Pflanzen bringen einen ähnlichen oder höheren Ertrag bei geringerem Arbeitsaufwand. Trotzdem sind die Konsumenten in Nigeria bereit, den hohen Preis zu zahlen; der Geldertrag pro Mannstunde Arbeit ist dort bei der Yam-Produktion 2- bis 6mal höher als in Mischkulturen ohne Yam. Der Mangel an für Yam geeignetem Land schränkt den Yam-Anbau eher ein als die hohen Produktionskosten (7).

Das Yam-Produkt mit der größten wirtschaftlichen Bedeutung ist die Stärke, die in den Knollen gebildet wird. Die chemische Zusammensetzung der Knollen variiert je nach Art und Sorte. Ungefähr 70 % des Frischgewichts bestehen aus Wasser. Der Wassergehalt der Knolle ist während der Knollenentwicklung sehr viel höher als nach Erreichen der Reife. In der menschlichen Ernährung ist Yam hauptsächlich Energielieferant. Über 90 % der Trockensubstanz bestehen aus Kohlenhydraten. Der größte Teil davon ist Stärke. In den meisten Fällen ist weniger als 1 % Zucker in der Frischsubstanz enthalten.

Eher gering ist der Proteingehalt der Knolle. Er erreicht gewöhnlich 1 bis 2 % der Frischsubstanz. Unbedeutende Komponenten der Knolle sind Vitamine und Mineralstoffe. Nur Vitamin C wird in Mengen von 6 bis 10 mg pro 100 g Frischsubstanz der Knolle gebildet (19).

Viele Yam-Arten haben einen geringen Gehalt an Sapogenin und Alkaloiden. Das wichtigste Sapogenin ist Diosgenin, welches in der pharmazeutischen Industrie Verwendung findet (22) (→ ACHTNICH, Kap. 8.5). Zu den Alkaloiden gehört Dioscorin, das als Nervengift bei der Jagd, beim Fischen und in der Pharmazie verwendet wird (19).

Botanik

Die Gattung *Dioscorea* umfaßt etwa 600 Arten. Sie ist die wichtigste Gattung innerhalb der Familie der Dioscoreaceae, Monocotyledonen. Die Ursprungsgebiete der als Nahrungspflanzen kultivierten Arten liegen in Afrika, Asien und Amerika. Die Entwicklungs- und Domestikationsgeschichte von *Dioscorea* spp. ist sehr kompliziert (3).

Zytologisch haben die altweltlichen *Dioscorea*-Arten die Grundchromosomenzahl x = 10, die neuweltlichen x = 9. Die meisten Kulturarten sind Polyploide, oft mit verschiedenen Polyploidiestufen innerhalb einer Art. Die höchste Chromosomenzahl wurde bei *D. cayenensis* mit 2n = 14x = 140 gefunden (3, 19).

Yam-Pflanzen besitzen ein Rhizom, welches einjährige Triebe entwickelt. Bei den meisten Arten ist das Rhizom zu einem knollenartigen Gebilde vergrößert, von dem aus sich die Hauptnährwurzeln und eine oder mehrere zusätzliche Knollen bilden. Morphologisch handelt es sich bei Yam wahrscheinlich um Hypokotylknollen. Die Entstehungsgeschichte der Yam-Knollen bedarf aber noch weiterer Untersuchungen (5).

Die Knollen der eßbaren Yam-Arten sind meist einjährige Organe. Sie entwickeln Triebe und schrumpfen dann ein. In der folgenden Zeit werden neue Knollen gebildet, die in der Trokkenzeit, wenn die Sprosse absterben, dormant überleben. Nach Beginn der Regenzeit werden neue Sprosse gebildet. Einige Arten bilden ausdauernde Knollen, die im Laufe der Alterung größer werden und verholzen. In solchen Fällen können die Knollen eine beachtliche Größe und ein beachtliches Gewicht erreichen. So wird z. B. über eine 365 kg schwere Knolle bei *D. elephantipes* (L'Her.) Engl. berichtet (22).

Die Anzahl, Form und Größe der Yam-Knollen variiert je nach Art und Umweltbedingungen sehr stark. Die meisten der kommerziell angebauten Sorten haben eine mehr oder weniger zylindrische Form.

Mehrere Arten bilden in den Blattachseln Luftknollen aus, die eßbar sein können, wie im Fall von *D. bulbifera*.

Die einjährigen Triebe aller *Dioscorea*-Arten entstehen am Rhizom oder am Sproßende der Knolle. Sie klettern rechts- oder linkswindend; die Winderichtung ist artspezifisch (22).

Normalerweise ist Yam diözisch. Es kann allerdings Monözie vorkommen. Die Blütenbildung ist sehr oft begrenzt. Einige Kultursorten zeigen überhaupt keine Blüten. Die Bestäubung erfolgt durch Insekten. Die Frucht ist eine aufplatzende dreifächerige Kapsel, die 1 bis 3 cm lang ist und 2 Samen pro Fach enthält. Die Anzahl lebensfähiger Samen ist in der Regel sehr gering, auch bei den regelmäßig blühenden Sorten. Normalerweise wird Yam deshalb vegetativ vermehrt.

Die wichtigsten kultivierten Yams sind die folgenden:

D. rotundata Poir. (Weißer Yam, Weißer Guinea-Yam) nimmt von allen Yam-Arten die größte Anbaufläche ein. In Westafrika beheimatet, ist sie dort auch die wichtigste Kulturart. Angebaut wird sie in größerem Umfang auch auf den westindischen Inseln und in geringen Mengen in Asien. Es sind viele Sorten bekannt. Die Sprosse sind rechtswindend und erreichen eine Länge von mehreren Metern. *D. rotundata* ist an Savannen-Gebiete mit langen Trockenzeiten angepaßt. Bis zur Ernte vergehen 8 bis 10 Monate. Die Knollen sind normalerweise zylindrisch und ihr Gewicht beträgt 2 bis 5 kg.

Ein höheres Knollengewicht ist allerdings nicht ungewöhnlich. Die Knollen zeigen eine ausgesprochene Ruhephase (Dormanz) und gestatten damit eine lange Lagerungszeit.

D. alata L. (Großer Yam, Wasser-Yam) ist auf der Welt am weitesten verbreitet, nimmt aber

Abb. 49. Knollen von *Dioscorea alata* (Foto ACHTNICH).

eine geringere Anbaufläche ein als *D. rotundata*, da letztere im westafrikanischen Yam-Belt vorgezogen wird. Der Trieb windet sich nach rechts und ist vier- oder mehrreihig geflügelt. Sie stammt aus Südwestasien, ist dort aber im wilden Zustand nicht bekannt. *D. alata* bringt die höchsten Erträge der Kulturyam-Arten, benötigt aber mindestens 1500 mm Niederschlag, um ihre höchste Produktivität zu erreichen (22). In der Regel wiegen die Knollen 5 bis 10 kg. Möglich ist aber ein Gewicht von 60 kg (Abb. 49). Ihre Form ist sehr vielfältig und unregelmäßig, in den meisten Fällen aber zylindrisch. Eine Vegetationsperiode dauert 8 bis 10 Monate. Bevor sie austreiben, bleiben die Knollen 3 bis 4 Monate dormant, manchmal auch länger.

D. cayenensis Lam. (Gelber Yam, Gelber Guinea-Yam) ähnelt in vieler Hinsicht *D. rotundata*. Vielleicht sollten beide als eine einzige Art angesehen werden (13). *D. cayenensis* ist ebenfalls in Westafrika beheimatet und wird dort in der Waldzone mit ausreichenden Regenfällen und nur kurzen Trockenzeiten angebaut. In einem gewissen Umfang wird sie auf den westindischen Inseln angebaut, aber nicht in Asien. Die Vegetationszeit ist länger als bei *D. rotundata*, die Ruheperiode kürzer. Die Knollen sind zwar schlecht lagerfähig, dagegen kann sich die Ernte über einen längeren Zeitraum hinziehen. Wenn die junge Knolle vorsichtig entfernt wird, produziert der Kopf der Knolle, der an der Mutterpflanze belassen wurde, eine oder mehrere neue Knollen (22). Die Knollen besitzen ein durch Carotinoide gelbgefärbtes Fruchtfleisch.

Alle anderen Yams sind von wesentlich geringerer Bedeutung. Hier seien genannt:

D. esculenta (Lour.) Burk. (Kleinerer Yam, Chinesischer Yam) hat ihr Hauptanbaugebiet in Südostasien, wo sie auch beheimatet ist, auf den südpazifischen Inseln, in Westindien und in Afrika. In Afrika war sie bis vor kurzem unbekannt (19). Die Knollen sind klein und wachsen in Bündeln von 5 bis 20 Knollen. Die Kleinheit der Knollen und ihre zylindrische oder ovale Form macht diese Art geeigneter für die maschinelle Ernte als andere. Die Knollen haben aber eine weiche Textur und bekommen deshalb schnell Druckstellen. Ihre Dormanzperiode ist nur kurz. Der Trieb trägt Dornen und ist linkswindend. Kultivierte Typen blühen selten.

D. trifida L. f. (Cush-cush Yam) ist die einzige wichtige eßbare Yam-Art, die ursprünglich aus

Abb. 50. *Dioscorea bulbifera*, Blätter und Luftknolle (Foto ESPIG).

Amerika stammt. Beheimatet ist sie im nördlichen Teil von Südamerika. Der Anbau ist größtenteils auf das karibische Gebiet beschränkt. In geringen Mengen wird sie noch in Sri Lanka kultiviert.

D. bulbifera L. (Luftknollen-Yam) bildet eßbare Luftknollen (Bulbillen) in den Blattachseln (Abb. 50), die vor dem Verzehr in Wasser eingeweicht oder länger gekocht werden müssen, um die giftigen Bitterstoffe zu entfernen. Ihr Gewicht beträgt ungefähr 0,5 kg, aber es kann auch 2 kg erreichen. Diese Art wird in der Regel wegen ihrer Bulbillen angebaut. Die unterirdischen Knollen sind meist klein und ungenießbar. Einige westindische Sorten produzieren allerdings auch nahrhafte unterirdische Knollen (19). *D. bulbifera* ist die einzige Art, die wild sowohl in Asien als auch in Afrika vorkommt.

D. dumentorum (Kunth) Pax (Bitterer Yam) stammt aus dem tropischen Afrika. Das Hauptanbaugebiet liegt in Westafrika. Die bitteren Knollen müssen durch Einweichen oder Kochen entgiftet werden. Hochgradig giftig sind die Knollen der Wildformen, deren Gift bei der Jagd und zu anderen Zwecken verwendet wird (19).

D. opposita Thunb. (cinnamon yam) toleriert niederigere Temperaturen als die tropischen Arten. Beheimatet ist sie in China, wo sie in der Medizin verwendet wird. Die Anbaugebiete liegen in China, Korea und Japan. *D. japonica* Thunb. ist *D. opposita* sehr ähnlich (19). Sie stammt aus Japan und wird in Japan und China als Nahrungspflanze und zur Verwendung in der traditionellen Medizin angebaut.

Ökophysiologie

Die eßbaren Yam-Arten benötigen Temperaturen zwischen 25 und 30 °C. Eine Hemmung ihres Wachstums tritt bei unter 20 °C ein, und Frost vrtragen sie nicht. *D. opposita* und *D. japonica* bilden Ausnahmen, da sie auch bei geringeren Temperaturen wachsen und Frost überstehen. Übermäßig hohe Temperaturen können ebenfalls eine schädliche Wirkung auf das Wachstum haben (2).

Eine gut verteilte Niederschlagsmenge von wenigstens 1000 mm wird benötigt. Vorgezogen werden allerdings größere Mengen, und für eine gewerbsmäßige Yam-Produktion sind über 1500 mm Niederschlag pro Jahr eine Voraussetzung (19). Waldarten wie *D. cayenensis* vertragen keine Trockenperioden mit einer Dauer von mehr als 2 bis 3 Monaten. Dagegen können Savannenarten wie *D. rotundata* längere Trockenzeiten tolerieren, da sie gewöhnlich ihren Wachstumszyklus bereits nach 7 bis 8 Monaten beenden.

Während der Hauptwachstumsphase kann Yam Perioden strengerer Trockenheit vertragen. Der Ertrag wird dadurch natürlich vermindert. Kein Wassermangel wird in der kritischen Periode 14 bis 20 Wochen nach dem Wachstumsbeginn vertragen, wenn die Nährstoffreserven der Mutterknolle verbraucht sind und die Triebe schnell wachsen, während die Bildung neuer Knollen noch nicht begonnen hat (22).

Es hat sich erwiesen, daß bei der Bildung der Knollen die Tageslänge eine wichtige Rolle spielt (15). Lange Tage scheinen das Wachstum des Triebes und kurze Tage das Knollenwachstum zu fördern. Die Wirkung der Photoperiode ist jedoch noch nicht vollständig erforscht (22).

Yam-Pflanzen verlangen einen fruchtbaren Boden mit einem hohen Gehalt an organischer Substanz. Nach einer Bracheperiode werden sie deshalb gewöhnlich als erste Frucht innerhalb eines Anbauzyklus angebaut. Am besten wachsen sie auf einem tiefgründigen, gut strukturierten Boden, der eine angemessene Durchlüftung gewährleistet. Der Boden sollte gut dräniert sein, da Staunässe nicht vertragen wird.

Züchtung

Eine planmäßige Züchtung von Yams erfolgt erst seit kurzem. Eine Erklärung hierfür bietet die lange Zeit vorherrschende Haltung der landwirtschaftlichen Forschung, die den Nahrungspflanzen wenig Aufmerksamkeit schenkte. Außerdem ist die züchterische Verbesserung von Yam sehr schwer zu verwirklichen, hauptsächlich wegen der Unregelmäßigkeit oder des Fehlens der Blüten- und Samenbildung. Trotzdem sind in verschiedenen Fällen Kreuzungen möglich. Auch die Bauern haben während der geschichtlichen Entwicklung eine Selektion durchgeführt.

In vielen Yam-Anbaugebieten, besonders in Westafrika, besteht eine große Arten- und Sortenvielfalt. Diese große Variabilität kann die Schwierigkeiten bei der Produktion von Vielfältigkeit durch Hybridisation teilweise ausgleichen (19).

Anfang der 60er Jahre wurde ein umfassendes Züchtungsprogramm am International Institute of Tropical Agriculture (IITA) in Nigeria ins Leben gerufen. Eine Genbank wurde eingerichtet und verbesserte Methoden für die Kreuzung, Samenproduktion und vegetative Vermehrung entwickelt (23). Neue Sorten konnten geschaffen werden, und Samen werden an andere Yam-Forschungsprogramme in den Tropen verteilt (9). Abgesehen von der normalen Auslese auf hohe Erträge, gute Knollenqualität, Resistenz gegen Krankheiten und Schädlinge etc. wird nun das Hauptaugenmerk auf die Auslese von Sorten gerichtet, die auch ohne Stützen annehmbare Erträge liefern, da das Setzen der Stützen einer der kostenaufwendigsten Produktionsfaktoren ist. Ein anderes langfristiges Züchtungsziel ist die Produktion von Knollen- und Pflanzentypen, die sich teilweise oder ganz maschinell ernten lassen. Im IITA werden Möglichkeiten der Gewinnung von einheitlichen Populationen aus *D. rotundata*-Samen untersucht. Das würde den Bauern erlauben, Yam durch Samen zu vermehren (24).

Anbau

Vermehrung. Im Prinzip kann Yam auf verschiedene Weise fortgepflanzt werden: durch Knollen, durch Stengelstecklinge, durch Bulbillen, durch Samen oder Gewebekulturen. Die gebräuchlichste Methode ist die Verwendung von Knollen oder Knollenteilen (19). In einigen Fällen, wenn eine schnelle Vermehrung erzielt werden soll, z. B. bei der Züchtung, werden Stengelstecklinge oder Gewebekulturen verwendet. Der

Nachteil beim Gebrauch von Stengelstecklingen, Bulbillen und Samen ist die sehr geringe Knollenproduktion.

Zwischen dem Mutterknollengewicht und dem Knollenertrag besteht eine positive Korrelation. Im gewerbsmäßigen Anbau sollte Pflanzgut mit einem Gewicht von 150 bis 300 g verwendet werden. In einigen Fällen benutzen Bauern Pflanzgut von mehr als 300 g. Der Ertrag pro Einheit Pflanzgutgewicht wird in solchen Fällen aber sehr gering (19). Trotzdem kann ein hohes Pflanzgutgewicht manchmal ratsam sein (12).

Bauern benutzen oft ein Pflanzmaterial, das aus einer Mischung aus kleinen ganzen Knollen und Stücken, die aus dem Kopfteil, dem Mittelteil oder dem Endteil größerer Knollen geschnitten werden, besteht. Pflanzgut aus ganzen Knollen und aus Knollenköpfen treibt schneller und besser aus und ergibt auch einen höheren Ertrag als Pflanzgut aus den mittleren Knollenteilen oder den Knollenenden. Zuweilen produzieren die Bauern absichtlich kleine Knollen für die Pflanzgutgewinnung (19, 24). Sollten diese kleinen Knollen von einer normalen Pflanze stammen, ist darauf zu achten, daß die Pflanzen nicht schwach oder krank sind.

Wird beim Pflanzen eine Pflanzgutmischung aus verschiedenen Knollenteilen verwendet, resultiert ein ungleichmäßiger Feldaufgang. Ein Vorkeimen kann dieses Problem vermindern (19).

Ein anderer Nachteil, der durch das Zerteilen der Knollen vor dem Auspflanzen entsteht, ist die erhöhte Fäulnisgefahr. Eine Pflanzgutbehandlung gegen Fäulnis wird deshalb empfohlen. Zu diesem Zweck wird von den Bauern häufig Asche verwendet. Außerdem sollte eine Wartezeit von 1 bis 2 Tagen zwischen dem Zerschneiden und dem Pflanzen der Knolle eingehalten werden, damit die Schnittstellen abheilen können.

Oftmals bereitet die Verfügbarkeit des Pflanzmaterials in der Yam-Produktion Sorge. In Nigeria ist der Mangel an Pflanzmaterial ein ernsthaftes Problem (7). Beim IITA ist in den letzten Jahren ein verbessertes Verfahren zur Vermehrung von Pflanzknollen entwickelt worden: die „minisett"-Methode. Dabei werden gut entwickelte Mutterknollen von 500 bis 1000 g in 10 bis 20 Stücke zerschnitten, von denen jedes an einer Seite die Außenhaut (Periderm) behält und etwa 30 g wiegt. Nach Behandlung mit Insekten- und Pilzschutzmitteln werden die Stücke in Bee-

ten oder Kästen vorgekeimt. Nach 3 bis 4 Wochen haben sich Adventivsprosse gebildet und die Knollenstücke sind zum Auspflanzen ins Feld bereit. Aus den Minisetts entstehen in 5 bis 6 Monaten Knollen von 800 bis 1000 g, die dann als Pflanzknollen zur Erzeugung großer Verkaufsknollen dienen (1a, 8a).

Landvorbereitung. Wenn der Anbau in shifting cultivation erfolgt, läßt man oft größere Bäume als Stützen für die Yam-Ranken stehen.

Wie andere Wurzel- und Knollenpflanzen verlangt Yam einen lockeren Boden, in dem sich die Knollen ungehindert entwickeln können. Ein lockerer Boden ist für Yam-Pflanzen besonders wichtig, da die Knollen nicht aus dünnen Wurzeln oder Stolonen, die den Boden leicht durchdringen und danach anschwellen, gebildet werden; vielmehr müssen bei den meisten Arten die Knollen mit ihrem stumpfen Ende im Boden vordringen (19). Vor dem Auspflanzen ist deshalb eine lockernde Bodenbearbeitung notwendig. Die Bestellungsmaßnahmen hängen von der Auspflanzungsart ab. Es gibt vier übliche Methoden: das Auspflanzen auf Hügeln, in Vertiefungen, auf Dämmen oder dem flachen Boden.

In der traditionellen Landwirtschaft ist der Yam-Anbau auf Hügeln (Abb. 51) die am weitesten verbreitete Methode, gefolgt von der Auspflanzung in Vertiefungen (19).

Um die Hügel herzustellen, wird der Oberboden in mehr oder weniger kegelförmigen Haufen an verschiedenen Orten auf dem Feld zusammengebracht. Auf diese Weise entsteht ein ideales lockeres Pflanzbett. Es besteht größtenteils aus dem relativ nährstoffreichen Oberboden. Zusätzliche Vorteile sind die gute Dränung und die leichte Erntbarkeit. Die Größe der Hügel ist sehr unterschiedlich; Hügelgröße und Knollengröße sowie Ertrag sind positiv korreliert (10).

Traditionell ist das Auspflanzen in Vertiefungen bei minimaler Bodenbearbeitung. Die Bodenstruktur wird dadurch erhalten, und der Arbeitsaufwand ist sehr gering. Das Pflanzbett ist aber für die Yam-Pflanzen nicht optimal. Dieses System ist deshalb auch weniger verbreitet als andere.

In der teilweise mechanisierten Landwirtschaft wird Yam meist auf Dämmen angebaut. Das setzt die vorhergehende Arbeit mit dem Pflug und der Egge voraus. Der Dammanbau hat ähnliche Vorteile wie der Anbau auf Hügeln. Die

Abb. 51. Yamanbau auf Hügeln in Togo (Foto ACHTNICH).

Arbeitsgänge können vollständig mechanisiert werden.

Auspflanzen. Das Auspflanzen kann zu Beginn der Regenzeit oder kurz davor erfolgen. In Westafrika wird das Auspflanzen zu Beginn der Regenzeit vorgezogen (19), es sollte dann aber möglichst früh erfolgen, da die Wachstumsperiode nicht verkürzt werden darf. Aus diesem Grund ist es auch wichtig, schnell keimendes Pflanzenmaterial zu verwenden. Eine Vorkeimung kann dabei nützlich sein, besonders wenn Mittel- und Endstücke der Knolle als Pflanzmaterial Verwendung finden.

Die Pflanztiefe muß so gewählt werden, daß der obere Teil der Mutterknolle ungefähr 10 cm unter der Bodenoberfläche liegt. Diese Tiefe ist in heißem Klima nötig, um eine Schädigung der Mutterknolle durch Hitze und Trockenheit an der Bodenoberfläche zu verhindern. Die Wichtigkeit dieser Maßnahme ist durch die relativ lange Zeit zwischen dem Auspflanzen und dem Erscheinen der Sprosse an der Bodenoberfläche bedingt; sie beträgt etwa 1 Monat. Aus demselben Grund ist es in Westafrika eine weit verbreitete Praxis, den Boden und besonders die Pflanzstellen sofort nach dem Auspflanzen mit Mulch abzudecken.

Der Pflanzabstand beträgt etwa 1 m × 1 m. Er variiert je nachdem, wie viele Zwischenfrüchte angebaut werden sollen und welche Größe die Mutterknollen haben. Je größer die Mutterknolle, desto weiter muß der Abstand gewählt werden.

Düngung und Pflege. Allgemeine Übereinstimmung herrscht über den hohen Nährstoffbedarf der Yams. Die Anwendung von Düngemitteln ist in der traditionellen Landwirtschaft sehr beschränkt, besonders wenn Yam als erste Frucht nach einer Brachezeit angebaut wird und somit von den natürlich vorhandenen Nährstoffen profitiert. Seitdem die Landverknappung die Bracheperioden verkürzt, und wo Dauerfeldbau praktiziert wird, wird die Düngeranwendung auch im Yam-Anbau notwendig. Die Informationen über die Reaktion auf die einzelnen Düngemittel sind noch sehr begrenzt, und generelle Aussagen sind schwer zu machen. Yam scheint positiv auf eine N- und K-Düngung und schwach auf eine P-Düngung zu reagieren (19). Yams scheinen P auch bei geringen Gehalten in der Bodenlösung nutzen zu können (26). Yam braucht eine effektive Symbiose mit Mykorrhiza-Pilzen, um seinen P-Bedarf zu decken. Der durchschnittliche Entzug von N, P, K, Ca und Mg durch die Knollen einiger Yam-Arten erreicht 14,2 kg N, 1,9 kg P, 17,9 kg K, 0,31 kg Ca und 0,88 kg Mg pro t Knollentrockenmasse (17). Dieser Nährstoffentzug ist erheblich höher als bei Maniok. Der Nährstoffbedarf der einzelnen Yam-Arten ist unterschiedlich (18).

D. cayenensis ist am wenigsten in der Lage, einen geringen Nährstoffgehalt im Boden zu tolerieren (19). In Nigeria wurde eine gute Reaktion der Yam-Pflanzen auf eine hohe N-Düngung (90 kg/ha) und eine geringe P-Gabe (30 kg/ha) festgestellt. Die Reaktion auf eine K-Düngung war sehr gering, da der Boden ausreichend mit K versorgt war (11).

Stützen sind für einen guten Yam-Ertrag entscheidend, da sie zur Ausbildung einer großen Blattfläche pro Pflanze führen (Abb. 52). Ohne Stützen ist der Ertrag um 30 bis 40 oder mehr Prozent geringer (9). Bei *D. dumetorum* wurde allerdings auch gefunden, daß Aufleitung an Stützen den Ertrag nur unwesentlich erhöhte

(12). In nicht aufgeleiteten Beständen kann es zum verstärkten Auftreten von Krankheiten kommen, und die Unkrautbekämpfung ist sehr schwierig.

Wie oben gesagt, werden im Waldwechselanbau oft bei der Rodung lebende Bäume und Sträucher als Yam-Stützen auf dem Feld belassen. Ähnlich kann im permanenten Anbau Arbeit gespart werden, wenn schnellwüchsige Bäume oder Sträucher, wie *Gliricidia sepium, Tephrosia candida* und andere, als Yam-Stützen gepflanzt werden (7, 9, 25). Die künftige Entwicklung wird aber wohl zu Sorten führen, die auch ohne Stützen gute Erträge liefern (20, und oben unter „Züchtung"), da die Stützen hohe Arbeitskosten verursachen.

Unkrautbekämpfung ist eine andere arbeitsintensive Tätigkeit bei der Kultivierung von Yam. 40 bis 60 Arbeitstage pro ha sind während einer Saison dafür notwendig (7, 21). Yams sind zu Beginn ihres Wachstums sehr empfindlich gegen Unkrautkonkurrenz. Die Fähigkeit der Pflanze, den Boden zu bedecken, ist nur gering. Deshalb muß 3- bis 4mal pro Saison eine Unkrautbekämpfung erfolgen. Dazu wird traditionell in

Abb. 52. An schrägen Stützen aufgeleiteter Yam (IITA) (Foto ACHTNICH).

der Regel die Handhacke benutzt, aber die chemische Unkrautbekämpfung könnte die Hauptmethode werden, vor allem in der kommerziellen Yam-Produktion (20).

Üblicherweise wird die Unkrauthacke zusätzlich mit einem Anhäufeln zu Hügeln und Dämmen kombiniert, um eine Freilegung der Knollen zu verhindern.

Fruchtfolge. Der schon genannte Anbau von Yam als erste Kultur nach der Waldrodung in Westafrika ist wegen des hohen Nährstoffbedarfs und der Bedeutung der Pflanze erwünscht. In den meisten Fällen wird Yam in Mischkultur mit verschiedenen anderen Früchten wie z. B. Melonen, Mais, Augenbohnen und Paprika angebaut. Im Buschbrachesystem ist gewöhnlich Maniok die letzte Frucht in der Fruchtfolge, bevor erneut eine Brachezeit eingeschaltet wird. Gewöhnlich wird Maniok bereits gepflanzt, bevor die Yam-Knollen geerntet sind (19).

Eine Yam-Einzelkultur ist unüblich, obwohl in Westafrika der Yamanbau in Reinkultur als Verkaufsfrucht zunimmt (2).

Ernte und Lagerung. Üblicherweise erfolgt die Ernte, wenn die Mehrzahl der Blätter zu vergilben beginnt. Sie kann bis zu 2 Monaten nach der Abreife verschoben werden, aber Knollen, die lange im Boden bleiben, können verderben. Eine vorsichtige Ernte ist ratsam, da verletzte Knollen während der Lagerung leicht faulen. Zur Ernte werden überwiegend Handgeräte benutzt, was eine hohe Arbeitsintensität zur Folge hat.

Man unterscheidet einfache und zweifache Ernten (19). Mit einer einfachen Ernte ist ein einziger Erntezeitpunkt am Ende der Saison gemeint. Diese Methode ist für kleinknollige Sorten wie *D. esculenta* üblich. Bei großknolligen Sorten wird oft eine zweifache Ernte praktiziert. Zum ersten Mal wird in der Mitte der Saison, ungefähr 4 bis 5 Monate nach dem Aufgang der Pflanzen, geerntet. Eine zweite Ernte erfolgt am Saisonende. Für die erste Ernte wird der Boden um die Knollen vorsichtig entfernt, um Verletzungen am Wurzelsystem zu vermeiden, und die Knolle wird abgeschnitten. Die Pflanze entwickelt eine oder mehrere neue Knollen, die am Ende der Saison geerntet werden können. Der größte Vorteil dieser Methode ist, daß Nahrungsmittel früh im Jahr zur Verfügung stehen, wenn die Vorräte aus dem letzten Jahr zu Ende gehen. Außerdem sind die Knollen der zweiten Ernte hervorragend geeignetes Pflanzmaterial. Nachteile entstehen

durch die Mehrarbeit bei diesem System und die schlechtere Nahrungsqualität der Produkte aus beiden Ernten im Vergleich zu einer einmaligen Ernte. Der Gesamtertrag ist nicht höher. Da dieses System nicht mechanisiert werden kann, ist in der Zukunft mit einer abnehmenden Verbreitung zu rechnen (19).

Der Knollenertrag ist sehr stark abhängig von den Umweltbedingungen, den Anbausystemen und -methoden sowie von Art oder Sorte. Im gewerblichen Yam-Anbau wird ein Ertrag von 8 bis 30 t/ha erzielt (19). Der durchschnittliche Ertrag liegt bei 10,9 t/ha (8). Die potentiellen Erträge sind beträchtlich höher als die im Augenblick tatsächlich erzielten (Tab. 20); sogar über einen Ertrag von 70 t/ha ist berichtet worden (5).

Da die Ernte nur während einer begrenzten Zeit möglich ist, müssen die Knollen einige Zeit gelagert werden. In Westafrika ist das Festbinden der Knollen auf beschatteten vertikalen Gerüsten am weitesten verbreitet, das eine ausreichende Belüftung und eine Überwachung der Fäulnisbildung und des Insektenbefalls gestattet. Während dieser Lagerung in Scheunen verlieren die Knollen in den ersten drei Monaten 10 bis 15 % und nach sechs Monaten 30 % oder mehr ihres Erntegewichtes (22). Atmungs- und Austrocknungsverluste sowie in einigen Fällen die Keimung der Knollen sind hierfür die Hauptgründe. Bis jetzt ist noch keine befriedigende Methode gegen die Keimung entwickelt worden (19).

Ein merkbarer Lagerverlust kann auch durch Nagetiere und Insekten verursacht werden. Hinzu kommt der mögliche Schaden durch Lagerfäulen, der beträchtlich sein kann.

Die Lagerung in Scheunen ist nur während der Trockenzeit eine zufriedenstellende Lösung. Bei Regenzeitbeginn neigen die dort gelagerten Knollen dazu, schnell zu verderben. Die übriggebliebenen Knollen sollten deshalb ins Haus geholt werden (19).

In der kommerziellen Yam-Produktion könnte die Kühlhauslagerung an Bedeutung gewinnen. Eine Lagerung bei 15 °C scheint ausreichend zu sein; die Temperatur sollte nicht unter 10 °C liegen (19). Eine andere Methode ist die Behandlung mit Gammastrahlen, die die Keimung acht Monate lang verhindern kann. Diese Methode scheint für eine längere Lagerung empfehlenswerter zu sein als die Kaltlagerung (1, 6).

Fast alle Yams werden als frische Knollen und nur ein geringer Teil wird in verarbeiteter Form gelagert.

Schädlinge und Krankheiten

Früher galten Yams als Kultur, die im Vergleich mit anderen Pflanzen der humiden Tropen wenig unter Schädlingen und Krankheiten leidet (2). Diese Situation scheint sich zu ändern; einige Krankheiten können die Ernte vollständig vernichten (16, 20).

Yam-Käfer, von denen *Heteroligus meles* die am weitesten verbreitete Art ist, sind in Westafrika sehr ernstzunehmende Schädlinge (22). Die Käfer fressen an den Knollen und verursachen halbkreisförmige Wunden, die die Knolle unansehnlich und unverkäuflich machen. Außerdem wird die Wahrscheinlichkeit einer Fäulnisbildung während der Lagerung erhöht. Andere Insekten wie Schildläuse können als Schädlinge lokal von größerer Bedeutung sein. Schild- und Schmierläuse sind die größten Insektenschädlinge der Knolle während der Lagerung, während der Rüsselkäfer die getrockneten Knollen angreift.

An den Mutterknollen, im Lager und an den wachsenden Knollen sind verschiedene Arten der Knollenfäulen die bedeutsamsten Pilzkrankheiten. Im wachsenden Bestand nehmen Blattflecken, *Cercospora* spp., diese Stellung ein. Einige andere Pilzarten können Yam zwar befallen, aber sie kommen nur gelegentlich vor und der Schaden ist oft gering (19). Seit kurzem ist aber in Westafrika bei *D. alata* eine Form der Yam-Anthraknose („scorch"), eine Blattkrankheit, bedrohlich geworden (20). Bis jetzt ist die Ätiologie dieser Krankheit noch nicht hinreichend und überzeugend geklärt (9).

Nematoden können ebenfalls schädlich werden. Der Yam-Nematode (*Scutellonema bradys*) kommt am häufigsten vor. Wurzelgallennematoden (*Meloidogyne* spp.) greifen wachsende Knollen an, und Wurzelnematoden (*Pratylenchus* spp.) schädigen Knollen sowie alle anderen unterirdischen Teile der Pflanze. Von Nematoden verursachte Wunden sind die Eintrittspforten für Bakterien- und Pilzinfektionen. Nematodenprobleme sollten durch eine geeignete Fruchtfolge verhindert werden.

Die Mosaikkrankheit und die „shoe-string"-Krankheit der Blätter werden durch Virusinfektionen verursacht. Die Mosaikkrankheit hat gewöhnlich keine großen Ertragsverluste zur Folge. Pflanzen, die unter der „shoe-string"-Krankheit leiden, entwickeln extrem kleine oder gar keine Knollen. Normalerweise ist jedoch der Prozentsatz an befallenen Pflanzen gering (14, 19).

Endlich verursachen Säugetiere, und zwar besonders Nagetiere, erhebliche Schäden an der Pflanze oder an der gelagerten Knolle, wenn keine Kontrollmaßnahmen ergriffen werden.

Verarbeitung und Verwertung

In den meisten Fällen erfolgt die Yam-Verarbeitung direkt vor dem Verbrauch. Nur ein sehr geringer Teil wird in verarbeiteter Form auf dem Markt angeboten (19).

Der größte Teil der Ernte wird in Westafrika als „fufu" verbraucht. Dieses beliebte und traditionelle Produkt wird hergestellt, indem die Yam-Knolle zunächst gekocht und dann in großen hölzernen Mörsern zerstampft wird, bis eine dicke gleichmäßige Masse entsteht. Die Schale wird vor oder nach dem Kochen entfernt. Fufu wird mit einer Soße oder einem Kochgericht aus Fisch oder Fleisch, grünem Gemüse, Gewürzen und Öl gegessen. Fufu kann auch aus anderen stärkehaltigen Pflanzen wie Maniok, Bananen und Getreide hergestellt werden. Der Verbrauch der gekochten unzerstampften Knolle zusammen mit Soßen ist ebenfalls sehr verbreitet. Yam wird auch in gebratener, gerösteter oder gebackener Form gegessen.

Die am weitesten verbreiteten Verarbeitungsformen, für die die Knolle gebraucht wird, sind Mehl, Flocken und Chips. Nur ein geringer Teil der Yam-Knollen wird auf diese Weise verarbeitet. Mit der Zeit wird wohl die Verarbeitung zu Trockenprodukten wichtiger werden (19). Produktion und Verbrauch von Yammehl sind in den trockenen Gebieten der westafrikanischen Yam-Zone sehr populär.

Yam-Bulbillen werden auf nahezu identische Weise genutzt. Sie benötigen nur eine sehr viel längere Kochdauer. Die Entgiftung der Yam-Knollen und Bulbillen kann durch eine mehrstündige Quellung in Salzwasser erreicht werden.

Literatur

1. ADESUYI, S. A. (1982): The application of advanced technology to the improvement of yam storage. In: (14), 312–319.

1a. ASNANI, V. L., OTOO, J. A., and HAHN, S. K. (1985): Improved Seed Yam Production Technology. IITA, Ibadan, Nigeria.

2. COURSEY, D. G. (1967): Yams. Longmans, London.

3. COURSEY, D. G. (1976): Yams. In: SIMMONDS, N. W. (ed.): Evolution of Crop Plants, 70–74. Longman, London.

4. COURSEY, D. G. (1982): Foreword. In: (14), V–VII.

5. COURSEY, D. G., and BOOTH, R. H. (1977): Yams (Dioscorea spp.). In: LEAKEY, C. L. A., and WILLS, J. B. (eds.): Food Crops of the Lowland Tropics, 83–86. Oxford University Press.

6. DEMEAUX, M., BABACAUH, K. D., et VIVIER, P. (1982): Problèmes posés par la conservation des ignames en Côte d'Ivoire et essais de techniques pour les résoudre. In: (14), 320–328.

7. DIEHL, L. (1982): Smallholder Farming Systems with Yam in the Southern Guinea Savannah of Nigeria. Deutsche Gesellschaft für Technische Zusammenarbeit (GTZ), Eschborn.

8. FAO (1987): Production Yearbook, Vol. 40. FAO, Rom.

8a. HAHN, S. K., OSIRU, D. S. O., AKORODA, M. O., and OTOO, J. A. (1987): Yam production and its future prospects. Outlook on Agriculture 16, 105–110.

9. IITA (1976-1984): Annual Reports for 1975–1983. IITA, Ibadan, Nigeria.

10. KANG, B. T., and WILSON, J. F. (1981): Effect of mound size and fertilizer on White Guinea yam (Dioscorea rotundata) in Southern Nigeria. Plant and Soil 61, 319–327.

11. KPEGLO, K. D., OBIGBESAN, G. O., and WILSON, J. E. (1981): Yield and shelf-life of white yams as influenced by fertilizer. In: Tropical Root Crops. Research Strategies for the 1980s. Proc. 1st Triennial Root Crops Symp. Int. Soc. Trop. Root Crops, Africa Branch. IDRC, 163e, 198–202. IDRC, Ottawa, Canada.

12. LYONGA, S. N., and AYUK-TAKEM, J. A. (1982): Investigations on selection and production of edible yams (Dioscorea spp.) in the western highlands of the United Republic of Cameroun. In: (14), 161–172.

13. MIÈGE, J. (1982): Note sur les espèces Dioscorea cayenensis Lamk. et D. rotundata Poir. In: (14), 367–375.

14. MIÈGE, J., and LYONGA, S. N. (eds.) (1982): Yams/Ignames. Clarendon Press, Oxford.

15. NJOKU, E. (1963): The propagation of yams (Dioscorea spp.) by vine cuttings. J. W. Afr. Sci. Ass. 8, 29–32.

16. NWANKITI, A. O., and ARENE, O. B. (1978): Diseases of yam in Nigeria. PANS 24, 486–494.

17. OBIGBESAN, G. O., and AGBOOLA, A. A. (1978): Uptake and distribution of nutrients by yams (Dioscorea spp.) in Western Nigeria. Exp. Agric. 14, 349–355.

18. OBIGBESAN, G. O., AGBOOLA, A. A., and FAYEMI, A. A. A. (1977): Effect of potassium on tuber yield and nutrient uptake of yams. In: Proc. 4th Symp. Int. Soc. Trop. Root Crops, CIAT, Colombia, Aug. 1976, IDRC-080e, 104–107. IDRC, Ottawa, Canada.

19. ONWUEME, I. C. (1978): The Tropical Tuber Crops. John Wiley, Chichester.

20. ONWUEME, I. C. (1981): Strategies for progress in yam research in Africa. In: Tropical Root Crops. Research Strategies for the 1980s. Proc. 1st Triennial Root Crops Symp. Int. Soc. Trop. Root Crops, Africa Branch. IDRC, 163e, 173–176. IDRC, Ottawa, Canada.

21. ONWUEME, I. C. (1982): A strategy package for reducing the high labour requirement in yam production. In: (14), 355–344.

22. PURSEGLOVE, J. W. (1972): Tropical Crops. Monocotyledons I. Longman, London.

23. SADIK, S. (1977): A review of sexual propagation for yam improvement. In: Proc. 4th Symp. Int. Soc. Trop. Root Crops, CIAT, Colombia, Aug. 1976. IDRC-080e, 40–44. IDRC, Ottawa, Canada.

24. WILSON, J. E. (1982): Recent developments in the propagation of yam (Dioscorea spp.). In: (14), 55–59.

25. WILSON, J. E., and AKAPA, K. (1981) Improving in in-situ stem support systems for yams. In: Tropical Root Crops. Research Strategies for the 1980s. Proc. 1st Triennial Root Crops Symp. Int. Soc. Trop. Root Crops, Africa Branch, IDRC, 163e, 195–197. IDRC, Ottawa, Canada.

26. ZAAG, P. VAN DER, FOX, R. L., KWAKYE, P. K., and OBIGBESAN, G. O. (1980): The phosphorus requirements of yams (Dioscorea spp.). Trop. Agric. (Trinidad) 57, 97–106.

1.2.4 Kartoffel

KNUD CAESAR

Botanisch:	Solanum tuberosum L.
Englisch:	potato, Irish potato, white potato
Französisch:	pomme de terre
Spanisch:	papa, patata

Wirtschaftliche Bedeutung

Obwohl die Kartoffel (2, 4, 9, 23) weltweit eine der wichtigsten Kulturpflanzen ist, tritt ihre Bedeutung in den niederen Breiten hinter der anderer Kulturpflanzen zurück. Wie aber aus Tab. 21 zu ersehen ist, gehen Anbau- und Ertragsentwicklung in den Kontinenten Asien und Afrika deutlich aufwärts. Auffälligerweise schwanken die Anbauzahlen gerade in Südamerika, wo die Kartoffelkultur am ältesten ist und wo die wissenschaftliche Bearbeitung in den letzten Jahrzehnten bedeutende Fortschritte gemacht hat.

Tab. 21. Entwicklung des Kartoffelanbaus in ausgewählten Gebieten, 1960–1983. Nach (7).

Gebiet	Anbaufläche (1000 ha)			Ertrag (t/ha)			Erzeugung (Mio. t)		
	1960–62	1969–71	1983	1960–62	1969–71	1983	1960–62	1969–71	1983
Europa	8 820	7 172	5 282	15,5	17,7	18,0	130,0	126,7	95,2
UdSSR	8 878	8 019	6 886	9,5	11,7	12,1	84,3	93,7	83,0
Nord- und Zentralamerika	800	762	714	19,8	23,0	26,0	15,8	17,5	18,6
Mexiko	46	46	70	6,6	10,6	13,0	0,3	0,5	0,9
Südamerika	930	1 038	863	6,2	8,4	10,2	5,7	8,7	8,8
Argentinien	143	190	108	8,3	11,6	18,6	1,2	2,2	2,0
Brasilien	191	214	168	5,6	7,3	10,8	1,1	1,6	1,8
Peru	235	293	158	5,3	6,4	7,6	1,2	1,9	1,2
Asien	1 030	2 672	5 754	9,6	9,5	12,9	9,9	25,3	74,5
Indien	370	501	750	6,9	9,0	13,5	2,6	4,5	10,1
Japan	217	164	132	17,7	21,3	28,0	3,8	3,5	3,7
Türkei	147	160	179	9,6	12,4	17,2	1,4	2,0	3,1
Afrika	210	370	622	7,4	7,9	8,7	1,6	2,9	5,4
Ägypten	23	30	72	14,8	16,6	16,0	0,3	0,5	1,2
Algerien	28	43	80	7,8	5,9	7,6	0,2	0,3	0,6
Ozeanien	50	52	47	15,4	20,4	22,4	0,8	1,1	1,0
Welt	24 700	20 086	20 167	11,3	13,7	14,2	279,1	276,0	286,5

Weltweit wird nur ein kleiner Teil der Kartoffel-
produktion exportiert (4,7 Mio. t). Für manche
Anrainerstaaten des Mittelmeeres hat aber der
Export von Frühkartoffeln nach Mitteleuropa
erhebliche wirtschaftliche Bedeutung; er beläuft
sich insgesamt auf über ¾ Mio. t (8).

Botanik

Knollenbildende Arten der Gattung *Solanum*,
Familie Solanaceae, kommen nur auf dem amerikanischen Kontinent von Südamerika bis Mexiko vor. Etwa 150 knollentragende Wildarten
sind von dort beschrieben worden. Die kultivierten Formen werden heute meist in einer Art, *S.
tuberosum*, zusammengefaßt mit den vier
Gruppen:
- Stenotomum (2n = 24) aus den Hochländern
  Perus und Boliviens,
- Phureja (2n = 24) aus dem Tiefland des nördlichen Südamerika,
- Andigena (2n = 48) aus den Anden von Venezuela bis Nordwest-Argentinien
- Tuberosum (2n = 48, selten = 36) aus Südamerika. Alle modernen Sorten gehören zu
  dieser Gruppe (3, 10, 24).

Die Kartoffelpflanze bildet eine Staude, deren
Sprosse in einen oberirdischen, bis zu 200 cm
langen laubblatttragenden und einen unterirdischen niederblatttragenden Abschnitt gegliedert
sind. Der Blütenstand ist ein Doppelwickel oder
aus mehreren Wickeln zusammengesetzt. Im unterirdischen Teil entstehen aus den Achseln der
Keim- und Primärblätter (bei Samenvermehrung) bzw. aus den Achseln der schuppenartigen
Niederblätter (bei Knollenvermehrung) die Ausläufer (Stolonen), deren Enden zu Knollen anschwellen. Die Augen der Knollen bestehen aus
Niederblättern und deren Achselknospen; sie
charakterisieren die Kartoffel als reine Sproß-
knolle. Beim Anschwellen der Knollen platzt die
Epidermis und wird durch ein mehrschichtiges
korkartiges Periderm ersetzt, das die Schale der
reifen Kartoffel bildet.

Ökophysiologie

Die Kartoffel wird vom Äquator bis etwa 72° N
angebaut. Diese weite Verbreitung verdankt sie
ihrer großen Sortenvielfalt (u. a. Vegetationszeit
von weniger als 3 Monaten, so daß auch kurze
Vegetationsperioden ausgenutzt werden können) sowie ihrer Fähigkeit, unter kurzen und
langen Tageslängen Knollen anzusetzen und

auszubilden. Der begrenzende Faktor ist die
Temperatur, wobei bereits wenige Stunden Fro-
steinwirkung sowohl die oberirdischen Teile als
auch die Knollen schädigen können und bei
höheren Temperaturen die Knollenbildung eingeschränkt wird. Während in der älteren Literatur noch präzise Angaben über Temperaturgren-
zen für den Kartoffelanbau zu finden sind, ist
heute die Komplexität dieses Einflußfaktors besser bekannt. Bei geringen Tagesschwankungen
um eine Temperatur von 30 °C ist eine Knollenbildung kaum noch möglich; sinken die Nachttemperaturen aber unter 25 °C ab, ist auch bei
Tagestemperaturen über 35 °C die Knollenbildung noch ausreichend, um wirtschaftliche Erträge zu erzielen. Ausgehend von Wildformen,
die größere Toleranzen hinsichtlich niedriger
und höherer Temperaturen besitzen, hat die
Züchtung in den letzten Jahren Erfolge durch
Verschiebung der jeweiligen Toleranzgrenzen
erreicht, so daß eine Ausweitung der Anbau-
grenzen zu erwarten ist.

Bezüglich ihrer Reaktion auf unterschiedliche
Tageslängenverhältnisse ist die Kartoffel in letzter Zeit recht eingehend untersucht worden.
Schon frühzeitig wurde festgestellt, daß sie hinsichtlich der Blüten- und Fruchtbildung eine
Langtagpflanze, nach der Knollenbildung eine
Kurztagpflanze ist. Allerdings ist bei der Kartoffel die Festlegung einer „kritischen Tageslänge"
nicht möglich, da es sich in beiden Fällen um
quantitative Reaktionen handelt, d. h. das Einsetzen der Blüh- und der Knollenbildungsphase
wird durch jeweils ungünstiger werdende Tageslängenverhältnisse zeitlich immer mehr verzögert, bei der Knollenbildung aber niemals verhindert.

Zudem hat die Temperatur für den photoperiodischen Einfluß einen Kompensationseffekt, so
daß besser von einer photoperiodisch-thermischen Reaktion zu sprechen ist. Die Zusammenhänge sind folgende: Im Langtag des gemäßigten
Klimas findet bei allen blühwilligen Kultursorten eine Blüten- und Fruchtbildung statt. Der
Wuchs der oberirdischen Masse erstreckt sich
bis zu 100 cm und mehr, die Vegetationszeit der
einzelnen Reifegruppen ist klar differenziert und
beträgt bis zu 6 Monaten. Zur Knollenanlage
kommt es etwa 3 bis 5 Wochen nach Aufgang.
Unter gleichen Temperaturbedingungen, aber
im Kurztag, etwa in den tropischen Gebirgslagen, finden sich nur vereinzelt Blüten und Früch-

te, der oberirdische Wuchs ist etwa halb so hoch und die Vegetationszeit auf ⅔ bis ½ verkürzt. Dadurch werden die Unterschiede in den Reifegruppen wesentlich geringer und sehr viele Sorten kommen kaum zur Knollenausbildung. Die Knollenanlage beginnt bereits 8 bis 10 Tage nach Aufgang. Wird ein Anbau im Kurztag aber unter höheren Temperaturen, Minimum 20 bis 25 °C und Maximum 30 bis 40 °C, vorgenommen, zeigen sich zusehends mehr Blüten und Früchte, und das Längenwachstum der Sproßachsen nimmt zu, während die Blätter meistens kleiner bleiben. Während die Knollenanlage ebenfalls zeitig beginnt, wird die Ausbildung der Knollen gehemmt. Bisher ist noch nicht einwandfrei geklärt, ob die Knollenausbildung, wie früher angenommen, durch verstärkte Atmung während hoher Nachttemperaturen beeinträchtigt wird oder ob es sich um einen photoperiodisch-thermischen Reiz handelt.

Die im gemäßigten Klima und damit unter Langtagverhältnissen gezüchteten Sorten sind sehr oft unterschiedlich stark mit Wildformen eingekreuzt. Da diese den beschriebenen Kurztagcharakter meist deutlich zeigen, reagieren die Sorten beim Anbau unter Kurztagbedingungen außerordentlich unterschiedlich, je nach Stärke des Wildformcharakters. Daher stimmen die Beobachtungen der verschiedenen Autoren oft nicht überein. Beim Anbau in der Polarzone ist die Temperatur der begrenzende Faktor, so daß die Vegetationszeit sehr kurz wird. Obwohl Langtag die Knollenbildung verzögert, wird die Assimilation durch die dort herrschende Dauerbelichtung derart aktiviert, daß die Knollenausbildung in sehr kurzer Zeit verläuft.

Die Ansprüche der Kartoffel an den Boden sind gering. Selbst unter extremen Bodenverhältnissen wie Moorboden, leichte Sandböden, ja bis zu schweren Kalkböden ist eine Kartoffelkultur möglich. Allerdings läßt die Ertragsfähigkeit dort stark nach, wo die Durchlüftung des Bodens eingeschränkt ist. Dies ist in schweren Böden der Fall, kann aber auch auf leichten Böden und Moor durch schlechte Dränung auftreten. Bezüglich der Bodenreaktion zeigt die Kartoffel kaum Empfindlichkeit und gedeiht unter entsprechenden bodenphysikalischen Bedingungen in einem Bereich zwischen pH 4 und 8.

Ebensowenig werden Wachstum und Knollenbildung der Kartoffel durch wechselnde Wasserversorgung entscheidend beeinflußt. Zu Beginn der Entwicklung wird die junge Pflanze aus der Mutterknolle versorgt, und später ist sie durch die Dynamik ihres Wurzelwachstums in der Lage, sich auch relativ trockenen Verhältnissen anzupassen. Entscheidend ist stets, daß keine stauende Nässe im Boden entsteht, was zum Faulen der Knolle führt, und daß oberflächliche Verkrustung vermieden wird. Andererseits kann die Kartoffel in gut dränierten Böden sehr große Niederschlagsmengen vertragen, wie der Anbau im tropischen Regenklima zeigt. Es kommt entscheidend darauf an, die notwendige Durchlüftung des Bodens zu bewahren. So muß auch im Kartoffelbau unter Bewässerung darauf geachtet werden, daß die Furche nur etwa bis zur halben Höhe des Dammes mit Wasser gefüllt wird und die Kuppe offen bleibt. Da sich bei überstauender Bewässerung eine Verkrustung nie vermeiden läßt, ist eine Lockerung zwischen den Reihen zweckmäßig, aber in der Praxis zuweilen schwierig durchführbar.

Zusammenfassend ergibt sich, daß die Kartoffel in den verschiedenen Klimazonen der niederen Breiten unterschiedlich günstige Anbaubedingungen vorfindet. Im äquatorialen feuchten Klima mit geringen Temperaturschwankungen müssen gerade die Temperaturbedingungen genau definiert sein, um einen wirtschaftlichen Anbau zuzulassen. Hier sind es aber die Höhenlagen, die meist recht günstige Anbaubedingungen bieten. Während im tropischen Klima mit Sommerregen ökologische Einschränkungen höchstens zeitweise hinsichtlich der Wasserversorgung bestehen, zwingen im ariden subtropischen Klima die Temperaturextreme, also Nachtfröste während der kalten Jahreszeit und hohe Temperaturen im Sommer, zur Beschränkung auf Herbst- und Frühjahrsanbau. Im winterfeuchten Klima kann die von der Temperatur her günstigere wärmere Jahreszeit zum Anbau wiederum nur mit zusätzlicher Wasserversorgung ausgenutzt werden (5, 14, 15, 16, 18, 20).

Züchtung

Die Kartoffelzüchtung in niederen Breiten ist jüngsten Datums. Das Spektrum der in den Hauptanbaugebieten Mitteleuropas und Nordamerikas gezüchteten Sorten war so groß, daß sich daraus stets für andere Anbaugebiete geeignete Sorten finden ließen (17). Allerdings hat auch diese Züchtung seit mehr als 50 Jahren versucht, durch Einkreuzung mit Wildarten Krankheitsresistenz und damit größere Ertragssicherheit genetisch zu stabilisieren. Von den Wildarten ist dazu in erster Linie das aus Mexiko stammende *S. demissum* Lindl. wegen seiner Resistenz gegenüber *Phytophthora infestans* verwendet worden. Doch haben auch die aus Südamerika stammenden *S. vernei* Bitt. et Wittm. als Resistenzträger gegen *Globodera* spp. und *S. acaule* Bitt. mit ausgeprägter Resistenz gegen X-Virus große Bedeutung.

Breiten Raum nimmt die Kartoffelzüchtung zur Anpassung an die Anbaubedingungen der niederen Breiten in den Aktivitäten des International Potato Centre (CIP) in Lima/Peru ein (19). Hier werden u. a. noch folgende Arten (10, 24) als Kreuzungspartner verwendet:

- *S. stoloniferum* Schlechtend. et Bouché: Resistenz gegen Y-Virus,
- *S. spegazzinii* Bitt.: Resistenz gegen *Globodera* spp.,
- *S. verrucosum* Schlechtend.: Resistenz gegen *Phytophthora infestans*,
- *S. sparsipilum* (Bitt.) Juz. et Buk.: Resistenz gegen *Pseudomonas solanacearum*, *Meloidogyne* spp. und *Phthorimaea operculella*,
- *S. microdontum* Bitt.: Resistenz gegen *P. solanacearum*.

In *S. acaule* wird auch Frostresistenz sowie Resistenz gegen X-Virus, Blattrollvirus und sehr wahrscheinlich auch gegen „potato spindle tuber viroid" (PSTV) gefunden. Ferner erscheint es inzwischen auch möglich, Resistenzgene aus nichtknollentragenden *Solanum*-Arten in Kultursorten zu übertragen.

Aus diesen Arbeiten sind zwar schon hoch ertragreiche Linien mit entsprechenden Resistenzeigenschaften entstanden, die an vielen Stellen in den niederen Breiten geprüft werden, ihre Sortenzulassung steht aber noch aus.

Als Zuchtziel allerneuesten Datums ist die Herstellung von Sorten zu nennen, die sich zur Samenvermehrung („true seed") eignen (s. u.). Es gilt dabei, die bei Samenvermehrung eines Fremdbefruchters unvermeidliche Heterogenität zu reduzieren, um sowohl einen einigermaßen gleichmäßigen Pflanzenbestand als auch eine in Aussehen und Qualität einheitliche Konsumware zu erreichen. Diese Uniformität muß auch bei weiterer Samenvermehrung erhalten bleiben (13).

Anbau

Saat- und Pflanzgut. Eine Kartoffelpflanze kann grundsätzlich aus Samen, Knollen oder Sproßstecklingen gezogen werden (13). Das bislang übliche und weiterhin beherrschende Verfahren ist die Verwendung von Kartoffelknollen. Ihr Vorteil liegt in der genetischen Homogenität und — bei richtiger Vorbehandlung — im Aufwuchs eines morphologisch und in der Entwicklung gleichmäßigen Bestandes. Da die Kartoffel bei ständiger vegetativer Vermehrung einer durch die Umwelteinflüsse unterschiedlich starken, aber dennoch beständigen Degeneration unterliegt, ist der Herkunftswert des Pflanzgutes von großer Bedeutung. Da mit großer Wahrscheinlichkeit gerade der Anbau unter höheren Temperaturen diese physiologische Degeneration beschleunigt, sollte Pflanzguterzeugung in den durch kühlere Temperaturen ausgezeichneten Höhenlagen erfolgen. CARLS (6) konnte bei vergleichenden Untersuchungen in Sri Lanka allerdings auch zeigen, daß sich im Tiefland angezogene Knollen als Pflanzgut durchaus eignen, wenn sie nach der Ernte günstig, d. h. möglichst kühl gelagert werden.

Die Anzucht von Pflanzgut wird im Hochland zwingend, wenn in niedrigeren Lagen die Schleimkrankheit *Pseudomonas solanacearum* auftritt, da wegen der Nichtbekämpfbarkeit und der Gefahr von Verschleppung Pflanzgut absolut frei davon zu sein hat.

Eine andere, heute noch sehr häufig genutzte Möglichkeit ist der Import anerkannten Pflanzgutes aus dem gemäßigten Klima. Dabei liegt die große Schwierigkeit darin, das Pflanzgut im optimalen physiologischen Zustand zur rechten Zeit am Anbaustandort zu haben. Wird im Kühlschiff transportiert, verteuert dies das Pflanzgut unverhältnismäßig. Geschieht der Transport im normalen Frachtschiff, hängt es vom Zustand der Knollen bei der Verladung und der Länge des Transportweges ab, ob die Knollen in Keimstimmung bzw. mit kurzen Keimen oder bereits mit langen Lichtkeimen und dadurch in einem physiologisch alten Zustand zur Pflanzung kommen. Hier können nur Erfahrung und Vertrauen zwischen Lieferant und Abnehmer die richtige zeitliche Abstimmung gewährleisten.

Inzwischen haben wissenschaftliche Untersuchungen und Erfahrungen bewiesen, daß eine Kombination von Import, und zwar geringe

Mengen hochwertiger Vermehrungsstufen, und örtliche Vermehrung von 3 bis 4 Nachbaugenerationen den wirtschaftlich besten Erfolg gewährleisten. So lassen sich die von CARLS (6) in Sri Lanka erzielten Ergebnisse ohne Vorbehalt verallgemeinern, daß 2- bis 3malige Vermehrung in Höhenlagen zu keinen nennenswerten Ertragseinbußen führt. Je nach Stärke eines möglichen Virusbefalls sollte eine genaue Feldinspektion, eventuell verbunden mit Virustesten, erfolgen, was eine weitere Verlängerung der Nachbauperioden möglich machen kann.

Wenn Eigenvermehrung Erfolg haben soll, muß sie mit sorgfältiger Lagerung verbunden sein. Dabei geht es weniger um die durch höhere Temperaturen verursachten Substanzverluste, als mehr um die ebenfalls temperaturabhängige physiologische Entwicklung der Pflanzknollen. In jedem Fall sollte unter Bedingungen kurzer Vegetationszeit, und das ist bei kurzen Tageslängen immer der Fall, nur vorgekeimtes Pflanzgut verwendet werden. Da die Sorten bezüglich Keimruhe, Inkubationszeit und Keimentwicklung sehr große Unterschiede aufweisen, sollten für den jeweiligen Lagerungs- und Anbaustandort mit den ausgewählten Sorten entsprechende Untersuchungen angestellt werden. Das CIP hat Lagerungstechniken entwickelt, die unter fast allen Klimabedingungen auch zur Erzeugung vollwertigen Pflanzgutes geeignet sind.

Während es keine Möglichkeit gibt, Pflanzknollen unbegrenzt lange im Lager in solcher Qualität zu halten, daß später keine Ertragseinbußen entstehen, gibt es inzwischen geeignete chemische Mittel, die Keimruhe unmittelbar nach der Reife oder Ernte zu brechen und ein Auspflanzen in Keimstimmung innerhalb von 2 bis 3 Wochen zu ermöglichen. Wenn dies nicht ohnehin durch höhere Temperaturen erreicht ist, können zur schnellen Keimung das Gemisch Rindite (7 Teile Ethylenchlorhydrin, 3 Teile Ethylendichlorid, 1 Teil Tetrachlorkohlenstoff) oder, etwas langsamer wirkend, Schwefelkohlenstoff verwendet werden (1).

Welche Pflanzgutgröße verwendet werden soll, ist eine ökonomische Frage. Da wegen der unter kurzen Tageslängen geringer ausgebildeten oberirdischen Masse ein engerer Standraum und damit eine größere Menge Pflanzgut als im gemäßigten Klima notwendig sind, muß hier bereits sorgfältig gerechnet werden. Zu empfehlen

ist eine Sortierung von 3 bis 5 cm, was einem Knollengewicht von 40 bis 50 g entspricht.

Wenig zweckmäßig ist es, die Pflanzknollen zu teilen. Sollte es bei zu großen Knollen nötig sein, ist auf gute Wundheilung, die 1 bis 3 Tage dauern kann, zu achten und zur Vermeidung einer Verschleppung von Krankheiten das Schnittmesser zu desinfizieren. Das Teilen ist unter allen Umständen dort zu unterlassen, wo nach dem Pflanzen mit hoher Wasserversorgung, entweder durch Niederschlag oder durch Bewässerung zu rechnen ist, da hierbei regelmäßig hohe Verluste durch Fäulnis entstehen.

Das unter „Züchtung" genannte Verfahren, Konsumkartoffeln aus Samen zu ziehen, das insbesondere vom CIP untersucht wird, hätte folgende Vorteile:
- Der Pflanzguttransport, gerade in Ländern mit geringer Infrastruktur, entfällt;
- die Kosten des Saatgutes sind wesentlich geringer als die von Pflanzgut;
- die Versorgung von kleinbäuerlichen Betrieben oder im Subsistenzbereich mit Saatgut ist problemlos;
- die Erfahrung der Jungpflanzenanzucht aus dem Gemüsebau wird ausgenutzt.

Nachteilig können die lange Vegetationszeit wegen der Jungpflanzenanzucht und die Empfindlichkeit der Jungpflanzen sein.

Die Möglichkeit der Bewurzelung von Sproßstecklingen (Apikalstecklinge) dient der schnellen Vermehrung, was bei wertvollem Zuchtmaterial oder bei der Einführung neuer Sorten in neuen Anbaugebieten wichtig sein kann. Hierfür müssen dann spezielle Einrichtungen und besonders geschultes Personal vorhanden sein. In Vietnam hat das Verfahren Eingang in den kommerziellen Anbau gefunden (13).

Eine weitere Vermehrungsmöglichkeit, insbesondere um wertvolles Material virusfrei zu machen, aber auch zur Erhaltung oder zum Auffinden besonderer genetischer Eigenschaften, bietet die Meristemkultur.

Landvorbereitung. Die Vorbereitung des Pflanzbettes hat zum Ziel, den Boden locker und krümelig, aber auch klutenfrei zu machen, damit nach dem Pflanzvorgang bereits eine gute Bodenbedeckung der Knollen und später ein gleichmäßiges Anhäufeln der wachsenden Pflanzen erreicht wird. Welche Geräte dafür zu verwenden sind, hängt von den Bodenverhältnissen ab. Organische Düngung in Form von Stallmist oder

Gründüngung sollte so rechtzeitig vor dem Legen der Pflanzknollen eingebracht sein, daß bis dahin der Bodenschluß wieder hergestellt ist.

Pflanzen. Die Tatsache, daß sich im Kurztag der Wuchstyp der Kartoffel verändert, führt auch zu Konsequenzen im Anbau. Da die Ausbildung der oberirdischen Masse in einem bestimmten Verhältnis zur Wurzelausbildung steht, wirkt sich ein geringerer Wuchs unter Kurztagbedingungen auch auf die Ausnutzung des Standraumes aus. Eine Reihe von Versuchsergebnissen (5) zeigt, daß eine Reihenweite von 45 cm und ein Pflanzenabstand in der Reihe von 35 cm die höchsten Reinerträge, also nach Abzug des Pflanzgutes, erzielt. Das ergibt ca. 63 500 Pflanzstellen/ha und bei einem Knollengewicht von 40 g werden rund 2,5 t/ha, bei 50 g Knollengewicht rund 3,2 t/ha Pflanzknollen benötigt. Damit hat eine Pflanze einen Standraum von ca. 1600 cm^2, während im gemäßigten Klima fast doppelt so viel optimal ist.

Die Reihenweite von 45 cm kann bei Mechanisierung und bei Bewässerung Schwierigkeiten bereiten, da die Dämme nicht sehr hoch gehäufelt werden können. Es empfiehlt sich dann, auf eine Reihenweite von 60 cm zu gehen und den Pflanzenabstand in der Reihe entsprechend zu verringern.

In der Fruchtfolge bereiten Kartoffeln keinerlei Schwierigkeiten, da sie weitgehend mit sich selbst verträglich sind und eine gute Vorfrucht darstellen. Wo die Gefahr des Auftretens von *Pseudomonas solanacearum* besteht – und das ist in fast allen Böden der niederen Breiten der Fall! –, ist allerdings unbedingt eine Anbauphase von 2 bis 3 Vegetationszeiten einzuhalten, da sich das Bakterium sonst stark ausbreitet und der Befall laufend zunimmt.

Düngung und Pflege. Organische Düngung in Form von Stallmist und/oder Gründüngung wird von Kartoffeln sehr gut ausgenutzt. Unter einem pH-Wert von 4,3 und bei den dann in der Regel vorhandenen hohen Gehalten an mobilem Al und Fe ermöglicht erst die Zufuhr organischer Masse das Wachstum der Kartoffel und die Ausnutzung mineralischer Nährstoffe, wobei insbesondere die in den meisten Böden der niederen Breiten fehlende Phosphorsäure zu berücksichtigen ist, und zwar wegen der kurzen Vegetationszeit in schnellöslicher Form. Wieweit Kalium-Düngung erfolgreich ist, muß in Versuchen geprüft werden.

Auch bei geringer Reihenweite empfiehlt es sich, die Düngung einschließlich des Stickstoffes vor dem Pflanzen in die Reihe zu geben. Erst bei Vegetationszeiten über 3 Monaten kann eine Teilung der Stickstoffgabe erfolgreich sein, wobei die zweite Gabe zum abschließenden Häufeln in den Boden oder als Blattdüngung erfolgen kann. Bei einer Gesamtmenge von etwa 100 kg Rein-N/ha wird ein Verhältnis von N:P:K wie 1:1,5 bis 2:0,5 bis 1 empfohlen, wobei auch eine Zugabe von Mg wichtig sein kann.

An Pflegemaßnahmen sind in erster Linie Unkrautbekämpfung und in zweiter Linie das Offenhalten des Bodens, insbesondere unter Bewässerung, wichtig. Zwar gibt es auch spezifisch für Kartoffelkultur geeignete Herbizide, doch ist die Beschaffung meist teuer und unsicher.

Ein „Unkraut" in Kartoffeln und anderen Kulturarten kann der Austrieb im Boden verbliebener Knollen sein, da diese nicht durch Frosttemperaturen vernichtet werden. Um hierdurch keine Sortenvermischung zu bekommen und auch die Krankheitsübertragung zu vermindern, ist eine Fruchtfolge und die Vernichtung dieser „ground keeper" anzuraten.

Ernte und Erträge. Wie in den klassischen Kartoffelanbaugebieten des gemäßigten Klimas muß die Ernte auch in anderen Klimagebieten nach der Schalenreife der Knollen erfolgen. Diese kann unter dem Einfluß hoher Temperatur bereits vor dem Absterben des Krautes vorhanden sein. Dann ist baldiges Ernten geboten, um das Auftreten von Hitzenekrosen zu vermeiden. Zu frühzeitige Rodung führt allerdings zu großen Substanzverlusten im Lager.

Feldgröße, Topographie, Bewässerungsgräben sowie sehr hohe Anschaffungskosten schränken die Möglichkeiten des Maschineneinsatzes ein. Grundsätzlich unterscheiden sich die Ernteverfahren in den einzelnen Klimagebieten nicht.

Die Ertragsverhältnisse hängen allerdings stark von den Assimilationsmöglichkeiten ab. Wenn unter kurzen Tageslängen der Wuchstyp kleiner und damit die Assimilationsfläche geringer ist, zudem die Vegetationszeit verkürzt und der tägliche Lichtgenuß ja ebenfalls geringer ist, können unter solchen Verhältnissen niemals gleich hohe Erträge wie im gemäßigten Klimabereich erwartet werden. Diese Aussage kennzeichnet das jeweilige Ertragspotential. Dennoch brauchen die Erträge in den niederen Breiten bei guten Witterungsbedingungen, optimalen Kulturmaßnahmen und der Verwendung angepaßter Sorten denen in mittleren Breiten kaum nachzustehen. Was in zahlreichen Versuchsberichten nachgewiesen wurde, kommt allerdings in den Zahlen der Tab. 21 nicht zum Ausdruck. Es ist jedoch zu berücksichtigen, daß die Ertragsschwankungen je nach Anbauzeit und Qualität des Pflanzgutes (physiologisches Alter!) erheblich sind.

Auf Grund der kurzen Vegetationszeit bleiben die vergleichbaren Stärkegehalte in niederen Breiten um etwa 2 bis 3 Prozentpunkte niedriger als beim Anbau im gemäßigten Klima, im tropischen Tiefland fallen sie noch niedriger aus. Bei Sorten mit geringem Stärkegehalt beeinträchtigt dies die Speisequalität u. U. beträchtlich. Andererseits können Sorten, die im gemäßigten Klima als Stärkesorten angebaut werden, in niederen Breiten gut zu Speisezwecken Verwendung finden.

Krankheiten und Schädlinge

Grundsätzlich können Kartoffeln, wie alle anderen Kulturpflanzen, in verschiedenen Klimagebieten von denselben Krankheiten befallen werden. Der Unterschied liegt in der Klimaabhängigkeit der Erreger und auch darin, ob sich die Anfälligkeit der Pflanzen gegenüber bestimmten Krankheiten unter veränderten Klimabedingungen verändert (11, 21, 22).

Pilzliche Erreger. Die wichtigste Pilzkrankheit ist auch in niederen Breiten die Kraut- und Knollenfäule (late blight, *Phytophthora infestans*). Ihre wirksamste Bekämpfung besteht auch hier im Anbau resistenter Sorten. Allerdings zeigt die Erfahrung, daß die Resistenz unter den für den Erreger ständig günstigen Witterungsbedingungen und dem im Jahresablauf kaum unterbrochenen Anbau meistens nur wenige Anbauperioden anhält. In jedem Fall bedürfen auch diese Sorten der Spritzung, je nach Anbauzeit 2 bis 8 mal, um die Erträge zu sichern.

Die Dürrfleckenkrankheit (early blight, *Alternaria solani*) vertritt die Kraut- und Knollenfäule unter höheren Temperaturen, weil ihr Wachstumsoptimum bei 26 °C und das Maximum um 34 °C liegt. Da ihre Ansprüche an eine hohe relative Luftfeuchtigkeit nur selten befriedigt werden, bleiben ihr Auftreten und Schaden meistens begrenzt.

Bakterielle Erreger. An die erste Stelle dieser Gruppe, wahrscheinlich aller Krankheitserreger

der Kartoffel in niederen Breiten, ist die Schleimkrankheit oder bakterielle Welke (bacterial wilt, *Pseudomonas solanacearum*) zu setzen. Obwohl die bisher beschriebenen drei verschiedenen Rassen für die Kartoffel unterschiedlich stark infektiös sind, gibt es generell keine aktive Bekämpfungsmöglichkeit, insbesondere weil das Wirtspflanzenspektrum und damit die Verschleppungsmöglichkeiten groß sind. Allerdings ist der Erreger temperaturabhängig, so daß er in Höhenlagen über 1600 m seltener wird, außerdem wesentlich weniger infektiös ist und über 2000 m kaum noch vorkommt. In Böden, die sich während einer Trockenperiode zeitweise auf über 40 °C erwärmen, hat der Erreger keine Lebensmöglichkeiten. Er zeichnet sich darüber hinaus durch aerobe Lebensweise aus, so daß sein Vorkommen in zeitweise überstauten Böden, z. B. beim Naßreisanbau, stark eingeschränkt ist. Auch Fruchtfolgen mit starkem Gräseranteil scheinen den Befall zu reduzieren. Schon bei geringem Auftreten des Erregers müssen unbedingt Anbaupausen eingeschaltet werden. Insbesondere ist die Verschleppung mit dem Pflanzgut, mit Geräten und Bewässerungswasser zu vermeiden. Die Bemühungen des CIP, resistente Sorten durch Einkreuzungen von Wildmaterial zu züchten, sind zumindest für die mittelhohen, nicht zu warmen Lagen bereits jetzt erfolgreich (13).

Die Bakterienringfäule (bacterial ring spot, *Corynebacterium sepedonicum*) ist weit weniger verbreitet. Das Befallsbild läßt sich von der Schleimkrankheit oft nur schwer unterscheiden. Stärkere Aufmerksamkeit wird in jüngster Zeit den *Erwinia*-Krankheiten geschenkt (12), wobei *E. chrysanthemi* als stärker pathogen gilt als die auch im gemäßigten Klima bekannte Schwarzbeinigkeit (black leg, *E. carotovora* pv. *atroseptica*) und die Knollennaßfäule (soft rot, *E. carotovora* pv. *carotovora*). Das Auftreten der beiden letzteren hat durch den Import von Pflanzgut, bei dem ein latenter Befall nur schwer festzustellen ist, stark zugenommen. Neben einer Befallsvermeidung verspricht nur die Resistenzzüchtung Erfolge.

Virosen. Durch eine verstärkte Ausbreitung des Kartoffelanbaus in niederen Breiten und das Vorhandensein des wichtigsten Vektors, der Grünen Pfirsichblattlaus (*Myzus persicae*) und einiger anderer Überträger gibt es praktisch kein Anbaugebiet mehr ohne Viruskrankheiten (21).

Die Maßnahmen zur Verhinderung der Übertragung von Viren sind dieselben wie im gemäßigten Klima. Nimmt die eigene Pflanzguterzeugung einen größeren Umfang an, dürfte die Einführung der einschlägigen Test- und Kontrollverfahren angezeigt sein.

Insekten. Am weitesten in warmen Klimaten verbreitet ist die Kartoffelmotte *(Phthorimaea operculella)*, die als Feld- und Lagerschädling auftritt. Während Spritzungen im Feld den Schädling direkt bekämpfen, sollte der Befall der Knollen im Lager vorbeugend durch Einstäuben verhindert werden. Die Larven in den Knollen abzutöten, ist äußerst schwierig.

In den warmen Klimagebieten vertritt die zu den Marienkäfern gehörende *Epilachna vigintioctomaculata* den Kartoffelkäfer. Die Bekämpfung ist für beide Käferarten gleich.

Nematoden. Die Wurzelgallenälchen *(Meloidogyne* spp.) sind als wärmeliebend bekannt und können für Kartoffeln sehr schädlich werden. Auch hier verspricht die Resistenzzüchtung Erfolge, wie sie gegen den Kartoffelnematoden *(Globodera rostochiensis)* bereits zu verzeichnen sind. Letzterer ist meistens in die niederen Breiten verschleppt worden. Auch in kleinen Befalls-

gebieten haben sich Versuche zur Flächensanierung nur bedingt bewährt.

Verwertung

In den meisten Gebieten der niederen Breiten, wo die Kartoffel fast immer durch die Europäer eingeführt wurde, ist sie ein *Gemüse.* Entsprechend teuer ist sie für den Konsumenten. Der höhere Preis rechtfertigt sich durch den größeren Aufwand des Produzenten: mehr und teureres Pflanzgut, hohes Krankheitsrisiko, meistens hoher Handarbeitsaufwand und geringere Ertragsfähigkeit als im gemäßigten Klima. Da die Kartoffel nie ohne Zusätze gegessen wird, sind die Anforderungen an die Speisequalität weniger ausgeprägt, so daß der Absatz aus Samen gezogener Speiseware hier eher möglich erscheint als dort, wo sie ein Grundnahrungsmittel ist.

Ganz anders liegen die Verhältnisse in den Anden, der Heimat der Kartoffel, wo sie seit Jahrhunderten das Grundnahrungsmittel der einheimischen Bevölkerung darstellt. Hier gibt es auch die ältesten bekannten Verfahren der Aufbewahrung, als „chuño", das durch abwechselnd natürliches Gefriertrocknen in Frostnächten und warmen Tagen mit Wässern zur Beseitigung der

Abb. 53. Beim International Potato Centre entwickeltes Lagerhaus für Speisekartoffeln.

Bitternis und anschließendem Trocknen hergestellt wird. Chuño ist bis zu vier Jahren haltbar. Unsere Kultursorten eignen sich dazu allerdings weniger als die alten Sorten, die z. T. zu anderen Arten als *S. tuberosum* gehören.

Die Verarbeitung zu Kartoffel-Chips u. ä. spielt bisher keine Rolle, dürfte sich aber in größeren zusammenhängenden Anbaugebieten wie im Punjab/Indien in absehbarer Zeit entwickeln.

Nicht ganz so ausgeprägt saisonal wie im gemäßigten Klima ist der Ernteanfall, doch gibt es nicht nur bei Pflanzgut Lagerungsprobleme. Sofern die Erzeugung in Höhenlagen erfolgt, lassen sich die Knollen ohne zu große Substanzverluste in einfachen Gebäuden bis zu 3 Monaten lagern. In mittleren und tiefen Lagen führen die höheren Temperaturen zu verstärkter Atmung und Transpiration sowie schneller Beendigung der Keimruhe. Spezielle Kühllagerhäuser, wie sie in einigen Gegenden Indiens eigens zur Kartoffellagerung gebaut werden, dürften bei weiter steigenden Energiepreiscn nicht mehr wirtschaftlich sein. CIP hat daher, auch für Kleinbauern, geeignete einfache Lagerhäuser entwickelt, bei denen am wichtigsten gute Belüftung ist (Abb. 53). Diese haben in vielen Anbaugebieten der niederen Breiten durch Streckung des Marktangebotes zu einer wesentlichen Preisstabilisierung beigetragen.

Zu Futterzwecken wird höchstens verdorbene oder überstark gekeimte Ware verwendet, da auch die kleinen Knollen auf dem Markt verkäuflich sind.

Literatur

1. AZARIAH, M. D., and RAI, R. P. (1960): Breaking the dormancy of seed potatoes in the Nilgiris. Indian Potato J. 2, 100–101.
2. BROUWER, W., und CAESAR, K. (1976): Die Kartoffel. In: BROUWER, W. (Hrsg.): Handbuch des speziellen Pflanzenbaus, Bd. 2. Parey, Berlin.
3. BRÜCHER, H. (1975): Domestikation und Migration von *Solanum tuberosum*. Kulturpflanze 23, 11–74.
4. BURTON, W. G. (1966): The Potato. Veenman en Zonen, Wageningen.
5. CAESAR, K. (1967): Ökologische Probleme beim Anbau der Kartoffel in niederen Breiten unter besonderer Berücksichtigung der Verhältnisse in Ceylon. Th. Mann, Hildesheim.
6. CARLS, J. (1976): Untersuchungen über den Einfluß differenzierter ökologischer Bedingungen auf den Nachbauwert von Kartoffelpflanzgut beim Anbau in niederen Breiten. Dissertation, Berlin.
7. FAO (1984): FAO Production Yearbook, Vol. 37. FAO, Rom.
8. FAO (1984): FAO Trade Yearbook, Vol. 37. FAO, Rom.
9. HARRIS, P. M. (ed.) (1978): The Potato Crop. The Scientific Basis for Improvement. Chapman Hall, London.
10. HAWKES, J. G., and HJERTING, J. P. (1969): The Potatoes of Argentina, Brazil, Paraguay, and Uruguay. Clarendon Press, Oxford.
11. INTERNATIONAL POTATO CENTER (1977): Major Potato Diseases and Nematodes. CIP, Lima, Peru.
12. INTERNATIONAL POTATO CENTER (1982): Annual Report 1981. CIP, Lima, Peru.
13. INTERNATIONAL POTATO CENTER (1984): Potatoes for the Developing World. CIP, Lima, Peru.
14. KRUG, H. (1963): Zum Einfluß von Temperatur und Tageslichtdauer auf die Entwicklung der Kartoffelpflanze (*Solanum tuberosum* L.) als Grundlage der Ertragsbildung. Gartenbauwiss. 28, 515–564.
15. KRUG, H. (1965): Zur Bedeutung der photoperiodisch-thermischen Reaktion der Kartoffelsorten für Züchtung und Anbau. Europ. Potato J. 8, 14–27.
16. KRUG, H., und FISCHNICH, O. (1962-1963): Die photoperiodische Reaktion von Kartoffelsorten verschiedener Reifezeit. Z. Acker- und Pflanzenbau 116, 154–166.
17. LEVY, D. (1984): Cultivated *Solanum tuberosum* L. as a source for the selection of cultivars adapted to hot climates. Trop. Agric. (Trinidad) 61, 167–170.
18. LI, P. H. (ed.) (1985): Potato Physiology. Academic Press, Orlando, USA.
19. MENDOZA, H. A., and SAWYER, R. L. (1985): The breeding program at the International Potato Center (CIP). In: RUSSELL, G. E. (ed.): Progress in Plant Breeding – 1, 117–137. Butterworth, London.
20. MENZEL, C. M. (1984): Potato as a potential crop for the lowland tropics. Trop. Agric. (Trinidad) 61, 162–166.
21. NIENHAUS, F. (1981): Virus and Similar Diseases in Tropical and Subtropical Areas. GTZ, Eschborn.
22. RICH, A. E. (1983): Potato Diseases. Academic Press, New York.
23. SCHICK, R., und KLINKOWSKI, M. (Hrsg.) (1961): Die Kartoffel. Ein Handbuch. Deutscher Landwirtschaftsverlag, Berlin.
24. ZEVEN, A. C., and DE WET, J. M. J. (1982): Dictionary of Cultivated Plants and Their Regions of Diversity. Pudoc, Wageningen.

1.2.5 Weitere Knollenpflanzen

WERNER PLARRE

Die Zahl der Arten, deren Wurzeln oder unterirdische Sproßorgane Kohlenhydrate speichern und die vom Menschen als Nahrungspflanzen genutzt werden, ist sehr groß. Schon auf der Stufe des Jägers und Sammlers gehörten diese pflanzlichen Reserveorgane zur Grundnahrung. In allen Weltteilen wurden sie bereits in prähistorischer Zeit in Kultur genommen. Heute geht das Anbauareal einiger dieser Arten zurück, hauptsächlich wegen der veränderten Konsumgewohnheiten der einheimischen Bevölkerung. Die Zuwendung zum Getreide, vor allem zum Weizen, im Pazifischen Raum zum Reis, hat mehrere Gründe: Getreide und seine Produkte lassen sich leichter lagern, die Anschauung, daß eingeführte Nahrungsmittel höherwertig sind, greift um sich und die Umstellung der Produktion auf Verkaufskulturen (cash crops) nimmt zu (2, 3). Eine solche Entwicklung sollte wegen der damit verlorengehenden Ressourcenpotentiale aufgehalten werden, da die Knollenpflanzen in den humiden Tropen nicht nur wegen ihrer Adaptation an die Regenwaldbedingungen

eine hohe Ertragskapazität besitzen, sondern auch zur Erhaltung der Bodenfruchtbarkeit und zur Stabilisierung empfindlicher Ökosysteme beitragen. Neuerdings werden von internationalen Organisationen Anstrengungen unternommen, den Anbau der Knollenpflanzen wieder attraktiver zu machen. Als Institutionen sind zu nennen: das International Institute of Tropical Agriculture (IITA) in Ibadan, Nigeria, wo Züchtungsarbeiten am Taro und Tania aufgenommen worden sind (7); International Foundation for Science (IFS), Stockholm (3); International Society for Tropical Root Crops (12); International Board for Plant Genetic Resources (IBPGR), Rom (6). Dieses Interesse spiegelt sich auch in der pflanzenbaulichen Literatur wider, wo die „kleinen" Knollenpflanzen zunehmende Beachtung finden (2, 3, 9, 10, 13, 14, 15). Von den zahlreichen Arten kann hier nur eine Auswahl behandelt werden.

Abb. 54. Links Taro: Insertion des Blattstiels im ersten Drittel der Spreite (peltat); rechts Tania: Insertion des Blattstiels am Grunde der Spreite zwischen den Zipfeln (pfeilförmig).

Abb. 55. Taro: großflächiger Reinanbau, Fidji-Inseln.

Araceae

Colocasia esculenta (L.) Schott, Taro, cocoyam, dasheen, eddoe (Abb. 54 und 55), gehört zu den ältesten Nutzpflanzen in Südostasien, wo er in Südchina um 10 000 v. Chr. zuerst kultiviert wurde. Mit der Verbreitung der Kulturformen über Indochina, den malayischen Archipel, Neuguinea und die Inseln des Stillen Ozeans ist unter den verschiedenen Anbaubedingungen eine große Formenvielfalt entstanden (2, 3, 11). Unter den rund 1000 Sorten finden sich diploide, triploide und aneuploide (x = 14; 2n = 22, 26, 28,

Tab. 22. Taroproduktion im Durchschnitt der Jahre 1982/83 in charakteristischen Anbaugebieten. Nach (4).

Gebiet	Fläche (1000 ha)	Ertrag (t/ha)	Produktion (1000 t)
Welt	1130	4,7	5300
Afrika	910	3,4	3085
Ägypten	3	32,1	96
Elfenbeinküste	330	0,9	308
Ghana	146	3,5	501
Nigeria	330	5,2	1725
Asien	172	11,1	1900
China	105	12,8	1338
Japan	29	13,7	400
Pilippinen	37	4,0	149
Pazifische Inseln mit Papua-Neuguinea	44	6,7	290
Papua-Neuguinea	30	6,0	180

38 und 42). Von den hier behandelten Arten bringt (4) nur von Taro Produktionszahlen (Tab. 22), wohl wegen seiner Bedeutung als Subsistenzkultur in Afrika und im pazifischen Raum. In Afrika ist Taro in der gesamten Äquatorialzone anzutreffen, wo 80 % der Weltanbaufläche zu finden sind. Auffällig sind die großen Ertragsunterschiede, die darauf beruhen, daß Taro einmal als intensive Bewässerungskultur in Gebieten mit viel Sonnenschein (Ägypten), auch im stehenden Wasser wie Reis (1), zum anderen auf Trockenland, oft in Gebieten mit starker Bewölkung (Abb. 55) und ohne viel Pflege (Westafrika) angebaut wird. Bei den meisten Sorten ist die Hauptknolle (bis zu 4 kg schwer) mit einigen Tochterknollen das Ernteprodukt (dasheen); sie werden in verschiedener Weise zubereitet oder industriell zu Chips verarbeitet (11). Zartere Knollen, aber einen geringeren Ertrag liefern die Sorten, bei denen am Hals der Mutterknolle zahlreiche Tochterknollen gebildet werden (eddoe); nur letztere werden gegessen, die Hauptknolle wird verfüttert. Eddoes sind namentlich in Japan und China beliebt. In vielen Ländern werden auch die Taro-Blätter als Gemüse genutzt (10). Im Stärkegehalt treten, anbautechnisch und genetisch bedingt, größere Unterschiede auf: der Wassergehalt beträgt 63 bis 81 %, der Stärkegehalt 15 bis 26 %, der Zuckergehalt etwa 1,7 % und der Eiweißgehalt bis zu 3 % (das sind bis zu 8 % der Trockenmasse) (2, 5).

Die Zahl der in den einzelnen Gebieten zur Verfügung stehenden Klone ist sehr groß. Im Hochland von Neuguinea ließen sich im Bereich von je 25 km^2 in zwei Arealen zusammen 64 Klone identifizieren (3). Auf den polynesischen Inseln gibt es einige hundert Taro-Kultivare (2). Dennoch ist es wichtig, für weitere Züchtungsaufgaben (Ertragssteigerung, Krankheitsresistenz, Qualitätsverbesserung) die Variabilität zu erweitern. Besonders Wuchstypen mit mittellangen Stengeln und ausladenden Blättern sind für Standorte mit stauender Nässe oder Überflutung zu züchten, um Unkraut zu unterdrücken und die Erosion zu verhindern (3). Ein weiteres Zuchtziel ist die Selektion von Sorten mit erhöhter Salztoleranz. Da Taro nur vegetativ vermehrbar ist und kaum je Blüten bildet, bedeutet es für die Züchtung einen entscheidenden Fortschritt, daß durch Besprühen der Jungpflanzen im 3- bis 6-Blattstadium mit Gibberellin die Blütenbil-

dung induziert wird. Wegen des hohen Heterozygotiegrades und der Polyploidie stellt praktisch jeder Sämling einen anderen Genotyp dar, so daß aus einem Pool mit Hunderttausenden verschiedener Varianten selektiert werden kann (7, 12).

Xanthosoma sagittifolium (L.) Schott, Tan(n)ia, yautia, cocoyam (Abb. 56) und 7 weitere *X.*-Arten (2, 3, 11, 16) stammen aus dem südamerikanisch-karibischen Raum. Tania ist als einzige weltweit verbreitet. Die Tochterknollen (cormels) werden der Hauptknolle (corm) als Speise vorgezogen. Die Erträge liegen ähnlich hoch wie bei Taro: 37,5 t/ha sind möglich, 5 bis 8 t/ha sind in der Praxis ein guter Durchschnitt. Der Stärkegehalt liegt bei 17 bis 34,5 % (in cormels bis zu 46 %), der Eiweißgehalt bei 1,3 bis 3,7 % des Frischgewichts, ist also höher als bei Taro (3, 9, 10, 14, 15).

Abb. 56. Tania: Blatt, Basis des Blattstiels und Rhizom, von dem zwei Tochterknollen abgenommen sind.

Abb. 57. *Amorphophallus* sp.: Blütenstand mit Hüllblatt. Der Blütenstand ist ein fleischiger Kolben (Spadix), dessen Spitze von einer weichhäutigen, gelappten Ausstülpung gebildet wird, die Aasgeruch zum Anlokken von Insekten ausströmt. Darunter sitzen perlartig die männlichen Blüten und unter diesen, von der Spatha umschlossen, die weiblichen. Höhe etwa 25 cm.

Amorphophallus campanulatus (Roxb.) Bl. ex Decne., engl. elephant foot yam, ist in der indochinesisch-indonesischen Region zuhause. Die Pflanze bildet, wie auch andere *A.*-Arten (Abb. 57), riesige Blütenstände, die von einem großen Hüllblatt (Spatha) umschlossen sind. Wegen der langen Vegetationszeit (Ernte oft erst 3 bis 4 Jahre nach dem Pflanzen, Knollen dann bis zu 10 kg schwer), ist der Anbau auf Südostasien und den pazifischen Raum beschränkt geblieben. In Indien ist *A. campanulatus* eine wichtige Nahrungspflanze; dort wird ein Ertrag von bis zu 20 t/ha erzielt (2, 3, 9, 11, 14).
Alocasia macrorrhiza (L.) G. Don, engl. giant taro, aus Südostasien, liefert neben den Knollen vor allem in seinen oberirdischen Sproßteilen Gemüse (2, 3, 9, 11, 14).
Cyrtosperma chamissonis (Schott) Merr., engl. swamp taro, ebenfalls aus Südostasien, bildet nach vielen Jahren riesige Knollen von 40 bis 80 kg Gewicht. Trotz schwacher Qualität ist die Pflanze im Pazifik auf Atollen und in Salzsümpfen, wo kaum andere Nahrungspflanzen gedeihen, von erheblicher Bedeutung für die Ernährung der Bevölkerung (2, 3, 5, 9, 11, 14).

Basellaceae
Ullucus tuberosus Caldas, Ulluco, span. papa lisa, wird in den Hochtälern der Anden angebaut, wo seine buntgefärbten Knollen ein wichtiges Nahrungsmittel sind. Der Ertrag kann 9 t/ha erreichen (2, 9, 14).

Cannaceae
Canna edulis Ker-Gawl., Eßbare Canna, achira, ist nah verwandt mit *C. indica* L., dem indischen Blumenrohr. Sie stammt aus den mittleren Höhen der Kordillere, wo auch andere *Canna*-Arten mit eßbaren Knollen vorkommen. *C. edulis* ist in alle Erdteile gelangt, wo sie als Stärkelieferant („Queensland arrowroot") und Viehfutter angebaut wird. Unter günstigen Bedingungen werden 50 t Knollen/ha geerntet (2, 9, 16).

Marantaceae
Maranta arundinacea L., Pfeilwurz, engl. arrowroot, ist in Süd- und Mittelamerika zu Hause. Auch im Heimatgebiet werden die Knollen nicht gegessen, sondern dienen zur Gewinnung einer besonders reinen und leicht verdaulichen Stärke. Kommerziell wird sie außer in der Karibik (St. Vincent) auch in anderen Ländern in kleinem Umfang zur Stärkegewinnung angebaut (2, 9).

Oxalidaceae
Oxalis tuberosa Mol., Knollensauerklee, Oka, ist in den Anden endemisch, wo sie namentlich in den Hochlagen bis über 4000 m angebaut wird. Die Indios haben zahlreiche Sorten selektiert, die in Farbe und Geschmack der Knollen außerordentlich variabel sind. Die Art ist eine extreme Kurztagspflanze. Obwohl der Anbau zurückgeht, gehört sie noch zu den wichtigsten Nahrungspflanzen im Heimatgebiet (2, 9).

Tropaeolaceae
Tropaeolum tuberosum Ruiz et Pav., span. añu, isaña, heimisch in den Bergwäldern Nordargentiniens und der angrenzenden Länder, wird dort in Höhenlagen, wo die Kartoffel nicht mehr gedeiht, angebaut. Die Knollen werden 5 bis 15 cm lang und sind in rohem Zustand ungenießbar (2, 9).

Umbelliferae
Arracacia xanthorrhiza Bancr., Arrakacha, span. arracha, stammt aus dem nördlichen Südamerika und ist ein beliebtes Gemüse von Brasi-

lien bis Mexiko. Sie ähnelt der Pastinake ('Peruvian parsnip'). Als Gemüse gekocht werden die nicht zu alten rübenförmigen Wurzeln genutzt, die 20 bis 25 % Stärke enthalten und angenehm schmecken. Die Vermehrung erfolgt vegetativ durch Wurzelabrisse, da kaum Samen gebildet werden (2, 9, 14).

Literatur

1. BEGLEY, B. W. (1981): Taro – The flood-irrigated crop of the Pacific. World Crops 33 (2), 28–30.
2. BRÜCHER, H. (1977): Tropische Nutzpflanzen. Springer, Berlin.
3. CHANDRA, S. (ed.) (1984): Edible Aroids. Clarendon Press, Oxford.
4. FAO (1984): Production Yearbook, Vol. 37. FAO, Rom.
5. HALE, P. R., and WILLIAMS, B. D. (1978): Liklik Buk. A Rural Development Handbook Catalogue for Papua New Guinea. Liklik Buk Inform. Centre, Lae, Papua New Guinea.
6. INTERNATIONAL BOARD FOR PLANT GENETIC RESOURCES (1981): Annual Report 1980. Rom.
7. INTERNATIONAL INSTITUTE FOR TROPICAL AGRICULTURE (1980-1983): Annual Report for 1979 and 1982. IITA, Ibadan, Nigeria.
8. INTERNATIONAL POTATO CENTER (CIP) (1984): Sixth Symposium of the International Society for Tropical Root Crops 1983. CIP, Lima, Peru.
9. KAY, D. E. (1973): Root Crops. Trop. Prod. Inst., London.
10. NATIONAL ACADEMY OF SCIENCES (1975): Underexploited Tropical Plants with Promising Economic Value. Nat. Acad. Sci., Washington, D.C.
11. OHAIR, S. K., and ASOKAN, M. P. (1986): Edible aroids – botany and horticulture. Hort. Rev. 8, 43–100.
12. PEÑA, R. S. DE LA, OHAMA, M. U., and RUSSELL, M. M. (1983): Chips recovery from stored upland taro corms. Trop. Root Tuber Crops Newsl. 14, 56–58.
13. REHM, S., und ESPIG, G. (1984): Die Kulturpflanzen der Tropen und Subtropen. 2. Aufl. Ulmer, Stuttgart.
14. TINDALL, H. D. (1983): Vegetables in the Tropics. Macmillan, London.
15. YAMAGUCHI, M. (1983): World Vegetables. AVI Publ. Co., Westport, Connecticut.
16. ZEVEN, A. C., and DE WET, J. M. J. (1982): Dictionary of Cultivated Plants and Their Regions of Diversity. Pudoc, Wageningen.

1.3   Sagopalme

MICHIEL FLACH

Botanisch:	*Metroxylon* spp.
Englisch:	sago palm
Französisch:	sagoutier
Spanisch:	palma sagú

In allen Erdteilen gibt es Palmenarten, die Stärke in ihren Stämmen akkumulieren. Sie werden oft als Nahrungsquelle in Notzeiten genutzt. Für die kommerzielle Stärkeproduktion sind aber nur die hapaxanthen (einmal blühenden) Palmen von Interesse. Diese bilden gewöhnlich sehr große Blütenstände an der Spitze des Stammes und speichern große Mengen Stärke, ehe die Blütenbildung einsetzt. Palmenarten mit Schößlingen, die neue Seitenstämme bilden, ermöglichen die wiederholte Ernte von Stämmen aus einer Baumgruppe. Bei diesen wachsen die neuen Stämme für folgende Ernten bereits, ehe ein reifer Stamm gefällt wird. Solche Nutzungsmöglichkeiten bieten die Art *Eugeissona utilis* Becc., die in Nordborneo auf trockenem Land wächst, und die Gattung *Metroxylon* sowohl auf trockenem als auch auf sumpfigem Gelände. Da kaum etwas über *Eugeissona* bekannt ist, beschränkt sich das Interesse bisher auf *Metroxylon*.

In Neuguinea, seinem Mannigfaltigkeitszentrum, werden 12–13 Typen von *Metroxylon* unterschieden. Zwei von ihnen liefern nur sehr wenig Stärke. Die botanische Taxonomie ist noch nicht befriedigend geklärt und wird z. Z. weiter untersucht. Die Bevölkerung in Gebieten, in denen die Palmen wild vorkommen, sucht nach Typen mit hohem Stärkeertrag pro Stamm; solche Typen werden dort auch angepflanzt. Nur wo die Palmen kommerziell angebaut werden, ist ein hoher Ertrag pro Flächen- und Zeiteinheit wichtig. Die Farmer pflanzen die Schößlinge selektierter Mutterpalmen mit einem Abstand von 6 × 6 m. Jede aus dem Mutterschößling hervorgegangene Palmengruppe wird durch Entfernen überzähliger Schößlinge auf etwa vier Stämme begrenzt; so bleibt das Blätterdach während der ganzen Nutzungszeit gleichmäßig und nicht zu dicht über die Oberfläche ausgebreitet. Etwa vier Jahre nach dem Setzen des Mutterschößlings wird der erste Stamm in der Gruppe der Tochterpflanzen das Rosettenstadium beenden und in die Höhe zu wachsen beginnen.

Metroxylon sagu Rottb. ist ein Typ ohne Stacheln an den Blättern. Es entwickelt durchschnittlich jeden Monat ein Blatt mit dem zugehörigen Internodium. Nach der Bildung von etwa 54 Blättern, d. h. nach 4½ Jahren, setzt die Blütenbildung ein. Dann nimmt die Blattlänge ab, aber die Geschwindigkeit der Blattbildung zu, während sich der endständige Blütenstand ausbildet. Die Kurve der Stärkeakkumulation flacht ab und erreicht den Nullpunkt zur Zeit der vollen Fruchtbildung. Daher wird in den Plantagen der Stamm geerntet, ehe die Blütenbildung beginnt, um den höchsten Stärkeertrag pro Einheit von Fläche und Zeit zu erreichen. In Wildbeständen läßt man die Palme ungefähr ein Jahr weiterwachsen, bis die Fruchtbildung beginnt; so erzielt man den höchsten Stärkeertrag je Stamm. Einige Typen weisen zur Zeit der Blütenbildung eine erheblich größere Zahl von Blattnarben auf und erreichen daher offenbar ein höheres Alter.

Unter Kulturbedingungen können von jedem geernteten Stamm durchschnittlich 185 kg trockene Stärke erwartet werden. Bei jeder Palmengruppe läßt man einen Stamm in zwei Jahren heranwachsen. Folglich erntet man vom ha 277 × 0,5 × 185 kg, d. h. etwa 25 t Stärke pro Jahr. Dieses hohe Ertragsniveau beginnt aber erst acht Jahre nach dem Pflanzen und wird nur in den besten Betrieben erreicht. Da keinerlei Düngemittel angewendet werden, sind solche Erträge auf Dauer nur zu erzielen, wenn die Palmen im Bereich von Ebbe und Flut stehen und das Gezeitenwasser süß oder nur leicht brackig ist (EC < 10 mS oder mmhos). Dauernde Überflutung und/oder höherer Salzgehalt des Wassers verlangsamen die Blattbildung und damit das Stammwachstum und die Produktion pro Zeiteinheit.

Bei der Ernte wiegt jeder Stamm etwa 1 t. Nach dem Fällen werden die Stämme in 1 m lange Klötze zerteilt, die zum nächsten Wasserlauf gerollt werden, auf dem sie zur Stärkefabrik treiben. Dort wird der Klotz entrindet, das Mark geraspelt und die Stärke zum Absetzen ausgewaschen. Das Mark ähnelt in seiner Beschaffenheit den Maniokknollen.

Bei wildwachsenden Palmen wird der Stamm nach dem Fällen gewöhnlich an Ort und Stelle gespalten und das Mark von Hand geraspelt. Dann wird die Stärke ebenfalls ausgewaschen, gesiebt und zum Absetzen gebracht, meist in einem alten Kanu. Erträge bis 600 kg nasse Stärke (50 % Wasser) pro Stamm sind keine Ausnahme.

Das traditionelle Zentrum der *Metroxylon*-Forschung ist Sarawak; dort wird jetzt eine Sagoforschungsstation auf einer Fläche von 60 ha entwickelt. Auch Länder mit großen natürlichen Sagobeständen (Indonesien, Papua-Neuguinea) sind dabei, ihre Forschungsprogramme auszubauen.

Literatur

1. FLACH, M. (1983): The Sago Palm: Domestication, Expoitation and Products. FAO Plant Production and Protection Paper 47. FAO, Rom.
2. LÖTSCHERT, W. (1985): Palmen. Ulmer, Stuttgart.
3. SARAWAK DEPARTMENT OF AGRICULTURE, (1983–): Sagopalm. In: Annual Report of the Research Branch. Government Printer, Kuching, Sarawak.
4. STANTON, W. R, and FLACH, M. (eds.) (1981): Sago. The Equatorial Swamp as a Natural Resource. Nijhoff, The Hague.
5. TAN, K (ed.) (1977): Sago – 76. 1st Intern. Sago Symp., 5–7 July 1976, Kuching. Kemajuan Kanjii, Kuala Lumpur.
6. YAMADA, N., and KAINUMA, K. (eds.) (1986): Sago – 85. 3rd. Intern. Sago Symp., Tokyo. Sago Palm Research Fund, Trop. Agric. Res. Centre, Yatabe, Tsukuba, Ibaraki, Japan.

2 Zuckerpflanzen

2.1 Zuckerrohr

GEORG ST. HUSZ

Botanisch:	*Saccharum officinarum* L.
Englisch:	sugar cane
Französisch:	canne à sucre
Spanisch:	caña de azúcar

Wirtschaftliche Bedeutung

Zuckerrohr gehört zu den wichtigsten Weltwirt-schaftspflanzen. Es besitzt im Vergleich zu ande-ren Kulturpflanzen eine der höchsten Energie-bindungskapazitäten pro Flächen- und Zeitein-heit und ist daher sehr gut geeignet, Zucker- und Sonnenenergie zu speichern. Es liefert rund 60 % der Weltzuckermenge und ist ein günstiger Rohstoff für Alkohol- und Zelluloseproduktion. Die anfallende zuckerarme bzw. zuckerfreie Wipfelmasse kann als Rauhfutter Verwendung finden. Bei Optimierung der Energiebilanz von Zuckerfabriken kann der gesamte Agro-Indu-striekomplex einschließlich der für etwaige Be-wässerungsanlagen nötigen Energie autark, al-leine aus der Verbrennung der Bagasse, versorgt werden. Dies prädestiniert Zuckerrohr als mo-derne Pionierpflanze in den Tropen und Subtro-pen zur regionalen Entwicklung bzw. Erschlie-ßung von Landschaften.

Zwei Drittel bis drei Viertel der Weltzuckerpro-duktion werden auf den Weltzuckerbörsen im voraus vermarktet und preislich fixiert. Der Rest verbleibt dem freien Markt und unterliegt, je nach sinkenden oder steigenden Reserven, star-ken Preisschwankungen. Der Zuckerkonsum ist auf Grund des Bevölkerungszuwachses auf der Erde in stetigem Wachstum begriffen (Tab. 23). Angaben über die wichtigsten Zuckerproduk-tionsländer und über die Entwicklung der Zuk-kerproduktion seit 1971 bringen die Abb. 58, 59. In den meisten Ländern zählt Zucker zu den Grundnahrungsmitteln. Sein Preis ist fast überall gesetzlich geregelt.

In Brasilien hat sich die Gewinnung von Ethylal-kohol aus Zuckerrohr als Motortreibstoff zu einer großen Industrie entwickelt; dort bestehen (Angaben für 1983) über 400 Fabriken, die Saft vergären und Alkohol destillieren, mit einer Ka-pazität von rund 8×10^9 l Ethylalkohol pro Jahr. Ein erheblicher Teil des brasilianischen Zuckerrohralkohols wird in die USA exportiert.

Botanik

Nach heutigem Kenntnisstand stammen die Ur-formen der Wildarten des Zuckerrohrs aus dem

---

Tab. 23. Weltzuckererzeugung und -verbrauch in Mio. t (Rohwerte, 96°). Nach F. O. Licht's Europäisches Zuckerjournal 16/304, 1988

Gebiet	1979/80		1987/88	
	Produktion (Mio. t)	Verbrauch (Mio. t)	Produktion (Mio. t)	Verbrauch (Mio. t)
Westeuropa	17,1	15,6	17,6	16,0
Osteuropa	12,2	17,3	14,3	19,1
Europa zusammen	29,3	32,9	31,9	35,1
Nord- und Zentralamerika	18,0	15,5	21,5	14,9
Südamerika	12,4	10,4	13,5	11,3
Afrika	6,6	7,0	8,0	9,0
Asien	15,0	23,0	26,0	34,5
Ozeanien	3,5	1,0	4,0	1,1
Welt	84,8	89,8	104,7	105,9

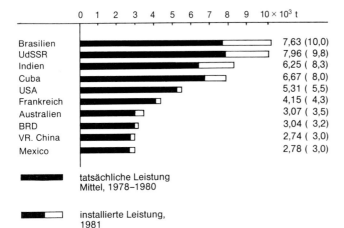

tatsächliche Leistung
Mittel, 1978–1980

installierte Leistung,
1981

Abb. 58. Die 10 größten zuckerpro-
duzierenden Länder der Welt.

späten Erdmittelalter (Mesozoikum), und zwar aus einer Zeit, in der noch eine kontinentale Landverbindung zwischen Asien und Australien bestand. In der Kreidezeit wurde Australien mit Neuguinea vom asiatischen Kontinent abgetrennt, wobei der größte Teil des heutigen malaiischen Archipels noch Landverbindung mit dem Kontinent hatte. Erst im späten Tertiär bis in die jüngste Erdgeschichte (Pleistozän) bildete sich durch weitere, großräumige tektonische Senkungen einerseits und durch Schwankungen des Meeresspiegels andererseits die heutige Inselwelt heraus, in der die verschiedenen Wildformen von Zuckerrohr gefunden wurden.

Im Laufe der geologischen Veränderungen kam es zu einer Spezialisierung der Vegetation im Zuge der Anpassung an die jeweils neu entstandenen ökologischen Bedingungen, wobei die ge-

netische Herkunft des Zuckerrohres wissenschaftlich noch nicht eindeutig geklärt scheint (1). Jedenfalls dürfte die angedeutete tektonische Geschichte des südpazifischen Raumes von der Kreidezeit bis zum Pleistozän für die ursprüngliche genetische Entwicklung des Zuckerrohrs verantwortlich sein.

Man nimmt an, daß *Saccharum officinarum*, die heute als „Edelrohr" (noble cane, caña noble) bezeichneten Formen, von Menschen schon sehr früh als „Gartenpflanze" gehalten wurde, wobei auch heute noch wichtige Eigenschaften selektioniert wurden: Zuckergehalt, Stengeldicke, Fasergehalt usw.

Zwei Wildarten, *S. spontaneum* L. und *S. robustum* Brandis et Jesw. ex Grassl sind neben zwei alten „Kultursorten" aus dem indo-chinesischen Raum, *S. sinense* Roxb. und *S. barberi* Jesw.,

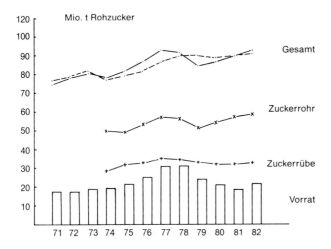

Abb. 59. Weltzuckerproduktion und -vorrat.

Tab. 24. Die Eigenschaften der wichtigsten *Saccharum*-Arten. Nach (13)

Saccharum	Blätter	Zuckergehalt	Fasergehalt	Reifung	Stengel	Chromosomen (2 n)
spontaneum	sehr schmal	sehr niedrig	sehr hoch	früh	dünn	40–128
robustum	mittelbreit	niedrig	sehr hoch	variabel	dick u. lang	70–84
barberi	kurz u. schmal	mittel	hoch	mittelfrüh	mitteldünn	82–124
sinense	lang u. schmal	mittel	hoch	mittelfrüh	lang u. dünn	116, 118
officinarum	lang u. breit	hoch	niedrig	variabel	lang u. dünn	80

welche von manchen Autoren als eine einzige botanische Art, *S. sinense* Roxb., aufgefaßt werden, in die modernen Formen des Zuckerrohrs eingekreuzt worden (8, 9, 27). Ihre wichtigsten Eigenschaften sind neben denen des ursprünglichen *S. officinarum* in Tab. 24 zusammengestellt.

Züchtung

Die große Zahl heute angebauter Sorten sind Kreuzungen von *S. officinarum* untereinander und den Wild- und Ursorten, wobei jährlich an vielen Zuchtstationen mehr als 2 Millionen Sämlinge produziert werden. Da das Ausgangsmaterial von Hybriden stammt, ist die genetische Definition des Keimlings zunächst unbekannt; aus jeder Pflanze kann eine neue Sorte werden. Die Selektion wird auch auf Grund von morphologischen Eigenschaften und nach ökophysiologischer Prüfung im Gewächshaus und Freiland durchgeführt (9a).

Das Zuchtziel ist grundsätzlich auf hohen Zuckergehalt, geringen Fasergehalt, hohen Massenertrag und gleichmäßige, möglichst gut definierte „Reife" ausgerichtet. Letzteres bedeutet ein möglichst rasches, für den Bestand einheitliches Ansteigen von Zuckergehalt und Saftreinheit bei gleichzeitigem Abtrocknen und möglichst Abwerfen der untersten Blätter. Neuerdings ist für die Gebiete mit mechanisierter Ernte wichtig, daß der Bestand aufrecht ist. Viele Sorten neigen bei Wind und höherem Massenertrag zur Lagerung, was den Erntevorgang erschwert.

Es gibt aber auch Anbaugebiete, wo zweijähriges Rohr mit zwei Wachstumsgenerationen ge-

Tab. 25. Wichtigste Zuckerrohr-Zuchtstationen und ihre Symbole. Nach (4, 7, 13).

Symbol	Zuchtstation	Symbol	Zuchtstation
B	Barbados	LAR	Laredo, Peru
BO	Bihar Orissa, Indien	L	Louisiana, USA
CB	Campos, Brasilien	M	Mauritius (Nummern mit Querstrich:
Cl	Clewiston, Florida, USA		M 442/51)
Co	Coimbatore, Indien	M	Mayaguez, Puerto Rico
CoJ	Coimbatore-Jullundur, Indien	Mex	Mexico
CoK	Coimbatore-Karnal, Indien	N	Natal, Südafrika
CoL	Coimbatore-Lyallpur, Indien	NCo	Natal – Züchtung aus Co-Sorten
CoS	Coimbatore-Shahjahanpur, Indien	POJ	Proefstation Oost Java, Indonesien
CP	Canals Point, Florida, USA	PCG	Peru – Casa Grande
D	Demerara, Guayana	PR	Puerto Rico
DB	Demerara, Barbados	PT	Pingtung, Taiwan
EPC	Ebene, Mauritius	Q	Queensland, Australien
F	Florida, USA (Doppelnummern)	R	Reunion
F	Formosa, Taiwan (Einfachnummern)	S	Saipan
H	Hawaii	Tuc	Tucuman, Argentinien
IAC	Istituto Agrónomico de Campiñas, Brasilien	US	Tucuman, Argentinien
IANE	Istituto Agrónomico do Nordeste, Brasilien	UCW	Tucuman, Argentinien

erntet wird (Hawaii, Peru); hier ist unter Umständen die Lagerung der 1. Generation erwünscht, um für die zweite die Lichtkonkurrenz zu verringern. Wesentliche und immer wieder aktualisierte Zuchtziele sind nicht nur die laufende und bessere Anpassung an gegebene ökologische Bedingungen (Resistenz gegen Kälteschäden, Trockenheits- und Salztoleranz), sondern vor allem Krankheits- und Schädlingsresistenz.

Die Sorten sind heute nach einer internationalen Konvention durch Nummern und Buchstabensymbole (meist Anfangsbuchstaben der Zuchtstation) gekennzeichnet (Tab. 25).

An verschiedenen Stationen gibt es Sortensammlungen, von denen manche seit Generationen existieren und wo durch Stecklingsvermehrung und in kleinen Parzellen das Zuchtmaterial genetisch rein erhalten und ständig beobachtet werden kann. Manche stellen „geprüftes Saatgut" (phytosanitär einwandfreie Stecklinge) zur Verfügung (Canal Point, Florida, USA).

Vor Beginn der modernen Züchtung im 19. Jh. gab es mehrere Sorten des Edelrohrs, die in modernen Agroindustrien nicht mehr angebaut werden, aber vereinzelt noch als Zuchtmaterial dienen. Die berühmtesten dieser klassischen Sorten sind:

'Otaheite' = 'Bourbon' = 'Lahaiana': Hawaii. Auch als 'Green ribbon' bekannt. Dieselbe Sorte in Peru heißt 'Caña blanca'.

'Cheribon': Ursprünglich in Indonesien, am meisten verbreitet als 'Black cheribon'. In Lateinamerika als Morada, in Louisiana als 'Louisiana purple' bekannt.

'Preanger': Stammt aus Java. Hat viele Synonyme und wurde oft mit 'Cheribon' verwechselt. Die edelste Sorte ist in Lateinamerika als 'La Christalina' bekannt.

'Tanna': Als helle, dunkle und gestreifte 'Caledonia' bekannt geworden. Die bekanntesten: Weiße und Gelbe 'Caledonia' (Australien, Fiji, Mauritius, Hawaii).

'Badila': Neuguinea, Australien.

'Black Borneo': Aus Borneo.

'Creole': Als 'Criolla' in Lateinamerika weit verbreitet gewesen. Sie kam mit den Spaniern zur Entdeckerzeit nach Zentralamerika und hat sich bis zur Jahrhundertwende gehalten. Sie soll mit der indischen 'Puri' identisch sein. Sie war mit den Arabern über Nordafrika nach Südspanien gelangt.

Moderne Sorten, die nicht numeriert sind, aber internationale Anerkennung gefunden haben, sind Sorten aus privaten Zuchtstationen, wie die aus der „Colonial Sugar Refining Co.", Australien: 'Eros', 'Homer', 'Luna', 'Mali', 'Pindar', 'Ragnar', 'Spartan', 'Triton', 'Trojan' 'Vesta', 'Vidar', 'Vomo', 'Waya' oder die in Peru, Casa Grande, gezüchtete Sorte: ‚Azul Casa Grande' (identisch mit PCG 12-745), eine Kreuzung aus Co 281 × Poj 28 78.

Eine detaillierte Auflistung der wichtigsten, heute gebauten Sorten findet sich bei (5) (7). Die heutige Zuckerrohrzüchtung begann Ende der 80er Jahre des vorigen Jahrhunderts, als SOLTWEDEL auf Java und HARRISON und BOVELL auf Barbados fanden, daß von manchen klassischen Sorten keimfähige Samen gewonnen werden konnten. Der entscheidende Schritt für die modernen Sorten war die Entdeckung der Kreuzbarkeit des Edelrohrs mit den oben genannten indo-chinesischen Arten *S. barberi* und *S. sinense* und mit den Wildarten *S. spontaneum* und *S. robustum* (Tab. 24). Heute enthalten alle angebauten Industriesorten Chromosomen dieser Arten, die neben Krankheitsresistenz auch Verbesserungen der Trockenheitstoleranz, der Wurzelentwicklung und der Anpassung an die verschiedenen ökologischen Bedingungen einbrachten. Vom Edelrohr blieben hoher Zuckergehalt, Saftreinheit und geringer Faseranteil erhalten. Die Chromosomenzahl der meisten modernen Sorten liegt zwischen $2n = 100$ und 125.

Ökophysiologie

Ansprüche an Klima bzw. Witterung. Zuckerrohr ist eine typische Tropenpflanze. Sie gedeiht aber auch noch in den Subtropen. Ihre in der Produktion unerwünschte Neigung zu blühen kommt nur im Kurztag zur Geltung. Ihre Ansprüche an Temperatur, aber auch ihre Resistenz gegen hohe Temperaturen bzw. Einstrahlung sind sehr hoch. Mitteltemperaturen von 24–30 °C können als optimal angesehen werden. Schwankungen von Tag- und Nachttemperaturen von mehr als 10 °C sind erwünscht. Wachstumsstillstand tritt schon von 15 °C abwärts ein, und ab 5 °C erleiden die meisten Sorten irreversible Schäden.

Zuckerrohr ist eine klassische C_4-Pflanze ($\rightarrow$ REHM, Bd. 3, S. 94–97). Entscheidend für den hohen Ertrag dürfte auch sein, daß die Temperatur auf die Respiration des Zuckerrohrs einen

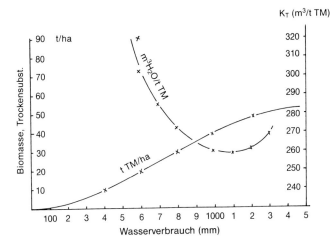

Abb. 60. Biomasseproduktion von Zuckerrohr und Netto-Wasserverbrauch.

relativ geringen Einfluß ausübt. Die Veratmungsverluste trotz hoher Temperaturen sind gering. Es werden dadurch Netto-Photosyntheseraten erreicht, die 150 bis 200 % über dem Durchschnitt der meisten anderen Pflanzen liegen (1). Dies erklärt die hohe Biomassebildung auch in Anbaugebieten mit hohen Nachttemperaturen. Zuckerrohr ist sehr widerstandsfähig gegen die Ungunst einzelner Wachstumsbedingungen, kann aber umgekehrt zu hohen Leistungen nur bei Optimierung des Wirkungsgefüges der Wachstumsfaktoren gelangen.

Die Witterungsbedingungen, der Wasserhaushalt und die physikalischen Bodenverhältnisse (Wasser- und Gashaushalt) lassen sich nach (15) durch die aktuelle Evapotranspiration, also durch den tatsächlichen Wasserverbrauch der geschlossenen Kultur darstellen. Es zeigt sich dann, daß Wachstum- bzw. Ertragskurven weniger gut als Funktion der Zeit (chronologisches Alter), sondern besser als Funktion der in der Zeiteinheit verbrauchten, also durch die Pflanze durchgeschleusten Wassermengen erfaßt werden (Abb. 60). Monate mit hohem Wasserverbrauch produzieren mehr als solche, in denen nur geringe Evapotranspiration möglich war (Wassermangel oder niedrige Temperatur).

Setzt man den Wasserverbrauch der aktuellen Evapotranspiration gleich und ermittelt diese Woche für Woche oder Monat für Monat (15), dann erhält man die von Witterung, Wasserbilanz und physikalischen Bodenkennwerten abhängigen realen Wachstumsraten und daraus die standortabhängige Wachstumskurve.

Es ist auch nicht gleichgültig, sondern für die Ernte- und Qualitätsplanung von entscheidender Bedeutung, welches Entwicklungsstadium des Aufwuchses mit welchem Monat zusammenfällt. Ökologisch falsch gewählte Wachstumsperioden können von größtem wirtschaftlichem Einfluß sein: In den Abbildungen 61 und 62 sind Trockenmassebildungsverlauf derselben Sorte sowie die Saccharoseanreicherung dargestellt. Bei Januar-Rohr (Abb. 61) werden 34 t Trockenmasse pro ha produziert, was etwa 136 t Gesamtfrischsubstanz ausmacht. Davon entfallen etwa 46 t auf Wipfelmasse und sonstige Ernterückstände. Es verbleiben also 90 t/ha an Stengeln mit 14 % Saccharose oder 12,6 t Saccharose pro ha und Jahr, was etwa 10 t Weißzucker entspricht. Die gleiche Rechnung für die falsch gewählte Wachstumsperiode (Abb. 62) ergibt 27,5 t TS = 110 t Frischsubstanz; nach Abzug der Wipfelmasse, deren Anteil hier höher liegt (Wachstumsschub in den letzten drei Monaten), und sonstiger Ernteverluste verbleiben 60,5 t/ha mit 8,5 % Saccharose, was 5,14 t Saccharose oder 3,45 t Weißausbeute pro ha entspricht.

In der Praxis werden ungünstige Wachstumszyklen häufig durch Regenzeiten oder zu geringe Fabrikskapazität erzwungen. Der theoretische Höchstertrag nach Abb. 60 liegt bei rund 50 t Trockenmasse/ha nach einem Gesamtkonsum von 1200–1500 mm Wasser. Das entspricht etwa 200 t Frischsubstanz und, bei guter Ausreifung, 140–160 t frischem Erntegut von 10 % Weißausbeute. 14–16 t Zucker pro ha und 12

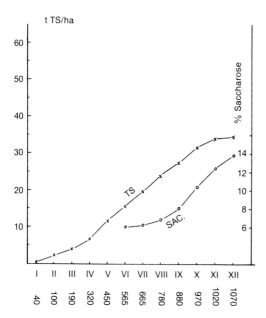

Abb. 61. Richtig gewählter Wachstumszyklus.

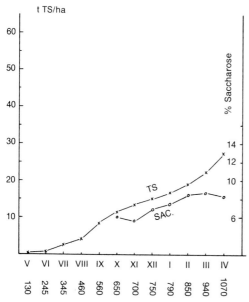

Abb. 62. Falsch gewählter Wachstumszyklus.

Monate dürften unter günstigen Bedingungen und sorgfältiger Anwendung agrartechnologischer Kenntnisse auch praktisch erreichbar sein. *Bodenansprüche und Nährstoffbedarf.* Moderne Ertragssorten stellen hohe Bodenansprüche,

gedeihen aber, wobei sie allerdings stark im Ertrag abfallen, auch auf armen Böden, da Zuckerrohr eine wirkungsvolle Endomykorrhiza, welche die P-Aufnahme steigert, besitzt (21) und freilebende N_2-bindende Bakterien regelmäßig in seiner Rhizosphäre zu finden sind (25). Zuckerrohr stellt keine spezifischen Ansprüche in bezug auf bestimmte Bodentypen oder spezielle Eingenschaften; im Bereich von pH 5,5 bis 8,5 dürfte auch die Bodenreaktion kein direktes Produktionshindernis sein. An die Sauerstoff- und Wasserversorgung stellt es allerdings hohe Ansprüche. Es ist dankbar füt tiefgründige Böden und reagiert empfindlich auf Verdichtungserscheinungen und Staunässe (Sauerstoffmangel). Das gut durchlüftete Profil sollte 60 cm (mindestens 40 cm) an durchwurzelbarem, gut strukturiertem Raum nicht unterschreiten. Selbst nach anhaltenden Regenfällen oder intensiver Bewässerung sollte das luftführende Porenvolumen 10–12 % betragen (minimale Luftkapazität).

Je nach Sorte und Textur ist Zuckerrohr mäßig tolerant gegen Bodenversalzung. Nach internationaler Regel (Soil Salinity Lab. – Riverside, Kalifornien) sollte die elektrische Leitfähigkeit eines Bodenextraktes (hergestellt bei Fließgrenze) 4,00 mS/cm nicht überschreiten. Durch Verbesserung der Ionenkombination und spezielle Pflanz- und Pflegetechnik läßt sich Zuckerrohr auch noch bis 7,00 mS/cm rentabel anbauen.

Die Düngung hat sich nach den speziellen Bedürfnissen der jeweiligen Zuckerrohrsorte, den ökologischen Randbedingungen bzw. dem zu erwartenden Ertrag und den Bodenverhältnissen zu richten.

Moderne Konzepte gehen nach 2 Richtlinien vor:

1. Analyse der physikalischen und physiko-chemischen Bodeneigenschaften (Porengrößen und -verteilung, Aggregatstabilität, Ionenbelag auf dem Sorptionskomplex, Reaktion des Bodens) (Tab. 26). Abweichungen von Normalwerten müssen durch nachhaltige Meliorationsmaßnahmen beseitigt werden, bevor an die eigentliche Düngung (Nährstoffbilanz) herangegangen werden kann. Die Durchführung von nachhaltigen Maßnahmen ist bei Zuckerrohr von besonderer Bedeutung, da nach 3 bis 4 Monaten Wachstumszeit die Kultur geschlossen ist und eine Bodenbehandlung nun erst nach der Ernte, und da nur

Tab. 26. Bodensollwerte für optimale Zuckerrohrerträge
(Mittelwerte für mindestens 40 cm Bodentiefe)

Bodeneigenschaft	Sollwert
pH (KCl)	5,5–8,5
el. Leitfähigkeit (mS/cm)	0,30–4,00
Kalkgehalt ($CaCO_3$, %)	0–25
Tongehalt (%)	5–35
Humusgehalt (%)	0–8,0
C/N-Verhältnis	9–12
Kationen-Austauschkapazität (mval/100 g)	5–20
Basensättigung (%)	50–98
Ca^{++} in % v. aust. Kap.	65–85
Mg^{++} in % v. aust. Kap.	10–20
K^+ in % v. aust. Kap.	2,0–4,0
Na^+ in % v. aust. Kap.	0,5–4,0
H^+ in % v. aust. Kap.	2,0–40,0
Al^{+++} in % v. aust. Kap.	< 2,0
Gesamtporenvolumen (%)	50–55
Grobporenvolumen (10–1000 µm) (%)	10–17
Mittelporenvolumen (10–0,2 µm) (%)	14–20
Feinporenvolumen (02,–0 µm) (%)	14–18

beschränkt, möglich ist. Man möchte ja aus wirtschaftlichen Gründen möglichst viele Schnitte (ratoons) erhalten, ohne neu auspflanzen zu müssen.

Erst nach Erreichen dieser Kennwert-Bereiche ist es sinnvoll, die Düngung zu planen.

2. Abschätzung des Nährstoffangebotes. Die Sorte und der zu erwartende Ertrag bestimmen den zu erwartenden Nährstoffentzug und damit den Bedarf, der vom Boden gedeckt werden muß (Soll-Wert). Moderne Routine-Bodenanalysen sind in der Lage, dieses aktuelle Angebot des Bodens in kg/ha mit hinreichender Genauigkeit zu bestimmen. Der optimale Nährstoffgehalt und die zu produzierende Masse geben die Richtlinien für den Bedarf an (Tab. 27), wobei verarbeitungstechnologische Aspekte zu berücksichtigen sind (Minimierung von K, Na und Stickstoffverbindungen im Zuckerrohrsaft, hoher Phosphatgehalt etc.). Der Düngungsbedarf errechnet sich aus der Formel:

Düngung = Zuckerrohrmasse × Nährstoffgehalt – Bodenangebot.

Spezifische physiko-chemische Bodeneigenschaften und die Antagonismen und Synergismen zwischen den Ionen sind bei der Interpretation der Analysendaten zu berücksichtigen.

Die Nährstoffaufnahme geht der Massenproduktion immer voraus. Junge Pflanzen haben

Tab. 27. Mittlerer Nährstoffbedarf von Zuckerrohr (kg pro t Frischsubstanz)

Nährstoff	kg/t	Nährstoff	kg/t
Ca	0,4	Fe	0,025
Mg	0,3	Mn	0,008
K	2,54	Cu	0,0015
Na	0,02	Zn	0,00725
NH_4-N	0,40	Co	0,00042
NO_3-N	0,80	Mo	0,0015
PO_4	0,70	B	0,00208
SO_4	2,0	Si	2,30

Mittlere Entzüge aus vielen Standorten und Sorten. Nach Öko-Datenservice G.m.b.H., Wien

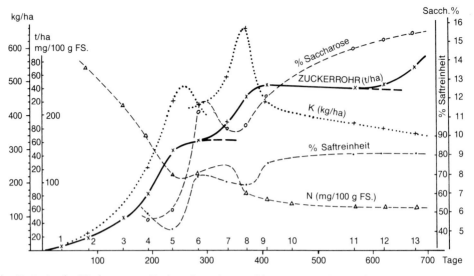

Abb. 63. Optimales Wachstum von Zuckerrohr und Entwicklung einiger Inhaltsstoffe. (Nach 15, 16)

daher immer erhöhte Nährstoffgehalte, was bei der Interpretation der Pflanzenanalyse im Auge zu behalten ist (Abb. 64).

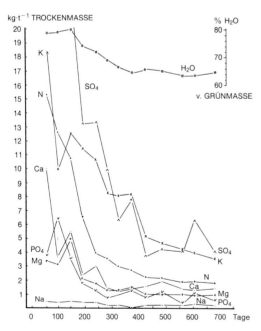

Abb. 64. Mineralstoffgehalt der Sorte H 32 85 60, im 2. Schnitt während der Wachstumsperiode. Jeder Punkt stellt den Mittelwert aus 16 Wiederholungen dar. (Nach 16)

Wie aus den Abb. 63 und 64 hervorgeht, sinken mit fortschreitender Biomasseentwicklung die Gehaltszahlen der Mineralstoffe ab, ebenso der mittlere Wassergehalt. Der Anteil an Saccharose im Saft aber (pol, %) steigt an, so daß dieser im Sinne der technologischen Definition immer „reiner" wird (Saftreinheit = gesamtgelöste Inhaltsstoffe im Saft (Brix) dividiert durch polarimetrisch bestimmte Saccharose (pol) × 100).

In Abb. 63 sind die Inhaltsstoff-Änderungen bis über 600 Tage Vegetationszeit aufgezeichnet. Es zeigt sich eine deutliche Abweichung im Bereich von 300 bis 400 Tagen, bei welchem Alter die 1. Wachstumsgeneration des Zuckerrohres zum Wachstumsstillstand und zur Zuckeranreicherung tendiert, während die 2. Generation bereits zur Entwicklung kommt. Für die Ernte und Produktionsplanung ist es daher von entscheidender Bedeutung, besonders zur Erreichung befriedigender Qualität, vor Bildung der zweiten Generation zu ernten oder aber deren Ausreifung abzuwarten.

Zuckerrohr kann und soll im allgemeinen daher zwischen dem 10. und 13. oder zwischen dem 19. und 24. Monat geschnitten werden. Lokale Verhältnisse (Witterung, Niederschlagsverteilung etc.) sind bestimmend für den besten Zeitpunkt.

Der Zuckerrohrertrag kann zwischen 50 bis 150 t pro ha schwanken, und die Nährstoffentzüge und damit die notwendigen Angebote differieren daher um 300 %. Für Fragen der Qualitätsdüngung (Maximierung der Zuckerausbeute) ist es von größter Bedeutung, daß nicht mehr N und K angeboten werden, als vom jeweils zu erwartenden Ertrag gebraucht wird (18a).

Ein Bestand könnte beispielsweise wegen Wassermangels maximal 70 t/ha abwerfen. Das Gesamt-Stickstoffangebot in den ersten 3 bis 4 Monaten müßte demnach 70 bis 80 kg/ha sein. Im Falle optimaler Bewässerung könnte der Standort 120 t/ha produzieren. Ein Stickstoff-Angebot von 130 bis 160 kg/ha wäre nötig. Würden aus „Sicherheitsgründen" für den Trockenstandort 150 bis 160 kg N/ha gedüngt und nur 70 t produziert worden sein, wäre der Schaden dreifach:

1. Verlust durch zu hohen Düngeaufwand
2. Qualitätsverlust, also Ausbeuteverlust
3. Schäden durch verminderte Krankheits-, Schädlings- und Trockenresistenz.

Wasseransprüche. Zuckerrohr nützt das Wasser mit relativ günstigem Wirkungsgrad. Sein mittlerer Transpirationskoeffizient (m^3 H$_2$O/t TS) liegt bei 250 (Abb. 60). Jedoch ist auch die Gesamtmasse pro ha sehr hoch, so daß die Gesamtanforderung pro ha und 12 Monate hoch liegt.

Für maximale Erträge werden 12 000 bis 14 000 m^3 Wasser pro ha und Jahr durch den Pflanzenkörper gepumpt und als Wasserdampf (Transpiration) an die Atmosphäre abgegeben. Je nach Wirkungsgrad des Bewässerungswassers (Verdunstung, Versickerung etc.) wird entsprechend mehr gebraucht. Für Furchenbewässerung kann mit Effizienzen von 45 bis 55 % gerechnet werden. Nur die Hälfte des vorhandenen Wassers geht also wirklich durch die Pflanze. Beregnungsanlagen erreichen 85 bis 90 % an Nutzungsgrad. Bei Tropfbewässerung wird eine Effizienz von mehr als 90 % erreicht.

Wie aus Abb. 60 hervorgeht, ist der Wasserbedarf pro Tonne zu bildender Trockensubstanz eine Variable, welche im Jugendstadium einen hohen, im vollen Entwicklungsstadium aber einen relativ niedrigen Wert aufweist.

Untersuchungen über die Wasseraufnahmefähigkeit des Zuckerrohres führten zu folgendem Ergebnis, das erstmals in Peru als Grundlage zur Bewässerungsoptimierung routinemäßig eingeführt wurde (12, 17):

Der tatsächliche Wasserverbrauch des Zuckerrohres wird vorwiegend von den Witterungsver-

hältnissen (Verdunstung), dem Zustand des Aufwuchses und dem Bodenfeuchtezustand bestimmt. Unter optimalen Verhältnissen entspricht der Wasserverbrauch (Evapotranspiration) annähernd der Verdunstung aus einer Standard-Verdunstungswanne (class A pan) (2, 11). Als optimal gilt: geschlossener, gesunder Bestand und beste Wasserversorgung (Bodenwasserzustand zwischen 0,1 und 3,0 bar).

In der Praxis hat sich für die Berechnung der nötigen Wassermenge als Faustzahl 1 l/sec und ha bewährt. Das entspricht ca. 8,6 mm/d oder 3100 mm/Jahr, was etwa dem Doppelten der Transpirationsmenge für maximale Produktion entspricht. Das Wasser kann also mit 50 % Wirkungsgrad genutzt werden.

Anbau

Vermehrung. Der Anbau erfolgt vegetativ über Halmstücke mit 2 bis 4 Knoten. Aus dem Kranz der Wurzelanlagen, die an jedem Knoten angelegt sind, treiben kurzlebige Wurzeln aus, während das Auge schwillt und schließlich der Trieb (1 bis 2 Wochen) erscheint. Nach 3 bis 5 Wo-

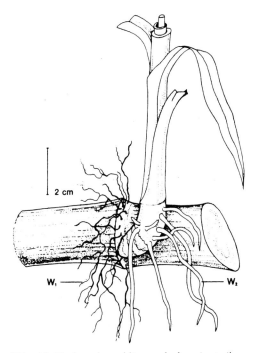

Abb. 65. Zuckerrohrsteckling nach dem Austreiben. W$_1$ = kurzlebige Wurzeln aus dem Knoten, W$_2$ = 3 Adventivwurzeln des neuen Triebes. (Nach 24)

chen ist das nunmehr aus den neugebildeten Wurzelanlagen des neuen Triebes stammende kräftige Adventiv-Wurzelsystem voll ausgebildet (Abb. 65).

Aus dem ersten Auge des ersten Triebes entwickelt sich der nächste Trieb, aus welchem sich wieder in rascher Folge der dritte und vierte entwickelt, womit die „Bestockung" vollzogen wird.

Der Wurzelstock ist kräftig und sehr widerstandsfähig auch gegen Trockenheit und besitzt eine große Zahl „schlafender Augen", die nach dem Schnitt des Zuckerrohres austreiben und die nächste Ernte bilden (ratoon). Gut gepflegte Kulturen werden im Mittel 5mal geerntet. Es können aber auch mehr erreicht werden. Schäden durch Trockenheit, Staunässe, unsachgemäße Pflege bzw. Ernteschäden bei mechanischer Ernte sowie starker Schädlings- und Krankheitsbefall können die Schnittanzahl (ratoons) radikal vermindern.

Zuckerrohr ist selbstverträglich und kann als Monokultur betrieben werden.

Bodenbearbeitung. Der Boden sollte, wie oben gesagt, mindestens auf 40 cm günstige Porositätsverhältnisse aufweisen. Bei Böden, die zur Verdichtung neigen, hat sich eine Tiefenlockerung bis 60 cm und mehr bewährt.

Auch die Saatbett-Vorbereitung soll relativ tief erfolgen (30 bis 40 cm), damit beim nachfolgenden Furchenziehen (20 bis 30 cm) der Steckling noch in den bearbeiteten Bereich zu liegen kommt.

In die vorbereiteten Furchen werden die Stecklinge gelegt. Die Gesamtmasse beträgt 7 bis 10 t/ha je nach Keimfähigkeit des Materials. Das entspricht etwa 15 000 bis 20 000 Stecklingen je ha oder 25 bis 35 Stengelstücken pro laufende 10 m.

Das „Saatgut" wird aus 6 bis 8 Monate altem Zuckerrohr gewonnen, mit einem Biozid gegen Pilz- und Bakterieninfektion behandelt (Eintauchen in Lösung) und in einer entsprechenden Einrichtung 1,5 bis 2,5 Stunden mit 50 bis 52 °C heißem Wasser oder Wasserdampf behandelt, was Viren und eventuelle tierische Schädlinge ausschalten soll. Der Reihenabstand beträgt nicht unter 1,20, meist 1,50 m.

Die in die Furchen von Hand oder maschinell (→ WIENEKE, Bd. 3, S. 361) abgelegten Stengelstücke werden 5 bis 15 cm tief abgedeckt. Die Abdeckungsmächtigkeit hängt von den Wasserverhältnissen und der Textur des Bodens ab. In feuchtem Milieu und schwerem Boden soll die Abdeckung höchstens 5 cm sein (Belüftung). Wird in trockener Zeit auf sandigem Boden ausgelegt, soll zum Schutz vor Austrocknung stärker abgedeckt werden. Der Normalfall bewegt sich im Bereich von 5 bis 7 cm.

Je nach Vorbehandlung wird mit Kultivatoren gehackt und eventuell aufkommendes Unkraut bekämpft. In vielen Gebieten hat sich eine Kombination von chemischer und mechanischer Unkrautbekämpfung bewährt. Unmittelbar nach dem Pflanzen werden Vorauflaufherbizide (Atrazin, Diuron u. a.) ausgebracht.

Beim ersten Erscheinen von Ungräsern oder Unkraut wird zwischen den Reihen gehackt. Bei dieser oder notfalls bei der zweiten Bearbeitung wird eine eventuell vorgesehene Ergänzungs- bzw. Kopfdüngung untergehackt (60 bis 70 Tage nach Anbau) und gleichzeitig leicht angehäufelt. Wenn nötig, wird noch eine 2. Herbizidapplikation in der Reihe oder generell mit Nachauflaufherbiziden (2,4-D, Alachlor, Metribuzin u. a.) durchgeführt. Die Wahl des Herbizids oder die Kombination von Herbiziden richtet sich u. a. nach Bodentyp, Unkrautarten, Rohrsorte und Anbaubedingungen (4, 23).

Düngung sollte grundsätzlich nach Informationen einer Bodenanalyse erfolgen (s. Abschnitt Ökophysiologie). Unter sonst günstigen Boden-, Witterungs- und Niederschlagsverhältnissen muß vom Boden für einen Ertrag von 90 t Stengelmasse (= 120 t oberirdische Gesamtmasse) ein Nährstoffangebot bestehen, wie es in Tab. 28 zusammengestellt ist.

Die Düngung muß so erfolgen, daß dieses Angebot spätestens bis 90 Tage nach Entwicklungsbeginn des Zuckerrohres gewährleistet ist.

Die Abschätzung der Stickstoffbilanz ist nicht einfach, da mit einer einzigen Bodenanalyse die Schwankungen des Stickstoffangebotes nicht erfaßt werden. Je nach biologischer Aktivität des Bodens kann die Menge des pflanzenverfügbaren Stickstoffes stark schwanken.

Zur Absicherung der Düngungskonzeption bzw. zur Kontrolle kann die Pflanzenanalyse herangezogen werden. In der Praxis bezieht man sich häufig noch auf das „Crop-Log-System" nach Clements (5, 7), welches die Analyse der Blattscheide zur Beurteilung des Gesamt-Primary-Index bzw. des Nährstoff-Zustandes (z. B. N-Index) benützt. Modifizierte Systeme benützen

Tab. 28. Zu forderndes Nährstoffangebot im Hauptwurzelbereich für 90 t Zuckerrohr-Erntegut. Nach (13), abgeändert

Nährstoff	Bedarf (kg/ha)	Nährstoff	Bedarf (kg/ha)
Ca	55	Fe	3,25
Mg	40	Mn	1,04
K	330	Cu	0,95
$N(NH_4 + NO_3)$	150	Zn	0,95
PO_4	95	Co	0,055
SO_4	260	Mo	0,195
Si	300	B	0,27

Stengelausschnitte (8.–10. Internodium) (3). Für natürliche Nährstoffbilanzierung ist die Analyse der gesamten Pflanze erforderlich.

So sehr die Pflanzenanalyse den tatsächlichen Ernährungszustand direkt aufzeigen mag, so sind die Ursachen für gefundene Abweichungen keineswegs damit erklärt, so daß eine daraus abgeleitete Düngungsmaßnahme durch Bodenuntersuchungen oder Exaktversuche abgesichert werden muß. Dies gilt vor allem für die Festlegung der Düngermenge.

Die Düngerart ist von untergeordneter Bedeutung. Als Applikationsform hat sich im allgemeinen die Reihendüngung der Flächendüngung überlegen gezeigt.

Die beste Applikationszeit ist für die erste Applikation der Zeitpunkt des Anbaus bzw. unmittelbar nach dem Schnitt, üblicherweise kombiniert mit Bewässerung und vor der Hackarbeit. Die zweite Applikation sollte vor dem dritten Monat erfolgen. Bei Kulturen mit zwei Generationen sind spätere Düngergaben ohne Qualitätsverlust möglich, bei Sandböden sogar empfehlenswert.

Bewässerung. Wie oben gesagt, kann die Bewässerung bei Zuckerrohr über das witterungsbedingte Verdunstungspotential (Class A Pan) gesteuert werden. Allerdings müssen ungestörte Wachstumsverhältnisse vorliegen: optimale Bodenfeuchte (0,1 bis 3,0 bar im Wurzelbereich), mehr als 12 % Luftvolumen, optimale Nährstoffversorgung, keine Pflanzenkrankheiten bzw. Schädlinge etc. Die Wannenverdunstung kann laufend registriert und als potentielle Evapotranspiration eingesetzt werden. Wo Meßstationen bestehen, bestimmt man die Beziehung zwischen der Verdunstung und der tatsächlichen Evapotranspiration, um die lokale Situation genauer zu erfassen. Im einfachsten Fall genügt ein

Faktor, der zwischen 0,8 und 1,25 liegt. Die Beziehung gilt nur für geschlossene Bestände.

Am verläßlichsten ist die Registrierung der Bodenfeuchte bei bekannten Grenzwerten (pF-Kurve) für jeden Standort. Bewässerungszeitpunkt ist der Tag, an dem die Bodenfeuchte 3 bar Saugspannung überschreitet. Die Bewässerungsmenge errechnet sich aus dem aktuellen Bodenwassergehalt, der bei 3 bar vorliegt (Volumprozent) und der Feldkapazität (Volumprozent bei 0,1 bis 0,3 bar).

Bei jungen, nicht geschlossenen Beständen (bis 100 Tage), erreicht die Evapotranspiration nicht die Werte der Wannenverdunstung. Auch ist die Bodenverdunstung (Evaporation) relativ höher als die Transpiration im Vergleich zu geschlossenen Beständen (Beschattung). Für junge Bestände ist daher die Registratur der Bodenfeuchte das beste Kriterium zur Optimierung des Wasserhaushaltes (Tab. 29).

Dies gilt auch für den Zeitpunkt der „Reife", d. h. der Zuckerakkumulation im Stengel. Hier soll, wo es möglich ist, der Bodenwassergehalt in den letzten 30 bis 60 Tagen vor dem Schnitt auf einen Bereich von 10 bis 15 bar Saugspannung zurückgenommen werden, um die Zuckeranreicherung zu stimulieren (16).

Die Art der Bewässerung hängt von den topographischen und den Bodenverhältnissen bzw. von der Verfügbarkeit des Bewässerungswassers ab. Von der Furchenbewässerung über die üblichen Beregnungsanlagen und den Pivot-Anlagen bis hin zu Schlauch- bzw. Tropfbewässerung haben sich alle Systeme bewährt, sofern sie ökologisch richtig gelenkt werden.

Die Steuerung der Bewässerung auf Grund äußerer Erscheinungsformen der Pflanze oder mit Hilfe von Wassergehaltsmessungen von Ge-

Tab. 29. Physiologische Zustandskategorien und Bodenfeuchtezustand. Nach (12, 17)

Kategorie	Physiologischer Zustand des Zuckerrohres	Bodenwasserzustand	
		pF-Wert	bar (kg/cm^2)
V*	Begrenztes bis Nullwachstum wegen Sauerstoffmangels (Wasserüberschuß)	< 2,00	< 0,10
IV	Maximale Produktion	2,00–3,48	0,10–3,00
III	Produktion stagnierend, aber keine physiologischen Schädigungen	3,48–4,20	3,00–16,00
II	Keine Produktion, physiologische Trockenschäden, Regeneration unter Zeit- und Substanzverlust möglich	4,20–4,40	16,00–25,00
I	Irreversible Trockenschäden	>4,40	>25,00

* Wenn Luftvolumen kleiner ist als 12 %

webs- oder Pflanzenteilen ist abzulehnen, da sie, wie Tab. 29 zeigt, nur Hinweise auf schon eingetretene Veränderungen der Pflanze geben und Produktionsverluste daher nicht vermeiden können bzw. diese sogar provozieren.

Krankheiten und Schädlinge

Zuckerrohr ist grundsätzlich recht widerstandsfähig gegen äußere Schadeinflüsse sowohl mechanischer, chemischer als auch biologischer Natur. Erlittene Schäden werden auch gut überwunden, die Pflanze regeneriert, und sei es auch durch Aktivierung von Augen, aus denen jeweils ein neues vollständiges Pflanzenindividuum entsteht. Unter günstigen ökologischen Bedingungen überlebt daher Zuckerrohr grundsätzlich; am stärksten können systemisch wirkende Störeffekte sein, wie sie von Viren hervorgerufen werden. Gegen Viruskrankheiten sind dementsprechend nur genetisch verankerte, natürliche Abwehrmechanismen wirksam. Daher spielt die Resistenzzüchtung besonders gegen Viruserkrankungen eine entscheidende Rolle. Durch Einkreuzen von S. robustum ist es gelungen, gefürchtete Krankheiten wie Sereh und andere so weit zu überwinden, daß sie wirtschaftlich heute kaum noch eine Rolle spielen (10, 20).

Schädlinge. *Saugende Insekten* (Homoptera). Verschiedene Zikaden (*Aeneolamia* spp., Schaumzikade, froghopper), deren Nymphe an den jungen Wurzeln saugt, während das erwachsene Insekt die Blätter ansticht. Wenn der Vegetationskegel befallen wird, stirbt der Trieb ab.

Andere Arten (*Perkinsiella* spp.) sind weniger gefährlich, da sie von natürlichen Feinden kontrolliert werden, andere wieder sind Überträger von gefährlichen Viruserkrankungen (*Perkinsiella vitiensis* überträgt die Fiji-Krankheit, *Aphis sacchari* das Mosaik-Virus).

Schmetterlinge (Lepidoptera) bzw. deren fressende oder bohrende Larven. In diese Gruppe gehören der bekannte „Zuckerrohrbohrer" und seine Verwandten (*Diatraea* u. a. Gattungen). Die Larven leben im Inneren des Zuckerrohrstengels und ernähren sich von dessen Mark. Sekundärinfektionen von Pilzen und Bakterien erhöhen den Schaden. 1 % Infektionsintensität bedeutet einen Verlust von 0,03 % Weißzucker (7, 11). Die Zuckerrohrbohrer werden erfolgreich biologisch bekämpft; man setzt dazu ihre natürlichen Feinde: die Cuba-Fliege (*Lixophaga diatraeae*), die Peru-Fliege (*Paratheresia claripalpis*), die Amazonas-Fliege (*Metagonistylum minense*) u. a. m. ein. Ein Mindestbefall von weniger als drei (höchstens fünf) Prozent ist erwünscht, um die Population der parasitierenden Fliegen zu gewährleisten. Die chemische Bekämpfung kann mit zweiprozentigem Endrin-Granulat (10 bis 12 kg/ha) viermal alle zwei Wochen erfolgen.

Käfer (Coleoptera). Die Larven verschiedener Käfer zerstören Wurzeln. Sie werden chemisch bekämpft (DDT und/oder BHC Suspension von 0,25 und 0,5 %), haben aber auch natürliche Feinde. Chemische Fallen haben sich zur Bekämpfung bewährt (mit Insektizid getränkte Zuckerrohrstengelstücke).

Termiten (Isoptera) und *Fadenwürmer* (Nematoden) befallen in bestimmten Gebieten das Zuckerrohr und richten örtlich begrenzten Schaden an. Auch Ratten können zur ernsten Plage werden. Sie können aber mit modernen Mitteln recht gut unter Kontrolle gebracht werden.

Krankheiten. *Pilzkrankheiten.* Die Augenfleckenkrankheit (eye spot), verursacht durch *Drechslera sacchari*, ist eine auf der ganzen Welt verbreitete Blattkrankheit. Sie verursacht runde, ovale oder längliche Flecken mit rötlichem Zentrum und strohfarbigem Rand (augenähnlich). Es gibt bis heute kein wirksames Bekämpfungsmittel, aber resistente Sorten. Bei starker Infektion verbreiten sich die Stoffwechselprodukte des Pilzes und verursachen zunächst gelbe, später kaffeefarbene Streifen, die von der Infektionsstelle zur Blattspitze verlaufen. In 2 bis 3 Wochen kann die Krankheit epidemisch werden. Zu den Blattkrankheiten zählen noch die Ringfleckenkrankheit (ring spot), verursacht durch *Leptosphaeria sacchari*, und die Braunfleckenkrankheit (brown spot), verursacht durch *Cercospora longipes*.

Stammfäulen verursachen *Glomerella tucumanensis* (imperfekte Form *Colletotrichum falcatum*), Rotfäule (red rot), und *Gibberella fujikuroi* (imperfekte Form *Fusarium moniliforme*), Stengel- und Spitzenfäule (fusarium stem rot, pokkah boeng).

Die Krankheiten befallen alle Pflanzenteile. Den Hauptschaden richten sie in den Stengeln an, deren Mark sich rot verfärbt. Der Zuckergehalt sinkt radikal ab. Auch Stecklinge können befallen werden, da die Schnittflächen gute Angriffsflächen für die Infektion sind. Der Zuckerrohrbohrer und Rattenbisse erleichtern die Infektion. Die Sporen werden durch Wind und Wasser verbreitet. Die einzige wirksame Gegenmaßnahme ist der Anbau resistenter Sorten.

Die Ananas-Krankheit (pineapple disease), durch *Ceratocystis paradoxa* verursacht, befällt mit Vorliebe frische Schnittflächen von Stecklingen und kann ernsten Schaden verursachen. Befallenes Stengelgewebe verfärbt sich schwarz und verbreitet einen charakteristischen Geruch nach Ananas. Zur Bekämpfung wird das „Saatgut" mit Quecksilberpräparaten (Agallol, Aretan) oder anderen Fungiziden behandelt.

Die Sclerophthora-Krankheit wird durch *Sclerophthora macrospora* verursacht. Infizierte Pflanzen produzieren zwar Triebe, doch sind diese am Wachstum behindert und bilden „Zwergformen" aus. Infizierte Pflanzen sind somit weithin erkennbar und müssen vernichtet werden.

Die Wurzelfäule (root rot), verursacht durch *Pythium arrhenomanes*, kann durch häufig wiederholte Behandlung mit Dexon, Laptan oder Phygon bis zu 150 kg/ha bekämpft werden. In den meisten Fällen ist dies sicherlich unökonomisch. Resistente Sorten, gute Bodenbelüftung durch tiefgründige Bearbeitung und Beseitigung eventueller Staunässe, Verbesserung der Mikrobenassoziation des Bodens durch organische Düngung usw. sind wirksam.

Bakterien-Krankheiten. Sie haben mit zunehmender Beachtung bei der Züchtung an Bedeutung verloren. Früher wurden bedeutende Verluste registriert.

Die Gummi-Krankheit (gumming disease), verursacht durch *Xanthomonas vasculorum*, kann ganze Felder zerstören. An den reifen Blättern erscheinen braune, nekrotische, 3–6 mm breite Streifen, die sich meist bis zur Blattspitze fortsetzen. Charakteristisches Kennzeichen ist die Abscheidung einer gummiartigen Masse gelblicher bis oranger Farbe, welche die Stengel beim Aufschneiden absondern. Das einzig wirksame Mittel gegen die Krankheit besteht im Wechsel der Sorte.

Der Blattbrand (leaf scald) wird durch *Xanthomonas albilineans* verursacht. Die ersten Kennzeichen sind weißlich-gelbe Streifen, die schon am Blattgrund beginnen können und sich bis zur Blattspitze fortsetzen. Rötlich braune Flecken innerhalb dieser Streifen, die etwa 5 mm breit sein können, treten beim Fortschreiten der Krankheit auf. Wenn die jüngsten Blätter befallen sind, rollen sich diese ein. Die ganze Pflanze zeigt einen abnormalen Habitus. Die Internodien sind stark verkürzt (Wachstumshemmung) und der Stengel produziert eine große Anzahl von Seitentrieben mit verunstalteten Blättern. Übertragungsgefahr besteht durch Verwendung infizierter Stecklinge, infizierter Messer oder Maschinen. Viele Sorten können monatelang infiziert sein, ohne Symptome zu zeigen. Die Qualität des Saftes kranker Stengel ist stark beeinträchtigt. Bester Schutz gegen die Krankheit ist Verwendung resistenter Sorten.

Die Ratoon-Stunting-Krankheit wurde bis 1974 als Virose aufgefaßt, sie ist aber mit ziemlicher Sicherheit eine Bakteriose (4, 6). Sie kommt in allen Anbaugebieten vor und verursacht ernsten Ertragsabfall, besonders nach dem ersten Schnitt (Name). Ihre Symptome äußern sich in dunkelgelben, orangefarbenen bis ziegelroten Pünktchen in den Nodien, die je nach Alter und Sorte in ihrer Farbintensität variieren. Eine rosa Verfärbung im Wachstumskegel des ersten Triebes tritt auf, noch bevor er an der Erdoberfläche erscheint. Ungünstige Wachstumsbedingungen wie Trockenheit fördern das Fortschreiten der Krankheit. Übertragung durch Schnittmesser oder Erntemaschinen ist möglich. Eine laufende Kontrolle der Felder ist sehr empfehlenswert. Da es noch keine genügend resistenten und gleichzeitig hochertragfähigen Sorten gibt, ist die Bekämpfung in erster Linie durch Verwendung von Setzlingen aus gesundem Elternmaterial durchzuführen bzw. durch die Behandlung von nicht unter strenger Quarantänekontrolle gewonnenen Setzlingen mit Heißwasser (50 °C für 2 bis 3 h) oder Heißluft (56–58 °C für 8 h), eine drastische Behandlung, die nicht von allen Sorten ausgehalten wird.

Virus-Krankheiten. Die Mosaik-Krankheit ist auf der ganzen Welt verbreitet, steht aber unter Kontrolle durch Anbau resistenter Sorten. Von dem erregenden Virus gibt es mehrere Abarten. Es zerstört das Chlorophyll im Blatt und verursacht mosaikartige Aufhellungen auf grünem Grund. Die Aufhellungen entwickeln sich meist streifig und können die Blattfläche dominieren. Die Übertragung erfolgt durch Insekten, auch durch infizierte Geräte und durch infiziertes Saatgut. Die wirksamste Gegenmaßnahme ist die Verwendung resistenter Sorten, bei sporadischem Auftreten sollten die befallenen Pflanzen vernichtet werden.

Der Erreger der chlorotischen Streifenkrankheit (chlorotic streak) konnte bisher nicht identifiziert werden. Es handelt sich aber um eine übertragbare Krankheit, deren Erreger systemisch wirkt. Die Symptome äußern sich in langen unregelmäßigen, chlorotischen Streifen. Bei infizierten Pflanzen können rötlich verfärbte Gefäßbündel beobachtet werden, die sich vereinzelt in die Internodien fortsetzen. Zur Bekämpfung dienen die Auswahl resistenter Sorten, die Verwendung gesunden Saatgutes, Heißwasserbehandlung (50 °C, 20 min) der Stecklinge und das Ausmerzen kranker Pflanzen.

Ernte und Verarbeitung

Die Erntetechnik ist nicht befriedigend gelöst, da einerseits die Handarbeit immer teurer und Personalmangel immer spürbarer wird, andererseits die Mechanisierung (→ WIENEKE, Bd. 3, S. 368) wegen der hohen Investitionskosten noch nicht befriedigen kann. Bei den meisten Erntemaschinen ist wegen des sperrigen, unregelmäßigen Aufwuchses die Ernteleistung zu gering. Die Wartung der Maschinen erfordert hohen Aufwand und qualifiziertes Personal. Die Ernte- und Transportkosten überschreiten in vielen Fällen die Produktionskosten.

Die Planung der Ernte (Schnittzeitpunkt) ist von meist noch unterschätzter Bedeutung: Mittels verschiedener Systeme der Reifekontrolle wird versucht, den besten Erntezeitpunkt festzulegen, was insbesondere bei zweijährigen Kulturen eine große Rolle spielt. (Systeme zur Reifekontrolle und Stimulierung siehe (11, 14, 15, 16, 17, 18a), vergl. Abschnitt Ökophysiologie). – Beste Reifegrade erhält man bei trockenem, strahlungsreichem Wetter und hoher Temperaturdifferenz zwischen Tag und Nacht. Wo es möglich ist, wird durch Wasserentzug die Reife stimuliert. Am Tag der Ernte wird häufig das Rohr abgebrannt, um das Blattmaterial zu beseitigen. In feuchtwarmen Tropen versucht man mit unterschiedlichem Erfolg über chemische Behandlung des Bestandes (22) bessere Reifegrade oder doch wenigstens die Beseitigung der zuckerfreien Grünmasse zu erreichen, letzteres besonders unter Bedingungen, wo das Abbrennen wenig effektiv ist (11, 16). Meist richtet sich die Ernte-Organisation aber immer noch nach den vorhandenen Fabrikkapazitäten. Die Kampagnedauer ist von dieser und den klimatischen Bedingungen abhängig (Trockenzeit) und schwankt zwischen 4 und 10 Monaten (meist 6 Monate). Die Mechanisierung der Ernte bringt hohe Qualitätseinbußen durch Verschmutzung des Erntegutes mit sich. Schmutz und Blattanteil steigen bis zu 25 %; bei sorgfältiger Handarbeit liegen sie bei 3 bis 5 %. Die Mechanisierung erzwingt die Installation von eigenen Reinigungsanlagen (Trocken- und Naßabscheidung).

In der Praxis ist mit einer Schnittleistung der meisten selbstfahrenden Erntemaschinen von 30 bis 60 t/h zu rechnen (1 Zuckerrohrhauer schneidet 5 bis 10 t/Tag).

Vielfach wird von Hand geschnitten, wobei die zuckerarmen Zuckerrohrspitzen (tops, cogollo) abgetrennt, separat abgelegt und mechanisch geladen werden (Schmutzprozente 12 bis 18 %).

Das Erntegut soll spätestens 30 Stunden nach dem Schnitt bereits verarbeitet werden, da sonst Verluste an Saccharose und Saftreinheit eintreten.

Die Erntewerte sind auf Flächen- und Zeiteinheit zu beziehen (ha und Monat oder Jahr), da unterschiedliche Vegetationszeiten möglich sind. Der Transport erfolgt heute mehr und mehr über gummibereifte Straßenfahrzeuge (früher Feldbahnen). Dabei variieren die Systeme von Kleinanhängerzügen bis zu schweren Sattelschlepper-Lastwagen.

Die *Verarbeitung* des Zuckerrohres (Abb. 66) besteht im Auspressen („Mühlen" = Walzmassen = Trapichen) oder Auslaugen (Diffusore) des Zuckerrohrsaftes. Der Rückstand heißt Bagasse und enthält noch 1,8 bis 2,5 % Saccharose. Sein Fasergehalt beträgt 46 bis 48 % und der Wassergehalt 50 bis 52 %. Meist wird Bagasse verheizt. Sie liefert genug Energie, um die Fabrik und auch noch Nebenbereiche zu versorgen. Natürlich können auch Zellulose, Baumaterial (Platten), Papier oder auch Furfurol aus Bagasse gewonnen werden.

Der Rohsaft wird zunächst in einem Klärturm gereinigt und in Vakuumkesseln so lange eingedickt, bis schließlich Saccharose in Kristallen ausfällt. Mittels Hochleistungszentrifugen wird die zähflüssige Masse durch die feinperforierte Zentrifugenwand abgeschleudert (= Melasse); die Saccharosekristalle werden zurückgehalten. Sie besitzen zunächst noch eine dünne Haut von Melasse, was dem Zucker eine goldgelbe bis goldbraune Farbe verleiht. Dies ist der international gehandelte (auf 96 % Reinheit standardisierte) Rohzucker. Durch Waschen mit reinem Wasser in der Zentrifuge werden die Melassereste entfernt, bis die glasklaren Kristalle übrigbleiben (Weißzucker, 99,8 % Reinheit).

Melasse kann vielfach weiterverwertet werden (Futtermittel, Alkoholerzeugung etc.), sie ist energiereich (50 % Gesamtzucker) und mineralstoffhaltig (bes. Kalium).

Die Ausbeute aus 1 t Zuckerrohr beträgt rund 100 kg Zucker, 30 kg Bagasse und 40 kg Melasse; aus letzterer werden 10 l Alkohol und 130 l Schlempe gewonnen. Die Schlempe enthält 1,2 kg N, 0,2 kg P_2O_5 und 7,8 kg K_2O pro 1000 l.

Bei der direkten Vergärung des Preßsaftes zu Alkohol werden aus 1 t Rohr 70 l Alkohol, 30

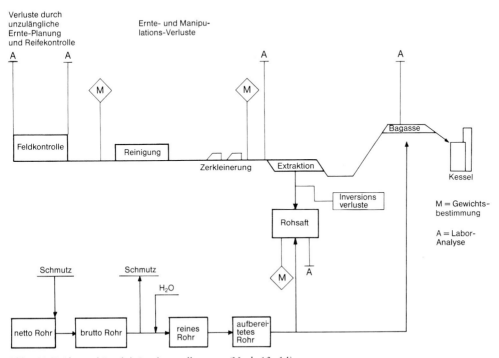

Abb. 66. Reife- und Produktionskontrollsystem. (Nach 13, 14)

kg Bagasse und 910 l Schlempe mit 0,3 kg N, 0,2 kg P_2O_5 und 1,2 kg K_2O erhalten.

Literatur

1. ALEXANDER, A. G. (1973): Sugarcane Physiology, a Comprehensive Study of the *Saccharum* Source-to-Sink System. Elsevier, Amsterdam.
2. ANONYM (1965/67): Annual Report of the South African Sugar Association Experimental Station.
3. BAVER, L. D. (1960): Plant and soil composition relationships as applied to cane fertilization. Hawaiian Planters' Record 56, 1–153.
4. BLACKBURN, F. (1984): Sugar-Cane. Longman, London.
5. CLEMENTS, G. F. (1972): The crop logging system for sugarcane production: 1971 edition. Proc. Intern. Soc. Sugar Cane Technol. 14, 657–672.
6. DAVIS, M. J., GILLASPIE, A. G. Jr., HARRIES, R. W., and LAWSON, R. H. (1980): Ratoon stunting disease of sugarcane: isolation of the causal bacterium. Science 210, 1365–1376.
7. GOMEZ ALVAREZ, F. (1975): Caña de Azúcar. Fondo Nacional de Investigaciones Agropecuarias, Caracas.
8. GRASSL, C. O. (1969): *Saccharum* names and their interpretation. Proc. Intern. Soc. Sugar Cane Technol. 13, 868–875.
9. GRASSL, C. O. (1977): The origin of the sugar producing cultivars of *Saccharum*. Sugarcane Breeder's Newsletter 39, 8–33.
9a. HEINZ, D. J. (ed.) (1987): Sugarcane Improvement through Breeding. Elsevier, Amsterdam.
10. HUGHES, C. G., ABBOTT, E. V., and WISMER, C. A. (eds.) (1964): Sugar-Cane Diseases of the World. Vol. II. Elsevier, Amsterdam.
11. HUMBERT, R. P. (1968): The Growing of Sugarcane. Elsevier, Amsterdam.
12. HUSZ, G. ST. (1969): Servicio de Humedad del Suelo. Informes Estación Invest. Agric., Casa Grande, No. 3, Trujillo, Peru.
13. HUSZ, G. ST. (1969): Sugar Cane, Cultivation and Fertilization. Ruhrstickstoff, Bochum.
14. HUSZ, G. ST. (1972): Produktionskontrolle in der Rohrzuckerindustrie Perus. Z. Zuckerind. 22, Nr. 4.
15. HUSZ, G. ST. (1974): Standortuntersuchungen als Grundlage einer agro-ökologischen Produktionsplanung. Habil.-Schrift, Univ. f. Bodenkultur, Wien.
16. HUSZ, G. ST. (1975): Reife- und Produktionskontrolle bei Zuckerrohr. Führer durch die Zuckerfabriksmaschinenindustrie. F. O. Licht, Ratzeburg.
17. HUSZ, G. ST. (1977): Quantification of water status in soils in order to optimize irrigation. In: The World of Sugarcane, ed. CIBA-GEIGY, 16th ISSCT Congress, São Paulo, Brasilien.
18. HUSZ, G. ST. (1981): Sobre la Productividad Potencial y Actual de Caña de Azúcar. Vortrag: Symposium des Verbandes der Zuckertechnologen Venezuelas, Caracas.
18a. HUSZ, G. ST. (1986): Sugar cane factory efficiency as a function of agro-ecological growing conditions. Zuckerind. 111, 57–61.
19. LONG, W. H., and HENSLEY, S. D. (1972): Insect pests of sugar cane. Ann. Rev. Entomol. 17, 149–176.
20. MARTIN, J. P., ABBOTT, E. V., and HUGHES, C. G. (eds.) (1961): Sugar-Cane Diseases of the World. Vol. I. Elsevier. Amsterdam.
21. MIKOLA, P. (ed.) (1980): Tropical Mycorrhiza Research. Clarendon Press, Oxford.
22. NICKELL, L. G. (1982): Plant growth regulators in the sugarcane industry. In: MCLAREN, J. S. (ed.): Chemical Manipulation of Crop and Development, 167–189. Butterworth, London.
23. PENG, S. Y. (1984): The Biology and Control of Weeds in Sugarcane. Elsevier, Amsterdam.
24. REHM, S., und ESPIG, G. (1984): Die Kulturpflanzen der Tropen und Subtropen. 2. Aufl. Ulmer, Stuttgart.
25. RUSCHEL, A. P., and VOSE, P. B. (1984): Biological nitrogen fixation in sugar cane. In: SUBBA RAO, N. S. (ed.): Current Developments in Biological Nitrogen Fixation, 219–235. Arnold, London.
26. SIVANESAN, A., and WALLER, J. M. (1986): Sugarcane Diseases. CAB International, Farnham Royal, Slough, England.
27. ZEVEN, A. C., and DE WET, J. M. J. (1982): Dictionary of Cultivated Plants and Their Regions of Diversity. Pudoc, Wageningen.

2.2 Zuckerrübe

GERHARD SCHMIDT und CHRISTIAN WINNER

Botanisch:	*Beta vulgaris* L. ssp. *vulgaris* var. *altissima* Döll
Englisch:	sugar beet
Französisch:	betterave à sucre, betterave sucrière
Spanisch:	remolacha azucarera

Wirtschaftliche Bedeutung

Die zu etwa 40 % an der Weltzuckererzeugung beteiligte Zuckerrübe wird vorwiegend in Ländern der gemäßigten Klimazonen angebaut. Sie wird dort im Frühjahr gesät und von Herbst bis Winter geerntet (10, 18).

In den letzten drei Jahrzehnten drang der Zuckerrübenanbau in verstärktem Maße auch in subtropische Regionen vor (Abb. 67), wo in verschiedenen Ländern zur Begrenzung der Zuckerimporte eine Rübenzuckerindustrie ins Leben gerufen wurde (1, 8, 14, 15, 16). Die Rübensaat erfolgt hier in der Regel im Herbst oder während des Winters, und die Ernte wird möglichst schon im Hochsommer zum Abschluß gebracht.

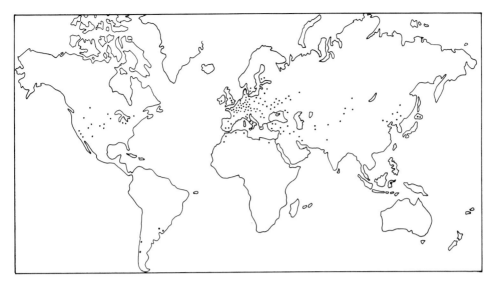

Abb. 67. Verbreitung des Zuckerrübenanbaus in der Welt.

Im südlichen Mittelmeerraum und im Nahen Osten haben diese Bemühungen zu unterschiedlichem Erfolg geführt. In einigen Gebieten gelang die Einführung des Rübenbaus ohne besondere Schwierigkeiten. In anderen Regionen erweist sich die Rübenzuckererzeugung bei oft sehr kurzer Kampagnedauer in kapitalaufwendigen Fabriken und bei hohen Anforderungen an die Organisation von Bewässerung und Ernte in der heißen Jahreszeit als schwierig.

Unter den nordafrikanischen Ländern liegt in der Rübenzuckererzeugung Marokko bei weitem an der Spitze (> 2 Mio. t Rüben), gefolgt von Algerien, Tunesien und Ägypten. Auch Portugal (Azoren), Südwest-Spanien, Italien, Syrien, Libanon, Israel, Irak, Iran (Khuzistan), Pakistan, Indien sowie in Amerika die USA (Südkalifornien) und Uruguay sind Länder, in denen teilweise oder ganz ein Winterrübenanbau betrieben wird (1, 16).

Botanik

Die zu den Chenopodiaceen gehörende Art *Beta vulgaris* L. umschließt eine Reihe eng verwandter Kulturpflanzen (ssp. *vulgaris*: Futterrübe, Zuckerrübe; Rote Bete, Mangold) sowie die Wildform ssp. *maritima* (L.) Arcang. (4, 5). Die meisten dieser Unterarten und Varietäten sind leicht miteinander kreuzbar (Erschwernis für

den Samenrübenbau: Gefahr der Fremdbefruchtung durch Wildrüben).

Die Zuckerrübe besteht aus dem Kopf (gestauchte Sproßachse) mit den ihm aufsitzenden Blättern, dem Hals (Hypokotyl), der weder Blätter noch Wurzeln trägt, und dem eigentlichen Wurzelkörper mit Seitenwurzeln und der nach unten gerichteten Pfahlwurzel. Der Kopfteil muß bei der Ernte entfernt werden, da er wenig Zucker (Saccharose), aber beträchtliche Mengen an Stoffen enthält, die die Zuckergewinnung erschweren und den Melasseanfall erhöhen.

Beim Anbau der Rübe zur Zuckergewinnung ist es wichtig, daß die Pflanze bis zur Ernte in der vegetativen Entwicklungsphase verbleibt, also keinen Blütensproß bildet (s.u.). Länger anhaltende kühle Temperaturen (bereits < 10 °C; vgl. (12)) lösen bei dieser normalerweise zweijährigen Kulturpflanze den vorzeitigen Übergang in die generative Phase aus (Blüte und Samenbildung).

Ökophysiologie

Bodenansprüche. Die Rübe zeichnet sich durch eine beachtliche Anpassung an unterschiedliche Bodenbedingungen aus. In nordafrikanischen Winterregengebieten wird sie zum Teil sogar auf schwerem Tonboden mit Erfolg angebaut. Allerdings bereitet dort bei hohen Niederschlägen

(> 700 mm/a), auch wegen starker Unkraut-
wüchsigkeit, die Bearbeitung der Felder beträchtliche Schwierigkeiten.
Voraussetzung für einen erfolgreichen Rübenanbau sind eine ausreichende Tiefgründigkeit des
Bodens sowie die Herrichtung eines gleichmäßigen Saatbettes, das nach der Bestellung nicht
von Verkrustung bedroht ist. Günstiger sind die
Anbaubedingungen auf Lehmböden. Dagegen
bleibt die Nutzung leichter Böden wegen ihres
geringen Wasserhaltevermögens trotz der tiefreichenden Wurzeln der Zuckerrübe in wärmeren
Gebieten problematisch, wenn nicht eine regelmäßige Bewässerung durchgeführt werden
kann. Gegenüber einem erhöhten Salzgehalt
mancher Böden im subtropischen Klimaraum ist
die Rübenpflanze relativ unempfindlich. Die Rübe verträgt jedoch keinen anhaltend hohen
Grundwasserstand oder stauende Nässe.
Schon innerhalb des gleichen Klimagebietes
können die Bodenverhältnisse einen starken Einfluß auf Ertrag und Qualität der Rübe ausüben.
In Marokko, wo sich in manchen Regionen
Rüben mit durchaus befriedigendem Ertrag und
guter Qualität erzeugen lassen, bleibt z. B. der
Zuckergehalt auf den schweren, tief gelegenen,
im Untergrund meist salzhaltigen Böden der Kü-
stenzone des Gharb oft hinter dem Zuckergehalt
des dort ebenfalls angebauten Zuckerrohrs zurück (< 14 %). Hier wirkt sich auch der hohe
Gehalt des Bodens an Alkalisalzen nachteilig aus
(15). Im allgemeinen erreichen Zuckerrüben bei
Erträgen zwischen 40 und 70 t einen Zuckergehalt von 15 bis 18 %; ein Zuckergehalt über
18 % ist in warmen Klimaten selten (erhöhte
Zuckerveratmung).
Klima und Vegetationszeit. Eine wichtige Voraussetzung zur Erzeugung von Zuckerrüben in
subtropischen Gebieten ist die möglichst weitgehende Ausnutzung der kühlen und feuchten Jahreszeit. Ein Bild von der Ertragsbildung (Blatt
und Rübe) in Abhängigkeit von Aussaattermin
und saisonalem Witterungsverlauf vermittelt das
Diagramm in Abb. 68. Bei sehr früher Herbst-
saat besteht zwar die Gefahr eines verstärkten
Schossens und möglicherweise eines Befalls der
jungen Pflanzen durch Schädlinge und Krankheiten, im Hinblick auf einen möglichst frühzeitigen Kampagnebeginn ist aber eine frühzeitige
Aussaat in der Regel sehr von Vorteil.
Der Zeitpunkt, von dem an die Rüben eine für
die Fabrik annehmbare Qualität erreichen,

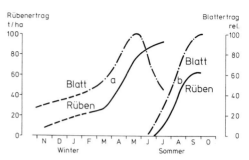

Abb. 68. Ertragsbildung der Zuckerrübe nach Herbst-
saat (a) unter subtropischen Bedingungen mit Bewässerung (Arizona, USA). Im Vergleich dazu Ertragsbildung nach Frühjahrssaat (b), ebenfalls unter Bewässerung und etwas niedrigerem Ertragsniveau (Idaho,
USA). Beachte den unterschiedlichen Verlauf der Ertragskurven für Blatt und Rüben. (Nach 9)

hängt stark vom Temperaturverlauf in den Wintermonaten ab. In kalten Wintern ist die Entwicklung verzögert; der Zuckergehalt erreicht
dann erst spät ein für die Fabrikation wünschenswertes Niveau. Dagegen ist die Entwicklung in milden Wintern beschleunigt, die Rüben
erreichen eher einen die Verarbeitung rechtferti-
genden hohen Zuckergehalt (15).
Hohe Zuwachsraten im Frühjahr und Vorsom-
mer, die durch Frühroderprämien nur schwer
auszugleichen sind, stehen einem frühzeitigen
Kampagnebeginn meist entgegen. In Nordafrika,
wo bei Bewässerung der Ertragszuwachs an
Zucker Ende Juni-Anfang Juli am größten ist,
nehmen daher die Zuckerfabriken z. B. kaum
vor Mitte Mai ihre Arbeit auf. Dem Anstieg im
Zuckergehalt wird dort durch die hohen sommerlichen Temperaturen (Maxima ca. 40 °C)
auch bei bewässerten Rüben ein Ende gesetzt: Es
kommt dann zu einem Rückgang des Zuckerge-
haltes und des Rübenertrages. Je eher hohe Temperaturen einsetzen, um so niedriger bleibt der
erreichte Zuckergehalt. Kurzfristig auftretende
Hitzewellen können außerdem das Blatt durch
direkte Sonneneinstrahlung schädigen oder das
Auftreten von Blattkrankheiten begünstigen.
Unter extrem kontinentalen Bedingungen, d. h.
bei sehr kaltem Winter und heißem Sommer, ist
schließlich auch ein Winterrübenanbau nicht
mehr möglich.
Auch im subtropischen Bereich gibt es Gebiete,
in denen bei mäßiger Hitze im Sommer und
unter günstigen Bodenbedingungen das Ende

der Erntezeit im Sommer nicht so scharf begrenzt ist und bis in die Monate August-September hineinreicht (15). Im San Joaquin Valley in Kalifornien (36 bis 37°N) wird z. B. bei nicht sehr heißem Sommer (Maxima meist < 38 °C) auch noch während des Herbstes geerntet. Eine derartig späte Ernte ist schon im wenig südlicher gelegenen Imperial Valley (33°N) bei sommerlichen Temperaturmaxima von 45 °C nicht mehr möglich (Aussaat September-Oktober; Ernte Mitte Mai bis Ende Juli).

Züchtung und Saatgutvermehrung

Züchtung und Saatgutvermehrung. Die Züchtung der Zuckerrübe erfolgt überwiegend in Zonen gemäßigten Klimas. Während in den stärker industrialisierten Ländern Westeuropas und Amerikas in den letzten Jahren genetisch monogerme Sorten die multigermen fast völlig verdrängt haben, werden unter den erschwerten Aufgangsbedingungen in wärmeren Ländern und bei Verfügbarkeit relativ billiger Arbeitskräfte bis heute noch vielfach multigerme Sorten angebaut.

Zu den Zuchtzielen der modernen Rübenzüchtung gehören neben Ertrag und Ertragssicherheit vor allem ein hoher Zuckergehalt bei möglichst niedrigem Gehalt an unerwünschten Inhaltsstoffen. Die wichtigsten Melassebildner, die heute neben der Zuckergehaltsbestimmung routinemäßig analysiert werden, sind Kalium, Natrium und α-Aminostickstoff. Erwünscht sind außerdem eine günstige Rübenform, nicht selten auch bestimmte Resistenzeigenschaften (2).

Je nach Zuckergehalt unterscheidet man die zuckerreicheren, ertragsschwächeren und die zuckerärmeren, ertragreicheren Sorten. Zwischen diese sind die meist bevorzugten Sorten mit mittlerem Zuckergehalt bei mittlerem Rübenertrag einzuordnen.

Während die Züchtung polyploider, vorwiegend triploider Sorten (seit 1960) nur relativ bescheidene Erfolge zu verzeichnen hatte, sind mit Züchtung von männlich-sterilen Linien und den darauf aufbauenden Methoden der Hybridzüchtung weitere Fortschritte in der Einführung von monogermen Hochleistungssorten erzielt worden.

Die Saatguterzeugung in subtropischen Ländern ist mit einem erhöhten Risiko belastet. Bei beträchtlichen Witterungsschwankungen ist der Samenansatz oft unbefriedigend.

Sorten und Sortenwahl. Im allgemeinen zeigen Sorten, die sich beim Anbau in gemäßigten Zonen bewährt haben, auch in subtropischen Gebieten gute Leistungen (15). Mit Ausweitung der Hybridzüchtung ist aber zu erwarten, daß in Zukunft mehr als bisher auch Sorten mit spezieller Anpassung an ökologische Sonderbedingungen angebaut werden, z. B. mit Dürretoleranz, Toleranz gegen *Cercospora* oder bestimmte Viruskrankheiten. Für die Wirtschaftlichkeit des Rübenanbaus können gerade in den wärmeren Gebieten genetisch bedingte Qualitätsunterschiede sehr bestimmend sein. Wo Boden und Klima für eine Zuckerbildung in der Rübe nicht günstig sind, muß auf einen Anbau von Sorten mit niedrigem Zuckergehalt verzichtet werden. Sorten mit hohem Zuckergehalt erreichen im übrigen auch eher den Zeitpunkt, an dem sie mit einer für die Fabrik annehmbaren Qualität geerntet werden können.

Für die frühen Herbstsaaten ist eine ausreichende Schoßresistenz wichtig. Spezialsorten (z. B. mit Teilresistenz gegen *Cercospora*) sind meist weniger ertragreich, zumindest unter Standort- oder Witterungsbedingungen, wo diese speziellen Eigenschaften wegen Ausbleibens der erwarteten Belastung (Infektion, Wassermangel) nicht zum Tragen kommen.

Anbau

Bodenvorbereitung. Beim Anbau in subtropischen Gebieten ergeben sich zum Teil dann Schwierigkeiten, wenn auch sehr tonhaltige Böden zum Rübenanbau herangezogen werden, insbesondere in Gebieten mit hohen Winterniederschlägen. Auf schweren Böden ist deshalb zur Herabsetzung der Gefahr von Staunässe eine gute Nivellierung der Felder notwendig. Auch bei nicht bewässerten oder beregneten Rüben ist gelegentlich die Kultivierung auf Erddämmen von Vorteil, wie diese sonst nur bei einer Furchenbewässerung unerläßlich ist (7). Nach Getreidevorfrucht ist wegen des Kornausfalles mit sehr erhöhtem Arbeitsaufwand für die Unkrautbekämpfung zu rechnen.

Saat. Das Ausbringen von „Normalsaatgut" (multigermes Saatgut) erfolgt mit Drillmaschinen oder auch – in kleinbäuerlichen Betrieben – vielfach noch mit der Hand in Reihen, die mit Markören oder Hacken vorgezeichnet werden. Nach dem Aufgang müssen die Bestände dann von Hand mit der Hacke vereinzelt werden. Auf schwierigen Böden kann auch bei Verfügbarkeit von genügend Handarbeitskräften das Vereinzeln noch problematisch sein, so daß dichte Saaten noch keineswegs immer gleichmäßig geschlossene Bestände garantieren. Unter günstigen Bedingungen setzt sich auch schon Monogermsaat durch, die gelegentlich sogar „auf Endabstand" gedrillt wird.

Die Frage nach dem Einfluß des Pflanzenbestandes auf den Rübenertrag ist oft untersucht und beantwortet worden (15, 17, 19). Angestrebt wird ein Bestand von 80 000 Pflanzen/ha. Bei gleichmäßiger Verteilung der Pflanzen ist aber ein auch etwas geringerer Bestand (bis 50 000) meist noch in der Lage, das Ertragspotential des Bodens ebenso auszunutzen wie ein dichter.

Die Pflege konzentriert sich auf das frühzeitige Vereinzeln (ab Vierblattstadium) und eine möglichst weitgehende mechanische (manuell oder maschinell) und chemische Unkrautbekämpfung, bis sich der Bestand schließt. In Abhängigkeit von der Unkrautflora können die verfügbaren Herbizide in ähnlicher Weise wie im gemäßigten Klima zur Anwendung kommen. Die Wirkung ist aber wegen der größeren Witterungsschwankungen sehr unterschiedlich (11).

Düngung. Für die Bemessung der Stickstoffgabe sollten die im Boden verfügbaren mineralischen N-Mengen berücksichtigt werden (6, 18). Bei Vorhandensein bzw. der Nachlieferung nur geringer löslicher N-Mengen im Boden variiert der Stickstoffbedarf in Abhängigkeit vom zu erwartenden Rübenertrag (Wasserversorgung; Bestandesdichte und Vegetationsdauer). Sehr hohe Gaben oder zu späte Anwendung von Stickstoffdünger führen zu vermindertem Zuckergehalt und erhöhten Anteilen von Melassebildnern (s. o.). Auch der Zuckerertrag kann dadurch gemindert werden (13). N-Kopfdüngung sollte bald nach der Vereinzelung verabreicht werden. Falls die Standortverhältnisse hohe Erträge zulassen (über 60 t/ha), kann aber der Stickstoffdünger auch etwas reichlicher bemessen werden (180 kg N). Bei Bewässerung und mittlerem Ertragsniveau liegt die zweckmäßige N-Gabe in der Regel zwischen 120 und 150 kg N (15).

Man muß vielerorts damit rechnen, daß der Boden den Phosphatbedarf der Rübe nicht decken kann. Die Höhe des P-Defizits hängt meist von der Phosphatanwendung in vorausgegangenen Jahren ab. Auch im Blick auf den geringen Grad der Ausnutzung einer Phosphatdüngung

innerhalb einer Vegetationsperiode sollte die mineralische P-Gabe zu Rüben reichlich bemessen sein und damit auch der Fruchtfolge zugute kommen.

Subtropische Böden enthalten vielfach beachtliche Kalimengen. Auch wird in manchen Fällen mit der Bewässerung das Kaliangebot in unerwünschter Weise erhöht. Trotz des hohen Kalibedarfs von Rüben sollte man sich daher vor einer eventuellen Kalidüngung an der Verfügbarkeit dieses Nährstoffes in Boden und Wasser orientieren (Bodenanalyse).

Bewässerung. Im Winterrübenanbau werden im Gegensatz zum Zuckerrohranbau die in der Regel begrenzt verfügbaren Wassermengen auf einer möglichst großen Fläche nutzbar gemacht (14). Im Rübenbau sind sowohl Furchenbewässerung als auch Beregnung üblich. Furchenbewässerung bietet sich vor allem auf ebenen Ländereien und in den Flußtälern an.

Kurzfristiges Wasserdefizit vor der Ernte führt zu vermindertem Rübengewicht und entsprechend erhöhtem Zuckergehalt bei etwa gleichbleibendem Zuckerertrag. Ein länger anhaltender Wassermangel, der auch im Blick auf die Haltbarkeit der Rüben nach der Ernte vermieden werden sollte, führt zu sinkenden Rübenerträgen und vermindertem Zuckergehalt (15).

Ernte und Lieferung an die Fabrik. Die Ernte erfolgt mit Rübenrodern oder von Hand (mit „Rübenhebern" und nachfolgendem Köpfen meist mit Sicheln). Sehr schwere Böden setzen in trockenem Zustand einer Erntemaschine erheblichen Widerstand entgegen (Bruchverluste). Soweit bei fortgeschrittener Jahreszeit noch Blätter vorhanden sind, vertrocknen diese nach Köpfung der Rüben bei hohen Temperaturen schnell und können oft nur noch durch Schafbeweidung verwertet werden. Am Anfang der Ernteperiode ist dagegen meist noch gutes Blatt zur Verfütterung in der Rinderhaltung zu gewinnen.

Bei hoher Sommertemperatur müssen die Rüben zur Vermeidung von Verlusten schnell – möglichst innerhalb von etwa 48 Stunden – zur Verarbeitung kommen. Die Abstimmung von Ernte und Verarbeitung sowie das Beladen der Lastwagen und der Transport stellen hohe organisatorische Anforderungen auch an die Zuckerfabrik.

In der Fabrik wird der Schmutz- und Zuckergehalt der Rüben ermittelt sowie gelegentlich auch der Gehalt an anderen qualitätsbestimmenden

Inhaltsstoffen. Der Rübenpreis richtet sich nach dem Zuckergehalt der Rüben und/oder der erzielten Zuckerausbeute.

Schädlinge und Krankheiten

Wichtige Schädlinge in wärmeren Ländern sind Rübennematoden *(Heterodera schachtii)* und Rübenkopfälchen *(Ditylenchus dipsaci)*, unter den Insekten gelegentlich Blattwanzen, Erdraupen und blattfressende Käfer (Cassiden). Als Krankheiten sind vor allem die *Cercospora*-Blattfleckenkrankheit und der Mehltau, als Erreger von Wurzelfäulen die Pilze *Rhizoctonia, Phoma (Pleospora) betae* und *Sclerotium (Corticium) rolfsii* zu nennen sowie einige Viruskrankheiten (3).

Verwertung von Nebenprodukten

Als Nebenprodukte fallen bei der Zuckerfabrikation Naßschnitzel (ca. 10 % TS) und Melasse (ca. 50 % Saccharose) an. Naßschnitzel werden entweder direkt verfüttert oder zuvor getrocknet. Auch die Melasse dient Futterzwecken oder wird zur Alkohol- und Hefegewinnung verwendet.

Literatur

1. ANDREAE, B. (1980): Expansion und Wandel der Zuckerwirtschaft im subtropischen Trockengürtel. Die Innovation des Winterzuckerrübenanbaus und ihre Wirkung in Raum und Zeit. Zuckerind. 105, 1096–1101.
2. BAROCKA, K. H. (1970): Zucker- und Futterrüben (Beta vulgaris L.). In: HOFFMANN, W., A. MUDRA, und PLARRE, W.: Lehrbuch der Züchtung landwirtschaftlicher Kulturpflanzen. Bd. 2: Spez. Teil, 313–361. Parey, Berlin.
3. BENNETT, C. W., and LEACH, L. D. (1971): Diseases and their control. In: (10), 223–285.
4. BROUWER, W., und STÄHLIN, L. (1976): Die Beta-Rüben: Futter- und Zuckerrübe. In: BROUWER, W.: Handbuch der Speziellen Pflanzenbaues. Bd. 2, 188–387. Parey, Berlin.
5. CAMPBELL, G. K. G. (1976): Sugar beet. *Beta vulgaris* (Chenopodiaceae). In: SIMMONDS, N. W. (ed.): Evolution of Crop Plants, 25–28. Longman, London.
6. DRAYCOTT, A. P. (1972): Sugar-Beet Nutrition. Applied Science Publishers, London.
7. HILLS, F. J. (1973): Effects of spacing on sugar beets in 30 inch and 14–26 inch rows. J. Amer. Soc. Sugar Beet Technol. 17, 300–308.
8. JAGWITZ-BIEGNITZ, F. VON (1984): Anbau der Zuckerrübe in wärmeren Ländern. In: Geschichte der Zuckerrübe (Hrsg.: Institut für Zuckerrübenforschung), 175–187. Bartens, Berlin.
9. JENSEN, M. E., and ERIE, L. J. (1971): Irrigation and water management. In: (10), 189–222.
10. JOHNSON, R. T., ALEXANDER, J. T., RUSH, G. E., and HAWKES, G. R. (eds.) (1971): Advances in Sugarbeet Production: Principles and Practices. Iowa State University Press, Ames, Iowa.
11. KOCH, W., et SCHMIDT, G. (1969): Observations sur l'efficacité de quelques herbicides dans la culture de la betterave sucrière au Maroc. Al Awamia 32, 125–149.
12. LEXANDER, K. (1980): Present knowledge of sugar beet bolting mechanisms. Ber. 43. IIRB-Winterkongr., Brüssel, 245–258.
13. MÜLLER, A. VON, und WINNER, C. (1976): Wirkung der Stickstoffdüngung auf Ertrag und Qualität von Zuckerrüben bei unterschiedlicher Bestandesdichte. Zucker 29, 243–251.
14. SCHMIDT, G. (1975): Einige Aspekte des Anbaus von Zuckerrohr oder Zuckerrüben in Marokko. Z. Zuckerind. 25, 348–350.
15. SCHMIDT, G., und HESSE, F. W. (1975): Einführung der Zuckerrübe in Marokko. GTZ-Schriftenreihe Nr. 28, Eschborn.
16. SRZEDNICI, Z. (1978): Winterkultur der Zuckerrüben in warmen Ländern. Zuckerind. 103, 565–570.
17. WINNER, C. (1973): Ertragsniveau, Pflanzenbestand und Wahl des Anbauverfahrens im neuzeitlichen Zuckerrübenanbau. Zucker 26, 637–643.
18. WINNER, C. (1981): Zuckerrübenbau. DLG-Verlag, Frankfurt/M.
19. WINNER, C., und FEYERABEND, I. (1973): Einfluß des Standraums auf Gewicht und Qualität von Zuckerrüben bei unterschiedlicher Pflanzenverteilung. Zucker 26, 2–11.

2.3 Weitere Zucker- und Süßstoffpflanzen

SIGMUND REHM

Schon vor Gewinnung von kristallisiertem Zucker aus Zuckerrohr wurde in Südostasien Zucker aus dem Saft von Palmen gewonnen. Der frische Saft („nira") wird durch Zapfen des Stammes (Walddattelpalme, *Phoenix sylvestris* (L.) Roxb.; Dattelpalme, *P. dactylifera* L. (→ ACHTNICH, Kap. 5.12); Honigpalme, *Jubaea chilensis* [Mol.] Baill.), des Blütenstandschaftes (Zuckerpalme, *Arenga pinnata* (Wurmb.) Merr.; Atap- oder Nipapalme, *Nypa fruticans* Wurmb.) oder des Blütenstandes selbst (Palmyrapalme, *Borassus flabellifer* L.; Kitulpalme, *Caryota urens* L.; Kokospalme, *Cocos nucifera* L.) gewonnen. Er enthält 12–17,5 % Saccharose. Einkochen des Saftes ergibt braunen Zucker

(„palm gur" oder „jaggery"), aus dem durch Raffinieren auch weißer Zucker hergestellt werden kann. Ein erheblicher Teil des Palmsaftes wird in allen Ländern zu Palmwein („toddy") vergoren und auch zur Essigherstellung benutzt (2, 4, 7, 19). Die Gewinnung von Palmzucker kostet viel mühsame Arbeit und erfordert sauberes und schnelles Arbeiten, um die Gärung des Saftes zu verhindern. In den meisten Ländern hat der Anbau von Zuckerrohr die Palmzuckerernte zurückgedrängt. Erhebliche Bedeutung für die Zuckergewinnung hat noch der Anbau von *Phoenix sylvestris* in Indien, die Nutzung von *Caryota urens* in Indien und Sri Lanka, von *Borassus flabellifer* in Indien, Burma und Kampuchea und die Nebennutzung der Kokospalme zur Zuckergewinnung in Indien und Sri Lanka. In Westafrika wird Palmsaft vor allem von der Raffiapalme *Raphia hookeri* Mann et Wendl. und von der Ölpalme gewonnen und fast ausschließlich für alkoholische Getränke verwendet (5).

Wieder an Bedeutung gewonnen hat das Zuckersorghum, Formen von *Sorghum bicolor* (L.) Moench (→ HOUSE, Kap. 1.1.3) mit saftreichen Stengeln, die mit den gleichen Maschinen geerntet und verarbeitet werden wie das Zuckerrohr. Der Zuckergehalt des Saftes der modernen Sorten beträgt bis zu 18 %, der Zuckerertrag bis zu 4 t pro ha in einer Vegetationszeit von 3½ bis 4½ Monaten. Zuckersorghum kann in Gebieten mit wenigen Monaten Regenzeit angebaut werden, wo Zuckerrohr nicht ohne Bewässerung gedeihen würde. Ökonomisch besonders interessant ist es als ergänzende Quelle von Rohmaterial für Zuckerfabriken während Perioden, in denen kein Rohr anfällt, z. B. in den Sommermonaten subtropischer Gebiete, in denen es die jährliche Arbeitszeit der Fabriken um drei Monate oder mehr verlängert. In den USA wird ein Teil der Zuckersorghumernte nach wie vor zu Sirup verarbeitet (3, 6, 11).

Einige chemisch nicht zu den Zuckern gehörende Verbindungen schmecken süß; ihre Süßkraft ist meist vielmals höher als die von Rohrzucker. Neben den synthetischen Verbindungen (Saccharin, Cyclamat u. a.) haben, außer dem lange bekannten Glycyrrhizin von *Glycyrrhiza glabra* L., die natürlich vorkommenden Süßstoffe Steviosid von *Stevia rebaudiana* Bertoni, Monellin von *Dioscoreophyllum cumminsii* (Stapf) Diels, Thaumatin von *Thaumatococcus daniellii*

Benth. und Miraculin von *Richardella dulcifica* (Schumach. et Thonn.) Baehni in den letzten Jahren besonderes Interesse gefunden (8, 9, 10, 13, 14, 15, 18). Von diesen ist *Stevia rebaudiana* am wichtigsten (1, 14); sie ist die einzige dieser Arten, die, wenn auch nicht in großem Umfang, angebaut wird, und zwar in Paraguay, Indonesien, Südkorea, Taiwan und Thailand. Über die Größe der Produktion liegen keine Angaben vor. In Paraguay ist ein Präparat, das aus dem Trockenrückstand des wäßrigen Blattextraktes hergestellt wird, als Heilmittel gegen Diabetes, Verdauungsstörungen und andere Krankheiten und als Süßstoff auf dem Markt; auch in Japan wird Steviosid als Süßstoff in wirtschaftlich interessantem Umfang benutzt (10, 12, 17). Anbauversuche laufen in Brasilien und Kalifornien. Angaben, daß Steviosid oder ein anderer Inhaltsstoff von *Stevia rebaudiana* empfängnisverhütend wirkt (1), und andere mögliche Nebenwirkungen werden zur Zeit noch überprüft; ob Steviosid größere Bedeutung als Süßstoff erringt, wird vom Nachweis der gesundheitlichen Unbedenklichkeit abhängen.

Literatur

1. BRÜCHER, H. (1974): Paraguays Süßstoffpflanze, *Stevia rebaudiana* Bert. Naturwiss. Rundschau 27, 231–233.
2. BURKILL, I. H. (1966): A Dictionary of the Economic Products of the Malay Peninsula. 2 vols. Ministry Agric. Co-operatives, Kuala Lumpur.
3. COLEMAN, O. H. (1970): Syrup and sugar from sweet sorghum. In: WALL, J. S., and ROSS, W. M. (eds.): Sorhum Production and Utilization, 416–440. AVI Publ. Co., Westport, Connecticut.
4. COUNCIL OF SCIENTIFIC AND INDUSTRIAL RESEARCH (1948–1976): The Wealth of India, Raw Materials. 11 vols. Publications Information Directorate, CSIR, New Delhi.
5. ESSIAMAH, S. K. (1983): Die Nutzung der Palmen in Westafrika. Forstarchiv 54, 232–236.
6. FERRARIS, R., and STEWARD, G. A. (1979): New options for sweet sorghum. J. Aust. Inst. Agric. Sci. 45, 156–164.
7. FRANKE, G. (1977): *Borassus* L. spp. und andere Zuckerpalmen. Beitr. trop. Landw. Veterinärmed. 15, 249–256.
8. FRANKE, W. (1981): Nutzpflanzenkunde. 2. Aufl. Thieme, Stuttgart.
9. INGLETT, G. E. (ed.) (1974): Symposium: Sweeteners. AVI Publ. Co., Westport, Connecticut.
10. KINGHORN, A. D., and SOEJARTO, D. D. (1986): Sweetening agents of plant origin. CRC Critical Reviews in Plant Sciences 4, 79–120.

11. LIME, B. J. (1979): Raw sugar production from sugarcane and sweet sorghum. In: INGLETT, G. E., and CHARALAMBOUS, G. (eds.): Tropical Foods: Chemistry and Nutrition, Vol. 1, 170–183. Academic Press, New York.

12. METIVIER, J., and VIANA, A. M. (1979): Determinations of microgram quantities of stevioside from leaves of *Stevia rebaudiana* Bert. by two-dimensional thin layer chromatography. J. Exp. Bot. 30, 805–810.

13. MOST, B. H., SUMMERFIELD, R. J., and BOXALL, M. (1978): Tropical plants with sweetening properties. Physiological and agronomic problems of protected cropping. 2. *Thaumatococcus daniellii.* Econ. Bot. 32, 321–335.

14. NABORS, L. O. O'BRIAN, and GELARDI, R. C. (eds.) (1986): Alternative Sweeteners. Food Science and Technology, Vol. 17. Marcel Dekker, New York.

15. REHM, S., und ESPIG, G. (1984): Die Kulturpflanzen der Tropen und Subtropen. 2. Aufl. Ulmer, Stuttgart.

16. SHOCK, C. C. (1982): Experimental Cultivation of Rebaudi's Stevia in California. Rep. No. 122, Univ. of California, Davis, CA.

17. SOEJARTO, D. D., COMPADRE, C. M., MEDON, P. J., KAMATH, S. K., and KINGHORN, A. D. (1983): Potential sweetening agents of plant origin. II. Field research for sweet tasting *Stevia* species. Econ. Bot. 37, 71–79.

18. SUMMERFIELD, K. J., MOST, B. H., and BOXALL, M. (1977): Tropical plants with sweetening properties. Physiological and agronomic problems of protected cropping. I. *Dioscoreophyllum cumminsii.* Econ. Bot. 31, 331–339.

19. VASANYA, P. C. (1966): Palm sugar – a plantation industry in India. Econ. Bot. 20, 40–45.

3 Ölpflanzen

3.1 Ölpalme

JAN DIRK FERWERDA

Botanisch:	*Elaeis guineensis* Jacq.
Englisch:	oil palm
Französisch:	palmier à huile
Spanisch:	palmera de aceite

Wirtschaftliche Bedeutung

Weltproduktion und -verbrauch. Die Weltproduktion betrug 1985/86 nach Daten der International Association of Seed Crushers 7 825 000 t Palmöl und 1 060 000 t Palmkernöl (10). Das sind etwa 17 % der Gesamt-Weltproduktion an pflanzlichen Speisefetten. 1985/86 wurden etwa 68 % (5 311 000 t) der Palmölproduktion und ca. 66 % (703 000 t Öl-Äquivalent) der Palmkernproduktion exportiert. Berücksichtigt man den Export an Palmkernen, so wurden nur 11 % als Kerne und 89 % als Öl exportiert.

Malaysia (W.-Malaysia, Sabah und Sarawak) und Indonesien liefern etwa 95 % des Weltexportes von Palmöl und 84 % des Weltexportes von Palmkernen und Palmkernöl. Die Weltproduktion von Palmöl steigt weiter, während der letzten Dekade hauptsächlich aufgrund der spektakulären Ausbreitung der Pflanzungen in Malaysia. Da das Pflanzmaterial, das für die Ausbreitung der Anbaufläche gebraucht wird,

Früchte mit kleineren Kernen trägt, hielt die Erhöhung der Palmkernproduktion nicht mit der Zunahme der Palmproduktion Schritt (4, 10).

Verwendungs- und Gebrauchsmöglichkeiten. Die Verwendungsmöglichkeiten des Palmöls werden vor allem durch seinen Gehalt an freien Fettsäuren bestimmt (Tab. 30) . Palmöl mit weniger als 5 % freien Fettsäuren wird hauptsächlich für die Herstellung von Margarine und anderen Speisefetten verwendet. Ist der Gehalt an freien Fettsäuren höher, dann ist das Palmöl noch brauchbar für die Seifenherstellung, aber diese Verarbeitungsmöglichkeit nimmt ab. Geringe Mengen mit 5 bis 6 % freien Fettsäuren werden in der Eisenblech- und Blechfabrikation benötigt. Wegen ihres hohen Ertragspotentials könnte die Ölpalme ein interessanter Kraftstofflieferant werden (7, 9, 16). Das Palmkernöl (Tab. 30) wird für die gleichen Zwecke verwendet wie Kokosöl (→ SATYABALAN, Kap. 3.2).

Das Zapfen der Ölpalmen zur Gewinnung von Palmwein ist in Afrika weit verbreitet und besonders in Nigeria von beträchtlicher wirtschaftlicher Bedeutung. Es sollten jedoch nur männliche Blütenstände zur Gewinnung des austretenden Saftes angeschnitten werden. Leider gewinnt man beträchtliche Mengen Palmwein, indem man die Bäume fällt oder das weiche Gewebe in der Umgebung des Vegetationskegels beschädigt (9).

Die Aussichten für eine Ausdehnung der Produktion sind günstig. Der geringe Anteil des Palmöls an der Weltproduktion pflanzlicher Speisefette widerspricht den Vorzügen dieser Pflanze. Sie kann unter den Ölpflanzen den höchsten Ölertrag je ha liefern, verlangt verhältnismäßig wenig Handarbeit, stellt geringe Ansprüche an die Bodenfruchtbarkeit und bietet als Dauerkultur einen guten Bodenschutz. Auf den europäischen und nordamerikanischen Märkten müßten Palmöl und Palmkernöl erfolgreich mit anderen Speiseölen und -fetten konkurrieren können. Es besteht in vielen tropischen Ländern, wo die Ölpalme gut angebaut werden kann, außerdem ein bedeutender örtlicher Markt für pflanzliche Fette, der noch keineswegs gesättigt ist.

Botanik

Systematik. Die Gattung *Elaeis* gehört zur Unterfamilie Arecoideae der Palmen. Die afrika-

Tab. 30. Die Fettsäurenzusammensetzung bei Palmöl und Palmkernöl. Nach (6)

Fettsäuren	Anteil der Fettsäuren in %	
	Palmöl	Palmkernöl
Laurinsäure	–	50,0–55,0
Ölsäure	38,4–40,5	10,0–16,5
Palmitinsäure	37,5–43,8	6,0– 7,5
Myristinsäure	1,2– 5,9	12,0–16,0
Linolsäure	6,5–11,2	0,0– 1,0
Caprinsäure	–	3,0– 6,0
Caprylsäure	–	– 3,0
Stearinsäure	2,2– 5,9	1,0– 4,0

nische Ölpalme, *E. guineensis*, ist eine unverzweigte Fiederpalme, die in Westafrika beheimatet ist. Eine verwandte Art, die als solche keine wirtschaftliche Bedeutung hat, ist die amerikanische Ölpalme, *E. oleifera* (H.B.K.) Cortés (Syn. *E. melanococca* auct., non Gaertn., *Corozo oleifera* Bailey). Alle anderen als „Arten" von *Elaeis* beschriebenen Formen sind taxonomisch wahrscheinlich nicht gültig.

Die Unterschiede zwischen den meisten Varianten der afrikanischen Ölpalme beruhen auf folgenden erblichen Faktoren (20), die untereinander unabhängig sind.

1. Nach der Dicke ihrer Steinschale unterscheiden wir *dura* (> 2 mm), *tenera* (< 2 mm) und *pisifera* (ohne Steinschale). *Tenera* ist die intermediäre Monohybride von *dura* und *pisifera*. *Dura* mit einer sehr dicken Steinschale nannte man früher *macrocarya*. Die überwiegende Mehrzahl der subspontanen Ölpalmen (natürlicher Aufwuchs von Palmen, die regelmäßig genutzt und gepflegt werden, Abb. 69) gehört dem *dura*-Typ an.

2. Die Farbe der unreifen Früchte ist dunkelviolett *(nigrescens)* oder grün *(virescens)*. Reife *nigrescens*-Früchte sind dunkelorangerot, reife *virescens*-Früchte hellorangerot. Die meisten wilden Palmen haben *nigrescens*-Früchte.

3. Das Mesokarp des reifen Fruchtfleisches ist meist orangerot oder gelb bis elfenbeinfarbig *(albescens)* gefärbt.

4. Bei einigen Palmen sind die Staminodien in den weiblichen Blüten in einen zusätzlichen Kranz von Fruchtblättern umgewandelt, die einen fleischigen Mantel um die reife Frucht bilden. Palmen mit dieser abweichenden Fruchtform wurden von ANNET zu der Unterart *poissoni* erhoben.

Morphologie. Am unterirdischen Stammfuß einer ausgewachsenen Palme befinden sich viele tausend (8000 bis 10 000) 4 bis 10 mm dicke Adventivwurzeln, die 15 bis 20 m lang werden können und bei einem geeigneten Bodenprofil bis 9 m tief in den Boden dringen. Die Wasser- und Nährstoffaufnahme geschieht hauptsäch-

Abb. 69. Natürlicher Ölpalmenbestand bei Onne, Nigeria.

Abb. 70. Weiblicher Blütenstand und zwei männliche Blütenstände an einer jungen Palme.

lich durch die Seitenwurzeln zweiter und dritter Ordnung.

Der glatte zylinderförmige dunkelbraune Stamm hat einen Durchmesser von etwa 30 cm. Er wächst weiter in die Höhe, solange die Palme lebt, und erreicht im Alter von 25 bis 35 Jahren 10 bis 11 m. Ausnahmsweise kann der Stamm sehr alter Palmen mehr als 30 m hoch werden. Die Blattbasen der abgestorbenen Blätter bleiben anfangs am Stamm sitzen. Wenn die Plantagen-Palmen 15 bis 17 Jahre alt sind, fangen diese Blattbasen an, von der Mitte des Stammes aus abzufallen. Bei wilden und subspontanen Palmen fallen sie noch später ab.

Die Krone einer ausgewachsenen Palme hat 40 bis 50 lebende Blätter; jedes Jahr werden etwa 24 neue Blätter gebildet. In jeder Blattachsel kann ein Blütenstand entstehen, der entweder männliche oder weibliche Blüten trägt (Abb. 70, 71). Bei jungen Palmen kommen oft auch gemischte Blütenstände vor. Der Blütenstand ist ein zusammengesetzter Kolben (Spadix) mit einer 5 bis 10 cm dicken Hauptachse und bis 200 Nebenachsen (Ähren). Bei den weiblichen Blü-

Abb. 71. Fruchtstände und ein männlicher Blütenstand an einer zehnjährigen Palme.

tenständen stehen auf den oberen und unteren Ähren fünf bis sieben Blüten, auf den mittleren 12 bis 16 (selten 20 bis 30). Bei den männlichen Blütenständen beträgt die Blütenzahl 700 bis 1200 pro Ähre.

Die Frucht ist eine 3 bis 5 cm lange, länglich bis umgekehrt eiförmige, seitlich etwas abgeplattete Steinfrucht, die im reifen Zustand aus einem dünnen Exokarp, einem ölhaltigen Mesokarp (45 bis 50 % Öl) und einem harten Endokarp besteht. Das Endokarp umschließt gewöhnlich einen, manchmal zwei, selten mehr Samen, deren Hauptmasse durch das dichte blauweiße, Öl enthaltende Endosperm (48 bis 52 % Öl) gebildet wird. Die Zahl der Früchte, welche sich je Blütenstand entwickeln, beträgt 800 bis 4000 in Abhängigkeit vom Alter der Palme und ihrer Abstammung (Abb. 72). Im allgemeinen enthält ein Fruchtstand auch eine Anzahl parthenokarpe Früchte. Die Früchte reifen in fünf bis sechs Monaten. Erst gegen Ende dieser Periode beginnt die Ölbildung im Mesokarp. Sie schreitet fort, bis die Frucht sich löst. Während der Entwicklung der Ölpalme unterscheidet man fünf morphologisch deutlich verschiedene Stadien: das Embryonal-, Keimpflanz-, Rosetten-, rauhstämmige und glattstämmige Stadium (6, 9, 16).

Ökophysiologie

Klima. Die höchste Produktion wird in Gebieten mit durchschnittlich sechs oder mehr Stunden Sonnenschein am Tage, einer durchschnittlichen

Abb. 72. Reife Fruchtstände an einer Sammelstelle.

Tagestemperatur von 24 bis 28 °C bei einer täglichen Amplitude von 8 bis 10 °C und einer jährlichen von höchstens 5 °C erzielt. Die absoluten Minimumtemperaturen betragen in diesen Gebieten selten weniger als 14 bis 15 °C. Bei einer gleichmäßigen Verteilung der jährlichen Niederschläge (höchstens ein Monat mit weniger als 100 mm) und einer durchschnittlichen Temperatur von 25 °C kann eine Jahresmenge von 1500 mm ausreichend sein (7). Bei einer weniger gleichmäßigen Verteilung und höheren Temperaturen sind mehr Niederschläge erforderlich. Die Trockenzeit darf nicht länger als drei Monate anhalten.

Boden. Die Bevorzugung von flachem oder schwach geneigtem Gelände für die Anlage von Ölpalmgärten wird vor allem von wirtschaftlichen Überlegungen bestimmt (Entwässerung, Bodenerosionsschutz, Straßenbau, Pflege, Ernte, Transport des Ernteproduktes). Die Erosionsgefahr ist auf abschüssigem Gelände selbstverständlich größer. Eine geschlossene Pflanzung bietet aber infolge der Beschattung und des dichten, flachen Wurzelnetzes bei Neigungen bis 15 % einen guten Erosionsschutz. Das Wurzelsystem der Ölpalme kann sich ungestört nur auf einem tiefgründigen, gut entwässerten und durchlässigen Boden in guter Struktur und mit einer guten Wasserkapazität entwickeln. Viele tropische Böden mit 25 bis 50 % Schluff und mit einem Grundwasserstand von höchstens 3 m erfüllen diese Bedingungen (7).

Die Ölpalme stellt keine hohen Ansprüche an den pH-Wert des Bodens; dieser variiert in guten Plantagen von 5,0 bis 7,0. Sie hat nur eine geringe Salzverträglichkeit (7).

Züchtung

Die ideale Ölpalme muß einen hohen Ölertrag, ein langsames Längenwachstum und eine gute Resistenz gegen Krankheiten und Schädlinge sowie eine gute Anpassungsfähigkeit an Boden und Klima aufweisen. Als Züchtungsmethoden kamen bisher nur solche in Betracht, wie sie für perennierende, in der Regel fremdbestäubende Kulturpflanzen angewendet werden (→ Bd. 3, PLARRE, S. 215ff, s. auch (8)). Künstliche Selbstbestäubung ist möglich (2, 8, 9, 16, 20).

1. *Ölproduktion.* Alle modernen Selektionsmethoden sind auf die Züchtung von Palmen mit Früchten des *tenera*-Typs ausgerichtet. Diese haben den höchsten Prozentsatz an Frucht-

fleisch je Fruchtstand; Fruchtertrag und Ölgehalt stehen denen der Früchte des *dura*-Typs nicht nach. Palmenfrüchte des *pisifera*-Typs haben zwar einen höheren Anteil an Fruchtfleisch, sind aber gewöhnlich in hohem Maße weiblich steril. Vorläufig dient *pisifera* ausschließlich als männliche Elternpflanze bei *dura-pisifera*-Kreuzungen, die den Samen für alle modernen Ölpalmgärten liefern. Die weibliche *dura* kann von der aus Indonesien importierten, bereits stark veredelten Deli-*dura* abstammen oder innerhalb der Nachkommenschaften von Kreuzungen und Selbstbestäubungen ausgezeichneter *tenera*-Palmen selektiert werden. Letztgenannte Kreuzungen und Selbstbestäubungen liefern ebenfalls die männlichen *pisifera*-Elternpflanzen, die am besten nach dem durchschnittlichen Ölertrag der *tenera* derselben Familie beurteilt werden können.

2. *Höhenwachstum.* Je geringer das jährliche Längenwachstum der Palme ist, desto länger kann ein Ölpalmgarten genutzt werden. Leider korreliert langsamer Längenwuchs oft mit geringer Produktion. Heute verfügen die meisten Züchtungsinstitute bereits über kurzstämmige Familien, so daß diesem wichtigen Problem offensichtlich bei der Züchtungsarbeit mehr Aufmerksamkeit gewidmet wird.

3. *Resistenz gegen Krankheiten und Schädlinge.* Die wichtigsten, häufig tödlichen Krankheiten der Ölpalme, gegen die keine direkte Bekämpfung möglich ist, sind *Fusarium*-Welkekrankheit, Herzfäule und Red Ring. Es ist also wichtig, resistente Typen zu finden.

4. *Anpassung an Boden und Klima.* Um den richtigen Palmtyp für Boden und Klima zu bekommen, verdient lokale Selektion in allen bedeutenden Produktionsgebieten den Vorzug. In neuen Produktionsgebieten versuche man, wenn möglich, selektierte Samen verschiedener Herkünfte anzubauen.

Die aus verschiedenen Gründen (Wuchshöhe, Krankheitsresistenz u. a.) interessanten Kreuzungen von E. guineensis × E. oleifera haben noch keine Sorte geliefert, die an den Ertrag guter *tenera*-Formen herankommt (8).

Neue Möglichkeiten für die Züchtung zeichnen sich durch die Anwendung der Gewebekultur ab (1, 3, 8, 11). Zusätzlich zu der direkten Gewinnung hochertragfähiger, krankheitsresistenter Klone durch die vegetative Vermehrung hervorragender Palmen aus bestehenden Hybridpopulationen kann sie auch zur schnellen Vermehrung ausgewählter Elternpflanzen für die Erzeugung von Hybridsaat dienen (3, 8).

Vermehrung

Die Vermehrung der Ölpalme erfolgt bisher nur durch Samen. Man benutzt hierfür heute ausschließlich legitime Samen, d. h. Samen, bei denen die Vaterpflanze bekannt ist. Sie sind vom harten Endokarp der Frucht, der Steinschale, eingehüllt. Infolge des harten Endokarps erstreckt sich die Keimung einer Samenpartie unter natürlichen Verhältnissen über eine Periode von etwa zwölf Monaten. Hieraus ergibt sich ein ungleichmäßiger Bestand in den Keimbeeten, und die Verluste durch Krankheiten und Schädlinge nehmen zu. Um die Keimung zu beschleunigen, werden die Kerne in Polyethylenbeutel verpackt und bei Temperaturen von 38 bis 40 °C gehalten. Trockene Samen, die 30 bis 60 Tage dieser Wärmebehandlung ausgesetzt waren, keimen nach Befeuchtung schnell bei Raumtemperatur. Feuchte Samen keimen während der Wärmebehandlung; bei ihnen müssen die gekeimten Samen in regelmäßigen Zeitabständen herausgenommen und so bald wie möglich ausgepflanzt werden. Es ist jetzt allgemeine Praxis, die Keimlinge in mit Erde gefüllten Polyethylenbeuteln anzuziehen und sie etwa 12 Monate nach der Keimung auszupflanzen. Die jungen Pflanzen in der Baumschule müssen in den meisten Fällen täglich gegossen werden. Manchmal ist zeitweise Beschattung nötig, um eine Überhitzung des Bodens zu verhindern. Der Düngungsbedarf hängt von der Fruchtbarkeit der verwendeten Anzuchterde ab (7, 9, 19, 21).

Die oben unter Züchtung genannte vegetative Vermehrung durch Gewebekultur eröffnet auch neue Verfahren zur Gewinnung hochwertiger Jungpflanzen für den Anbau. Experimentelle Pflanzungen von vegetativ vermehrtem Klonmaterial begannen in Malaysia im Jahre 1977 (3). Einige Klone selektierter Herkunft sind bereits in größerem Maßstabe verfügbar (1, 8).

Anbau

Auspflanzen. Auf Böden mit einer guten Struktur genügt es, am Tage vor dem Pflanzen Löcher auszuheben, die genügend tief und weit sind, um den Wurzelballen aufzunehmen (20). Nur auf festen Böden empfiehlt es sich, größere Pflanzlöcher auszuheben. Auf ebenem und schwach geneigtem Gelände wird eine Dreieckanordnung der Pflanzen bevorzugt. In vielen Fällen kann der Abstand 8,50 m betragen (160 Palmen je ha). Die Pflanzreihen verlaufen, wenn möglich, in Nord-Süd-Richtung, um in einer jungen Pflanzung die Morgen- und Abendsonne soviel wie möglich auszunutzen. In abschüssigem Gelände müssen die Pflanzreihen den Höhenlinien folgen.

Nach dem Einpflanzen werden die Baumscheiben um die jungen Stämme gemulcht. Das Material kann aus gedroschenen Fruchttrauben bestehen. Die modernste Methode der Bodenbedekkung ist das Auslegen perforierter grauer Plastikfolie (7, 9, 19, 21).

Pflege der Pflanzung. Die Verluste beim Pflanzen brauchen nicht größer als 1 % zu sein, wenn sorgfältig mit einem großen Wurzelballen am Anfang der Regenzeit gepflanzt wird. Es empfiehlt sich aber, eine reichliche Menge an Pflanzmaterial vorrätig zu haben, um nachpflanzen zu können. Das Nachpflanzen kann man etwa zwei Jahre lang fortsetzen. Danach ist es wenig sinnvoll, weil die Wachstumsbedingungen für die nachgepflanzten Palmen zu ungünstig werden (7, 9, 19, 21).

Das Schneiden. In jungen Ölpalmgärten dürfen nur tote Blätter regelmäßig entfernt werden. Man vermeide vor allem, beim Jäten die Blattspitzen, die sich in den Pflanzen der Bodendecke verwirrt haben, abzuschneiden, weil dadurch die Blätter zu vorzeitigem Absterben gebracht werden. Vor Beginn der eigentlichen Ernte, die meistens am Anfang des vierten Pflanzjahres liegt, werden gewöhnlich alle verfaulten Blütenstände und Früchte entfernt. Solange die Palmen im Rosettenstadium sind und keinen deutlichen Stamm haben, ist noch kein Blattschnitt notwendig, um die Ernte zu erleichtern. Später ist dieser unvermeidlich (7, 9, 19, 21).

Bewässerung. Da Ölpalmen gewöhnlich in Regionen mit feuchtem Klima und geringem oder keinem Wasserdefizit während der trockensten Periode gepflanzt werden, wird Bewässerung normalerweise nicht angewendet. Wenn doch Zeiten mit Wassermangel vorkommen, wie in manchen westafrikanischen Produktionsgebieten, kann Bewässerung den Ertrag bis zu der in Malaysia erreichten Höhe bringen, wahrscheinlich weil die Wassermangelperiode mit der Zeit maximalen Sonnenscheins zusammenfällt (7, 9).

Düngung. Es ist in der Ölpalmkultur von größter Wichtigkeit, durch Mineraldüngung Nährstoffmangel vorzubeugen. Wenn es den Palmen während des Rosettenstadiums an Nährstoffen mangelt, werden die Stämme später dünn. Dieser Fehler kann nie beseitigt werden. Die Fruchtproduktion wird vor allem von der Zahl der produzierten Fruchtbündel bestimmt. Wird bei ausgewachsenen Palmen Nährstoffmangel festgestellt, z. B. durch Düngungsversuche und Blattanalysen (5, 7, 9), so sind Ertragsminderungen nicht mehr abzuwenden, da die Fruchtproduktion schon etwa zweieinhalb Jahre vor der Ernte angelegt wird.

Wenn eine Düngung notwendig ist, gibt man ausgewachsenen Palmen bei N-Mangel meistens nicht mehr als 3 bis 4 kg Ammonsulfat, bei P-Mangel etwa 1 kg Rohphosphat, bei K-Mangel 2 bis 3 kg Chlorkali 60 %, bei Mg-Mangel etwa 1 kg Kieserit und bei B-Mangel 40 bis 60 g Borax per Palme jährlich. Auf Grund von Nährstoffanalysen (12, 13, 14) können für eine ausgewachsene Pflanzung in Malaysia jährlich die in Tab. 31 angegebenen Entzugswerte angenommen werden.

Wegen ihrer viel niedrigeren Trockenmasseproduktion liegen die entsprechenden Werte für westafrikanische Palmen tiefer.

Das aus dem Mesokarp stammende Öl (Palmöl) enthält fast keine anorganischen Nährstoffe.

Tab. 31. Bruttonährstoffaufnahme erwachsener Ölpalmen (kg pro ha und Jahr). Nach (12, 13, 14)

Pflanzenteil	N	P	K	Mg	Ca
Nettozunahme in den vegetativen Teilen	41	3,1	56	12	14
Abgeschnittene Blätter	67	8,9	86	22	62
Fruchtbüschel (25 t)	73	11,6	93	21	20
Männliche Blütenstände	11	2,4	16	7	4
Insgesamt	192	26,0	251	62	100

Unkrautbekämpfung. Bevor die Pflanzung trägt, muß durch Unkrautbekämpfung das ungestörte Wachstum und die Entwicklung der Palmen gesichert werden. Regelmäßig sind die Baumscheiben in einem Radius von 1,50 bis 2,00 m zu säubern (6, 7, 9, 19, 21).

Ernte

Die Ölpalme kann 20 bis 30 Jahre wirtschaftlich genutzt werden, danach sind die Bäume zu hoch. Vom Reifestadium der geernteten Fruchtbündel hängen in hohem Maße Qualität und Quantität des Öls sowie die Erntekosten ab. Vollreife Früchte fallen von selbst aus dem Fruchtstand. Je größer die Zahl der losen Früchte ist, um so mehr nimmt die Ölmenge des Fruchtstandes zu; es vermindert sich aber seine Qualität, da der Säureanteil des Öls der losen Früchte 5,5 % gegenüber nur 0,9 bis 1,5 % der noch festsitzenden Früchte beträgt. Außerdem erhöhen sich die Erntekosten, weil das Sammeln der losen Früchte viel Zeit in Anspruch nimmt. In der Praxis erntet man die Fruchtstände nicht, bevor einige vollreife Früchte abgefallen sind (Abb. 72). Junge Palmen, deren Produktion noch nicht maximal ist, erntet man gewöhnlich alle 14 Tage, ausgewachsene wöchentlich. Zum Ernten der jüngsten Palme (vier bis sieben Jahre) benutzt man vorzugsweise einen Erntemeisel. Dann ist es überflüssig, die Blätter zu entfernen. Das Ernten an sieben- bis zwölfjährigen Palmen geschieht im allgemeinen mit einem Kappmesser; das Besteigen dieser Palmen macht keine Schwierigkeiten, weil die Blattbasen als Stufen dienen. Bei der Ernte an älteren Palmen empfiehlt es sich, das sogenannte malayische Messer zu benutzen, ein sichelförmiges Werkzeug, das auf einem langen leichten Bambusrohr oder einer Aluminiumstange montiert ist. Auch hydraulische Hebebühnen sind in Gebrauch. Geerntete Früchte müssen möglichst innerhalb 24 Stunden verarbeitet werden, um ein unerwünschtes Ansteigen des Gehalts an freien Fettsäuren im Palmöl zu vermeiden.

Der Ölertrag des Mesokarps der besten Familien aus *dura* × *pisifera*-Kreuzungen in Malaysia betrug 1981 etwa 7000 kg/ha jährlich. Dazu kommen nochmals etwa 1250 kg Öl vom Endosperm (Kernöl). Die höchsten von lokalen Selektionen registrierten Ölerträge in Westafrika betragen etwa 4000 kg Mesokarpöl/ha und Jahr (7, 9, 19).

Verarbeitung (6, 9, 16)

Die Verarbeitung der Fruchtstände wird wie folgt vorgenommen:

1. Eine *Sterilisation* ist notwendig, um die Bildung freier Fettsäure im Öl zu unterbinden und um die Trennung der Früchte von den Stielen in den Dreschtrommeln zu erleichtern. Sie findet in horizontalen oder vertikalen Sterilisationskesseln unter Dampfdruck statt.

2. Während des Dreschens werden die Einzelfrüchte in ununterbrochen arbeitenden Dreschtrommeln von den Stielen getrennt.

3. In den Rühr- oder Malaxierkesseln werden sie gequetscht und zu einem heißen Brei verrührt. Hierdurch löst sich das Fruchtfleisch (Faserschicht) von der Steinschale mit dem Kern (auch Nuß genannt), und es platzen die Ölzellen im Mesokarp. Die Rührkessel werden mit Dampf unter Druck erwärmt.

4. Das Palmöl wird aus dem heißen Fruchtbrei, der die Malaxierkessel verläßt, durch hydraulische Pressen, kontinuierliche Schraubenpressen, manchmal auch mit Zentrifugen gewonnen.

5. *Klärung.* Das so gewonnene Rohöl besteht aus einer Mischung von Öl, Wasser, in Wasser gelösten Zuckerarten und Salzen aus dem Fruchtfleisch sowie schleimartigen und festen Bestandteilen (Fasern, Sand usw.). Die Trennung des Öles von den übrigen Bestandteilen geschieht im allgemeinen in zwei Phasen. Bei der ersten Klärung wird das meiste Öl schnell von dem ölhaltigen Brei geschieden. Hierdurch kann vermieden werden, daß der Gehalt an freien Fettsäuren ansteigt. Der ölhaltige Rückstand wird dann einer zweiten Klärung unterzogen, wobei Öl geringerer Qualität gewonnen wird. Manchmal folgt noch eine dritte Klärung. Im Prinzip wird die Klärung durch Dekantieren des Palmöls nach dem Absetzen der Verunreinigungen oder durch Trennung des Öles von den Rückständen durch Zentrifugieren erzielt.

6. *Reinigung.* Geklärtes Öl enthält noch etwas Wasser (< 1 %) und feste Bestandteile, die seine Haltbarkeit nachteilig beeinflussen. Der Wassergehalt kann auf 0,1 bis 0,2 % gesenkt werden, wenn das Öl erwärmt oder getrocknet wird. Die festen Verunreinigungen werden beim Filtrieren des heißen Öls durch Filterpressen entfernt.

Aufbereitung der Steinkerne. Der Rückstand, der nach Extraktion der malaxierten Früchte übrigbleibt, enthält Kerne und ausgepreßtes Fruchtfleisch, das aus Fasern, Zellresten, Öl und Wasser besteht. Seine Zusammensetzung und Festigkeit ist weitgehend vom angewendeten Extraktionsverfahren abhängig. In vielen Fällen wird der Rückstand getrocknet und, mit einer erwärmten Transportschraube aufgelockert, zu der Entpulpungsmaschine geführt. Folgende Arbeitsgänge schließen sich an:

1. *Die Entpulpung.* In der Entpulpungsmaschine werden die Steinkerne vom Extraktionsrückstand, der hauptsächlich aus Fasern besteht, getrennt.

2. *Das Vortrocknen.* Für die Gewinnung unbeschädigter Kerne aus den Steinen müssen diese locker in der Steinschale liegen. Dies wird durch langsame Trocknung unter 60 °C erreicht, bis der Kern nur noch 10 bis 12 % Wasser enthält.

3. *Das Aufknacken.* Das Aufknacken der Steine geschieht heute fast ausschließlich durch Zentrifugalknacker, in denen die Steine mit großer Kraft gegen Wände des Gehäuses geschleudert werden, so daß die Steinschalen zerbrechen.

4. Es schließt sich die *Trennung der Kerne und der Steinschalen* an. Aus der Mischung von Kernen und Schalen, welche die Zentrifugalknacker verläßt, können die Kerne auf drei Arten abgeschieden werden. Bei der trockenen Trennung, die niemals vollständig ist, werden die Steinschalen durch einen aufsteigenden Luftstrom abgeführt. Das Prinzip der nassen Trennung beruht auf unterschiedlichem spezifischem Gewicht der Kerne (1,07) und der Steinschalen (1,30 bis 1,35). Die neueste Maschine ist ein Hydrozyklon, in dem ein schnelldrehender Wasserstrom innerhalb eines zylinderförmigen Fasses die Trennung der leichteren Kerne von den schweren Steinschalen bewirkt.

5. *Das Trocknen.* Schließlich werden die Kerne getrocknet, bis der Wassergehalt 5 bis 7 % beträgt. Dies geschieht mit Warmluft auf Bandtrocknern, in drehenden Trommeltrocknern oder in Trockensilos. Die Weiterverarbeitung der Kerne erfolgt gewöhnlich in großen Ölmühlen.

Als *Abfallprodukte* gelten die gedroschenen Fruchtstände, die Steinschalen und die Fasern.

Im allgemeinen verwendet man Steinschalen und Fasern als Brennstoffe im Kesselhaus der Fabrik.

Krankheiten und Schädlinge

Die wichtigsten Krankheiten sind (6, 9, 16, 18):

Vertrocknungskrankheit (blast). Diese tödliche Wurzelkrankheit kann 4 bis 10 Monate alte Baumschulpalmen befallen und wird verursacht durch ein Mycoplasma, das von Insekten wie der Cicadellide *Recilia mica* übertragen wird. Die äußeren Symptome sind plötzliches Welken der Pflanzen und Verfaulen der Wurzelrinde. Der Ausbruch der Krankheit wird anscheinend durch hohe Bodentemperatur und Wassermangel gefördert. Eine befriedigende Kontrolle kann durch frühes Pflanzen in der Regenzeit, Schattieren und regelmäßige Wassergabe während Zeiten von Wassermangel oder Bekämpfung der Vektoren mit einem systemischen Insektizid (3a) erzielt werden.

Kronenkrankheit. Das erste Symptom ist das Verfaulen der gefalteten Blattfiedern an den Lanzenblättern, als dessen Folge sich die Mittelrippe der entfalteten Blätter in der Mitte nach unten krümmt und über eine gewisse Strecke keine Fiedern trägt. Diese Krankheit befällt 2 bis 4 Jahre alte Palmen von Deli-*dura*-Herkunft im Feld auf allen Kontinenten. Kein Krankheitserreger ist als Ursache bekannt; die meisten Palmen erholen sich später.

Fusarium-Welkekrankheit, die durch den Bodenpilz *Fusarium oxysporum* f. *elaeidis* verursacht wird. Dieser dringt an den Wurzeln entlang in den Stamm ein. Dies kann zur Verstopfung der Holzgefäße führen, die dann im Querschnitt braun aussehen. Direkte Bekämpfung dieser Krankheit ist nicht möglich.

Herzfäule. Sie kann vermutlich verschiedene primäre Ursachen haben. Die eigentliche Naßfäule über dem Vegetationspunkt wird durch Bakterien verursacht. Wenn die Fäule den Vegetationspunkt vernichtet, geht die Palme ein. Direkte Bekämpfung der primären Ursachen ist vielleicht in einigen Fällen möglich (Insekten). Vermutlich tritt die Krankheit vor allem in einer Umwelt auf, die für die Ölpalme ökologisch ungeeignet ist, weil hier regelmäßig Wachstumsstörungen vorkommen.

Marchitez sorpresiva. Die „plötzliche Welke" ist eine ernste Krankheit im tropischen Amerika, die Palmen jedes Alters töten kann. Die ersten Anzeichen sind Verfaulen der Wurzelrinde, dem ein schnelles Vertrocknen der Blätter vom ältesten bis zum jüngsten folgt. Die Ursache der Krankheit und zuverlässige Bekämpfungsmaßnahmen sind bis heute unbekannt.

Stammfäulen. In Afrika und Asien können *Ganoderma* spp. eine Blattwelke verursachen, die von älteren Blättern bis zum Lanzenblatt fortschreitet und schließlich zum Abbrechen der ganzen Krone oder zum Zusammenbrechen des Stammes führt. Die Gewebe an der Stammbasis sind voll Myzel; in fortgeschrittenen Stadien treten die typischen Fruchtkörper des Pilzes am Stamm hervor. Die meisten Verluste kommen vor, wenn alte Öl- oder Kokospalmenpflanzungen wieder mit Ölpalmen bepflanzt werden, oder an Orten, an denen vorher natürliche Palmenbestände wuchsen. Eine teilweise Kontrolle kann durch Verbrennen der Stammbasen der alten Palmen erzielt werden. Die Möglichkeit der direkten Bekämpfung mit systemischen Fungiziden wird noch untersucht.

Die wichtigsten Schädlinge sind (6, 9, 16, 19):

Oryctes sp. und *Augusoma centaurus.* Die Käfer-Imagines fressen an jungen, noch nicht entfalteten Blättern. Sie können den Zutritt anderer Krankheiten und Schädlinge erleichtern. Zur Bekämpfung sind Infektionsherde zu beseitigen.

Rhynchophorus sp. Diese großen Rüsselkäfer können großen Schaden anrichten, weil ihre Larven im Stamm und in den Blättern minieren. Um dem Befall vorzubeugen, sollten Verletzungen der Palmen vermieden werden, abgestorbene oder gefällte Palmen sollten beseitigt werden.

Strategus aloeus. Die Imago frißt Löcher an der Unterseite des Fußes der jungen Palme. *S. aloeus* kann bekämpft werden, indem eine 0,2prozentige Lösung von Endrin in die Löcher gespült wird, die der Käfer in der Nähe der Palme in die Erde gräbt.

Red Ring. Im tropischen Amerika wird die Ölpalme durch eine Krankheit der Kokospalme bedroht, deren Erreger der Nematode *Rhadinaphelenchus cocophilus* ist. Die Älchen befinden sich im Stammgewebe, vor allem in der Nähe der Außenseite, und verursachen dort Wunden im Gewebe. Das Gewebe färbt sich rot. Die Infektion findet vermutlich über die Blätter statt. Direkte Bekämpfung ist nicht möglich.

Ratten. In einigen Produktionsgebieten verursachen Ratten erhebliche Schäden in jungen Pflanzungen. Effektive Bekämpfung ist mit einem Drahtkäfig um den Wurzelhals möglich. Baumratten können örtlich Schaden an Fruchtständen anrichten.

Literatur

1. CORLEY, R. H. V. (1982): Clonal material for the oil palm industry. Planter (Kuala Lumpur) 58, 515–528.
2. CORLEY, R. H. V., HARDON, J. J., and WOOD, B. J. (1976): Oil Palm Research. Elsevier, Amsterdam.
3. CORLEY, R. H. V., WONG, C. Y., WOOI, K. C., and JONES, L. H. (1982): Early results from the first oil palm clone trials. In: (15), Vol. I, 173–176.
3a. DESMIER DE CHENON, R., MARIAU, D., et RENARD, J. L. (1977): Nouvelle méthode de lutte contre le blast du palmier à huile. Oléagineux 32, 511–517.
4. FAO (1984): Production Yearbook, Vol. 37. FAO, Rom.
5. FERWERDA, J. D. (1961): Growth, production and leaf composition of the African oil palm as affected by nutritional deficiencies. Publ. Amer. Inst. Biol. Sci. 8, 148–159.
6. FERWERDA, J. D. (1962): Die Ölpalme. In: BALLY, W. (Hrsg.): Ölpflanzen. Tropische und Subtropische Weltwirtschaftspflanzen, Teil II, 2. Aufl., 309–378. Enke, Stuttgart.
7. FERWERDA, J. D. (1977): Oil palm. In: ALVIM, P. DE T., and KOZLOWSKY, T. T. (eds.): Ecophysiology of Tropical Crops, 351–382. Academic Press, New York.
8. HARDON, J. J., RAO, V., and RAJANDU, N. (1985): A review of oil palm breeding. In: RUSSELL, G. E. (ed.): Progress in Plant Breeding – 1, 139–163. Butterworths, London.
9. HARTLEY, C. W. S. (1977): The Oil Palm, 2nd ed. Longman, London.
10. INTERNATIONAL ASSOCIATION OF SEED CRUSHERS (1986): World Oils and Fats Statistics. Prepared by Economics Department, Unilever Ltd., for IASC. Unilever, London.
11. LIORET, C. (1982): Vegetative propagation of the oil palm by somatic embryogenesis. In: (15), Vol. I, 163–172.
12. NG, S. K., CHEAH, T. E., and THAMBOO, S. (1968): Nutrient contents of oil palms in Malaya. III. Micronutrient contents in vegetative tissues. Malaysian Agric. J. 46, 421–434.
13. NG, S. K., and THAMBOO, S. (1967): Nutrient contents of oil palms in Malaya. I. Nutrients in reproductive tissues. Fruit bunches and male inflorescence. Malaysian Agric. J. 46, 3–45.
14. NG, S. K., THAMBOO, S., and DE SOUZA, P. (1968): Nutrient contents of oil palms in Malaya. II. Nutrients in vegetative tissues. Malaysian Agric. J. 46, 332–402.
15. PUSHPARAJAH, E., and CHEW, P. S. (eds.) (1982): The Oil Palm in Agriculture in the Eighties. Incorporated Society of Planters, Kuala Lumpur.
16. SURRE, CH., et ZILLER, R. (1963): Le Palmier à Huile. Maisonneuve et Larose, Paris.

17. TAN, K. S., GAN, Y. J., and WAI, S. T. (1982): Towards rationalised use of fertilisers in oil palm on inland soils. In: (15), Vol. II, 39–68.
18. TURNER, P. D. (1981): Oil Palm Diseases and Disorders. Oxford University Press, Kuala Lumpur.
19. TURNER, P. D., and GILLBANKS, R. A. (1974): Oil Palm Cultivation and Management. Incorporated Society of Planters, Kuala Lumpur.
20. VANDERWEYEN, R. (1952): Notions de Culture de l'Elaeis au Congo Belge. Direction de l'Agriculture, des Forêts, des Élevages et de la Colonisation, Bruxelles.
21. WILLIAMS, C. N., and HSU, Y. C. (1970): Oil Palm Cultivation in Malaya. University of Malaya Press, Kuala Lumpur.

3.2 Kokospalme

KONANATH SATYABALAN

Botanisch:	*Cocos nucifera* L.
Englisch:	coconut palm
Französisch:	cocotier
Spanisch:	cocotero

Wirtschaftliche Bedeutung

Die Kokospalme (2, 5, 8, 19, 22, 28, 30) wird auf einer Fläche von ca. 8,9 Mio. ha in ungefähr 80 Ländern dieser Erde angebaut. Aus den Nüssen werden 5,0 Mio. t Kopra mit einem Ölgehalt von 65 bis 72 % gewonnen. Die Palme wird hauptsächlich wegen ihrer Nüsse angebaut, welche die Kopra liefern, aus der durch Pressen das Kokosöl gewonnen wird. Dieses, der Ölkuchen und die Kokosfaser haben große kommerzielle Bedeutung. Daneben liefert die Kokospalme Nahrungsmittel und Getränke für den heimischen Verzehr, Material für den Hausbau und Rohmaterial für eine Anzahl wichtiger Industrien. Im wesentlichen ist sie eine Pflanze der Kleinbauern und die wichtigste Unterhaltquelle von Millionen Menschen in Ländern wie den Philippinen, Indonesien, Sri Lanka und Indien. Die Produktionszahlen für Kokosnüsse und Kopra sowie die Hauptanbauländer sind in Tab. 32 zusammengestellt. Asien liefert 84 % der Weltproduktion, Ozeanien 6 %, Lateinamerika 6 % und Afrika 4 %.

Während bis in die 70er Jahre Kopra das wichtigste Ausfuhrprodukt war, wird heute von den Hauptexporteuren im eigenen Land Kopra zu Öl verarbeitet, so daß das Öl die erste Stelle im Export einnimmt (6). Kopra wurde 1983 in nennenswerten Mengen nur noch aus Ozeanien exportiert (155 000 t), fast alles nach Europa. Die Ölexporte der Erzeugerländer betrugen 1983 1,27 Mio. t, von denen rund 1 Mio. aus den Philippinen kam. Die Hauptimporteure waren Europa (0,52 Mio. t) und die USA (0,45 Mio. t). Preßkuchen wurde in großen Mengen nur aus Asien exportiert (0,94 Mio. t, davon 0,62 Mio. t aus den Philippinen und 0,30 Mio. t aus Indonesien): Die Hauptabnehmer waren die Niederlande (0,41 Mio. t) und die Bundesrepublik Deutschland (0,36 Mio. t). Weitere Ausfuhrprodukte sind frische Kokosnüsse (Weltexport 88 283 t) und Kokosflocken (142 588 t), letztere fast ausschließlich aus den Philippinen (84 963 t) und Sri Lanka (41 954 t). Kokosöl bleibt eines der wichtigsten Produkte unter den verschiedenen Ölen und Fetten auf dem Weltmarkt. Es nimmt die sechste Stelle unter den Pflanzenölen und die vierte Stelle im Handel mit Speiseölen ein (1).

Botanik

Taxonomie. Die Gattung *Cocos* wird heute als monotypisch, d. h. nur mit der einzigen Art *C. nucifera*, angesehen. Sie gehört zur Palmen-Unterfamilie Arecoideae, die durch Fiederblätter und den Steinkern der Frucht charakterisiert ist und viele andere wichtige Gattungen wie *Elaeis* (→ FERWERDA, Kap. 3.1) und *Bactris* einschließt (11).

Die verschiedenen geographischen Rassen der Kokospalme werden in zwei Hauptgruppen eingeteilt, die hochwüchsige (tall) (Abb. 73) Gruppe Typica, die vorwiegend fremdbestäubend ist, und die kleinwüchsige (dwarf) Gruppe Nana

Tab. 32. Produktion von Kokosnüssen (ganze Nuß ohne Faserhülle) und Kopra 1983. Nach (7)

Gebiet	Nüsse (1000 t)	Kopra (1000 t)
Welt	34 890	4548
Indonesien	11 100	1090
Philippinen	9 200	1930
Indien	3 900	350
Sri Lanka	2 300	145
Ozeanien	2 175	306
Malaysia	1 200	204
Mexiko	825	145
Thailand	800	56

Abb. 73. Hochwüchsige (Tall) Kokospalme.

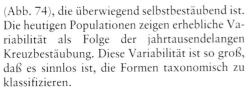

Abb. 74. Zwergwüchsige (Dwarf) Kokospalme.

(Abb. 74), die überwiegend selbstbestäubend ist. Die heutigen Populationen zeigen erhebliche Variabilität als Folge der jahrtausendelangen Kreuzbestäubung. Diese Variabilität ist so groß, daß es sinnlos ist, die Formen taxonomisch zu klassifizieren.

Über die Herkunft der Kokospalme ist viel gestritten worden. Heute neigt man allgemein dazu, daß sie aus Südostasien (Polynesien) stammt, wo sie die größte Formenmannigfaltigkeit zeigt und mit vielen lokalen Namen bezeichnet wird (11, 29). Schon in vorgeschichtlicher Zeit gelangte sie an die Westküsten Mittel- und Südamerikas und über Indien und die Seychellen nach Ostafrika. In den karibischen Raum und an die Ostküste Südamerikas kam sie erst nach Kolumbus.

Morphologie und Anatomie. Der Stamm ist immer unverzweigt und gleichmäßig dick bis auf die für Palmen ungewöhnliche Anschwellung („bole") an der Basis. Er erreicht eine Höhe von 15 bis 30 m. Das Innere des Stammes ist solides Holz (16), das aus dicht gepackten Skleren-

chymsträngen besteht, die jedes Gefäßbündel auf der Phloemseite umgeben oder auch, besonders im äußeren, sehr harten Teil isoliert stehen. Vom durch die Blattbasen geschützten Vegetationspunkt an der Spitze der Palme werden ständig neue Blätter gebildet, etwa jeden Monat eines. Von der Differenzierung eines Blattes am Vegetationspunkt bis zur vollen Entfaltung vergehen 34 bis 35 Monate. Die Lebensdauer des voll entfalteten Blattes bis zum Vergilben beträgt etwa 30 Monate; so besteht die Krone aus durchschnittlich 30 Blättern. Das Blatt wird bis zu 6 m lang und trägt über 200 Fiedern, die mit einer glänzenden Cuticula bedeckt sind. Spaltöffnungen finden sich nur auf der Unterseite der Fiedern.

An der Stammbasis entwickeln sich ständig neue Adventivwurzeln. Die Primärwurzeln sind etwa 1 cm dick und werden 5 bis 7 m lang. An ihnen entspringen Sekundärwurzeln, die sich weiter verzweigen; diese sind dünn, tragen keine Wurzelhaare, sind aber von einer Endomykorrhiza besiedelt (17), welche die Nährstoffaufnahme fördert. An Haupt- und Seitenwurzeln finden sich kurze, weiße Auswüchse (Pneumathoden), die dem Gasaustausch dienen. Dieser wird auch durch die das Rindenparenchym der Hauptwurzeln durchziehenden Luftgänge (Aerenchym) gefördert (8).

In der Achsel jedes Blattes bildet sich ein Blütenstand. Seine Anlage ist etwa 36 Monate, nachdem sich die Blattanlage vom Vegetationspunkt abgegliedert hat, nachweisbar. Es dauert wiederum etwa 32 Monate, bis sich die Blüten öffnen. Der Blütenstand ist bis zu diesem Zeitpunkt von einem großen Tragblatt (Spatha) eingeschlossen. Morphologisch ist der Blütenstand eine Rispe, deren 30 bis 35 Seitenäste von einer verdickten Achse entspringen. Die Kokospalme ist monözisch, d. h. die Blüten sind eingeschlechtig, stehen aber am selben Blütenstand, die weiblichen an der Basis der Rispenäste, die männlichen an deren oberem Teil (Abb. 75a). Die Bestäubung erfolgt durch Wind oder Insekten. Von der Befruchtung bis zur Reife der Frucht vergehen 11 bis 12 Monate. Im Durchschnitt entwickeln sich 25 bis 40 % der weiblichen Blüten zu Früchten. Wegen der langen Zeit, die zwischen der Anlage des Blütenstandes und der Fruchtreife vergeht, wirken sich pflanzenbauliche Maßnahmen, wie Düngung oder Bewässerung, erst nach mehreren Jahren auf den Ertrag aus. Trockenperioden während der frühen Entwicklungsstadien können zum Absterben der Blütenstände führen.

Die Kokosnuß ist botanisch eine Steinfrucht (Abb. 75b). Das wasserdichte Exokarp und das faserige Mesokarp bilden etwa 35 % des Fruchtgewichts, das harte Endokarp (die Steinschale) bildet etwa 12 %, das eßbare weiße Endosperm etwa 28 % und das Kokoswasser im Innern etwa 25 %, bezogen auf die frische, reife Frucht. Natürlich schwanken diese Werte je nach Saison (Witterungsbedingungen) und Sorte. Das dünne braune Gewebe, welches das Endosperm einhüllt, ist die Samenschale (Testa). Der kleine Embryo ist vom Endosperm umschlossen und liegt unter dem weichen Auge am stumpfen Ende des Steinkerns. Dieses Auge durchstößt der Sproß bei der Keimung (Abb. 75c). Ins Innere des Samens wächst gleichzeitig ein Haustorium („Kokosapfel"), das die Reservestoffe des Endosperms resorbiert und zum wachsenden Keimling leitet.

Ökophysiologie

Die Kokospalme liebt das Sonnenlicht. Für ihren kraftvollen Wuchs und einen hohen Ertrag ist eine mittlere Jahrestemperatur von 27 °C notwendig. Am besten ist eine Tag-Nacht-Schwankung von 6 bis 7 °C. Sie gedeiht bis zu einer Höhe von 600 m üNN und benötigt einen gut verteilten jährlichen Niederschlag von 2000 mm. Stellt der Boden genügend Feuchtigkeit zur Verfügung, kann eine trockene und windige Atmosphäre nützlich sein. Gut für das Palmenwachstum ist ein heißes, feuchtes Klima, allerdings stört eine zu hohe Luftfeuchtigkeit die Nährstoffaufnahme und fördert Schädlinge und Krankheiten. Wirbelstürme und Zyklone kön-

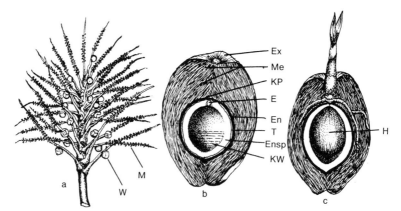

Abb. 75a. Blütenstand der Kokospalme. M = männliche, W = weibliche Blüte.
b. Längsschnitt durch die Frucht. Ex = Exokarp, Me = Mesokarp, KP = Keimpore, E = Embryo, En = Endokarp, T = Testa, Ensp = Endosperm, KW = Kokoswasser.
c. Keimende Frucht. H = Haustorium.

nen die Palme zerstören oder beschädigen. Bis zu einer normalen Produktion benötigt sie dann 4 bis 5 Jahre. Der Anbau ist nicht unbedingt auf die Meeresküsten begrenzt. Besteht die Möglichkeit für reichliche Wasseranlieferung und geeignete Dränage, und ist ein guter tiefer Boden vorhanden, wächst sie auch im Landesinneren weit ab von den Küsten. Solche Anpflanzungen befinden sich im Landesinnern von Indien, Sri Lanka und den Philippinen. Obwohl die Palme sich an einen weiten Bereich von Bodentypen anpassen kann, bevorzugt sie einen reichen Alluvial- oder Lehmboden mit ausreichender Feuchte und Dränage. Eine Dränage ist wichtiger als die Bodenverhältnisse, da dauernde Staunässe nicht vertragen wird. Unschädlich ist dagegen ein kurzer Überstau sogar mit Salzwasser, da sie salzunempfindlich ist. Ideale Bodenverhältnisse für das Palmenwachstum sind ausreichende Dränage, eine gute Wasserhaltekapazität, ein Grundwasserstand in 3 m Tiefe und das Fehlen von Fels oder harten Schichten bis zu einem Meter unter der Bodenoberfläche.

Züchtung

Das wichtigste Ziel der Kokoszüchtung ist es, eine Hybride oder Sorte herzustellen, die früh trägt, einen hohen Ertrag hat und aus der Kopra und Öl von besserer Qualität als von den lokalen Sorten gewonnen werden kann. In Ländern, in denen Krankheiten unbekannter Ursache die Kokosnußproduktion ernstlich gefährden, wird versucht, Sorten oder Hybriden zu züchten, die gegen solche Krankheiten resistent sind. Ähnlich werden in Ländern, die von Wirbelstürmen, Trockenheit usw. getroffen werden, Sorten gezüchtet, die diesen Umweltgefahren trotzen können (12, 21, 25, 26, 27).

Sorten. Von den oben erwähnten zwei Gruppen der Kokospalme wird die hochwüchsige in allen Gebieten angebaut. Pflanzen dieser Gruppe tragen spät (5 bis 8 Jahre nach dem Pflanzen), leben lang (60 bis 80 Jahre und mehr) und produzieren Kopra, Öl und Faser guter Qualität. Die „Sorten" dieser Gruppe werden nach dem Gebiet, in dem sie angebaut werden, benannt: 'West Coast Tall' in Südwestindien, 'Malayan Tall' in Malaysia usw. Wegen der überwiegenden Fremdbestäubung findet sich in jeder 'Sorte' hohe Variabilität in Stammhöhe, Fruchtgröße, -form und -farbe, Ertrag und Kopraqualität. Die Pflanzen der kleinwüchsigen Gruppe (Abb. 73)

sind zarter, niedriger, frühtragend (nach 3½ bis 4 Jahren), mit dünnerem Stamm ohne die Anschwellung der Stammbasis. Ihre Lebensdauer beträgt 35 bis 40 Jahre. Die Nüsse sind klein, die Kopra ist ledrig und kommerziell wertlos. Die Früchte kommen in vier Farben vor, grün, gelb, orange und rot. Die Zwergkokospalmen werden gern als Zierpflanzen gebraucht, genutzt wird nur das Fruchtwasser als Getränk. Wie bei den hochwüchsigen Formen werden die 'Sorten' nach ihrer geographischen Herkunft benannt: 'Chowghat Dwarf', 'Fiji Dwarf' usw.

Züchtung. Innerhalb der hochwüchsigen Gruppe ist der erste Schritt die Sammlung, Erhaltung und Evaluierung des auf der Welt vorhandenen Genmaterials. Die Selektion in dieser Gruppe hat aber wenig Fortschritte gebracht, da bisher wertvolle Linien nur über die Samen der Mutterpflanzen vermehrt werden konnten. Da die Mutterbäume genetisch heterogen waren, zeigte ihre Nachkommenschaft erhebliche Variabilität. Die Position wird sich entscheidend verbessern, wenn die Samenvermehrung durch vegetative Vermehrung über Kalluskultur ersetzt werden kann (3, 24). Dadurch lassen sich selektierte Mutterbäume praktisch unbegrenzt identisch vermehren.

In den letzten 20 Jahren hat die Kreuzungszüchtung sehr an Bedeutung gewonnen. Heterosiseffekte wurden schon bei Kreuzungen zwischen Tall-Formen festgestellt, wegen der Schwierigkeit der Produktion von Hybridsaat in ausreichender Menge sind solche Hybriden jedoch ohne praktische Bedeutung geblieben. In die Praxis eingeführt sind aber Hybriden von Dwarf × Tall-Formen. Der Grund ist zunächst, daß drei wichtige Eigenschaften dominant vererbt werden: gute Kopraqualität, niedriger Wuchs und Resistenz gegen lethal yellowing. Zudem ist die Kastrierung des zwergwüchsigen weiblichen Partners leicht durchzuführen (Abschneiden der Rispenäste oberhalb der weiblichen Blüten), die Bestäubung erfolgt auf natürlichem Wege durch den Pollen des zwischengepflanzten hochwüchsigen männlichen Elters. So ist in Saatgärten eine Massenproduktion von Hybridsaat möglich; sie wird in vielen Ländern, Jamaika (Hybrid 'Maypan' aus 'Malayan Dwarf' × 'Panama Tall'), Elfenbeinküste (Hybrid 'Port Buet 121' aus 'Malayan Yellow Dwarf' × 'West African Tall'), Indien, Malaysia, den Philippinen u. a., kommerziell durchgeführt (4, 15, 20). Auch bei der

Vermehrung von Hybriden wird die vegetative Vermehrung über Kalluskultur Verbesserungen bringen (identische Vermehrung besonders leistungsfähiger F_1-Pflanzen, kein Bedarf an großen Bodenflächen für die Saatgärten). Die zwei größten Probleme des Kokospalmenanbaus, Resistenz gegen lethal yellowing und Sturmfestigkeit, können durch die Dwarf × Tall-Hybriden als gelöst angesehen werden. Das langsame Höhenwachstum dieser Hybriden ist ein weiterer Vorteil, da es die Ernte sehr erleichtert.

Anbau
Vermehrung. Bei der bisher allein möglichen Vermehrung durch Samen werden die ganzen Früchte in Saatbeete gepflanzt. Vollreife Früchte können gleich nach der Ernte gepflanzt oder 1 bis 2 Monate im Schatten, eventuell auch mit Sand bedeckt, gelagert werden, um Überhitzung und Austrocknung zu verhindern. Sie werden senkrecht mit dem Stielansatz nach oben oder – besser – horizontal mit der schmalsten Seite nach unten eingelegt. Die Pflanzweite beträgt in Indien 40 cm zwischen den Reihen und 30 cm zwischen den Früchten. Am geeignetsten ist sandiger Boden, in den die Früchte so weit versenkt werden, daß ihre Oberkante gerade noch sichtbar ist. In Trockenperioden muß bewässert werden. Die Pflanzbeete werden unkrautfrei gehalten und in der heißen Zeit durch eine Mulchdecke beschattet. Krankheiten und Schädlinge werden regelmäßig bekämpft, um gesunde Pflanzen zu erhalten. Da die Samen immer genetisch inhomogen sind, sind Keimung und Entwicklung der Pflanzen unterschiedlich (Abb. 76). Alle Spätkeimer und schwachen Pflanzen werden entfernt. Wegen der langen Lebensdauer der Palmen lohnt sich diese Selektion. Gut tragende Palmen kann man nur von Sämlingen erwarten, die früh keimten, zahlreiche kräftige, dunkelgrüne Blätter gebildet haben, die sich frühzeitig in Fiedern spalten und kurze, breite Blattstiele besitzen, so daß der Hals einen großen Umfang hat. Das Auspflanzen geschieht in den meisten Ländern frühzeitig, an der Westküste Indiens nach 9 bis 12 Monaten. Bei älteren Sämlingen ist der Umpflanzschock stärker, die Wurzeln werden beträchtlich beschädigt, so daß die Palmen langsamer anwachsen. Im übrigen bestimmen lokale Boden- und Klimabedingungen den geeignetsten Umpflanzzeitpunkt.

Landvorbereitung. Welche Bodenvorbereitungen nötig sind, hängt von der Topographie, dem Bodentyp und dem Grundwasserstand ab. Auf hängigem Gelände müssen Maßnahmen zur Verhinderung der Bodenerosion getroffen werden, z. B. durch Anlage von Terrassen. Neigt der Boden zu Staunässe, werden Erdwälle oder Hügel angelegt, auf die die Palmen gepflanzt werden. Dränrinnen sind auf nassem oder schwerem Boden immer zu empfehlen. Der Boden wird von Unkräutern und Wildwuchs gesäubert und eingezäunt, um Wildtiere und Vieh fernzuhalten.

Auspflanzen. Kokospalmen werden im Quadrat- oder Dreieckverband gepflanzt. Bei gleichem Abstand zwischen den Bäumen können in letzterem 15 % mehr pro Flächeneinheit untergebracht werden. Der Abstand zwischen den Palmen muß so groß sein, daß sich die voll entfalteten Kronen nicht gegenseitig beschatten. Zu berücksichtigen ist auch, ob die Kokospalmen als Monokultur oder mit Unterbau anderer Arten angebaut werden sollen (18). In Indien ist der Abstand hochwüchsiger Formen im Reinbestand 7,5 bis 9,0 m, für Zwerghybriden werden 6,5 bis 7,0 m empfohlen. Der Durchmesser und die Tiefe des Pflanzloches hängen vom Bodentyp und Grundwasserniveau ab. Auf schweren Böden sind in Indien 1,3 × 1,3 × 1,3 m üblich, in Westafrika 1,2 × 1,2 × 0,9 m. In losem, sandigem Boden, der leicht von den Palmwurzeln durchdrungen wird, bekommen die Löcher ei-

Abb. 76. Anzuchtbeete mit Kokoskeimlingen. Keimpflanzen mit unterschiedlicher Wuchskraft.

nen kleineren Durchmesser und nur geringe Tiefe, z. B. in Jamaika 45 × 45 × 30 cm. Auch die Tiefe, bis zu der die Löcher vor dem Pflanzen mit lockerer Erde, gemischt mit reichlich organischem Material, Mineraldünger oder Holzasche, aufgefüllt werden, wird vom Boden und Klima bestimmt. Die erwähnten tiefen Pflanzlöcher in Indien werden nur bis etwa 60 bis 90 cm unter der Bodenoberfläche aufgefüllt. Wo Staunässe droht, wird auf Bodenniveau gepflanzt. In jedem Fall werden die Setzlinge so gepflanzt, daß die Nuß mit der Füllmasse gerade bedeckt wird. Tiefe Löcher werden erst Jahre später, wenn sich der Stamm entwickelt hat, auf Bodenniveau aufgefüllt. Nach dem Pflanzen müssen die Setzlinge während Trockenzeiten bewässert werden; u. U. kann Beschattung während der ersten Monate nach dem Auspflanzen nützlich sein.

Düngung und Pflege. Da zwischen der Applikation von Düngungs- und Pflegemaßnahmen und ihrer Auswirkung auf den Ertrag der Palmen rund drei Jahre verstreichen (s. o.), müssen diese Maßnahmen regelmäßig jedes Jahr durchgeführt werden, um die Bedingungen für gutes Wachstum und hohen Ertrag zu sichern. Stickstoff fördert das Wachstum und die Entwicklung junger Palmen, kann aber die Nußqualität ungünstig beeinflussen. Kalium verbessert den Fruchtansatz und das Nußgewicht. Phosphatdüngung hat meist keine Wirkung (Mykorrhiza, s. o.), kann aber bei hohen N- und K-Gaben nützlich sein. Von positiven Wirkungen anderer Elemente wird gelegentlich berichtet, z. B. von Chlor und Schwefel auf den Philippinen oder von Magnesium in der Elfenbeinküste (13, 14). Bei ganzjährig guter Wasserversorgung ist die Ausbringung der Mineraldünger in zwei oder mehr geteilten Gaben zu empfehlen. Organische Dünger wie Ölkuchen, tierischer Dünger, Guano, Knochenmehl, Kokosfaserhüllen oder grüne Blätter wirken günstig; Kokosfaserhüllen sind besonders reich an K und werden am besten eingegraben. Auch Holz- und Kokosschalenasche sind gute K-Dünger.

Regelmäßige Kulturmaßnahmen wie Pflügen oder Umgraben bekämpfen in Kokosreinkulturen die Unkräuter und verbessern den Wasserhaushalt. Auf geeigneten Böden und bei ausreichender Wasserversorgung ist der Unterbau mit Bodenbedeckern oder anderen Nutzpflanzen vorzuziehen. Bodenbedecker verhindern die Bodenerosion, unterdrücken Unkräuter und liefern organisches Material für den Boden. Am besten sind hierfür Leguminosen wie *Pueraria phaseoloides, Calopogonium mucunoides* oder *Centrosema pubescens* (→ CAESAR, Kap. 14), da sie den Stickstoffgehalt des Bodens erhöhen. Kokospalmen brauchen viel Wasser für normales Wachstum und gute Produktion; daher sollten die Palmen während längerer Trockenzeiten bewässert werden. Mischbau mit Unterkulturen wie ein- oder mehrjährige Futterpflanzen, Banane, Maniok, Ananas, Kakao, Kaffee oder Gewürzen (18) kann den Kokosertrag erhöhen, wenn die Partner selbst ausreichend gedüngt werden, und bringen dem Farmer zusätzliche Einkünfte. Auch die Kombination mit der Tierhaltung (Beweidung der Futterpflanzen unter den Palmen) kann vorteilhaft sein (23).

Ernte. In Indien werden die Palmen im allgemeinen von erfahrenen Männern erklettert, um die Nüsse zu ernten. In Sri Lanka und einigen anderen Ländern erfolgt die Ernte vom Boden aus mit einem an einer langen Bambusstange befestigten sichelförmigen Messer. In Teilen Afrikas und auf den pazifischen Inseln wartet man, bis die Früchte von selbst herabfallen und sammelt sie in bestimmten Zeitabständen ein. In Thailand, Malaysia und Indonesien werden Affen zum Pflücken der Früchte, besonders von sehr hohen Palmen, trainiert. Wo die Kokosfaser gewonnen wird, werden noch grüne Früchte im Alter von 11 Monaten vorgezogen, sonst wartet man bis zur Vollreife, die an der braunen Verfärbung zu erkennen ist, da solche Früchte 3 bis 5 % mehr Kopra liefern als nicht ganz ausgereifte. Im übrigen wird die Ernte periodisch in der Pflanzung durchgeführt, nicht nach dem Reifezustand der Fruchtbündel an der einzelnen Palme. In Kerala (Südwestindien) wird während der heißen Sommermonate alle 45 Tage, während der kühleren Regenzeit alle 60 Tage geerntet. In Sri Lanka und auf den Philippinen wird ein Intervall von zwei Monaten eingehalten und 6mal im Jahr geerntet. Im Alter von 25 bis 60 Jahren sind die Palmen in ihrer produktivsten Periode.

Krankheiten und Schädlinge

Krankheiten. Verbreitet ist die Knospenfäule, die durch *Phytophthora palmivora* verursacht wird und zum Absterben des zentralen Teiles der Krone führt. Sie breitet sich in der Monsunzeit bei hoher Luftfeuchtigkeit aus. Bekämpfungsmaßnahmen sind: Ausschneiden befallenen Gewebes und Bestreichen der Schnittflächen mit Bordeauxpaste, Verbrennen der ausgeschnittenen Teile bzw. bei schwerem Befall der ganzen Palmen und präventive Spritzung mit Bordeauxbrühe. Der gleiche Pilz verursacht Fruchtfäule und Nußfall, die auf die gleiche Weise bekämpft werden.

An der Blattfäule (leaf rot) sind mehrere Pilze beteiligt: *Bipolaris halodes*, *Gloeosporium* sp. und *Gliocladium roseum*. Sie wird ebenfalls durch Ausschneiden befallener Blatteile und Sprühen mit Bordeauxbrühe oder anderen Kupfermitteln bekämpft. Düngungsmaßnahmen (Kalidüngung) und gute Pflege der Pflanzungen helfen, die Schäden zu begrenzen. Das gleiche gilt für Blattflecken (leaf blight), deren Erreger *Pestalotiopsis palmarum* ist.

Beim Stammbluten tritt aus Rissen am unteren Teil des Stammes eine rötlich-braune Flüssigkeit aus, die beim Eintrocknen schwarz wird. Das Gewebe unter den Rissen verfärbt sich und verfault. Der Erreger ist *Thielaviopsis paradoxa (Ceratocystis paradoxa)*. Hoher Grundwasserstand und zu saurer oder zu alkalischer Boden machen die Palmen anfällig für diese Krankheit. Die Verbesserung der Bodenbedingungen ist daher die wichtigste Maßnahme zur Bekämpfung. Befallenes Gewebe wird ausgeschnitten, die Schnittstellen werden mit heißem Teer oder Bordeauxpaste bedeckt.

Die Ätiologie mehrerer schwerer Krankheiten ist noch nicht sicher geklärt. Dazu gehören die Cadang-Cadang-Krankheit auf den Philippinen, lethal yellowing auf den Westindischen Inseln und die root (wilt) disease in Kerala. Von der Cadang-Cadang-Krankheit sind 12 Mio. Palmen befallen. Als Erreger wird ein Virus vermutet, das aber nicht nachgewiesen werden konnte. Als einzige Schutzmaßnahmen werden Sauberhalten der Pflanzungen und gute Bodenpflege empfohlen. Bei lethal yellowing deuten die Untersuchungen auf eine Mykoplasmose. 'Malayan Dwarf' und seine Hybriden mit 'Panama Tall' sind resistent. Unter der root (wilt) disease leiden in Kerala 24 Mio. tragende und 5 Mio. junge Palmen. Auch bei dieser Krankheit wird eine Mykoplasmose vermutet. Gegen sie wird das Einarbeiten von Leguminosen als Gründünger empfohlen. Die Hybriden 'Chowghat Orange Dwarf' × 'West Coast Tall' sind einigermaßen tolerant gegen sie.

Insekten. Der Nashornkäfer, *Oryctes rhinoceros*, bohrt sich in weiches Gewebe am Vegetationspunkt ein und frist die zarten jungen Blätter und Blütenstände an. Typisch für den Befall sind die bei der Entfaltung keilförmig gekerbten Blätter, da Teile der Blattfiedern abgefressen sind. Der Käfer legt seine Eier in verrottendes organisches Material, Holz, Düngergruben, Haufen von Kaffeeschalen usw.; dort können die Larven mechanisch oder durch Insektizide vernichtet werden. Aus der Palmkrone werden die Käfer mit dem 75 cm langen „Käferhaken" herausgezogen, in die Fraßgänge wird dann ein Gemisch von Sand und Insektizid gegeben. Biologische Kontrolle ist möglich mit dem in den amerikanischen Tropen vorkommenden Pilz *Metarrhizium anisopliae*, der alle Stadien, außer die Eier, infiziert. Auch zwei Bakterien, *Serratia* sp. und *Pseudomonas* sp., befallen die Larven. In einem schmalen Küstenstreifen West-Samoas hält der Parasit *Scolia ruficornis* den Schädling unter Kontrolle (28).

Der indomalaiische Palmenrüßler (red palm weevil), *Rhynchophorus ferrugineus*, ist ein gefährlicher Schädling der jungen Palmen. Die Larven bohren sich in das weiche Gewebe des Stammes oder der Krone, fressen es an und verursachen schließlich das Absterben der Palme. Da eine frühzeitige Erkennung schwer ist, müssen prophylaktische Maßnahmen, wie die Verhinderung von Stammbeschädigungen, das Schließen der Bohrgänge mit Teer oder Insektiziden und eine Kronenbehandlung mit Insektiziden, ergriffen werden, da der Käfer seine Eier in Gänge und Löcher legt. Eine wirkungsvolle Kontrolle der Larven wird in Indien durch die Injektion von Pyrenon (Pyrethrin + Piperonylbutoxid) in die infizierten Stämme erreicht.

Die Schwarzkopfraupe, *Nephantis serinopa*, ist ebenfalls ein ernsthafter Schädling der Kokospalme. Die Raupen leben auf der Unterseite der Blattfiedern und fressen dort Gänge aus. Dann bleiben sie im Blattinnern und fressen am grünen Blattgewebe. Die Blätter erscheinen grau mit vertrockneten Stellen. Zur Bekämpfung werden die befallenen Palmen mit Insektiziden besprüht. Eine biologische Bekämpfung ist mit dem Puppenparasiten *Trichospilus pupivora* und dem Larvenparasiten *Perisierola nephantidis* möglich.

Weitere Schadinsekten sind die Engerlinge des „Maikäfers" *Leucopholis coneophora*, welche die Wurzeln fressen, der Blattkäfer *Promecotheca cumingi* und die Blattmotte *Artona cataxantha* sowie die Schildlaus *Aspidiotus dectructor*, die alle drei auf den Blättern vorkommen (2). Die Insekten, die gelagerte Kopra fressen, die Käfer *Necrobia rufipes*, *Ahasverus advena* und *Tribolium castaneum*, und die Reismotte *Corcyra cephalonica*, sind allgemeine Lagerschädlinge. Seit Kopra hauptsächlich im Erzeugerland verarbeitet wird, sind sie nur noch von untergeordneter Bedeutung.

Nematoden. Die Rotring-Krankheit ist auf die westliche Hemisphäre beschränkt, dort aber eine der schwersten Krankheiten der Kokospalme. Verursacher ist *Rhadinaphelenchus cocophilus*. Im frühen Stadium werden die Fiederblätter von der Spitze her gelb, dann werden alle Blätter braun und vertrocknen. Die unreifen Nüsse werden abgeworfen, und schließlich stirbt die Palme ab. Der Name der Krankheit stammt von dem etwa 3 cm breiten Ring rotgefärbten Gewebes, der sich im Holz etwa 5 cm von der Außenseite entfernt findet. Der Palmenrüßler (*Rhynchophorus ferrugineus*, s. o.) legt seine Eier bevorzugt in die befallenen Palmen und ist der wichtigste Überträger der Krankheit. Seine Bekämpfung ist daher die erste Schutzmaßnahme gegen die Verbreitung der Nematoden. Befallene Palmen sollten gefällt und verbrannt werden. Die Behandlung des Bodens mit Nematiziden kann eine gewisse Schutzwirkung haben. Auf jeden Fall sind strenge Quarantänemaßnahmen nötig, um die Ausbreitung dieses gefährlichen Nematoden zu verhindern.

Andere tierische Schädlinge sind Ratten, fliegende Hunde und Eichhörnchen. Ihre Bekämpfung durch Fallen, Giftköder und das Anbringen von Metalltellern um den Palmenstamm kann nötig sein, um schwere Verluste zu verhindern (2, 5).

Verarbeitung und Verwertung

Jeder Teil der Kokospalme wird verwertet; sie ist weit mehr als eine reine Ölfrucht (9, 30). Das wichtigste Produkt sind aber selbstverständlich die Früchte. Mehr als die Hälfte der geernteten Kokosnüsse dient jedoch nicht der Ölgewinnung, sondern wird frisch oder in verschiedener Weise zubereitet gegessen. Durch Vermahlen des Fruchtfleisches in Wasser gewinnt man z. B. die Kokosmilch, die weiter zur Bereitung von Süßwaren gebraucht wird.

Zur Gewinnung des Öls wird das Fleisch gewöhnlich zu Kopra getrocknet. Kugelkopra erhält man, wenn vollreife Nüsse nach Entfernung der Faserhülle für 8 bis 12 Monate auf einer Plattform im Schatten gelagert werden. Während dieser Zeit wird das Kokoswasser resorbiert, der Kern trocknet und löst sich von der Schale. Nach dem Aufbrechen der Schale erhält man die fertige Kugelkopra. Für Schalenkopra wird ebenfalls die Faserhülle entfernt, dann werden die Nüsse durch einen Schlag mit Messer oder Beil in Hälften geteilt, die in der Sonne oder in Öfen getrocknet werden. Nach zwei oder drei Tagen löst sich der Kern von der Schale und kann leicht mit einem dünnen Holzhebel herausgenommen werden. Die Endospermhälften werden weiter bis zu einem Wassergehalt von unter 6 % getrocknet. Kopra für den Export muß in geeigneten Behältern gelagert werden, damit sie nicht wieder Wasser aufnimmt und schimmelig und ranzig wird. Öl für den Eigenbedarf wird in Indien mit der Chekkumühle aus der trockenen Kopra gepreßt, kommerziell werden zur Ölgewinnung Schraubenpressen oder hydraulische Pressen verwendet. Für die Ölextraktion aus frischem Kokosfleisch sind verschiedene Verfahren entwickelt worden, die aber bisher keine große Rolle spielen (10).

Kokosöl gehört zur Laurinsäuregruppe und hat die niedrigste Jodzahl und die höchste Verseifungszahl aller pflanzlichen Öle. Neben dem Gebrauch als Speise- und Backöl wird es in verschiedenen kosmetischen Präparaten verwendet. Aus einem erheblichen Teil wird Seife hergestellt; als Nebenprodukt fällt dabei Glycerin an. Ein ständig steigender Teil dient als Rohstoff für Detergentien und Produkte der Kunststoffindustrie. Nach Alkoholyse kann es direkt als Kraftstoff für Dieselmotoren dienen.

Der Ölkuchen ist ein wertvolles Vieh- und Geflügelfutter, auch zur Fütterung junger wachsender Schweine wird er verwendet. In einigen Fällen wird er auch als Dünger für verschiedene Feldfrüchte genutzt.

Kokosflocken (desiccated coconut) werden durch schnelles Trocknen frischen, geraspelten Fleisches hergestellt. Sie werden in der ganzen Welt für Konditoreiwaren gebraucht.

Die Schalen liefern eine geschätzte, sehr reine Holzkohle, die als Aktivkohle für verschiedene technische Zwecke dient. Sie werden auch direkt als Brennmaterial gebraucht. Frisch werden sie zu einem feinen Pulver (coconut shell flour) vermahlen, das als Füller für Formgußverfahren und für andere technische Zwecke gebraucht wird.

Gute Kokosfaser (coir) stammt aus den Hüllen 10 bis 11 Monate alter Früchte. Die Faserhüllen werden 6 bis 8 Monate in süßem oder salzigem Wasser geröstet und danach mit Holzhämmern bearbeitet; die reine Faser wird dann in der Sonne getrocknet. Sie wird je nach Qualität für Matten, Schuhabstreifer, Bürsten, Besen, Seile, grobe Garne und als Füllmaterial für Matratzen verwendet. Die anfallende feine Faser (coir dust) dient als Isoliermaterial.

In Indien und anderen Ländern werden die Blütenstände vor der Entfaltung angezapft, um den zuckerreichen Saft zu gewinnen. Er wird frisch gebraucht, zu Palmzucker (jaggery) eingedampft oder einer alkoholischen Gärung unterworfen. Daraus wird Arrak destilliert, oder er wird weiter zu Essig vergoren.

Der Palmstamm wird als billiges Bauholz für Häuser und Ställe gebraucht, meist nach Eintauchen in Salzwasser, wodurch das Holz dauerhafter wird. Es wird auch zur Herstellung von Spanplatten verwendet (16). Die verflochtenen Blätter werden zum Dachdecken, für Einzäunungen und Körbe benutzt. Alle Abfälle dienen als Brennmaterial. So ist buchstäblich jeder Teil der Palme nützlich für den Menschen, so daß sie zurecht populär als „The Tree of Wealth" bezeichnet wird.

Literatur

1. ASIAN and PACIFIC COCONUT COMMUNITY (1983): Coconut Statistical Yearbook 1982. APCC, Jogjakarta, Indonesien.
2. BALLY, W. (1962): Die Kokospalme. In: BALLY, W. (Hrsg.): Ölpflanzen. Tropische und Subtropische Weltwirtschaftspflanzen. 2. Aufl., Teil II, 221–308. Enke, Stuttgart.
3. BRANTON, R., and BLAKE, J. (1983): A lovely clone of coconut. New Scientist 98, 554–557.
4. BROOK, R. M. (1982): The hybrid coconut project in Papua New Guinea – its past, present and future. Indian Coconut J. 12 (12), 3–8.
5. CHILD, R. (1974): Coconuts. 2nd ed. Longman, London.
6. DAS, P. K. (1985): Trends in coconut oil production and trade in the world. Oléagineaux 40, 85–93.
7. FAO (1984): Production Yearbook, Vol. 37. FAO, Rom.
8. FRÉMOND, Y., ZILLER, R., and NUCÉ DE LAMOTHE, M. DE (1966): The Coconut Palm. Intern. Potash Inst., Bern.
9. GRIMWOOD, B. E. (1975): Coconut Palm Products. Agr. Dev. Paper No. 99. FAO, Rom.
10. HAGENMAIER, R. D. (1980): Coconut Aqueous Processing. 2nd ed. San Carlos Publications, Cebu City, Philippinen.
11. HARRIES, H. O. (1978): The evolution, dissemination and classification of Cocos nucifera L. Bot. Rev. 10, 67–80.
12. LUNTUNGAN, H. T. (1982): Progress report on coconut breeding in Indonesia. Yearly Progr. Rep. Coconut Res. Devel. FAO, Rom.
13. MAGAT, S. S. (1978): A review of fertiliser studies on coconut. Phil. J. Coconut Studies 3, 51–72.
14. MANCIOT, R., OLLAGNIER, M., et OCHS, R. (1979): Nutrition minérale et fertilisation du cocotier dans le monde. Oléagineux 34, 499–515, 563–580; 35, 13–27.
15. MANTHRIRATNA, M. A. P. P. (1978): Intraspecific hybridisation of the coconut palm (Cocos nucifera L.) in Sri Lanka. Phil. J. Coconut Studies 3, 29–38.
16. MEADOWS, D. J., SULE, V. K.. PALOMAR, R., et JENSEN, P. (1980): L'utilisation du bois de cocotier. Oléagineux 35, 365–369.
17. MIKOLA, P. (ed.) (1980): Tropical Mycorrhiza Research. Clarendon Press, Oxford.
18. NAIR, P. K. R. (1979): Intensive Multiple Cropping with Coconuts in India. Principles, Programmes and Prospects. Suppl. 6, J. Agron. Crop Sci. Parey, Berlin.
19. NAYAR, N. M. (ed.) (1983): Coconut Research and Development. Wiley Eastern, New Delhi.
20. NUCÉ DE LAMOTHE, M. DE, et BÉNARD, G. (1985): L'hybride de cocotier PB-121 (ou MAWA) (NJM × GOA). Oléagineux 40, 261–263.
21. NUCÉ DE LAMOTHE, M. DE, WUIDART, W., and ROGNON, F. (1980): Review of 12 years of genetic research on coconut in Ivory Coast, Oléagineux 35, 131–140.
22. OHLER, J. G. (1984): Coconut, Tree of Life. FAO Plant Prod. Prot. Paper No. 57. FAO, Rom.
23. PLUCKNETT, D. L. (1979): Managing Pastures and Cattle under Coconuts. Westview Press, Boulder, Colorado.
24. RAJU, C. R., PRAKASH KUMAR, P., CHANDRAMOHAN, M., and IYER, R. D. (1984): Coconut plantlets from leaf tissue cultures. J. Plant. Crops 12, 75–78.
25. SANTOS, G. A. (1982): Progress report on coconut breeding research at the Philippine Coconut Authority. Yearly Progr. Rep. Coconut Res. Devel. FAO, Rom.
26. SATYABALAN, K. (1982): The present status of coconut breeding in India. J. Plant. Crops 10, 67–80.
27. TAMMES, P. M. L., and WHITEHEAD, R. A. (1969): Coconut. In: FERWERDA, F. P., and WIT, F. (eds.): Outlines of Perennial Crop Breeding in the Tropics, 175–188. Veenman, Wageningen.
28. THAMPAN, P. K. (1981): Handbook on Coconut Palm. Oxford and IBH Publishing Co., New Delhi.
29. WHITEHEAD, R. A. (1976): Coconut. In: SIMMONDS, N. W. (ed.): Evolution of Crop Plants, 221–225. Longman, London.

30. WOODROOF, J. G. (1979): Coconut: Production, Processing, Products. 2nd ed. AVI, Westport, Connecticut.

3.3   Sojabohne

WALTER H. SCHUSTER

Botanisch: *Glycine max* (L.) Merr.
Englisch: soybean, soya bean
Französisch: soya
Spanisch: soya

Wirtschaftliche Bedeutung
Die große wirtschaftliche Bedeutung der Sojabohne basiert auf ihrer vielseitigen Nutzung, dem hohen Nährstoffgehalt (Tab. 33) und der hohen biologischen Wertigkeit der Sameninhaltsstoffe (Tab. 34). Dadurch ist sie eine der wichtigsten Nahrungs- und Futterpflanzen der Welt. Ihre vielseitige Verwendung reicht vom hochwertigen Nahrungsmittel in vielerlei Form bis zum Rohstoff für technische Zwecke (8, 12, 15, 26). Auch als Grünfutterpflanze mit einem hohen Proteingehalt zur Silage- und Heugewinnung wird sie angebaut.

Die Weltanbaufläche hat sich von 1961/63 bis 1983 etwa verdoppelt. Da gleichzeitig die durchschnittlichen Erträge um rund 50 % stiegen, erhöhte sich die Gesamtproduktion um das Dreifache. In den 70er Jahren beruhte die Zunahme hauptsächlich auf der Ausdehnung der Anbauflächen in Brasilien und Argentinien (Tab. 35). Die den Weltmarkt beherrschenden Exporteure sind die USA, Brasilien und Argentinien. Die USA exportieren überwiegend Bohnen, Brasilien und Argentinien fast nur Öl und Preßkuchen. Indien ist der größte Ölimporteur, die EG-Länder liegen an der Spitze der Bohnen- und Preßkuchenimporte. Der größte Einzelimporteur für Bohnen ist Japan, aber auch China und die UdSSR führen über 1 Mill. t jährlich ein.

Botanik
Das Heimatgebiet der Sojabohne liegt in der südlichen Mandschurei (→ Bd. 3, PLARRE, S. 195). Die größte Formenmannigfaltigkeit ist in China, Japan, Korea und der Mandschurei zu finden. Die Sojabohne wurde erst im 11. Jh. v. Chr. domestiziert (10). Sie gehört zur Fa-

Tab. 33. Durchschnittliche Zusammensetzung von Soja-Samen in Gewichts-%. Nach (15).

Organe	Gesamtanteil	Protein	Fett	Kohlenhydrate	Asche
Gesamt	100	40	21	34	4,9
Keimblätter	90	43	23	29	5,0
Samenschale u. Endosperm	8	9	1	86	4,3
Keimachse und Radicula	2	41	11	43	4,4

Tab. 34. Aminosäurenzusammensetzung des Sojabohneneiweißes. Nach (15).

Essentielle Aminosäuren	Gehalt (g/100 g Prot.)	Nichtessentielle Aminosäuren	Gehalt (g/100 g Prot.)
Lysin	6,9	Arginin	8,4
Methionin	1,6	Histidin	2,6
Cystin	1,6	Tyrosin	3,9
Tryptophan	1,3	Serin	5,6
Threonin	4,3	Glutaminsäure	21,0
Isoleucin	5,1	Asparaginsäure	12,0
Leucin	7,7	Glycin	4,5
Phenylalanin	5,0	Alanin	4,5
Valin	5,4	Prolin	6,3

Tab. 35. Erzeugung von Sojabohnen. Die Hauptproduzenten sind nach der Höhe der Erzeugung i. J. 1983 geordnet. Nach (4, 5).

Gebiet	Produktion (Mio. t)		Anbaufläche (Mio. ha)		Flächenertrag (t/ha)	
	1969–71	1981–83	1969–71	1981–83	1969–71	1981–83
Welt	43,49	86,72	29,25	50,55	1,5	1,7
Nord- und Mittelamerika	31,43	54,27	17,17	27,47	1,8	2,0
Südamerika	1,75	19,08	1,43	10,86	1,2	1,8
Asien	9,33	11,72	9,33	10,41	1,0	1,1
Europa	0,12	0,65	0,11	0,48	1,1	1,3
Afrika	0,08	0,38	0,19	0,37	0,4	1,0
Hauptproduzenten						
USA	31,17	52,86	17,04	26,75	1,8	2,0
Brasilien	1,55	14,14	1,31	8,28	1,2	1,7
China	8,13	9,38	7,87	8,00	1,0	1,2
Argentinien	0,04	3,97	0,03	2,05	1,3	2,0
Paraguay	0,04	0,73	0,03	0,43	1,6	1,7
Kanada	0,26	0,73	0,14	0,34	1,9	1,8
Mexiko	0,25	0,68	0,13	0,39	1,9	1,8
Nord- und Südkorea	0,48	0,60	0,57	0,50	0,8	1,2
Indonesien	0,47	0,59	0,64	0,68	0,7	0,9
UdSSR	0,52	0,56	0,86	0,86	0,6	0,6
Indien	–	0,51	–	0,73	0,5	0,7

milie der Leguminosae, Unterfamilie Papilionoideae. Der Art G. *max* stehen G. *soja* Sieb. et Zucc. (wild soya) und G. *gracilis* Skvorc. (wohl aus natürlichen Hybriden von G. *max* und G. *soja* entstanden) nahe. Alle haben 2n = 40 Chromosomen und können mit voller Fertilität miteinander gekreuzt werden (9, 10, 11, 16).

Die Sojabohne ist eine weitgehend selbstbefruchtende Pflanze, deren kleine Blüten nicht häufig von Insekten besucht werden. Die Variabilität der verschiedenen botanischen Merkmale ist sehr groß, so daß für die unterschiedlichen Nutzungen und Anbaugebiete die verschiedensten Formen und Typen selektiert werden können.

Die Samen enthalten je nach Genotyp und Umwelteinflüssen 12 bis 24 % Rohfett in der Trockenmasse und 26 bis 52 % Rohprotein mit hohen Anteilen an essentiellen Aminosäuren (Tab. 33 und 34).

Ökophysiologie

Die Sojabohne ist entsprechend ihrem Heimatgebiet eine Kurztagpflanze, die jedoch durch die Verpflanzung in andere Klimaräume auch im Reaktionstyp auf Photoperiode und Temperatur eine starke vor allem durch die Züchtung entstandene Variabilität besitzt. Dabei treten die vielfältigsten Wechselwirkungen zwischen Tageslängen- und Temperaturreaktionen auf (25). So sind Sorten selektiert worden, die tagneutral oder wie Langtagpflanzen reagieren (Abb. 77). Demzufolge können bestimmte Sorten für entsprechende Klimagebiete ausgewählt werden, die vom Äquator bis nach Kanada und Schweden früh genug zur Blüte und Reife kommen (Abb. 78).

Die Temperaturansprüche der Sojabohne sind geringer als die von Sorghum und Mais (Tab. 36). Ebenso ist die Frosttoleranz im Jugendstadium höher als beim Mais.

Aber nicht nur auf die Entwicklung und Ertragsbildung wirken sich Temperatur und Tageslänge aus, sondern ebenso auf das Wachstum über die Kohlenstoff- und Stickstoffassimilation und die Symbiose mit Knöllchenbakterien (2, 25). Auch die Qualität der Sameninhaltsstoffe, besonders der Fett- und Rohproteingehalt sowie die Fettsäurezusammensetzung (13, 19) werden maßgeblich durch die Klimafaktoren verändert. Kühle und regnerische Witterung während der Blüte wirkt sich stark ertragmindernd durch Abwurf von Blüten und jungen Hülsen aus. Auf der anderen Seite ist die Sojabohne keine trockenre-

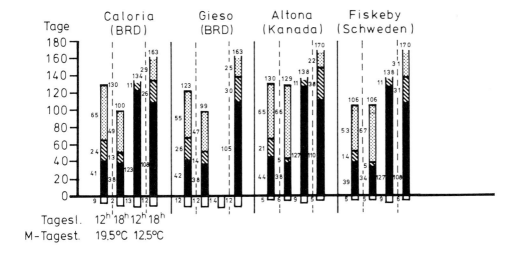

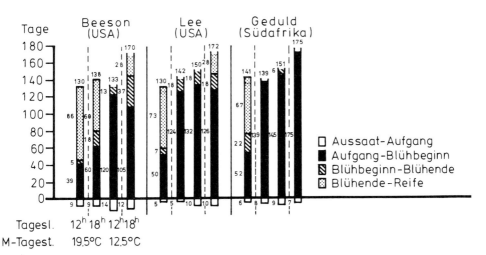

Abb. 77. Entwicklungsverlauf einiger Sojasorten unter kontrollierten Klimabedingungen: 12 und 18 h Tageslänge, 12,5 und 19,5 °C. (Nach 19)

sistente Pflanze. Trockenheit vor der Blütenbildung und während der Kornbildung wirken sich stark negativ aus.

Züchtung

Der Samenertrag der Sojabohne ist im Weltdurchschnitt mit 1,6 t/ha nicht hoch. Das Ertragspotential liegt wesentlich höher: Im praktischen Anbau werden 4 bis 4,5 t/ha, auf Versuchsparzellen bis zu 7 t/ha erreicht. Durch die Züchtung von Sorten, die an die jeweiligen An-

baubedingungen angepaßt sind, und deren ertragbestimmende Merkmale optimal aufeinander abgestimmt sind, lassen sich die Welterträge mit Sicherheit steigern.

Den stärksten Einfluß auf den Kornertrag hat die Kornzahl je Pflanze, die weitgehend von der Zahl der Hülsen je Pflanze abhängt (18). Für den Flächenertrag ist die Zahl der Hülsen je m^2 ausschlaggebend. Die Zahl der Seitentriebe ist dabei von untergeordneter Bedeutung, während das Tausendkorngewicht ebenfalls einen hohen Einfluß auf den Samenertrag ausübt.

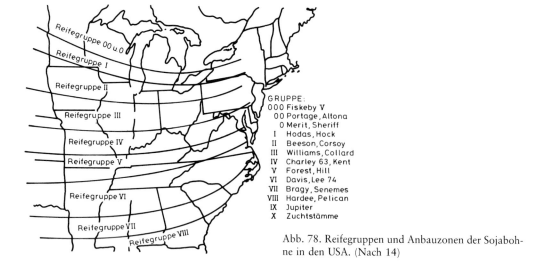

GRUPPE:
000 Fiskeby V
00 Portage, Altona
0 Merit, Sheriff
I Hodas, Hock
II Beeson, Corsoy
III Williams, Collard
IV Charley 63, Kent
V Forest, Hill
VI Davis, Lee 74
VII Bragy, Senemes
VIII Hardee, Pelican
IX Jupiter
X Zuchtstämme

Abb. 78. Reifegruppen und Anbauzonen der Sojabohne in den USA. (Nach 14)

Nicht nur für eine optimale Ertragsleistung, sondern auch für die Ertragssicherheit und Ertragsstabilität über die Jahre ist eine Adaptionszüchtung notwendig. Die in der Welt vorhandenen Sorten mit ihren verschiedenen Reaktionen auf unterschiedliche Photoperioden und Temperaturen (Abb. 77 und 78), vor allem aus Ostasien und den USA, liefern geeignetes Zuchtmaterial für Kreuzungen mit nachfolgender Selektion, auch für neu zu erschließende Anbaugebiete. Das Zuchtziel Adaption an unterschiedliche Anbaugebiete schließt Frühreife, Kältetoleranz, Blühfestigkeit und Nichtabwerfen der Hülsen mit ein. Weitere Zuchtziele, die zur Ertragssicherheit beitragen, sind Standfestigkeit, hoher Ansatz der untersten Hülsen und Platzfestigkeit der Hülsen auch bei Totreife. Die Variabilität für alle diese Merkmale ist zwischen den Formen des Weltsortimentes groß (6). Auch in der Salzverträglichkeit sind deutliche genotypische Unterschiede zu finden. Hier gibt es zwischen Sorten und verschiedenen Formen sowie Entwicklungsstadien die vielfältigsten Wechselwirkungen (1).

Besondere Beachtung in der Züchtung finden in neuerer Zeit die Wechselbeziehungen zwischen der Kohlenstoff- und Stickstoffassimilation und die Symbiose mit Knöllchenbakterien, zumal deutliche Unterschiede zwischen Genotypen gefunden werden (2). Es bestehen starke Differenzierungen zwischen verschiedenen Rassen von *Bradyrhizobium japonicum*, die jeweils in anderen Klimalagen und Böden und mit bestimmten Sorten höhere Assimilationsleistungen bringen. Insbesondere ist man bemüht, die Wechselbeziehungen zwischen den verschiedenen Rassen von *B. japonicum* und den Sojasorten aufzudecken,

Tab. 36. Temperaturansprüche der Sojabohne in verschiedenen Entwicklungsabschnitten. Nach (3).

Entwicklungsphase	Biologisches Minimum (°C)	Ausreichende Temperatur (°C)	Optimale Temperatur (°C)
Keimung	6– 7	12–14	20–22
Aufgang	8–10	15–18	20–22
Ausbildung der reproduktiven Organe	16–17	18–19	21–23
Blüte	17–18	19–20	22–25
Samenausbildung	13–14	18–19	21–23
Reife	8– 9	14–16	19–20

um spezifische Kombinationen zwischen Bakterien-Stämmen und Sorten für höhere Stickstoffassimilationsleistungen und damit optimalen Ertragsleistungen zu erzielen (8).

Die Resistenzzüchtung gegen die große Zahl von Schaderregern, welche die Sojabohne in allen Stadien der Entwicklung und an allen Organen befallen, wird intensiv betrieben. Gegen eine Reihe von bakteriellen und pilzlichen Schaderregern, wie *Peronospora manshurica* (flaumiger Mehltau), *Cercospora kikuchii* (Purpurfärbung der Samen) und *Pseudomonas glycinea* (Bakterienbrand), und gegen Viren konnte Resistenz bzw. Toleranz gefunden werden (6, 8). Dagegen ist es schwierig, auf Resistenz gegen tierische Schädlinge zu züchten.

Die *Qualität* der Sojabohnen ist zwar an sich hoch, sie kann jedoch durch die Züchtung noch verbessert werden. Die Sameninhaltsstoffe werden stark durch Umweltfaktoren, besonders durch Temperatureinwirkungen modifiziert, so daß die Selektion erschwert ist. Der Rohproteingehalt, der durchschnittlich 40 % beträgt (Tab. 33), schwankt zwischen den Sorten in den Reifegruppen 00 bis I von 33,3 bis 45,6 % (18). Zwischen dem Rohproteingehalt und dem Rohfettgehalt besteht allgemein eine deutliche negative Korrelation, die phänotypisch vor allem durch Temperatureinflüsse bedingt ist. Es ist jedoch möglich, Sorten mit gleichzeitig hohem Protein- und Fettgehalt zu selektieren, da die genotypische Korrelation nur zwischen $r = -0,48$ und $-0,69$ liegt. Hierzu kann die Selektion auf eine hohe Summe von Protein und Öl nützlich sein (13). Daneben gewinnt die Fett-

säurezusammensetzung zunehmend an Bedeutung für die Nutzung des Sojaöles für Speisezwecke. Eine Absenkung des Linolensäureanteiles unter 5 % der Gesamtfettsäuren und eine Erhöhung des Linolsäureanteiles ist erwünscht. Die Beziehungen der verschiedenen Fettsäuren zueinander zeigt Abb. 79. Weitere Zuchtziele zur Qualitätsverbesserung sind: hoher Tocopherolgehalt, hoher Gehalt an Phospholipiden (Lecithin), keine Trypsin-Inhibitoren (Eiweißblocker) u. a. (15).

Um diese umfangreichen Zuchtziele zu erreichen, wird vorwiegend die Konvergenzzüchtung mit nachfolgender Selektion mit der Pedigree-Methode oder über die Teilramsch-Methode angewendet. Auch die Auslösung von Mutationen durch Chemikalien oder Strahlen kann besonders für die Qualitäts- und Resistenzzüchtung von Vorteil sein. Ebenso können Kreuzungen und Rückkreuzungen zwischen verschiedenen *Glycine*-Arten zur Einlagerung von Resistenz- und Qualitätsgenen hilfreich sein (7).

Anbau

Die Sojabohne wird in sehr verschiedene *Fruchtfolgeformen* eingebaut. Meist steht die Soja zwischen zwei Getreidearten: Mais–Soja–Weizen oder Soja–Weizen–Sorghum oder Hirse–Winterweizen–Soja oder Mais–Soja–Baumwolle (8, 21, 23).

Auch wird in Asien Soja in Mischkultur mit Sorghum (Kaoliang) oder Mais oder anderen Feldfrüchten, wie Paprika, Eierfrucht, Tabak, angebaut. Die Mischkultur ist vor allem für die Futtergewinnung üblich: Soja mit Sorghum, mit Sudangras, mit Mais, mit Kuhbohnen (21).

An den *Boden* stellt die Sojabohne keine hohen, jedoch bestimmte Ansprüche. Bevorzugt werden milde Lehmböden oder Löß- und Schwarzerdeböden mit einer guten Wasserhaltefähigkeit. Ungeeignet sind schwere Böden mit stauender Nässe. Eher kann sie auf leichten Sandböden gebaut werden, wenn eine gute Wasserversorgung zur Blüte und in der Kornbildungsphase sichergestellt ist. Der optimale pH-Wert liegt zwischen 6,2 bis 6,8, und der Boden soll in einem guten Kulturzustand sein (23). Lösliche Salzgehalte von 5 bis 7 mS/cm werden noch toleriert (1).

Die *Bodenbearbeitung* vor der Aussaat muß sich, wie die Fruchtfolgegestaltung, nach der jeweiligen Klimalage, der Vorfrucht und den Wasserverhältnissen richten: wassersparende

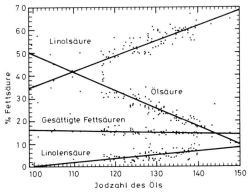

Abb. 79. Beziehungen der Fettsäuren verschiedener Sorten und Herkünfte der Sojabohne. (Nach 17)

Bearbeitung bis zur Minimum-Bearbeitung in allen trockenen Lagen, bei ausreichender Wasserversorgung eine Pflugfurche vor Winter (23). Die *Düngung* erfolgt vor der Saat und richtet sich nach den im Boden vorhandenen Nährstoffen und den voraussichtlich für den Soja-Aufwuchs benötigten Mengen.

Der Nährstoffentzug durch einen Sojabestand mit einem Ertrag von 2,7 t Samen pro ha beträgt nach (20):
- 250 kg N/ha, von denen 170 kg mit der Samenernte vom Feld gehen und 80 kg mit dem Stroh und den Ernterückständen auf dem Feld zurückbleiben;
- 20 kg P_2O_5/ha, davon 15 kg in den Samen;
- 80 kg K_2O/ha, davon 50 kg in den Samen.

Andere Nährstoffe wie Magnesium, Schwefel und Kalzium müssen ebenfalls gedüngt werden, wenn sie nicht aus dem Boden verfügbar sind.

Die Stickstoffdüngung kann ganz unterbleiben, wenn gute Voraussetzungen für eine Symbiose mit Knöllchenbakterien gegeben sind. Bei N-Mangel im Boden reichen 15 bis 20 kg N/ha als Startgabe aus (23). Eine Impfung der Samen mit *Bradyrhizobium japonicum*-Kulturen ist überall da notwendig, wo noch keine Sojabohnen gebaut wurden. Nur an Boden, Klima und Sorte adaptierte Bakterienstämme zeigen eine starke Knöllchenbildung und Stickstoffbindung.

Die *Bestandesdichte* ist einer der wichtigsten Ertragsfaktoren der Sojabohne. Sie ist ebenfalls stark von den jeweiligen Wachstumsbedingungen abhängig. In Gebieten mit ausreichender Wasserversorgung können mehr Pflanzen auf der Fläche wachsen als unter trockenen Verhältnissen. Die gebräuchlichen Saatdichten gibt Tab. 36a.

In allen Versuchen zur Ermittlung der optimalen Bestandesdichte hat sich gezeigt, daß die Sojabohne eine sehr gute Anpassungsfähigkeit an wechselnde Bestandesdichten durch Ausbildung von Seitenzweigen besitzt.

Für weitere Reihenabstände spricht eine höhere Ausnutzung der Sonneneinstrahlung und damit höhere Photosyntheseleistung. Engere Reihen decken schneller den Boden, schützen ihn vor Überhitzung und unterdrücken das Unkraut (→ Bd. 3, ALKÄMPER, S. 447).

Die *Pflege* erstreckt sich im wesentlichen auf die Unkraut- und Schädlingsbekämpfung. In einigen Gebieten kann es wirtschaftlich sein, das Unkraut durch Hacken zu bekämpfen. Die Anwendung von Herbiziden ist jedoch fast überall notwendig geworden. Meist werden Vorsaat- oder Vorauflaufverfahren angewendet. Seltener wird im Keimlingsstadium oder frühen Stadium nach dem Aufgang gespritzt. In den letzten Jahren haben sich besonders in den USA folgende Herbizide bewährt (23): Vorsaatverfahren: Trifluralin, Dinitramine, Profluralin; Vorauflaufmethode: Linuron, Alachlor, Oryzalin; Keimlingsstadium: Dinoseb; Naptalam + Dinoseb; beim Aufgang: Chloroxuron, Bentazone.

Eine *Bewässerung* der Sojabohne ist nur bei zu geringen Niederschlägen und während der kritischen Entwicklungszeiten erforderlich, wie zum Aufgang, zur Blüte und während der Kornausbildung. Ob eine zusätzliche Wasserversorgung wirtschaftlich ist, dürfte von den zu erzielenden Erträgen und vom Preis der Sojabohnen abhängen.

Die *Ernte* erfolgt in Vollreife, wenn die Pflanzen abgestorben sind und der Wassergehalt der Samen unter 20 % liegt. Die gute Platzfestigkeit der modernen Sorten ermöglicht ein längeres Ausreifen auf dem Feld. Wird der optimale Wassergehalt für eine Lagerung von 9 % H_2O in den Tropen und 13 % in gemäßigten Gebieten bei der Ernte nicht erreicht, muß nachgetrocknet werden.

Tab. 36a. Saatdichten für Soja. Nach (23).

Reihenweite (cm)	Pflanzenzahl je lfd. m i. d. Reihe	Saatstärke (kg/ha) (50 000–80 000 Körner je kg)
100	33–40	45– 50
75	26–33	50– 55
50	20–26	55– 65
25	13–17	70– 80
17	8–10	85–110

Fast unter allen Verhältnissen kann der Mähdrescher mit tiefgestelltem Schneidwerk, weitgestelltem Korb und nicht zu schnell laufender Dreschtrommel eingesetzt werden. Auch sind in den USA Spezialmähdrescher für die Sojabohnenernte entwickelt worden (22).

Krankheiten und Schädlinge

Groß ist die Zahl der Krankheiten und Schädlinge, die in der ganzen Welt die Sojabohne befallen. Eingehende Übersichten mit Angaben über die Schadbilder und Bekämpfungsmöglichkeiten sind bei (20, 22, 23, 24) zu finden. In den verschiedenen Gebieten der Erde treten unterschiedliche Schaderreger auf.

Krankheiten. Von den rund 50 Krankheiten, die auf Soja gefunden wurden, können hier, außer den bereits im Abschnitt „Züchtung" genannten, nur die in warmen Ländern verbreitetsten und gefährlichsten aufgeführt werden.

Von Krankheiten auf Blättern, Stengeln und Hülsen gehören hierzu: *Cephalosporium gregatum*, Stengelbraunfäule; *Cercospora sojina*, Froschaugenkrankheit; *Colletotrichum truncatum*, Anthraknose; *Corynespora cassiicola*, Schießscheibenkrankheit; *Diaporthe phaseolorum* var. *sojae*, Hülsen- und Stengelfäule; und *Septoria glycines*, Braunfleckenkrankheit.

Keine der zahlreichen an den Wurzeln und unteren Stengelteilen auftretenden Krankheiten ist auf Soja spezialisiert. *Corticium rolfsii, Macrophomina phaseoli, Rhizoctonia solani* und andere können erhebliche Ausfälle verursachen. Die Pilzkrankheiten sind ökonomisch nicht mit Fungiziden zu bekämpfen. Wenn resistente Sorten fehlen, sind als Maßnahmen gegen diese Krankheiten die Verwendung gesunden Saatgutes, die Vernichtung befallener Pflanzenrückstände auf dem Felde und konsequenter Fruchtwechsel zu empfehlen.

Die verschiedenen Virosen, die auf Soja nachgewiesen wurden, verursachen nur geringe Schäden.

Schädlinge. Wie bei den Krankheiten werden die meisten Schäden durch Insekten, Spinnmilben und Nematoden verursacht, die nicht auf Soja spezialisiert sind. Dazu gehören die durch Wurzelfraß besonders an Keimlingen gefährlichen Larven von Schmetterlingen, *Agrotis* spp. („cutworms") u. a., die Stengelbohrer *Agromyza phaseoli, Melanagromyza sojae* u. a., zahlreiche laubfressende Schmetterlingsraupen (in Asien z. B. *Laspeyresia glycinivorella*, die Sojamotte) und Käfer bzw. deren Larven wie *Plagiodera* spp., ferner Blattwanzen, welche die jungen Hülsen anstechen (*Lygus* spp., *Nezara* spp.), Schmetterlingsraupen, welche junge Blätter, Blüten und Hülsen einspinnen und fressen (*Maruca testulalis*, „mung moth"), und endlich die verschiedenen Bohnenkäfer (*Callosobruchus* spp.). Gegen alle diese Schädlinge gibt es wirksame Pestizide; deren Einsatz sollte aber immer nur erfolgen, wenn er durch den zu erwartenden Schaden ökonomisch gerechtfertigt ist und Rückstandprobleme auszuschließen sind (24).

An den Wurzeln kommen mehrere Nematodenarten vor, die aber meist die Soja nicht ernsthaft schädigen und daher keine chemischen Bekämpfungsmaßnahmen nötig machen; Soja sollte aber nicht vor oder nach einer nematodenempfindlichen Kultur angebaut werden. Außerdem hat *Heterodera glycines*, soybean cyst nematode, die schädlichste Nematodenart, an Bedeutung verloren, seit es Sorten gibt, die gegen sie resistent sind.

Literatur

1. BEARD, B. H., and KNOWLES, P. F. (eds.) (1973): Soybean Research in California. Div. Agric. Sci., University of California, Bull. 862.
2. BRUN, W. A. (1978): Assimilation. In: (14), 45–76.
3. ENKEN, V. B. (1959): Sojabohne. Moskau.
4. FAO (1980): Production Yearbook, Vol. 33. FAO, Rom.
5. FAO (1984): Production Yearbook, Vol. 37. FAO, Rom.
6. FEHR, W. R. (1978): Breeding objectives. In: (14), 120–155.
7. FUCHS, A. (1984): Nutzpflanzen der Tropen und Subtropen (Hrsg. G. FRANKE), Bd. 4, Pflanzenzüchtung, 2. Aufl. Hirzel, Leipzig.
8. HUME, D. J., SHANMUGASUNDARAM, S., and BREVERSDORF, W. D. (1985): Soyabean (*Glycine max* (L.) Merrill). In: SUMMERFIELD, R. J., and ROBERTS, E. H. (eds.): Grain Legume Crops, 391–432. Collins, London.
9. HYMOWITZ, T. (1976): Soybeans. In: SIMMONDS, L. W. (ed.): Evolution of Crop Plants, 159–162. Longman, London.
10. HYMOWITZ, T., and NEWELL, C. A. (1980): Taxonomy, speciation, domestication, dissemination, germplasm resources and variation in the genus *Glycine*. In: SUMMERFIELD, R. J., and BUNTING, A. H. (eds.): Advances in Legume Science, 251–264. Royal Botanic Gardens, Kew, England.
11. JOHNSON, H. W. (1961): Soybean breeding. In: KAPPERT, H., und RUDORF, W. (Hrsg.): Handbuch der Pflanzenzüchtung, 2. Aufl., Bd. 5, 67–88. Parey, Berlin.

12. MARKLEY, K. S. (1950/51): Soybeans and Soybean Products. Interscience Publ., New York.
13. MARQUARD, R., und SCHUSTER, W. (1980): Protein- und Fettgehalt des Kornes sowie Fettsäuremuster und Tokopherolgehalte des Öles bei Sojabohnensorten von stark differenzierten Standorten. Fette, Seifen, Anstrichmittel 82, 137–142.
14. NORMAN, A. G. (ed.) (1978): Soybean Physiology, Agronomy, and Utilization. Academic Press, New York.
15. ORTHOEFER, F. T. (1978): Processing and utilization. In: (14), 219–246.
16. POEHLMAN, J. M. (1979): Breeding Field Crops, 2nd ed. AVI Publ. Co., Westport, Connecticut.
17. SCHOLFIELD, C. R., and BULL, W. C. (1944): Relation between the fatty acid composition and the iodine number of soybean oil. Oil and Soap 21, 87.
18. SCHUSTER, W. (1985): Sojabohne. In: HOFFMANN, W., MUDRA, A., und PLARRE, W. (Hrsg.), Lehrbuch der Züchtung landwirtschaftlicher Kulturpflanzen. Bd. 2, Spezieller Teil, 2. Aufl.. Parey, Berlin.
19. SCHUSTER, W., und JOBEHDAR-HONARNEJAD, R. (1976): Die Reaktion verschiedener Sojabohnensorten auf Photoperiode und Temperatur. Z. Akker- und Pflanzenbau 142, 1–19.
20. SCOTT, W. O., and ALDRICH, S. R. (1970): Modern Soybean Production. S & A Publications, Champaign, Illinois.
21. SHANMUGASUNDARAM, S., and SULZBERGER, E. W. (eds.) (1985): Soybean in Tropical and Subtropical Cropping Systems. Asian Vegetable Research and Development Center, Shanhua, Taiwan, China.
22. SINCLAIR, J. B., and SHURTLEFF, M. C. (1975): Compendium of Soybean Diseases. American Phytopathological Society, Minnesota.
23. TANNER, J. W., and HUME, D. J. (1978): Management and production. In: (14), 158–217.
24. WEISS, E. A. (1983): Oilseed Crops. Longman, London.
25. WHIGHAM, D. K., and MINOR, H. C. (1978): Agronomic characteristics and environmental stress. In: (14), 78–119.
26. WILCOX, J. R. (ed) (1987): Soybeans: Improvement, Production and Uses. Amer. Soc. Agronomy, Washington, D. C.

3.4 Erdnuß

GUSTAV HIEPKO und HERWIG KOCH

Botanisch:	*Arachis hypogaea* L.
Englisch:	groundnut, peanut
Französisch:	arachide
Spanisch:	maní, cacahuete

Wirtschaftliche Bedeutung

Die Erdnuß wird in den Tropen und Subtropen weit verbreitet angebaut, denn ihre Samen haben einen hohen Gehalt an Öl, aber auch an Protein und Vitaminen und liefern ohne aufwendige Vorbehandlung ein wertvolles Nahrungsmittel; selbst das Kraut kann als Futter gut verwertet werden. Die Pflanze bildet als Leguminose eine Symbiose mit Rhizobien aus, die sie weitgehend unabhängig von einer N-Düngung macht und stellt auch sonst vergleichsweise geringe Ansprüche an die Nährstoffversorgung, den Boden und direktes Sonnenlicht. Sie eignet sich deshalb hervorragend für Mischkultursysteme mit anderen Nahrungspflanzen oder mit Baumkulturen oder überhaupt für die einfache Subsistenzwirtschaft.

Die Produktionsstatistik (Tab. 37) kann für die Anbaugebiete in den Entwicklungsländern nur als grobe Schätzung angesehen werden. Der Vergleich mit älteren Angaben zeigt in den letzten 20 Jahren kaum eine Veränderung der Anbaufläche insgesamt, aber eine gewisse Verlagerung der Produktion von Afrika und Südamerika nach Asien. Besonders auffallend ist die Verminderung der Erdnußanbaufläche in Nigeria. Durch erhebliche Ertragssteigerungen in Asien hat sich die Gesamtproduktion um 20 % erhöht, in Afrika dagegen werden eher geringere Erträge als früher erzielt. In den trockeneren Gebieten ist die Produktion witterungsbedingt starken jährlichen Schwankungen unterworfen.

Die Gesamternte hat jetzt eine Größenordnung von 19 Mio. t Nüssen in der Schale oder rund 13 Mio. t Samen unter der Annahme eines durchschnittlichen Schalenanteils von 30 %. Davon gelangen etwa 2 Mio. t in Form von Nüssen, Öl oder Preßkuchen in den internationalen Handel (Tab. 38). Über 80 % der Ernte werden im Durchschnitt in den Erzeugerländern verbraucht. Wenn aber Erdnußprodukte praktisch die einzig möglichen Exportgüter sind, kann der Ausfuhranteil, wie z. B. in Senegal, auch bei 50 % liegen. Europa und die UdSSR importieren etwa 65 % der Gesamtexporte, der Rest wird innerhalb der anderen Kontinente gehandelt.

Botanik

Die Gattung *Arachis* aus der Familie Leguminosae, Unterfamilie Papilionoideae, stammt aus Südamerika, wo vielleicht 40 oder mehr meist diploide (2n = 20) Wildarten vorkommen, von denen bisher 22 beschrieben wurden. Die nur in Kultur bekannte *A. hypogaea* ist amphidiploid

Tab. 37. Erdnußproduktion 1983. Nach (12).

Gebiet	Fläche (1000 ha)	Ertrag (kg/ha)	Produktion (1000 t)
Asien	11 450	1156	13 232
Indien	7 641	953	7 284
VR China	2 251	1783	4 013
Indonesien	484	1640	793
Burma	540	1018	550
Afrika	5 915	587	3 472
Senegal	987	576	569
Sudan	781	586	458
Nigeria	600	667	400
Zaïre	524	706	370
Amerika	1 154	2000	2 308
USA	556	2689	1 495
Brasilien	212	1340	284
Argentinien	125	1886	236
Europa	11	2400	26
Ozeanien	44	689	31
Welt	18 576	1027	19 072

Tab. 38. Erdnußhandel (1000 t) 1983. Nach (13).

Gebiet	Nüsse	Öl	Mehl/Kuchen
Weltexport	753	524	740
Nettoexport der Erdteile			
Afrika	111	185	340
Nordamerika	155	–	17
Südamerika	98	104	72
Asien	47	33	216
Ozeanien	2	–	–
Nettoimport der Erdteile			
Europa	387	297	591
UdSSR	41	–	11
Nordamerika	–	14	–

(2n = 40), allerdings konnten die Arten, aus denen dieses Genom entstanden ist, bisher noch nicht sicher identifiziert werden. Die Erdnuß wurde von den Indios schon vor über 3000 Jahren in Hausgärten angebaut. Trotz einer weiten Verbreitung in Südamerika entwickelte sie sich erst nach der Entdeckung der Neuen Welt in anderen Kontinenten zu einer großen Feldkultur (4, 23).
Taxonomie. Die Art *A. hypogaea* hat zwei Unterarten, die insbesondere nach dem Verzweigungsmodus unterschieden werden. Bei alternierender Verzweigung trägt die Hauptachse keine Blütenzweige und an den Seitenzweigen wechseln paarweise vegetative mit generativen Trieben. Bei sequenter Verzweigung bilden die Seitenzweige fast nur generative Triebe, deshalb sind vegetative Seitenzweige höherer Ordnung selten; auch an der Hauptachse können Blütenzweige auftreten. Die Unterarten sind weiterhin verschieden in Merkmalen wie Vegetationszeit, Keimruhe, Krankheitsresistenz, Hülsen- und Sa-

menform sowie Farbe des Laubes und der Samen. Beide werden in je zwei botanische Varietäten aufgeteilt, in denen für die landwirtschaftliche Praxis Sorten mit ähnlichen Eigenschaften auch zu Gruppen oder Typen zusammengefaßt werden, von denen die wichtigsten Virginia, Valencia und Spanish sind. Die Unterarten und Varietäten können folgendermaßen zusammengefaßt beschrieben werden:

ssp. *hypogaea:* Verzweigung alternierend, stark verzweigt bis kriechend, dunkle Laubfärbung, ausgeprägte Keimruhe, lange Vegetationszeit (4 bis 10 Monate), oft geringe Anfälligkeit für *Cercospora*-Blattkrankheiten, viele Bakterienknöllchen am Hypokotyl

var. *hypogaea:* stark verzweigt, dunkelgrünes Laub, 1 bis 2 (bis 4) große Samen in derber Hülse (Virginia-Typ)

var. *hirsuta* Kohler: von geringer Bedeutung im modernen Anbau, kommt in China vor (Peru-Typ)

ssp. *fastigiata* Waldron: Verzweigung sequent, aufrechter Wuchs, keine Keimruhe, Vegetationszeit 3 bis 5 Monate, erste Blüte sehr früh an der Stengelbasis, oft ganz unter der Erde, wenige Bakterienknöllchen am Hypokotyl

var. *fastigiata:* locker aufrechte Buschformen mit eng um die Stengelbasis konzentrierten Früchten, die 4 bis 6 Samen enthalten, hellgrünes Laub (Valencia-Typ)

var. *vulgaris* Harz: unterscheidet sich von var. *fastigiata* vor allem durch enger stehende, streng vertikal wachsende Stengel sowie durch Hülsen mit 1 bis 3 Samen. Wegen ihres relativ hohen Ertragspotentials bei niedrigen Ansprüchen weit verbreitet (Spanish-Typ).

Bei allen Varietäten kommen Formen vor, die aufrecht oder mehr oder weniger kriechend wachsen (bunch, spreading bunch und runner) (Abb. 80). Sie unterscheiden sich hauptsächlich durch die Länge der Vegetationszeit, die bei den runner-Formen am längsten ist.

Abb. 80. Erdnuß-Typen. Obere Reihe: drei Sorten mit aufrechter Wuchsform (Spanish Bunch); unten: Sorte mit kriechend-buschiger Wuchsform (Spreading Bunch, Semi-Bunch).

Morphologie. Die Erdnuß ist eine einjährige krautige Pflanze mit ausgeprägter Pfahlwurzel, die über 1 m tief in den Boden eindringen kann, und meist aufrechtem Primärsproß. Die Seitentriebe wachsen aufrecht, ausgebreitet oder kriechend und entspringen an den unteren 3 bis 5 Knoten des Primärsprosses (Abb. 80). Die paarig gefiederten Blätter bestehen aus vier ovalen ganzrandigen Blättchen. An der Basis der Blattstiele befinden sich relativ große lanzettförmige Nebenblätter. Die gelben Blüten, die manchmal einen roten Tupfen auf der Fahne haben, sitzen einzeln oder zu mehreren in den Blattachseln; sie erscheinen gestielt durch das Hypanthium, eine Röhre, die am oberen Ende das Perianth und die Staubfäden trägt und an ihrer Basis den Fruchtknoten einschließt. Die Blüten öffnen sich am frühen Morgen, nachdem eine Selbstbestäubung meist schon erfolgt ist, und verwelken nach wenigen Stunden. Fremdbestäubung durch Insekten kommt gelegentlich vor.

Die Erdnuß hat eine ausgedehnte Blühperiode, die schon 3 bis 4 Wochen nach der Aussaat beginnt und bei ssp. *fastigiata* etwa 4 Wochen, bei ssp. *hypogaea* aber 2 Monate oder noch länger dauert. Von den 600 bis 1000 Blüten/Pflanze bilden höchstens 20 % auch Früchte, die ungleichmäßig ausreifen, da die Entwicklung sofort nach der Befruchtung beginnt. Bei den Sorten ohne Keimruhe muß spätestens geerntet werden, wenn die ersten Früchte keimen. Zur Ausreife gelangen deshalb nur etwa zwei Drittel der angesetzten Hülsen.

Nach der Befruchtung streckt sich die Basis des Fruchtknotens zu einem Stiel, der geotrop nach unten wächst (Karpophor) und 2 bis 6 cm in den Boden eindringt (Abb. 81). Erst im Boden entwickelt sich die Frucht an seiner Spitze; außerhalb der Erde verbleibende Karpophore setzen i. a. keine Früchte an (Geokarpie). Nur bei bestimmten Selektionen kommt eine Fruchtbildung auch in der Luft vor.

Die Frucht ist eine derbe, nicht platzende Hülse, die 1 bis 6, meist aber nicht mehr als 3 endospermlose Samen enthält (Abb. 82). Die Samenschale ist in reifem Zustand papierartig und meist ziegel- bis rostrot. Es können auch andere Farben auftreten wie Violett, Hellbraun oder Elfenbein.

Die N_2-Bindung durch Rhizobienknöllchen ist sehr effektiv. VA-Mykorrhiza, die vor allem die P-Aufnahme verbessert, entwickelt sich auch an

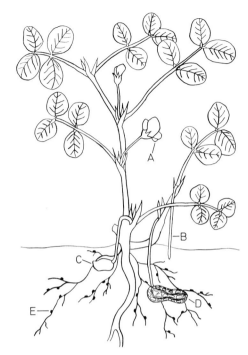

Abb. 81. Erdnußpflanze mit Blüten und Früchten in verschiedenen Entwicklungsstadien. A = Blüte, B = Karpophor, C = unreife Frucht, D = reife Frucht, E = Wurzeln mit Knöllchen (Zeichnung Gudrun Koch).

den Fruchtträgern (6, 16, 21, 22, 23, 35, 36, 37, 44, 49, 50a).

Züchtung

Zu den Zielen der Erdnußzüchtung gehören zunächst die Erhöhung des Ertragspotentials und der Fruchtqualität, dann die Anpassung an bestimmte regionale Bedingungen wie Trockentoleranz und Resistenz gegen Krankheiten und Schädlinge oder gleichmäßige Abreife zur Erleichterung der mechanischen Ernte und Aufbereitung.

Steigerungen des Ölgehaltes wären sicherlich möglich, allerdings wahrscheinlich nur bei geringeren Massenerträgen. Große Bedeutung hat die Züchtung auf Resistenz gegen *Aspergillus flavus,* da dieser Pilz in den Erdnußsamen Aflatoxin produziert. Dieses Mykotoxin kann zu schweren Gesundheitsschäden bei Mensch und Tier führen.

Kreuzungen sind wegen der Blütenbiologie der Erdnuß nicht ganz einfach und können infertil sein, wenn die Eltern verschiedenen Unterarten

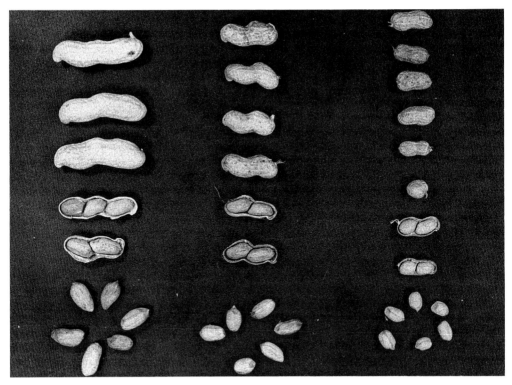

Abb. 82. Früchte und Samen verschiedener Erdnußtypen. Von l. nach r.: Virginia Semi-Bunch, Semi-Bunch, Spanish Bunch.

angehören. Hybridsorten aus Inzuchtlinien sind daher kaum zu erwarten. Für die bei kleistogamen Selbstbefruchtern üblichen Methoden der Auslesezüchtung können oft noch Landsorten herangezogen werden, da sie, selbst wenn sie gleichmäßig erscheinen, Gemische aus recht unterschiedlichen Genotypen sind. Zur Kombination erwünschter Eigenschaften sind aber Kreuzungen als Ausgangsmaterial nötig, die einen erheblichen Aufwand erfordern (6, 9, 17, 20, 29, 30, 33, 39, 42, 55).
Da innerhalb des genetischen Materials von *A. hypogaea* Resistenzgene gegen einige Krankheiten und Schädlinge bisher nicht gefunden wurden, haben die Züchter begonnen, auch Wildarten einzukreuzen, die solche Gene besitzen. Kreuzungen mit *A. chacoense* Krap. et Greg. (2n = 20), einer Art mit Resistenz gegen *Cercospora* spp., *Puccinia arachidis*, Blasenfüße und Blattläuse, und mit anderen Wildarten sind gelungen (3, 34). Die triploiden Hybriden ergaben nach Colchicinbehandlung fruchtbare Hexa-

ploide, oder fruchtbare Tetraploide bildeten sich durch Chromosomenrestitution in den Eizellen (3, 26, 50).

Ökophysiologie

Die Erdnuß stellt hohe Ansprüche an die Temperatur, die einen entscheidenden Einfluß auf die Wachstumsgeschwindigkeit und die Vegetationszeit hat. Für die Keimung sind 30 bis 34 °C, für die weitere Entwicklung 25 bis 30 °C optimal. Bei Temperaturen unter 20 °C nimmt die Keimfähigkeit deutlich ab, und das Wachstum wird erheblich verzögert. Bei mehr als 35 °C sind Störungen in der Blütenbildung zu erwarten. Während der Fruchtreife sollten die Nachttemperaturen nicht unter 10 °C sinken; Frost tötet die Pflanzen immer ab. Die Erdnuß gilt im allgemeinen als photoperiodisch neutral. Einige Untersuchungen ergaben allerdings, daß lange Tage im Vergleich zu kürzeren den Blühbeginn verzögern und das vegetative Wachstum zuungunsten der Fruchtbildung fördern können. Die Ausprägung solcher Reaktionen ist wahrscheinlich in erheblichem Maß von anderen Faktoren wie Temperatur, Lichtintensität oder Sorte abhängig. Die Grenzen des Anbaus bei etwa 40° N und 35° S werden vor allem durch die Temperatur bedingt. Wie schon erwähnt, ist der Lichtbedarf der Erdnuß relativ gering, so daß sie gut unter Baumkulturen oder in Mischkultur mit anderen Arten angebaut werden kann. Bei niedriger Lichtintensität wird die Blattfläche größer als bei hoher und die Zahl der reproduktiven Organe nimmt ab. Da diese aber im Übermaß gebildet werden, wird der Ertrag erst bei sehr starker Beschattung beeinträchtigt. Im übrigen hat die Erdnuß eine überdurchschnittliche Photosyntheseeffizienz im Vergleich zu anderen C_3-Arten.

Das Optimum der Wasserversorgung ist in den verschiedenen Entwicklungsstadien sehr unterschiedlich. Nach der Samenquellung sollte der Boden für die eigentliche Keimung nicht mit Wasser gesättigt sein, um eine ausreichende Sauerstoffversorgung des Embryos sicherzustellen. Nach dem Aufgang wird schnell das tiefe Wurzelsystem entwickelt und die Pflanzen erlangen eine relativ gute Verträglichkeit gegenüber Trockenheit, die allerdings die N_2-Fixierung reduzieren kann. Während der Blütezeit jedoch sollte der Boden feucht sein, da die Karpophore dann leichter eindringen können. Für die Ernte ist eine Trockenperiode wünschenswert, um die Früchte leicht und möglichst sauber aus dem Boden zu bekommen. Sehr frühreife Sorten kommen bei guter Verteilung über die Vegetationszeit mit 250 bis 300 mm Niederschlag aus. Sonst sind mindestens 500 bis 700 mm nötig.

Bei deutlich höheren Niederschlägen muß der Boden gut dräniert sein oder der Anbau auf Dämmen erfolgen, um Staunässe zu vermeiden. Überdurchschnittliche Erträge können im intensiven Anbau unter Bewässerung erzielt werden. Leichte, gut dränierte Böden von etwa neutraler Reaktion und guter Struktur werden als besonders geeignet für Erdnüsse angesehen, doch auch schwach saure und schwach alkalische Böden (pH 5 bis 8) sind geeignet, wenn die Nährstoffversorgung ausreicht. Selbst schwere Tonböden bringen gute Erträge, falls Staunässe vermieden werden kann und geeignete Geräte zur Ernte vorhanden sind (5, 10, 11, 19, 24, 27, 32, 37, 43).

Anbau

Anbausystem. Die Erdnußproduktion reicht vom Kleingarten für die Selbstversorgung bis zum vollmechanisierten Großfeldanbau für Handel und Export. In den Entwicklungsländern sind Mischkultursysteme mit Mais, Sorghum, Perlhirse, Maniok, Baumwolle und anderen Kulturen häufig. Bei feldmäßigem Anbau in Reinkultur kommen Monokulturen zwar vor, besonders in Indien, die aber meist bald Ertragsverminderungen zur Folge haben. Die Gründe dafür sind bodenbürtige Krankheiten und die Erosionsgefahr durch den Erdnußanbau. Da oft kaum Ernterückstände im Boden verbleiben, ist die Erdnuß im übrigen stark nährstoffzehrend. Mindestens dreigliedrige Fruchtfolgen sind deshalb dringend anzuraten. Die Vorfrucht muß das Feld rechtzeitig räumen, um eine gute Bodenbearbeitung und frühe Saat zu ermöglichen. Von Bedeutung ist ein ausreichender Wasservorrat im Boden, damit die Vorfruchtrückstände rechtzeitig zersetzt werden.

Sorghum gilt als ungünstige Vorfrucht, da es durch sein intensives Wurzelsystem den Boden tiefgründig austrocknet, während Mais, Gründüngung und vor allem Baumwolle als gut angesehen werden. Lokal sind aber auch viele andere Folgen möglich. In Gebieten, wo die Erdnuß neu eingeführt wird, kann allerdings auch mehrfacher Anbau hintereinander vorteilhaft sein (2, 16, 19, 48, 53).

Bodenbearbeitung. Das Ziel der Bodenbearbeitung ist ein krümeliges und gleichmäßiges Saatbett. Rückstände der Vorfrucht, Gründüngung oder Stallmist müssen so rechtzeitig untergebracht werden, daß sie zur Zeit der Aussaat weitgehend zersetzt sind. Das Einbringen organischer Massen setzt eine tiefe Pflugfurche voraus, die in vielen Entwicklungsländern nicht möglich ist. Deshalb ist eine relativ flache Bodenbearbeitung die Regel, die insbesondere der Unkrautvernichtung dient. In bäuerlichen Betrieben wird oft mit primitiven Geräten wie Hacke oder Holzpflug zwar flach, aber mehrfach bearbeitet. Wenn es nicht rechtzeitig regnet, kann eine Bewässerung vor der Saatbettbereitung sehr nützlich sein, auf schweren Böden ist sie unerläßlich.

Die Unkrautbekämpfung wird wesentlich erleichtert, wenn früh auflaufende Unkräuter vor der Erdnußsaat durch eine Bearbeitung vernichtet werden (2, 8, 16, 52).

Aussaat und Bestandesdichte. Das Saatgut sollte bis kurz vor der Aussaat trocken in der Schale gelagert werden, da geschälte Erdnüsse sehr schnell an Keimfähigkeit verlieren. Das Schälen ist mit größter Sorgfalt durchzuführen, damit die Testa möglichst wenig verletzt wird. Verfärbte oder verschimmelte Samen sind zu entfernen. Eine Beizung gegen pflanzliche und tierische Schädlinge ist besonders notwendig, wenn bei maschineller Entkernung stärkere Verletzungen der Testa aufgetreten sind, die die Keimlinge außerordentlich anfällig für Auflaufschäden machen. Wenn das Saatgut frisch geerntet wurde, muß die sortentypische Keimruhe berücksichtigt werden. Im allgemeinen werden geschälte Samen ausgesät, zuweilen aber auch ganze Früchte. Dabei spart man den Aufwand für das Schälen und senkt das Risiko der Samenverletzungen, riskiert aber späteren und vor allem ungleichmäßigen Aufgang, der zu lückigen, nicht voll ertragfähigen Beständen führen kann.

Saatgutbeimpfung mit Rhizobien (Cowpea-Typ, *Bradyrhizobium* sp. [26a]) wird gelegentlich empfohlen, wo noch keine Erdnüsse, Kundebohnen (*Vigna unguiculata*) oder Samtbohnen (*Mucuna* spp.) angebaut wurden. Häufig kann aber beobachtet werden, daß Erdnüsse schon im ersten Anbaujahr reichlich mit Knöllchen besetzt sind, selbst wenn die obengenannten Arten im Anbaugebiet selten oder gar nicht vorkamen.

Die Aussaat sollte möglichst früh erfolgen, also zu Beginn der Regenzeit oder dann, wenn die Temperaturen hoch genug sind. Schon wenige Wochen zu späte Saat kann zu empfindlichen Mindererträgen bei besonders üppigem Krautwachstum führen. Die Bestandesdichte ist ein sehr wichtiger Faktor, da das Ertragspotential der Erdnuß wegen zu weiter Saat oft nicht ausgenutzt wird, wie Versuche in aller Welt gezeigt haben. In dichten Beständen verzweigen sich die Pflanzen weniger, reifen gleichmäßiger ab und bringen dadurch ein einheitlicheres Produkt. Die Bestandesdichte richtet sich nach der Wuchsform. Bei aufrechten Formen können etwa 200 000 Pflanzen/ha zweckmäßig sein, bei buschförmigen Typen die Hälfte, bei kriechenden Formen noch weniger. Dabei ist von geringer Bedeutung, in welchem Verband gepflanzt wird. Meist sind Reihenweiten von 60 bis 90 cm mit Abständen in der Reihe von 5 bis 15 cm am leichtesten durchzuführen, die auch keine Probleme für mechanische Pflegemaßnahmen zur Bodenlockerung und Unkrautbekämpfung bereiten. Optimale Bestandesdichten erhält man durch Säen von Hand mit handgeschältem Saatgut, was allerdings nur möglich ist, wenn ausreichend Arbeitskräfte verfügbar sind. Die Saatgutmengen liegen zwischen 35 und 135 kg/ha. Bei den großen Samen muß eine bestimmte Saattiefe nicht exakt eingehalten werden, aber wenn keine Gefahr der Austrocknung besteht, sollte nicht tiefer als 5 cm gesät werden.

Auf schweren Böden müssen die Pflanzen zur Sicherung ausreichender Dränage und zur Erleichterung der maschinellen Ernte auf Dämme gestellt werden. Als günstigste Lösung haben sich breite Dämme oder Beete erwiesen, die mit mehreren Reihen bepflanzt werden (25, 28, 40, 41, 45, 46, 56, 57).

Düngung. Düngungsversuche mit Erdnüssen haben außerordentlich unterschiedliche, oft widersprüchliche Ergebnisse gebracht. Die Voraussage von Düngerwirkungen erwies sich als sehr viel unsicherer als bei anderen Pflanzen und führte zu der Bezeichnung "the unpredictable crop". Zu den Ursachen gehört wahrscheinlich, daß die Nährstoffe nicht nur durch die Wurzel, sondern auch durch die sich entwickelnden Früchte aufgenommen werden können und deshalb die Bodenverhältnisse in der Fruchtbildungszone eine besondere Bedeutung haben. Daneben wird der Erdnuß die Fähigkeit zugeschrieben, auch Nährstoffe noch auszunutzen, die anderen Pflanzen nicht mehr zugänglich sind. Auch Saatzeit, Standraum, Wasserversorgung und andere Umweltfaktoren können die Düngerwirkung beeinflussen.

Häufig wird empfohlen, nicht die Erdnuß direkt, sondern die Vorfrucht zu düngen. Eine kleine N-Gabe kann zweckmäßig sein, aber ein zu hohes N-Angebot vermindert die Entwicklung der Rhizobien. Von besonderer Bedeutung ist die ausreichende Versorgung mit Ca, K und Mg, vor allem kommt es aber auf das richtige Verhältnis dieser Nährstoffe an. Eine Kopfdüngung mit Gips zur Blütezeit wird häufig mit gutem Erfolg durchgeführt. Ein typisches Zeichen für Ca-Mangel sind Hülsen, in denen die Samenanlagen ganz oder teilweise abgestorben sind. Außerdem sind nicht ausreichend mit Ca versorgte Pflanzen anfälliger gegen verschiedene bodenbürtige Krankheiten. Mg-Mangel erhöht die Empfindlichkeit gegen *Cercospora*-Blattflekkeninfektionen. Die K-Versorgung gilt als ernstlich gestört, wenn der K-Gehalt des Bodens (Wasserauszug) 100 mg/kg unterschreitet. Ertragssteigerungen durch P-Düngung sind fast die Regel; bei Verwendung von Superphosphat kann auch die Schwefelkomponente dieses Düngers eine Rolle spielen. S-Mangel tritt häufig auf, besonders auf ausgewaschenen Böden. Durch Anwendung selbst kleinster S-Mengen wurden z. B. in Westafrika erhebliche Ertragssteigerungen erzielt.

Das Fehlen von Spurenelementen kann Mangelerscheinungen und Ertragseinbußen hervorrufen, wie in Gefäßversuchen gezeigt wurde. Ungünstige Umweltverhältnisse, wie niedrige Temperaturen und vor allem Staunässe können sortenbedingt verschieden stark ausgeprägte Chlorosen verursachen, die meist nur vorübergehend sind, sich aber je nach Dauer auf den Endertrag auswirken (2, 14, 47, 52).

Pflegemaßnahmen. Wegen des anfangs langsamen Wachstums sind Erdnüsse in den ersten 4 bis 6 Wochen nach der Saat wenig konkurrenzfähig gegenüber Unkräutern, die deshalb insbesondere in dieser Zeit bekämpft werden müssen. Mechanische Maßnahmen, die oft schon mit Blindeggen vor dem Aufgang beginnen, können nur bis zum Blühbeginn durchgeführt werden, da später Schädigungen der Karpophore und der jungen Früchte kaum vermieden werden können, die durch nachfolgenden Befall mit bodenbürtigen Krankheiten zu erheblichen Ertrags- und Qualitätsminderungen führen können. Diese Schäden können mit Herbiziden vermieden werden, die deshalb im Erdnußanbau eine besondere Bedeutung haben.

Inzwischen gibt es verschiedene, sehr gut verträgliche Herbizide, mit denen die Bestände weitgehend unkrautfrei gehalten werden können. Wenn auch für die Wachstumskonkurrenz in erster Linie die ersten Wochen kritisch sind, so können Unkräuter später als Wirte für Krankheiten und Schädlinge dienen, die Ernte erschweren und so zu Verlusten führen (2, 7, 14, 52).

Bewässerung. Obwohl der überwiegende Teil der Erdnüsse auf Regenfall angebaut wird, hat die vollständige oder zusätzliche Bewässerung örtlich große Bedeutung. Besonders auf schweren Böden können Probleme durch Bodenverhärtungen zur Zeit der Keimung, der Blüte und Fruchtbildung sowie vor allem während der

Ernte durch Feuchthalten des Bodens vermieden werden. Vor der Aussaat ist es zweckmäßig, den Boden gründlich zu durchfeuchten. Die nächste Bewässerung sollte aber erst erfolgen, wenn die Saat aufgegangen ist, da die Erdnuß gegen Luftmangel im Boden immer und insbesondere während des Keimstadiums empfindlich ist. Staunässe ist deshalb grundsätzlich zu vermeiden. Die Bewässerungsintervalle hängen von den Klima- und Bodenverhältnissen ab; die Angaben schwanken zwischen 8 und 28 Tagen. Wenn es kurz vor dem Stadium der Vollblüte nicht ausreichend regnet, ist eine Zusatzbewässerung zu dieser Zeit besonders wirksam (1, 15).

Krankheiten und Schädlinge

Während der Keimung sind die Erdnußsamen, insbesondere maschinell geschältes Saatgut, durch im Boden vorhandene Insekten und Krankheitserreger außerordentlich gefährdet. Eine Beizung des Saatgutes mit Fungiziden und Insektiziden, die auch als kombinierte Präparate angeboten werden, hat daher große Bedeutung. Bei der Auswahl und Anwendung von Pflanzenschutzmitteln ist allerdings darauf zu achten, daß von diesen keine Rückstände im Ernteprodukt verbleiben. Diese Gefahr ist bei der Erdnuß wegen der Fruchtbildung im Boden und der Nährstoffaufnahme über die Hülsen viel größer als bei anderen Pflanzen.

Die wichtigsten Krankheiten am Sproß werden durch *Mycosphaerella arachidis* und *M. berkeleyii* (imperfekte Formen *Cercospora arachidicola* und *C. personata*) verursacht. In den letzten Jahren hat der Erdnuß-Rost, *Puccinia arachidis,* in seiner wirtschaftlichen Bedeutung zugenommen. Andere Blatt- und Stengelkrankheiten, die vor allem durch *Phoma-, Botrytis-* und *Sclerotium*-Arten hervorgerufen werden, treten mehr lokal auf.

Sie reduzieren die aktive Blattoberfläche und vermindern bei frühem Befall auch Stengelbildung und Fruchtzahl pro Pflanze. Eine Bekämpfung mit geeigneten Fungiziden ist lohnend, wenn das allgemeine Ertragsniveau nicht zu gering ist. Bei der Auswahl ist zu beachten, daß viele Mittel nur gegen eine Krankheit wirksam sind und deshalb die Ausbreitung anderer fördern können. Produktmischungen sind daher vorzuziehen.

Außer den früher genannten *Aspergillus*-Arten gibt es zahlreiche andere Erreger, die die unterirdischen Pflanzenteile und den Wurzelhals befallen und starke Schäden hervorrufen: *Corticium* spp., *Fusarium* spp., *Rhizopus* spp., *Verticillium* spp., *Thielaviopsis* spp. u. a. Eine chemische Bekämpfung ist zwar möglich, aber recht teuer und nur bei hohem Ertragsniveau sinnvoll. Pflanzenbauliche und -sanitäre Maßnahmen wie Sortenwahl, Fruchtfolge, ausreichende Nährstoffversorgung, rechtzeitige Unkrautbekämpfung und weitgehende Vernichtung befallener Pflanzenteile nach der Ernte bieten sich als wirtschaftlichste Vorbeugungsmaßnahmen an.

Unter den verschiedenen Virosen hat die vor allem in Afrika auftretende „Rosette-Krankheit" große wirtschaftliche Bedeutung. Das Virus wird durch die Blattlaus *Aphis craccivora* übertragen. Die Rosette äußert sich in gestauchtem, sperrigem Wuchs mit anomal kleinen Fiederblättern mit gelb-grüner Mosaikzeichnung. Die Pflanze kümmert und bringt keine oder nur wenige Früchte je nach Befallsbeginn. Die Krankheit kann verhütet oder doch eingeschränkt werden, wenn die Übertragung von einer Anbauzeit zur anderen verhindert wird. Erreicht wird dies z.B. durch die gleichzeitige Aussaat im gesamten Befallsgebiet und die strikte Einhaltung von erdnußfreien Zeitspannen, in denen auch die Pflanzen vernichtet werden müssen, die aus zurückgebliebenen Samen aufkommen. Frühe Saat und enger Stand können die Auswirkung der Krankheit deutlich mildern.

Resistente Formen sind zwar bekannt, haben aber meist nur mindere Qualitätseigenschaften. Die Bekämpfung der übertragenden Blattläuse durch systemische Insektizide (meist im ULV-Verfahren oder durch Bodenapplikation von Granulaten) gewinnt an Bedeutung.

Zahlreiche Schadinsektenarten können die Erdnuß von der Saat bis zur Ernte wie auch während der Lagerung befallen. Soweit kritische Schadschwellen überschritten werden, ist ihre Bekämpfung mit der gebotenen Sorgfalt durchzuführen, die vor allem Rückstandsprobleme und einen möglichen Folgebefall, insbesondere mit Spinnmilben, zu beachten hat.

Bei enger Fruchtfolge treten zunehmend Nematodenprobleme auf, deren Bekämpfung die genaue Kenntnis der Schädlinge und ihrer Biologie voraussetzt. Chemische Maßnahmen lohnen sich meist nur bei hohem Anbau- und Ertragsniveau (14, 16, 18, 31).

Ernte und Verwertung

Der Reifezustand eines Erdnußfeldes kann kaum nach oberirdischen Merkmalen bestimmt werden. Die einzelne Frucht ist reif, wenn die Struktur der Schale deutlich zu erkennen ist und die Samen die Hülse weitgehend ausfüllen. In der Regel kann die Ausreife der letzten Früchte nicht abgewartet werden, da sonst die zuerst gereiften Hülsen verderben, abbrechen, von tierischen Schädlingen gefressen werden oder auskeimen (bei Sorten ohne Keimruhe). Der günstigste Erntezeitpunkt muß durch Probenahmen ermittelt werden; er zeigt sich allerdings oft durch Vergilben des Krautes und Abfall der Fiederblättchen an. Die für die einzelnen Sorten angegebenen Vegetationszeiten werden durch Umwelteinflüsse wesentlich beeinflußt und schwanken bei den Typen mit alternierender Verzweigung stärker als bei den Formen mit sequenter Verzweigung. Allgemein kann bei früher Saat und engem Stand eine frühere und gleichmäßigere Reife erwartet werden.

Die Ernte kann von Hand oder maschinell erfolgen. Je schwerer der Boden, um so aufwendiger ist die Ernte. Während auf Sandböden notfalls Kartoffelernter oder Federzahngrubber verwendet werden können, sind auf schweren Böden eigens für die Erdnuß konstruierte Erntemaschinen notwendig. Häufig werden dabei die Pflanzen zunächst aus dem Boden gehoben und zum Trocknen für einige Tage in Schwaden abgelegt. Mit einer speziellen Maschine können die Früchte dann abgepflückt werden. Wo Bewässerung möglich ist, lohnt es sich, einige Tage vor dem Roden leicht zu bewässern.

Zum Dreschen werden verschiedene Geräte und Maschinen verwendet, einschließlich Vollernter, die die Pflanzen in einem Arbeitsgang roden und dreschen, und die Hülsen nach der Größe sortieren. Im Kleinanbau werden die Hülsen häufig von Hand abgerissen oder mit Stöcken abgeschlagen. In jedem Fall muß sehr sorgfältig verfahren werden, damit möglichst wenig Hülsen beschädigt werden.

In der Zeit von der Abreife bis zur Einlagerung ist die Infektionsgefahr mit *Aspergillus flavus* besonders groß. Deshalb müssen die Nüsse nach dem Roden so schnell wie möglich gereinigt und auf 9 % Wassergehalt getrocknet werden, da dann praktisch kein Aflatoxin mehr gebildet werden kann. Wenn bei trocken-heißem Wetter geerntet wird, genügt es meist, die Pflanzen mit den Nüssen nach oben zum Trocknen auf dem Feld liegen zu lassen. Bei weniger günstiger Witterung ist auf Gestellen zu trocknen. Eine andere Möglichkeit ist der Drusch während oder bald nach dem Roden mit anschließendem Trocknen in der Sonne oder auf künstlichem Wege. Nach dem Drusch, spätestens vor der Lagerung, müssen alle verletzten und verfärbten Nüsse ausgelesen werden, da sie als Infektionsquellen gefährlich sind und in ihnen freie Fettsäuren entstehen können, die den Wert des Erntegutes vermindern. Nach Abschluß der Ernte müssen Kraut und Wurzeln möglichst vollständig beseitigt oder eingepflügt werden, um Infektionsquellen für verschiedene Krankheiten auszuschalten.

Erdnußfrüchte haben einen Samenanteil von 50 bis 80 %; in der Regel werden 70 % angenommen. Die Samen enthalten 36 bis 54 % Öl und 21 bis 36 % meist gut verdauliches Eiweiß. Die Sortenunterschiede sind erheblich. Die Nüsse werden geröstet direkt verzehrt oder zur Zubereitung von Suppen, Salaten, Brotaufstrich (Erdnußbutter, 50 % der USA-Ernte) u. a. verwendet. Etwa zwei Drittel der Produktion dienen der Ölgewinnung. Erdnußöl ist wegen seiner guten Eigenschaften zu einem starken Konkurrenten des teuren Olivenöls geworden. In der Margarineindustrie ist es begehrt, vor allem wegen des hohen Anteils (bis zu 31 %) an Linolsäure.

Die Preßrückstände aus der Ölgewinnung bestehen etwa zur Hälfte aus Eiweiß und enthalten noch beträchtliche Fettmengen. Sie sind ein ausgezeichnetes Futter, werden aber auch zunehmend für die menschliche Ernährung verwendet. Dazu muß der Preßkuchen gereinigt und mit Hilfe von Mikroorganismen und Kohlenhydratzusätzen aufbereitet werden. Wegen des relativ hohen N-Gehaltes liefern die Preßrückstände auch einen guten Dünger. Aus dem Eiweiß der Erdnuß läßt sich eine Faser mit wollähnlichen Eigenschaften herstellen. Erdnußstroh ist ein hochwertiges Futter, wenn die Blätter bei der Ernte nicht verlorengehen und stärkere Verschmutzung vermieden wird. In manchen Gebieten ist es üblich, Schweine auf abgeerntete Erdnußfelder zu treiben, die die zurückgebliebenen Hülsen fressen (21, 38, 54).

Literatur

1. ACHTNICH, W. (1980): Bewässerungslandbau. Agrotechnische Grundlagen der Bewässerungswirtschaft. Ulmer, Stuttgart.

2. ARNON, I. (1972): Crop Production in Dry Regions. Leonard Hill, London.
3. BHARATI, M., MURTY, U. R., KIRTI, P. B., and RAO, N. G. P. (1982): Alien incorporation in groundnut Arachis hypogaea L. Oléagineux 37, 301–306.
4. BRÜCHER, H. (1977): Tropische Nutzpflanzen. Springer, Berlin.
5. BUNTING, A. H., and ELSTON, J. (1980): Ecophysiology of growth and adaptation in the groundnut: An essay on structure, partition and adaptation. In: (51), 495–500.
6. BUNTING, A. H., GIBBONS, R. W., and WYNNE, J. C. (1985): Groundnut (Arachis hypogaea L.) In: SUMMERFIELD, R. J., and ROBERTS, E. H. (eds.): Grain Legume Crops, 747–800. Collins, London.
7. CARSON, A. G. (1976): Weed competition and control in groundnuts. Ghana J. agric. Sci. 9, 169–173.
8. DASBERG, S., and AMIR, I. (1964): Tillage experiments with peanuts. Agron. J. 56, 259–262.
9. DUNCAN, W. G., McCLOUD, D. E., McGRAW, R. L., et BOOTE, K. J. (1979): Aspects physiologiques de l'amélioration du rendement de l'arachide. Oléagineux 34, 523–530.
10. DWIWEDI, R. S., SAHA, S. N., and JOSHI, Y. C. (1985): A comparative study of the solar energy conserving efficiency of groundnut (Arachis hypogaea L.) (C_3), wheat (Triticum aestivum L.) (C_3) and Cynodon dactylon Pers. (C_4). Oléagineux 40, 79–81.
11. EMERY, D. A., SHERMAN, M. E., and VICKERS, J. W. (1981): The reproductive efficiency of cultivated peanuts. IV. The influence of photoperiod on the flowering, pegging, and fruiting of Spanish-type peanuts. Agron. J. 73, 619–623.
12. FAO (1984): FAO Production Yearbook, Vol. 37. FAO, Rom.
13. FAO (1984): FAO Trade Yearbook, Vol. 37. FAO, Rom.
14. FEAKIN, S. D. (ed.) (1973): Pest Control in Groundnuts. PANS Manual No. 2, 3rd ed. Centre Overseas Pest Res., London.
15. FELDMAN, S. (1983): Irrigation of oil crops. In: FINKEL, H. J. (ed.): Handbook of Irrigation Technology. Vol. 2, 137–143. CRC Press, Boca Raton, Florida.
16. FRANKE, G. (1982): Nutzpflanzen der Tropen und Subtropen. Bd. 1, 4. Aufl. Hirzel, Leipzig.
17. GAUTREAU, J., GARET, B., et MAUBOUSSIN, J. C. (1980): Une nouvelle variété d'arachide sénégalaise adaptée à la sécheresse: la 73-33. Oléagineux 35, 149–154.
18. GHUGE, S. S., MAYEE, C. D., and GODBOLE, G. M. (1980): Development of rust and leaf spots of groundnuts as influenced by foliar application of carbendazim and tridemorph. Pesticides 14, 16–19.
19. GIBBONS, R. W. (1980): Adaptation and utilization of groundnuts in different environments and farming systems. In: (51), 483–491.
20. GILLIER, P. (1978): Nouvelles limites des cultures d'arachides résistantes à la sécheress et à la rosette. Oléagineux 33, 25–28.
21. GILLIER, P., et SILVESTRE, P. (1969): L'Arachide. Maisonneuve et Larose, Paris.

22. GRAW, D., und REHM, S. (1977): Vesikulär-arbuskuläre Mykorrhiza in den Fruchtträgern von *Arachis hypogaea* L. Z. Acker- u. Pflanzenbau 144, 75–78.

23. GREGORY, W. C., KRAPOVICKAS, A., and GREGORY, M. P. (1980): Structure, variation, evolution, and classification in *Arachis*. In: (51), 469–481.

24. HUDGENS, R. E., and MCCLOUD, D. E. (1975): The effect of low light intensity on flowering, yield, and kernel size of "Florunner" peanut. Proc. Soil Crop Sci. Soc. Fla. 34, 176–178.

25. IBRAHIM, A. E. S., OSMAN, A. M., and KHIDIR, M. O. (1982): The response of the groundnut (*Arachis hypogaea* L.), variety MH 383, to crop density and fertilizer on the irrigated, heavy clays of central Sudan. Oléagineux 37, 237–245.

26. INTERNATIONAL CROPS RESEARCH INSTITUTE FOR THE SEMI-ARID TROPICS (1985): Proceedings of an International Workshop on Cytogenetics of *Arachis*, 31 Oct.–2 Nov. 1983, ICRISAT Center. ICRISAT, Patancheru, A.P., Indien.

26a. JORDAN, D. C. (1984): Rhizobiaceae. In: KRIEG, N. R., and HOLT, J. C. (eds.): Bergey's Manual of Systematic Bacteriology, Vol. I, 234–256. Williams & Wilkins, Baltimore.

27. KETRING, D. L. (1979): Light effects on development of an indeterminate plant. Plant Physiol. 64, 665–667.

28. LAURENCE, R. C. N. (1974): Population and spacing studies with Malawian groundnut cultivars. Exp. Agric. 10, 177–184.

29. MEHAN, V. K., and MCDONALD, D. (1984): Mycotoxin-producing fungi in groundnuts. Potential for mycotoxin contamination. Oléagineux 39, 25–27.

30. MEHAN, V. K., MCDONALD, D., and GIBBONS, R. W. (1982): Seed colonization and aflatoxin production in groundnut genotypes inoculated with different strains of *Aspergillus flavus*. Oléagineux 37, 185–191.

31. MERCER, P. C. (1981): A study of the growth of two groundnut cultivars with and without the use of fungicides in Malawi. Oléagineux 36, 311–317.

32. MEYER, J., GERMANI, G., DREYFUS, B., SAINT-MACARY, H., BOUREAU, M., GAURY, F., et DOMMERGUES, Y. (1982): Estimation de l'effet de deux facteurs limitants (sécheresse et nématodes) sur la fixation de l'azote (C_2H_2) par l'arachide et le soja. Oléagineux 37, 127–134.

33. MOHAMMED, J., WYNNE, J. C., and RAWLINGS, J. O. (1978): Early generation variability and heritability estimates in crosses of Virginia and Spanish peanuts. Oléagineux 33, 81–86.

34. MOSS, J. P. (1980): Wild species in the improvement of groundnuts. In: (51), 525–536.

35. MURTY, U. R., RAO, N. G. P., KIRTI, P. B., and BHARATI, M. (1981): Fertilization in groundnut, *Arachis hypogaea* L. Oléagineux 36, 73–76.

36. NAMIBIAR, P. T. C., DART, P. J., SRINIVASA RAO, B., and RAMANATHA RAO, V. (1982): Nodulation in the hypocotyl region of groundnut *(Arachis hypogaea)*. Exp. Agric. 18, 203–207.

37. NAMIBIAR, P. T. C., DART, P. J., SRINIVASA RAO, B., and RAVISHANKAR, H. N. (1984): Response of groundnut (*Arachis hypogaea* L.) to Rhizobium inoculation. Oléagineux 39, 149–153.

38. NATARAJAN, K. R. (1980): Peanut protein ingredients: preparation, properties, and food uses. Adv. Food Res. 26, 215–273.

39. NORDEN, A. J. (1980): Crop improvement and genetic resources in groundnuts. In: (51), 515–523.

40. NUR, I. M., and GASIM, A. A. E. (1977): Effects of methods of planting groundnuts in the Sudan Gezira. Exp. Agric. 13, 389–393.

41. NUR, I. M., and GASIM, A. A. E. (1978): Effect of sowing date on groundnuts in Sudan Gezira. Exp. Agric. 14, 13–16.

42. PALANISAMY, K. S., and RAMAN, V. S. (1980): Consequences of hybridism in Spanish and Virginia groundnuts (*Arachis hypogaea* L.). Oléagineux 35, 311–322.

43. PALLAS, J. E. Jr., and STANSELL, J. R. (1978): Solar energy utilization of peanut under several soil-water regimes in Georgia. Oléagineux 33, 235–238.

44. PRASAD, M. V. R. (1985): Aerial podding in groundnut (*Arachis hypogaea* L.). Indian J. Genet. 45, 89–91.

45. PRESTON, S. R., SIMONS, J. H., and TAYLOR, B. R. (1986): The choice of groundnut (*Arachis hypogaea)* varieties by smallholders in south-east Tanzania. I. Observations on different varieties. Exp. Agric. 22, 269–278.

46. PRESTON, S. R., TAYLOR, B. R., and SIMONS, J. H. (1986): The choice of groundnut (*Arachis hypogaea)* varieties by smallholders in south-east Tanzania. II. Variety × spacing and variety × sowing date interactions. Exp. Agric. 22, 279–287.

47. REDDY, S. C. S., and PATIL, S. V. (1980): Effect of calcium and sulphur and certain minor nutrient elements on the growth, yield and quality of groundnut (*Arachis hypogaea* L.). Oléagineux 35, 507–510.

48. REDDY, B. N., RAO, J. V., and MURALI DHARUDU (1985): Weed management in groundnut-based intercropping systems. Indian J. agric. Sci. 55, 631–633.

49. REHM, S., und ESPIG, G. (1984): Die Kulturpflanzen der Tropen und Subtropen, 2. Aufl. Ulmer, Stuttgart.

50. SINGH, A. K., SUBRAMANYAM, P., and MOSS, J. P. (1984): The dominant nature of resistance to *Puccinia arachidis* in certain wild *Arachis* species. Oléagineux 39, 535–537.

50a. STALKER, H. T., and MOSS, J. P. (1987): Speciation, cytogenetics, and utilization of *Arachis* species. Adv. Agron. 41, 1–40.

51. SUMMERFIELD, R. J., and BUNTING, A. H. (eds.) (1980): Advances in Legume Science. Royal Botanic Gardens, Kew, England.

52. WEISS, E. A. (1983): Oilseed Crops. Longman, London.

53. WILLEY, R. W., and REDDY, M. S. (1981): A field technique for separating above- and below-ground interactions in intercropping: An experiment with pearl millet/groundnut. Exp. Agric. 17, 257–264.

54. WOODROOF, J. G. (1983): Peanuts. Production, Processing, Products. 3rd ed. AVI Publ., Westport, Conn.

55. WYNNE, J. C., and GREGORY, W. C. (1981): Peanut breeding. Adv. Agron. 34, 39–72.
56. YAYOCK, J. Y. (1979): Effects of plant population on flower production and podset in some varieties of groundnuts (*Arachis hypogaea* L.) in Nigeria. Oléagineux 34, 21–27.
57. YAYOCK, J. Y. (1979): Effect of variety and spacing on growth, development and dry matter distribution in groundnut (*Arachis hypogaea* L.) at two locations in Nigeria. Exp. Agric. 15, 339–351.

3.5   Sonnenblume

WALTER H. SCHUSTER

Botanisch:	*Helianthus annuus* L.
Englisch:	sunflower
Französisch:	tournesol
Spanisch:	girasol

Wirtschaftliche Bedeutung

Der Sonnenblumenanbau hat in den letzten Jahren stark zugenommen. Die Anbaufläche stieg von 1969/71 bis 1981/83 um rund 50 % (Tab. 39). Besonders auffallend ist die Zunahme in China (18×), den USA (16×) und Frankreich (9×), aber auch in Argentinien, Spanien, Ungarn und der Türkei hat sich die Anbaufläche etwa verdoppelt. Dagegen stagniert in den meisten „klassischen" Sonnenblumenländern der Anbau oder ist leicht rückläufig. Durch die weltweite Steigerung der Produktion steht heute die Sonnenblume an zweiter Stelle hinter Soja in der Pflanzenölerzeugung der Erde.

Diese Anbauausdehnung ist vorrangig auf die Wertschätzung, die das Sonnenblumenöl für die menschliche Ernährung hat, zurückzuführen. Der hohe Anteil an der ernährungsphysiologisch wertvollen, essentiellen Linolsäure von 50 bis 70 %, je nach Provenienz, ermöglicht die Herstellung von wohlschmeckendem Speiseöl und von Diätmargarine. Die Extraktionsrückstände der Ölfabrikation können bei dem relativ geringen Schalenanteil von nur 20 bis 30 %, bei einem Ölgehalt in der Frucht (Achäne) von 45 bis 52 % und einem Rohproteingehalt von 18 bis 22 % der modernen Sorten ohne Schwierigkeiten in der Tierernährung eingesetzt werden (9). Außer zur Ölgewinnung kann die Sonnenblume auch als Futterpflanze und zur Gründüngung angebaut werden. Ihre Schnellwüchsigkeit und die Produktion an großen Massen ermöglicht eine Zellulosegewinnung mit hohen Erträgen an α-

Tab. 39. Erzeugung von Sonnenblumenkernen. Die Hauptproduzenten sind nach der Höhe der Erzeugung im Jahr 1983 geordnet. Nach (5, 6).

Gebiet	Produktion (1000 t)		Anbaufläche (1000 ha)		Flächenertrag (t/ha)	
	1969–71	1981–83	1969–71	1981–83	1969–71	1981–83
Welt	9 872	15 307	8 413	12 648	1,2	1,2
Afrika	156	480	230	547	0,7	0,9
Nordamerika	169	2 099	175	1 665	1,0	1,2
Südamerika	1 029	1 992	1 398	1 723	0,7	1,1
Asien	507	2 193	514	1 822	1,0	1,2
Europa	1 930	3 465	1 374	2 449	1,4	1,4
Hauptproduzenten						
UdSSR	6 055	4 994	4 682	4 258	1,3	1,2
USA	121	1 989	110	1 581	1,1	1,3
Argentinien	949	1 887	1 283	1 618	0,7	1,1
China	71	1 319	81	871	0,9	1,5
Rumänien	769	786	562	497	1,4	1,6
Türkei	383	630	347	527	1,1	1,2
Frankreich	55	630	31	299	1,8	2,2
Ungarn	122	600	98	298	1,2	2,0
Spanien	146	545	179	899	0,8	0,6
Bulgarien	471	474	277	258	1,7	1,8

Cellulose. Weiterhin können Harz und Pektin aus den Korbböden gewonnen werden. Die Nutzung als Bienenweide bei der hohen Pollen- und Nektarproduktion eines Sonnenblumenbestandes ist außerdem nicht gering einzuschätzen. Große Mengen Sonnenblumenkerne werden auch als Knabber-Sonnenblume direkt der menschlichen Ernährung zugeführt oder als Vogelfutter genutzt (non-oilseed sunflowers) (4).

Botanik

Die Gattung *Helianthus* (Familie Compositae) umfaßt 67 in Amerika beheimatete Arten, 17 aus Süd- und 50 aus Nordamerika. Davon sind *H. annuus*, einjährig mit 2n = 34, und *H. tuberosus* L., ausdauernd mit 2n = 102, die einzigen landwirtschaftlich genutzten Arten. Viele der ein- oder mehrjährigen *Helianthus*-Arten sind Zierpflanzen geworden (4, 9).

Die Blütenköpfe der Sonnenblume haben außen eine Reihe steriler Zungenblüten. Die Röhrenblüten sind protandrisch, d.h. der Pollen der Einzelblüte wird frei, ehe sich die Narben spreizen und empfängnisbereit sind (Abb. 83). Die Blühdauer eines Kopfes beträgt je nach seiner Größe und den Witterungsbedingungen 5 bis 10 Tage (4, 19, 23).

Das Heimatgebiet von *H. annuus* liegt in Amerika zwischen 32° und 52° nördlicher Breite. Hier wurde die Sonnenblume schon vor der spanischen Eroberung von den Indianern angebaut. Die Spanier brachten sie nach Europa und in der Mitte des 18. Jahrhunderts kam sie nach Rußland, wo sie zu einer Kulturpflanze mit großer Formenmannigfaltigkeit wurde. Von Rußland wanderte sie als Kulturpflanze über die ganze Erde und auch zurück nach Amerika.

Ökophysiologie

Die Ausbreitung des Sonnenblumenanbaues über weite Teile der Erde weist auf eine gute ökologische Anpassungsfähigkeit hin. Diese ist möglich durch eine große Variabilität zwischen Sorten und Linien in der Tageslängen- und Temperatur-Reaktion (Abb. 84). Die verschiedenen Sorten der meist Kurztagreaktion zeigenden Sonnenblume haben deutliche quantitative Abstufungen in der Kurztagreaktion und einige wie die russische Sorte 'Vniimk 8931' zeigen eine gewisse Tagneutralität. Auch in den Temperaturansprüchen ergeben sich Sortenunterschiede. Diese unterschiedlichen physiologischen Reaktionen bewirken differenzierte Leistungen auf verschiedenen Standorten (Tab. 40). Die Einflüsse der unterschiedlichen Photoperioden, Temperaturen und der Wasserversorgung wirken sich ebenfalls stark auf die Qualitätsmerkmale der Sonnenblumenfrüchte aus (Tab. 41). Unter relativ kühlen Temperaturen sind der Ölgehalt und der Linolsäureanteil höher, ohne daß der Rohproteingehalt deutlich abfällt.

Auch in der Dürreverträglichkeit gibt es Sortenunterschiede (s. u.). Die Sonnenblume ist allgemein eine anspruchslose Pflanze, die mit relativ wenig Wasser auskommt und auch gut auf leichten Böden gedeiht. In den inneren Tropen wächst sie jedoch nur in mittleren und oberen Höhenlagen, da gleichmäßig hohe Temperaturen und dauernde hohe Luftfeuchtigkeit für den Anbau unzuträglich sind. Trockene und warme Witterung während der Blüte und Reife sind zur Erzielung hoher Erträge notwendig.

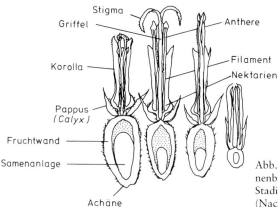

Abb. 83. Längsschnitt durch Röhrenblüten der Sonnenblume. Von rechts nach links: Knospe, männliches Stadium, weibliches Stadium, befruchtete Blüte. (Nach 4)

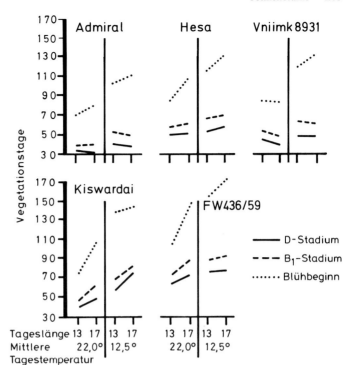

Abb. 84. Versuch unter kontrollierten Bedingungen über die Ent-
wicklungsgeschwindigkeit verschiedener Sonnenblumensorten
bei zwei Temperaturen und zwei
Tageslängen. (Nach 19)

Züchtung

Die starke Anbauausdehnung der Sonnenblume ist auch eine Folge der Züchtung neuer, an die verschiedensten Anbaubedingungen angepaßter, ertragreicher Hybridsorten. Erst seitdem LE- CLERQ 1969 über eine cytoplasmatisch und kerngenisch gesteuerte männliche Sterilität berichtete, wird Hybridzüchtung in größerem Ausmaß in vielen Ländern betrieben (10, 11). Dies ermöglicht, schneller neue Merkmalskombina-

Tab. 40. Weltweiter Sortenversuch mit Sonnenblumen, 1973. Kornertrag in dt/ha. Nach (21).

Sorte Ursprungsland Standort	VNIIMK 8931* UdSSR	HS 52** Rumänien	INRA 6501** Frankreich	Sorex*** Deutschland	Mittel aus 9 Sorten
Morden/CDN	18,4	42,1	16,2	30,4	25,5
Groß-Gerau/D	33,7	37,7	34,8	45,3	36,9
Novi-Sad/YU	42,3	38,4	35,9	30,6	36,3
Bornova/TR	19,0	16,6	6,5	17,8	13,5
Karadj/IR	32,1	33,0	30,6	30,1	31,1
Lincoln/NZ	20,1	27,5	24,6	25,4	24,3
Zevenaar/NL[+]	37,5	35,0	24,8	43,9	36,4
Rabat/MA[+]	16,3	17,2	10,4	12,7	12,2
Hayatnagar/IND[+]	8,3	6,8	4,6	4,5	6,4
Bako/ETH[+]	42,7	35,8	26,4	43,8	37,8
Mittel	27,6	32,6	24,8	29,9	27,9
s %	44,64	40,17	43,25	48,50	

[+] Standort im Mittel nicht berücksichtigt
* offen abblühende Sorte; ** Hybrid-Sorte; *** Top-cross-Hybride

Tab. 41. Ertrag und Qualität der Früchte von Sonnenblumen in Abhängigkeit ökologisch stark differenzierter Standorte im Mittel von 9 Sorten und 2 Jahren. Nach (20).

Standort	Rohfett-gehalt* (% ATM)	Rohprotein-gehalt* (% ATM)	Rohfaser-gehalt (% der Frucht)	Ölsäure (% der Gesamtsäuren)	Linol-säure	Tocopherol-gehalt (mg/kg Öl)
Groß-Gerau B.R. Deutschland	45,8	19,6	16,4	17,5	73,2	607
Novi Sad Jugoslawien	44,1	19,2	19,1	23,7	66,6	665
Izmir-Bornova Türkei	38,6	20,7	19,9	43,8	46,2	850
Karadj** Iran	40,9	20,8	21,0	36,1	53,9	644
GD$_{5\%}$	1,32	0,68	0,74	2,91	1,86	42,0
s %	7,61	3,97	7,09	39,23	20,32	15,67

*   = in der Gesamtfrucht
** = unter mehrfacher Bewässerung

tionen zu erstellen, obwohl auch durch die Selektionsmethode „Pustovoit" in der UdSSR leistungsfähige Sorten mit hohem Ölgehalt und Resistenzeigenschaften gezüchtet werden konnten (18).
Im Vordergrund der Zuchtziele steht ein hoher Ölertrag, der in stärkerem Ausmaß durch den Samenertrag (r = 0,76) als durch den Ölgehalt (r = 0,35) bestimmt wird (1).
Da die Zahl der Pflanzen durch Anbaufaktoren, wie Wasserversorgung, Boden und Düngung festgelegt ist, kommt dem Einzelpflanzenertrag eine hohe Bedeutung für die Ertragsbildung zu. Der Einzelpflanzenertrag wird durch die Zahl der Früchte je Korb (r = 0,87) und das Tausendkorngewicht (r = 0,80) bestimmt. Die Fruchtzahl hängt von der Korbgröße (r = 0,58), der Besatzdichte (r = 0,69) und dem nicht mit Früchten besetzten Teil in der Korbmitte (r = 0,57) ab. So sind ein großer Korbdurchmesser und viele Früchte je Korb die wichtigsten ertragbestimmenden Faktoren. Beide Merkmale werden etwa gleich stark durch Umwelteinflüsse und die Genotypenunterschiede variiert.
Von den Zuchtzielen zur Ertragssicherung steht das Angepaßtsein an die jeweiligen Anbauverhältnisse, das in erster Linie durch den Reaktionstyp gegenüber Photoperiode und Tempera-

tur bestimmt wird, an erster Stelle. Entsprechende Selektionen können in Saatzeitversuchen auf ökologisch stark differenzierten Standorten erfolgen. Auch die Dürretoleranz kann für Trockengebiete von großer wirtschaftlicher Bedeutung sein. Hierzu sollte auf folgende Teileigenschaften großer Wert gelegt werden: weit verzweigtes Wurzelsystem, kurze Pflanzen mit wenigen und kleinen Blättern, starke Behaarung als Verdunstungsschutz. Ebenso ist die Toleranz ge-

Abb. 85. Hybridsorte mit mittelhohem Wuchs und günstiger Korbhaltung.

gen hohe Salz- und Alkalikonzentration im Boden für bestimmte Anbaugebiete von hohem Wert.

Weitere wichtige Zuchtziele zur Ertragsicherheit sind: Standfestigkeit und Stengelbruchfestigkeit. Hierzu werden kurze Stengel (Abb. 85) oder sogar Zwergtypen bevorzugt. Pflanzen mit nur einem Korb bringen höhere Erträge als verzweigte Formen. Dieser Korb soll möglichst flach (nicht nach außen und nicht nach innen gewölbt) sein und zur Reife abgeknickt oder leicht überhängend stehen.

Der limitierende Faktor für einen Sonnenblumenanbau kann in vielen Gebieten die Anfälligkeit gegenüber diesem oder jenem Schaderreger sein. Die Resistenzzüchtung steht deshalb im Vordergrund der ertragsichernden Zuchtziele. Glücklicherweise wurden für fast alle pilzlichen Schaderreger Resistenz- oder Toleranzgene gefunden (22, 23, 24) wie bei: *Plasmopara halstedii* (Falscher Mehltau, in allen wärmeren Anbaugebieten verbreitet), *Puccinia helianthi* (Sonnenblumenrost), *Phomopsis* sp. (Grauschimmel des Stengels), *Verticillium dahliae* (Welkekrankheit), *Botrytis cinerea* (Grauschimmelfäule) und *Sclerotinia sclerotiorum* (Stengel- und Kopffäule). Die beiden letztgenannten Pilzerkrankungen treten in kühleren, feuchten Anbaugebieten verstärkt auf. Auch gegen das parasitische Unkraut

Orobanche cumana Wallr., das in der UdSSR, den Balkanländern und der Türkei großen Schaden anrichten kann, haben russische Züchter resistente Sorten entwickelt.

Über die Resistenz gegen tierische Schaderreger ist nicht viel bekannt. Lediglich gegen die Sonnenblumenmotte, *Homoeosoma electellum* (in USA) und *H. nebulella* (in Südost-Europa) wurden seit längerem resistente Achänen mit einer Phytomelanschicht in der Fruchtschale gefunden. Die größten Schäden an Sonnenblumen werden in aller Welt durch Vögel verursacht. Hiergegen konnten noch keine wirksamen Abwehrmittel gefunden werden.

Zuchtziele zur qualitativen Verbesserung der Früchte sind: Hoher Ölgehalt durch einen hohen Ölgehalt im Samen und einen geringen Schalenanteil. Ein niedriger Schalenanteil wird auch für eine bessere Nutzung der Extraktionsrückstände für die Tierernährung gefordert. Ein hoher Eiweißgehalt ist für die Tierfütterung und für den Direktverzehr als Knabbersonnenblume von Wert. Auch das Fettsäuremuster, das mit einem hohen Linolsäureanteil an sich günstig ist, kann eventuell noch durch eine Erhöhung des Linolsäureanteiles für eine Diäternährung verbessert werden. Auch Formen mit hohem Ölsäureanteil bis 90 % wurden gezüchtet. Für die Tier- und Humanernährung von Interesse ist ebenso eine

Tab. 42. Variabilität verschiedener Merkmale der Sonnenblume. Nach (8), erweitert.

Merkmale	Variation
Vegetationsperiode (Tage)	65–165
Wuchshöhe (cm)	50–400
Stengeldurchmesser (cm)	1,5–9,0
Zahl der Verzweigungen 1. Ordnung	0–35
Länge der Verzweigungen 1. Ordnung	5–125
Zahl der Blätter (bei nicht verzweigten Pflanzen)	8–70
Länge des Blattes (cm)	8–50
Korbdurchmesser (cm)	6–50
Zahl der Blüten pro Korb	100–8000
Länge der Achänen (mm)	6–25
Breite der Achänen (mm)	3–13
Schalenanteil (%)	10–60
Ölgehalt im Kern (% d. T. M.)	26–72
Ölgehalt in der Frucht (% d. T. M.)	36–60
Rohproteingehalt der Frucht (% d. T. M.)	9–70
Linolsäure (% der Gesamtfettsäuren)	40–80
Ölsäure (% der Gesamtfettsäuren)	10–90
Verhältnis Ölsäure zu Linolsäure	1:5–4:1

Verbesserung der Aminosäurezusammensetzung des Proteins. Durchschnittlich enthält Sonnenblumeneiweiß nur 1,8 bis 2,0 % Lysin. Es wurden jedoch Linien gefunden mit 5,2 % Lysin im Protein.

Die Variabilität in den Sorten und Linien der verschiedenen Gebiete der Erde ist für alle wichtigen Merkmale beachtlich groß, so daß noch relativ leicht Züchtungsfortschritte erzielt werden können (Tab. 42).

Wie schon betont, werden zur Zeit in den verschiedenen Ländern der Erde Hybridsorten mit Hilfe der cytoplasmatisch und kerngenisch gesteuerten männlichen Sterilität erzeugt. Es ist jedoch durchaus möglich, leistungsfähige Sorten als „synthetische" oder „zusammengesetzte" Sorten aus Linien, die eine gute Kombinationsfähigkeit besitzen, zu entwickeln. Das Saatgut solcher offen abblühender Sorten ist billiger zu erzeugen und es muß nicht in jedem Jahr ein 100%iger Saatgutwechsel stattfinden. Jedoch bringt die gleichzeitige Blüte und gleichmäßige Abreife eines Hybridbestandes vielerlei Vorteile, welche die Kosten für das Hybridsaatgut mehrfach aufwiegen können.

Die Saatgutproduktion, insbesondere von Hybridsorten, aber auch von offen abblühenden und synthetischen Sorten erfolgt in spezialisierten Betrieben.

Anbau

Die Sonnenblume ist eine robuste Pflanze, die wenig Ansprüche an den Boden und das Klima stellt (s. o.). Sie wächst gut auch auf leichten Böden, wenn die Wasserversorgung sichergestellt ist. Die Ertragsfähigkeit der Sonnenblume hängt stark von der Wasserversorgung ab. Sie kommt aber besser als viele andere Pflanzen mit wenig Wasser aus.

Die Ansprüche an die Vorfrucht sind ebenfalls gering; Sonnenblumen können gut nach Weizen und anderen Getreidearten angebaut werden. Der Anbau nach Kulturen, die zur Unkrautbekämpfung mit Atrazin oder Simazin behandelt wurden, wie Mais, Sorghum u. a., kann jedoch Auflaufschäden verursachen. Die höchsten Erträge werden nach Brache oder nach Leguminosen, wie Soja, Ackerbohne, Erbse u. a., erzielt. Sonnenblumen nach sich selbst zu bauen, bringt deutliche Mindererträge (15). Wie häufig Sonnenblumen in der Fruchtfolge wieder kommen können, wird meist durch das Auftreten von *Orobanche* (Sonnenblumenwürger) und *Sclerotinia* (Stengel- und Kopffäule) bestimmt. Wenn diese beiden Schaderreger auftreten, sollten Sonnenblumen nur alle acht Jahre auf dem gleichen Feld gebaut werden.

Die Stellung in der Fruchtfolge wird je nach Anbaugebiet recht verschieden sein. Dabei ist die relativ lange Vegetationszeit von 110 bis 140 Tagen zu berücksichtigen. Die Zeit für die nachfolgende Winterfrucht ist für eine ordentliche Bodenbearbeitung meist kurz, deshalb wird vielfach an Stelle von Winterweizen Sommerung wie Mais, Sojabohnen, Zuckerrüben oder Sommerweizen folgen. Die Gefahr der Verunkrautung durch Ausfallen von Sonnenblumenkernen vor und bei der Ernte muß in der Fruchtfolge berücksichtigt werden. Die Sonnenblume gilt allgemein nicht als gute Vorfrucht, da sie dem Boden große Nährstoffmengen, besonders an Kali, entzieht, die durch entsprechende Düngergaben zur Nachfrucht wieder ersetzt werden müssen.

Sonnenblumen werden am besten in ein mittelfeines Saatbett ausgesät, dessen Vorbereitung meist keine Schwierigkeiten bereitet. Das Minimum-Tillage-System mit der Notwendigkeit der Anwendung von Bodenherbiziden, die wenig für den Sonnenblumenanbau geeignet sind, ist jedoch nicht zu empfehlen. Für den Anbau unter Bewässerung müssen die üblichen Vorbereitungen, wie Planieren, Rillen- und Gräbenziehen, getroffen werden. Die Düngung und unter Umständen auch die Herbizidbehandlung wird mit der Bearbeitung eingebracht.

Die Düngung wird sich nach den im Boden vorhandenen Nährstoffen und dem Entzug richten. In Übereinstimmung mit Untersuchungen in außereuropäischen Ländern (15) stellte ASSADI (2) fest, daß Stickstoffgaben von 100 bis 110 kg/ha N für die Erzielung des Höchstertrages ausreichen. Entzogen bzw. aufgenommen waren nach 125 Tagen 196 kgN/ha. Der Entzug an Kali war mit 463 kg/ha sehr hoch. Die Entzugswerte von P betrugen 45 kg/ha, von Mg 60 kg/ha und von Ca 236 kg/ha. Die effektive Düngung muß sich nach den im Boden verfügbaren Nährstoffen richten. Organische Düngung wird von Sonnenblumen gut verwertet, wenn sie zur Verfügung gestellt werden kann.

Die beste Saatzeit ist in den unterschiedlichen Anbaugebieten der Erde sehr verschieden. In Gebieten mit milden Wintern, wie in Kalifornien, Hawaii u. a., können Sonnenblumen als Winterfrucht angebaut werden. Junge Sonnenblumenpflanzen vertragen Temperaturen bis −5 °C. Dadurch können Winterniederschläge voll für die Vegetation genutzt werden. In Gebieten mit harten Wintern wird die Aussaat im zeitigen Frühjahr mit dem Sommergetreide erfolgen.

Die Saattiefe sollte 3 bis 6 cm betragen, tiefere Ablage der Samen hat Auflaufschäden zur Folge. Ein wichtiger Ertragsfaktor kann die Pflanzenzahl je ha bzw. der Standraum sein, da der Flächenertrag das Produkt aus Pflanzenzahl und Einzelpflanzenertrag ist. Jedoch scheinen sich Versuchsergebnisse aus den verschiedensten Gebieten der Erde über die optimale Pflanzenzahl je ha für den Sonnenblumenanbau zu widersprechen. Dies hängt mit der jeweils gegebenen Wasserversorgung zusammen. Allgemein gilt bei geringer Wasserversorgung in Trockengebieten 20 000 bis 40 000 Pflanzen, unter Bewässerung (7) und in feuchteren Anbaugebieten 50 000 bis 65 000 Pflanzen.

Der Reihenabstand soll so eng sein, wie es die Anbautechnik zuläßt, denn ein quadratischer Pflanzenstand ist für den Einzelpflanzenertrag am günstigsten. Üblich sind 46 bis 90 cm je nach vorhandener Drillmaschine mit Zellenrädern für die Saat im Endabstand.

Die Saat kann in Einzelkornablage oder in Haufensaat mit 2 bis 3 Korn je Saatstelle erfolgen. Entsprechende Versuche ergaben keine signifikanten Unterschiede, wie auch die Abstände zwischen und in den Reihen sich nicht auf den Ertrag, den Ölgehalt und den Schalenanteil auswirkten.

Für die Saattechniken werden weitgehend die vorhandenen Drillmaschinen ausschlaggebend sein: 56 cm Reihenabstand in Betrieben mit Zuckerrübenanbau und 76 bis 97 cm bei Maisfarmern.

Sonnenblumen decken nach dem Aufgang den Boden schnell und unterdrücken das Unkraut gut; jedoch ist heute allgemein eine Herbizidanwendung üblich (23). In den USA sind als Vorsaatmittel Dinitramine, Profluralin und Trifluralin, im Vorauflaufverfahren Chloramben und als Nachauflaufmittel Barban in Anwendung.

Der Samenansatz und der Ertrag hängen stark von einem ausreichenden Insektenbeflug ab (12). In den verschiedensten Gebieten sind es ganz unterschiedliche Insekten, die die Sonnenblume befliegen und befruchten. Meist sind es Bienen- und Hummelarten. In großflächigen Beständen ist es oft notwendig, Bienenvölker an verschiedenen Stellen der Felder einzustellen (Bienenwagen).

Die Ernte der Sonnenblumen erfolgt nach Absterben der Blätter und Stengel. In Gebieten mit feucht-kühler Witterung zur Erntezeit müssen die Pflanzen eventuell nach dem Gelbwerden der Korbböden mit chemischen Mitteln abgetötet werden. Für eine möglichst verlustlose Ernte sind am Mähdrescher spezielle Tische und Mähwerke notwendig, die von den verschiedensten Firmen entwickelt wurden (16). In vielen Fällen, wenn der Wassergehalt der Achänen noch höher als 9 % ist, muß das Erntegut nachgetrocknet und gereinigt werden. Hierzu liegen aus USA und Frankreich einige Erfahrungen vor (16). Das Erntegut geht zur weiteren Verarbeitung und Verwertung direkt an die Ölmühlen oder an Sammelstationen der Landprodukte-Händler. Über die technische Verarbeitung und Verwertung sind ausführliche Hinweise in (4) zu finden.

Krankheiten und Schädlinge

Die wichtigsten *Pilzerkrankungen* der Sonnenblume wurden schon im Abschnitt Züchtung genannt. Weitere, in vielen Anbaugebieten auftretende Schaderreger sind (23, 24): *Albugo tragopogonis*, Weißer Blasenrost; *Alternaria helianthi* u. a. spp., Blattfleckenkrankheit; *Aspergillus niger*, Samenfäule; *Macrophomina phaseolina*, schwarze Stengelfäule; *Phoma* spp. Schwarzstengelkrankheit; *Phomopsis* sp. (*Diaporthe* sp.), Grauschimmel des Stengels; und *Rhizopus* spp., Kopffäule. Weitere Krankheiten werden durch Bakterien verursacht, vorwiegend durch *Pseudomonas* spp. Mosaik- und Vergilbungsvirosen, die durch Insekten übertragen werden, treten in den unterschiedlichsten Anbaugebieten auf (24).

Fast ebenso groß ist die Zahl der die Sonnenblume von der Wurzel bis zum Samen schädigenden *Insekten* (Näheres auch über Bekämpfung bei (14, 17, 23)). Die stärksten Schäden an Sonnenblumen richten, wie schon betont, in vielen Gebieten der Erde verschiedene Vogelarten an (3, 13).

Literatur

1. ALBA, E., BENVENUTI, A., TUBEROSA, R., and VANOZZI, G. P. (1979): A path coefficient analysis of

some yield components in sunflower. Helia 2, 25–29.

2. Assadi, N. (1971): Die Zeitfunktion der Nährstoffaufnahme bei Sonnenblumen (*H. annuus* L.) unter Berücksichtigung von Sorte und Düngung. Diss. Gießen.

3. Besser, J. F. (1978): Birds and sunflower. In: (4), 262–278.

4. Carter, J. F. (ed.) (1978): Sunflower Science and Technology. Series Agronomy No. 19. Amer. Soc. Agr., Madison, Wisconsin.

5. FAO (1980): FAO Production Yearbook, Vol. 33. FAO, Rom.

6. FAO (1984): FAO Production Yearbook, Vol. 37. FAO, Rom.

7. Feldman, S. H. (1983): Irrigation of oil crops. In: Finkel, H. J. (ed.): CRC Handbook of Irrigation Technology, Vol. 2, 137–158. CRC Press, Boca Raton, Florida.

8. Fick, G. N. (1978): Breeding and genetics. In: (4), 279–338.

9. Heiser, C. B. Jr. (1976): The Sunflower. Univ. Oklahoma Press, Norman.

10. Leclercq, P. (1969): Une stérilité mâle cytoplasmatique chez le tournesol. Ann. Amélior. Plantes 19, 99–106.

11. Leclercq, P. (1984): France's contribution to sunflower breeding. Span 27, 61–63.

12. Panchabhavi, K. S., and Rao, K. J. (1978): Note on the effect of mixed cropping of niger on the activities of insect pollinators and seed-filling of sunflower in Karnataka. Indian J. Agric. Sci. 48, 254–255.

13. Parfit, D. E. (1984): Relationship of morphological plant characteristics of sunflower to bird feeding. Can. J. Plant Sci. 64, 37–42.

14. Rajamohan, N. (1976): Pest complex of sunflower – a bibliography. PANS 22, 546–563.

15. Robinson, R. G. (1978): Production and culture. In: (4) 89–143.

16. Schuler, R. T., Hirning, H. J., Hofman, V. L., and Lundstrom, D. R. (1978): Harvesting, handling, and storage of seed. In: (4), 145–167.

17. Schulz, J. T. (1978): Insect pests. In: (4), 169–223.

18. Schuster, W. (1985): Sonnenblume (*Helianthus annuus* L.) In: Hoffmann, W., Mudra, A., und Plarre, W. (Hrsg.): Lehrbuch der Züchtung landwirtschaftlicher Kulturpflanzen, Bd. 2, Spezieller Teil, 2. Aufl. Parey, Berlin.

19. Schuster, W. (1985): *Helianthus annuus* L. In: Halevy, A. H. (ed.): CRC Handbook of Flowering, Vol. 3. CRC Press, Boca Raton, Florida.

20. Schuster, W., und Kübler, I. (1981): Über die Variabilität von Ertrag und Qualität einiger öl- und eiweißliefernder Pflanzen. Angew. Bot. 55, 1–19.

21. Schuster, W., and Kübler, I. (1981): Breeding Aspects of Sunflower in Middle Europe. World Crops: Production, Utilization, Description, Vol. 5.

22. Thompson, T. E., Zimmerman, D. C., and Rogers, C. E. (1981): Wild *Helianthus* as a genetic resource. Field Crops Res. 4, 333–343.

23. Weiss, E. A. (1983): Oilseed Crops. Longman, London.

24. Zimmer, D. E., and Hoes, J. A. (1978): Diseases. In: (4), 225–262.

3.6   Sesam

Werner Plarre und Ibrahim Demir

Botanisch:	*Sesamum indicum* L.
Englisch:	sesame, ben(n)iseed
Französisch:	sésame
Spanisch:	sésamo, ajonjolí
Arabisch:	sim-sim
Indisch:	gingelly, til

Wirtschaftliche Bedeutung

Die Erzeugung von Sesamsaat hat im letzten Jahrzehnt einen Wertzuwachs erfahren. Dies geht nicht nur aus der Ausdehnung des Anbaues mit weiterhin positivem Trend und aus der damit verbundenen Produktionssteigerung hervor (Tab. 43), sondern auch aus der Handelsstatistik (10, 11). Der Export an Samen hat 1983/84 mit fast 300 000 t – das sind rund 15 % der Gesamtproduktion – gegenüber 1981 um 10 % zugenommen. Der Handelswert ist dabei um 13 % gestiegen, 1983 betrug er 225,5 Mio. US $. Als Hauptausfuhrländer sind zu nennen: China 86 000 t, Sudan 70 000 t, Mexiko 25 000 t. Hauptimportländer sind vor allem mit stark zunehmender Tendenz Japan 82 000 t und USA 43 000 t (11). In Indien, dem Haupterzeugerland, wie im Vorderen Orient und in allen afrikanischen Anbauländern wird Sesam für den örtlichen Markt und für den Hausgebrauch angebaut. Die Erträge sind allgemein sehr niedrig (Tab. 43), verglichen mit dem möglichen Ertrag von 2 bis 3 t Samen/ha (21, 22). Es ist also noch viel zu tun, um die Durchschnittserträge zu verbessern. Bei der zunehmenden Möglichkeit des Exports, aber auch wegen der Rolle, die Sesam für eine gesunde Ernährung in vielen tropischen Ländern spielt, ist die Lösung dieser Aufgabe von großer entwicklungspolitischer Bedeutung. Aus Sesamsaat wird ein sogenanntes halbtrocknendes Öl gewonnen, das heute sehr gefragt ist und einen hohen Marktwert hat, da ähnliches Öl nur von wenigen anderen Pflanzen gewonnen wird. Dazu gehören in erster Linie die Sonnen-

Tab. 43. Erzeugung von Sesamsamen in einigen wichtigen Anbauländern. Nach (10).

Land	Fläche (1000 ha)		Erträge (100 kg/ha)		Produktion (1000 t)	
	1974/76	1981/83	1974/76	1981/83	1974/76	1981/83
Welt	6030	6540	3,0	3,1	1790	2020
Indien	2230	2660	1,9	2,1	430	560
China	545	915	4,1	4,5	220	410
Burma	705	770	1,8	2,3	130	180
Türkei	50	45	6,1	6,3	30	28
Sudan	950	715	2,7	2,7	260	195
Nigeria	225	240	3,0	3,1	65	75
Uganda	110	75	3,3	4,2	35	33
Äthiopien	125	62	6,2	5,7	78	36
Mexiko	220	135	5,4	5,5	120	77
Venezuela	150	92	4,4	5,6	67	51

blume und *Brassica*-Arten, die deswegen gleichfalls eine große wirtschaftliche Bedeutung erlangt halben. Außerdem sind noch Baumwollsaat- und Maiskeimöl zur Kategorie halbtrocknender Öle zu stellen.

Botanik

Ursprünglich war Sesam wahrscheinlich nur im tropischen Afrika nördlich der Kalahari beheimatet. Wie die Altwelt-Baumwolle ist er von hier über Äthiopien und die Arabische Halbinsel nach Indien gelangt und von dort nach China wie auch in den weiteren Vorderen Orient. Das heutige Mannigfaltigkeitszentrum in Indien ist möglicherweise aber auch ein selbständiges Ursprungszentrum. Unter den Ölpflanzen ist Sesam die älteste Kulturpflanze. Die ersten Überlieferungen stammen aus Babylon um 2350 v. Chr. (2), und seit wenigstens 2000 Jahren v. Chr. ist Sesam aus dem Iran bekannt (3).

Nach Südamerika ist Sesam durch die Portugiesen eingeführt worden. Verwilderte Formen sind heute in Florida und Texas zu finden. In Afrika sind außer *S. indicum* noch zwei andere Arten domestiziert worden, die hauptsächlich in Westafrika als Blattgemüse genutzt werden: *S. radiatum* Schumach. und *S. alatum* Thonn.

Sesam gehört zur Familie der Pedaliaceae, die mit den Rachenblütlern (Scrophulariaceae) verwandt ist. Die Blüte (Abb. 86) hat große Ähnlichkeit mit der des roten Fingerhutes *(Digitalis)*. Eine tiefgehende Pfahlwurzel und gut entwickelte Nebenwurzeln im Oberbereich, die frühzeitig von VA-Mykorrhiza besiedelt werden (20a),

sorgen für intensive Nährstoffaneignung (3). Die kurzgestielten Blätter sind wechsel- oder gegenständig angeordnet, gezähnt bis tief gelappt oder auch ganzrandig. Der Stengel kann mehr oder

Abb. 86. Stengelspitze einer Sesampflanze mit unterschiedlich weit entwickelten Reproduktionsorganen in den Blattachseln. Von unten nach oben: ältere und ganz junge Kapseln, ältere und jüngere Blüten, Blütenknospen (Foto DEMIR).

Abb. 87. Fruchtstände von Sesam mit voll entwickelten Kapseln von li. nach re.: Sperriger Verzweigungs-
typ, einstengeliger Typ, eng geschlossener Verzwei-
gungstyp. Diese Merkmalsbildung ist genetisch bedingt, wird aber auch durch den Standraum modifiziert (vgl. Abschn. Anbau). Die Stengel sind für die
Aufnahme entblättert worden (Foto DEMIR).

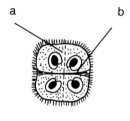

Abb. 88. Sesamfruchtkapsel: l. Kapselquerschnitt
(schematisiert), a = falsche, b = echte Scheidewand
(stärker vergrößert); r. reife Kapsel (doppelt vergrößert) (abgeändert nach 2).

weniger verzweigt sein (Abb. 87). In den Blattachseln werden drei Blüten angelegt, aber nur
die mittlere kommt meistens zur vollen Entwicklung (Abb. 86). In der Farbe variieren sie von
Weiß über Gelb bis Rosa und Violett, sind flek-
kenlos oder mit gelben bis purpurfarbenen Ma-
keln versehen. Im allgemeinen sind vier Staubgefäße zu finden; ist ein fünftes vorhanden, liefert
es keinen fertilen Pollen. Der oberständige
Fruchtknoten ist zweifächerig und entwickelt
sich durch Ausbildung falscher Scheidewände zu
einer vierfächerigen Kapsel; werden mehr als
zwei Scheidewände gebildet, entsteht eine 6- bis
10fächerige Kapsel. Zur Reife reißt die etwa
2 cm lange und 0,5 cm breite braune, oben
zugespitzte Kapsel an den Scheidewänden von
oben nach unten auf (Abb. 88). Die Zahl der
Kapseln an einer Pflanze schwankt zwischen 40
und 400. Die kleinen, sehr zahlreichen Samen
sitzen in jedem Fach in einer Reihe senkrecht
übereinander. Das TKG beträgt 2,0 bis 6,0 g.
Die Samenfarbe kann sehr unterschiedlich sein;
von Weiß über Gelb bis zu Rot, Braun und
Schwarz können alle Abstufungen auftreten
(Abb. 89). Im Handel werden weiße Samen, vor
allem, wenn einheitliche Partien geliefert werden, höher bezahlt. Sie besitzen auch einen höheren Ölgehalt als pigmentierte (Tab. 44). Die

Vegetationsdauer schwankt von 80 bis 150 Tagen, kann aber auch noch mehr betragen (1, 4,
9, 12, 22). Formen mit kurzer Vegetationszeit
blühen etwa 8 Wochen nach dem Aufgang, spätreifende nach 9 bis 12 Wochen. Die Blüh- und
Reifephase läuft an der Pflanze von unten nach
oben ab und erstreckt sich jeweils über mehrere
Tage bis zu mehreren Wochen. Etwa vier bis
sechs Wochen nach Blühbeginn sind die ersten
Kapseln reif.

Ökophysiologie
Sesam gehört zu den Leitpflanzen der trockenen
Buschsavanne (→ Bd. 3, LAUER, S. 37), in der
während des ganzen Jahres eine sehr gleichblei-
bende hohe Temperatur herrscht. Das Minimum
der Keimtemperatur liegt bei 12 °C; zur Förderung des Wachstums und der Entwicklung einschließlich der Reifung sind über 26 °C erforderlich (2). Steigen die Temperaturen auf mehr als
40 °C, wird die Fruchtausbildung gehemmt. Aus
diesen Gründen wird Sesam in kühleren Gegenden Nordindiens und Westpakistans als Sommerkultur (Juni/Juli bis Okt./Nov.) und in den
heißeren Gebieten des Subkontinents in den
kühleren Monaten (Okt./Nov. bis Dez./Jan. und
Feb./März bis Mai/Juni) angebaut (1, 4). Bei
Aussaat im Feb./März ist Bewässerung nötig.
Letztlich ist für die richtige Saatzeit eine genügend hohe Bodenfeuchtigkeit ausschlaggebend,
um eine schnelle Keimung und Jugendentwicklung zu gewährleisten (4). Soweit in der Vegeta-
tionszone der trockenen Buschsavanne nicht
mehr als 500 mm Regen und dann noch in einer
kurzen Zeit von 3 bis 5 Monaten fallen, muß die
Aussaat an den Beginn der Regenzeit gelegt werden. Nachteilig sind schwere Schlagregen, die

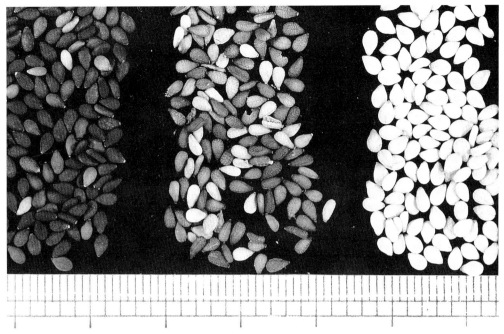

Abb. 89. Samenmuster von drei Sesam-Varietäten aus Sri Lanka, von l. nach r.: Herkunft 'Maha Illuppallama 1' mit überwiegend dunklen Samen, 'Kekirawa' braun- bis gelbsamig, Auslese 'Maha Illuppallama 3' gelb- bis weißsamig (Foto PLARRE).

während des Aufganges die zarten Keimpflanzen schädigen.

Für die spätere Entwicklung, vor allem von der Blüte bis zur Reife, ist trockenes warmes Wetter für die Samenentwicklung (Fettsynthese) vorteilhaft. Wegen dieser relativ hohen Temperaturansprüche ist Sesam auch in den Tropen nicht in höheren Regionen anzutreffen. In Indien liegt die Anbaugrenze bei 1200 m. Sesam ist wärmebedürftiger als Reis. Die Samenausbildung kann in Gebieten mit heftigen trockenen Winden beeinträchtigt werden: Die Samen bleiben klein und der Ölgehalt ist gering. Außerdem wird dadurch das Aufspringen der reifen Kapseln begünstigt. Die besten klimatologischen Anbaubedingungen bieten sich in den zwischen dem Ölpalmen- und dem Sojaanbaugürtel gelegenen Übergangsarealen der Tropen und Subtropen. Diese Zone entspricht dem Baumwollanbaugebiet (→ Bd. 3, LAUER, S. 36 ff. mit Abb. 17).

Unter den semiariden Bedingungen sind gut wasserhaltende Böden wie kalk- und humusreiche, milde, sandige Lehmböden mit neutraler Reaktion für den Sesamanbau am besten geeignet. In Ostafrika sind solche Böden z.B. im Sudan als stabilisierte Sanddünen entstanden.

Tab. 44. Rohfett- und Rohproteingehalte in Sesamsamen türkischer Herkünfte (Mittelwerte in % mit Streuung) in Abhängigkeit von der Samenfarbe. Nach (6).

Samenfarbe	Rohfett (%)	Rohprotein (%)	Wasser (%)
weiß	60,5 ± 0,78	21,6 ± 0,44	4,02 ± 0,10
gelb	58,0 ± 0,43	22,6 ± 0,25	4,16 ± 0,05
braun	57,1 ± 0,39	22,9 ± 0,28	4,23 ± 0,06
schwarz	55,9 ± 0,30	23,7 ± 0,42	4,16 ± 0,15

Auf den sehr trockenen Roterdeböden, wie sie in Indien vorkommen, ist der Anbau nur mit besonders robusten und trockenresistenten Sorten möglich.

Im Laufe der Zeit sind auch Genotypen mit anderen ökologischen Ansprüchen entstanden, die außerhalb des Savannenklimas selektiert wurden und heute in China, Japan, der Türkei, in Südosteuropa und im Süden der USA anbauwürdig sind. Sie sind keine typischen Kurztagreagenten mehr, sind an längere Tageszeiten angepaßt und gedeihen demzufolge in diesen Gebieten besser als sensitive Kurztagformen, die vor allem bei Aussaat unter zunehmender Tageslänge eine verlängerte Entwicklung durchlaufen.

Züchtung

Wie aus der Tab. 43 zu ersehen, variieren die Hektarerträge von Land zu Land zum Teil um weit mehr als 100 %. Dies ist nicht nur durch Umweltfaktoren, sondern auch durch die Sortenleistung zu erklären. Der Anbau von nicht künstlich selektierten Populationen (Varietäten s. Abb. 89) mindert zwar das Anbaurisiko gegenüber genetisch spezifisch adaptierten Schadorganismen und abiotischen Schadfaktoren, verhindert aber doch, das Leistungspotential vorhandener Genotypen auszuschöpfen. Zumindest sollte mit Hilfe einer Massenauslese zur Steigerung der Samenerträge beigetragen werden, oder Viellliniensorten sollten entwickelt werden, wobei auch die Kreuzungszüchtung einzubeziehen ist (→ Bd. 3, PLARRE, S. 219 f.). Sesam ist weitgehend Selbstbefruchter, kann aber, zumal bei häufigem Insektenbesuch, bis zu 10 % Fremdbefruchtung erfahren (19). Bei der Erzeugung von Saatgut für die Vermehrung neuer Sorten sollte daher eine räumliche Isolierung zum Konsumanbau beachtet werden. In Japan und Indien scheint man erfolgreich auch über künstlich induzierte Mutanten – über solche mit vermehrter Anzahl Kapseln/Pflanze und Fächerzahl/Fruchtkapsel – die Ertragsstruktur verbessert zu haben (12, 14). Neben den Merkmalen Kapselzahl/Pflanze, Samenzahl/Kapsel (15, 17) kann die Leistungssteigerung auch über Auslese besonders fettreicher Genotypen erreicht werden, da letztlich der Ölertrag/ha maßgeblich ist. Wie aus Tab. 44 hervorgeht, kann dieses Zuchtziel bereits mit der Massenauslese von weißen Samen verfolgt werden. Eine negative Korrelation besteht hierbei nicht nur zwischen Pigment-

anreicherung und Ölgehalt, sondern wie bei vielen Ölpflanzen, die gleichzeitig auch als Eiweißlieferanten in Betracht kommen, zwischen Öl- und Proteingehalt. An 25 türkischen Herkünften wurde ein Korrelationskoeffizient von $r = -0.89$ ermittelt (6).

Die Ertragssicherheit wird künftig bei einer in größerem Maße mechanisiert durchzuführenden Ernte davon abhängen, inwieweit hoher Samenertrag mit Platzfestigkeit der Kapseln kombiniert werden kann. Genotypen mit absoluter Platzfestigkeit wie die Mutante „Papershell" sind seit 1943 bekannt, sind aber alle sehr ertragsschwach. Bei ihnen ist infolge größerer Sterilität die Samenanzahl reduziert. Nach Kreuzungen sind zwar verbesserte Rekombinanten, vor allem in Südamerika, gezüchtet worden, die aber dem erstrebten Zuchtziel noch nicht genügen (5, 7, 13). Platzfestigkeit wird rezessiv vererbt, Umweltfaktoren wirken aber modifizierend. Wichtig ist hierbei, auf gleichmäßigeres Abreifen der Kapseln zu achten (s. o.). Eine langsam fortschreitende Reifung von der ersten Ansatzstelle hin zur Spitze der Pflanze (Abb. 86) ist für primitive Kulturformen typisch, die deswegen vorzeitig geerntet, in Säcke gesteckt, der Nachreife ausgesetzt und in Tagesabständen wiederholt „gedroschen", d. h. mit Stöcken geschlagen werden. Sehr häufig müssen das auch Kinder tun, wobei sie ausrufen: „Sesam öffne dich!" Dieser Ausspruch verdeutlicht, daß es einer langwierigen Prozedur bedarf, bis alle Samen, die ein wertvolles, einem Schatz vergleichbares Produkt darstellen, aus den Kapseln bzw. aus dem Sack herausgeschüttelt werden können. Dabei steht der Wunsch dahinter, recht schnell in den Besitz des „Schatzes" zu gelangen. So wird erklärlich, wie bei dieser bedeutungsvollen Arbeit mit der im Orient sehr alten Kulturpflanze schließlich eine legendäre Verknüpfung zur Gewinnung von Schätzen zustande gekommen ist. Ohne nach der wörtlichen Bedeutung zu fragen, ist mit besagtem Ausspruch dieser Gedankengang auch von anderen Kulturkreisen übernommen worden.

Ein weiteres wichtiges Zuchtziel ist Frühreife, nicht nur, um den Anbau in Gebiete zu verlagern, wo die notwendigen hohen Temperaturen nur über wenige Monate vorherrschen (Südosteuropa, Japan), sondern um auch zwei Rotationen wie in Indien als "rabi crop" von Oktober–November bis April anzubauen. Frühreife Ertragssorten sollen ihre Vegetationszeit in 80 bis 100 Tagen abschließen (12).

Anbau

Landvorbereitung, Aussaat. Sesam verlangt als Feinsämerei ein gartenmäßiges, feinkrümeliges Saatbett. Die Aussaat wird vielfach noch breitwürfig vorgenommen, Reihensaat ist aber wegen der besseren Unkrautbekämpfung vorzuziehen. Der Reihenabstand ist örtlich sehr unterschiedlich (30 bis 100 cm). Die Saatgutmenge ist bei Drillsaat mit 2 bis 5 kg/ha und bei Breitsaat mit 5 bis 10 kg/ha anzusetzen (4). Die kleinen Samen dürfen nur flach (1 bis 3 cm tief) eingebracht werden. Für kleinsamiges Gemüse geeignete Sämaschinen lassen sich auch für die Sesamaussaat verwenden.

Pflege und Düngung. Eine Vereinzelung der Pflanzen ist vor allem beim Anbau sich verzweigender Sorten notwendig und wird am besten vorgenommen, wenn die Pflanzen 7 bis 10 cm groß sind; der Abstand der Pflanzen in der Reihe sollte nicht mehr als 15 cm betragen. Je weiter der Einzelpflanzenabstand, desto stärker tritt Verzweigung auch bei einstengeligen Sorten auf. Der Ertrag wird dadurch nicht erhöht. Einstengelige Sorten lassen sich leichter ernten. Wegen der langsamen Jugendentwicklung besteht die Gefahr der Verunkrautung. Sind die Pflanzen etwa 10 cm hoch, setzt rasches Wachstum und damit natürliche Unkrautunterdrückung ein. Über die Anwendung von Herbiziden ist noch nichts bekannt.

Wenn Sesam auch zu den trockenholden Pflanzen gehört, so kann doch durch zeitweilige Bewässerung, vor allem während der Jugendentwicklung, zu einer Ertragssteigerung beigetragen werden (8, 21). Wasser mit höherer Salzkonzentration darf dabei nicht verwendet werden; eine Salzkonzentration, die bei Baumwolle nur geringe Schäden hervorruft, tötet den Sesam bereits ab. Auf Böden, die schon lange in Kultur sind, ist eine Volldüngung zu empfehlen, und zwar in der Menge, wie man sie zu Baumwolle unter den vorliegenden Bedingungen geben würde. Bei Inkulturnahme regenerierter oder bisher ungenutzter Savanneböden wirkt sich eine N-Düngung nicht aus. Auf sauren Böden ist eine Kalkung notwendig.

Fruchtfolge. Sesam kann mehrmals hintereinander angebaut werden. In den Subtropen folgt er oft nach Wintergetreide und nach Leguminosen als Sommerkultur. Häufig wird er im Mischanbau mit Erdnuß, Mais, Hirse oder Baumwolle angebaut (1). In China wird er in die Weizen-Soja-Rotation einbezogen, um den Drahtwurm zu kontrollieren (23).

Ernte. Vielerorts wird Sesam noch immer in mehreren Etappen geerntet, und jede Teilernte wird zweimal gedroschen. In den einzelnen Ländern gibt es Abweichungen der Ernte- und Druschtechniken. Sorten mit platzenden und nichtplatzenden Kapseln lassen sich aber auch maschinell ernten, am besten mit dem Mähbinder und anschließendem Drusch auf einer Dreschmaschine (21, 22). Die Anwendung von Defoliationsmitteln kann zur Erleichterung der Ernte beitragen (4).

Krankheiten und Schädlinge

Bislang hat der Krankheits- und Schädlingsbefall bei Sesam keine sehr schwerwiegenden Probleme aufgeworfen (→ KRANZ und ZOEBELEIN, Bd. 3, S. 378). Auflaufkrankheiten, verursacht durch *Alternaria sesami*, *Fusarium oxysporum*, *Macrophomina sesami* können durch Beizmittel und Fruchtfolgen kontrolliert werden (21, 22). Unter den Blattkrankheiten können Bakterien der Gattungen *Xanthomonas* (bacterial blight) und *Pseudomonas* (bacterial black rot), da eine Saatgutübertragung erfolgt, ebenfalls mit Beizmitteln gut bekämpft werden. Feldinfektion läßt sich durch Sprühmittel eindämmen. Pilze können ebenfalls zu gewissen Blattschädigungen führen; zu nennen sind Arten der Gattungen *Cercospora*, *Phytophthora* und *Colletotrichum* (Anthraknose). Weit verbreitet ist eine Virose, die eine Vergrünung der Blütenstände verursacht (phyllody). Übereinstimmend konnte in Indien und in der Türkei festgestellt werden, daß bei früher Aussaat ein stärkerer Befall eintritt. Als Vektoren kommen Jassiden in Betracht. Die Befallsunterschiede scheinen auch sortenspezifisch zu sein (4, 7).

Unter den Schädlingen verursacht weltweit vor allem der Sesamzünsler (sesame leaf roller) *Antigastra catalaunalis* schwere Schäden. Er läßt sich durch den Anbau toleranter Sorten und gezielte Kulturmaßnahmen bekämpfen; auch der Einsatz von Pestiziden ist möglich. In Afrika und Asien ist die Gallmücke (gall midge) *Asphondylia sesami* als Schädling an Blüten und Früchten gefürchtet und kann Bekämpfungsmaßnahmen

z. B. durch systemische Insektizide lohnend machen. Beachtenswert ist die bisher bei Sesam
beobachtete Resistenz gegenüber Wurzelzysten-
nematoden (root-knot nematodes). Vorratsschädlinge sind bislang im Gegensatz zum Befall
bei anderen Ölsaaten nur unbedeutend aufgetreten, müssen aber bei der Lagerung von Saatgut
bis zur nächsten Saison beachtet werden
(21, 22).

Verarbeitung und Verwertung

Der Ölgehalt der Sesamsamen schwankt zwischen 45 und 63 % und liegt im Durchschnitt
bei etwa 53 %; für Eiweiß beträgt die Schwan-
kungsbreite 17 bis 29 % (3, 6, 9) (Tab. 44). Das
durch schonende Pressung gewonnene Öl ist das
höchst bezahlte Speiseöl. Es gehört zu den halb-
trocknenden Ölen, die nach längerem Aussetzen
an der Luft nur einen weichen Oberflächenfilm
bilden. Durch Antioxidantien (Sesamin und Se-
samolin) bleibt Sesamöl länger gut haltbar und
wohlschmeckend. Da diese Stoffe durch eine
Farbtestreaktion leicht nachweisbar sind (Phe-
nolkörper), wird Sesamöl in manchen Ländern
obligatorisch zur Kennzeichnung der Margarine
beigemischt, um diese von Butter unterscheiden
zu können (18).
Die gute Qualität des Öles wird vor allem durch
seinen hohen Anteil an der essentiellen Fettsäure
Linolsäure bestimmt, der 35 bis 41 % des Ge-
samtöles ausmacht (2). Von weißen Samen
(Tab. 44, Abb. 89) und besonders von dünn-
schaligen weißen, wie sie jetzt in bulgarischen
Sorten vorhanden sind, kann ein höherer Anteil
farblosen Öles als von den gelbsamigen Sorten
gewonnen werden (16). Obwohl ein vorzügli-
ches Speiseöl, findet es leider seine Hauptverwendung in der pharmazeutischen Industrie und
bei der Seifenherstellung.
Aus Sesammehl werden im Orient und Ägypten
auch direkt Speisen wie Suppen, Brei oder Konfekt hergestellt (18). Brote und Kuchen werden
außerdem oft nach Art der Mohnbrötchen mit
maschinell geschälten Sesamsamen bestreut. Seit
einiger Zeit ist dies ebenfalls von unserer Ge-
bäckindustrie übernommen worden.
Die nach der Ölextraktion anfallenden Preßrückstände, Sesamkuchen genannt, enthalten 35
bis 40 % Proteine und noch 12 % Fett. Sie werden als Viehfutter sehr geschätzt. Die in Westafrika teilweise kultivierte Art *S. radiatum* besitzt bittere und giftige Saponine, die sich auch

im Ölkuchen wiederfinden (20). Diese Art liefert
dennoch ein gutes Öl.

Literatur

1. BALLUCH, M. A. A., NATALI, A. H., and MAJIDANO, B. A. R. (1966): Performance of some promising varieties of sesamum (*Sesamum indicum* L.) in Hyderabad Region. W. Pakistan J. Agr. Res. 4, 68–73.
2. BALLY, W. (1962): Ölpflanzen. Tropische und subtropische Weltwirtschaftspflanzen. Teil II. 2. Aufl. Enke, Stuttgart.
3. COBLEY, L. S., and STEELE, W. M. (1976): An Introduction to the Botany of Tropical Crops, 2nd ed. Longman, London.
4. COUNCIL FOR SCIENTIFIC AND INDUSTRIAL RESEARCH (1972): The Wealth of India. Raw Materials. Vol. 9. Publications Information Directorate, C.S.I.R., New Delhi.
5. CULP, T. W. (1960): Inheritance of papershell capsules, capsule number and plant color in sesame. J. Hered. 51, 146–148.
6. DEMIR, I. (1962): Untersuchungen über die morphologischen, biologischen und cytologischen Eigenschaften des Sesams (in Türkisch mit deutscher Zusammenfassung). Ege Üniv. Izmir, Ziraat Fak. Yayinlari 53, 1–160.
7. DEMIR, I. (1968): Vergleichende Untersuchungen über die Eigenschaften der aufspringenden und nicht aufspringenden Sesamsorten (in Türkisch mit deutscher Zusammenfassung). Ege Üniv. Izmir, Ziraat Fak. Dergisi, Cilt 5, 42–58.
8. EL NADI, A. H., and LAZIM, M. H. (1974): Growth and yield of irrigated sesame. Exp. Agric. 10, 71–76.
9. ESDORN, I., und PIRSON, H. (1973): Die Nutzpflanzen der Tropen und Subtropen in der Weltwirtschaft, 2. Aufl. Gustav Fischer, Stuttgart.
10. FAO (1984): Production Yearbook, Vol. 37. FAO, Rom.
11. FAO (1984): Trade Yearbook, Vol. 37. FAO, Rom.
12. KOBAYASHI, T. (1977): Breeding for high yield sesame by induced mutations. Proc. 3nd Intern. Congr. Soc. Adv. Breeding Res. in Asia and Oceania (BABRAO), Vol. 2, 9, 32–35, Canberra.
13. LANGHAM, D. G. (1946): Genetics of sesame. III. Open sesame and mottled leaf. J. Hered. 37, 149–152.
14. MURTY, G. S. S., and BHATIA, C. R. (1983): Sesame mutants. FAO/IAEA Mut. Breeding Newsletter No. 22, 5–6.
15. OSMAN, H. E. G., and KHIDIR, M. O. (1974): Relations of yield components in sesame. Exp. Agric. 10, 97–103.
16. POPOV, P., and DIMITROV, J. (1968): Technological properties of the new sesame varieties 'Sadovo 1' and 'Sadovo 2' (zitiert nach: Plant Breed. Abstr. 38, Nr. 1162).
17. RATHNASWAMI, R., and JAGATHESAN, D. (1984): Selection of superior early generation crosses in *Sesamum indicum* L. based on combining ability study. Z. Pflanzenzücht. 93, 184–190.

18. Rehm, S., und Espig, G. (1984): Die Kulturpflanzen der Tropen und Subtropen. 2. Aufl. Ulmer, Stuttgart.
19. Rheenen, E. H. van (1968) Natural cross-fertilization in sesame (*Sesamum indicum* L.). Trop. Agric. (Trinidad) 45, 147–153.
20. Schwanitz, F. (1967): Die Evolution der Kulturpflanzen. Bayer. Landw. Verl., München.
20a. Vijayalakshmi, M., and Rao, A. S. (1988): Vesicular-arbuscular mycorrhizal associations of sesamum. Proc. Indian. Acad. Sci. (Plant Sci.) 98, 55–59.
21. Weiss, E. A. (1971): Castor, Sesame and Safflower. Leonard Hill, London.
22. Weiss, E. A. (1983): Oilseed Crops. Longman, London.
23. Wu, I. (1966): Crop rotation and the wheat wireworm control. Acta Entomol. Sin. 15 (2), 131–136 (zitiert in: Rechcigl, M. (1982): Handbook of Tropical Productivity, Vol. I, S. 296. CRC Press, Boca Raton, Florida).

3.7   Saflor

Walter H. Schuster

Botanisch:	*Carthamus tinctorius* L.
Englisch:	safflower
Französisch:	carthame
Spanisch:	alazor, cártamo

Wirtschaftliche Bedeutung

Saflor wurde zunächst als Farbpflanze genutzt, die einen orangeroten (Carthamon) und einen gelben Farbstoff (Carthamin) aus den Blütenblättern liefert (19). Im Orient wird er heute noch zur Farbstoffgewinnung angebaut. Aber auch als Ölpflanze ist er in Ägypten und Vorderasien schon frühzeitig genutzt worden. Eine zunehmende Bedeutung erlangte Saflor in neuerer Zeit als Ölpflanze der Trockengebiete wegen

seiner hohen Dürrefestigkeit im Vergleich zu anderen einjährigen ölliefernden Pflanzen (10). Auch der hohe Linolsäureanteil im Öl von 72 % bis 79 %, mit seinem ernährungsphysiologischen Wert, macht Saflor zu einer bedeutsamen Ölpflanze. Saflor wird nur in drei Ländern in größerem Umfang kommerziell angebaut: Indien, Mexiko und USA. Die drei liefern 92 % der in den Statistiken erfaßten Weltproduktion (Tab. 45). Die Weltanbaufläche hat sich seit Anfang der 60er Jahre verdoppelt. In den letzten Jahren ist die Produktion nur noch in Indien gestiegen; in Mexiko ist sie etwa gleichbleibend und in den USA rückläufig durch die Abnahme der Flächenerträge. Diese Abnahme ist durch den Rückgang des Safloranbaus unter Bewässerung bedingt. Wo bewässert werden kann, ist Saflor wegen seines geringen Ertragspotentials nur selten konkurrenzfähig, z. B. gegenüber der Sonnenblume.

Botanik

Carthamus tinctorius L. gehört zur Familie der Compositae und hier zur Tribus Cynareae. Nach (10) bestehen zwei Mannigfaltigkeitszentren, in Afghanistan und in Äthiopien. Außer der Kulturart *C. tinctorius* sind noch 25 Wildarten aus dem Mittelmeerraum bekannt. Diese haben recht verschiedene Chromosomenzahlen von 2 n = 20, 24, 44 und 64.

Nahe mit *C. tinctorius* verwandt und voll fertil kreuzbar sind mit 2 n = 24 Chromosomen *C. palaestinus* Eig. und *C. oxyacanthus* M. Bieb. (10, 20). Saflor ist weitgehend fremdbefruchtend, nähere Angaben über die Blütenbiologie siehe bei (15).

Für die Ertragsbildung ist die Zahl der Köpfchen je Pflanze ausschlaggebend, in denen zur Reife jeweils 20 bis 100 Achänen zusammenstehen. Die Zahl der Köpfe wird weitgehend durch die

Tab. 45. Erzeugung von Saflorsaat. Nach (5, 6).

Gebiet	Produktion (1000 t)		Anbaufläche (1000 ha)		Flächenertrag (t/ha)	
	1969–71	1981–83	1969–71	1981–83	1969–71	1981–83
Indien	130	384	582	750	0,2	0,5
Mexiko	303	308	194	350	1,6	1,0
USA	202	97	92	104	2,2	0,9
Welt	706	857	997	1302	0,7	0,7

Abb. 90. Wuchstypen von Saflor aus Afghanistan und Indien. (Nach 10)

Verzweigung bestimmt (19). Die Form und Zahl der Seitenzweige ist sehr verschieden (Abb. 90). Hier bieten sich noch Möglichkeiten für die Züchtung.

Züchtung

Die Kornerträge von Saflor sind im Weltdurchschnitt niedrig (Tab. 45). Das wichtigste Zuchtziel ist deshalb die Verbesserung der Ertragsfähigkeit. Nach (16) haben der Einzelpflanzenertrag, die Zahl der Früchte je Köpfchen und das Tausendkorngewicht eine hohe Heritabilität, so daß über diese Merkmale die Erträge verbessert werden können.

Für die Anbauwürdigkeit und Ertragssicherheit von Saflor in den verschiedensten Gebieten der Erde ist eine gute Anpassungsfähigkeit an wechselnde Anbaubedingungen (ökologische Stabilität) zu fordern. Hierzu gehören: gute Trockentoleranz; hohe Fertilität der Blüten, um damit eine hohe Fruchtzahl zu erreichen; Kältetoleranz und Frosthärte bis −5 °C, um Saflor als Winterfrucht in entsprechenden Gebieten anbauen zu können; Toleranz gegen hohe Salzkonzentrationen; bessere Standfestigkeit durch Zwergformen und Resistenz gegen Krankheiten und Schädlinge (18).

Auch die Qualität der Saflorfrüchte kann durch die Züchtung noch wesentlich verbessert werden. Der Ölgehalt in der Frucht ist mit 26 bis 30 % im Vergleich zu anderen Ölpflanzen nied-

rig. Durch die gleichzeitige Selektion auf einen geringeren Schalenanteil von 20 bis 24 % und eine Erhöhung des Fettgehaltes im Samen auf 55 bis 58 % sollte es möglich sein, den Rohfettgehalt in der Achäne auf 40 bis 46 % zu erhöhen (3). Auch der Proteingehalt der Rückstände bei der Ölextraktion wird durch die Verringerung des Schalenanteiles erhöht.

Das Fettsäuremuster des Safloröles ist sehr variabel (9, 13) (Tab. 46). So können auf der einen Seite Sorten mit hohem Ölsäuregehalt und auf der anderen mit hohem Linolsäureanteil gezüchtet werden.

Weitere Zuchtziele für andere Nutzungen können sein: Stachellosigkeit für eine Futternutzung als Heu in Trockengebieten und, wenn besondere gelbe und rote Farben für kosmetische Zwecke oder in der Lebensmittelindustrie benötigt

Tab. 46. Fettsäurezusammensetzung von Safloröl. Nach (10).

	Durchschnitt	Schwankungsbreite
Jodzahl	148	91–161
gesättigte Fettsäuren (%)	6	4– 8
Ölsäure (%)	15–22	11– 74
Linolsäure (%)	72–75	19– 79

werden, hoher Farbstoffgehalt in den Blütenblättern.

Als Zuchtmethoden kommen für Saflor die Konvergenzzüchtung (Kreuzung von Inzuchtlinien mit besonderen Eigenschaften, Selbstung, Rückkreuzung und erneute Kreuzung der besten Typen) und die Erstellung von synthetischen Sorten aus Linien mit guter Kombinationsfähigkeit in Frage (11). Für die Nutzung von Heterosiseffekten, die auch beim Saflor beachtlich sein können, sind Formen mit einer verstärkten Selbst-Inkompatibilität bzw. Parasterilität von besonderem Wert, solange die männliche Sterilität (8) noch nicht züchterisch eingesetzt werden kann. Zur Einlagerung von Resistenzgenen können Kreuzungen mit anderen *Carthamus*-Arten wie *C. lanatus* L. von Nutzen sein (7).

Anbau

An den Boden stellt Saflor keine besonderen Ansprüche, jedoch sollte der Boden keine Staunässe aufweisen und ausreichend mit Kalk (pH 6 bis 7) versorgt sein (2). Die Salztoleranz von Saflor ist etwas geringer als die von Gerste. Bei höherer Salzkonzentration im Boden muß mit Mindererträgen gerechnet werden.

Saflor gedeiht am besten in sommerwarmen, trockenen Klimalagen. Gegen hohe Luftfeuchte, bei der ein verstärkter Pilzbefall auftritt, ist er empfindlich (19, 20). Die Minimum-Keimtemperatur liegt bei 8 bis 10 °C. Im Jugendstadium werden ohne große Schäden Temperaturen von −3 bis −5 °C vertragen, wenn sie nur kurze Zeit einwirken. So kann Saflor in entsprechenden Lagen auch als Winterfrucht angebaut werden (22).

Saflor eignet sich gut für die Auflockerung einer Getreidefruchtfolge zwischen Reis und Weizen, da er dem Boden die zu hohen Wassermengen nach Reis entzieht. Durch seine geringen Wasseransprüche paßt er aber auch gut in ein Dryfarming-System, da er den Boden unkrautfrei und durch sein intensives Wurzelwerk aufgeschlossen zurückläßt (14, 18).

Das Saatbett wird wie für Getreide vorbereitet. Auch unter „Minimum"-Bodenbearbeitung konnten beachtliche, vielfach sogar etwas höhere Erträge erzielt werden als nach maximaler Bodenbearbeitung (21).

Die Düngung sollte auf den Nährstoffgehalt des Bodens, die Vorfrüchte, die Düngung der Vorfrucht und die Ertragsmöglichkeiten abgestimmt

werden. Auf eine optimale Phosphorversorgung ist zu achten, da P die Samenerträge und den Ölgehalt positiv beeinflußt. Die Stickstoffgaben betragen unter normalen Bedingungen 80 bis 100 (120) kg N/ha (12).

Die günstigste Saatzeit liegt je nach Anbaugebiet und Vorfrucht im Winteranbau im Oktober–November–Dezember, bei Auswinterungsgefahr im Februar–März oder unter Bewässerung im Mai–Juni. Die Sommeraussaaten haben Vegetationszeiten von nur etwa 120 Tagen (Ernte im August–September), während vor Winter gesäte Bestände 200 bis 250 Tage bis zur Ernte (Juli) benötigen.

Die Saatstärke soll so bemessen sein, daß unter trockenen Bedingungen 10 bis 15 Pflanzen je m^2, auf feuchten Böden oder unter Bewässerung 20 bis 30 Pflanzen stehen. Drillsaat mit Reihenentfernungen von 18 bis 25 cm oder 30 bis 45 cm wird empfohlen.

Die Unkrautbekämpfung erfolgt vorwiegend mit chemischen Mitteln, wobei sich Herbizide eignen, die bei Sonnenblumen und Sojabohnen mit Erfolg eingesetzt werden.

Die Ernte wird mit dem Mähdrescher durchgeführt, wenn die Pflanzen total abgestorben sind und die Früchte in den Köpfchen weniger als 8 % Wasser enthalten. Die Gefahr des Ausfallens ist gering, auch stärkere Windbewegungen verursachen keine Verluste. Ein Nachtrocknen des Erntegutes ist nur unter feuchten Klimabedingungen notwendig.

Krankheiten und Schädlinge

Eine große Zahl von pilzlichen Schaderregern können die Saflorpflanze befallen (4, 12). Besonders häufig treten auf: *Puccinia carthami*, Rost; *Phytophthora drechsleri*, Wurzelfäule; *Alternaria carthami*, *Cercospora carthami*, *Ramularia carthami*, Blattfleckenkrankheiten; *Verticillium dahliae* und *V. albo-atrum*, Welkekrankheit; *Fusarium oxysporum* f. sp. *carthami*, Fusarium-Fäule; *Erysiphe cichoracearum* f. *carthami*, Mehltau; *Botrytis cinerea*, Kopffäule. Bakterien: Blüten- und Blattfäule, *Pseudomonas syringae*. Gegen die meisten Pilze wurden tolerante oder resistente Genotypen gefunden (18). Auch von resistenten Formen gegen Mosaik-Virosen wird berichtet (17).

Dagegen konnten von der großen Zahl tierischer Schädlinge, die den Saflor befallen (12), Resistenz bzw. Toleranz bisher nur gegen die Saflorfliege *(Acanthiophilus helianthi)* und gegen Blattläuse *(Dactynotus carthami* und *D. compositae)* entdeckt werden (1).

Literatur

1. ASHRI, A. (1975): Safflower germplasm evaluation. Plant Genetic Resources Newsletter 31, 29–37.
2. BEECH, D. F. (1969): Safflower. Field Crop Abstr. 22, 107–117.
3. DEOKAR, A. B., and PATIL, G. D. (1975): A safflower strain No. 116-4-2 with high oil content. Res. J., Mahatma Phule Agric. Univ. 6, 67–88.
4. ELDER, R. J. (1973): Insect pests of safflower. Queensland Agric. J. 99, 549–551.
5. FAO (1980): Production Yearbook, Vol. 33. FAO, Rom.
6. FAO (1984): Production Yearbook, Vol. 37. FAO, Rom.
7. HEATON, T. C., and KLISIEWICZ, M. (1981): A disease-resistant safflower alloploid from *Carthamus tinctorius* L. × *C. lanatus* L. Can. J. Plant Sci. 61, 219–224.
8. HEATON, T. C., and KNOWLES, P. F. (1982): Inheritance of male sterility in safflower. Crop Sci. 22, 520–522.
9. KNOWLES, P. E. (1965): Variability in oleic and linoleic acid contents of safflower oil. Econ. Bot. 19, 53–62.
10. KNOWLES, P. F. (1976): Safflower, *Carthamus tinctorius*. In: SIMMONDS, N. W. (ed.): Evolution of Crop Plants, 31–33. Longman, London.
11. KNOWLES, P. F. (1980): Safflower. In: Hybridization of Crop Plants, 535–548. Agron. Crop Science Soc. America, Madison, Wisconsin.
12. KNOWLES, P. F., and MILLER, M. D. (1965): Safflower. Div. Agric. Sci., Univ. California, 532.
13. LADD, S. L., and KNOWLES, P. F. (1971): Interactions of alleles at two loci regulating fatty acid composition of the seed oil of safflower (*Carthamus tinctorius* L.). Crop. Sci. 11, 681–684.
14. NIKAM, S. M., PATIL, N. Y., and DEOKAR, A. B. (1985): Performance of safflower-based double-cropping sequences under rainfed conditions. Indian J. Agric. Sci. 55, 160–166.
15. SCHUSTER, W. (1985): Saflor. In: HOFFMANN, W., MUDRA, A., und PLARRE, W. (Hrsg.): Lehrbuch der Züchtung landwirtschaftlicher Kulturpflanzen. Bd. 2, spezieller Teil, 2. Aufl., 321–326. Parey, Berlin.
16. THOMBRE, M. V., and JOSHI, B. P. (1977): A biometrical approach to selection problems in safflower (*Carthamus tinctorius* L.) varieties. J. Maharashtra Agric. Univ. 2, 1–3.
17. THOMAS, C. A., ZIMMERMAN, L. H., and URIE, A. L. (1978): Registration of LMVFP-1 safflower germplasm. Crop. Sci. 18, 1099.
18. U.S.D.A. (1966): Growing Safflower. Farmers' Bull. 2133.
19. WEISS, E. A. (1971): Castor, Sesame and Safflower. Leonhard Hill, London.
20. WEISS, E. A. (1983): Oilseed Crops. Longman, London.
21. WORKER, G. F., and KNOWLES, P. F. (1972): Safflower production under minimum and maximum soil preparation in Imperial Valley. Calif. Agric. 26 (1), 12–13.
22. YAZDISAMADI, B., and ZALI, A. A. (1979): Comparison of winter-type and spring-type safflower. Crop Sci. 19, 783–785.

3.8   Ölbaum

GÉRARD BROUSSE

Botanisch:	*Olea europaea* L.
Englisch:	olive tree
Französisch:	olivier
Spanisch:	olivo

Wirtschaftliche Bedeutung

Von den 800 Mio. Ölbäumen der Welt stehen 97 % im Mittelmeergebiet. Mit einer mittleren Jahresproduktion von mehr als 1,4 Mio. t nimmt das Olivenöl den sechsten Rang unter den flüssigen pflanzlichen Speiseölen ein. Dazu kommt die Produktion von raffiniertem Speiseöl aus Olivenkernen, die im Mittel 100 000 t ausmacht. 60 000 t Olivenkernöl werden für technische Zwecke genutzt. Beachtenswert ist auch die Produktion von Speiseoliven, die zusammen mit der Olivenölproduktion und den Exportzahlen in Tab. 47 für die wichtigsten Erzeugerländer zusammengestellt ist.

Botanik

Die Gattung *Olea* (Oleaceae) umfaßt etwa 20 Arten. Die Untergliederung der Art *O. europaea* wird unterschiedlich gehandhabt (3, 5, 7). Umstritten ist vor allem, ob die durch ganz Afrika verbreitete Art *O. africana* Mill. (= *O. chrysophylla* Lam.) der Vorfahr von *O. europaea* ist; wenn das zutrifft, müßte sie als ssp. *africana* (Mill.) P. S. Green zu *O. europaea* gestellt werden. Einheitlicher ist die Behandlung der vier anderen Unterarten: Aus dem europäischen Mittelmeergebiet stammen die Kulturolive, ssp. *europaea* (= *O. sativa* Hoffmgg. et Link), und ssp. *sylvestris* (Mill.) Rouy (= *O. oleaster* Hoffmgg. et Link), aus Nordafrika ssp. *laperrini* (Batt. et Trab.) Cif., und aus Asien ssp. *ferruginea* (Royle) Cif. (= *O. cuspidata* Wall. ex G. Don);

Tab. 47. Produktion und Export von Olivenöl und Speiseoliven. Durchschnitt der sechs Ernteperioden 1976/77 bis 1981/82 in 1000 t. Nach Conseil Oléicole International.

Land/Gebiet	Olivenöl		Speiseoliven	
	Produktion (1000 t)	Export (1000 t)	Produktion (1000 t)	Export (1000 t)
Spanien	410	87	165	87
Italien	444	29	74	1
Griechenland	237	22	67	46
Tunesien	102	67	9	1
Türkei	109	22	122	5
Portugal	36	3	20	2
Marokko	24	8	49	35
USA	–	–	63	2
Syrien	47	–	34	–
Argentinien	12	10	29	19
Andere Länder	48	12	81	7
Gesamt	1469	260	713	205

die beiden zuletzt genannten werden aber auch als selbständige Arten (O. *laperrini* Batt. et Trab. und O. *ferruginea* Royle) aufgefaßt.

Die folgenden Abschnitte befassen sich nur mit der Kulturolive. Zu den anderen Unterarten sei noch angemerkt:

Die ssp. *sylvestris* wird in Nordafrika allgemein „Oléastr" genannt und ist ein stacheliger Strauch, gewöhnlich mit kleinen Früchten. Wilde oder verwilderte Formen finden sich besonders in Spanien, Portugal, Nordafrika, auf Sizilien, der Krim, im Kaukasus und in Armenien und Syrien.

Die ssp. *laperrini* ist in Nordafrika vom marokkanischen Atlas über das Massif des Hoggar und den Tassili N'Adjer bis nach Libyen verbreitet. Man findet sie als Wildpflanze bis in eine Höhe von 2700 m.

Die ssp. *ferruginea* („indische Olive") wird im Nordosten des Himalaya bis nach Afghanistan angetroffen. Sie wird in kleinem Umfang auch angebaut und dient als Viehfutter, Lieferant eines vielseitig verwendbaren Holzes und zur Ölgewinnung (4).

Der Ölbaum unterscheidet sich von anderen Obstbäumen durch seine Widerstandsfähigkeit und lange Lebensdauer, die es ihm erlauben, mehrere Jahrhunderte alt zu werden. Wenn der Stamm im Laufe des Alterungsprozesses abstirbt, treiben an seiner Basis Schößlinge aus, die sich zu einem neuen Baum entwickeln, so daß der Fortbestand gesichert ist. Die Entwicklung des Wurzelsystems wird vor allem durch die physikalisch-chemischen Eigenbschaften des Bodens bestimmt. Dabei richtet sich das Wurzelsystem nach der Tiefgründigkeit des Bodens und seiner Textur und Struktur.

Die Blätter des immergrünen Baumes haben eine Lebensdauer von ungefähr drei Jahren. Die Gegenständigkeit der Blätter ist ein botanisches Charakteristikum der Oleaceae. Das Blatt ist ungeteilt, glattrandig und hat einen kurzen Blattstiel ohne Nebenblätter. Nur der Hauptnerv ist deutlich ausgeprägt. Die lanzettliche Blattspreite läuft in eine Spitze aus. Die Oberseite der Blätter ist glänzend, lederig und dunkelgrün. Die Unterseite weist einen silbrigen Schimmer auf, der auf das Vorhandensein von Sternhaaren zurückzuführen ist. Diese setzen sich aus einem langen Stiel und zahlreichen sternförmigen Zellen (ca. 30 bis 35) zusammen. Form und Größe der Blätter sind bei den verschiedenen Varietäten sehr unterschiedlich. Die Form variiert zwischen oval, länglich oval, lanzettlich und manchmal fast linear. Die Länge schwankt zwischen 3 und 8 cm, die Breite zwischen 1 und 2,5 cm. Die Gesamtheit der anatomischen Merkmale ist ausgesprochen xerophytisch.

Die Blütenstände, die sich an den im Vorjahr gebildeten Zweigen befinden, bestehen aus langen, gewundenen Trauben, von denen 4 bis 6

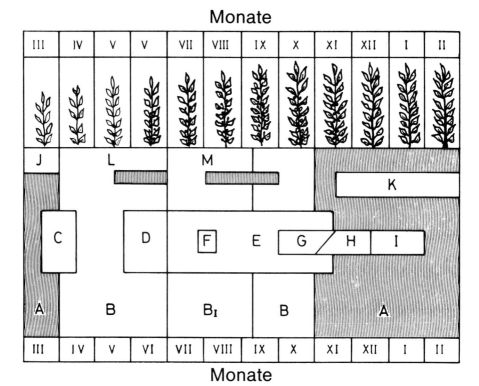

Abb. 91. Jährlicher Wachstumszyklus der Olive im Mittelmeergebiet. (Nach 12)

A = Ruhepause   G = Verfärbung
B = aktives vegetatives Wachstum   H = Reife
B_1 = vermindertes vegetatives Wachstum   I = Vernalisation
C = Knospendifferenzierung   J = Beschneiden
D = Blüte und Fruchtansatz   K = Ernte
E = Fruchtwachstum   L = kritische Periode für N-Düngung
F = Verhärtung des Steinkerns   M = kritische Periode für Wasser

Seitenachsen abzweigen können. Die mittlere Anzahl der Blüten schwankt zwischen 10 und mehr als 40 Blüten pro Blütenstand, je nach Varietät. Die Blüte ist klein und besteht aus vier Kelchblättern, vier Kronblättern, zwei Staubblättern und zwei Fruchtblättern.

Die Frucht ist eine Steinfrucht mit fleischigem Mesocarp, das sehr lipidhaltig ist. Die Größe und Form der ovalen bis elliptischen Frucht sind stark von der Sorte abhängig.

Der Ablauf des jährlichen Wachstumszyklus des Ölbaums (Abb. 91) steht in unmittelbarer Beziehung zu den Bedingungen des Mittelmeerklimas, aus dem er stammt. Nach der winterlichen Ruheperiode (November bis Februar) treiben im Frühjahr (März bis April) neue end- und achsel-

ständige Sprosse aus. Die letzteren bilden entweder neue vegetative Zweige oder Blütenstände.

Sorten

Die Kultur des Ölbaumes hat wie die des Weines, der Feige, der Dattelpalme und des Granatapfels ihren Ursprung in prähistorischer Zeit in den syro-iranischen Regionen des Nahen Ostens (zwischen 3000 und 4000 v. Chr.). Nachdem die Art O. europaea in Kultur genommen worden war, wurde sie weiterhin hauptsächlich vegetativ vermehrt.

Am Anfang der Inkulturnahme aber stand die Vermehrung durch Samen. Dabei entstand aus zwei Gründen eine große Vielfalt von Sorten:

- Wildformen und Kultursorten sind häufig selbststeril; Samen werden daher nur nach Fremdbestäubung gebildet, die zu genetischer Mannigfaltigkeit führt.
- Die Wildform Oleaster zeigt selbst eine hohe Variabilität; die empirische Selektion aus diesen Formen hat über die Jahrhunderte der Kultivierung zur Mannigfaltigkeit beigetragen.

Durch die verschiedenen Methoden der vegetativen Vermehrung des Ölbaumes (Schößlinge, Stecklinge, Pfropfen) konnten interessante Klone vermehrt werden, die die Vorfahren der uns heute bekannten Sorten sind. Ferner wurden die im Laufe der Jahrhunderte entstandenen Knospenmutationen mit positiven Eigenschaften genutzt. So konnte oft ausgehend von einem einzigen Individuum ein neuer Klon entstehen.

Bei der Vielfalt der Sortennamen muß auf die große Zahl lokaler Bezeichnungen von Populationen oder Klonen, die im Mittelmeerraum besteht, hingewiesen werden. Sie hat zu einer erheblichen Konfusion über die Sortennamen sowohl zwischen den Ländern als auch zwischen den Regionen eines Landes geführt (7).

Die Sorten unterscheiden sich in Wuchsform und -kraft, in Blüte- und Reifezeit, in Trockenheits- und Frosttoleranz, in der Resistenz gegen Schädlinge und Krankheiten und in Größe, Form und Ölgehalt der Früchte. Öloliven sind im allgemeinen kleiner als Speiseoliven; sehr kleinfruchtig ist z. B. die griechische 'Koroneïki' (Fruchtgewicht 0,7 bis 1 g), extrem großfruchtig die spanische 'Gordal' mit 11 bis 12 g schweren Früchten. Der Ölgehalt schwankt zwischen 14 bis 16 % bei 'Chemlal' (Algerien) und 25 bis 30 % bei 'Tanche' (Frankreich) (7).

Vermehrung

Die traditionelle Methode der Vermehrung ist die vegetative durch Stecklinge oder Setzholz (Abb. 92 und 93). Die regelmäßig angewandten Methoden sind je nach Land oder Region verschieden und hängen vom natürlichen Milieu (Boden und Klima) ab. Am häufigsten wird die Stecklingsvermehrung gebraucht, die darauf beruht, daß die Olive an allen verholzten Geweben leicht Adventivwurzeln bildet (2, 12).

Durch die *intensive Vermehrung* werden schnell und in großen Mengen sortenechte Jungpflanzen gewonnen. Hierfür werden zwei Verfahren gebraucht, die Stecklingsvermehrung aus grünen

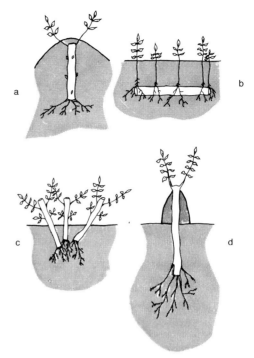

Abb. 92. Vermehrung durch verholzte Stecklinge. (a) Zweigsteckling, senkrecht; Länge 0,25–0,30 m, Durchmesser 0,5–4 cm, Gewicht 150–300 g. (b) Zweigsteckling, horizontal; Länge 0,30–0,40 m, Durchmesser 4–5 cm, Gewicht 400–500 g. (c) Knüppel („garrote"); Länge 0,60–1 m, Durchmesser 4–5 cm, (d) Pfahlsetzling („estaca plantón"); Länge 2 m, Durchmesser 6–9 cm.

Trieben und die Pfropfung auf Sämlingsunterlagen. Das homogenste Material erhält man durch grüne Stecklinge, weil hierbei die genetischen Unterschiede der Sämlingsunterlagen ausgeschaltet werden.

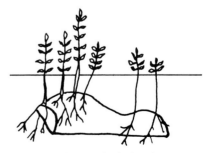

Abb. 93. Vermehrung durch basale Stammstücke („souchets", „éclats") mit Höckern („ovules"); Länge 15–20 cm, Gewicht 0,5–6 kg.

Bei der Stecklingsvermehrung werden einjährige Zweige verwendet, die im Begriff sind, zu verholzen. Sie werden von geeigneten Mutterbäumen geschnitten, die vorher auf Sortenqualität und Leistung geprüft wurden. Im mediterranen Klimagebiet eignen sich zwei Hauptperioden für die Entnahme von Stecklingsmaterial, Frühjahr (März, April, Mai) und Ende der sommerlichen Hitzeperiode (Ende August bis Anfang Oktober).

Für eine gute Wurzelbildung scheinen sich am besten Stecklinge zu eignen, die von der Basis bzw. der Mitte eines Zweiges stammen. Im allgemeinen schneidet man 2 bis 3 Stecklinge mit einer Länge von 10 bis 12 cm und 5 bis 6 Blattpaaren von den halbverholzten Zweigen.

Zu 25 oder 50 werden die Stecklinge während einiger Sekunden 2 cm tief in eine Hormonlösung getaucht. Danach werden sie in die Bewurzelungströge gesetzt, in denen sie ungefähr zwei Monate lang im Gewächshaus mit Sprühnebelanlage und ständig kontrollierter Temperatur und Feuchtigkeit verbleiben. Anschließend werden sie umgepflanzt und bleiben während der nächsten 3 bis 4 Monate zur Abhärtung in speziellen Gewächshäusern. Am Ende dieser Periode werden sie auf vorbereitete Beete ins Freiland gepflanzt, wo die jungen Pflanzen 12 bis 18 Monate heranwachsen, bis sie verkauft werden können.

Die Vermehrung durch Pfropfen auf Sämlingen ergibt, wie bei den meisten Obstbäumen, sehr starkwüchsige Populationen, die aber recht heterogen sein können. Die Uneinheitlichkeit beruht darauf, daß die Samen meist aus Kreuzbefruchtung hervorgehen (s. o.), so daß die Unterlagen stark heterozygot sind.

Für die Vermehrung können die Samen aller möglichen Sorten verwendet werden, obwohl die besten Resultate mit Kernen von kleinfrüchtigen Sorten erzielt werden ('Moraiolo', 'Frantoio', 'Arbequine' etc.). Die Aussaat erfolgt von August bis September zu 2,5 bis 3 kg Kerne pro m^2, und zwar besser in Anzuchtkästen oder Keimbeete als ins Freiland.

13 bis 18 Monate nach der Aussaat, wenn die jungen Pflanzen das 6- bis 8-Blatt-Stadium erreicht haben, werden sie in die Beete gepflanzt, in denen sie anschließend gepfropft werden sollen. Das Pfropfen der jungen Bäumchen erfolgt im Frühjahr des darauffolgenden Jahres. Als Pfropfreiser werden gut ausgereifte junge Zweige (1 bis 2 Jahre alt) verwendet, die eine möglichst große Zahl von gut entwickelten, aus der mittleren Partie des Zweiges entspringenden Augen aufweisen sollten. Im besten Fall gehen 60 bis 80 % der Pfropfungen an. Im darauffolgenden Jahr werden die gepfropften Bäume in einem Abstand von 1 m × 0,25 m umgepflanzt. Nach dem Stutzen im Sommer können die Bäume im Herbst verkauft werden.

Ausgepflanzt wird der Ölbaum während der Winterruhe (November bis Anfang März). Die Pflanzdichte beträgt bis zu 310 Bäume pro ha unter Bewässerung und fällt im Trockenanbau auf 100 bis 17 Bäume pro ha, je nach Menge des jährlichen Regenfalls.

Pflege der Pflanzungen

Die Bodenbearbeitung in einer Ölbaumpflanzung muß sich nach den landwirtschaftlichen Gegebenheiten richten. Ob es sich um manuelle (auf Berghängen), mechanische (oberflächliches Pflügen) oder chemische (Unkrautbekämpfung) Pflegemaßnahmen handelt, die angestrebten Ziele sind praktisch dieselben:
- Beseitigung der Wildvegetation,
- Verbesserung der Bodendurchlässigkeit für Regen- und Bewässerungswasser,
- Einschränkung der Wasserverdunstung,
- gute Durchlüftung des Bodens, damit die Wurzeln mit ausreichend Sauerstoff versorgt werden und die Nitrifikation intensiviert wird,
- Einarbeitung des organischen Materials.

Wie alle Holzgewächse stellt auch der Ölbaum gewisse Ansprüche an die *Düngung*. Die Bildung des Stammes, der Ernteentzug, die Erneuerung der Triebe etc. mobilisieren jedes Jahr eine bestimmte Menge an Nährstoffen, die, angesichts der langen Lebensdauer des Baumes, einen beträchtlichen Entzug an Mineralien darstellen. In Tab. 48 sind die für normale Erträge nötigen jährlichen Mineraldüngergaben zusammengestellt.

Im mediterranen Klima konzentrieren sich die jährlichen Niederschläge auf Herbst und Winter (November bis März). In dieser Zeit sind auch die Transpirations- und Evaporationsraten niedriger.

Wenn die Möglichkeit der *Bewässerung* gegeben ist, so hat diese einen positiven Einfluß auf:
- die vegetative Entwicklung,

Tab. 48. Mineraldüngerbedarf von Ölbaumpflanzen je ha und Jahr

Pflanzdichte	durchschnittlicher Ertrag pro Baum (kg)	Gesamtdüngermenge (kg/ha)	Zeitpunkt der Gabe	Elementeinheiten (kg/ha)	
150 Bäume pro ha nicht bewässert	15–30	20 % Am-Sulfat: 450 18 % Superphosphat: 160	Herbst	N = 30 P_2O_5 = 30	
		48 % K-Sulfat: 200	Frühling	K_2O = 90 N = 60	
	30–40	20 % Am-Sulfat: 600 18 % Superphosphat: 250	Herbst	N = 45 P_2O_5 = 45	
		48 % K-Sulfat: 250	Frühling	K_2O = 120 N = 75	
200 Bäume pro ha bewässert	über 40	20 % Am-Sulfat: 900 18 % Superphosphat: 450	Herbst	N = 60 P_2O_5 = 80	
		48 % K-Sulfat: 400	Frühling	K_2O = 200 N = 120	

Tab. 49. Kalender des Zeitpunkts und der Wassergabe der Bewässerung einer Olivenpflanzung.

Monat	März	Apr.	Mai	Juni	Juli	Aug.	Sept.	Okt.	Nov.	Dez.	Jan.	Feb.
Wasser (mm)	40–50	40–50	40–50	40–50	–	–	40–50	–	–	–	–	–
Wachstumszyklus	1. Wachstumsperiode				geringes Wachstum		2. Wachstumsperiode und Fruchtschwellung			Ernte		

- die Blüte (Anteil der funktionsfähigen Blüten),
- die Größe der Oliven (wichtig bei der Verwendung als Tafeloliven),
- den Gehalt an Olivenöl (Wasser spielt eine Rolle als Regulator bei Wachstum und Reife der Frucht),
- die Ausbildung von fruchttragenden Zweigen, deren Kräftigkeit den Ertrag des darauffolgenden Jahres bestimmt (Verringerung des Risikos der Alternanz).

Entsprechend dem jährlichen Wachstumszyklus (Abb. 91) werden die in Tab. 49 angegebenen Bewässerungszeiten empfohlen.

Wie bei allen Obstbäumen hat der *Baumschnitt* einen günstigen Einfluß auf die Entwicklung des Ölbaumes. Durch das Beschneiden sollen das alternierende Tragen gemildert und die Nutzbarkeit eines Bestandes verlängert werden (10, 11, 12).

Im Laufe des Lebens eines Baumes werden verschiedene Techniken des Baumschnittes angewandt, bei denen immer ein ganz bestimmtes Ziel angestrebt wird.

Der *Formschnitt* wird an jungen Bäumen durchgeführt, die sich im Wachstum befinden. Sein Ziel ist, die Entwicklung des Stammes zu lenken und den Beginn der Ertragsfähigkeit zu beschleunigen. Mit der zunehmenden Mechanisierung bei der Pflege der Pflanzungen und der Ernte mit dem Vibrator zielen die Bestrebungen der Produzenten auf eine verstärkte Entwicklung des Stammes ab, bis hin zu einer Höhe von bis zu 1 m über dem Boden.

Der *Fruchtholzschnitt* soll ein gewisses Gleichgewicht zwischen der Entwicklung der vegetativen Masse und der Nährstoffversorgung aufrechterhalten. Dieses Gleichgewicht wird durch das C/N-Verhältnis charakterisiert, d.h. das Verhältnis von Kohlenhydraten, die durch die Photosynthese gebildet werden, zu den N-Verbindungen; es ist entscheidend für regelmäßige gute Erträge mit Früchten hoher Qualität über eine möglichst lange Zeit.

Abb. 94. Durch Verjüngungsschnitt in hochertragfähigem Zustand gehaltener Ölbaum. Nord-Portugal, August. Die Pflanzung besteht aus Bäumen sehr verschiedenen Alters. Im Winter wird Weizen zwischen den Bäumen angebaut, dessen Stoppeln den Sommer über stehenbleiben oder eingepflügt werden (Foto REHM).

Tab. 50. Wichtigste und allgemein verbreitete Schädlinge der Olive. Nach (1, 7, 10, 11, 12).

Erreger	Schadort	Symptome
Olivenfliege (Dacus oleae)	Frucht	Spätes Abfallen, Maden in der Frucht
Olivenmotte (Prays oleae)	Blätter, Blüten, Früchte	Vorzeitiges Abfallen der Früchte
Schwarze Olivenschildlaus (Saissetia oleae)	Blätter, Zweige	Schwächung des Baumes, Entwicklung von Rußtau
Graue Olivenschildlaus (Parlatoria oleae)	Blätter	wie obige
Oliventhrips (Liothrips oleae)	Blätter, Blütenstände, junge Triebe	Deformation der Früchte und jungen Triebe
Ölbaumborkenkäfer (Phloeotribus scarabaeoides)	Äste	Häufchen von Holzmehl und Löcher
Kleiner schwarzer Eschenbastkäfer (Hylesinus oleiperda)	Äste	Dunkelbraune Flecken und Löcher

Der *Verjüngungsschnitt* soll, wie schon der Name sagt, die regelmäßige Ausbildung von jungen, fruchttragenden Zweigen begünstigen, während die alten Zweige beseitigt werden (Abb. 94).

Der *Regenerationsschnitt* ist ein radikaler Verjüngungsschnitt mit durchgreifenden Folgen. Er wird an alten Bäumen durchgeführt, um das alte, geschädigte Holz zu erneuern, so daß sich eine junge Laubkrone entwickeln kann.

Krankheiten und Schädlinge

Neben klimatisch bedingten Schädlingen, bodenbedingten Ernährungsstörungen (Chlorosen) und Sauerstoffmangel im Wurzelbereich werden die größten Verluste durch Insekten, allen voran die Olivenfliege, die Olivenmotte und Schildläuse, verursacht (Tab. 50). Pilz- und Bakterienkrankheiten (Tab. 51) sind i. a. weniger wichtig, können aber auch Bekämpfungsmaßnahmen nötig machen. Das Beispiel eines Behandlungskalenders bringt Tab. 52. Die allgemeine Gesundheitspflege von Olivenpflanzungen durch Entfernen befallener Zweige und Äste, Auflesen befallener Früchte, Offenhalten der Krone und Sauberhalten der ganzen Anlage sind Maßnahmen, die unter günstigen Bedingungen den Einsatz chemischer Mittel einschränken können. Hier ist auch zu wiederholen, daß es bei einigen Sorten gute Resistenz gegen bestimmte Schädlinge und Krankheiten gibt (7, 8, 10, 11, 12).

Tab. 51. Krankheiten der Olive. Nach (7, 10, 11, 12).

Erreger	Schadort	Symptome
Pfauenaugenkrankheit (Cyclonium oleagineum)	Blätter	Runde, gelbe bis braune Flecken auf der Blattoberseite
Verticillium-Welke (Verticillium albo-atrum, V. dahliae)	Blätter, Zweige	Vetrocknen der Zweige
Anthraknose (Gloesporium olivarum)	Früchte, Zweige	Mumifizierung der Früchte, Nekrose der Zweige
Olivenkrebs (Pseudomonas savastanoi)	Zweige	Krebsartige Wucherungen
Rußtau (Capnodium spp., Cladosporium spp., Alternaria spp.)	Zweige	Schwarzer Belag, Pilzentwicklung auf Zuckerausscheidungen von Schildläusen

Tab. 52. Empfohlener Behandlungskalender gegen Olivenschädlinge. Nach (8).

Monat	Schädlinge	Mittel
März	Olivenmotte, wenn die Blätter Miniergänge der Raupen zeigen (Periode des Kriechens der Raupen zu treibenden Knospen)	Carbaryl
April	Rußtau oder Pfauenaugenkrankheit	Cu-Oxichlorid
	Schildläuse, wenn zahlreiche junge Larven zu sehen sind	Methidathion
Mai	Olivenmotte zu Beginn der Blütezeit	Freilassen der Schlupfwespe *Chelonus eleaphilus* oder Besprühen mit *Bacillus thuringiensis*
Juli und August	Olivenfliege: zu Beginn einzelne Köder	Eiweißhydrolysat und Fenthion
	Olivenfliege: wenn Köderbehandlung scheitert und Einstiche auf den Früchten zu sehen sind – Allgemeinbehandlung	Dimethoat*
	Olivenmotte (i. allg. ist die Ausbringung auf die Früchte nutzlos)	Dimethoat*
November	Rußtau und eventuell Pfauenaugenkrankheit	Cu-Oxichlorid

* Behandlung kann gefährlich für Nützlinge sein

Ernte und Ertrag

Die Olive erreicht die Vollreife im Winter. Je nach Anbauland findet die Ernte von September bis Februar statt. Der genaue Zeitpunkt der Ernte hängt sowohl von der Sorte als auch von der Nutzungsweise ab.

Im allgemeinen werden die Oliven mit der Hand gepflückt. Dabei ist es möglich, die Früchte ñach Größe und Gesundheitszustand auszuwählen, was sich besonders bei der Verwendung als Tafeloliven günstig auswirkt; selbst in Kalifornien werden die Dessertoliven mit der Hand gepflückt. Ein guter Pflücker kann in einer Stunde bis zu 9 oder 10 kg Oliven ernten.

Bei anderen üblichen Erntemethoden werden die Oliven von den Zweigen gekämmt, abgeschlagen oder geschüttelt. Durch diese Methode können erhebliche Schäden an den jungen Reisern, die die Ernte des folgenden Jahres tragen sollen, verursacht werden.

Wegen der Probleme und Kosten, welche die Handarbeit mit sich bringt, wird in der modernen Ölolivenkultur die Ernte immer häufiger mit mechanischen oder pneumatischen Schüttlern durchgeführt.

Oft erzielt ein Ölbaum erst nach 15 Jahren einen guten Ertrag. Der Ertrag eines Baumes ist, in Abhängigkeit von seiner Größe und den klimatischen Bedingungen, starken Schwankungen unterworfen und kann bis zu 300 kg pro Jahr erreichen. Aber i. a. werden von einem Ölbaum in Kultur jedes Jahr im Mittel 20 bis 30 kg Oliven geerntet (9).

Technologie

Die Ölextraktion. Heute wird das Olivenöl immer noch auf die gleiche Weise gewonnen wie vor 6000 Jahren:

- Zerreiben der Oliven zu einem Brei,
- Pressen des Breis, um daraus das Öl, gemischt mit Wasser, zu gewinnen,
- Trennung des Öls vom Wasser.

Neue Technologien und moderne Maschinen ermöglichen es heute, Öle von guter Qualität zu niedrigen Kosten zu produzieren. Pressen und Mühlsteine, die der Ölextraktion dienten, wurden abgelöst durch Quetsch-Knet-Maschinen, Hochdruckpressen und Zentrifugen. Die Ölausbeute (15 bis 35 %) ist abhängig von der Sorte, dem Reifegrad und der Extraktionsmethode.

Olivenöle werden mit verschiedenen Bezeichnungen auf den Markt gebracht.

Kaltgepreßtes Olivenöl („natives Olivenöl", virgin oil) ist natürliches Olivenöl, das auf rein mechanische Weise ausgepreßt und geklärt (zentrifugiert und gefiltert) wurde. Ausgeschlossen sind jegliche Zusätze von andersgearteten Ölen oder auf andere Weise gewonnenem Olivenöl. Das kaltgepreßte Olivenöl wird nach seinem Geschmack und dem Gehalt an Fettsäuren in folgende Kategorien eingeteilt:

- extra: geschmacklich hervorragend, Säuregehalt nicht über 1 %;
- fein: geschmacklich hervorragend, Säuregehalt nicht über 1,5 %;
- mittelfein: von gutem Geschmack, Säuregehalt nicht über 3,3 %.

Andere Olivenöle, die als Speiseöl gehandelt werden, sind:

- reines Olivenöl: Mischung aus kaltgepreßtem und raffiniertem Olivenöl;
- raffiniertes Olivenöl: Mischung aus raffiniertem Kernöl und kaltgepreßtem Olivenöl.

Zubereitung von Tafeloliven. Für jede Sorte Tafeloliven gibt es eine bestimmte Zubereitungsart (6, 7, 9, 10, 11). Einige Sortenbezeichnungen stehen direkt für eine Form der Zubereitung: grüne Tafeloliven nach der Art „Picholine"; schwarze Oliven vom Typ „Calamata".

Eingelegte grüne Oliven werden zahlreichen Behandlungen unterworfen, die sich in folgenden drei Vorgängen zusammenfassen lassen:

- Entbitterung in alkalischen Lösungen mit einer Konzentration von 2 bis 4° Baumé;
- Spülung in reinem Wasser,
- Einlegen in Salzwasser, dessen Salzgehalt ausgehend von 5 % allmählich bis auf 10 % erhöht wird.

In dem vierten Behandlungsschritt unterscheiden sich die Zubereitungsarten für

- grüne Oliven mit Gärung (spanische Methode),
- grüne Oliven ohne Gärung („Picholine" und „Kalifornische Oliven" mit Sterilisation).

Eingelegte schwarze Oliven werden nicht mit Lauge entbittert. Sie werden frisch in Salzwasser eingelegt, dessen Salzgehalt 5 bis 9 % beträgt. Außerdem gibt es verschiedene andere Zubereitungsarten (in Salz, Essig, Öl etc.), die abhängig von den verschiedenen Regionen Anwendung finden. Mit Säuren (Milchsäure oder Essigsäure) und Salz können sie lange haltbar gemacht werden. Anschließend werden sie unter teilweisem oder völligem Luftabschluß (in Einmachgläsern, Krügen, Plastikgefäßen etc.) konserviert.

Literatur

1. ARAMBOURG, Y. (1975): Les Insectes Nuisibles à l'Olivier. Sém. Oléic. Intern. 6–17 Oct. Cordue, Spanien.
2. BATTAGLINI, M. (1969): Les méthodes traditionelles de propagation de l'olivier. Inf. Oléic. Intern. No. 48, 51–69. Madrid.
3. CIFFERI, R., et BREVIGLIERI, N. (1942): Introduzione ad una classificazione dell'olivo coltivato in Italia. Rev. Oleicoltore 9, No. 1.
4. COUNCIL OF SCIENTIFIC AND INDUSTRIAL RESEARCH (1966): Wealth of India. Raw Materials, Vol. 7. Publ. Inf. Directorate, C.S.I.R., New Delhi.
5. ENCKE, F., BUCHHEIM, G., und SEYBOLD, S. (1984): Zander, Handwörterbuch der Pflanzennamen, 13. Aufl. Ulmer, Stuttgart.
6. FAO (1975): Manuel d'Oléotechnie. FAO, Rom.
7. LOUSSERT, R., et BROUSSE, G. (1978): L'Olivier. Maisonneuve et Larose, Paris.
8. MAILLARD, R. (1975): L'Olivier. Inst. Nat. Vulg. Fruits, Légumes et Champions, Comité Technique de l'Olivier. Aix en Provence, Frankreich.
9. MARSICO, D. F. (1955): Olivicultura y Elayotecnia. Salvat, Barcelona.
10. MORETTINI, A. (1962): Der Ölbaum. In: BALLY, W. (Hrsg.): Tropische und subtropische Weltwirtschaftspflanzen, II. Teil: Ölpflanzen, 20–78. Enke, Stuttgart.
11. MORETTINI, A. (1972): L'Olivicoltura (sec. ed.). Rama Editoriale degli Agricoltori, Rom.
12. PANSIOT, F., et REBOUR, H. (1960): Amélioration de la Culture de l'Olivier. FAO, Etudes Agric. No. 50, FAO, Rom.

3.9 Rizinus

CORNELIS J. P. SEEGELER

Botanisch:	*Ricinus communis* L.
Englisch:	castor
Französisch:	ricin
Spanisch:	rícino, higuerilla
Portugiesisch:	rícino, mamona

Wirtschaftliche Bedeutung

Rizinus findet man in allen wärmeren Gebieten der Welt. Seine ursprüngliche Heimat läßt sich nicht mehr feststellen, da er schon im Altertum weit verbreitet war und sich schnell den verschiedensten Standorten anpaßt. Man glaubt im allgemeinen, daß er aus Äthiopien stammt (2, 9). Seine Inkulturnahme kann am Schnittpunkt von Afrika und Asien begonnen haben, einem Gebiet, dessen Vegetation in prähistorischer Zeit sehr üppig war. Die Samen wurden schon vor vielen tausend Jahren durch Menschen genutzt; sie wurden in ägyptischen Gräbern gefunden, die aus der Zeit 4000 v. Chr. stammen. Die Pflanze wird in Schriften aus dem Jahre 2000 v. Chr. als eine in Indien heimische Pflanze erwähnt. In die neue Welt wurde Rizinus erst sehr spät eingeführt, wahrscheinlich durch Sklaven aus Afrika (9).

Die Haupterzeugerländer sind Indien, Brasilien, China und die UdSSR. Die wichtigsten Produktionsgebiete sind in Tab. 53 zusammengestellt. Die Weltproduktion ist im letzten Jahrzehnt unverändert geblieben. Bei den Haupterzeugern sind vor allem der Rückgang der Produktion in Brasilien und ihre Zunahme in Indien und China bemerkenswert.

Brasilien war bis vor kurzem der Hauptlieferant für den Welthandel. Heute steht Indien an der ersten Stelle (4), gefolgt von Brasilien und China. Indien und Brasilien exportieren nur Öl, da die Samen im Inland verarbeitet werden. Allein China exportiert noch große Mengen von Samen, überwiegend nach Japan. Die technische Verarbeitung im Erzeugerland ist inzwischen so weit fortgeschritten, daß einige der von der Industrie gebrauchten Derivate (hydriertes Rizinusöl und 12-Hydroxystearinsäure) im Ursprungsland hergestellt werden; die Ausfuhr dieser Produkte wird von der landwirtschaftlichen Statistik nicht erfaßt (6). Die Hauptimporteure von Rizinusöl bzw. -samen sind die USA, die UdSSR, Frankreich, Bundesrepublik Deutschland und Japan.

Rizinusöl ist einzigartig unter den Pflanzenölen durch seinen hohen Gehalt (85 bis 90 %) an Ricinolsäure. Sie bedingt seine hohe Viskosität und Hitzebeständigkeit, die es unersetzlich als Schmiermittel für schnellaufende Motoren und als Flüssigkeit in hydraulischen Systemen für Pumpen, Pressen und Bremsen machen. Daneben wird es in erheblichem Umfang für verschiedene kosmetische Präparate und in der Papier-, Leder- und Kautschukindustrie gebraucht. Aus Ricinolsäure werden zahlreiche chemische Derivate gewonnen, die in der Kunststoffindustrie, als Anstrichmittel, in Druckfarben, zur Herstellung wasserdichter Textilien und für andere technische Zwecke benutzt werden (5, 8). Der Verbrauch von Rizinusöl für viele dieser Anwendungen wird durch seinen hohen Preis – es ist fast dreimal so teuer wie Sojaöl – begrenzt und könnte wesentlich gesteigert werden, wenn es billiger angeboten werden könnte (6).

Der Same enthält einen sehr toxischen Grundbestandteil: Ricin. Dieses macht den Preßkuchen für Viehfutter untauglich, falls er nicht besonders behandelt wird. Der Preßkuchen wird normalerweise als Brennstoff oder Dünger verwendet. Der Same enthält außerdem ein Allergen (Castor Bean Allergen, CBA), das bei manchen Personen, die über längere Zeit mit Samen oder Preßkuchen in Berührung kommen, Allergien hervorruft.

Botanik

Ricinus L. ist ein Genus der Euphorbiaceae mit der einzigen Art *R. communis*. Man findet einige Wuchs- und Samenformen häufiger als andere, und es gibt Autoren, die botanische Varietäten unterscheiden. Da es zwischen diesen jedoch fließende Übergänge gibt, ist es fraglich, ob eine taxonomische Unterteilung sinnvoll ist (7).

Rizinus hat eine charakteristische Morphologie. Die Pflanze kann entweder nur 60 cm hoch werden mit wenigen Zweigen, oder sie kann eine

Tab. 53. Jahresproduktion von Rizinussamen 1972/73 und 1982/83. Nach (3).

Gebiet	Produktion (1000 t)	
	1972/73	1982/83
Welt	906	907
Afrika	62	42
Äthiopien	14	12
Sudan	14	10
Tansania	16	5
Amerika	472	206
Brasilien	417	187
Ecuador	20	3
Paraguay	20	21
Asien	290	591
China	75	170
Indien	150	328
Thailand	38	35
Europa	10	7
UdSSR	71	55

Abb. 95. Niedrige einjährige Rizinussorte in Indien (Foto L. J. G. VAN DER MAESEN).

Abb. 96. Hochwüchsiger mehrjähriger Rizinus in Äthiopien.

Größe von mehreren Metern erreichen und vielverzweigte Büsche oder kleine Bäume bilden (Abb. 95, 96).

Der knotige Stamm und die Zweige tragen an der Spitze einen Blütenstand. Ihre Farbe variiert von Grün bis zu einem bläulichen Purpur mit verschieden dicker Wachsschicht; später bildet sich eine hellgraue bis bräunliche Rinde. Während der Blütezeit entwickeln sich neue Zweige in den Blattachseln unterhalb der Infloreszenz. Nach einer sortentypischen Anzahl von Knoten bildet ein neuer Blütenstand das Ende des Zweiges. Diese Reihenfolge wiederholt sich, bis die Pflanze stirbt.

Einige Merkmale des Stammes sind landwirtschaftlich wichtig. Pflanzen mit wenigen, dünnen oder kurzen Internodien blühen gewöhnlich früh. Pflanzen mit kurzen Internodien nennt man Zwergpflanzen. Nach (8) sind Pflanzen mit größerer Wachsbildung an ihren Stämmen in wärmeren Gebieten mit viel Sonne produktiver als solche mit fehlender Wachsbildung. In Gebieten mit kühlerem Klima gibt es diesen Unterschied nicht.

Die langen Blattstiele tragen im unteren Teil auf beiden Seiten mehrere Nektarien. Die großen, schildförmigen Blätter sind handförmig gelappt, mit hervorstehenden Adern auf der Unterseite, gewöhnlich dunkelgrün, bei manchen Formen aber auch bläulich, rötlich oder graugrün. Blattstiele und Hauptadern des Blattes sind ähnlich gefärbt und mit Wachs überzogen wie der Stamm.

Die Blüten sind eingeschlechtlich und haben keine Blumenkrone. Die männlichen Blüten befinden sich in der unteren Hälfte der Infloreszenz; sie tragen zahlreiche bäumchenartig verzweigte Staubblätter mit sehr vielen Antheren. Die höherstehenden weiblichen Blüten können an ihren dreiteiligen roten Narben leicht erkannt werden (Abb. 97).

Die dreifächerige Kapsel ist gewöhnlich stachelig, es existieren jedoch auch stachellose Formen. Bei Wildformen springt die Frucht bei der Reife auf, bei den meisten Kultursorten nicht.

Der Same gab dem Genus seinen Namen (lateinisch: ricinus = Hundezecke). Er ist rund bis oval oder oboval, auf einer Seite abgeplattet, mit einem warzenartigen Auswuchs – der Caruncula – nahe der Mikropyle, 12 bis 23 mm × 9 bis 17 mm × 4 bis 6 mm groß und wiegt zwischen 10 und 170 mg. Seine Farbe variiert zwischen Gelb-

lich bis Gräulich und Hell- bis Dunkelbraun oder Rot, manchmal Schwarz, meist mit einer kontrastierenden Farbe gefleckt oder gesprenkelt (Abb. 98).

Ökophysiologie

Auf einigen Standorten zeigt Rizinus ein üppiges Wachstum, das zu allzu optimistischen Erwartungen hinsichtlich des Produktionspotentials in solchen Gebieten verleitet. Er bevorzugt eine frostfreie Periode von ca. 140 Tagen, durchschnittliche Tagestemperaturen von 26 bis 28 °C und einen Niederschlag von 600 bis 1200 mm. Hohe Feuchtigkeit und Humidität bewirken starke vegetative Entwicklung, aber niedrige Produktion. Für einen ertragreichen Anbau, besonders wenn er mechanisiert ist, benötigt Rizinus eine Trockenperiode, durchschnittliche Temperaturen von ca. 30 °C und viel Sonne am Ende der Wachstumsperiode.

Abb. 97. Mittlerer Teil eines Rizinusblütenstandes, im oberen Teil weibliche, im unteren männliche Blüten, teils geöffnet, teils im Knospenstadium (Foto H. C. D. DE WIT).

Abb. 98. Samen einer hochwüchsigen mehrjährigen Rizinussorte aus Äthiopien (Foto H. C. D. DE WIT).

Rizinus stellt ziemlich hohe Ansprüche an die Nährstoffversorgung. Mit seinem ausgedehnten Wurzelsystem kann er Minerale (und Wasser) aus größeren Tiefen entziehen als viele andere Kulturpflanzen, für einen lohnenden Anbau sollte das Saatbett jedoch fruchtbar sein. Rizinus bevorzugt tiefe, gut dränierte sandige Lehme und einen pH-Wert von 5 bis 7, gedeiht jedoch gut auf praktisch jedem Boden, solange die anderen Bedingungen günstig sind (7, 8, 9).

Züchtung

Die Züchtung von Rizinus zielt im allgemeinen darauf ab, die Anzahl der weiblichen Blüten zu vergrößern, bei Erhaltung genügend männlicher Blüten, um eine volle Befruchtung zu garantieren. Örtlich gezüchtete Sorten ergeben die besten Resultate. Für mechanisierten Anbau in großem Ausmaß werden Zwerghybriden bevorzugt, für Kleinbetriebe höher wachsende und manchmal perennierende Sorten.

Man unterscheidet vier Hauptsortengruppen aufgrund des morphologischen Charakters und der Langlebigkeit: „minor", „major", „persicus" und „zanzibarensis". Wie oben gesagt, sind aber die Übergänge zwischen diesen Gruppen gleitend (1).

Anbau

Vermehrung. Rizinus wird durch direkte Aussaat vermehrt. Das Saatgut sollte unbeschädigt und nicht zu alt sein. Manchmal zeigen Rizinussamen Dormanz. Zwergarten werden in Reinkultur angebaut, die größeren Formen ebenfalls oder als Bestandteil einer Mischkultur, manchmal auch als Gartenpflanze.

Landvorbereitung. Beim Anbau von Rizinus spielt die Bodenbearbeitung eine wichtige Rolle, besonders bei schweren Böden. Es sollte tief gepflügt werden, um die schnelle Wurzelentwicklung zu erleichtern. Im Hinblick auf die trockenen Klimate, in denen Rizinus oft angebaut wird, sollte die Bodenbehandlung von leichteren Böden darauf abzielen, die Niederschläge aufzufangen und zu konservieren.

An das Saatbett stellt Rizinus ähnliche Ansprüche wie Mais oder Baumwolle, benötigt jedoch einen feuchten Boden über längere Zeit als die anderen Arten. Das Saatbett sollte bis zu einer Tiefe von 15 bis 20 cm feucht sein, und die Samen sollten wenigstens 5 cm tief abgelegt werden (8).

Pflanzen. Für eine gleichmäßige und schnelle Keimung ist feuchter Boden mit einer Temperatur von mindestens 17 °C erforderlich (8). Für den Zeitpunkt des richtigen Aussaattermins in Gebieten mit mehr als 750 mm Regen kann man folgende Faustregel benutzen: während der Zeit zwischen Aussaat und Hauptblüte dürfen 400 bis 500 mm Regen fallen; zur Zeit der Kapselreife soll das Wetter möglichst trocken sein (5).

Man pflanzt 3 bis 4 Rizinussamen an eine Stelle. Die Pflanzen werden ausgedünnt, wenn sie 15 bis 20 cm groß sind. Eine geschlossene, gleichmäßige Blattdecke ist für eine gute Produktion wichtig. Die Aussaatstärke sollte örtlich sorgfältig bestimmt werden. Gewöhnlich beträgt der Reihenabstand beim Anbau von Zwergsorten ca. 80 bis 100 cm zwischen den Reihen, während der Abstand in der Reihe zwischen 15 bis 60 cm variieren kann (1, 8). Bei hochwachsenden Pflanzen beträgt der Abstand ungefähr 1,5 m × 1,5 m zu 2 m × 2 m (Abb. 96). Je nach

Aussaatdichte und Samengewicht braucht man ca. 6 bis 20 kg Saatgut pro ha.

Düngung und Pflege. Wo gedüngt wird, variiert der Gesamtstickstoffbedarf im allgemeinen zwischen 30 und 120 kg N/ha. Gute Resultate werden gewöhnlich mit kleinen Startgaben (15 bis 20 kg/ha) und geringen Gaben beim Blütenansatz erzielt. In phosphatarmen Gebieten bringen 10 bis 30 kg P/ha meist gute Ergebnisse. Kali bereitet selten Probleme, es können aber auch Mangelerscheinungen dort auftreten, wo viel N und P ausgebracht werden (4, 8).

Bei Reinkulturen ist die Bodenpflege auf das Ausdünnen und mehrmaliges Unkrautjäten beschränkt, bis das Blattdach sich geschlossen hat. Mit mechanischer Unkrautbekämpfung werden die besten Resultate erzielt. Es gibt aber ausreichend selektive Vor- und Nachauflaufherbizide für Rizinus. Günstig ist die Bandapplikation eines Vorauflaufherbizids in der Reihe, gefolgt von weiterer Unkrautbekämpfung mit Hacke oder Grubber, da die jungen Pflanzen sehr empfindlich gegen mechanische Beschädigung sind (8, 9).

Perennierender Rizinus hat oft einen Zyklus von 2 bis 4 Jahren, manchmal noch viel länger. Die Pflanzen können nach der Erntezeit mehr oder weniger stark zurückgeschnitten werden. Die Kosten hierfür werden jedoch meist nicht durch den zusätzlichen Ertrag kompensiert (8).

Ernte. Abhängig von der Sorte und den Wachstumsbedingungen kann die (erste) Ernte 3 bis 6 Monate nach der Aussaat erfolgen. Beim mechanisierten Anbau wird nur einmal geerntet. Hierbei sollten die Pflanzen blattlos sein und die Früchte nicht mehr als 45 % Feuchtigkeit enthalten. In einigen Gebieten kann das Blattwerk durch Frost abgetötet werden, in den meisten Gegenden müssen die Pflanzen jedoch ca. zwei Wochen vor der Ernte durch Chemikalien entlaubt werden (8, 9).

Wenn mit der Hand geerntet wird, geschieht dies gewöhnlich mehrmals. Der ganze Fruchtstand kann abgeschnitten und später abgestreift werden, indem man ihn durch den U-förmigen Einschnitt einer Platte zieht, die (als Deckel) über einem Korb befestigt ist. Man kann sie auch mit schweren Lederhandschuhen oder Fäustlingen an der Pflanze abstreifen oder mit Hilfe von Abstreifbechern. Mit diesem Gerät kann ein Mann 250 bis 300 kg Früchte pro Tag ernten (8).

Das Aufbrechen der Kapseln platzfester Sorten mit der Hand ist die zeitaufwendigste Arbeit beim Rizinusanbau. Dies ist oft ein Grund, ihn nicht anzubauen. Außer beim Anbau platzender Sorten sollten daher Schälmaschinen verfügbar sein, ehe die Ernte beginnt.

Die Erträge betragen im Weltdurchschnitt 550 bis 650 kg Samen/ha (3), unter optimalen Bedingungen können sie 4500 kg/ha übersteigen. Die Flächenerträge annueller Kulturen sind in der Regel höher als die perennierender, da diese auf einem niedrigeren technischen Niveau angebaut werden.

Krankheiten und Schädlinge

Rizinus wird von zahlreichen Pilzen und Bakterien befallen, besonders von Arten der Gattungen *Melampsora, Botrytis, Alternaria, Pseudomonas* und *Xanthomonas*, die aber meist nur geringe ökonomische Bedeutung haben. Chemische Bekämpfung ist selten praktikabel (4, 8, 9). Besonders anfällig sind die Pflanzen im jüngsten Wachstumsstadium und während der Blütezeit. Durch unsachgemäßes Pflanzen und Jäten können Schäden entstehen sowie durch übermäßig nasse Wachstumsbedingungen. Die Sorten zeigen erhebliche Unterschiede in ihrer Anfälligkeit gegenüber den verschiedenen Krankheiten.

Man kennt viele Schädlinge, die Rizinus befallen. Besonders unter intensiven Wachstumsbedingungen können die Schäden so schwerwiegend sein, daß chemische Bekämpfung durchgeführt werden muß. Die ernsthaftesten Rizinus-Schädlinge befallen auch andere Kulturarten wie Baumwolle, Mais, Sorghum und Soja. Wird Rizinus in der Nähe großer Bestände derartiger Kulturarten angebaut, besteht die Gefahr eines wesentlich gesteigerten Insektenbefalls. Eine effektive Gegenmaßnahme bildet eine phytosanitäre Schutzzone um größere Rizinuspflanzungen.

Andere phytosanitäre Maßnahmen sind Züchtung, eine sorgfältig geplante Fruchtfolge, die Zerstörung des Pflanzenmaterials nach der Ernte und die Auswahl eines Aussaattermins, bei dem mit dem geringsten Insektenbefall während der anfälligsten Stadien der Pflanzen gerechnet werden kann. Wie die Krankheiten sind auch die Schädlinge im Jugendstadium und während der Blütezeit der Pflanzen am gefährlichsten (8).

In vielen Teilen der Erde findet man dieselben Genera von Schädlingen, jedoch mit verschiedener relativer Bedeutung. Beißende Insekten können durch Kontakt- oder Magengifte kontrolliert werden, saugende Insekten durch systemische Insektizide, die manchmal dem Dünger beigemischt werden können.

Im jüngsten Wachstumsstadium können die Raupen der Eulenfalter (cutworm, *Agrotis* spp.) und Grillen (z. B. *Gryllotalpa* spp., *Brachytrupes* spp.) Schäden anrichten. Stengelbohrer schädigen hauptsächlich die perennierende Form des Rizinus. Sie haben ein großes Wirtspflanzenspektrum und sind schwierig zu kontrollieren. Blattschädlinge wie die Larve der Eulenfalter (bollworm, *Heliothis* spp.), Zwergzikaden (*Empoasca* spp.) und die rote Spinnmilbe (*Tetranychus* spp.) werden weltweit gefunden, können aber selten mit Erfolg bekämpft werden.

Den größten Schaden verursachen diejenigen Schädlinge, die die Terminaltriebe, die Blüten und die sich entwickelnde Frucht befallen. Schon ein einziger Anstich der Blüte oder Frucht kann den Abwurf verursachen. Bedeutende Genera dieser Gruppe sind *Nezara*, die grünen Schildwanzen, und *Tetranychus*. Sorten mit reichlicher Wachsbildung an den Blütenständen sind nicht so anfällig gegen Milbenbefall (4, 8, 9).

Rizinus gilt allgemein als resistent gegen Nematoden und als Hemmer ihrer Vermehrung. Über das Ausmaß dieser Resistenz gibt es jedoch noch keinen eindeutigen Nachweis, und der Grad der Anfälligkeit kann zwischen den Sorten variieren. Im allgemeinen aber verursachen Nematoden keinen Schaden bei Rizinus (8, 9).

Verarbeitung

Im industriellen Maßstab wird Rizinusöl durch hydraulische Pressen oder Schraubenpressen gewonnen. Bei beiden Verfahren werden die Samen zunächst gereinigt und maschinell geschält (Entfernung der Samenschale). Das Pressen geschieht bei erhöhter Temperatur. Bei der hydraulischen Pressung gewinnt man das reinste Öl aus der ersten Pressung, ein weniger sauberes Öl aus der zweiten. Dem Preßkuchen kann dann noch mit Lösungsmitteln der letzte Ölrest entzogen werden, ebenso dem Preßkuchen nach der Ölabscheidung durch Schraubenpressen (8).

Der Ölertrag liegt bei ungefähr 500 g pro kg Samen. Für medizinische Öle gibt es spezielle Verarbeitungsvorschriften.

Literatur

1. ANONYM (1980): Ricin. In: Mémento de l'Agronome, 3ème éd., 767–773. Collection „Techniques Rurales en Afrique", Ministère de la Coopération, Paris.
2. DHARAMPAL SINGH (1976): Castor. In: SIMMONDS, N. W. (ed.): Evolution of Crop Plants, 84–86. Longman, London.
3. FAO (1974/1984): Production Yearbook, Vol. 28/37. FAO, Rom.
4. FATTEH, U. G., and PATEL, P. S. (1986): Package of practices for increasing castor production. Indian Farming 36 (1), 13–18.
5. MARTER, A. D. (1981): Castor: Markets, Utilisation and Prospects. G 152, Trop. Prod. Inst., London.
6. SCHWITZER, M. K. (1983): Perspectives and prospects of the world castor oil industry. Oléagineux 38, 253–263.
7. SEEGELER, C. J. P. (1983): Oil Plants in Ethiopia, Their Taxonomy and Agricultural Significance. Centre Agric. Publ. Docum., Wageningen.
8. WEISS, E. A. (1971): Castor, Sesame and Safflower. L. Hill, London.
9. WEISS, E. A. (1983): Oilseed Crops. Longman, London.

3.10   Jojoba

PETER LÜDDERS

Botanisch:	*Simmondsia chinensis* (Link) Schneid.
Englisch:	jojoba
Spanisch:	jojoba

Obwohl Jojobaöl nicht, wie das Öl aller anderen Ölpflanzen, aus Fettsäureglyceriden besteht, sondern überwiegend aus Estern primärer Alkohole mit Fettsäuren, also chemisch zu den Wachsen gehört, wird es wegen seines niedrigen Schmelzpunktes (7 °C) meist zu den Pflanzenölen gestellt (5, 7). Unter Wachsen werden folglich nur fettige Pflanzenstoffe mit einem Schmelzpunkt über 50 °C behandelt (→ REHM, Kap. 12.6).

Wirtschaftliche Bedeutung

Seit einer Reihe von Jahren bemühen sich vor allem amerikanische und israelische Wissenschaftler, die Wildpflanze Jojoba zu domestizieren. Ihre wirtschaftliche Bedeutung für trockene Standorte kann noch beträchtlich zunehmen, wenn es der Züchtung gelingen sollte, durch Selektion oder Kreuzung eine weitere Steigerung der Erträge vor allen Dingen in den ersten Jahren und durch Entfernung toxischer Fruchtinhaltsstoffe (Simmondsin = 2-Cyanomethylencyclohexylglucosid) zu erzielen. 1981 waren in den USA 6000 bis 7000 ha und in Mexiko 7500 ha mit Jojoba bepflanzt; bedeutende Anpflanzungen sind auch in Australien, Argentinien, Süd- und Ostafrika, im Sudan und in Israel entstanden. Mit einer Jahresproduktion von über 1000 t und einem Großhandelspreis von US-$ 10/kg ist Jojobaöl heute schon ein wichtiger Handelsartikel.

Botanik

Simmondsia chinensis gehört zur Familie Simmondsiaceae (oder Buxaceae) und ist ein immergrüner, mehrstämmiger Busch mit schmalen blaugrünen, lederartigen und gegenständigen Blättern (Abb. 99). Die Pfahlwurzel erreicht eine Tiefe von 10 m. Die sehr langsam wachsende Pflanze wird 100 bis 200 Jahre alt und erreicht eine Höhe von 3 bis 5 m. Jojoba ist diözisch, die

weiblichen Blüten sind unauffällig fahlgrün und haben wie die männlichen keine Blütenblätter. Die Bestäubung erfolgt überwiegend durch den Wind und gelegentlich durch Insekten. Bei den Früchten handelt es sich um braune Kapseln, die 1 bis 3, meist nur einen, Samen enthalten. Die Fruchtentwicklung dauert etwa 6 bis 7 Monate, die Samenreife fällt in die Trockenperiode. Die Fruchtschale ist dünn, sehr hart und fest. Die Samen variieren in Form, Größe und Farbe, ihr Gewicht differiert zwischen 0,5 und 1,5 g. Sie enthalten 43 bis 56 % flüssiges Wachs, das chemisch und technisch dem Walratöl ähnelt.

Ökophysiologie

Die Heimat von *Simmondsia chinensis* liegt in der Sonorawüste, die sich über Teilbereiche Arizonas, Kaliforniens und Nordmexikos erstreckt. Sie bevorzugt lockere, gut dränfähige Wüstenböden wie sandige Alluvial- sowie Mischböden aus Kies und Ton. Jojoba ist gegenüber salzhaltigen und alkalischen Böden sehr tolerant (3, 6). Sie verträgt extreme Wüstentemperaturen von 43 bis 46 °C bei extrem niedrigen Niederschlä-

Abb. 99. Männliche Infloreszenz einer *Simmondsia*-Pflanze.

gen. Eine völlige Entlaubung bei lang anhaltender Trockenheit ist für mehrere Monate möglich. Niederschläge von 380 bis 500 mm reichen bei den wild vorkommenden Pflanzen für einen guten Fruchtertrag aus. Liegen die jährlichen Niederschläge unter 150 mm, kann es zu einem völligen Blütenausfall kommen. Ein kurzfristiger Frost wird von Jojoba vertragen.

Anbau

Die Vermehrung erfolgt überwiegend durch Direktsaat ins Feld auf einen Abstand von 20 bis 25 cm in der Reihe und 3 bis 4 m zwischen den Reihen. Die wüchsigsten Pflanzen werden später auf einen Endabstand von 1,50 m in der Reihe selektiert, das Verhältnis zwischen weiblichen und männlichen Pflanzen soll bei 5 bis 8:1 liegen. Die Keimfähigkeit der Samen bleibt einige Jahre erhalten und beträgt nach 11 Jahren noch etwa 38 % (3). Auch eine vegetative Vermehrung mit Hilfe von Stecklingen und Veredelungen wird heute bevorzugt bei selektierten Pflanzen durchgeführt.

Die Bekämpfung des Unkrautes geschieht auf mechanischem oder chemischem Wege. Bei zu geringen Niederschlägen erfolgt eine Bewässerung mit Hilfe von Furchen, Regnern oder Tropfern. Nur auf extrem nährstoffarmen Böden ist eine Düngungsmaßnahme rentabel. Ein Schnitt der Sträucher dient fast ausschließlich der Leistungssteigerung bei der mechanischen Ernte; zu tief hängende Zweige werden entfernt. Die Ernte kann sich über drei Monate erstrecken. Die Pflückleistung pro Person liegt bei etwa 2 bis 3 kg/h. Beim Einsatz von Erntemaschinen zum Schütteln und Auflesen der Früchte muß die Anlage eben und unkrautfrei und der Boden nicht zu leicht sein. Die jährlichen Erträge liegen bei 1,8 kg Samen pro Busch. Bei einem Bestand von 1500 weiblichen Büschen pro ha ergibt sich eine Ernte von 2,7 t Samen oder 1,6 t Öl pro ha (5). Ertragssteigerungen sind aufgrund weiterer züchterischer Arbeit zu erwarten; in gut gehaltenen Pflanzungen sind Erträge von über 5 kg Samen pro Busch ohne weiteres möglich (7).

Krankheiten und Schädlinge

Jojoba ist gegenüber Krankheiten und Schädlingen relativ unanfällig. Verhältnismäßig häufig werden Wurzeln von Jungpflanzen durch *Phytophthora parasitica*, *Pythium aphanidermatum*, *Rhizoctonia solani* und *Fusarium* sp. befal-

len. Auf Blättern kommen *Verticillium dahliae* und *Alternaria* sp. vor.

In Junganlagen können Kaninchen, Schafe und Ziegen die Triebe kurz oberhalb des Erdbodens vernichten. In bestimmten Anbaugebieten werden die Früchte von Larven verschiedener Schmetterlinge und Käfer befallen (7).

Verarbeitung und Verwertung

Jojobaöl wird mit den gleichen Verfahren wie andere Pflanzenöle aus den Samen extrahiert. Es ist eine klare, leicht gelblich gefärbte Flüssigkeit mit leichtem Haselnußgeruch und kann für alle Zwecke, für die bisher Spermöl (aus dem Walrat des Pottwals, kaum mehr verfügbar) gebraucht wurde, verwendet werden. Da es auch bei hohen Temperaturen seine Viskosität behält, ist es ein hervorragendes Schmiermittel für schnellaufende Motoren (5). Seine Hauptverwendung findet es zur Zeit in kosmetischen Präparaten (Hautkrem, Lippenstift, Shampoo), daneben auch als Wachsüberzug von Früchten (z. B. Zitrus, Apfel). Weitere Verwendungsmöglichkeiten sind: Kohlepapier, Kaugummi, Politurmittel und pharmazeutische Präparate, außerdem in der Synthese- und Erdölindustrie.

Nach der Extraktion des Öles und Entfernung der toxischen Substanzen kann der Preßkuchen als Viehfutter eingesetzt werden.

Literatur

1. BROOKS, W. H. (1978): Jojoba – a North American desert shrub; its ecology, possible commercialization, and potential as an introduction into other arid regions. J. Arid Environments 1, 227–236.
2. FRANZ, J. C. (1984): Jojoba – a New Cash Crop for Arid Lands. Ges. Regionalforsch. Angew. Geographie, Nürnberg.
3. HOGAN, L. (1979): Jojoba, a new cash crop for arid regions. In: RITCHIE, G. A. (ed.): New Agricultural Crops, 177–205. Westview Press, Boulder, Colorado.
4. HOGAN, L., LEE, CH. W., PALZKILL, D. A., and FELDMAN, W. R. (1980): Jojoba, a new horticultural crop for arid regions. Hort. Sci. 15, 114–122.
5. MARTIN, G. (1983): Réflexions sur les cultures oléagineuses énergétiques. 1. Le jojoba (*Simmondsia chinensis*): un lubrifiant d'avenir. Oléagineux 38, 387–392.
6. NATIONAL RESEARCH COUNCIL (1985): Jojoba: New Crop for Arid Lands, New Raw Material for Industry. Nat. Acad. Press, Washington, D.C.
7. WEISS, E. A. (1983): Oilseed Crops. Longman, London.
8. YERMANOS, D. M. (n.d.): Jojoba. General Information and Photographs. Dep. Plant Sci., Univ. California, Riverside, CA.

3.11   Weitere Ölpflanzen

SIGMUND REHM

Außer den ausführlich besprochenen gibt es eine große Zahl von Arten, die, wenn auch in kleinerem Maße, ebenfalls der Ölgewinnung dienen. Vor allem gehören hierzu viele Arten, deren Hauptnutzung anderen Produkten gilt, z. B. in Kapitel 4 mehrere Cruciferen und Cucurbitaceen. In wirtschaftlich bedeutenden Mengen fällt Öl als Nebenprodukt bei der Verarbeitung von Getreide (Mais, Reis u. a.) und Baumwolle an. In der folgenden Darstellung sind nur die Arten berücksichtigt, bei denen Öl das wichtigste Produkt ist.

In Südamerika spielen ölliefernde *Palmen* eine große Rolle als Nahrungsmittel (2, 3). Einige werden kommerziell genutzt, z. B. Babassú, mehrere könnten durch Selektion zu ertragreichen Kulturpflanzen werden. Im folgenden sind nur die wichtigsten Arten genannt; eine vollständigere Liste findet sich bei (16).

Acrocomia totai Mart., mbocayá, wird in Paraguay in erheblichem Umfang zur Ölgewinnung genutzt (2, 3). Sowohl das Mesokarp als auch die Samen liefern Öl. Zur Ölgewinnung oder zum direkten Verzehr wird im tropischen Südamerika und im Westindischen Raum *A. aculeata* (Jacq.) Lodd. ex Mart. (Syn. *A. sclerocarpa* Mart.), macaúba (2, 3, 17), in Mittelamerika und Mexiko *A. mexicana* Karw. ex Mart., coyol, (25) gebraucht.

Astrocaryum tucuma Mart. und *A. murumuru* Mart. sind die wichtigsten der verschiedenen *A.*-Arten Südamerikas. Der Samen beider Arten enthält über 40 % eines Fettes, das bei 33 bis 36 °C schmilzt und für technische Zwecke wie auch als Kochfett Verwendung findet (3, 16, 17).

Jessenia bataua (Mart.) Burret, die Sejepalme des nördlichen Südamerika, liefert in ihrem Fruchtfleisch ein hervorragendes Öl, das in Geschmack und chemischer Zusammensetzung dem Olivenöl gleicht (2, 3). Diese Palme und die ähnlichen *J. polycarpa* Karst. aus Kolumbien und *J. repanda* Engel aus Venezuela würden wohl einen Anbau lohnen.

Orbignya phalerata Mart., die Babassú-Palme, gehört zu den ertragreichsten Ölpalmen der Welt (1, 2, 3, 7, 8, 12, 17, 23). Sie ist im südlichen Amazonasgebiet sehr weit verbreitet, von Bolivien bis Ceará. Ihre morphologische Vielfalt und ihre Neigung zur Hybridisierung mit anderen Arten haben ihre taxonomische Identifizierung sehr erschwert. Nach ANDERSON und BALICK (1) gehören *Orbignya barbosiana* Burret, *O. martiana* Barb. Rodr. und *O. speciosa* (Mart.) Barb. Rodr. alle zu dieser Art und sind als Synonyme zu behandeln. Die riesigen Wildbestände von *O. phalerata* in den Staaten Piauí und Maranhão werden nur zum Teil genutzt; trotzdem beträgt die Jahresproduktion etwa 60 000 t Öl. Selektion frühblühender und ertragreicher Sorten und Anbau mit modernen pflanzenbaulichen Techniken würde sich sicher lohnen und könnte auch für andere Länder interessant sein. Die in Mexiko beheimatete *O. cohune* (Mart.) Dahlgr. ex Standl., die Cohunepalme, wird ebenfalls zur Ölgewinnung genutzt und verdient mehr Aufmerksamkeit als bisher (8).

Auch bei den *dikotylen Ölpflanzen* können nur die wichtigsten Arten aufgeführt werden; für vollständigere Listen sei auf (8, 16) verwiesen. Nicht genannt sind die Arten mit besonderer chemischer Zusammensetzung der Öle, die heute noch keine Rolle spielen, deren Anbau aber in Zukunft interessant werden könnte (19).

Aleurites fordii Hemsl., der Tungölbaum, Familie Euphorbiaceae, wird außer in seinem Heimatland China (Produktion dort etwa 80 000 t Öl) in nennenswertem Umfang nur noch in Paraguay und Argentinien (Produktion je etwa 10 000 t) angebaut (2, 8, 16). Die beiden letztgenannten Länder sind die einzigen regelmäßigen Exporteure des Öls, das für schnelltrocknende Anstriche, Fußbodenbeläge und ähnliches gebraucht wird. Die Produktion ist seit einigen Jahren rückläufig; wegen seines hohen Preises wird es zunehmend durch andere Öle, dehydriertes Rizinusöl und synthetische Verbindungen ersetzt. Zehn Prozent des Tungöls des Handels stammen von *A. montana* (Lour.) Wils., dem Muölbaum; es ist technisch nicht so gut wie das von *A. fordii*. Die Öle der anderen *A.*-Arten (*A. cordata* (Thunb.) R. Br., *A. moluccana* (L.) Willd.) haben geringe, nur lokale Bedeutung.

Brassica juncea (L.) Czern., Indischer oder Sareptasenf, in Indien „rai" oder „raya", ist die wichtigste der in Indien angebauten ölliefernden Cruciferen (→ TINDALL, Kap. 4.3). Daneben spielen die Varietäten von *B. rapa* L. emend. Metzg. (Syn. *B. campestris* L.) var. *dichotoma* brown sarson", var. *sarson* Prain, „yellow sarson" und var. *toria* Duthie et Fuller, „toria" und *Eruca vesicaria* (L.) Cav. ssp. *sativa* (Mill.) Thell. (Syn. *E. sativa* Mill.), die Ölrauke, indisch „taramira", eine Rolle (5, 11, 13). In Indien werden diese Ölsaaten auf 4 Mio. ha mit einer Samenproduktion von 2,3 Mio. t, die etwa 0,9 Mio. t Öl liefern, angebaut. Als Ölfrüchte werden diese Cruciferen in Indien nur von der Erdnuß (→ HIEPKO und KOCH, Kap. 3.4) übertroffen. *B. juncea* wird auch in anderen Ländern angebaut. Moderne Sorten können bis zu 4 t Samen/ha produzieren. Wie bei Raps sind Erucasäure-freie Formen von ihr gefunden worden (10).

Camellia sasanqua Thunb., Familie Theaceae, „teaseed", wird in China, Vietnam und Japan als Ölfrucht angebaut. Die Angaben über die Produktion sind höchst unsicher; China soll 1958 180 000 t Öl produziert haben (8, 21). Im Exporthandel spielt das Öl keine Rolle. Die Pflanze ist ein Strauch von 4 bis 6 m Höhe, die Samen enthalten 56 bis 60 % Öl, das zur Ölsäuregruppe gehört und nach Raffinierung dem Olivenöl ähnelt. Die Samen des Teestrauches (→ CAESAR, Kap. 6.2) enthalten 20 bis 30 % eines ähnlichen Öls und werden ebenfalls gelegentlich zur Ölgewinnung genutzt (8, 22).

Guizotia abyssinica (L. f.) Cass. wird in Äthiopien („nug", Jahresproduktion etwa 200 000 t Früchte) und Indien („surguja", Jahresproduktion 135 000 t) angebaut (4, 5, 8, 15, 18). Die indischen Sorten sind an höhere Temperaturen angepaßt als die äthiopischen. Das Öl ist von hoher Qualität (über 50 % Linolsäure). Ein erheblicher Teil der Produktion wird aus beiden Ländern exportiert. Züchterisch wären Formen mit nichtausfallenden Früchten, die eine mechanische Ernte ermöglichen würden, erstrebenswert. In Indien wird der Mischanbau mit Erdnuß oder Sonnenblume empfohlen (20).

Licania rigida Benth., Oiticica, Familie Chrysobalanaceae, ein großer Baum Nordostbrasiliens, liefert ein schnell trocknendes Öl, das wie Tungöl verwendet wird (8, 17, 21). Die abgefallenen Samen wildwachsender Bäume werden gesammelt. Ein Baum produziert bis zu 2 t Samen. Nur ein Teil der natürlich anfallenden Früchte wird verwertet. Die Produktion beträgt etwa 50 000 t Samen mit einem Ölgehalt von etwa 60 %. Das Öl wird regelmäßig, wenn auch in kleinem Umfang, exportiert.

Linum usitatissimum L., der Lein, Familie Linaceae, wird neben seiner Nutzung als Faserpflanze (→ REHM, Kap. 10.5) nicht nur in der gemäßigten Zone (hier sind die Hauptleinölproduzenten Kanada, USA und UdSSR), sondern auch in etwa ebenso großer Menge in subtropischen Ländern (Hauptproduzenten Argentinien mit 600 000 t und Indien mit 400 000 t) als Ölpflanze angebaut (5, 8, 21). Das Öl ist gut trocknend (Linolensäuregehalt 30 bis 60 %) und wird hauptsächlich für Anstrichmittel, Linoleum u. a. Produkte gebraucht; der Weltbedarf ist leicht steigend. Ein Teil wird auch für Speisezwecke, die ganzen Samen werden in der Bäckerei und medizinisch gebraucht. Der Preßkuchen ist ein wertvolles Futtermittel.

Madhuca longifolia (Koenig) Macbr., Familie Sapotaceae, hat zwei Varietäten, var. *longifolia* in Südindien und Sri Lanka und var. *latifolia* (Roxb.) A. Chev. in Zentral- und Nordindien und Burma. Die Samen beider Varietäten enthalten 55 bis 60 % eines butterähnlichen Fettes von identischer Qualität; die indischen Bezeichnungen Mahua-, Mowra- oder Illipe-Butter gelten für beide (1a, 5, 8). Die Früchte werden sowohl von wildwachsenden als auch von angepflanzten Bäumen gesammelt. Die Jahresproduktion liegt bei 100 000 t Samen, von denen aber nur etwa ⅓ zu Seife oder für Speisezwecke verarbeitet wird. Berühmt sind die Mahuablüten, deren fleischige Korollen einen hohen Zuckergehalt haben und als Speise gebraucht oder zu alkoholischen Getränken vergoren werden.

Papaver somniferum L., Schlafmohn, Familie Papaveraceae, hat Samen mit einem Ölgehalt von 40–55 % (5, 6, 8, 21). Das kalt gepreßte Öl ist wohlschmeckend und wird als feines Salatöl benutzt. Ein großer Teil der Mohnsaat wird für Konditorwaren gebraucht. Die Hauptproduzenten in den Tropen und Subtropen sind die Länder des Vorderen Orients und Südostasiens, wo der Samen oft ein Nebenprodukt der Opiumgewinnung ist.

Vitellaria paradoxa Gaertn. f. (Syn. *Butyrospermum paradoxum* (Gaertn. f.) Hepper ssp. *parkii* (G. Don) Hepper), Schibutter, „karité", Familie Sapotaceae, ist weit verbreitet im westafrikanischen Savannengebiet (2, 8, 9, 14, 21). Das Samenfett ist ein wichtiges Nahrungsmittel in allen Ländern der Sudanzone. Da es überwiegend lokal verbraucht wird, fehlen genaue Produktionszahlen. Der Export beträgt jährlich etwa 30 000 t. Geerntet werden überwiegend Bäume im wilden Zustand oder in Halbkultur; der Anbau spielt bisher kaum eine Rolle. Wegen seines langsamen Wachstums hat der Baum nirgends außerhalb des Heimatgebietes Eingang gefunden.

Literatur

1. ANDERSON, A. B., and BALICK, M. J. (1988): Taxonomy of the Babassu complex (*Orbignya* spp.: Palmae). Systematic Bot. 13, 32–50.
1a. AWASTHI, Y. C., BHATNAGAR, S. C., and MITRA, C. R. (1975): Chemurgy of sapotaceous plants. *Madhuca* species in India. Econ. Bot. 29, 380–389.
2. BALLY, W. (1962): Ölpflanzen. Tropische und subtropische Weltwirtschaftspflanzen. II. Teil, 2. Aufl. Enke, Stuttgart.
3. BRÜCHER, H. (1977): Tropische Nutzpflanzen. Springer, Berlin.
4. CHAVAN, V. M. (1961): Niger and Safflower. Indian Oilseeds Committee, Hyderabad.
5. COUNCIL OF SCIENTIFIC AND INDUSTRIAL RESEARCH, New Delhi (1948–1976): The Wealth of India. Raw Materials. 11 vols. Publications Information Directorate, C.S.I.R., New Delhi.
6. DUKE, J. A. (1973): Utilization of papaver. Econ. Bot. 27, 390–400.
7. GAESE, H., GOERGEN, J., ORTMAIER, E., PFUHL, A., ULLMANN, O., und WIPPLINGER, G. (1983): Integrierte Nutzung des Babaçu-Waldes in Nordost-Brasilien. Forschungsstelle für internationale Agrarentwicklung, Heidelberg.
8. GODIN, V. J., and SPENSLEY, P. C. (1971): Oils and Oilseeds. Trop. Prod. Inst., London.
9. KAR, A., and MITAL, H. C. (1981): The study of shea butter. 6. The extraction of shea butter. Qual. Plant. 31, 67–70.
10. KIRK, J. T. O., and ORAM, R. N. (1981): Isolation of erucic acid-free lines of *Brassica juncea:* Indian mustard now a potential crop in Australia. J. Aust. Inst. Agric. Sci. 47, 51–52.
11. KUMAR, P. R. (1982): Strategy for rapeseed mustard production. Indian Farming 32 (8), 43.
12. MARKLEY, K. S. (1971): The babassú oil palm of Brazil. Econ. Bot. 25, 267–304.
13. NARAIN, A. (1974): Rape and mustard. In: HUTCHINSON, J. B. (ed.): Evolutionary Studies in World Crops, 67–70. Cambridge Univ. Press, London.
14. OPEKE, L. K. (1982): Tropical Tree Crops. Wiley, Chichester.
15. PRINZ, D. (1976): Untersuchungen zur Ökophysiologie von Nigersaat äthiopischer und indischer Herkunft. Diss., Göttingen.
16. REHM, S., und ESPIG, G. (1984): Die Kulturpflanzen der Tropen und Subtropen. 2. Aufl. Ulmer, Stuttgart.
17. RIZZINI, C. T., e MORS, W. B. (1976): Botânica Econômica Brasileira. Editora Pedagógica e Universitária, São Paulo.
18. SEEGELER, C. J. P. (1983): Oil Plants in Ehtiopia, Their Taxonomy and Agricultural Significance. Centre Agric. Publ. Docum., Wageningen.
19. SEEHUBER, R., und DAMBROTH, M. (1982): Die Erzeugung pflanzlicher Öle für die chemische Industrie eröffnet der Landwirtschaft eine Produktionsalternative – Bestandsaufnahme, Literaturübersicht und Zielsetzung. Landbauforsch. Völkenrode 32, 133–148.
20. SHARMA, S. M. (1982): Improved technology for sesamum and niger. Indian Farming 32 (8), 72–77.
21. VAUGHAN, J. G. (1970): The Structure and Utilization of Oil Seeds. Chapman & Hall, London.
22. VENUGOPAL, G., DOSS, C. K., VISWANADHAM, R. K., THIRUMALA RAO, S. D., and REDDY, B. R. (1972): Processing of Indian tea seed. Oléagineux 27, 605–609.
23. WEGE, W. P. (1980): Die Babaçu-Palme – Verbreitung, Eigenschaften, wirtschaftliche Nutzung. Entw. u. ländl. Raum 14 (5), 23–26.
24. WEISS, E. A. (1983): Oilseed Crops. Longman, London.
25. WILLIAMS, L. O. (1981): The Useful Plants of Central America. Ceiba 24 (1–4), 1–381.

4 Gemüse und Körnerleguminosen

4.1 Alliaceae

H. Donovan Tindall

Speisezwiebel

Botanisch:	*Allium cepa* L. var. *cepa*
Englisch:	onion, bulb onion
Französisch:	oignon
Spanisch:	cebolla

Die Speisezwiebel wurde schon sehr früh in Ägypten und Indien kultiviert, und sie wird nun in den meisten gemäßigten und subtropischen Regionen angebaut. Die Hauptanbaugebiete sind das tropische Asien, Nord-, West- und Ostafrika, das tropische Süd- und Mittelamerika und die Karibik.

Die Zwiebeln enthalten geringe Mengen von Stärke, aber eine beträchtliche Menge von Zucker, etwas Eiweiß und die Vitamine A, B und C. Das charakteristische Aroma und der Geschmack beruhen hauptsächlich auf n-Propyldisulfid und anderen Sulfiden.

Die Speisezwiebel stammt von Arten ab, die in Zentralasien, wahrscheinlich im Iran und in der westpakistanischen Region, beheimatet sind. Sie ist ein zweijähriges Kraut, das üblicherweise einjährig angebaut wird.

Die Zwiebel, die bis zu 10 cm Durchmesser erreichen kann, wird von den verdickten Blattbasen gebildet. Die Blätter wurden von einem abgeflachten, kegelförmigen, basalen Sproß, dem Zwiebelkuchen, gebildet. Die grün-weißen Blüten stehen in endständigen, kopfförmigen Scheindolden. Die Frucht ist eine Kapsel, die der Länge nach aufspringt. Die schwarzen Samen sind zunächst glatt und schrumpeln beim Trocknen. Die Keimung der Samen erfolgt epigäisch. Die meisten Sorten reagieren in der Weise auf die Temperatur, daß Zwiebeln normalerweise nur bei relativ hohen Temperaturen gebildet werden, aber auch in den meisten tropischen Hochlandgebieten reicht die Temperatur zur Bildung von Zwiebeln aus. Zur Auslösung und Entwicklung von Blüten verlangen die meisten Sorten eine Periode kalter Witterung (Vernalisation). Das vegetative Wachstumsstadium wird am besten bei relativ kühler Witterung mit Temperaturen zwischen 18 und 25 °C abgeschlossen.

Die Speisezwiebel gilt als Langtagspflanze, die allgemein 14 bis 16 Stunden zur Bildung von Zwiebeln benötigt, es sind jedoch Sorten ausgelesen worden, die Zwiebeln schon bei relativ kurzen Tageslängen von 10 bis 12 Stunden ausbilden; sie sind typisch für viele Gebiete in den Tropen.

Während der Wachstumsperiode ist eine ausreichende Bodenfeuchte erforderlich, besonders zur Zeit der Zwiebelbildung, gefolgt von einer langen Trockenperiode zur Reifung der Zwiebeln, nachdem die Blätter gealtert sind.

Es sind Sorten ausgelesen worden, die in geringer Meereshöhe Zwiebeln bilden, die höchsten Erträge erhält man aber bei einem Anbau in über 1000 m Höhe. Für ein optimales Wachstum und eine optimale Entwicklung sind relativ hohe Gehalte an organischer Substanz notwendig; günstig erwies sich ein pH-Wert von 5,8 bis 6,8.

Samen werden selten von Zwiebeln unter hohen Temperaturen und im Kurztag gebildet, aber einige lokale Selektionen und Sorten können doch im zweiten Jahr Samen produzieren. Die Hybriden aus der Bermuda-Grano-Granex-Sortengruppe sind am besten an tropische Bedingungen angepaßt. Durch das Auffinden männlich steriler Linien wurde die Produktion von F_1-Hybriden sehr gefördert. Für subtropische Bedingungen wurden Sorten gezüchtet, die durch hohen Trockensubstanzgehalt besonders gutes Ausgangsmaterial für die Herstellung von getrockneten (dehydrierten) Zwiebeln sind. Felder zur Samenproduktion sollten von anderen Zwiebelanbauflächen durch einen Mindestabstand von 1000 m isoliert werden.

Die Samen werden normalerweise in Anzuchtbeete ausgesät und nach 45 bis 60 Tagen bei 8 bis 12 cm Höhe in vorbereitete Beete verpflanzt. Manchmal werden Zwiebeln der vorhergehenden Saison als Steckzwiebeln wieder ausgepflanzt.

Speisezwiebeln reagieren positiv auf relativ hohe Kaliumgehalte, ein Stickstoffüberschuß kann die Zwiebelbildung verzögern. Gute Unkrautbekämpfung ist unentbehrlich. Selektive Herbizide werden, manchmal in Mischungen, in Nachauflaufbehandlungen eingesetzt.

Die Zwiebeln reifen abhängig von Sorte und Witterung 80 bis 140 Tage nach der Aussaat. Sie sollten nach dem Herausziehen einige Tage in der Sonne nachreifen. Sorten, die an die lokalen Umweltbedingungen angepaßt sind, liefern Erträge an Zwiebeln bis zu 10 t/ha.

Speisezwiebeln werden normalerweise in einer langen Fruchtfolge von mindestens 4 Jahren angebaut, sonst kann es zu einer Verseuchung des Bodens mit Schädlingen und Krankheiten kommen. Die Fruchtfolge bekämpft sowohl das Stengel- und Zwiebelälchen, *Ditylenchus dipsaci*, als auch die Mehlkrankheit, *Sclerotium cepivorum*. Die Zwiebelfliege, *Hylemyia antiqua*, wird durch Beizen des Saatguts mit Dieldrin bekämpft, oft in Kombination mit Thiram gegen den Zwiebelbrand, *Urocystis cepulae*. *Thrips tabaci*, der Zwiebelthrips, kann als ernster Schädling auftreten, kann aber mit Malathion oder Diazinon kontrolliert werden. Falscher Mehltau, *Peronospora destructor*, schädigt die Blätter gelegentlich stark, kann aber durch häufiges Spritzen mit Zineb bekämpft werden. In manchen Gebieten ist auch die Zwiebelfäule, *Fusarium oxysporum* f. sp. *cepae*, von Bedeutung.

Schalotte

Botanisch:	*Allium cepa* L. var. *ascalonicum* Baker (Syn. *A. cepa* var. *aggregatum* G. Don)
Englisch:	shallot
Französisch:	échalote
Spanisch:	ascalonia, chalote

Schalotten werden weitverbreitet in den meisten tropischen Gebieten angebaut. Sie werden schon seit beträchtlicher Zeit kultiviert und stammen aus dem tropischen Zentral- oder Westasien. Botanisch sind Schalotten der Speisezwiebel ähnlich. Der Hauptunterschied besteht darin, daß die Zwiebeln als Büschel oder Zehen gebildet werden. Die Form der Zwiebeln variiert in Größe und Farbe, sie sind aber allgemein von einer dünnen roten Schale umgeben.

Die meisten Sorten tolerieren einen weiten Bereich von Bodenbedingungen, obwohl sandige Lehme bevorzugt werden; gewöhnlich ist ein pH-Wert von 6,0 bis 7,0 geeignet. Zwiebeln werden bei Temperaturen unter 20 °C kaum gebildet, Blüten erscheinen selten bei hohen Temperaturen unter Kurztagbedingungen. Die meisten Sorten wachsen gut bis in Höhen von 2500 m.

Der Hauptunterschied in der bei Zwiebeln und Schalotten angewandten Anbaumethode liegt darin, daß Schalotten durch Pflanzen der Zwiebeln oder Zehen vermehrt werden; Samen werden selten verwendet. Durchschnittliche Zwiebelerträge liegen in der Gegend von 9 bis 10 t/ha.

Schädlinge und Krankheiten der Schalotte gleichen denen der Speisezwiebel.

Knoblauch

Botanisch:	*Allium sativum* L.
Englisch:	garlic
Französisch:	ail
Spanisch:	ajo

Knoblauch wird im Mittelmeerraum, im tropischen Asien (Indien, Philippinen), in China, Westafrika, Ostafrika (Äthiopien, Kenia) sowie in Mittel- und Südamerika verbreitet angebaut. Zur optimalen Entwicklung der Zwiebeln werden recht hohe Temperaturen um 30 °C benötigt, wobei kühlere Bedingungen in den frühen Stadien das vegetative Wachstum fördern. Knoblauch wird normalerweise in Gebieten mit geringen Niederschlägen angebaut, da zu hohe Feuchtigkeit und Regen schädlich für das vegetative Wachstum und die Ausbildung der Zwiebeln sind. Langtagbedingungen begünstigen die Zwiebelbildung.

Die reifen Zwiebeln werden in einzelne Zehen zerteilt. Diese werden in Rillen in tief bearbeiteten Boden auf vorbereitete Beete gepflanzt, deren Oberfläche zuvor gut verdichtet wurde; sie sollen nach dem Auspflanzen mit feinem Boden eben bedeckt werden.

Die Zwiebeln werden geerntet, wenn die Blätter braun werden und vertrocknen, gewöhnlich 90 bis 120 Tage nach dem Pflanzen. Die Blätter werden in Asien ebenfalls viel zum Würzen genutzt; sie werden geschnitten, solange sie noch frisch und grün sind. Krankheiten und Schädlinge gleichen im wesentlichen denen der Speisezwiebel.

Winterzwiebel

Botanisch:	*Allium fistulosum* L.
Englisch:	Welsh, green or Japanese bunching onion, spring onion
Französisch:	ciboule
Spanisch:	cebolleta

Die Winterzwiebel wird verbreitet im tropischen Asien (Indonesien, Malaysia, Philippinen, China) sowie in Ost- und Westafrika angebaut. Sie stammt aus dem tropischen Asien, wahrscheinlich aus China, wo mehrere miteinander verwandte Arten von *Allium* vorkommen. Sie ist ein einjähriges Kraut, das kaum Zwiebeln bildet, und dessen basale Knospen austreiben und zahlreiche Nebentriebe bilden.

Obwohl sie an einen weiten Temperaturbereich angepaßt ist, gedeiht die Winterzwiebel selten im Flachland mit Temperaturen über 25 °C. Das vegetative Wachstum wird durch kurze Tageslängen gegenüber dem reproduktiven Wachstum gefördert. Diese Zwiebelart ist wahrscheinlich toleranter gegenüber starken Niederschlägen als die meisten anderen Arten von *Allium*.

Die Samen werden in Container oder Saatbeete ausgesät und bei 15 bis 20 cm Höhe in vorbereitete Beete verpflanzt. Die meisten Sorten sind leicht durch Zerteilen der basalen Triebe, die von den Mutterpflanzen gebildet werden, zu vermehren. Vor dem Pflanzen sollte ein NPK-Dünger ausgebracht werden, gefolgt von gestaffelten Stickstoff- und Kaligaben während der Wachstumsperiode. Die Ernte kann sich über einen langen Zeitraum erstrecken, wenn die äußeren Blatttriebe von dem Hauptbüschel abgetrennt werden, ohne die Mutterpflanze zu stören. Als Alternative hierzu kann auch das ganze Büschel herausgezogen und zerteilt werden. Die Blätter und Zwiebeln werden zum Würzen von Suppen verwendet oder roh als Salatgemüse gegessen.

Lauch, Porree

Botanisch:	*Allium ampeloprasum* L. var. *porrum* (L.) Regel (Syn. *A. porrum* L.)
Englisch:	leek
Französisch:	poireau
Spanisch:	puerro

Als Nutzpflanze der gemäßigten Zone weist Lauch nur einen beschränkten Anbau im tropischen Asien, in Zentral-, Nord-, Ost- und Westafrika auf. Kühle Witterungsbedingungen begünstigen ein optimales Wachstum; die Kultur stellt gewöhnlich einen hohen Anspruch an das Bodenwasser. Die verdickten, einander überlappenden basalen Blattabschnitte werden als Gemüse gekocht; die oberen Teile der Blätter werden selten verwendet.

Schnittlauch

Botanisch:	*Allium schoenoprasum* L.
Englisch:	chives
Französisch:	ciboulette, civette
Spanisch:	cebollino

Schnittlauch ist eine in vielen tropischen Gebieten angebaute Kultur, besonders im tropischen Asien und Afrika. Er ist ein perennes Kraut, das viele Triebe bildet, aber schwach entwickelte Zwiebeln besitzt. Die Büschel sollten alle 2 bis 3 Jahre neu gepflanzt werden. Der Hauptschädling des Schnittlauchs ist *Thrips tabaci*, der Zwiebelthrips. Die frischen, grünen Blätter werden in Salaten und zum Würzen von Suppen und Eintopfgerichten verwendet.

Chinesischer Schnittlauch

| Botanisch: | *Allium tuberosum* Rottl. ex Spreng. |
| Englisch: | Chinese chives |

Diese Art stammt wahrscheinlich aus Ostasien und wird seit vielen Jahrhunderten in Indien und China angebaut. Sie ist *A. fistulosum* sehr ähnlich, ist aber kleiner und besitzt abgeflachte Blätter. Zwiebeln werden kaum gebildet, aber der basale Teil der Pflanze entwickelt sich zu einem Rhizom. Die Pflanze wird entweder über Samen oder durch Teilung vorhandener Büschel vermehrt. Die Blätter werden manchmal gebleicht und wie die jungen Blütenstände zum Würzen verwendet.

Allium chinense G. Don. Diese Pflanze wird in Japan als Rakkyo bezeichnet und ist in Zentral- und Ostchina beheimatet. Sie wächst sehr ähnlich wie Schnittlauch, hat aber mehr scharfkantige hohle Blätter und gut entwickelte Zwiebeln, die in Büscheln gebildet werden. Sie werden hauptsächlich als Pickles verwendet.

Literatur

1. GRUBBEN, G. J. H. (1977): Tropical Vegetables and Their Genetic Resources. FAO, Rom.
2. HERKLOTS, G. A. C. (1972): Vegetables in South-East Asia. Allen and Unwin, London.
3. JONES, H. A., and MANN, L. K. (1963): Onions and Their Allies. Leonard Hill, London.
4. OCHSE, J. J., and BAKHUIZEN VAN DEN BRINK, R. C. (1980): Vegetables of the Dutch East Indies. Reprint of the 1931 edition. Asher, Amsterdam.
5. PURSEGLOVE, J. W. (1972): Tropical Crops: Monocotyledons. Longman, London.
6. TINDALL, H. D. (1983): Vegetables in the Tropics. Macmillan, London.
7. YAMAGUCHI, M. (1983): World Vegetables. AVI Publishing Co., Westport, Connecticut.
8. ZEVEN, A. C., and DE WET, J. M. J. (1982): Dictionary of Cultivated Plants and Their Regions of Diversity. Pudoc, Wageningen.

4.2   Compositae

H. DONOVAN TINDALL

Salat

Botanisch: *Lactuca sativa* L.
Englisch: lettuce, celtuce
Französisch: laitue
Spanisch: lechuga

Obwohl in Europa schon seit dem Altertum angebaut, ist Salat erst in jüngster Zeit in die tropischen Länder eingeführt worden. Er wird nun auch in Indien, Malaysia, Indonesien und den Philippinen gezogen sowie in China, den Karibischen Inseln, Mittel- und Südamerika, Ost-, West- und Zentralafrika, d. h. in den meisten tropischen Gebieten.

Salat enthält wenig Proteine oder Kohlenhydrate, dafür aber nennenswerte Mengen von Vitamin A und C sowie Ca und Fe. Auch Thiamin (Vitamin B_1), Riboflavin (Vitamin B_2) und Nikotinsäure sind in Salat enthalten.

Salat stammt wahrscheinlich von *L. serriola* L. ab, einer in Westasien und Europa heimischen Pflanze. Kultivierte Varietäten sind: var. *capitata* L. (Kopfsalat), var. *longifolia* Lam. (römischer Salat), var. *crispa* L. (Blattsalat), var. *asparagina* L. H. Bailey (Spargelsalat, celtuce). Er ist eine annuelle, unbehaarte Pflanze mit einer Pfahlwurzel und fasrigen Seitenwurzeln. Die spiralförmig in Rosetten angeordneten Blätter variieren in Form und Größe.

Salat verhält sich tolerant gegenüber unterschiedlichsten Klima- und Bodenbedingungen, obwohl er gut dräniert, sandige Lehmböden mit einem pH-Wert von 6,0 bis 6,8 vorzieht. Viele Sorten, die speziell für tropische Gebiete selektiert wurden, verhalten sich tolerant gegenüber hohen Tagestemperaturen bis zu 30 °C und kurzen Tagen, obwohl das Optimum für die meisten Sorten bei 15 bis 20 °C liegt. Manche Sorten entwickeln bei hohen Temperaturen nur selten Blütenschäfte. Die Samen müssen vor der Aussaat eine Zeit lang trocken gelagert werden; bei einigen Sorten müssen sie, wenn sie bei hohen Temperaturen gelagert wurden, erst dem Licht ausgesetzt werden, bevor die Keimruhe gebrochen wird.

Die Vermehrung erfolgt durch Samen, die 4 bis 5 Tage nach der Aussaat keimen. Salat wird häufig in Container oder Zuchtbeete ausgesät und nach 4 bis 6 Wochen verpflanzt. Böden mit hohem Gehalt an organischem Material und reiche N-Düngung sind die Voraussetzung für einen guten Ertrag. P-Dünger fördern die Bildung fester Köpfe. Bewässerung ist meist erforderlich, besonders beim Verpflanzen und bis die Sämlinge gut eingewurzelt sind. Die meisten Kopfsalatsorten reifen innerhalb 60 bis 85 Tagen nach dem Verpflanzen. Die offenen Typen benötigen dagegen nur 35 bis 50 Tage. Die Ernte sollte am frühen Morgen erfolgen, besonders bei heißem Wetter.

Blattläuse (*Aphis* spp.) sind die Hauptschädlinge des Salats; man bekämpft sie mit den üblichen Insektiziden. Salat wird auch von verschiedenen bakteriellen, Virus- und Pilzkrankheiten befallen. Es gibt Kultursorten, die resistent gegen falschen Mehltau (*Bremia lactucae*) sind. Allgemein ist es üblich, den Boden vor dem Pflanzen mit einem Fungizid zu bestäuben. Das Auftreten des Salat-Mosaik-Virus kann durch Verwendung gesunden Saatgutes vermindert werden, ebenso durch Anbau resistenter Sorten und Bekämpfung der Blattlaus-Vektoren und Wirtunkräuter.

Der Chinesische Salat, *L. indica* L., ist nicht näher mit *L. sativa* verwandt. Sein Mannigfaltigkeitszentrum ist China, der Anbau beschränkt sich auf Ost- und Südostasien. Bei ihm werden die Blätter als Kochgemüse zubereitet.

Endivie

Botanisch: *Cichorium endivia* L.
Englisch: endive
Französisch: chicorée   scarole,   chicorée
                frisée
Spanisch: escarola

Die Samen werden in Saatbeete oder Container gesät und die Sämlinge bei einer Wuchshöhe von 5 bis 7 cm verpflanzt. Der bittere Geschmack der Blätter wird durch Bleichen gemildert. Zu diesem Zweck werden die Blätter während eines Zeitraums von 10 bis 14 Tagen zusammengebunden, sobald sie sich dem Reifestadium nähern. Die Pflanzen haben einen mäßigen Wasserbedarf. Sie reifen im allgemeinen innerhalb 70 bis 85 Tagen nach der Verpflanzung.

Die jungen Blätter – vorzugsweise gebleicht – werden als Salat verzehrt; die reifen Blätter werden manchmal als gekochtes Gemüse verwendet.

Die Endivie wurde schon im alten Ägypten kultiviert. Sie wird heute im karibischen Raum, den Philippinen, Zentral- und Westafrika und vielen anderen tropischen Gebieten angebaut. Ihr Ursprung liegt im mediterranen Raum. Sie ist ein ein- oder zweijähriges Kraut mit gestauchter Sproßachse. Die Blätter wachsen in dichten Rosetten, sie weisen viele verschiedene Formen auf, zerteilt, gekraust oder glatt und breit.

Im allgemeinen ist sie toleranter gegenüber hohen Temperaturen als Salat, jedoch wird das Wachstum von der Temperatur stark beeinflußt. Die Blätter werden unter Hitzeeinwirkung faserig. Von Pflanzen, die in Höhen über 500 m angebaut werden, erzielt man bessere Ergebnisse als von solchen im Flachlandanbau. Bei hohen Temperaturen kommt die Art im Kurztag selten zum Blühen.

Weitere Kompositenarten

Crassocephalum biafrae (Oliv. et Hiern) S. Moore, Bologi, ist eine ausdauernde Kletterpflanze mit langgestielten, sukkulenten, gezähnten Blättern, die in Westafrika an Holzstützen gezogen wird. Bei leichter Beschattung werden größere Blätter gebildet. Blätter und junge Triebe werden für Suppen und Schmorgemüse gebraucht.

Cynara cardunculus L., Kardone, stammt aus dem mittleren und westlichen Mittelmeergebiet. Als Gemüse werden die wie bei Blattsellerie gebleichten Blattstiele verwendet.

C. scolymus L., Artischocke, ist nah verwandt mit *C. cardunculus*. Die Vermehrung geschieht durch Saat oder Schößlinge aus dem Wurzelstock. Als Gemüse dienen die fleischigen Blütenkopfböden mit den umgebenden dicken Brakteen. Der Anbau in den Ländern rund ums Mittelmeer hat stark zugenommen und sich auch in andere subtropische Gebiete ausgedehnt.

Helianthus tuberosus L., Topinambur, stammt wie die Sonnenblume aus Nordamerika und wird in beschränktem Umfang in der Karibik, in Indien, Malaysia und West- und Ostafrika angebaut, meist als einjährige Kultur. In den Tropen bringt er nur in Lagen über 500 m gute Erträge, da Temperaturen über 27 °C die Knollenbildung hemmen. Die Knollen werden als Gemüse gekocht oder für Pickles verwendet.

Polymnia sonchifolia Poepp. et Endl., yacón, jiquima, aus den südamerikanischen Anden, wird durch bewurzelte Seitentriebe vermehrt. Das Hauptprodukt sind die wasserreichen, süßschmeckenden Knollen, die bis zu 2 kg schwer und auch roh gegessen werden. Daneben werden die krautigen, bis zu 1,5 m hohen Stengel ebenfalls als Gemüse gekocht.

Scorzonera hispanica L., Schwarzwurzel, aus dem westlichen Mittelmeergebiet, wird hauptsächlich dort, aber auch im gemäßigten Klima Europas angebaut.

Spilanthes oleracea L., Parakresse, ist ein Gemüse, das voll an das Klima des humiden tropischen Tieflands angepaßt ist. Sie wird hauptsächlich in Südostasien und im Amazonasgebiet Brasiliens angebaut. Die Kultur ist einfach, da die Pflanze ausdauernd ist. Die Vermehrung ist durch Saat oder Ableger möglich. Die dreieckigen Blätter werden als Gemüse und in Suppen verwendet, in geringem Umfang auch als Salat.

Vernonia amygdalina Del., bitterleaf, ist ein bis zu 4 m hoher Strauch aus dem tropischen Afrika, der namentlich in Westafrika allgemein angebaut wird. Die Pflanze wird durch Stecklinge vermehrt, häufig als Hecke gezogen, ist ziemlich trockenresistent und gedeiht auf den verschiedensten Bodentypen. Die bis zu 30 cm langen Blätter werden in Suppen und Soßen gebraucht. Getrocknet lassen sie sich über längere Zeit lagern.

Literatur

1. EPNHUIJSEN, C. W. VAN (1974): Growing Native Vegetables in Nigeria. FAO, Rom.
2. HERKLOTS, G. A. C. (1972): Vegetables in South-East Asia. Allen and Unwin, London.
3. KAY, D. E. (1973): Root Crops. Tropical Products Institute, London.
4. OCHSE, J. J., and BAKHUIZEN VAN DEN BRINK, R. C. (1980): Vegetables of the Dutch East Indies. Reprint of the 1931 edition. Asher, Amsterdam.
5. PURSEGLOVE, J. W. (1968): Tropical Crops: Dicotyledons. Longman, London.
6. RYALL, A. L., and LIPTON, W. J. (1972): Handling, Transportation and Storage of Fruits and Vegetables. AVI, Westport, Connecticut.
7. TINDALL, H. D. (1983): Vegetables in the Tropics. Macmillan, London.
8. YAMAGUCHI, M. (1983): World Vegetables. AVI, Westport, Connecticut.

4.3   Cruciferae

H. DONOVAN TINDALL

Kopfkohl, Weißkohl, Rotkohl, Wirsing

Botanisch:	*Brassica oleracea* L. var. *capitata* L. und var. *sabauda* L.
Englisch:	white cabbage, Savoy cabbage
Französisch:	chou pommé, chou cabus, chou frisé
Spanisch:	col, berza, repollo

Kopfkohl wird schon seit mindestens 3000 Jahren in Südeuropa und den Mittelmeerländern angebaut. Heute findet man ihn als Kulturpflanze überall in den Tropen und Subtropen.

Der Nährwert des Kopfkohls ist relativ hoch, jedoch geringer als der vieler anderer Pflanzen, die in tropischen Gebieten als Blattgemüse verwendet werden. Kopfkohl hat – wie andere *Brassica*-Formen – einen beträchtlichen Wasseranteil, oft bis zu 93 % seines Gesamtgewichts.

Alle blattreicheren Typen von *Brassica* enthalten nützliche Mengen von Protein und Kohlenhydraten und Vitamin C in genügenden Mengen, um dem Auftreten von Skorbut vorzubeugen. Auch Vitamin A, B_1, B_2, Niacin und Mineralstoffe sind in Kopfkohl in nennenswerten Mengen enthalten.

Kopfkohl ist empfindlich gegen Hitze, jedoch können einige Formen und Sorten Temperaturen über 30 °C vertragen. Die Kopfbildung ist besser bei Temperaturen unter 24 °C, das Optimum liegt in manchen Anbaugebieten bei 15 bis 20 °C. Für eine ausreichende Kopfbildung scheint ein Unterschied von ca. 5 °C zwischen Tag- und Nachttemperatur notwendig zu sein. In Höhen unter 800 m werden kaum mehr große Köpfe gebildet, da sie als Folge der hohen Temperatur bei geringen Tag/Nacht-Schwankungen zu früh reifen; einige Wirsing- und Kopfkohlsorten liefern aber ausreichend große Köpfe auch im Tiefland. Die meisten Sorten sind tagneutral, der Beginn der Blüte hängt hauptsächlich von den Temperaturbedingungen der jeweiligen Anbaugebiete ab. Temperaturen unter 10 °C bewirken frühe Blüte.

Der Boden sollte viel organisches Material enthalten und gute Wasserkapazität besitzen. Ein pH-Wert von 6,0 bis 7,0 ist optimal, saure Böden sollten vermieden werden.

Kohl braucht niedrige Temperatur zur Auslösung der Blütenbildung (Vernalisation). Daher bildet er in den Tropen auch in höheren Lagen selten Saat; selbst Sorten mit relativ geringem Kältebedürfnis (z. B. 'Cape Spitz') sind oft im Anbauland schwer zu vermehren. In neuerer Zeit wurden F_1-Hybridsorten entwickelt mit Resistenzen gegen einige Schädlinge und Krankheiten, deren Saat gewöhnlich importiert werden muß. Um die Schwierigkeit der Saatproduktion zu umgehen, genießt die Möglichkeit der vegetativen Vermehrung durch Blattstecklinge oder Gewebekultur in den warmen Ländern zunehmende Aufmerksamkeit (9).

Der Samen wird in Zuchtbeeten ausgesät und in Reihen mit einem Abstand von 60 bis 75 cm zwischen und 45 bis 60 cm in den Reihen verpflanzt; für spätreifende Sorten sind größere Abstände erforderlich. Die Kopfgröße kann durch die Pflanzendichte reguliert werden. Junge Sämlinge und Transplantate müssen vor starkem Sonneneinfall geschützt werden. Stecklinge von geköpften Strünken können in Pflanzschulen bewurzelt und danach verpflanzt werden.

Organische und NPK-Dünger sollten vor dem Verpflanzen in den Boden eingebracht werden; wenn die Pflanzen Zeichen von Kopfbildung zeigen, sollte mit N nachgedüngt werden. Mangel an Spurenelementen wie B und Mo kann physiologische Krankheiten verursachen. Der Boden sollte während der ganzen Wachstumszeit gleichmäßig feucht gehalten werden, da

Trockenheit die Entwicklung der Köpfe unterbricht, die dann nach Regen oder Bewässerung tiefe Risse bilden können. Eine Reihe von Herbiziden ist verfügbar zur Behandlung des Bodens vor dem Auflaufen der Saat und vor oder nach dem Verpflanzen.

Im Tiefland können die Köpfe nach 70 bis 90 Tagen geerntet werden, in Höhen über 1000 m nach 80 bis 110 Tagen, je nach Eigenschaften der Sorten. Wie in Europa wird in den warmen Ländern der Kohl hauptsächlich als Frischgemüse gekocht, daneben auch durch saures Einlegen oder Trocknen konserviert.

Im wesentlichen werden alle *Brassica*-Arten in größerem oder kleinerem Ausmaß von denselben Schädlingen und Krankheiten befallen. Durch Anwendung regelmäßiger Fruchtfolge, Erhaltung eines hohen pH-Wertes und sorgfältige Pflanzenhygiene können die Schäden beträchtlich verringert werden, z.B. die durch Kohlhernie *(Plasmodiophora brassicae)* und Blattflecken *(Cercospora brassicicola)* verursachten. Die Hauptschädlinge sind Erdflöhe *(Phyllotreta* spp.), Kohlblattläuse *(Brevicoryne brassicae)*, Raupen des Kohlweißlings *(Pieris* spp.) und die Kohlmotte *(Crocidolomia binotalis)*. Zu ihrer Bekämpfung stehen verschiedene Insektizide zur Verfügung, die als Sprühmittel auf die Blätter oder als Granulate in den Boden ausgebracht werden.

Grünkohl (Acephala-Gruppe)

Botanisch:	*B. oleracea* var. *acephala* DC., var. *sabella* L. u.a.
Englisch:	kale, collard
Französisch:	chou vert
Spanisch:	col verde

Grünkohl wird in vielen tropischen Gebieten angebaut, und zwar gewöhnlich als mehrjährige Kultur; die Vermehrung erfolgt vegetativ durch Sproßstücke.

Blumenkohl und Brokkoli (Botrytis-Gruppe)

Botanisch:	*B. oleracea* var. *botrytis* L. und var. *italica* Plenck
Englisch:	cauliflower, broccoli
Französisch:	chou-fleur, chou brocoli
Spanisch:	coliflor, brécol

Blumenkohl verträgt keine Hitze und liefert die besten Köpfe in den Wintermonaten der Subtropen; man findet ihn aber auch im tropischen Hochland. Brokkoli vertragen mehr Wärme als Blumenkohl. Geeignete Sorten gedeihen daher nicht nur in den Subtropen, sondern auch auf Hawaii, den Philippinen, in Zentral-, Ost- und Westafrika und im karibischen Raum.

Rosenkohl (Gemmifera-Gruppe)

Botanisch:	*B. oleracea* var. *gemmifera* DC.
Englisch:	Brussels sprouts
Französisch:	chou de Bruxelles
Spanisch:	col de Bruselas

Rosenkohl verträgt keine hohen Temperaturen. Er kann daher nur in den Subtropen im Winter und in Höhen über 1000 m angebaut werden.

Kohlrabi (Gongylodes-Gruppe)

Botanisch:	*B. oleracea* var. *gongylodes* L.
Englisch:	kohlrabi
Französisch:	chou-rave
Spanisch:	colirrábano

Trotzdem Kohlrabi auch bei höheren Temperaturen gedeiht, findet man ihn selten in den Tropen, und zwar fast nur in Asien, besonders in Indien.

Chinakohl und Schantungkohl

Botanisch:	*Brassica rapa* L. emend. Metzg. ssp. *chinensis* (L.) Makino und ssp. *pekinensis* (Lour.) Olsson
Englisch:	Chinese cabbage, Shantung cabbage
Französisch:	chou de Chine, chou de Shanton
Spanisch:	repollo Chino

Alle Formen von *Brassica* mit dem Genom AA (2 n = 20) werden am besten zu einer Art zusammengefaßt: *B. rapa* L. emend. Metzger (Synonym *B. campestris* L., von einigen Autoren bevorzugt). Zu ihr gehören die aus Europa stammenden Kohlrüben (ssp. *rapa*), die heute auch in tropischen Regionen in Höhen über 1000 m als

Abb. 100. *Brassica rapa* ssp. *chinensis*, Beetkultur in Malaysia.

Gemüse angebaut werden, und Rübsen (ssp. *oleifera* (DC.) Metzg.), von den in Ostasien beheimateten Formen u. a. die beiden Typen des Chinakohls. Von diesen Unterarten gibt es mehrere botanische Varietäten und zahlreiche Sorten. Alle Formen von ssp. *chinensis* sind einjährig, wärmeliebend, mit frei entfalteten Blättern (Abb. 100); sie sind in ganz Ost- und Südostasien ein wichtiges Gemüse mit doppelt so hohem Nährwert wie Weißkohl. Die Formen von ssp. *pekinensis* sind überwiegend zweijährig und bilden mehr oder weniger fest geschlossene Köpfe (Abb. 101); sie werden jetzt in der ganzen Welt angebaut, auch in der gemäßigten Zone (in Europa ist die var. *cylindrica* Tsen et Lee zu einer beliebten Salatpflanze geworden).
Die Sorten von ssp. *chinensis* kommen bei hohen Temperaturen und Tageslängen über 12 bis 13 Stunden früh zum Blühen. Unter günstigen Bedingungen werden sie schon nach 40 Tagen geerntet. Die ssp. *pekinensis* ist allgemein an kühlere Temperaturen angepaßt, in den niederen Breiten bildet sie große, feste Köpfe nur in höheren Lagen (über 1500 m). Im Tiefland kann die Kopfbildung ganz unterbleiben. Sie braucht Temperaturen unter 16 °C (Vernalisation) zur Blütenbildung. Für gute Blattentwicklung soll-

Abb. 101. *Brassica rapa* ssp. *pekinensis*, Sorte aus Nordthailand im Gewächshaus gezogen (Foto Espig).

ten beide Unterarten im vollen Sonnenlicht stehen, Schantungkohl verträgt aber auch längere Regenperioden; er gedeiht auf verschiedenen Bodentypen und verlangt gleichmäßige Bodenfeuchte. Durchlässige Böden mit geringer Wasserkapazität sind daher schlecht geeignet.

Die Samen beider Unterarten werden in Zuchtbeete ausgesät und in Reihen verpflanzt. Sie können auch direkt auf die Anbaufläche ausgesät und später auf Abstände von 30 bis 40 cm verdünnt werden. Bewässerung ist in regelmäßigen Abständen erforderlich; Mulchen hilft die Bodenfeuchtigkeit zu konservieren und verringert das Aufkommen von Unkräutern. Kopfdüngungen mit N sind in regelmäßigen Abständen erforderlich, um eine volle Blattentwicklung zu erzielen.

Da Chinakohl überwiegend fremdbestäubend ist, müssen die Felder zur Saatguterzeugung nicht nur von anderen Sorten von *B. rapa* gut isoliert sein, sondern auch von Beständen von *B. juncea*, mit deren Pollen Fremdbestäubung ebenfalls möglich ist; mit *B. oleracea* ist Chinakohl nicht kreuzbar.

Blattsenf

Botanisch:	*Brassica juncea* (L.) Czern.
Englisch:	leaf mustard, Indian mustard
Französisch:	moutarde de Chine
Spanisch:	mostaza de la tierra

Blattsenf ist eine natürliche amphidiploide Hybride von *B. rapa* (Genom AA) und *B. nigra* (Genom BB) mit $2 n = 36$ (Genom AABB). Von den zwei Unterarten ist ssp. *juncea*, Sareptasenf, eine Öl- und Gewürzpflanze (Samen) ($\rightarrow$ REHM, Kap. 3.11), während ssp. *integrifolia* (West) Thell. Gemüse liefert (Abb. 102). Sie ist eine alte Kulturpflanze, von der in China zahlreiche Formen entwickelt wurden: neben Varietäten, deren Blätter gegessen werden, gibt es solche mit verdickten Wurzeln, mit angeschwollenen Stengelknoten oder mit verdickten Blütenstandsachsen. Sie werden als Gemüse gekocht oder in Pickles verwendet. Ein geringer Anbau findet auch in Indien und einigen südostasiatischen Ländern statt. Die Ansprüche an Klima und Boden und die Anbautechniken sind ähnlich wie bei den anderen *Brassica*-Arten.

Abb. 102. *Brassica juncea* ssp. *integrifolia*, Beetkultur in Hongkong.

Abessinischer Kohl, *Brassica carinata* A. Braun, wird in den höheren Lagen Äthiopiens als Gemüsepflanze (Blätter) und Ölpflanze (Samen) angebaut. Er ist ein amphidiploider Bastard aus *B. nigra* × *B. oleracea* mit dem Genom BBCC (2 n = 34).

Radieschen und Rettich

Botanisch: *Raphanus sativus* L.
Englisch: radish
Französisch: radis
Spanisch: rábano

Die roten, runden Radieschen sind weltweit, auch in den Tropen, verbreitet. Obwohl sie am besten bei mittleren Temperaturen gedeihen, bilden sie auch bei höheren brauchbare Knollen. Der Anbau wird in den warmen Ländern wie bei uns durchgeführt, die Knollen sind nach 30 bis 50 Tagen zu ernten. In manchen Ländern werden auch die Blätter für Salat oder wie Spinat gebraucht.

Unsere großen Rettiche (weiß, schwarz oder violett) spielen in warmen Ländern nur eine untergeordnete Rolle. Wichtig sind aber, besonders in Ost- und Südostasien, die japanischen Rettiche, *R. sativus* L. var. *longipinnatus* Bailey, die gewöhnlich 2 kg schwer werden. Sie vertragen auch höhere Temperaturen gut. Man sät sie direkt und dünnt sie nach dem Auflaufen auf Abstände von 15 bis 25 cm zwischen den Pflanzen einer Reihe aus. Die Vegetationszeit beträgt 50 bis 80 Tage je nach gewünschtem Reifegrad und Sorte. Die Wurzelknollen werden als Gemüse gekocht oder für Pickles verwendet. In einigen Ländern ist der japanische Rettich eine wichtige Feldfutterpflanze (→ ESPIG, Kap. 13).

Die Brunnenkresse, *Nasturtium officinale* R. Br., ist ursprünglich eine Pflanze fließender Gewässer, gedeiht aber auch auf sehr nassem Boden und verträgt kühle bis ziemlich hohe Temperaturen. Vermehrt wird sie durch Sproßstükke, die sich schnell bewurzeln. Junge Blätter und Sproßspitzen werden als Salat zubereitet, in Südostasien wird die ganze Pflanze auch als Gemüse gekocht.

Die Gartenkresse, *Lepidium sativum* L., wird wie bei uns auch in den Tropen als Salatpflanze (meist die Keimlinge) gebraucht, in geringem Umfang auch zur Ölgewinnung aus den Samen. Die Rauke, *Eruca vesicaria* (L.) Cav. ssp. *sativa* (Mill.) Thell., wird in vielen Ländern der Subtropen als Blattsalat verwendet; ihre Samen werden wie Senf gebraucht, in Asien dienen sie auch der Ölgewinnung (→ REHM, Kap. 3.11).

Literatur

1. GRUBBEN, G. J. H. (1977): Tropical Vegetables and Their Genetic Resources. FAO, Rom.
2. HERKLOTS, G. A. C. (1972): Vegetables in South-East Asia. Allen and Unwin, London.
3. KAY, D. E. (1972): Root Crops. Crop and Product Digest No. 2. Trop. Products Inst., London.
4. KNOTT, J. E., and DEANON, J. R. (1976): Vegetable Production in South-East Asia. Univ. Philippines, Los Baños, Laguna.
5. OCHSE, J. J., and BAKHUIZEN VAN DEN BRINK, R. C. (1980): Vegetables of the Dutch East Indies. Reprint of the 1931 edition. Asher, Amsterdam.
6. OPEÑA, R. T., YANG, C. Y., LO, S. H., and LAI, S. H. (1983): The Breeding of Vegetables Adapted to the Lowland Tropics. ASPAC Food and Fertilizer Technology Center, Techn. Bull. No. 7, Taipei, Taiwan.
7. TINDALL, H. D. (1983): Vegetables in the Tropics. Macmillan, London.
8. TSUNODA, S., HINATA, K., and GÓMEZ-CAMPO, C. (eds.) (1980): *Brassica* Crops and Wild Allies. Biology and Breeding. Scient. Soc. Press, Tokyo.
9. UYEN, N. V., HO, T. V., and VANDER ZAAG, P. (1985): Cabbage (*Brassica oleracea* var. *capitata*) propagation and production using tissue culture in Vietnam. Phil. Agric. 68, 145–150.
10. ZEVEN, A. C., and DE WET, J. M. J. (1982): Dictionary of Cultivated Plants and Their Regions of Diversity. Pudoc, Wageningen.

4.4   Cucurbitaceae

SIGMUND REHM

Kürbis

Botanisch: *Cucurbita* spp.
Englisch: pumpkin, squash, gourd, marrow
Französisch: courge, citrouille
Spanisch: calabaza, zapallo

Die Gattung *Cucurbita* ist ausschließlich amerikanisch; die angebauten Arten stammen aus Zentral- und Südamerika. Heute werden Kürbisse in allen Ländern der Tropen und Subtropen angebaut. Produktionszahlen sind nicht bekannt; die in (4) angegebenen Zahlen sind ganz unvollständig. In vielen Ländern gehören sie zu den wichtigsten Gemüsearten; durch ihre gute Haltbarkeit sind sie über lange Zeit, in Ländern mit gleichmäßigem Klima das ganze Jahr über verfügbar. Auf den lokalen Märkten werden sie regelmäßig angeboten. Neben dem Fleisch der jungen oder reifen Früchte werden oft auch die öl- und eiweißreichen Samen, meist geröstet, gegessen oder zur Ölgewinnung gebraucht. Die jungen Blätter dienen in einigen Ländern als Gemüse.

Die kultivierten Kürbisse gehören zu fünf botanischen Arten, die untereinander nicht bzw. kaum kreuzbar sind (15):

C. ficifolia Bouché, Feigenblattkürbis, hat Früchte von geringem Nährwert mit fadem Geschmack. Außer dem Anbau im Heimatgebiet (5, 17) kenne ich die Art nur aus Kwazulu (Südafrika). Verbesserte Zuchtsorten gibt es nicht. In den Niederlanden wird die Art als Unterlage für Gurken gebraucht.

C. maxima Duch., Riesenkürbis, stammt als einzige der Arten aus Südamerika, wo primitive Formen noch viel angebaut werden (1) (Abb. 103). Die meisten der weltweit angebauten Sorten wurden in den USA gezüchtet ('Green Hubbard', 'Buttercup' usw.). Die Früchte werden meist reif verwertet und sind i. a. gut haltbar.

C. mixta Pang. stammt vermutlich aus Mexiko (15, 16) und ist heute weit verbreitet in Zentral- bis Südamerika. Moderne Sorten wurden in den USA entwickelt ('Cushaw', 'Tennessee Sweet Potato'). Außerhalb Amerikas wird sie wenig angebaut.

C. moschata (Duch.) Duch. ex Poir., Moschuskürbis, hat besonders wohlschmeckende Früchte mit festem Fleisch und von hervorragender Haltbarkeit; Sortennamen wie 'Butternut' charakterisieren die Fleischqualität. Prähistorisch ist die Art von Mexiko bis Peru bekannt (16). Auch außerhalb Amerikas spielt *C. moschata* eine bedeutende Rolle, besonders in Indien und China (2, 6, 7).

C. pepo L., Gartenkürbis, ist die vielgestaltigste Art. Sie stammt aus dem Gebiet der südlichen USA und Mexikos. Im Vorderen Orient entwickelte sich ein sekundäres Mannigfaltigkeitszentrum. Die heutigen Sorten variieren in der Wuchsform (Busch- und kriechende Typen), in Größe, Farbe und Form der Früchte und in der Qualität des Fleisches. 'Zucchini' werden ganz jung gegessen, 'Table Queen' u. a. sind auch als reife Früchte wohlschmeckend und gut haltbar.

Abb. 103. *Cucurbita maxima*. Primitive Sorte aus Argentinien (Foto BRÜCHER).

In Asien gibt es Sorten, von denen hauptsächlich die Samen gegessen werden; auch der Ölkürbis gehört zu dieser Art, ebenso die hübschen Zierkürbisse mit ungenießbarem, meist bitterem Fleisch, wie es gelegentlich auch bei Gemüsesorten vorkommt (10, 11, 12). *C. pepo* ist die weitestverbreitete Kürbisart und wird in allen Ländern angebaut.

Alle Kürbisarten sind monözisch, d. h. männliche und weibliche Blüten werden an derselben Pflanze gebildet. Die Blüten öffnen sich mit Sonnenaufgang und welken noch am gleichen Vormittag. Für die Bestäubung durch Insekten, hauptsächlich Bienen, stehen also nur wenige Stunden zur Verfügung. In manchen Ländern Asiens gibt es nicht genügend Bienen; dann muß die Bestäubung frühmorgens von Hand ausgeführt werden. Alle Kürbisse sind wärmeliebend; besonders die Keimung erfordert hohe Bodentemperaturen, das Keimungsoptimum liegt meist zwischen 30 und 40 °C. Keine Art verträgt Frost. Die meisten Arten sind tagneutral, nur *C. ficifolia* ist eine Kurztagpflanze.

Für gute Erträge ist eine ausreichende Wasserversorgung nötig. In Gegenden mit ungenügendem Regen werden Kürbisse daher häufig unter Bewässerung angebaut. Die Ansprüche an den Boden und die Nährstoffversorgung, besonders N, sind hoch. Auf leichteren Böden wird daher reichlich mit Kompost oder Stallmist gedüngt. In der Regel werden Kürbisse direkt gesät; nur in Gebieten mit kühlem Frühjahr wird die Anzucht der Jungpflanzen in Erdtöpfen unter Kunststofffolien praktiziert. Bei rankenden Sorten sollte der Pflanzabstand groß genug sein, um einen Fußpfad zwischen den Reihen offenhalten zu können. Normale Abstände sind bei Buschformen 1 bis 1,5 m, bei rankenden Formen 2 bis 2,5 m. Häufig werden Kürbisse in Hausgärten oder auf Komposthaufen als Einzelpflanzen gezogen, häufig auch als bodenbedeckende Unterfrucht in Maisfeldern oder unter anderen hochwüchsigen Pflanzen.

Die wichtigsten Krankheiten und Schädlinge in warmen Ländern sind: Mosaik-Virus, Anthraknose *(Colletotrichum lagenarium)*, Mehltau *(Erysiphe cichoracearum)*, falscher Mehltau *(Pseudoperonospora cubensis)*, die Kürbisfliegen *(Dacus* spp.) und Nematoden *(Meloidogyne* spp.). Alle können schwere Schäden verursachen und Bekämpfungsmaßnahmen oder geeignete Fruchtfolgen erfordern (16).

Gurke

Botanisch:	*Cucumis sativus* L.
Englisch:	cucumber
Französisch:	concombre
Spanisch:	pepino, cohombre

Gurken sind eines der Universalgemüse. Sie werden vom Äquator bis in hohe Breiten angebaut. Zahlen über die Weltproduktion sind unvollständig, sicherlich höher als die in (4) angegebene Menge von 11 Mio. t. Unter allen Gemüsearten nehmen sie die 4. Stelle ein (nach Tomaten, Kohlarten und Zwiebeln). Auch bei hohen Temperaturen halten sie sich nach der Ernte 1 bis 2 Wochen und sind deshalb ein gutes Marktgemüse. Ihr Nährwert ist gering, aber wegen ihres erfrischenden Geschmackes werden sie überall geschätzt. Häufiger als bei uns werden sie in tropischen Ländern auch gekocht zubereitet, ähnlich wie Kürbisse (7).

Die Gattung *Cucumis* hat die größte Artenzahl in Afrika. *C. sativus* stammt aus Nordindien. In Südost-Asien werden heute noch kleinfrüchtige Sorten angebaut, die weitgehend der Wildform (*C. sativus* var. *hardwickii* (Royle) Alef.) entsprechen (15, 19). Von den afrikanischen *Cucumis*-Arten unterscheidet sich *C. sativus* durch die Chromosomenzahl (n = 7, afrikanische n = 12) und durch den Bitterstoff Cucurbitacin C (afrikanische Arten Cucurbitacin B) (10, 12). Die Ansprüche an Klima und Boden sind ähnlich wie bei Kürbis. Gurken werden in Reihen angepflanzt mit Abständen von 0,7 bis 1 m zwischen den Reihen und 0,7 m zwischen den Pflanzen. Man läßt sie auf der Erde ranken oder an aufrechten Stellagen (bei Sorten mit langen Früchten, in sehr feuchtem Klima oder um Sonnenbrand zu vermeiden) (6, 9). Gurken werden direkt gesät oder vorgezogen und mit dem Erdballen ausgepflanzt. Sie entwickeln sich schnell, die Ernte beginnt etwa 50 Tage nach dem Aussäen. Geerntet werden hauptsächlich die voll ausgewachsenen, aber noch unreifen Früchte. Wenn alle paar Tage geerntet wird, so daß keine Frucht zur Reife kommt, erstreckt sich die Ernte über bis zu 2 Monate. Als Einmachgurken werden die ganz jungen Früchte bis zu einer Länge von 10 cm geerntet; in der Regel werden hierfür speziell für diese Nutzung gezüchtete Sorten angebaut.

Krankheiten und Schädlinge sind die gleichen wie bei Kürbis.

Zuckermelone

Botanisch:	*Cucumis melo* L.
Englisch:	melon, sweet melon, musk-melon, cantaloup(e)
Französisch:	melon
Spanisch:	melón, melón de olor

Zucker- und Wassermelone werden meist als Obst gegessen. Bei beiden gibt es aber Formen, die eher als Gemüse zu klassifizieren sind; daher sollen sie hier zusammen mit den anderen Cucurbitaceen besprochen werden.

Die Produktion der Zuckermelone ist räumlich enger begrenzt als die der drei anderen „großen" Cucurbitaceen. Wegen ihrer Krankheitsanfälligkeit gedeiht sie nicht im humiden tropischen Klima, wegen ihres Wärmebedürfnisses ist ihr Anbau kaum nördlich des 45. und südlich des 35. Breitengrades möglich. Länder mit trockenen, heißen Sommern sind für ihren Anbau am geeignetsten; für diese kann sie eine wichtige Exportfrucht sein. Die Welterzeugung beträgt 7 Mio. t (4).

Die Heimat der Zuckermelone ist Afrika (15, 19); in der Sahelzone kommen heute noch unscheinbare Wildformen mit 5 cm langen, grünen, meist bitteren Früchten vor (Abb. 104), als Unkraut und auf altem Ackerland findet man in Ost- und Südafrika verschiedene kleinfrüchtige Formen. Sekundäre Mannigfaltigkeitszentren sind Kleinasien, Zentralasien und China-Japan, wo Sorten mit strengem Geschmack angebaut werden, die nur gekocht oder eingemacht genießbar sind (var. *conomon* Mak.) (6). Die Formenmannigfaltigkeit der Art ist sehr groß, so daß sie in eine Reihe von Unterarten gegliedert wurde (16, 19).

Wegen ihrer Vorliebe für heißes, trockenes Wetter werden Zuckermelonen in den Hauptanbaugebieten meist unter Bewässerung angebaut. Sie werden direkt gesät oder auf einem sehr frühen Stadium mit dem Erdballen verpflanzt. Der Abstand der Reihen beträgt 2 bis 2,5 m, in der Reihe 1,5 bis 1,8 m. Die ersten Früchte reifen $3\frac{1}{2}$ bis 4 Monate nach der Aussaat. Vollreife Früchte haben den besten Geschmack. Für Markt und Export werden Zuckermelonen etwas früher geerntet; sie entwickeln aber nie die Süße und das Aroma wie die an der Pflanze ausgereiften.

Abb. 104. *Cucumis melo*. Kreuzung einer Kultursorte mit einer Wildform aus Senegal. Links: 'HB 45'; Mitte: F_1-Hybrid; Rechts: Wildform.

Die bei Kürbis genannten Krankheiten und Schädlinge gefährden auch die Zuckermelonen, nur sind diese gegen die Blattkrankheiten viel empfindlicher (s. o.).

Wassermelone

Botanisch:	*Citrullus lanatus* (Thunb.) Matsum. et Nakai
Englisch:	watermelon
Französisch:	pastèque
Spanisch:	sandía, patilla

Wassermelonen brauchen ähnlich viel Wärme wie Zuckermelonen, sind aber trockenresistenter und nicht so anfällig für Krankheiten unter humiden Bedingungen. Sie werden in allen warmen Ländern angebaut; (4) gibt eine Weltproduktion von 26 Mio. t an, mit einem entschiedenen Schwerpunkt in Asien (15 Mio. t). Die modernen, kleinfrüchtigen Sorten aus den USA sind wichtige Exportfrüchte geworden; ihre Transportfähigkeit ist besser als die der Zuckermelonen.

Die Wassermelone stammt aus dem tropischen Afrika nördlich des Äquators; sie war schon im alten Ägypten und dann im klassischen Griechenland und Rom eine wichtige Frucht (16). Wildformen findet man heute noch in großen Mengen in der Kalahari („Tsammas": kleinfrüchtig, kleinsamig, mit weißlichem, zähem Fleisch, bittere und nichtbittere Formen (10, 12)). Von den heute angebauten Typen stehen die Egusi-Melonen („Neri") Westafrikas (13) mit fadschmeckendem, weißem Fleisch, die nur wegen der relativ kleinen, aber ölreichen Samen (40 % Öl) angebaut werden, den Wildformen am nächsten. Es folgen die großfrüchtigen Futtermelonen, nicht süß schmeckend, mit weiß-grünlichem Fleisch und großen Samen; sie werden hauptsächlich in Rußland, Südafrika und den USA angebaut, oft als Unterkultur in Mais, und werden auch als Konfitüren und Zusatz zu Marmeladen (hoher Pektingehalt) verarbeitet. Die meisten der modernen süßen Wassermelonen (Zuckergehalt etwa 10 %, höher als in Zuckermelonen) haben tiefrotes Fleisch; alle haben große Samen, die in China und von der chinesischen Bevölkerung anderer asiatischer Länder in großen Mengen geröstet gegessen werden (6, 7). Wassermelonen sind stärkere Ranker als Zuckermelonen und werden daher in etwas größeren Abständen gepflanzt als diese (Reihenab-

stand 2,5 bis 3 m, in der Reihe 2 bis 2,4 m). Direktsaat herrscht vor. Wo die für die Bestäubung nötigen Bienen fehlen (Asien), wird durch Handbestäubung nachgeholfen. Die Früchte reifen 4 bis 5 Monate nach der Saat. Geerntet werden die vollreifen Früchte, die besser haltbar sind als solche der Zuckermelone.

Die bei den Kürbissen genannten Krankheiten und Schädlinge treten auch bei den Wassermelonen auf.

Cucurbitaceen von geringerer oder nur lokaler Bedeutung

Benincasa hispida (Thunb.) Cogn.: Wachskürbis. Besonders in Südost- und Ostasien angebaut, wie Kürbis gekocht oder mit Fleisch- und Gemüsefüllung zubereitet; wegen ihrer guten Haltbarkeit wird sie auch „winter melon" genannt (2, 5, 6, 7, 18).

Citrullus fistulosus Stocks: Tinda. Nur in Indien als Gemüse angebaut (2). Die Pflanze ist mit keiner *Citrullus*-Art näher verwandt; Pangalo stellte sie zu einem anderen Genus (*Praecitrullus fistulosus* (Stocks) Pang.).

Coccinia abyssinica (Lam.) Cogn.: Anchoté. In Äthiopien als Wurzelgemüse angebaut (14).

Coccinia grandis (L.) Voigt: ivy gourd. In Südostasien wildwachsend, in Indien angebaut. Junge Triebe und grüne Früchte als Gemüse gekocht (2, 6, 7).

Cucumeropsis mannii Naud. (*C. edulis* (Hook. f.) Cogn.): white egusi. In Westafrika wegen der nahrhaften und wohlschmeckenden Samen angebaut (3).

Cucumis anguria L. var. *anguria*: West Indian gherkin. In der Karibik. Zentral- und Südamerika viel als Gemüse angebaut; stammt aus Afrika (16, 17).

Cyclanthera pedata (L.) Schrad.: cayhua. Heimisch in Zentral- und Südamerika, dort auch angebaut (var. *edulis* Schrad.). Früchte roh oder gekocht gegessen (6, 17, 18, 19).

Lagenaria siceraria (Mol.) Standl.: Flaschenkürbis. Nichtbittere Formen schon im klassischen Altertum (lateinisch: cucurbita) als Gemüse angebaut, heute noch viel in Afrika (Maranka), Indien (Dudhi) und Japan, sonst überall in den Tropen zur Herstellung von Gefäßen, Musikinstrumenten, Pfeifen u. a. Geräten. Die weißen Blüten öffnen sich spät abends und werden von Schwärmern (Sphingiden) bestäubt. Wo diese fehlen, wird die Handbestäubung am besten in der Abenddämmerung ausgeführt (2, 5, 6, 7, 10, 12, 15, 16, 17).

Luffa acutangula (L.) Roxb.: angled loofah. Besonders in Asien angebaut. Die jungen Früchte werden als Gemüse gekocht (2, 5, 7, 17, 18).

Luffa cylindrica (L.) Roem. (Syn. *L. aegyptiaca* Mill.): smooth loofah. In einigen Ländern werden die sehr jungen Früchte nichtbitterer Sorten als Gemüse gekocht. Sonst allgemein wegen des dauerhaften Gefäßbündelnetzes der reifen Früchte („Schwammgurke") angebaut (2, 5, 7, 16, 17, 18).

Momordica charantia L.: Bittergurke. In Asien häufig angebaut. Die deutlich bitter schmeckenden Früchte (Bitterkeit nicht durch die giftigen Cucurbitacine verursacht) als Gewürz zu Speisen und Pickles verwendet. *M. balsamina* L. und *M. cochinchinensis* (Lour.) Spreng. werden lokal ebenso verwendet (2, 6, 7, 12, 18).

Sechium edule (Jacq.) Sw.: chayote. Die aus Mexiko stammende Pflanze (keine Wildform bekannt) ist in Zentral- und Südamerika ein allgemein gebrauchtes Gemüse (Abb. 105). Gegessen werden die Früchte, weniger die bis zu 50 kg schweren Wurzelknollen und die jungen Triebe. Auch außerhalb Amerikas in fast allen Ländern zu finden, aber nirgends von so großer Bedeutung. Das kleinfrüchtige *S. tacaco* (Pitt.) C. Jeffrey (*Polakowskia tacaco* Pitt.) (Abb. 105) wird nur in Costa Rica angebaut und ist auch dort von untergeordneter Bedeutung (6, 7, 16, 17, 18).

Abb. 105. Früchte von *Sechium edule* (l.) und *S. tacaco* (r.) (Foto Espig).

Abb. 106. *Trichosanthes cucumerina* var. *anguina*. In Sri Lanka auf Stellagen gezogen, so daß die großen Früchte frei herabhängen (Foto Caesar).

Sicana odorifera (Vell.) Naud. Nur in Zentral- und Südamerika angebaut. Früchte gelegentlich als Gemüse benutzt (17, 18).

Telfairia occidentalis Hook. f.: fluted pumpkin. In Westafrika werden die Blätter regelmäßig als Gemüse gekocht, auch die ölreichen Samen genutzt. Die großen Samen der ostafrikanischen *T. pedata* (Sm. ex Sims) Hook., oysternut, sind ein beliebtes Nahrungsmittel (8, 14).

Trichosanthes cucumerina L. var. *anguina* (L.) Haines (*T. anguina* L.): Schlangengurke (Abb. 106). Die Art ist südostasiatisch, besonders in Indien häufig als Gemüse angebaut. Genutzt werden hauptsächlich die unreifen Früchte, ebenso die von *T. dioica* Roxb. (2, 5, 7).

Literatur

1. Brücher, H. (1977): Tropische Nutzpflanzen. Springer, Berlin.
2. Council of Scientific and Industrial Research (1948–1976): The Wealth of India. Raw Materials. 11 Bände, Publ. Inform. Directorate, C.S.I.R., New Delhi.

3. Epenhuijsen, C. W. van (1974): Growing Native Vegetables in Nigeria. FAO, Rom.

4. FAO (1984): Production Yearbook, Vol. 37. FAO, Rom.

5. Heiser, C. B. (1979): The Gourd Book. Univ. Oklahoma Press, Norman, Oklahoma.

6. Herklots, G. A. C. (1972): Vegetables in South-East Asia. Allen and Unwin, London.

7. Ochse, J. J., and Bakhuizen van den Brink, R. C. (1977): Vegetables of the Dutch East Indies. Reprint of the 1931 edition. Asher, Amsterdam.

8. Okoli, B. E., and Mgbeogu, C. M. (1983): Fluted pumpkin, Telfairia occidentalis: West African vegetable crop. Econ. Bot. 37, 145–149.

9. Plucknett, D. L., and Beemer, H. L. Jr. (1981): Vegetable Farming Systems in China. Westview Press, Boulder, Colorado.

10. Rehm, S. (1960): Die Bitterstoffe der Cucurbitaceen. Ergeb. Biol. 22, 108–136.

11. Rehm, S. (1985): Pflanzeneigene Giftstoffe in Gemüse – das Beispiel der Cucurbitacine. Tropenlandwirt 86, 99–108.

12. Rehm, S., Enslin, P. R., Meeuse, A. D. J., and Wessels, J. H. (1957): Bitter principles of the Cucurbitaceae. VII. Distribution of bitter principles in this plant family. J. Sci. Food Agric. 8, 679–686.

13. Sinnadurai, S. (1984): Neri – an underexploited crop. World Crops 36, 201–202.

14. Tindall, H. D. (1974): Vegetable production and research in tropical Africa. Scientia Hortic. 2, 199–207.

15. Whitaker, T. W., and Bemis, W. P. (1976): Cucurbits. Cucumis, Cucurbita, Lagenaria (Cucurbitaceae). In: Simmonds, N. W. (ed.): Evolution of Crop Plants, 64–69. Longman, London.

16. Whitaker, T. W., and Davis, G. N. (1962): Cucurbits. Leonard Hill, London.

17. Williams, L. O. (1981): The Useful Plants of Central America. Ceiba 24 (1–4), 1–381.

18. Yamaguchi, M. (1983): World Vegetables. AVI Publ. Co., Westport, Connecticut.

19. Zeven, A. C., and de Wet, J. M. J. (1982): Dictionary of Cultivated Plants and Their Regions of Diversity. Pudoc, Wageningen.

4.5 Leguminosae

4.5.1 Cajanus cajan (L.) Millsp.[1]

Donald G. Faris

Deutsch:	Straucherbse
Englisch:	pigeonpea, red gram
Französisch:	pois d'Angole
Spanisch:	guandul

Die Straucherbse wird auf 3 Mio. ha vorwiegend in den semiaridenTropen angebaut, ca. 88 % in Asien (davon 85 % in Indien), 10 % in Ostafrika und 1 bis 2 % in der Karibik. Weltweit liegt der Samenertrag bei 700 kg/ha, aber auch Ernten von über 5 t/ha werden angegeben.

Sie stammt aus Indien und ist eine vielseitige, sehr trockentolerante, kurzlebig-perennierende Körnerleguminose. Gewöhnlich wird sie annuell angebaut und erreicht dabei, je nach Genotyp und Wachstumsbedingungen, eine Höhe zwischen 0,5 und gut 4 m. Ihre photoperiodische Reaktion ist die einer quantitativen Kurztagpflanze. Ihre Samen reifen, abhängig von Genotyp und Klima, in 90 bis 290 Tagen heran. Frühreife Sorten (< 150 Tage) werden hauptsächlich in Reinkultur mit 10 bis 50 Pflanzen/m^2 angebaut, häufig im Wechsel mit Weizen. Mittel- (150 bis 180 Tage) und spätreife (> 180 Tage) Sorten werden überwiegend mit 1 bis etwa 10 Pflanzen/m^2 in Reihen zwischen oder gemischt mit Getreidearten wie Sorghum, Mais oder Perlhirse angebaut. Diesen Früchten wird dabei 2 bis 8 mal mehr Fläche eingeräumt als der Straucherbse. Sie wird auch im Mischanbau mit vielen anderen Pflanzen wie Baumwolle und Erdnuß genutzt, wobei nur bis zu einem Zehntel und weniger der Fläche mit ihr bestellt wird. Die Straucherbse wächst in den ersten 45 Tagen langsam und zeigt den anderen Früchten gegenüber wenig Konkurrenzkraft. Nach der Ernte des Mischkulturpartners ist sie in der Lage, mit ihrem tiefreichenden Wurzelsystem das verbleibende Wasser auszunutzen. Daher vermindert Mischanbau mit Straucherbsen das Risiko eines totalen Ernteausfalls in Gebieten mit unsicherem Regenfall. Weiterhin findet man Straucherbsen als Hecke, am Feldrand oder um Häuser herum einjährig oder mehrjährig gepflanzt.

Die Straucherbse wird gewöhnlich in der Periode der größten Tageslänge ausgesät, aber die Saat kann noch bis kurz nach der herbstlichen Tagundnachtgleiche erfolgen. Mit einer verspäteten Saat wird das Pflanzenwachstum geringer, aber der Ertrag kann dann durch eine Erhöhung der Pflanzenzahl gesichert werden. Weil der Blütenfall geringer und der Hülsenansatz besser unter sonnigen und trockenen Bedingungen ist, sollte der Saattermin so gewählt werden, daß die Blüte nach den größten Regenfällen beginnt. Die Straucherbse toleriert schlechte P-Versorgung und wird bei einem pH des Bodens von 5 bis 8 angebaut. Sie verträgt keine alkalischen Böden oder Staunässe. Die Straucherbse

---

[1] ICRISAT Journal Article No. JA/275 of 19. 11. 1982

bildet mit vielen Rhizobientypen der Cowpea-Gruppe Knöllchen, so daß eine Beimpfung gewöhnlich keine Verbesserung bringt. Es gibt viele an besondere Bedingungen angepaßte Genotypen. Die Genbank des ICRISAT, bei dem der weltweite Schwerpunkt der Straucherbsenforschung liegt, umfaßt beinahe 10 000 Eingänge. Die Reinerhaltung der Sorten ist schwierig, weil bei der Straucherbse durchschnittlich 20 % Fremdbestäubung vorkommen.

Schädlinge, besonders der Hülsenbohrer (*Heliothis* spp.) und die Hülsenfliege (*Melanagromyza* spp.) vermindern die Erträge. Sie können aber durch 2 bis 4 Behandlungen mit Endosulfan bzw. Dimethoat bekämpft werden. Gute Unkrautbekämpfung ist besonders bei ungenügendem Regenfall wichtig; sie kann von Hand oder durch die Anwendung von Fluchloralin oder Prometryn erreicht werden. Fruchtfolgemaßnahmen sind wichtig zur Kontrolle bodenbürtiger Schaderreger wie der Welkekrankheit (*Fusarium* spp.) und der Phytophthorakrankheit. Eine Anbaupause ist ratsam, um Krankheiten wie das Sterilitätsmosaik und die Hexenbesenkrankheit zu bekämpfen. Für die meisten Krankheiten konnten jedoch inzwischen resistente Genotypen gefunden werden.

Zur Ernte werden die Straucherbsenpflanzen in Bodennähe abgeschnitten und die Samen ausgedroschen. Manchmal pflückt man die Hülsen (Abb. 107) auch von Hand oder schneidet den oberen Teil der Pflanze ab und läßt die Fläche beweiden, oder man läßt die Pflanzen für eine weitere Samenernte neu austreiben. Die Straucherbse kann auch mit dem Mähdrescher eingebracht werden.

Die Samen enthalten 17 bis 24 % Eiweiß. Der größte Teil der Samen dient der menschlichen Ernährung, hauptsächlich in Form von geschälten und gespaltenen Samen. Manche werden auch ungespalten getrocknet verwertet, und auch die grünen unreifen Samen oder ganze junge Hülsen werden als Gemüse gegessen. Alle diese Verwendungsmöglichkeiten findet man weltweit, doch bevorzugen die Inder die getrockneten gespaltenen Samen, die Ostafrikaner essen sowohl die unreifen als auch die getrockneten ganzen Samen, während unreife Samen auf den Westindischen Inseln mehr geschätzt werden. Ein Teil der Samen und die Blätter werden an Tiere verfüttert. Die Stengel dienen als Brennmaterial oder für leichte Bauten. Straucherbsen werden auch zur Gründüngung angebaut, wobei Versuche zeigen, daß sie der nachfolgenden Frucht ca. 40 kg N/ha zur Verfügung stellen.

Abb. 107. *Cajanus cajan*. Zweig mit reifen Hülsen (Foto: STOREY).

Literatur

1. DAHIYA, B. A. (1980): An Annotated Bibliography of Pigeonpea, 1900–1977. ICRISAT, Patancheru, A.P., Indien.
1a. FARIS, D. G., SAXENA, K. B., MAZUMDAR, S., and SINGH, UMAID (1987): Vegetable Pigeonpea: A Promising Crop for India. ICRISAT, Patancheru, A. P., Indien.
2. INTERNATIONAL CROPS RESEARCH INSTITUTE FOR THE SEMI-ARID TROPICS (1981): Proceedings of the International Workshop on Pigeonpeas, 15–19 December 1980. 2 vols. ICRISAT, Patancheru, A.P., Indien.
3. MAESEN, L. J. G. VAN DER (1985): *Cajanus* DC. and *Atylosia* W. et A. (Leguminosae). Pudoc, Wageningen.
4. MORTON, J. F., SMITH, R. E., LUGO-LOPEZ, M. A., and ABRAMS, R. (1982): Pigeonpeas (*Cajanus cajan* Millsp.): A Valuable Crop of the Tropics. Special Publication, College Agric. Sci., Dep. of Agronomy and Soils, Mayaguez, Puerto Rico.
5. WHITEMAN, P. C., BYTH, D. E., and WALLIS, E. S. (1985): Pigeonpea (*Cajanus cajan* (L.) Millsp.). In: SUMMERFIELD, R. J., and ROBERTS, E. H. (eds.): Grain Legume Crops, 658–698. Collins, London.

4.5.2   Cicer arietinum L.

GEOFFREY C. HAWTIN

Deutsch: Kichererbse
Englisch: chickpea, Bengal gram
Französisch: pois chiche
Spanisch: garbanzo

Flächenmäßig ist die Kichererbse weltweit hinter Bohnen die zweitwichtigste Hülsenfrucht mit einer Anbaufläche von rund 10 Mio. ha. In der Produktion steht sie an dritter Stelle (Bohnen 14, Erbse 11, Kichererbse 7 Mio. t). Beinahe 90 % der Weltproduktion werden auf dem indischen Subkontinent erzeugt, wo die Kichererbse als Winterfrucht (Rabi-Kultur) auf monsunregenfeuchten Böden angebaut wird. Sie wird auch in Nordafrika, Westasien, Südeuropa und Lateinamerika kultiviert.

Man nimmt an, daß die Pflanze im Fruchtbaren Halbmond des Nahen Ostens vor 8000 bis 10 000 Jahren in Kultur genommen worden ist. Die wahrscheinliche Urform der heutigen Pflanze, *Cicer reticulatum* Lad., ist kürzlich in der südlichen Türkei entdeckt worden (5, 13, 14). Kichererbsen sind allgemein in zwei Hauptgruppen unterteilt (3, 13): Desi-Typen, die im indi-

schen Subkontinent vorherrschen und schmale, farbige, eckig geformte Samen haben, und Kabuli-Typen, die größere abgerundete und beigefarbene Samen besitzen (Abb. 108) und vorwiegend im mediterranen Raum, Südeuropa und Lateinamerika zu finden sind.

Kichererbsen sind einjährige Pflanzen und haben einen aufrechten oder halbaufrechten Wuchshabitus, gewöhnlich mit einer Höhe von 40 bis 60 cm. Sie sind reich verzweigt mit gefiederten Blättern, die 10 bis 20 Blättchen tragen. Die Blüten stehen normalerweise einzeln auf kurzen Stielen und sind weiß, rosa oder rot gefärbt. Die Samen werden in gerundeten, aufgeblähten Hülsen, die üblicherweise bis zu 3 Samen enthalten, gebildet (Abb. 109).

Kichererbsen sind als eine der ziemlich trockentoleranten Leguminosenarten bekannt, daher werden sie häufig in den marginalen Gegenden mit geringem Aufwand an Produktionsmitteln angebaut. Folglich ist der weltweit durchschnittliche Ernteertrag sehr niedrig (ca. 0,7 t/ha), obwohl unter gutem Management Erträge bis über 4 t/ha möglich sind.

Ungefähr 75 % der Kichererbsen in den Hauptanbaugebieten sind unselektierte Landrassen. Von den verbesserten Kultursorten, die freigegeben worden sind, entspringen fast alle der Selek-

Abb. 108. Samen des Kabuli-Typs der Kichererbse.

Abb. 109. Reife Kichererbsenpflanzen.

tion aus verfügbaren Genbanken und nicht aus Hybridisation (12). Die Kichererbse ist eine selbstbestäubende diploide Art fast ohne natürliche Fremdbestäubung.

Weltweit sind heute noch traditionelle Anbaumethoden gebräuchlich. Die Samen werden entweder breitwürfig gesät oder mit der Hand in die Furche hinter dem Pflug gestreut. Nur in sehr wenigen Ländern wird das Drillen der Saat angewandt. Düngemittel werden kaum hinzugefügt, obwohl die Pflanzen auf vielen Böden positiv auf Phosphate reagieren (8, 13). In den meisten traditionellen Anbaugebieten der Kichererbsen finden sich genügend Rhizobien im Boden, um eine gute Knöllchenbildung zu sichern. Künstliches Impfen wird oftmals notwendig, wenn der Anbau auf neue Gebiete ausgedehnt werden soll. Unkrautbekämpfung wird, wenn überhaupt, mit der Hand ausgeführt, ebenso wie die Ernte und das Dreschen.

Kichererbsen werden durch verschiedene Krankheiten und Schädlinge befallen. Die bekanntesten Insektenschädlinge sind der Hülsenbohrer (*Heliothis* spp.), andere Lepidoptenarten (z. B. *Plusia* spp., *Spodoptera* spp. und *Agrotis* spp.), Blattminierer (*Liriomyza* spp.), Blattläuse, Bruchiden und Callosobruchiden. Mit Ausnahme von *Heliothis* und möglicherweise von *Liriomyza* spp. und Lagerschädlingen sind Schäden jedoch kaum weitverbreitet oder ernsthaft, eine Tatsache, die nach allgemeiner Meinung auf der Säureausscheidung von Haardrüsen beruht, die an fast der gesamten Pflanzenoberfläche und den Hülsen zu finden sind (12, 13).

Die ernstesten und weitest verbreiteten Krankheiten sind *Ascochyta*-Blattbrand, hervorgerufen durch *Ascochyta rabiei*, Wurzelfäule und Welke, verursacht durch *Fusarium oxysporum, F. solani, Rhizoctonia bataticola, R. solani, Sclerotium rolfsii* und *Operculella padwickii*, Rost, verursacht durch *Uromyces ciceris-arietini*, und Zwergwuchs, hervorgerufen durch das Erbsen-Blattrollvirus (2, 7, 9, 13).

Eine detaillierte Monographie der Gattung Cicer mit spezieller Bezugnahme auf kultivierte Kichererbsen wurde von VAN DER MAESEN (6) publiziert.

Schwerpunkt intensiver Forschungsarbeit ist die Kichererbse kürzlich bei zwei internationalen landwirtschaftlichen Forschungszentren geworden, dem ICRISAT in Indien und dem ICARDA in Syrien. Publikationen dieser beiden Institutio-

nen (1, 4, 5, 7, 10, 11, 12, 13) können für weitere Informationen herangezogen werden.

Literatur

1. GREEN, J. M., NENE, Y. L., SMITHSON, J. B., and GARVER, C. (eds.) (1980): Proceedings of the International Workshop on Chickpea Improvement. ICRISAT, Patancheru, A.P., Indien.
2. HAWARE, M. P., NENE, Y. L., and MATHUR, S. B. (1986): Seed. Borne Diseases of Chickpea. Techn. Bull. No. 1, Danish Gov. Inst. Seed Pathol. Dev. Countries, Copenhagen. Dänemark.
3. HAWTIN, G. C., SINGH, K. B., and SAXENA, M. C. (1980): Some recent developments in the understanding and improvement of *Cicer* and *Lens*. In: SUMMERFIELD, R. J., and BUNTING, A. H. (eds.): Advances in Legume Science, 613–623. Royal Botanic Gardens, Kew, Surrey.
4. ICRISAT (1979–): International Chickpea Newsletters (Published twice yearly). ICRISAT, Patancheru, A.P., Indien.
5. LADIZINSKI, G., and ADLER, A. (1976): The origin of chickpea, *Cicer arietinum* L. Euphytica 25, 211–217.
6. MAESEN, L. J. G. VAN DER (1972): *Cicer* L. A Monograph of the Genus with Special Reference to the Chickpea (*Cicer arietinum* L.), Its Ecology and Cultivation. Mededel. Landbouwhogeschool Wageningen 72–10.
7. NENE, Y. L., MENGISTU, A., SINCLAIR, J. B., and ROYSE, D. J. (1978): An Annotated Bibliography of Chickpea Diseases. ICRISAT, Patancheru, A.P., Indien.
8. NORMAN, M. J. T., PEARSON, C. J., and SEARLE, P. G. E. (1984): The Ecology of Tropical Food Crops. Cambridge Univ. Press, Cambridge.
9. SAXENA, M. C., and SINGH, K. B. (eds.) (1984): *Ascochyta* Blight and Winter Sowing of Chickpeas. Nijhoff/Junk, The Hague, Niederlande.
10. SINGH, K. B., and MAESEN, L. J. G. VAN DER (1977): Chickpea Bibliography 1930 to 1974. ICRISAT, Patancheru, A.P., Indien.
11. SINGH, K. B., MALHOTRA, R. S., and MUEHLBAUER, F. J. (1984): An annotated Bibliography of Chickpea Genetics and Breeding 1915–1983. ICARDA/ICRISAT, Aleppo and Hyderabad.
12. SMITHSON, J. B. (1985): Breeding advances in chickpeas at ICRISAT. In: RUSSELL, G. E. (ed.): Progress in Plant Breeding – 1, 223–237. Butterworths, London.
13. SMITHSON, J. B., THOMPSON, J. A., and SUMMERFIELD, R. J. (1985): Chickpea (*Cicer arietinum* L.). In: SUMMERFIELD, R. J., and ROBERTS, E. H.: Grain Legume Crops, 312–390. Collins, London.
14. ZEVEN, A. C., and DE WET, J. M. J. (1982): Dictionary of Cultivated Plants and Their Regions of Diversity. Pudoc, Wageningen.

4.5.3   Lens culinaris Medik.

GEOFFREY C. HAWTIN

Deutsch: Linse
Englisch: lentil
Französisch: lentille
Spanisch: lenteja

Die Art wird meist in zwei Unterarten eingeteilt (4, 7) *macrosperma* (Baumg.) Barul., hauptsächlich im Mittelmeerraum und der Neuen Welt angebaut, mit großen Samen (Durchmesser 6 bis 9 mm), und *microsperma* (Baumg.) Barul., welche auf dem indischen Subkontinent und Teilen des Nahen Ostens zu finden ist, mit kleineren Samen (Durchmesser 2 bis 6 mm) und oft pigmentiert.

Die wahrscheinliche Ursprungsform der Linse ist *Lens orientalis* (Boiss.) Schmalh., mit einer vergleichbaren Morphologie und mit der Kulturform kreuzbar. Linsen wurden wahrscheinlich vor ungefähr 10 000 Jahren im Fruchtbaren Halbmond des Nahen Ostens domestiziert, was

sie zu einer der ältesten Kulturpflanzen macht (4, 7).

Die Linse ist eine zarte, reich verzweigte, halbaufrechte annuelle Pflanze, die 20 bis 70 cm hoch wird. In den Blattachseln stehen die gestielten Blütenstände mit je 1 bis 4 Blüten. Diese sind klein (4 bis 8 mm lang), von normalerweise weißer, blaß-purpurner oder bläulicher Farbe. Die Hülsen sind flach (Abb. 110) und enthalten in der Regel einen oder zwei Samen, die blaß- oder dunkelgrün, blaß- oder dunkelbraun, gelblich, grau oder schwarz sein können sowie gesprenkelt oder scheckig (Abb. 111). Die Kotyledonen sind orange, gelb oder seltener grün.

Linsen werden jährlich auf etwa 2 Mio. ha angebaut mit einer Weltproduktion von rund 1,5 Mio. t. Fast 50 % der Weltanbaufläche liegen in Indien.

Die Linse ist an kühle Temperaturen angepaßt und wird in Gebieten mit mediterranem Klima gewöhnlich bald nach dem Einsetzen der Regen im Herbst ausgesät. Sie wird ebenfalls als Winterfrucht (Rabi-Kultur) nach Beendigung der Sommermonsunregen in Pakistan und Nordindien angebaut. In größeren Höhen gemäßigter

Abb. 110. Junge Hülsen der Linse.

Abb. 111. Verschiedene Samentypen der Linse.

Gebiete (z. B. den Hochebenen der Türkei und des Iran) wird sie zu Beginn des Frühjahres gesät, da die Pflanze nicht genügend kälteresistent ist, um extreme Winterkälte zu überleben. Auch Hitze wird von der Linse nur begrenzt vertragen, daher ist sie in den Tropen nur in höheren Lagen zu finden, z. B. in Äthiopien, dem nördlichen Mexiko und den Andenstaaten.

Mit Ausnahme des hochmechanisierten Anbaus in den USA und Kanada wird die Linse heute noch nahezu überall nach traditionellen Methoden angebaut. Die Samen werden normalerweise breitwürfig gesät und eingepflügt. Dünger wird selten gegeben und Unkrautbekämpfung wird meistens von Hand durchgeführt. Steigende Arbeitskosten in großen Teilen der Welt untergraben die Rentabilität des Anbaus, so daß mehrere Länder erhebliche Anstrengungen unternehmen, um ihre Linsenproduktion zu mechanisieren.

Linsen reagieren sehr empfindlich auf Staunässe, daher werden sie gewöhnlich ohne Bewässerung in den trockenen Regionen angebaut. Bewässerung wird normalerweise nur in Ägypten und auf den leichteren Böden Indiens angewendet.

Die Linse ist eine selbstbestäubende, diploide Art und schwer im Feld zu kreuzen. Von den wenigen freigegebenen verbesserten Kultursorten stammen fast alle aus der Selektion von Genbankmaterial, nicht aus Kreuzungen.

Es gibt vergleichsweise wenig schwerwiegende Krankheiten oder Schädlinge bei Linsen. Die ernsthafteste und am weitesten verbreitete Krankheit ist der Wurzelfäule-Welke-Komplex, verursacht durch *Fusarium oxysporum, F. orthoceras, F. avenaceum, Rhizoctonia solani* und *Sclerotium rolfsii*. Linsen-Rost, verursacht durch *Uromyces fabae*, kommt häufig vor, besonders im indischen Subkontinent. Andere Krankheiten, die gelegentlich auch ernst sein können, schließen Falschen Mehltau *(Peronospora lentis)* und Ascochyta-Blattbrand *(Ascochyta lentis)* ein.

Die gefährlichsten Schädlinge sind die Samenkäfer *(Bruchus* spp. und *Callosobruchus* spp.), Blattläuse, Schalenbohrer *(Etiella zinckenella)* und Rüsselkäfer *(Sitona* spp.). Die parasitären Blütenpflanzen *Orobanche* (*O. crenata* und *O. aegyptiaca)* stellen ein weitverbreitetes Problem im Mittelmeerraum und Nahen Osten dar (4).

In den letzten Jahren wurde ein umfangreiches internationales Forschungsprogramm von dem International Center for Agricultural Research in the Dry Areas (ICARDA) entwickelt. Zahlreiche Publikationen über Linsen sind bei ICARDA erschienen (1, 2, 3, 5, 6) und sollten für weitere Informationen über diese Spezies herangezogen werden.

Literatur

1. ERSKINE, W., and WITCOMBE, J. R. (1984): Lentil Germplasm Catalog. ICARDA, Aleppo, Syrien.
2. LENS (annually since 1974): Lentil Experimental News Service. ICARDA and University of Saskatchwan.
3. LENTIL ABSTRACTS (annually since 1981), published by LENS and CAB, Slough, England.
4. MUEHLBAUER, F. J., CUBERO, J. I., and SUMMERFIELD, R. J. (1985): Lentil (*Lens culinaris* Medik.). In: SUMMERFIELD, R. J., and ROBERTS, E. H. (eds.): Grain Legume Crops, 266–311. Collins, London.
5. SAXENA, M. C., and VARMA, S. (1985): Faba Beans, Kabuli Chickpeas and Lentils in the 1980s. ICARDA, Aleppo, Syrien.
6. WEBB, C., and HAWTIN, G. (eds.) (1981): Lentils. ICARDA and CAB, Slough, England.
7. ZEVEN, A. C., and DE WET, J. M. J. (1982): Dictionary of Cultivated Plants and Their Regions of Diversity. Pudoc, Wageningen.

4.5.4 Lupinus spp.

WERNER PLARRE

Deutsch:	Lupinen
Englisch:	lupin(e)s
Französisch:	lupins
Spanisch:	altramuces, lupinos

Wirtschaftliche Bedeutung

Gegenwärtig haben die Lupinen, von denen die großkörnigen Arten *Lupinus mutabilis* Sweet, *L. albus* L. und *L. angustifolius* L. in erster Linie als Eiweiß-, aber auch als Ölpflanzen genutzt werden, regional in Südamerika, Südeuropa und Australien wirtschaftliche Bedeutung. Diese wird zweifellos künftig zunehmen. Einmal besitzen Lupinen eine große genetische Variabilität, zweitens synthetisieren sie ein hochwertiges Eiweiß und drittens sind sie für den Anbau auf marginalen Standorten geeignet (1, 2, 8, 11, 18). Neben der Körnernutzung für die menschliche und tierische Ernährung (Tab. 54) werden Lupinen für Grünfutter- und Heugewinnung und zur

Tab. 54. Kornerträge von großsamigen Lupinen, Variationsbreite bedingt durch verschiedene Anbauzonen, Kultivierungsmaßnahmen und Sortenunterschiede. Nach (16).

Art	Ertrag (kg/ha)
L. albus	500–4000
L. angustifolius	500–4000
L. luteus	800–2600
L. mutabilis	300–2000

Gründüngung angebaut. Für den letztgenannten Zweck verwendet man nur alkaloidreiche (bittere) Formen. Als Futter (Samen- und Grünmassenutzung) werden meist alkaloidarme (süße) Sorten von *L. luteus* L. und *L. angustifolius* angebaut (11) (Abb. 112). Aus saatgutökonomischen Erwägungen verdienen die kleinsamigen Arten, in der Züchtung mehr beachtet zu werden; das

gilt sowohl für annuelle als auch perennierende Arten wie *L. perennis* L. und *L. polyphyllus* Lindl. (Abb. 113, Tab. 55) (9, 10, 11, 13, 14, 17). Für die Auslese von süßen Mutanten sind Schnelltests entwickelt worden (19).

Eine Anbau- und Produktionsstatistik wurde seitens der FAO bis 1975 (11) geführt. Über den neuesten Entwicklungstrend ist sehr detailliert 1984 auf dem 3. Lupinenkongreß berichtet worden (16). Danach werden auf der Welt rund 2 Mio. ha mit Lupinen angebaut, von denen 964 000 ha der Körnernutzung dienen, davon in der UdSSR 333 000, in Europa ohne UdSSR 150 000, in Südamerika 23 000 und in Australien 500 000 ha! Damit wird deutlich, wie wertvoll und wichtig ein Anbau auch für subtropische Entwicklungsländer werden kann, wenn man über das technische Know-how des Anbaues und über geeignete Sorten bzw. Herkünfte verfügt, wie das in Australien der Fall ist, wo *L.*

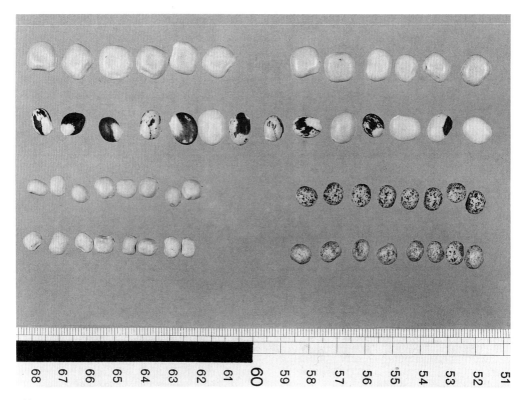

Abb. 112. Samenmuster großkörniger Lupinen. 1. Reihe: *L. albus*, süß; links 'Multolupa' (Chile), rechts 'Neuland' (Mitteleuropa). 2. Reihe: *L. mutabilis*, bitter, Population (Peru). 3. Reihe: *L. luteus*, süß; links 'Yellow III' (Mitteleuropa), rechts 'Topas' (Europa). 4. Reihe: *L. angustifolius*; links bitter, 'Jack' (Südafrika/Australien); rechts süß, 'Maresa' (Europa/Australien).

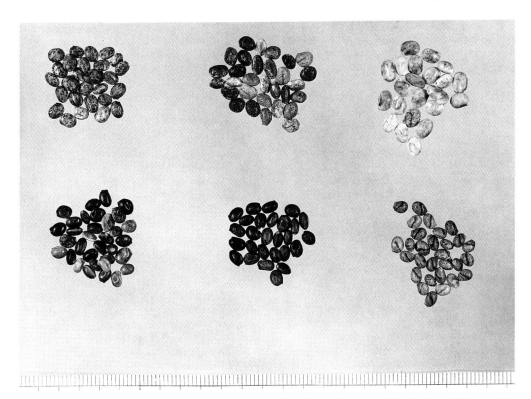

Abb. 113. Samenmuster kleinkörniger Lupinen. Obere Reihe: li. *L. subcarnosus* Hook., bitter (Südamerika); Mitte *L. elegans* H.B.K., bitter (Hochland Mexiko, bis 18 % Fettgehalt); re. *L. micranthus* Guss., bitter (Vorderer Orient). Untere Reihe: *L. polyphyllus* Lindl.; li. bitter, Population (Amerika/Europa); Mitte und re. süß, Zuchtmaterial von zwei Einzelpflanzen (Berlin-Dahlem).

angustifolius (süß) als Körnerfutter genutzt wird (1) (→ ESPIG, Kap. 13). In Südamerika wird *L. mutabilis* im Hochland durch Einquellen der Samen für die menschliche Ernährung entbittert und der Sud als Insektizid verwendet. Nach (2) könnten *L. mutabilis* und auch *L. albus* eine wichtige Rolle bei einer intensiveren Nutzung

Tab. 55. Korngewichte verschiedener Lupinenarten (TKG). Nach (11, 20).

Art		Variationsbreite
L. albus		220–530
L. mutabilis		200–380
L. luteus	Wildformen	50–120
	Zuchtformen	110–165
L. angustifolius	Wildformen	50–130
	Zuchtformen	105–210
L. polyphyllus		12– 27

von mehr als 1 Mio. ha Marginalböden z.B. in Peru spielen. In Brasilien und Chile (16) werden zur Zeit rund 14 000 ha mit süßer *L. albus* angebaut.

Botanik

Zur Gattung *Lupinus* lassen sich rund 300 Arten stellen, von denen aber nur fünf domestiziert (5, 12) und für eine intensivere Nutzung bislang herangezogen worden sind: seit Jahrtausenden bereits *L. albus* im Mittelmeerraum und *L. mutabilis* in den Anden, die Altweltarten *L. luteus* und *L. angustifolius* erst, nachdem süße Formen Ende der 20er Jahre ausgelesen werden konnten; der perennierende *L. polyphyllus,* der von Nord- bis Südamerika verbreitet ist, diente als Ausgangsmaterial für eine attraktive Zierpflanze. Seit den 60er Jahren gibt es von dieser Art auch süße Formen (11). Als obligater Fremdbefruchter bastardiert er leicht mit verwandten Arten wie *L. perennis* oder *L. arboreus* Sims. Die letztere kleinsamige Dauerlupine entwickelt sich strauchartig und wird neuerdings zur Dünenbefestigung und Erosionsverhinderung auf Sandstränden in Neuseeland angepflanzt, wo sie auch auf sauren und phosphatarmen Böden gut gedeiht (16).

Im Heimatgebiet der Altweltlupinen sind nur annuelle endemisch, und zwar nur etwa 12 Arten. Die Wildarten müßten unbedingt auf ihre Nutzungsmöglichkeiten als Futter-, Gründüngungspflanzen und/oder Bodenbedecker (→ CAESAR, Kap. 14) besser erforscht werden. Das gilt auch für viele Wildformen der Neuen Welt (Tab. 56, Abb. 113) (4, 7, 11).

Von den altweltlichen Arten, *L. angustifolius* (2n = 40), *L. albus* (2n = 50, *L. luteus* 2n = 52) sind außer bei *L. albus* heute noch ursprüngliche Wildformen im Mittelmeerraum zu finden, die für die Adaptationszüchtung an ungünstige Standorte Bedeutung haben. *L. luteus* ist an leichte Sandböden adaptiert und hat einen geringen Wasserbedarf; empfindlicher gegen Wassermangel ist *L. angustifolius*, der eine höhere Luftfeuchtigkeit verlangt. Die weiße Lupine und *L. mutabilis* benötigen höhere Wärmesummen für eine gute Kornentwicklung. Beim Ausreifen in den Hochanden kann *L. mutabilis* nach 7 bis 8 Monaten Vegetationszeit in die Frostperiode mit Temperaturen unter −5 °C geraten, ohne Schaden zu leiden; *L. albus* verträgt dies nicht, dagegen in der Jugendentwicklung bis −4 °C, dies wiederum wird von *L. mutabilis* nicht toleriert (2). Hinsichtlich ihres photoperiodischen Verhaltens zeigen die Lupinen keine auffälligen Reaktionsnormen, wohl aber in bezug auf ihr Vernalisationsbedürfnis. Hier lassen sich bei *L. albus* thermoneutrale von thermolabilen Formen unterscheiden, was für die Aussaatzeit im zeitigen Frühjahr auch in Südamerika bei niedrigen Temperaturen wichtig ist, da thermolabile Sorten mit sehr stark verkürzter Entwicklung reagieren, wodurch der Kornertrag stark reduziert wird (11).

Bestimmte Ansprüche an die pH-Werte des Bodens sind zu beachten: *L. luteus* gedeiht auf sauren Böden besser als die anderen Arten und ist kalkempfindlich (Kalkchlorose). Es gibt bei ihm aber große genetisch bedingte Reaktionsunterschiede. Noch deutlicher wird dies bei den in jüngster Zeit gefundenen Ökotypen von *L. albus* und *L. angustifolius*, die auf Standorten mit pH-

Werten zwischen 4,8 und 7,5 bzw. zwischen 4,2 und 8,0 gesammelt wurden (11). Da alle Lupinen Stickstoffsammler und zum Teil, wie *L. mutabilis*, *L. albus* oder *L. arboreus* auch Phosphaterschließer (ohne VA-Mykorrhiza) sind, ist ihnen ein hoher Anbauwert für die nachfolgende Kultur zuzusprechen.

Züchtung

Die nachfolgenden Ausführungen betreffen nur die großsamigen Arten. Diese sind nur über Samen zu vermehren. Unter den Zuchtzielen hat lange Zeit Alkaloidarmut (süß) im Vordergrund gestanden, d. h. Sorten zu entwickeln, die < 0,04 % Gesamtalkaloide in der Trockenmasse aufzuweisen haben. Bitterlupinen besitzen bis zum 100fachen höhere Werte. Gegenwärtig wird dieses Zuchtziel bei *L. mutabilis* noch diskutiert. Man sollte hier aber größere Schwankungsbreiten für die Saatgutanerkennung tolerieren, einmal wegen der Fremdbefruchtung und zweitens wegen der größeren ökologischen Streubreite nicht ingezüchteter Sorten. Gelingt es, Entbitterungsverfahren, an denen zur Zeit intensiv gearbeitet wird, kostengünstig zu entwickeln, sollte die Ertragssteigerung (Körnerproduktion) und -stabilität bei Bitterlupinen Priorität haben. Die Ertragsschwankung der Lupinen (Tab. 54) ist bislang das größte Hindernis für eine Anbauausweitung. Resistenzzüchtung bei *L. mutabilis*, vor allem gegen den Befall mit *Colletotrichum*, ist im Heimatland, aber auch in Südeuropa von großer Bedeutung und kann zur Ertragssicherung wesentlich beitragen. Mit hohen Körnererträgen erübrigt es sich, den Eiweiß- oder Fettertrag/ha über eine weitere Steigerung

Tab. 56. Eiweiß- und Fettgehalt einiger Lupinen in % der Trockenmasse. Bei einer negativen Korrelation der beiden Inhaltsstoffe, die bei *L. mutabilis* nach (2) mit r = −0,61 ermittelt wurde, kann entweder auf eine Eiweiß- oder Fettlupine selektiert, aber auch ein Kombinationstyp gezüchtet werden. Nach (10, 17, 20).

Art	Rohprotein (%)	Rohfett (%)
L. angustifolius	28–40	5– 9
L. luteus	36–49	4– 9
L. albus	34–45	10–16
L. mutabilis	32–49	13–23
L. elegans (kleinsamig)	> 40	6–18

Abb. 114. *L. albus* L. links: spätreifende Sorte, zweite Hülsenetage blüht noch; Mitte: frühreife Mutante mit nur einer Hülsenetage; rechts: frühreife Rekombinante aus Mutante × andere Formen mit zwei ausgereiften Hülsenetagen (Maßstab 10 cm Einteilung).

Anbau

Vermehrung. Die Erzeugung von qualitativ hochwertigem Saatgut ist bei den großsamigen Lupinen wie bei allen eiweißreichen Körnerleguminosen von den ökologischen Bedingungen abhängig, unter denen die Samenreife abläuft: In der letzten Phase sollten keine höheren Niederschläge fallen. Mit Mikroorganismen aller Art kontaminiertes Saatgut verliert schnell seine Triebkraft (→ PLARRE, Bd. 3, S. 236 f). Da die Kornerträge stark variieren, läßt sich nur sehr schwer ein Vermehrungskoeffizient ermitteln. Die Angaben der Tab. 54 und Tab. 57 ermöglichen, Anhaltspunkte zu gewinnen (vgl. auch Korngewichte Tab. 55).

Landvorbereitung, Aussaattechnik. Pflügen und Eggen ist allgemein üblich, es genügt aber auch nur Untergrundlockerung bei den großsamigen Arten, die kein feinkrümeliges, aber ein möglichst tiefgründiges Saatbett wegen der Ausbildung einer kräftigen Pfahlwurzel benötigen. Im Mischanbau, wie er in den Anden in Kleinbetrieben mit Mais oder Quinoa (→ ACHTNICH, Kap. 1.1.8) betrieben wird, kommt auch die Hackkultur zur Anwendung.

In den subtropischen Regionen, das Mittelmeergebiet eingeschlossen, wird im Herbst mit Beginn der Regenzeit ausgesät, in der gemäßigten Zone im Frühjahr. Bei erstmaligem Anbau ist Bodenimpfung mit geeigneten Rhizobien zu empfehlen. Bei Drillsaat können die Reihenabstände je nach Art und örtlichen Wachstumsbedingungen zwischen 15 und 70 cm gewählt werden (Tab. 57). Breitwürfige Aussaat wird noch häufig in Kleinbetrieben vorgenommen. Die Saattiefe sollte bei 2 bis 4 cm liegen.

Düngung und Pflege. Der Düngeraufwand ist gering, höchstens Phosphor und Kali sollten ge-

der bisher bekannten Prozentwerte dieser Inhaltsstoffe in der Trockenmasse verbessern zu wollen (Tab. 56). Bei allen Lupinen zur Körnernutzung ist frühzeitigere Reife (Abb. 114) ein wichtiges Zuchtziel (→ PLARRE, Bd. 3, S. 220) (11, 17).

Tab. 57. Saatstärken für Lupinen in südlichen Anbauzonen. Nach (16).

Art	kg/ha	Land	Anmerkung
L. angustifolius	80–100	Australien	–
L. luteus	220–250	Portugal	–
L. albus	70–140	Spanien	60–70 cm Reihenentfernung
	100–120	Brasilien	–
	80–170	Chile	–
L. mutabilis	40– 50	Ecuador	50–60 cm Reihenentfernung
	60–100	Bolivien	–
	120–150	Peru	–

geben werden. In Trockengebieten kann Zusatz-bewässerung während der Jugendentwicklung sehr ertragfördernd wirken. In dieser Zeit ist die mechanische Unkrautbekämpfung wichtig; im übrigen haben sich Vorauflaufherbizide gut bewährt (16).

Ernte. Da heute gut platzfeste Sorten vorhanden sind, kann die Ernte mit Maschinen, Mähdrescher eingeschlossen, vorgenommen werden. In Kleinbetrieben – besonders beim Mischanbau – werden die ganzen Stengel manuell geerntet; ist die Pfahlwurzel abgestorben, lassen sich die Pflanzen leicht herausziehen. Lufttrocknung der gedroschenen Samen kann noch sehr angebracht sein.

Krankheiten und Schädlinge

In den einzelnen Regionen können sehr unterschiedliche Schadorganismen gefährlich werden. Bei *L. mutabilis* tritt die Anthraknose, verursacht durch *Colletotrichum gloeosporioides (Glomerella cingulata),* die zum Stengelbruch führen kann, in allen Anbauzonen auf; aber auch andere Pilze, wie *Fusarium* spp. oder *Uromyces lupini* (Rost), können größere Schäden hervorrufen. Unter den Virosen spielt die Mosaikkrankheit eine Rolle. Als Vektoren kommen Blattläuse in Betracht, die überall verbreitet sind. Daneben spielen unter den Insekten Larven von Schmetterlingen und Fliegen als Stengelbohrer und Wurzelparasiten eine gewisse Rolle (15, 17). Bitterlupinen werden von Läusen und anderen Insekten sowie weiteren Schädlingen, wie Schnecken oder Nagern, weniger befallen, sind aber nicht resistent; dagegen gibt es alkaloidresistente Meerschweine, die Bitterlupinen fressen.

Verarbeitung und Verwertung

Für die menschliche Ernährung werden Lupinen in erster Linie als Eiweißnahrung in verschiedener Zubereitung in Bolivien, Chile, Peru und Ecuador verwendet, als Knabberkost immer häufiger in Spanien, Italien, Portugal. Daß sie in der Tierernährung eine große Rolle als Kraftfutter spielen (Fettgehalt), ist ebenso wie die Grünmasseerzeugung bereits erwähnt worden.

Lupineneiweiß mit einer Verdaulichkeit von 90 % besitzt keine Trypsin-Inhibitoren, d. h. keine Substanzen, die auf das Ferment Trypsin hemmend wirken, wie dies bei vielen anderen Leguminoseneiweißen der Fall ist. Die biologische Wertigkeit ist sortenabhängig, sie liegt im allgemeinen mit 60 unter dem Sojaeiweiß. Süßlupinenmehl läßt sich zur Erhöhung des Proteingehaltes im Brot beimischen (11, 15). Wie aus Großversuchen hervorgeht, lassen sich aus Lupineneiweiß ähnlich wie bei Soja Milchprodukte wie Quark herstellen und unter Verwendung von Fruchtsäften wertvolle Kindernahrungsmittel, die sich einer guten Akzeptanz in Südamerika erfreuen (6, 9, 13, 14).

Wie erwähnt, werden zur Zeit technische Verfahren zur Entbitterung von alkaloidreichen Lupinen ausgearbeitet (3, 9, 13, 14, 15, 17). Hierbei ist auch daran zu denken, dabei die Lupine als Fettlieferanten zu nutzen (Rohfettgehalt > 15 %). Dies trifft vor allem für *L. mutabilis* und *L. albus,* aber auch für eine kleinsamige Art wie *L. elegans* H.B.K. zu (Tab. 56).

Literatur

1. ANONYM (1985): Pea's wild cousin holds promise as human food source. Ceres No. 106 (Vol. 18/4), 5–6.
2. BAER, E. VON, BLANCO, O., und GROSS, R. (1977): Die Lupine – Eine neue Kulturpflanze in den Anden. Z. Acker- und Pflanzenbau 145, 317–324.
3. BISCHOFF, R. (1985): Bittere Lupinen – Ein Unkraut wird eßbar. Bild der Wissenschaft 5, 50–58.
4. BRÜCHER, H. (1970): Beitrag zur Domestikation proteinreicher und alkaloidarmer Lupinen in Südamerika. Angew. Bot. 44, 7–27.
5. BRÜCHER, H. (1977): Tropische Nutzpflanzen. Springer, Berlin.
6. CAMACHO, L., VASQUEZ, M., and LEIVA, M. (1986): Fluid milk analogue prepared with sweet lupin. Proc. 4th Intern. Lupin Conf., 296. Geraldton, W-Australia.
7. DUNN, D. B. (1984): Genetic resources. Cytotaxonomy and distribution of New World lupin species. In: (14), 68–85.
8. GLADSTONES, J. S. (1980): Recent developments in the understanding, improvement, and use of *Lupinus.* In: SUMMERFIELD, R. J., and BUNTING, A. H.: Advances in Legume Science, 603–611. Royal Botanic Gardens, Kew, England.
9. GROSS, R., and BUNTING, E. S. (eds.) (1982): Agricultural and Nutritional Aspects of Lupines. Proc. 1st Intern. Lupine Workshop, Lima 1980, GTZ, Eschborn.
10. HACKBARTH, J., und TROLL, H.-J. (1959): Lupinen als Körnerleguminosen und Futterpflanzen. In: KAPPERT, H., und RUDORF, W. (Hrsg.): Handbuch der Pflanzenzüchtung, 2. Aufl., Bd. 4, 1–51. Parey, Berlin.
11. HOFFMANN, W., MUDRA, A., und PLARRE, W. (1985): Lehrbuch der Züchtung landwirtschaftlicher Kulturpflanzen, Bd. 2, 2. Aufl. Lupinen (*Lupinus* spec.), 185–196. Parey, Berlin.

12. HONDELMANN, W. (1984): The lupin – ancient and modern crop plant. Theor. Appl. Genet. 68, 1–9.
13. INTERNATIONAL LUPIN ASSOCIATION (1983): Proceedings of the 2nd International Lupin Conference, Torremolinos (Spain) 1982. Publicaciones Agrarias, Madrid.
14. INTERNATIONAL LUPIN ASSOCIATION (1984): Proceedings of the 3rd International Lupin Conference, La Rochelle (France) (1984). L'Union Nat. Interprof. des Protéagineux, Paris.
15. KAY, D. E. (1979): Food Legumes. Tropical Products Institute, London.
16. LOPEZ BELLIDO, L. (1984): World report on lupin. In: (14), 466–487.
17. NATIONAL ACADEMY OF SCIENCES (1979): Tropical Legumes: Resources for the Future. Nat. Acad. Sci., Washington, D.C.
18. PATE, J. S., WILLIAMS, W., and FARRINGTON, P. (1985): Lupin (Lupinus spp.). In: SUMMERFIELD, R. J., and ROBERTS, E. H. (eds.): Grain Legume Crops, 699–746. Collins, London.
19. PLARRE, W., und SCHEIDEREITER, B. (1975): Verbesserte Methodik zur qualitativen bis halbquantitativen Alkaloidbestimmung bei Lupinen. Z. Pflanzenzüchtung 74, 89–96.
20. RÖMER, P., JAHN-DESBACH, W., und MARQUARD, R. (1986): Qualitätseigenschaften und Anbaueignung von Lupinus mutabilis und Lupinus albus. Deutsche Ges. f. Qualitätsforschung, XXI. Vortragstagung Geisenheim, Rheingau, 73–84.

4.5.5 Phaseolus spp.

MICHAEL D. T. THUNG

Wirtschaftliche Bedeutung

Der Verzehr von Bohnen mit hohem Eiweißgehalt neben Mais und anderen kohlenhydrathaltigen Hauptnahrungsmitteln erhöht die Qualität der täglichen Diät namentlich in den lateinamerikanischen Ländern. In Lateinamerika wird mit 5 Mio. t/a mehr als die Hälfte der Welt-Bohnenproduktion erzeugt; davon entfallen auf Brasilien 2,6 und auf Mexiko 1,3 Mio. t. Im Gegensatz zu Europa mit hohem Gemüsebohnenanteil werden in den Entwicklungsländern hauptsächlich Trockenbohnen verzehrt. Die äußeren Merkmale wie Farbe, Größe, Form und Glanz der Samen werden von Land zu Land unterschiedlich bewertet und sind für die Preise ausschlaggebend. Die unterschiedliche Präferenz erschwert den Export in andere Länder. Nur in Chile und Argentinien werden gezielt für den Export nach Europa und in arabische Länder

große, weiße Bohnen erzeugt, während in den anderen Ländern überwiegend für den Eigenbedarf produziert wird. Eine weiche Testa als Voraussetzung für eine kurze Kochzeit ist in den brennstoffarmen afrikanischen Ländern erwünscht.

Grüne Bohnen sollen hier weitgehend außer Betracht bleiben, obwohl sie auch in vielen Entwicklungsländern produziert und auf den städtischen Märkten regelmäßig angeboten werden. In einigen Ländern der Subtropen ist der Export von frischen Gemüsebohnen nach Europa während der Wintermonate wirtschaftlich lohnend geworden, daneben auch die Produktion von Grünbohnenkonserven. In der Anbautechnik gleichen die Gemüsebohnen den Trockenbohnen, nur werden für sie natürlich andere Sorten verwendet.

Botanik

Die Gattung Phaseolus umfaßt etwa 50 Arten, die alle in Amerika, die meisten in Mexiko und Mittelamerika, beheimatet sind. Vier von ihnen sind sehr frühzeitig in Kultur genommen worden; neben den Kürbissen sind sie die ältesten angebauten Arten des Kontinents (2, 5, 6, 8, 18, 20).

P. vulgaris L., Gemeine Bohne, Gartenbohne (engl. common bean, kidney bean; franz. haricot; span. frijol) ist die bei weitem wichtigste Art. Ihre Sorten werden entweder zur Ernte der Samen oder zur Nutzung der unreifen Hülsen als Gemüse angebaut. Die Wildform ist P. vulgaris ssp. aborigineus Burkart, die in einem weiten Gebiet entlang dem Andenbogen von Argentinien bis Venezuela domestiziert wurde (1, 2).

P. coccineus L., Feuerbohne, umfaßt neben der bekannten rotblühenden und hochrankenden Form auch Sorten mit weißen Blüten oder mit buschigem Wuchs. Im Heimatgebiet (Mexiko und Guatemala) werden auch die knollig verdickten Wurzeln der ausdauernden Art als Gemüse gegessen.

P. lunatus L., Limabohne (Abb. 115), stammt aus Süd- und Mittelamerika. Zu ihr gehören zwei recht unterschiedliche Typen: die Limabohne aus Peru mit großen, flachen Samen und die Sievabohne aus Mexiko mit kleinen runden Samen (8, 9, 11).

P. acutifolius A. Gray var. latifolius G. F. Freeman, die Teparybohne, beheimatet in den Trockengebieten von Arizona bis Guatemala, ist au-

Abb. 115. Limabohne, *Phaseolus lunatus*. Blüten und junge Hülsen.

ßerordentlich resistent gegen Trockenheit und hohe Temperaturen (8, 11).

Ohne Ausnahme haben alle *Phaseolus*-Arten die gleiche Chromosomenzahl (2n = 22). Die Wildformen von *P. lunatus* und *P. coccineus* sind mehrjährig, während sich *P. acutifolius* streng als einjährige Pflanze verhält und es von *P. vulgaris* sowohl einjährige als auch mehrjährige Formen gibt. Im Anbau werden aber alle *Phaseolus*-Arten als einjährige Pflanzen behandelt.

Nach dem Wuchshabitus werden die Formen von *P. vulgaris* in vier Haupttypen eingeteilt (1, 3, 6, 12):

1. begrenzt wachsend (determinate) (der Vegetationspunkt des Hauptsprosses endet schließlich in einem Blütenstand), buschig;
2. unbegrenzt wachsend (indeterminate) (die Terminalknospe des Sprosses bleibt vegetativ), Hauptsproß kurz, buschig;
3. unbegrenzt wachsend, Hauptsproß lang, aber schwach rankend;
4. unbegrenzt wachsend, rankend. Die Kletterfähigkeit hängt auch von Tageslänge und Standort ab.

P. coccineus ist immer, auch bei hochrankenden Formen, begrenzt wachsend. Alle Formen von *P. lunatus* gehören zu Typ 1, alle Formen von *P. acutifolius* zu Typ 2.

Bei *P. vulgaris* ist die Farbe der Blüten weiß, rot oder in Ausnahmefällen gelb. Die Farbe der Samenhaut (Testa) kann weiß, schwarz, gelb oder braun sein; durch eine Vermischung dieser Grundfarben ist aber eine Vielfalt in der Färbung der Testa entstanden (13).

Das TKG variiert zwischen 150 und 550 g. Die Form der Samen ist rund, oval, nierenförmig oder länglich. Durch Aneinanderdrücken in der Hülse während der Samenfüllungsperiode können die Samen an den Enden abgeflacht sein. Sorten mit fleischigen Hülsen sind als Gemüse, Sorten mit dünnen, fasrigen Hülsen zur Trokkenbohnenerzeugung geeignet.

Ökophysiologie

Die vier *Phaseolus*-Arten wachsen in der Natur unter sehr unterschiedlichen Standortbedingungen. In kühlen Hochlandgegenden gedeiht *P. coccineus* am besten, auf heißen, trockenen

Standorten dagegen *P. acutifolius*. *P. lunatus* ist an warm-humide Bedingungen angepaßt (5, 9, 12). *P. vulgaris* wächst am besten in Regionen mit 18 bis 30 °C während der Vegetationsperiode (23).

Höhere Temperaturen stören die Befruchtung und können zu Blütenfall führen. Bei Temperaturen unter 16 °C kann sich die Vegetationszeit von normalerweise 95 Tagen bis zu einem Jahr verlängern. Gleichmäßige Niederschläge und kühle Nächte unter 20 °C begünstigen Wachstum und Ertrag der Bohnen. Der Anbau von großsamigen Sorten gewährleistet im kühlen, relativ trockenen Hochland eine rasche Wurzelentwicklung und dadurch die Überwindung von unerwarteten, kurzen Trockenperioden. In wärmeren, feuchten Gebieten werden dagegen kleinsamige Sorten wegen des geringeren Saatgutbedarfes bevorzugt. Trockenperioden, die länger als zwei Wochen dauern, können die Bohnen in den Tropen, insbesondere während der Blüte, schlecht vertragen; ebenso können sehr hohe Niederschläge zu großen Ertragseinbußen führen. Hohe Luftfeuchtigkeit bei hohen Temperaturen begünstigt den Befall mit verschiedenen Krankheiten.

Die Tageslänge hat bei den meisten Sorten keinen Einfluß auf Blühbeginn und Ertrag; nur bei einigen rankenden Sorten (Typ 4) verzögert Langtag (14 h/d und mehr) das Blühen (12). Für den Bohnenanbau sind Böden mit pH-Werten zwischen 4,5 und 8,0 geeignet. Auf sehr sauren Böden tritt nicht nur P-Mangel, sondern auch Al- und Mn-Toxizität auf (7). Auf Böden mit hohem pH-Wert leiden Bohnen unter Mangel an Spurennährstoffen, insbesondere B und Zn. Die Stickstoffversorgung durch die Symbiose mit Knöllchenbakterien ist für die Hochleistungssorten nicht ausreichend. Eine Verbesserung der symbiontischen N-Bindung durch weitere Forschung ist erforderlich.

Züchtung

Die Kornerträge der *Phaseolus*-Arten sind wesentlich geringer als die von Soja. Dies wird darauf zurückgeführt, daß Soja seit mehr als 50 Jahren züchterisch bearbeitet wird, während, abgesehen von der Züchtung grüner Gartenbohnen in den USA und Europa, *Phaseolus* als Körnerleguminose erst weniger als 20 Jahre Objekt intensiver Forschung ist. Mit dem Ziel, die Produktivität dieser wichtigen Hülsenfrucht

schnell zu verbessern, nimmt das Bohnenprogramm im Centro Internacional de Agricultura Tropical (CIAT) in Kolumbien einen breiten Raum ein (3, 4, 21), und in vielen lateinamerikanischen Ländern sind systematische Züchtungsprogramme angelaufen. Die wichtigsten Zuchtziele des CIAT sind zur Zeit die Resistenz gegen Krankheiten, Insekten und toxische Elemente im Boden sowie die Erhöhung der Effizienz der Düngerverwertung. Mit Hunderten von Sorten und rund 10 000 Herkünften ist *P. vulgaris* weitaus stärker vertreten als die anderen drei Arten, die nur in begrenzten Gebieten mit geringer Produktion angebaut werden. Die Identifizierung der Sorten ist schwierig, weil gleiche Sorten in verschiedenen Ländern unterschiedliche Namen haben und verschiedene Sorten unter der gleichen Bezeichnung bekannt sind. Hier sollen nur einige weit verbreitete Körnersorten genannt werden:

Große, rote oder rosa Bohnen: Red Kidney, Redkloud, Diacol-Calima. Kleine, schwarze Bohnen: Rio Tibagi, Porrillo sintetico, Ica-Pijao. Große, weiße Bohnen: Alubia, Cristal. Kleine, weiße Bohnen: Arroz, California White, Sanilac.

Anbau

In Lateinamerika und Afrika wird die gemeine Bohne vorwiegend in Mischkultur mit Mais angebaut, wobei die Aussaat der Bohnen entweder gleichzeitig mit dem Mais oder später vorgenommen wird (Abb. 116). Nur in den USA erfolgt der Bohnenanbau wegen der hundertprozentigen Mechanisierung ausschließlich in Reinkultur. Die Aussaat soll in einem gründlich bearbeiteten, mindestens 25 cm tiefen, abgesetzten, unkrautfreien Boden erfolgen. Tiefer als 2,5 cm gesäte Bohnen führen zu schwachen Pflanzen mit geringem Ertrag. In den Tropen erfolgt die Aussaat gewöhnlich zu Beginn der Regenzeit, in Gebieten mit sehr hohen Niederschlägen bzw. langer Regenzeit später, aber noch so zeitig, daß die Bohnen bis nach der Blüte Regen erhalten. In den gemäßigten Zonen werden Bohnen ausgesät, sobald die Temperatur im Frühjahr über 12 °C liegt und keine Nachtfröste mehr zu erwarten sind (15). Die Saatstärke ist von der Anbaumethode, dem Reihenabstand und dem Wuchshabitus abhängig. In der Regel werden bei Reinkultur etwa 250 000 Pflanzen/ha angestrebt bei 40 bis 70 cm, in Ausnahmefällen 1 m Reihenabstand. Bei Mischkultur mit Mais be-

Abb. 116. *Phaseolus vulgaris*. Mischkultur mit Mais, der im Vordergrund schon geerntet ist.

trägt die Saatdichte nur etwa 100 000 Pflanzen/ ha. Manuelle oder maschinelle Unkrautbekämpfung soll regelmäßig bis zum Schließen des Bestandes durchgeführt werden. Durch Verunkrautung können Mindererträge von bis zu 60 % verursacht werden. Im Bohnenanbau werden häufig selektive Herbizide, z. B. Alachlor, Fluorodifen und Metolachlor als Vorauflauf- und Bentazon als Nachauflaufmittel angewandt. Die mechanische Unkrautbekämpfung ist jedoch wegen der gleichzeitigen Bodenbelüftung vorteilhafter. Eine Fruchtfolge mit Gramineen ist empfehlenswert, da dies nicht nur als Unkrautbekämpfungsmaßnahme dient, sondern auch zur Eindämmung der Fußkrankheiten beiträgt. Beim Anbau in Reinkultur sollten Bohnen erst nach zwei oder mehr Jahren wieder auf dem gleichen Feld angebaut werden, um die Verbreitung auch anderer Krankheiten (Anthraknose, Bakteriosen) zu verhindern.

Zur Erreichung hoher Bohnenerträge in den Tropen ist eine ausreichende, harmonische Düngung erforderlich. Zu hohe N-Gaben führen zu starkem vegetativem Wachstum auf Kosten des Ertrages. Wegen des meist nur sehr niedrigen Gehaltes an pflanzenverfügbarem P und der hohen P-Fixierungskapazität der Böden ist die P-Versorgung der Bohnen eines der größten Probleme in den tropischen Ländern. Kalimangel tritt dagegen bei Bohnen selten auf. Eine Gründüngung wirkt sehr positiv, insbesondere auf stark verwitterten Oxisolen. *Crotalaria juncea*, *Leucaena leucocephala*, *Dolichos lablab*, *Tephrosia* spp. (→ CAESAR, Kap. 14) etc. haben sich hierfür als geeignet erwiesen. Die Gründüngung wird aber in der Praxis wegen der Beschaffungsschwierigkeit und dem hohen Arbeitsaufwand kaum angewandt. Das gleiche gilt für die Einbringung von Viehdung oder Kompost, die auf leichten Böden die Erträge wesentlich verbessern können.

Theoretisch können die Bohnen nach ihrer physiologischen Reife ohne Keimfähigkeitseinbußen geerntet werden. Normalerweise erfolgt die Ernte jedoch erst, wenn die Hülsen völlig trocken und damit dreschfähig sind, und die Samen noch etwa 18 % Wasser enthalten. Je früher die Bohnen das Feld räumen, um so geringer wird die Gefahr der Krankheitsübertragung durch die Samen. Zur Lagerung sollten die Samen nicht mehr als 14 % Feuchtigkeit enthalten. Die Erträge liegen in den lateinamerikanischen Ländern, abgesehen von Chile und Argentinien, zwischen 500 und 1500 kg/ha. Bedingt durch die Anbaubedingungen, insbesondere die günstige Tageslänge und Temperaturen sowie das Fehlen vieler Krankheitserreger und Schädlinge sind in Chile und Argentinien Erträge von mehr als 4000 kg/ha keine Seltenheit. In den USA liegt der Durchschnittsertrag mit etwa 1500 kg/ha (Qualitätsbohnen) mehr als dreimal so hoch wie der von Brasilien, dem größten Bohnenerzeuger. Die Erträge von *P. lunatus* sind gewöhnlich niedriger als die von *P. vulgaris* und liegen normalerweise zwischen 800 und 1000 kg/ha. Mit *P. acutifolius* können bei geringem Niederschlag bis zu 600 kg/ha erreicht werden.

Krankheiten und Schädlinge

Als eine sehr eiweißreiche Pflanze wird die Bohne von einer Vielzahl von Krankheiten und Schädlingen befallen, was auch die Hauptursache für niedrige Bohnenerträge ist (16, 17). Durch einige Krankheiten, z. B. die Blattfäule (web blight), verursacht durch *Tanatephorus cucumeris*, das Goldene Mosaikvirus und die Fußkrankheiten können ganze Bestände vernichtet werden. In Hochlagen mit relativ niedrigen Temperaturen und hoher Luftfeuchtigkeit ist die Brennfleckenkrankheit (engl. anthracnose), verursacht durch *Colletotrichum lindemuthianum* und *Ascochyta* spp. stark verbreitet (1, 16, 17, 24). In wärmeren Gebieten treten vorwiegend Bakteriosen *(Xanthomonas* und *Pseudomonas)* und Rost *(Uromyces phaseoli* und *U. appendiculatus)* mit mannigfaltigen physiologischen Rassen auf, die die Resistenzzüchtung erschweren. Auch die Blattfleckenkrankheit (angular leaf spot, *Isariopsis griseola*) ist wie die Rostkrankheit weit verbreitet.

Insekten verursachen sowohl auf dem Feld als auch während der Lagerung große Schäden. Die Zwergikade *Empoasca kraemeri* kann bei frühem Befall den Ertrag um 70 % reduzieren. Der Mexikanische Bohnenkäfer *Epilachna varivestis* frißt Blätter und Hülsen und kann lokal schwere Schäden verursachen. Der Rüsselkäfer *Apion godmani* und die Raupen von *Heliothis* spp. und *Maruca testulalis* schädigen vor allem die jungen Hülsen. In afrikanischen Ländern wird durch die Minierfliege *Melanagromyza phaseoli* an jungen Pflanzen großer Schaden verursacht (22).

Als weltweit verbreitete Lagerschädlinge begrenzen die Bruchiden *Acanthoscelides obtectus*, *Callosobruchus* spp. und *Zabrotes subfasciatus* die Lagerfähigkeit der Bohnen. Die Behandlung der Samen mit 5 g Speiseöl je kg hat sich gegen diese lästigen Insekten als harmloses Mittel bewährt, das weder die Keimfähigkeit noch den Geschmack beeinträchtigt (14).

Phaseolus-Arten sind generell anfällig gegen Nematoden *(Meloidogyne* spp., *Pratylenchus* spp. u. a.). Das muß bei der Wahl von Fruchtfolge- und Mischkulturpartnern berücksichtigt werden.

Der Resistenzzüchtung kommt bei den Bohnen eine herausragende Rolle zu, da manche der Krankheiten und Schädlinge mit Pestiziden nicht oder nur schwierig zu bekämpfen sind, und Kleinbauern solche Mittel selten einsetzen können (10). Selbstverständlich müssen auch alle pflanzenbaulichen Maßnahmen auf eine Begrenzung der Infektionsgefahren ausgerichtet sein. Mehr als bei den meisten anderen Kulturpflanzen hat die Erzeugung gesunden Saatgutes bei der Bohne Bedeutung, da einige der ernstesten Krankheiten (Viren, Bakteriosen) durch die Samen übertragen werden; die Infektion der Embryonen findet während der Samenentwicklung auf der Mutterpflanze statt.

Literatur

1. ADAMS, M. W., COYNE, D. P., DAVIS, J. H. C., GRAHAM, P. H., and FRANCIS, C. A. (1985): Common bean (*Phaseolus vulgaris* L.) In: (20), 433–476.
2. BRÜCCHER, H. (1977): Tropische Nutzpflanzen. Ursprung, Evolution und Domestikation. Springer, Berlin.
3. CENTRO INTERNACIONAL DE AGRICULTURA TROPICAL ((1973–1985): Annual Reports. CIAT, Cali, Kolumbien.
4. CENTRO INTERNACIONAL DE AGRICULTURA TROPICAL (1981): The CIAT Bean Program. Research Strategies for Increasing Production. CIAT, Cali, Kolumbien.
5. DUKE, J. A. (1981): Handbook of Legumes of World Economic Importance. Plenum Press, New York.
6. EVANS, A. M. (1980): Structure, variation, evolution, and classification in *Phaseolus*. In: (17), 337–347.
7. FASSBENDER, H. W. (1976): La fertilisación del frijol (*Phaseolus* sp.). Turrialba 17, 46–52.
8. KAY, D. E. (1979): Food Legumes. Trop. Products Inst., London.
9. LYMAN, J. M., BAUDOIN, J. P., and HIDALGO R. (1985): Lima bean (*Phaseolus lunatus* L.). In: (20), 477–519.

10. MATTESON, P. C. (ed.) (1984): Proceedings of the International Workshop in Integrated Pest Control for Grain Legumes. Departamento de Difusão de Tecnologia, EMBRAPA, Brasília, DF, Brasilien.
11. NATIONAL ACADEMY OF SCIENCES (1979): Tropical Legumes: Resources for the Future. Nat. Acad. Sci., Washington, D. C.
12. NORMAN, M. J. T., PEARSON, C. J., and SEARLE, P. G. E. (1984): The Ecology of Tropical Food Crops. Cambridge Univ. Press, Cambridge.
13. PRAKKEN, R. (1970): Inheritance of colour in *Phaseolus vulgaris*. A central review. Meded. Landbouwhogeschool Wageningen 70 (23), 1–38.
14. RHEENEN, H. A. VAN (1984): Oil treatments for protection against insects. In: (10), 269–275.
15. ROBERTSON, L. S., and FRAZIER, R. D. (eds.) (1978): Drybean Production – Principles and Practices. Ext. Bull E-1251, Michigan State Univ., East Lansing, Michigan.
16. SCHWARTZ, H. F., GÁLVEZ, G. E., SCHOONHOVEN, A. VAN, HOWELER, R. H., GRAHAM, P. H., and FLOR, C. (1978): Field Problems of Beans in Latin America. CIAT, Cali, Kolumbien.
17. SCHWARTZ, H. F., and GÁLVEZ, G. E. (eds.) (1980): Bean Production Problems: Disease, Insect, Soil and Climatic Constraints of *Phaseolus vulgaris*. CIAT, Cali, Kolumbien.
18. SMARTT, J. (1985): Evolution of grain legumes. IV. Pulses of the genus *Phaseolus*. Exp. Agric. 21, 193–207.
19. SUMMERFIELD, R. J., and BUNTING, A. H. (eds.) (1980): Advances in Legume Science. Royal Botanic Gardens, Kew, England.
20. SUMMERFIELD, R. J., and ROBERTS, E. H. (eds.) (1985): Grain Legume Crops. Collins, London.
21. TEMPLE, S. R., and SONG, L. (1980): Crop improvement and genetic resources in *Phaseolus vulgaris* for the tropics. In: (17), 365–373.
22. WALKER, P. T. (1961): Seed dressing for control of the bean fly, *Melanagromyza phaseoli* Cog. in Tanganyika. Bull. Entom. Res. 50, 781–793.
23. WALLACE, D. H. (1980): Adaption of *Phaseolus* to different environments. In: (17), 349–357.
24. ZAUMEYER, W. J., and THOMAS, H. R. (1957): A Monograph Study of Bean Diseases and Methods for Their Control. Techn. Bull. 868, USDA, Washington, D. C.

4.5.6 Vicia faba L.

GEOFFREY C. HAWTIN

Deutsch:	Ackerbohne
Englisch:	field bean, broad bean, faba bean
Französisch:	fève, féverole
Spanisch:	haba

Ort und Zeit des Entstehens der Ackerbohne sind unbekannt. Man nimmt jedoch allgemein an, daß ihr Ursprung späteren Datums ist als der der Linse und Kichererbse, daß sie aber aus der gleichen Region, dem Nahen Osten, stammt. Die wilde Ausgangsart ist unbekannt.

Ackerbohnen sind Nahrungsleguminosen der kühlen Jahreszeit, die während des Winters in subtropischen Regionen und in hoch gelegenen Gebieten der Tropen gedeihen. In den gemäßigten Regionen werden sie entweder im Winter oder Frühjahr gepflanzt, je nach Standort und Sorte (6).

Als eine der wichtigsten Hülsenfrüchte hat die Ackerbohne eine durchschnittliche jährliche Produktion von mehr als 4 Mio. t auf über 3½ Mio. ha. Sie wird in mehr als 50 Ländern angebaut. Die Art hat ein sehr hohes Ertragspotential; Erträge von mehr als 7 t/ha sollen im gewerblichen Anbau erreicht worden sein.

Die Untergliederung von MURATOVA (7) wird allgemein anerkannt, wobei die Spezies in zwei Unterarten geteilt wird, ssp. *paucijuga* (Alef.) Muratova und ssp. *faba* (*eu-faba* Muratova). Bei ssp. *faba* werden drei Varietäten unterschieden: die großsamige var. *faba* (var. *major* Harz), die Zwischenform var. *equina* Pers. und die kleinsamige var. *minor* Peterm.

Die Ackerbohne ist eine annuelle, mit aufrechtem, kräftigem Hauptstamm wachsende 30 bis 200 cm hohe Pflanze, an der Basis mit einer unterschiedlichen Zahl von Seitentrieben. Sie ist stark belaubt; jedes Blatt trägt 1 bis 3 Paare unbehaarter Fiederblättchen. Die Blüten entspringen einem kurzen Blütenstiel in den Blattachseln, wobei je Blütenstiel 2 bis 8 Blüten normal sind. Die Hülsen sind groß und dick, 4 bis 30 cm lang und beherbergen normalerweise 2 bis 8 Samen. Das Samengewicht reicht von 10 bis über 200 g je 100 Samen, die Samenfarbe variiert von hellem Beige über Grün, Braun, Gelb, Purpurrot bis Schwarz.

Ackerbohnen werden als grünes Gemüse oder als Trockenfrüchte verwendet. Sie dienen sowohl der menschlichen Nahrung als auch zur Viehfütterung. In einigen Teilen der Welt werden sie als Silage verwendet und gelegentlich auch während des Blühstadiums als Gründünger untergepflügt.

Ackerbohnen sind teilweise autogam und stehen in der Mitte zwischen selbstbefruchteten und fremdbefruchteten Arten. Unter normalen Feldbedingungen variiert die Fremdbestäubung zwischen 20 und 40 %. Traditionell basiert die

Züchtung auf Massenselektion im offen-be-stäubten Anbau. Man macht hierbei in zunehmendem Maße Gebrauch von dem Heterosis-Effekt durch die Entwicklung von synthetischen Sorten. Neuere Forschung versucht Hybridsorten zu entwickeln durch den Einsatz männlich steriler Linien (5, 8).

Ackerbohnen werden von einer großen Anzahl von Krankheiten und Schädlingen befallen. Die schädigendsten und weitest verbreiteten Krankheiten sind Ascochyta Blattbrand *(Ascochyta fabae)*, chocolate spot *(Botrytis fabae)*, Rost *(Uromyces fabae)*, Mehltau *(Erysiphe polygoni* und *Leivellula taurica)*, Wurzelfäule und Welke (einschließlich *Rhizoctonia baticola, R. solani, Fusarium oxysporum* und *F. solani)* und verschiedene Virusarten. Die Hauptschädlinge sind die Samenkäfer *(Bruchus* spp.), Blattläuse, Stengelbohrer *(Lixus* spp.), Blattminierer *(Phytomyza* spp.) und Thripse. Die Stengelnematoden *(Ditylenchus dipsaci)*, die schon im Samen vorhanden sind, sind im ganzen Mittelmeerraum verbreitet, ebenso wie der überaus schädliche Parasit Sommerwurz *(Orobanche crenata, O. aegyptiaca) (5).*

Das International Center for Agricultural Research in the Dry Areas (ICARDA) arbeitet international an der Verbesserung von Ackerbohnen. Der Ackerbohnen-Informationsdienst (FABIS) von ICARDA hat eine Anzahl von Veröffentlichungen über diese Pflanze herausgebracht (z. B. 1, 2, 3, 4) und sollte für weitere Informationen herangezogen werden.

Literatur

1. FABIS (1979 –): FABIS Newsletters (twice yearly). ICARDA, Aleppo, Syrien.
2. FABIS (1981): Directory of World Faba Bean Research. ICARDA, Aleppo, Syrien.
3. FABIS and CAB (1981 –): Faba Bean Abstracts. FABIS and Commonwealth Agric. Bureaux, Slough, U. K.
4. HAWTIN, G. C., and WEBB, C. (eds.) 1982: Faba Bean Improvement. ICARDA/Nijhoff, The Hague, Niederlande.
5. HEBBLETHWAITE, P. D. (ed.) (1983): Faba Bean (*Vicia faba* L.). A Basis for Improvement. Butterworths, Woburn, England.
6. HEBBELTHWAITE, P. D., DAWKINS, T. C. K., HEATH, M. C., and LOCKWOOD, G. (eds.) (1984): *Vicia faba*: Agronomy, Physiology and Breeding. Nijhoff/Junk, The Hague, Niederlande.
7. MURATOVA, V. (1931): Common Beans (*Vicia faba*). Bull. Appl. Bot. Genet. Plant Breed., Suppl. 50.
8. WITCOMBE, J. R., and ERSKINE, W. (eds.) (1984): Genetic Resources and Their Exploitation – Chickpeas, Faba Beans and Lentils. Adv. Agric. Biotechnology 6. Nijhoff/Junk, The Hague, Niederlande.

4.5.7   Vigna spp.

SIGMUND REHM

Die Gattung *Vigna* Savi ist nah verwandt mit *Phaseolus*. Sie umfaßt mehr als 100 Arten, die auf allen Kontinenten vorkommen, überwiegend im tropischen Afrika, geringere Zahlen in Asien, Amerika und Australien. Als Lieferanten von Frischgemüse (junge Hülsen und Blätter) und Samen für die menschliche Ernährung wurden 7 Arten in Kultur genommen, von denen zwei aus Afrika stammen *(V. unguiculata* und *V. subterranea)* und fünf aus Asien *(V. aconitifolia, V. angularis, V. mungo, V. radiata, V. umbellata)* (1a, 4, 7).

Die Samen der meisten Arten haben einen hohen Eiweißgehalt (22 bis 30 %) und sind daher in einigen Ländern ein wichtiges Grundnahrungsmittel. Pflanzenbaulich beruht ihre Bedeutung auf der Toleranz von Trockenperioden bzw. der guten Nutzung des Bodenwassers durch tiefreichende Wurzeln, den geringen Ansprüchen an Bodenfruchtbarkeit und der guten Salztoleranz vieler Formen. Dazu kommt, daß sie sehr geeignet für Mischanbau und eine bodenverbessernde Vorfrucht für Getreide sind.

Die weitaus wichtigste der kultivierten *Vigna*-Arten ist *V. unguiculata* (L.) Walp. Die zu ihr gehörenden Kulturformen sind sehr vielgestaltig und werden drei Unterarten zugeordnet, ssp. *cylindrica*, ssp. *sesquipedalis* und ssp. *unguiculata*, die alle miteinander kreuzbar sind. Morphologisch stehen sich ssp. *cylindrica* und ssp. *unguiculata* nahe, ssp. *sesquipedalis* ist deutlich von den andern unterschieden (20).

Ssp. *unguiculata*, Augenbohne, Kundebohne, cowpea, niébé, wird weltweit angebaut. In einigen westafrikanischen Ländern ist sie eine Hauptnahrungspflanze (12). Der größte Produzent ist Nigeria (8 bis 900 000 t Saat pro Jahr). Die Produktionsangaben sind i. a. sehr unzuverlässig, zumal in den Statistiken „beans" nicht nur für *Phaseolus* sondern auch für *V. unguicu-*

lata gebraucht wird. Außer Westafrika sind Indien und Brasilien die Hauptanbauländer. Die Weltproduktion an Samen wird auf 2 Mio. t geschätzt (20). Die Augenbohne kommt in vielen Typen vor (19), kriechend mit langen Ranken oder aufrecht wachsend, mit kurzer Blühperiode (determinate), so daß die Ernte in einem Arbeitsgang erfolgen kann, oder lange blühend und fruchttragend (indeterminate), die Früchte zwischen den oder an langen Infloreszenzstielen über den Blättern tragend, mit einer Vegetationszeit von zwei oder bis zu sechs Monaten, mit Kurztagreaktion (10) oder tagneutral. Bei allen Sorten verzögern niedrige Nachttemperaturen das Blühen, und zu hohe Tagestemperaturen (über 32 °C) reduzieren den Samenertrag (21).

Züchterisch wird die Augenbohne seit 1971 auch beim IITA bearbeitet, das eine Reihe neuer ertragreicher Sorten mit Anpassung an die verschiedenen Nahrungsbedürfnisse, Anbausysteme und klimatischen Gegebenheiten und mit verbesserter Krankheits- und Schädlingsresistenz entwickelt hat (5, 15, 19, 21).

Der Anbau bietet – abgesehen von Krankheiten und Schädlingen – wenig Probleme. Die Samen bleiben mehrere Jahre keimfähig. Wegen der sehr effizienten N_2-Bindung durch Rhizobien (bis 250 kg N/ha unter günstigen Bedingungen) bringen Augenbohnen auch auf armen Böden annehmbare Erträge. Rhizobien des „Cowpea-Typs" sind in den Tropen allgemein verbreitet; mit selektierten hocheffizienten Stämmen kann die N_2-Bindung aber verdoppelt werden. Im heißen Klima verbessert Mulchen die N_2-Bindung durch Verhinderung zu hoher Bodentemperaturen. An marginalen Standorten und bei geringer Pflege liegen die Samenerträge bei 250 bis 500 kg/ha. Auf guten Böden, mit Düngung (vor allem P, wo nötig auch K, Ca, Mg, S und Zn) und mit ausreichender Wasserversorgung können mit spätreifenden Sorten bis zu 4 t Samen/ha erreicht werden. Stauende Nässe wird nicht vertragen. In den meisten Gebieten wird die Augenbohne in Mischkultur mit Mais, Perlhirse, Sorghum, Maniok und anderen Arten angebaut (19). Die rankenden Formen sind hervorragend als Bodenbedecker und Erosionsschutz.

Im kommerziellen Anbau der Augenbohne in Reinkultur werden die zahlreichen Schädlinge und Krankheiten (1, 2, 7, 16, 17, 19, 23, 24) mit den üblichen Pestiziden bekämpft. Im Mischan-

bau und in Subsistenzbetrieben sind solche Maßnahmen kaum möglich. Deshalb hat die Züchtung krankheitsresistenter Sorten besondere Bedeutung (5). Genotypen mit Resistenz, auch multipler Resistenz, gegen Viren, Pilze, Arthropoden, Nematoden und *Striga gesnerioides* (Willd.) Vatke sind verfügbar und bilden die Grundlage eines intensiven Züchtungsprogramms. Daneben kommen der Verwendung gesunden Saatgutes und dem Fruchtwechsel große Bedeutung zu.

Für die menschliche Ernährung (3, 7, 11, 14) werden in Afrika junge Blätter, grüne Hülsen und unreife Samen als Gemüse gekocht, die reifen Samen in verschiedener Weise zubereitet: gekocht, zu Mehl vermahlen und gedämpft oder in Öl gebraten. In Indien dienen vor allem junge Hülsen, unreife und reife Samen und Keimlinge der Ernährung, in Brasilien die grünen jungen Hülsen und die reifen Samen. In den USA sind die Augenbohnen als „southern peas" bekannt; ihre unreifen und reifen Samen werden gewöhnlich in Dosen konserviert oder tiefgefroren vermarktet (Jahresproduktion 20 000 t). Neben der Nutzung für die menschliche Ernährung sind Augenbohnen in der ganzen Welt ein geschätztes Viehfutter, daneben viel gebraucht als Bodenbedecker und Gründüngungspflanzen (→ CAESAR, Kap. 14).

Von den beiden anderen Unterarten stammt ssp. *cylindrica* (L.) van Eseltine, die Katjangbohne, aus Indien. Die meisten Formen wachsen aufrecht, die Hülsen sind kurz (7 bis 13 cm) und stehen nach oben gerichtet, die Samen sind kleiner als die der anderen Unterarten. Katjang dient auch der menschlichen Ernährung, wird aber überwiegend als Futterpflanze gebraucht (3, 4). Ssp. *sesquipedalis* (L.) Verdc., die Spargelbohne, asparagus bean, yard-long bean, ist ein starkwüchsiger Ranker, der fast immer an Stützen, z. B. Bambusstangen, gezogen wird, mit 30 bis 90 cm langen dünnen, biegsamen Hülsen. Ihr Entstehungsgebiet ist wahrscheinlich China, verbreitet ist sie vor allem in Ost- und Südostasien, wird aber auch in Indien, Ostafrika, der Karibik und andern Ländern Lateinamerikas angebaut. Sie ist nicht trockenresistent und braucht ausreichende, gut verteilte Niederschläge oder Bewässerung für kräftiges Wachstum. Hauptsächlich werden die jungen Hülsen als Salat oder Gemüse gegessen, daneben auch die reifen Samen und jungen Blätter (3, 4, 21).

Die anderen *Vigna*-Arten können hier nur kurz behandelt werden; für weitere Angaben sei auf (3, 4, 6, 7, 8, 9, 13, 14, 23) verwiesen.

Vigna aconitifolia (Jacq.) Maréchal, Mattenbohne, moth bean, wird hauptsächlich in Nordwestindien (Produktion 500 000 t), Pakistan, und im Osten von Thailand bis China angebaut. Sie ist die trockenresistenteste Art und wird auf armen Sandböden gesät. Als Nahrungsmittel dienen die jungen Hülsen und reifen Samen. Als Futter wird sie auch außerhalb des Gebietes (USA) auf armen und trockenen Standorten gepflanzt.

V. angularis (Willd.) Ohwi et Ohashi, Adzukibohne, ist eine Kulturpflanze der warmgemäßigten bis subtropischen Gebiete Chinas, Koreas und Japans. Produktionszahlen sind kaum verfügbar, für Japan werden über 100 000 t pro Jahr angegeben. In neuerer Zeit wird sie auch in anderen Erdteilen und unter mehr tropischen Bedingungen angebaut. Sie bringt 1,5–2 t Samen/ha. In Ostasien werden die reifen Samen für zahlreiche Gerichte verwendet.

V. mungo (L.) Hepper, Urdbohne, black gram, ist neben der Mungbohne die wichtigste *Vigna*-Art Indiens mit einer Produktion von über 500 000 t pro Jahr. Sie gedeiht am besten auf Vertisolen, wird aber auch auf anderen lehmigen Böden angebaut. Neben Indien sind die Nachbarländer Pakistan, Sri Lanka und Burma größere Produzenten. Das Hauptnahrungsprodukt sind die reifen Samen.

V. radiata (L.) Wilczek, Mungbohne, green gram, golden gram, hat ein weiteres Anbaugebiet als die Urdbohne; auch für sie ist Indien der Hauptproduzent (500 000 t pro Jahr). In Thailand, China und den meisten südostasiatischen Ländern gehört sie ebenfalls zu den wichtigsten Nahrungsmitteln. Populär sind auch außerhalb Asiens die Mungkeimlinge; in den USA beträgt die Produktion 11 000 t Samen, die fast ausschließlich für Keimlinge in Dosen verwendet werden. Für den Anbau werden leichtere Böden als für die Urdbohne bevorzugt. Wegen ihrer kurzen Vegetationszeit von etwa 60 Tagen sind ihre Wasseransprüche gering; bezogen auf die kurze Wachstumszeit sind ihre Erträge (500–1000 kg/ha) nicht schlecht.

V. subterranea (L.) Verdc. (Syn. *Voandzeia subterranea* (L.) Thou. ex DC.), die Bambara-Erdnuß, wird in den meisten Ländern Bantu-Afrikas angebaut, am meisten in ihrem Ursprungsgebiet Westafrika. Die Gesamtproduktion für Afrika wird auf 300–350 000 t pro Jahr geschätzt. Ihr Anbau ging durch die Ausbreitung des Erdnußanbaus zurück; neuerdings hat sie aber wieder an Interesse gewonnen, da sie weniger Ansprüche an Niederschläge und Bodenfruchtbarkeit stellt als *Arachis hypogaea* und kaum unter Krankheiten und Schädlingen leidet. Dabei sind die Erträge recht hoch, bis zu 3 t/ha werden erreicht. Da die reifen Samen sehr hart sind, erfolgt die Ernte oft vor der Vollreife. Außerhalb Afrikas und Madagaskars ist die Bambara-Erdnuß in vielen tropischen Ländern bekannt, hat aber nirgends größere Bedeutung erlangt.

V. umbellata (Thunb.) Ohwi et Ohashi, die Reisbohne, stammt aus Südostasien, wo sie in allen Ländern angebaut wird. Durch den eckigen Umriß sind ihre Samen leicht von denen anderer *Vigna*-Arten zu unterscheiden. Die Samenfarbe variiert stark, von Gelb über leuchtend Rotbraun bis Schwarz. Obwohl sie im Heimatgebiet als Nahrung geschätzt wird, in den humiden Tropen besser gedeiht als die meisten anderen Körnerleguminosen und gute Erträge bringt (bis 2 t/ha), blieb ihr Anbau in anderer Weltteilen sehr beschränkt. Ihre Vegetationszeit ist 30 Tage länger als die von *V. mungo* oder *V. radiata*.

Literatur

1. ALLEN, D. J. (1983): The Pathology of Tropical Food Legumes. John Wiley, New York.
1a. BALDEV, B., RAMANUJAM, S., and JAIN, H. V. (eds.) (1988): Pulse Crops (Grain Legumes). Oxford & IBH Publ., New Delhi.
2. BIRD, J., and MARAMOROSCH, K. (eds.) (1975): Tropical Diseases of Legumes. Academic Press, New York.
3. COUNCIL OF SCIENTIFIC AND INDUSTRIAL RESEARCH (1976): The Wealth of India. Raw Materials, Vol. X. Publications and Information Directorate, CSIR, New Delhi.
4. DUKE, J. A., (1981): Handbook of Legumes of World Economic Importance. Plenum Press, New York.
5. INTERNATIONAL INSTITUTE OF TROPICAL AGRICULTURE (1985): Research Highlights for 1984. IITA, Ibadan, Nigeria.
6. JAIN, H. K., and MEHRA, K. L. (1980): Evolution, adaptation, relationships, and uses of the species of *Vigna* cultivated in India. In: (21), 459–468.
7. KAY, D. E. (1979): Food Legumes, Trop. Prod. Inst., London.
8. LAWN, R. J., and AHN, C. S. (1985): Mung bean (*Vigna radiata* (L.) Wilczek/*Vigna mungo* (L.) Hepper). In: (22), 584–623.

9. LEAKEY, C. L. A., and WILLS, J. B. (eds.) (1977): Food Crops of the Lowland Tropics. Oxford University Press, Oxford.

10. LUSH, M. W., and EVANS, L. T. (1980): Photoperiodic regulation of flowering in cowpeas (*Vigna unguiculata* (L.) Walp.). Ann. Bot. 46, 719–725.

11. MARIGA, I. K., GIGA, D., and MARAMBA, P. (1985): Cowpea production and research in Zimbabwe. Trop. Grain Legume Bull. 30, 9–14.

12. NANGJU, D. (1981): Integrated approach to increased cowpea production in tropical Africa. Proc. 3rd Gen. Conf. of AAASA, Ibadan 9–15 April 1978, Vol. III, 51–73. Ibadan, Nigeria.

13. NATIONAL ACADEMY OF SCIENCES (1979): Tropical Legumes: Resources for the Future. Nat. Acad. Sci., Washington, D. C.

14. RACHIE, K. O., and ROBERTS, L. M. (1974): Grain legumes of the lowland tropics. Adv. Agron. 26, 1–132.

15. REDDEN, R., DRABO, I., and AGGARWAL, V. (1984): IITA programme of breeding cowpeas with acceptable seed types and disease resistance for West Africa. Field Crops Res. 8, 35–48.

16. SINGH, S. R., and ALLEN, D. J. (1980): Pests, diseases, and protection in cowpeas. In: (21), 419–443.

17. SINGH, S. R., EMDEN, H. F. VAN, and TAYLOR, T. A. (eds.) (1978): Pests of Grain Legumes. Ecology and Control. Academic Press, London.

18. SINGH, S. R., and RACHIE, K. O. (eds.) (1985): Cowpea. Research, Production and Utilization. Proc. 1st Intern. Cowpea Res. Conf. Wiley, Chichester, England.

19. STEELE, W. M., ALLEN, D. J., and SUMMERFIELD, R. J. (1985): Cowpea (*Vigna unguiculata* (L.) Walp.). In: (22), 520–583.

20. STEELE, W. M., and MEHRA, K. L. (1980): Structure, evolution, and adaptation to farming systems and environments in *Vigna*. In: (21), 393–404.

21. SUMMERFIELD, R. J., and BUNTING, A. H. (eds.) (1980): Advances in Legume Science. Royal Botanic Gardens, Kew, England.

22. SUMMERFIELD, R. J., and ROBERTS, E. H. (eds.) (1985): Grain Legume Crops. Collins, London.

23. TINDALL, H. D. (1983): Vegetables in the Tropics. Macmillan, London.

24. WILLIAMS, R. J. (1975): Diseases of cowpea (*Vigna unguiculata* (L.) Walp.) in Nigeria. PANS 21, 253–267.

4.5.8   Weitere Leguminosenarten:

SIGMUND REHM

Canavalia ensiformis (L.) DC., Jackbohne, Jack bean, und *C. gladiata* (Jacq.) DC., Schwertbohne, sword bean, findet man in vielen tropischen Ländern; beide werden aber überall nur in gerin-gem Umfang zur menschlichen Ernährung gebraucht. Die Jackbohne stammt aus der Neuen Welt, ist einjährig, wächst buschig oder leicht rankend und trägt purpurne Blüten und weißliche Samen. Die Schwertbohne ist altweltlich, eine kräftige, ausdauernde Rankpflanze mit weißen oder rosa Blüten und dunkelroten Samen. Beide sind trockenresistent, gedeihen aber auch in den humiden Tropen. Gegessen werden meist die jungen Hülsen und unreifen Samen. Die reifen Samen, besonders von *C. gladiata*, sind giftig und müssen lange gekocht und gewässert werden, ehe sie genießbar sind (2, 4, 9, 11, 14, 15).

Cyamopsis tetragonoloba (L.) Taub., Guarbohne, cluster bean, hat als Lieferant von Guargummi (→ REHM, Kap. 12.1) weltweite Bedeutung erlangt, ist aber eine alte Gemüsepflanze Indiens und Pakistans und wird dort noch in erheblichem Umfang für diesen Zweck angebaut, besonders in Punjab, Gujarat und Uttar Pradesh. Die Pflanze wird meist 1 bis 2 m hoch und ist ziemlich trockenresistent; ohne Bewässerung wird sie bei 400 bis 900 mm Niederschlag angebaut. Der Boden darf nicht sauer sein (optimaler pH-Wert 7,5 bis 8,0). Als Gemüse werden die jungen, noch weichen Hülsen gebraucht. Außer als Gummilieferant ist Guar auch eine gute Futterpflanze (Grünmasse und Samen) (2, 4, 9, 12, 19, 20).

Lablab purpureus (L.) Sweet (Syn. *Dolichos lablab* L.), Helmbohne, hyacinth bean, bonavist bean, stammt wahrscheinlich aus Afrika, hat aber in Indien und den Ländern Südostasiens den größten Formenreichtum (nur dort wird sie in größerem Umfang als Nahrungspflanze genutzt) und ist in den Tropen und Subtropen der ganzen Welt verbreitet, hauptsächlich zur Gründüngung, als Bodendecker und Weide- und Futterpflanze. Die Helmbohne ist ausdauernd, wird aber meist einjährig gezogen. Durch ihre bis 2 m tief gehende Wurzel ist sie bemerkenswert trockenresistent, ihr Anbau reicht aber auch in die humiden Gebiete. Die grünen Hülsen geeigneter Sorten sind in Asien die wichtigste Nahrungsnutzung, daneben auch die reifen Samen (2, 7, 8, 9, 11, 15, 19).

Lathyrus sativus L., Platterbse, grass pea, chickling vetch, stammt aus Vorderasien. Das Hauptproduktionsgebiet ist Indien (Samenproduktion 800 000 t pro Jahr), besonders in den trockenen Landesteilen, trotz der Gesundheitsgefährdung

(Lathyrismus), wenn größere Mengen verzehrt werden. Der Anbau erfolgt in den Wintermonaten, meist im Nachbau nach anderen Kulturen. Grünmasse und Samen dienen auch als Viehfutter (2, 4, 9).

Macrotyloma geocarpum (Harms) Maréchal et Baudet (Syn. *Kerstingiella geocarpa* Harms), Erdbohne, Kersting's groundnut, blieb auf ihr Heimatgebiet, Westafrika (Senegal bis Nigeria), beschränkt. Die Früchte reifen wie die der Erdnuß unter der Erde. Die Ernte ist mühsam, die Erträge sind niedrig (etwa 500 kg Samen/ha); sie ist aber ein geschätztes und gesundes Nahrungsmittel (1, 4, 9, 11, 15, 19).

Macrotyloma uniflorum (Lam.) Verdc. (Syn. *Dolichos uniflorus* Lam.), Pferdebohne, horsegram, stammt aus Indien und wird dort hauptsächlich im Süden, außerdem in Burma, Sri Lanka und Australien angebaut. Sie braucht wenig Niederschläge und gedeiht auf den verschiedensten Böden. Die Erträge sind niedrig, meist 170 bis 340 kg Samen/ha, bei verbesserten Sorten wie 'Co-1' werden in Indien aber 900 kg/ha erreicht, in Australien 1100 bis 2200 kg/ha. Der größte Teil wird als Viehfutter (Grünmasse und gekochte Samen) verwendet, für die ärmere Bevölkerung sind die Samen aber ein wichtiges Nahrungsmittel (2, 4, 9, 15).

Pachyrhizus erosus (L.) Urban, Yambohne, jícama, aus dem südlichen Mexiko stammend, wird in Mittelamerika, der Karibik und Ost- und Südostasien angebaut. Die starkwüchsige Pflanze (Ranken bis zu 5 m lang) produziert Knollen, die ein beliebtes Gemüse sind; sie enthalten 88 % Wasser, der Eiweißgehalt, berechnet auf Trockensubstanz, beträgt 10 %. Ältere Knollen werden faserig und enthalten mehr Stärke. Die jungen Knollen (5 bis 9 Monate nach der Aussaat) werden roh in Salaten oder gekocht gegessen. Auch die jungen Hülsen werden als Gemüse genutzt. Zur gleichen Gattung gehören *P. ahipa* (Wedd.) Parodi aus Nordargentinien und Bolivien und *P. tuberosus* (Lam.) Spreng. mit sehr großen Knollen aus dem oberen Amazonasgebiet; letztere wird auch in der Karibik kultiviert (2, 4, 10a, 11, 19).

Pisum sativum L., Erbse, pea, ist auch in den Subtropen und im tropischen Hochland eine wichtige Gemüsepflanze. Die Produktion trockener Erbsen beläuft sich in den Entwicklungsländern auf 0,8 Mio. t, in China auf 2,0 Mio. t, die Produktion grüner Erbsen in den Entwick-

lungsländern auf 0,6, in China auf 0,3 Mio. t (7). Anbautechniken, Probleme (Krankheiten und Schädlinge) und Verwendung sind ähnlich wie in der gemäßigten Zone (2, 3, 4, 9).

Psophocarpus tetragonolobus DC., Goabohne, Flügelbohne, winged bean, hat in den letzten Jahren mehr Aufmerksamkeit gefunden als irgendeine andere für den Anbau in den humiden Tropen geeignete Leguminose. Neben ihrer Anpassung an das feuchte Tropenklima spielt dabei die Tatsache eine Rolle, daß alle ihre Teile (Hülsen, Samen, Blätter, Blüten, eiweißreiche Knollen) für die menschliche Ernährung nutzbar sind, daß sie zu den effizientesten N_2-Bindern gehört, daß sie bisher wenig unter Krankheiten und Schädlingen leidet, und daß sie durch ihre Rankenbildung guten Bodenschutz liefert. Sie stammt wahrscheinlich aus Afrika, wurde aber in Südostasien domestiziert, wo sie seit altem wegen ihrer Hülsen und Knollen angebaut wird. Inzwischen werden Anbauversuche in der ganzen Welt durchgeführt. Für den kommerziellen Anbau ist ihr rankender Wuchs ein entschiedener Nachteil; sie spielt bisher nur als Gartenkultur eine Rolle. Die Goabohne gilt als hervorragende Vorfrucht, z. B. für Zuckerrohr, und ist eine gute Futterpflanze (2, 4, 9, 11, 12, 13, 14, 15, 16, 17, 19).

Sphenostylis stenocarpa (Hochst.) Harms, Knollenbohne, African yam bean, wird bisher nur in ihrem Heimatgebiet, den humiden Tropen Afrikas, angebaut, würde aber wahrscheinlich eine ähnliche Aufmerksamkeit verdienen wie die eben besprochene Goabohne. Ihr Hauptprodukt sind die Knollen mit einem Eiweißgehalt von 11 bis 19 % auf Trockengewichtsbasis, daneben Blätter und Samen. Auch bei ihr ist der meist starkrankende Wuchs ein produktionstechnischer Nachteil. Die Vermehrung geschieht durch Samen oder kleine Knollen (6, 11, 15, 19).

Trigonella foenum-graecum L., Bockshornklee, fenugreek, ist eine vielseitig verwendete Pflanze, die hauptsächlich vom westlichen Mittelmeergebiet bis Indien angebaut wird. Die Samen werden als Gewürz (ACHTNICH, Kap. 7.10), in Südindien auch als Nahrungsmittel gebraucht, außerdem als Quelle von Gummi und Diosgenin. In Indien dienen die jungen Triebe als Gemüse. In allen Anbaugebieten ist Bockshornklee eine Futterpflanze. Wegen seiner Salztoleranz wird er zur Reklamierung versalzter Flächen angebaut (2,4).

Literatur

1. AMUTI, K., (1980): Geocarpa groundnut *(Kerstingiella geocarpa)* in Ghana. Econ. Bot. 34, 358–361.
2. COUNCIL FOR SCIENTIFIC AND INDUSTRIAL RESEARCH (1948 bis 1976): The Wealth of India. Raw Materials. Vol I-XI. Publications and Information Directorate, CSIR, New Delhi.
3. DAVIES, D. R., BERRY, G. J., HEATH, M. C., and DAWKINS, T. C. K. (1985): Pea *(Pisum sativum* L.). In: (18), 147–198.
4. DUKE, J. A. (1981): Handbook of Legumes of World Economic Importance. Plenum Press, New York.
5. EAGLETON, G. E., KAHN, T. N., and ERSKINE, W. (1985): Winged bean *(Psophocarpus tetragonolobus* (L.) DC.). In: (18), 624–657.
6. EZUEH, M. I. (1984): African yam bean as a crop in Nigeria. World Crops 36, 199–200.
7. FAO (1985): Production Yearbook, Vol. 38, FAO, Rom.
8. FRIBOURG, H. A., OVERTON, J. R., MCNEILL, W. W., CULVAHOUSE, E. W., MONTGOMERY, M. J., SMITH, M., CARLISLE, R. J., and ROBINSON, N. W. (1984): Evaluation of the potential of hyacinth bean as an annual warm-season forage in the Mid-South. Agron. J. 76, 905–910.
9. KAY, D. E. (1979): Food Legumes. Trop. Prod. Inst., London.
10. LEAKEY, C. L. A., and WILLS, J. B. (eds.) (1977): Food Crops of the Lowland Tropics. Oxford University Press, Oxford.
10a. LYND, J. Q., and PURCINO, A. A. C. (1987): Effects of soil fertility on growth, tuber yield, nodulation and nitrogen fixation of yam bean *(Pachyrhizus erosus* (L.) Urban) grown on a typic eustrutox. J. Plant Nutrition 10, 485–500.
11. NATIONAL ACADEMY OF SCIENCES (1979): Tropical Legumes: Resources for the Future. Nat. Acad. Sci., Washington, D. C.
12. NATIONAL ACADEMY OF SCIENCES (1979): Underexploited Tropical Plants with Promising Economic Value. 5th Printing. Nat. Acad. Sci., Washington, D. C.
13. NATIONAL ACADEMY OF SCIENCES (1981): The Winged Bean. A High-Protein Crop for the Tropics. Nat. Acad. Sci., Washington, D. C.
14. OCHSE, J. J., and BAKHUIZEN VAN DEN BRINK, R. C. (1977): Vegetables of the Dutch East Indies. Reprint of the 1931 edition. Asher, Amsterdam.
15. RACHIE, K. O., and ROBERTS, L. M. (1974): Grain Legumes of the lowland tropics. Adv. Agron. 26, 1–132.
16. RITCHIE, G. A. (ed.) (1979): New Agricultural Crops. Amer. Ass. Adv. Sci., Washington, D. C.
17. SUMMERFIELD, R. J., and BUNTING, A. H. (eds.) (1980): Advances in Legume Science. Royal Botanic Gardens, Kew, England.
18. SUMMERFIELD, R. J., and ROBERTS, E. H. (eds.) (1985): Grain Legume Crops. Collins, London.
19. TINDALL, H. D. (1983): Vegetables in the Tropics. Macmillan, London.
20. WHISTLER, R. L., and HYMOWITZ, T. (1979): Guar: Agronomy, Production, Industrial Use, and Nutrition. Purdue University Press, Lafayette, Indiana.

4.6   Liliaceae

HANS DIETER HARTMANN

Spargel

Botanisch:	*Asparagus officinalis* L.
Englisch:	asparagus
Französisch:	asperge
Spanisch:	espárrago

Der Spargel stammt aus dem Gebiet des östlichen Mittelmeers bis zu den Salzsteppen Osteuropas. Seine Kultur war schon im klassischen Altertum bekannt. Die Hauptproduktion liegt in der gemäßigten Zone und in den Subtropen mit Mittelmeerklima, wo winterliche Kälte und Kurztag zum Absterben des Laubes führen, gefolgt von kräftiger Bildung neuer Triebe im Frühjahr. Aber auch in den Subtropen mit Sommerregen und in den höheren Lagen der Tropen wird Spargel angebaut (Südafrika, Kenia, Malaysia, Indonesien, Taiwan, Westindische Inseln, Chile, Peru u. a.), z. T. mit modifizierten Anbautechniken (s. u.) (5, 7, 8). Außerhalb der Gemäßigten Zone haben nur Kalifornien und Taiwan überregionale Bedeutung für die Spargelproduktion. 11 000 ha (27,5 % der US-Gesamtfläche) liegen in Kalifornien. Die Gesamternte beträgt dort 40 000 t Grünspargel (40 % der US-Gesamternte) mit einem Durchschnittsertrag von 2,8 t/ha. Taiwan produziert auf 14 000 ha 105 000 t weißen Spargel. Der Durchschnittsertrag liegt bei 7,5 t/ha. In den letzten Jahren werden 80–85 % der Gesamternte als Konserven exportiert.

Spargel bildet ein sympodiales Rhizom mit fleischigen Speicherwurzeln, an denen Faserwurzeln Wasser und Nährstoffe aufnehmen. An den oberirdisch sichtbaren Sprossen sind die chlorophyllfreien Schuppenblätter zu erkennen. Die Assimilation erfolgt in den büschelartigen Kurztrieben, den Phyllokladien. Die Pflanze stellt das Wachstum nur in Gebieten mit längeranhaltenden Nachttemperaturen unter 10 °C ein. Die Temperaturverhältnisse in den Tropen verhindern die Bildung von Reservestoffen, so daß zu neuen Anbaumethoden übergegangen wurde.

Spargel ist zweihäusig, Zwitter sind selten. Männliche Pflanzen liefern höhere Erträge und sind langlebiger als weibliche. Daher gehen alle Bemühungen dahin, mittels verschiedener Methoden rein männliche Sorten zu züchten. Die Südwestdeutsche Saatzucht in Rastatt/Baden hat die erste rein männliche Sorte 'Lukullus' gezüchtet, die Erträge bis zu 10 t/ha liefert. Weitere Zuchtstätten sind die Universitäten in Kalifornien/USA und Taipeh/Taiwan, im INRA Versailles/Frankreich, in der Versuchsstation Venlo/Niederlande. Die Sorten weisen Differenzen in der Höhe, Internodienlänge, Phyllokladienbesatz, Sproßzahl, Ertrag und Qualität auf. Verminderte Anfälligkeit gegen Pilze wie *Fusarium* oder *Puccinia asparagi* wird bearbeitet.

Bei Spargel ist eine Jungpflanzenanzucht üblich. Für optimale Keimergebnisse sollten die Bodentemperaturen nicht über 25 °C ansteigen. Der erwünschte Nährstoffspiegel sollte bei 11 bis 20 mg P_2O_5 und 17 bis 30 mg K_2O/100 g Boden betragen. Der pH-Wert ist wegen der Mg-Versorgung und der Al-Toxizität auf mindestens 5,5 einzustellen. Die Aussaat erfolgt 6 Monate vor der Pflanzung in Einzelkornablage, im Abstand von 40 × 6 cm. Schattieren und gleichmäßiges Feuchthalten fördert die Entwicklung. Die Kopfdüngung beginnt drei Wochen nach dem Auflaufen und wird mit 25 kg N/ha wiederholt, wenn starke Auswaschung zu befürchten ist.

Ein Jahr vor der Pflanzung wird ein für Spargel geeigneter, leichter Boden vorbereitet. Hierzu gehören Anreicherung des Humusgehaltes durch Gründüngung und Anheben des pH-Wertes. Bleichspargel wird in Gräben (30 × 40 cm), Grünspargel etwa 15 cm tief gepflanzt. In Taiwan beträgt die Pflanzdichte 1,4 Pfl./m², in Kalifornien 1,8 Pfl./m². In tropischen Zonen kann die Spargelpflanze bereits nach 12 Monate erntefähig sein, in Zonen mit Ruheperiode dauert diese Zeit zwei Jahre. In dieser Zeit, aber auch nach der Ernte, ist für Unkrautfreiheit, ausreichende Bewässerung und Düngung bis 180 kg N, 150 kg P_2O_5 und 250 kg K_2O/ha zu sorgen. Im ersten Erntejahr wird bei Bleichspargel das vorhandene Kraut abgeschnitten und die Erde aufgedämmt. In tropischen Gebieten hat sich das Mutterstengelverfahren, bei dem die ersten drei Sprosse durchtreiben, am besten bewährt. Sie ergrünen und liefern die Assimilate für die Ausbildung der Knospen am Rhizom. Die nachfolgenden Triebe werden geerntet. Während der

Erntezeit muß weitergedüngt und bewässert werden.

Die Erntemethode bei Bleichspargel. Bleichspargel wird kurz bevor er den Boden durchstößt gestochen. Das geübte Auge erkennt an feinen Rissen in der Erdoberfläche, daß sich darunter eine Spargelstange befindet. Sie wird mit den Händen freigelegt, mit Spezialmessern oberhalb des Wurzelstockes getrennt und das entstandene Loch wieder aufgefüllt. Für einen Hektar benötigt man während der Erntesaison von 8–9 Wochen 1200 Akh.

Grünspargel wird oberhalb des Erdbodens geschnitten, wenn er eine Länge von etwa 15 cm besitzt, bevor die Verholzung beginnt und die Köpfe sich öffnen. Für die Grünspargelernte sind 200 Akh/ha anzusetzen. Nach der Ernte wird Spargel gekühlt, sortiert und verpackt. Die Kühlung ist besonders bei Grünspargel wichtig.

Krankheiten und Schädlinge. Die Zahl der Pilzkrankheiten, aber auch der tierischen Schädlinge, ist groß, unter günstigen Kulturbedingungen sind aber die Verluste i. a. gering. Zu den wichtigsten Pilzkrankheiten gehören die Schäden durch *Fusarium* spp. Eine taiwanesische Untersuchung wies nach, daß zwei Drittel der Wurzelschäden durch *Fusarium oxysporum* bzw. *F. moniliforme* verursacht wurden. *Rhizoctonia solani* und *Pythium* spp. treten seltener auf. Eine Bekämpfung ist äußerst schwierig und beschränkt sich auf die Schaffung optimaler Wachstumsbedingungen. An den oberirdischen Pflanzenteilen wird *Phoma asparagi* (stem blight) sehr gefürchtet. Das nördlichste Verbreitungsgebiet ist in feuchtwarmen Jahren die Nordküste des Mittelmeeres.

Das Auftreten der möglichen tierischen Schädlinge ist nicht vorauszusagen, da örtliche Verhältnisse eine entscheidende Rolle spielen. So können saugende oder nagende Insekten z. B. zu Verdrehungen oder Verkrüppelungen führen, Schmetterlingsraupen oder Fliegenmaden zerstören das Mark und die Leitungsbahnen der Spargeltriebe. Die Bekämpfung bereitet geringere Schwierigkeiten als die der Pilzkrankheiten.

Spargel enthält das Asparagus-Virus 1 und Asparagus-Virus 2. Virusfreie Pflanzen werden sehr schnell befallen, so daß über ein Ausmaß eventueller Wachstumsdepressionen nicht berichtet werden kann.

Als physiologischer Schaden ist die sog. Spitzenwelke (top wilting) bekannt. Bei einer hohen

Transpirationsrate vertrocknen junge Triebe, bei denen die Phylokladien noch nicht voll entwickelt sind. Sie werden in einer Streßsituation von den belaubten Sprossen „ausgesaugt". Eine Zusatzbewässerung vermindert diese Erscheinung.

Unter tropischen und subtropischen Verhältnissen kann der Unkrautbesatz über die Wirtschaftlichkeit einer Spargelanlage entscheiden. Einjährige Unkräuter lassen sich in der stehenden Pflanzung gut bekämpfen. Ausdauernde Unkräuter, vor allem rhizombildende Gräser und andere Monokotyle, müssen vor dem Auspflanzen des Spargels vernichtet werden.

Literatur

1. HAHN, M., und ZELL, H. (1978): Spargelanbau, 2. Aufl. Ulmer, Stuttgart.
2. HARTMANN, H. D., and KLAPPROTH, H. (1978): Cultivation of asparagus in the tropics. Plant Res. and Devel. 7, 67–77.
3. HUNG, L. (1975): Annotated Bibliography on Asparagus. Dep. Horticulture, Nat. Univ. Taiwan. Taipei, Taiwan.
4. MOREAU, B., and ZUANG, H. (1977): L'Asperge. Institut National de Vulgarisation, Paris.
5. OCHSE, J. J., and BAKHUIZEN VAN DEN BRINK, R. C. (1977): Vegetables of the Dutch East Indies. Reprint of the 1931 Edition. Asher, Amsterdam.
6. REUTHER, G. (ed.) (1979): Proceedings of the 5th International Asparagus Symposium. Eucarpia, Vegetables Section. Geisenheim.
7. TINDALL, H. D. (1983): Vegetables in the Tropics. Macmillan, London.
8. YAMAGUCHI, M. (1983): World Vegetables. AVI Publ. Co., Westport, Connecticut.

4.7 Solanaceae

DIETER PRINZ

Die kultivierten Gemüse- und Obstsolanaceen der Tropen und Subtropen entstammen nur acht der 65 Gattungen der Familie Solanaceae; etwa 100 der über 2000 Arten werden in größeren Mengen ihrer Früchte oder Blätter wegen genutzt. Die häufige pharmazeutische und kultische Nutzung ist auf den Gehalt an Alkaloiden (→ACHTNICH, Kap. 8) in Blättern und Früchten zurückzuführen. Bei einigen Arten verschwindet dieser jedoch in den Früchten bei zunehmender Reife, bei einigen Arten und Formen liegt er unterhalb einer toxikologisch bedeutsamen Grenze.

Die taxonomische Gliederung einiger Solanaceen-Gattungen ist noch nicht gefestigt und daher die Abgrenzung häufig fraglich (23, 69).

Tomate

Botanisch: *Lycopersicon esculentum* Mill. (Syn. *L. lycopersicum* [L.] Farw.)
Englisch: tomato
Französisch: tomate
Spanisch: tomate

Wirtschaftliche Bedeutung

Die Weltproduktion dieser Gemüseart wird für 1984 mit 58,6 Mio. t angegeben; etwa 40% davon entfallen auf Entwicklungsländer (Tab. 58). Diese Zahlen zeigen, obwohl sie die Subsistenzproduktion nur unzureichend erfassen, daß die Tomate die mengenmäßig bedeutendste Gemüseart der Welt ist. Hauptproduzenten sind die USA (8,2 Mio. t), die UdSSR (7,5 Mio. t), Italien (6,1 Mio. t), China (4,8 Mio. t) und die Türkei (4,0 Mio. t). Anbaufläche und Flächenerträge sind in fast allen Produktionsländern im Steigen begriffen.

Aus tropischen Höhenlagen Südamerikas stammend, wird die Tomate heute in einer Vielzahl von Klimazonen zwischen dem Äquator und etwa 54° nördlicher und 45° südlicher Breite

Tab. 58. Anbaufläche und (Markt-)Produktion in Entwicklungsländern (EL) von Tomate, Paprika und Aubergine. Nach (17).

	Anbaufläche (1984) (1000 ha)		Produktion (EL) (1000 t)		Flächenerträge (EL) (t/ha)	
	Welt	EL	1974–76	1984	1974–76	1984
Tomate	2524	1376	16 340	23 194	13,9	16,9
Paprika	989	809	3 541	4 922	5,2	6,1
Aubergine	370	324	2 601	3 866	9,3	11,9

unter Freilandbedingungen angebaut. In den Tropen werden Höhenzonen von 500 bis 1500 m gegenüber dem Tiefland oder größeren Höhen (bis etwa 2000 m) bevorzugt.

Man unterscheidet Tafel- und Verarbeitungstomaten. Während erstere dem Frischverzehr dienen, werden letztere zu Konserven verarbeitet (Tomatenpüree, -saft, ganze Tomaten).

Botanik

Als primäres Genzentrum der Tomate wird die Region Peru/Ecuador angenommen; die Domestikation erfolgte wahrscheinlich in Mexiko (6, 69). Die Kirschtomate, var. *cerasiforme* (Dun.) Alef., ist vermutlich die unmittelbare Ausgangsform der großfrüchtigen Kulturtomaten. Die Wildart L. *pimpinellifolium* Mill., die rote Früchte bildet, dürfte an der Entwicklung stärker beteiligt gewesen sein als L. *peruvianum* (L.) Mill., L. *chilense* Dun., und L. *hirsutum* Humb. et Bonpl., deren Früchte grün bleiben (4). Die Früchte können rund, gefurcht oder birnenförmig sein und Durchmesser von 1 bis 12 cm und zwei oder mehr Fruchtkammern aufweisen.

Die Mehrzahl der Sorten zeigt ein „unbegrenztes" (indeterminate) Wachstum, d.h. die Sproßspitzen bleiben vegetativ, doch einige Sorten besitzen ein teilbegrenztes (semideterminate) oder begrenztes Wachstum (determinate). Letztere bilden buschigere, kompaktere Pflanzen aus; die Sproßspitzen enden in Blütenständen (6, 67, 70). Das Potential der unbegrenzt wachsenden Formen kann durch Krankheitsbefall meist nicht ausgenutzt werden. Die Pflanzen besitzen im allgemeinen eine kräftige Pfahlwurzel; falls die Primärwurzelentwicklung durch die Anzucht gestört wird, verstärkt sich die Sekundärwurzelentwicklung.

Ökophysiologie

Minimumtemperatur für Keimung und Wachstum der meisten Sorten ist 10 °C; einige Linien vertragen Temperaturen bis 5 °C (57, 67). Der Optimalbereich für die Pflanzenentwicklung liegt zwischen 21 und 24 °C Tagestemperatur mit einer nächtlichen Absenkung um 5 bis 8 °C. Für die Keimung gelten 30 °C als Optimum und 35 °C als Maximum.

Die Blüten- und Fruchtbildung ist bei den meisten Sorten gestört bei Tagestemperaturen über 38 °C, bei Nachttemperaturen höher als 22 bis 25 °C und bei zu geringer oder zu hoher Luftfeuchte. Durch Wahl toleranter Sorten und Applikation von Phytohormonen können diese Probleme teilweise überwunden werden (2).

Die modernen Tomatensorten sind tagneutral. Sandig-lehmige bis tonig-lehmige Böden mit einem pH-Bereich von 5,5 bis 7,0 werden bevorzugt, doch auch andere Böden toleriert. Wichtig ist eine gute Dränfähigkeit der Böden; Staunässe wird im allgemeinen nicht vertragen (39).

Züchtung

Etwa 800 Tomatensorten werden in Saatgutkatalogen angeboten, die Zahl der kultivierten Herkünfte ist um ein Vielfaches höher, da die Versorgung mit eigenem Tomatensaatgut für Kleinbauern die Regel ist. Seit 20 Jahren werden Hybridsorten angeboten, die aber in Entwicklungsländern bisher nur eine geringe Rolle spielen.

Neben Zucht- und Landsorten von L. *esculentum* werden auch verwandte Arten zur Neuzüchtung von Sorten herangezogen; neben den bereits oben erwähnten Wildarten sind dies vor allem L. *cheesmanii* Riley, L. *chmielewskii* Rick, Kesicki, Fobes et Holle und *Solanum pennellii* Corr. (4, 6, 60).

Zuchtziele sind, standörtlich variierend, Resistenz gegen die wichtigen Krankheitserreger und Schädlinge der Tomate, höherer Fruchtansatz bei ungünstigen Klimabedingungen, Fruchtbedeckung, verbesserte Qualität, einheitliches Abreifen (bei Verarbeitungstomaten), Haltbarkeit und Salztoleranz (2, 3, 35, 52, 61, 67). Wichtige Züchtungszentren für den tropisch-subtropischen Raum befinden sich in Taiwan (Asian Vegetable Research and Development Center), Hawaii und Kalifornien.

Anbau und Vermehrung

Aussaat in Saatbeete oder Schalen mit anschließendem Verpflanzen ist die Regel, Direktsaat die Ausnahme. 0,5 kg/ha Saatgut reicht für das Bepflanzen eines Hektars mit 20 000 bis 30 000 Pflanzen. Häufig wird auf Beete oder Dämme ausgepflanzt und Markttomaten werden in der Regel an Schnüren hochgeleitet oder an Stäbe gebunden.

Die Pflanzweite ist von Sorte und Ernährung abhängig. Bei aufgeleiteten Markttomaten beträgt der Abstand in der Reihe 0,3 bis 0,5 m und zwischen den Reihen 1 bis 1,5 m; bei Doppelreihen (Beetkultur) pflanzt man meist mit 0,6 m

Reihenabstand innerhalb des Beetes. Die buschig wachsenden Verarbeitungstomaten werden mit etwas größeren Abständen gepflanzt (46, 57, 65).

Für hohe Erträge ist meist eine Bodenverbesserung durch Kompost- oder Stallmistzugabe notwendig; Mineraldünger sollte in 2 bis 3 Gaben gegeben werden. Wichtig ist eine gleichmäßige Wasserversorgung bis zur Fruchtreife, um ein Aufplatzen der Früchte und Blütenendfäule (blossom-end rot) zu vermeiden. Eine Mulchlage z. B. mit Reisstroh vermindert die Schwankungen im Wasserhaushalt des Bodens und vermeidet ein Infizieren der Pflanzen durch Spritzwasser (Abb. 117).

Ein Ausgeizen der Seitentriebe ist in den Tropen meist nicht üblich, bei begrenzt wachsenden Typen auch nicht notwendig.

Ein Ausrichten der Reihen parallel zur vorherrschenden Windrichtung bewirkt ein schnelleres Abtrocknen des Bestandes nach Niederschlag.

Eine Schädigung der Früchte durch zu hohe Temperaturen kann durch eine Nord-Süd-Ausrichtung der Reihen vermindert werden.

Tomaten benötigen eine weitgestellte Fruchtfolge möglichst ohne weitere Solanaceen-Arten. Der Anbau auf erhöhten Beeten nach einer Naßreis-Kultur hat sich in Asien bewährt. Auch Mischkultur-Systeme z. B. mit Kopfkohl oder Zuckerrohr, haben sich, vor allem aus phytopathologischer Sicht, als günstig erwiesen (36, 56, 68).

Die Ernte beginnt 60 bis 90 Tage nach der Aussaat. Die Pflückreife bei Markttomaten ist erreicht, wenn sich die grüne Farbe aufzuhellen beginnt; die Früchte reifen im Lager nach, sofern die Temperatur nicht unter 12° und über 30 °C liegt. Verarbeitungstomaten werden bei Rotreife (von Hand oder maschinell) gepflückt.

Die Erträge schwanken je nach Anbauverfahren, Sorte und Kulturdauer sehr stark. 10 bis 20 t/ha sollten in den Tropen, 20 bis 50 t/ha in den

Abb. 117. Anbau von Tomaten in Bambus-Folienhäusern. Überdachung und Mulchdecke schützen vor der Ausbreitung von Pilzinfektionen und bewirken eine gleichmäßigere Bodenfeuchte.

Subtropen (mit Bewässerung) erzielt werden. In Israel und Mexiko werden Spitzenerträge (mit Tropfbewässerung und Flüssigdüngung) von über 100 t/ha erreicht.

Krankheiten und Schädlinge

Die Tomate wird von zahlreichen Krankheiten und Schädlingen befallen. Die gefürchtetste Krankheit ist die durch *Pseudomonas solanacearum* hervorgerufene bakterielle Welke. Die wichtigsten pilzlichen Erkrankungen sind die Verticillium-Welke, die Fusarium-Welke und die Krautfäule (late blight). Daneben gibt es zahlreiche Virosen (z.B. das Tomatenmosaikvirus ToMV) und tierische Schaderreger. Zu letzteren zählen Wurzelnematoden (*Meloidogyne* spp.), die jedoch durch den Einsatz resistenter Sorten niedergehalten werden können ('Ronita', 'Monte Carlo' u.a.). Resistenzen gegen die Erreger *Verticillium* (V) und *Fusarium* (F) wurden inzwischen in eine größere Zahl von Sorten eingekreuzt (z.B. in 'Roma VF'), fast alle AVRDC-Linien sind resistent gegen ToMV und auch *Alternaria-, Cladosporium-* und *Stemphylium-*resistente Sorten sind erhältlich. Neben der Sortenwahl sind Fruchtwechsel, Mischkultur, Mulchen und gute Dränage die wichtigsten vorbeugenden Maßnahmen (1, 2, 3, 9, 67).

Verarbeitung und Verwertung

Zur Verringerung von NacherNteverlusten sollten Tomaten in den kühleren Morgen- oder Abendstunden geerntet und in einem schattigen, gut ventilierten Raum gelagert werden. Die Vermarktung der nach Reifegrad und Größe sortierten Früchten sollte so bald wie möglich erfolgen. Kühlung verlängert die Lagerfähigkeit (54, 62, 65, 67).

Gemüsepaprika

Botanisch:	*Capsicum annuum* L.
Englisch:	green pepper, sweet pepper, bell pepper
Französisch:	piment doux, poivron
Spanisch:	pimiento

Capsicum annuum wird weltweit angebaut; die kultivierten Formen unterscheiden sich beträchtlich in der Größe, der Form und im Scharfstoffgehalt der Früchte (→ ACHTNICH, Kap. 7.2). Der milde Gemüsepaprika hat erst in den letzten Jahrzehnten seine derzeitige Bedeutung als Frisch- und Konservengemüse erlangt. 1985 befanden sich von der etwa 1 Mio. ha großen Anbaufläche 56% in Asien, 17% in Europa, 15% in Afrika, 10% in Nord- und Zentralamerika und nur 2% in Südamerika. Während der prozentuale Anteil an der Produktion für Afrika und Amerika weitgehend dem der Anbaufläche entsprach, entfielen nur 41% der Weltproduktion auf Asien, aber 31% auf Europa (Tab. 58). *C. annuum* ist eine krautige Pflanze, die zu einem 40 bis 120 cm hohen Busch heranwächst (Abb. 118). Obwohl mehrjährig, wird sie häufig einjährig kultiviert.

Gemüsepaprika hat ähnliche Klima- und Bodenansprüche wie die Tomate (65, 70). 800 bis 1200 mm Jahresniederschlag werden für großfrüchtige Formen als ausreichend angesehen. Paprika reagiert ähnlich wie die Tomate auf niedrigere Temperaturen (16 bis 20 °C) mit reduzierter Blatt- und erhöhter Blütenzahl, auf höhere Temperaturen (22 bis 26 °C) in umgekehrter Weise. Man unterscheidet drei Sortengruppen:

Abb. 118. Paprika *(Capsicum annuum)*, Sorte mit aufrecht stehenden Früchten (Sortengruppe 1/2). Viele kommerzielle Sorten haben hängende Früchte.

1. Sorten mit großen, stumpfen, dickwandigen Früchten zum Frischverzehr ('Yolo Wonder', 'California Wonder')
2. Sorten mit kegelförmigen, spitz zulaufenden Früchten mit dünnerer Fruchtwand und kürzerer Kulturzeit ('Cecei', 'Cubanelle') zum Frischverzehr oder zur Sauerkonserven-Herstellung
3. Sorten mit noch dünnwandigeren, langen, schmalen Früchten von etwa 3 bis 4 cm Durchmesser und bis zu 15 cm Länge. Diese werden für Sauerkonserven oder Salate verwendet ('Sweet Banana').

Daneben gibt es viele andere Sorten z.B. mit kleinen rundlichen Früchten ('Cherry Sweet') zur Pickles-Herstellung oder mit hohem Capsanthin-Gehalt zur Farbstoffgewinnung (16, 21). *C. annuum* ist vorwiegend Selbstbefruchter, doch tritt häufiger Fremdbefruchtung auf als bei der Tomate. Zuchtziele sind u. a. Resistenz gegen Viren, bodenbürtige Krankheiten und Blattmykosen, milder Geschmack des Fruchtfleisches und geringe Samenzahl. Für den kommerziellen Anbau wird Hybridsaatgut angeboten (6).

Zumindest im marktorientierten Anbau ist die Anzucht in Saatbeeten üblich; 2 bis 4 kg Saatgut werden pro Hektar Anbaufläche benötigt. Der Abstand in der Reihe beträgt (bei Reinkultur) 0,35 bis 0,45 m und zwischen den Reihen 0,6 bis 0,8 m.

Im traditionellen Anbau sind Mischkultur und organische Düngung üblich (49, 57). Gute Bodenfruchtbarkeit, eine geteilte Mineraldüngergabe und eine gleichmäßige Wasserversorgung bei guter Bodendurchlüftung sind Voraussetzungen für hohe Erträge. Der Anbau auf Dämmen und die Verwendung von Mulchlagen (z.B. mit Reisstroh) haben sich als vorteilhaft erwiesen (37).

50 bis 90 Tage nach dem Verpflanzen beginnt die Ernte, die mit kommerziellen Sorten zwei bis drei Monate, im traditionellen Anbau mehrere Jahre dauern kann (16). Die Ernte erfolgt von Hand, entweder durch Abbrechen oder Abschneiden der Früchte. Der Erntezeitpunkt ist erreicht, wenn die Früchte ihre volle Größe erreicht haben und ihre Oberfläche glänzend geworden ist. Im Marktanbau werden unter günstigen Bedingungen 10 bis 20 t/ha (bei den dünnwandigeren Formen 6 bis 9 t/ha) erzielt.

Gemüsepaprika wird von den gleichen Schaderregern befallen wie der Gewürzpaprika (→ ACHTNICH, Kap. 7.2), jedoch ist die Anfälligkeit eher noch höher, insbesondere gegenüber den Welkeerregern. Neben der chemischen Bekämpfung haben sich vorbeugende Maßnahmen wie die Vermeidung von Staunässe (gegen die *Phytophthora*-Wurzelfäule) oder der Einsatz resistenter Sorten z. B. gegen Blattvirosen ('Yolo Y', 'VRZ', 'Citadel') als wirksam erwiesen.

Gemüsepaprika kann grünreif oder vollreif geerntet werden; nach der Ernte wird er ähnlich behandelt wie die Tomate. Die Temperatur des Lagerraumes sollte niedrig (Optimum 7 bis 10 °C), die Luftfeuchte möglichst hoch liegen (bis 95% RF) (62).

Die Früchte werden entweder roh in Salaten, geschmort, gekocht oder als Sauerkonserven genutzt. Der diätetische Wert liegt insbesondere in dem hohen Vitamin C- und Provitamin-A-Gehalt der reifen Früchte.

Aubergine

Botanisch:	*Solanum melongena* L.
Englisch:	*brinjal, eggplant*
Französisch:	*aubergine*
Spanisch:	*berenjena*

Die Aubergine, seit Jahrtausenden in Indien und China kultiviert, gelangte im 13. Jahrhundert über Arabien nach Europa und von hier in die Neue Welt (31). Von der auf etwa 5 Mio. t geschätzten Weltproduktion wird über die Hälfte im südostasiatischen Raum erzeugt, davon allein etwa 1,4 Mio. t in China. Der Anbau erstreckt sich jedoch fast über die gesamte Tropen- und Subtropenzone; 88% der Gesamtfläche und 75% der Weltproduktion entfallen auf Entwicklungsländer (Tab. 58). Die Produktion weitet sich ähnlich stark aus wie die des Paprika. In Indien erfolgte die Domestikation aus heute noch anzutreffenden, bestachelten Wildformen, die kleine, bittere Früchte ausbilden (6, 11).

Die Mannigfaltigkeit der Sorten ist insbesondere in Indien und Thailand sehr groß (Abb. 119, 120). Langfrüchtige Sorten der var. *serpentinum* (Desf.) Bailey messen bis zu 1 m Länge, andere Sorten (var. *melongena*) bilden längliche, länglich ovale bis birnenförmige oder runde bis rund-ovale Früchte (häufig nicht größer als 4 cm) aus (11).

für das Wachstum liegt zwischen 22 und 30 °C. Bei Temperaturen unter 16 °C treten Wachstumsstörungen auf, ebenso wie bei Bodentemperaturen über 40 °C. Langfrüchtige Formen gelten als hitzetoleranter als kleinfrüchtige. In Äquatornähe ist ein Anbau bis 1200 m Höhe möglich. *S. melongena* reagiert weitgehend tagneutral. Tiefgründige, gut dränierte Böden ausreichender Fruchtbarkeit werden als optimal angesehen; pH-Werte von 5,5 bis 7,2 werden vertragen (65, 70).

Zuchtziele sind u.a. Resistenz gegen Viren und bodenbürtige Krankheiten, geringer Stachelbesatz an Blättern und Kelch, festes inneres Fruchtgewebe und spätes Umschlagen der Fruchtfarbe. Die Farbe der reifen Frucht kann von Weiß über Gelb(-grün) bis zu Schwarz-violett reichen; auch gestreifte Formen werden angeboten (44). Die Selektion reiner Linien ist die wichtigste Züchtungsmethode, jedoch wird auch Hybridzüchtung betrieben (6, 21, 59). Außerhalb der Mannigfaltigkeits-Zentren, insbesondere in Europa und Amerika, werden die schwarz-violett gefärbten Sorten ('Black Beauty', 'Long Purple', 'Hybrid Blacknite') im kommerziellen Anbau bevorzugt (6).

Bei der generativen Vermehrung ist die Anzucht in Beeten oder Schalen mit anschließendem Verpflanzen üblich; die vegetative Vermehrung über Absenker oder Stecklinge ist möglich. Die Auspflanzungsdichte auf Beeten oder Dämmen entspricht etwa der der Tomate. 0,5 bis 0,8 kg Saatgut werden pro ha Reinkultur benötigt. In Gebieten, in denen *Pseudomonas solanacearum* endemisch ist, kann *S. melongena* auf das resistente *S. torvum* gepfropft werden (71).

80 bis 120 Tage nach dem Verpflanzen beginnt die Ernte; bei 8 bis 14 Früchten pro Pflanze kann (bei den kommerziellen Sorten) mit einem Ertrag von 2 bis 5 t/ha gerechnet werden (65). Welkekrankheiten, hervorgerufen durch *Pseudomonas* sp., *Verticillium* sp. und *Sclerotium* sp. können durch Wahl resistenter Sorten, weitgestellte Fruchtfolge, Entfernen befallener Pflanzen und durch Pfropfen auf resistente Unterlagen in ihren Auswirkungen begrenzt werden. Die gleichen Maßnahmen, eventuell ergänzt durch die Einarbeitung organischer Substanz (z. B. Ölkuchen) in den Boden, sollten bei Nematoden-Befall (*Meloidogyne* spp.) ergriffen werden (1, 12, 21, 64). Weitere, häufig an Auberginen auftretende Schädlinge sind Blattläuse, Cut-

Abb. 119. Aubergine *(Solanum melongena)*, thailändische Herkunft.

S. melongena ist mehrjährig, wird jedoch im kommerziellen Anbau meist einjährig kultiviert. Sie erreicht gewöhnlich 0,5 bis 1,0 m Höhe, selten 3,0 m, und besitzt eine tiefe Pfahlwurzel (38).

Die Aubergine ist die wärmeliebendste der Gemüsesolanaceen. Die optimale Tagtemperatur

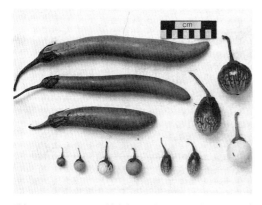

Abb. 120. Formenvielfalt bei *Solanum melongena* auf einem ländlichen Markt in Thailand.

worms, Spinnmilben, Zikaden und Fruchtbohrer.

Neben den Welkekrankheiten sind Virosen, die *Phomopsis*-Krankheit *(Diaporthe vexans)* und die Anthraknose von größerer Bedeutung für den Anbau. Außer den oben erwähnten vorbeugenden Maßnahmen wird die Verwendung gesunden Saatgutes und die chemische Bekämpfung empfohlen. Außerhalb der Tropen ist die bodenbürtige und durch Samen übertragene Fruchtfäule *(Phytophthora parasitica)* von besonderer Bedeutung.

Die Früchte werden vor Beginn der Samenreife geerntet und können bei 10 bis 13 °C Temperatur und 90 bis 95% relativer Feuchte bis zu 2 Wochen gelagert werden. Die Zubereitung der frischen Früchte erfolgt durch Kochen, Braten und Rösten.

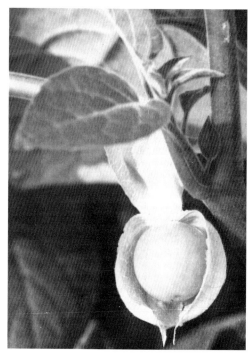

Abb. 121. Kapstachelbeere *(Physalis peruviana).*

Blasenkirsche

Botanisch: *Physalis* spp.
Englisch: ground cherry, husk tomato
Französisch: alkékenge
Spanisch: alquequenje, miltomate

Das tropisch-subtropische Amerika ist die Heimat von 82 der etwa 90 *Physalis*-Arten. Für alle Arten charakteristisch ist eine dünne lampionartige Umhüllung der Frucht. Einige Arten werden wegen ihrer eßbaren Früchte angebaut (*P. peruviana, P. philadelphica, P. pruinosa*), andere dienen als Zierpflanzen (z. B. *P. alkekengi* L.); gelegentlich werden auch die Blätter als Gemüse genutzt (19, 26, 29, 31, 34, 45).

P. peruviana L. (Syn. *P. edulis* Sims), Kapstachelbeere, Andenbeere, Cape gooseberry, alkékenge de Pérou, uchuva. Aus dem Andenraum zwischen Venezuela und Chile stammend, ist sie inzwischen im gesamten Raum der Tropen und Subtropen verbreitet, vornehmlich in Höhenlagen zwischen 800 und 1500 m. Wichtige Anbauzonen außerhalb des Herkunftsgebietes sind Süd- und Ostafrika, Indien, Australien, Neuseeland und Hawaii. Sie ist eine selten über 1 m hohe, perenne Pflanze, deren wohlschmeckende Beeren einen Durchmesser von 1,5 bis 2 cm haben (Abb. 121). Gut dränierte, leichtere Böden und Klima mit ausgeprägten Trockenzeiten werden für den Anbau bevorzugt. Nach der Anzucht in Saatbeeten werden 8 bis 10 cm hohe Sämlinge im Abstand von 40 × 80 cm im Feld ausgepflanzt; häufig wird Mischanbau praktiziert. Die Kulturdauer kann ein, zwei oder drei Jahre betragen; bei guter Pflege werden 1 bis 1,5 kg/Pflanze und Jahr geerntet. Die vitaminreichen Früchte (Provitamin A, Vitamin-B-Komplex, Vitamin C) sind gut lagerfähig, und werden entweder roh verzehrt oder, bei kommerziellem Anbau, häufig zu Marmeladen verarbeitet (6, 19, 31, 40, 65, 70).

P. philadelphica Lam. (Syn. *P. ixocarpa* Brot. ex Hornem.), Mexikanische Blasenkirsche, Mexican husk tomato, tomatillo, miltomate. Heimat der Wildformen und Hauptanbaugebiet ist Guatemala bis Süd-Texas. Kultiviert wird diese annuelle, 60 bis 120 cm hoch werdende Pflanze auch in anderen Teilen Lateinamerikas, in Südafrika, Indien, Südostasien und Australien (Abb. 122).

Zwei bis drei Monate nach der Aussaat beginnt die Ernte, die sich dann über weitere 6 bis 8 Wochen erstreckt. Lokale Sorten bringen bis zu 20 t/ha Ertrag, Selektionszüchtungen ('Rendidora') bis zu 40 t/ha. Die Beeren (3 bis 5 cm Durchmesser) werden selten roh verzehrt, son-

Abb. 122. Mexikanische Blasenkirsche *(Physalis philadelphica)*. Das vordere Kelchblatt der Frucht wurde entfernt.

dern meist zur Zubereitung von Saucen oder Suppen, in Indien auch zur Herstellung von Marmelade verwendet (19, 26, 58, 65).
P. pruinosa L., *P. longifolia* Nutt., *P. minima* L. und andere Arten werden wegen ihrer aromatischen Früchte angebaut, sind aber nur von regionaler Bedeutung (19, 26).

Baumtomate

Botanisch:	*Cyphomandra betacea* (Cav.) Sendt.
Englisch:	tree tomato
Französisch:	tomate d'arbre
Spanisch:	tomate de árbol, tamarillo

Die Baumtomate stammt aus der Andenregion Perus; sie wird in vielen tropischen Bergländern, besonders Südamerikas, aber auch in Afrika, Indien, Sri Lanka, Südostasien, Neuseeland und im Mittelmeergebiet kultiviert (6, 34, 72). Der 3 bis 5 m hohe baumähnliche Strauch bevorzugt

tropische Höhenlagen zwischen 1000 und 2500 m oder gemäßigte, frostfreie Tieflandklimate. Man unterscheidet zwei Typen: Typ 1 mit gelblich-orangen Früchten und hellen Samen, Typ 2 mit dunkelroten Früchten und schwarzen Samen (Abb. 123). Für den kommerziellen Anbau wird häufig Typ 1 bevorzugt (Beispiel: 'Kaitaia Yellow' in Neuseeland) (55).
Die Vermehrung erfolgt über Samen oder Stengelstecklinge. Ein bis zwei Jahre nach der Aussaat beginnt die Ernte, die noch weitere 3 bis 4 Jahre, gelegentlich bis zu 10 Jahren andauern kann; Rückschnitt ist möglich. Unter günstigen Bedingungen werden 90 bis 140 kg pro Pflanze und Jahr geerntet. (6, 19, 28, 70).
C. betacea wird nur von wenigen Krankheiten und Schädlingen befallen. Nematoden, einige Mykosen (*Phytophthora* sp., *Colletotrichum* sp.) und das Gurkenmosaikvirus können Schäden verursachen (10).

Abb. 123. Baumtomate *(Cyphomandra betacea)*, Typ 1. (Foto: HERMANN).

Die vitaminreichen Früchte sind gut transport-
und lagerfähig (22, 24). Die Verwendung erfolgt
roh in Salaten oder gekocht zu Kompotten, Gelees oder Marmeladen verarbeitet. Häufig wird
die dünne, bitter schmeckende Schale vor dem
Verzehr abgezogen (6, 55).

Weitere *Solanum*-Arten

Neben der oben beschriebenen *S. melongena*
gehören der Gattung *Solanum* zahlreiche andere
Gemüse- und Obstarten an.

Mehrere der aufgeführten Arten eignen sich
auch für pharmazeutische Zwecke, nicht zuletzt
zur Gewinnung von Solasonin und Solasodin
(→ACHTNICH, Kap. 8.5) (11, 43, 47).

S. aethiopicum L., todo (Blätter), osun (Früchte), aubergine amère. Eine hitzetolerante, annuelle, 1,80 m Höhe erreichende Pflanze des tropischen Afrika, deren Blätter als Gemüse oder
Suppenkraut verwendet werden; die bitteren
Früchte dienen zum Würzen von Suppen und
Soßen (5, 16, 51).

S. gilo Raddi, gilo, igbagba, igbo. Diese
trockentolerante Pflanze wird im Ursprungsgebiet Brasilien ebenso wie im tropischen und
subtropischen Afrika kultiviert. Genutzt werden
die jungen Blätter und die elliptischen, 6 cm
langen Früchte (16, 70).

Abb. 125. *Solanum lasiocarpum*, Kulturform aus
Thailand.

S. incanum L. (Syn. *S. melongena* var. *incanum*
(L.) Kuntze), garden egg, ikan (Abb. 124). Her-
kunftsgebiet und Hauptanbaugebiet dieser bi-
ennen Art ist das tropische Westafrika. Bittere

Abb. 124. *Solanum incanum*, kamerunische Herkunft.

und nichtbittere Formen werden kultiviert; die unreifen Früchte werden entweder roh oder in Suppen verwendet. Auch die proteinreichen Blätter werden gegessen. *S. incanum* gilt als trockentolerant und gedeiht nicht gut im Schatten. 13 bis 16 Wochen nach der Aussaat beginnt die Ernte; mit etwa 4 kg Ertrag pro Pflanze und Jahr kann gerechnet werden (16, 66).

Von *S. lasiocarpum* Bl. werden in Indien, Südostasien, Süd-China und Neu-Guinea teils Wildformen (Fruchtdurchmesser 2 cm) genutzt, teils Kulturformen (Fruchtdurchmesser 3 bis 3,5 cm)

angebaut (Abb. 125). Die Früchte können in Curry-Gerichten wie auch medizinisch verwendet werden (28).

S. macrocarpon L., African eggplant, anghive. Beheimatet im ostafrikanisch-madegassischen Raum, wird diese Art häufig im tropischen (West-)Afrika, gelegentlich in SO-Asien und im tropischen Mittel- und Südamerika kultiviert. Die perenne, bis 1,5 m hoch wachsende Pflanze wird hauptsächlich wegen der spinatähnlichen Blätter angebaut; die bitteren Früchte dienen zum Würzen von Soßen und Suppen. Die Blatt-

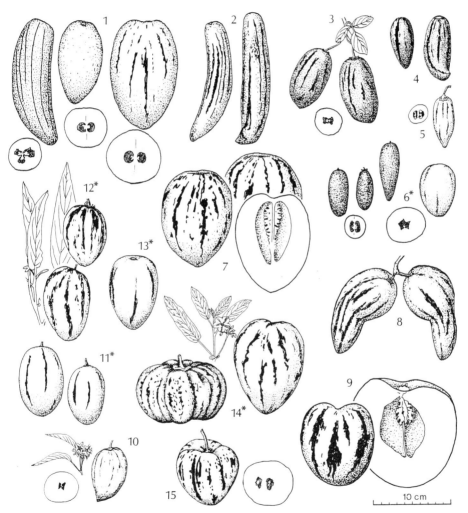

Abb. 126. Variabilität der Fruchtform von *Solanum muricatum*. Herkunft Nr. 1–6 aus Kolumbien, Nr. 7 aus Ekuador, Nr. 8 und 9 aus Peru; Nr. 10–15 sind in die USA, nach Europa und in die Sowjetunion eingeführte Formen. Die Formen ohne Stern beziehen sich auf den Größenmaßstab. (Nach 33)

ernte beginnt etwa 30 bis 50 Tage, die Ernte der reifen Früchte etwa 80 bis 100 Tage nach dem Verpflanzen. Zahlreiche lokale Sorten wurden selektiert, darunter auch nicht-bittere Typen von bis zu 8 cm Fruchtdurchmesser. Bei siebenmonatiger Nutzung wurden 14,2 t/ha Blätter (Frischmasse), bei achtmonatiger Produktionsdauer 10 t/ha Früchte geerntet (6a, 21, 48, 65, 73).

S. muricatum Ait., melon pear, tamarillo, pepino dulce, cacham, cachum (Quechua). Diese alte Kulturpflanze hat ihren höchsten Formenreichtum in Kolumbien; auf den Kanarischen Inseln fand zu Beginn des Jahrhunderts exportorientierter Anbau statt. Heute spielt der Anbau in Südkolumbien, Ecuador, Peru, Chile und neuerdings versuchsweise auch in Neuseeland, Kenia und Israel eine Rolle (Abb. 126).

Typische Standorte für die kommerzielle Produktion befinden sich in Kolumbien und Ecuador oberhalb der Kaffeezone (1800 bis 2400 m), in Peru zwischen 500 bis 1000 m Höhe.

Abb. 127. Schwarzer Nachtschatten *(Solanum nigrum)*, in Thailand kultivierte, etwa 0,8 m hoch werdende Form.

Die Vermehrung erfolgt ausschließlich über Stecklinge oder Sproßstücke, die sich sehr leicht bewurzeln. *S. muricatum* ist mehrjährig, wird aber überwiegend aus bestandesökologischen und phytosanitären Gründen einjährig kultiviert. Im Unterschied zu den kolumbianischen und ecuadorianischen Formen, die mehrtriebig an Stützen aufgeleitet werden (Schnüre oder Stöcke), zeigen die stärker verzweigten Formen aus Peru und Chile buschartigen Habitus, weshalb dort die Kultur feldmäßig ohne Stützen möglich ist.

Genutzt werden die physiologisch reifen Früchte in rohem Zustand, gelegentlich auch die unreifen Früchte roh in Salaten oder gekocht. Das neuerdings auflebende Interesse an dieser Art (Fruchtexporte aus Chile, Peru und Neuseeland) ergibt sich aus der hohen geschmacklichen Qualität der Früchte guter Klone, dem Potential zu hohen Ertragsleistungen (bis 80 t/ha bei höherer als der traditionellen Pflanzdichte), der guten Lagerfähigkeit (1 bis 2 Wochen bei Raumtemperatur; 10 Wochen bei 5 °C) und der ausgesprochenen Eignung zum Anbau auf Böden geringer Fruchtbarkeit (25, 26, 33, 41).

S. nigrum L.-Komplex. Schwarzer Nachtschatten, garden huckleberry, sunberry, morelle noire, solano nero, solatro: Eine Vielzahl eng verwandter, miteinander kreuzbarer diploider, tetraploider und hexaploider Sippen (einschließlich *S. intrusum* Sorid, *S. nodiflorum* Jacq., *S. retroflexum* Dunal) wird in diesem weltweit vertretenen Komplex vereinigt (23, 50).

Meist als Unkraut vorkommend, werden alkaloidarme Kultursippen in Westafrika, in der Karibik, in Indien, Thailand und Indonesien angebaut (Abb. 127 u. 128) (16, 18, 48, 65, 70). Genutzt werden vorwiegend die Blätter und jungen Triebe, gelegentlich auch die Früchte dieser annuellen Pflanze, die bis 1,20 m Höhe erreichen kann, aber häufig von niederliegendem Wuchs ist (26, 45). *S. burbankii* Bitter, die von Burbank gezüchtete „Wunderbeere", kann auch diesem Komplex zugeordnet werden (26).

S. quitoense Lam., naranjilla (Ecuador), lulo (Kolumbien) (Abb. 129): Als Quelle eines köstlich schmeckenden Getränkes von grüner Farbe kann die Lulo-Frucht langfristig an wirtschaftlicher Bedeutung gewinnen, auch wenn ihr Anbau derzeit noch weitgehend auf die Ursprungsgebiete in Ecuador und Kolumbien konzentriert ist. Der Anbau dieser mehrjährigen, bis zu 3 m

Abb. 128. *Solanum nigrum* var. *guineense* (Syn. *S. intrusum*); eine 0,3 m hohe kamerunische Herkunft, deren Blätter für Soßen verwendet werden.

hohen Pflanze wird am erfolgreichsten an Standorten in tropischen Hochlagen zwischen 1000 und 2000 m mit ganzjährig starkem Bewölkungsgrad und gleichmäßig verteilten Niederschlägen durchgeführt. Zur Minderung der Einstrahlungsbelastung wird *S. quitoense* auch zusammen mit schattengebenden Arten wie Bananen kultiviert (32).

9 bis 12 Monate nach der Aussaat setzt der erste Ertrag der orangeroten (daher der Name „naranjilla", span.: kleine Orange), ca. 50 bis 100 g schweren Früchte ein. Das Ertragspotential ist hoch und kann bis zu 4 Jahren anhalten. Die Lebensdauer der Kulturen ist jedoch häufig infolge nicht befriedigter ökologischer Standortansprüche und hoher Nematodenempfindlichkeit nach 2 Jahren beendet. Der Anbau ist dennoch wegen des hohen Marktwertes der sehr beliebten Früchte lohnend. Die Züchtung bzw. die Veredlung auf andere *Solanum* spp. mit dem Ziel erhöhter Nematodenresistenz und erweiterter ökologischer Adaptation erscheint vorrangig (6, 15, 30).

Abb. 129. *Solanum quitoense,* kolumbianische Herkunft (Foto: HERMANN).

S. *topiro* Humb. et Bonpl. (Syn. *S. hyporhodium* A. Br. et Bouché, *S. alibile* R. E. Schultes, *S. georgicum* R. E. Schultes; von HEISER (30) *S. sessiliflorum* Dun. zugeordnet), Orinoko-Apfel, peach tomato, cocona, cubiu (Abb. 130). Seit Jahrtausenden eine Kulturpflanze der Indios im Orinoco-Gebiet, wird *S. topiro* heute in vielen humid-tropischen Gebieten Südamerikas angebaut. Es bevorzugt offene, gut dränierte Standorte bis 1200 m Höhe, gilt als virusresistent, aber nematodenanfällig. Die runden Früchte von 2,5 bis 10 cm Durchmesser können roh verzehrt oder zur Zubereitung von Getränken, Kompott, Salaten und Marmeladen verwendet werden (6, 31, 53, 63).

S. torvum Sw., plate brush, pokak (Java), terong pipit (Malaysia) (Abb. 131). Weltweit in den Tropen verbreitet, konzentriert sich der Anbau dieser buschigen, bis 3 m hoch wachsenden Pflanze auf Ost-, Südost- und Südasien. Die noch unreifen Früchte (Durchmesser 5 bis 15 mm) werden roh, gekocht, getrocknet oder in Essig eingelegt verzehrt. Auch die jungen Blätter

← Abb. 130. *Solanum topiro.*

↓ Abb. 131. *Solanum torvum.*

werden in einigen Gebieten, z. B. in Westjava, als Salat oder gekocht genutzt (20, 48). Früchte und Blätter können auch medizinisch verwendet werden (43). Da *S. torvum* resistent gegen die *Fusarium*-Welke, *Pseudomonas* sp., *Verticillium* sp. und *Meloidogyne* sp. ist, wird es als Unterlage für *S. melongena*, *S. quitoense* und die Tomate genommen (71).

Außer den oben beschriebenen werden zahlreiche andere *Solanum*-Arten zur Nutzung der Blätter (B) oder der Früchte (F) angebaut. Es bleibt offen, ob alle zu nennenden Formen taxonomisch selbständige, „gute" Arten sind.

In Afrika: *S. anomalum* Thonn. (F) (20), *S. bansoense* Damm. (B), *S. dasyphyllum* Schum. et Thonn. (Syn. *S. duplosinuatum* Klotzsch) (B + F) (8), *S. dewevrei* Damm. (B), *S. distichum* Schum. et Thonn. (B) (13), *S. erythracanthum* Dun. (B), *S. giorgi* de Wild. (B) und *S. lescrauwaerti* de Wild. (B).

Im tropischen Amerika (nur Früchte): *S. diversifolium* Schlecht. (66), *S. grandiflorum* Ruiz et Pav. (19), *S. hirsutissimum* Standley (31), *S. liximitante* R. E. Schultes (63), *S. pseudolulo* Heiser (Abb. 132) (29), *S. sessiliflorum* Dun. (Abb. 133) (29), *S. tequilense* A. Gray (27) und *S. wendtlandii* J. D. Hook. (42).

In Asien: *S. anguivi* Lam. (F) (7), *S. blumei* Nees (B) (66), *S. ferox* L. (F) (11) und *S. xanthocarpum* Schrad. et Wendl. (F) (47).

Im australo-pazifischen Raum: *S. aviculare* Forst. f. (F) (11, 66) und *S. repandum* Forst. f. (F).

Neben den genannten kultivierten *Solanum*-Arten werden zahlreiche andere Arten dieser Gattung als Wildgemüse genutzt oder befinden sich in Halbkultur (45).

Weitere Arten anderer Gattungen

Innerhalb der Familie der Solanaceae finden sich noch einige andere Arten, die als Gemüse oder Obst angebaut werden. Zu ihnen gehören: *Iochroma australe* Griseb. (Syn. *Dunalia australis* (Griseb.) Sleum.), Perilla. Frostbeständige,

Abb. 132. *Solanum pseudolulo* (Foto: HERMANN).

Abb. 133. *Solanum sessiliflorum* (Foto: HERMANN).

Abb. 134. *Jaltomata procumbens.*

verholzende Solanacee der Andenhochtäler mit wohlschmeckenden Früchten, die roh oder als Marmelade genutzt werden (6).
Jaltomata procumbens (Cav.) J. L. Gentry (Abb. 134). Diese, von den südwestlichen USA bis Peru vorkommende, kleinfrüchtige Art wird sowohl wegen der schwarzen Beeren als auch wegen ihrer Blätter, aus denen ein fiebersenkender Tee hergestellt wird, angebaut (14).
Lycium chinense Mill., chinesischer Bocksdorn, Chinese wolfberry. Die Blätter dieses perennierenden, in Ost- und Südostasien verbreiteten Strauches werden sowohl als Gemüse als auch medizinisch als Tee verwendet; eßbar sind auch die ovalen bis länglichen Beeren von orangeroter Farbe. Die Vermehrung erfolgt meist vegetativ über Steckhölzer oder Wurzelsprosse (31, 48).

Literatur

1. ALAM, M. M., AHMAD, M., and KHAN, A. M. (1980): Effect of organic amendments on the growth and chemical composition of tomato, eggplant and chili and their susceptibility to attack by *Meloidogyne incognita*. Plant and Soil 57, 231–236.

2. ASIAN VEGETABLE RESEARCH AND DEVELOPMENT CENTER (1979): Proceedings of the 1st International Symposium on Tropical Tomato, Oct. 23–27, 1978. AVRDC, Shanhua, Taiwan.
3. ASIAN VEGETABLE RESEARCH AND DEVELOPMENT CENTER (1979, 1985): Annual Reports 1978, 1984. AVRDC, Shanhua, Taiwan.
4. ATHERTON, J. G. and RUDICH, J. (1986): The Tomato Crop. The Scientific Basis for Improvement. Chapman and Hall, London.
5. BON, H. DE, (1984): Description et culture d'une solanacée légumière de l'Ouest africain: le djackattou (*Solanum aethiopicum* L.). Agron. Trop. 39, 67–75.
6. BRÜCHER, H. (1977): Tropische Nutzpflanzen. Springer, Berlin.
6a. BUKENYA, Z. R., and Hall, J. B. (1987): Six cultivars of *Solanum macrocarpon* (Solanaceae) in Ghana. Bothalia 17, 91–95.
7. BURKILL, I. H. (1966): A Dictionary of the Economic Products of the Malay Peninsula. Ministry Agriculture and Co-operatives, Kuala Lumpur, Malaysia.
8. BUSSON, F. (1965): Plantes Alimentaires de l'Ouest Africain. Leconte, Marseille.
9. CENTRE FOR OVERSEAS PEST RESEARCH (1983): Pest Control in Tropical Tomatoes. Centre for Overseas Pest Research, London.
10. COOK, A. A. (1975): Diseases of Tropical and Subtropical Fruits and Nuts. Hafner Press, New York.
11. COUNCILL OF SCIENTIFIC AND INDUSTRIAL RESEARCH (1950 and 1972): The Wealth of India. Raw Materials. Vol. 2 and 9. C.S.I.R., New Delhi.
12. DAUNAY, M.-C., et DALMASSO, A. (1985): Multiplication de *Meloidogyne javanica*, *M. incognita* et *M. avenaria* sur divers *Solanum*. Revue Nématol. 8, 31–34.
13. DAVID, N. (1976): History of crops and peoples in North Cameroon to A.D. 1900. In: HARLAN, J. R., DE WET, J., M. J. and STEMLER, A. B. L. (eds.): Origin of African Plant Domestication, 223-267. Mouton Publ., Den Haag.
14. DAVIS, T., and BYE, R. A. Jr. (1982): Ethnobotany and progressive domestication of *Jaltomata* (Solanaceae) in Mexico and Central America. Econ. Bot. 36, 225–241.
15. DENNIS, F. G., HERNER, R. C., and CAMACHO, S. (1985): Naranjilla: A potential cash crop for the small farmer in Latin America. Acta Horticulturae 158, 475–481.
16. EPENHUIJSEN, C. W. VAN (1974): Growing Native Vegetables in Nigeria. FAO, Rom.
17. FAO (1985): Production Yearbook, Vol. 38. FAO, Rom.
18. FORTUIN, F. T. J. M., and OMTA, S. W. P. (1980): Growth analysis and shade experiment with *Solanum nigrum* L., the black nightshade, a leaf and fruit vegetable of West Java. Netherl. J. Agric. Sci. 28, 199–210.
19. FOUQUET, A. (1973). Espèces fruitières d'Amérique tropicale. Famille des Solanacées. Fruits 28, 41–49.
20. GBILE, Z. O. (1979): *Solanum* in Nigeria. In: (23), 113–120.

21. GRUBBEN, G. J. H. (1977): Tropical Vegetables and their Genetic Resources. International Board for Plant Genetic Resources, FAO, Rom.
22. HARMAN, J. (1980): Putting quality into kiwifruits, tamarillos, feijoas. Fruit and Produce 24 (4), 13–14.
23. HAWKES, J. G., LESTER, R. N., and SKELDING, A. D. (eds.) (1979): The Biology and Taxonomy of the Solanaceae. Academic Press, London.
24. HEATHERBELL, D. A., REID, M. S., and WROLSTAD, R. E. (1982): The tamarillo: Chemical composition during growth and maturation. New Zeal. J. Sci. 25, 239–243.
25. HEISER, C. B. (1964): Origin and variability of the pepino (Solanum muricatum). A preliminary report. Baileya 12, 151–158.
26. HEISER, C. B. (1969): Nightshades. The Paradoxical Plants. Freeman, San Francisco.
27. HEISER, C. B. (1971): Notes on some species of Solanum (Sect. Leptostemonum) in Latin America. Baileya 18, 59–65.
28. HEISER, C. B. (1984): A new domesticated variety and relationships of Solanum lasiocarpum. In: D'ARCY, W. (ed.): The Biology and Systematics of the Solanaceae, 412–415. Columbia Univ. Press, New York.
29. HEISER, C. B. (1985): Of Plants and People. Univ. Oklahoma Press, Norman, OK, USA.
30. HEISER, C. B. (1985): Ethnobotany of the naranjilla (Solanum quitoense) and its relatives. Econ. Bot. 39, 4–11.
31. HERKLOTS, G. A. S. (1972): Vegetables in South East Asia. Allen and Unwin, London.
32. HERMANN, M. (1984): Die Naranjilla: eine tropische Frucht für die Industrie? Die industrielle Obst- und Gemüseverwertung 69, 137–139.
33. HERMANN, M. (1987): Untersuchungen zur Ökologie der Fruchtbildung bei Solanum muricatum. Diss., Techn. Univ. Berlin.
34. HUNZIKER, A. T. (1979): South American Solanaceae: a synoptic survey. In: (23), 49–186.
35. INNES, N. L. (1983): Breeding Field Vegetables. Asian Vegetable Res. Dev. Center, 10th Anniv. Monogr. Ser., Shanhua, Taiwan.
36. KASS, D. C. L. (1978): Polyculture Cropping Systems: Review and Analysis. Cornell Int. Agric. Bull. No. 32, Cornell Univ., Ithaca, N.Y.
37. KNOTT, J. E., and DEANON, J. R. Jr. (1967): Vegetable Production in Southeast Asia. College of Agric., Univ. of Philippines, Los Baños, Laguna.
38. KRUG, H. (1986): Gemüseproduktion. Parey, Berlin.
39. KUO, C. G., and CHEN, B. W. (1980): Physiological responses of tomato cultivars to flooding. J. Amer. Soc. Hort. Sci. 105, 751–755.
40. LEGGE, A. P. (1974): Notes on the history, cultivation and uses of Physalis peruviana L. J. Royal Hortic. Society 99, 310–314.
41. LEÓN, J. (1964): Plantas Alimenticias Andinas. Boletín Técnico 6, Instituto Interamericano de Ciencias Agrícolas Zona Andina, Lima, Peru.
42. LEÓN, J., GOLDBACH, H., und ENGELS, J. (1979): Die genetischen Ressourcen der Kulturpflanzen Zentralamerikas. Int. Genbank CATIE/GTZ, Turrialba, Costa Rica.
43. MAITI, P. C., MOOKHERJEA, S., MATHEW, R., and DAN, S. S. (1979): Studies on Indian Solanum. I. Alkaloid content and detection of solasodine. Econ. Bot. 33, 75–77.
44. MARTIN, F. W., and RHODES, A. M. (1979): Subspecific grouping of eggplant cultivars. Euphytica 28, 367–383.
45. MARTIN, F. W., and RUBERTÉ, R. M. (1975): Edible Leaves of the Tropics. Agency Intern. Dev., Puerto Rico.
46. MORTENSEN, E., and BULLARD, E. T. (1970): Handbook of Tropical and Subtropical Horticulture. Agency Intern. Dev., Washington.
47. NU, T. T., and GALE, M. M. (1978): Solasodine from Solanum xanthocarpum grown in Burma. Solanaceae Newsletter 5, 7–8.
48. OCHSE, J. J., and BAKHUIZEN VAN DEN BRINK, R. C. (1980): Vegetables of the Dutch East Indies. Asher, Amsterdam.
49. OKIGBO, B. N. (1978): Cropping Systems and Related Research in Africa. Assoc. Advancem. Agric. Sci. Africa (AAASA), Occ. Publ. Ser. OT 1.
50. OMIDJI, M. O. (1975): Interspecific hybridization in the cultivated non-tuberous Solanum species. Euphytica 24, 341–353.
51. OOMEN, H. A. P. C., and GRUBBEN, G. J. H. (1977): Tropical Leaf Vegetables in Human Nutrition. Communic. 69, Dep. Agric. Res., Koninklijk Instituut voor de Tropen, Amsterdam.
52. OPENA, R. T., YANG, C. Y., LO, S. H., and LAI, S. H. (1983): The Breeding of Vegetables Adapted to the Lowland Tropics. ASPAC Food and Fertilizer Technology Center, Techn. Bull. 77, Taipei, Taiwan.
53. PAHLEN, A., VON DER, (1977): Cubiu (Solanum topiro Humb. et Bonpl.) una fruteira da Amazônia. Acta Amazonica 7, 301–307.
54. PANTASTICO, E.B. (1975): Postharvest Physiology, Handling and Utilization of Tropical and Subtropical Fruits and Vegetables. AVI Publ., Westport, Conn., USA.
55. PATTERSON, K. J. (1980): A new cultivar. Yellow Tamarillos for canning. Fruit and Produce 24 (8/9), 24, 26.
56. PERRIN, R. M. (1977): Pest management in multiple cropping systems. Agro-Ecosystems 3, 93–118.
57. PLUCKNETT, D. L., and BEEMER, H. L. Jr. (eds.) (1981): Vegetable Farming Systems in China. Pinter, London.
58. QUIROS, C. F. (1977): Genetics and breeding of husk tomatoes, Physalis ixocarpa Brot. Hort Science 12, 391.
59. RAO, N. N. (1979): The barriers of hybridization between Solanum melongena and some other species of Solanum. In: (23), 605–614.
60. RICK, C. M. (1979): Tomato germplasm resources. In: (2). 214–224.
61. RUSH, D. W., and EPSTEIN, E. (1981): Breeding and selection for salt tolerance by the incorporation of wild germplasm into domestic tomato. J. Am. Soc. Hort. Sci. 106, 699–704.
62. RYALL, A. L., and LIPTON, W. J. (1979): Handling, Transportation and Storage of Fruits and Vegetables, Vol. 1, (2nd ed.): Vegetables and Melons. AVI Publ., Westport, Conn., USA.

63. SCHULTES, R. E., and ROMERO CASTEÑEDA, R. (1962): Edible Fruits of *Solanum* in Colombia. Bot. Museum Leaflets, Harvard Univ., 19, 235–286.
64. SOHI, H. S., RAO, M. V. B., RAWAL, R. D., and KISHUN, R. (1981): Effect of crop rotations on bacterial wilt of tomato and eggplant. Indian J. Agric. Sci. 51, 572–573.
65. TINDALL, H. D. (1983): Vegetables in the Tropics. Macmillan, London.
66. UPHOF, J. C. Th. (1968): Dictionary of Economic Plants. Cramer, Lehre.
67. VILLAREAL, R. L. (1980): Tomatoes in the Tropics. Westview Press, Boulder, Col, USA.
68. VILLAREAL, R., and LAI, S. H. (1977): Developing vegetable crop varieties for intense cropping systems. In: INTERN. RICE RES. INST. Cropping Systems Research and Development for the Asian Rice Farmer, 373–389. IRRI, Los Baños, Philippinen.
69. WHALEN, M. D., COSTICH, D. E., and HEISER, C. B. (1981): Taxonomy of *Solanum* Section *Lasiocarpa*. Gentes Herbarum 12, Fasc. 2, 41–129.
70. YAMAGUCHI, M. (1983): World Vegetables. Principles, Production and Nutritive Values. AVI Publ., Westport, Conn.
71. YAMAKAWA, K. (1982): Use of rootstocks in solanaceous fruit-vegetable production in Japan. JARQ 15, 175–179.
72. ZEVEN, A. C., and DE WET, J. M. J., (1982): Dictionary of Cultivated Plants and their Regions of Diversity. 2nd ed. Pudoc, Wageningen.
73. ZON, A. P. M. VAN DER, et GRUBBEN, G. J. H. (1976): Les Légumes-feuilles Spontanés et Cultivés du Sud-Dahomey. Communication 65, Dép. Recherches Agronomiques, Koninklijk Inst. voor de Tropen, Amsterdam.

4.8   Umbelliferae

H. DONOVAN TINDALL

Möhre, Karotte

Botanisch: *Daucus carota* L. ssp. *sativus* (Hoffm.) Arcang.
Englisch   carrot
Französisch: carotte
Spanisch: zanahoria

Die Stammform, *D. carota* ssp. *carota*, kommt wild in Europa, Südwest- und Zentralasien und Nordafrika vor. Die Unterart *sativus* wurde schon eine beträchtliche Zeit lang im Mittelmeerraum kultiviert und wird heute außer in der gemäßigten Zone und den Subtropen auch in vielen tropischen Gebieten angebaut. Für die Ernährung ist sie vor allem durch ihren hohen Gehalt an Provitamin A, dem β-Carotin, der bis zu 4,2 mg/100 g Wurzelfrischgewicht betragen kann, wertvoll. Hohe Temperaturen und Kurztagbedingungen senken den β-Carotin-Gehalt.

Die Karotte ist eine zweijährige Pflanze, die bis zu 100 cm Höhe erreichen kann; außer zur Saaterzeugung wird sie immer einjährig angebaut. Die Hauptwurzel verdickt sich und variiert in Form und Farbe in Abhängigkeit von den Sortenmerkmalen.

Die Kultur reagiert ziemlich empfindlich auf die Temperatur, wobei hohe Bodentemperaturen meist die Bildung kurzer Wurzeln fördern und auch die Keimung ungünstig beeinflussen können. Wenn die Bodentemperatur 24 °C übersteigt, werden blaßgelbe, faserige Wurzeln gebildet. Optimale Lufttemperaturen liegen im Bereich von 16 bis 24 °C. Zu hohe Niederschläge können die Intensität der Wurzelfärbung vermindern, während trockene Bodenbedingungen häufig zum Aufplatzen der Wurzeln führen; unter trockenen Bodenbedingungen können auch lange Wurzeln gebildet werden. Zur Produktion wirtschaftlicher Erträge ist in den Tropen eine Lage über 500 m ü. N. N. notwendig. Die Böden sollten gut dräniert sein, sandige Lehmböden mit einem hohen Gehalt an organischer Substanz werden bevorzugt. Der optimale pH-Wert liegt bei 6,0 bis 6,5.

Unter tropischen Verhältnissen werden kaum Früchte gebildet, da das Blühen durch tiefe Temperaturen ausgelöst wird (Vernalisation) und für eine erfolgreiche Saatproduktion mittlere Tagestemperaturen von weniger als 20 °C benötigt werden.

Die Samen (Teilfrüchte) werden 1 bis 2 cm tief in Reihen mit 30 bis 40 cm Abstand gesät. Die Bearbeitungstiefe der Böden liegt bei 20 bis 25 cm. Die Sämlinge sollten bei einer Höhe von 5 bis 8 cm auf einen Abstand von 5 bis 8 cm vereinzelt werden. Ein späteres Vereinzeln sollte den Pflanzen einen Abstand von 10 bis 14 cm lassen.

Zusätzliche Oberflächengaben von K können notwendig sein, sobald die Pflanzen gut etabliert sind, auch N-Gaben sind häufig nützlich. Ein leichtes Anhäufeln zu Beginn der Wurzelbildung schützt vor zu hohen Bodentemperaturen. In Trockenperioden sollte zusätzlich bewässert werden, um eine Unterbrechung der Wurzelentwicklung zu vermeiden.

Die Wurzeln können 70 bis 85 Tage nach der Aussaat geerntet werden, abhängig von der benötigten Größe und der Wüchsigkeit der Sorte. Eine Bewässerung vor dem Herausziehen kann den Anteil beschädigter Wurzeln verringern.

Karotten werden auch in den warmen Ländern vor allem als Frischgemüse vermarktet, wobei wegen der Austrocknungsgefahr die Blätter am besten schon auf dem Land abgeschnitten werden. Da sie sich aber auch sehr gut für Dosenkonserven und Trockengemüse eignen, sind sie für einige Länder ein wichtiger Ausfuhrartikel geworden.

Krankheiten und Schädlinge der Karotten in den warmen Ländern sind ähnlich wie in der gemäßigten Zone. Zusätzlich sind Wurzelgallen-Nematoden (*Meloidogyne* spp.) eine Gefahr, die durch geeignete Fruchtfolgen vermindert werden kann oder chemisch bekämpft werden muß.

Sellerie

Botanisch:	*Apium graveolens* L.
Englisch:	celery, celeriac
Französisch:	céleri
Spanisch:	apio

Von den drei Kulturvarietäten des Sellerie, var. *dulce* (Mill.) Pers., Bleich- oder Stielsellerie, var. *rapaceum* (Mill.) Gaud., Knollensellerie, und var. *secalinum* Alef., Schnittsellerie, ist nur die erstgenannte in den warmen Ländern von einiger Bedeutung, aber selbst diese gedeiht in den Tropen nur in Höhen über 1000 m, da ihr Temperaturoptimum bei 18–23 °C liegt. Guter, humusreicher Boden mit einem pH-Wert von 5,8 bis 6,8 und regelmäßige Wasserversorgung sind Voraussetzungen für befriedigendes Wachstum. Wie die anderen zweijährigen Umbelliferen braucht Sellerie niedrige Temperaturen zur Auslösung des Blühens und bildet daher in den Tropen meist keine Saat.

Die Saat wird häufig vor der Aussaat 24 Stunden lang in Wasser gequollen, um die Keimung zu fördern. Sie wird dann in Container oder Saatbeete gesät und bei 5 bis 8 cm Höhe verpflanzt. Pflanzen zum Bleichen werden normalerweise in gut vorbereitete, in Doppelreihe angeordnete Rinnen mit 20 bis 25 cm Abstand versetzt, mit einem Pflanzabstand in der Reihe von ebenfalls 20 bis 25 cm. Selbstbleichende Sorten werden dichter gepflanzt, entweder in Furchen oder auf Kämme.

N-Gaben können notwendig sein, um das Wachstum zu fördern. Einem Mangel der in geringeren Mengen benötigten Nährstoffe wie B, Mg oder Ca kann durch Spritzungen 1- bis 2%iger Lösungen eines leicht löslichen Salzes des Mangelnährstoffs begegnet werden.

Die Pflanzen können 80 bis 90 Tage nach dem Versetzen geerntet werden, es gibt jedoch Sorten, die bis zu 130 Tage zur Erntereife benötigen.

Die Blätter werden von relativ wenigen Schädlingen befallen, es gibt aber einige ernste Krankheiten: die Blattfleckenkrankheit (early blight), *Cercospora apii*, die durch Spritzungen mit Maneb oder Thiabendazol bekämpft werden kann, die Fußfäule, *Sclerotium rolfsii*, die generell durch Entfernen befallener Pflanzen, durch tiefe Bodenbearbeitung, um Oberflächensporen zu vergraben, und durch die Verwendung resistenter Sorten verhindert werden kann, und *Septoria apii-graveolentis*, Braunfleckenkrankheit (leaf oder late blight). Bekämpfungsmaßnahmen gegen letztere umfassen die Fruchtfolge, Heißwasserbeize der Samen, Stäuben der Samen mit Thiram und Spritzen mit Zineb bei Sämlingen bzw. mit Maneb bei älteren Pflanzen.

Die gebleichten Blattstiele und die Knollen werden roh in Salaten oder gekocht in Suppen oder als Gemüse verzehrt; die Blätter aller Formen werden getrocknet als Gewürz gebraucht, ebenso die reifen Früchte, die 2 bis 3 % ätherisches Öl enthalten.

Weitere Umbelliferen

Drei weitere Knollengemüse sind nur von lokaler bzw. geringer Bedeutung:

Arracacia xanthorrhiza Bancroft, Arracacha, stammt aus den südamerikanischen Anden, wo sie ein wichtiges Nahrungsmittel ist. Ihr Anbau hat sich in den letzten Jahrzehnten erheblich ausgedehnt bis in den karibischen Raum und Mexiko. Die Vermehrung geschieht meist vegetativ durch basale Seitenschößlinge.

Pastinaca sativa L., Pastinake, stammt aus Europa und wird in einigen subtropischen Ländern als nahrhaftes, aromatisches Wurzelgemüse angebaut.

Petroselinum crispum (Mill.) Nym. ex A.W. Hill, Petersilie, die auch in vielen warmen Ländern als Gewürz angebaut wird, umfaßt Formen mit großen, angeschwollenen Wurzeln (convar. *radicosum* [Alef.] Danert), die als Gemüse gegessen werden.

Die zahlreichen Arten der Umbelliferen, die als Gewürz dienen, werden in Kap. 7.10 (ACHT-NICH) besprochen. Vom Fenchel (*Foeniculum vulgare*) dient die var. *azoricum* (Mill.) Thell. als Gemüse oder Salat. Sie hat angeschwollene Blattstielbasen („Zwiebelfenchel") und wird besonders in den Mittelmeerländern angebaut.

Literatur

1. COUNCIL OF SCIENTIFIC AND INDUSTRIAL RESEARCH (1948-1976):The Wealth of India. Raw Materials. Publications and Information Directorate, C.S.I.R., New Dehlhi.
2. GREENHALGH, P. (1980): Production, trade and markets for culinary herbs. Trop. Sci. 22, 159–188.
3. HERKLOTS, G.A.C. (1972): Vegetables in South-East Asia. Allen and Unwin, London.
4. KAY, D. E. (1972): Root Crops. Crop and Product Digest No. 2. Trop. Prod. Inst., London.
5. KNOTT, J. E., and DEANON, J. R. (1976): Vegetable Production in South-East Asia. Univ. Philippines, Los Baños, Laguna.
6. OCHSE, J. J., and BAKHUIZEN VAN DEN BRINK, R. C. (1980): Vegetables of the Dutch East Indies. Reprint of the 1931 edition. Asher, Amsterdam.
7. PURSEGLOVE, J. W. (1968): Tropical Crops: Dicotyledons. Longman, London.
8. TINDALL, H.D. (1983): Vegetables in the Tropics. Macmillan, London.
9. YAMAGUCHI, M. (1985): World Vegetables. AVI Publ. Co., Westport, Connecticut.

4.9   Weitere Familien

H. DONOVAN TINDALL

Amaranthaceae

Amaranthus tricolor L., Amarant, Chinese spinach (Abb. 135) ist eine asiatische, sehr vielgestaltige Art (von manchen Autoren werden die Va-

Abb. 135. *Amaranthus tricolor* als Blattgemüse in Malaysia angebaut.

rietäten auch als selbständige Arten aufgefaßt), die von Indien bis Japan ein wichtiges Blattgemüse mit hohem Nährwert (Eiweiß, Vitamine, Ca, K, P und Fe) darstellt. Außer dieser werden auch die verschiedenen primär als Getreide angebauten *A.*-Arten (→ ACHTNICH, Kap. 1.1.8) in allen warmen Weltteilen als Blattgemüse gebraucht. Ähnlich in Anbau, Nährwert und Nutzung sind *Celosia argentea* L., Hahnenkamm, angebaut in Teilen Asiens und im tropischen Afrika, und *C. trigyna* L., viel in Westafrika kultiviert (3, 6).

Basellaceae

Basella alba L., Malabarspinat, indischer Spinat (Abb. 136), ist hervorragend an die warm-feuchten Bedingungen der Tropen angepaßt, leidet kaum unter Krankheiten und Schädlingen und wird in vielen tropischen Gebieten angebaut. Die Vermehrung geschieht durch Ableger oder Samen. Die fleischigen Blätter haben einen guten Nährwert. Die jungen Triebe werden über einen Zeitraum von 6 Monaten nach dem Pflanzen geerntet; sie werden ausschließlich als Kochgemüse zubereitet.

Chenopodiaceae

Von den bekannten „europäischen" Gemüsearten dieser Familie wird der Mangold (*Beta vulgaris* L. ssp. *vulgaris* var. *cicla* L., Schnittmangold, und var. *flavescens* DC., Stielmangold) in vielen subtropischen Ländern und im tropischen Hochland, die Rote Bete (*B. vulgaris* L. ssp. *vulgaris* var. *vulgaris*) in allen Klimazonen, auch in den Tropen, angebaut, während der Spinat (*Spinacia oleracea* L.) kühle Witterung braucht und nur ausnahmsweise im tropischen Hochland oder in den Subtropen zu finden ist.

Convolvulaceae

Ipomoea aquatica Forssk., swamp cabbage, kang-kong, stammt aus dem tropischen Asien und wird dort viel angebaut. Zwei Formen sind zu unterscheiden: die Trockenlandform, die auf feuchtem Boden, und die Halbwasserform, die in flachen Teichen und Wassergräben kultiviert werden (Abb. 137 und 138). Die Landform wird meist durch Samen, die Wasserform durch Sproßstücke vermehrt. Die jungen Triebe und Blätter liefern ein Gemüse mit gutem Nährwert (1).

Abb. 136. *Basella alba* in Malaysia als Blattgemüse kultiviert.

Gramineae

Bambusa arundinacea (Retz.) Willd., *B. vulgaris* Schrad. ex J.C. Wendl. und andere *B.*-Arten, *Dendrocalamus latiflorus* Munro und *D. asper* (Schult.) Backer ex Heyne, *Phyllostachys dulcis* McClure und *P. pubescens* Mazel ex H. de Lehaie und viele weitere Arten der Unterfamilie Bambusoideae liefern neben anderen nützlichen Produkten die Bambussprosse, die im tropischen Asien (Indien bis Japan, Indonesien usw.) ein wichtiges und wohlschmeckendes Gemüse sind. Neuerdings hat sich aus der Produktion von Bambussprossen eine Exportindustrie entwikkelt, die Dosenkonserven in die ganze Welt liefert (15).

Zizania caduciflora (Turcz.) Hand.-Mazz. (Syn. *Z. latifolia* [Griseb.] Turcz. ex Stapf), „Wasserbambus", bildet bei Infektion mit *Ustilago esculenta* an der Basis angeschwollene Triebe, die in China ein beliebtes Gemüse sind (13).

Malvaceae

Abelmoschus esculentus (L.) Moench (Syn. *Hibiscus esculentus* L.), Okra, Lady's finger, gom-

Abb. 137. *Ipomoea aquatica*, Trockenlandform in Sri Lanka.

Abb. 138. *Ipomoea aquatica*, Wasserform in Malaysia.

Abb. 139. *Abelmoschus esculentus* auf Brandrodungs-fläche in Sri Lanka (Foto ESPIG).

bo, wird in den meisten tropischen und subtropischen Gebieten angebaut (Abb. 139); ob er zuerst in Westafrika oder Indien in Kultur genommen wurde, ist unsicher. Es gibt von ihm zahlreiche Sorten, die sich in Fruchtform und -größe, vor allem aber in der Anpassung an die lokalen klimatischen Bedingungen unterscheiden (11). Die meisten Sorten brauchen hohe Temperaturen (20 bis 30 °C) für befriedigende Entwicklung. Die Früchte werden laufend im jungen Stadium geerntet, da sie später hart und faserig werden. Okra ist zu einem bedeutenden Exportgemüse geworden, sowohl frisch als auch als Dosenkonserve.

A. manihot (L.) Medik., sunset hibiscus, gédi (Indonesien), wird in ganz Südostasien in vielen Formen als Blattgemüse kultiviert. Die Pflanze ist ein ausdauernder Strauch, wird aber auch einjährig angebaut. Die Vermehrung erfolgt meist durch Stecklinge.

Hibiscus sabdariffa L. var. *sabdariffa*, Rosella, stammt aus Afrika, wird aber seit langem in vielen Ländern mit subtropischem oder semihumidem bis semiaridem tropischem Klima kultiviert. Das Hauptprodukt sind die meist tiefrot gefärbten fleischigen Kelchblätter, die sich gut trocknen lassen und für Getränke und Süßspeisen gebraucht werden. Die jungen Sproßtriebe und Blätter werden als Gemüse gekocht.

Moringaceae

Moringa oleifera Lam., Pferderettichbaum, liefert lange, stabförmige Früchte („drumsticks"), die im jungen Zustand in Indien und Ost- bis Südafrika regelmäßig auf den Märkten angebo-

ten werden und ein pikantes Gemüse liefern. Die Wurzeln schmecken scharf und werden als Gewürz (als „horse radish" bezeichnet, daher der deutsche Name) gebraucht.

Palmae

Euterpe edulis Mart., die Assaipalme aus den Südstaaten Brasiliens und den benachbarten Gebieten Argentiniens, wird zur Gewinnung von Palmito („Palmherzen", „Palmkohl", der von den Blattbasen eingeschlossene lange Vegetationskegel) angebaut. Da sich die Palme durch basale Seitenschößlinge vermehrt, kann die Nutzung über viele Jahre fortgesetzt werden. Palmito wird frisch oder als Dosenkonserve (auch für Export) vermarktet. Aus dem ölhaltigen Fruchtfleisch wird ein rahmartiges Getränk hergestellt. Zur Produktion von Palmito wird in Brasilien auch *E. oleracea* Mart., die Kohlpalme, genutzt, die im Amazonasgebiet häufig ist und ebenfalls Schößlinge bildet. Palmherzen werden im übrigen in allen Tropenländern von einer Vielzahl von Palmen gewonnen; der Anbau der meisten Palmen zur Gewinnung der Herzen ist unmöglich, da sie durch die Entnahme des Vegetationskegels getötet werden.

Portulacaceae

Talinum triangulare (Jacq.) Willd., Ceylonspinat, waterleaf, wird namentlich in Westafrika, in geringerem Umfang in Südostasien (daher der deutsche Name), Süd- und Mittelamerika angebaut. Die Art stammt wahrscheinlich aus dem tropischen Amerika, vielleicht auch aus Zentralafrika. Sie ist ausdauernd und wird durch Saat oder Stecklinge vermehrt. Die fleischigen Blätter und die Blütenstände werden in Suppen und Kochgemüse verwendet.

Tiliaceae

Corchorus olitorius L., Langkapseljute, jute mallow, molokhia (arabisch), die Gemüseform der Faserpflanze (→ BASAK, Kap. 10.2) wurde wahrscheinlich wie diese in Südchina entwickelt; von ihr stammt die in tropischen Gebieten weitverbreitete Unkrautform ab, deren Blätter lokal auch als Gemüse genutzt werden. Die kultivierte Form ist ein besonders wertvolles Blattgemüse, das vor allem im nördlichen Afrika von Ägypten bis Sierra Leone und in einigen asiatischen Ländern angebaut wird. Sie ist stärker verzweigt als die Faserform und wird 1 bis 1,5 m hoch. Die Blätter können getrocknet und lange gelagert werden; Ägypten exportiert sie in dieser Form.

Literatur

1. CORNELIS, J., NUGTEREN, J. A., and WESTPHAL, E. (1985): Kangkong (*Ipomoea aquatica* Forsk.): an important leaf vegetable in Southeast Asia. Abstr. Trop. Agric. 10 (4), 9–21.
2. EPENHUIJSEN, C. W. VAN (1974): Growing Native Vegetables in Nigeria. FAO, Rom.
3. GRUBBEN, G. J. H. (1976): The Cultivation of Amaranth as a Tropical Leaf Vegetable. Communication No. 67, Dep. Agric. Res., Royal Tropical Institute, Amsterdam.
4. GRUBBEN, G. J. H. (1977): Tropical Vegetables and Their Genetic Resources. FAO, Rom.
5. HERKLOTS, G. A. C. (1972): Vegetables in South-East Asia. Allen and Unwin, London.
6. MARTIN, F. W., and TELEK, L. (1979): Vegetables for the Hot Humid Tropics. Part 6. Amaranth and Celosia. S.E.A., USDA, New Orleans.
7. OCHSE, J. J., and BAKHUIZEN VAN DEN BRINK, R. C. (1980): Vegetables of the Dutch East Indies. Reprint of the 1931 edition. Asher, Amsterdam.
8. PLUCKNETT, O. L., and BEEMER, H. L. Jr. (1981): Vegetable Farming Systems in China. Westview Press, Boulder, Colorado.
9. PURSEGLOVE, J. W. (1968): Tropical Crops: Dicotyledons. Longman, London.
10. PURSEGLOVE, J. W. (1972): Tropical Crops: Monocotyledons. Longman, London.
11. TENGA, A. Z., and ORMROD, D. P. (1985): Responses of okra (*Hibiscus esculentus* L.) cultivars to photoperiod and temperature. Scientia Hortic. 27, 177–187.
12. TERRA, G. J. A. (1966): Tropical Vegetables. Royal Tropical Institute, Amsterdam.
13. TERRELL, E. E., and BATRA, L. R. (1982): *Zizania latifolia* and *Ustilago esculenta*, a grass-fungus association. Econ. Bot. 36, 274–285.
14. TINDALL, H. D. (1983): Vegetables in the Tropics. Macmillan, London.
15. YAMAGUCHI, M. (1983): World Vegetables. AVI Publishing Co., Westport, Connecticut.
16. ZEVEN, A. C., and DE WET, J. M. J. (1982): Dictionary of cultivated Plants and Their Regions of Diversity. Pudoc, Wageningen.

5   Obst und Nüsse

5.1   Weintraube

GERHARDT ALLEWELDT

Botanisch:	*Vitis* spp.
Englisch:	grape
Französisch:	raisin
Spanisch:	uva

Wirtschaftliche Bedeutung

Die großen Anbaugebiete der Rebe in der Welt liegen bandförmig zwischen dem 30. und 50.° nördlicher Breite und dem 30. und 39.° südlicher Breite. Nur zaghaft ist sie in den breiten Gürtel der warmen Subtropen und Tropen eingedrungen, obwohl es seit Beginn der Kolonialzeit nicht an Versuchen gefehlt hat, die Rebe auch in dieser Zone zu kultivieren und wirtschaftlich zu nutzen. Diese immer wieder von neuem einsetzenden Bemühungen führten erst in den letzten 20 bis 30 Jahren zu vielversprechenden Erfolgen. Heute liegen, wie aus den Tab. 59 und 60 zu ersehen ist, bereits etwa 17 % der Anbaufläche in den warmen Subtropen und

Tab. 59. Anbau von Reben in den Subtropen. Nach (2).

Land	Anbaufläche (1 000 ha)		Produktion (1 000 t)	
	1974 bis 1976	1983	1974 bis 1976	1983
Afrika				
Ägypten	19	27	253	310
Algerien	224	190	647	350
Libyen	6	7	14	16
Marokko	54	48	266	200
Südafrika	107	110	843	1 200
Tunesien	37	34	163	105
Gesamt	447	416	2 186	2 181
Amerika				
Argentinien	327	319	3 463	3 555
Brasilien	57	58	591	573
Chile	106	112	805	1 000
Mexiko	26	49	256	480
Paraguay	2	2	14	17
Uruguay	23	20	142	130
Gesamt	541	560	5 271	5 755
Asien				
Afghanistan	71	71	443	510
China	21	44	132	264
Indien	9	12	145	250
Iran	180	189	909	1 000
Irak	39	55	270	420
Israel	7	6	76	88
Japan	29	30	294	346
Jordanien	5	3	14	28
Korea (Rep.)	8	14	59	131
Libanon	16	23	85	172
Syrien	86	107	283	450
Zypern	46	33	163	200
Gesamt	517	587	2 873	3 859
Australien	63	68	665	750
Subtropische Länder	1 568	1 631	10 995	12 545
Welt	9 914	9 903	60 317	65 167

Tropen mit einer jährlich wenn auch langsam zunehmenden Tendenz.

In diesen Gebieten liegt die Hauptnutzung der Rebe in der Produktion von Tafeltrauben – etwa 28 % der Welterzeugung – und von Rosinen – etwa 27 % der Welterzeugung –, während die Herstellung von Wein nur von regionaler Bedeutung ist (Tab. 61). Das große Interesse, das der Rebe in den Subtropen und Tropen immer wieder entgegengebracht wird, ist auf ihre Leistungsfähigkeit unter semiariden Anbaubedingungen und auf ihren hohen ernährungsphysiologischen Wert zurückzuführen.

Botanik

Anbauwürdige Rebenarten und *-sorten.* Die Kulturrebe *Vitis vinifera* L., die aus den mannig-

fachen Formen im Genzentrum Südeuropas, das sich von Gibraltar bis nach Afghanistan erstreckt, entwickelt wurde, ist auch als Tafeltraube oder Rosinensorte die heute noch wichtigste *Vitis*-Art für den Anbau unter subtropischen und tropischen Arten. Ihre hohe Pilzanfälligkeit aber begrenzt ihren Anbau unter feucht-heißen Bedingungen. Erst mit der Züchtung pilzresistenter Sorten durch nordamerikanische und französische Züchter, unter Verwendung amerikanischer *Vitis*-Arten, wie z.B. *V. riparia* Michx., *V. rupestris* Scheele, *V. labrusca* L., *V. lincecumii* Buckley u.a., die mit der europäischen Rebe gekreuzt wurden, gelang auch der Anbau in den feucht-heißen Gebieten der Tropen. Diese Sorten werden unter dem Sammelnamen „amerikanische" resp. „französische Hy-

Tab. 60. Anbau von Reben in den Tropen (1983). Nach (2)

Land	Anbaufläche (ha)	Erzeugung (t)
Afrika		
Angola	9[1]	20[1]
Äthiopien	171[1]	2 000[1]
Madagaskar	2 000	19 000
Nigeria	20[1]	80[1]
Reunion	10[1]	120[1]
Tansania	2 000	13 000
Zimbabwe		3 000
Gesamt	4 210	37 220
Amerika		
Bolivien	4 000	12 000
Brasilien	58 000	573 000
Dominikanische Republik	100[1]	1 000[1]
Ecuador	154[1]	1 000
Kolumbien	1 000	10 000
Mexiko	49 000	480 000
Peru	8 000	33 000
Venezuela	1 000	8 000
Gesamt	121 254	1 118 000
Asien		
Indien	12 000	250 000
Philippinen	3[1]	20[1]
Taiwan	1 000[1]	7 000[1]
Thailand	1 000	7 000
Gesamt	14 003	264 020
Tropische Länder	139 467	1 419 240
Welt	9 903 000	65 167 000

[1] Nach (9)

Tab. 61. Die Nutzung der Rebe in den Tropen und Subtropen. Nach (1).

Land	Tafeltrauben (in 1 000 t)	Erzeugung 1983 Rosinen (in 1 000 t)	Wein (in 1 000 hl)
Afrika			
Ägypten	100	–	15
Algerien	110	–	1 750
Libyen	4	–	–
Madagaskar	2	–	50
Marokko	85	1	436
Südafrika	48	33,9	9 174
Tunesien	35	–	576
Amerika			
Argentinien	72	22,9	24 719
Bolivien	2	–	20
Brasilien	220	–	2 750
Chile	215	4,0	4 384
Mexiko	82	4,4	147
Peru	20	–	90
Uruquay	30	–	810
Gesamt			
Asien			
Afghanistan	158	48,5	–
China	–	8,0	–
Iran	30	52,0	–
Israel	25	–	190
Japan	295	–	592
Jordanien	12	–	6
Libanon	88	–	50
Syrien	277	–	8
Zypern	25	6,3	968
Australien	26	74,3	4 026
Gesamt	1 961	255,3	50 761
Welt	7 034	953,1	344 692

briden" zusammengefaßt. Ihre Traubenproduktion, ihre Wüchsigkeit und ihre Ökovarianz sind sehr hoch, doch ist ihre Traubenqualität für die Produktion von Wein sehr unbefriedigend und für die Erzeugung von Rosinen völlig ungeeignet. Letztlich sind aber auch diese Hybriden keineswegs den Standortbedingungen der Subtropen und Tropen optimal angepaßt. Ohne Zweifel würden weitere züchterische Bemühungen zu einer beachtenswerten Sortenverbesserung führen. So haben amerikanische Züchter (3, 7, 8) vor Jahren ein langwieriges Zuchtprogramm mit den in Florida (USA) und in der Karibik verbreiteten Wildformen *V. rotundifolia* Michx. und *V. caribaea* DC. eingeleitet. Die bisherigen Ergebnisse sind sehr erfolgversprechend, weshalb ein künftiger Anbau dieser Sorten in den Tropen durchaus möglich erscheint und den dortigen Bemühungen zur Kultur der Rebe neue Impulse geben könnte.

Aus der Nutzungsrichtung der Rebe ergeben sich folgende Bezeichnungen:

deutsch	englisch	französisch	spanisch
Keltertraube	wine grape	raisin de cuve	uva de vino
Tafeltraube	table grape	raisin de table	uva de mesa
Rosinensorte	raisin grape	raisin sec	uva de pasa

Nur wenige Sorten eignen sich für alle Nutzungsrichtungen (z. B. 'Thompson Seedless' = 'Sultana') gleichermaßen gut, so daß die Sortenwahl die spätere Nutzungsrichtung bestimmt.
Biologie. Die Rebe ist eine ausdauernde, laubabwerfende Liane mit einem vitopodialen (Sonderfall eines Sympodiums) Sproßaufbau. Anstelle von endterminalen Ruheknospen wird das Längenwachstum nach einer endogenen Knospenruhe, die etwa 4 bis 8 Wochen andauert, von axillar inserierten Ruheknospen (= Winterknospen) wahrgenommen. Als Zeitgeber dieser säsonalen Rhythmik wirken kurze Photoperioden mit einer Tageslänge unter 14 Stunden und niedrige Temperaturen. Trockenperioden können das Einsetzen der Ruhephase beschleunigen resp. den Austrieb der Ruheknospen verzögern. Überall dort, wo diese abiotischen Zeitgeber vorliegen, durchläuft die Rebe während eines Jahres einen Vegetationszyklus, der sich aus einer 100 bis 180 Tage andauernden Wachstumsphase und einer ebensolangen Ruhephase, verbunden mit einem Laubfall, zusammensetzt.
Die Aufeinanderfolge von Knospenaustrieb, Triebwachstum, Blüte, Traubenreife, Laubfall und Ruhephase, die der Rebe ein mehrhundertjähriges Alter erlauben, ist für sie aber nicht obligatorisch. Unter tropischen Bedingungen – kurze Photoperioden, permanent hohe Temperaturen (über 20 °C) und ausreichende Wasserversorgung – wird die Rebe zu einer perennierenden Pflanze mit kontinuierlichem Längenwachstum und einer durch Kulturmaßnahmen nur bedingt steuerbaren Rhythmik von Knospenaustrieb, Blüte und Traubenreife (Tab. 62). Es unterbleiben jene charakteristischen Prozesse, die die säsonale Rhythmik der Rebe im gemäßigten Klima kennzeichnen, wie das Absterben der Triebspitze und ein gleichmäßig einsetzender Laubfall (Abb. 140). So können die Ruheknospen, die kurz nach der Traubenreife ihre endogene Ruhe beendet haben, bereits wenig später, ohne daß ein Laubfall eingetreten ist, austreiben und einen neuen Vegetationszyklus einleiten, in dessen Verlauf die Blätter der vorangegangenen Vegetation allmählich vergilben und abgeworfen werden. Die Folge dieses Verhaltens sind zwei Vegetationszyklen in einem Jahr oder fünf Zyklen (je 160 Tage) in zwei Jahren sowie eine Verkürzung der wirtschaftlichen Nutzungsdauer der Rebe von 15 bis 20 Jahren auf 5 bis 10 Jahre.
Eine weitere Verhaltensweise der Rebe ist ihre ausgeprägte Apikaldominanz, die das Austreiben basal inserierter Ruheknospen verhindert, so daß die notwendige Formerhaltung der Rebe in Rebanlagen mit vorgegebener Standweite auf große Schwierigkeiten stößt. Die Folge ist ein „Auseinanderwachsen" der Rebe ohne stammnahe Triebe. Die Suche nach chemischen Agenzien, die die korrelativ gehemmten Knospen zur Anabiose zwingen, ist noch im Gange.
Unter den Bedingungen eines perennierenden Wachstums ohne ausgeprägte Regenzeiten (z. B.

Tab. 62. Vegetationszyklen der Rebe in einigen tropischen Ländern.

Land	Austrieb	Ernte	Ruheperiode
Äthiopien	a) Januar–Februar	April/Juni	Juli–August
(Abadir, 900 m NN)	b) August	Oktober–November	Dezember–Januar
Venezuela	a) April	Juli–August	September
(Zulia)	b) Oktober	Januar–Februar	März
Indien	a) Mai	Juli–August	September
(Bangalor)	b) Oktober	Februar–März	April

Abb. 140. Rebschnitt in Venezuela, Provinz Zulia. Unter tropischen Bedingungen unterbleibt der Laubfall; der Austrieb der Ruheknospen setzt etwa 10 Tage nach dem Schnitt ein.

in Venezuela) ist eine ganzjährige Traubenproduktion mit zeitlich verschobenen Vegetationszyklen durchaus möglich. Wenngleich hierdurch z. B. alle Probleme der Traubenlagerung entfallen, lassen es andere ökonomische Zwänge geraten erscheinen, wie z. B. die Weiterverarbeitung der Trauben zu Traubensaft oder Wein, die Vegetationszyklen einzelner Rebanlagen aufeinander abzustimmen.

Ökophysiologie

Die Rebe besitzt eine große ökologische Streubreite. Sofern ausreichend hohe Temperaturen für die Ausreife der Trauben vorhanden sind, gibt es nur wenige abiotische Faktoren, die ihren Anbau begrenzen. Ihr intensives Wurzelwachstum erlaubt es ihr, selbst auf extrem trockenen Standorten einen noch durchaus befriedigenden Traubenertrag zu liefern, während sie andererseits unter sehr günstigen Bedingungen zu beachtlichen Ertragsleistungen befähigt ist.

Aufgrund der sehr verschiedenartigen Klima- und Bodenbedingungen der Subtropen und Tropen müssen die besonderen Ansprüche resp. Reaktionen der Rebe auf vorgegebene Umweltbedingungen berücksichtigt werden.

Photoperiode. Bei Tageslängen unter 14 Stunden und gleichzeitig hoher Temperatur ist das Streckungswachstum der Triebe und der Traube gehemmt. So bleiben die Triebe sehr kurzknotig (= kurze Internodien), was wiederum zu einer starken gegenseitigen Beschattung der Laubblätter und zu einer dichten Laubwand führt, durch die eine wirksame Schädlingsbekämpfung sehr erschwert wird. Die ungenügende Streckung der Traube führt zu sehr dichtbeerigen Sorten, was gerade für die Produktion von Tafeltrauben sehr ungünstig ist (hohe Pilzanfälligkeit, unbefriedigende Ausfärbung von rotbeerigen Trauben, leichtes Aufplatzen der meist sehr dünnhäutigen Beeren usw.).

Lichtintensität. Sehr hohe Lichtintensität von über 80 000 bis 100 000 lx führt nicht nur zur Depression der Nettophotosyntheserate, sondern auch zu Hitzeschäden an den Laubblättern, insbesondere bei Wassermangel. Empfindlicher noch als die Blätter sind die Beeren, die infolge des Fehlens von Stomata selbst keine Temperaturregulation besitzen. Die der Sonne unmittelbar ausgesetzten Trauben zeigen daher häufig braune Sonnenbrandflecken – Zeichen einer beginnenden Nekrose der Beerenepidermis. Für die Erzeugung von Tafeltrauben ist eine Erziehungsart zu empfehlen, die eine Beschattung der Trauben sicherstellt.

Temperatur. Das Temperaturoptimum der Rebe liegt zwischen 25 und 30 °C. Liegen diese Temperaturen während der Beerenreife vor, so findet eine rasche Veratmung der in den Beeren akkumulierten Äpfel- und Weinsäure statt, so daß sie zur Zeit der Lese nur noch einen Säuregehalt von 2 bis 4 g/l aufweisen, was den Geschmackswert der Tafeltraube vermindert, die Nutzung als Rosine fördert und bei der Weinbereitung einen nachträglichen Säurezusatz erforderlich macht.

Anbaubegrenzend wirken leichte Fröste während der Vegetation. So führen Fröste von −3 bis −5 °C kurz nach dem Knospentreiben zu wirtschaftlich ernsten Schäden. In Gebieten mit sehr strengen Winterfrösten von unter −20 °C, wie z. B. in Persien und in Afghanistan, ist eine winterliche Bedeckung der Rebe – meist mit Erde – erforderlich.

Wasserbedarf. Zur Produktion von 1 kg Trockensubstanz benötigt die Rebe mindestens 350 l Wasser. Der Wasserbedarf steigt mit steigenden Durchschnittstemperaturen. (12) gibt für Arizona (USA) einen Wasserbedarf von jährlich 1200 mm an. Trotz dieser Angaben ist zu betonen, daß die Rebe infolge ihres ausgedehnten Wurzelwachstums außerordentlich trockentolerant ist und selbst in semiariden Gebieten ohne eine zusätzliche Bewässerung nicht nur zu gedeihen vermag, sondern auch noch einen vergleichsweise befriedigenden Traubenertrag liefert. Allerdings darf nicht übersehen werden, daß eine gedrosselte Wasserversorgung während der Phase der Zuckereinlagerung in die Weinbeeren trotz hoher Strahlungsintensität den Prozeß der Zuckerakkumulation hemmt, so daß die erzielbaren Qualitäten trotz niedriger Erträge relativ niedrig liegen.

Niederschläge bzw. eine Bewässerung während der Knospenruhe fördern den Austrieb der Ruheknospen. In Trockengebieten dient die Beregnung in Verbindung mit dem Schnitt der Reben als Regulator zur Einleitung eines neuen Vegetationszyklus.

Hohe Niederschläge resp. eine hohe Luftfeuchte führen bei allen Sorten der Art *V. vinifera* zu einem außerordentlich hohen Pilzbefall, der nur durch sehr häufige Spritzungen – etwa allwöchentlich – zurückgedrängt werden kann. Besonders pilzempfindlich sind dichtbeerige Trauben (photoperiodischer Effekt!). Abgesehen von der Umweltkontamination, wenn Kupferpräparate eingesetzt werden, ist die Produktion von Tafeltrauben unter diesen Bedingungen nahezu unmöglich. Es ist daher das Ziel der Kulturmaßnahmen, wie z. B. in Südindien, die Traubenlese durch Auswahl frühreifender Sorten noch vor Beginn der Regenzeit (Monsun) durchzuführen (5). Zweifelsohne würde die Entwicklung pilzresistenter Traubensorten nicht nur zu einer wirksamen Verringerung der Produktionskosten, sondern auch zur Ausdehnung des Weinbaus in den feucht-heißen Tropen führen.

Wind. Die Rebe ist gegenüber ständig wehenden Winden empfindlich. Ertragsenkende Wachstumsstörungen sind die Folge. Derartige Schäden können sowohl im flachen Binnenland, wie z. B. in Südaustralien, oder in Gebieten, die im Einflußbereich der Passatwinde liegen, wie z. B. die Provinz Zulia in Venezuela, auftreten. Die Anpflanzung von Windschutzstreifen kann Abhilfe schaffen, wenn der Abstand zwischen den Baumreihen nicht über 300 bis 400 m liegt.

Anbau

Vermehrung. Wegen der hohen genetischen Heterozygotie ist eine Vermehrung der Reben über Samen in der Weinbaupraxis nicht möglich. Die Vermehrung erfolgt als Steckling oder Pfropfrebe.

Als Stecklinge werden ausgereifte, einjährige Triebe (Länge etwa 20 bis 30 cm) mit 2 bis 4 Knospen gewählt, die in der Regel als sog. Blindreben unmittelbar ausgepflanzt werden. Vorteilhafter ist es aber, die Stecklinge in einem humosen Sandboden vorzutreiben und erst nach ihrer Bewurzelung, und wenn der Sproß eine Länge von 20 bis 40 cm hat, ins vorbereitete Feld auszupflanzen. Dieses Verfahren erlaubt die Anzucht besser selektierter und gleichwüchsiger Reben.

Nur in einigen wenigen Anbaugebieten, so z. B. in Algerien oder Brasilien, sind zahlreiche Rebböden mit der Reblaus *(Viteus vitifolii)* verseucht. Da eine Entseuchung dieser Böden sowohl kapitalaufwendig als auch umweltbelastend ist, ist die Anpflanzung von Pfropfreben unter Verwendung von reblausfesten Unterlagssorten zwingend. Auf leichten, sandigen Böden kommen hierfür Sorten auf der genetischen Basis von *V. berlandieri* Planch. und *V. rupestris* (z. B. 'Richter 99, 110') in Frage, auf schweren Böden *V. riparia* × *V. berlandieri*-Sorten (z. B. 'Kober 5 BB').

Bedeutsamer als die Reblaus ist das Vorhandensein von Nematoden (*Meloidogyne* spp., *Pratylenchus* spp.), gegen die ein wirksamer Schutz in der Pfropfung auf *V. champini* Planch. besteht (z. B. 'Salt Creek', 'Dogridge').

Bei der Vermehrung von Reben ist auf die Selektion von gesundem, leistungsfähigem Pflanzgut zu achten. Gerade auf diesem Gebiet werden weltweit die größten Fehler gemacht, indem bereits virusverseuchtes Pflanzgut vermehrt wird, was die Leistungsfähigkeit der Reben in den Ertragslagen außerordentlich mindert. Stockausfälle nach 2- bis 3jähriger Nutzung, eine Reduktion der Nutzungsdauer der Anlage, geringe Erträge und mindere Qualitäten sind die Folge.

Vorbereitung der Anlage. Die Rebe bevorzugt einen leichten, humosen und tiefgründigen Boden. Flachgründige Böden oder Böden mit Verdichtungshorizonten können auf eine Tiefe von 60 bis 80 cm mechanisch aufgerissen und so für den Rebanbau nutzbar gemacht werden. Eine anschließende Stabilisierung der Bodenlockerung mit tiefwurzelnden Brassicaceen oder Leguminosen ist zu empfehlen. Bei hohen Niederschlagsmengen und dem möglichen Auftreten von stauender Nässe ist eine vorherige Dränierung des Bodens unvermeidlich. Mithin sind die physikalischen Eigenschaften des Bodens für die Rebe bedeutsamer als sein Nährstoff- und Humusgehalt, weshalb allenorts eine Verdrängung der Rebe in hügelige Randlagen beobachtet werden kann. Zum Aufbau einer leistungsfähigen Traubenproduktion sind jedoch fruchtbare Böden eine wichtige Voraussetzung. So ist bereits in einigen Ländern (z. B. in Uruguay und in Israel) eine Wanderung des Weinbaus auf bessere Böden eingetreten (6, 11).

Da die Rebe vielfach in Trockengebieten angepflanzt wird, sind bei der Vorbereitung der Böden die zu wählenden Bewässerungsarten zu berücksichtigen. Bei der am meisten verbreiteten Furchenbewässerung ist eine exakte Ausnivellierung der Rebfläche unbedingt notwendig, um eine allmähliche Versalzung der am niedrigsten liegenden Feldregionen zu vermeiden. Eine andere Form der Bewässerung ist die Beckenbewässerung (→ Bd. 3, ACHTNICH und LÜKEN, S. 311 ff.), wie sie z. B. in Peru (im Tal des Rio Ica) zu finden ist. Mit zunehmender Intensivierung des Weinbaus wird die Tropfbewässerung eingesetzt, die nicht nur den Vorteil einer automatisch gesteuerten, exakt dosierbaren Wasserversorgung der Rebe besitzt – in Intensivanlagen verbunden mit einer mineralischen Düngung –, sondern auch im hügeligen Gelände ohne vorherige Planierung des Bodens voll funktionsfähig ist. Ihre Investitionskosten sind niedriger als die einer fest installierten Überkronenberegnung, die ebenfalls vielerorts anzutreffen ist. Gegenüber der Tropfbewässerung hat sie den Nachteil, daß die Luftfeuchte in der Laubwand so sehr erhöht werden kann, daß ein zusätzlicher Pilzdruck entsteht. Generell ist darauf hinzuweisen, daß jedwede Form der Bewässerung zum epidemischen Auftreten des falschen Mehltaus führen kann, wenn nicht für eine rasche Senkung der Luftfeuchte im Bestand Sorge getragen wird.

Düngung und Pflege. Auf jungfräulichen Böden erhalten die Reben, insbesondere in Trockengebieten, keine Mineralstoffdüngung. Dennoch ist es empfehlenswert, die Böden auf ihren Gehalt an Kalium zu untersuchen, um eine angemessene Kaliumgabe (je nach Ertragshöhe bis zu 200 kg K_2O/ha) zu verabreichen. Auf Illit- oder Montmorillonit-haltigen Böden mit einer entsprechenden Trockenfixierung des Kaliums ist eine individuelle Kaliumdüngung der Rebe ratsam. Der Phosphorbedarf der Rebe ist gering. Bei der erstmaligen Anpflanzung von Reben ist auf das Auftreten der Rebmykorrhiza (*Glomus* spp.) zu achten. Eine Impfung des Bodens, z. B. mit ein wenig Boden aus wüchsigen Maisfeldern, ist beim Fehlen einer Mykorrhiza durchzuführen. Die Erhaltungsdüngung für Phosphor liegt dann in einer Höhe von 50 bis 80 kg P_2O_5/ha. Eine Stickstoffdüngung bis zu 150 kg/ha richtet sich nach der Ertragshöhe der Traubenanlage und sollte in mehreren Gaben verabreicht werden.

Neben den Hauptnährstoffen N, P und K ist gelegentlich eine Zufuhr von Spurenelementen erforderlich. Auf leichten Böden ebenso wie auf phosphatreichen Böden tritt Zinkmangel auf, erkennbar an einem gestauchten Wuchs, kurzen Axillartrieben und kleinen, scharf gezähnten Blättern (= little leaf disease). Zinksulfat-Spritzung (0,5 %ig) und eine Reduktion der

Phosphat-Düngung können Abhilfe schaffen. Auch Borüberschuß oder -mangel sind beschrieben worden. Bei Bormangel treten schwarze Nekrosen auf allen grünen Pflanzenteilen auf; ferner ist die Befruchtung der Blüten stark reduziert. Die Applikation von Borax (je nach Mangel bis zu 200 kg/ha) oder der erhöhte Einsatz von Thomasmehl ist notwendig. Des weiteren ist gelegentlich von Mangelerscheinungen an Molybdän und Mangan, häufiger schon an Magnesium berichtet worden. Weit verbreitet ist die Eisenchlorose, ausgelöst durch einen hohen Kalkgehalt des Bodens. Neben einer sehr kapitalaufwendigen Eisenchelatanwendung bietet sich auf diesen Böden die Möglichkeit an, die Reben auf chlorosefeste Unterlagssorten zu pfropfen (z.B. '41 B': V. berlandieri × 'Chasselas').

Die Rebe liebt Humus. Eine Humuszufuhr über Torf etc. oder über eine Grüneinsaat zwischen den Rebzeilen ist sehr zu empfehlen. Dies gilt insbesondere für alle Gebiete, in denen heftige Regenfälle erosionsfördernd wirken.

Die Pflege der Reben richtet sich zum einen nach der Nutzungsart – Wein, Tafeltrauben, Rosinen – und zum anderen nach den klimatischen Gegebenheiten des Standortes. Überall dort, wo die Rebe eine ihr angepaßte Ruhepause durchläuft (= 1 Ernte/Jahr) gelten die gleichen Prinzipien wie in den Weinbaugebieten des gemäßigten Klimas. In diesem Bericht kann daher auf einschlägige Lehrbücher verwiesen werden (4, 10, 12).

Schwierigkeiten bereitet der Rebenanbau in den Tropen mit einem perennierenden Wachstum der Reben. Hier konzentrieren sich alle Pflegemaßnahmen auf die Einhaltung eines ausgewogenen Blatt-Frucht-Verhältnisses, auf die Vermeidung von Übererträgen, auf die Formerhaltung der Stöcke und auf eine möglichst lange Nutzungsdauer der Reben. Alle regional aus der Empirie entwickelten Formen der Rebkultur in den Tropen lassen sich auf zwei Prinzipien zurückführen:

a) Verlängerung der Ruhephase durch Reduktion der Wasserversorgung und späten Rückschnitt der Triebe. Gelegentlich wird auch ein „Wurzelschnitt" durch tiefes Pflügen entlang der Rebzeilen durchgeführt, um die Wüchsigkeit der Rebe zu reduzieren. Beide Maßnahmen können zwei Vegetationszyklen/Jahr nicht verhindern.

b) Wechsel von „Ertragsschnitt" und „Wuchsschnitt". Beim Ertragsschnitt werden die Tragruten je nach Sorte und Ertragsleistung auf 4 bis 10 Knospen zurückgeschnitten (in Südindien im Oktober). Nach der Ernte der Trauben erfolgt der 2. Rückschnitt (in Südindien im April) bis auf 1 Knospe/Trieb, was als „back pruning" oder „foundation pruning" bezeichnet wird. Bei Sorten mit basaler Unfruchtbarkeit der Knospen, wie bei 'Thompson Seedless' oder 'Anab-e-Shahi', führt dieser Schnitt zu einem vegetativen Wachstum: Die Reben können in diesem Zyklus Reservestoffe einlagern und neue Infloreszenzen ausbilden.

Regional sind auch weitere Kulturmaßnahmen entwickelt worden, wie z.B. das Entfernen der Triebspitzen, um Axillartriebe zur Ertragsbildung anzuregen. Diese Maßnahme ist mit einem hohen Arbeitsaufwand verbunden. Langfristig wird allein die Züchtung besser angepaßter Rebsorten eine wirksame Steuerung von Vegetationszyklus und Nutzungsdauer ermöglichen.

Während der Vegetation ist eine Reihe von Pflegemaßnahmen einzuhalten: Ausbrechen aller Triebe am mehrjährigen Holz (= Wasserschosser), eventuell Ertragsregulation durch Ausbrechen der Infloreszenzen, Einkürzen der Infloreszenzen bei sehr langtraubigen Sorten ('Thompson Seedless'), Gibberellinapplikation bei Sorten mit stenospermokarper Samenbildung (einmalige Applikation von 50 bis 100 mg/l Gibberellinsäure gegen Ende der Blüte), Ringelung zur Verbesserung der Fruchtgröße, ebenfalls nur bei stenospermokarpen Sorten, Ausbrechen der Axillartriebe zur besseren Durchlüftung der Laubwand und ein eventuelles Einkürzen der Triebe zu Beginn der Beerenreife.

Als Erziehungsformen haben sich im intensiven Rebenanbau die Spaliererziehung mit einer Spalierhöhe bis zu 2 m sowie die Tendone-Erziehung durchgesetzt. Auch andere Formen der Pergola-Erziehung können angetroffen werden. Die zunehmende Mechanisierung der Lese (in Südaustralien) und die Einführung des mechanischen Schnittes werden zu einer Abwandelung der konventionellen Erziehungsformen führen. Die Standweite der Rebe variiert sehr stark (bis zu 3 × 6 m) und richtet sich vornehmlich nach dem Grad der Wasserversorgung.

Ernte. Die Angaben über die Ertragshöhe sind oft sehr ungenau. In intensiven Kulturen mit ausreichender Bewässerung können Erträge bis zu 80 bis 90 t/ha erzielt werden, doch dürften diese Erträge, wie in Südindien, bereits nach 5 bis 8 Jahren zu einer Erschöpfung der Reben führen. Mittlere Erträge von 10 bis 30 t/ha und Jahr sind realistische Werte, die bei guter Pflege und intensivem Pflanzenschutz über viele Jahre von der Rebe erbracht werden können.

Der Lesezeitpunkt ergibt sich nach der Traubenreife und den regionalen Gegebenheiten, wie z. B. dem Einsetzen einer Regenperiode. Aufgrund der hohen Nachfrage nach Tafeltrauben, insbesondere in den Tropen, ist eine auf Qualität ausgerichtete Produktion nur gelegentlich anzutreffen. Eine geeignete Sortenauswahl, eine Verbesserung der Kulturmaßnahmen und des Traubentransportes würden zweifelsohne zu einer Ausweitung des Rebenanbaues in den Subtropen und Tropen führen und die Qualität des Ernteproduktes erhöhen.

Krankheiten und Schädlinge

Ganz ohne Zweifel ist die hohe Anfälligkeit der europäischen Kulturrebe gegenüber pilzlichen Erkrankungen, Viren und Bakterien sowie gegenüber tierischen Schädlingen der wichtigste anbaubegrenzende Faktor. Während in den Trockengebieten pilzliche Erkrankungen zurücktreten und tierische Schädlinge (Nematoden) dominieren, zwingt der hohe Pilzdruck in feucht-heißen Gebieten zu einer Fungizidbehandlung in Abständen von 10 bis 20 Tagen.

Die wichtigsten Pilzkrankheiten der Rebe in den Subtropen und Tropen sind: *Plasmopara viticola* (falscher Mehltau), *Oidium tuckeri* (echter Mehltau), *Gloeosporium ampelophagum* (Anthraknose), *Phomopsis viticola* (dead arm, Schwarzfleckenkrankheit), *Guignardia bidwellii* (Schwarzfäule der Beere) und *Botrytis cinerea* (Graufäule der Beere). Die Pilzbekämpfung erfolgt in der Regel mit kupfer- und schwefelhaltigen Fungiziden.

An tierischen Schädlingen wären die Reblaus *(Viteus vitifolii)* und Nematoden (*Meloidogyne* spp.) zu nennen. Durch Verwendung von Pfropfreben (gegen Reblaus *V. berlandieri* × *V. rupestris*-Sorten, gegen Nematoden *V. chamipini*-Sorten, s. o.) werden Schäden vermieden. Besondere Ertrags- und Qualitätsverluste entstehen durch Viren, namentlich durch Viren der Reisigkrankheit (fan leaf), Blattrollkrankheit (ihre Virusnatur ist noch nicht eindeutig), der

infektiösen Panaschüre und Flavescence dorée. Die Übertragung der Viren erfolgt überwiegend durch Nematoden und durch Zikaden. Eine Bekämpfung der Vektoren ist nur bedingt möglich, kostenaufwendig und umweltbelastend. Die beste Sicherheit bietet allein die Auswahl von gesundem (virusfreiem) Pflanzgut.

Weitere Schäden an den Reben werden durch Vögel (in allen waldnahen Rebanlagen), Wespen (z. B. Venezuela), Termiten (z. B. in Indien) und Ameisen (z. B. Brasilien) verursacht. Eine Bekämpfung, z. B. mit Vogelschutznetzen, ist in allen Fällen nur mit sehr hohem Aufwand möglich.

Verarbeitung und Verwertung

Die Trauben können zum Frischverzehr, bei kernlosen Sorten zur Erzeugung von Rosinen, zur Herstellung von Wein resp. zur Produktion von Weinbrand verwendet werden. Im islamischen Bereich des Rebenanbaues liegt die Hauptnutzung der Trauben in der Erzeugung von Mostkonzentraten, die in der Regel zur Herstellung von Süßspeisen und Marmeladen verwendet werden.

Tafeltrauben werden mit wenigen Ausnahmen nur auf den lokalen Märkten angeboten, da geeignete Kühlhäuser und Transportsysteme für die sehr lager- und transportempfindlichen Trauben fehlen.

Die Weinbereitung und die Weindestillation sind an Kellereien gebunden, die nur in wenigen Fällen den heutigen Erfordernissen entsprechen. Dadurch haben die in den Tropen erzeugten Weine nur eine regionale Bedeutung.

Ausblick

Die weitere Ausdehnung des Weinbaus in den Subtropen und Tropen wird in erster Linie von der Züchtung neuer Sorten abhängen, die den jeweiligen Standortbedingungen besser angepaßt sind. Ansätze zur Entwicklung pilz-, reblaus- und nematodenresistenter Sorten zur Produktion von Tafeltrauben und Wein liegen bereits vor (Davis/USA und Merbein/Australien). Ein weiteres Hemmnis des Anbaus von Reben in den Entwicklungsländern ist die hohe Kapitalintensität der Rebanlagen sowie die Verwertung der Trauben. Andererseits aber bietet der hohe Arbeitsaufwand der Rebkultur in den Entwicklungsländern mit hoher Arbeitslosigkeit durchaus zufriedenstellende Arbeitsbedingungen, zu-

mal die Trauben einen hohen ernährungsphysiologischen Wert besitzen.

Literatur

 1. ANONYM (1982/84): Rapport O.I.V.: Situation de
    la viticulture dans le monde en 1981/1983. Bull.
    O.I.V. 55/57.
 2. FAO (1984): Production Yearbook Vol. 37. FAO,
    Rom.
 3. FENNELL, J. L. (1948): Inheritance studies with the
    tropical grape. J. Heredity 39, 54–64.
 4. GOLLMICK, F., BOCKER, H., und GRÜNZEL, H.
    (1970): Das Weinbuch. VEB Verlag Leipzig.
 5. KHANDUJA, S. D., and BALASUBRAHMANYAM, V. R.
    (1971): The prospects of developing a grape
    industry in India. Econ. Bot. 25, 451–456.
 6. NIEDERMANN, R. (1967): Viticulture, vins et eaux-
    de-vie peruviens. Rev. Vinic. Internat. 88,
    199–214.
 7. OLMO, H. P. (1971): *Vinifera rotundifolia* hybrids
    as wine grapes. Amer. J. Enol. Vitic. 22, 87–91.
 8. OLMO, H. P. (1980): Selecting and breeding new
    grape varieties. Calif. Agric. 34, 23–24.
 9. PANSIOT, F. R., et LIBERT, J. R. (1971): Culture de
    la vigne en pays tropicaux. Bull. O.I.V. 44,
    595–661.
10. PONGRACZ, D. P. (1978): Practical Viticulture. D.
    Philip Publ., Cape Town; South Africa.
11. VEGA, J. (1971): Culture de la vigne en pays
    tropicaux. Bull. O.I.V. 44, 775–786.
12. WINKLER, A. J., COOK, J. A. KLIEWER, W. M., and
    LIDER, L. A. (1974): General Viticulture (2nd ed.).
    Univ. Calif. Press, Berkeley.

5.2   Zitrusfrüchte

KURT MENDEL

Botanisch:	Gattungen *Citrus, Fortunella* und *Poncirus*
Englisch:	citrus
Französisch:	agrumes
Spanisch:	agrios, cítricos

Wirtschaftliche Bedeutung

Die wirtschaftlich bedeutendste Gattung ist *Ci-
trus,* zu der u. a. die Apfelsinen, Grapefruits und
Zitronen gehören. Die Zitruskultur ist nach der
Trauben- und Bananenkultur die bedeutendste
Obstkultur der Erde.

Die Weltproduktion hat sich in den letzten 20
Jahren fast verdreifacht und betrug im Jahre
1983 fast 57 Mio. t (15), während der Frischfruchtexport von 5 nur bis etwa 7 Mio. t anstieg
(16). Die relative Mengenverteilung von Produktion und Exporten war für die verschiedenen
Zitrusarten wie folgt (15, 16):

	Produktion (57 Mio. t)	Export (7 Mio. t)
Orangen, Mandarinen	82 %	73 %
Grapefruits	8 %	13 %
Zitronen und Limetten	10 %	14 %

Ungefähr 40 % der Weltproduktion werden
heute industriell verarbeitet.

Die Hauptanbauländer sind in Tab. 63 zusammengestellt. Je rund ½ Mio. t Zitrusfrüchte produzierten 1983 außer den in der Tabelle genannten: Südafrika, Ecuador, Kuba und Australien.
Für den Frischfruchtexport wird Zitrus heute
vorwiegend in den subtropischen Gebieten zwischen 22° bis 40° N und 22° bis 30° S angebaut
(Tab. 64). Im Frischfruchtexport sind in den
letzten 15 Jahren erhebliche Veränderungen eingetreten. Italien hat als Exportland viel von seiner Wichtigkeit verloren, während Kuba und die
Türkei heute unter die 10 wichtigsten Exportländer zählen. Ägypten und der Gaza-Bezirk
exportierten 1983 über 100 000 t Zitrusfrüchte.

Die Heimat der kultivierten Zitrusfrüchte ist
Südostasien, oder genauer gesagt Südchina, wo
sich aller Wahrscheinlichkeit nach das Ursprungsgebiet der Grundarten (Zedrat, Mandarine und Pampelmuse) befindet (13). Hier sind
in den letzten Jahrzehnten einige Wildformen
gefunden worden, die eine außerordentlich nahe
Verwandtschaft mit kultivierten Zitrusarten zeigen (20, 48). In ganz Südostasien, einschließlich
Indonesien, gibt es viele Arten der Gattung *Citrus* und nahe Verwandte. Durch Verbreitung
der Grundarten und durch natürliche Kreuzungen mit einer oder mehreren Verwandten sind
die heute bekannten Kulturarten entstanden.

Schon früh in der Geschichte – etwa im 10. Jh.
v. Chr. – werden Zitrusfrüchte in der chinesischen Literatur erwähnt. Im Mittleren Osten
wurden sie durch die Züge Alexanders des Großen bekannt, und ins Mittelmeergebiet gelangten sie im 2. bis 1. Jh. v. Chr. In Europa wurden
die süßen Orangen erst im 15. Jh. durch
portugiesischen Seefahrer bekannt. Die Verbreitung der Zitrusfrüchte in Afrika, insbesondere
Ostafrika, erfolgte wahrscheinlich sehr früh
durch arabische Seefahrer und später durch die
Holländer in der Kapkolonie. Columbus brachte

Tab. 63. Die Zitrusproduktion in den wichtigsten Erzeugerländern, aufgegliedert nach Zitrusarten, 1983 (1 000 t). Nach (15).

Land	Orangen (1 000 t)	Mandarinen (1 000 t)	Grapefruits, Pampelmusen (1 000 t)	Zitronen, Limetten u. a. (1 000 t)	Insgesamt (1 000 t)
USA	8 631	546	2 200	921	12 318
Brasilien	9 515	580	45	120	10 260
Japan	360	3 167	–	370	3 897
Spanien	1 895	1 117	9	522	3 543
Italien	1 945	400	5	770	3 170
Mexiko	1 480	120	110	580	2 290
Indien	1 200	–	20	530	1 750
China	1 203	269	157	107	1 736
Israel	857	147	450	76	1 530
Argentinien	619	239	146	450	1 454
Ägypten	1 250	115	2	62	1 429
Türkei	691	232	21	330	1 274
Marokko	691	245	9	15	960
Pakistan	520	305	2	31	858
Griechenland	550	45	4	166	764

Tab. 64. Übersicht über die wichtigsten Zitrusexportländer 1983 (1 000 t). Nach (16).

Land[1]	Orangen, Mandarinen (1 000 t)	Zitronen und Limetten (1 000 t)	Andere Zitrusarten (meist Grapefruits) (1 000 t)	Insgesamt (1 000 t)
Spanien	1 226	249	5	1 480
USA	497	163	313	973
Israel	448	33	200	680
Marokko	597	–	2	599
Kuba	256	10	117	383
Rep. Südafrika	287	25	45	357
Italien	137	131	1	269
Türkei	96	131	9	236
Griechenland	182	43	–	225
Zypern	103	37	65	205
Libanon	160	17	6	183
Ägypten	170	1	1	172
Gaza-Bezirk	130	10	2	142

[1] Brasilien exportiert mehr als 50 % seiner Gesamtproduktion als Konzentrat

auf seiner zweiten Reise Zitrusbäume nach Amerika. Zitruspflanzen dienten in früheren Zeiten als Heilpflanzen; ihre Bedeutung als Obst bekamen sie erst im späten Mittelalter (35, 46). Ernährungsphysiologisch ist der hohe Vitamingehalt der Zitrusfrüchte von Bedeutung, vor allem an Vitamin C, in geringeren Mengen auch Vitamin B_1 und B_2 (28, 29).

Botanik

Systematik. Die taxonomischen Beziehungen der Gattung *Citrus*, besonders der kultivierten Arten, sind außerordentlich kompliziert, vor allem wegen der in ihnen weit verbreiteten Apomixis (Nucellarembryonie), durch die einmal sexuell entstandene Hybriden als neue Typen fixiert werden können. Diese Erscheinung führte zu einer Verwirrung im Artbegriff dieser Gattung; die Botaniker unterteilen sie in 16 (35) bis zu 160 (45) Arten. Neueste taxonomische Studien dieser Beziehungen (3) haben es sehr wahrscheinlich gemacht, daß alle kultivierten *Citrus*-Arten auf drei Grundarten zurückzuführen sind:

C. maxima   die Pampelmuse
C. medica   der Zedrat
C. reticulata   die Mandarine.

Alle anderen Arten und kultivierten Typen sind nach Meinung dieser Forscher Hybriden von zwei oder mehr dieser Grundarten und zusätzlich von einigen Verwandten der Gattung *Citrus*. Diese Auffassung, die auch von anderen (39) geteilt wird, setzt sich in den letzten Jahren mehr und mehr durch (19).

In Tab. 65 sind die wichtigsten kultivierten Zitrusarten nach der allgemein gebräuchlichen Klassifikation von SWINGLE (35) mit den zusätzlich durch HODGSON (21) von TANAKA (45) übernommenen Arten zusammengestellt.

Wegen der Früchte angebaut bzw. in der Baumschule als Unterlagen verwendet werden ferner *Fortunella*-Arten (Kumquat) und *Poncirus trifoliata* (L.) Raf. (trifoliate orange), außerdem Hybriden wie Tangor (Apfelsine × Mandarine), Tangelo (Mandarine × Grapefruit) und Citrange (*P. trifoliata* × *C. sinensis*).

Morphologie (33). Zitruspflanzen sind große Sträucher oder kleine Bäume (Abb. 141 und 142). Die größten bekannten Bäume sind ungefähr 10 m hoch und ebenso breit. Sämlingsbäume haben einen aufrechten Wuchs, der durch Rückschnitt nicht unterdrückt werden kann. Veredelte Bäume haben die Tendenz, mehr in die Breite als in die Höhe zu wachsen. Entsprechend den klimatischen Bedingungen gibt es bei den Zitrusarten zwei oder mehr Wachstumszyklen im Jahr. Bei gleichmäßiger Regenverteilung und Temperatur wachsen sie in den feuchten Tropen das ganze Jahr hindurch fast ohne Unterbrechung. Die Wachstumsringe in den Stämmen und Zweigen entstehen durch die verschie-

Tab. 65. Kultivierte *Citrus*-Arten.

Botanischer Name	Deutsche und fremdsprachige Namen.[1]			
	Deutsch	Englisch	Französisch	Spanisch
C. sinensis (L.) Osbeck	Apfelsine Orange	sweet orange	orange	naranja
C. limon (L.) Burm. f.	Zitrone	lemon	citron	limón
C. paradisi Macfad.	Grapefruit	grapefruit	pomélo	toronja pomelo
C. reticulata Blanco	Mandarine	mandarin tangerine	mandarine	mandarina
C. maxima (Burm.) Merr. (*C. grandis* Osbeck) (40)	Pampelmuse	pummelo shaddock	pamplemousse	toronja
C. aurantiifolia Swingle	Limette	lime	lime limonelle	lima
C. aurantium L.	Bittere Orange	sour orange Seville orange	bigarade	naranja agria naranja amarga
C. medica L.	Zedrat Zitronatzitrone	citron	cédrat	cidra
C. jambhiri Lush.	Rauhschalige Zitrone	rough lemon	citron gros	limon rugoso
C. limetta Risso	Süße Limette	sweet lime	lime douce	lima dulce
C. limonia Osbeck	Mandarin-Limette	Rangpur lime	lime Rangpur	lima Rangpur
C. reshni (Engl.) Tanaka	Cleopatra-Mandarine	Cleopatra mandarin	mandarine Cléopâtre	mandarina Cleoptara
C. volkameriana Pasq.	Volkameriana	Volkameriana	Volkameriana	Volkameriana

[1] Für die fremdsprachigen Bezeichnungen wurden (21) für die englischen, (31) für die französischen und (18) für die spanischen verwendet.

Abb. 141. Fruchttragender Apfelsinenbestand (Sorte 'Trovita'), etwa 10 Jahre alt.

Abb. 142. Mandarinenbaum (Sorte 'Dancy'), etwa 20 Jahre alt.

denen Wachstumsperioden; es sind also keine Jahresringe. Zitronen, Zedrate und Limetten entwickeln im allgemeinen ein Flachwurzelsystem. Die anderen Arten haben neben den flachen Wurzeln auch Pfahlwurzeln. Sämlinge aller Arten haben die Neigung, ein starkes Pfahlwurzelsystem zu entwickeln. Die Zweige sind meist dornig (Zweighomologe, juveniles Charakteristikum, speziell bei Sämlingsbäumen).

Die Zitrusarten haben glänzende, immergrüne Blätter, die eine Lebensdauer von mehr als zwei Jahren haben können. Die Blätter aller Arten der Gattung *Citrus* sind ganzblättrig mit einem mehr oder weniger geflügelten Blattstiel.

Die Blüten sind weiß oder rötlich-weiß (Abb. 143), sie besitzen Drüsen, die ein flüchtiges, stark aromatisches Öl absondern. Die Blüten sind groß (1,5 bis 2 cm) bei den Zitronen, Zedraten, Pomeranzen, Orangen, Grapefruit und Pampelmusen, kleiner (ca. 1 cm) bei den Limetten und Mandarinen. Ein Längsschnitt durch die Blüte ist in Abb. 144 dargestellt. Der Fruchtknoten ist oberständig.

In den Subtropen nördlich des Äquators setzt die Hauptblüte am jungen Austrieb nach dem Ende der kühlen Jahreszeit ein und dauert von Anfang Februar bis Mitte April, südlich des Äquators

Abb. 143. Apfelsinenblüten (Sorte 'De Nice').

von August bis Oktober. In den Tropen, d. h. in Gebieten mit mehr als einer Regenperiode (7), beginnt die Blüte nach dem Ende der Trockenzeiten. Bei gleichmäßiger Regenverteilung blühen die Bäume fast ununterbrochen das ganze Jahr hindurch. Diese mehrfachen Blütenperioden haben eine Herabsetzung der Fruchtbarkeit zur Folge. Je nach Sorte und klimatischen Bedingungen des Standorts reifen die Früchte in 5 bis 15 Monaten (32).

Die Neigung der Zitruspflanzen zur Blütendifferenzierung nach Trockenzeiten wird in Italien durch eine längere Bewässerungspause zur Erzeugung der Sommerzitronen (Verdelli) praktisch ausgenutzt.

Die Frucht ist eine Beere mit besonderem Aufbau – „Hesperidium" genannt (Abb. 144). Sie besteht aus:

1. dem Exokarp oder der *Flavedo*, die sich bei der Reife gelb oder orange färbt. Die *Flavedo* enthält Drüsen mit den für die verschiedenen Zitrusarten typischen ätherischen Ölen.
2. dem weißlichen Mesokarp oder der *Albedo*. Die *Albedo* ist zur Zeit der Fruchtreife bei Zitronen und Zedraten von fester Konsistenz; bei Orangen und Grapefruit dagegen schwammig. Bei den Mandarinen verschwindet sie meistens mit fortschreitender Fruchtreife. Die *Albedo* enthält große Mengen von Pektin, das fabrikmäßig gewonnen wird.
3. dem segmentierten Endokarp, dem Fruchtfleisch. Die Segmente (8 bis 18) bestehen aus einer großen Anzahl von Saftschläuchen (Abb. 144). Die Wände dieser Saftzellen sind so dünn, daß der Saft leicht ausgepreßt werden kann. Er enthält 5 bis 15 % Trockensubstanz, die zur Hauptsache aus Zuckern (Di- und Monosacchariden) und organischen Säuren, vorwiegend Citronensäure, besteht. In den Segmenten befinden sich die Samen. Die meisten Kultursorten haben wenige bzw. keine Samen. Daneben gibt es auch eine Reihe samenreicher Sorten (bis zu 150 Samen pro Frucht).

Die Samen der verschiedenen Zitrusarten besitzen meistens eine cremefarbige äußere Samenschale, die glatt oder runzlig ist. Die innere Samenschale ist eine graugelbe bis braune Haut. Sie ist an der Chalaza rot oder braun gefärbt. Die Keimblätter sind cremefarben oder blaßgrün. Charakteristisch für die Samen vieler Arten und Sorten ist die Polyembryonie. Die aus

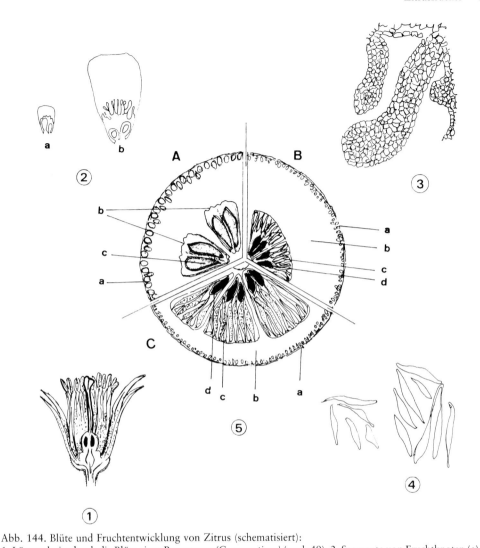

Abb. 144. Blüte und Fruchtentwicklung von Zitrus (schematisiert):
1. Längsschnitt durch die Blüte einer Pomeranze *(C. aurantium)* (nach 49). 2. Segmente von Fruchtknoten (a) mit Ovarien nach Fruchtansatz, (b) mit jungen Samen; Anfangsentwicklung der Saftschläuche (Abgeändert nach 1). 3. Randpartie eines jungen Fruchtsegments von Zitrus mit sich entwickelnden Saftschläuchen (Abgeändert nach 49). 4. Saftschläuche aus der reifen Frucht (Nach 1). 5. Schematische Darstellung der Fruchtentwicklung: A. Fruchtknoten (Radius: 3 mm): a) Flavedo (grün) mit Öldrüsen; b) Emergenzen der inneren Seite der Fruchtblätter (spätere Saftschläuche); c) Samenanlagen (Ovarien). B. Junge Frucht (ca.6 bis 8 Wochen nach Fruchtansatz) (Radius: 15 mm): a) Flavedo (grün) mit Öldrüsen; b) Albedo; c) Saftschläuche, die Segmenträume zu etwa ⅔ ausfüllend; d) junge Samen. C. Reife Frucht (Radius: 40 mm): a) Flavedo; b) Albedo; c) Saftschläuche, den gesamten Segmentraum ausfüllend; d) reife Samen.

Nucellarembryonen hervorgegangenen Sämlinge sind ohne Befruchtung aus dem mütterlichen Nucellusgewebe hervorgegangen und daher in ihren genetischen Eigenschaften mit der Mutterpflanze identisch.

Ökophysiologie

Temperatur (7, 32). Bei guter Wasserversorgung stellen hohe Temperaturen der Umgebung keine Begrenzung für die Zitruskultur dar, selbst nicht in den heißesten Oasen der Sahara. Dagegen sind hohe Temperaturen in Verbindung mit Trockenheit mit großen Schäden verbunden. Bei niedrigen Temperaturen werden Bäume und Früchte ab −4 °C geschädigt, und dies auch, wenn diese niedrigen Temperaturen nur für kurze Zeiträume (mehrere Stunden) anhalten. In Großanbaugebieten, wo solche Temperaturen vorkommen (Kalifornien, Texas, Florida), hat man besondere Einrichtungen zur Erwärmung der Luft in Frostnächten entwickelt (Rohölheizöfen, Propeller zur Luftdurchmischung usw.). Die Frostempfindlichkeit der Zitrusbäume gruppiert sich wie folgt (von der empfindlichsten zur frosthärtesten Art): Zedrat, Limette, Pampelmuse, Zitrone, Grapefruit, Orange, Pomeranze, Mandarine, Kumquat. Die frosthärteste Art ist *Poncirus trifoliata* (laubabwerfend); sie wird deshalb in kühlen Zitrusanbaugebieten (südliche UdSSR, Japan) vielfach als Unterlage verwendet. Die Früchte werden ohne Unterschied der Art bei der oben angegebenen Frosttemperatur geschädigt. Die „physiologische Schwellentemperatur" für Zitrusarten ist 12,5 °C. Unterhalb dieser Temperatur kommen Wachstum, Wasser- und Mineralstoffaufnahme zum Stillstand. Bei Temperaturen über 35 °C sinkt die effektive Photosynthese unter den Kompensationspunkt mit der Atmung – mit entsprechendem Einfluß auf den Wachstumsprozeß.

Der Farbwechsel zu Beginn der Fruchtreife (von Grün zu Gelb oder Orange) beginnt nach einer Reihe von kühlen Nächten, in denen die Lufttemperatur unter 17 °C sinkt. In Gebieten, in denen die Nächte nicht so kühl werden, bleiben die Früchte äußerlich mehr oder weniger grün. Sie werden trotz vollständiger Reife des Fruchtfleisches auf den Weltmärkten nicht gern genommen. Dieses Problem der nicht voll ausgefärbten Früchte besteht in allen tropischen (in Höhen bis 1500 m über NN) und in subtropischen Zitrusgebieten mit warmen Wintern (Florida, Brasilien usw.) Man kann den Farbwechsel durch Behandlung mit Ethylengas bewirken. Diese ist jedoch nur dann anzuwenden, wenn der natürliche Farbwechsel bereits eingesetzt hat.

Niederschläge. Die Mindestmenge der jährlichen Niederschläge für Zitrusanbau ist 1200 mm. Bei gleichmäßiger Verteilung über das ganze Jahr braucht man bei einer derartigen Regenmenge keine zusätzliche Bewässerung. Da aber alle Zitrusarten empfindlich gegen Trockenheit sind, ist in Gebieten mit Trockenperioden von mehr als zwei Monaten Bewässerung notwendig – auch wenn die jährlichen Regenmengen wesentlich höher sind als oben angegeben. In feuchten Tropengebieten mit über 3500 mm jährlicher Niederschläge ist Zitruskultur nicht angebracht. Die Bäume leiden unter langdauernder Wassersättigung des Bodens, und bei der hohen Luftfeuchtigkeit werden die oberirdischen Organe von allen möglichen Pilzkrankheiten befallen.

Wind. Die Zitrusarten sind windempfindliche Pflanzen. Windschaden äußert sich im Absterben der obersten Zweige. In Gebieten mit ständigem Wind, selbst von mäßiger Stärke (wie z. B. ständige Seebrise) ist ein Windschutz notwendig.

Boden (32). Zitruswurzeln haben einen hohen Sauerstoffbedarf; deswegen sind gut durchlüftete Böden eine wesentliche Vorbedingung für die Zitruskultur. Leichte bis mittelschwere Böden (sandiger Lehm bis Sandböden) sind zu bevorzugen; schwere Tonböden sollten gemieden werden. Zitrusarten sind außerordentlich empfindlich gegen Staunässe. Die Böden sollten deswegen gut dräniert sein, unter Umständen mit Hilfe künstlicher Dränage (offene Gräben, unterirdische Röhren usw.). Die Tiefgründigkeit soll mindestens 1,50 m betragen, ohne undurchlässige Sohlen (hardpan). In vielen tropischen Gebieten wird dies nicht genügend beachtet. Der Grundwasserstand darf nicht höher als 1,50 m sein, auch nicht in tropischen Gebieten während der Regenzeiten. Zitruspflanzen sind im allgemeinen relativ unempfindlich gegen einen hohen Kalkgehalt im Boden, wenn der kolloide Anteil weniger als 20 % des gesamten Kalkgehalts ausmacht. Eine Ausnahme ist hier *Poncirus trifoliata* und seine Hybriden, die gegen Kalk hochempfindlich sind. Mergelböden mit mehr als 25 % Kalk sollten jedoch für den Anbau nicht genutzt werden. Böden mit hohem Gehalt an organischer Substanz (Moorböden), ebenso wie Ultisole (tropische Lateritböden) oder Vertisole (tropische „black cotton soils") sind für den Zitrusbau ungeeignet.

Zitruspflanzen sind empfindlich gegen Bodenversalzung. Der Höchstgehalt an Salzen, den eine normale Kultur toleriert, ist, in elektrischer Leitfähigkeit ausgedrückt, 2 bis 2,5 mmhos/cm^2. Sehr empfindlich gegen Versalzung sind Limetten, Zitronen, Citrangen und *Poncirus trifoliata*; mäßig empfindlich sind Orangen und Grapefruits, und verhältnismäßig widerstandsfähig sind Bitter-Orangen, Mandarinen und Mandarin-Limetten. Die Bodenreaktion hat im allgemeinen keinen Einfluß auf das Wachstum. Die Pflanzen entwickeln sich bei pH 5,0 ebenso gut wie bei pH 8,0. Da bei niedrigem pH die Gefahr der Auswaschung wichtiger Nährstoffe besteht, wird eine Bodenreaktion von pH 5,5 bis 7,0 angestrebt. Für eine erfolgreiche Zitruskultur ist die physikalische Bodenstruktur wichtiger als der Gehalt an Nährstoffen, den man durch Düngung regulieren kann.

Vermehrung (32)

Für den Erwerbsanbau werden Unterlagensämlinge veredelt. In tropischen Gebieten können Sämlinge der Sorten den veredelten Pflanzen vorgezogen werden, da sie tiefer wurzeln, dadurch trockenresistenter sind und weniger Pflege bedürfen. Nachteile sind Dornigkeit, starker aufrechter Wuchs (unerwünscht im Erwerbsanbau), spät beginnender Ertrag und mangelnde Sortenreinheit, außer bei Nucellarsämlingen. Für Großanbau wird Sämlingspflanzung nicht empfohlen.

Baumschule. Die Baumschule im freien Felde ist in den letzten Jahren mehr und mehr durch die Anzucht der Zitrusbäume in Plastikbeuteln (schwarzes Polyethylen, 2 l Inhalt) unter mit dichten Plastiknetzen bedeckten Schattenhallen abgelöst worden. Diese Anzuchtmethode hat den Vorteil der Unabhängigkeit von Bodenqualität, der effektiven Kontrolle über Wasserversorgung, Krankheiten und Schädlinge (vor allem Virusüberträgern) sowie schnelleren Wachstums der Jungpflanzen in den Behältern mit speziellen Bodenmischungen und eines ungestörten Wurzelsystems bei der Pflanzung. Wenn dabei ein sterilisiertes Substrat verwendet wird, kann das Wachstum der Bäumchen durch Beimpfung mit VA-Mykorrhizapilzen erheblich gefördert werden (14), ein Verfahren, das in den USA bereits kommerziell angewandt wird.

Aussaat. Zitrussamen haben eine kurze Lebensdauer. Ihre Keimfähigkeit leidet durch Austrocknen. Kühllagerung der trockenen Samen (5 bis 8 °C) erhält die Keimfähigkeit für viele Monate. Es sollen ca. dreimal mehr Samen ausgesät werden als Pflanzen benötigt. Im freien Felde erfolgt die Aussaat in Beeten mit 5 cm Abstand in einer Tiefe von 2 cm oder in Reihen von 15 cm Abstand und mit 2 bis 2,5 cm

Zwischenraum zwischen den Samen in der Reihe. Frische organische Substanz (Stalldünger) ist schädlich. In den Tropen sollten die Sämlinge in den ersten 4 bis 6 Wochen schattiert werden. Die Saatbeete oder -reihen sind regelmäßig zu bewässern, wenn nötig mit einer stickstoffhaltigen Lösung (1 % N). Beim Umpflanzen der 10 bis 15 cm hohen Sämlinge muß scharf ausgelesen werden. Schwache und nicht typische Pflanzen sowie solche mit krummen Wurzeln werden ausgeschieden.

In die Plastiksäcke werden 3 Samen ausgesät, und nach der Keimung und Entwicklung der ersten 4 bis 6 Wochen wird der stärkste Sämling stehen gelassen. Umpflanzen ist unnötig.

Veredlung. Die Veredlung soll in Höhe von mindestens 20 bis 30 cm der Unterlage ausgeführt werden, bei einer Stammdicke von 8 bis 10 mm in dieser Höhe. Als Edelreiser verwendet man möglichst gut ausgereifte Zweige der letzten Wachstumsperiode. Edelreismutterbäume sollten auf Sortenechtheit, Ertragsfähigkeit und Freiheit von Krankheiten (speziell Virosen) geprüft sein. Veredlungsmethode ist die Okulation ohne oder mit Holz („chip-budding"). Die „Mikro-Okulation" (Edelaugen von 2 bis 3 mm Länge) wird besonders bei der Anzucht in Plastikbeuteln verwendet.

Nach erfolgreicher Veredlung wird die Krone der Unterlage in zwei Stufen zurückgeschnitten, um das Austreiben der Augen zu fördern. Nach dem Austrieb soll die Unterlage bis zur Veredlungsstelle zurückgeschnitten werden, wenn das Edelreis an der Basis verholzt ist. Bei der Anzucht in Plastikbeuteln wird die Unterlage nach dem Anwachsen, vor dem Austrieb, bis auf das Edelauge zurückgeschnitten. In der Baumschule wird nur der Stamm der Veredlung gezogen, während die Formierung der Krone nach der Pflanzung erfolgt.

Stecklinge. Im Zuge der steigenden Gestehungskosten der Pflanzungen – besonders der Pflückkosten – ist in den letzten Jahren auch auf die Stecklingsvermehrung zurückgegriffen worden. Stecklinge aller Zitrusarten lassen sich durch geeignete Behandlung (Wuchsstoffe, kontrollierte Umgebung) leicht bewurzeln. Stecklingsbäume bleiben kleiner, haben ein flaches Wurzelsystem und eine kurze Lebensdauer.

Absenker. In feuchten tropischen Gebieten ist die Vermehrung durch Absenker, besonders bei den leicht wurzelnden Limetten, mit Erfolg durchgeführt worden. Die bewurzelten Absenker fruchten bereits im zweiten Jahr nach der Pflanzung. Diese Vermehrungsmethode kann in tristezaverseuchten Gebieten vorteilhaft sein, in denen die Lebensdauer einer Limettenpflanzung auf sechs bis zehn Jahre begrenzt ist.

Unterlagen und Sorten
Zum Verständnis der Unterlagen- und Sortenprobleme beim Zitrusanbau ist die Kenntnis der Zitrusvirosen notwendig. In verseuchten Gebieten sind resistente Arten und Sorten anzupflanzen.
Unterlagen (26). Bei der Wahl einer Unterlage ist auf das Wachstum, die Anpassung an den Boden und auf die Resistenz gegen Virosen und Wurzelkrankheiten, insbesondere Gummosis und Wurzelhalsfäule *(Phytophthora)* sowie Wurzelfäule *(Fusarium)* zu achten (Tab. 66 und 67). Es hat sich herausgestellt, daß bei Neupflanzung auf alten Zitrusböden verschiedene Unterlagen für diesen Zweck nicht geeignet sind. Die Unterlagen haben auch einen deutlichen Einfluß auf die Fruchtqualität. So neigen Zitrussorten auf „zitronenähnlichen" Unterlagen (Rough lemon, Rangpur lime, Volkameriana, u. a.) zu Großfrüchtigkeit, Grobschaligkeit und niedrigem Zucker- und Säuregehalt. Im Gegensatz dazu ist die Fruchtqualität auf Orangen- und Mandarinenunterlagen besser. *Poncirus trifoliata* und seine Hybriden nehmen in dieser Beziehung eine Mittelstellung ein. Bei der Düngung (Tab. 69) ist dies zu berücksichtigen, um etwaige Mängel so weit wie möglich zu beheben. Durch das Eindringen des Tristezavirus in fast alle Zitrusanbaugebiete ist *die Benutzung der Bitter-Orange als Unterlage für Neupflanzungen nicht mehr angebracht.* Für einen Teil der in den Tab. 66 und 67 angeführten Unterlagen bestehen noch keine umfassenden Erfahrungen. *Sorten.* Von der Vielzahl der überall existierenden Sorten haben sich bei den Apfelsinen für den Großanbau die Frühsorte 'Washington Navel' und die Spätsorte 'Valencia' durchgesetzt. Als wichtigste Sorten einiger spezieller Anbaugebiete seien die Sorten 'Hamlin' (Florida), 'Baianinha' und 'Pera' (Brasilien) und 'Shamouti', die echte Jaffa-Orange (Israel), erwähnt.
Bei den Mandarinen ist 'Satsuma' (ca. 40 % der Welt-, 80 % der japanischen Produktion) die wichtigste Sorte. Die nächstwichtige ist die 'Clementine', vor allem im Mittelmeergebiet.
Im Grapefruitanbau ist in allen Großanbaugebieten der Welt bis heute 'Marsh Seedless' bevorzugt. Sorten mit rosa Fruchtfleisch finden steigenden Absatz auf dem Weltmarkt. Im Zi-

Tab. 66. Einfluß der Unterlage auf die Entwicklung des Baumes.

Unterlage	Frühentwicklung	Erste Ernten[1]	Endgültige Größe[2]	Lebensdauer[3]
1. Orangenähnlich				
Pomeranze	langsam	spät	groß	lang
Orange	mittel	mittel	mittel	mittel
Cleopatra-Mandarine	sehr langsam	sehr spät	mittel	lang
2. Zitronenähnlich				
Rough lemon	schnell	früh	sehr groß	kurz
Rangpur lime	schnell	früh	mittel	mittel
C. volkameriana	schnell	früh	?	?
C. macrophylla Wester	schnell	früh	?	?
3. *Poncirus* und Hybriden				
Poncirus trifoliata	langsam	spät	klein	lang
Toyer Citrange	mittel	mittel	mittel	lang
Carizzo Citrange	schnell	früh	mittel	?
Citrumelo Swingle	sehr schnell	früh	?	?

[1] Unter früher Fruchtbarkeit werden handelsmäßige Ernten im 5. Jahr nach der Pflanzung verstanden.
[2] Ein kleiner Baum ist ca. 4 m hoch und 4 m breit, während ein großer Baum bis zu 8 m hoch und ebenso breit ist.
[3] Kurze rentable Lebensdauer bedeutet 20 bis 30 Jahre, lange Lebensdauer 50 bis 60 Jahre und länger.

Tab. 67. Anpassung der verschiedenen Unterlagen an Bodenbedingungen und ihre Rekation gegen Krankheiten und Virosen.

| | | Empfindlichkeit gegen | | | | | | | | |
| | | Bodenbedingungen | | | Krankheiten und Virosen | | | | | |
Unterlage	Bodentyp	Versalzung	Kalk	Neu-pflanzung	Phyto-phthora	mal secco	Tristeza	Exo-cortis	Psorosis	Xyloporosis (Cachexia)
1. Orangenähnlich										
Pomeranze	mittelschwer bis schwer	+–	–	+–	–	+–	+–	–	–	–
Orange	leicht bis mittelschwer	+–	–	+	+	+–	+	–	+	–
Cleopatra-Mandarine	mittelschwer bis schwer	–	–	+	+–	+–	–	–	+	+
2. Zitronenähnlich										
Rough lemon	leicht	+	–	+	+–	+	–	–	–	+–
Rangpur lime[1]	leicht bis mittelschwer	–	–	+	+	+	–	+	–	+
C. volkameriana[1]	mittelschwer bis schwer	?	–	–	–	+–	–	–	?	–
C. macrophylla[2]	leicht bis mittelschwer	+–	?	+	–	?	+	?	?	+
3. Poncirus und Hybriden										
Poncirus trifoliata[1]	mittelschwer bis schwer	+	+	–	–	+	–	+	–	–
Troyer Citrange[1]	mittelschwer	+	+	–	+–	+	–	+	–	–
Carizzo Citrange[1]	mittelschwer	+	+	–	–	+	–	+	–	–
Citrumelo Swingle	leicht bis schwer	–	+	–	–	?	–	–	?	?

+ = empfindlich, +– = einigermaßen widerstandsfähig, – = widerstandsfähig
[1] wegen der Empfindlichkeit gegenüber Exocortis nur mit nucellarem oder auf Exocortisfreiheit geprüftem Edelreis zu veredeln.
[2] wegen der Empfindlichkeit gegenüber Tristeza nur als Unterlage für Zitronen verwendbar.

Tab. 68. Zitrussorten für tropische Gebiete.

Sorte	Empfohlen für	Meereshöhe (m)	Verwendungsmöglichkeit		
			Frischfrucht (örtl. Markt)	Export	Industrielle Verwertung
Apfelsine					
Valencia	Großanbau	0–2 000	+	–	+
Washington Navel	Großanbau	1 200–2 000	+	–	–
Hamlin	experimentell	0–2 000	+	–	evtl. +
Pineapple	experimentell	0–2 000	–	–	+
Trovita	experimentell	0–2 000	+	–	+
Grapefruit					
Marsh seedless	Großanbau	0–1 500	+	+	+
Red blush[1]	Großanbau	0–1 000	+	+	–
Star Ruby	Großanbau	0–1 000	+	+	–
Duncan	experimentell	0–1 500	–	–	+
Mandarine					
Ortanique	Großanbau	0–2 000	+	–	–
Murcott	experimentell	0–2 000	+	–	–
Satsuma (Silverhill)	experimentell	1 200–2 000	+	–	–
Limette					
Mexican (Key)	Großanbau	0–1 200	+	+	+ (Lime juice)
Bear's seedless	experimentell	0–1 200	+	+	+
Tahiti	experimentell	0–1 200	+	+	+
Zitrone[2]					
Eureka	experimentell	1 200–2 000	+	–	+
Lisbon	experimentell	1 200–2 000	+	–	+
Pampelmuse					
Siam	experimentell	0–1 200	+	evtl. +	–

[1] Bei rosafleischigen Grapefruitsorten hat sich herausgestellt, daß die Farbe in den tropischen Gebieten intensiver ist als in den Subtropen.
[2] Wegen ihrer Empfindlichkeit gegen Pilzkrankheiten werden Zitronen im allgemeinen nicht zum Anbau in tiefliegenden Gegenden der Tropen empfohlen (hohe Luftfeuchtigkeit). In einigen sehr beschränkten Gebieten baut man Zitronen auch in niedriger Meereshöhe (Ostafrika).
+ = geeignet, – = nicht geeignet

tronenanbau sind die Sorten 'Eureka' und 'Lisbon' am weitesten verbreitet; daneben ist die Hauptsorte Süditaliens, 'Feminello', zu erwähnen.

Für die tropischen Gebiete gibt es noch wenig Erfahrung mit anzubauenden Sorten. In Tab. 68 werden Vorschläge von Sorten für den Anbau in diesen Gebieten angeführt (27).

Anbau

Charakteristiken der Anbautechnik. In den hochentwickelten Gebieten besteht Plantagen-Großanbau, stark mechanisiert, mit wenigen Sorten (Abb. 145). Die Erzeugung ist für einen großen Inlandmarkt, die Industrie und den Export bestimmt. In Gebieten mit traditioneller Obstkultur (z. B. Mittelmeerländer und Japan) und teilweise in Entwicklungsländern bestehen kleine Pflanzungen im bäuerlichen Familienbetrieb. Es sind oft Mischpflanzungen mit anderen Obstarten. Die Bearbeitung erfolgt mit der Hand, u. U. mit Kleinmaschinen. Die Zahl der angebauten Sorten ist groß und die Erzeugung meist für einen örtlich begrenzten Markt bestimmt. In den Entwicklungsländern werden Zitrusarten im allgemeinen als „Hausgartenpflanzungen" angebaut (Abb. 146). In den meisten Fällen werden die Bäume nach der Pflanzung

Abb. 145. Großanbau von Zitrus in Florida.

sich selbst überlassen. Der Landwirt erwartet eine Ernte ohne Pflegemaßnahmen. Die Erzeugung ist für den Eigenbedarf oder für einen sehr kleinen örtlichen Markt bestimmt. In vielen Fällen geht der Überschuß der lokalen Produktion wegen mangelnder Vermarktungsmöglichkeiten

Abb. 146. Hausgartenpflanzung von Zitrus. Orangensämlinge im Pool-Gebiet, VR Kongo.

(Transport, Organisation) verloren; die Früchte fallen ab und verfaulen unter den Bäumen.

Pflanzabstände. In den großen, stark mechanisierten Pflanzungen der Großanbaugebiete betragen die Reihenabstände im allgemeinen 7 m. Innerhalb der Reihe wechseln die Abstände von 3 bis 7 m. Bei geringer Mechanisierung werden sehr viel mehr Bäume pro Flächeneinheit gepflanzt (5 × 5, 6 × 3, 4 × 4, bis zu 3 × 3 m Abstände in Japan). Bei den hohen Gestehungskosten besteht im allgemeinen eine Tendenz zur Beschränkung der Pflanzabstände. In den Tropen sollte man – mit Rücksicht auf die sehr lange jährliche Wachstumsperiode – etwas weitere Abstände wählen: für Limetten 8 × 3 m, für Orangen 8 × 5 m und für Mandarinen und Grapefruits 9 × 6 m.

Infolge der ständig steigenden Kosten für die Pflückarbeit versucht man in den letzten Jahren, die Bäume durch biologische (Zwergunterlagen, milde Virusstämme) und künstliche (Beschränkung des Wurzelvolumens, „meadow-orchards", wachstumshemmende Wuchsstoffe) Maßnahmen so klein zu halten, daß die Früchte, wenn möglich, ohne Leitern (einfache und maschinelle) gepflückt werden können. Da in diesen Fällen die Ernte des einzelnen Baumes gering ist, werden sehr viel mehr Bäume pro Flächeneinheit gepflanzt (1000 bis 2000 pro ha).

Pflanzarbeiten. Junge Zitrusbäume werden mit oder ohne Wurzelballen gepflanzt. Letzteres ist nur bei leichten Böden zu empfehlen oder unter der in Israel entwickelten Methode, bei der das Pflanzloch mit Wasser gefüllt, der Baum hineingestellt und die Erde langsam nachgefüllt wird. Diese Methode läßt sich auch bei schweren Böden und in den heißen Sommermonaten anwenden. Ständiges Wässern nach der Pflanzung, wie sonst nötig, wird überflüssig.

Bei der Pflanzung mit Wurzelballen (aus dem Boden ausgestochen oder aus den Plastikbeuteln) in ein Pflanzloch (40 × 40 × 40 cm) muß gleich nach der Pflanzung bewässert werden, und dann je nach Klima und Bodenqualität vorsichtig bis zum Anwachsen, das durch Neuaustrieb angezeigt wird. Das Pflanzen sollte so ausgeführt werden, daß der Wurzelhals zum Schutz gegen *Phytophthora* noch etwa 5 cm über dem Boden bleibt, wenn sich die Erde gesetzt hat. Zu tiefes Pflanzen ist unbedingt zu vermeiden.

Windschutz. Als Windschutz werden Zypressen (*Cypressus sempervirens* L. var. *pyramidalis*

Nyman) des Mittelmeergebietes wegen ihres tiefen, aber nicht verzweigten Wurzelsystems allen anderen Bäumen vorgezogen. Der Abstand bis zur ersten Reihe der Zitruspflanzung soll mindestens 8 m betragen. Zum Schutz der Jungpflanzen kann auch Elefantengras (*Pennisetum purpureum* Schumach.) angebaut werden. Nach drei bis vier Jahren ist das Gras dann zu beseitigen.

Bodenbearbeitung. Folgende Bodenpflegemaßnahmen werden in den verschiedenen Anbaugebieten angewandt:

1. Zur Lockerung der Oberfläche und zur Beseitigung der Unkräuter wird der Boden, meist mehrmals im Jahr, mit der Scheibenegge bearbeitet. Die Egge muß möglichst flach eingestellt sein, um das Feinwurzelsystem der Bäume nicht zu stören. Das tiefe Durcharbeiten des Bodens mit der Handhacke zwei- oder mehrmals im Jahr, das in vielen, nicht mechanisierten Zitrusanbaugebieten noch üblich ist, hat sich als nicht wünschenswert erwiesen.

2. Jede Bodenbearbeitung unterbleibt, die Unkräuter werden durch Schweröl oder Herbizide getötet. Mit letzteren ist Vorsicht geboten, da sie den Zitruspflanzen selbst schaden und Rückstände in die Frucht gelangen können (34).

3. Der natürliche Bewuchs, hauptsächlich mit Gräsern, wird belassen. Diese Methode ist besonders in Gebieten mit hügeliger Topographie und dort angebracht, wo Regenfälle Erosion verursachen können. Das Gras wird geschnitten, wenn es ca. 25 cm hoch ist und dann zur Bodenbedeckung liegen gelassen. Bei der Wasser- und Nährstoffversorgung muß der Graswuchs berücksichtigt werden.

4. In vielen Gebieten, besonders in den Tropen, hat es sich als vorteilhaft erwiesen, zu Beginn der Regenzeit einjährige Leguminosen (Lupinen, *Vigna*-Arten u. a.) als Unterkultur zu säen. Dadurch wird die Verdunstung von Wasserüberschüssen gefördert und Stickstoff gesammelt. Zu Beginn der Trockenperiode wird die Deckfrucht geschnitten, das Schnittgut bleibt zum Schutz des Bodens gegen Wasserverluste als Mulch liegen.

5. Zwischenkulturen (Gemüse oder einjährige Zerealien, wie Mais usw.) können während der ersten Jahre nur während der Regenzeit angebaut werden. In Entwicklungsländern besteht bei den Landwirten eine starke Nei-

gung, den weiten Reihenabstand für mehrjährige Zwischenkulturen (Kaffee, Maniok, u. a.) auszunutzen. Bei den verschiedenen Ansprüchen solcher Kulturen für Wasser und Nährstoffe haben die Erfahrungen gezeigt, daß dies ungünstig für die Zitruspflanzung und unter allen Umständen zu vermeiden ist.

Schnittmaßnahmen. Bei jungen Bäumen sollte man sich auf den Formschnitt beschränken. Bei fruchttragenden Bäumen soll trockenes Holz sorgfältig entfernt werden. Bei der heute vielfach üblichen Dichtpflanzung ist jährlicher Grünschnitt zur Förderung der Blütenbildung vorteilhaft. Dieser wird in hochmechanisierten Anbaugebieten als maschineller Heckenschnitt durchgeführt. Bäume, die für normale Pflückarbeiten zu hoch sind, werden ebenfalls maschinell auf die gewünschte Höhe zurückgeschnitten (topping). In sehr alten Pflanzungen, deren Erträge zurückgehen, kann man einen Verjüngungsschnitt durchführen.

Bewässerung. Zitruspflanzen sind sehr empfindlich gegen Austrocknen. Sie welken und verlieren die Blätter. Absterben von Zweigen und dickschalige trockene Früchte sind die Folge. In den kommerziellen Anbaugebieten mit Trockenperioden werden die Kulturen deshalb bewässert. In den Mittelmeerländern kann man die zuzuführenden Wassermengen mit 2 bis 4 mm/Tag während der Bewässerungssaison veranschlagen. In tropischen Gebieten (0 bis 300 m über dem Meeresspiegel) sind die Wassermengen mit 5 mm pro Tag zu veranschlagen, und in Trockenmonaten oder in Wüstengebieten steigen sie auf 6 mm und mehr pro Tag. Außerdem ist der Wirkungsgrad der Bewässerung (irrigation efficiency) in Rechnung zu ziehen (→ Bd. 3, ACHTNICH und LÜKEN, S. 288).

Überbewässerung einer Zitruspflanzung ist mindestens so schädlich wie das Austrocknen. Für die Intervalle zwischen zwei Bewässerungen sind deshalb Klima- und Bodenfaktoren in Betracht zu ziehen. Das Tensiometer, das die wasserhaltende Kraft des Bodens anzeigt, ist heute ein viel gebrauchtes Instrument zur Bestimmung der Bewässerungsintervalle (34).

Der Maximalgehalt an Gesamtsalzen im Bewässerungswasser für Zitrus soll 1,5 mmohs/cm² (elektr. Leitfähigkeit) nicht überschreiten. Ebenso stellt ein Gehalt von 200 bis 250 mg Cl/l im Wasser die obere Grenze des Erlaubten dar. Wasser mit hohem Na-Gehalt (SAR höher als 8, → Bd. 3, ACHTNICH und LÜKEN, S. 335) oder B-Gehalt (höher als 1 mg/l) sollte nicht zur Bewässerung von Zitrusbäumen benutzt werden.

Die alte Bewässerungsmethode durch Überflutung der gesamten Bodenfläche (Becken oder Beete) oder der Furchenbewässerung ist in den letzten Jahren fast vollständig durch Beregnungssysteme oder Tropfbewässerung (→ Bd. 3, ACHTNICH und LÜKEN, S. 318) abgelöst worden. Dies gilt auch für Länder, die eine neue Entwicklung ihrer Zitruskultur planen (z. B. in Lateinamerika). Heute werden stationäre Systeme bevorzugt, bei denen die Beregner bzw. die Tropfer (emitters) geringe Wassermengen pro Zeiteinheit liefern, die auch nicht das gesamte Bodenvolumen voll sättigen (4). Diese unvollständige Sättigung in Teilen des Bodens ermöglicht auch eine gute Durchlüftung bei gleichzeitiger guter Wasserversorgung. Diese Bewässerungssysteme (auch bewegliche Beregner) dienen heute vielfach auch zur Düngung der Pflanzungen mit Düngersalzlösungen, die in das System eingeführt werden. In den modernsten Betrieben wird die gesamte Bewässerung und Düngung computergesteuert.

Düngung (2, 12, 17, 22, 32, 36). Die Erfahrung hat gezeigt, daß man in Zitruspflanzungen Maximalernten erreichen kann, auch ohne Verwendung von organischen Düngern. Organische Substanzen sollten, wenn vorhanden, zur Verbesserung der Bodenstruktur und der Wasserdurchlässigkeit in einer Menge von 10 t/ha jährlich oder 20 bis 30 t/ha alle 2 bis 3 Jahre gegeben werden.

In vielen Gebieten mit hochentwickelter Zitruskultur sind seit langem Düngungsversuche durchgeführt worden, die Aufschlüsse über den Nährstoffbedarf von Zitrusarten geben. Zur Bestimmung des Ernährungszustandes der Pflanzen werden Blattanalysen verwendet (8, 22, 32, 36). Durch einen Vergleich mit Standardwerten kann die benötigte Nährstoffmenge errechnet werden. In einer Reihe von Zitrusgebieten wird die nötige Düngermenge auch durch die Berechnung der durch Wachstum und Ernte dem Boden entzogenen Nährstoffelemente bestimmt. Als optimale Gaben werden in den Subtropen die folgenden Mengen pro ha empfohlen:

N	120 bis 150 kg jährlich
P_2O_5	90 kg einmal in 2 bis 3 Jahren
K_2O	250 kg einmal in 2 bis 3 Jahren.

Tab. 69. Einfluß der Hauptnährstoffe auf die Fruchtqualität von Zitrus. Nach (2).

Qualitäts-merkmal	Element		
	N	P	K
Fruchtgröße	größer	kleiner	größer
Schalenqualität	gröber	glatter	gröber
Schalendicke	dicker	dünner	dicker
Saftmenge	geringer	größer	–
Zuckergehalt	geringer	–	–
Citronensäuregehalt	höher	geringer	höher
Zucker: Säure-Verhältnis	niedriger	höher	niedriger
Ascorbinsäure (Vit. C.)	weniger	weniger	mehr

– = ohne Einfluß

Die Hälfte der Stickstoffmenge und die Gesamtmenge der anderen mit Stickstoff mischbaren Dünger werden im Frühjahr kurz vor dem ersten Austrieb gegeben. Die andere Hälfte der Stickstoffmenge wird meistens in zwei Gaben während der Fruchtentwicklung verabreicht. Man kann einen Teil der Düngermengen auch durch Blattspritzungen geben; ebenso werden Mängel an Spurenelementen durch entsprechende Spritzungen behoben. Wenn die Düngung durch Lösungen über das Bewässerungssystem erfolgt, wird öfter im Lauf der Wachstumsperiode mit geringeren Mengen gedüngt.

Die Hauptnährstoffe haben einen bemerkenswerten Einfluß auf die Qualität der Früchte. Tab. 69 zeigt die Qualitätsveränderungen bei Erhöhung der Nährstoffmengen.

Für tropische Gebiete gibt es nur wenige Erfahrungen über den Nährstoffbedarf von Zitrusbäumen. Man tut gut, die in den Hauptanbaugebieten verwendeten Düngermengen auch in den Tropen zu geben. Es ist zu beachten, daß tropische Böden im allgemeinen arm an Phosphor sind und daher die P_2O_5-Gaben erheblich höher sein müssen als in subtropischen Gebieten. Auch Magnesiummangel ist häufig in sauren Böden tropischer Gebiete zu beobachten.

Krankheiten und Schädlinge

Virosen und virusähnliche Krankheiten (10, 11, 34, 47) (s. a. Tab. 67). Mehr als 30 Krankheiten von Zitrusbäumen gehören wahrscheinlich zu dieser Gruppe. Von ihnen sind nur etwa 7 als echte Viren durch Elektronenmikroskopie oder spezielle Reinigungsmethoden nachgewiesen worden. Weitere 6 sind jetzt als durch Mykoplasmen oder Viroide verursacht erkannt worden.

Tristeza ist in Indonesien endemisch und wurde von dort über die ganze Welt verbreitet. Die Symptome sind unspezifisch, die Krankheit führt zum mehr oder weniger schnellen Abster-

Abb. 147. Tristeza-befallene Grapefruit auf Bitterer Orange in Brasilien.

Abb. 148. Spätstadium von Exocortis an *Poncirus trifoliata* auf Sizilien.

ben der Bäume (Abb. 147). Mit Tristeza wird heute eine Reihe anderer Krankheiten verbunden – wie „stem-pitting", „seedling yellows", „lime die-back" und andere.

Exocortis (Viroid) tritt in allen Zitrusanbaugebieten auf und ist wahrscheinlich im Mittelmeergebiet endemisch. Die Krankheit führt zu Zwergwuchs, die Rinde der Unterlage schält sich in späteren Stadien in vertikalen Streifen (Abb. 148). Mechanische Übertragung (durch Arbeitsgeräte) ist nachgewiesen worden.

Psorosis kommt in allen Zitrusgebieten vor und ist möglicherweise ebenfalls im Mittelmeergebiet endemisch. Die verschiedenen typischen Symptome treten alle erst im späteren Alter auf:
1. Psorosis A: große runde Schuppen in der Rinde;
2. Psorosis B: kleine runde Schuppen in der Rinde;
3. Psorosis C: tiefe eingesunkene Stellen in den Zweigen mit Gummiansammlungen unter der Rinde (gum pocket oder concave-gum Psorosis).

Zur Psorosis-Gruppe werden heute eine Reihe anderer Krankheiten gezählt wie „Impietratura".

Xyloporosis (Cachexia) ist weit verbreitet im Mittleren Osten und in Nord- und Südamerika. Typisch sind runde Poren im Holz, in die die innere Rinde hineinwächst. Beim *Cachexia*-Typus findet sich zusätzlich Gummi-Imprägnation in der Rinde.

Stubborn (Mykoplasma) tritt in allen mehr ariden subtropischen Anbaugebieten auf. Die Symptome sind verminderter Wuchs, kurze Internodien, Blätter im spitzen Winkel zum Zweig, asymmetrische deformierte Früchte.

Greening (Mykoplasma) tritt auf in Afrika, Indien, Indonesien, auf den Philippinen und in Australien. Die Frucht bleibt grün in den Teilen, die normalerweise zuerst ihre Farbe bei der Reife ändern; die Früchte sind häufig deformiert. Der Baum stirbt ab.

Es hat sich erwiesen, daß einige Zitrusviren nicht durch Samen übertragen werden. Die Nucellarembryonie ist dazu genutzt worden, mit der Mutterpflanze genetisch identische, aber von den betreffenden Viren freie Pflanzen heranzuziehen. Auf diese Weise hat man „nucellare Sorten" der wichtigsten Zitrusarten angezogen, die von *Tristeza*, *Exocortis* und *Psorosis* frei sind. Es hat sich auch herausgestellt, daß die Sproßvegetationspunkte im allgemeinen virusfrei sind. Gewebekultur von Sproßscheiteln hat ebenfalls zur Anzucht virusfreier Zitruspflanzen geführt (30).

Pilzkrankheiten (34). *Phytophthora citrophthora* ist die meistverbreitete Pilzkrankheit bei Zitrus. Sie verursacht Wurzelhalsfäule, Wurzelfäule und Gummifluß aus dem Stamm und den Zweigen der Bäume (Gummosis). Als Behandlungen werden empfohlen: Freilegung des Wurzelhalses und Herausschneiden aller infizierten Gewebe, Desinfektion mit einer fünfprozentigen Bordeauxpaste, bei Wurzelfäule Austrocknen des Bodens (Unterbrechung der Bewässerung) und Kalken mit $Ca(OH)_2$ (4 t/ha). Wegen der Schwierigkeit der Heilung sind Präventivmaßnahmen (Dränage, Freilegung des Wurzelhalses, Kalken des Stammes mit $CuSO_4$-Zusatz) besonders wichtig.

Diplodia natalensis verursacht das Absterben von Zweigen und bisweilen auch Gummifluß. Am besten werden die abgestorbenen Zweige abgeschnitten und die Bäume mit kupferhaltigen

Mitteln gespritzt. Der Pilz verursacht auch eine Fruchtfäule.

Anthraknose. Das Absterben der äußeren Zweige kann durch verschiedene Pilze verursacht werden, die meistens der Gattung *Colletotrichum* angehören. Anthraknose an Zitrusbäumen tritt häufig in feuchten Klimaten und dort auf, wo die Äste oder Blätter durch die Beregnung benetzt werden. Behandelt wird wie bei Befall mit *Diplodia*.

Deuterophoma tracheiphila (mal secco der Italiener). Das Myzel lebt in den Tracheen des Holzkörpers und verursacht Absterben der höher inserierten Zweige und Äste und dann des ganzen Baumes. An flachen Längsschnitten unter die Rinde in den anscheinend gesunden Teilen eines absterbenden Zweiges ist eine rötliche oder gelbe Verfärbung des äußeren Xylems sichtbar. Es gibt keine Heilung für „mal secco". Sehr anfällig sind Zitronen und einige zitronenähnliche Unterlagen sowie *Poncirus* und seine Hybriden.

Corticium salmonicolor ist eine sehr häufige Krankheit in Tropengebieten, die das Absterben von Ästen verursacht. Die Fruchtkörper des Pilzes bedecken die toten Zweige mit einer rosafarbenen Schicht; daher auch der Name „pink disease". Die Behandlung ist die gleiche wie bei *Diplodia* und Anthraknose.

Xanthomonas citri, der gefürchtete Zitruskrebs (citrus canker), stammt aus Südostasien und wurde in viele andere Länder (bisher mit Ausnahme des Mittelmeerraumes) eingeschleppt. Beim Befall bilden sich schorfige, kraterförmige, braune Ausschläge an allen jungen Teilen (Zweige, Blätter und Früchte) der Bäume. Nur systematisches Aushacken und Verbrennen jedes befallenen Baumes kann die Verbreitung eindämmen, wie dies in Florida und Südafrika mit Erfolg ausgeführt wurde.

Für die übrigen Pilzkrankheiten, einschließlich der der Früchte, sei die einschlägige Fachliteratur empfohlen (9, 23, 24, 25, 34, 38).

Schädlinge (5, 9, 11, 34). *Schildläuse* der Gattungen *Chrysomphalus*, *Aonidiella* und *Coccus* können verheerende Schäden anrichten. Normalerweise werden sie durch ihre natürlichen Feinde in Schach gehalten. Nur bei ernstem Massenauftreten benutzt man Mineralöle oder spezielle Schildlaus-Spritzmittel.

Pflanzenläuse. Verschiedene Blattlausarten befallen junge Zweige und Blätter und verursachen Deformationen. *Aphis*-Arten sind als Virus-, Psyllidae als Mykoplasma-Überträger nachgewiesen worden.

Fruchtfliegen. Die Mittelmeerfruchtfliege (*Ceratitis capitata*) und die mexikanische Fruchtfliege (*Anastrepha ludens*) legen ihre Eier in die Früchte und verursachen Madigkeit bzw. Fruchtfall. Sie werden durch Köderspritzmittel von Eiweißhydrolysaten mit Zusatz von Malathion bekämpft.

Fruchtstechereulen, Nachtschmetterlinge verschiedener Gattungen (*Ophideres*, *Sphingomorpha* u. a.) besitzen kräftige Rüssel, mit denen sie reife Früchte anstechen. Die Einstiche sind die Eintrittsstellen für Pilze und Bakterien, welche die Früchte verfaulen lassen. Sie verursachen besonders in den Tropen große Schäden. Köder-Spritzmittel haben bis jetzt keine nennenswerten Erfolge gehabt. In Gegenden, wo die Fruchtstecher auftreten, soll man die Früchte so früh wie möglich pflücken.

Milben. Die Rostmilbe (*Phyllocoptruta oleivora*) verursacht rostfarbene oder schwarze Verfärbung der Fruchtschale und macht die Früchte wertlos für den Export. Die Bekämpfung erfolgt mit Zineb, Chlorbenzilat oder anderen Akariziden. Die Knospenmilbe (*Aceria sheldoni*) befällt die Knospen und verursacht Deformationen von Früchten, Zweigen und Blättern. Sie wird mit Chlorbenzilat kurz vor dem Beginn eines Austriebs bekämpft.

Rote Spinnen (Tetranychidae) befallen die Blätter auf beiden Seiten, oft auch Früchte, und verursachen silbrige Verfärbung der Blattoberfläche oder Fruchtschale. Schwerer Befall kann zu Blatt- und Fruchtfall führen. Zur Bekämpfung werden Akarizide oder Schwefel gebraucht, freilich möglichst zurückhaltend, um die nützlichen Arthropoden nicht zu schädigen.

Die biologische Bekämpfung von Schädlingen, die, wenn möglich, allen anderen chemischen Bekämpfungsmitteln vorzuziehen ist, hat in einer Reihe von Fällen (Israel, Kalifornien) (34) durchschlagende Erfolge erzielt. Ebenso waren Pheromone bei der Bekämpfung der Zitrusblütenmotte *(Prays citri)* durch Massenfang der Männchen erfolgreich (44).

Ernte und Verarbeitung

Normale jährliche Erntemengen in den großen hochentwickelten Zitrusanbaugebieten sind: Orangen und Mandarinen 30 bis 40 t/ha,

Grapefruits und Zitronen 50 bis 60 t/ha. Maximalernten in außergewöhnlich stark tragenden Pflanzungen und auf kleinen Flächen sind: 50 bis 60 t/ha für Orangen, 65 bis 70 t/ha für Mandarinen und 80 bis 100 t/ha für Grapefruits. Für die Rentabilitätsberechnung in Entwicklungsgebieten und in den Tropen sollte man eine Durchschnittsernte von 15 bis 20 t/ha zugrundelegen. Orangen und Limetten haben normalerweise geringere Ernten als Mandarinen. Die höchsten Erträge liefern Grapefruits und Zitronen; letztere bringen in den Tropen jedoch nur geringe Erträge.

Die normale rentable Lebensdauer einer Pflanzung kann mit 25 bis 40 Jahren veranschlagt werden. In manchen Gebieten sind Pflanzungen von 50 bis 70 Jahren oder älter mit vollen Erträgen keine Seltenheit. In tropischen Gebieten scheint die Lebensdauer einer Pflanzung wesentlich geringer zu sein, und man trifft selten Pflanzungen, die älter als 20 Jahre sind; insbesondere bei mangelnder Pflege neigen sie häufig zu frühem Verfall. Unveredelte Sämlingsbäume vertragen mangelhafte Pflege besser als veredelte Bäume, aber auch diese sterben meist relativ früh ab (nach 10 bis 15 Jahren).

Die Reife der Frucht wird durch drei Kriterien gekennzeichnet: Farbe (kein Kriterium in den Tropen), Saftmenge und Zucker-Säure-Verhältnis. In den Großanbaugebieten sind gesetzliche Reifestandards für diese drei Kriterien festgelegt worden. Der Geschmack wird im wesentlichen vom Zucker-Säure-Verhältnis bestimmt.

Für die Frischfruchtvermarktung wird sorgfältig mit der Hand (meistens mit Pflückschere) gepflückt. Nur für die industrielle Verarbeitung sind heute bereits Erntemaschinen (meist Schüttler) teilweise in Gebrauch (Florida).

In Großanbaugebieten wird die Vorbereitung zur Vermarktung in großen, vollmechanisierten Packhäusern vorgenommen, in denen die Früchte auf Markteignung (Form, Verletzungen, Schädlinge usw.) geprüft werden. Danach werden sie gewaschen, desinfiziert, gewachst, nach Größe sortiert und in Kartons oder leichten Kisten verpackt, in vielen Exportländern ebenfalls nach gesetzlichen Standards.

Weltweite Veränderungen im Konsumverhalten gegenüber Zitrusfrüchten haben zu einem relativen Rückgang des Frischfruchtexports geführt. Dies hat zu der Entwicklung einer Großindustrie für Zitrusverarbeitung geführt, die ca. 40 % der Weltproduktion, in Brasilien und Florida aber auch 80 % der Gesamternte an Zitrusfrüchten aufnimmt. Die Haupterzeugnisse dieser Industrie sind Säfte, die in verschiedener Form auf den Markt kommen, als normaler Saft, Konzentrate u. a. Die Schalen der Früchte werden auch verarbeitet. So werden aus der Flavedo ätherische Öle und aus der Albedo Pektin und Hesperidin gewonnen. Besonders in Südfrankreich und Norditalien werden auch die Blüten, jungen Früchte und Blätter zur Gewinnung von ätherischen Ölen verwendet (Neroli-, Petit-grain-Öl usw.) (6, 28, 29, 41, 42, 43).

Literatur

1. BAIN, J. M. (1958): Morphological, anatomical and physiological changes in the developing fruit of Valencia oranges. Austral. J. Bot. 6, 1–25.
2. BAR-AKIVA, A. (1964): Citrus Nutrition and Fertilization. Agric. Ext. Serv. Israel, Foreign Training Dept., Spec. Bull. 14.
3. BARRETT, H. C., and RHODES, A. M. (1976): A numerical taxonomic study of affinity relationships in cultivated citrus and its close relatives. Systematic Bot. 1, 105–136.
4. BIELORAI, H. (1982): The effect of partial wetting of the root zone on yield and water use efficiency in a drip- and sprinkler-irrigated mature grapefruit grove. Irrig. Sci. 3, 89–100.
5. BODENHEIMER, F. S. (1951): Citrus Entomology in the Middle East. W. Junck, s'Gravenhage.
6. BRAVERMAN, J. B. S. (1949): Citrus Products. Interscience Publishers, New York.
7. CASSIN, J., BOURDEAULT, J., FOUGUE, A., FURON, V., GAILLARD, J. P., LE BOURDELLES, J., MONTAGUT, G., and MOUREUIL, C. (1969): The influence of climate upon the blooming of citrus in tropical areas. In: CHAPMAN, H. D. (ed.): Proc. First Int. Citrus Symposium 1, 315–323.
8. CHAPMAN, H. D. (ed.) (1966): Diagnostic Criteria for Plants and Soils. Univ. of California, Div. of Agric. Sciences, Berkeley.
9. CHAPOT, H., et DELUCCHI, V. L. (1964): Maladies, Troubles et Ravageurs des Agrumes au Maroc. Inst. Nat. Recherche Agric., Rabat.
10. CHILDS, J. F. L., BOVÉ, J., CALAVAN, E. C., FRASER, L. R., KNORR, L. C., NOUR-ELDIN, F., SALIBE, A. A., TANAKA, S., and WEATHERS, L. C. (eds.). (1968): Indexing procedures for 15 Virus Diseases of Citrus Trees. U.S. Dept. Agr., Agr. Res. Service, Handbook 333, Washington, D.C.
11. CIBA-GEIGY-AGROCHEMICALS (1975): Citrus. Ciba-Geigy, Technical Monograph No. 4, Basel.
12. COHEN, A. (1976): Citrus Fertilization. I.P.I. Bull. 4, Int. Potash Inst., Bern.
13. COOPER, W. C. (1984): The mystery of the Yellow Kan: A historical and botanical discourse on the origin of the Sweet Orange. Beijing Conference on the History of Science.

14. EDRISS, M. H., DAVIS, R. M., and BURGER, D. W. (1984): Increased growth responses of citrus by several species of mycorrhizal fungi. HortScience 19, 537–539.
15. FAO (1984): Production Yearbook, Vol. 37. FAO, Rom.
16. FAO (1984): Trade Yearbook, Vol. 37. FAO, Rom.
17. GEUS, J. G. DE (1967): Fertilizer Guide for Tropical and Subtropical Farming. Centre d'Étude de l'Azote, Zürich.
18. GONZALEZ-SICILIA, E. (1968): El Cultivo de los Agrios. Editoria Bello, Valencia, Spanien.
19. GREEN, R., VARDI, A., and GALUN, E. (1985): The citrus plastrome: chloroplast DNA restriction map and intergenetic variability. 1st Int. Congress Plant Molecuar Biology.
20. HE SHANWEN, LIU GENGFENG, and XIANG DEMING (1984): On three problems in the study of germ-plasm resources of citrus. Proc. São Paulo Int. Citrus Congress.
21. HODGSON, R. W. (1961): Taxonomy and nomenclature in citrus. Proc. Int. Org. Citrus Virol. 2, 1–7.
22. JONES, W. W., and SMITH, P. F. (1964): Citrus nutrient deficiencies. In: SPRAGUE, H. B. (ed.): Hunger Signs in Crops, 3rd ed., 359–414.
23. KLOTZ, L. J. (1973): Colour Handbook of Citrus Diseases. Univ. of California, Div. of Agric Sciences, Berkeley.
24. KNORR, L. C. (1965): Serious Citrus Diseases Foreign to Florida. Florida Dept. of Agric., Div. of Plant Industry, Bull. No. 5.
25. KNORR, L. C. (1973): Citrus Diseases and Disorders. Univ. of Florida Press, Gainesville, Florida.
26. MENDEL, K. (1956): Rootstock-scion relationships in Shamouti trees on light soil. Ktavim (Israel J. Agric. Sci.) 6, 35–60.
27. MENDEL, K. (1965): Informe preliminar sobre el desarollo de la citricultura como parte del programa nacional de frutales del INCORA. Instituto Nacional de la Reforma Agraria, Series Estudios No. 13, Bogotá, Kolumbien.
28. MONSELISE, S. P. (1973): Citrusfrüchte als Rohware für die Herstellung von Säften und anderen Erzeugnissen. Hempel. Braunschweig.
29. NAGY, S., SHAW, P. E., and VELDHUIS, M. K. (1977): Citrus Science and Technology, 2 vols. AVI Publ. Co. Westport, Connecticut.
30. NAVARRO, L., ROISTACHER, C. N., and MURASHIGE, T. (1975): Improvement of shoot tip grafting for virus-free citrus. J. Am. Soc. Hort. Sci. 100, 471–479.
31. REBOUR, H. (1966): Les Agrumes. Baillère, Paris.
32. REUTHER, W. (ed.) (1973): The Citrus Industry, Vol. III. Production Technology. Rev. ed., Univ. of California, Div. of Agric. Sciences, Berkeley.
33. REUTHER, W., BATCHELOR, L. D., and WEBBER, H. J. (eds.) (1968): The Citrus Industry, Vol. II. Anatomy, Physiology, Genetics and Reproduction. Rev. ed., Univ. of California, Div. of Agric. Sciences, Berkeley.
34. REUTHER, W., CALAVAN, E. C., and CARMAN, G. E. (eds.) (1978): The Citrus Industry, Vol. IV. Crop Protection. Rev. ed., Univ. of California, Div. of Agric. Sciences, Berkeley.
35. REUTHER, W., WEBBER, H. J., and BATCHELOR, L. D. (eds.) (1967): The Citrus Industry, Vol. I. History, World Distribution, Botany and Varieties. Rev. ed., Univ. of California, Div. of Agric. Sciences, Berkeley.
36. RIVERO, J. M. DEL (1968): Los Estados de Carencia en los Agrios. 2da ed. Mundi-Prensa, Madrid.
37. RODRIGUEZ, O., y VIEJAS, F. (eds.) (1980): Citricultura Brasileira. Fundação Cargill, São Paulo, Campinas.
38. SCARAMUZZI, G. (1965): Le Malattie degli Agrumi. Bologna.
39. SCORA, R. W. (1975): On the history and origin of citrus. Bull. Torrey Bot. Club 102, 369–375.
40. SCORA, R. W., and NICOLSON, D. H. (1986): The correct name for the shaddock, *Citrus maxima*, not *C. grandis* (Rutaceae). Taxon 35, 592–594.
41. SINCLAIR, W. B. (1961): The Orange. Univ. of California, Div. of Agric. Sciences, Berkeley.
42. SINCLAIR, W. B. (1972): The Grapefruit. Univ. of California, Div. of Agric. Sciences, Berkeley.
43. SINCLAIR, W. B. (1984): The Biochemistry and Physiology of the Lemon and Other Citrus Fruits. Univ. of California, Div. of Agric. and Natural Resources, Oakland.
44. STERNLICHT, M., GOLDENBERG, M. S., NESBITT, B. F., HALL, D. R., and LESTER, R. (1978): Field evaluation of the synthetic female sex pheromone on the citrus flower moth (*Prays citri* Mill.), and related compounds. Phytoparasitica 6, 101–103.
45. TANAKA, T. (1969): Misunderstanding with regards classification and nomenclature. Bull. Univ. Osaka Prefecture, Ser. B, Agric., 21, 139–145.
46. TOLKOWSKY, S. (1938): Hesperides, a history of the culture and use of citrus fruits. J. Bale, Sons & Carnew, London.
47. WALLACE, J. M. (1959): Virus Diseases. Proc. 1st Conference Int. Org. Citrus Virol., Univ. of California, Div. of Agric. Sciences, Berkeley.
48. WEN-CAI, ZHANG (1985): Citrus clonal selection, progeny testing and *in vitro* propagation. Fruit Varieties J. 39 (2), 20–33.
49. WETTSTEIN, R. (1935): Handbuch der Systematischen Botanik, 4. Aufl. Deuticke, Leipzig.

5.3   Banane

PETER LÜDDERS

Botanisch:	*Musa × paradisiaca* L.
Englisch:	banana, plantain
Französisch:	banane, plantain
Spanisch:	banana, plátano

Wirtschaftliche Bedeutung

Die wirtschaftlich wichtigste Obstart in den Tropen ist die Banane, sie zählt dort zu den

Tab. 70. Produktion und Export von Bananen (in 1000 t) in verschiedenen Ländern 1983. Nach (7, 8).

Land	Produktion		Export	
	Eßbanane (1000 t)	Kochbanane (1000 t)	(1000 t)	% der Gesamt-produktion
Brasilien	6 692		92	1,4
Indien	4 500			
Philippinen	4 200	280	612	13,7
Uganda	450	3 400		
Ecuador	2 000	770	910	32,9
Kolumbien	1 280	2 500	786	20,8
Ruanda		2 170		
Thailand	2 035		12	0,6
Indonesien	1 810			
Tanzania	820	820		
Mexiko	1 624		38	23,4
Zaire	313	1 480		
Honduras	1 250	153	23	1,6
Panama	1 100	83	652	55,1
Costa Rica	1 021	70	1 009	92,5
Elfenbeinküste	150	850	73	7,3
Burundi	970			
Venezuela	944	455	5	0,4
Guatemala	875	53	316	34,1
Dominikanische Republik	320	605	6	0,6
Welt	40 700	19 777	6 226	10,3

Grundnahrungsmitteln. Ihre Produktion ist in den letzten 10 Jahren weltweit etwa um ein Drittel auf 60,5 Mio. t gestiegen (Tab. 70). Von dieser Menge entfallen über zwei Drittel auf die Obstbanane (Dessertbanane), die auch in den Subtropen gepflanzt wird (z. B. Kanarische Inseln, Südafrika, Zypern, Kreta, Türkei, Israel). Die Mehlbanane (Kochbanane) wird in fast allen Ländern der Tropen angebaut. Wichtigste Produzenten sind Uganda, Kolumbien, Ruanda und Zaire; auf sie entfallen fast 50 % der Weltproduktion. In diesen Ländern hat die Eßbanane meist eine untergeordnete Bedeutung, eine Ausnahme macht nur Kolumbien. Während fast dreiviertel der Weltproduktion an Mehlbananen auf Afrika und Asien entfallen, beträgt der Anteil dieser Kontinente bei den Eßbananen nur 48 %. Aufgrund der ständig steigenden Überproduktion von Eßbananen hat deren Anbau im letzten Jahrzehnt insgesamt nur noch unbedeutend zugenommen. Fast die Hälfte der Eßbananen wurde 1983 in Lateinamerika erzeugt; trotz gewisser Anbauausweitung nimmt ihre Bedeu-

tung aber hier seit Jahren ab. Produktionssteigerungen fanden in jüngster Zeit besonders in Asien, und hier vor allem in Indien, Thailand, Vietnam und den Philippinen statt. In diesen 4 Ländern nahm die Produktion von 1969/71 bis 1983 um fast die Hälfte zu und beträgt heute insgesamt 12,1 Mio. t, so daß sich der Anteil an der Produktion der Eßbanane in diesem Zeitraum von 18 % auf 30 % erhöhte.

Wichtige Ausfuhrländer sind einige mittel- und südamerikanische Staaten. Costa Rica exportierte 1983 über 90 % seiner Produktion, gefolgt von Ecuador und Panama. Die beiden wichtigsten Produzenten Brasilien und Indien sind kaum am Welthandel beteiligt.

Der weitaus größte Importeur mit 40 % des Welthandels sind die USA (Tab. 71). Mit erheblichem Abstand folgen Japan und die vier EG-Staaten BR Deutschland, Frankreich, Italien und England. In der ersten Hälfte dieses Jahrhunderts verursachte die Panamakrankheit in Mittelamerika große wirtschaftliche Schäden. Die früher weit verbreitete Sorte 'Gros Michel' wur-

Tab. 71. Import von Bananen 1983. Nach (8).

Land	Menge (1000 t)	Wert (Mio. US-$)
USA	2458	592
Japan	576	231
BR Deutschland	459	219
Frankreich	441	212
Italien	321	137
England	307	167
Kanada	250	98
Saudi-Arabien	130	54
Welt	6066	2132

de aus diesem Grund vielfach durch relativ resistente Sorten der Cavendish-Gruppe ersetzt.

In den Tropen ist vor allem die Kochbanane ein wichtiges Grundnahrungsmittel; zum Verzehr wird sie in vielfältiger Weise zubereitet.

Aufgrund des hohen Kohlenhydratgehaltes von etwa 23 % ist die Frucht sehr energiereich (415 kJ/100 g); der Protein- und Fettgehalt liegt bei 1,5 und 0,2 % des Frischgewichtes. Neben Vitamin C (12 mg/100 g) enthält die Banane noch nennenswerte Mengen an Biotin (Vitamin H, 5,5 mg/100 g) und Kalium (400 mg/100 g) (20). Die Bananenblätter werden gebietsweise sehr vielseitig genutzt. Neben der Verwendung als Material fürs Dachdecken und Verpacken dienen sie bei den Mahlzeiten in Sri Lanka auch als Unterlagen für Speisen.

Botanik

Die Banane gehört zur Familie der Musaceae, welche die Gattungen *Musa* und *Ensete* umfaßt. Die kultivierten Sorten der Banane gehören zu den zwei Sektionen *Australimusa* und *Eumusa*. Die Arten der Sektion *Australimusa* („Fehi"-Bananen) stammen aus dem pazifischen Raum; sie sind bisher wissenschaftlich wenig untersucht worden (19). Ihre Früchte werden in gekochtem Zustand verzehrt.

Alle wirtschaftlich wichtigen Bananenarten gehören zur Sektion *Eumusa*. Da viele Formen Hybridnatur aufweisen, sollte für den gesamten Komplex der Obst- und Kochbananen der Linnesche Name *Musa × paradisiaca* beibehalten werden (16), auch wenn inzwischen bekannt ist, daß die verschiedenen Genome der Kulturbana-

nen (Tab. 72) mit den Genomen der später beschriebenen Wildarten *M. acuminata* Colla (2n = 22, Genom AA) und *M. balbisiana* Colla (2n = 22, Genom BB) identisch sind. Ähnliche cytogenetische Beziehungen sind auch von anderen Kulturpflanzen bekannt (*Gossypium, Nicotiana* u. a.). Die nomenklatorische Schwierigkeit wird umgangen, wenn auf einen Artnamen verzichtet wird, und die Kulturbananen durch den Gattungsnamen mit Hinzufügung des Genoms (Musa AA, Musa AAB usw.) bezeichnet werden (28). Da nicht von jeder Sorte das Genom bekannt ist, sprechen praktische Gründe dafür, die klassische Nomenklatur vorzuziehen; in der Züchtung haben sich der Verzicht auf den Artnamen und die Angabe des Genoms bewährt (13, 17, 19a).

Die Herkunft und Genetik der Eßbananen wurden in erster Linie durch SIMMONDS (18) geklärt. *M. acuminata* stammt von der malaiischen Halbinsel und hat ihre größte Mannigfaltigkeit in Neuguinea. Das Verbreitungsgebiet von *M. balbisiana* überschneidet sich in Südostasien mit dem von *M. acuminata*; dort sind die Hybriden (AB, AAB) entstanden. Das Gen für Parthenokarpie, das die samenlosen Kulturbananen ermöglicht, stammt von *M. acuminata*; es gibt daher keine eßbaren Bananen mit dem Genom BB. Bezüglich der genetischen Konstitution der einzelnen Bananensorten sei auf Tab. 72 verwiesen.

Morphologie. Die Banane ist eine Staude mit unterirdischem Rhizom, dessen Schößlinge regelmäßig neue fruchtende Triebe bilden (Abb. 149). Die Schößlinge werden zur Vermehrung verwendet. Das Wachstum der Schößlinge wird vor ihrer Abtrennung von der Mutterpflanze beeinflußt. Am knollenartig verdickten Rhizom befinden sich zahlreiche bleistiftstarke Adventivwurzeln, die sich vorwiegend in der oberen Bodenschicht bis zu einer Tiefe von 75 cm befinden. Eine Pfahlwurzel wird nicht gebildet.

Der zylinderförmige „Stamm" wird von den Blattscheiden gebildet. Die große Blattspreite ist zunächst ungeteilt (Abb. 150), wird aber häufig durch den Wind fiederig zerrissen (Abb. 151). Der Blütenstand entwickelt sich in der Regel 7 bis 9 Monate nach der Pflanzung bzw. nach Entfernung des Fruchtstandes von der Mutterpflanze. Bei der Dwarf Cavendish-Gruppe kann sich die Blüte auch schon früher bilden. Im allgemeinen haben die Pflanzen bis zur Blüte 23

Tab. 72. Genetische Konstitutionen der Kulturbananen. Nach (13, 22, 26).

Ploidiegrad	Genom	Sorten und Eigenschaften
2n	AA	'Sucrier', etwa 60 Sorten, überwiegend in SO-Asien, resistent gegen Panamakrankheit, niedrige Erträge,
	AB	'Ney Poovan', aus S-Indien, kaum beschriebene Sorten, hoch resistent gegen Panama- und Sigatokakrankheit,
3n	AAA	'Gros Michel', starkwachsend, reichtragend, anfällig für Panamakrankheit, 'Giant Cavendish', wenig verbreitet, vor allem in Australien und Martinique, 'Robusta' und 'Lacatan', nicht so anfällig gegen Panamakrankheit und Windbruch wie 'Gros Michel', 'Dwarf Cavendish', besonders geeignet für ungünstige klimatische Standortbedingungen, resistent gegen Panamakrankheit, aber sehr anfällig gegen Sigatokakrankheit, weit verbreitet, besonders in Australien, Südafrika, Israel und Kanarische Inseln, weltweit verbreitet, Bierbananen Ugandas,
	AAB	'French Platain', 'Horn Plantain', resistent gegen Panamakrankheit, aber anfällig für Bananenbohrer, Früchte stärkereich, Haupttyp der Kochbananen, 'Mysore', resistent gegen Panamakrankheit und Bananenbohrer, in Indien verbreitet, stark wachsend, 'Silk', mittelstark wachsend, weit verbreitet, resistent gegen Sigatokakrankheit, aber nicht gegen Panamakrankheit, 'Pome', starkwachsend, mittlere Erträge, resistent gegen Panama- und Sigatokakrankheit, verbreitet in Südindien, Hawaii und O-Australien,
	ABB	'Bluggoe', starkwachsend, resistent gegen Panama- und Sigatokakrankheit, nur wenige Hände mit grünen, großen Früchten, mehlige Kochbanane, 'Pisank awak', sehr starkwachsend, resistent gegen Sigatokakrankheit, verschiedene Mutationen, rotfleischig, samenhaltig nach Befruchtung, Verbreitung in Thailand,
4n	AAAA	'Bodles Altafort' ertragreich, krankheitsresistent, aber noch nicht genügend erprobt, Kreuzung zwischen 'Gros Michel' und 'Pisang lilin' (AA-Klon), 'I.C.2', in Westindien, Honduras und Pazifik verbreitet, Kreuzung zwischen 'Gros Michel' und M. acuminata, resistent gegen Sigatokakrankheit, weniger resistent gegen Panamakrankheit,
	ABBB	'Klue teparod', einzige natürliche tetraploide Sorte, Frucht stumpf grau, schwammig, faserig, süße Kochbanane in Thailand und Burma, robuste und krankheitsresistente Sorte

Abb. 149. Bananenstaude mit abgeschnittenem Scheinstamm und Schößlingen in unterschiedlichen Entwicklungsstadien.

Abb. 150. Dichtpflanzung von 'Robusta'-Bananen in Südindien (1,5 × 1,5 m).

bis 45 Blätter gebildet. Nach Durchwachsen des Scheinstammes krümmt sich die Infloreszenz und wächst dann positiv geotrop nach unten (Abb. 152). In den spiralig versetzten Achseln der rotviolett gefärbten Tragblätter (Brakteen) sind Gruppen von Blüten angeordnet, an der Basis nur weibliche, in der Mitte zwittrige und an der Spitze männliche (Abb. 152). Die zwittrigen Blüten sind nicht bei allen Sorten vorhanden. Triploide Sorten, bei denen sie gebildet werden, entwickeln aus ihnen keine Früchte. Aus den weiblichen Blüten entstehen parthenokarpe fingerförmige Früchte, die meist in 10 bis 12 Gruppen (Händen) zusammenstehen.

Bei der Banane handelt es sich im botanischen Sinne um eine Beere, die aus dem dreifächrigen unterständigen Fruchtknoten hervorgegangen ist. Bei den parthenokarpen Kulturformen finden sich im Fruchtfleisch noch die schwärzlichen Reste der Samenanlagen. Die Wildbananen bilden in der Regel eine große Anzahl harter Samen, die von schleimigem Fruchtfleisch umgeben sind. Die Fruchtentwicklungsperiode dauert

Abb. 151. Vom Sturm stark zerschlissene Bananenblätter.

Abb. 152. Infloreszenz mit weiblichen (oben) und zwittrigen Blüten (unten), die teilweise noch von Brakteen bedeckt sind.

meist 3 Monate, in den Subtropen kann sie aber auch – bedingt durch relativ niedrige Temperaturen während der Wintermonate – wesentlich länger sein.

Nach der Fruchtreife bzw. Ernte stirbt der Scheinstamm ab, so daß sich dann ein bereits vorhandener Schößling verstärkt entwickeln und eine neue Infloreszenz bilden kann.

Ökophysiologie

Die Banane stellt auf Grund ihrer tropischen Herkunft hohe Ansprüche an die Temperatur und Wasserversorgung. Die großen Obstbananen wie 'Gros Michel', 'Giant Cavendish' und 'Robusta' sowie die Kochbananen brauchen ein gleichmäßig warmes Klima (Jahresisotherme über 20 °C), hohe Lichtintensität und gut verteilte Niederschläge von 2000 bis 2500 mm. Während fehlende Niederschläge durch Bewässerung vielfach ohne Schwierigkeiten ergänzt werden können, ist der technische und finanzielle Auf-

wand für die Erhöhung der Temperatur in den Subtropen durch Bau von Plastikhäusern oft nicht ökonomisch. Bei zu niedrigen Wintertemperaturen kommt es zu einer unvollkommenen Entwicklung der Blüten und Früchte. Vielfach bleiben die Infloreszenzen teilweise im Scheinstamm stecken („choke throat"), so daß nicht alle Finger negativ geotrop wachsen können („sunlookers").

In den Subtropen (z. B. Südafrika, Kanarische Inseln, Libanon) werden vorrangig Zwergbananen ('Dwarf Cavendish') angebaut, die kurzfristig Temperaturen bis zu 0 °C vertragen (17). In den Wintermonaten kommt das Wachstum und damit auch die Fruchtentwicklung fast vollständig zum Stillstand. Diese kann sich dann über 7 Monate erstrecken. Auch aus diesem Grund verlagert sich z. B. der Bananenanbau auf Teneriffa verstärkt von der Nord- auf die Südseite der Insel. Durch das schnelle Wachstum und die engen Pflanzabstände in den Sommermonaten bringen die Zwergbananen bei entsprechender Zusatzbewässerung und Düngung ähnlich hohe Erträge wie die tropischen Sorten (5).

Die Banane ist sehr windanfällig. In Windlagen besteht erhöhte Gefahr, daß die zunächst ungeteilten Blätter stark zerschlissen werden (Abb. 151) und die Pflanzen auf Grund geringer Standfestigkeit umfallen.

Auch an den Boden stellt die Banane hohe Ansprüche. Dieser sollte locker, gut dräniert und in den oberen 20 cm reich an organischem Material sein. Der optimale pH-Wert liegt zwischen 5,5 und 6,5, doch werden auch niedrigere und höhere Werte vertragen. Der Nährstoffentzug liegt bei der Banane sehr hoch. Aus diesem Grunde sind fruchtbare vulkanische oder alluviale Böden zu bevorzugen. Standorte mit einem hohen Tongehalt scheiden wegen zu schlechter Durchlüftung aus. Auf Sandböden verlangen Bananen ein weiteres K:Mg-Verhältnis (1:4) als auf tonreichen (1:2). Für ein ausreichendes Wachstum ist ein K-Gehalt von 20 bis 35 mg/ 100 g Boden erforderlich (12, 14).

Züchtung

An der züchterischen Verbesserung der Banane, vorwiegend der Obstbanane, wird in Amerika, Afrika und Asien gearbeitet. Im Vordergrund steht dabei die Resistenz gegen die Panama- und Sigatoka-Krankheit. Ertrag, Qualität, ökologische Anpassung, Vermehrungsrate, Fruchtform,

Transport- und Lagerfähigkeit müssen immer im Auge behalten werden (1, 2, 13).

Sowohl die Parthenokarpie als auch die Polyploidie gestalteten eine planmäßige Züchtung bis in die 40er Jahre sehr schwierig (19, 22). Auch nach Überwindung dieser technischen Probleme ist es jedoch noch nicht gelungen, eine neue Sorte zu züchten, die den bisherigen überlegen ist. Auch die tetraploiden Sorten konnten noch keine große wirtschaftliche Bedeutung erreichen. Bis 1960 wurde vielfach die krankheitsanfällige triploide Sorte 'Gros Michel' (AAA) mit diploiden und resistenten Formen (AA), die fertilen Pollen produzieren, gekreuzt. Etwa ein Drittel der Sämlinge ist tetraploid (AAAA); diese erreichen aber vielfach eine zu große Wuchsstärke und eine schlechte Fruchtqualität. Neuerdings wird die Zwergmutante 'Highgate' anstelle von 'Gros Michel' verwendet.

Für die Züchtung gewinnt besonders die Anwendung von Meristemkultur steigende Bedeutung, um einwandfreies Material in großer Menge anziehen zu können (10).

Anbau

Als Pflanzenmaterial dienen bevorzugt Schößlinge mit nicht entfalteten schwertförmigen Blättern ("sword suckers", Abb. 149). Auch können „maiden suckers" mit bereits entfalteten Blättern und ältere Schößlinge gepflanzt werden, doch sollte, um die bereits vorhandene Blütenanlage zu beseitigen, dann der Scheinstamm zurückgeschnitten werden. Durch diese Maßnahme tritt zwar eine zeitliche Ertragsverzögerung ein, es entstehen aber dafür nur vollständige Fruchtbüschel.

Um größere Beschädigungen zu vermeiden, muß das Abtrennen der Schößlinge von den Mutterpflanzen sehr sorgfältig erfolgen. Zur Abtrennung werden scharfe Spaten mit einem schmalen Blatt benutzt.

In Gebieten mit starkem Nematodenbefall oder verstärktem Auftreten der Wurzelfäule sollten die Wurzeln entfernt und die Rhizome nach Einkürzung gewaschen werden. Eine aufwendigere Methode zur Bekämpfung der Nematoden ist die Heißwasserbehandlung (56 °C für 5 min) der Schößlinge und die Anwendung von Fungiziden und Insektiziden (z. B. gegen Bananenbohrkäfer) (11).

Der Pflanztermin ist sowohl vom beabsichtigten Erntetermin als auch von klimatischen Faktoren

Abb. 153. Neupflanzung von Bananen.

abhängig. In Gebieten mit ungleichmäßiger Niederschlagsverteilung liegt die günstige Pflanzzeit in der 1. Hälfte der Regenzeit, damit einerseits genügend kräftiges Pflanzmaterial zur Verfügung steht und andererseits der Boden gut durchfeuchtet ist.

Der Pflanzabstand richtet sich nach Wuchsstärke, Sorte, jeweiligen Standortfaktoren und Mechanisierungsgrad. Zwergbananen pflanzt man etwa 2 × 2 m, starkwüchsige Sorten 3 × 3 m oder weiter (Abb. 153). Bei geringen Niederschlägen vermindert sich die Gefahr einer Pilzinfektion durch schnelles Abtrocknen der Blätter, so daß bei einer entsprechenden Zusatzbewässerung um so enger gepflanzt werden kann. Die Größe der Pflanzlöcher richtet sich nach den jeweiligen Bodenverhältnissen; auf gut durchlässigen Böden reichen Pflanzlöcher von 40 × 40 × 40 cm aus. Mit zunehmender Verschlechterung der physikalischen Bodeneigenschaften müssen entsprechend größere Löcher ausgehoben werden.

Überzählige Schößlinge müssen regelmäßig mechanisch entfernt oder chemisch abgetötet (Petroleum) werden, weil sie sowohl eine Nährstoffkonkurrenz zur Mutterpflanze darstellen und das Gewicht der Fruchtbüschel reduzieren als auch bei entsprechender Größe die Lichtintensität in der Anlage vermindern können. In den Tropen verbleiben jeweils so viele Schößlinge, daß alle 4 bis 6 Monate ein Fruchtstand reift. Zwischen dem Erscheinen einer Tochterpflanze und der Fruchtreife liegen bei tropischen Sorten 12 bis 14 Monate.

Die Bodenpflege ist mit äußerster Sorgfalt durchzuführen, um möglichst wenige Wurzeln zu verletzen oder zu zerstören. Eine mechanische oder chemische Unkrautbekämpfung ist bei engen Pflanzbeständen vielfach auf Grund geringerer Lichtintensität in Bodennähe nicht erforderlich. Sehr vorteilhaft wirkt sich eine Mulchdecke aus Bananenabfällen, Gräsern oder anderem organischen Material aus. Sie schränkt gleichzeitig die Erosionsgefahr ein und setzt bei ihrem Abbau Nährstoffe frei. In Neuanlagen ist eine ganzflächige oder partielle Einsaat von Gründüngungspflanzen (z. B. Leguminosen) um die Pflanzstellen vorteilhaft.

Besonders in den Subtropen muß in vielen Anbaugebieten bewässert werden. Während bisher vorwiegend mit Hilfe von Furchen das Wasser ausgebracht wurde, gewinnt heute die Tropf- und Mikrojetbewässerung weltweit steigende Bedeutung. Der Grund für die zunehmende Anwendung dieser Methode liegt einerseits in der relativ einfachen Handhabung und andererseits in der Wasserersparnis und dem Kostenvorteil. Die Überkronenberegnung wird vor allem in Plantagen von Mittel- und Südamerika eingesetzt.

Der Nährstoffbedarf der Banane ist aufgrund ihrer großen Biomasseproduktion sehr hoch. Nach Untersuchungen auf Grenada erreicht der Entzug bei 2500 Pflanzen pro ha bei einem jährlichen Ertrag von 50 t folgende Werte: 448 kg N, 60 kg P und 1462 kg K (24). Bei der Höhe der Düngung ist nicht nur der Nährstoffbedarf der Bananen zu berücksichtigen, sondern auch die Aufnahme der bodenbedeckenden Pflanzen (25). Die Ausbringung des Stickstoffes sollte jährlich in mehreren Teilgaben erfolgen; bei Kalium und Phosphor reicht eine Unterteilung der Gesamtmenge in zwei Gaben aus. Vor Erstellung einer Neuanlage sollte auf jeden Fall eine chemische Bodenanalyse durchgeführt werden, um bei Bedarf die fehlenden Nährstoffmengen noch vor der Pflanzung in den Boden einarbeiten zu können. In bestehenden Anlagen geben die Blattanalysenergebnisse wertvolle Hinweise für den Nährstoffversorgungsgrad der Pflanzen. Allerdings gibt es widersprüchliche Angaben über die hierfür zu nehmenden Blattproben im Hinblick auf Zeitpunkt, Blattalter und -teil (23).

Die Nutzungsdauer ist von verschiedenen Faktoren wie Standortbedingungen, Auftreten von Krankheiten und Schädlingen sowie von der Anbauintensität abhängig; sie beträgt durchschnittlich 10 bis 20 Jahre, kann aber auch über 40 Jahre hinausgehen (z. B. Kanarische Inseln). Während sich die Erntezeit in den Tropen über das ganze Jahr erstreckt, können in den Subtropen auf Grund der saisonalen Temperaturschwankungen erhebliche Erntespitzen auftreten. Von der Pflanzung bis zur ersten Ernte vergehen in Abhängigkeit von den Sorten und den Standortbedingungen 9 bis 18 Monate.

Das Einbeuteln ganzer Fruchtstände in Plastikfolie wird in verschiedenen subtropischen Ländern (z. B. Kanarische Inseln, Südafrika) in nennenswertem Umfang durchgeführt. Diese Maßnahme erfolgt aus phytosanitären und pflanzenphysiologischen Gründen (z. B. Verbesserung der Fruchtqualität, Ernteverfrühung).

Um das Umfallen der Pflanzen durch den schweren Fruchtstand zu verhindern, werden die Scheinstämme mit einer Stange, die am oberen Ende eine Gabel besitzt, abgestützt. Die Maß-

Abb. 154. Mit Eisenrohren abgestützte Bananenstaude, deren Fruchtstand mit einem verzweigten Stock vom Scheinstamm zur Seite gebogen wird.

nahme ist besonders bei hochwachsenden Formen und in Windlagen erforderlich (Abb. 154). Im grünen Zustand weisen die Früchte deutliche Kanten auf, die mit zunehmender Reife weitgehend verschwinden. Vollreife Bananen sind in der Regel gelb, gelegentlich auch rötlich, haben eine runde Form und platzen vielfach auf. Für die Festlegung des Erntetermins werden im Hinblick auf unterschiedliche Vermarktung 4 Reifestadien verwendet: dreiviertel (three-quarters), dreiviertel mager (light full three-quarters), dreiviertel normal (full three-quarters) und normal (full). Die Feststellung des optimalen Erntetermins ist schwierig und erfolgt vielfach durch einen Kontrolleur (5).

Der Zeitpunkt der Ernte ist vom Ort des Verbrauchs und dem Verwendungszweck abhängig. Für den Export bestimmte Bananen werden grünreif geerntet; sie müssen alle den gleichen Reifegrad aufweisen. Aus diesem Grunde müssen die Anlagen etwa jede Woche durchgeerntet werden. Während für kleinwüchsige Formen nur eine Arbeitskraft für den Schnitt der Fruchtstände notwendig ist, wird diese Arbeit bei hochwüchsigen Formen von zwei Kräften durchgeführt. Die hohen Scheinstämme werden durch Anschneiden mit dem Schlagmesser (Machete) zum Umknicken gebracht. Bei diesem Vorgang dürfen die 30 bis 45 kg schweren Fruchtstände nicht mechanisch verletzt werden. Der Abtransport aus der Anlage erfolgt auf Tiefladern und Lkws oder mit Seilbahnen.

Die Flächenerträge weisen in Abhängigkeit von Sorte, Standortbedingungen, Anbauweise und Pflege erhebliche Unterschiede auf. Die häufig angebauten Cavendish-Sorten bringen unter günstigen Voraussetzungen 30 bis 50 t/ha und Jahr (15). Spitzenerträge von 174 t/ha liefert 'Robusta' in Südindien bei einem Pflanzabstand von 1,2 × 1,2 m (3).

Krankheiten und Schädlinge

Eine Voraussetzung für den wirtschaftlichen Erfolg einer neuen Bananenanlage ist die Verwendung von einwandfreiem und gesundem Pflanzgut. In einigen Anbaugebieten sind spezielle Vermehrungsanlagen eingerichtet worden, die ständig unter phytosanitärer Kontrolle stehen. Eine weitere Voraussetzung ist die richtige Sortenwahl im Hinblick auf unterschiedliche Anfälligkeit gegenüber wichtigen Krankheitserregern,

die in bestimmten Regionen verstärkt auftreten. So ist besonders in Zentral- und Südamerika die Panamakrankheit weit verbreitet, die durch *Fusarium oxysporum* f. sp. *cubense* hervorgerufen wird. Allerdings kommt heute der Pilz auch in vielen Anbaugebieten Afrikas, Asiens, Ozeaniens und Australiens vor (6a, 9, 21). Die Symptome treten zuerst an älteren Blättern in Form gelber Flecke oder Streifen am Blattstiel auf. Die vergilbten Blätter brechen am Stiel und hängen am Scheinstamm herab, der bei einem schweren Befall aufreißt. Die Gefäßbündel der Blattscheiden weisen gelbliche, unterbrochene Linien auf, die auch rotbraun oder schwarz sein können. Bei den Rhizomen treten die gleichen Symptome auf. Die Schößlinge sind ebenfalls befallen und deshalb nicht für eine Neuanlage geeignet. Die verschiedenen Bekämpfungsmöglichkeiten wie Überfluten, Fungizidapplikation, Brache oder Quarantäne schalten die Krankheit nicht aus. Die einzige wirksame Maßnahme ist der Anbau resistenter Sorten wie 'Robusta', 'Giant Cavendish', 'Lacatan' und 'Dwarf Cavendish'. Sehr anfällig ist 'Gros Michel'.

Die in den Tropen weit verbreitete Blattfleckenkrankheit (Sigotakrankheit) wird vor allem durch *Mycosphaerella musicola* (gelbe Sigota) hervorgerufen. *Mycosphaerella fijiensis* verursacht die Schwarzstreifigkeit (black leaf streak), die in Asien weit verbreitet ist und neuerdings auch in Amerika (Honduras) nachgewiesen wurde (6a, 17). In Australien und Afrika ist sie noch nicht festgestellt. Die Symptome dieses Pilzes erscheinen zuerst auf der Oberseite des dritten und vierten Blattes. Typisch sind kleine braunrote Streifen, die sehr schnell dunkelbraun bis schwarz werden. Später wird das ganze Blatt schwarz, trocknet ein und stirbt ab. Die Krankheit verursacht durch erheblichen Blattverlust und frühzeitige Fruchtreife große Schäden, die denen der Sigotakrankheit entsprechen. Sorten mit dem Genom AAA sind für beide Krankheiten hoch anfällig. Die kurative Bekämpfung erfolgt mit reinen Mineralölen, die auf großen Flächen in kleinen Mengen mit einem Flugzeug ausgebracht werden (6, 21).

Als weitere wichtige Krankheiten sind Bakterienwelke (moko disease, *Pseudomonas solanacearum*) und Rhizomwelke (*Erwinia carotovora*) zu nennen. Darüber hinaus wird eine Reihe von Wurzelerkrankungen durch pilzliche Erreger verursacht.

Erhebliche Schäden im Plantagenanbau können Wurzelnematoden, vor allem *Radopholus similis* hervorrufen. Diese Nematode verursacht eine Wurzelfäule (banana root rot), die zum Umfallen besonders von fruchttragenden Stauden führt. Eine Bekämpfung durch Fruchtwechsel (z. B. Zuckerrohr) oder durch Einschalten einer Brache ist möglich. Auch eine Überflutung für 5 bis 6 Monate reduziert den Befall. Durch eine Heißwasserbehandlung (20 min, 55 °C) werden die Nematoden an den Schößlingen abgetötet.

Weit verbreitet, außer in Amerika, ist die Büschelkrankheit der Banane (bunchy top virus), die nur die Bananenblattlaus *(Pentalonia nigronervosa)* überträgt. Befallene Blätter zeigen dunkelgrüne Linien entlang den Seitennerven, die beim Übergang der Adern in die Mittelrippen einen „Haken" bilden. Die Pflanzen sind je nach Zeitpunkt der Infektion unterschiedlich stark gestaucht. Fruchtstände sind stets deformiert und schlecht ausgebildet. Die einzige Bekämpfung ist eine Beseitigung aller erkrankten Stauden und strikt eingehaltene Feldhygiene (6a, 9, 17, 21).

Der Bananenbohrkäfer *(Cosmopolites sordidus)* kommt in fast allen Bananenanbaugebieten der Welt vor und ist bei dieser Kultur der gefährlichste Schädling unter den Insekten. Die Schäden werden vor allem durch die minierenden Larven verursacht, die im Wurzelstrunk Bohrgänge anlegen. Die Bekämpfung kann sowohl mit entsprechenden Hygiene- und Kulturmaßnahmen als auch auf biologischem, mechanischem und chemischem Wege erfolgen (9).

Aufbereitung und Verwertung

Der weitaus größte Teil der Bananen wird lokal verzehrt (Tab. 70). Obstbananen werden im Land fast reif vermarktet, Mehlbananen je nach Sorte halbreif bis reif. Letztere gehören in vielen tropischen Ländern zum „täglichen Brot" und werden in verschiedenster Weise zubereitet.

Für den Export geschieht die Sortierung, Aufbereitung und Verpackung an Sammelstellen, die vielfach in den Plantagen liegen. Die Fruchtstände werden in einzelne „Hände" zerlegt, falls erforderlich, gewaschen und anschließend mit Desinfektionsmitteln (Na-bisulfit, Na-hypochlorit) oder Fungiziden behandelt. Die Verpackung erfolgt zur Verschiffung in Standardkartons, die früher meist 18 kg aufnahmen und neuerdings 12 kg fassen (19a). Im Kühlraum der Schiffe werden die Bananen bei 12 bis 15 °C gehalten, um den Reifeprozeß während des Seetransportes zu verzögern. Die anzuwendende Temperatur ist von der Sorte und den jeweiligen Standortbedingungen abhängig. Bei zu niedriger Temperatur treten Kälteschäden auf: fehlende Reifeentwicklung, Aufbau von Tanninen, Verfärbungen der Schale, Hemmung der Stärkeumwandlung und verstärkter Abbau der Ascorbinsäure.

Eine Reifeverzögerung der Banane ist durch Erhöhung des CO_2- und Verminderung des O_2-Gehaltes der Luft im Lagerraum möglich (27). In den Bestimmungshäfen werden die Früchte in speziellen Räumen bei etwa 20 °C mit Ethylen in einer Konzentration von 0,1 % zur Beschleunigung der Reifung behandelt.

Die Herstellung von Mehl aus unreifen Obstbananen und aus Mehlbananen ist in den Tropen weit verbreitet. Grüne Bananen werden geschält, in Scheiben geschnitten, getrocknet und zu Mehl verarbeitet. Reife Bananen werden zunächst zu einer Pulpe verarbeitet und dann auf einer beheizten Walze oder durch Versprühen in eine Vakuumkammer getrocknet. Eine weitere Verwendungsmöglichkeit der Bananen ist die Herstellung von Alkohol, Bier und Marmeladen. Relativ häufig werden in den Tropen ganze oder halbierte Früchte durch vorsichtige Trocknung zu Bananenfeigen verarbeitet. Zu diesem Zweck werden die grün geernteten Bananen in ganzen Fruchtständen zum Reifen aufgehängt. Für die Trocknung müssen die Früchte goldgelb gefärbt sein, sie werden geschält und bei Temperaturen bis 60 °C getrocknet. Wird die Trocknung vor Beendigung der Stärkeumwandlung in Zucker vorgenommen, sind die Bananenfeigen hart und nicht ausreichend süß.

Literatur

1. BALDRY, J. (1982): Flavour volatiles of tetraploid banana fruit. Fruits 37, 699–703.
2. BALDRY, J., COURSEY, D. G., and HOWARD, H. E. (1981): The comparative consumer acceptability of triploid and tetraploid banana fruit. Trop. Sci. 23, 33–66.
3. CHACKO, E. K., and REDDY, A. (1981): Effect of planting distance and intercropping with cowpea on weed growth in banana. Proc. 8th Asian-Pacific Weed Sci. Soc. Conf., 138–141.
4. CHAMPION, J. (1963): Le Bananier. Maisonneuve et Larose, Paris.
5. CHARPENTIER, J. M. (1976): La culture bananière aux îles Canaries. Fruits 31, 569–585.

6. Cook, A. A. (1975): Diseases of Tropical and Subtropical Fruits and Nuts. Hafner Press, New York.

6a. CTA (1986): Improving Citrus and Banana Production in the Caribbean through Phytosanitation. Technical Centre for Agricultural and Rural Cooperation, Wageningen-Ede, Niederlande.

7. FAO (1984): Production Yearbook, Vol. 37. FAO, Rom.

8. FAO (1984): Trade Yearbook, Vol. 37. FAO, Rom.

9. Feakin, S. D. (1972): Pest Control in Bananas, 2nd ed. PANS Manual No. 1. Centre Overseas Pest Res., London.

10. Hwang, S. C., Chen, C. L., Lin, J. C., and Lin, H. L. (1984): Cultivation of banana using plantlets from meristem culture. HortScience 19, 231–233.

11. Kisselmann, E. (1971): Know How to Produce More Bananas. Battenberg, München.

12. Langenegger, W., du Plessis, S. F., and Koen, T. J. (1980): Physical and Chemical Requirements of Soil for Banana Cultivation. Bananas. B.5. Farming in South Africa, Pretoria.

13. Langhe, E. de (1969): Bananas. In: Ferwerda, F. P., and Wit, F. (eds.): Outlines of Perennial Crop Breeding in the Tropics. Veenman, Wageningen.

14. Norman, M. J. T., Pearson, C. J., and Searle, P. G. E. (1984): The Ecology of Tropical Food Crops. Cambridge Univ. Press, Cambridge.

15. Randhawa, G. S., Sharma, C. B., Kohli, R. R., and Chacko, E. K. (1973): Studies on nutrient concentration in leaf tissue and fruit yield with varying planting distance and nutritional levels in Robusta banana. Indian J. Hortic. 30, 467–474.

16. Rehm, S., und Espig, G. (1984): Die Kulturpflanzen der Tropen und Subtropen. 2. Aufl. Ulmer, Stuttgart.

17. Samson, J. A. (1980): Tropical Fruits. Longman, London.

18. Simmonds, N. W. (1962): The Evolution of the Bananas. Longman, London.

19. Simmonds, N. W. (1976): Bananas. *Musa* (Musaceae). In: Simmonds, N. W. (ed.): Evolution of Crop Plants, 211–215. Longman, London.

19a. Soto, M. (1985): Bananos. Cultivo y Comercialización. Litografía e Imprenta LIL, San José, Costa Rica.

20. Souci, S. W., Fachmann, W., and Kraut, H. (1981): Food Composition and Nutrition Tables. Wissenschaftliche Verlagsgesellschaft, Stuttgart.

21. Stover, R. H. (1972): Banana, Plantain and Abaca Diseases. Commonwealth Mycological Institute, Kew, England.

22. Stover, R. H., and Simmonds, N. W. (1987): Bananas, 3rd ed. Longman, London.

23. Turner, D. W., and Barkus, B. (1977): A comparison of leaf sampling methods in bananas. Fruits 32, 725–730.

24. Twyford, I. T., and Walmsley, D. (1984): The mineral composition of the Robusta banana plant. IV. The application of fertilizers for high yields. Plant and Soil 41, 493–508.

25. Warner, R. M., and Fox, R. L. (1977): Nitrogen and potassium nutrition of Giant Cavendish banana in Hawaii. J. Amer. Soc. Hort. Sci. 102, 739–743.

26. Williams, C. N. (1975): The Agronomy of the Major Tropical Crops. Oxford Univ. Press, Kuala Lumpur.

27. Wills, R. B. H., Pitakserikul, S., and Scott, K. J. (1982): Effects of pre-storage in low oxygen or high carbon dioxide concentrations on delaying the ripening of bananas. Aust. J. Agric. Res. 33, 1029–1036.

28. Zeven, A. C., and de Wet, J. M. J. (1982): Dictionary of Cultivated Plants and Their Regions of Diversity. Pudoc, Wageningen.

5.4   Ananas

Peter Lüdders

Botanisch:	*Ananas comosus* (L.) Merr.
Englisch:	pineapple
Französisch:	ananas
Spanisch:	piña (de América), ananás

Wirtschaftliche Bedeutung

Die Ananas stammt aus dem tropischen Südamerika, wo sie auch heute noch in vielen Formen von den Indios angebaut wird (3). Durch Spanier und Portugiesen gelangte die Pflanze im 16. Jahrhundert nach Madagaskar und auf die Philippinen. Die Hauptanbaugebiete liegen heute vor allem in Thailand und auf den Philippinen. Über ein Drittel der Weltproduktion entfällt auf diese beiden Länder, die in den letzten 10 Jahren ihre Erträge verdreifacht haben (Tab. 73). Die stärkste prozentuale Ausweitung fand in Indien statt. Aufgrund der hohen Produktionskosten ging die Ananaserzeugung auf Hawaii von 1973 bis 1983 um 25 % zurück. Der weitaus größte Teil wird im Erzeugerland verbraucht; bedeutende Anbauländer wie Indien weisen überhaupt keine Ausfuhr auf. Der Export erfolgt in steigendem Umfang in verarbeitetem Zustand, meist in Form von Konserven (Tab. 73). Das bedeutendste Ausfuhrland sowohl für frische als auch für verarbeitete Ananas sind die Philippinen; auf sie entfallen ein Drittel bzw. ein Viertel des Weltexportes. Thailand exportiert im gleichen Umfang Konserven-Ananas.

Obwohl sich der Anbau aus klimatischen Gründen auf den tropischen Bereich konzentriert, findet auch in den Subtropen (z. B. Südafrika, Australien) eine beachtliche Produktion statt

Tab. 73. Produktion und Export von Ananas (in 1000 t) in den wichtigsten Anbauländern 1983. Nach (9, 10).

Land	Produktion (1000 t)		Export 1983 (1000 t)	
	1973	1983	frisch	verarbeitet
Thailand	483	1439	0,1	136,3
Philippinen	338	1300	128,1	145,7
Brasilien	488	841	10,0	0
Indien	98	660	0	0
USA	735	549	0	12,7
Mexiko	268	400	21,0	0
Vietnam	–	380	2,8	0
Elfenbeinküste	199	350	94,0	15,0
China	328	295	1,3	9,7
Südafrika	174	237	4,2	39,4
Welt	4664	8665	339,9	529,5

(Tab. 73). Der begrenzende Standortfaktor ist allgemein die Temperatur. So ist in den inneren Tropen ein Anbau noch bis zu 1500 m Höhe möglich; in den Subtropen liegt die obere Grenze bereits bei 100 bis 500 m Höhenlage.

Die größten Importeure sind neben USA und Japan die drei EG-Staaten Frankreich, Italien und BR Deutschland; auf sie entfallen etwa zwei Drittel der Einfuhrmengen (Tab. 74). Der Handelswert der Konservenfrüchte liegt etwa doppelt so hoch wie der der nicht verarbeiteten (12). Während der Protein- und Fettgehalt der wasserreichen Ananasfrucht (85 %) unter 0,5 % des Frischgewichtes liegt, erreicht der Zuckergehalt Werte zwischen 12 und 14 %. Vorherrschend sind Saccharose, Fructose und Glucose. In bezug auf die Vitamine ist mengenmäßig nur das Vitamin C mit 20 mg/100 g von nennenswerter Bedeutung. Bemerkenswert sind die relativ hohen Gehalte an Kalium und Chlorid (173 bzw. 39 mg/100 g). Der Säuregehalt der Frucht wird vorrangig durch die Citronensäure (630 mg/100 g) bestimmt.

Botanik

Die Ananas ist eine mehrjährige krautige, photoperiodisch meist neutrale Pflanze, die eine Höhe von 1 m und eine Breite von 1,5 m erreichen kann. Sie gehört zur Familie der Bromeliaceae,

Tab. 74. Import von Ananas 1983. Nach (10).

Land	frisch		verarbeitet	
	Menge (1000 t)	Wert (Mio. US-$)	Menge (1000 t)	Wert (Mio. US-$)
USA	68,3	10,0	183,7	114,7
Japan	102,0	38,7	14,3	13,8
Frankreich	37,5	26,4	32,0	21,6
Italien	18,7	13,7	12,2	10,4
BR Deutschland	13,0	10,1	68,9	45,8
Spanien	12,0	7,9	2,5	2,0
Niederlande	8,7	6,7	12,8	10,0
England	15,9	11,8	36,7	29,7
Singapore	13,9	1,0	38,3	26,6
Welt	334,1	149,3	505,1	357,9

die 60 Gattungen und 1400 Arten umfaßt. Eine große Zahl der Arten wächst epiphytisch. Die fünf Arten der Gattung *Ananas* wachsen aber alle auf dem Boden (18).

Die Ananas ist überwiegend diploid (2n = 50), es gibt auch tri- und tetraploide Formen, die zwar stärker vegetativ wachsen, aber nicht unbedingt einen höheren Ertrag bringen als die diploiden.

Die Blätter sind rosettenförmig und spiralig mit kurzen Internodien angeordnet. Sie sind 30 bis 120 cm lang, 3 bis 6 cm breit und am Rand oft stachelig. Die Blätter zeigen eine Anzahl xerophytischer Anpassungen, die auf die Verwandtschaft mit den Epiphyten hinweisen. Durch ihre spiralförmige, dichte Stellung sammeln sich Niederschläge und Tau, die in spezialisierten Zellen der Blätter gespeichert werden können. Diese Zellen sind farblos, meist säulenförmig und unter der Epidermis in einer dicken Lage angeordnet. Bei Trockenheit wird das Wasser an das umgebende Gewebe abgegeben. Eine Wachsschicht auf den Blättern verringert die Transpiration.

Stomata sind ausschließlich auf der Blattunterseite zu finden. In längeren Trockenperioden erfolgt die CO_2-Aufnahme aufgrund des CAM-Stoffwechsels während der Nacht (→ Bd. 3, REHM S. 96). Der Blattaufbau und die nächtliche Öffnung der Stomata bedingen eine ausgeprägte Trockentoleranz der Pflanze (2).

Der Stamm ist etwa 20 cm lang, keulenartig verdickt und befindet sich teilweise im Boden. Das Wurzelsystem ist relativ schwach ausgebildet. Die Ananas ist ein Flachwurzler; allerdings dringen einige Wurzeln auch in Bodentiefen von 1,2 m vor. Von besonderer Bedeutung für die Ernährung ist die Mykorrhiza (17).

Nach 10 bis 20 Monaten entwickelt sich aus dem Vegetationskegel der bis zu 30 cm lange Blütenstiel. Die Blüten sind zwittrig, selbststeril und ährenförmig in 8 bis 12 Reihen angeordnet. Sie sind grünlich-weiß oder leicht violett mit roten oder grünen Tragblättern. Das Aufblühen erfolgt zuerst an der Basis der Infloreszenz, setzt sich spiralförmig zur Spitze fort, so daß sich die Blüte über 3 bis 4 Wochen erstrecken kann. Die Fruchtentwicklung dauert etwa 4 Monate, kann aber auch über 6 Monate dauern.

Die Ananas bildet eine 0,5 bis 10 kg schwere Scheinfrucht, die aus 100 bis 200 samenlosen, spiralförmig angeordneten Früchten besteht.

Abb. 155. Ananasfrucht mit Krone und Schößlingen (slips) (Foto HÖNICKE).

Diese sind untereinander mit den fleischigen Tragblättern und mit der verdickten, ebenfalls saftigen Blütenstandsachse verwachsen. Die sehr variable Fruchtform ist zylindrisch oder kegelförmig. An der Spitze trägt die Frucht eine Krone kleiner Blätter (crown), die auch für die Vermehrung geeignet ist. Während der Fruchtentwicklung treiben einige Blattachselknospen zu Seitensprossen (suckers) aus; auch am Fruchtstiel können Schößlinge (slips) entstehen (Abb. 155).

Ökophysiologie

Die Standortansprüche der Ananas (2, 19) werden durch ihre tropische Herkunft und das relativ schwach ausgebildete Wurzelsystem geprägt. Das Temperaturoptimum liegt in Abhängigkeit von der Sorte und anderen Wachstumsfaktoren zwischen 24 und 30 °C. Bei Temperaturen unter 20 °C beginnt das Wachstum zu stagnieren und Stoffwechselstörungen (Chlorosen) werden ausgelöst. Sinkt die Temperatur unter 10 bis 16 °C, hört das Wachstum völlig auf. Kurzfristige Fröste bis zu −2 °C werden von einigen Sorten bei guter K-Ernährung noch vertragen (z. B. 'Queen' in Südafrika).

Obwohl die Ananaspflanze aufgrund ihres xerophytischen Charakters Trockenperioden relativ gut überstehen kann, führen gleichmäßig verteilte Niederschläge in ausreichender Menge zu hohen Erträgen und guter Qualität. Optimal sind jährliche Niederschläge zwischen 1000 bis 1500 mm. Zwischen den Anbaugebieten gibt es aber erhebliche Unterschiede. Bei ausgesprochenen Trockenperioden muß in einigen Ländern bewässert werden, z. B. Kenia, Südafrika, Jamaika. Die Ananas stellt relativ geringe Ansprüche an den Boden. Sie reagiert allerdings extrem empfindlich auf Bodennässe, die schon kurzfristig irreversible Schäden an den Pflanzen hervorrufen kann. Aus diesem Grunde muß der Boden eine gute Wasserführung besitzen, damit überschüssiges Wasser schnell versickern kann. Am geeignetsten sind sandige Lehme. Schwere Böden müssen aufgelockert und vielfach dräniert werden. Auf leichten Sandböden ist ein Anbau bei entsprechend hoher Anwendung von Düngern möglich. Der optimale pH-Wert liegt zwischen 5,0 und 6,5. Zu hohe pH-Werte können zum Auftreten von Fe-Chlorose führen.

Die höchsten Erträge werden allgemein ohne Beschattung erzielt. Oft wird Ananas mit gutem Erfolg als Zwischenkultur unter Bäumen angebaut. Bei zu hoher Sonneneinstrahlung können bei Temperaturen über 32 °C und geringer relativer Luftfeuchtigkeit Fruchtschäden in Form von Rissen auftreten. Abhilfe ist durch Bedecken der Pflanzen mit Stroh möglich.

Durch Fruchtgröße und Ausbildung weniger Wurzeln sind in exponierten Lagen Schäden an den Pflanzen durch Wind möglich. In windgefährdeten Gebieten tritt dieses Problem durch Anbau in Mischkultur kaum auf.

Züchtung

Alle Ananassorten sind selbststeril und daher samenlos. In Südamerika gibt es verschiedene Landsorten, bei denen gelegentlich Fremdbestäubung mit anschließender Samenbildung vorkommt. Zu den wichtigsten Bestäubern gehören Kolibris, deren Import nach Hawaii aus diesem Grund verboten ist. Bienen, die die Blüten besuchen, sind nicht in der Lage, diese zu bestäuben. Im Vordergrund der Züchtung stehen gleichmä-

ßige und zylindrisch geformte Früchte mit tiefgelbem Fleisch und hohem Vitamin-C-Gehalt sowie ein tiefreichendes Wurzelwerk. Weitere Ziele sind, neben der Ertragssteigerung, früher Ertragsbeginn, gleichmäßige Reife und stachellose Blätter. Bisher ist es noch nicht gelungen, durch künstliche Polyploidie den Ertrag nennenswert zu erhöhen. Die tetraploiden Pflanzen von 'Smooth Cayenne' weisen eine verminderte Fruchtgröße und einen reduzierten Zuckergehalt auf. Sie sind wie die diploiden selbststeril.

Spontane Polyploidie tritt bei den kultivierten Ananassorten sehr selten auf. Die triploide Mutante 'Cabezona' bringt höhere Erträge als die diploide 'Cayenne'; ihre Früchte sind 5 bis 10 kg schwer.

Eine planmäßige Züchtung begann um 1900 in Florida mit dem Ziel, den dortigen ökologischen Bedingungen besser angepaßte Sorten zu erhalten. Später wurden entsprechende Züchtungsarbeiten auf Hawaii, den Philippinen und auf Taiwan aufgenommen. Heute werden weltweit gezielte Kreuzungen auch in den Subtropen, z. B. Südafrika, durchgeführt.

Wegen ihrer guten Eigenschaften wird vielfach die heterozygote Sorte 'Cayenne' als Ausgangsmaterial verwendet, da sie bei Fremdbefruchtung keimfähigen Samen entwickelt.

Die sog. „Sorten" der Ananas sind nicht einheitlich; von jeder gibt es lokale oder auch international verbreitete Varietäten (17, 19). Man sollte daher von „Sortengruppen" sprechen. Die wichtigsten sind:

'Smooth Cayenne' wird vor allen Dingen für die Konservenindustrie weltweit angebaut. Die glatten Früchte sind etwa 2,5 kg schwer, die Blätter sind ohne Stacheln; allerdings können Mutationen mit Stacheln auftreten. 'Smooth Cayenne' ist die wichtigste Exportsorte.

'Queen' ist eine alte, früh reifende Sorte, die vor allem in Australien und Südafrika neben 'Smooth Cayenne' angebaut wird. Bevorzugt wird sie für den Frischverzehr verwendet. Die Früchte sind 0,9 bis 1,3 kg schwer, das Fruchtfleisch ist saftig, goldgelb, aromatisch, süß und sehr wenig faserig. Die Blätter sind mit Randstacheln versehen. Zu dieser Sortengruppe gehören auch 'Alexandra', 'Macgregor' (Australien), 'Z Queen' (Südafrika) und 'Ripley Queen'.

'Spanish' ist eine Sortengruppe mit mittelgroßen, wohlschmeckenden Früchten. Während 'Red Spanisch' lange Blätter (1,2 m) mit Sta-

cheln hat, sind die Blätter von 'Singapore Spanish' mit 50 cm Länge wesentlich kürzer, außerdem weitgehend stachellos. Die letztgenannte
Sorte wird vorwiegend in Malaysia für die Konservenindustrie angebaut. Beide Sorten sind relativ resistent gegen Krankheiten und Schädlinge.
'Abacaxi' wird vorrangig in Brasilien für den
lokalen Markt angebaut. Die rotgestreiften Blätter besitzen kleine gebogene Stacheln. Die mittelgroßen, länglichen Früchte sind aromatisch;
das Fruchtfleisch ist gelblich bis fast weiß. Diese
Sorte ist für den Export und die Verarbeitung
wenig geeignet. Zu dieser Sortengruppe gehören
weiterhin 'Pernambuco' und 'Sugar Loaf'.
Die triploide Sorte 'Cabezona' wird in Puerto
Rico für den Frischmarkt angebaut, vorrangig
für den Export nach New York.

Anbau

Die *Vermehrung* erfolgt im praktischen Anbau
vegetativ. Die generative Vermehrung findet nur
in der Züchtung Anwendung. Am besten eignen
sich bei den meisten Sorten Schößlinge von der
Basis des Stammes (suckers), weniger geeignet

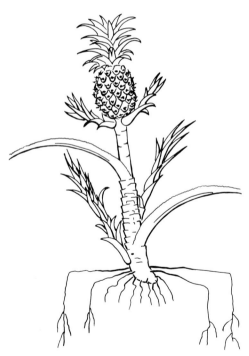

Abb. 156. Vegetative Vermehrungsorgane der Ananaspflanze (Zeichnung HÖNICKE).

sind solche dicht unterhalb der Frucht (slips)
(Abb. 156). Kronen (crowns) sind ebenfalls als
Pflanzmaterial brauchbar (15). Sie rufen ein relativ starkes Wurzelwachstum hervor, auch die
Ernte setzt frühzeitig ein. Eine weitere vegetative
Vermehrungsmethode besteht in der Teilung
entblätterter Stammstücke, die zunächst für 3
bis 5 Monate zur Bewurzelung in Vermehrungs-
beete gesteckt werden. In der Züchtung wird
dieses Verfahren vor allem dann angewandt,
wenn in kurzer Zeit von bestimmten Mutterpflanzen möglichst viele Nachkommen gewonnen werden sollen. Schößlinge können bis zu 3
Monaten im Schatten liegen, ohne wesentlich an
Triebkraft einzubüßen; allerdings ist eine wo-
chenlange Lagerhaltung mit einem verzögerten
vegetativen und generativen Wachstum verbunden.
Der *Pflanztermin* ist von der Niederschlagsverteilung abhängig. Während die Pflanzung möglichst zu Beginn einer Regenperiode erfolgen
sollte, um eine ausreichende Wasserversorgung
in der Folgezeit zu sichern, sollte nach Möglichkeit die Ernte in eine Trockenperiode fallen. Zur
Brechung der Arbeitsspitze bei der Ernte wird in
vielen Anbaugebieten zu verschiedenen Zeiten
im Jahr gepflanzt.
Bei der Ananas werden verschiedene *Anbausysteme* angewendet. In Betrieben, die für den
Frischfruchtexport sowie für die Konservenindustrie produzieren, dominiert der großflächige
Anbau in Monokultur (Abb. 157). Der Mechanisierungsgrad ist von der Größe der Anbaufläche abhängig. So werden auf Hawaii zum Pflanzen und Ernten Spezialmaschinen eingesetzt, die
weitgehend die teure Handarbeit ersetzen. Auch
in anderen Ländern nimmt die Mechanisierung
ständig zu. Diese Entwicklung führt teilweise
zur Aufgabe von Flächen, auf denen der Maschineneinsatz erschwert ist. Weitverbreitet ist auch
der Anbau unter oder zwischen Kokospalmen
und jungen Bäumen wie z. B. unter Avocado,
Sapodilla, Rambutan und Mango (Abb. 158).
Ein Ziel dieses Mehretagenanbaues (multistorey
cropping) ist die Überbrückung der ertraglosen
Zeit von Baumkulturen durch Einnahmen aus
den Ananasernten.
Vor der *Pflanzung* muß der Boden tief gelockert
und nach Möglichkeit mit organischem Material
angereichert werden. Bei großflächigem Anbau
ist eine organische Düngung aufgrund fehlender
Materialien kaum möglich. Zur Bekämpfung

Abb. 157. Großflächiger Ananasanbau in Monokultur.

der Nematoden kann eine Bodenentseuchung notwendig werden.

Der Pflanzabstand ist vom Habitus der Pflanzen, dem Anbausystem und von den Standortbedingungen abhängig. Weit verbreitet ist heute die Pflanzung in Doppelreihen (Abb. 157), deren Abstand für die starkwüchsige 'Cayenne' etwa

Abb. 158. Ananasanbau unter Kokospalmen (Mehretagenanbau).

90 × 90 cm und zwischen den Doppelreihen 120 cm beträgt. Die entsprechenden Abstände liegen bei 'Spanish' bei etwa 60 × 30 cm und 100 cm zwischen den Doppelreihen. In niederschlagsreichen Gebieten und auf schweren Böden wird Ananas auf Dämmen angebaut.

Die *Unkrautbekämpfung* erfolgt in großen Pflanzungen überwiegend durch Einsatz von Herbiziden (z. B. Bromacil, Diuron, Monuron), da mechanische Methoden sehr arbeitsaufwendig sind. Die Anwendung von Mulch, in Form von organischem Material (Gras, Stroh) oder schwarzer Kunststoffolie bzw. Teerpappe, nimmt trotz teilweise erheblicher Mehrkosten zu. Die Vorteile dieser Methode liegen sowohl in der Verminderung von Erosionsgefahr und Evaporation als auch in der gleichzeitigen Unkrautbekämpfung.

Die Höhe der *Düngung* ist vom Nährstoffvorrat des Bodens und dem Nährstoffentzug durch die Pflanzen abhängig. Bei einem Ertrag von 60 t/ha sind in den Früchten 60 kg N, 12 kg P, 150 kg K, 18 kg Ca und 6 kg Mg enthalten. Zur Berechnung des Nährstoffbedarfs ist die Anwendung der Blattanalyse weit verbreitet (1, 11).

Vielfach wird eine Vorratsdüngung mit K und P durchgeführt. Voraussetzung für diese Maßnahme sollte eine rechtzeitig durchgeführte Bodenanalyse sein (Tab. 75). Nach der Pflanzung erfolgt die Ausbringung der Nährstoffe in fester Form auf die Basalblätter der Pflanzen oder direkt auf den Boden in unmittelbarer Nähe des

Tab. 75. Höhe der P- und K-Düngung bei unterschiedlichem Nährstoffgehalt des Bodens (Südafrika). Nach (7).

Nährstoff	Nährstoffgehalt (mg/kg)	Düngermenge (kg/ha)
P	0– 6	30
	7– 10	20
	über 11	0
K	unter 120	300
	121–200	150
	über 200	0

Stammes. Mit Hilfe der Blattdüngung werden Kalium als Kaliumsulfat (4,5 %) und vor allem Stickstoff als Harnstoff (6 %) und Ammoniumsulfat appliziert. Die Düngermenge ist für die erste Ernte höher als für die zweite, dies gilt insbesondere für Stickstoff. So werden in der Regel nur vor der Pflanzung 200 bis 400 kg Kaliumsulfat und 170 bis 300 kg Superphosphat angewandt; eine spätere Düngung mit diesen beiden Nährstoffen ist allgemein nicht notwendig.

Die erste N-Düngung wird einen Monat nach der Pflanzung mit etwa 250 kg Ammoniumsulfat/ha vorgenommen, da vor diesem Zeitpunkt eine Wurzelneubildung kaum stattgefunden hat. Eine zweite N-Gabe gleicher Menge wird nach weiteren zwei Monaten möglichst auf die Basalblätter ausgebracht. Bis zum Beginn der Blütendifferenzierung werden vielfach in 14tägigem Abstand Harnstoffspritzungen durchgeführt. Spätere N-Gaben können den Blühbeginn und den Ertrag verzögern und die Anfälligkeit für Krankheiten erhöhen. Für die zweite Fruchternte wird gewöhnlich nur noch Stickstoff als Ammoniumsulfat oder Harnstoff in einer Menge von 200 kg angewandt.

Alle Spurenelemente können mit Hilfe von Blattspritzungen appliziert werden. Ohne Verbrennungen hervorzurufen, können sie bei Ananas in höheren Konzentrationen eingesetzt werden als bei anderen Pflanzen, z. B. 2 % Fe-Chelat oder 1 % $ZnSO_4$.

Der *Blüh- und Erntetermin* wird heute weitgehend durch den Einsatz von Wachstumsregulatoren bestimmt. Diese Mittel dienen nicht nur zur Verkürzung der Kulturdauer, sondern auch zur Reduzierung der notwendigen Erntetermine.

In Südafrika erfolgt die Applikation bei 'Smooth Cayenne', wenn die Blätter D-förmig ausgebildet sind und eine Länge von 56 cm erreicht haben (6). Vor der zweiten Ernte sollten die Blätter 60 cm lang sein und die Schößlinge ein Gewicht von 1 kg erreicht haben. Eine zu frühe Hormonanwendung kann den Ertrag bis zu 50 % vermindern.

Als Mittel werden α-Naphthylessigsäure (ANA) in einer Konzentration von 10 ppm (2250 l Wasser/ha) und neuerdings verstärkt 2-Chlorethylphosphonsäure (Ethephon, Ethrel) in einer Menge von 0,5 kg/ha verwandt. Bei ANA hängt der Erfolg stärker vom Zeitpunkt der Applikation ab als bei Ethrel. Ein weiteres Mittel ist Calciumcarbid, das in der Vergangenheit vor allem für die Behandlung einzelner Pflanzen eingesetzt wurde; die Anwendung dieses Mittels ist jedoch arbeitsaufwendig. In Hawaii und Australien wird Ethylengas verwendet. Ein weiteres Mittel ist β-Hydroxyethylhydrazin (BOH), das aber nicht in allen Ländern empfohlen wird.

Der optimale Erntetermin ist vom Verwendungszweck abhängig. So werden für den lokalen Markt Früchte geerntet, die mindestens eine Gelbfärbung an ihrem unteren Teil erkennen lassen. Für den Frischfruchtexport muß die Ernte jedoch früher erfolgen; für Konservierung wird vollreif geerntet.

Die Ernte der Früchte ist mit einem hohen Arbeitsaufwand verbunden (Abb. 159). Wenn die Reifezeit nicht durch differenzierte Pflanztermine und Pflegemaßnahmen gestaffelt wird, kann es zu einer enormen Arbeitsspitze kommen. Aus

Abb. 159. Manuelle Ananasernte (Foto NIEGEL).

diesem Grunde werden auf großen Plantagen (z. B. Hawaii, Südafrika) Spezialmaschinen mit weitausladenden Förderbändern (12 bis 18 m) eingesetzt, auf die die abgeschnittenen Früchte gelegt werden. Um Verbräunungen des Fruchtfleisches (bruising) möglichst zu vermeiden, müssen die stoßempfindlichen Früchte sorgfältig gepflückt und transportiert werden. Durch Ethrel-Applikation kann die Verbräunungsgefahr vermindert werden.

Die Erträge schwanken zwischen 40 und 60 t/ha bei der ersten und zwischen 30 und 40 t/ha bei der zweiten Ernte. Bei einer dritten Ernte sinkt der Ertrag auf 20 bis 30 t.

Nach der Ernte wird entweder die Anlage umgebrochen und neu gepflanzt oder die Stammschößlinge der abgeernteten Pflanzen liefern eine zweite Generation, deren Früchte etwa 12 Monate nach der ersten Ernte reifen (ratoon crop). In Malaysia erfolgt ein kontinuierlicher Anbau bis zu 30 ratoon crops (13).

Krankheiten und Schädlinge

Unter günstigen Standortbedingungen wird die Ananas kaum von Krankheiten und Schädlingen befallen. Neben der Auswahl geeigneter Lagen sollte besonders auf einwandfreies Pflanzmaterial geachtet werden; dieses darf keinen Befall mit Wurzelfäulen und -nematoden aufweisen. *Pythium-* und *Fusarium*-Arten können Schäden hervorrufen. Verschiedene Arten der Gattungen *Meloidogyne, Rotylenchus, Pratylenchus* und *Helicotylenchus* befallen Ananas.

Die Herz- und Wurzelfäule, verursacht durch *Phytophthora* spp., tritt vor allem bei übermäßiger Bodenfeuchtigkeit als Folge ungenügender Dränung auf. Die Ausbreitung erfolgt mit dem Pflanzgut und dem Bewässerungswasser. Eine sachgemäße Fruchtfolge in Verbindung mit Bodenlockerung vermindert die Krankheitsgefahr. Weltweit tritt bei wiederholtem Nachbau die Schmierlauswelke (mealybug wilt) auf (16). Sie wird durch *Dysmicocus brevipes* hervorgerufen, der durch toxische Sekretion die Pflanzen schädigt und eine Welke hervorruft. Eine Beteiligung von Viren konnte nicht nachgewiesen werden. Neben Ananas werden u. a. Banane, Sisal, *Brachiaria mutica* und *Rhynchelytrum repens* befallen. Die anfälligste Sorte ist 'Cayenne'. Die Bekämpfung der Schmierlaus erfolgt mit Insektiziden, welche auch gleichzeitig die Ameisen vernichten.

Von den Thripsen verursachen vor allem *Thrips tabaci* und *Frankliniella schultzei* als Überträger der Krankheit „Yellow Spot Virus" weltweit Schäden, die sich als schwarze trockene Mulden in den Früchten zeigen („dead eye"). Das Virus befällt neben weiteren Kulturpflanzen wie Tomaten, Tabak, Aubergine und Salat auch Unkräuter wie *Bidens pilosa, Emilia sonchifolia* und *Datura stramonium*. Eine Bekämpfung ist durch Vernichtung befallener Pflanzen einschließlich der Unkräuter und durch Einsatz von Insektiziden möglich.

Verschiedene Pilze (*Penicillium, Fusarium, Cladosporium*) können durch Wunden in die Frucht eindringen und Fäulnis hervorrufen (fruitlet core rot, black rot). In Junganlagen kann die „Pineapple disease" (*Ceratocystis paradoxa*) Schäden in Form von „Wasserblasen" an der Pflanzenbasis hervorrufen. Die Bekämpfung erfolgt mit Fungiziden (Benomyl) oder mit einer Heißwasserbehandlung.

Gelegentlich schädigen Insekten (Heuschrecken, Zuckerrübeneule, Afrikanischer Heerwurm und Termiten) durch ihren Fraß die Ananaspflanzen.

Aufbereitung und Verwertung

Der weitaus größte Teil der Produktion wird im Erzeugerland als Frischobst verzehrt (Tab. 74). Für den Export sind die Dosenkonserven (Scheiben, Würfel, Raspeln) am wichtigsten (12). Halbreif geerntete Früchte sind bei 6 bis 7 °C 4 Wochen haltbar und können somit in Kühlschiffen in die Verbraucherländer transportiert werden (4). Bei grünreif geernteten Früchten darf die Temperatur nicht unter 10 °C absinken, weil sie kälteempfindlicher sind als halbreife.

Bei der Konservenherstellung fallen große Abfallmengen an, die aus ausgebohrtem Zentralstrang und dicker Fruchtschale bestehen. Aus diesem Rest wird durch Pressen Saft gewonnen (12); die getrockneten und gemahlenen Rückstände (Ananaskleie, pineapple bran) werden aufgrund ihres hohen Kohlenhydratgehaltes als Futtermittel oder zur Alkoholherstellung verwendet.

Ein weiteres Nebenprodukt ist Bromelain (Bromelin); es handelt sich um ein Gemisch proteolytischer Enzyme, das in der Lebensmittel- und Lederindustrie sowie in der Medizin verwendet wird.

In Brasilien, auf den Philippinen und auf Taiwan werden aus Blättern der Ananaspflanze feinste

Fasern gewonnen. Eine besonders gute Qualität liefern im Halbschatten wachsende Pflanzen, deren Früchte rechtzeitig entfernt worden sind. Die industrielle Fasergewinnung aus Blättern von Plantagen, die der Fruchtproduktion dienen, hat sich nicht durchsetzen können (14).

Literatur

1. ALBRIGO, L. G. (1966): Pineapple nutrition. In: CHILDERS, N. F. (ed.): Nutrition of Fruit Crops, 2nd ed., 611–650. Rutgers State Univ., New Brunswick, N. J.
2. BARTHOLOMEW, D. P., and KADZIMIN, S. B. (1977): Pineapple. In: ALVIM, P. DE T., and KOZLOWSKI, T. T. (eds.): Ecophysiology of Tropical Crops, 113–156. Academic Press, New York.
3. BRÜCHER, H. (1977): Tropische Nutzpflanzen. Springer, Berlin.
4. BÜNEMANN, G., und HANSEN, H. (1973): Frucht- und Gemüselagerung. Ulmer, Stuttgart.
5. COLLINS, J. L. (1960): The Pineapple – Botany, Cultivation and Utilization. Leonard Hill, London.
6. DALLDORF, D. B. (1979): Flower Induction of Pineapples. Farming in South Africa, Pineapples G. 3.
7. DALLDORF, D. B., and LANGENEGGER, W. (1978): Macro-Element Fertilization of Smooth Cayenne Pineapples. Farming in South Africa, Pineapples E. 2.
8. DASSLER, E. (1969): Warenkunde für den Fruchthandel. Südfrüchte, Obst und Gemüse nach Herkünften und Sorten. 3. Aufl. Parey, Berlin.
9. FAO (1984): Production Yearbook, Vol. 37. FAO, Rom.
10. FAO (1984): Trade Yearbook, Vol. 37. FAO, Rom.
11. GEUS, J. G. DE (1973): Fertilizer Guide for the Tropics and Subtropics. 2nd ed. Centre d'Étude de l'Azote, Zürich.
12. HARMAN, G. W. (1984): The World Market for Canned Pineapple and Pineapple Juice. Rep.G 186. Trop. Dev. Res. Inst., London.
13. HOEPPE, C. (1973): Der Ananasanbau in Westmalaysia. Landw. im Ausl. 7, 84–87.
14. KIRBY, R. H. (1963): Vegetable Fibres. Leonard Hill, London.
15. NORMAN, J. C. (1980): Effects of storage and type of planting material on sugarloaf pineapple, Ananas comosus (L.) Merr. Gartenbauwiss. 45, 255–259.
16. PETTY, G. J. (1978): The Pineapple Mealybug. Farming in South Africa. Pineapples H. 15.
17. PY, C., LACOEUILHE, J. J., et TEISSON, C. (1984): L'Ananas. Sa Culture, Ses Produits. Maisonneuve et Larose, Paris.
18. PICKERSGILL, B. (1978): Pineapple. Ananas comosus (Bromeliaceae). In: SIMMONDS, N. W. (ed.): Evolution of Crop Plants, 14–17. Longman, London.
19. SAMSON, J. A. (1980): Tropical Fruits. Longman, London.

5.5   Mango

CHARLES A. SCHROEDER

Botanisch:	*Mangifera indica* L.
Englisch:	mango
Französisch:	mango
Spanisch:	mango

Wirtschaftliche Bedeutung

Die Mangofrucht, die heute zu den meistgeschätzten tropischen Früchten der Welt zählt, wurde im 16. Jahrhundert von den Portugiesen in die westliche Welt gebracht. Die Hauptproduktionsgebiete nennt Tab. 76. Abgesehen von

Tab. 76. Produktion von Mangofrüchten. Jahresdurchschnitt für 1982–84. Nach (4).

Gebiet	Produktion (Mio. t)
Welt	14,0
Asien	11,0
Indien	8,8
Pakistan	0,7
Philippinen	0,5
Indonesien	0,4
Nord- und Mittelamerika	1,4
Mexiko	0,7
Südamerika	0,7
Brasilien	0,5
Afrika	0,9
Tansania	0,2

der kommerziellen Produktion gibt es kaum ein Land in den Tropen, in dem nicht Mangobäume in Hausgärten oder sogar als Straßenbäume stehen. Auch in subtropischen Ländern wird die Mango in geeigneten Lagen sehr erfolgreich angebaut, z. B. in Israel, Ägypten und Südafrika. Der Verbrauch findet überwiegend im Erzeugergebiet statt, da die Mango nur begrenzt für den Export geeignet ist. Mangofrüchte werden als Frischobst genossen, aber auch in Salaten, Pickles oder von der Industrie für Eiscreme und dgl. verarbeitet. Ihr Gehalt an Provitamin A ist mit Durchschnittswerten von 1000 IE außerordentlich hoch, und auch der Vitamin-C-Gehalt erreicht mit 30 mg/100 g fast den der Apfelsinen und Zitronen oder ist u. U. sogar höher (6).

Botanik

Der Mangobaum (8, 10, 13, 14), Familie Anacardiaceae, stammt aus Assam und den Chitta-
gong Hills in Indien (9). Außer M. *indica* werden
einige andere *Mangifera*-Arten, die aus Südostasien stammen und nicht näher mit M. *indica*
verwandt sind, in kleinem Umfang, hauptsächlich in Indonesien, angebaut: M. *caesia* Jack ex
Wall., M. *foetida* Lour. und M. *odorata* Griff.
Unter günstigen Standortbedingungen kann der
immergrüne Baum eine Höhe von 20 bis 30 m
erreichen (Abb. 160). Die Blätter sind wechselständig, dunkelgrün und lang lanzettförmig. Die
jungen Triebe sind meist rot gefärbt. Die gesamte Pflanze, einschließlich der Frucht, enthält ein
Öl, welches bei manchen Menschen Dermatitis
verursacht. Der Blütenstand, der an der Spitze
der vorjährigen Triebe erscheint, enthält 300 bis
3000 oder noch mehr Knospen, von denen 7 %
bis 75 % zwittrig sind (Abb. 161). Die meisten
Blüten haben nur ein fruchtbares Staubgefäß,
weshalb nur wenig Pollen erzeugt wird. Bestäubung durch Insekten kann als Regel angenommen werden. Die Steinfrucht (Abb. 162 und
163) hat ein hartes faserreiches Endokarp, das
häufig durch Fasern mit dem Fruchtfleisch verbunden ist. Die Samenschale (Testa) ist papierartig dünn. Der Samen enthält einen oder mehrere Embryonen (Nucellarembryonie); danach
werden monoembryone, gewöhnlich rundfrüch-
tige, und polyembryone, gewöhnlich langfrüchtige, Typen unterschieden. Außer diesen gibt es
noch Typen mit intermediärer Fruchtform und
den Sandersha-Haden Komplex, der in Florida
und Hawaii entwickelt wurde (12).

Abb. 161. Blühende Mangozweige (Foto ESPIG).

Abb. 162. Mango. Unreife Früchte einer lokalen Sorte
in Senegal (Foto PRINZ).

Abb. 160. Freistehender Mangobaum, Indien (Foto
ESPIG).

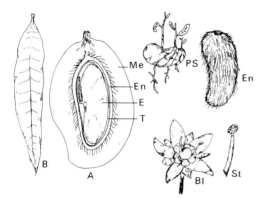

Abb. 163: Mangofrucht (A), -blatt und -blüte.
Me = fleischiges Mesocarp, En = faseriges Endokarp,
E = Embryo mit zwei Kotyledonen, T = Samenschale
(Testa), PS = Polyembryonaler Samen, B = Blatt,
Bl = Blüte mit Fruchtknoten, Griffel und einem Staub-
gefäß, St = Staubgefäß vergrößert.

Ökophysiologie

Der Mangobaum wächst unter sehr verschiedenartigen ökologischen Bedingungen von den
feuchten Tropen bis in semiaride Gebiete der
Subtropen. Tropische Sorten vertragen keinerlei
Frost, subtropische halten kurzdauernden Frost
bis zu −5 °C ohne Schaden aus. Optimal für
Wachstum und Ertrag sind 24 bis 27 °C. Die
Erträge sind in den Randtropen und warmen
Subtropen am höchsten, da kühlere Wintermonate die Blütenbildung fördern. Ebenso ist der
Wechsel von feuchten und trockenen Jahreszeiten vorteilhaft. Mango ist trockenresistent und
überlebt in manchen Gebieten mit nur 250 mm
Regen. Für hohe Erträge sind mindestens 1000
mm Niederschlag oder eine entsprechende Ergänzung durch Bewässerung notwendig. Zu viel
Regen, der meist mit starker Bewölkung, d. h.
mit Lichtmangel, verbunden ist, fördert das vegetative Wachstum auf Kosten der Blütenbildung; das kann so weit führen, daß überhaupt
keine Früchte angesetzt werden (16).
Der Boden soll durchlässig sein, der pH-Wert
zwischen 5,5 bis 6 liegen. Der Mangobaum paßt
sich flachgründigen Böden leicht an und gedeiht
sogar besser auf ihnen als jeder andere Nutz-
baum, sofern nur die Entwässerung gut ist.

Sorten

Viele Sorten indischen Ursprungs wie 'Mulgoba', 'Sandersha' und 'Alphonso' (7) sind weit
verbreitet. Polyembryonale Formen wie 'Philippine' und 'Cambodiana' sind in vielen Pflanzungen Mexikos und des tropischen Amerikas zu
finden. 'Pairi' und 'Alphonso' sowie Selektionen
von 'Mulgoba' erwiesen sich als gut geeignet für
Florida. Indessen hat jedes größere Anbaugebiet
eigene Sorten aus Sämlingen verschiedener Herkünfte entwickelt. Mit einer gelenkten Kreuzungszüchtung sind bisher keine besonderen Erfolge erzielt worden, da in den Versuchskreu-
zungen sehr große Verluste durch Abwerfen von
Blüten oder Früchten auftraten (15).
Beträchtliche Fortschritte wurden dagegen
durch Auslesezüchtung in Gebieten wie in Florida erzielt, wo aus Sämlingen von älteren importierten Standardsorten neue, besser angepaßte Lokalsorten entwickelt wurden. 'Haden',
'Kent' und 'Zill' sind nur einige mehrerer hervorragender Klone, die zur Zeit in Florida angebaut werden. Einige Sorten, wie z. B. 'Julie', sind
durch Frühreife und niedrigen Wuchs charakterisiert und haben sich in Gebieten mit niedrigeren Temperaturen während der Wachstumszeit
gut bewährt.

Anbau

Vermehrung. Die polyembryonalen Sorten werden in der Regel über die Samen vermehrt, da
die Nucellarembryonen sortenecht sind und von
einem Samen jeweils eine größere Zahl Jungpflanzen erhalten wird. Unter günstigen klimatischen Bedingungen kommen sie ebenso früh
zum Blühen wie vegetativ vermehrte Sorten.
Da Stecklinge des Mangobaums sich schwer bewurzeln, werden monoembryonale Sorten über
die verschiedenen Techniken des Okulierens und
Pfropfens (→ Bd. 3, Lenz, S. 242 ff.) vermehrt. Als
Unterlagen werden Sämlinge verwendet, wo-
möglich solche von selektierten polyembryonalen
Linien, durch die ein gleichmäßiger Wuchs erzielt
und ein guter Ertrag sichergestellt wird (3, 15). Die
Samen werden von vollreifen Früchten gewonnen. Sie sind möglichst innerhalb einer Woche
nach der Entfernung des Fruchtfleisches auszupflanzen oder können in Holzkohlepulver bis zu
einem Monat gelagert werden. Nach der Keimung
werden die jungen Sämlinge in Beete oder Plastik-
behälter verpflanzt. Bei welcher Größe sie gepfropft oder okuliert werden, hängt von der
gewählten Methode ab. Am häufigsten wird das
Pfropfen in seinen verschiedenen Abwandlungen
zur Veredlung gebraucht. Neben der üblichen
Schattierung hat es sich als nützlich erwiesen, das

Pfropfreis in durchscheinende Plastikfolie zu hüllen, um es vor dem Austrocknen zu schützen, bis die Pfropfstelle verwachsen ist. Aber auch die verschiedenen Arten des Okulierens werden lokal angewendet (3).

Pflanzen und Pflege. Sämlinge werden im Alter von 6 bis 12 Monaten an den endgültigen Standort verpflanzt, gepropfte oder okulierte Bäumchen nach 1 bis 2 Jahren. Die Pflanzweite schwankt in Abhängigkeit von der Sorte zwischen 10 × 12 und 14 × 16 m. Bis zum 4. Jahr nach dem Auspflanzen sollte im kommerziellen Anbau verfrühtes Fruchten verhindert werden, um mit kräftig entwickelten Bäumen die Produktion zu beginnen. Beschneiden ist i. a. nicht üblich, nur schwache, abgestorbene und kränkliche Äste werden entfernt. In Indien wurde in Versuchen eine optimale Mineraldüngerzusammensetzung von 4:1:4 (N:P:K) bei einer Gabe von 725 g N/Jahr für Bäume im Alter von zwölf Jahren ermittelt (5).

Krankheiten und Schädlinge

Krankheiten treten nur im humiden Klima in ernster Form auf. Die wichtigste ist die Anthraknose, verursacht durch *Glomerella cingulata* (*Colletotrichum gloeosporioides*). Die Hauptbekämpfungsmaßnahme ist die regelmäßige Entfernung befallener Äste, daneben können auch Fungizide eingesetzt werden. Der Mangomehltau, *Oidium mangiferae*, befällt vor allem Blütenstände und junge Früchte.

Von den verschiedenen *Schädlingen* verursachen wohl die Fruchtfliegen (verschiedene Arten je nach Anbaugebiet) im ganzen die größten Verluste an Früchten. In Südostasien sind die Mangozikaden (*Idioscopus niveosparsus* und verwandte Arten) als Schädlinge vor allem an Blüten- und Fruchtständen gefürchtet und machen eine Bekämpfung mit systemischen Insektiziden nötig. Ernste Verluste an Früchten verursachen die „mango weevils", verschiedene Arten der Gattung *Sternochetus* (*Cryptorrhynchus*), deren Larven sich von den Samen ernähren und die Früchte verderben. Auch die allgemein verbreiteten Arten von Schildläusen, Schmierläusen und Blasenfüßen können die Mangobäume befallen (1, 8, 14).

Ernte und Verwertung

Häufig ist bei Mangobäumen ein ungleichmäßiges Fruchten zu beobachten. Jahren guter Ernte folgen solche mit geringen Erträgen. Das gleichmäßige Fruchten kann durch entsprechende Sortenwahl und reichliche Düngung günstig beeinflußt werden. Die Erträge richten sich nach dem Alter der Bäume, sie liegen mit vier Jahren bei etwa 50 kg und mit acht Jahren bei 450 kg/Baum (5). Die Erträge schwanken in Abhängigkeit von Sorte, Standort und Pflege erheblich.

Die zum Versand bestimmten Früchte werden etwa drei Monate nach der Blüte geerntet, sobald die grüne Farbe verblaßt, die für unreife Früchte charakteristisch ist. Das Fleisch ist zu diesem Zeitpunkt noch fest. Eine zu frühe Ernte verusacht Verlust an Aroma. Die Frucht muß vor Beschädigungen geschützt und soll luftig gelagert werden, um Verluste durch Pilzbefall oder Abbau zu vermeiden. Wenn die Frucht ausgereift ist, soll die Lagertemperatur nicht unter 7 °C betragen, während unreife, grüne Früchte nicht unter 10 °C gelagert werden sollen. Durch zu niedrige Lagertemperatur treten Schäden auf, es kommt zur Bildung von Flecken, die aber erst erscheinen, sobald die Frucht zum Zwecke des Verbrauches wieder höheren Temperaturen ausgesetzt wird. Richtig gelagerte Früchte halten sich 20 bis 35 Tage.

Die in den Anbauländern übliche Verarbeitung der Mangofrüchte zu Pulpe, Saft und verschiedenen Konserven gewinnt zunehmend für den Export an Bedeutung (2, 14). In Indien werden auch die jungen Früchte vielseitig in der Küche verwendet. Die Kerne sind ein nahrhaftes Viehfutter (11).

Literatur

1. BUTANI, D. K. (1975): Parasites et maladies du manguier en Inde. Fruits 30, 91–101.
2. CAYGILL, J. C., COOKE, R. D., MOORE, D. J., READ, S. J., and PASSAM, H. C. (1976): The Mango (*Mangifera indica* L.). Harvesting and Subsequent Handling and Processing: An Annotated Bibliography. Rep. G 107. Tropical Products Institute, London.
3. CHAUDRI, S. A. (1976): *Mangifera indica* – mango. In: GARNER, R. J., and CHAUDRI, S. A. (eds.): The Propagation of Tropical Fruit Trees, 403–474. Commonwealth Agric. Bureaux, Farnham Royal, Slough, England.
4. FAO (1984): Production Yearbook, Vol. 38. FAO, Rom.
5. GEUS, J. G. DE (1973): Fertilizer Guide for the Tropics and Subtropics. 2nd ed. Centre d'Etude de l'Azote, Zürich.
6. HULME, A. C. (1971): The mango. In: HULME, A. C. (ed.): The Biochemistry of Fruits and Their

Products. Vol. 2, 233–254. Academic Press, London.

7. KACHROO, P. (ed.) (1967): The Mango. A Handbook. Indian Council Agric. Res., New Delhi.

8. LAROUSSILHE, F. DE (1980): Le Manguier. Maisonneuve et Larose, Paris.

9. MUKHERJEE, S. K. (1972): Origin of mango (Mangifera indica). Econ. Bot. 26, 260–264.

10. PURSEGLOVE, J. W. (1968): Tropical Crops. Dicotyledons, Vol. 1. Longman, London.

11. RANJHAN, S. K. (1978): Use of agro-industrial by-products in feeding ruminants in India. World Animal Rev. 28, 31–37.

12. RHODES, A. M., CAMPBELL, C., MALO, S. E., and CARMER, S. G. (1970): A numerical taxonomic study of the mango, Mangifera indica L. J. Amer. Soc. Hort. Sci. 95, 252–256.

13. SAMSON, J. A. (1980): Tropical Fruits. Longman, London.

14. SINGH, L. B. (1968): The Mango. Botany, Cultivation, and Utilization. Leonard Hill, London.

15. SINGH, L. B. (1969): Mango, Mangifera indica L. In: FERWERDA, F. P., and WIT, F. (eds.): Outlines of Perennial Crop Breeding in the Tropics. Veenman, Wageningen.

16. SINGH, L. B. (1977): Mango. In: ALVIM, P. DE T., and KOZLOWSKI, T. T. (eds.): Ecophysiology of Tropical Crops, 479–485. Academic Press, New York.

5.6 Papaya

PETER LÜDDERS

Botanisch: Carica papaya L.
Englisch: pawpaw, papaya
Französisch: papaye
Spanisch: papaya, lechosa, fruta bomba

Wirtschaftliche Bedeutung

Die Früchte der Papayapflanze gehören zu den köstlichsten der Tropen. Sie haben nicht nur einen vorzüglichen Geschmack, sondern auch einen hohen Vitamingehalt. Der Wassergehalt des Fruchtfleisches liegt zwischen 87 und 94 %, der Kohlenhydratgehalt beträgt je nach Entwicklungsstadium der Frucht 2 bis 12 %. In frischen Früchten erreicht der Vitamin-C-Gehalt 55 mg/100 g und der Gesamtsäuregehalt 60 mg/100 g Frischgewicht (5). Die Früchte enthalten weiterhin reichlich Provitamin A (2500 I.E.) und Spuren von Vitamin B_1 und B_2.

Die Gesamtproduktion in der Welt lag 1969/71 nach FAO-Angaben bei knapp 1,2 Mio. t, innerhalb von 10 Jahren stieg die Erzeugung um fast zwei Drittel auf 1,9 Mio. t an. Die stärkste Zunahme gab es in Brasilien, gefolgt von Mexiko. In den letzten Jahren (Tab. 77) ist vor allem die Produktionssteigerung auf den Philippinen bemerkenswert.

Papaya wird überwiegend als Subsistenzkultur genutzt; in steigendem Maße wird die Frucht in frischem Zustand auch exportiert. Der Konsum in Importländern ist durch weitere Verbesserungen der Verpackung und des Transportes noch steigerungsfähig. Durch Einsatz moderner Lagerungstechnik kann die Haltbarkeit der Früchte auf mehrere Wochen verlängert werden (3). Wichtige Exporteure sind neben Hawaii Südafrika und Florida.

Aus der unreifen Frucht kann eine milchige Flüssigkeit (Latex) gewonnen werden. Der Milchsaft enthält ein proteolytisches Enzym, genannt Papain, das Eiweißstoffe zu Aminosäuren spaltet und wegen seiner vielseitigen medizinischen und technischen Verwendung (s. u.) erheblichen Handelswert besitzt (7, 10, 24).

Der größte Importeur für Papain sind die USA mit jährlich 300 t, gefolgt von Japan und den westeuropäischen Ländern. Während ursprünglich Sri Lanka der Hauptproduzent von getrocknetem Latex war (200 t/Jahr), sind es heute, vor

Tab. 77. Papayaproduktion in den Hauptanbauländern (in 1000 t). Nach (9).

Gebiet	1974/76	1980	1983
Brasilien	129	427	460
Mexiko	220	221	317
Indonesien	220	315	310
Indien	257	265	270
Zaire	156	155	160
Philippinen	64	52	110
Welt	1442	1862	2087

allen Dingen aufgrund besserer Qualität, die ostafrikanischen Länder Uganda und Tansania, in geringem Umfang auch Zaire, Indien, Südafrika, Moçambique und Samoa. Der Export aus dem Kongo nahm von 1960 bis 1963 von 200 t auf 30 t ab.

Botanik

Carica ist die einzige Gattung der Familie Caricaceae, die Kulturpflanzen geliefert hat. Außer der weitaus wichtigsten Art *C. papaya* tragen mehrere andere eßbare Früchte, die aber alle nur lokale Bedeutung haben: Die wichtigsten von diesen sind *C. chrysopetala* Heilb., *C. pentagona* Heilb. und *C. pubescens* Lenné et K. Koch (Syn. *C. candamarcensis* Kuntze). Sie stammen alle aus Südamerika. Ihre Früchte sind weit weniger wohlschmeckend als die von *C. papaya* (7, 11, 26, 27).

Die Papaya wächst sehr schnell und kann nach einem Jahr bereits eine Höhe von 3 m erreicht haben. Die endgültige Höhe liegt bei 8 bis 10 m. Der Stamm ist bei jungen Pflanzen unverzweigt und trägt einen schirmförmigen Schopf handförmig-geteilter Blätter, die spiralig stehen. Die Blätter sind auffallend lang gestielt, beim Abwurf hinterlassen sie am Stamm deutliche dreieckige Narben (Abb. 164). In jedem Jahr werden bis zu 100 Blätter gebildet. Der Stamm ist nur

Abb. 165. Blütenstände einer männlichen Papayapflanze.

schwach verholzt, sein Gewebe innerhalb der faserigen Rinde besteht überwiegend aus Parenchym. Ältere Stämme können hohl werden. Die Wurzeln sind zart und daher leicht verletzbar.

Der Fruchtertrag setzt bereits nach einem Jahr ein, die Hauptproduktion liegt im zweiten bis vierten Jahr. Die in der Regel zweihäusige Pflanze bringt aus den Blattachselknospen weiße bis gelbliche Blüten hervor, die bei männlichen Individuen in Form von langen Rispen (Abb. 165), bei weiblichen und hermaphroditen in kurzgestielten wenigblütigen Dichasien stehen. In modernen Intensivkulturen werden vorrangig Sorten, bei denen es nur weibliche und zwittrige Pflanzen gibt, angebaut (s. u.).

Die Bestimmung des Geschlechtes der Pflanzen kann erst 4 bis 8 Monate nach Aussaat erfolgen, wenn die ersten Blüten erscheinen. Bei den männlichen Blüten sind die Kronblätter zu einer 2,5 cm langen Röhre verwachsen; die Zahl der Staubblätter beträgt zehn, der Fruchtknoten ist verkümmert. Bei den weiblichen Blüten sind die Kronblätter nur an der Basis verwachsen; Staubgefäße fehlen, der oberständige Fruchtknoten besteht aus fünf Fruchtblättern, die zahlreiche wandständige Samenanlagen tragen. Hermaphrodite Blüten ähneln den weiblichen in der Form; die Ausprägung der Geschlechter, besonders die Zahl der fruchtbaren Staubblätter, ist bei ihnen von Außenfaktoren, namentlich der Temperatur während der Blütenanlage, abhängig (17, 26).

Die Blütezeit kann sich bei optimalen Standortfaktoren über das ganze Jahr erstrecken, vorwiegend findet aber eine Konzentration auf ein

Abb. 164. Papaya als Mischpflanzung zwischen jungen Mangobäumen.

bis zwei Monate statt. Die Bestäubung erfolgt durch Wind oder Insekten. Einige zwittrige Formen sind Selbstbefruchter, die Bestäubung erfolgt noch vor der Anthese (26). Die Dauer der Fruchtentwicklung ist abhängig von den Standortfaktoren, vor allen Dingen von der Höhe der Temperatur, und beträgt in Tieflagen der Tropen meist 2 bis 3 Monate, in Hochlagen Südafrikas aber 9 bis 11 Monate (2). Die Früchte der verschiedenen Sorten unterscheiden sich in der Form (lang-birnförmig bis fast rund) und Größe (100 g bis 10 kg) ebenso wie in der Farbe des Fruchtfleisches (blaßgelb, gelb, orange, rot) und im Geschmack (fad-süßlich bis süß-aromatisch).

Ökophysiologie

Papaya wird vorwiegend in den Tropen und in den frostfreien Subtropen angebaut. Sie stellt hohe Ansprüche an die Wasserversorgung (1500 bis 2000 mm/Jahr), vor allem sollen die Niederschläge möglichst gleichmäßig verteilt sein. Lang anhaltende Trockenheit verträgt Papaya nicht gut, obwohl sie eine Pfahlwurzel besitzt. Diese dringt aber nicht tief in den Boden ein. Nährstoff- und Wasseraufnahme hängen stark von der Effizienz der VA-Mykorrhiza ab (14). Trockenperioden vermindern den Blüten- und Fruchtansatz. In sehr feuchten Gebieten kann es bei schlechter Dränage zu einem verstärkten Auftreten von Wurzelkrankheiten kommen. Eine Staunässe von 2 Tagen kann bereits fatale Folgen haben (28).

Ihr Hauptanbaugebiet erstreckt sich zwischen dem 32° nördlicher und südlicher Breite, teilweise bis in eine Höhe von 2100 m (1). Wie Banane und Ananas wird diese Kultur auch in südlicheren Gebieten von Südafrika, Australien und Südamerika in der Nähe der Ostküste kultiviert, wo die Wachstumsfaktoren nicht mehr optimal sind.

Durch Selektion lokal angepaßter Varianten ist es möglich geworden, auch unter klimatisch ungünstigen Bedingungen noch gute Qualitäten für den Markt zu produzieren. So wird in Pietermaritzburg (Südafrika) in einer Höhe von 600 m Papaya angebaut (2). Leichter Frost von kurzer Dauer schadet ausreichend ausgereiften Papayapflanzen kaum (28). Papaya bevorzugt einen lockeren Boden, damit eine gute Wasserführung gewährt ist. Der pH-Wert sollte zwischen 6,0 und 6,5 liegen, weil sonst verstärkt Wurzelkrankheiten auftreten können. Auf Hawaii wird

Papaya auf grobem vulkanischem Lavagestein angebaut, eine regelmäßige Düngung ist daher erforderlich (13). Papaya gedeiht am besten im vollen Sonnenlicht. Eine zu geringe Lichtintensität durch häufige Bewölkung verzögert das Wachstum und vermindert die Fruchtausfärbung, nicht aber unbedingt die Geschmacksqualität (12). Gelegentlich kann es bei zu intensiver Belichtung zu Sonnenbrandflecken auf den Früchten kommen.

Papaya bevorzugt windgeschützte Lagen, weil an den langgestielten und schirmförmig angeordneten Blättern leicht Schäden entstehen können. In Trockenperioden können die durch den Wind fortgetragenen Sandkörner die Früchte verletzen, aus den Wunden tritt dann Milchsaft, der die Qualität und Lagerfähigkeit der Früchte vermindert (12).

Das Temperaturoptimum liegt bei 25 °C; tiefere Temperaturen vermindern das vegetative Wachstum und die Fruchtentwicklung. So beträgt der Zeitraum von der Aussaat bis zur Ernte in den Tropen etwa 9 Monate (29) und in den Subtropen bis zu 24 (2).

Züchtung

Die Züchtung wird durch die Diözie bzw. Gynodiözie der Art erschwert, außerdem durch die späte Möglichkeit, das Geschlecht der Pflanzen zu bestimmen (erst bei Erscheinen der Blütenknospen). Die Grundlage erfolgreicher Selektion und Züchtung bei Papaya war die Aufklärung der Geschlechtsvererbung in den 30er Jahren (26). Drei Allele bestimmen das Geschlecht der Bäume: M_1, M_2 und m. M_1m ergibt männliche, M_2m zwittrige und mm weibliche Pflanzen. Die Kombinationen der dominanten Allele, M_1M_1, M_1M_2 und M_2M_2, sind lethal, so daß es von ihnen keine keimfähigen Samen gibt. Die Kreuzung mm × M_1m oder mm × M_2m liefert weibliche und männliche bzw. zwittrige Nachkommen im Verhältnis 1:1. Die Selbstung oder Kreuzung zwittriger (M_2m) Pflanzen führt zu einer Aufspaltung von 1 weiblich:2 zwittrig; zur Erzielung eines Bestandes, der überwiegend aus zwittrigen Pflanzen (deren Früchte bei 'Solo' im Handel höher geschätzt werden als die Früchte weiblicher Pflanzen) besteht, sollte die Saat daher aus M_2m × M_2m gewonnen werden. Zwittrige Pflanzen mit Pollen von männlichen Pflanzen (M_1m) liefern weibliche, zwittrige und männliche im Verhältnis 1:1:1 (7, 26).

Größe und Gestalt der Früchte sind vom genetischen Potential der Eltern abhängig. So führen die erwähnten Selbstungen zwittriger Pflanzen von 'Solo' bei den zwittrigen Nachkommen zu 400 bis 500 g schweren, birnenförmigen Früchten, bei den weiblichen aber zu größeren, runden Früchten. Bei der Blütenfarbe ist gelb über weiß dominant, beim Fruchtfleisch gelb über rot.

Wichtige Züchtungsziele sind neben der Erhöhung der Frucht- und Latexproduktion sowie der Verbesserung der inneren und äußeren Fruchtqualität auch die Gewinnung virusresistenter Sorten (7).

Darüber hinaus steht die Eliminierung zwittriger Formen, deren weibliche Blüten zu bestimmten Jahreszeiten steril werden oder die Neigung zu Staubfädenverdickungen haben, auf dem Programm. Auch die Züchtung kälteresistenter Hybriden ist besonders für die Subtropen von großer wirtschaftlicher Bedeutung. Eine Verkürzung der Internodien zur Erleichterung der Ernte ist ein weiteres Ziel (Abb. 166).

Die erste genetisch einheitliche, zwittrige Sorte war 'Solo', die 1910 auf Barbados entstand und noch heute in vielen Ländern angebaut wird. Von dieser stammen die beiden natürlichen Linien 5 (1939 selektiert) und Linie 8 (1953 selektiert) ab, deren Fruchtgewicht zwischen 450 und 900 g liegt, und die eine ausgezeichnete Frucht-

Abb. 166. Niedrigwüchsige Papayapflanze mit kurzen Internodien.

qualität haben. Weitere Selektionen aus der 'Solo' sind 'Kapoho' und 'Masumoto Solo' (15). 'Sunrise Solo' ist eine neue Sorte von Hawaii mit rötlich-orangefarbenem und süßlich schmeckendem Fruchtfleisch, deren Früchte 425 bis 625 g schwer sind. Eine weitere hochwertige Sorte ist 'Waimanalo' mit einem Fruchtgewicht von 425 bis 1110 g. Es handelt sich um eine Züchtung aus 'Betty' (Florida) und 'Solo' (Linie 5 und 8). Hervorzuheben bei dieser Sorte ist der erste Blütenansatz in wesentlich niedrigerer Höhe (ab 80 cm) gegenüber 150 cm Höhe bei der Linie 8. Eine alte diözische Sorte ist 'Hortus Gold', die 1936 in Südafrika eingeführt wurde (26). In Queensland werden auch die beiden diözischen Sorten 'Aroochy' und 'Sunnybank' angebaut.

Anbau

Vermehrung. Papaya wird überwiegend durch Samen vermehrt, die im eigenen Betrieb erzeugt werden können. Voraussetzung für ertragreiche Pflanzen mit den gewünschten Fruchteigenschaften ist die Gewinnung von hochwertigem Saatgut. Eine Frucht enthält 300 bis 700 keimfähige Samen. Diese können sofort in flachen Aussaatschalen ausgesät oder in getrocknetem Zustand bis zu einem Jahr gelagert werden. Auch eine Aussaat in Plastikbeuteln ist möglich, in diesem Fall werden 5 Samen pro Gefäß ausgelegt. Das Saatbeet sollte zur Bekämpfung von Nematoden mit Methylbromid oder DD behandelt werden. 3 bis 4 Wochen nach der Keimung der Sämlinge wird getopft und nach weiteren 3 bis 4 Wochen ins Feld gepflanzt.

Eine andere Möglichkeit ist die direkte Aussaat in die Anlage. Pro Pflanzloch werden 5 bis 10 Samen gelegt. Diese Direktaussaat hat den Vorteil, daß keine Wurzeln beim Pflanzen beschädigt werden. Später muß eine Ausdünnung der Pflanzen erfolgen. Eine vegetative Vermehrung durch Stecklinge oder Veredlung ist auch möglich, aber vielfach unwirtschaftlich. Für die Stecklingsgewinnung muß der allgemein kaum verzweigte Baum zurückgeschnitten werden, um die Bildung von Seitenzweigen zu fördern; weiterhin sind Sprühnebelanlagen notwendig, die in kühlen Gebieten auch noch mit einer Bodenheizung ausgerüstet sein müssen.

Die Gewebekultur stößt bei Papaya wegen der Latexausscheidung zwar auf gewisse Schwierigkeiten (4), ist aber möglich. Es wird undifferenziertes Gewebe aus den Blattstielen der Triebspitzen von geschlechtsreifen Pflanzen entnommen (19, 20). Bei Verwendung von Sämlingen würden Probleme im Hinblick auf Geschlechtsbestimmung, Ringfleckenvirustoleranz, Ertragshöhe und Fruchtqualität auftreten. Durch Einsatz von Wachstumsregulatoren ist es möglich, durch Unterdrückung der Kallusbildung Chromosomenveränderungen zu verhindern und damit erbgleiche Nachkommenschaften durch die Gewebekultur zu erzeugen.

Erstellung einer Anlage. Vor der Aussaat oder der Pflanzung wird der Boden an der Pflanzstelle tief gelockert. Der Pflanzenabstand ist von der Wüchsigkeit, der Kronenausdehnung und der Mechanisierungsstufe abhängig, er beträgt $2{,}0 \times 3{,}0$ m bis $2{,}5 \times 4{,}0$ m. Ein sehr dichter Bestand erhöht zwar in den ersten acht Ertragsmonaten den Fruchtertrag pro Fläche, erschwert aber die Schädlingsbekämpfung (z. B. Milben) und fördert das Längenwachstum des Stammes (23). Auch nimmt der Ertrag im 2. Jahr wieder ab. Da bei diözischen Sämlingen zum Zeitpunkt der Pflanzung das Geschlecht unbekannt ist, sollten 4 bis 5 Pflanzen pro Pflanzloch gesetzt werden, so daß eine entsprechende Ausdüngung von 12 bis 15 weiblichen zu 1 männlichen Pflanze möglich ist. Bei hermaphroditischen Bäumen sind die Nachkommen zu zwei Drittel hermaphroditisch und zu einem Drittel weiblich. Wenn ein rein zwittriger Bestand angestrebt wird, pflanzt man 3 Sämlinge pro Pflanzstelle und beseitigt später die weiblichen und überzähligen zwittrigen Pflanzen (26).

Die Pollenübertragung erfolgt durch Wind, Bienen und Schmetterlinge. Neben der weitgehenden Ausschaltung des Unkrautes durch eine flache Bodenbearbeitung ist auch der Einsatz von Herbiziden wie Paraquat oder Dalapon möglich. Eine Abdeckung des Bodens mit organischem Material ist zwar zu empfehlen, aber arbeitswirtschaftlich sehr aufwendig, abgesehen von der Schwierigkeit der Beschaffung des Mulchmaterials.

Die Jungpflanzen müssen bei Trockenheit reichlich gegossen werden; in Trockenperioden müssen auch die Ertragsanlagen regelmäßig bewässert werden, weil sonst der Fruchtbehang abnimmt.

Die Anlagen werden in der Regel nur 3 bis 5 Jahre genutzt, weil danach die Erträge sinken und zu große Höhe des Stammes die Ernte erschwert. Oft wird Papaya als Zwischenkultur

(intercropping) in Zitrus-, Mango-, Litchi- oder Avocadoanlagen gepflanzt; dann stehen sie entweder in den Reihen oder in den Fahrgassen der langlebigen Obstkulturen (Abb. 164).

Düngung. Papaya stellt nicht nur hohe Ansprüche an die Wasserversorgung, sondern auch an die Nährstoffverfügbarkeit im Boden. Ein Anbau auf Böden minderer Fruchtbarkeit bei entsprechender Düngung ist möglich. Zur Erzielung hoher Fruchterträge sind hohe Düngergaben bis 1,5 kg pro Pflanze notwendig. Beim Anbau für die Verarbeitung muß die N-Menge reduziert werden, um den Nitratgehalt der Früchte niedrig zu halten. Auf sandigen Lehmböden in Südindien werden folgende Düngermengen pro Pflanze empfohlen: 250 g N, 110 g P, 415 g K (25). Zur Feststellung des Düngerbedarfs werden Blattstielanalysen durchgeführt. In Hawaii soll der N-Gehalt in Abhängigkeit von der Saison zwischen 1,15 und 1,33 % TS und der P-Gehalt bei 0,25 % TS liegen (6).

Schnitt. Ein Schnitt im traditionellen Sinne ist nicht erforderlich, weil die Bäume nur einen Stamm mit einem Blattschopf haben. Ein Rückschnitt zu hoher Bäume wird gelegentlich in Mischpflanzungen vorgenommen.

Krankheiten und Schädlinge

In den Tropen sind Pilzkrankheiten bei Papaya allgemein von untergeordneter Bedeutung, allerdings nimmt mit der Intensivierung dieser Kultur auch der Infektionsdruck zu. Von wirtschaftlicher Bedeutung kann der Befall von Sämlingen durch *Rhizoctonia solani* sein, die besonders in Vermehrungsbeeten auftritt. In den Subtropen kommen verschiedene Krankheiten durch Infektionen mit *Pucciniopsis caricae*, *Oidium caricae* (Echter Mehltau), *Colletotrichum gloeosporioides* (Lagerfäule), *Pythium aphanidermatum* (Stammfäule) und *Phytophthora* spp. (Sämlings- und Fruchtfäule) vor. Wurzel- und Stammfäulen treten vor allen Dingen auf schlecht dränierten Standorten verstärkt auf (8, 29).

Weit verbreitet sind verschiedene Viruskrankheiten, die durch Insekten oder mechanisch verbreitet werden. Von den sieben identifizierten Viren sind vor allem das Papaya-Mosaikvirus (mechanisch übertragen) und die Ringfleckenkrankheit (papaya ringspot virus, mechanisch und durch Blattläuse übertragen) zu nennen (8, 22, 29). Neben der Vermeidung der mechanischen Übertragung durch den Menschen oder

Geräte und der Rodung befallener Bäume spielt die Resistenzzüchtung bei der Bekämpfung der Virosen eine wichtige Rolle. Die Büschelkrankheit (bunchy top) ist eine Mykoplasmose, übertragen durch die Zwergzikade *Empoasca papayae*.

Beim Nachbau können Nematoden besonders auf sandigen Böden erhebliche Schäden verursachen. Bei Befall mit *Meloidogyne* spp. vergilben die Blätter. Neben Züchtung nematodenresistenter Sorten und Einhaltung einer Kulturfolge ist der Einsatz von Nematiziden auf stark befallenen Flächen möglich.

Auch Insekten können beachtliche Schäden an den Pflanzen und ihren Früchten verursachen. Neben den verschiedenen Fruchtfliegen, der Weißen Fliege *(Trialeurodes variabilis)* und dem „Amerikanischen" Kapselwurm *(Heliothis armigera)* kann der Cutworm (Eulenraupen, *Agrotis* spp.) gefährlich werden. Dieser tritt vor allem in Gebieten mit hohen Niederschlägen oder bei feuchter Witterung auf.

Erhebliche Schäden können auch Milben (zahlreiche Arten) verursachen (29).

Ernte und Verwertung

Früchte. Für den Frischmarkt werden die Früchte geerntet, wenn sie noch fest sind und einen Farbumschlag nach gelb zeigen; innerhalb von 4 bis 5 Tagen werden sie genußreif. Bei einer zu frühen Ernte (etwa 8 bis 10 Tage vor der Genußreife) bilden die Früchte nicht das gewünschte Aroma aus. Während in den Tropen bei gleichmäßig verteilten Niederschlägen die Ernte nur mit gewissen saisonalen Schwankungen stattfindet, konzentriert sich die Pflücke in den Subtropen aufgrund jahreszeitlicher Temperaturschwankungen auf wenige Monate. Die Ernte muß sorgfältig erfolgen, weil die Früchte sehr druckempfindlich sind. Sie werden mit einem scharfen Messer vom Baum abgeschnitten. Die jährlichen Baum- und Flächenerträge liegen mit 30 bis 150 Früchten bzw. 25 bis 50 t/ha im Vergleich zu anderen Obstarten sehr hoch.

Die *Lagerung* der klimakterischen Früchte erfolgt bei 10 bis 13 °C und ist bei halbreif geernteten Früchten bis zu 3 Wochen möglich.

Eine 18- bis 21tägige Lagerung unter reduziertem Druck (20 mm Hg) bei 10 °C und 90 bis 98 % relativer Luftfeuchtigkeit reicht aus, um die Früchte per Schiff von Hawaii zum USA-Festland zu transportieren (3).

Die Papayafrucht wird auch für die Herstellung von Marmelade und Saft (Nektar) verwendet. Der Fruchtsaft mit seinen verdauungsfördernden Eigenschaften schmeckt nicht nur angenehm, sondern ist auch kalorienarm. Für die Konservierung werden keine vollreifen Früchte verwandt, weil sie beim Konservierungsvorgang zerfallen. Ein Problem bei diesem Verfahren stellen unerwünschte Geschmacks- und Geruchsveränderungen dar, die durch Schwefelverbindungen hervorgerufen werden sollen.

Papain. In tropischen Gebieten wird mit der *Latexgewinnung* begonnen, wenn die Bäume etwa ein Jahr alt sind. Die Subtropen sind für den Anbau zu diesem Zweck nicht geeignet, weil die Pflanzen in Trockenperioden nicht genügend Latex ausbilden. Die Früchte werden etwa 1,5 mm tief angeritzt. Zu tiefe Wunden können von Krankheitserregern infiziert werden, außerdem kann der Latex durch Fruchtsaft verunreinigt werden. Für das Zapfen sollen die Früchte ausgewachsen, aber noch völlig grün sein. Pro Frucht werden 3 bis 4 vertikale Schnitte angelegt. Das Anritzen geschieht mit einem Rasiermesser, das an einem Stock befestigt ist (24). Die beste Zapfzeit ist wie bei Hevea morgens früh. Der Latexfluß dauert etwa 1 Minute. Die Früchte werden in Abständen von 4 bis 7 Tagen angezapft. Das Zapfen läßt sich 8 bis 12 mal pro Frucht wiederholen. Läßt die Latexproduktion der Bäume nach, so ist eine Ruhepause einzulegen. In Trockenperioden sollte nicht gezapft werden, wenn nicht bewässert werden kann.

Beim Zapfen darf kein Latex ins Auge gelangen, weil es sonst zu Ätzungen führt. Eine Arbeitskraft kann täglich 50 bis 100 Bäume anzapfen und 5 bis 15 kg Latex gewinnen.

Der höchste Ertrag wird im 2. Erntejahr erzielt, dieser erreicht eine durchschnittliche Höhe von 140 bis 170 kg getrocknetem Latex pro ha und Jahr (1). In Hochlagen Tansanias werden nur 45 bis 55 kg/ha erzielt. Angezapfte Früchte sind aufgrund ihres schlechten Aussehens zwar nicht mehr für den Frischmarkt geeignet, ihr Geschmack ist aber einwandfrei. Sie werden vorrangig an Schweine verfüttert (16) oder als Konservenfrüchte verwandt.

Der austretende Latex wird mit Hilfe einer Vorrichtung (auch „Schirm" genannt), die um den Stamm angebracht ist, aufgefangen. Die Schirme bestehen aus einem Holzrahmen, der mit einem Segeltuch oder Polyethylenfolie bespannt ist.

Der Latex wird auf dem Auffangrahmen koaguliert und in einen Behälter abgeschabt. Auf jeden Fall darf Latex nicht mit Metall in Berührung kommen, weil es dann zu einer Farbveränderung kommen kann.

Der koagulierte Latex muß sofort nach dem Sammeln auf etwa 8 % Wassergehalt getrocknet werden. Nach Entfernen von groben Verunreinigungen wird der zähe Brei durch ein Sieb gepreßt und die entstehenden Nudeln auf einem Nesseltuch über erhitzten Röhren bei 52 bis 54 °C getrocknet. Eine Überhitzung führt zu einer unerwünschten Braunfärbung. Die Trocknung sollte in 5 bis 7 Stunden abgeschlossen sein. Eine andere Möglichkeit ist die Trocknung in der Sonne, sie ergibt aber eine geringere Qualität. In Zaire wurde ein Sprühtrocknungsverfahren entwickelt, mit dem Papain von besonders guter Qualität gewonnen werden kann (24).

Zur Qualitätserhaltung des Papains ist eine trockene und kühle Lagerung erforderlich, weil sonst eine Zersetzung stattfindet. Durch Zugabe von Kaliumdisulfat wird dieser Vorgang verhindert. Der Transport des Papains erfolgt vakuumverpackt in Kanistern.

Papain wird sowohl in der Pharmazie (z. B. Förderung der Verdauung) als auch in der Schlachterei als Fleischzartmacher sowie in der Brauerei als Stabilisierungsmittel eingesetzt. Andere Verwendungszwecke sind gegeben in der Leder- (Gerben von Fellen und Häuten), Lebensmittel- (Herstellung von Fleisch- und Hefeextrakten) und Textilindustrie. Auch bei der Herstellung von Kaugummi und Käse wird Papain verwendet (10, 18, 24).

Literatur

1. ACLAND, D. J. (1971): East African Crops. Longman, London.
2. ALLAN, P. (1967): Pawpaw research at Pietermaritzburg. I. Production from seedlings. Farming S. Afr. 42, 25–29, 31.
3. ALVAREZ, A. M. (1980): Improved marketability of fresh papaya by shipment in hypobaric containers. Hort. Sci. 15, 517–518.
4. ARORA, I. K., and SINGH, R. N. (1978): Callus initiation in the propagation of papaya (Carica papaya L.) in vitro. J. Hort. Sci. 53, 151.
5. ARRIOLA, M. C. DE, CALZADA, J. F., MENCHU, J. F., ROLZ, C., and GARCIA, R. (1980): Papaya. In: (21).
6. AWADA, M. (1977): Relations of nitrogen, phosphorus, and potassium fertilization to nutrient composition of the petiole and growth of papaya. J. Amer. Soc. Hort. Sci. 102, 413–418.
7. BRÜCHER, H. (1977): Tropische Nutzpflanzen. Springer, Berlin.
8. COOK, A. A. (1975): Diseases of Tropical and Subtropical Fruits and Nuts. Hafner Press, New York.
9. FAO (1984): Production Yearbook, Vol. 37. FAO, Rom.
10. FLYNN, G. (1975): The Market Potential for Papain. Rep. G 99. Trop. Products Inst., London.
11. FOUQUÉ, A. (1976): Espèces Fruitières d'Amérique Tropicale. Inst. Français Rech. Fruitières Outre-Mer, Paris.
12. HOFMEYER, J. D. J., and LE ROUX, J. C. (1939): The culture of the pawpaw. Farming S. Afr. 14, 325–329.
13. ITO, P. J., NAKASONE, H. Y., and HAMILTON, R. A. (1969): Papaya improvement and culture on broken lava rocks. Proc. Trop. Region, Amer. Soc. Hort. Sci. 12, 241–145.
14. JANOS, D. P. (1980): Vesicular-arbuscular mycorrhizae affect lowland tropical rain forest plant growth. Ecology 61, 151–162.
15. KNIGHT, R. (1980): Origin and world importance of tropical and subtropical fruit crops. In: (21), 48–52.
16. KÜTHE, G., und SPOERHASE, H. (1974): Anbau und Nutzungsmöglichkeiten von Papaya (Carica papaya L.). Tropenlandwirt 75, 129–139.
17. LANGE, A. H. (1961): Factors affecting sex changes in the flower of Carica papaya L. Proc. Amer. Soc. Hort. Sci. 77, 252–264.
18. LASSOUDIÈRE, A. (1968/69): Le papayer. Fruits 23, 523–529, 585–596; 24, 105–113, 143–151, 217–221, 491–530.
19. LITZ, R. E., and CONOVER, R. A. (1978): Tissue culture propagation of papaya. Proc. Florida State Hort. Soc. 90, 245–246.
20. LITZ, R. E., and CONOVER, R. A. (1978): In vitro propagation of papaya. Hort. Sci. 13, 241–242.
21. NAGY, S., and SHAW, P. E. (eds.) (1980): Tropical and Subtropical Fruits. Composition, Properties and Uses. AVI Publ. Co., Westport, Connecticut.
22. NIENHAUS, F. (1981): Virus and Similar Diseases in Tropical and Subtropical Areas. GTZ, Eschborn.
23. PÉREZ, A., and VARGAS, D. (1977): Effect of fertilizer level and planting distance on soil pH, growth, fruit size, disease incidence, and profit of two papaya varieties. J. Agric. Univ. Puerto Rico 61, 68–76.
24. POULTER, N. H., and CAYGILL, J. C. (1985): Production and utilization of papain – a proteolytic enzyme from Carica papaya L. Trop. Sci. 25, 123–137.
25. PUROHIT, A. G. (1977): Response of papaya to nitrogen, phosphorus and potassium. Indian J. Hort. 34, 350–353.
26. STOREY, W. B. (1969): Papaya. In: FERWERDA, F. P., and WIT, F. (eds.): Outlines of Perennial Crop Breeding in the Tropics, 389–407. Veenman, Wageningen.

27. STOREY, W. B. (1976): Papaya. *Carica papaya* (Caricaceae). In: SIMMONDS, E. W. (ed.): Evolution of Crop Plants, 21–24. Longman, London.
28. WOLFE, H. S., and LYNCH, S. J. (1940): Papaya culture in Florida. Univ. Florida Hort. Soc. Proc. 75, 387–391.
29. YEE, W., AKAMINE, E. K., AOKI, G. M., HARAMO-TO, F. H., HINE, R. B., HOLTZMANN, O. V., HAMIL-TON, R. A., ISHIDA, J. T., KEELER, J. T., and NAKA-SONE, H. (1970): Papayas in Hawaii. Univ. of Hawaii, Coop. Ext. Serv., Circ. 436.

5.7 Avocado

CHARLES A. SCHROEDER

Botanisch: *Persea americana* Mill.
Englisch: avocado
Französisch: avocat
Spanisch: aguacate, palto

Wirtschaftliche Bedeutung

Die Anbaufläche der Avocado hat in den letzten 10 Jahren vor allem in den subtropischen Gebieten der Welt stark zugenommen. Der größte Produzent ist Mexiko mit 450 000 t i. J. 1983, gefolgt von den USA (248 000 t), der Dominikanischen Republik (136 000 t) und Brasilien (110 000 t) (5). In Kalifornien hat sich der Anbau auf 34 000 ha ausgedehnt. Auch Israel, die Philippinen, Venezuela, Chile, Kenia, Simbabwe und Sri Lanka vergrößerten ihre Anbaufläche. Fast alle subtropischen Länder versuchen, den Anbau von Avocado zu entwickeln (3), zumal sie zu einer wichtigen Exportfrucht geworden ist. Ein großer Teil der Erzeugung Israels, Südafrikas und eines Teils der Karibischen Inseln wird nach Westeuropa verkauft. Aber auch für die Ernährung der heimischen Bevölkerung ist die Avocado wegen ihres hohen Nährwertes wichtig: Mit einem Ölgehalt bis etwa 30 %, einem Eiweißgehalt bis etwa 3 % und einem hohen Gehalt an Mineralstoffen und Vitaminen ist sie eine der nährstoffreichsten Früchte (2, 5a, 12).

Zum Verzehr wird die rohe Frucht längs gespalten und nach Entfernung des Kernes das weiche Fleisch ohne Zutat, mit Zucker oder Wein, auch mit Salz und Pfeffer ausgelöffelt. Die Avocado kann auch als Salat oder Gemüse verschieden zubereitet werden.

Ob die Welterzeugung sich noch wesentlich steigern wird, ist unsicher. In einzelnen Ländern mit einem entsprechenden Inlandsmarkt bestehen, wie gesagt, noch gute Möglichkeiten für die Ausdehnung des Anbaus. Ein Indikator für eine Sättigung des Weltbedarfs sind der Preisrückgang bei den in Westeuropa angebotenen Frischfrüchten und der dramatische Preisverfall beim Avocadoöl, einem Nebenprodukt, das meist aus unverkäuflichen Früchten gewonnen wird und fast ausschließlich in kosmetischen Präparaten Verwendung findet.

Botanik

Die Avocado gehört zu der überwiegend tropischen Familie Lauraceae; sie stammt aus Mexiko und Mittelamerika, wo ihre Früchte seit frühesten Zeiten vom Menschen genutzt wurden. Auch der Anbau ist sehr alt (Verbreitung bis Peru bereits 1800 v. Chr.) (1, 5a, 12, 15). Der Baum ist immergrün und erreicht eine Höhe von 12 bis 15 m. Er hat dunkelgrüne, breite, lanzettliche Blätter. Die zahlreichen unscheinbaren Blüten stehen in endständigen Rispen und haben einen Durchmesser von etwa 1 cm. Jede Blüte

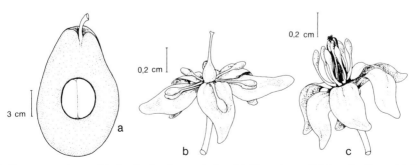

Abb. 167. *Persea americana.* (a) Frucht im Längsschnitt, (b) Blüte im weiblichen Stadium, (c) Blüte im männlichen Stadium. (Nach 10)

besteht aus einem einfachen Stempel und neun Staubgefäßen, die in zwei Quirlen von drei und sechs angeordnet sind und denen sechs ähnlich angeordnete Blütenblätter gegenüberstehen. Der einfächrige Fruchtknoten enthält eine einzige Samenanlage; aus ihm wird eine Beere mit zur Reifezeit weichem Fleisch (Abb. 167a) (14). Die Größe wechselt zwischen der einer Pflaume und einer großen Birne. Die Blütenbiologie läßt sich bei allen Sorten wie folgt beschreiben: Die Eizellen sind morgens befruchtungsfähig, und die Staubgefäße geben ihren Pollen am Nachmittag ab, oder die Eizellen können nachmittags befruchtet werden, und die Staubgefäße geben ihren Pollen am nächsten Morgen ab (Abb. 167b u. c). Diese Art der Bestäubung – Dichogamie genannt – schließt Selbstbestäubung aus und macht Anpflanzung verschiedener Sorten der beiden Typen zur Erzielung einer höheren Bestäubungsrate notwendig. Jedoch können Einzelbäume oder Anlagen mit nur einer Sorte unter günstigen klimatischen Bedingungen auch völlig gleichwertige Erträge bringen.

Die drei im Gartenbau verwendeten Typen sind:

Mexikanischer Typ: Verträgt Kälte am besten, hat kleine dünnschalige Früchte mit einem hohen Ölgehalt. Das zerquetschte Blatt hat einen anisartigen Geruch.

Guatemaltekischer Typ: Diese Sorten vertragen nur wenig Frost. Die Frucht ist dickschalig und hat einen Ölgehalt von 10 bis 20 %. Der Anisgeruch ist nicht vorhanden.

Westindischer Typ: Sehr frostempfindlich, hat große Früchte mit mitteldicker, aber zäher Schale. Der Ölgehalt beträgt 3 bis 7 %, der Anisgeruch fehlt.

Hybriden, die aus verschiedenen Typen hervorgegangen sind, zeigen meist intermediären Charakter.

Ökophysiologie

Klima. Der Avocadobaum ist ein ausgesprochen subtropischer Baum. Die drei Typen, denen sich alle Sorten zuordnen lassen, unterscheiden sich vor allem in Kälteresistenz und Wasseransprüchen. Bäume der mexikanischen Typen lassen sich in bezug auf Temperaturverträglichkeit mit der Orange vergleichen, während der guatemaltekische Typ mit den Zitronen und der westindische mit *Citrus aurantiifolia* (→ MENDEL, Kap. 5.2) vergleichbar ist. Hybriden der mexikanisch-guatemaltekischen Typen, die in Kalifornien

und Florida weit verbreitet sind, können je nach Herkunft des Klons Temperaturen von 0 bis 3 °C ertragen. Westindische Sorten, die für Kalifornien viel zu empfindlich sind, werden in großem Maße in Florida, Hawaii und auf den Karibischen Inseln angebaut. Sommertemperaturen über 33 °C können dem Baum und der Frucht schaden. Die Wasseransprüche schwanken je nach Standort und Sorte zwischen 1000 und 2500 mm/Jahr, Bewässerung kann fehlende Niederschläge ergänzen. Nach Erfahrungen in Kalifornien und Israel ist die Anwendung der Tropfbewässerung besonders vorteilhaft. Die Beschränkung der Wasserzufuhr auf den Wurzelbereich spart Wasser, erlaubt eine genaue Kontrolle der Bodenfeuchte, bedingt eine bessere Bodenbelüftung, verringert Wurzelprobleme und verbessert allgemein den Gesundheitszustand der Bäume. Bewölkte, feuchte Witterung während der Blüte begünstigt die Selbstbefruchtung, aber auch Krankheitsinfektionen.

Boden. Der Baum gedeiht gut auf Böden von mittlerer oder leichter Textur, kümmert jedoch auf luftundurchlässigen oder schlecht dränierten Böden, auf denen er leicht von Wurzelfäule (root-rot, *Phytophthora cinnamomi*) befallen wird. Diese Krankheit kann in manchen Gegenden den Anbau der Avocados einschränken bzw. unmöglich machen. Avocados sollten auch keinesfalls auf Böden stehen, die vorher Tomaten oder Auberginen getragen haben, da alle drei Pflanzen leicht von *Verticillium* spp. angegriffen werden. Der pH-Wert soll bei 5,5 bis 6,5 liegen. Gesunde Avocadobäume haben eine sehr aktive vesikulär-arbuskuläre Mykorrhiza; diese wird durch gleichmäßig hohe, aber nicht wesentlich über 30 °C hinausgehende Bodentemperatur, gleichmäßige Bodenfeuchte und gute Bodendurchlüftung gefördert (→ Bd. 3, REHM, S. 101, 109). Mulchen mit organischem Material hat direkt oder auf dem Umweg über die Mykorrhiza eine günstige Wirkung auf das Baumwachstum und die Resistenz gegen *Phytophthora cinnamomi* (6, 8).

Züchtung

Viele alte Handelssorten in Kalifornien und Florida wurden direkt von den Hochländern Mexikos und Guatemalas importiert. Ein beträchtlicher Fortschritt konnte bei der Selektion von Klonen aus einheimischen Sämlingen erzielt werden, aus denen Sorten wie 'Hass' in Kalifornien und 'Booth 7' und 'Booth 8' in Florida hervorgegangen sind, die ständig an Bedeutung für die Industrie gewinnen. Die mexikanisch-guatemaltekische Hybride 'Fuerte' stammt aus Mexiko und gilt als Maßstab für Spitzenqualität.

In strengen Züchtungsverfahren wurden bisher noch keine besonders guten Sorten produziert, die denen der örtlichen Sämlingsselektionen überlegen gewesen wären (1). Der vorherrschende Trend geht auf die Züchtung von kleinen bis mittelgroßen Früchten hin, die wirtschaftlicher produziert und vermarktet werden können. Das gilt besonders für Kalifornien und Israel. Viele großfrüchtige Sorten wurden mit kleineren Sorten wie 'Hass' umveredelt. Diese Sorte hat sich in durch Frost nicht gefährdeten Gebieten weit verbreitet. Sie hat eine dunkle, höckerige Oberfläche und ist dabei, die bisher beliebteste Sorte 'Fuerte' in Kalifornien und vielen anderen Anbaugebieten zu verdrängen. Die Sorte 'Sharwil' von Hawaii hat auch in Australien Erfolg. Die Sorte 'Ettinger' aus Israel hat sich auch in Südafrika bewährt.

Versuche mit Sämlingen aller drei Typen sind in bisher dem Avocadoanbau unerschlossenen Gebieten zu empfehlen. Es sollten aber keine Bäume mit Wurzelballen in neue Gebiete eingeführt werden, es sei denn, daß man sie unter genau kontrollierbaren, vor allem sterilen Bedingungen anbauen kann, wobei der Boden frei von *Phytophthora cinnamomi* sein muß. Die beste Methode ist die Verwertung von Saatgut, das heiß (Wasserbad, 50 °C für 30 min) sterilisiert wurde. Diese Sämlinge lassen sich später leicht mit Pfropfreisern, die pilzfrei sind, veredeln. Wenn diese Vorsichtsmaßnahmen nicht beachtet werden, kann ein mögliches Anbaugebiet infolge der Infektion mit Krankheiten völlig ausfallen.

Anbau

Vermehrung. Avocadosamen werden mit dem spitzen Ende nach oben in Saatbeete, in tiefe Kästen mit Sand-Torf-Gemisch oder in Vermiculit ausgesät. Die 10 bis 15 cm hohen Setzlinge werden vorsichtig in Anzuchtbeete oder schwarze Kunststoffbeutel von 40 cm Höhe und 15 cm Durchmesser verpflanzt. Das Okulieren nach der Schildmethode erfolgt an bleistiftstarken Stämmen. Beim Pfropfen wird die Pflanze schräg bis auf 15 cm gekürzt, ein Pfropfreis von ähnlichem Durchmesser bis auf ein Auge zurückge-

schnitten, und beide Oberflächen werden zusammengefügt und fest miteinander verbunden. Es kann notwendig werden, den jungen Sproß unter Glas zu halten, um ihn zu schützen (9).

Die Umveredelung von großen Ästen kann durch Rinden- oder Holzpfropfung geschehen. Der junge Trieb soll möglichst im Schatten gehalten werden. Große, der Sonne ausgesetzte Äste können mit Kalk gestrichen werden. Die Pfropfungen können das ganze Jahr hindurch ausgeführt werden.

Neu ist die Klonierung von *Phytophthora*-resistenten Unterlagen. Dabei werden zunächst selektierte Klone wie 'Duke 6' oder 'Duke 7' auf die Spitze der üblichen Keimlinge gepfropft. Den Klonsproß läßt man kurze Zeit im Dunkeln wachsen (Etiolierung), dann wird er mit einer kommerziellen Sorte wie 'Hass' okuliert. Die etiolierte Unterlage schlägt Wurzel und wird vom Keimling getrennt. Damit hat man die gewünschte Kombination für die Obstanlagen.

Anbautechnik. Die jungen Pflanzen werden je nach Bodenqualität und Wuchstypen in Abständen 6 × 8 m bis 10 × 12 m gepflanzt. In Kalifornien werden Abstände von 13 × 13 m empfohlen. Zwischenkulturen mit Tomaten und Papaya sind häufig.

Die Nährstoffansprüche richten sich nach dem Alter der Bäume. In Florida schwanken die N-Gaben je nach Fruchtansatz und Regenfällen zwischen 150 und 200 kg/ha. Für fruchttragende Bestände wird ein Düngerverhältnis von 2:1:2 (N, P, K) empfohlen (4).

Ernte. Die Frucht wird geerntet, wenn der Ölgehalt am höchsten ist. Der Zustand der Reife ist erreicht, wenn die Frucht weich wird, ohne zu schrumpfen, was durch gelegentliche Proben festgestellt werden kann (12, 13). Bei einigen Sorten zeigen das Verschwinden der dunkelgrünen Farbe und das Erscheinen von bestimmten Zeichen auf der Schale, z. B. von Lentizellen, den Reifezustand an. Die Frucht wird am besten bei etwa 7 °C in gut gelüfteten Räumen gelagert. Niedrigere Lagertemperaturen bewirken einen Aromaverlust. Eine Zugabe von 3 % Kohlendioxid verlängert die Lagerfähigkeit, hat aber keinen Einfluß auf das normale Weichwerden.

Die Bäume fruchten je nach Sorte im 4. bis 7. Jahr nach dem Auspflanzen. Propfen beschleunigt das Fruchten. Die Durchschnittserträge werden mit 2200 kg/ha bei allerdings beträchtlichen Schwankungen angegeben.

Viele der Varietäten in Kalifornien benötigen 14 bis 16 Monate bis zur vollen Reife und können auch dann noch an den Bäumen belassen werden, so daß ein mengenmäßig ausgeglichenes Angebot an den Markt geliefert wird (7).

Krankheiten und Schädlinge

Unter den *Krankheiten* ist die schon mehrmals erwähnte Wurzelfäule *(Phytophthora cinnamomi)* weltweit die größte Gefahr. Sie ist durch sanitäre Maßnahmen, richtige Standortwahl, geeignete Anbautechniken (vorsichtige Bewässerung, Mulchen) und resistente Unterlage (s. o.) zu bekämpfen. Andere Pilzkrankheiten (Schorf, *Sphaceloma perseae*; Blattfleckenkrankheit, *Cercospora purpurea*, usw.) treten nur in einigen Gebieten und unter bestimmten klimatischen Bedingungen auf (16).

Die meisten *Schädlinge* können in technisch fortgeschrittenen Produktionsgebieten und bei Anbau geeigneter Sorten durch biologische Methoden ausreichend bekämpft werden. In den Entwicklungsländern kann eine chemische Bekämpfung nötig sein, um schwere Schäden zu verhüten (12). Keine der Hauptschädlingsarten ist auf Avocado spezialisiert, alle kommen vielmehr auch auf zahlreichen anderen Kulturpflanzen vor. Dazu gehören Schildläuse (*Chrysomphalus* spp., *Aspidiotus destructor, Coccus hesperidum* u. a.), Schmierläuse (*Planococcoides njalensis* u. a.), Blasenfüße (*Heliothrips* spp.), Spinnmilben, Rüsselkäfer, Motten, Blattschneideameisen usw. Welche der Arten als Schädlinge an Avocado auftreten, wechselt von Region zu Region und hängt von der geographischen Verbreitung der Arten, den klimatischen Bedingungen und den anderen Kulturen, die Wirtspflanzen für dieselbe Art sind, ab.

Literatur

1. BERGH, B. O. (1969): Avocado, *Persea americana* Miller. In: FERWERDA, F. P., and WIT, F. (eds.): Outlines of Perennial Crop Breeding in the Tropics, 23–51. Veenman, Wageningen.
2. BIALE, J. B., and YOUNG, R. E. (1971): The avocado pear. In: HULME, A. C. (ed.): The Biochemistry of Fruits and Their Products. Vol. 2, 1–63, Academic Press, London.
3. CALABRESE, F. (1981): La coltura dell' avocado in Spagna. Riv. Agric. Subtrop. Trop. 75, 79–90.
4. EMBLETON, T. W., and JONES, W. W. (1966): Avocado and mango nutrition. In: CHILDERS, N. F.

(ed.): Nutrition of Fruit Crops, 51–76. Rutgers State University. New Brunswick, N.J.
5. FAO (1984): Production Yearbook, Vol. 37. FAO, Rom.
5a. GAILLARD, J. P. (1987): L'Avocatier. Sa Culture, ses Produits. Maisonneuve et Larose, Paris.
6. GREGORIOU, C., and RAJ KUMAR, D. (1984): Effects of irrigation and mulching on shoot growth and root growth of avocado (*Persea americana* Mill.) and mango (*Mangifera Indica* L.). J. Hort. Sci. 59, 109–117.
7. HATTON, T. T., REEDER, W. F., and CAMPBELL, C. W. (1965): Ripening and Storage of Florida Avocados. USDA, Agric. Res. Serv., Market Rep. No. 697.
8. MENGE, J. A., LARUE, J., LABANAUSKAS, C. K., and JOHNSON, E. L. V. (1980): The effect of two mycorrhizal fungi upon growth and nutrition of avocado seedlings grown with six fertilizer treatments. J. Amer. Soc. Hort. Sci. 105, 400–404.
9. PLATT, R. G., and FROLICH, E. F. (1965): Avocado Propagation. California Agric. Exp. Station, Extension Serv. Circ. 531.
10. REHM, S., und ESPIG, G. (1984): Die Kulturpflanzen der Tropen und Subtropen, 2. Aufl. Ulmer, Stuttgart.
11. RUEHLE, G. D. (1963): The Florida Avocado Industry. Univ. of Florida, Agric. Exp. Station. Bull. 602.
12. SAMSON, J. A. (1980): Tropical Fruits. Longman, London.
13. TINGWA, P. O., and YOUNG, R. E. (1975): Studies on the inhibition of ripening in attached avocado (*Persea americana* Mill.) fruits. J. Amer. Soc. Hort. Sci. 100, 447–449.
14. VAUGHAN, J. G. (1970): The Structure and Utilization of Oil Seeds. Chapman and Hall, London.
15. WILLIAMS, L. O. (1977): The avocados, a synopsis of the genus *Persea*, subg. *Persea*. Econ. Bot. 31, 315–320.
16. ZENTMYER, G. A. (1984): Avocado diseases. Trop. Pest Management 30, 388–400.

5.8   Annonen

PETER LÜDDERS

Wirtschaftliche Bedeutung

Von den *Annona*-Arten haben die folgenden vier größere wirtschaftliche Bedeutung erlangt:

A. cherimola Mill., Cherimoya, engl. cherimoya, fr. cherimole, span. cherimoya, anona;

A. muricata L., Stachelannone, engl. soursop, fr. cachiman épineux, span. guanábana;

A. reticulata L., Netzannone, engl. bullock's heart, fr. cœur de bœuf, span. anona colorada, und

A. squamosa L., Schuppenannone, engl. sugar apple, custard apple, fr. pomme canelle, span. anona blanca.

Sie werden nicht nur auch außerhalb ihres Heimatgebietes angebaut, sondern sind auch regelmäßig auf lokalen und regionalen Märkten anzutreffen. Im Export spielen nur *A. cherimola* und *A. squamosa* eine, wenn auch geringe, Rolle; die reifen Früchte sind sehr druckempfindlich und halten auch bei vorsichtiger Verpackung nur 2 bis 3 Wochen. Einen gewissen Absatz finden verarbeitete Produkte (Nektar, Saft).

Botanik

Von den 120 Gattungen der Familie Annonaceae werden vor allem Arten der Gattung *Annona* als Obstbäume angebaut (18). Diese Gattung umfaßt etwa 120 Arten, die überwiegend im tropischen Amerika heimisch sind; in den Graslandschaften Afrikas kommt *A. senegalensis* Pers. vor. Von etwa 20 *Annona*-Arten werden die Früchte lokal als Obst genutzt. Überregionale Bedeutung haben nur die vier eingangs genannten Arten. Alle vier sind kleine Bäume, zum Teil auch strauchartig wachsend (Abb. 168), mit wechselständigen, einfachen Blättern. Die Blüten sind zwittrig und protogyn. Die Antheren stäuben erst am Tag nach dem Aufblühen und der Empfangsfähigkeit der Narben. Aus diesem Grunde ist immer eine Bestäubung von einer anderen Blüte notwendig. Die Übertragung des Pollens erfolgt durch Insekten, größtenteils durch Käfer aus der Familie Nitidulidae (4). Im kommerziellen Anbau ist zur Erhöhung des Fruchtansatzes vielfach eine Handbestäubung notwendig, die sehr arbeitsaufwendig ist (3). Die höchste Keimfähigkeit besitzt Pollen, der zwischen 1 und 4 Uhr morgens gesammelt wird (15). Auch wiederholte Gibberellinsäurespritzungen ab Blüte fördern den Fruchtansatz (14), die Früchte enthalten dann wenig Samen. Die Frucht ist eine große fleischige, aus den zahlreichen Fruchtknoten einer Blüte verwachsene Sammelbeere (Abb. 169) mit einem Frischgewicht von meist 0,2 bis 0,3 kg; bei *A. muricata* erreicht das Fruchtgewicht 2 kg und mehr.

Abb. 168. *Annona-cherimola*-Busch mit Fruchtbehang.

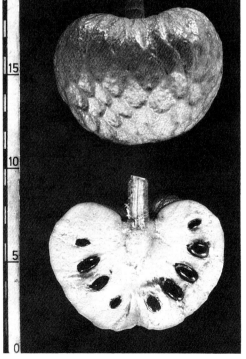

Abb. 169. Früchte von *Annona cherimola*.

Züchtung

Eine gezielte Sortenzüchtung wurde in verstärktem Umfange erst in den letzten 30 Jahren durchgeführt, vor allen Dingen in Indien (8, 16). Auch Artkreuzungen sind möglich (Chromosomenzahl meist 2n = 14). Von der alten Kreuzung *A. cherimola* × *A. squamosa*, genannt „Atemoya" (in der Literatur auch als botanischer Artname gebraucht, *A. atemoya* hort.), gibt es inzwischen mehrere Sorten (3); einige sind den Eltern durch weniger Samen in der Frucht und durch ein besonderes Aroma überlegen, bei manchen treten unter bestimmten Bedingungen Schwierigkeiten bei der Pollenkeimung auf (6). Ziel der Züchtung ist neben der Erhöhung des Fruchtertrages und der Verbesserung der Fruchtqualität (gleichmäßige Form) auch eine erhöhte Resistenz gegenüber Krankheiten und Schädlingen.

Ökophysiologie

Die ökologischen Anforderungen der verschiedenen *Annona*-Arten sind sehr unterschiedlich. So bevorzugt *A. cherimola* (Abb. 168 und 169) ein relativ kühles Klima; optimale Standortbedingungen findet sie z.B. in den über 800 m hohen Berglagen der Anden Perus, Ecuadors und Kolumbiens und in den Subtropen. Der kleine laubabwerfende Baum verträgt die Temperaturen der heißen tropischen Ebenen nicht. Dort wird die immergrüne *A. muricata* angebaut; sie ist die kälteempfindlichste *Annona*-Art. *A. reticulata* und *A. squamosa* stellen geringere Temperaturansprüche als *A. muricata*, sie sind aber auch gegenüber Frost und längeren kühlen Perioden empfindlich. Alle drei Arten kommen in den Tropen nur bis 1200 m Höhe vor. Der pH-Wert des Bodens sollte zwischen 5,5 und 6,5 liegen. Die Bäume sind Flachwurzler und empfindlich gegenüber Staunässe.

Anbau

Vermehrung. Eine generative Vermehrung ist noch weit verbreitet, aber nicht zu empfehlen, weil die Sämlinge eine große Variabilität zeigen. Die Keimfähigkeit der Samen bleibt bei sachgerechter Lagerung drei bis vier Monate erhalten. Die Aussaat erfolgt in Töpfen, Schalen oder auf Saatbeeten.

Die vegetative Vermehrung wird überwiegend durch Veredlung von Sämlingsunterlagen der eigenen oder einer fremden Art (z. B. *A. glabra*

L.) vorgenommen. Die Okulation oder Pfropfung erfolgt während der Vegetationsruhe. Als Reiser werden verholzte Triebe verwendet. Die Wahl der Unterlagen ist abhängig von der Wüchsigkeit der Art und Sorte sowie von den Standortverhältnissen. Die Vermehrung über die Bewurzelung von Stecklingen ist schwierig und erfordert den Einsatz einer Sprühnebelanlage (2).

Erstellung und Pflege einer Anlage. Die Bodenansprüche sind mit Ausnahme der Wasserführung relativ gering. Eine gute Durchlüftung ist eine wichtige Voraussetzung für einen wirtschaftlichen Anbau. Bei Staunässe oder einem hohen Grundwasserstand muß der Boden dräniert werden. Da *A. muricata* tiefer wurzelt als die anderen Arten, bevorzugt sie tiefgründige Böden. In Südflorida erfolgt der Anbau auch auf steinigen, sehr kalkhaltigen Böden.

Bevorzugt werden Buschbäume gepflanzt. Der Pflanzabstand ist nicht nur abhängig von der Annonenart, sondern auch von der Unterlage; er beträgt allgemein 5 × 5 bis 6 m. Nach der Pflanzung sind nach Möglichkeit die Baumscheiben mit organischem Material abzudecken, um die Unkrautkonkurrenz weitgehend auszuschalten. Zur Verminderung der Bodenerosion sollten die Fahrgassen mit Leguminosen eingesät werden. Die Höhe der Düngung ist abhängig vom Nährstoffgehalt des Bodens und der Niederschlagshöhe. Relativ häufig tritt Magnesiummangel an physiologisch alten Blättern auf, auch Stickstoff- und Kaliummangel sind häufig zu beobachten (7).

In Trockenperioden ist eine Bewässerung zur Verminderung des Fruchtfalles und zur Erhöhung des Fruchtertrages zu empfehlen (10). Mit Hilfe der Bewässerung kann auch der Blühtermin beeinflußt werden.

Krankheiten und Schädlinge

Große Schäden an den Früchten kann besonders in feuchtwarmen Gebieten eine Anthraknose hervorrufen, die durch *Colletotrichum annonicola* verursacht wird. Eine Möglichkeit, die Verbreitung dieses Pilzes zu vermindern, ist die Entfernung von abgestorbenem Holz. Die Blätter von *A. squamosa* werden in der Regenzeit durch *Cercospora annonae* stark befallen. Drei bis 4 Schwefelspritzungen in Abständen von 8 bis 12 Tagen werden in Brasilien zur Bekämpfung empfohlen (12). Weitere Krankheiten sind *Glo-*

merella cingulata, Phytophthora palmivora und *Rosellinia necatrix* (Wurzelschimmel).

Als Schädlinge sind von Bedeutung: Grüne Zitrus-Blattlaus *(Aphis spiraecola)*, Schwarze Fliege *(Aleurocanthus woglumi)*, Mexikanische Fruchtfliege *(Anastrepha ludens)*, Zitrusschmierlaus *(Planococcus citri)*, Halbkugelige Napfschildlaus *(Planococcus lilacinus)*, Schwarze Zitrus-Blattlaus *(Toxoptera aurantii)* und Schwarze Tellerschildlaus *(Chrysomphalus ficus)*.

Ernte und Verwertung

Der optimale Zeitpunkt der Ernte ist schwierig zu bestimmen. Die Fruchtentwicklung dauert etwa 4 Monate. Die Ernte erfolgt, wenn die Früchte noch fest sind, aber der Farbumschlag bereits erfolgt ist. *A. muricata* wird gepflückt, wenn die Schale noch dunkelgrün ist, die Segmente aber bereits cremegelb verfärbt sind (5). Bei den Annonen handelt es sich um klimakterische Früchte, die nur kurzfristig haltbar sind. Die Haltbarkeit kann durch Temperatursenkung auf etwa 12° bis 15 °C und durch Erhöhung der relativen Luftfeuchtigkeit auf 85 bis 90 % um etwa 2 Wochen verlängert werden (1). Die Lagerung von Cherimoya bei 2 % O_2, 10 % CO_2 und 8,5 °C ist für 22 Tage möglich (11). Reife Annonen sind stark kohlenhydrathaltig (Glucose und Saccharose). Die Früchte werden frisch gegessen, am besten gekühlt. Der Fruchtsaft wird mittels Auspressen des Fruchtfleisches durch ein Filtertuch gewonnen. Er ist vorzüglich zum Mixen mit Wein, Milch und Eiscreme geeignet. Unreife Früchte werden in Ostasien oft den Suppen beigefügt.

Durch Ausstreuen des Samenpulvers von *A. squamosa* und *A. reticulata* läßt sich der Vierfleckige Bohnenkäfer *(Callosobruchus maculatus)* an *Vigna mungo* bekämpfen (9). Der Extrakt aus den Samen kann sowohl gegen diesen Schädling als auch gegen die Hausfliege eingesetzt werden (13). Aus den Blättern von *A. squamosa* werden herzwirksame Alkaloide gewonnen (17).

Literatur

1. BROUGHTON, W. J., and TAN, G. (1979): Storage conditions and ripening of the custard apple *Annona squamosa* L. Scientia Hort. 10, 73–82.
2. BOURKE, D. O'D (1976): *Annona* spp. In: GARNER, R. J., and CHAUDRI, S. A. (eds.): The Propagation of Tropical Fruit Trees, 223–247. FAO and Commonw. Agric. Bureaux, Farnham Royal, England.
3. CHANDLER, W. H. (1958): Evergreen Orchards, 2nd ed. Lea and Febiger, Philadelphia.
4. GAZIT, S. (1972): The role of nitidulid beetles in natural pollination of *Annona* in Israel. J. Amer. Soc. Hort. Sci. 107, 849–852.
5. EZZAT, A. H., NAGUIB, and METWALLI, S. (1974): Evaluation and determination of the maturity stage of the fruits of some *Annona* varieties. Agric. Res. Rev. 52 (9), 7–17.
6. KSHIRSAGAR, S. V., BORIKAR, S. T., SHINDE, N. N., and KULKARNI, U. G. (1976): Cytological studies in atemoya (*Annona atemoya* hort.). Current Sci. 45, 341–342.
7. NAVIA, G. V. M., y VALENZUELA, B. J. (1978): Sintomatología de deficiencias nutricionales en chirimoyo (*Annona cherimola* Mill.) cv. Bronceada. Agric. Técn. 38 (1), 9–14.
8. PAL, B. P. (Chairman) (1958): Proceedings of the international symposium on origin, cytogenetics and breeding of tropical fruits. Indian J. Hort. 15, 101–287.
9. PANDEY, G. P., and VARMA, B. K. (1977): *Annona* seeds powder as a protectant of mung against pulse beetle, *Callosobruchus maculatus* (Fabr.). Bull. Grain Technol. 15, 100–104.
10. PAREEK, O. P. (1977): Horticulture in the arid zone eco-system: fruit growing. CAZRI Monograph (No. 1), 213–222.
11. PLAZA, J. L. DE LA, MUÑOZ-DELGADO, L., and IGLESIAS, C. (1979): Controlled atmosphere storage of cherimoya. Bull. Inst. Intern. Froid 59, 1154.
12. PONTE, J. J. DA (1973): A cercosporiose de ateira, *Annona squamosa* L. Revista Agric. 48, 121–122.
13. QUADRI, S. S. H., and RAO, N. (1977): Effect of combining plant seed extracts against household insects. Pesticides 11 (12), 21–23.
14. SAAVEDRA, E. (1979): Set and growth of *Annona cherimola* Mill. fruit obtained by hand-pollination and chemical treatments. J. Amer. Soc. Hort. Sci. 104, 668–673.
15. SULIKERI, G. S., NALAWADI, U. G., and SINGH, C. D. (1975): Pollen viability studies in *Annona squamosa* (L). Current Research 4 (2), 31–32.
16. THAKUR, D. R., and SINGH, R. N. (1967): Pomological description and classification of some annonas. Indian J. Hort. 24, 11–19.
17. WAGNER, H., REITER, M., und FERSTL, W. (1980): Neue herzwirksame Drogen. I. Zur Chemie und Pharmakologie des herzwirksamen Prinzips von *Annona squamosa*. Planta Medica 40, 77–85.
18. ZEVEN, A. C., and DE WET, J. M. J. (1982): Dictionary of Cultivated Plants and Their Regions of Diversity. Pudoc, Wageningen.

5.9   Passiflora

PETER LÜDDERS

Botanisch: *Passiflora* spp.
Englisch: passion fruit, granadilla
Französisch: grenadille
Spanisch: granadilla, maracuya

Wirtschaftliche Bedeutung

Von den 20 Arten mit eßbaren Früchten haben vier eine wirtschaftliche Bedeutung vor allen Dingen für die Saftindustrie erlangt. Bedingt durch die relativ gute Haltbarkeit und Transportfähigkeit der Früchte hat in den letzten Jahren auch der Export nach Westeuropa beachtlich zugenommen. Die großfrüchtigen, dickfleischigen Arten werden auch als Gemüse verwendet. Die günstigen Absatzchancen auf dem Weltmarkt haben nicht nur in den tropischen Ländern (z. B. Hawaii, Brasilien, Kenia und Neu Guinea), sondern auch in subtropischen Regionen zu einer nennenswerten Anbauausweitung geführt, vorwiegend in Südafrika, Australien, Neuseeland und im Mittelmeerraum. Die Jahresproduktion schwankt in Australien zwischen 3000 und 4000 t an Frischfrüchten.

In Kenia wird mit deutscher Hilfe *P. edulis* auf etwa 520 ha in 1500 bis 2500 m Höhe mit Erfolg für industrielle Zwecke angebaut. Der Anbau dieser Obstart findet aufgrund des hohen Arbeitsaufwandes beim Schnitt und während der Ernteperioden vor allen Dingen in Kleinbetrieben statt, allerdings liegen die Anlage- und Unterhaltungskosten mit etwa 8000 bis 10 000 DM sehr hoch. Der Bedarf in Kenia wird auf 2500 t eingeschätzt (2).

In Brasilien ist die Produktion zwischen 1976/77 und 1978/79 von 18 000 t auf etwa 50 000 t gestiegen, das bedeutendste Anbaugebiet liegt in Bahia. Der Export an Säften und Konzentraten nahm in einem Jahr um rund 220 % zu (10).

Botanik

Die etwa 400 Arten der Gattung *Passiflora*, Familie Passifloraceae, stammen fast alle aus dem tropischen und subtropischen Amerika, nur wenige sind in Asien und Australien beheimatet; eine Art kommt aus Madagaskar. Der überwiegende Teil wird als Zierpflanze angebaut oder ist ausschließlich von botanischem Interesse. Die größte wirtschaftliche Bedeutung hat *Passiflora*

edulis Sims mit den beiden Unterarten var. *edulis* (Purpurgranadilla) und var. *flavicarpa* Degener (gelbe Granadilla) erreicht. Neben dieser Art werden auch noch *P. quadrangularis* L. (Riesengranadilla), *P. ligularis* Juss. (süße Granadilla) und *P. molissima* (H.B.K.) Bailey (Bananenpassionsfrucht) in nennenswertem Umfang angebaut.

Die meisten Arten der Gattung *Passiflora* sind mehrjährige, immergrüne Kletterpflanzen von starker Wüchsigkeit, deren Stämme und Triebe mit zunehmendem Alter verholzen (Abb. 170). Die Blätter sind meist intensiv dunkelgrün gefärbt, wechselständig und entweder ganzrandig (*P. quadrangularis* und *P. ligularis*) oder tief eingeschnitten (*P. edulis*). *P. edulis* var. *flavicarpa* hat auffallend violettfarbene Blattadern und Stengel.

Aus den Blattachseln entwickeln sich die Ranken, die den Pflanzen das Klettern ermöglichen. Im Gegensatz zu *P. edulis* machen die Triebe von *P. quadrangularis* drehende Bewegungen. Darüber hinaus liefern u. a. *P. laurifolia* L., *P. antioquiensis* Karst. und *P. foetida* L. eßbare Früchte. Die letzte Art wird in Malaysia und Ostafrika als bodenbedeckende Pflanze zur Un-

Abb. 170. Zweijährige Passiflora-Anlage. Erziehung an waagerecht gespannten Drähten.

terdrückung von Unkraut und zur Verminderung der Bodenerosion angebaut. Ihre Blätter und unreifen Früchte enthalten ein cyanogenes Glykosid. *P. ligularis* wird in den Bergregionen Mexikos und Zentralamerikas allgemein angebaut, die eßbare Pulpe ihrer Frucht ist weiß und aromatisch; sie gilt dort als die wohlschmeckendste Art (16).

Von ausgesprochener Schönheit sind die einzeln stehenden Blüten mit der gattungstypischen, filigranartig reichgeschlitzten Nebenkrone (Corona). Diese ist je nach Art in ihrer Farbkombination und Größe verschieden. Der Begriff „Passion" für diese Gattung geht zurück auf die Form und Anordnung der Blütenteile, die an die Kreuzigung Jesu erinnern sollen (Abb. 171). Die Blüten sind zwittrig, je nach Art gibt es Selbst- oder Fremdbefruchtung. So ist *P. edulis* var. *edulis* selbstfertil und var. *flavicarpa* selbststeril. Durch die räumliche Anordnung der Staubgefäße und Stempel muß auch bei selbstfertilen Arten eine Pollenübertragung durch Insekten (Holzbiene, Honigbiene, Wespen) stattfinden oder eine Handbestäubung vorgenommen werden. Diese ist bei der protandrischen *P. quadrangularis* zur Erhöhung des Fruchtansatzes durchzuführen. Die Frucht ist botanisch eine samenreiche Beere von kugelförmiger bis eiförmiger Gestalt (Abb. 172). Ihre Größe ist abhängig von der Art; so hat *P. edulis* var. *edulis* Früchte von der Größe eines Enteneies und *P. quadrangularis* von der einer Zuckermelone.

Die Früchte der verschiedenen Arten können in zwei Gruppen eingeteilt werden: Während *P.*

Abb. 172. Früchte von *Passiflora edulis* var. *flavicarpa* (links) und *P. edulis* var. *edulis* (rechts).

alata Dryand. und *P. quadrangularis* im vollreifen Zustand ein fleischiges, saftiges und genießbares Perikarp aufweisen, haben die übrigen Arten in der Regel ein Perikarp, das zum Zeitpunkt der Ernte trocken, papierartig und brüchig ist. Das Innere der Früchte ist mit vielen kleinen dunkelgefärbten Samen gefüllt, die von einem meist gelblichen oder rötlichen gallertartigen Arillus umgeben sind. Aus diesem wird durch Auspressen der süße aromatische Saft gewonnen. Die Färbung der Früchte variiert von Violett (*P. edulis* var. *edulis*) über Gelb (var. *flavicarpa*, *P. quadrangularis*), Orange (*P. laurifolia*) bis Grünlich (*P. mixta* L.f.).

Ökophysiologie

Die verschiedenen Arten stellen sehr unterschiedliche Ansprüche an das Klima. Allen gemeinsam ist aber, daß sie nur in frostfreien Gebieten mit wirtschaftlichem Erfolg angebaut werden können. *P. quadrangularis* kommt aus dem tropischen, feuchten Südamerika und gedeiht bis zu einer Höhe von 2500 m, *P. laurifolia* bevorzugt die warmen Tieflagen. Im Gegensatz zu *P. edulis* var. *flavicarpa* findet der Anbau von var. *edulis* ausschließlich in tropischen Bergregionen oder in den Subtropen (z. B. Australien, Südafrika) statt. An den Boden werden keine besonderen Ansprüche gestellt, jedoch sollte er keine Staunässe und keinen hohen pH-Wert (Fe-Chlorose) aufweisen. Da die Pflanzen relativ flach wurzeln, genügt bereits eine Durchwurzelungszone von 80 cm Tiefe. Die Erträge nehmen natürlich mit steigender Bodenqualität zu. Der

Abb. 171. Längsschnitt durch eine Passiflora-Blüte. Der obere Teil mit dem z. Z. noch leeren Fruchtknoten entwickelt sich zur Frucht.

Wasseranspruch liegt relativ hoch, so daß die Niederschläge möglichst gleichmäßig über das Jahr verteilt sein sollten.

Sowohl die Purpur- als auch die gelbe Granadilla sind Langtagpflanzen, so daß sie in den Subtropen während der Winterzeit nicht blühen. Die kritische Tageslänge beträgt bei var. *flavicarpa* 11 Stunden.

Züchtung

Alle als Obst kultivierten *Passiflora*-Arten haben die Chromosomenzahl 2n = 18. Neben der Erhöhung der Fruchterträge durch Selektion und der Verbesserung der Fruchtqualität, vor allem bei *P. quadrangularis* durch Einkreuzung des sonst typischen Passiflora-Aromas, nimmt die Resistenzzüchtung eine vorrangige Stellung ein. In Queensland/Australien weitete sich um 1950 die Fusariumwelke (*Fusarium oxysporum* var. sp. *passiflorae*) aus, die durch Züchtung resistenter Hybriden aus Purpur- und Gelber Granadilla an Bedeutung verlor. Zusätzlich wird noch eine Veredlung auf var. *flavicarpa* vorgenommen (6). Auch die Bekämpfung der Phytophthorakrankheit auf Hawaii scheint durch die Resistenzzüchtung möglich zu sein (12).

Anbau

Die Vermehrung erfolgt sowohl generativ als auch vegetativ. Die einfachste und schnellste Methode ist die Vermehrung über Samen. Diese sollten von gut tragenden Pflanzen gewonnen werden. Die Entfernung des Arillus von den Samen erfolgt durch eine 3- bis 4tägige Fermentation. Nach Trocknung des Saatgutes an einem schattigen Platz wird möglichst bald ausgesät, entweder in einem Saatbeet oder vorteilhafter in Polyethylenbeuteln, um das Wachstum der Jungpflanzen beim Umpflanzen nicht zu beeinträchtigen. Eine Lagerung des gewaschenen, aber fruchtfermentierten Saatgutes ist bei einer Temperatur von 13 °C bis zu drei Monaten möglich (14).

Zur Förderung der Keimung wird die Samenschale mit feinem Sandpapier leicht verletzt, um die Permeabilität für Wasser zu erhöhen.

Die vegetative Vermehrung erfolgt mit Hilfe von Stecklingen oder durch Veredlung. Die 10 bis 15 cm langen Stecklinge sollen 2 bis 3 Internodien haben und von ausgereiften, bleistiftstarken Trieben entnommen werden. Zur Verminderung der Transpiration erfolgt die Stecklingsvermeh-

rung bei hoher Luftfeuchtigkeit in Folientunneln oder Sprühnebelanlagen. Zur Förderung der Bewurzelung können Auxine angewandt werden.

Ein wesentlicher Grund der Veredlung ist die Verwendung resistenter Unterlagen gegen Krankheiten und Schädlinge, vor allen Dingen Wurzel- und Stengelfäulen und Nematoden (15). Nach neuen südafrikanischen Untersuchungen (1) soll sich *P. caerulea* L. für *P. edulis* als Unterlage bewährt haben. Sie ist darüber hinaus relativ kälte- und salztolerant. Als weitere Unterlage kommt *P. edulis* var. *flavicarpa* in Frage, die sowohl das Triebwachstum fördert als auch resistent gegenüber *Phytophthora*-Fäulen ist (7, 8). Das Abmoosen kann auch angewandt werden, ist aber ohne praktische Bedeutung.

Vor der Pflanzung wird möglichst tief gepflügt und bei Bedarf die notwendige Vorratsdüngung eingearbeitet. Vor allen Dingen sind ausläuferbildende Unkräuter zu entfernen. Wenn die Pflanzen eine Wuchshöhe von 15 bis 25 cm erreicht haben und abgehärtet sind, erfolgt das Auspflanzen in etwa 30 × 30 × 30 cm große Pflanzlöcher. Eine Beschattung mit Blättern von Kokospalmen ist zu empfehlen. Die Pflanzabstände sind abhängig von der Wüchsigkeit der Passifloraarten und der Erziehungsform. Der Reihenabstand beträgt in der Regel 2 bis 3 m, bei Spalieren (trellis) wird in der Reihe 3 m weit gepflanzt (5). Ein Pflanzabstand von 3,1 × 1,2 m ist bei senkrechter Erziehung an Pfählen nach Untersuchungen in Malaysia möglich (3). Die horizontale Erziehung an meist drei übereinander angebrachten Drähten wird in den meisten Anbauländern durchgeführt (Abb. 173). Als Stützpfosten dienen Pfähle aus imprägniertem Holz oder Beton. Die Haltbarkeit der 1,8 bis 2 m hohen Holzpfähle ist durch Pilz- und Termitenbefall häufig sehr begrenzt. Bedingt durch die große Belastung der Drähte durch die Pflanzenmasse sollte der Abstand der Pfähle nicht größer als 6 m sein.

Die Erziehung von *P. edulis* wird in den einzelnen Anbaugebieten unterschiedlich durchgeführt. So werden in Kenia üblicherweise zwei Haupttriebe aus der Bodennähe an einem Stock bis zum obersten Draht hochgezogen und alle unteren Nebentriebe entfernt (4). In Malaysia wird empfohlen, vier Haupttriebe ohne Nebentriebe wachsen zu lassen, von denen jeweils zwei bei Erreichen des Drahtes in die entgegengesetz-

Abb. 173. *P. edulis*. An Drähten gezogene Haupttriebe, deren herunterhängende Nebentriebe fruchten.

te Richtung gezogen werden (3). Eine dritte Möglichkeit besteht darin, den Haupttrieb bei Erreichen des Drahtes zu entspitzen und zwei sich bildende Triebe nach beiden Seiten zu formieren. Die eigentlichen Fruchtträger von *P. edulis* sind die Nebentriebe, die von den Drähten herunterhängen und regelmäßig zurückgeschnitten werden müssen. Die Blütenbildung erfolgt ausschließlich an diesjährigen Trieben. Während der kühlen Monate im Winter (z.B. Südafrika) ist das vegetative und generative Wachstum stark reduziert.

Der Rückschnitt der Lateraltriebe kann in drei verschiedenen Methoden vorgenommen werden, diese sind auch von klimatischen Bedingungen abhängig. Ein leichter Rückschnitt der Seitentriebe (light pruning) wird durchgeführt, wenn diese den Boden erreichen. Die zweite Methode besteht in der selektiven Entfernung einzelner abgetragener Triebe. Vor allen Dingen in den Subtropen erfolgt während der kühlen Wintermonate ein starker Rückschnitt aller Seitentriebe, um das vegetative und generative Wachstum zu fördern (z.B. Südafrika).

Der Beginn der Blüte ist von der Vermehrungsart abhängig. Während vegetativ vermehrte Pflanzen schon bei der Pflanzung blühreif sind, durchlaufen die Sämlinge ein etwa 4- bis 7monatiges Jugendstadium. Die Blühreife kann durch eine zu starke Beschattung (z.B. unter Kokospalmen) bedeutend verzögert werden (3). Die Fruchtentwicklung dauert allgemein 1 bis 2 Monate. In tropischen Ländern mit weitgehend gleichmäßiger Niederschlagsverteilung gibt es jährlich zwei ausgeprägte Fruchtentwicklungsperioden. Diese Erscheinung ist auf die gesteigerte Hormonproduktion der sich schnell entwickelnden Früchte zurückzuführen, die zum zeitweisen Abwurf von Blütenknospen führt.

Der Vollertrag setzt im zweiten Standjahr ein, die wirtschaftliche Nutzungsdauer einer Anlage liegt in den Tropen bei vier Jahren, in den Subtropen zwischen sechs und sieben Jahren (9). Für die Saftindustrie werden die Früchte von *P. edulis* alle zwei bis drei Tage vom Boden aufgelesen; Voraussetzung für diese Erntemethode ist ein unkrautfreier Boden bzw. eine kurz gehaltene Pflanzendecke. Für den lokalen Frischmarkt werden die Früchte von Hand zwei- bis dreimal wöchentlich gepflückt. Da die Passifloraarten Flachwurzler sind, darf keine tiefe Bodenbearbeitung in der Nähe der Pflanzen durchgeführt werden. Auf jeden Fall sind Verletzungen des Stammes wegen der möglichen Pilzinfektionen zu vermeiden.

Die Höhe der Düngung ist abhängig von der Nährstoffversorgung des Bodens und dem Anbau von Unterkulturen. Aus diesem Grunde schwanken die Angaben über die empfohlenen Düngermengen teilweise beachtlich. So werden in Malaysia allgemein 0,9 kg eines 10–8–7,5-Düngers pro Pflanze und Jahr verabreicht. Auf einem stark ausgelaugten Boden sollen vor der Pflanzung 100 bis 120 g Rohphosphat ins Pflanzloch ausgebracht werden. Der Nährstoffanspruch liegt relativ hoch; sehr empfindlich sind die Passifloraarten gegenüber Fe-Mangel auf alkalischen Böden.

Bei ungleichmäßiger Niederschlagsverteilung (z.B. Neuseeland) müssen die Pflanzen bewässert werden, weil Wassermangel zu einem Blattabwurf und zu einer entsprechenden Verminderung des Fruchtertrages führen kann. In verstärktem Umfang wird weltweit die Tropfbewässerung eingesetzt. Durch die Bewässerung liegt der Beginn der Blüte und der Ernte in

Malaysia um einen Monat früher (3). Die Fruchterträge sind nicht nur von der Passifloraart und den Standortbedingungen, sondern auch von dem Alter der Pflanze und der Erziehungsmethode abhängig. Von einer spaliergezogenen Pflanze können pro Ernte durchschnittlich 100 Früchte mit etwa 9 kg Gewicht geerntet werden. Die Erträge schwanken bei *P. edulis* var. *edulis* zwischen 15 und 25 t pro ha und Jahr, bei *P. edulis* var. *flavicarpa* liegen sie etwa doppelt so hoch.

Krankheiten und Schädlinge

Eine Anzahl von Bodenpilzen, vor allen Dingen *Phytophthora*- und *Fusarium*-Arten, aber auch Schädlinge wie Nematoden (*Meloidogyne* spp.) sind häufig Ursachen für Schäden an den Wurzeln bzw. am Stamm. Eine Bekämpfung ist entweder durch Veredlung von var. *edulis* auf var. *flavicarpa* oder durch Bodendesinfektion vor der Pflanzung möglich. Der Nematodenbefall führt zu der charakteristischen Gallenbildung an den Wurzeln; die Blätter verfärben sich gelb, bei starkem Infektionsdruck kann es zu einem Absterben junger Triebe (die-back) kommen. An den Blättern und Früchten kann *Alternaria passiflorae* (brown rot) erhebliche Schäden verursachen; diese Krankheit ist in Kenia weit verbreitet. Fruchtfliegen kommen in vielen Anbaugebieten vor und können erhebliche Verluste bedingen.

Große wirtschaftliche Schäden kann das Kürbismosaikvirus (cucumber mosaic virus) an Passiflora hervorrufen, aus diesem Grunde sollte auf einen Mischanbau mit Gurke und Kürbis verzichtet werden. Das Virus verursacht ein Kräuseln und Vergilben der Blätter sowie eine Deformation der Früchte durch Platzen der Schale. Ein Befall kann zu erheblichen Ertrags- und Qualitätseinbußen führen. Da diese Viruserkrankung nicht erfolgreich bekämpft werden kann, sind befallene Pflanzen sofort zu vernichten. Die Übertragung des Virus erfolgt wahrscheinlich durch *Aphis gossypii* und *Myzus persicae*. Andere gelegentlich auftretende Schädlinge sind neben Roter Spinne, Thripse und verschiedene Schildläuse, deren Bekämpfung relativ einfach ist.

Verarbeitung und Verwertung

Die Früchte der Passifloraarten werden in unterschiedlicher Weise genutzt. Während früher der Frischverzehr durch Auslöffeln des saftigen Fruchtinhaltes von *P. edulis* nur von lokaler Bedeutung war, nimmt diese Verwendungsart durch die relativ gute Haltbarkeit weltweit zu. Die Pulpe ist außerordentlich schmackhaft und reich an Vitaminen. Das Fruchtfleisch von *P. quadrangularis* wird zu Fruchtsalat verarbeitet. Die Pulpe der reifen Frucht ist reich an Vitamin A und C. Die Wurzeln dieser Art werden in gekochtem Zustand zu Marmelade verarbeitet; in rohem Zustand enthalten sie Passiflorin und sind giftig (13).

Der größte Teil der Produktion wird zur Herstellung von Saft verwendet, der wegen seines besonderen Aromas zu verschiedenen Getränken verarbeitet wird (10). Auch dient der Saft oder die Pulpe als Zusatz zu Marmeladen, Konfekt und Eiskrems. Aus den Samen von *P. edulis* wird durch Pressen ein bleichgelbes und angenehm schmeckendes Speiseöl gewonnen. Die Preßrückstände lassen sich als Viehfutter (Indien) verwenden (13). Die Blätter der gleichen Art werden in vielen Ländern pharmazeutisch genutzt (Maracuyin, Harzsäure, Tannin). Aus den Blättern von *P. incarnata* L. wird die Droge Herba Passiflorae (Passionskraut) gewonnen, die durch ihren Gehalt an Harman (Alkaloid) und seinen Derivaten (früher als „Passiflorin" bekannt) blutdrucksenkend und sedativ wirkt.

Literatur

1. ANONYM (1984): New species brings hope for granadilla growers. Agric. News Nelspruit No. 14, 1–2.
2. BEAL, P. R., and FARLOW, P. J. (1982): Passionfruit (Passifloraceae). Austral. Hortic. 80, 57–65.
3. CHAI, T. B. (o. J.): Passion Fruit Culture in Malaysia. Fruits Research Branch Mardi, Sungai Baging, Malaysia.
4. GERMAN AGRICULTURAL TEAM (1978): Passion Fruit Growing in Kenya. A Recommendation for Smallholders. GTZ, Eschborn.
5. GURNAH, A. M., and GACHANJA, S. P. (1984): Spacing and pruning of purple passion fruit. Trop. Agric. 61, 143–147.
6. INCH, A. J. (1978): Passion fruit diseases. Queensland Agric. J. 104, 479–484.
7. KUHNE, F. A. (1977): Graft Granadillas for Such Successful Cultivation. Citrus and Subtropical Fruit Res. Inst. Inform. Bull. No. 57.
8. KUHNE, F. A., and LOGIE, J. M. (1977): Granadilla longevity improved by grafting. Citrus and Subtrop. Fruit J. No. 524, 13–14.
9. KUHNE, F. A., and LOGIE, J. M. (1981): Cultural practices for granadillas. Farming in South Africa, Nelspruit.

10. LANDGRAF, H. (1978): Anbau und Verarbeitung der Passionsfrucht in Brasilien. Flüssiges Obst 45, 225–231.
11. LIPPMANN, D. (1978): Cultivation of *Passiflora edulis* S. General Information on Passion Fruit Growing in Kenya. Schriftenreihe der GTZ Nr. 62, GTZ, Eschborn.
12. NAKASONE, H. Y., HIRANO, R., and ITO, P. (1967): Preliminary observations on the inheritance of several characters in the passion fruit (*Passiflora edulis* and forma *flavicarpa*). Hawaii Agric. Exp. Stat., Tech. Prog. Rep. 161, 1–11.
13. OHLE, H. (1975): Beiträge zur Kenntnis der als Obstpflanzen kultivierten *Passiflora*-Arten. Kulturpflanze 23, 107–129.
14. TENG, Y. T. (1977): Storage of passion fruit (*Passiflora edulis* forma *flavicarpa*) seeds. Malaysian Agric. J. 51, 118–123.
15. TEULON, J. (1971): Propagation of passion fruit (*Passiflora edulis*) on a *Fusarium*-resistant rootstock. Plant Propagator 17 (3), 4–5.
16. WILLIAMS, L. O. (1981): The Useful Plants of Central America. Ceiba 24 (1–4), 1–381.

5.10   Guave

PETER LÜDDERS

Botanisch:	*Psidium guajava* L.
Englisch:	guava
Französisch:	goyave
Spanisch:	guayaba

Wirtschaftliche Bedeutung

Die Guave-Produktion nimmt von den feuchten Tropen bis in die äußeren Subtropen mit Sommer- oder Winterregen zu, weil der angenehme Geschmack der Frucht in frischem und verarbeitetem Zustand steigenden Anklang findet. Während in den Tropen der Frischverzehr dominiert, erfolgt der Export nach Europa und in die USA überwiegend als Säfte, Gelees, Marmeladen und Konfitüren. Neben Indien mit über 30 000 ha findet der Anbau vor allen Dingen in Südamerika und in der Karibik statt, auch Ägypten weist einen beachtlichen Anbau auf.

Botanik

Die Guave (Abb. 174) (2n = 22, 44) stammt aus dem tropischen Amerika. Durch die Spanier und Portugiesen gelangte sie auf die Philippinen und nach Indien, von dort aus in fast alle Länder der Tropen. Zur Gattung *Psidium* (Familie Myrtaceae) gehören außerdem noch *P. cattleyanum*

Abb. 174. Guavenzweig mit unreifen Früchten.

Sabine (Syn. *P. littorale* Raddi, Abb. 175), die Erdbeerguave, *P. friedrichsthalianum* (Berg) Niedenzu, *P. guineense* Sw., *P. acutangulum* DC. und *P. montanum* Sw., die alle aus Mittel- oder Südamerika stammen und lokal als Obst genutzt werden (2, 9).

P. guajava ist ein anspruchsloser kleiner Baum von 3 bis 10 m Höhe, der in den altweltlichen Tropen überall verwildert vorkommt. In Kultur wird die Guava in Strauchform gehalten. Die ovalen Blätter sind gegenständig; die weißen Blüten sitzen einzeln oder bis zu dritt in den Blattachseln am oberen Ende der Triebe. Die 3 bis 13 cm große Frucht mit weißem bis rötlichem Fleisch ist eine vielsamige Beere, deren Entwicklung etwa 5 Monate dauert. Es gibt aufgrund von Triploidie (2n = 33) auch samenlose Früchte, die besonders für die industrielle Verwertung interessant sind (5). Wichtige Zuchtziele sind neben der Großfrüchtigkeit mit dickem Fruchtfleisch, einheitlicher Fleischfarbe und nicht zu aufdringlichem Harzgeschmack möglichst wenige Samen. Die Frucht ist süß und aromatisch.

Die Guave gedeiht unter sehr unterschiedlichen ökologischen Bedingungen; so ist ihr Anbau so-

Abb. 175. Fruchtender Erdbeerguavenzweig.

wohl auf Meereshöhe als auch noch in Höhen von 1500 m möglich. Die größte kommerzielle Bedeutung erreicht die Guave allerdings bis zu 1000 m Höhe. Trockenperioden und kurzfristigen Wasserstau verträgt sie recht gut, sie ist aber gegenüber Frost empfindlich. Die Salztoleranzgrenze liegt zwischen 750 ppm (NaCl) und 1250 ppm (Na_2SO_4) (3). Die große Adaptionsfähigkeit dieser Obstart ermöglicht auch den Anbau in den Subtropen mit relativ ungünstigen Standortvoraussetzungen (z. B. Kalifornien). Die jährlichen Niederschläge sollen zwischen 1000 bis 3000 mm liegen. Sehr hohe Niederschläge während der Fruchtreife können zum Platzen und Verderb der Früchte führen.

Anbau

Die Vermehrung erfolgt auch heute noch vielfach durch Samen, die ein Jahr keimfähig bleiben. Bei kontrollierter Selbstbestäubung lassen sich einige Sorten einigermaßen sicher auf diese Weise vermehren. Vegetative Vermehrung, hauptsächlich durch Okulieren, Pfropfen oder grüne Stecklinge, ist möglich und wird zur Ver-

mehrung triploider und anderer hochwertiger Sorten angewandt (1, 8).

Der Pflanzabstand ist von der Wüchsigkeit der Sorte abhängig und beträgt 5 bis 7 m. Ein regelmäßiger Baumschnitt ist notwendig, um Wassertriebe und abgetragenes Holz zu entfernen.

Die Blühperiode ist vor allem von den Standortfaktoren abhängig. In den Tropen mit gleichmäßigen Niederschlägen erstreckt sich die Blüte mehr oder weniger über das ganze Jahr. In den Subtropen ist das vegetative und generative Wachstum während der kühlen Jahreszeit vermindert oder kommt ganz zum Stillstand. Der Baumertrag liegt zwischen 60 und 80 kg, ertragreiche Sorten bringen 20 bis 50 t pro ha. Der Ertrag setzt bei veredelten Bäumen zwei Jahre nach der Pflanzung ein und nimmt bis zum 8. bis 10. Standjahr zu. Die Nutzungsdauer ist von den Standortfaktoren und Pflegemaßnahmen abhängig und beträgt etwa 25 bis 30 Jahre.

Der Pflücktermin wird vorrangig von der Entfernung zum Absatzmarkt bestimmt. So werden die Früchte für den lokalen Markt vollreif, für den Export bestimmte Früchte bereits einige Tage vor der Vollreife geerntet. Die Bäume müssen zwei- bis dreimal wöchentlich durchgepflückt werden. Die Haltbarkeit der Früchte beträgt bei 8 bis 10 °C und 85 bis 90 % relativer Luftfeuchtigkeit 2 bis 5 Wochen (7).

Krankheiten und Schädlinge

Die Guave wird relativ wenig von Krankheiten befallen. Der Pilz *Clitocybe tabescens* befällt Wurzeln und oberirdische Baumteile, teilweise sterben auch die Bäume ab. Während *Glomerella cingulata* an jungen Früchten Fäulnis hervorruft, verursacht *Colletotrichum gloeosporioides* an reifen Früchten Schäden. In feuchten Gebieten tritt häufig die Alge *Cephaleuros virescens* auf Früchten und Blättern auf. Verschiedene Fruchtfliegenarten können in einigen Anbaugegenden die schwersten Schäden verursachen. Auf Hawaii ist es besonders die Orientalische Fruchtfliege *(Dacus dorsalis)*, im Mittelmeerraum die Mittelmeerfruchtfliege *(Ceratitis capitata)* und in West-Indien sind es *Anastrepha* spp. Die Larven dieser Fliegen entwickeln sich in den Früchten und verderben sie. Neben Fruchtfliegen rufen auch Thripse, Schildläuse, Schmierläuse und die Larven der Motte *Argyresthia eugeniella* Schäden an den Früchten hervor (4, 8).

Verarbeitung und Verwertung

Die Früchte sind sowohl frisch für den Verzehr als auch in verarbeiteter Form zu verwerten. Der durchschnittliche Gehalt an Vitamin A liegt bei 200 IE/100 g, der von Vitamin C bei 200 mg/100 g Frischgewicht; bei manchen Sorten wurden wesentlich höhere Werte für den Vitamingehalt gefunden. Die Früchte eignen sich hervorragend für die Herstellung von Saft, Nektar, Marmelade, Gelee und dicker Paste. Aus ihnen kann Pektin, aus den Samen Öl gewonnen werden (6, 8).

Literatur

1. BOURKE, D. O'D. (1976): *Psidium guajava* – guava. In: GARNER, R. J., and CHAUDRI, S. A.: The Propagation of Tropical Fruit Trees, 530–553. FAO and Commonwealth Agricultural Bureaux, Farnham Royal, England.
2. BRÜCHER, H. (1977): Tropische Nutzpflanzen. Springer, Berlin.
3. GUPTA, M. R., and BHAMBOTA, J. (1968): Effect of different concentrations of sodium salts on guava. Punjab Hort. J. 8, 30–36.
4. LÜDDERS, P., HELM, H., und SIMON, P. (1979): Veröffentlichungen über die Guave. Akt. Literaturinf. Obstbau Nr. 88. TU Berlin.
5. MAJUMDAR, H. (1964): Seedlessness in guava. Current Sci. 33, 24–25.
6. NAGY, S., and SHAW, P. E. (1980): Tropical and Subtropical Fruits. Composition, Properties and Uses. AVI Publishing Co., Westport, Connecticut.
7. PANTASTICO, E. B. (ed.) (1975): Postharvest Physiology, Handling and Utilization of Tropical and Subtropical Fruits and Vegetables. AVI Publishing Co., Westport, Connecticut.
8. SHIGEURA, G. T., and BULLOCK, R. M. (1983): Guava (*Psidium guajava* L.) in Hawaii – History and Production. Res. Ext. Series 035, College Trop. Agric., Univ. of Hawaii, Manoa.
9. ZEVEN, A. C., and DE WET, J. M. J. (1982): Dictionary of Cultivated Plants and Their Regions of Diversity. Pudoc, Wageningen.

5.11   Litchi und andere Sapindaceae

PETER LÜDDERS

Litchi

Botanisch:	*Litchi chinensis* Sonn.
Englisch:	litchi, lychee
Französisch:	litchi
Spanisch:	litchi

Wirtschaftliche Bedeutung

Die wichtigsten Anbaugebiete liegen in China und Indien. Hier werden über 100 Sorten angebaut. In den letzten Jahren nahm der Anbau vor allen Dingen in den Subtropen zu, z. B. in Südafrika, Florida, Kalifornien und Queensland/Australien (6). Die Ernte beträgt in Südafrika bereits 1800 t, von denen 100 t vorrangig in England abgesetzt werden. Die jährliche Produktion erreicht in Indien etwa 92 000 t, von denen 2000 t exportiert werden. Der Absatz erfolgt als Frischfrucht, in getrockneter oder verarbeiteter Form. Der Markt in den Industrieländern ist noch weitgehend unterentwickelt, so daß er vor allen Dingen für Frischware noch aufnahmefähig ist.

Botanik

Der immergrüne Baum mit großen, gefiederten Blättern wird bis zu 18 m hoch und stammt aus dem subtropischen China (5). Die Infloreszenz ist eine stark verzweigte Rispe, die in den Subtropen im Frühjahr an den Triebenden erscheint.

Die einzelnen Blüten sind klein, haben keine Petalen und sind eingeschlechtig. Es gibt drei verschiedene Blütentypen, die nacheinander an einem Blütenstand folgen. Zunächst werden funktional männliche Blüten mit verkümmerten Fruchtknoten gebildet, dann funktional weibliche mit kurzen Staubfäden, deren Antheren sich nicht öffnen, und zuletzt rein männliche. Die Bestäubung ist durch die zeitliche Überlappung der drei Blütentypen an den verschiedenen Zweigen des Baumes gewährleistet (8). Nach der Befruchtung ist das Fruchtwachstum zunächst gering (50 bis 60 Tage), nimmt dann innerhalb von 2 bis 3 Wochen stark zu und während der Entwicklung des fleischigen Arillus wieder an Intensität ab. Die konische bis herzförmige Frucht mit einem Gewicht von 20 bis 25 g hat ein trockenes, nicht aufspringendes Perikarp (Abb. 176). Der den Samen umgebende eßbare Arillus ist süß, saftig und recht schmackhaft.

Ökophysiologie

Litchi ist ein Baum der Subtropen: Durch niedrige Temperaturen in den Wintermonaten oder durch Niederschlagsdefizite wird das vegetative Wachstum vermindert und die Blühinduktion gefördert. Neben diesen Standortfaktoren haben auch noch der Fruchtbehang und der Ernährungszustand des Baumes einen Einfluß auf die Blütenknospendifferenzierung, die etwa 2 Monate dauert. In Gebieten mit ständig hohen Temperaturen kommt es nur zu einer geringen Blüte (7). Litchi bevorzugt einen tiefgründigen, sandigen Lehmboden ohne Verdichtungshorizonte. Eine gute Bodendurchlüftung sollte sowohl für das Wurzelwachstum als auch für die Entwicklung der Mykorrhiza gegeben sein. Ein trockener, heißer Wind kann zum Platzen der Früchte führen.

Anbau

Eine generative Vermehrung sollte aufgrund der starken Aufspaltung der Sämlinge und der langen ertraglosen Periode nicht durchgeführt werden. Die vegetative Vermehrung erfolgt entweder durch Veredlung (Kopulation) oder durch Markottieren (3, 4). Bei der letzten Methode wird ein etwa 2 cm breiter Rindenstreifen an

Abb. 176. Geöffnete Litchifrucht, rechts ein vom Arillus befreiter Samen.

möglichst aufrechtwachsenden Trieben zu Beginn der Vegetationsperiode entfernt und mit feuchtem Moos oder Torf in einer Plastikfolie umgeben. Nach 4 bis 6 Monaten hat eine ausreichende Bewurzelung stattgefunden, so daß die bewurzelte Jungpflanze nach vorsichtiger Entfernung der Folie getopft werden kann. Zur Verminderung der Transpiration sollten die Blätter stark eingekürzt werden. Der Pflanzabstand der langlebigen Bäume ist von ihrer Wuchsstärke abhängig und beträgt etwa 12 × 12 m. Auf jeden Fall führt ein zu dichter Bestand zu einer Abnahme der Fruchtungszone an der Baumperipherie.

Die beste Pflanzzeit ist zu Beginn der Regenzeit. Vor der Pflanzung ist eine chemische Bodenanalyse durchzuführen; der günstigste pH-Wert liegt im schwach sauren Bereich. Während der ersten Standjahre wird ein Erziehungsschnitt durchgeführt. Besonderer Wert ist auf einen nicht zu steilen Astwinkel wegen der Astbruchgefahr zu legen, die besonders bei durch Markottieren gewonnenen Bäumen auftreten kann. Der Schnitt in Ertragsanlagen beschränkt sich auf Auslichten und Entfernen abgestorbener Äste. Der Ertrag beginnt nach 4 bis 6 Jahren. Während der Trockenperioden ist eine flache Bodenbearbeitung zur Bekämpfung des Unkrautes zu empfehlen. Die Baumscheiben junger Bäume sollten gemulcht werden. In niederschlagsarmen Perioden muß in regelmäßigen Abständen ausreichend bewässert werden, da der Wasserbedarf mit etwa 1500 mm hoch liegt.

Die Früchte werden im vollreifen Zustand geerntet. Als Kriterien für die Bestimmung des Erntetermins werden der Farbumschlag nach Rot und das Zucker-Säure-Verhältnis (10:1) herangezogen. Die Fruchtbüschel werden als Ganzes abgeschnitten oder einzelne Früchte gepflückt. Der Baumertrag liegt bei 150 kg. Die Lagerung erfolgt bei 0 bis 1 °C; bei geringer relativer Luftfeuchtigkeit sind die Früchte mehrere Wochen haltbar (12). Eine Verarbeitung zu Trockenfrüchten wird häufig durchgeführt; die so gewonnenen Litchinüsse werden vor allen Dingen in China angeboten. Ihr Geschmack ist mit Rosinen vergleichbar, sie sind noch süßer und haben ein charakteristisches Aroma. Litchis werden auch mit oder ohne Samen zu Konserven verarbeitet. Eine weitere Verwendungsmöglichkeit ist die Verarbeitung zu Salat, als Zutaten zu Eis und Getränken oder gefüllt mit Käse.

Bei den tierischen Schädlingen können Larven von verschiedenen Insekten in der Baumrinde durch ihre Fraßgänge erhebliche Zerstörungen hervorrufen. Die Früchte werden von Fruchtfliegen und der Litchimotte (*Argyroploce pelrastica*) befallen. Großen Schaden können auch Fledermäuse während der Nacht durch Abpflücken der Früchte verursachen. Durch Einbeuteln können die Früchte gegen diese Schädlinge geschützt werden. Gebietsweise treten verschiedene Nematodenarten auf. Während der Reifeentwicklung am Baum können die Früchte platzen, als Ursachen kommen ungleichmäßige Wasser- und Nährstoffversorgung oder mechanische Schäden durch Hagel in Frage. Die Verbräunung der Früchte ist auf zu starkes Wachstum zu Beginn ihrer Entwicklung zurückzuführen.

Rambutan

Botanisch:	*Nephelium lappaceum* L.
Englisch:	rambutan
Französisch:	ramboutan
Spanisch:	ramustan

Wirtschaftliche Bedeutung

Rambutan ist eine der bekanntesten Früchte in Südostasien, besonders in Thailand, Malaysia und Indonesien (3). Die Obstart ist auch in Indien, Sri Lanka, Philippinen und Zentralamerika von Bedeutung. Die Anbaufläche betrug bereits 1964 in West-Malaysia 1500 ha, etwa ein Fünftel dieser Fläche entfiel auf den Anbau in Monokultur. Der weitaus größte Teil wird in Mischkultur auf kleinen Flächen erzeugt. Eine Produktion in subtropischen Ländern ist aufgrund der klimatischen Ansprüche dieser Obstart ohne wirtschaftliche Bedeutung.

Botanik

Der in Malaysia beheimatete immergrüne Baum wird bis 15 m hoch; die wechselständigen, elliptischen bis eiförmigen Blätter sind gefiedert, dünn, ledrig und glatt. Die stark verzweigten Rispen entstehen in den Blattachseln oder an der Triebspitze und entwickeln 10 bis 20 Früchte; es gibt ein- und zweigeschlechtige Blüten. Die im Anbau befindlichen Sorten sind monözisch; bei den Sämlingen sind auch diözische Pflanzen bekannt. Die 3 bis 8 cm großen, eiförmigen Früchte sind unterschiedlich gefärbt, von hellgrün bis

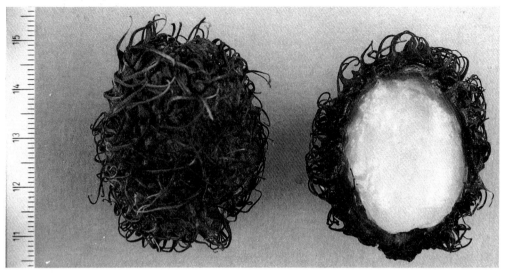

Abb. 177. Reife Rambutanfrüchte, die rechte Frucht teilweise ohne Perikarp.

weinrot, ihre Oberfläche ist mit haarartigen, flexiblen Auswüchsen von 6 bis 15 mm bedeckt (Abb. 177, 178). Aufgrund dieser Oberflächenbeschaffenheit wird die Frucht im Malayischen als „rambut" bezeichnet, das „Haar" bedeutet. Der eßbare Teil der Frucht ist ein dicker, fleischiger Arillus, der reich an Vitamin C ist. Der gelbgrüne bis braune Samen ist sehr ölhaltig und

Abb. 178. Fruchtender Rambutanzweig.

kann in gekochtem oder geröstetem Zustand gegessen werden (1, 11).
Eine Verwandte ist *Nephelium mutabile* Bl., Pulasan. Diese Obstart kommt vor allen Dingen auf Java, aber auch in anderen Regionen Südostasiens lokal verbreitet vor. Die Früchte haben kurze rote oder gelbe Höcker.

Ökophysiologie
Rambutan ist ein Baum der tropischen Wälder und gedeiht am besten bei gleichmäßig hohen Niederschlägen. Der Boden sollte tiefgründig, schwach sauer, gut dränfähig und möglichst reich an organischer Substanz sein. Optimale Wachstumsbedingungen findet der Baum in tropischen Tieflagen.

Anbau
Die Vermehrung (13) erfolgte bisher überwiegend generativ. Die Keimfähigkeit der Samen ist sehr kurz; bereits nach 2 Wochen nimmt sie erheblich ab. Die Sämlinge sind sehr empfindlich gegenüber vollem Sonnenlicht und zeigen auch zwischen pH 5,0 und 6,5 häufig Eisenchlorose. Heute wird in zunehmendem Umfang veredelt oder markottiert, um Aufspaltungen aufgrund der Heterozygotie zu vermeiden.
Der Boden für die Neupflanzung muß gut vorbereitet werden. Der Pflanzabstand beträgt 8 bis 10 m, abhängig von der Wüchsigkeit der Bäume.

Da die Früchte bevorzugt an der Kronenperipherie gebildet werden, dürfen die Bäume nicht zu dicht gepflanzt werden. Für einen guten Anwachserfolg ist eine ausreichende Bewässerung notwendig. Der Baumschnitt beschränkt sich auf das Entfernen abgestorbener oder abgebrochener Zweige und Äste. Eine Bodenbedeckung mit Leguminosen (*Crotalaria*, *Vigna*, *Canavalia* oder *Pueraria*) ist vor allen Dingen in Junganlagen empfehlenswert. Der Ertrag setzt bei Sämlingen nach 5 bis 6 Jahren und bei vegetativer Vermehrung bereits nach 2 Jahren ein. Ein ausgewachsener Baum liefert jährlich 5000 bis 6000 Früchte, die von Hand in Büscheln vorsichtig geerntet werden müssen. Bei gleichmäßiger Niederschlagsverteilung gibt es zwei Ernten, sonst nur eine.

Die gefährlichste Krankheit ist der Mehltau (*Oidium nephelii*), der die Blüten und Früchte befällt und zum Abwurf führt. Häufig werden die Wurzeln von Pilzen (*Phomopsis* spp., *Fomes lignosus* und *Ganoderma pseudoferreum*) befallen. An Rambutan rufen Insekten mit Ausnahme von Fruchtfliegen relativ wenig Schäden hervor, ein ernstes Problem können Ratten darstellen.

Verarbeitung und Verwertung

Die Früchte werden überwiegend in frischem Zustand verzehrt. Das haarige Perikarp ist mit den Fingern leicht zu öffnen. Das Fruchtfleisch ist süß oder schwach sauer und häufig angenehm aromatisch. Aus ihm können verschiedene Marmeladen oder Gelees hergestellt werden. Der Arillus ist auch für die Herstellung von Sirup geeignet. Blätter, Wurzeln und Rinde werden in der Volksmedizin verwendet. Rambutan steht häufig im Hausgarten als Zierbaum, der vor allen Dingen durch seine Früchte auffällt.

Longan

Botanisch:	*Dimocarpus longan* Lour. (Syn. *Euphoria longana* Lam.)
Englisch:	longan
Französisch:	longan
Spanisch:	longan

Longan (3, 14) ist in Südindien, Burma, China und Ceylon bis zu einer Höhe von 1000 m beheimatet. Hauptanbaugebiete befinden sich in Thailand, China und Taiwan.

Der aufrechtwachsende Baum kann eine Höhe von 10 bis 20 m erreichen. Junge Blätter sind vielfach rot gefärbt. Die blattlosen, bis zu 30 cm langen Infloreszenzen befinden sich an Triebspitzen in Form von Rispen. Niedrige Temperaturen fördern die Blütenknospendifferenzierung, so daß in Gebieten mit kühlen Wintern die Blüte im Frühjahr ist.

Ansprüche an Boden und Klima sind geringer als bei Litchi. Eine zeitweilige Überflutung wird vom Baum ebenso vertragen wie kurzfristige leichte Fröste. Oft stehen die Bäume im Einflußbereich der Flüsse. Longan ist auch gegenüber trockener Luft und alkalischen Böden mit einem relativ hohen Salzgehalt unempfindlicher als Litchi. Aus diesem Grunde ist der Baum am Rande der Tropen und neuerdings auch in den Subtropen häufig als Zierbaum im Hausgarten zu finden.

Vermehrung erfolgt durch Veredlung (Ablaktieren) oder Markottieren wie bei Litchi; eine generative Vermehrung ist zwar technisch einfacher, führt aber zur Aufspaltung und zu einer relativ langen ertraglosen Zeit. Steckholzvermehrung bringt auch bei Einsatz von Bewurzelungshormonen nur einen mäßigen Erfolg.

Auftretende Ertragsschwankungen können durch Entfernung ganzer Fruchtstände vermindert werden. Der Erntetermin wird mit Hilfe der Fruchtform, Schalenfärbung und des Geschmacks festgestellt. Ganze Fruchtstände werden abgeschnitten oder abgebrochen; sie sind länger lagerfähig als Litchi. Die Früchte werden frisch verzehrt, eingemacht bzw. getrocknet. Der eßbare Arillus schmeckt nicht ganz so köstlich wie der von Litchi. Eine Anbauausweitung für die Verarbeitung zu Fruchtkonserven scheint auch für den europäischen Markt nicht uninteressant zu sein.

Akipflaume

Botanisch:	*Blighia sapida* C. König
Englisch:	akee
Französisch:	akée d'Afrique
Spanisch:	seso vegetal

Die Heimat des immergrünen, bis 25 m hohen Baumes sind die Wälder Westafrikas, wo er häufig angepflanzt wird (2). Am Ende des 18. Jahrhunderts wurde die Akipflaume durch Sklavenhändler in den karibischen Raum gebracht und ist heute auf Jamaika weit verbreitet. Der botanische Name soll an den Kapitän Bligh von der „Bounty" erinnern, der die Brotfrucht nach Westindien brachte. Weil die aufgesprungene Frucht einem Gehirn ähnelt, heißt sie im Spanischen „Seso vegetal". Die reifen Früchte sind scharlachrot, verkehrt eirund und 6×3 cm groß. Bei der Reife springt die Kapsel auf, die aus 3 Fruchtblättern gebildet wird. In jedem Fruchtfach ist ein länglich-ovaler schwarzer Samen enthalten, der an der Basis von einem cremefarbenen Arillus umgeben ist. Dieser wird entweder frisch, meist aber gebraten oder gekocht gegessen. Die rosa Haut, die den Arillus mit dem Samen verbindet, ist durch ihren Gehalt an Hypoglycin giftig und kann bei Verzehr zu Todesfällen führen (9). Auch unreife und überreife Früchte sind giftig. Nur von reifen, frisch aufgesprungenen Früchten kann der Arillus gegessen werden. Der Ertrag der Bäume setzt im 5. Jahr ein (10).

Literatur

1. ALMEYDA, N., MALO, S. E., and MARTIN, F. W. (1979): Cultivation of Neglected Tropical Fruits with Promise. Part 6. The Rambutan. Sci. Educ. Adm., USDA, New Orleans, Louisiana.
2. BUSSON, D. K. (1965): Plantes Alimentaires de l'Ouest Africain. Leconte, Paris.
3. CHANDLER, W. H. (1958): Evergreen Orchards. 2nd ed. Lea and Febiger, Philadelphia.
4. JOUBERT, A. J. (1970): The Litchi. Bull. No. 389, Dep. Agric. Techn. Serv. Pretoria, Südafrika.
5. LIANG, J. (1981): Le litchi, origine, utilisation et développement de sa culture. J. Agric. tradit. Bot. appl. 28, 259–270.
6. LÜDDERS, P., und SIMON, P. (1979): Veröffentlichungen über *Litchi chinensis* Sonn. Aktuelle Literaturinf. Obstbau, No. 92, TU, Berlin.
7. MENZEL, C. M. (1983): The control of floral initiation in lychee: a review. Scientia Hortic. 21, 201–215.
8. MENZEL, C. M. (1984): The pattern and control of reproductive development in lychee: a review. Scientia Hortic. 22, 333–345.
9. PLIMMER, J. R., and SEAFORTH, C. E. (1963): The ackee: a review. Trop. Sci. 5, 137–142.
10. SAMUELS, A., and ARIAS, L. F. (1979): Agronomic observations on ackee (*Blighia sapida* L.) and preliminary tests on industrial processing. Agron. Costaricense 3, 79–88.
11. STURROCK, D. (1959): Fruits of Southern Florida. Southeastern Printing Co., Stuart, Florida.
12. TONGDEE, S. C., SCOTT, K. J., and McGLASSON, W. B. (1982): Packaging and cool storage of litchi fruit. CSIRO Food Res. Quarterly 42, 25–28.
13. WALTER, T. E. (1976): *Nephelium lappaceum* – rambutan. In: GARNER, R. J., and CHAUDHRI, S. A. (eds.): The Propagation of Tropical Fruit Trees, 518–529. FAO and Commonwealth Agric. Bureaux, Farnham Royal, Slough, England.
14. WATSON, B. J. (1984): Longan. In: PAGE, P. E. (ed.): Tropical Tree Fruits for Australia, 192–197. Queensland Dep. Primary Industries, Inf. Ser. Q 183/018, Brisbane.

5.12   Dattelpalme

WOLFRAM ACHTNICH

Botanisch:	*Phoenix dactylifera* L.
Englisch:	date palm
Französisch:	palmier-dattier
Spanisch:	datilera

Die Dattelpalme gehört zu den ältesten Nutzpflanzen der Alten Welt. Abbildungen aus Babylonien aus der Zeit um 3000 v. Chr. zeigen den Anbau der Palmen. Auf assyrischen Reliefs um 870 v. Chr. sind bereits Details der damals schon durchgeführten künstlichen Bestäubung dargestellt (16, 25, 26, 27, 30, 33).

In die Neue Welt gelangte die Dattelpalme im 16. Jahrhundert durch die Spanier, zunächst nach Zentral- und Südamerika, Ende des 18. Jahrhunderts auch nach Kalifornien (29, 33).

Die Hauptanbaugebiete der Dattelpalme sind die Arabische Halbinsel, die Länder am persischen Golf, die Länder der afrikanischen Mittelmeerküste und der Sahara. Kleinere Anbaugebiete sind die Küstenstriche am Roten Meer. Unter den europäischen Ländern weist nur Spanien größere Flächen mit kommerziellem Dattelanbau im Gebiet um Elche (Provinz Alicante) auf. Auf etwa gleicher geographischer Breite wie Elche liegen östlich des Kaspischen Meeres in Turkmenistan die 1935 angelegten Dattelpalmengärten Kizil Arvat (Abb. 179). Außerhalb des in Abb. 179 gekennzeichneten Raumes liegen die Anbaugebiete in den USA (Kalifornien, Arizona, Texas), Mexiko, Südamerika und Australien.

Wirtschaftliche Bedeutung

Für die Weltwirtschaft ist der Dattelpalmenanbau von untergeordneter Bedeutung, regional ist

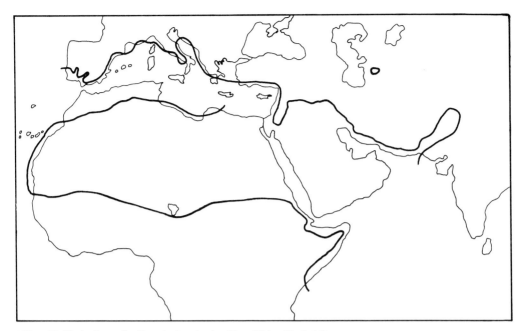

Abb. 179. Verbreitung der Dattelpalme in der Alten Welt. (Nach 25).

die Dattelproduktion jedoch für die Ernährung von Mensch und Tier durchaus bedeutsam. Trotz langsam sich wandelnder Ernährungsweise mit abnehmendem Anteil der Dattel bei den Mahlzeiten und einer Verminderung des sich von Futterdatteln ernährenden Kamelbestandes

Tab. 78. Dattelproduktion in den wichtigsten Anbauländern im Durchschnitt der Jahre 1975/80 und 1982/84 und prozentualer Anteil der Länder an der Welterzeugung. Nach (13).

Land	75/80		82/84	
	(1000 t)	(%)	(1000 t)	(%)
Ägypten	424	16,9	443	17,3
Saudi-Arabien	344	13,7	427	16,6
Iran	297	11,8	392	15,3
Irak	437	17,4	278	10,8
Pakistan	194	7,7	224	8,7
Algerien	174	6,9	199	7,7
Sudan	108	4,3	115	4,5
Libyen	81	3,2	94	3,6
Oman	51	2,1	73	2,8
Tunesien	44	1,8	52	2,0
Marokko	82	3,3	51	2,0
Bahrein	34	1,4	40	1,6
Tschad	26	1,0	31	1,2
USA	21	0,8	20	0,8
Spanien	13	0,5	11	0,4
Andere Länder	180	7,2	120	4,7
Welt	2510	100,0	2570	100,0

infolge zunehmender Motorisierung zeigt die Statistik eine geringe Steigerung der Dattelproduktion (Tab. 78). Vorübergehende Ertragsausfälle in nahöstlichen Krisengebieten beeinflussen den Gesamttrend kaum.

Ein großer Teil der in den Hauptanbaugebieten erzeugten Datteln dient dem Eigenverbrauch, wobei jedoch neben dem Frischverzehr zunehmend auch eine Weiterverarbeitung der Früchte (Dattelsirup, Alkohol, Essig) erfolgt. Die genauere Erfassung der Produktion und des Eigenverbrauchs wird durch die Zersplitterung der Anbauflächen im Oasenlandbau erschwert, so daß die diesbezüglichen Zahlenangaben oft erheblich differieren. Das gilt auch für die Export-Statistik (15), in welcher neben Datteln auch die getrockneten Früchte verschiedener *Ziziphus*-Arten (*Z. jujuba* Mill., *Z. mauritiana* Lam.), bekannt als chinesische Dattel bzw. indische Jujube, in der Rubrik Datteln aufgeführt werden. Wichtige Dattel-Exportländer sind der Irak, Saudi Arabien, Iran und besonders auch Tunesien. Tab. 79 führt die Exporte und Importe der wichtigsten Erzeuger und Verbraucher an. Bemerkenswert sind sie hohen Importe vieler arabischer Länder und die Re-exporte großer Mengen durch Frankreich.

Weltweit betrug der Geldwert für den Export von 0,2 Mio. t Datteln (einschließlich der in den ostasiatischen Ländern gehandelten chinesischen Datteln) 133 Mio. US-$. Im selben Jahr wurden rund 0,18 Mio. t Datteln für 146 Mio. US-$ importiert. Bemerkenswert sind die qualitätsbedingten erheblichen Preisdifferenzen im

Tab. 79. Dattel-Export und -Import wichtiger Erzeuger- und Verbraucherländer (1983). Nach (15).

Land	Export		Exportanteil an der Produktion	Import	
	(1000 t)	(1000 US-$)	(%)	(1000 t)	(1000 US-$)
Irak	100,0	40 000	29,0	–	–
Saudi-Arabien	21,0	7 500	4,8	0,7	454
Iran	19,2	16 117	4,2	–	–
Pakistan	14,2	7 619	6,3	5,2	2 322
Tunesien	11,3	20 445	18,8	–	–
Frankreich	6,0	14 724	–	14,7	23 292
Kuweit	4,0	2 800	–	9,0	5 900
USA	3,5	7 498	19,4	11,8	14 790
Algerien	2,8	4 412	1,5	–	–
Marokko	1,3	1 036	2,8	0,2	293
Sudan	1,2	1 863	1,0	0,08	80
Ägypten	1,1	965	0,25	1,2	1 166
Oman	1,1	913	1,5	0,03	102
Schweiz	0,8	1 868	–	2,4	3 994
Großbritannien	0,7	1 227	–	8,2	12 186
Belgien	0,3	604	–	1,9	2 509
Bundesrepublik	0,08	176	–	1,7	3 619
Spanien	0,06	171	0,55	1,3	1 617
Dänemark	0,05	110	–	1,6	2 220
Italien	0,04	86	–	2,7	5 087
Südjemen	–	–	–	6,9	2 200
Nordjemen	–	–	–	5,0	3 600
Jordan	–	–	–	3,1	1 382
Niger	–	–	–	2,0	700
Bahrein	–	–	–	1,4	1 484
Syrien	–	–	–	1,3	475
Libanon	–	–	–	1,3	500
Südafrika	–	–	–	1,2	1 498
Libyen	–	–	–	1,0	2 200
Somalia	–	–	–	1,0	500

Dattelhandel. Im Export wurden 1983 zwischen 350 und 2500 US-$/t bezahlt. Höchste Preise erzielen die am europäischen Markt besonders geschätzten Datteln der Sorte 'Deglet Noor' aus Nordafrika.

Botanik

Die Dattelpalme gehört zur Familie der Arecaceae (Palmae), Unterfamilie der Phoenicoideae. Die Gattung *Phoenix* umfaßt 12 Arten, darunter neben der Dattelpalme noch 5 weitere Arten mit eßbaren Früchten (25, 26), die jedoch nur von lokaler Bedeutung sind. Eine Wildform der schon jahrtausendelang kultivierten Dattelpalme ist nicht bekannt. Als nahverwandte Arten angesehen werden *P. atlantica* A. Chev. und *P. sylvestris* (L.) Roxb., eine in den Waldgebieten Indiens vorkommende Palme mit unansehnlichen Früchten von fadem Geschmack. Der aus ihrem Vegetationskegel gezapfte Saft findet für die Zuckergewinnung (Jaggery) Verwendung.

Im Gegensatz zu zahlreichen Palmen anderer Gattungen entwickeln die *Phoenix*-Arten ein tief reichendes Wurzelsystem, das bei der Dattelpalme etwa 6 m Tiefe erreicht. Wenn auch die Masse des von der Palme benötigten Wassers aus höheren Bodenschichten entnommen wird, so ist die Möglichkeit der Wasseraufnahme aus größerer Tiefe sicher als eine wesentliche Voraussetzung für die Existenz der Dattelpalme an den als Relikte einer niederschlagsreicheren Erdepoche zu betrachtenden Oasenstandorten anzusehen (27). Horizontal dehnen sich die Wurzeln etwa 3 m im Umkreis aus.

Der normalerweise unverzweigte schlanke Stamm erreicht 15 bis 20 m, seltener auch bis 30 m Höhe. Auf dem Stamm verbleiben die höckerartig ausgebildeten Blattbasen der abgestorbenen Blätter. Die 3 bis 5 m langen Blätter (Palmwedel) sind mit 120 bis 240 im unteren Blattbereich dornartig ausgebildeten Fiederblättchen besetzt. Die Blattkrone besteht aus 30 bis 40 Wedeln. Alljährlich werden etwa 10 neue Blätter gebildet. In den Blattachseln entwickeln sich im bodennahen Bereich des Stammes Schößlinge und im Bereich der Blattkrone Blütenstände (Abb. 180).

Die Dattelpalme ist zweihäusig (diözisch). Der von zwei Hochblättern umhüllte rispige Blütenstand ist bei männlichen Palmen verhältnismäßig kurz, bauchig und oben etwas eingedrückt. Er enthält über 1000 Blüten (Abb. 181). In dem sich nach Aufreißen der länglichen Hüllblätter locker entfaltenden weiblichen Blütenstand be-

Abb. 180. Dattelpalmenbestand in Marokko.

Abb. 181. *Phoenix dactylifera*. Männlicher Blütenstand.

finden sich bis zu 500 Blüten mit jeweils drei
apokarpen Fruchtblättern, aus welchen jedoch
meist nur eine Frucht ausgebildet wird (Abb.
182 und 183). Von Natur aus erfolgt die Bestäu-

Abb. 182. *Phoenix dactylifera*. Weiblicher Blütenstand.

Abb. 183. *Phoenix dactylifera*. Fruchtstand.

bung durch den Wind. Im Anbau ist eine zusätzliche Bestäubung durch Übertragung von Pollen
auf die weiblichen Blüten üblich. Normalerweise
ist eine vollständige Fruchtentwicklung nur nach
erfolgter Bestäubung zu erwarten. Es wird aber
auch über parthenokarpe Fruchtbildung im Dattelanbau aus dem Iran und der Republik Niger
berichtet (25).
Die Dattelfrucht, eine 1 bis 7 cm lange und 2 bis
8 g schwere fleischige Beere, ist von einer festen,
durchscheinenden Außenhaut (Exokarp) umgeben, an die eine nach außen kompaktere, nach
innen mehr faserige fleischige Schicht (Mesokarp) anschließt. Zwischen diesen und dem 2 bis
4 cm langen längsgefurchten Kern befindet sich
eine pergamentartige Membran (Endokarp).
Das gesamte Perikarp wird als „Fruchtfleisch"
bezeichnet. Die Farbe der Datteln variiert von
Gelblich, Hell- oder Dunkelbraun, Rot bis fast
Schwarz. Nach der Beschaffenheit des Perikarps
werden weiche, halbtrockene und trockene Datteln unterschieden.

Ökophysiologie

Voraussetzung für gesundes Wachstum und befriedigenden Ertrag im Dattelpalmenanbau sind optimale Temperatur und ausreichende Wasserversorgung während der Vegetationszeit. Das Temperaturoptimum liegt bei 30 bis 35 °C. Bei weniger als 10 °C kommt das Wachstum zum Stillstand. Temperaturen von über 38 °C verlangsamen und beeinträchtigen das Wachstum ebenfalls. Das Temperaturmittel bekannter Dattelanbaugebiete liegt während der Zeit der Fruchtentwicklung bei 25 bis 32 °C. Isolierendes Schutzgewebe und sensible Steuerung der Transpiration ermöglichen eine Verringerung der Temperaturschwankung im Vegetationspunkt auf 4 bis 5 °C im Tageslauf mit 11 bis 14 °C über Außentemperatur am Morgen und 17 bis 18 °C unter Außentemperaturen während der heißen Nachmittagsstunden. Die kältesten in Dattelpalmenkulturen gemessenen Temperaturen betrugen −15 °C (Kalifornien 1925) und −13,5 °C (Kizil-Arvat/Turkmenistan 1948/49) (1, 16, 25, 33).

Für die Entwicklung gut ausgereifter Früchte ist eine Wärmesumme (thermischer Index) von etwa 1800 °C erforderlich. Als thermischer Index wird die Summe der über 18 °C liegenden Anteile des Tagestemperaturmittels während der Zeit der Fruchtentwicklung (Vegetationszeit) bezeichnet (Tab. 80).

Im Gegensatz zur verbreiteten Vorstellung von einem geringen Wasserbedarf ist der Wasserverbrauch ausgewachsener Dattelpalmen mit 150 bis 200 l/Tag erheblich und durch den unregelmäßig und meist unzureichend verfügbaren Niederschlag nicht zu decken. Dattelpalmen benötigen daher eine kontinuierliche Wasserbereitstellung aus dem Grundwasser bzw. aus Quellen oder Wasserläufen. Im Oasenlandbau werden die Palmen bewässert.

An den Boden stellt die Dattelpalme keine besonderen Ansprüche. Im Hinblick auf die zur Wasserversorgung erforderliche bis 6 m Tiefe reichende Durchwurzelung soll der Boden tiefgründig und gut durchlüftet sein. Schwere tonige und steinige Böden mit undurchlässigen Verdichtungszonen (hardpan) sind ungeeignet. Dagegen werden Salzanreicherungen bis zu 1,5 % in der Bodenlösung und alkalische Bodenreaktion (pH 8) vertragen. Als günstige Standorte sind die alluvialen Böden der Wadis (Sahara) und Flußoasen (Nil, Shatt el Arab) anzusehen.

Züchtung

Die verschiedenen Arten der Gattung *Phoenix* sind diploid (2n = 36) und leicht zu kreuzen. Natürliche Arthybriden kommen zahlreich vor, z. B. *P. dactylifera* × *P. reclinata* Jacq. mit eßbaren Früchten (26). Im Laufe der jahrtausendealten Dattelkulturen hat sich eine große Formenvielfalt in den Anbaugebieten entwickelt, aus welcher ohne besondere züchterische Bearbeitung lokale Sorten entstanden sind. Lange Zeit erfolgte die Anzucht der Jungpflanzen aus Samen von Mutterpflanzen, deren Früchte besonders gute Fruchtfleischentwicklung aufwiesen.

Tab. 80. Thermischer Index für verschiedene Standorte des Dattelpalmenanbaus. Nach (25), verändert.

Standort	Jahrestemperaturmittel (°C)	Temperturmittel der Veg.-Zeit (°C)	Vegetationszeit (Tage)	Thermischer Index (°C)
Coachella (Kalifornien)	22,0	26,4	225	1890
Basra (Irak)	25,3	29,7	160	1872
Tougourt (Algerien)	21,3	28,3	180	1854
Colomb Bechar (Algerien)	19,9	27,0	180	1620
Elche (Spanien)	17,8	21,6	220	792

Bei diözischen Pflanzen kann dies nur teilweise befriedigen. Eine wesentliche Verbesserung brachte die Vermehrung durch Schößlinge, die bei *P. dactylifera* und *P. reclinata* im Basalbereich des Stammes gebildet werden.

Gezielte züchterische Maßnahmen gibt es im Dattelpalmenanbau erst seit dem Erkennen der besonderen Bedeutung der Metaxenie für die Entwicklung der Dattel vor etwa 60 Jahren (29, 30). Der Einfluß des Pollens auf das mütterliche Gewebe der Frucht wirkt sich besonders auf die Größe und Farbe der Frucht, vor allem aber auf die Reifezeit aus. Für Anbaugebiete mit begrenzter Vegetationszeit ist eine Verkürzung der Reifezeit wichtig und die Bereitstellung entsprechenden Pollens von besonderem kommerziellem Interesse. Die Anzucht geeigneter männlicher Palmen mit dem gewünschten Metaxenie-Effekt, reichlicher Pollenproduktion und auf die weiblichen Palmen abgestimmter Blütezeit, steht daher im Vordergrund.

Für die Züchtung selbst stellt sich das Problem wesentlich schwieriger dar. Im Handel befinden sich Jungpflanzen weiblicher Klone. Entsprechende männliche Kreuzungspartner fehlen. Versuche, auf dem Wege der Rückkreuzung weiter zu kommen, blieben, vermutlich wegen auftretender Inzuchtdepression, ohne Erfolg (4, 30).

Zunehmend an Bedeutung gewinnen Maßnahmen zur Verbesserung der Resistenz der Dattelpalme vor allem gegenüber Tracheomykose („Bayoud") und Blattbrand (23, 36). Für die Export-Dattelsorte 'Deglet Noor' konnten Bayoud-resistente Klone selektiert werden.

Unter den zahlreichen Dattelsorten – POPENOE (33) spricht von einigen tausend und nennt über 1500, die für den Export in Frage kommen – sind vor allem die halbtrockenen Datteln von Bedeutung (7, 25, 29). Hinweise auf die Standortansprüche verschiedener Sorten gibt die Zusammenstellung von DOWSON und PANSIOT (nach (16)):
– Frühreifend (geeignet für Gebiete mit zeitigen Herbstregen)
  Sorten: 'Kenta', 'Aguewa', 'Bouhatem', 'Bouzeroua' (Tunesien, Algerien)
– Weniger regenempfindlich
  Sorten: 'Dayri', 'Halawy', 'Kustawy' (Irak, Kalifornien, Arizona)
– Sehr regenempfindlich
  Sorten: 'Iteema', 'Deglet Noor' (Algerien)
– Weniger kälteempfindlich
  Sorten: 'Zahidi' (Irak, Kalifornien), 'Hayany' (Ägypten)
– Widerstandsfähig gegen Trockenheit
  Sorten: 'Azerza', 'Taddala', 'Auchet' (Algerien)
– Trockenheitsempfindlich
  Sorte: 'Deglet Noor'
– Sehr salzverträglich
  Sorten: 'Sayer' (Irak), 'Lemsi' (Tunesien)

Anbau

Vermehrung. Im Dattelpalmenanbau werden heute fast ausschließlich von ausgesuchten weiblichen Palmen gewonnene Schößlinge als Jungpflanzen verwendet. Das Abtrennen der bis zu 10 Jahre alten Schößlinge erfolgt mit Hilfe eines meißelartigen Werkzeugs. Die im Basalbereich des Palmenstammes im oder am Boden entwickelten Jungpflanzen sind normalerweise bewurzelt. Höher angesetzte Schößlinge können durch Anhäufeln des Stammes oder Einbinden in feuchtes Material (Markottage) zur Bewurzelung gebracht werden. Zur Vermeidung von Schäden am Pflanzgut wird der Boden vor dem Abtrennen der Schößlinge angefeuchtet. Gut bewurzelte Jungpflanzen können sofort ausgepflanzt werden. Bei unzureichender Bewurzelung ist eine mehrmonatige Verschulung in engerem Pflanzenverband üblich (25, 29, 40).

In jüngerer Zeit gewinnt zunehmend auch die vegetative Vermehrung mit Hilfe der Gewebekultur an Bedeutung. Als Ausgangsmaterial findet dabei Gewebe aus dem Sproß, besonders der Sproßspitze, sowie aus Knospen und Embryonen Verwendung. Gut bewurzelte Pflanzen können bei Erreichen von 12 cm Länge mit 2 bis 3 Blättern zum weiteren Aufwuchs in 1:1-Torf-Vermiculit-Bodensubstrat verpflanzt werden (12, 19, 39).

Landvorbereitung. Im Hinblick auf die 80 bis 100 Jahre während Nutzungszeit eines Dattelpalmenbestandes erfolgt die Anlage der Dattelgärten mit großer Sorgfalt. Die zu bepflanzende Fläche soll gut dräniert und für die Bewässerung geeignet sein. Alte Pflanzenreste, Baumstümpfe und dergleichen werden entfernt und der Boden gelockert, nötigenfalls auch erneut nivelliert. Häufig ist auch die Einrichtung von Windschutzanlagen erforderlich, wofür Anpflanzungen von Tamarisken (*Tamarix nilotica* [Ehrenb.] Bunge, *T. aphylla* [L.] Karst.), Kasuarinen (*Ca-*

suarina equisetifolia J.R. et G. Forst.) und Prosopis (*P. juliflora* DC.) oder, bei begrenztem Wasservorrat, Schutzstreifen aus Palmblättern in Frage kommen. Im Innenbereich haben sich auch Pfahlrohr-Streifen (*Arundo donax* L.) bewährt. Bei Bewässerung ist die Anlage eines funktionstüchtigen Entwässerungssystems unerläßlich.

Düngung. Im Gegensatz zu dem auf größeren Flächen in Amerika üblichen Intensivanbau mit entsprechend hohen Nährstoffgaben in Form von Handelsdünger spielt die mineralische Düngung in den Anbaugebieten der Alten Welt nur eine untergeordnete Rolle. Die Dattelpalmen erhalten hier im Abstand einiger Jahre eine organische Düngung (Stallmist, Kompost, Abfälle), die um die Palmen herum in den Boden eingearbeitet wird. Die Wirkung mineralischer Dünger ist häufig, wenn überhaupt, erst längerfristig festzustellen, was bei der im oberen Bodenbereich bis 30 cm Tiefe kaum erfolgenden Durchwurzelung und dem sich darunter 6 m tief ausdehnenden Wurzelsystem der Dattelpalme verständlich erscheint (25). Unter den Nährstoffen steht Stickstoff mit seiner die Infloreszenzentwicklung und Fruchtquantität fördernden, die Qualität der Früchte aber auch mindernden Wirkung vor Phosphor und Kali. Auf Stickstoff wird daher auch in der Düngerempfehlung besonderer Wert gelegt, wobei eine Nährstoffgabe in Höhe von 500 g N, 300 g P und 250 g K je Palme als angemessen angesehen werden kann (16, 29). Organisches Material erhöht über die verbesserte Bodenstruktur die Feldkapazität des Bodens und damit den Wirkungsgrad der Bewässerung. In jedem Falle ist eine sinnvolle Kombination aller Düngungsmaßnahmen unter Mitberücksichtigung des Nährstoff- und Salzgehaltes des Bewässerungswassers anzustreben.

Pflanzung und Pflege des Bestandes. Als bestgeeignete Pflanzzeit gilt für Nordafrika das Frühjahr (Februar bis Mai) und für die südlich der Sahara und im Orient gelegenen Anbaugebiete die beginnende Regenzeit. Die von den weiblichen Palmen gewonnenen Schößlinge werden bis zum Auspflanzen feucht gehalten und im Schatten aufbewahrt. Es ist zweckmäßig, die etwa 90 × 90 cm großen und 90 cm tiefen Pflanzlöcher 2 bis 3 Monate vor dem Pflanztermin anzulegen. Sie werden mit einer Mischung aus Boden und Stallmist bzw. Kompost gefüllt und mehrfach angefeuchtet. Vor dem Pflanzen

werden die Wurzeln der Schößlinge leicht gekürzt und die Blätter stärker zurückgeschnitten. Im Pflanzloch wird durch Auftragen einer 10 bis 15 cm starken Bodenschicht ein direkter Kontakt des Schößlings mit der Stallmistunterlage vermieden. Verschultes Pflanzgut wird mit Ballen verpflanzt. Zur Verminderung des Wasserverlustes erhält der exakt senkrecht gestellte Schößling einen Mantel aus Stroh oder Palmblatt sowie Wasserzugaben im Abstand von 3 bis 4 Tagen. Gepflanzt wird meist im 10 × 10-m-Verband. Schwachwüchsige Sorten stehen etwas enger. Es ist üblich, je 100 weibliche Palmen 2 bis 3 männliche Palmen zur Pollengewinnung zu pflanzen. Bei der Pflanzung ist mit etwa 25 % Verlusten zu rechnen, so daß es sich empfiehlt, etwa 30 % Pflanzgut in Reserve zu halten. Häufig erfolgt die Dattelkultur im Mischanbau, wobei die Palmen entweder in Reihen im Wechsel mit anderen ausdauernden Kulturen wie Agrumen (*Citrus* spp.), Guave und Granatapfel oder im Viereck stehen um einen Feldbestand von Gemüsepflanzen wie Tomate, Paprika, Aubergine, Okra, Zwiebel und Knoblauch (Abb. 184), aber z. B. in Saudi-Arabien auch Reis und verschiedene Futterpflanzen, besonders Luzerne.

Der Dattelanbau wird gern als extensive Landnutzung bezeichnet. Das trifft im Hinblick auf die laufenden Pflegearbeiten, Bodenlockerung nach der Bewässerung, Entfernung von Wildwuchs, abgestorbenen Blättern und Unkraut, Mulchanwendung, Instandhaltung der Windschutzanlagen und Pflanzenschutzmaßnahmen, jedoch nur teilweise und hinsichtlich des sich im Zusammenhang mit der künstlichen Bestäubung und Pflege der sich entwickelnden Fruchtstände ergebenden Arbeitsaufwandes nicht zu. Insgesamt beträgt der Arbeitszeitbedarf bei größeren Anlagen und einem Bestand von etwa 100 Palmen/ha zwischen 240 und 400 AKh/ha (16), im nicht mechanisierten Kleinbetrieb mit dichterem Bestand auch wesentlich mehr. Arbeitsspitzen ergeben sich in der Dattelkultur zur Zeit der Bestäubung, bei der Bewässerung und während der Ernte.

Für die künstliche Übertragung von Pollen auf die Narben der weiblichen Dattelpalmenblüten werden verschiedene Verfahren angewandt (25, 29, 32, 40):

1. Bestäubung von Hand. Nach Ersteigen der Palme wird ein Ästchen des männlichen Blütenstandes in den weiblichen Blütenstand ein-

Abb. 184. Junger Dattelpalmenbestand mit Schößlingen und Gemüseunterkultur im Air-Gebirge (Niger).

gebunden. Etwa 14 Tage später ist die Palme erneut zu besteigen, um den Blütenstand wieder zu öffnen.

2. Bestäubung von Hand, ohne die Palme zu ersteigen, mit Hilfe einer bis zu 5 m langen Stange, an deren oberen Ende Teile eines männlichen Blütenstandes befestigt sind.

3. Einsatz eines tragbaren Handstäubegeräts, mit dessen Hilfe der Pollen durch einen an einer Stange befestigten Schlauch auf den weiblichen Blütenstand geblasen wird.

4. Einsatz eines motorangetriebenen fahrbaren Zerstäubers mit durch Verlängerungseinsätze zu variierender Verteilerrohrlänge.

Bei der mechanisierten Bestäubung wird getrockneter Pollen ausgebracht. Als günstigster Zeitpunkt für die Bestäubung wird die Mittagszeit am zweiten bis dritten Tag nach der Öffnung der weiblichen Blüten angesehen. Die optimale Temperatur liegt bei 35 °C. Bei mechanisiertem Ausbringungsverfahren sind mehrfache Bestäubungen zu empfehlen, wobei sich die Behandlung der Palmen von verschiedenen Seiten als besonders günstig erwiesen hat.

Die Gewinnung des Pollens erfolgt unmittelbar nach oder auch kurz vor dem Aufreißen der den männlichen Blütenstand umhüllenden Spatha in den Morgenstunden. Der feuchte Pollen wird auf Papierbogen oder Leinentüchern vorsichtig getrocknet, gesiebt und in geeigneten, gut verschließbaren Gefäßen kühl und trocken aufbewahrt. Er ist mehrere Monate haltbar und kann bei kühler Lagerung (< 5 °C) auch bis zur nächsten Saison übergehalten werden. Die Pollenproduktion einer Palme beträgt 250 bis 700 g/Jahr. 1 g Pollen reicht aus für die Bestäubung von etwa 10 Blütenständen. Sorgfältig durchgeführte Bestäubung ist eine wesentliche Voraussetzung für einen nach Quantität und Qualität befriedigenden Ertrag. Andererseits unterliegt die Dattelpalme auch einem spezifischen jahresweisen Wechsel im Fruchtansatz (Alternanz), der durch Ausdünnung der Fruchtstände bei übermäßigem Behang ausgeglichen wird. Die Verminderung des Fruchtansatzes erfolgt zu einem möglichst frühen Zeitpunkt durch Herauspflücken einzelner Früchte, Abschneiden von Ästchen im Fruchtstand bzw. ganzer Fruchtstände, wobei vor allem die zuerst und zuletzt angelegten Fruchtstände entfernt werden (16, 25).

Bewässerung. Grundlage der Dattelkultur im Oasenlandbau ist ein ausreichendes Wasservorkommen. Mit ihrem verzweigten und tiefreichenden Wurzelsystem findet die Palme meist

Anschluß an das Grundwasser. Sie wird damit weniger abhängig von den der Bodenoberfläche zugeführten Wassergaben und täuscht einen geringeren Wasserverbrauch vor. Im Gegensatz zu den meisten Obstarten gibt es bei der Dattelpalme keine Ruheperiode. Lediglich bei extremer Dürre oder Kälte kommt das Wachstum zum Stillstand.

Den Standortbedingungen entsprechend ist der Wasserbedarf der Dattelpalme in den verschiedenen Anbaugebieten unterschiedlich. Dabei spielen vor allem die Temperatur sowie die Boden- und Wasserbeschaffenheit eine wesentliche Rolle. Leichter, durchlässiger Boden mit tiefliegendem Grundwasser und ein hoher Salzgehalt des zur Bewässerung verwendeten Wassers erhöhen den Wasserbedarf. Grundwassernahe Böden mit hoher Wasserspeicherfähigkeit (Feldkapazität) bedingen einen geringeren Bewässerungsbedarf. Als Orientierungsgröße für den Wasserverbrauch älterer, im Ertrag stehender Dattelpalmen gilt etwa 1,5 m^3 Wasser/Woche je Palme. HILGEMANN und REUTHER (20) empfehlen eine Wassergabe nach Aufbrauch von 50 % der nutzbaren Speicherfeuchte in der Bodenschicht zwischen 75 und 100 cm Tiefe, entsprechend einem Bodenfeuchtepotential von 0,6 bis 0,8 bar bei Lehmboden bzw. von 0,2 bis 0,3 bar bei Sandboden. In Jungpflanzungen sollte der Wert von 0,15 bis 0,2 bar nicht überschritten werden. Der

Bewässerungsturnus beträgt je nach Anbaugebiet und Jahreszeit 5 bis 30 Tage; ein Beispiel aus Marokko bietet Tab. 81.

Für die Bewässerung im Dattelpalmenanbau kommen als Verfahren Becken-, Landstreifen- und Furchenbewässerung in Betracht. Becken sind besonders bei Jungpflanzen üblich, wobei der Durchmesser des Beckens im ersten Jahr etwa 1 m beträgt und in den folgenden Jahren jeweils um 50 cm verlängert wird, bis eine Beckengröße von 5 × 5 m bis 10 × 10 m erreicht wird. Bei der Bewässerung ist eine Durchfeuchtung des Bodens bis 2 m Tiefe wichtig. Es hat sich als zweckmäßig erwiesen, den Boden zur Auffüllung des Wasservorrats in tieferen Schichten nach einigen der üblichen Wassergaben mit einer größeren Wassermenge zu bewässern. Unnötig hohe Wassergaben in der Größenordnung von 4000 bis 7000 mm/Jahr brachten jedoch keinen Mehrertrag. Übermäßige Bodendurchfeuchtung und hohe Luftfeuchtigkeit (Regen!) bewirken ein Aufplatzen der Fruchtschale, die sich bei gleichzeitigem Schrumpfen verfärbt (Schwarznasigkeit), wodurch die Qualität des Ernteprodukts erheblich gemindert wird. Derartige Schäden wurden vor allem bei der Sorte 'Deglet Noor' beobachtet. Auf tiefgründigem Boden mit hoher Feldkapazität wird häufig ohne Ertragseinbuße die Bewässerung während der Ausreifung der Früchte eingestellt. Bei Wasser-

Tab. 81. Zahl der Wassergaben, Turnus und Gesamtwassermenge bei der Dattelpalmenbewässerung im unteren Wadi Draa, Marokko. Nach (40).

Monat	Zahl der Wassergaben	Turnus (Tage)	Gesamt- wassermenge (mm)
Januar	2	15	110
Februar	3	10	160
März	3,5	8	190
April	3,5	8	190
Mai	5	6	200
Juni	5	6	200
Juli	6	5	250
August	6	5	250
September	6	5	250
Oktober	4	7	160
November	3	10	160
Dezember	2	15	110
Jahr	49		2230

knappheit hat sich auch das Pflanzen der Palmen in 1 m tiefe Gräben bewährt. In Israel konnte so bei etwa 4 m tief liegendem Grundwasser nach wenigen Jahren ein Anschluß der Wurzeln an das Grundwasser erreicht und die Oberflächenbewässerung eingestellt werden (2, 18, 21, 25, 29, 34, 40).

Ernte. Etwa 4 Jahre nach dem Auspflanzen der Schößlinge beginnen die jungen Palmen zu tragen und erreichen mit 20 bis 30 Jahren die höchsten Erträge. Sorten- und standortbedingt erfolgt die Fruchtentwicklung von der Blüte bis zur Reife innerhalb von 4 bis 6 Monaten. Geerntet wird jedoch zu verschiedenen Zeitpunkten, wobei die in Tab. 82 genannten Reifegrade unterschieden werden. Im Irak werden die für den Export bestimmten Datteln im Rutab-Stadium (III) geerntet. Die beste Geschmacksqualität wird jedoch erst im Tamar-Stadium (IV) erreicht. Weiter wird bezüglich des Reifens der Früchte unterschieden zwischen Sorten mit uneinheitlicher Ausreifung (z. B. 'Deglet Noor') und solchen mit gleichzeitiger Reife des Fruchtstandes. Letztere können in einem Arbeitsgang beerntet werden. Uneinheitliches Ausreifen erfordert mehrfaches Pflücken, bei frühreifen Sorten innerhalb von 3 bis 4 Wochen, bei spätreifen innerhalb von 8 bis 10 Wochen.

Die Ernte selbst erfolgt weitverbreitet noch durch Erklettern der Palme und Einsammeln der einzelnen Früchte bzw. Abschlagen ganzer Fruchtstände. In den USA werden zur Ernte ausfahrbare Leitern und motorangetriebene Hebebühnen benutzt. Die Dattelerträge liegen bei 75 bis 100 kg/Palme, weisen jedoch nach Anbaugebiet und Sorte erhebliche Unterschiede auf (25, 29, 40).

Krankheiten und Schädlinge

Unter den die Dattelpalmenkultur in der Alten Welt bedrohenden *Krankheiten* ist die „Bayoud" (auf deutsch „weiß") bezeichnete Tracheomykose, verursacht durch den Pilz *Fusarium oxysporum* f. sp. *albedinis*, an erster Stelle zu nennen. Ausgehend vom unteren Wadi Draa in Marokko hat der sich rasch in Nordwest-Afrika ausbreitende Pilz im Laufe einiger Jahrzehnte Millionen von Dattelpalmen vernichtet. Der Pilz kann saprophytisch im Boden leben und infiziert meist von dort aus die Palmen. Das Schadbild zeigt eine weißlich-chlorotische Verfärbung der welkenden Fiederblättchen. Im weiteren Verlauf welken auch die unteren Wedel. Junge Palmen sterben innerhalb weniger Wochen ab. Schlechte Kulturbedingungen, aber auch intensive Unterkultur (Gemüse, Luzerne) mit reichlicher Bewässerung verstärken den Befall. Nur phytosanitäre Maßnahmen (Vermeidung unnötiger Kontamination, Pflanzgutkontrolle, angemessene Wassergaben) und der Anbau resistenter Sorten kommen zur Bekämpfung in Frage. Als resistent gelten die Sorten Takerboucht, Bou Jigou, Taadmant und Bou Stammi, die jedoch alle nur eine mäßige Fruchtqualität aufweisen. Die besten Sorten (Deglet Noor, Medjool) sind hochgradig anfällig (6, 23, 36). Weitere durch Pilze verursachte Krankheiten sind Wurzelfäule (*Omphalia* spp.), Blattstreifenkrankheit (*Diplodia* spp.), Blattfleckenkrankheit (*Ceratocystis paradoxa*), Blattbrand (*Graphiola phoenicis*), Herzfäule (*Phytophthora palmivora*), Blütenstandfäule (*Manginiella scaettae*) und Fruchtfäule (*Aspergillus niger, Rhizopus nigricans, Alternaria citri*). Bei der Bekämpfung aller dieser Krankheiten stehen pflanzenbauliche

---

Tab. 82. Beispiele der Fruchtentwicklung und des Erntetermins von Dattelsorten. Nach (25), verändert.

Reifestadium[1]	Stadium		Entwicklungszeit (Monate)
	Pakistan	Irak	
I	Gandora	Kimri	< 4
II	Doka	Khalal	4–5
III	Dang	Rutab	5–6
IV	Pind	Tamar	> 6

[1] I: ausgewachsene Früchte, prall, grün, höchstes Gewicht
  II: Gelbfärbung, Gewichtsabnahme, herber Geschmack
  III: Hellbraunfärbung, beginnende Faltung der Epidermis, Zuckerbildung, weiche Fruchtspitze
  IV: Dunkelfärbung, zunehmendes Runzeligwerden, Abtrocknung, verstärkte Zuckerbildung, Genußreife

und phytosanitäre Maßnahmen im Vordergrund (gesundes Pflanzgut, sachgemäße Bewässerung, Bodenpflege, Desinfizierung der Arbeitsgeräte, Ausschneiden befallener Blätter oder Stammteile, Vernichtung ganzer befallener Palmen). Gegen *Graphiola* gibt es einige resistente Sorten. Die Blatt- und Blütenstandskrankheiten lassen sich mit Fungiziden in Schach halten (3, 6, 11, 16, 17, 24, 25, 29, 40).

Unter den *Schädlingen* sind es vor allem die Dattelpalmenschildlaus und Spinnmilben, die besonders in den Anbaugebieten der Alten Welt Verluste verursachen. Die Dattelpalmenschildlaus *Parlatoria blanchardii*, im Iran und Irak beheimatet, ist heute weltweit vor allem in den Trockengebieten verbreitet. Im Dattelpalmenanbau der Oasen findet sie sich besonders im windgeschützten, feuchteren Innenbereich. Der Schädling befällt nahezu alle Teile der Palme, bevorzugt jedoch junge Palmen und Schößlinge, und bewirkt Blattwelke, Wachstumshemmung und Fruchtmißbildungen, bei starkem Befall auch ein Absterben der Palme. Natürliche Feinde der Schildlaus sind Käfer der Gattungen *Pharascymnus*, *Cybocephalus* und *Chilocorus*. In Afrika hat sich die aus dem Iran stammende Art *Chilocorus bipustulatus* als sehr wirksamer Prädator erwiesen und damit Hoffnungen im Bereich des biologischen Pflanzenschutzes geweckt. Die Bekämpfung erfolgt in umfassender Weise durch geeignetes Anbauverfahren (sorgfältige Bodenbearbeitung, Düngung, Bewässerung, Entfernung unnötiger Schößlinge und abgestorbener Pflanzenteile), biologischen (Prädatoren) und chemischen (organische Phosphorverbindungen, systemische Insektizide) Pflanzenschutz (17, 31, 40). Der Dattelpalmenschildlaus im Schadbild und der Bekämpfung ähnlich ist die rote Dattelschildlaus, *Phoenicoccus marlatti*. Die Dattelpalmenmilben, *Oligonychus afrasiaticus* und *Paratetranychus simplex*, sind besonders im Nahen Osten und in Nordafrika verbreitet. Die Spinnmilben befallen die Blätter und unreifen Früchte, die besaugt und versponnen werden, so daß die noch grünen Datteln schrumpfen und verkümmern. Trockene Hitze, Wind und mangelhafte Bewässerung begünstigen die Verbreitung der Milben, die sich auch anderer Pflanzen (*Cynodon dactylon*, *Agropyron* spp., *Arundo donax*) als Zwischenwirt bedienen. Bei der Bekämpfung spielt daher auch das Freihalten der Bewässerungsfläche eine

wichtige Rolle. An Pflanzenschutzmitteln werden systemische Insektizide, spezielle Akarizide und in den Oasen auch eine 1:3-Mischung aus Schwefelblüte und Gips verwendet (25, 31, 40). In Kalifornien ist an Stelle von *Oligonychus afrasiaticus* die Banks grass mite, *O. pratensis*, verbreitet (10).

Weitere Schädlinge sind die Raupen verschiedener Schmetterlinge (*Ephestia cautella*, *Batrachedra amydraula*), welche die Blätter befressen und in die Früchte eindringen. Sie werden mit Insektiziden oder *Bacillus thuringiensis* bekämpft. Unter den Käfern sind es mehrere Nashornkäferarten (*Oryctes* spp.), die wie bei anderen Palmarten durch Beseitigung der Brutplätze (verrottendes Pflanzenmaterial, Dung), Anlage von Fanghaufen, biologische Bekämpfung durch den Pilz *Metarrhizium anisopliae* (22) oder Infektion mit *Rhabdionvirus oryctes*, daneben auch durch Insektizide zu bekämpfen sind. Der Palmrüßler *Rhynchophorus phoenicis* wird mit einem Gemisch aus HCH-Pulver und Sand bekämpft. Die Fruchtkäfer *Cotinis texana*, *Carpophilus hemipterus*, *Coccotrypes dactyliperda* und andere schädigen reifende Früchte und können ganze Fruchtstände zerstören; die Bekämpfung geschieht mit organischen Phosphorverbindungen bis 3 Wochen vor der Ernte (9, 14, 17, 25, 29).

Verarbeitung und Verwertung

Die für den Export bestimmten Datteln werden normalerweise im Rutab-Stadium (Tab. 82) geerntet und in Körben oder Kisten zur weiteren Verarbeitung angeliefert, von Hand oder maschinell (Vibrator) vom Fruchtstand abgetrennt und auf Stellagen einige Tage in der Sonne getrocknet oder im Packhaus nach vorherigem Eintauchen (1 min) in heiße Natronlauge (1 %) in Trockenlagen (50 bis 55 °C) auf etwa 20 % Feuchtigkeit getrocknet und anschließend nach Güteklassen sortiert. In Algerien ist es üblich, die Datteln in feinem Wasserstrahl bei leichter Bewegung zu waschen, was das Aussehen der Früchte verbessert, ihre Haltbarkeit jedoch beeinträchtigt. Nach der Trocknung werden die Datteln durch Begasung mit Methylbromid sterilisiert. Der Versand erfolgt in Kisten (30 kg) oder Kartons.

Zum sofortigen Verzehr vorgesehene Datteln werden vollreif (Tamar-Stadium) geerntet, in arabischen Ländern jedoch vielfach auch schon im Khalal- oder Rutab-Stadium (Tab. 82). Wegen ihres hohen Nährwertes (73,2 % Kohlenhydrate, 1,85 % Eiweiß, 1,82 % Mineralstoffe, Vitamine) ist die Dattel als sehr wertvolles Nahrungsmittel anzusehen. Die Dattelkerne finden Verwendung als Futtermittel (geschrotet, 65 % Hemizellulose, 7 % Öl der Ölsäuregruppe, 5,2 % Protein), geröstet als Kaffee-Ersatz oder in Form von Holzkohle im Kunstschmiedehandwerk (Silberschmiede). Dattelmehl wird aus trockenen Datteln gewonnen und in der Zuckerbäckerei verwendet. Dattelhonig, ein eingedicktes Exudat aus weichen Datteln (Rhars), ist eine beliebte Leckerei und wird in Kombination mit Dattelmehl zu einer Paste verarbeitet. Aus entkernten Früchten wird Marmelade hergestellt. Zur Gewinnung von Dattelsirup werden beschädigte Früchte in Wasser ausgezogen und der gewonnene braune Saft eingedickt. Eine besondere Spezialität ist der aus dem oberen Stamm meist älterer Palmen gewonnene graugrüne, süße Saft (Lagmi). Gezapft wird nach Entfernung der überhängenden Blätter an der Blattbasis, ohne den Vegetationspunkt zu beschädigen, nach der Blüte zu Beginn der heißen Zeit etwa 2 Monate lang. Die Ausbeute beträgt 5 bis 10 l/ Tag. Der Saft enthält etwa 10 % Zucker und beginnt sofort zu gären. Er soll deshalb frisch konsumiert werden (Le lagmi doit être bu à l'ombre de l'arbre d'où il est obtenu). Aus dem Saft kann Zucker oder auch ein süffiges, berauschendes Getränk (5 % Alkohol) gewonnen werden. Zur Herstellung von Dattelwein werden die Früchte zerrieben und mit gleicher Menge auf 35 bis 40 °C erwärmtem Wasser unter Zugabe von Weinsäure und Tannin angesetzt. 200 kg Datteln ergeben etwa 25 l Alkohol. Palmkohl (Palmherz) wird aus dem Vegetationskegel der Palme gewonnen und roh oder gekocht konsumiert. Die Palmblätter finden zur Herstellung von Flechtwerk, Matten, Körben, Windschutzanlagen und als Dachdeckmaterial Verwendung, die stammnahen, dornartigen unteren Fiederblättchen auch als Schutz („Stacheldraht") auf Mauern und Wällen. Die Fasern der Blattstiele lassen sich zu Tauwerk verarbeiten. Die Palmenstämme werden als Baumaterial für Dächer, Brücken und Brunnen geschätzt (8, 14, 25, 28, 33, 35, 37, 38, 40, 41).

Literatur

1. ACHTNICH, W. (1975): Geht das Oasensterben weiter? Versuch einer Prognose. Z. Bewässerungswirtsch. 10, 99–110.
2. ACHTNICH, W. (1980): Bewässerungslandbau. Agrotechnische Grundlagen der Bewässerungswirtschaft. Ulmer, Stuttgart.
3. AL-ANI, H. Y., EL-BEHADLI, H., MAJEED, H. A., and MAJEED, M. (1971): Control of inflorescence rot. Phytopathol. Mediter. 10, 82–85.
4. CARPENTER, J. B. (1979): Breeding date palms in California. Date Growers' Inst., Indio/Calif., Ann. Rep. 54, 13–16.
5. CARPENTER, J. B., and KLOTZ, L. J. (1966): Diseases of the date palm. Date Growers' Inst., Indio/ Calif., Ann. Rep. 43, 15–21.
6. COOK, A. A. (1975): Diseases of Tropical and Subtropical Fruits and Nuts. Hafner, New York.
7. DOWSON, V. H. W. (1976): Bibliography of the Date Palm. Field Res. Projects. Coconut Grove, Miami.
8. DOWSON, V. H. W., and ATEN, A. (1962): Dates. Handling, Processing and Packing. FAO Agric. Develop. Pap. No. 72. FAO, Rom.
9. EL-BASHIR, S., and EL-MAKALEH, S. (1983): Control of the lesser date moth Batrachedra amydraula Meyrick in the Tihama region of the Yemen Arab Republic. Proc. 1st Symp. Date Palm, Al-Hassa, Saudi Arabia, 418–422.
10. ELMER, H. S. (1966): Date palm insect and mite pests in the United States. Date Growers' Inst., Indio/Calif., Ann. Rep. 43, 9–14.
11. ELMER, H. S., CARPENTER, J. B., and KLOTZ, L. J. (1968): Pest and diseases of the date palm. FAO Plant Protect. Bull. 16, 77–91 and 97–110. FAO, Rom.
12. EUWENS, C. J. (1978): Effect of organic nutrients and hormones on growth and development of tissue explants from coconut (Cocos nucifera) and date (Phoenix dactylifera) palms cultured in vitro. Physiol. Plant. 42, 173–178.
13. FAO (1977/84): FAO Production Yearbook, Vol. 31–38. FAO, Rom.
14. FAO (1982): Date Production and Protection with Special Reference to North Africa and the Near East. FAO Plant Prod. and Prot. Paper No. 35. FAO, Rom.
15. FAO (1984): FAO Trade Yearbook, Vol. 37. FAO, Rom.
16. FRANKE, G. (1984): Nutzpflanzen der Tropen und Subtropen. Bd. 2, 4. Aufl. Hirzel, Leipzig.
17. FRÖHLICH, G. (1974): Pflanzenschutz in den Tropen. 2. Aufl. Harri Deutsch, Zürich.
18. FURR, J. R., and REAM, C. L. (1967): Growth and salt uptake of date seedlings in relation to salinity of the irrigation water. Date Growers' Inst., Indio/ Calif., Ann. Rep. 44, 2–4.
19. GABR, M. F., and TISSERAT, B. (1985): Propagating palms in vitro with special emphasis on the date palm (Phoenix dactylifera L.). Scientia Horticulturae 25, 255–262.
20. HILGEMAN, R. H., and REUTHER, W. (1967): Evergreen tree fruits. In: HAGAN, R. M., HAISE, H. R., and EDMINSTER, T. W. (eds.): Irrigation of Agricul-

tural Lands, 704–718. Amer. Soc. Agron., Madison, Wisconsin.
21. HUSSEIN, F., and HUSSEIN, F. A. (1983): Effect of irrigation on growth, yield and fruit quality of dry dates grown at Asswan. Proc. 1st Symp. Date Palm, Al-Hassa, Saudi Arabia, 168–173.
22. LATCH, G. C. M., and FALLOON, R. E. (1976): Studies on the use of *Metarrhizium anisopliae* to control *Oryctes rhinoceros*. Entomophaga 21, 39–48.
23. LOUVET, J., BULIT, J., et TOUTAIN, G. (1970): Comparaison de la résistance au Bayoud de quatre clones tunesiens de palmier-dattier. Al Awamia (Rabat) 34, 111–118.
24. MARTIN, H. (1958): Pests and diseases of date palm in Libya. FAO Plant. Protect. Bull. 6, 120–123. FAO, Rom.
25. MUNIER, P. (1973): Le Palmier-Dattier. Maisonneuve et Larose, Paris.
26. MUNIER, P. (1974): Le problème de l'origine du palmier-dattier et l'atlantide. Fruits 29, 235–240.
27. MUNIER, P. (1981): Origine de la culture du palmier-dattier et sa propagation en Afrique. Fruits 36, 437–450, 531–556, 615–631, 689–706.
28. MUSTAFA, A. J., HAMID, A. M., and AL-KAHTANI, M. S. (1983): Date varieties for jam production. Proc. 1st Symp. Date Palm, Al-Hassa, Saudi-Arabia, 498–502.
29. NIXON, R. W., and CARPENTER, J. B. (1978): Growing Dates in the United States. USDA Agric. Inf. Bull. 207 (revised), US Dept. Agric., Washington, D.C.
30. OUDEJANS, J. H. M. (1969): Date Palm. In: FERWERDA, F. P., and WIT, F. (eds.): Outlines of Perennial Crop Breeding in the Tropics, 243–257. Veenman, Wageningen.
31. PÉREAU-LEROY, P. (1958): Le palmier dattier au Maroc. Min. Agr. Maroc, Rabat.
32. PERKINS, R. M., and BURKNER, P. F. (1973): Mechanical pollination of date palms. Date Growers' Inst. Ann. Rep. 50, 4–6.
33. POPENOE, P. (1973): The Date Palm. Field Research Projects, Coconut Grove, Miami, Florida.
34. REUVENI, O. (1974): Drip versus sprinkler irrigation of date palms. Date Growers' Inst., Indio/Calif., Ann. Rep. 51, 3–5.
35. RYGG, G. (1977): Date Development, Handling and Packing in the United States. USDA Agric. Handb. No. 482, US Dep. Agric., Washington, D.C.
36. SAAIDI, M., TOUTAIN, G., BANNEROT, H., et LOUVET, J. (1981): La sélection du palmier-dattier (*Phoenix dactylifera* L.) pour la résistance au Bayoud. Fruits 36, 241–249.
37. SACHDE, A. G., AL-KIASY, A. M., and NORRIS, R. A. K. (1981): A study on the possibility of producing quality wines from some commercial varieties of Iraqi dates. Mesopotamia J. Agric. 16, 93–106.
38. SAMRAWIRA, J. (1983): Date palm, a potential source for refined sugar. Econ. Bot. 37, 181–186.
39. TISSERAT, B. (1982): Factors involved in the production of plantlets from date palm callus cultures. Euphytica 31, 201–214.
40. TOUTAIN, G. (1967): Le palmier-dattier, culture et production. Al Awamia (Rabat) 25, 83–151.
41. ZINN, A., NOUR, A. M., and AHMED, A. R. (1981): Physico-chemical composition of common Sudanese date cultivars and their suitability for jam making. Date Palm J. 1, 99–106.

5.13   Feige

FRITZ LENZ

Botanisch:	*Ficus carica* L.
Englisch:	fig
Französisch:	figue
Spanisch:	higo

Wirtschaftliche Bedeutung

Der Feigenbaum gehört zu den ältesten Kulturpflanzen (1, 17). Aus fruchtbaren Gebieten Südarabiens gelangte er in die angrenzenden trocken-warmen Zonen und später auf dem Handelswege in alle Länder zwischen dem 20. und 45. Breitengrad der nördlichen und südlichen Erdhälfte. In den Hauptanbaugebieten, die sich in den Mittelmeerländern befinden, ist die Feige nicht nur Exportartikel, sondern ein wesentliches Nahrungsmittel für Mensch und Tier. Neben der Verwertung als frische und getrocknete Frucht ist die Feige zur Konservierung, zur Herstellung von Konfitüren, Backwaren und alkoholischen Getränken geeignet. Aus den Samen kann Öl gewonnen werden, und aus gerösteten Feigen wird der altbekannte Feigenkaffee oder Kaffeezusatz hergestellt. Wichtige Exportländer der Feige und ihrer Nebenprodukte sind: Ägypten, Griechenland, Israel, Italien, Marokko, Portugal, Spanien, Tunesien und die Türkei. Die Weltproduktion an Frischfeigen beträgt zur Zeit etwa 1,2 Mio. t.

Botanik

Allgemeines. Die Kulturfeige (2, 6, 12, 14), Familie Moraceae, gehört zu den laubabwerfenden Gehölzen. Ihr Lebensalter beträgt etwa 50 bis 75 und bei sehr günstigen Wachstumsbedingungen mehr als 100 Jahre.

Feigenbäume besitzen einen dicht/stark-verzweigten baumartigen Wuchs mit knorrig werdendem Stamm und erreichen eine Höhe bis zu 10 m. Wirtschaftlich genutzt werden können sie aber nur etwa 50 Jahre. Die Wurzeln verzweigen sich zu einer Länge von 15 m und weiter und reichen bis 8 m tief in den Boden. Die Blätter sind gelappt und an beiden Seiten behaart. Im Parenchymgewebe der Blattunterseite befinden sich große, aus der Epidermis wachsende Zellen, in denen sich für den Stoffwechsel überflüssiges Calciumcarbonat ablagert. In jeder Blattachsel befindet sich mindestens eine Knospe, die sich entweder zu einem Blütenstand oder einem Laubsproß entwickeln kann. Mindestens zweimal im Jahr, Frühjahr und Sommer, entwickeln sich vegetative Triebe und Blütenstände. Das Holzgewebe ist weich und brüchig. Zwischen den Gewebezellen befinden sich hyphenförmige Latexzellen, die eine gelblich-weiße Flüssigkeit enthalten, die zur Gummiherstellung geeignet ist. Diese milchige Flüssigkeit enthält das eiweißspaltende Enzym Ficin, Lipasen und andere Enzyme. Sie verursacht bei vielen Menschen, die damit in Berührung kommen, Hautjucken und Ausschläge.

Blütenstand. Wahrscheinlich als Folge von Artkreuzungen und jahrtausendelanger Auslese von Pflanzen mit nur weiblichen Blütenständen gibt es zwei Kulturformen von *F. carica:* var. *domestica,* deren Sorten nur langgriffelige weibliche

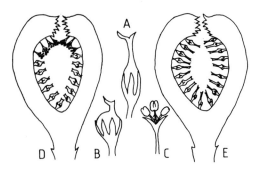

Abb. 186. Schematische Darstellung von weiblichen und männlichen Feigenblüten und ihre Anordnung in den Infloreszenzen. (Nach 9)

A = langgriffelige weibliche Blüte
B = kurzgriffelige weibliche Blüte
C = männliche Blüte
D = Blütenstand mit männlichen Blüten am Ostiolum und kurzgriffeligen weiblichen Blüten (Holzfeige, var. *caprificus*)
E = Feige mit langgriffeligen weiblichen Blüten (eßbare Feige, var. *domestica*).

Blütenstände tragen (eßbare Feigen), und var. *caprificus,* auch Holzfeige genannt, da sie kaum genießbar ist, deren Sorten neben kurzgriffelig weiblichen auch männliche Blüten haben. Bei der Feige wird der gesamte Blütenstand zur Scheinfrucht (Abb. 185).

Im Frühjahr (Februar/März) entwickeln sich Blütenstände an vorjährigen Trieben und im späten Frühjahr an der Basis diesjähriger Triebe, vorwiegend am unteren Teil des Baumes. Dabei differenziert sich die Infloreszenzachse zu einem becherartigen Gebilde, welches nach oben durch schuppenförmige Hochblätter verdeckt wird. Es bleibt eine kleine Öffnung, das Ostiolum. An den inneren Wandungen der Infloreszenzachse befinden sich zahlreiche Blüten, die weiblich oder männlich sein können (Abb. 186).

Befruchtung. Bei einigen Sorten entwickeln sich die Feigen unbefruchtet (parthenokarp), bei anderen ist für die Entwicklung der Fruchtstände die Bestäubung der weiblichen Blüten notwendig. Der Pollen wird von kleinen Insekten, vorwiegend den Feigen-Gallwespen *(Blastophaga psenes)* von *caprificus* auf *domestica* übertragen (Abb. 187) (8). Wie gesagt, enthalten die Blütenstände der Kulturfeigen nur langgriffelige weibliche Blüten, die Früchte von *caprificus* männliche und kurzgriffelige weibliche Blüten. Die Wespen sind nur in der Lage, ihre Eier in die

Abb. 185. Zweig und Früchte eines Feigenbaumes.

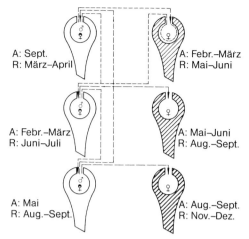

A: Sept.
R: März–April

A: Febr.–März
R: Mai–Juni

A: Febr.–März
R: Juni–Juli

A: Mai–Juni
R: Aug.–Sept.

A: Mai
R: Aug.–Sept.

A: Aug.–Sept.
R: Nov.–Dez.

Abb. 187. Fruchtentwicklung der Feige und Pollenübertragung durch Gallwespen; linke Reihe *caprificus*-, rechte Reihe *domestica*-Feigen. (Abgeändert nach 16).

–––   Pollenübertragung durch Gallwespen
♂   männliche Blüten
♀   weibliche Blüten
/////   eßbare Feigen
A   Anlage
R   Reife

Fruchtknoten kurzgriffeliger Blüten zu legen. Es bilden sich Gallen, in denen die weibliche Imago von dem früher schlüpfenden Männchen befruchtet wird. Beim Verlassen der Frucht werden die Wespen mit Pollen der an der Öffnung stehenden männlichen Blüten beladen. Sie sind damit in der Lage, die weiblichen Blüten der eßbaren Feigen zu befruchten. Die überwinterte Wespengeneration bringt beim Einfliegen keinen Pollen für die Bestäubung der im Februar/März angelegten *domestica*-Fruchtanlage mit. Diese Früchte können demzufolge keine Samen ausbilden und fallen, wenn sie nicht parthenokarp sind, vor der Reife ab. Die Wespen dringen in die Fruchtanlagen der *caprificus*-Feigen ein, wo sie sich vermehren. Ihre nächste Generation kann den Pollen aufnehmen und im Mai/Juni die Befruchtung der 2. Fruchtgeneration bei *domestica* ausführen. Im November/Dezember folgt noch eine 3. Fruchtgeneration der *domestica* Feigen. Durch Spritzungen mit Gibberellinen und Cytokininen oder mit Auxinen in frühem Entwicklungsstadium kann bei einigen Sorten, besonders 'Calimyrna', Parthenokarpie induziert werden (4, 10).

Fruchtentwicklung. Die Fruchtentwicklung, ausgedrückt durch Gewichts- oder Volumenzunahme in der Zeiteinheit, zeigt einen doppelsigmoiden Verlauf. Drei Entwicklungsstadien werden unterschieden. Die erste Periode, welche 5 bis 6 Wochen dauert, zeichnet sich aus durch schnelles Dickenwachstum der Frucht, durch intensive Zellteilung und Zellvergrößerung sowie durch Differenzierung der verschiedenen Fruchtgewebe. In der 3 bis 4 Wochen dauernden zweiten Periode ist das Größenwachstum der Frucht eingeschränkt. Es entwickeln sich die Fruchtknoten und Samenanlagen. Die dritte Periode, welche ebenfalls etwa 3 bis 4 Wochen dauert, ist charakterisiert durch schnelle Gewichts- und Volumenzunahme als Folge von Zellvergrößerungen und die Einlagerung von Assimilaten.
Die Fruchtentwicklung kann durch Ethylen bzw. Applikation von Ethylen-entlassenden Mitteln in den Stadien zwei oder drei stark beschleunigt werden (11, 13).
Die Fruchtqualitätsmerkmale wie Größe, Form sowie Färbung von Schale und Fruchtfleisch werden vorrangig durch klimatische Faktoren beeinflußt. Bei kühlen Witterungsbedingungen werden die Früchte größer als unter warmen. Die sich von April bis Juni entwickelnden Früchte sind deshalb meistens beträchtlich größer als solche, die von Juni bis August heranwachsen. Bei niedrigen Temperaturen behalten die reifenden Früchte einiger Sorten ihre grüne Farbe. Bei hohen Temperaturen dagegen werden diese Früchte gelb und zeigen auch eine intensive Färbung des Fruchtfleisches. Auch Behandlungen mit Ethylen-entlassenden Mitteln können die Fruchtfärbung stark fördern.

Züchtung und Vermehrung
Durch jahrhundertelange Auslese von geeigneten Pflanzen sind die heute angebauten Sorten von *domestica* und *caprificus* entstanden (15). Aus verschiedenen Typen der eßbaren Feige haben sich folgende Sortengruppen entwickelt, die alle *domestica* zuzuordnen sind:
1. Sorten der gewöhnlichen Feige. Die Sorten haben parthenokarpe Früchte und brauchen deshalb nicht bestäubt zu werden.
2. Smyrna-Feigen. Für die Fruchtentwicklung ist die Bestäubung zumindest einiger weiblicher Blüten notwendig.

3. San-Pedro-Feigen. Die Früchte der Haupternte sind parthenokarp, während Feigen für
die zweite Ernte bestäubt werden müssen.
Es gibt Sorten, die in kühleren Gebieten angebaut werden können, und andere, die nur in
warmen oder milden Klimazonen gedeihen.
Nach dem Verwendungszweck der Früchte unterscheidet man Sorten, deren Früchte besonders
gut geeignet sind für:
1. den Frischverzehr,
2. die Trocknung,
3. die Konservierung.
Kreuzungen sind nur möglich zwischen Sorten
von *caprificus* und Sorten, die aus Kreuzungen
zwischen *caprificus* und *domestica* entstanden
sind.
Da sich Zweige und Äste der Feige leicht bewurzeln, verwendet man Stecklinge für die Sorten-
vermehrung. Während der Ruheperiode im
Winter werden Steckhölzer (20 bis 30 cm lang)
aus zwei oder dreijährigen Sprossen geschnitten
und im März in ein Anzuchtbeet (10 cm in der
Reihe und 1,20 m zwischen den Reihen) so gesteckt, daß nur die oberste Knospe sichtbar
bleibt. Die Stecklinge werden feucht gehalten.
Sie können schon nach einer Vegetationsperiode
an den Bestimmungsort gepflanzt werden. Häufig werden sie sofort an den ihnen zugedachten
Standort im Feld gesteckt, wo sie feucht gehalten
werden, bis die Pflanzen sich bewurzelt und
verzweigt haben.
Als relativ einfach hat sich die Vermehrung von
Feigen in Gewebekultur erwiesen. Aus einem
Vegetationspunkt können sich durch Zugabe
von Phloroglucinol zum Nährmedium mehr als
20 Sprosse entwickeln, die auf einem Spezialme-
dium zum Wurzeln gebracht werden. Diese Art
der Vermehrung dient der Eliminierung von Viren und zur schnellen Erstellung eines umfangreichen Pflanzenmaterials zur Anlage von Dichtpflanzungen.

Ökophysiologie

Klima. Die Feigen gedeihen besonders gut und
die Früchte haben die beste Qualität in einem
warmen, trockenen Klima. Steigen die Temperaturen jedoch über 40 °C, so entstehen Welke-
schäden an den Früchten, und die für die Bestäubung notwendigen Gallwespen sterben. Anhaltende hohe Luftfeuchtigkeit wirkt ungünstig auf
die Fruchtentwicklung und bringt die Früchte

zum Platzen, außerdem entstehen Schäden
durch Pilze an Blättern und Früchten. Wenn das
Holz vor Einbruch der Kälteperiode ausreichend
gereift ist, können besonders frostresistente Sorten Temperaturen bis zu −10 °C ungeschädigt
überstehen. Eine gewisse Kältewirkung während
der Winterruhe scheint für ein gutes Frühjahrs-
wachstum notwendig zu sein.
Boden. Feigen werden auf sandigen und schweren Böden, bevorzugt mit einem pH > 7, angebaut, sie bringen aber auch auf steinigen Böden,
die von anderen Kulturpflanzen kaum genutzt
werden können, lohnende Erträge. Auf sandigen
Böden besteht die Gefahr schwerer Schädigungen durch Nematoden. Die Feigen sind verhältnismäßig unempfindlich gegen Bodenversalzung, jedoch empfindlich gegen Anreicherungen
von Natriumcarbonaten. Der Boden sollte gut
durchlüftet und dräniert sein. Staunässe ist auf
jeden Fall zu meiden.

Anbau

Pflanzung. Die Pflanzung erfolgt möglichst während der Ruheperiode, da dann die geringste
Gefahr der Austrocknung besteht. Die Pflanzlöcher werden so groß ausgehoben, daß sie die
Wurzeln und ein Gemisch aus Erde und organischer Substanz aufnehmen können. Die Abstände richten sich nach der Wüchsigkeit der Sorten
und nach dem Wasserhaushalt des Bodens. Je
trockener der Standort ist, desto weiter sollten
die Abstände sein. Sie variieren zwischen 2 und
16 m. Für die Produktion von Tafelfeigen im
Intensivanbau mit Bewässerungsmöglichkeiten
wurden in den letzten Jahren Dichtpflanzungen,
bestehend aus 1200 bis 1500 Bäumen pro ha
angelegt. In diesen hat man bereits nach drei
Jahren hohe Erträge. Neupflanzungen mit weiten Pflanzabständen bringen dagegen erst nach
fünf bis sieben Jahren erste Erträge.
Bodenbearbeitung. In den meisten Anbaugebieten wird der Boden im Sommer offengehalten.
Mit flach arbeitenden Geräten, die das Wurzel-
netz der Bäume nicht stören, werden die Boden-
krusten nach dem Bewässern gebrochen und das
Unkraut vernichtet. Es soll damit gleichzeitig die
Wasseraufnahme und die Wasserhaltefähigkeit
des Bodens verbessert werden. Im Winter läßt
man Unkraut oder Leguminosen wachsen, welche im zeitigen Frühjahr als Gründüngung untergepflügt werden.

Unterkulturen in Form von Zwischenfrüchten oder Gras während der warmen Jahreszeit entziehen zuviel der für das Wachstum der Feigen notwendigen Feuchtigkeit. In Kleinbetrieben wird häufig Gemüse als Unterkultur angebaut. Die Feige spendet den bei hoher Lichtintensität notwendigen Schatten und profitiert dabei von der Bewässerung und der Düngung der Gemüsekultur. Im Intensivanbau wird häufig der Boden nicht mehr bearbeitet und das Unkraut mit Herbiziden bekämpft.

Bewässerung. Da Feigen trockenresistenter sind als andere Kulturarten, werden sie vorwiegend in niederschlagsarmen Gebieten angebaut, oft ohne zusätzliche Bewässerung. In Trockengebieten mit weniger als 500 mm Jahresniederschlägen können jedoch das Wachstum und damit die Erträge mit Hilfe zusätzlicher Wassergaben wesentlich gesteigert werden. Doch mindert ein Zuviel an Wasser die Fruchtqualität. Es sollte deshalb nicht mehr Wasser gegeben werden, als für das Wachstum notwendig ist.

Nährstoffversorgung. Für eine zweckmäßige Nährstoffversorgung kann mittels Boden- und Blattanalysen der Nährstoffvorrat im Boden und der Bedarf der Pflanze bestimmt werden. Durch ein stark verzweigtes Wurzelsystem ist die Feige in der Lage, vorhandene Nährstoffe gut auszunutzen. Trotzdem können Fruchtertrag und Wachstum durch zusätzliche Gaben von Stickstoff, Phosphor und Kalium gefördert werden. Als Annäherungswerte sind 40 bis 60 kg N/ha und Jahr, 50 kg P_2O_5 und 80 bis 120 kg K_2O zu nennen. In vielen Anbaugebieten werden zusätzliche Nährstoffe durch organische Substanz, meist in Form von Stallmist, in den Boden gebracht. Ein Mangel an Spurenelementen kann durch Blattspritzungen im Frühjahr oder Herbst behoben werden.

Schnittmaßnahmen. Die Pflanzen werden während der Ruheperiode geschnitten. Die Schnittmaßnahmen sollten sich dabei den unterschiedlichen Wachstumseigentümlichkeiten der Sorten anpassen. In vielen Fällen werden die Bäume nur ausgelichtet, d.h., das bei der Ernte störende Holz und Wasserschosse werden entfernt. In einigen Gegenden entfernt man die Terminalknospen der Zweige, um dadurch das Austreiben der Seitenknospen zu fördern und die Fruchtentwicklung zu stimulieren. In Dichtpflanzungen werden die Bäume zur 'schlanken Spindel' erzogen. Die Zentralachse soll sich dabei von etwa 50 cm über dem Boden bis zur Spitze mit Fruchtholz garnieren. Sproßsysteme, die älter als fünf Jahre sind, werden dicht an der Zentralachse entfernt. Der Terminalsproß wird so abgeleitet, daß der jeweilige Baum möglichst nicht höher als 3 m wird und deshalb die Ernte ausschließlich vom Boden aus erfolgen kann. Lange, in die Fahrgasse reichende Zweigsysteme werden zurückgeschnitten.

Bestäubung. Für die Smyrna- und San-Pedro-Feigen (Abb. 187) ist die Bestäubung oder Caprification bzw. eine Behandlung mit Auxinen notwendig. Bäume von Caprificus werden zur Bestäubung in gesonderten Anlagen gehalten. Das Zwischenpflanzen oder Aufpropfen von Capri-Feigen in Plantagen mit eßbaren Feigen führt zu einer unregelmäßigen, meist zu starken Befruchtung. Dadurch platzen die eßbaren Feigen auf und werden sauer. Deshalb werden während der Blüte je nach Baumgröße unterschiedliche Mengen von Blütenständen der Holzfeigen, in denen sich Gallwespen befinden, in Holz- oder Drahtbehältern an die Bäume gehängt. Innerhalb eines Zeitraumes von etwa drei Wochen werden die Blütenstände alle drei bis vier Tage ausgewechselt. Die Befruchtung kann damit sorgfältig reguliert werden.

Ernte und Verarbeitung der Früchte

Feigen werden mehrmals im Jahre – Mai, Juni, August, September und manchmal im November, Dezember – geerntet, da sich Früchte sowohl im Frühjahr als auch im Sommer und Herbst bilden können. Die Früchte reifen je nach Position im Baum unterschiedlich schnell. Es wird deshalb zur jeweiligen Erntezeit mehrmals durchgepflückt. Unreife Feigen lassen sich schwer von den Zweigen lösen und behalten eine schlechte Qualität. Die Feigen werden entweder mit einem Messer oder einer Schere abgeschnitten oder mittels einer leichten Umdrehung vom Zweig gelöst. Da die Ernte mit Leitern arbeitsaufwendig ist, werden hochhängende Zweige zum Pflücken mit Haken heruntergezogen. Man erntet vom Boden oder einer erhöhten, fahrbaren Plattform aus. Frische Feigen sind sehr empfindlich. Sie bekommen schnell Druckstellen und halten sich bei höheren Temperaturen nur kurze Zeit. Im Kühllager können sie bei Temperaturen von 0 bis 4 °C mehrere Wochen lang aufbewahrt werden. Die Erträge an Frischfeigen pro ha betragen etwa 5 bis 20 t je nach Standort, Pflanzsystem, Pflege und Alter der Bestände.

Außer den Früchten für den Frischverzehr und die Konservenindustrie wird in den Hauptanbaugebieten ein großer Teil der geernteten Feigen getrocknet. Dazu läßt man die Früchte lange am Baum reifen, bis sie halbtrocken sind. Dann werden sie geschüttelt und an der Sonne oder in Dehydrierungsanlagen getrocknet. Viele Betriebe waschen die Früchte vor der Trocknung mit Salzwasser, um sie zu reinigen und die Verdunstungsfähigkeit zu erhöhen. Andere behandeln die Feigen etwa 4 Stunden lang mit Schwefeldioxid, um die Haltbarkeit zu verbessern. Zum Trocknen im Freien werden die Früchte auf hölzerne Platten, auf Matten oder einen festgestampften Boden gelegt. Unter günstigen Wetterbedingungen trocknen die Feigen in 3 bis 5 Tagen an der Sonne. Man erntet etwa 2 bis 5 t getrocknete Feigen pro ha. Die getrockneten Früchte lassen sich bei Temperaturen um 0 °C lange lagern. Eine gute Durchlüftung der Lagerräume verhindert das Weißwerden, welches durch Ansammlung von Hefezellen und Zuckerkristallen entsteht.

Vor dem Verpacken wird nach Größe und Qualität sortiert. Anschließend werden die Früchte in kochendes Wasser oder Dampf getaucht, um sie weich, elastisch und haltbar zu machen. Dem Wasser wird Salz beigegeben, um den Geschmack der Feigen zu verbessern. Die Art der Verpackung ist nach Anbaugebieten verschieden.

Krankheiten und Schädlinge

Die wichtigsten Krankheiten, welche den Feigenbaum befallen, sind die Corticium-Krankheit (Corticium salmonicolor) und Bacteriosis (Bacterium fici). Blatt-, Zweig- und Fruchtkrankheiten werden außerdem verursacht durch Botrytis cinerea, Stilbum cinnabarinum, Rost (Cerotelium fici) und eine Fruchtkrankheit (Fusarium moniliforme). Die Krankheiten und Bekämpfungsmaßnahmen werden in (1, 3 und 7) beschrieben. Über die gefährlichsten Schädlinge wie Nematoden (Meloidogyne spp.), Feigenrostmilbe (Aceria ficus), Rote Spinne (Tetranychus pacificus), Feigenschildlaus (Lepidosaphes ficus), Mittelmeerfruchtfliege (Ceratitis capitata),

Feigenmotte (Ephestia figuliella) und ihre Bekämpfung berichtet (5). Um Schädlinge an trokkenen Feigen im Lager abzuwehren, sollten die Temperaturen unter 10 °C gehalten werden.

Literatur

1. CONDIT, I. J. (1947): The Fig. Chronica Botanica. Waltham, Mass.
2. CONDIT, I. J., and ENDERUID, F. (1956): A bibliography of the fig. Hilgardia 25, 1–663.
3. COOK, A. A. (1975): Diseases of Tropical and Subtropical Fruits and Nuts. Hafner, New York.
4. CRANE, J. C. (1986): Fig. In: MONSELISE, S. P. (ed.): Handbook of Fruit Set and Development, 153–165. CRC Press, Boca Raton, Florida.
5. EBELING, W. (1959): Subtropical Fruit Pests. Univ. California, Division of Agric. Sci., Los Angeles, CA.
6. EVREINOFF, V. A. (1961): Le figuier. Pomol. Franc. 3, 293–296.
7. FRÖHLICH, G. (1984): Feigenbaum. Bekämpfung von Krankheitserregern und Schädlingen. In: FRANKE, G., (Hrsg.): Nutzpflanzen der Tropen und Subtropen, Bd. 2, 4. Aufl., 257–258. Hirzel, Leipzig.
8. HILL, D. S. (1967): Figs (Ficus spp.) and fig-wasps (Chalcidoifea). J. Nat. Hist. 1, 413–434.
9. KNOLL, F. (1961): Die Biologie der Blüte. Springer, Berlin.
10. KREZDORN, A. H., and ADRIANCE, G. W. (1961): Fig Growing in the South. Agric. Handbook 196, USDA, Washington, D.C.
11. MAREI, N., and CRANE, J. C. (1971): Growth and respiratory response of fig (Ficus carica L. cv. Mission) fruits to ethylene. Plant Physiol. 48, 249–254.
12. OCHSE, J. J., SOULE, M. J., DIJKMAN, M. Y., and WEHLBURG, C. (1961): Tropical and Subtropical Agriculture, Vol. 1. Macmillan, New York.
13. PUECH, A. A., REBEIZ, C. A., and CRANE, J. C. (1976): Pigment changes associated with application of etephon ((2-chloroethyl) phosphonic acid) to fig (Ficus carica L.) fruits. Plant Physiol. 57, 504–509.
14. STENZ, S. (1984): Feigenbaum. In: FRANKE, G. (Hrsg.): Nutzpflanzen der Tropen und Subtropen, Bd. 2, 4. Aufl., 249–257. Hirzel, Leipzig.
15. STOREY, W. B., and CONDIT, I. J. (1969): Fig. Ficus carica L. In: FERWERDA, F. P., and WIT, F. (eds.): Outlines of Perennial Crop Breeding in the Tropics, 259–267. Veenman, Wageningen.
16. TSCHIRCH, A. (1911): Die Feigenbäume Italiens (Ficus carica L.), Ficus carica α caprificus und Ficus carica β domestica und ihre Beziehungen zueinander. Ber. Deutsche Bot. Ges. 29, 51–64.
17. ZOHARY, D., and SPIEGEL-ROY, P. (1975): Beginning of fruit growing in the Old World. Science 187, 319–327.

5.14 Kaschunuß

CHARLES A. SCHROEDER

Botanisch:	*Anacardium occidentale* L.
Englisch:	cashew nut
Französisch:	anacarde, noix d'acajou
Spanisch:	nuez de cajú, marañón

Wirtschaftliche Bedeutung

Die Kaschunuß rangiert in ihrer Bedeutung für den Welthandel unter den ersten fünf Nußarten. Die ursprüngliche Heimat liegt im tropischen Amerika, wahrscheinlich im nördlichen Südamerika (5), von wo der Baum schon in prähistorischer Zeit bis Mexiko verbreitet wurde. In Süd- und Mittelamerika wird er heute noch wegen der Kaschuäpfel, nicht so sehr wegen der Nüsse, angebaut (12); es gibt aber in verschiedenen Ländern dieses Gebietes Ansätze zur Entwicklung einer Kaschunußindustrie (8). Die kommerzielle Nußproduktion ist in wenigen Ländern konzentriert, von denen die wichtigsten in Tab. 83 aufgeführt werden. Wegen des Pro-

Tab. 83. Produktion von Kaschunüssen (in 1000 t) in den wichtigsten Erzeugergebieten. Nach (4).

Gebiet	1974/76 (1000 t)	1982/84 (1000 t)
Welt	527	429
Indien	146	190
Afrika	341	145
Moçambique	174	39
Tansania	107	42
Nigeria	30	36
Brasilien	31	78

duktionsrückgangs in Moçambique und Tansania ist auch die Welterzeugung zur Zeit rückläufig, obwohl die nahrhaften und wohlschmeckenden Nüsse einen guten Markt in allen Weltteilen finden (8, 13). Ein Nebenprodukt der Nußgewinnung ist das Schalenöl (cashew nut shell liquid, CNSL), das für Bremsbeläge, Kupplungsscheiben, hitzebeständige Anstriche und eine Reihe anderer Produkte verwendet wird (13). Im Gegensatz zu Nüssen und Schalenöl finden die Kaschuäpfel bisher nur auf den lokalen Märkten Absatz.

Botanik

Der Kaschubaum (7, 8, 10), Familie Anacardiaceae, hat eine breitausladende Krone und erreicht meist nicht mehr als 10 m Höhe, unter günstigen Bedingungen auch bis 15 m (Abb. 188). Seine immergrünen Blätter sind ungeteilt, glattrandig, länglich-eiförmig, lederig und mit glänzender Oberseite. Der Blütenstand steht am Ende der Zweige und bildet eine kompliziert zusammengesetzte Rispe. Die Blüten sind rein männlich oder zwittrig. Sie enthalten viel Nektar, wodurch Insekten angelockt werden. Nur ein kleiner Prozentsatz der Blüten setzt Früchte an. Die Frucht ist botanisch eine echte Nuß (einsamige, trockenschalige Schließfrucht). Die Fruchtwand besteht aus dem ledrigen Exokarp, dem schwammigen Mesokarp und dem dünnen, harten und spröd-zerbrechlichen Endokarp (11). Im Mesokarp liegen Hohlräume, in denen das ätzende, harzige Schalenöl gespeichert wird, welches blasenziehend wirkt, wenn es auf die Haut kommt. Die Fruchtwand und die braune Samenschale werden bei der Präparation der Embryonen zum Verzehr entfernt. Zur „Frucht" gehört auch der birnenförmige, fleischig angeschwollene Fruchtstiel, der den saftreichen Kaschuapfel bildet (Abb. 189); seine Farbe ist rot-violett, gelb oder braun-orange.

Ökophysiologie

Die junge Pflanze ist ziemlich empfindlich gegen Kälte, und auch der ausgewachsene Baum kann

Abb. 188. Fruchtstand der Kaschunuß mit Früchten in verschiedenen Entwicklungsstadien.

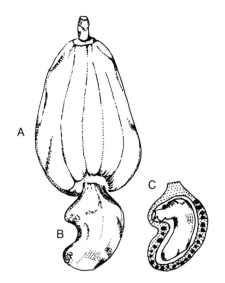

Abb. 189. Kaschu-Gesamtfrucht. A = angeschwolle-
ner Fruchtstiel (Hypokarp), B = Nuß, C = Längsschnitt durch die Nuß mit Ölhöhlen im Mesokarp.

nur wenig Frost vertragen. Daher ist der Kaschubaum grundsätzlich eine Pflanze der Tropen. Er gedeiht auf allen möglichen Bodenarten
und benötigt kaum Pflege. Er gehört somit zu
den am einfachsten anzubauenden Baumkulturen.
Im allgemeinen wächst der Kaschubaum bis zu
einer Höhenlage von 750 m. Er gedeiht bei Niederschlägen zwischen 500 und 4000 mm und
kann auch auf ärmeren Böden angebaut werden,
wo andere Kulturarten versagen (8). Wegen dieser Anspruchslosigkeit und seines tiefreichenden
Wurzelwerks, das ihn auf geeigneten Standorten
viele Monate ohne Regenfall überleben läßt,
wird er als Schutz gegen Erosion und Desertifizierung gepflanzt, auch wenn an solchen Standorten die Erträge niedrig sind (6).

Züchtung
Weltweit sind durch Züchtung noch kaum Er-
trags- und Qualitätsverbesserungen erreicht
worden. Nachteilig ist, daß die Pflanzen unter
natürlichen wie auch unter günstig kontrollierten Bedingungen viele Blüten und auch junge
Früchte abwerfen. Verschiedene neue Sorten
wurden in einigen Ländern durch Selektion von
Sämlingen gezüchtet. Sie werden in ihren Ur-
sprungsländern durch Veredelung vermehrt.

Einige neue Sorten sind den bisherigen in Ertrag
und Qualität überlegen (8).

Anbau
Vermehrung. Der größte Teil der bestehenden
Kaschupflanzungen ist aus Samen ohne Veredlung gezogen worden. Samen mittlerer Größe
(130 Samen/kg) keimen besser als kleinere oder
größere. Keimfähigkeit und -geschwindigkeit
sind am besten bei Samen hoher Dichte. Es wird
empfohlen, nur solche Samen zu benutzen, die in
einer Lösung von 150 g Zucker/l Wasser zu Boden sinken (1). Die Samen werden oft direkt an
den Standort gesät. Besser ist es, sie in Plastikbeuteln oder anderen Behältern anzuziehen und
bei einer Höhe von nicht mehr als 15 cm auszupflanzen. In allen Fällen sollte die Saat etwa
5 cm tief ausgelegt werden.
Eine erhebliche Verbesserung der Erträge kann
durch vegetative Vermehrung selektierter Klone
erreicht werden. Verschiedene Pfropfverfahren
sind möglich. Für die kommerzielle Vermehrung
in Baumschulen ist wohl die Spitzenpfropfung
auf Sämlinge mit einem Stammdurchmesser von
etwa 5 mm das beste Verfahren. Sowohl Kopulation (splice-grafting) als auch Geißfußpfropfen
(Spaltpfropfen, cleft-grafting) können angewendet werden (→ Bd. 3, LENZ, S. 246) (1, 8).
Vegetative Vermehrung durch Okulieren oder
Stecklinge war bisher weniger erfolgreich, obwohl beide Verfahren möglich sind (2, 8).
Pflanzen und Pflege. Dichtes Pflanzen, etwa
6 × 6 m, liefert die höchsten Erträge in den ersten Jahren. Die besten dauerhaften Erträge werden bei größerer Standweite von 10 × 10 m bis
15 × 15 m erzielt. In Kenia pflanzt man daher
manchmal zunächst auf 6 × 6 m und entfernt
später jeden zweiten Baum. Nach (3) werden die
bei weitem besten Flächenerträge durch eine
Heckenpflanzung (wie sie auch bei anderen
Obstarten üblich geworden ist) erzielt. Dabei ist
der empfohlene Pflanzabstand 2 bis 3 m in der
Reihe und 9 bis 12 m zwischen den Reihen. Mit
dieser Methode wurden Erträge bis zu 4 t Nüsse
pro ha und Jahr erzielt (Klonsorte), während
sonst die Erträge oft nicht über 500 kg Nüsse/ha
liegen.
Pflegemaßnahmen beschränken sich meist auf
das Absägen toter Zweige und die Beseitigung
zu wilden Unkrautwuchses, letzteres namentlich
in der Jugendphase der Bäume. Bei Anlagen mit
niedrigen Flächenerträgen werden oft keine Mi-

neraldünger gegeben, weil der ökonomische Erfolg fraglich ist. In ertragreichen Pflanzungen kann man mehr für das Sauberhalten, den Anbau von Bodenbedeckern und die Düngung ausgeben. Die genannte Heckenpflanzung läßt viel Raum für den Anbau von Nahrungspflanzen als Zwischenkulturen; hierfür kommen in erster Linie niedrigwüchsige Leguminosen wie Erdnüsse oder Bohnen in Frage (8). Die Düngungsempfehlungen müssen sich nach der Fruchtbarkeit des Bodens und dem Nährstoffentzug durch die Bäume richten. Letzterer wurde für Bäume mit einem Ertrag von 24 kg Nüsse pro Baum mit 2,85 kg N, 0,75 kg P_2O_5 und 1,27 kg K_2O ermittelt. Das entspricht einem NPK-Verhältnis von 3,8:1:1,7 (8).

Krankheiten und Schädlinge

Bei dem üblichen extensiven Anbau von Kaschu spielten Krankheiten und Schädlinge bisher eine untergeordnete Rolle. In größeren Pflanzungen mit hohem Ertragsniveau treten sie sehr viel ernster auf, und wird ihre Bekämpfung immer wichtiger. Die Krankheiten werden durch Erreger verursacht, die auch von anderen Wirtspflanzen bekannt sind, wie die Anthraknose (*Colletotrichum gloeosporioides*) und das Triebsterben (die-back), das durch verschiedene Pilze verursacht sein kann (*Gloeosporium* sp., *Corticium* spp.) (8).
Große Schäden können die Stamm- und Wurzelbohrer verursachen. Eine Reihe verschiedener Käferarten kann dafür verantwortlich sein (8, 9). Neben den Fraßspuren ist das Austreten von Gummi an Stamm und Wurzelhals ein Kennzeichen des Befalls. Die Bekämpfung ist nicht einfach (z. B. Injektion von Insektiziden in den Stamm), kann aber nötig sein, um das Absterben von Ästen oder des ganzen Baumes zu verhindern. Viele andere Schädlinge (Miniermotten, Schmierläuse usw.) können Kaschubäume befallen und u. U. Bekämpfungsmaßnahmen erfordern (8, 9).

Ernte und Verarbeitung

Die Bäume fruchten im vierten bis fünften Jahr. Während die Erträge von aus Sämlingen gezogenen Beständen, die eine sehr heterogene Population darstellen, stark schwanken, kennt man einige vegetativ vermehrte Auslesen, die 90 kg oder mehr Nüsse je Baum bringen. Die Nüsse werden, wenn sie aschfarben sind, vor der Reife der Äpfel geerntet. Beim Schütteln fallen sie mit dem Apfel zusammen ab. Die Nuß wird vom Apfel entfernt und zur zentralen Verarbeitungsanlage gebracht. Dort werden die Nüsse gereinigt und sortiert, um dann in Drahtkörben für etwa 90 Sekunden in ein auf 170 bis 200 °C erhitztes Bad von CNSL getaucht zu werden. Hier geht das in den Schalen enthaltene CNSL in Lösung. Um das anhaftende CNSL zu entfernen, werden die Nüsse heiß zentrifugiert und anschließend gekühlt. Das Aufbrechen und Entfernen der Schale geschieht heute maschinell. Die Samen werden dann auf 3 % Wassergehalt getrocknet und maschinell von der nun losen Testa befreit (8). Die Kaschuäpfel werden für die Bereitung von Fruchtsaft, Sirup, Marmelade, kandierten Früchten und Wein gebraucht.

Literatur

1. ARGLES, G. K. (1976): *Anacardium occidentale* – cashew. In: GARNER, R. J., and CHAUDRI, S. A. (eds.): The Propagation of Tropical Fruit Trees, 184–222. Commonwealth Agric. Bureaux, Farnham Royal, Slough, England.
2. COESTER, W. A., and OHLER, J. G. (1976): Cashew propagation by cuttings. Trop. Agric. (Trinidad) 53, 353–358.
3. EIJNATTEN, C. L. M. VAN, and ABUBAKER, A. S. (1983): New cultivation techniques for cashew (*Anacardium occidentale* L.). Neth. J. agric. Sci. 31, 13–25.
4. FAO (1985): Production Yearbook, Vol. 38. FAO, Rom.
5. JOHNSON, D. (1973): The botany, origin and spread of the cashew *Anacardium occidentale* L. J. Plantation Crops 1, 1–7.
6. MAYDELL, H.-J. VON (1983): Arbres et Arbustes du Sahel. Leurs Caractéristiques et leurs Utilisations. GTZ Schriftenreihe Nr. 147. GTZ, Eschborn.
7. NAIR, M. K., BHASKARA RAO, E. V. V., NAMBIAR, K. K. N., and NAMBIAR, M. C. (1979): Cashew (*Anacardium occidentale* L.). Monograph on Plantation Crops No. 1. Central Plantation Crops Res. Inst., Kasaragod, Kerala, India.
8. OHLER, J. G. (1979): Cashew. Communication 71, Dep. Agric. Res., Royal Tropical Institute, Amsterdam.
9. PILLAI, G. B., DUBEY, O. P., and VIJAYA SINGH (1976): Pests of cashew and their control in India – a review of current status. J. Plantation Crops 4, 37–50.
10. PILLAI, M. D., and HAVERI, R. R. (1979): Bibliography on Cashew (*Anacardium occidentale* L.). Central Plantation Crops Res. Inst., Kasaragod, Kerala, India.
11. VAUGHAN, J. G. (1970): The Structure and Utilization of Oil Seeds. Chapman and Hall, London.

12. WILLIAMS, L. O. (1981): The Useful Plants of Central America. Ceiba 24 (1–4), 1–381.
13. WILSON, R. J. (1975): The Market for Cashew-Nut Kernels and Cashew-Nut Shell Liquid. Rep. G 91. Tropical Products Institute, London.

5.15   Makadamianuß

CHARLES A. SCHROEDER

Botanisch:	*Macadamia integrifolia* Maiden et Betche
Englisch:	macadamia nut
Französisch:	macadamia
Spanisch:	macadamia

Abb. 190. Blütenstand und Blatt von *Macadamia tetraphylla*.

Die Makadamia, benannt nach dem australischen Botaniker John MacAdam, ist ein immergrüner Baum der Familie Proteaceae aus Queensland, Australien; vor der erst einige Jahrzehnte alten allgemeinen Verbreitung wurde für sie daher der Name Queenslandnuß gebraucht. Aus Australien wurde sie 1878 nach Hawaii eingeführt. Es dauerte aber bis etwa 1920, bis dort die ansprechenden Qualitäten der Nuß erkannt und die Techniken für den Anbau des Baumes entwickelt wurden (3, 5). Heute wird Makadamia kommerziell in subtropischen und tropischen Gebieten wie Hawaii, Australien, Malawi und Südafrika angebaut und in kleinerem Umfang in Südkalifornien, Florida, Mexiko, Costa Rica, Brasilien, Simbabwe, Panama und Jamaika (1, 4, 6, 9).
Der Baum hält für kurze Zeit Temperaturen bis −4 °C aus, etwa wie die Zitrone. Er braucht genügend Feuchtigkeit während des ganzen Jahres, da er ein flaches Wurzelsystem besitzt; deswegen ist er auch empfindlich gegen starken Wind.
Außer *M. integrifolia* mit glattrandigen Blättern und glatter Schale, zu der die wichtigsten kommerziellen Sorten auf Hawaii gehören ('Kakea', 'Keauhou', 'Ikaika' und 'Keaau'), werden auch Sorten mit dornigen Blatträndern (Abb. 190) und rauher Schale angebaut, die zu der Art *M. tetraphylla* L. Johns. gestellt werden. Da beide Formen kreuzbar sind (beide 2n = 28) und beide Genmaterial für neue Sorten geliefert haben, ist es nicht wichtig, ob man sie als getrennte Arten oder als zu einer Art gehörend auffaßt. In Kalifornien und anderen Gebieten werden Sorten wie 'Beaumont' und 'Kate' erfolgreich angebaut. Der Baum (Abb. 191) wächst aufrecht bis zu einer Höhe von 10 m und darüber. Das Holz ist hart und zäh, es kann aber vorkommen, daß Äste unter der Belastung eines schweren Fruchtbehangs absplittern. Bei Temperaturen unter 16 °C sind Wachstum und Nußentwicklung gehemmt. Bei manchen Sorten sind die Blätter empfindlich gegen trocken-heiße Winde.

Abb. 191. Junger Makadamiabaum.

Die Sorten können durch Luftableger oder Stecklinge von reifem Astholz vermehrt werden. Okulieren ist oft nicht befriedigend, aber Pfropfen gelingt, wenn an der Sämlingsunterlage einige Blätter belassen werden. Zur Vermehrung einiger Klone wird auch seitliches Anplatten verwendet (→ Bd. 3, LENZ, S. 243 ff.). Beim Schnitt heranwachsender Bäume sollte darauf geachtet werden, daß sich ein gerader Hauptstamm bildet, an dem die Seitenäste in etwa 50 cm Abstand belassen werden, da dann die Gefahr des Astbruchs am tragenden Baum geringer ist, als wenn die Äste gedrängt stehen.

Der traubige, unverzweigte Blütenstand (Abb. 190) trägt 75 bis 100 Blüten. Das Perianth (die Proteazeen gehören zu den Monochlamydeen) ist röhrenförmig und weiß bis rötlich gefärbt. Die Blüten sind zweigeschlechtig und überwiegend selbstbestäubend. Im Fruchtknoten, der aus einem Fruchtblatt besteht, finden sich zwei Samenanlagen, von denen sich meist nur eine entwickelt. Von der Blüte bis zur Samenreife vergehen 6 bis 8 Monate. Die Fruchtwand der Balgfrucht (7) besteht aus dem ledrigen Exokarp und weicheren Endokarp. Sie bleibt bis zur Reife grün und springt meist nur unvollständig auf (Abb. 192). Der Same (die „Nuß") wird von der sehr harten braunen Testa umgeben, die 1,5 bis 6 mm dick und schwer zu brechen ist (ein normaler Nußknacker ist dazu ungeeignet). Der

Abb. 193. Makadamianüsse nach Entfernung des Perikarps. Maßstab 1:1,3

Abb. 192. Reife Fruchtstände von *Makadamia* am Baum.

innere Teil der Testa, aus dem inneren Integument hervorgegangen, ist im basalen Teil weiß, im oberen braun (Abb. 193) (8). Der weiße bis cremefarbene Nußkern besteht aus den beiden Kotyledonen; die anderen Teile des Embryos sind sehr klein, ein Endosperm ist nicht vorhanden. Der Ölgehalt des Kerns beträgt bei der Reife 50 bis 80 %.

Die reifen Früchte läßt man abfallen: Da sich der Reifegrad der Früchte optisch nicht beurteilen läßt, ist Pflücken vom Baum nicht tunlich. Die Früchte werden von Hand oder maschinell aufgesammelt. Die äußeren Schalen werden möglichst bald, meist in der Fabrik, mechanisch entfernt. Die geschälten Nüsse werden zunächst an der Luft auf einen Feuchtegehalt von 3,5 %, dann noch künstlich auf 1,5 % Wassergehalt getrocknet, mechanisch sortiert und maschinell geknackt. Die Kerne werden dann in einem Flotationsprozeß nach ihrer Dichte getrennt: Nur Kerne mit hohem Ölgehalt werden als Konfekt verarbeitet, die minderwertigen werden an Bäckereien oder sonst lokal verkauft. Die guten Nüsse werden in Kokosöl bei 135 °C für 12 bis 15 min geröstet und dann gesalzen. Für den Handel werden die Kerne in Dosen oder Gläser luftdicht verpackt (2); sie erzielen einen hohen Preis.

Literatur

1. GIULIANI, F. (1982): La macadamia. Riv. Agric. Subtrop. Trop. 76, 103–161.
2. GRIMWOOD, B. E. (1971): The Processing of Macadamia Nuts. Rep. G 66, Tropical Products Institute, London.
3. HAMILTON, R. A., and STOREY, W. B. (1956): Macadamia nut production in the Hawaiian Islands. Econ. Bot. 10, 92–100.
4. ROSENGARTEN, F. Jr. (1984): The Book of Edible Nuts. Walker, New York.
5. SHIGEURA, G. T., and OOKA, H. (1984): Macadamia Nuts in Hawaii: History and Production. Res. Ext. Ser. 039, College of Trop. Agric., University of Hawaii.
6. STOREY, W. B. (1969): Macadamia. In: JAYNES, R. A. (ed.) (1969): Handbook of North American Nut Trees. North. Nut Growers Assoc., Knoxville, Tennessee.
7. STROHSCHEN, B. (1986): Contributions to the biology of useful plants. 4. Anatomical studies of fruit development and fruit classification of the macadamia nut (Macadamia integrifolia Maiden and Betche). Angew. Bot. 60, 239–249.
8. VAUGHAN, J. G. (1970): The Structure and Utilization of Oil Seeds. Chapman and Hall, London.
9. WILLIAMS, C. N., CHEW, W. Y., and RAJARATNAM, J. H. (1979): Tree and Field Crops of the Wetter Regions of the Tropics. Longman, London.

5.16 Obstarten der gemäßigten Breiten

MAX SAURE

In vielen Ländern der Subtropen und Tropen ist ein zunehmendes Interesse am Anbau von Obstarten der gemäßigten Breiten festzustellen. Dabei stehen zwei Zielrichtungen im Vordergrund:
- Export von Frischobst insbesondere in die Industrieländer der nördlichen Hemisphäre außerhalb der dortigen Saison (z. B. Erdbeeranbau in Mexiko), oder
- Deckung des Eigenbedarfs in Ländern mit einer ausreichend großen kaufkräftigen Bevölkerungsgruppe und einer entsprechenden Nachfrage, die sonst nur über Importe gedeckt werden könnte (z. B. Apfelanbau in Brasilien).

Von Natur aus sind diese Obstarten nicht an die Standortbedingungen in den warmen Ländern angepaßt. Sie zeigen dort vielfach Entwicklungsstörungen, die die Anbaumöglichkeiten stark begrenzen. Wie die Produktionsstatistik für die Entwicklungsländer zeigt (Tab. 84), sind aber

Tab. 84. Produktion von Obstarten der gemäßigten Breiten in den Entwicklungsländern. Mittelwerte 1974/76 und 1982/84. Nach (15, 16).

Obstart	Entwicklungsländer			Welt			Anteil der Entwicklungsländer an der Weltproduktion	
	1974/76 (1000 t)	1982/84 (1000 t)	Zunahme (%)	1974/76 (1000 t)	1982/84 (1000 t)	Zunahme (%)	1974/76 (%)	1982/84 (%)
Apfel	5365	10387	94	30061	40389	34	18	26
Birne	2040	3090	51	8293	9255	12	25	33
Pfirsich	1631	1751	7	7014	7430	6	23	24
Pflaume	849	1094	29	5147	6305	22	16	17
Aprikose	556	703	26	1653	1831	11	34	38
Erdbeere	132	179	36	1376	1889	37	10	9
Mandel	218	315	44	882	1022	16	25	31

Wege gefunden worden, die einen erfolgreichen Anbau auch unter diesen Umständen möglich machen. Dazu haben einerseits die Leistungen der Pflanzenzüchtung beigetragen, andererseits die Entwicklung angepaßter Anbauverfahren (8a).

Infolge der großen Vielfalt der natürlichen Gegebenheiten kann es weder für die Sortenwahl noch für die Anbautechnik allgemeingültige Rezepte geben. Die im Einzelfall zu treffenden Maßnahmen müssen vielmehr aus der Analyse der besonderen Situation an dem für den Anbau vorgesehenen Standort abgeleitet werden. Das erfordert eine spezielle Beratung. Grundlage dafür sind genaue Kenntnisse über die Auswirkungen bestimmter Standortfaktoren auf das Verhalten der Pflanzen sowie über die Möglichkeiten, ungünstige Standorteinflüsse durch eine besondere Anbautechnik zu verhindern.

Verhalten unter subtropischen und tropischen Bedingungen

Verhalten bei fehlender Winterkälte. Fehlende Winterkälte ist in den Tropen das bekannteste und größte Problem für den Anbau von Obstarten der gemäßigten Breiten. Das gilt gleichermaßen für Kernobst, Steinobst und Erdbeeren. Alle diese Obstarten sind in ihren Ursprungsgebieten, in denen regelmäßig kalte Winter vorkommen, darauf angewiesen, rechtzeitig in einen Ruhezustand einzutreten, als Voraussetzung für die erforderliche Erhöhung der Frostresistenz. Das geschieht weitgehend automatisch aufgrund von Regelungsvorgängen, die sich aus der Entwicklung der Pflanzen ergeben. Die Umweltfaktoren können diese Entwicklungsprozesse zwar fördern oder hemmen, sind aber meist nicht die eigentliche Ursache dafür.

Keine dieser Obstarten ist jedoch imstande, den Zustand der tiefen Winterruhe von sich aus wieder zu beenden. Hierfür sind sie vollständig auf ihre Umwelt angewiesen. In der Regel wird die Winterruhe in noch nicht restlos aufgeklärter Weise durch länger einwirkende tiefe Temperaturen aufgehoben.

Ohne Winterkälte können also die Entwicklungsprozesse, die zum Eintritt in den Ruhezustand führen, normal ablaufen; die äußeren Voraussetzungen für dessen Beendigung bleiben dann jedoch aus. Die daraus sich ergebenden Entwicklungsstörungen beruhen beim Kern- und Steinobst hauptsächlich auf einer Hem-

mung des Knospenaustriebs. Sie ist am stärksten bei den vegetativen Seitenknospen (Blattknospen), weniger stark bei den Blütenknospen und den Terminalknospen der Langtriebe. Die Folgen dieser Knospenhemmung sind u. a.

– eine verzögerte und sehr schwache Belaubung,
– die Bildung kahler, unverzweigter Triebe (Abb. 194),
– ein Mangel an blütenbildenden Kurztrieben,
– ein Absterben von Blütenanlagen in den Knospen, teilweise verbunden mit einem Abfallen der Blütenknospen oder der ungeöffneten Blüten,
– ein verspätetes und über einen längeren Zeitraum ausgedehntes Aufblühen,
– eine schlechte Entwicklung der Früchte wegen unzureichender Assimilatversorgung,
– eine rasche Verminderung des vegetativen Wachstums und dadurch
– eine frühzeitige Vergreisung der Bäume.

Abb. 194. Spitzenförderung und Wachstumsstockung bei Apfelbäumen in den Tropen.

Bei Erdbeeren ist ebenfalls die vegetative Entwicklung gehemmt, sichtbar durch
- fehlende oder verzögerte Ausläuferbildung,
- fehlende oder stark verminderte Bestockung,
- Bildung kleiner, kurzstieliger Blätter und
- Entwicklung kleiner, oft mißgeformter Früchte.

Bei keiner dieser Obstarten wird dagegen durch fehlende Kälte die Blühinduktion (Bildung von Blütenanlagen) verhindert. Bei günstigen äußeren Voraussetzungen sind sie also jederzeit zur Blütenbildung befähigt, ohne die sonst übliche jahreszeitliche Rhythmik.

Der Begriff „Kälte" bedeutet nicht, daß Frost einwirken muß. Temperaturen über dem Gefrierpunkt sind sogar wirkungsvoller für die Beendigung des Ruhezustandes als tiefere Temperaturen. Beim Pfirsich scheint das Optimum z. B. bei +6 °C zu liegen (13). Temperaturen über und unter dem Optimum sind ebenfalls, aber schwächer, wirksam und müssen entsprechend länger einwirken (12, 19, 30). Daraus folgt, daß das in den USA entwickelte und z. Z. weithin übliche Verfahren, das Kältebedürfnis verschiedener Arten und Sorten durch Ermittlung der für den Knospenaustrieb erforderlichen Zahl von Stunden bei oder unter 7 °C (45 °F) zu bestimmen, nicht sehr zuverlässig sein kann und verbesserungsbedürftig ist.

Ebenso reicht das Verfahren, durch Summierung aller Stunden unter 7 °C das Kälteangebot eines Standortes zu bestimmen, nicht aus, um zu zuverlässigen Vorhersagen über die Eignung des Standortes für den Anbau bestimmter Obstsorten zu kommen. Die Zuverlässigkeit dieses Verfahrens leidet zusätzlich daran, daß
- höhere Temperaturen ab etwa 21 °C den Abbau des Ruhezustandes wieder rückgängig machen können (14, 28),
- hohe Strahlungsintensitäten im Winter ebenfalls das Kältebedürfnis steigern können (6, 17),
- die kühlende Wirkung des Windes in Windlagen unberücksichtigt bleibt, und
- noch keine Übereinstimmung darüber besteht, ab welchem Zeitpunkt niedrige Temperaturen physiologisch wirksam werden und zur Berechnung der Kältestundensumme herangezogen werden können.

Aufgrund dieser Mängel sind an verschiedenen Orten sehr unterschiedliche alternative Berechnungsverfahren entwickelt worden. Ihre Darstellung und kritische Untersuchung erfolgt an anderer Stelle (34). Bisher hat keines seine universelle Brauchbarkeit erwiesen. Mehrjährige Anbauversuche bleiben dadurch bisher noch immer das einzig sichere Mittel zur Prüfung der Voraussetzungen für einen erfolgreichen Anbau.

Verhalten bei Wärme. Für die Entwicklung aller Obstarten der gemäßigten Breiten ist ein Wechsel zwischen niedrigen und hohen Temperaturen wichtig: Niedrige Temperaturen, die den Knospenaustrieb und damit das Wachstum auslösen, hemmen die weitere Entwicklung; höhere Temperaturen, die den Knospenaustrieb blockieren, fördern die weitere Entwicklung. Junge Obstbäume, bei denen die Wuchshemmung, die den Ruhezustand einleitet, noch nicht so ausgeprägt ist, und ebenso junge Erdbeerpflanzen wachsen daher in warmen Gebieten anfangs oft ungewöhnlich stark. Örtliche Überhitzung durch intensive Sonneneinstrahlung kann dagegen zu Schäden führen und einen bestehenden Trockenstreß verschärfen (s. u.).

Beim Apfel kommt es aber auch bei einem Andauern der Wärme nach einiger Zeit zu einem Wachstumsstillstand. Anders als in kühleren Klimaten verbleiben die Bäume jedoch meist nicht lange in diesem Ruhezustand, sondern sie treiben unter dem Einfluß der Wärme bald erneut aus. Diese zweite Wachstumsperiode ist meist kürzer und der Triebzuwachs geringer. Mit zunehmender Dauer der Vegetationsperiode können noch weitere, immer kürzere Wachstumsschübe folgen. Die zuletzt gebildeten Triebabschnitte zeigen meist ein gestauchtes Längen- und ein auffälliges Dickenwachstum (Abb. 194).

Im Gegensatz zum Apfel weisen Pfirsiche bei Wärme meist ein über lange Zeiten ununterbrochenes Triebwachstum auf. Noch anders verhalten sich Aprikosen: Starke Triebe zeigen wie beim Apfel mehrere Wachstumsschübe. Dabei wird jedoch die wachsende Spitze eines Triebes unmittelbar über einem Blatt abgeworfen, und der neue Trieb entsteht aus der Knospe in der Achsel dieses Blattes (6).

In warmen Gebieten kommt es dadurch mit zunehmender Länge der Vegetationsperiode nicht nur einmal, sondern mehrfach (bei Apfel und Aprikosen) bzw. fortlaufend (beim Pfirsich) zur Blühinduktion. Dadurch befinden sich an einem Baum zur gleichen Zeit Blütenanlagen unterschiedlichen Alters und Entwicklungszustandes. Als Folge davon ist in warmen Gebieten die Blühperiode im Vergleich zu den gemäßigten Breiten viel länger, und der Entwicklungszustand der aus diesen Blüten hervorgegangenen Früchte kann dementsprechend sehr unterschiedlich sein. Das erschwert die chemische Ausdünnung, zwingt zu mehrfachem Durchpflücken und erhöht dadurch die Erntekosten. Ein Teil der Blütenanlagen stirbt schon vorzeitig ab, vermutlich infolge unzureichender Nähr- und Wuchsstoffversorgung, möglicherweise teilweise auch wegen Überhitzung durch Sonnenstrahlen (42).

Etwas anders liegen die Verhältnisse bei den einmaltragenden Erdbeeren. Sie sind im Gegensatz zu den Obstgehölzen hinsichtlich der Blühinduktion nicht autonom, sondern in Verbindung mit Kurztagbedingungen (s. u.) auf niedrigere Temperaturen angewiesen. Durch gleichbleibend hohe Temperaturen, wie sie insbesondere für das tropische Tiefland kennzeichnend sind, kann bei ihnen daher die Blütenbildung unterdrückt werden und statt dessen ein besonders üppiges vegetatives Wachstum eintreten (41).

Der Blattfall wird durch andauernde Wärme verzögert. Pfirsiche, unter gewissen Umständen auch Äpfel, können daher in warmen Gebieten nahezu immergrün werden. Hohe Temperaturen können ferner den Fruchtfall hemmen, mit ungünstigen Auswirkungen z. B. für die mechanische Ernte der Pflaumen (6).

Auf die Fruchtqualität wirkt sich Wärme bei den einzelnen Obstarten unterschiedlich aus. Bei Äpfeln wird z. B. weniger Deckfarbe gebildet, wenn die Temperaturschwankungen nur gering sind, und der unter diesen Umständen bei vielen Sorten geringere Chlorophyllabbau bewirkt, daß das vorhandene Rot trübe wirkt. Auch der Geschmack leidet unter gleichmäßig hohen Temperaturen. Sie beschleunigen ferner die Reife der Früchte und setzen deren Haltbarkeit herab. Das wirkt sich am stärksten bei frühreifenden Apfelsorten aus. Wärme führt bei Äpfeln zu einer runderen, sehr ebenmäßigen Fruchtform. Daraus erklärt sich insbesondere bei der Sorte 'Red Delicious' die Vorliebe der Verbraucher in warmen Gebieten für möglichst längliche Früchte mit ausgeprägter Kelchpartie ('Krone'): Die Erfahrung hat dort gezeigt, daß Früchte mit gedrungenerer Form eine geringere Haltbarkeit und einen schlechteren Geschmack aufweisen; beim Apfelanbau in kühlen Gebieten ist es eher

umgekehrt. – Birnen vertragen im allgemeinen höhere Temperaturen als Äpfel, ohne daß ihr Geschmack leidet, und Pfirsiche reagieren auf hohe Sommertemperaturen im Vergleich zu Äpfeln in mancher Hinsicht fast entgegengesetzt: Ihr Geschmack entwickelt sich in der Wärme besser als bei niedrigen Temperaturen, die Fruchtform wird länglicher und unregelmäßiger, das Fruchtfleisch weicher, und bei einigen Sorten kommt es bei hohen Temperaturen verstärkt zu einem Aufplatzen des Kerns und nachfolgend des Fruchtfleisches. Die Rotfärbung wird dagegen bei ihnen genauso vermindert wie beim Apfel (3).

Wärme begünstigt zumindest beim Kernobst auch die Fähigkeit zur Selbstbefruchtung. Bei Äpfeln kann z. B. 'Rome Beauty' in warmen Lagen befriedigende Erträge ohne Fremdbefruchtung erbringen, und bei Birnen kann die verbreiteteste Sorte 'Williams Christ' in warmen Ländern, anders als in kühleren Gebieten, in sortenreinen Blocks gepflanzt werden.

Wärme beeinflußt jedoch nicht nur die Entwicklung der Obstpflanzen, sondern auch die der Schadorganismen. Sie vermehren sich rascher und stärker. Wie bei der Blütenbildung kommt es zu einer Überlappung verschiedener Entwicklungsstadien und dadurch zu einem ständigen Befallsdruck. Während z. B. in den gemäßigten Breiten die Obstmade (Apfelwickler, *Laspeyresia pomonella*) durch wenige Maßnahmen zu ganz bestimmten Zeitpunkten hinreichend bekämpft werden kann, stellt sie in warmen Gebieten eine ständige Bedrohung dar. Mit der Entwicklung der Schadorganismen wird auch die Verbreitung zahlreicher Virosen begünstigt, die durch Insekten übertragen werden, ferner die Übertragung von Mykoplasmosen, wie dem gefürchteten „pear-decline" der Birnen.

Wärme mit Feuchtigkeit kombiniert schafft ideale Voraussetzungen für die Entwicklung pilzlicher und bakterieller Krankheitserreger, die unter diesen Umständen sehr viel schwerer in Schach zu halten sind. Bei Birnen kann insbesondere der Feuerbrand *(Erwinia amylovora)* zu einem begrenzenden Faktor für den Anbau werden. Diese bakterielle Erkrankung wird durch Infektion der Blüten übertragen. Durch das Zusammentreffen einer auseinandergezogenen Blütezeit und günstiger Entwicklungsbedingungen für den Erreger ist die Infektionsgefahr viel größer als bei kühlem Wetter und kurzer Blütezeit.

Ähnliches gilt z. B. für verschiedene Erreger von Fruchtfäulen, insbesondere bei Erdbeeren und Steinobst.

Verhalten bei Trockenklima. In semiariden und ariden Gebieten der Subtropen und Tropen wirken meist mehrere Faktoren zusammen:
– Luft- und Bodentrockenheit,
– hohe Strahlungsintensität, und häufig
– Bodenversalzung.

Sie stellen für die Obstarten der gemäßigten Breiten einen starken Streß dar, der sich wachstumshemmend auswirkt.

Trockenheit kann insbesondere bei Obstgehölzen auf schwachwachsenden Unterlagen die Ertragsleistung stark herabsetzen. Die Blätter fallen oft vorzeitig ab, bei Pfirsichen u. U. ohne vorherige Gelbfärbung. Die Fruchtqualität wird beeinträchtigt. Die Früchte reifen vorzeitig und bleiben oft zu klein. Äpfel bilden unter diesen Umständen eine dickere Schale und eine stärkere Wachsschicht als Verdunstungsschutz aus. Ihr Fruchtfleisch ist fester als normal und weniger saftig. Es enthält mehr Zucker und weniger Säure. Im Inneren der Früchte können sich besonders bei fortgeschrittener Fruchtentwicklung braune verkorkte Zonen bilden.

Starke Sonneneinstrahlung in der Wachstumsphase begünstigt den Eintritt in den Ruhezustand. Während der Winterruhe kann sie die Beendigung des Ruhezustandes verzögern (s. o.). Hohe Strahlungsintensitäten können zu einer Reihe von Schäden führen:
– Nekrosen an der Sonnenseite der Stämme und Triebe,
– Absterben von Trieben und Triebspitzen,

Abb. 195. Sonnenbrand beim Apfel.

– Verbrennungen an den Blättern, ohne daß diese abfallen,
– eingesunkene Flächen („Sonnenbrand") an der Sonnenseite der Früchte (Abb. 195).

Die in trockenen Gebieten vielfach auftretende Bodenversalzung und der Anstieg des pH-Wertes des Bodens schränken einen Obstbau weiter ein. Gegen hohe Salzkonzentrationen sind besonders die meisten Steinobstarten, mit Ausnahme der Mandel, sehr empfindlich. Kernobst, insbesondere die Birne, weist eine etwas größere Salztoleranz auf. Salzanreicherung im Boden beeinträchtigt die Wasseraufnahme der Pflanzen und wirkt dadurch ähnlich wie Trockenheit. Sie kann zu Wachstumsstillstand und Absterben der Bäume führen. Hohe pH-Werte des Bodens führen zu Nährstofffestlegungen und damit zu Mangelsymptomen an den Blättern, insbesondere zu chlorotischen Aufhellungen.

Verhalten bei Kurztag. In den gemäßigten Breiten wachsen die Pflanzen hauptsächlich im Langtag, und erst gegen Ende der relativ kurzen Vegetationsperiode im Herbst treten Kurztagbedingungen mit Tageslängen von 12 Stunden und darunter ein. In den Subtropen und Tropen mit Vegetationsperioden von 9 bis 12 Monaten finden dagegen wesentliche Teile der Entwicklung im Kurztag statt. Als einzige Obstart der gemäßigten Breiten sind die einmaltragenden Erdbeeren (*Fragaria* × *ananassa* Duch.) Kurztagpflanzen, d. h. für die Blühinduktion von kurzen Tagen abhängig. Das führt dazu, daß sie in den Tropen wie mehrmaltragende Sorten wiederholt zur Blütenbildung angeregt werden, wenn gleichzeitig die Temperaturen ausreichend niedrig sind (s. o.). Auf diese Weise tragen sie dort gleichzeitig Blüten und Früchte (Abb. 196).

Kurztag kann nicht nur die Blütenbildung, sondern auch eine ganze Reihe anderer Entwicklungsprozesse beeinflussen. NITSCH (24, 25) nennt als Folgen von Kurztag u. a.
– Wachstumshemmungen,
– Absterben von terminalen Vegetationspunkten,
– Laubverfärbung,
– Blattfall und
– verminderte Bewurzelungsfähigkeit.

Von den Obstgehölzen ist wenig mehr bekannt, als daß Kurztag für sie – im Gegensatz zu vielen anderen Gehölzen der gemäßigten Breiten – auch in dieser Hinsicht zumindest keinen anbaubegrenzenden Faktor darstellt. Demgegenüber

Abb. 196. Gleichzeitiges Blühen und Fruchten bei einmaltragenden Erdbeeren im Kurztag.

sind Erdbeeren gut untersucht. Sie bilden im Kurztag unter Voraussetzungen, die zur Blühinduktion führen, kaum Ausläufer. Umgekehrt entstehen unter Langtagbedingungen und bei relativ hohen Temperaturen zahlreiche Ausläufer, aber keine Blütenanlagen (41). Kurztag begünstigt bei ihnen ebenso wie niedrige Temperaturen auch den Eintritt in die Winterruhe.

Maßnahmen zur Anpassung an subtropische und tropische Bedingungen

Um die Obstarten der gemäßigten Breiten unter subtropischen und tropischen Bedingungen mit Erfolg anbauen zu können, muß den dort eintretenden ungünstigen Veränderungen durch entsprechende Kulturmaßnahmen entgegengewirkt werden. Die folgenden Darstellungen beschränken sich im wesentlichen auf einige Besonderheiten des Anbaus in warmen Ländern und setzen Grundkenntnisse des Anbaus in den gemäßigten Breiten voraus. Da sich die Wirkungen der verschiedenen Standortfaktoren überlagern und dabei gegenseitig verstärken (z. B. Wärme/Langtag) oder abschwächen können (z. B. Wärme/hohe Lichtintensität), ist für vollständige Kulturanleitungen eine genaue Kenntnis der örtlichen Gegebenheiten erforderlich.

Apfel

Botanisch: *Malus domestica* Borkh.
Englisch: apple
Französisch: pomme
Spanisch: manzana

Anpassung an fehlende Kälte. Zur Vermeidung der schweren Entwicklungsstörungen beim An-

bau von Äpfeln in warmen Ländern sind in verschiedenen Teilen der Welt sehr unterschiedliche Wege beschritten worden.

Anbau in Höhenlagen. Mit zunehmender Höhe sinken die Temperaturen, und die täglichen Temperaturschwankungen nehmen zu. In Höhenlagen kommt es dadurch eher zur Aufhebung der Winterruhe. Im allgemeinen muß man für einen erfolgreichen Apfelanbau um so höher gehen, je näher man dem Äquator ist. Für den Anbau der weltweit verbreiteten Apfelsorte 'Golden Delicious' werden z. B. folgende Mindesthöhen über dem Meeresspiegel angegeben (31):

Zypern (35°N):   500 m
Jordanien (29–32°N):   1000 m
Simbabwe (16–20°S):   1500 m
Guatemala (14–16°N):   2100 m
Ecuador (0–4°S):   2400 m

Ähnliche Höhenlagen erfordern auch andere international bekannte Sorten wie 'Red Delicious', 'Granny Smith', 'Jonathan' und 'Rome Beauty'. Mit dem Anbau in Höhenlagen ist gleichzeitig eine Qualitätsverbesserung gegenüber dem Anbau in den Niederungen verbunden: Die rote Deckfarbe wird intensiver und strahlender, der Geschmack frischer, das Fruchtfleisch saftiger und die Fruchtform länglicher.

Auslese und Züchtung von Sorten. Das Kältebedürfnis ist nicht bei allen Apfelsorten gleich. Einen umfassenden Überblick über die in den warmen Ländern angebauten Sorten und über die teilweise widersprüchlichen Angaben zu deren Kältebedürfnis hat RUCK (31) gegeben. Während die meisten marktbeherrschenden Sorten zwischen 1000 und 1400 Stunden unter 7 °C benötigen, kommen andere Sorten mit 100 bis 250 Stunden aus. Sie haben jedoch meist nur örtliche Bedeutung und sind in ihrer Qualität nicht konkurrenzfähig.

Aus diesem Grunde ist an mehreren Stellen versucht worden, ein geringes Kältebedürfnis auf züchterischem Wege mit hoher Qualität zu kombinieren, z. B. in Australien, Brasilien, Israel und Südafrika. Eine der bekanntesten Züchtungen in dieser Richtung ist die israelische Sorte 'Anna', die inzwischen z. B. auch in Brasilien und Guatemala angebaut wird. Bei der Langwierigkeit der Obstzüchtung und dem relativ geringen Stellenwert, den der Apfelanbau in den meisten warmen Ländern hat, ist mit durchschlagenden Verbesserungen jedoch nicht so bald zu rechnen.

Auf die Möglichkeit, die Apfelzüchtung in entwickelten Ländern für diesen Zweck mit nutzbar zu machen, ist andernorts hingewiesen worden (33).

Verhinderung der Winterruhe. Eine Möglichkeit, den Mangel an tiefen Temperaturen durch anbautechnische Maßnahmen zu überspielen, ist das künstliche Entblättern. Solange die Knospen noch keinen stabilen Ruhezustand erreicht haben, werden sie zunächst durch die wachsenden Triebspitzen und dann durch die Blätter, in deren Achseln sie angelegt worden sind, am Austreiben gehindert. In diesem Stadium können sie durch Entblättern leicht zum Austreiben gebracht werden. Geschieht das, nachdem die Blühinduktion erfolgt ist, können die Bäume nicht nur zum Wachsen, sondern auch zum Blühen und Fruchten gebracht werden. Auf diese Weise kommen z. B. Apfelbäume in Indonesien etwa 4 Wochen nach dem Entblättern zur Blüte. Diese Maßnahme kann erstmals etwa 18 Monate nach der Pflanzung erfolgen und soll später etwa einen Monat nach der Ernte durchgeführt werden (32).

Das Entblättern ist außer in Indonesien u. a. in Kenia (12), Peru (10) und Südindien (37) angewendet worden. Es ist begrenzt auf die Tropen mit ziemlich gleichmäßigen Temperaturen während des ganzen Jahres und dort auf bestimmte, örtlich unterschiedliche Höhenlagen. Mit ihm kann der Apfelanbau als „gesteuerte Kultur" betrieben werden, d. h. gezielt zu bestimmten gewünschten Reifezeitpunkten unabhängig von der Jahreszeit. In der Praxis ergeben sich gewisse Einschränkungen dadurch, daß Blühtermine in der Hauptregenzeit möglichst vermieden werden, wegen der Gefahr einer unzureichenden Befruchtung. Auch Perioden, die erhöhte Pflanzenschutzprobleme mit sich bringen, werden oft ausgelassen. Die meisten Erfahrungen liegen mit dem Entblättern von Hand vor. Chemische Verfahren, z. B. mit Ethrel (Ethephon), sind unzureichend erprobt und können das Entblättern von Hand nicht ohne weiteres ersetzen (26). In Kenia hat sich auch das Verätzen der Blätter durch Spritzungen mit Dinitrocresol bewährt (27).

Das Entblättern kann nur dann Erfolg haben, wenn die Knospen in ihrer Entwicklung ausreichend gefördert werden, um entweder Kurztriebe bilden zu können, die im Folgejahr zur Blütenbildung befähigt sind, oder aber unmittelbar Blüten zu bilden. Dazu muß die in den warmen Ländern besonders starke Spitzenförderung (apikale Dominanz), die das verhindert, geschwächt oder beseitigt werden. Das wird häufig durch Herunterbinden der Zweige erreicht, teilweise unterstützt durch Beseitigung der Terminalknospen, durch Kerben über der Knospe oder ähnliches. Ob auch der Einsatz chemischer Wachstumsregulatoren zum Erfolg beitragen kann, ist unter diesen Bedingungen noch nicht geprüft worden. Es erscheint jedoch aussichtsreich.

Eine Förderung der Knospenentwicklung an den Langtrieben kann auch dadurch erreicht werden, daß das Triebwachstum durch befristeten Wasserentzug vorübergehend zum Stillstand gebracht wird. Diese Maßnahme, die in einigen tropischen Ländern zusätzlich zum Entblättern durchgeführt wird, setzt ebenfalls die apikale Dominanz vorübergehend außer Kraft. Bei wieder einsetzender Bewässerung wird anfangs auch die Entwicklung der tiefer liegenden Knospen und Kurztriebe gefördert. Die gleiche Wirkung können natürliche Trockenzeiten haben. Auch Abstechen oder Freilegen der Wurzeln führt zu einer wirkungsvollen Verringerung der Wasserversorgung (22).

Brechung der Winterruhe. Für subtropische Länder ist die Verhinderung der Winterruhe kein geeignetes Verfahren, wegen der Gefährdung der vorzeitig austreibenden Blätter, Triebe und Blüten durch Kälte und wegen der ungünstigen Wachstumsbedingungen für die gebildeten Früchte. Wenn milde Winter in den niedrigen Lagen subtropischer Länder für eine vollständige natürliche Beendigung der Winterruhe nicht ausreichen, muß die Ruhe künstlich gebrochen werden. Dafür werden hauptsächlich Spritzungen mit Gelbkarbolineum (Teeröl + Dinitrocresol, DNOC) angewendet, neuerdings auch Cyanamid. Für einen optimalen Erfolg sind sowohl die richtige Konzentration als auch der richtige Anwendungszeitpunkt wichtig. Beim Apfel werden im allgemeinen Spritzungen mit Teeröl, das 3 % DNOC enthält, verwendet (6). Stärkere Konzentrationen können besonders bei höheren Temperaturen zu Schäden an den Knospen führen. Die Anwendung soll ein bis zwei Wochen vor dem zu erwartenden Austrieb der ersten Knospen erfolgen. Sie bewirkt dann einen Abbau der Austriebshemmung bei den Blattknospen und zugleich eine Verzögerung des Austriebs der schon fortgeschritteneren Terminalknospen. Dadurch wird ein gleichmäßiger und gleichzeitiger Austrieb erreicht.

Der Erfolg dieser Spritzungen kann gesteigert werden

- durch eine N-Düngung im vorangehenden Herbst, die erst nach Triebabschluß zur Wirkung kommt (38),
- durch Spritzungen mit 2 % Thioharnstoff und/oder 10 % Kaliumnitrat, entweder mit Gelbkarbolineum zusammen oder 4 bis 6 Wochen vor dem erwarteten Knospenaustrieb (3 bis 4 Wochen vor der Spritzung mit Gelbkarbolineum) (31), und
- durch warmes Wetter nach der Spritzung (11).

Anpassung an Wärme. Hohe Lufttemperaturen fördern innerhalb gewisser Grenzen das Wachstum. Dadurch sind bei jungen Pflanzen zusätzliche wachstumsfördernde Maßnahmen, wie reichliche Bewässerung, starke N-Düngung und scharfer Schnitt, unzweckmäßig. Günstig ist dagegen das Herunterbinden der Triebe, durch das die Blütenbildung begünstigt und nachfolgend das Wachstum gehemmt wird.

Bei der Sortenwahl sind wärmeliebende Sorten zu bevorzugen, die in Mitteleuropa gewöhnlich nicht ausreifen. In diese Gruppe gehören die international bekannten Sorten 'Granny Smith' und bis zu einem gewissen Grade 'Red Delicious' mit seinen zahlreichen Mutanten, unter denen die früh färbenden zu bevorzugen sind. Zahlreiche weitere Sorten haben eine mehr örtliche Verbreitung gefunden. Über Neuzüchtungen aus den weltweiten Züchtungsprogrammen sind Erfahrungsberichte von regionalen Versuchsstationen erhältlich, die sich mit dem Apfelanbau in warmen Gebieten befassen. Generell wenig geeignet sind die in Mitteleuropa frühreifenden Sorten, wegen ihrer sehr geringen Haltbarkeit beim Anbau in warmen Gebieten. Die Früchte der später reifenden Sorten werden bei Temperaturen von 0 bis $-0,5\,°C$ und damit um 2 bis $3\,°C$ kälter als in Mitteleuropa gelagert.

Ein begrenzender Faktor für den Apfelanbau in warmen Ländern sind die erforderlichen Aufwendungen für den Pflanzenschutz, insbesondere für die Bekämpfung tierischer Schädlinge, in feuchtwarmen Gebieten darüber hinaus auch für Maßnahmen gegen bakterielle und pilzliche Krankheiten. Bei der Wahl der Unterlagen kommt es dementsprechend darauf an, Klone zu verwenden, die nicht nur an die speziellen Bo-

den- und Klimaverhältnisse angepaßt sind, sondern auch gegen weitverbreitete und schwer bekämpfbare Schaderreger möglichst resistent sind, z.B. gegen Blutlaus *(Eriosoma lanigerum)*, Kragenfäule *(Phytophthora cactorum)* und Feuerbrand *(Erwinia amylovora)*. Zu diesen Unterlagen gehört MM 111 (8). In Peru werden auch Quittenunterlagen beim Anbau von Äpfeln im Tiefland nahe dem Äquator verwendet (29). Sie sind dort mit den örtlichen Sorten gut verträglich. Bei anderen Sorten ist eine Zwischenveredlung mit einer Lokalsorte erforderlich.

Die in warmen Ländern durch mehrfache Wachstumsschübe wiederholt erfolgende Blühinduktion, die zusammen mit fehlender Winterkälte zu einem sehr ungleichmäßigen Aufblühen und dementsprechend zu einer sehr unterschiedlichen Fruchtentwicklung innerhalb eines Baumes führt, erfordert eine verstärkte Ausdünnung. Wegen unterschiedlicher Reife müssen die meisten Sorten mehrfach durchgepflückt werden.

Anpassung an Trockenklima. In Trockengebieten ist ein erwerbsmäßiger Apfelanbau nur mit künstlicher Bewässerung möglich. Die noch weit verbreitete Oberflächenbewässerung, z.B. durch vorübergehenden Anstau entweder zwischen oder innerhalb der Baumreihen oder durch Furchenbewässerung, ist wegen des unökonomischen Wassereinsatzes und wegen der dadurch begünstigten Bodenversalzung möglichst durch Tropf-(Mikro-)bewässerung zu ersetzen. Nachteile der Tropfbewässerung sind der höhere Kapitalbedarf, die größere Störanfälligkeit und die größeren Anforderungen an die Kenntnisse der Obsterzeuger. Gegenüber der Verwendung von Beregnungsanlagen (Über- oder Unterkronenberegnung) hat sie den Vorteil des geringeren Wasserverbrauchs und einer Förderung der Fruchtqualität besonders bei empfindlichen Sorten wie 'Golden Delicious' (9). Sie kann jedoch nicht zur Kühlung der Pflanzen und zum Schutz gegen Blütenfröste verwendet werden.

Bei der Verwendung der Tropfbewässerung im Obstbau können verschiedene Systeme gewählt werden. Die Wasserabgabe kann erfolgen

- entweder durch dünne Plastikröhrchen (drip irrigation),
- oder durch Plastiksprüher (micro-jets), die ohne bewegliche Teile das Wasser kreisförmig oder nur in einem Kreisausschnitt verteilen (Abb. 197),

Abb. 197. Mulchen und Tropfbewässerung (micro-jet) im Trockenklima.

– oder durch kleine Regner (mini-sprinklers), die bei niedrigem Wasserdruck rotieren und dabei meist eine Reichweite von 2 bis 4 m erreichen.

Der Wasserbedarf wird gewöhnlich durch Messung der Evaporation ermittelt, d. h. des Wasserverlustes durch Verdunstung abzüglich etwaiger nennenswerter Niederschläge. Bodentensiometer haben sich für diesen Zweck nicht als ausreichend zuverlässig erwiesen. Meist wird nicht der volle Verdunstungsverlust ersetzt. Vielmehr wird die gemessene Verdunstung mit einem Faktor multipliziert, der den jahreszeitlich unterschiedlichen Wasserbedarf und Wasserentzug der Bäume berücksichtigt. Als Faustzahlen gelten:

0,1 bei blühenden Apfelbäumen,
0,7 bei Apfelbäumen in vollem Wachstum bei engen Pflanzabständen,
0,5 bei Apfelbäumen in vollem Wachstum bei weiten Pflanzabständen,
0,4 bei Apfelbäumen nach der Ernte.

Abschläge können gemacht werden, wenn der Boden gemulcht wird, Zuschläge bei ungewöhnlich heißem Wetter.

Die Häufigkeit der Bewässerung richtet sich nach der Bodenbeschaffenheit und nach der Art der Bewässerung. Leichte Böden müssen öfter bewässert werden als schwere Böden mit guter Struktur. Tropfbewässerung mit einem schmalen durchfeuchteten Bodenbereich erfordert eine häufigere Bewässerung als Verfahren, bei denen ein größeres Bodenvolumen durchfeuchtet wird. Insbesondere bei Verfahren, die eine große Bodenoberfläche bewässern, ist auf eine gute Dränage zu achten, um gelöste Salze abzuführen und so ihre Wanderung in den Oberboden und ihre Anreicherung dort zu vermeiden. Wo eine Bodenversalzung bereits eingetreten ist, kann eine Auswaschung des Bodens mit gipshaltigem Wasser eine Besserung schaffen. Ebenso tragen wuchsfördernde Maßnahmen jeder Art dazu bei, die Salzansammlung in den Blättern und damit die Gefahr von Blattverbrennungen zu vermindern (2).

Bewährt hat sich auch die Anlage erhöhter Beete. Dadurch wird die Oberflächendränage verbessert und gleichzeitig die in trockenen Gebieten meist sehr flache nutzbare Bodenzone vergrößert. – Die Überwindung von Wurzelstreß in flachen und steinigen Böden durch Gibberellin- und Cytokininjektionen bei Apfel- und Pfirsichbäumen befindet sich noch im Versuchsstadium (20).

Wo mangels Wasservorräten eine Bewässerung nicht möglich ist, werden bevorzugt relativ trockenresistente Unterlagen wie 'Northern Spy' verwendet. Flachwurzelnde Unterlagen wie M 9 sind für diese Verhältnisse ungeeignet. Auch die einzelnen Apfelsorten reagieren auf Trockenheit unterschiedlich und unterscheiden sich in ihrem Wasserverbrauch.

Gegen die intensive Sonneneinstrahlung in Trockengebieten und die damit verbundene Erhitzung des Bodens und der bestrahlten Pflanzenteile hat sich das Mulchen der Böden und das Anstreichen der Stämme mit einer reflektierenden Farbe bewährt. Gut geeignet dafür sind ein Anstrich aus 3 kg Kalkhydrat und 250 g Kasein auf 10 l Wasser oder weiße Acrylfarbe, die auch gespritzt werden kann.

Birne

Botanisch:	*Pyrus communis* L.
Englisch:	pear
Französisch:	poir
Spanisch:	pera

Der Birnenanbau hat weltweit eine geringere Bedeutung als der Apfelanbau (Tab. 84). Dementsprechend ist auch die Nachfrage in warmen Ländern geringer, und Anbauversuche in den Tropen sind nur vereinzelt bekannt geworden. Das Kältebedürfnis der europäischen Sorten entspricht im Durchschnitt etwa dem der Äpfel oder liegt etwas darunter (31). Auch hier gibt es jedoch große Sortenunterschiede. 'Williams Christ' (Syn. 'Bartlett') als wichtigste Sorte hat z. B. ein besonders großes Kältebedürfnis. Die in warmen Ländern verbreitet vorkommende Sorte 'Kieffer' benötigt demgegenüber wesentlich weniger Kälte. Sie ist eine Kreuzung von *P. communis* mit *P. pyrifolia* (Burm. f.) Nakai (Syn. *P. serotina* Rehd.), der chinesischen Sandbirne, von der zahlreiche weitere Sorten mit unterschiedlichem Kältebedürfnis vor allem in China und Japan angebaut werden. Durch Veredlung auf *P. calleryana* Decne. kann das Kältebedürfnis der europäischen Birnen ausreichend gesenkt werden (40), und wie beim Apfel kann eine verlängerte Winterruhe durch Spritzungen mit Gelbkarbolineum gebrochen werden.

Auf Trockenheit reagiert die Birne infolge ihres tiefen Wurzelsystems weniger als der Apfel, und die Fruchtqualität wird durch warmes, sonniges Wetter gefördert. *P. calleryana* fördert als Unterlage auch die Trocken- und Salztoleranz. Sie wird deshalb neben Sämlingen von *P. communis* und einigen anderen Wildarten, wie *P. betulaefolia* Bunge (1), in ariden Gebieten häufig verwendet. Dagegen sind die in den gemäßigten Breiten viel gebrauchten vegetativ vermehrten Quittenunterlagen hier weniger geeignet. – Trotz ihrer größeren Trockenresistenz können auch Birnen in trockeneren Gebieten erwerbsmäßig nur mit künstlicher Bewässerung angebaut werden.

Pfirsich und Nektarine

Botanisch:	*Prunus persica* (L.) Batsch
Englisch:	peach, nectarine
Französisch:	pêche, nectarine
Spanisch:	melocotón, durazno; nectarina.

Von den Steinobstarten der gemäßigten Breiten hat der Pfirsich in den Subtropen und Tropen die größte Verbreitung gefunden (Tab. 84). Für die Herstellung von Konserven werden die gelb- und festfleischigen Sorten bevorzugt. Sie sind überwiegend schlecht steinlösend ('clingstone'), können aber auch steinlösend ('freestone') sein. Die weiß- und weichfleischigen Sorten sind mehr für den Frischverzehr geeignet. – Nektarinen sind glattschalige Pfirsiche, die häufig etwas kleinere Früchte haben und später reifen.

Das Kältebedürfnis der Pfirsiche ist im Durchschnitt etwas geringer als das der Kernobstarten. Jedoch gibt es auch bei ihnen erhebliche Unterschiede. Während für einige der älteren, international verbreiteten Standardsorten, wie 'Elberta', 'J. H. Hale' und 'Redhaven' das Kältebedürfnis je nach Standort mit 850 bis 1500 Stunden unter 7 °C angegeben wird (31), haben neuere, speziell für warme Gebiete gezüchtete Sorten ein sehr viel geringeres Kältebedürfnis, bei einigen Sorten weniger als 100 Stunden unter 7 °C (23). Beim Anbau in winterkalten Gebieten sind sie wegen ihrer früheren Blüte stärker spätfrostgefährdet.

In den USA ist die Entwicklung solcher Sorten insbesondere an der Universität Florida vorangetrieben worden (36), die auch ein weltweites Sortenprüfungsprogramm betreibt, aber auch andere Einrichtungen, u. a. in Texas, Brasilien und Südafrika befassen sich damit. Wesentliche Zuchtziele sind dabei die Kombination von hoher Qualität, geringem Kältebedürfnis und unterschiedlichen Reifeterminen, um eine längere Erntesaison zu ermöglichen. In Gebieten, die bei der Belieferung von Frischmärkten mit kühleren Anbaugebieten konkurrieren, sind insbesondere gute frühreifende Sorten gefragt, um die Vorteile einer frühen Marktbelieferung ausnutzen zu können. Infolge der vergleichsweise geringen Lebensdauer von Pfirsichbäumen – je nach Standort im Durchschnitt nur 10 bis 20 Jahre – ist eine schnelle Umstellung auf neue Sorten möglich, und dementsprechend sind die Sortimente in raschem Wandel begriffen.

Durch termingerechtes Entblättern im Zusammenhang mit zeitweiligem Wasserentzug kann bei Pfirsichen, ähnlich wie bei Äpfeln, das Eintreten der tiefen Winterruhe und damit das Entstehen eines Kältebedürfnisses verhindert werden. Auf diese Weise sind mit geeigneten Sorten in tropischen Höhenlagen zwei Ernten jährlich möglich (35).

Häufiger ist die Brechung der Winterruhe durch Anwendung von chemischen Mitteln, insbesondere Gelbkarbolineum. Wegen der Gefahr von Schäden an Knospen und Trieben werden hierfür niedrigere Konzentrationen als beim Apfel verwendet. Bei vorhandener Überkronenberegnung ist durch Ausnutzung der Verdunstungskälte ebenfalls eine Verkürzung der Winterruhe von Blatt- und Blütenknospen möglich. Unter den Verhältnissen von Florida kann der Austrieb dadurch um ein bis zwei Wochen verfrüht werden (18).

Auf einem ganz anderen Wirkungsmechanismus beruht offenbar die Austriebsförderung mit Gibberellinsäure-Spritzungen. Sie sind nur zu Beginn und gegen Ende der Ruheperiode und nur bei Blattknospen ausreichend wirksam (21). Anscheinend verstärken sie eine schon bzw. noch vorhandene Tendenz zum Austrieb, bauen dagegen offenbar keine Hemmung ab. Bei zu früher Anwendung im Herbst kann diese Hemmung sogar verstärkt werden. Bisher ist dieses Verfahren noch nicht praxisreif.

In warmen Gebieten zwingt das starke Wachstum der Pfirsiche zu sehr starken Schnittmaßnahmen, um ein Verkahlen des Kroneninneren und ein übermäßiges Fruchten mit entsprechend geringerer Fruchtgröße zu verhindern. Ein ganz anderer Weg zur Förderung der Fruchtgröße wird neuerdings in Australien beschritten: Besonders in sehr wüchsigen Junganlagen wird in der Zeit nach der Blüte die Bewässerung vorübergehend eingestellt (5). Dadurch wird die Fruchtentwicklung gegenüber dem Triebwachstum begünstigt.

Da der Pfirsich von zahlreichen Krankheiten und Schädlingen befallen wird, die sich besonders gut entwickeln, wenn Wärme und Feuchtigkeit zusammenkommen, wird er bevorzugt in sommertrockenen Gebieten angepflanzt. Voraussetzung sind gute Bewässerungsmöglichkeiten. In Gebieten mit Sommerregen müssen intensive Pflanzenschutzmaßnahmen insbesondere zur Verhütung bakterieller und pilzlicher Krank-

heiten an den Blättern, Trieben und Früchten durchgeführt werden, und besonders anfällige Sorten scheiden dort aus. Unter den tierischen Schaderregern haben die Mittelmeer-Fruchtfliege (Ceratitis capitata) bzw. in Australien die Queensland-Fruchtfliege (Dacus tryoni) besondere Bedeutung, die die reifenden Früchte befallen. Bei starker Vermehrung von Nematoden im Boden (Meloidogyne incognita und M. javanica) müssen die Pfirsiche auf nematodenresistente Unterlagen ('Nemaguard') veredelt werden, während sonst Pfirsich-, Pflaumen- oder Mandelsämlinge als Unterlage verwendet werden.

Pflaume

Botanisch:	*Prunus domestica* L. und *P. salicina* Lindl.
Englisch:	plum, prune
Französisch:	prune
Spanisch:	ciruela.

Die europäischen Pflaumen (*P. domestica*) haben ein hohes Kältebedürfnis, ähnlich dem des Apfels. Deshalb werden an ihrer Stelle in warmen Gebieten bevorzugt japanische Pflaumen (*P. salicina*) angebaut, die ein Kältebedürfnis von nur 200 bis 800 Stunden unter 7 °C haben (31). Sie können deshalb auch noch in tieferen Lagen gepflanzt werden. Bei beiden kann nach zu warmen Wintern die Winterruhe durch Spritzungen mit Gelbkarbolineum gebrochen werden. Zur Vermeidung von Schäden an Knospen und Trieben werden auch hier geringere Konzentrationen als beim Apfel verwendet.

Die europäischen Pflaumen haben meist kleinere, süßere, aromatischere und weniger saftige Früchte als die japanischen Pflaumen. Dadurch sind sie für die Herstellung von Trockenpflaumen besonders geeignet. Wichtigste Sorte für diesen Verwendungszweck ist 'Prune d'Agen'. Dagegen werden die japanischen Pflaumen für die Konservenherstellung und den Frischverzehr bevorzugt. Dazu trägt auch das attraktive Äußere der meist größeren, roten oder gelben, selten blauen Früchte bei.

Im Anbau unterscheiden sich die japanischen Pflaumen durch ihr stärkeres Wachstum, durch die Blütenbildung vorwiegend an einjährigen Langtrieben – die europäischen Pflaumen blühen vorwiegend an den Kurztrieben am zweijährigen Holz –, und dadurch, daß die meisten

Sorten auf Fremdbefruchtung angewiesen sind. Sie müssen jährlich stärker geschnitten werden, um hohe Erträge und ausreichend große Früchte zu bekommen.

Beide Arten können in feuchtwarmen Gebieten nur mit hohem Pflanzenschutzaufwand kultiviert werden. Sie werden daher wie Pfirsiche vorzugsweise in sommertrockenen Gebieten gepflanzt. Bei Feuchtigkeit sind vor allem die europäischen Pflaumen sehr anfällig für die Monilia-Fruchtfäule *(Monilinia fructicola)*. In trockenen Gebieten muß bewässert werden, besonders bei Engpflanzungen. Bei Nematodenverseuchung des Bodens werden statt Pfirsich- oder Myrobalanensämlingen die auch beim Pfirsich verwendeten nematodenresistenten Unterlagen ('Nemaguard') verwendet.

Einige Sorten der japanischen Pflaume haben von Amerika aus weltweite Verbreitung gefunden, wie 'Santa Rosa', 'Formosa', 'Wickson' und 'Burbank'. Inzwischen wird an verschiedenen Stellen an der Züchtung standortangepaßter Sorten gearbeitet, so in Kalifornien, Florida und Südafrika, mit dem Ziel verbesserter Fruchtqualität, besserer Anbaueigenschaften und größerer Krankheitsresistenz.

Aprikose

Botanisch:	*Prunus armeniaca* L.
Englisch:	apricot
Französisch:	abricot
Spanisch:	albaricoque, damasco.

Aprikosen sind für ein gutes Gedeihen auf Gebiete mit geringer Luftfeuchtigkeit im Sommer bei ausreichender Bodenfeuchtigkeit angewiesen. Auf salzhaltigen Böden gedeihen sie nicht. Ihr Kältebedürfnis entspricht etwa dem der japanischen Pflaumen. Nach zu warmen Wintern reagieren sie heftiger als andere Obstarten mit dem Abwerfen eines großen Teils der Blütenknospen. Die Anpassungsfähigkeit der einzelnen Sorten an unterschiedliche Standortbedingungen ist gering. Da die Aprikosen züchterisch wenig bearbeitet sind und das Sortiment daher ziemlich begrenzt ist, ist eine Ausdehnung des Anbaus über seine derzeitigen Grenzen hinweg z. Z. wenig aussichtsreich. An geeigneten Standorten stellen sie geringe Ansprüche an die Anbautechnik.

Mandel

Botanisch:	*Prunus dulcis* (Mill.) D. A. Webb. var. *dulcis*
Englisch:	almond
Französisch:	amande
Spanisch:	almendra.

Der Anbau der Mandeln ist vor allem in den Höhenlagen arider und semiarider subtropischer Gebiete von großer Bedeutung. Ihr Kältebedürfnis ist mit 0 bis 800 Stunden unter 7 °C sehr gering (31). Dadurch blühen Mandeln vor allen anderen Obstarten und sind entsprechend spätfrostgefährdet. Wo Wasser knapp und der Anbau extensiv ist, werden vielfach statt vegetativ vermehrter Sorten noch Sämlinge gepflanzt. Sie weisen in der Regel eine größere Trocken- und Salztoleranz auf als Veredlungen auf vegetativ vermehrten Unterlagen. Die große genetische Variabilität bei vielen Merkmalen senkt in solchen Sämlingsbeständen gleichzeitig das Risiko von Totalausfällen, z. B. durch Blütenfröste oder Schädlingsbefall. Unter den tierischen Schädlingen können insbesondere Schildläuse zu schweren Schäden führen, wenn keine Pflanzenschutzmaßnahmen erfolgen. Auf nematodenverseuchten Böden kann eine Schwächung des Wachstums durch Veredlung auf nematodenresistente Unterlagen verhindert werden.

Süßkirsche

Botanisch:	*Prunus avium* (L.) L.
Englisch:	sweet cherry
Französisch:	guigne
Spanisch:	cereza

und

Sauerkirsche

Botanisch:	*Prunus cerasus* L.
Englisch:	sour cherry
Französisch:	griotte
Spanisch:	guinda.

Kirschen haben ein Kältebedürfnis, das mit 800 bis 1700 Stunden unter 7 °C höher ist als das vieler Apfelsorten (31). CHANDLER (6) weist jedoch darauf hin, daß der Anbau in wärmeren Gebieten weniger durch das Kältebedürfnis als durch sonstige Probleme begrenzt wird. Dazu gehören die kurze Haltbarkeit der Früchte sowie deren geringe Platzfestigkeit und große Fäulnisanfälligkeit bei viel Feuchtigkeit. Kirschen werden fast ausschließlich in Europa und Nordamerika angebaut. Die Produktion außerhalb dieser Bereiche betrug 1970 nur 5 % der Weltproduktion (15). Das könnte außer auf Anbauschwierigkeiten auch auf eine geringe Nachfrage zurückzuführen sein.

Erdbeere

Botanisch:	*Fragaria* × *ananassa* (Duch.) Guédès
Englisch:	strawberry
Französisch:	fraise
Spanisch:	fresa, frutilla.

Die meisten Erdbeersorten haben eine im Vergleich zu anderen Obstarten begrenzte ökologische Streubreite. Sie sind also stärker von ganz bestimmten Standortbedingungen abhängig, um eine optimale Ertragsleistung und Fruchtqualität erbringen zu können. Wo diese nicht gegeben sind, versagen sie. Dennoch hat sich der Erdbeeranbau in den letzten Jahrzehnten rasch über die ganze Welt verbreitet. Das war möglich, weil es inzwischen eine große Zahl von Sorten mit sehr unterschiedlichen Standortansprüchen gibt. Die einmaltragenden Erdbeersorten sind Kurztagpflanzen und haben meist ein hohes Kältebedürfnis. Dieses kann zwar in tropischen Ländern wie bei den vorher besprochenen Obstarten durch Anbau in höheren Lagen erfüllt werden. Da dort aber unabhängig von der Höhe während des ganzen Jahres Kurztagbedingungen herrschen, kommt es durch die fortwährende Blühinduktion zu einer raschen Erschöpfung der Pflanzen. Da die Ausläuferbildung unter diesen Umständen weitgehend unterbleibt, ist eine Verlagerung der Jungpflanzenanzucht in andere Gebiete erforderlich. Im Hinblick auf die Pflanzengesundheit (z. B. Nematodenbefall) ist das ein Vorteil.

Für tropische Höhenlagen besser geeignet wären tagneutrale, remontierende Sorten. Sie können unabhängig von der Tageslänge wachsen und Blüten bilden, solange die Temperatur dafür ausreicht. An der Züchtung solcher Sorten wird insbesondere in Kalifornien gearbeitet, und erste Erfolge dieser Bemühungen liegen vor (4). Die neuen Sorten erreichen jedoch qualitativ meist noch nicht den hohen Standard der einmaltragenden Sorten.

In subtropischen Gebieten können die einmaltragenden Sorten ebenfalls während längerer Zeiträume fruchten, sofern ausreichende Winterkälte die Voraussetzungen für ein normales vegetatives Wachstum schafft und mäßig warme Sommer zusammen mit den verhältnismäßig kurzen Tagen eine wiederholte Blühinduktion begünstigen. Mit der Züchtung von Sorten mit geringem Kältebedürfnis in Kalifornien ist ein Durchbruch gelungen, der dem Erdbeeranbau in warmen Gebieten starken Aufschwung gegeben hat und eine frühe Marktbelieferung bei hohen Erträgen ermöglicht. In die Gruppe der Sorten mit einem Kältebedürfnis von nur etwa 400 Stunden unter 7 °C gehören z. B. die international verbreiteten Sorten 'Tioga' und 'Fresno' sowie zahlreiche neuere, in warmen Gebieten gezüchtete Sorten von oft mehr lokaler Bedeutung.

Entsprechend den unterschiedlichen Standortbedingungen sind für den Anbau dieser Sorten verschiedene Verfahren entwickelt worden:

1. In Gebieten mit relativ kühlen Sommern und milden Wintern wird oft im Winter gepflanzt. Der Zeitpunkt richtet sich nach den Temperaturverhältnissen am Standort der Vermehrungsflächen und denen am endgültigen Standort. Bei zu wenig Kälteeinwirkung bleibt das Wachstum schwach. Je länger niedrige Temperaturen wirksam waren, desto kräftiger entwickeln sich die Pflanzen, desto höher und qualitativ besser sind die Anfangserträge, desto kürzer ist aber auch die Pflückperiode und desto früher setzt eine starke Ausläuferbildung ein. Dadurch kann die Wuchsleistung der Jungpflanzen über den Pflanztermin reguliert werden (39). An Standorten mit milden Wintern werden Pflanzen von Mutterbeeten in kühlen Lagen früher gepflanzt als Pflanzen aus wärmeren Lagen, um ein zu starkes Wachstum nach reichlichem Kältegenuß zu vermeiden. Auf diese Weise kann in Gebieten mit kühlen Sommern die Ertragsperiode ausgedehnt und die Ertragsleistung erhöht werden.

2. In Gebieten mit heißen Sommern, die eine mehrfache Blühinduktion verhindern, wird häufig im Frühjahr gepflanzt. Dieses Verfahren ist besonders dann zweckmäßig, wenn aus winterkalten Gebieten nur eine beschränkte Zahl von Jungpflanzen beschafft wird, die dann den Grundstock für die eigene Vermeh-

rung bilden. Zu einem nennenswerten Ertrag kommt es erst im folgenden Jahr.

3. Anstelle einer Winterpflanzung ist in allen subtropischen Gebieten auch eine Sommerpflanzung möglich, wenn die dafür vorgesehenen Pflanzen bis dahin bei 0 bis −2 °C im Kühlhaus aufbewahrt werden (Frigo-Pflanzen). Solche Pflanzungen bringen meist noch im gleichen Herbst eine kleine Ernte mit sehr großen Früchten und im folgenden Frühjahr eine große Ernte mit dem zwei- bis dreifachen Ertrag gegenüber einer Winterpflanzung (39).

Durch Mähen nach der Haupternte kann ein neues starkes Wachstum und die Bildung kräftiger Blüten erreicht werden, bei gleichzeitiger Verminderung der Ausläuferbildung.

In warmen Gebieten der Subtropen kann der Erdbeeranbau bei Verwendung von Plastiktunneln auch als Winterkultur erfolgen. In Israel wird z.B. für diesen Zweck im Oktober gepflanzt und von Ende November bis Mitte April für den Export geerntet. Die Pflücksaison setzt sich dann noch bis zum Eintreten von heißem Sommerwetter fort (7).

Da Erdbeeren ein relativ flaches Wurzelwerk haben, wird zur Vermeidung von Trockenschäden meist in transparente oder schwarze, neuerdings auch in reflektierende Folie gepflanzt und vorzugsweise mit Tropfbewässerung zusätzlich bewässert. Ersatzweise kann statt der Verwendung von Folie gemulcht werden. Die Beete werden in der Regel mit einer Wölbung angelegt, um Staunässe zu vermeiden.

Die starke Vermehrung von pflanzlichen und tierischen Schaderregern insbesondere unter feuchtwarmen Bedingungen erfordert auch bei Erdbeeren einen intensiven Pflanzenschutz. Dazu gehört bei wiederholtem Anbau an der gleichen Stelle auch eine Bodenentseuchung, um Schäden durch Nematoden und Bodenpilze in Grenzen zu halten. Sorten mit besonderer Anfälligkeit für Krankheiten und Schädlinge, die an bestimmten Standorten verstärkt auftreten, müssen dort nach Möglichkeit zugunsten widerstandsfähigerer Sorten ausgemerzt werden.

Literatur

1. ASSAF, R., SPIEGEL-ROY, P., et BARAK, D. (1972): Problèmes d'acclimatation du poirier dans les pays chauds. Compte Rendu Symp. "Culture de Poirier" Angers, 67–78. Intern. Soc. Hort. Sci.

2. BERNSTEIN, L. (1980): Salt Tolerance of Fruit Crops. Agric. Inf. Bull. No. 292, revised ed. US Dep. Agric., Washington, D.C.

3. BOWEN, H. H. (1971): Breeding peaches for warm climates. HortScience 6, 153–157.

4. BRINGHURST, R. S., and VOTH, V. (1980): Six new strawberry varieties released. Calif. Agric. 34 (1), 12–15.

5. CHALMERS, D. J., MITCHELL, P. D., and VAN HEEK, L. (1981): Control of peach tree growth and productivity by regulated water supply, tree density, and summer pruning. J. Amer. Soc. Hort. Sci. 106, 307–312.

6. CHANDLER, W. H. (1957): Deciduous Orchards. 3rd ed., Lea & Febiger, Philadelphia.

7. CONVERSE, R. H. (1981): The Israel strawberry industry. HortScience 16, 19–22.

8. CUMMINS, J. N., and ALDWINCKLE, H. S. (1974): Breeding apple rootstocks. HortScience 9, 367–372.

8a. DENNIS, F. G. Jr. (ed.) (1987): Temperate zone fruits in the tropics and subtropics. Acta Hort. 199, 1–191.

9. DRAKE, S. R., PROEBSTING, L. L. Jr., MAHAN, M. O., and THOMPSON, J. B. (1981): Influence of trickle and sprinkle irrigation on 'Golden Delicious' apple quality. J. Amer. Soc. Hort. Sci. 106, 255–258.

10. DUARTE, O., and FRANCIOSI, R. (1974): Temperate zone fruit production in Peru, a special situation. Proc. 19th Int. Hort. Congr. Warschau 1B, 519.

11. EREZ, A. (1979): The effect of temperature on the activity of oil + dinitro-o-cresol sprays to break the rest of apple buds. HortScience 14, 141–142.

12. EREZ, A. (1982): Die Winterruhe beim Apfel und ihre Unterbrechung auf natürliche und künstliche Weise. Erwerbsobstbau 24, 116–118.

13. EREZ, A., and LAVEE, S. (1971): The effect of climatic conditions on dormancy development of peach buds. I. Temperature. J. Amer. Soc. Hort. Sci. 96, 711–714.

14. EREZ, A., COUVILLON, G. A., and HENDERSHOTT, C. H. (1979): Quantitative chilling enhancement and negation in peach buds by high temperatures in a daily cycle. J. Amer. Soc. Hort. Sci. 104, 536–540.

15. FAO (1984): Production Yearbook, Vol. 37. FAO, Rom.

16. FAO (1985): Production Yearbook, Vol. 38. FAO, Rom.

17. FREEMAN, M. W., and MARTIN, G. C. (1981): Peach floral bud break and abscisic acid content as affected by mist, light, and temperature treatments during rest. J. Amer. Soc. Hort. Sci. 106, 333–336.

18. GILREATH, P. R., and BUCHANAN, D. W. (1981): Floral and vegetative bud development of 'Sungold' and 'Sunlite' nectarine as influenced by evaporative cooling by overhead sprinkling during rest. J. Amer. Soc. Hort. Sci. 106, 321–324.

19. GILREATH, P. R., and BUCHANAN, D. W. (1981): Rest prediction model for low-chilling 'Sungold' nectarine. J. Amer. Soc. Hort. Sci. 106, 426–429.

20. GUR, A., and SARIG, P. (1982): Application of growth regulators to peach and apple trees growing under stress conditions in shallow and stony

soils. 21st Int. Hort. Congr. Hamburg, Abstracts 1, Nr. 1289.

21. HATCH, A. H., and WALKER, D. R. (1969): Rest intensity of dormant peach and apricot leaf buds as influenced by temperature, cold hardiness, and respiration. J. Amer. Soc. Hort. Sci. 94, 304–307.

22. JAVARAYA, H. C. (1943): Bi-annual cropping of apple in Bangalore. Ind. J. Hortic. 1, 31–34.

23. NAKASU, B. H., DO CARMO BASSOLS, M., and FELICIANO, A. J. (1981): Temperate fruit breeding in Brazil. Fruit Var. J. 35, 114–122.

24. NITSCH, J. P. (1970): Growth responses of woody plants to photoperiodic stimuli. Proc. Amer. Soc. Hort. Sci. 70, 512–525.

25. NITSCH, J. P. (1970): Photoperiodism in woody plants. Proc. Amer. Soc. Hort. Sci. 70, 526–544.

26. NOTODIMEDJO, S., DANOESASTRO, H., SASTROSUMARTO, S., and EDWARDS, G. R. (1981): Shoot growth, flower initiation and dormancy under tropical conditions. Acta Hort. 120, 179–186.

27. OVERCASH, J. P. (1967): Pear and apple variety testing in Kenya, East Africa. Fruit Var. Hort. Digest 21, 38–39.

28. OVERCASH, J. P., and CAMPBELL, J. A. (1955): Daily warm periods and total chilling-hour requirements to break the rest in peach twigs. Proc. Amer. Soc. Hort. Sci. 66, 87–92.

29. PIENIAZEK, S. A. (1971): Fruit growing in Latin America. Chron. Hort. 11, 41–42.

30. RICHARDSON, E. A., SEELEY, S. D., and WALKER, D. R. (1974): A model for estimating the completion of rest for 'Redhaven' and 'Elberta' peach trees. HortScience 9, 331–332.

31. RUCK, H. C. (1975): Deciduous Fruit Tree Cultivars for Tropical and Subtropical Regions. Commonwealth Agric. Bureaux, East Malling/Kent.

32. SAURE, M. (1971): Beobachtungen über den Apfelanbau im tropischen Indonesien als Beitrag zur Frage der Blütenbildung, des Kältebedürfnisses und des Alterungsprozesses unserer Apfelbäume. Gartenbauwiss. 36, 71–86.

33. SAURE, M. (1976): Fruit breeding in advanced countries for assistance to developing countries. Proc. EUCARPIA Meeting on Tree Fruit Breeding Wageningen, 85–92.

34. SAURE, M. (1985): Dormancy release in deciduous fruit trees. Hortic. Rev. 7, 239–300.

35. SHERMAN, W. B., and LYRENE, P. M. (1984): Biannual peaches in the tropics. Fruit Var. J. 38, 37–39.

36. SHERMAN, W. B., SOULE, J., and ANDREWS, C. P. (1977): Distribution of Florida peaches and nectarines in the tropics and subtropics. Fruit Var. J. 31, 75–78.

37. SINGH, R. (1969): Fruits. National Book Trust, New Delhi.

38. TERBLANCHE, J. H., and STRYDOM, D. K. (1973): Effect of autumnal nitrogen nutrition, urea sprays and a winter rest-breaking spray on bud-break and blossoming of young Golden Delicious trees grown in sand culture. Decid. Fruit Grower 23, 8–14.

39. VOTH, V., and BRINGHURST, R. S. (1958): Fruiting and vegetative response of Lassen strawberries in Southern California as influenced by nursery source, time of planting, and plant chilling history. Proc. Amer. Soc. Hort. Sci 72, 186–197.

40. WESTWOOD, M. N., and CHESTNUT, N. E. (1964): Rest period chilling requirement of Bartlett pear as related to Pyrus calleryana and P. communis rootstocks. Proc. Amer. Soc. Hort. Sci. 84, 82–87.

41. ZELLER, O. (1969): Blütenentwicklung und Ausläuferbildung bei Fragaria ananassa Duch. in verschiedenen Höhenlagen der Insel Ceylon. Angew. Bot. 43, 159–173.

42. ZELLER, O. (1973): Blührhythmik von Apfel und Birne im tropischen Hochland von Ceylon. Gartenbauwiss. 38, 327–342.

5.17 Weitere Obstarten

PETER LÜDDERS

Der Rahmen dieses Handbuchs erlaubt nicht, all die vielen „kleinen" Obstarten aufzuführen, die in den Tropen und Subtropen genutzt werden. Namentlich Südostasien (8, 23) und Süd- und Mittelamerika (6, 12, 42) sind reich an Arten, die regelmäßig verzehrt werden, deren Bedeutung für die Ernährung der Bevölkerung und für die Wirtschaft der Länder aber gering ist, auch wenn sie mehr oder weniger regelmäßig auf den Märkten angeboten werden. Neben den genannten regional begrenzten Werken geben (5, 7, 24, 27, 28, 32) Hinweise auf viele hier nicht genannte Obstarten.

Im folgenden sollen aber noch einige Gattungen besprochen werden, die eine nennenswerte Verbreitung über ihr Heimatgebiet hinaus gefunden haben oder, z. T. auch für den Export, größere ökonomische Bedeutung haben.

Acca sellowiana (O. Berg) Burret (*Feijoa sellowiana* O. Berg, in der englischen Literatur bevorzugtes Synonym), Feijoa (engl. auch pineapple guava), Familie Myrtaceae, ist ein kleiner immergrüner Baum, der sehr trocken- und frostresistent (bis zu −9 °C) ist; allerdings sind die Früchte frostempfindlich. Aufgrund seiner Herkunft aus den Hochlagen Paraguays, Uruguays, Südbrasiliens und Teilen Argentiniens bevorzugt Feijoa nicht zu heiße Sommer. Die Bodenansprüche sind gering; alkalische und zur Staunässe neigende Standorte sind nicht geeignet. Eine Bewässerung während der Fruchtentwicklung steigert die Erträge. Die Vermehrung kann sowohl generativ als auch vegetativ erfolgen. Eine Vermehrung durch Stecklinge oder Veredlung ist der generativen jedoch wegen der Sämlingsaufspaltung vorzuziehen. Die Sorten 'Triumph' und 'Mammoth' sind weitgehend selbstfertil. Der Pflanzabstand beträgt allgemein 3,5 × 4 m, in der Hecke 2 × 3 m. Der Schnitt beschränkt sich auf ein leichtes Auslichten der Krone. Die Entwicklung der klimakterischen Früchte dauert 5 bis 7 Monate; die Bäume müssen aufgrund der ungleichen Reife wiederholt durchgepflückt werden (Abb. 198). Eine Lagerung ist bei 4 bis 5 °C bis zu 3 Monaten möglich. Die Früchte werden im frischen Zustand ohne Schale gegessen oder als Saft, Wein und gefrorene Pulpe verwertet (2, 7).

Actinidia chinensis Planch., die Kiwipflanze (Actinidiaceae), stammt aus China und hat in den letzten 25 Jahren nicht nur in Neuseeland und Kalifornien, sondern auch in verschiedenen Mittelmeerländern wie Israel, Italien, Frankreich und Griechenland eine starke Anbauausweitung erfahren (44). Ein Grund für diese Entwicklung ist die gute Transportfähigkeit der Früchte und deren lange Haltbarkeit. Eine Lagerung von 2 Monaten bei 0 °C und unter CA-Bedingungen ist auch möglich (3–5 % CO_2). Die zweihäusige, laubabwerfende Kletterpflanze stellt hohe Ansprüche an Boden und Klima. Neben relativ hoher Luftfeuchtigkeit muß eine lange frostfreie Vegetationsperiode von etwa 250 Tagen herrschen. Spät- und Frühfröste können den Erfolg der Kultur durch Beschädigung schwellender Knospen und reifender Früchte beeinträchtigen. Das Kältebedürfnis liegt bei etwa 400 bis 500 h. Böden mit hohen pH-Werten bedingen Fe-Chlorosen an den Blättern und sind daher ebenso wenig geeignet wie zur Vernässung nei-

Abb. 199. Junge Kiwianlage (T-System).

gende Standorte. In Windlagen ist eine Windschutzpflanzung zu empfehlen (40).

Die Vermehrung erfolgt fast ausschließlich durch Stecklinge oder Steckhölzer. Erstellung von Traggerüsten in unterschiedlicher Ausführung (T-Systemen, Pergola) ist mit hohen Investitionen verbunden (Abb. 199). Der Ertrag setzt im 3. bis 4. Standjahr ein und erreicht ab dem 7. Standjahr 20 t/ha. Zur Sicherung einer ausreichenden Bestäubung ist eine männliche für 9 weibliche Pflanzen erforderlich. Da die Blüten wenig Nektar produzieren, muß ein ausreichend hoher Bienenbesatz gewährleistet sein. Ein Schnitt im Winter und Sommer muß regelmäßig durchgeführt werden. Die Früchte werden sowohl im frischen als auch im verarbeiteten Zustand (Saft, Konserven, Wein) auf dem Markt angeboten (9).

Artocarpus ist eine etwa 50 Arten umfassende Gattung der Moraceae. Der Brotfruchtbaum, *A. altilis* (Parkins.) Fosb. (Syn. *A. communis* J. R. et G. Forst., *A. incisa* (Thunb.) L. f.) und der Jackfruchtbaum, *A. heterophyllus* Lam., haben in den Tropen eine beachtliche wirtschaftliche Bedeutung als Kohlenhydratlieferanten erlangt. Der aus dem Gebiet der Sundainseln und Polynesien stammende bis zu 20 m hoch werdende *Brotfruchtbaum* (Abb. 200) liefert rundliche, gelblichgrüne bis braune Früchte mit einem Durchmesser von 20 bis 30 cm (7). Während der

Abb. 198. Fruchtbehang eines Feijoa-Zweiges (Foto HÖNICKE).

Abb. 200. Junger Brotfruchtbaum mit den auffallend großen gelappten Blättern.

Baum in den feuchten Tropen immergrün ist, verliert er bei längerer Trockenheit alle Blätter. Die jährlichen Niederschläge sollten 1500 mm nicht unterschreiten und möglichst gleichmäßig verteilt sein. Aufgrund seiner Herkunft ist der Brotfruchtbaum sehr kälteempfindlich. Er beansprucht tiefgründige, humose Böden, die ausreichend durchlässig sind.

Obwohl die Bäume ständig blühen und fruchten, treten jahreszeitliche Ertragsschwankungen auf. So ist die Haupternte in Indien und Hawaii zwischen Juni und September. Die Erträge liegen pro Baum und Jahr bei 1 bis 3,5 t mit etwa 500 bis 700 Früchten, die 2 bis 5 kg schwer sind. Sie bestehen zu 70 bis 75 % aus Wasser, enthalten 20 bis 30 % Kohlenhydrate, 1,5 % Proteine und 0,5 % Fette.

Die vegetative Vermehrung samenloser Formen erfolgt durch Wurzelausläufer, Markottieren und durch Wurzelschnittlinge (29). Eine Veredlung auf verschiedenen *Artocarpus*-Arten ist ebenfalls möglich. Der Pflanzabstand der schnellwüchsigen Bäume beträgt 10 bis 15 m. Sie sind empfindlich gegenüber Trockenheit und

Staunässe und sind nur mäßig wind- und salztolerant. Pollenübertragung erfolgt durch Wind und Insekten. Die Früchte werden vielfach vom Boden aufgelesen, ihre Haltbarkeit beträgt nur wenige Tage. Eine Lagerung in Plastikbeuteln bei 12 °C ist bis zu 2 Wochen möglich. Bei einer Aufbewahrung in Wasser sind die Früchte einige Wochen haltbar. Eine andere traditionelle Methode ist die Trocknung an der Sonne oder in entsprechenden Vorrichtungen wie Öfen, Tunnels und Gefriertrocknungsanlagen.

Der aus Vorderindien stammende immergrüne *Jackfruchtbaum* (37) mit ganzrandigen Blättern erreicht eine Höhe von 20 bis 25 m. Aufgrund seiner Herkunft bevorzugt er ein warmes humides Klima; er ist weniger kälteempfindlich als der Brotfruchtbaum. Der Anbau erstreckt sich von Vorderindien (8) bis nach Melanesien und findet darüber hinaus auch in Ostafrika und Brasilien statt.

Die samenreichen Früchte werden 15 bis 50 kg schwer und können eine Länge von 90 cm erreichen. Ihre Form, Farbe, Geruch und Textur variieren erheblich; eine Züchtung und Klonselektion hat bisher kaum stattgefunden. Die generative Vermehrung muß aufgrund kurzer Keimfähigkeit unmittelbar nach der Ernte erfolgen. Behandlungen der Samen mit Wuchsstoffen (25 ppm NES oder 100 bis 500 ppm GA) fördern die Keimung. Weitere Vermehrungsformen sind Stammsteckhölzer, Markottieren und Veredlung auf verschiedenen Arten (30). Der Anbau erfolgt vorwiegend in Mischkultur für den Eigenbedarf. Der Pflanzabstand beträgt 6 bis 12 m. Eine Verpflanzung der Sämlinge ist aufgrund ihrer empfindlichen Pfahlwurzel schwierig. Der Ertrag setzt nach 3 bis 8 Jahren ein und liegt pro Baum und Jahr bei bis zu 250 Früchten; es kann jedoch Alternanz auftreten. Die synkarpen Früchte sitzen am Stamm oder an Ästen (Abb. 201) und werden bei der Ernte vom Boden aufgelesen. Sie werden für die Herstellung von Sirup, Marmelade und Eiskrem verwendet oder tiefgefroren; die zahlreichen Samen der Früchte werden gekocht oder geröstet. Das Holz liefert die gelbe Farbe für Gewänder buddhistischer Mönche.

Averrhoa, eine Gattung der Oxalidaceae, hat nur zwei Arten, *A. bilimbi* L. und *A. carambola* L. Beide stammen aus Südostasien, beide sind nicht als Wildpflanzen bekannt. Heute werden sie überall in den Tropen angetroffen, und zwar

Abb. 201. Am Stamm hängende junge Jackfrüchte.

fast ausschließlich in Hausgärten für den Eigengebrauch (35). Die immergrünen Bäume von *A. carambola* erreichen eine Höhe von 5 bis 12 m; ihre rosa Blüten erscheinen in den Blattachseln und an den Triebspitzen. Ihre gelben, fleischigen Früchte sind im Querschnitt sternförmig und enthalten 10 bis 12 Samen.

A. bilimbi wird bis zu 15 m hoch; jedes Blatt besteht aus 20 bis 40 Fiederblättern. Die roten Blüten sitzen am Stamm und an älteren Ästen. Die zylindrische Frucht mit kleinen Samen wird 5 bis 7,5 cm lang. Beide Arten stellen keine besonderen Ansprüche an den Boden, sind jedoch sehr salzempfindlich und reagieren empfindlich auf Staunässe.

Im Gegensatz zu *A. bilimbi* steht durch Selektion bei *A. carambola* eine Reihe von ertragreichen Sorten, auch solchen mit niedrigem Oxalsäuregehalt, zur Verfügung. Blüte- und Erntezeit erstrecken sich über das ganze Jahr. Die jährlichen Erträge schwanken zwischen 50 und 150 kg pro Baum (8).

Die Vermehrung erfolgt durch Samen und Veredlung, teilweise auch durch Markottieren (38). Der Pflanzabstand beträgt etwa 6 m. Während *A. bilimbi* weitgehend selbstfertil ist, treten bei *A. carambola* Selbst- und Intersterilitätsprobleme auf. Früchte von *A. bilimbi* sind sehr sauer und werden deshalb mit Zucker gekocht oder eingemacht (Pickles). *A. carambola* wird als Frischfrucht verzehrt oder gerne in Scheiben („Sternfrucht") Fruchtsalaten beigemischt; Getränke und Marmelade sind weitere Verarbeitungsprodukte.

Bertholletia excelsa Humb. et Bonpl., Lecythidaceae, die Paranuß oder Brasilnuß, ist ein gewaltiger Baum, der 50 m Höhe und 3 m Durchmesser erreicht (5, 43). Ihre Heimat liegt in den tropisch feuchten Urwäldern Venezuelas, Kolumbiens, Boliviens, Perus, Guyanas und Brasiliens. Wichtigstes Exportland ist Brasilien mit 20 000 bis 40 000 t pro Jahr. Größter Importeur mit fast 50 % der Welternte sind die USA, gefolgt von England und BR Deutschland. Aufgrund des Vorkommens von Aflatoxinen in den Nüssen und sinkender Produktion ist die Ausfuhr seit Jahren rückläufig. Während die Früchte (Abb. 202) bisher überwiegend von Indianern im Urwald gesammelt wurden, versucht man seit etwa 20 Jahren vor allem in Belém/Brasilien, durch intensive Forschung die Voraussetzungen für einen erfolgreichen plantagemäßigen Anbau von Paranüssen zu schaffen (20). Die dabei auftretenden Schwierigkeiten liegen nicht nur in der Selektion ertragreicher und wenig alternierender Klone, sondern auch auf dem Gebiet der Blütenbiologie und der Starkwüchsigkeit der Bäume.

Abb. 202. Fruchtstand der Paranuß mit den Ansatzstellen der abgefallenen Blüten.

Abb. 203. Blütenstand der Paranuß.

Die Blütezeit erstreckt sich von August bis Februar; die Hauptblütezeit liegt zwischen Oktober und Dezember (Abb. 203). Die 0,8 bis 1,5 kg schwere Frucht (Kapsel) benötigt für ihre Entwicklung 12 bis 15 Monate (1). Unter der dickholzigen Schale befinden sich 12 bis 25 Samen. Diese Samen kommen als „Nüsse" auf den Markt. Sie enthalten 64 bis 67 % Fett, 14 % Eiweiß und 8 % Kohlenhydrate.

Carya illinoinensis (Wagenh.) K. Koch (Juglandaceae), die Pekannuß, stammt aus Nordamerika und wird außer in ihrem Heimatgebiet auch in Südafrika, Australien, Israel, Algerien und einigen anderen Ländern angebaut (14, 16, 43). Die jährlich stark schwankende Weltproduktion liegt zwischen 125 000 und 180 000 t. Hauptexporteure sind die USA mit einem jährlichen Erlös von 10 Mio. US$; die wichtigsten Importeure sind neben Mexiko und Kanada die EG-Staaten. Der laubabwerfende Baum benötigt für die Fruchtentwicklung vom Austrieb bis zur Ernte eine lange frostfreie Periode (150 bis 210

Tage) und eine durchschnittliche Sommertemperatur von 25 bis 30 °C. Das Kältebedürfnis variiert von Sorte zu Sorte und beträgt etwa 750 h bei Temperaturen unter 7 °C.

Während die männlichen Blüten in Form von Kätzchen am vorjährigen Holz auftreten, sitzen die weiblichen an der Spitze diesjähriger Triebe. Pollenübertragung erfolgt durch Wind; die Sorten sind weitgehend selbststeril. Der bis zu 15 m hohe Baum benötigt einen tiefgründigen, gut durchlüfteten Boden (Abb. 204). Zur Vermeidung einer Kronenüberbauung ist regelmäßiger Schnitt notwendig (19). Der Pflanzabstand ist abhängig von Unterlage und Sorte und beträgt etwa 10 × 10 bis 20 × 20 m. Eine gleichmäßige hohe Bodenfeuchtigkeit ist während der Vegetationsperiode notfalls durch Bewässerung anzustreben. Die Erträge pro Baum variieren von Sorte zu Sorte und betragen etwa 30 bis 50 kg. Die Nüsse werden entweder mit langen Stangen vom Baum geschlagen oder manuell heruntergeschüttelt. In den USA erfolgt die Ernte vielfach durch Einsatz von Schüttel- und Auflesemaschinen.

Diospyros kaki L. f. (Ebenaceae), die Kakipflaume (engl. Chinese oder Japanese persimmon), ist eine alte Kulturpflanze in Ostasien. Neben China, Korea und Japan findet ein bedeutsamer Anbau in den Südstaaten der USA und im Mittelmeergebiet statt. In dieser Region ist Italien mit etwa 100 000 t der größte Produzent.

Die Standortansprüche sind vergleichbar mit denen von Zitrus, Feigen, Mandeln und Aprikosen. Der Boden soll tiefgründig sein und keine Staunässe aufweisen. Das Kältebedürfnis während der Wintermonate ist gering; Frühfröste können Fruchtschalenschäden hervorrufen. Bei der Pflanzung ist darauf zu achten, daß es sowohl weibliche Sorten mit starker Neigung zu parthenokarpen Früchten gibt als auch solche, die kaum samenlose Früchte ansetzen und auf Fremdbefruchtung angewiesen sind. Einige Sorten sind zwittrig; sie werden als Pollenspender verwendet. Als Unterlagen werden überwiegend Sämlinge von verschiedenen Sorten verwandt, bei Veredlung auf *D. lotus* L. können Unverträglichkeiten auftreten.

Der Pflanzabstand ist von der Sorte abhängig und beträgt 2,5 × 2,5 m bis 6,0 × 6,0 m. Die Erträge schwanken in Italien und Japan zwischen 20 und 40 t/ha, in Israel zwischen 40 und 50 t/ha. Die Haltbarkeit der klimakterischen

Abb. 204. Pekanbäume. Im Vordergrund ein Wasserspeicher.

Früchte ist von der Sorte und den Lagerbedingungen abhängig. Spätreifende Sorten sind bei 0 °C 2 bis 3 Monate haltbar. Eine Aufbewahrung in Polyethylenbeuteln (0,06 mm Dicke) verlängert die Haltbarkeit um 1 bis 2 Monate. Während die nicht-astringierenden Früchte überwiegend frisch gegessen werden, trocknet man die gerbstoffreichen wie Feigen in der Sonne oder in geheizten Räumen bei 35 °C („Kakifeige"). Während des Trocknungsvorganges koagulieren die tanninhaltigen Zellen, so daß die astringierende Wirkung der Früchte auf natürlichem Wege verlorengeht (18).

Durio zibethinus Murr. (Bombacaceae), der Durian, stammt aus Südostasien und wird auch heute noch nur dort in großem Umfang genutzt, ist aber auch in Ostafrika, den Antillen und Mittelamerika anzutreffen (22, 23). Bei Temperaturen unter 22 °C hört das vegetative Wachstum auf. Die jährlichen Niederschläge sollten mindestens 2000 mm betragen und gleichmäßig verteilt sein. Tiefgründige, gut dränierte sandige Ton- oder tonige Lehmböden sind gut geeignet. Die traditionelle Sämlingsvermehrung führt zu einer starken Aufspaltung der Nachkommenschaft. Die Veredlung erfolgt auf *Phytophthora*

palmivora-resistente *Durio*-Arten oder *Cullenia excelsia* Wight (wild durian) (39). Der Pflanzabstand beträgt 8 bis 16 m, bei dichterem Bestand wird jeder 2. Baum entfernt. In Äquatornähe (Malaysia und Sumatra) werden jährlich 2 Ernten erzielt. Bei ausgesprochenen Trockenperioden (Indien, Ostjava) blühen die Bäume allgemein am Ende der Trockenperiode. Die Fruchtentwicklung dauert 110 bis 150 Tage. Bei der Reife springt die 20 bis 40 cm lange, zwischen 1,5 und 8 kg schwere Kapselfrucht in 3 bis 4 Segmente auf, die jeweils 1 bis 7 Samen enthalten. Diese sind in einer eßbaren Pulpe (Arillus) eingebettet, deren Farbe, Textur und Dicke vom Sämling oder der Sorte abhängig sind (36). Durian ist aufgrund seiner weitgehenden Selbststerilität stark heterozygot. Durch Selektion entstanden auch selbstfertile Sorten. Die Erträge erreichen 10 bis 18 t pro ha und Jahr; in Gebieten mit zwei Ernten pro Jahr tritt eine geringe Alternanz auf. Mit etwa 470 000 t (1975) ist Thailand der größte Produzent, gefolgt von Indonesien mit knapp 160 000 t.

Gesunde und bei der Ernte nicht beschädigte Früchte sind bei 15 °C bis zu 3 Wochen haltbar. Der eßbare Arillus enthält 58 % Wasser, 28 %

Proteine, 3,9 % Fett und 34,1 % Kohlenhydrate. Die öl-, stärke- und fettreichen Samen werden geröstet oder gekocht (41).

Manilkara zapota (L.) van Royen (Syn. *Achras zapota* L.) (Sapotaceae), Sapodilla oder Breiapfel, ist in Mittelamerika beheimatet und heute über die ganze Welt verbreitet. Der Anbau erfolgt bis zur Höhe des 30. Breitengrades. Während junge Bäume sehr frostempfindlich sind, treten an älteren bei kurzfristigen Frösten bis zu −3 °C kaum Schäden auf. In Indien und auf den Philippinen erfolgt ein Anbau bereits ab Niederschlagshöhen von 1000 mm pro Jahr. Sapodilla stellt keine besonderen Bodenansprüche; der pH-Wert sollte im sauren bis neutralen Bereich liegen.

Die Vermehrung erfolgt über Samen, durch Veredlung oder Markottieren. Als Unterlagen werden andere *Manilkara*-Arten oder andere Sapotaceen, z. B. *Madhuca* spp., verwendet (31). Der Pflanzabstand beträgt etwa 7 × 7 m. Die Bäume blühen ganzjährig, die Blüte setzt verstärkt nach Niederschlägen ein. Ertrag beginnt bei veredelten Bäumen im 5. Standjahr und erreicht in Vollertragsanlagen 20 bis 35 t/ha und Jahr. Die 5 bis 10 cm großen, runden, ovalen oder konisch geformten Beerenfrüchte haben eine braune, dünne Schale und ein gelblich-braunes, sehr süßes Fleisch (Abb. 205). Die Ernte erfolgt von Hand oder mit einem Pflückbeutel, bevor die Früchte weich werden. Bei 15 °C können sie 3 Wochen gelagert werden; bei Zimmertemperatur werden sie innerhalb einer Woche weich (4). Die Früchte werden überwiegend frisch gegessen oder auch zu Sorbett und Konserven verarbeitet.

Abb. 205. Blühende und fruchtende Zweige von Sapodilla.

Aus der Rinde wird Milchsaft für die Produktion von Kaugummi (Chicle) gewonnen (33).

Pistacia vera L. (Anacardiaceae), die Pistazie, hat im letzten Jahrzehnt aufgrund der großen Nachfrage eine starke Anbauausweitung erfahren. Die jährliche Welterzeugung schwankt zwischen 60 000 und 95 000 t. Hauptproduzenten sind vor allem der Iran, Türkei, Afghanistan, Syrien, Griechenland und neuerdings USA (Kalifornien) (10, 15, 43). Der laubabwerfende, zweihäusige Baum benötigt warme und niederschlagsarme Sommer für ausreichende Fruchtentwicklung und relativ kühle Winter zur Brechung der Ruheperiode. Er stellt nur geringe Standortansprüche, ist relativ trocken- und salzresistent, aber gegen Staunässe sehr empfindlich. Als Unterlagen dienen *P. atlantica* Desf., *P. terebinthus* L. ssp. *terebinthus* und ssp. *palaestina* (Boiss.) Engl., *P. vera* und *P. khinjuk* Stocks; bei Verwendung einiger Arten können Unverträglichkeiten auftreten. In Kalifornien werden wegen der Nematodenresistenz fast ausschließlich *P. atlantica* und *P. terebinthus* verwandt. Die Veredlung ist aufgrund von Harzbildung schwierig. In einigen Ländern (z. B. Türkei, Iran, Italien) werden auch wildwachsende Bäumchen umveredelt und ohne weitere Bewässerung kultiviert.

Der Pflanzabstand ist von der Sorten-Unterlagen-Kombination und den Standortverhältnissen abhängig und beträgt 4 × 5 bis 6 × 8 m. Pollenspender müssen aufgrund der Windbestäubung gleichmäßig in der Anlage verteilt sein; ihr Anteil beträgt ein Siebentel der weiblichen Bäume. Bei der Auswahl von Pollenspendern muß ein einheitlicher Blühtermin beachtet werden.

In niederschlagsarmen Sommermonaten wird bis zu zweimal monatlich bewässert, vorwiegend unter Anwendung von Furchen- oder Tropfbewässerung. Ein regelmäßig durchzuführender Baumschnitt erfolgt während der Vegetationsruhe, um vorrangig abgetragene Triebe zu entfernen.

Der Ertrag (Abb. 206) setzt im 4. bis 6. Standjahr ein und erreicht im Vollertrag 3 t Nüsse pro ha. Große wirtschaftliche Probleme stellt die stark ausgeprägte Alternanz dar, die durch Abortieren sich entwickelnder Blütenknospen an einjährigen Trieben hervorgerufen wird. Die Ernte erfolgt überwiegend manuell durch Pflücken, Schütteln und Herunterschlagen. Ein wich-

Abb. 206. Fruchtender Pistazienzweig.

tiges Qualitätsmerkmal für die weitere Verwendung ist das Aufspringen der harten Steinschale, das vor allem von der Sorte abhängig ist. Getrocknete Nüsse, die bei 20 °C ein Jahr ohne Qualitätsverluste haltbar sind, finden in Back- und Eiswaren sowie in gesalzenem Zustand Verwendung.

Punica granatum L. (Punicaceae), der Granatapfel, ist eine alte Kulturpflanze; ihr Ursprung wird im Iran vermutet. Die laubabwerfenden bis immergrünen Bäume sind relativ anspruchslos, trocken- und salzresistent. Bei Temperaturen bis zu − 15 °C im Winter treten keine Schäden auf. Die meisten Sorten sind selbstfertil. Die Vermehrung erfolgt über Steckhölzer oder Stecklinge. Die Pflanzabstände betragen 3 × 4 bis 4 × 5 m bei Buschbäumen. Erträge setzen im 3. Standjahr ein und erreichen 60 kg pro Baum im Vollertrag (Abb. 207). Bei dem eßbaren Teil der vielsamigen Beerenfrucht handelt es sich um die äußere fleischige Samenschale. Die gerbstoffreiche Fruchtschale ist bei der Reife lederartig. Die Früchte werden frisch gegessen oder zu Getränken (Sorbett) verarbeitet. Hauptproduzent ist Iran mit 35 000 bis 40 000 t pro Jahr (8, 11).

Ziziphus (Rhamnaceae) ist eine Gattung, die mit rund 100 Arten auf allen Kontinenten vertreten ist. Die Früchte mehrerer Wildarten werden lokal als Notnahrung oder als Viehfutter genutzt. Zwei Arten sind seit Jahrtausenden in Kultur und züchterisch gegenüber den Wildformen erheblich verbessert: im tropischen Klimabereich *Z. mauritiana* Lam. und im subtropisch-gemäßigten Gebiet *Z. jujuba* Mill.

Z. mauritiana kommt wild in den Trockengebieten von Westafrika bis Indien vor. Ihre größte Bedeutung hat die Kulturform mit zahlreichen

Abb. 207. Fruchtender Granatapfelzweig.

Sorten (2n = 24, 48, 60 und 96) mit pflaumengroßen Früchten in Indien („ber") (8, 25). Der Baum besitzt eine ungewöhnliche Resistenz gegen Trockenheit, Bodenversalzung und Staunässe und gedeiht daher an Standorten, wo Mango oder Zitrusarten versagen. Er wird durch Samen oder Veredlung (Okulieren, Pfropfen) vermehrt (3). Erwachsene Bäume liefern 80 bis 200 kg Früchte im Jahr. Die Früchte sind Steinfrüchte mit fleischigem, süßem Mesokarp; sie werden frisch, getrocknet oder kandiert gegessen. Der Anbau indischer Sorten könnte in vielen Ländern die landwirtschaftliche Produktion auf marginalen Standorten verbessern.

Z. jujuba die Jujube oder Chinesische Dattel, stammt aus Nordchina. Der Baum verliert im Herbst seine Blätter und ist ziemlich frosthart. Schon im klassischen Altertum gelangte die Jujube ins Mittelmeergebiet; heute findet man sie in allen Weltteilen (17). Große ökonomische Bedeutung hat sie nur in China, wo ihre getrockneten oder kandierten Früchte ein wichtiger Handelsartikel sind (21, 26).

Literatur

1. ALEXANDER, D. M. (1984): Lecythidaceae. In: (24), 78–79.
2. BATTEN, D. J. (1984): Feijoa (pineapple guava). In: (24), 121–124.
3. BOURKE, D. O'D. (1976): *Ziziphus mauritiana* – Indian jujube or ber. In: (13), 554–563.
4. BROUGHTON, W. J., and WONG, H. C. (1979): Storage conditions and ripening of chiku fruits *Achras sapota* L. Scientia Hortic. 10, 377–385.
5. BRÜCHER, H. (1977): Tropische Nutzpflanzen. Springer, Berlin.
6. CAVALCANTE, P. B. (1972/74): Frutas Comestíveis da Amazônia. Publicações Avulsas do Museu Goeldi, Belém.
7. CHANDLER, W. H. (1958): Evergreen Orchards. 2nd ed. Lea and Febiger, Philadelphia.
8. COUNCIL OF SCIENTIFIC AND INDUSTRIAL RESEARCH (1948/76): The Wealth of India. Raw Materials. 11 vols. Publications and Information Directorate. C. S. I. R., New Delhi.
9. DEBOR, H. W., und HENNING, J. (1976): Bibliographie des internationalen Schrifttums über die Gattung *Actinidia*. Aktuelle Literaturinformation Obstbau Nr. 52. TU, Berlin.
10. FIRUZEH, P., und LÜDDERS, P. (1978): Pistazien-Anbau im Iran. Erwerbsobstbau 20, 254–258.
11. FIRUZEH, P., und LÜDDERS, P. (1979): Granatapfel-Anbau im Iran. Erwerbsobstbau 21, 260–262.
12. FOUQUÉ, A. (1976): Espèces Fruitières d' Amérique Tropicale. Inst. Français Rech. Fruitières Outre-Mer, Paris.
13. GARNER, R. J., and CHAUDRI, S. A. (eds.) (1976): The Propagation of Tropical Fruit Trees. FAO and Commonwealth Agric. Bureaux, Farnham Royal, Slough, England.
14. HAULIK, T. K. (1980): Cultivation of Pecan Nuts in the Transvaal Middle and Highveld. Farming in South Africa, Pecan B. 1, Pretoria.
15. JACQUY, P. (1973): La Culture du Pistachier en Tunisie. Ministère de l'Agriculture, Tunis.
16. JAYNES, R. A. (1973): Handbook of North American Nut Trees. Humphrey Press, Geneva, N. Y.
17. KADER, A. A., CHORDAS, A., and YU LI (1984): Harvest and postharvest handling of Chinese dates. Calif. Agric. 38 (1/2), 8–9.
18. KITAGAWA, H., and GLUCINA, P. G., (1984): Persimmon. Culture in New Zealand. DSIR Information Sreies No. 159, Wellington.
19. MALSTROM, H. L., RILEY, T. D., and JONES, J. R. (1982): Continued hedge pruning affects light penetration, and nut production of 'Western' pecan trees. Pecan Quarterly 16 (4), 4–17.
20. MORITZ, A., and LÜDDERS, P. (1985): Stand und Entwicklungsmöglichkeiten des Paranußanbaus in Brasilien. Erwerbsobstbau 27, 296–299.
21. MUNIER, P. (1973): Le jujubier et sa culture. Fruits 28, 377–388.
22. NATIONAL ACADEMY OF SCIENCES (1975): Underexploited Tropical Plants with Promising Economic Value. Nat. Acad. Sci., Washington, D. C.
23. OCHSE, J. J. (1927): Indische Vrugten. Volkslektuur, Weltevreden.
24. PAGE, P. E. (ed). (1984): Tropical Tree Fruits for Australia. Queensland Dep. Primary Industries, Inf. Ser. Q 183/018, Brisbane.
25. PAREEK, O. P. (1983): The Ber. Indian Council Agric. Res., New Delhi.
26. PIENAZEK, S. A. (1976): Fruit growing in China: changes during two decades. Span 19, 61–63.
27. PURSEGLOVE, J. W. (1968/72): Tropical Crops. 4 vols. Longman, London.
28. REHM, S. und ESPIG, G. (1984): Die Kulturpflanzen der Tropen und Subtropen. 2. Aufl. Ulmer, Stuttgart.
29. ROWE-DUTTON, P. (1976): *Artocarpus altilis* – breadfruit. In: (13), 248–268.
30. ROWE-DUTTON, P. (1976): *Artocarpus heterophyllus* – jackfruit. In: (13), 269–289.
31. ROWE-DUTTON, P. (1976): *Manilkara achras* – sapodilla. In: (13), 475–512.
32. SAMSON, J. A. (1980): Tropical Fruits. Longman, London.
33. SCHOLEFIELD, P. B. (1984): Sapotaceae. In: (24), 209–211.
34. SEDGLEY, M. (1984): Moraceae. In: (24), 100–106.
35. SEDGLEY, M. (1984): Oxalidaceae. In: (24), 125–128.
36. SOEPADMO, E., and EOW, B. K. (1977): The reproductive biology of *Durio zibethinus* Murr. Gardens' Bulletin (Singapore) 29, 25–33.
37. THOMAS, C. A. (1980): Jackfruit, *Artocarpus heterophyllus* (Moraceae), as source of food and income. Econ. Bot. 34, 154–159.
38. TIDBURY, G. E. (1976): *Averrhoa* spp. – carambola and bilimbi. In: (13): 291–303.
39. TIDBURY, G. E. (1976): *Durio zibethinus* – durian. In: (13), 321–333.
40. VAN ZYL, H. J., and JOUBERT, A. J. (1979): Cultivation of kiwifruit. Deciduous Fruit Grower 29, 18–24.
41. WATSON, B. J. (1984): Bombacaceae. In: (24), 45–50.
42. WILLIAMS, L. O. (1981): The Useful Plants of Central America. Ceiba 24 (1–4), 1–381.
43. WOODROOF, J. G. (1979): Tree Nuts. Production, Processing, Products. 2 vols., 2nd ed. AVI Publ. Co., Westport, Connecticut.
44. YAN, J. (1981): Histoire d'*Actinidia chinensis* Planch. et conditions actuelles de sa production à l'étranger. J. Agric. tradit. Bot. appl. 28, 281–290.

6   Genußmittel und Getränke

6.1   Kaffee

J. A. Nicholas Wallis und
Theo M. Wormer

Botanisch:	*Coffea* spp.
Englisch:	coffee
Französisch:	café, caféier
Spanisch:	café

Wirtschaftliche Bedeutung

1983 betrug die Menge der Welt-Kaffeeimporte 3,97 Mio. t im Wert von 10,4 Mrd. US$ (13). In vielen Ländern Lateinamerikas und Afrikas ist Kaffee die Haupteinnahmequelle im Außenhandel, in mehreren Ländern übersteigt sein Anteil 50 % des Gesamtexports. Produktions- und Exportzahlen sind in Tab. 85 zusammengestellt.

In dem Jahrzehnt vor dem 2. Weltkrieg überstieg die Kaffeeproduktion den Verbrauch. Die daraus resultierenden niedrigen Preise und die Auswirkungen des Krieges führten dazu, daß die Produktion zu Anfang der 50er Jahre den Bedarf nicht decken konnte. Die sehr hohen Preise lösten dann Neupflanzungen aus, so daß zu Ende der 60er Jahre der Weltverbrauch wieder unter die Produktion und die Vorräte fiel.

Um die verheerenden Auswirkungen solcher extremer Preisschwankungen auf die Wirtschaft der Erzeugerländer zu vermeiden, schuf die Mehrheit der Erzeuger- und der Verbraucherländer die Internationale Kaffee-Organisation und schloß eine Reihe von internationalen Kaffee-Abkommen (1962, 1968, 1976 und 1983). Die Erzeugerländer verpflichteten sich dabei, die jährlich festgesetzten Exportquoten nicht zu überschreiten, während sich die Verbraucherländer verpflichteten, den größten Teil ihrer Importe aus Mitgliedsländern zu decken. Die Organisation legt für alle wichtigen exportierenden Mitglieder eine „Basisquote" fest, und beschließt dann aufgrund ihrer Bedarfsschätzung zu Beginn jedes Kaffeejahres, welcher Prozentsatz der Basisquote im kommenden Jahr tatsächlich exportiert werden soll. Für Mitgliedsländer mit einem jährlichen Export von unter 24 000 t

Tab. 85. Kaffeeproduktion und -export (1000 t) im Jahr 1983. Nach (12, 13).

Region/Land	Produktion (1000 t)	Export (1000 t)
Mittel- und Südamerika	3769	2466
davon		
Brasilien	1665	931
Kolumbien	816	540
Mexiko	313	143
El Salvador	155	159
Guatemala	153	185
Costa Rica	123	109
Peru	91	58
Ecuador	81	75
Honduras	74	75
Nicaragua	45	56
Afrika	1195	974
davon		
Elfenbeinküste	271	239
Äthiopien	220	93
Uganda	172	144
Kenia	87	91
Zaire	83	65
Madagaskar	81	51
Kamerun	68	80
Tansania	51	49
Angola	22	27
Asien	559	416
davon		
Indonesien	236	241
Indien	130	70
Philippinen	114	22
Ozeanien	57	53
Welt	5578	4051

werden besondere Vereinbarungen getroffen. Preisschwankungen im Laufe des Jahres können zu Korrekturen nach oben oder unten führen. Verkäufe an Nicht-Mitgliedsländer – die sogenannten „Non-quota-Märkte" – unterliegen keinen Beschränkungen, jedoch liegt ihr Anteil nur etwa bei 10 % des Kaffee-Imports der Verbraucherländer, und die Preise auf diesen Märkten liegen unter denen der „Quota-Märkte" (6a, 12, 22a, 26).

Botanik

Von der Gattung *Coffea* aus der Familie der Rubiaceae haben zwei Arten größere wirtschaftliche Bedeutung, die beide zur Subsektion *Erythrocoffea* aus der Sektion *Eucoffea* gehören. Es sind dies *C. arabica* L. (Arabica-Kaffee) und *C. canephora* Pierre ex Froehner (Robusta-Kaffee). Eine dritte Art, *C. liberica* Hiern, aus der Subsektion *Pachycoffea* der Sektion *Eucoffea*, wird in einigen Ländern in geringem Umfang angebaut, ebenso der Excelsa-Kaffee, *C. dewevrei* De Wild. et Dur., der dem Liberica-Kaffee nahesteht (7).

Laufende Untersuchungen zur Systematik der Gattung *Coffea* werden voraussichtlich neues Licht auf die Beziehungen zwischen der Gattung *Coffea* und verwandten Gattungen sowie zwischen den Arten innerhalb der Gattung *Coffea* werfen. Möglicherweise wird dies zu einer Revision der gegenwärtigen Klassifikation führen, die ursprünglich auf CHEVALIER zurückgeht. Künstliche Kreuzungen zwischen der allotetraploiden Art *C. arabica* (2n = 44) und der diploiden Art *C. canephora* (2n = 22) haben zu einem kommerziellen Hybriden mit dem Namen „Arabusta" geführt, der wegen seiner Resistenz gegen die Rostkrankheit bekannt ist. Ein anderer Hybridtyp ist der „Congustakaffee", aus der Kreuzung von *C. canephora* mit *C. congensis* Froehner, der eine ausgedehnte Blühperiode hat und deshalb auch bei unregelmäßig verteilten Niederschlägen gute Erträge bringt.

Die Kaffeepflanze, die ein Strauch oder ein Baum sein kann, erreicht eine Höhe von 5 m (*C. arabica*) bis 20 m (*C. liberica*). Gewöhnlich hat sie ein deutlich T-förmiges Wurzelsystem, mit einer Pfahlwurzel von bis zu 1 m Tiefe (meist allerdings viel weniger) und einer Reihe von Seitenwurzeln, von denen sich ein Teil nach unten biegt und den Boden bis in 3 m Tiefe durchwurzelt, während der Rest nahe der Bodenoberfläche bleibt. Diese Oberflächenwurzeln bilden mit ihren zahlreichen Verzweigungen ein dichtes Netz, das bei *C. arabica* und *C. canephora* einen Umkreis von ca. 1,5 m Radius um den Stamm durchdringt. Feuchte Bodenbedingungen, entweder durch Niederschläge oder aufgrund von Bewässerung, ebenso wie ein hoher

Grundwasserspiegel beschränken die Durchwurzelungstiefe.

Kaffee hat einen ausgeprägt dimorphen Habitus. Ein Steckling oder Pfropfreis aus einem vertikalen (orthotropen) Trieb wird wieder zu einem Baum auswachsen, während laterale (plagiotrope) Triebe bei der gleichen Verwendung niemals einen vertikalen Sproß hervorbringen. Der Sproß und die Zweige tragen kreuzgegenständige ovale, dunkelgrüne, bei manchen Arten ledrige, ganzrandige Blätter mit kurzem Stiel; ihre Länge von 5 bis 30 cm ist abhängig von Art, Sorte und Wachstumsbedingungen. Am Zweig sitzen die Blätter annähernd horizontal an.

In jeder Blattachsel finden sich zwei Knospentypen: eine Reihe von drei bis fünf gleichartigen Knospen und, mit etwas Abstand, eine einzelne, größere Knospe. Am Sproß kann jede der gleichartigen Knospen („seriale" oder „sekundäre" Knospen) entweder wieder einen Sproß hervorbringen, als ruhende Knospe verbleiben oder – für das bloße Auge unsichtbar – sich aufspalten in eine große Anzahl gleichartiger Knospen, die jedoch selten zum Blütenstand auswachsen. Die einzelstehende, größere Knospe („legitime" oder „primäre" Knospe) entwickelt sich zu einem Seitentrieb.

An den Seitentrieben können die legitimen Knospen fehlen; sind sie vorhanden, bringen sie wieder Seitentriebe hervor. Jede der serialen Achselknospen kann als ruhende Knospe verbleiben, sich zum Blütenstand entwickeln oder zu einem sublateralen Zweig mit einer ähnlichen

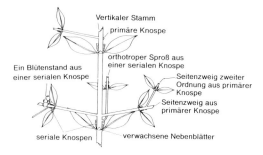

Abb. 208. Schematische Darstellung der Achselknospen-Typen von Kaffee und der Organe, die aus ihnen hervorgehen können. Die Darstellung ist nicht maßstabsgetreu; tatsächlich sind die Knospen winzig klein. Primäre Knospen fehlen in der Regel an den Seitenzweigen von Arabicakaffee; sublaterale Zweige entstehen hier aus sekundären Knospen, wie die Darstellung links zeigt. (Nach 30)

Knospenreihe auswachsen. Bei *C. arabica* entwickeln sich aus jeder Blattachsel 0 bis 4 Knospen zu Blütenständen, in denen jeweils 1 bis 15 vollständige weiße Blüten von ca. 2 cm Länge gebildet werden (Abb. 208). Beide Arten, *C. arabica* und *C. canephora*, blühen vorwiegend an jungen Trieben, während andere Arten auch an alten Trieben große Mengen von Früchten hervorbringen. Dies ist darauf zurückzuführen, daß bei den letzteren Arten die Achselknospen nicht absterben, sondern weiterhin Knospen höherer Ordnung ausbilden.

Während *C. arabica* vorwiegend selbstbestäubend ist und der Fruchtansatz unter günstigen Bedingungen bis zu 90 % betragen kann, ist *C. canephora* weitgehend selbststeril und auf Fremdbestäubung angewiesen. Für *C. canephora* gilt schon ein Fruchtansatz von 20 % als äußerst befriedigend; treten jedoch zur Blütezeit so feuchte Bedingungen auf, daß die Bestäubung verhindert wird, kann es zu einer fast völligen Mißernte kommen. Tritt die Blüte zu Beginn einer feuchten Periode ein, beginnen die Früchte vier bis sieben Wochen nach der Bestäubung anzuschwellen. Wurde aber – wie es oft bei *C. canephora* der Fall ist – die Blüte durch einen Gewitterregen mitten in der Trockenzeit ausgelöst, so beginnen die Früchte erst nach Einsetzen der Regenzeit zu wachsen. Die Früchte von *C. canephora* brauchen ca. 11 bis 15 Monate bis zur Reife, die von *C. arabica* 8 bis 9 Monate. Alle wirtschaftlich wichtigen Sorten haben im reifen Zustand rote Früchte. Die Größe der Früchte ist vor allem erblich bedingt, wird jedoch auch positiv beeinflußt von den Niederschlägen zur Zeit des schnellen Fruchtwachstums sowie von der Nährstoffversorgung, negativ dagegen von überstarkem Fruchtansatz. Die Frucht ist eine Steinfrucht, die oft fälschlicher-

weise Kirsche oder Beere genannt wird. Sie besteht aus der Oberhaut (Exokarp), dem Fruchtfleisch (Mesokarp) und der Pergamentschale (Endokarp) (Abb. 209). In reifem Zustand entwickeln sich die inneren Schichten des Fruchtfleisches zu einer schleimigen Masse, eine Eigenschaft, die für die nasse Aufbereitung der Früchte von Bedeutung ist. In der Regel enthält jede Frucht zwei Samen (Bohnen), manchmal auch nur einen, der dann „Perlkaffee" (Perlbohne) genannt wird. Wenn sich in einem Fruchtfach zwei verwachsene Samen entwickeln, spricht man von „Elefanten". Jeder Same ist von der Silberhaut umgeben, welche anatomisch die Samenschale (Testa) ist. Der Same selbst setzt sich aus dem kleinen Embryo und dem Endosperm zusammen und wiegt etwa 150 mg. Der Gewichtsanteil der Pergamentschale macht ca. 20 % des Rohkaffees aus. Der Handelskaffee (geschälter oder grüner Kaffee) stellt etwa 16 % des Gesamtgewichts der frischen Frucht dar (8, 9, 10, 14, 23, 28).

Physiologie und Ökologie

Physiologie. Die Photosynthese-Rate von Kaffee, die dem C_3-Weg folgt, ist relativ niedrig und stark temperaturabhängig. Die Netto-Assimilationsrate von *C. arabica* ist niedrig im Vergleich zu vielen Gehölzen der gemäßigten Zonen, jedoch vergleichbar mit der anderer tropischer ausdauernder Pflanzen. Bei Temperaturen über 20 °C, die in den Anbaugebieten von *C. arabica* häufig auftreten, wird die Photosynthese-Rate von *C. arabica* mit jedem Anstieg um 1 °C über 24 °C um 10 % verringert. Die Photosyntheserate würde jedoch einer erheblichen Verbesserung der gegenwärtigen, durchschnittlichen Ertragsleistung nicht im Wege stehen. In vielen Regio-

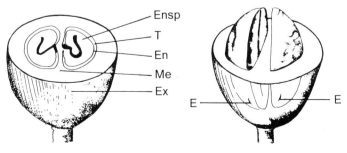

Abb. 209. Kaffeefrucht, links Querschnitt durch eine Frucht, rechts Frucht mit entferntem Oberteil (ca. 2 × natürliche Größe).

E   = Embryo
En   = Hornschale (Endokarp)
Ensp = Nährgewebe (Endosperm)
Ex   = Fruchthaut (Exokarp)
Me   = Fruchtfleisch (Mesokarp)
T   = Samenschale (Testa)
(Nach 8)

nen werden Erträge von 1000 kg vermarktbarer Kaffee pro ha als zufriedenstellend angesehen, während beim kommerziellen Anbau Durchschnittserträge von 4000 kg/ha über mehrere Jahre angegeben werden, in einigen Ländern sogar noch mehr. Diese Kluft zwischen potentieller und tatsächlicher Produktion ist vermutlich durch nicht optimale Ausnutzung der Strahlung, ungenügende Wasserversorgung und unzureichende Mineraldüngung zu erklären (4).

In Zeiten geringen Wachstums werden Reserven organischer Nährstoffe aufgebaut und in Wurzeln, Stämmen, Zweigen und Blättern gespeichert. Zum Zeitpunkt starken Fruchtwachstums werden sie wieder abgebaut. Da die Früchte 40 bis 50 % der Gesamtproduktion eines Jahres darstellen können, führt eine übermäßig große Ernte zu einem starken Entzug von Nährstoffreserven aus anderen Pflanzenteilen. Das kann zum Blattabwurf und dem Absterben von Zweigen und Wurzeln führen („overbearing dieback"), was wiederum eine erhebliche Verringerung des Ertrags und des Wachstums neuer, fruchttragender Zweige zur Folge hat, somit zu zweijährlichem Tragen („biennial bearing") führt.

Kaffee wird zu den Kurztagpflanzen gerechnet. Das gilt wohl nicht für erwachsene Bäume, die auch noch in Gegenden nahe dem Äquator eine Periodizität bei der Bildung von Blütenknospen zeigen, deren Gründe noch nicht völlig geklärt sind. Ist einmal die Blütendifferenzierung bis zum Stadium einzeln sichtbarer grüner Blütenknospen vorangeschritten, lösen Regen oder Bewässerung das Aufblühen nach 8 bis 12 Tagen aus. Häufiges Bewässern hat jedoch auf das Aufblühen nicht die gleiche Wirkung wie Regen. Bei den meisten Handelssorten ist die Blüte auf einige wenige Hauptblühperioden beschränkt mit gelegentlichen Blühperioden von geringerer Bedeutung (2).

Ökologie. C. *arabica* ist nicht frostbeständig, kann aber Perioden mit Niedrigtemperaturen ertragen. Am besten wächst sie bei Temperaturen von 17 bis 23 °C. C. *canephora* bevorzugt höhere Temperaturen und wächst gut im tropischen Tiefland. C. *arabica* kann daher in den Tropen in Höhen von 1300 bis 2200 m und in den Subtropen in niedrigeren Höhenlagen in Gebieten bis zu 26 °C nördlich und südlich des Äquators gedeihen, während C. *canephora* vorwiegend in niedrigeren Höhenlagen des Berei-

ches zwischen 10 °C nördlicher und 10 °C südlicher Breite angebaut wird.

Da C. *canephora* in wärmeren Gegenden wächst, braucht sie für eine wirtschaftliche Produktion höhere Niederschläge als C. *arabica*, nämlich mindestens ca. 1500 mm gegenüber ca. 1000 mm pro Jahr für C. *arabica*. Jedoch ist die Verteilung der Niederschläge oft von größerer Bedeutung als die Gesamtmenge. Die Tiefgründigkeit des Bodens und seine Wasserkapazität sowie die potentielle Evapotranspiration bestimmen in erheblichem Maße die Pflanzenentwicklung. Während beispielsweise die kühle trockene Periode in Brasilien durchaus vertragen werden kann, kann die heiße Trockenzeit Ostafrikas zu Beginn des Jahres beträchtlichen Schaden, speziell an den sich entwickelnden Früchten verursachen. Unter solchen Bedingungen wird eine Bewässerung sowohl die Erträge als auch die Form der Bohnen erheblich verbessern. Bei dauernd feuchtem Klima ist C. *liberica* besser geeignet, jedoch verträgt Excelsa-Kaffee längere Trockenzeiten.

Schatten steht hohen Erträgen entgegen, da bei verminderter Lichtintensität die Blütenbildung eingeschränkt wird. Die Nutzung von Schattenbäumen, die in einigen Ländern noch umstritten ist, wurde wegen ihrer Bodenschutzwirkung empfohlen. Bodenschutz kann jedoch besser durch Mulchen oder – bei ausreichenden Niederschlägen – durch Bodenbedecker erreicht werden. Unbeschatteter Kaffee leidet jedoch bei mangelhafter Düngung leicht an Brennflecken und zu starkem Fruchtansatz. C. *canephora* reagiert empfindlicher auf intensive Sonnenstrahlung als C. *arabica*, so daß, wenn eine lange Trockenzeit die Nährstoffaufnahme begrenzt, leichter Baumschatten sich als günstig erweist, selbst wenn geeignete Düngungsmaßnahmen vorgenommen werden. Die Schattenbäume sollten in der Regenzeit zurückgeschnitten werden (3a, 18, 20).

Züchtung und Vermehrung

Züchtung. Vor allem in Brasilien wurden ausgezeichnete Forschungsarbeiten von großer wissenschaftlicher Bedeutung über die Genetik von C. *arabica* durchgeführt, allerdings mit relativ geringen Auswirkungen auf die Züchtung verbesserter Sorten. Jedoch sind inzwischen neue Sorten erhältlich, und zwar vor allem als Ergebnis der Selektion aus bestehenden Populationen und weniger durch gezielte Züchtung. Diese Selektion hat zur Entwicklung einer großen Zahl lokal angepaßter Sorten geführt, die heute dem Kaffeeproduzenten zur Verfügung stehen. Die Selektion und auch die Züchtung gegen Kaffeerost (verursacht durch *Hemileia vastatrix*) hat in Indien, Kenia und Brasilien große Fortschritte gemacht. In diesem Zusammenhang muß besonders die wertvolle Arbeit des Coffee Rust Research Center in Oeiras (Portugal) zur Identifizierung dieser Krankheit, vor dem Auftreten des Kaffeerosts in Brasilien 1970, erwähnt werden. Die große Anzahl physiologischer Rassen von *H. vastatrix* und die besonderen Anforderungen in jedem einzelnen Land – z. B. ist die Form der Bohnen indischer Zuchtsorten für Ostafrika nicht annehmbar – bedingen noch einen erheblichen Forschungsaufwand zur Kontrolle des Kaffeerosts durch Resistenzzüchtung.

Die Entdeckung des Vorkommens von Kaffeerost in Brasilien führte zur Intensivierung der Kaffeezüchtung in Südamerika. So war in Kolumbien die Produktion durch den Anbau der niedrigwüchsigen Sorte Caturra sehr gesteigert worden. 'Caturra' ist aber empfindlich gegen Kaffeerost, so daß die Ausbreitung dieser Krankheit zu einem Züchtungsprogramm führte, das auf der Einkreuzung rostresistenter Sorten, besonders 'Hibrido de Timor' beruhte. Die daraus gewonnene Sorte 'Catimor' wird jetzt in vielen kaffeeproduzierenden Ländern geprüft.

Ähnlich wie beim Rost hat die rapide Ausbreitung der Kaffeekirschenkrankheit (verursacht von *Colletotrichum coffeanum*) in weiten Teilen Ostafrikas, Kameruns und Äthiopiens sowie die Möglichkeit, daß diese Krankheit eines Tages auch die lateinamerikanische Kaffee-Industrie bedrohen könnte, zu verschiedenen Züchtungs- und Selektionsprogrammen geführt. In Kenia werden zur Erhöhung der Resistenz Gene aus Äthiopien und anderen Herkünften in solche vorhandenen Sorten eingekreuzt, die die erforderlichen Eigenschaften für den kenianischen Kaffeemarkt besitzen. Die Methode ist dabei nicht die zeitraubende Züchtung reinerbiger Sorten, sondern die Erzeugung kommerzieller Hybriden. Weitere Ziele der Züchtungsarbeiten in Kenia sind die Resistenz gegen Kaffeerost und nach Möglichkeit gegen *Fusarium stilboides* sowie gegen Miniermotten (*Leucoptera* spp.).

Da die pathogene Form von *Colletotrichum coffeanum* in Lateinamerika bisher nicht gefunden

wurde, werden in Kenia brasilianische Selektionen auf ihre Resistenz gegen die Kaffeekirschenkrankheit geprüft. Zusammen mit der Ausweitung der relativ begrenzten genetischen Grundlage, auf der der Anbau von *C. arabica* gegenwärtig basiert, wird diese Arbeit voraussichtlich große Fortschritte bringen, die allen Kaffee anbauenden Ländern zugute kommen werden.

Die Variabilität der fremdbestäubenden und selbststerilen Art *C. canephora* ist hoch. Moderne Methoden zur Selektion verbesserter Sorten wurden zuerst in Indonesien und Zaire schon vor dem 2. Weltkrieg und später auch in den frankophonen Ländern West- und Zentralafrikas angewandt. Diese Arbeiten werden folgendermaßen durchgeführt:

a) Besonders gute Mutterbäume werden ausgewählt und ihre Eigenschaften nach vegetativer Vermehrung getestet;

b) die Qualität der Kreuzungen eines so erhaltenen Mutterbaumes wird aufgrund des Verhaltens ihrer durch offene oder kontrollierte Bestäubung erzeugten Nachkommenschaft untersucht;

c) gleichzeitig werden vielversprechende Klone in einem Klonzuchtgarten zusammengepflanzt, aus dem die weniger erwünschten Klone nach und nach entfernt werden; dadurch wird ständig die Qualität des produzierten Saatguts erhöht; und

d) aus dem verbesserten Material werden schließlich neue Mutterbäume selektiert und der Vorgang wiederholt.

Artkreuzungen, an denen die allotetraploide Art *C. arabica* beteiligt ist, treten nur selten spontan auf und sind auch künstlich nur schwer zu erzeugen. Die Nachkommenschaft spontaner Kreuzungen aus *C. arabica* und *C. liberica* haben im Kampf gegen Kaffeerost in Indonesien und Indien eine gewisse Rolle gespielt, ebenso wie spontane Hybriden aus *C. arabica* und *C. liberica* in Brasilien. Die Hybriden aus *C. canephora* var. *ugandae* Cramer und *C. congensis* (Congustakaffee) haben eine gewisse wirtschaftliche Bedeutung erlangt. Der spontane Hybrid aus *C. arabica* und *C. canephora*, der als „Hibrido de Timor" bekannt wurde, ist resistent gegen Kaffeerost und hat auch viele andere erwünschte Eigenschaften, so daß er nicht nur für Züchtungsprogramme verwendet werden konnte, sondern Selektionen aus seiner Nachkommenschaft auch wirtschaftlich zu nutzen waren.

Einige dieser Selektionen werden in Kenia als Ausgangsmaterial in der Resistenzzüchtung gegen die Kaffeekirschenkrankheit eingesetzt.

Prinzipiell weisen Hybriden aus der Tieflandart *C. canephora* mit ihrer geringeren Qualität, weitgehenden Rostresistenz und ihrem hohen Coffeingehalt (1,7 bis 2,4 %) und der Hochlandart *C. arabica* mit ihrer besseren Qualität, Rostanfälligkeit und ihrem geringeren Coffeingehalt (0,7 bis 1,5 %) interessante Eigenschaften auf. Solche Hybriden werden durch Kreuzung von *C. arabica* mit durch Colchicin tetraploid gemachten *C.-canephora*-Linien gewonnen. Auf dieser Basis sind in Brasilien (Icatu) und vor allem in Westafrika (Arabusta) schon große Fortschritte gemacht worden (6, 27).

Wahl der Vermehrungsmethode. Kaffee kann durch Saat oder vegetativ vermehrt werden; dabei hängt die Wahl der Methode von den Eigenschaften der Sorte und dem angestrebten Ziel ab. In Selektions- und Züchtungsprogrammen ist vegetative Vermehrung von größerer Bedeutung, da sie die genaue Prüfung potentieller Mutterbäume ermöglicht. Im kommerziellen Anbau wird die selbstbestäubende Art *C. arabica* immer durch Samen vermehrt werden. Die fremdbestäubende, selbst- und gelegentlich auch fremdunverträgliche und infolgedessen heterogene Art *C. canephora* sollte dagegen vegetativ vermehrt werden, wenn dies durch hervorragende genetische Eigenschaften des Mutterbaumes gerechtfertigt ist. Die gegenwärtigen Züchtungsprogramme mit *C. arabica* produzieren zwar verbessertes, aber heterogenes Material, dessen spezifische Eigenschaften erst in vielen Jahren in reinen Linien festgelegt sein werden. In Kenia wird vorgeschlagen, Hybridsaatgut aus resistentem Material zur weiträumigen Verbreitung zu produzieren.

Aufbereitung des Saatguts und Aussaat. Früchte, die zur Aussaat verwendet werden sollen, müssen sorgfältig von dem Fruchtfleisch (Pulpe) befreit werden und langsam im Schatten trocknen, bis sich der Feuchtigkeitsgehalt auf 15 bis 18 % verringert hat. Kaffeesamen verliert relativ bald seine Keimfähigkeit, möglicherweise weil dies in seiner ursprünglichen Umwelt keinen Nachteil darstellte. Er sollte deshalb nach der Ernte so schnell wie möglich ausgesät werden. Der tatsächliche Zeitpunkt der Aussaat hängt selbstverständlich davon ab, welche Sämlingsgröße zum günstigsten Pflanzzeitpunkt verlangt wird. Die Anzucht der Kaffeesämlinge sollte guter gartenbaulicher Praxis folgen. Bei zuverlässigen Niederschlägen oder unter Bewässerung, oder wenn die Sämlinge in Plastikbeuteln angezogen wurden, können sie schon nach vier Monaten ausgepflanzt werden; sind diese Bedingungen nicht erfüllt, haben gestutzte Sämlinge (zurückgeschnitten auf eine Höhe von 30 bis 50 cm) von bis zu 15 Monaten in der Regel eine größere Erfolgschance. Nach dem Auspflanzen sollten die Sämlinge zunächst noch beschattet werden, nach Möglichkeit mit einem Material, das sich allmählich zersetzt.

Vegetative Vermehrung. Bei *C. arabica* werden Stecklinge für den Aufbau eines Klonzuchtgartens benutzt, um sortenechtes Saatgut zu gewinnen. Demgegenüber müssen Klonzuchtgärten aus Stecklingen oder Pfropfreisern von *C. canephora* kreuzfertile Klone enthalten, deren heterozygote Nachkommenschaft sowohl von bewährter Qualität als auch möglichst homogen sein und außerdem gleichzeitig blühen sollte. Erfolgreiche Methoden zur Stecklingsvermehrung von *C. canephora* basieren auf der Verwendung orthotroper Triebe, die aus grünem, aber nicht zu unreifem Holz in etwa 8 cm lange Stücke geschnitten und in Längsrichtung halbiert werden. Diese werden in ein geeignetes Bewurzelungsmedium gesetzt, und zwar bis zum Stiel des einzigen Blattes, das bis auf die Hälfte der ursprünglichen Größe zurückgeschnitten sein kann. Beim Schneiden der Stecklinge muß der obere Schnitt etwas oberhalb des Knotens gemacht werden, um die legitime Knospe zu entfernen, die zu einem unerwünschten Seitentrieb auswachsen würde. In jüngster Zeit sind Methoden entwickelt worden, um das Austreiben der serialen Knospen an orthotropen Trieben auszulösen. Dadurch erhält man die Möglichkeit, die Produktion aus orthotropen Trieben von genetisch höherwertigem Material zu beschleunigen. Die Anwendung von In-vitro-Methoden zur Stabilisierung heterozygoten Materials aus Züchtungsprogrammen wird gegenwärtig untersucht (19, 24).

Anbau

Weltweit haben sich in Anpassung an die jeweiligen örtlichen Bedingungen verschiedene Anbausysteme entwickelt, die nicht alle unbedingt wirtschaftlich sind. An dem einen Ende der Skala stehen „High-Input"-Systeme, die durch gut kombinierten Einsatz von Arbeitskräften, fachlichem Geschick, Chemikalien, Maschinen und Wasser versuchen, maximale Erträge zu erzielen. Beispiele sind der Anbau von C. *arabica* in Hawaii, einigen Ländern Lateinamerikas und Ostafrika. Am anderen Ende der Skala stehen geringe Erträge, i. a. die Folge von minimalem Einsatz an Zeit und Geld, die dennoch wirtschaftlich sein können. Beispiele sind der Anbau von C. *canephora* in weiten Teilen Afrikas und der größte Teil der C.-*arabica*-Produktion in Äthiopien. In diesem Abschnitt soll das Interesse den High-Input-Systemen mit ihren hohen Ertragsleistungen gelten, welche die weltweit immer knapper werdende Anbaufläche am effektivsten nutzen.

Pflanzweite. C. *arabica* wird gewöhnlich im Abstand von 2,5 × 2,5 m (1 600 Bäume/ha, bei Dreiecksanbau auch mehr) gepflanzt, in trockenen Gegenden etwas weiter, während für die größere Art C. *canephora* ein Abstand von 3,0 × 4,0 m (833 Bäume/ha) oder sogar 4,0 × 4,0 m (625 Bäume/ha) üblich ist. Man hat jedoch schon viele Versuche mit engeren Pflanzabständen, insbesondere für C. *arabica*, durchgeführt, die gezeigt haben, daß Pflanzdichten bis zu 5 000 Bäumen/ha möglich sind, wenn eine genügend gute Nährstoffversorgung gewährlei-

stet ist und zu allen kritischen Jahreszeiten genügend Wasser zur Verfügung steht. Bei noch größerer Pflanzdichte muß man damit rechnen, häufiger zu verjüngen oder gar neu zu pflanzen. Wenn man solche Systeme anlegt, sollte man den möglicherweise notwendigen Zugang für Maschinen berücksichtigen. Bei konventioneller Pflanzweite liegen die Kaffee-Erträge im langjährigen Durchschnitt zwischen 300 und 1500 kg/ha Rohkaffee; bei geringeren Abständen sind Durchschnittserträge von 2 500 kg/ha und mehr erzielt worden. Solche hohen Erträge wurden allerdings noch nicht durchgängig auf großen Flächen produziert.

Schatten und Windschutz. Alle Kaffee-Arten gedeihen gut unter leichtem Schatten (Abb. 210); allerdings wird das Laubdach der Schattenbäume schnell zu dicht, wenn sie nicht regelmäßig geschnitten werden, so daß der dann zu starke Schatten den Blütenansatz verrringert und dadurch die Erträge senkt. In relativ trockenen Gegenden, wie in Teilen Brasiliens und Ostafrikas, konkurrieren Schattenbäume ernsthaft um das Bodenwasser. Dürrezeiten wirken sich deshalb unter Schattenbäumen stärker auf den Kaffee aus als in offenen Beständen. Schatten kann bei Kaffee-Anbausystemen geringer Intensität von Nutzen sein, da er das Unkraut unterdrückt,

Abb. 210. Arabicakaffee unter Bananen in Kolumbien (Kon. Inst. v/d Tropen).

Abb. 211. „Java"-Kaffee unter Schatten in Sumatra (Kon. Inst. v/d Tropen).

die Bodenerosion auf ein Mindestmaß reduziert und die Kaffee-Erträge so niedrig hält, daß eine Verwendung von Dünger nicht erforderlich ist. Gewöhnlich wird *C. canephora* unter Schatten angebaut (Abb. 211). In windgefährdeten Gebieten empfiehlt es sich, Windschutzhecken anzulegen. Ist mit Hagel zu rechnen, der häufig zusammen mit starkem Wind auftritt, so finden Windschutzhecken zusammen mit Schattenbäumen Verwendung.

Unkrautbekämpfung. Kaffee ist gegen Verunkrautung besonders empfindlich. Dies wird oft auf die Konkurrenz um Wasser zurückgeführt; ein weiterer Grund liegt jedoch wahrscheinlich darin, daß, sobald die Wachstumsbedingungen günstig sind, das Unkraut die Nährstoffe schneller aufnimmt als die Kaffeebäume. Man nimmt auch an, daß *Salvia occidentalis* Sw. und möglicherweise weitere Bodendecker oder Unkräuter wie *Cyperus rotundus* L. Substanzen ausscheiden, die auf Kaffee giftig wirken (Allelopathie). In den meisten Ländern wird das Unkraut gemäht und der Boden gelegentlich mit Hand- oder Traktorgeräten bearbeitet. Verschiedentlich wurden Versuche mit selektivem Jäten durchgeführt, bei denen die für Kaffee anscheinend harmlosen Pflanzen in der Pflanzung belassen wurden. Da ein großer Teil der Kaffeewurzeln sich nahe der Oberfläche befindet, sollte der Boden möglichst wenig gestört werden. Das wird durch die Verwendung von Herbiziden möglich, von denen viele erfolgreich in Kaffeepflanzungen eingesetzt werden, ohne den Geschmack des Kaffees zu beeinträchtigen oder im Boden akkumuliert zu werden, wenn dafür Sorge getragen wird, daß ihre Auswahl und Anwendung korrekt erfolgt. Zu den Vorteilen minimaler Bodenbearbeitung gehört die Erhaltung einer organischen Auflage, ggf. einschließlich von Mulchresten. Dadurch werden gute Bedingungen zur reichlichen Bildung von Nährwurzeln geschaffen, wodurch die Aufnahme von Nährstoffen, besonders von Phosphor, verbessert wird.

Bodenbedeckung. In Indonesien, Mittelamerika und Brasilien wurden die Anwendungsmöglichkeiten von Bodendeckern gründlich untersucht, nachdem die verheerenden Auswirkungen einer vollständigen Unkrautvernichtung (clean weeding) offenbar geworden waren. I. a. konnten aus den Ergebnissen dieser Untersuchungen keine eindeutigen oder befriedigenden Schlüsse gezogen werden bzgl. ihrer Wirkung auf die Erträge von *C. arabica*. Im Blick auf die ständig drohende Gefahr der Bodenerosion ist jedoch unabdingbar, durch den Einsatz von Bodendeckern, Mulch, Terrassierung, etc. einen Weg zur Integration von Bodenschutz, Feuchteregulierung und der Bereitstellung von Nährstoffen zu finden. In Westafrika wurden Leguminosen in *C. canephora*-Pflanzungen erfolgreich als Bodenbedecker eingesetzt.

Mulchen. Die Zweckmäßigkeit des Mulchens, d. h. der Schutz des Bodens durch eine Schicht aus totem Material, ist in Ostafrika eingehend geprüft worden. Dort hat diese Maßnahme die Kaffee-Erträge und auch die durchschnittliche Bohnengröße erhöht. Über ähnliche Ergebnisse wird aus vielen Teilen der Welt berichtet. Das verwendete Mulchmaterial spielt im Blick auf die Regulierung der Bodenfeuchte und -temperatur keine Rolle; verschiedene Grastypen oder auch Bananenblätter können zu diesem Zweck verwendet werden. Die physikalischen Effekte des Mulchens mit pflanzlichem Material zum Schutz der Bodenoberfläche und zur Verbesserung der Durchfeuchtung sind jedoch nicht die einzigen Vorzüge dieser Maßnahme, da sich das Material zersetzt und damit durch die Lieferung mineralischer Nährstoffe und organischen Materials einen erheblichen Einfluß auf die Bodenfruchtbarkeit hat.

Wenn der Boden magnesiumarm ist und stark mit Gras gemulcht wird, hat es sich jedoch gezeigt, daß Symptome von Magnesiummangel auftreten können, da das Gras gewöhnlich beträchtliche Mengen an Kalium enthält. Darüber hinaus sollte berücksichtigt werden, daß die Zersetzung des Mulchgrases den Stickstoffbedarf erhöhen kann.

Düngung und Nährstoffversorgung. Die Prinzipien der Nährstoffversorgung und Düngung von Kaffee unterscheiden sich nicht von denen anderer Pflanzen; sie sind in (5, 15, 21) umfassend beschrieben worden. Obwohl Düngerempfehlungen nicht immer die der Bedeutung des Kaffees entsprechende Beachtung gefunden haben, zeigten alle bisherigen Ermittlungen des Düngerbedarfs, daß unbeschatteter Kaffee gut auf Stickstoffdüngung anspricht. Gebräuchlich sind Jahresgaben von 100 bis 200 kg N/ha; zur Erzielung sehr hoher Erträge können bis zu 400 kg/ha und Jahr gegeben werden. Kaffee braucht leicht sauren Boden (etwa pH 5,5). Aus diesem Grund ist es auf neutralen Böden vorteilhaft, sauren Dünger wie Ammoniumsulfat einzusetzen, während auf eher sauren Böden Kalziumammoniumnitrat in der Regel vorzuziehen ist, obwohl gelegentlich schwefelhaltige Produkte wie Ammoniumsulfatnitrat verwendet werden sollten, um Schwefelmangel zu verhindern.

Der experimentelle Nachweis für die in manchen Ländern empfohlenen sehr hohen Kaliumgaben ist weniger überzeugend als der zur Stickstoffversorgung. Ausgewachsener Arabicakaffee hat einen relativ niedrigen Bedarf an Phosphor, sein Anteil beträgt gewöhnlich zwischen einem Viertel und der Hälfte P_2O_5 der für Stickstoff empfohlenen Düngermenge; die für *C. canephora* empfohlenen Mengen sind höher. Nach einigen brasilianischen Studien hat es den Anschein, daß Phosphordünger den „Körper" („body") des Kaffeegetränks verbessern kann. An verschiedenen Orten ist festgestellt worden, daß der Einsatz von Magnesiumdünger und die Korrektur des Mangels an bestimmten Spurenelementen notwendig sind (16).

Bewässerung. Der Wasserbedarf von Kaffee hängt nicht nur von den auf alle Pflanzen zutreffenden Faktoren ab, sondern auch von der Dichte des Laubwerkes. Diese schwankt im Laufe des Jahres in Abhängigkeit von der Jahreszeit, der Fruchtproduktion, den Schnittmaßnahmen und, falls vorhanden, der Wirkung von Schädlingen und Krankheiten.

Optimale Wasserversorgung ist zum Zeitpunkt des Wachstums des Endosperms (12 bis 18 Wochen nach der Blüte) notwendig und wahrscheinlich auch in der Zeit, in der sich die Blütenknospen differenzieren. Daraus erklärt sich, daß eine der Hauptwirkungen von Bewässerung die Vergrößerung der Kaffeebohnen ist. Eine weitere Wirkung ist verstärktes vegetatives Wachstum, das – zusammen mit den angewandten Schnittmaßnahmen – in erheblichem Maße die Erträge der darauffolgenden Saison bestimmt. Obwohl, gemessen am Gesamtertrag, die Wirkung von Bewässerungsmaßnahmen stark schwankt, besteht kein Zweifel, daß wesentlich intensivere Produktionsmethoden eingesetzt werden können, wenn Wasserstreß in kritischen Entwicklungsstadien vermieden werden kann. Gegenwärtig beschränkt sich die Bewässerung von Kaffee im wesentlichen auf Arabica-Anbaugebiete in Indien, Ostafrika und einigen Teilen von Brasilien (1).

Schnittmaßnahmen. Das am meisten gehandhabte System, sowohl Arabica- als auch Robusta-Kaffee zu schneiden, besteht in dem periodischen Entfernen alter vertikaler Stämme zugunsten junger vertikaler Triebe („suckers") (Abb. 212). Das Ausmaß dieser Schnittmaßnahmen reicht von der vollständigen Beseitigung

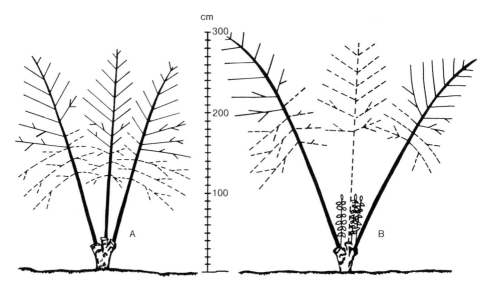

Abb. 212. Schema der Mehr-Stamm-Schnittmethode.
■   = Stamm, Seitenzweige erster und höherer Ordnung.
—— = abzuschneidende Zweige.
A   = Jährlicher Schnitt; Entfernen der Seitenzweige, die zweimal Frucht getragen haben.
B   = Periodische Erneuerung in einem Schnittzyklus. Ein alter Stamm wird beseitigt, die übrigen alten Stämme
       sind im folgenden Jahr abzuschneiden, zwei bis vier neue Triebe werden aufgezogen.

aller Stämme in Abständen von drei bis fünf Jahren, wie man es in Hawaii vertreten hat, bis zum Entfernen einzelner alter Stämme, wenn sie weniger ertragreich werden und schwieriger zu beernten sind (Abb 213, 214). Ein wichtiger Gesichtspunkt, diese als Mehrstammsystem bezeichnete Schnittmethode anzuwenden, ist darin

zu sehen, daß ein erheblicher Teil der Ernte an den Seitenzweigen erster Ordnung erzeugt wird (Abb. 208).
Bei der zweiten wichtigen Methode, dem Einstammsystem, werden die Früchte an Seiten-

Abb. 213. Mehrstammsystem. Abgeerntete Pflanzung in Kenia mit Resten von Mulchmaterial (Kon. Inst. v/d Tropen).

Abb. 214. Alter Kaffeebaum in Kenia, der schon mehrmals zurückgeschnitten wurde (Kon. Inst. v/d Tropen).

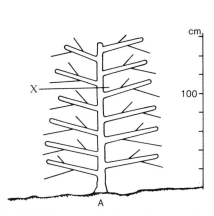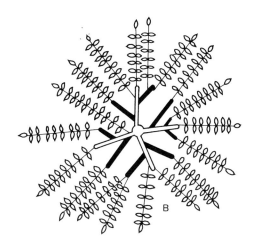

Abb. 215. Schema der Ein-Stamm-Schnittmethode.

☐ = Stamm und Seitenzweige erster Ordnung (15–30/Baum).

■ = Ständig verbleibende Seitenzweige höherer Ordnung (2–4/Seitenzweig erster Ordnung).

A = Vertikalschnitt durch das ständig verbleibende Stammgerüst; er zeigt die Hälfte der Seitenzweige erster Ordnung.

Der Horizontalschnitt B (in Figur A durch X gekennzeichnet) zeigt die vier oberen Seitenzweige erster Ordnung und deren Seitenzweige nach dem Entfernen der Seitenzweige höherer Ordnung, die die letzte Ernte getragen haben.

zweigen zweiter oder höherer Ordnung gebildet (Abb. 215). Arabicakaffee wurde in der Vergangenheit allgemein nach dem Einstammsystem gehalten, wobei die Pflanzen auf eine Höhe von 1,5 bis 2,0 m gestutzt wurden. Die Anzahl der Seitenzweige wurde oft auf 15 bis 30 pro Baum reduziert, um einen dauerhaften Rahmen zu bilden, aus dem in jeder Saison neue Seitenzweige höherer Ordnung ausgewählt wurden. Diese Schnittmethode erfordert mehr Können und ist zeitaufwendiger als das Mehr-Stamm-System. Letzteres ist allerdings unter Schattenbäumen gewöhnlich nicht zu empfehlen, da die vertikalen Stämme zu schnell wachsen und sich nicht kräftig entwickeln. Auf der Grundlage einer dieser beiden prinzipiellen Methoden haben sich eine Reihe von Varianten entwickelt mit dem Ziel, sie an die lokalen Wuchsbedingungen, die Wirtschaftslage und das Können der Arbeiter anzupassen.

Krankheiten und Schädlinge

Von den kommerziell angebauten *Coffea*-Arten ist eine Vielzahl an Schädlingen und Krankheiten bekannt. Zusätzlich gibt es Berichte über Schaden durch Viren, Nematoden, Protozoen und sogar durch Reptilien, Vögel und Säugetie-

re. Aus dieser umfangreichen Liste sollen hier drei wichtige Pilzkrankheiten und zwei der gefährlichsten Schädlinge zur Erläuterung der Grundlagen des Pflanzenschutzes im Kaffeeanbau dargestellt werden. Einzelheiten über diese und andere Krankheiten und Schädlinge sind in (8, 17, 28) nachzulesen.

Die wichtigsten Schädlinge können heute durch eine vernünftige Integration von geschicktem Management und der Aufrechterhaltung eines günstigen biologischen Gleichgewichts mit begrenztem und selektivem Einsatz moderner Insektizide unter Kontrolle gehalten werden. Obwohl die Bedeutung der Pflanzenzüchtung zur Erhöhung der Krankheitsresistenz allgemein anerkannt ist, wird es noch ein langsamer und schwieriger Prozeß sein, solche Kaffeesorten zu züchten, die gegen die Hauptkrankheiten resistent sind und doch gute Erträge und Qualitätsmerkmale behalten.

Pilzkrankheiten. Der Kaffeerost *(Hemileia vastatrix)* war viele Jahre auf die östliche Hemisphäre beschränkt, obwohl er 1903 in Puerto Rico auftrat, wo er jedoch erfolgreich ausgerottet wurde. 1970 wurde zum ersten Mal über sein Auftreten in Brasilien berichtet; seitdem hat er sich allmählich in viele Länder der westlichen

Hemisphäre verbreitet. Eine zweite Art, *H. coffeicola*, kommt zur Zeit nur in Westafrika und Uganda vor. Kaffeerost kann bei den meisten Sorten von *C. arabica* schweren Laubfall hervorrufen und so zu schwachem Wachstum und sogar zum Absterben der Bäume führen. *C. canephora* wird von den gewöhnlichen Rassen von *H. vastatrix* nicht befallen. Die Anwendung von Fungiziden kann sehr wirkungsvoll sein; es werden Kupferverbindungen eingesetzt oder ein neu entwickeltes Fungizid (Triademifon) mit systematischer, kurativer Wirkung. Die kostspielige und notwendigerweise häufige Anwendung von Fungiziden macht ihren Einsatz allerdings für die meisten Kleinbetriebe schwierig (3).

Die Amerikanische Blattkrankheit des Kaffees (American leaf spot, *Mycena citricolor*) ist eine wichtige Krankheit der Kaffeeblätter, die gegenwärtig auf die westliche Hemisphäre beschränkt ist, wo sie besonders stark in Mexiko, Guatemala, Costa Rica, Kolumbien und Brasilien auftritt. Es kann zu starkem Blattfall kommen, und auch die Spitzen der Zweige und sogar die Früchte können befallen werden, was zu Ernteeinbußen bis zu 90 % führt. Kupferfungizide und Kaptan werden erfolgreich eingesetzt. In Guatemala wird allerdings Bleiarsenat zusammen mit Zinkchelat verwendet, obwohl dies nicht zu empfehlen ist wegen der Gefahr von Rückständen im Kaffee und wegen der Gefährdung der Farmarbeiter.

Die Kaffeekirschenkrankheit (coffee berry disease, CBD, *Colletotrichum coffeanum*) trat 1922 zum erstenmal in Kenia auf und ist seitdem zu einer schweren Krankheit in Ostafrika, aber auch in Angola, Kamerun und Zaire geworden. Sie kann unversehrte grüne Beeren befallen, die frühzeitig abfallen oder als schwarze Mumien hängenbleiben, und kann auch das Absterben der Blüten und eine Anthraknose-ähnliche Braunfärbung der Rinde verursachen.

Die Kaffeekirschen sind besonders in jungem Zustand schutzbedürftig, d. h. wenn sie besonders schnell wachsen. Dieser Entwicklungsabschnitt fällt in die Regenzeit, wenn das Wetter den Pilz begünstigt, und das an den Früchten anhaftende Wasser die Zeit zum Spritzen beschränkt. Bisher sind noch keine befriedigenden Methoden zur Kontrolle der Kaffeekirschenkrankheit gefunden worden. Die Empfehlungen zu ihrer Kontrolle mit Kupfermitteln, Difolatan und anderen Fungiziden werden deshalb ständig

auf den neuesten Stand gebracht, besonders in Kenia, wo die bimodale Niederschlagsverteilung eine zusätzliche Erschwernis darstellt.

Schädlinge. Der Kaffeekirschenkäfer (coffee berry borer, *Hypothenemus hampei*) ist ein winziger Scolytiden-Käfer und 1909 von Afrika nach Java gekommen; 1913 wurde er in Brasilien gefunden. Er ist heute der am weitesten verbreitete und wohl auch schlimmste Kaffeeschädling. Da dieses Insekt im Larven- und Puppenstadium in den Bohnen von trocken aufbereitetem Kaffee überlebt oder in Bohnen, die in der Pflanzung belassen werden, sind die wirksamsten Maßnahmen zu Kontrolle dieses Schädlings die nasse Aufbereitung sowie strikte Anbauhygiene, falls nötig ergänzt durch Insektizidanwendung.

Von den Kaffeeminiermotten (coffee leaf miners, *Leucoptera* spp.) sind die wichtigsten *L. caffeina* und *L. meyricki* in Afrika, und *L. coffeella* in der westlichen Hemisphäre. Der direkte Schaden dadurch, daß sich die Larven von dem Pallisadengewebe der Kaffeeblätter ernähren, ist unerheblich. Hochgradiger Befall führt jedoch zu gefährlich starkem Laubfall. Obwohl Miniermotten in den meisten Kaffee-Anbauländern gewöhnlich durch natürliche Parasiten angemessen unter Kontrolle gehalten werden, ist das Spritzen mit Insektiziden zu genau abgestimmten Zeiten oder die Anwendung systematischer Insektizide über den Boden zu empfehlen.

Ernte und Aufbereitung

Die Erntemethode hängt von dem Aufbereitungssystem zur Entfernung der Oberhaut, des Fruchtfleisches, der Pergamentschale und der Silberhaut ab.

Trockene Aufbereitung. Der Kaffee wird ein- oder zweimal im Jahr geerntet, sobald die meisten Früchte reif und teilweise an den Bäumen getrocknet sind. Entweder werden die Bäume geschüttelt oder alle Früchte werden mit der Hand abgestreift. Das Erntegut wird zum Trocknen in der Sonne ausgebreitet und dann geschält, wobei in einem Arbeitsgang alle äußeren Fruchtteile entfernt werden und nur der geschälte Rohkaffee (Endosperm, Embryo und Reste der Silberhaut) übrigbleibt, der für die Sortierung (grading) und für den Verkauf fertig ist. Es ist wichtig, daß zur Erntezeit gutes Wetter herrscht, da sonst ein Teil des Kaffees verderben kann, während er zum Trocknen ausgebreitet wird. Die trockene Aufbereitung ist das übliche

Bearbeitungsverfahren in den Ländern, die C. canephora anbauen; ebenso ist es die gebräuchlichste Methode in Äthiopien und Brasilien, wo nur C. arabica angebaut wird. Durch diesen Aufbereitungsprozeß wird Rohkaffee erzeugt, der im Handel als „hart" oder „ungewaschen" bezeichnet wird.

Nasse Aufbereitung. Die Kaffeefrüchte werden geerntet, wenn sie reif sind. Dies erfordert wiederholtes Pflücken in Abständen von ein bis drei Wochen während der gesamten Erntezeit. Da die Pflückarbeit sehr kostenintensiv ist, besonders zu Beginn und Ende der Erntesaison, wenn nur wenige Früchte reifen, besteht großes Interesse an der Beschleunigung des Reifungsprozesses von Kaffee durch den Einsatz von Ethephon (22); diese Methode ist bisher jedoch noch nicht sehr weit verbreitet. Die frischen roten Früchte („Kirschen") werden in eine einfache, Pulper genannte Maschine gegeben, die die Oberhaut sowie einen Großteil des Fruchtfleisches entfernt; der Rest des Mesokarps bleibt als schleimige Schicht an der Pergamentschale hängen.

Der frisch vom Fruchtfleisch befreite Kaffee kommt in große Zementbehälter, wo er ein bis drei Tage „fermentiert" wird. Diese „Fermentation" ist ein biologischer Prozeß, in dessen Verlauf natürlich vorkommende Enzyme die Grenzschicht zwischen Mesokarp und Endokarp auflösen. Auch Bakterien sind an diesem Vorgang

Abb. 216. Waschen der Kaffeebohnen in langen Trögen in Kenia (Kon. Inst. v/d Tropen).

beteiligt. Da es sich jedoch um den Abbau von Pektinen handelt und als Endprodukt kein Alkohol entsteht, ist es keine echte Fermentation. Obwohl verschiedene mechanische und chemische Verfahren zur Entfernung der Schleimschicht entwickelt worden sind, hat keines weitere Verbreitung gefunden. Nach der Entfernung des Fruchtfleisches wird der Kaffee gründlich gewaschen (Abb. 216), manchmal weiter naß gehalten und dann nach Dichte und Form der Bohnen in langen Kanälen mittels fließendem Wasser sortiert. Der Kaffee ist danach fertig zum Trocknen, das manchmal künstlich, i. a. aber in der Sonne erfolgt. Um einen Rohkaffee von feinstem Aussehen zu erzeugen, sollte er wenigstens teilweise in der Sonne getrocknet werden. Sind die Bohnen vollkommen trocken, werden durch maschinelles Schälen Pergamentschale und gewöhnlich die gesamte Silberhaut entfernt. Es erfolgt weiteres mechanisches Sortieren, bevor der saubere Rohkaffee schließlich verkaufsfertig ist.

Die Naßmethode wird zur Aufbereitung aller hochwertigen Kaffeequalitäten angewandt, die dann unter der Bezeichnung „mild" oder „gewaschen" angeboten werden. Die nasse Aufbereitung wird in den meisten Ländern Süd- und Mittelamerikas sowie in vielen Teilen Afrikas und Asiens angewandt. Diese Methode bietet den zusätzlichen Vorteil, daß sie alle im Erntegut vorhandenen Kaffeekirschenkäfer tötet (s. o.). Sie bedarf jedoch großer Wassermengen und kann zur Verschmutzung von Flüssen führen. Aus diesem Grunde werden in Ostafrika Maßnahmen ergriffen zur Reinigung des Wassers nach der Aufbereitung oder zur Verringerung des Wasserverbrauchs durch Wiederverwendung (29).

Es sind viele Versuche unternommen worden, andere wirtschaftlich rentable Nutzungsweisen für Kaffee zu finden. In Brasilien wurde seinerzeit eine Methode zur Verarbeitung von Kaffee zu Fußbodenbelägen und Wandverkleidungen entwickelt. In manchen Ländern werden die Schalen der Kaffeekirschen und sogar die Blätter zur Herstellung anregender Getränke verwendet. Die Beerenschalen werden auch zur Gewinnung von Coffein und als organischer Dünger genutzt. Auch als Kraftfutter und zur Erzeugung von Biogas wurden sie mit gewissem Erfolg eingesetzt. Die Pergamentschale dient als Brennstoff und zur Herstellung von Spanplatten.

Literatur

1. ACHTNICH, W. (1980): Bewässerungslandbau. Ulmer, Stuttgart.
2. ALVIM, P. DE T. (1977): Factors affecting flowering of coffee. J. Coffee Res. 7, 15–25.
3. BAYER PFLANZENSCHUTZ LEVERKUSEN (1980): Sonderheft über Kaffeerost (Hemileia vastatrix). Pflanzenschutz-Nachr. Bayer 33, 97–164.
3a. BEER, J. (1987): Advantages, disadvantages and desirable characteristics of shade trees for coffee, cacao and tea. Agrofor. Systems 5, 3–13.
4. CANNELL, M. G. R. (1975): Crop physiological aspects of coffee bean yield: a review. J. Coffee Res. 5, 7–20.
5. CARVAJAL, J. F. (1972): Cafeto – Cultivo y Fertilización. Inst. Intern. Potasa, Bern.
6. CARVALHO, A., FERWERDA, F. P., FRAHM-LELIVELD, J. A., MEDINA, D. M., MENDES, A. J. T., and MONACO, L. C. (1969): Coffee. In: FERWERDA, F. P., and WIT, F. (eds.): Outlines of Perennial Crop Breeding in the Tropics, 189–241. Veenman, Wageningen.
6a. CLARKE, R. J., and MACRAE, R. (eds.) (1987/88): Coffee. Vol. 1, Chemistry, Vol. 2, Technology, Vol. 3, Physiology, Vol. 4, Agronomy, Vol. 5, Related Beverages, Vol. 6, Commercial and Technico-Legal Aspects. Elsevier Applied Science Publ., London.
7. CLIFFORD, M. N., and WILLSON, K. C. (eds.) (1985): Coffee. Botany, Biochemistry and Production of Beans and Beverage. AVI Publ. Co., Westport, Connecticut.
8. COOLHAAS, C., DE FLUITER, H. G., und KOENIG, H. P. (1960): Kaffee. Tropische und subtropische Weltwirtschaftspflanzen, III. Teil, Bd. 2. 2. Aufl. Enke, Stuttgart.
9. COSTE, R. (ed.) (1955–1961): Les Caféiers et les Cafés dans le Monde. Tome I (1955), Les Caféiers; Tome II, Vol. 1 (1959), Vol. 2 (1961), Les Cafés. Maisonneuve et Larose, Paris.
10. COSTE, R. (1968): Le Caféier. Maisonneuve et Larose, Paris.
11. CRAMER, P. J. S. (1957): A Review of Literature of Coffee Research in Indonesia. Inter-Amer. Agr. Sci.Misc. Publ. 15.
12. FAO (1984): Production Yearbook, Vol. 37. FAO, Rom.
13. FAO (1984): Trade Yearbook, Vol. 37. FAO, Rom.
14. FORESTIER, J. (1969): Culture du Caféier Robusta en Afrique Centrale. Inst. Franç. Café Cacao, Paris.
15. DE GEUS, J. G. (1973): Fertilizer Guide for Tropical and Subtropical Farming. Centre D'Etude de l'Azote, Zürich.
16. HAARER, A. E. (1962): Modern Coffee Production. 2nd ed. Leonard Hill, London.
17. LE PELLEY, R. H. (1968): Pests of Coffee. Longman, London.
18. MAESTRI, M., and SANTOS BARROS, R. (1977): Coffee. In: ALVIM, P. de T., and KOZLOWSKI T. T., (eds.): Ecophysiology of Tropical Crops, 249–278. Acad. Press, New York.
19. MEYER, W. H. (1939): Beschouwing over koffiehoutgradaties, entrijskeuze en entrijsvermeerdering op grond van practijkwaarnemingen. Arch. Koffiecult. Ned. Ind. 13, 51–69.
20. MOENS, P. (1962): Etude écologique du développement génératif et végétatif des bourgeons de Coffea canephora Pierre. Publ. INEAC (Brussels) Sér. Sci. 96.
21. MÜLLER, L. E. (1966): Coffee Nutrition. In: CHILDERS, N. F., (ed.): Nutrition of Fruit Crops, 2nd ed. 685–776. Rutgers State Univ., New Brunswick, N. J.
22. NICKELL, L. G. (1982): Plant Growth Regulators. Agricultural Uses. Springer, Berlin.
22a. PIETERSE, M. Th. A., and SILVIS, H. J. (1988): The World Coffee Market and the International Coffee Agreement. Pudoc, Wageningen.
23. PURSEGLOVE, J. W. (1968): Tropical Crops, Dicotyledons. Longman, London.
24. REHM, S., ZAYED, E. A., und ESPIG, G. (1977): Stimulierung des Austreibens sekundärer Knospen bei Kaffeesämlingen durch Wachstumsregulatoren. Tropenlandwirt 78, 7–19.
25. ROBINSON, J. B. D. (ed.) (1964): A Handbook on Arabian Coffee in Tanganyika, 2nd ed. Tang. Coffee Board, Moshi, Tansania.
26. ROTHFOS, B. (1980): Coffee Production. Gordian Max Rieck, Hamburg.
27. SYBENGA, J. (1960): Genetics and cytology of coffee: a literature review. Bibliogr. Genetica 19, 217–316.
28. WELLMAN, F. J. (1961): Coffee. Leonard Hill, London.
29. WILBAUX, R. (1956) Technologie du Café. Dir. Agric., Forêts, Élévage, Brussels.
30. WORMER, T. M., and GITUANJA, J. (1972): Seasonal patterns of growth and development of arabica coffee in Kenya. Pt. II. Kenya Coffee 35, 270–277.

6.2   Kakao

HILLE TOXOPEUS und GOSSE LEMS

Botanisch: *Theobroma cácao* L.
Englisch: cacao, cocoa
Französisch: cacao
Spanisch: cacao

Wirtschaftliche Bedeutung

Schon in der Zeit vor Kolumbus wurde Kakao von den Maya in Yukatan, in Mittelamerika, kultiviert. Sie mahlten die getrockneten Bohnen zu einer dicken Paste, die mit heißem Wasser zu einem starken Gebräu vermischt und mit Paprika oder ähnlichem gewürzt wurde. Die mächtige Herrscherschicht der Azteken in Mexiko schätzte diese Ware sehr, hielt große Vorräte davon und konsumierte dieses „Xocoatl"-Getränk häufig und in großen Mengen. Die Bohnen wurden auch als Währung verwendet. Die frühen Eroberer Mittelamerikas mochten das aztekische Kakaogebräu nicht, und es dauerte fast ein halbes Jahrhundert, bis das Getränk, das wir heute Kakao nennen, neu eingeführt wurde. Gegen Ende des 16. Jahrhunderts wurde Kakao ein populäres Getränk in der spanischen High Society, und es dauerte nicht lange, bis die oberen Schichten der übrigen europäischen Staaten dem Beispiel folgten.

Der Beginn der industriellen Verarbeitung wird gewöhnlich durch das Jahr 1815 gekennzeichnet, in dem VAN HOUTEN die erste windgetriebene Schokolademühle baute. Er entwickelte später die erste wirkliche Fabrik, die Kakaopulver und Kakaobutter herstellte. Vorreiter der billigen Schokoladentafel waren britische Hersteller wie Cadbury. Ihr Rohmaterial war der neue Kakao aus Westafrika, das seine Exporte ungeheuer steigerte und eine einheitliche Bohne mit vollem Schokoladenaroma und hohem Fettgehalt lieferte (10).

Die weltweite Entwicklung der Kakaoproduktion wird in Tab. 86 dargestellt. Bis in die späten 60er Jahre waren die zwei Hauptproduzenten Ghana und Nigeria, die beide seit den frühen 70er Jahren an Bedeutung verloren. Zu der Zeit übernahmen die Elfenbeinküste und Brasilien diese Rolle, zusammen mit Malaysia als Neuling, das ein groß angelegtes, schnell expandierendes Anpflanzungsprogramm hat und eine Produktion von 200 000 t am Ende des Jhs. anstrebt.

Bis in die späten 60er Jahre waren die größten Verarbeiter der Bohnen die USA, die BR Deutschland, die Niederlande, Großbritannien und Frankreich. Die UdSSR, Brasilien und Ecuador holten seither auf; die Angaben für 1981 zeigen Brasilien mit 195 000 t als den größten Verarbeiter, dicht gefolgt von den USA (190 000 t), dann der BRD (167 000 t), den Niederlanden (141 000 t) und der UdSSR (120 000 t) (3).

Der wichtigste Fortschritt für die Kakaoproduktion waren der Anstieg und die Stabilisierung der Weltmarktpreise. Dies ist zu einem großen Teil das Resultat des bestehenden internationalen Kakaoabkommens, das u. a. mit einem Puffervorrat arbeitet (3).

Geschälter Kakao enthält 5,6 % Wasser, 14,1 % Rohprotein, 50 bis 60 % Fett und 1,6 % Theo-

Tab. 86. Entwicklung der Kakaobohnenproduktion (1000 t) seit 1961/65. Nach (2, 9).

Gebiet/Land	1961/65 (1000 t)	1969/71 (1000 t)	1979/81 (1000 t)	1983/85 (1000 t)
Afrika davon	931	1085	1042	965
Elfenbeinküste	109	195	428	487
Ghana	454	430	268	178
Nigeria	218	261	169	127
Kamerun	81	115	120	115
Amerika davon	160	229	563	618
Brasilien	151	207	330	381
Ecuador	44	53	83	76
Dominikan. Republik	34	36	32	40
Mexiko	24	25	35	37
Asien und Ozeanien davon	28	34	86	155
Malaysia	1	3	36	89
Papua Neuguinea	15	26	30	29
Indonesien	1	2	11	25
Welt	1281	1508	1691	1739

bromin – ein dem Coffein chemisch nah verwandtes Alkaloid, das die Nierentätigkeit anregt (8).

Botanik

Theobroma cacao L. gehört zur Familie der Sterculiaceae. Die 22 anderen, verwandten Arten von *Theobroma*, die man bislang kennt, sind wirtschaftlich bedeutungslos (6, 10).

Nach zunächst aufrechtem Wachstum verzweigt sich der junge Sämling am Ende der Sproßachse zu einem Zeitpunkt und bei einer Höhe, die genetisch bestimmt sind, aber auch von den ökologischen Bedingungen abhängen (Abb. 217). In der Regel werden 5 Hauptäste (Jorquette) gebildet, die die Fächerzweige (fan branches) hervorbringen. Unterhalb der Jorquette entwickeln sich neue Adventivsprosse (chupons) in jeder beliebigen Höhe am Stamm, die nach einiger Zeit ebenfalls Jorquetten bilden können; durch eine Wiederholung dieses Vorgangs kann sich eine vielfache Gabelung des Stammes vom Grunde aus ergeben. Nach etwa zehn Jahren erreicht die Pflanze bei ungestörtem Wachstum und unter Schatten eine maximale Höhe von 8 m.

Der Hauptstamm und die Chupons wachsen orthotrop, d. h. aufrecht, die Fächerzweige zeigen ein plagiotropes, d. h. schräg nach oben gerichtetes Wachstum. Kakaobäume von Pfropfreisern oder Stecklingen plagiotroper Äste behalten einen plagiotropen Habitus (Abb. 218).

Die Blätter sind dick, lederartig und elliptisch-oval, an der Basis rund und am Blattende spitz und normalerweise ca. 25 cm lang. Während der Entwicklung sind sie hellgrün, rötlich oder dunkelrot, ausgewachsen aber dunkelgrün.

Die Kakaopflanze bildet eine Pfahlwurzel und mehrere Seitenwurzeln, die sich vorwiegend direkt unterhalb des Wurzelhalses entwickeln und stark chemotrop reagieren (18).

Die Blütenstände erscheinen in alten Blattachseln am Stamm und an den Ästen (Kauliflorie) (Abb. 219). Sie besitzen eine zymöse Verzweigung nach Art eines Dichasiums, d. h. nicht der Haupttrieb, sondern jeweils zwei Seitenachsen der Infloreszenz setzen das Wachstum fort und bauen den Blütenstand auf. Blüten können sich während des ganzen Jahres bilden. Sie sind 7 bis 10 mm lang, besitzen fünf Kelchblätter, fünf weiße oder hellrote Blütenblätter und fünf fertile

Abb. 217. Zehnjährige Kakaopflanzung von Sämlingsbäumen mit aufrechtem Wuchs des Hauptstammes auf Sumatra.

Abb. 218. Kakaobäume von Stecklingen plagiotroper Zweige in Costa Rica. Im Vordergrund Baum mit schwerem Fruchtbehang nach Handbestäubung (Foto Puschendorf).

sowie fünf sterile Staubgefäße. Der Fruchtknoten ist oberständig, der dünne Griffel trägt eine fünfteilige Narbe. Die Beerenfrüchte – nur etwa 3 bis 5 % der Blüten fruchten – entwickeln sich in 5 bis 6 Monaten aus Blüten, die zu Beginn einer Regenzeit angelegt und durch kleine Insek-

Abb. 219. Blühender Kakaoast (Foto Puschendorf).

ten – in der Hauptsache *Forcipomyia* spp. – bestäubt werden. Die natürliche Bestäubung durch Insekten ist aber oft unzureichend; es kann daher lohnend sein, durch Handbestäubung einen guten Fruchtansatz zu erreichen (Abb. 218) (12). Die Früchte variieren in Form und Farbe und werden etwa 10 bis 25 cm lang. Im Inneren sitzen, zu fünf Reihen um eine Mittelspindel herum angeordnet, etwa 20 bis 45 Samen (Bohnen) von je 2 bis 4 cm Länge und 1 bis 2 cm Breite, die von einem bei der Reife aromatisch schmeckenden, hellen Fruchtmus (Pulpe) umgeben sind (Abb. 220) (16).

CUATRECASAS (6) unterteilt die Art *T. cacao* nach Fruchtform und Farbe in zwei Unterarten: ssp. *cacao* und ssp. *sphaerocarpum* (Chev.) Cuatr. Innerhalb der Kulturformen von Kakao werden drei Gruppen unterschieden: Criollo, Forastero und Trinitario. Jede Gruppe enthält bestimmte Sorten oder Populationen.

Die Criollopopulationen, die nahezu ausgestorben sind, besitzen folgende Kennzeichen: weiße oder sehr schwach rötliche dicke Bohnen, wenige Bohnen je Frucht; einige Populationen besitzen rote Früchte oder spalten Bäume heraus, die diese Eigenschaft aufweisen. Eine eintägige Fermentierung bringt das milde, feine Aroma heraus, das in der Vergangenheit sehr geschätzt wurde. Die Sämlinge sind schwachwüchsig und bilden eine Jorquette mit nur drei Fächerzweigen.

Die Forasteropopulationen sind heute beherrschend. Die miteinander sehr nah verwandten Amelonado aus Westafrika und Comum aus Brasilien sind uniform, ertragreich und besitzen grüngefärbte Schoten mit ca. 40 Bohnen je Frucht. Pflanzungen dieser beiden Sorten lieferten von 1915 bis Mitte der 70er Jahre 90 % des weltweit produzierten Kakaos, bis die ersten bedeutsamen Pflanzungen der neuen Hybridsorten anfingen, in Ertrag zu kommen. Die Technologie der Schokoladenherstellung in großen Mengen entwickelte sich auf der Basis der Amelonadebohne: mit einheitlichem Gewicht, hohem Fettgehalt und vollem Schokoladengeschmack.

Weitere Forasteropopulationen sind die sogenannten „Pound's Upper Amazons", der wilde Guayana Amelonado und der Cacao Nacional de Ecuador.

Die Trinitariopopulationen sind gewöhnlich sehr variabel in Frucht- und Bohnenmerkmalen,

Abb. 220. Kakaofrucht, längs und quer aufgeschnitten (Foto SEESCHAAF).

da sie aufspaltende Populationen von Kreuzungen zwischen Vertretern des Criollo und des Amelonado darstellen. Einige dieser Populationen lieferten ein sehr bekanntes Aroma wie z. B. „Trinidad", besitzen jedoch seit dem Zweiten Weltkrieg keine Bedeutung mehr (16).

Ökologie

Temperatur. Der Kakao findet optimale Wachstumsbedingungen in den Gebieten zwischen 10° nördlicher und südlicher Breite, wird aber bis zum 20. Breitengrad angebaut. Die Produktionszentren haben meist ein feuchtes Klima mit durchschnittlichen Temperaturen von 25 °C, ein Absinken unter 18 °C kommt kaum vor.
Wachstum sowie Sproß- und Blütenbildung werden mit erhöhter durchschnittlicher Temperatur stärker, besonders bei erhöhter Tagestemperatur (1).
Niederschläge. Die Niederschläge liegen in den Anbaugebieten gewöhnlich zwischen 1500 und 3000 mm. Kakao wird aber auch in Gebieten mit so geringen Niederschlägen wie 600 mm und so hohen wie 5000 mm angebaut. Die Luftfeuchtigkeit, die in den Hauptanbaugebieten hohe Werte erreicht, kann von großer Bedeutung für das Wachstum sein und gegebenenfalls ausbleibenden Regen kompensieren. In ähnlicher Weise günstig wirkt auch eine stete Bewölkung, insbesondere, wenn Trockenzeiten überbrückt werden müssen.
Mikroklima. In den ersten zwei Jahren einer Feldpflanzung sind die Kakaopflanzen empfindlich und gedeihen am besten unter geschützten, nicht Wind und Sonne voll ausgesetzten Bedingungen. Pflanzen der neuen Hybridsorten wachsen am besten in einer Vegetation mit geringer Beschattung von oben aber viel seitlicher Beschattung, die zwischen den Reihen wächst. Dies sorgt für ein Mikroklima mit hoher Luftfeuchtigkeit, geringen Luftbewegungen und viel Sonne. Diese Umwelt bietet die wichtigen Wachstumsfaktoren im Überfluß: Energie und Feuchtigkeit bei gut geschütztem Oberboden. Unter diesen Bedingungen und unter der Voraussetzung, daß die seitliche Beschattung entsprechend gehandhabt wird, wachsen die Kakaopflanzen sehr kräftig und beginnen am Ende des zweiten Jahres im Feld zu blühen.
Zwischen dem dritten und fünften Jahr nach der Pflanzung beginnen die Kronen der Kakaobäume sich zu berühren; der seitliche Schattenbewuchs wird schrittweise auf Null reduziert, da er von dem Kakao und dessen Laubfall überschattet wird. Die Kakaopflanzung wird nun selbstbeschattend und entwickelt ein geschlossenes Kronendach, das die Grundvoraussetzung für eine maximale Ertragsleistung ist. In dieser Situation herrscht das oben beschriebene Mikroklima innerhalb des dichten Blätterdachs, während es unter der Krone dunkel ist und die stehende Luft relativ kühl bleibt. Ein ganzes Spektrum von Organismen lebt in dieser Umwelt, darunter auch der Vektor der Pollenübertragung. Der Oberboden ist von einer dicken Schicht abgefallener Blätter der Kakaobäume

und der permanenten Schattenbäume bedeckt (Abb. 217 und 218). Diese Schicht mit ihrer eigenen Umwelt ist ebenfalls voller Leben und gut geschützt.

Bodenansprüche. Für ein kräftiges Wachstum und eine hohe Ertragsleistung bedarf Kakao wie jede andere Kultur verschiedener Nährstoffe, die zum Teil im Boden verfügbar, zum Teil aber auch ungenügend darin vorhanden sind. Mangelnde Bodennährstoffe haben verheerende Langzeitfolgen auf die Kakaoproduktion (1, 19).

Kakao gedeiht auf den verschiedensten Böden in Gebieten mit ausreichenden aber nicht übermäßigen Regenfällen. Auf sandigen Böden ist es wichtig, die Wasserhaltefähigkeit zu verbessern, und bei schweren Böden sollte zur besseren Durchlüftung der Oberboden gelockert werden. Kakao ist empfindlich gegen ein Zuviel an Wasser und schlechte Durchlüftung des Bodens, verträgt aber kurze Überschwemmung ohne Schaden. Das Wurzelsystem paßt sich ungünstigen Bodenbedingungen an, die Tiefgründigkeit sollte jedoch mindestens 1,5 m betragen. Unter sehr guten Wachstumsbedingungen kann man Kakao auch auf Böden, die nicht tiefer als 1 m sind, anbauen. Der pH-Wert darf zwischen 4 und 7,5 variieren.

Züchtung

Die Züchtungsforschung wurde in einer Anzahl von Ländern etwa ab 1930 aktiv betrieben. Von großer Bedeutung waren die von J. F. POUND im oberen Amazonasgebiet in den Jahren 1937/38 gesammelten Forastero-Typen. Darunter fanden sich gegen Hexenbesen resistente Formen und andere, die nach Kreuzungen mit den vorhandenen Selektionen eine starke Wüchsigkeit in der Nachkommenschaft zeigten. Bastardwüchsigkeit wurde zuerst in den 40er Jahren beobachtet. Außerdem scheinen die gesammelten Typen vom oberen Amazonas resistente bzw. tolerante Formen gegen Krankheiten wie die Sproßschwellungskrankheit und den Kakaokrebs, welcher durch *Ceratocystis fimbriata* verursacht wird, zu enthalten. Auch gegen die Cushiongall-Krankheit sind die Planzen unempfindlicher. In der Folge sind weitere Sammelfahrten unternommen worden, um geeignetes Material für die Züchtung zu gewinnen. Jedoch ist dessen züchterischer Wert bisher noch nicht vollständig ermittelt worden.

Durch Aufnahme der vom oberen Amazonas stammenden Formen in das Züchtungsprogramm konnte die genetische Variabilität stark vergrößert werden. Von Ende der 50er Jahre an entwickelte jedes kakaoproduzierende Land sein eigenes Spektrum von F_1-Hybriden, die aus einem ausgewählten lokalen Elter und einem Upper-Amazon-Elter aufgebaut waren. Alle Upper-Amazon-Pflanzen und einige der ausgewählten lokalen Eltern sind selbstinkompatibel und setzen daher bei Selbstung entweder keine oder nur wenige Samen an. In einigen Ländern wurde dieser Mechanismus dazu benutzt, in mit zwei oder mehr Klonen bepflanzten Saatgärten durch natürliche Bestäubung Saatgut zu erzeugen, das von den Früchten der selbstinkompatiblen Eltern geerntet wird. In anderen Ländern werden die Eltern einfach abwechselnd in Reihen gepflanzt und die Samen dadurch erzeugt, daß Pollen des einen Elters auf frisch geöffnete Blüten des anderen Elters übertragen wird, ohne daß die Blüten zur Verhinderung einer Insektenbestäubung isoliert werden (15, 17).

Vermehrung

Kakao kann durch Samen und vegetativ vermehrt werden. In bäuerlichen Anbaugebieten werden Sämlinge gepflanzt, in größeren Plantagen findet man auch Stecklinge oder okulierte Bäume.

Generative Vermehrung. Samen von frisch ausgereiften Früchten haben eine Keimfähigkeit von 90 % und mehr und können sofort gesät werden. Die Samen sind nur eine kurze Zeit lebensfähig: nur 2 bis 3 Wochen in der Frucht oder, wenn sie herausgenommen wurden, in Holzkohle oder in trockenem, gut abgelagertem Sägemehl. Entweder wird dann in der zukünftigen Pflanzung gesteckt oder es werden Sämlinge in Baumschulen angezogen; letzteres geschieht vor allem dann, wenn der Samen erst am Ende der Regenzeit zur Verfügung steht.

Die notwendige zusätzliche Bewässerung in der Baumschule ist billiger und leichter durchführbar als in der Pflanzung. Außerdem kann man die Sämlinge in der Baumschule vor dem Auspflanzen selektieren. Häufig wird der Samen direkt gepflanzt, oder er wird in feuchtem Sägemehl vorgekeimt und dann in einen Behälter oder in einen mit Löchern versehenen Polyethylen-Beutel gepflanzt. Diese Pflanzgefäße sollten mindestens 25 cm tief sein und einen Durchmesser von 12 cm haben. Die sechs Monate alten, etwa 30 cm großen Sämlinge werden dann bei günstigem Wetter ausgepflanzt. Da Kakaosämlinge sehr empfindlich gegen Verletzungen des Wurzelsystems sind, sollten sie nicht ohne Wurzelballen transportiert werden.

Die *vegetative Vermehrung* ist wichtig für Forschungszwecke und für die Pflanzung von Hybridsaatgärten. Sie erfolgt vorwiegend durch Stecklinge, die meist aus Seitenzweigen (Fan-Stecklinge) geschnitten werden. Die Stecklinge behalten ihr plagiotropes Wachstum bei, wenn sie sich bewurzelt haben (Abb. 218). Sie bilden auch chupons, und es ist daher nicht erforderlich, für die Vermehrung Stecklinge aus den chupons selbst zu schneiden. Werden große Mengen an Stecklingen gebraucht, legt man Stecklingsgärten an, in denen Kakaobäume durch starken Rückschnitt zu intensiver Sproßbildung gezwungen werden. Stecklinge sollten dann geschnitten werden, wenn die Blätter am Sproßende ausgewachsen sind und eine sattgrüne Farbe erreicht haben. Normalerweise schneidet man Sproßstecklinge mit sechs bis zehn Blättern, von denen ein Teil der Blattspreite abgeschnitten wird, um die Transpiration zu vermindern. Entweder werden die Zweige dann in eine die Wurzelbildung fördernde Hormonlösung gesteckt, oder es wird die Schnittstelle mit einem Wuchsstoffpräparat behandelt. Die besten Bewurzelungsergebnisse lassen sich durch fünf Sekunden langes Eintauchen in 0,4prozentige β-Indolyl-Buttersäure erzielen. Danach werden die Stecklinge in feuchten Sand oder feuchtes Sägemehl gepflanzt. Drei bis vier Wochen lang sollten die Stecklinge mehrmals am Tag gegossen oder besprüht werden. Durch das Abdecken des Vermehrungskastens mit einer Plastikfolie wird die Feuchtigkeit besser gehalten, und es ist nicht nötig, so häufig zu wässern. Um Ausfälle zu vermeiden, ist eine starke Beschattung notwendig (5 bis 10 % Licht). Nach der Wurzelbildung sollten die Stecklinge durch allmähliche Verminderung der Wassergaben und Erhöhung der Lichtintensität abgehärtet werden. Nach 6 bis 12 Monaten können die Stecklinge verpflanzt werden. Im Alter von drei Jahren beginnen die Pflanzen zu blühen.

In Südostasien wird die Vermehrung in steigendem Maß durch Okulieren vorgenommen, wozu als Unterlage schon vier Monate alte Sämlinge verwendet werden können (green budding). Das Austreiben der Knospe läßt sich fördern, indem man die Stammunterlage oberhalb des eingesetzten Auges umbiegt. Die Hauptarbeit und damit ein Nachteil der Veredlungsmethode besteht zumindest in den ersten Jahren darin, immer wieder die an der Unterlage sich entwickelnden Sprosse zu entfernen. Wenn das Okulieren auf dem Hypokotyl gemacht wird, kann der Wurzelstock nicht austreiben, da keine Augen vorhanden sind (20).

Die Anzuchtgärten müssen immer beschattet werden. Für Schatten kann mit Hilfe von Netzen oder aber durch Anpflanzen von Schattenbäumen gesorgt werden (20).

Anbau

Kleinbauern, hauptsächlich in Westafrika, pflanzen die Kakaosämlinge in ihrem Nahrungsmittel produzierenden Betrieb an, oder, wenn sie an einem Projekt teilnehmen, meist in Verbindung mit Kochbananen als zeitweiliger Beschattungskultur. Zu diesem Zweck wird die Fläche abgeholzt und in der Trockenzeit selektiv abgebrannt. Mit den frühen Regenfällen wird die erste Nahrungskultur gepflanzt, und sobald die Regenfälle regelmäßiger geworden sind, werden die Kakaosämlinge und Bananen gesetzt. Nur kleine Flächen alten Sekundärurwaldes sind in den humiden Tropen übriggeblieben. Ein solcher Wald kann im Verlauf von 4 bis 6 Jahren schrittweise in eine geschlossene Kakaopflanzung mit einer schwachen Beschattung von oben umgewandelt werden. Es gibt hierfür zwei Möglichkeiten. Einerseits können zu Beginn in 3 bis 4 m Abstand enge Schneisen geschlagen werden, in die die Kakaosämlinge gepflanzt werden; in der Folge wird dann der Wald schrittweise mit dem Wachstum des Kakaos ausgedünnt und nur die großen Waldbäume bleiben als permanente Schattenspender. Die andere Möglichkeit ist, zunächst die großen Waldbäume zur Holzgewinnung zu fällen, und dann Pfade für die Anpflanzung von Kakao und die gewünschten Schattenbäume zu schlagen. Schließlich wird der Wald vollständig entfernt. Für die sachgemäße Durchführung der Ausdünnungsmaßnahmen und die Behandlung der durch die Ausdünnungsarbeiten beschädigten Kakaopflanzen ist große Erfahrung notwendig. Kakaopflanzen besitzen jedoch eine beträchtliche Regenerationsfähigkeit, besonders wenn sie gut gepflegt werden.

In der Pflanzungspraxis werden zwischen den vorgesehenen Kakaoreihen Leguminosensträucher oder -bäume gepflanzt. Geeignete Sträucher sind *Flemingia macrophylla* (Willd.) Bl., *Crotalaria* spp. oder *Tephrosia* spp. Von den Baumarten werden vor allem *Leucaena*, *Gliricidia* und *Erythrina* verwendet. Diese Pflanzen schützen auch die Kakaopflanzen vor den seitlich einfallenden Sonnenstrahlen. Besonders in kleineren Pflanzungen werden zwischen den Reihen auch andere Kulturen wie Bananen, Maniok, Mais, *Xanthosoma* sp. und *Colocasia* sp. (Taro) angebaut. Windschutzpflanzungen werden häufig aus Bäumen und Sträuchern so angelegt, daß ein Schutz durch die Vegetation in zwei Etagen gewährleistet ist.

Kakao wird gleich im wünschenswerten Abstand gepflanzt. Selektives oder regelmäßiges Ausdünnen wird kaum angewendet, ist aber sehr gut möglich. Der Pflanzenabstand richtet sich nach der Wüchsigkeit, dem Vorkommen von Krankheiten und Schädlingen und auch nach den Klima- und Bodenverhältnissen. Im allgemeinen erfolgt eine Quadratpflanzung in Abständen von 2,5 × 2,5 m bis 4 × 4 m. Auf flachgründigen und wenig geeigneten Böden sollten dichte Bestände angelegt werden. Versuche haben gezeigt, daß die optimale Pflanzenanzahl/ha näher bei 1600 als bei 800 Pflanzen liegt. In den ersten Jahren bekommt man auf jeden Fall von dichteren Pflanzungen höhere Erträge, die sich jedoch später nicht wesentlich von denen in Beständen mit weiteren Abständen unterscheiden dürften.

Wird Kakao im hügeligen Gelände angebaut, so sollten die Reihen möglichst den Konturen folgen, wobei der Abstand innerhalb der Reihen dichter sein kann als zwischen den Reihen. Bei mechanischer Bearbeitung des Bestandes sollte ein Abstand von mindestens 3 bis 4 m zwischen den Reihen eingehalten werden. Bei direkter Ansaat ist es zweckmäßig, jede einzelne Saatstelle auszuheben und mit einer Bodenmischung zu füllen, die für ein schnelles Wachstum des Sämlings geeignet ist. Um hohe Erträge zu erhalten und um eine zu starke Schößlingsbildung zu verhindern, sollte möglichst wenig geschnitten werden. In den ersten Jahren ist jedoch ein Erziehungsschnitt unvermeidlich, wobei schwache und unerwünschte Sprosse entfernt werden. Man läßt ein oder zwei Sprosse unterhalb der Jorquette stehen, die dann später in den oberen Regionen der Pflanze Jorquetten bilden. Die Kronenerziehung bei Stecklingen ist etwas schwieriger. Man läßt drei oder vier aufrecht oder halb aufrecht wachsende Sprosse zur Kronenbildung sich entwickeln. Später beschränkt sich der Erhaltungsschnitt auf die Entfernung von totem Holz, Wasserreisern und unerwünschten Zweigen. Es ist nicht ratsam, die Bäume zu hoch wachsen zu lassen, da die Erntemaßnahmen dadurch erschwert und verteuert werden.

Fehlende Niederschläge können durch Bewässerung ergänzt werden. Befriedigende Erträge erhält man damit auf den sandigen, wüstenähnlichen Küstenstreifen von Peru, wo weniger als 100 mm Niederschläge pro Jahr fallen. Auch in einigen Gegenden von Venezuela wird zusätzlich bewässert. Auf schweren Böden ist für eine gute Dränage zu sorgen. Die Drängräben sollten mindestens 1 m tief liegen, um genügend belüfteten Wurzelraum zu schaffen.

Um dauerhafte Erträge von 1000 kg/ha und mehr zu erreichen, müssen Mineraldünger eingesetzt werden. Kakao reagiert auf Düngergaben, wenn die Beschattung von oben weniger als etwa 50 % beträgt (19).

Eine neue Kakaopflanzung wird nur in Oberböden mit hoher Ausgangsfruchtbarkeit erfolgreich sein. Sonst, und vorausgesetzt das Bodenprofil ist tief, ist Kakao nicht besonders anspruchsvoll. Düngergaben sind in den ersten 4 Jahren nach der Pflanzung nicht notwendig, und wenn doch gedüngt wird, sollten die Mengen klein bleiben.

Es ist empfehlenswert, mit der Düngung zu beginnen, wenn etwa die Hälfte der Bäume begonnen hat, Früchte anzusetzen, besonders auf Böden mit niedrigem Nährstoffgehalt.

Eine Ernte von 1000 kg entzieht rund 20 kg N, 4 kg P und 10 kg K. Eine gute allgemeine Düngungsempfehlung liegt bei 50 bis 80 kg N, 25 kg P, 85 kg K und 15 kg Mg pro ha und Jahr. Die höchste N-Gabe gilt für schwach oder nicht beschatteten Kakao, da die Reaktion auf Stickstoff hauptsächlich vom Ausmaß der Beschattung abhängt (10).

Schädlinge und Krankheiten

Schädlinge (4, 7). Die gefährlichsten Schädlinge sind Blatt- und Rindenwanzen, Thrips und die Kakaofruchtmotte. Daneben gibt es verschiedene andere Schaderreger von lokaler, untergeordneter Bedeutung. Die westafrikanischen Wanzenarten *Sahlbergella singularis* und *Distantiella theobroma* und die südostasiatischen *Helopeltis*-Arten verursachen die größten Schäden. Die verschiedenen Entwicklungsstadien der Wanzen saugen an den jungen Sprossen und Früchten. Da die Wanzen beim Saugen toxische Substanzen ausscheiden, bilden sich dunkelbraune oder schwarze Flecke, die dann von dem Pilz *Calonectria rigidiuscula* befallen werden; am Schluß stirbt ein großer Teil des Kronendaches ab.

Thrips (Blasenfüße), *Heliothrips rubrocinctus*, schädigt oft die Bestände auf den westindischen und anderen kleineren Inseln und in einigen südamerikanischen Ländern. Vorwiegend werden die Blätter befallen. Bei starkem Auftreten des Schädlings werden sie gelb und fallen nach einiger Zeit ab. Auch die Früchte können angegriffen werden. Thrips treten besonders während der Trockenzeit auf und sollten in dieser Zeit mit Insektiziden bekämpft werden, die zu vernebeln sind.

Krankheiten (4, 14). Braunfäule und Rindenkrebs werden durch eine Gruppe von Pilzen, die mit dem Sammelnamen *Phytophthora palmivora* bezeichnet werden, verursacht. Stamm, Blätter, Blüten und vor allem die Früchte werden befallen. Die Krankheit tritt in allen Kakao anbauenden Ländern auf. Befall und Schaden hängen sehr stark von der *Phytophthora*-Rasse ab. Als erstes Symptom an einer Frucht erscheint ein brauner Fleck, der etwa fünf Tage nach der Infektion sichtbar wird, sich sehr schnell vergrößert und schwarz wird. Die Sporen des Pilzes werden durch Regentropfen, Insekten und Wind verbreitet. Sie keimen bei hoher Luftfeuchtigkeit und verhältnismäßig niedrigen Temperaturen. Durch vorbeugende Maßnahmen wie häufiges Ernten und Spritzungen mit Kupferpräparaten kann man die Krankheit bekämpfen. Das erste Symptom an der Rinde ist ein dunkel gefärbter wäßriger Fleck, der sich allmählich ausbreitet. Er sollte auf einem frühen Stadium ausgeschnitten werden, da fortgeschrittener Rindenkrebs nicht mehr behandelt werden kann. Die Bäume zeigen vorzeitige Alterserscheinungen und liefern nur noch niedrige Erträge.

Vor allem in Ghana und in Nigeria entstehen große Verluste durch Viruskrankheiten, die sich durch Schwellungen an jungen Zweigen und an schnell wachsenden Sprossen, aber auch durch rötliche Blattstreifungen äußern (swollen shoot). Die Virosen werden durch saugende Insekten übertragen. Die beste Schutzmaßnahme besteht darin, befallene Pflanzen zu entfernen und tolerante Sorten zu pflanzen.

Die Hexenbesenkrankheit (witches' broom) wird durch *Crinipellis perniciosus* verursacht. Die Krankheit tritt nur in der westlichen Hemisphäre in Gebieten zwischen den Breitengraden 10° N und 10° S und in Trinidad, Tobago und Grenada auf, aber nicht im Hauptanbaugebiet von Brasilien, in Bahia. Die Krankheit ist an der besenförmigen Anordnung kurzer Sprosse mit unentwickelten Blättern und an den Verformungen der Blütenstände und Früchte erkennbar. Die früh befallenen Früchte zeigen einen harten, schwarzen Fleck um die Befallstelle. Der Pilz greift nur junges, sich teilendes Gewebe an. Wenn sich die Sporen nicht entwickeln können, sterben sie nach 24 Stunden ab. Die Verbreitung der Sporen wird durch Entfernen und Verbrennen der befallenen Pflanzenteile geringer. Anpflanzen resistenter Typen ist die beste Maßnahme.

Fruchtfäule, verursacht durch *Monilia roreri*, tritt im Norden von Südamerika auf. Nur junge Früchte werden befallen und verrotten. Vorbeugende Spritzungen mit Zineb oder mit Schwefel- und Kupferpräparaten können die Schäden vermindern.

Die Welkekrankheit, die durch *Ceratocystis fimbriata* verursacht wird, tritt in den westlichen Ländern von Südamerika, in Zentralamerika und Trinidad auf. Der Befall erfolgt an Holz und Rinde des Stammes und an den Astgabeln. Kurz nachdem die Blätter zu welken beginnen, stirbt der befallene Pflanzenteil ab.

Die Blütenpolstergallen-Krankheit (cushion gall disease) wird durch Pilze wie *Calonectria rigidiuscula* hervorgerufen. Nach der Infektion verformen sich die Ansatzstellen der Blütenstände und die Blüten. Dadurch wird die Rindenfläche vermindert, an der sich Blüten bilden können; die Leistungsfähigkeit der Pflanzen geht entsprechend zurück.

Die Criollotypen sind allgemein gegen Schädlinge und Krankheiten besonders anfällig.

Ernte und Aufbereitung

Die durchschnittlichen Erträge in kleinbäuerlichen Pflanzungen schwanken zwischen 200 und 700 kg/ha, während die Erträge auf Pflanzungen in Malaysia abhängig von der Lage zwischen 700 und 3000 kg/ha betragen.

In westafrikanischen Ländern mit einer ausgeprägten Regen- und Trockenzeit beginnt die Ernte gewöhnlich in der Mitte der Regenzeit und dauert bis in die ersten Monate der Trockenzeit; manchmal fällt auch noch in der darauffolgenden Regenzeit eine Nebenernte an. Das Ernten während der Regenzeit erschwert die Trocknung.

Die Früchte können einen Monat, nachdem sie ihre volle Größe erreicht haben, geerntet werden, d. h. fünf bis sechs Monate nach der Befruchtung. Meistens verfärben sie sich während der Reife; so werden grüne Früchte normalerweise gelb und rote orangefarbig, während der Reifezustand von dunkelvioletten Früchten schwer erkennbar ist. Die Früchte sind dann reif, wenn die „Bohnen" sich von der Plazenta gelöst haben und beim Schütteln der Frucht Geräusche verursachen. Unreife Früchte sollten nicht geerntet werden, da die Bohnen sich schlecht aus der Frucht entfernen lassen und die Fermentationsvorgänge gestört werden können. In überreifen Früchten trocknet die Pulpe ein, und die Bohnen fangen an zu keimen. Von *Phytophthora palmivora* befallene Früchte sollten geerntet werden, da der Inhalt noch gesund sein kann. Reife Früchte werden mit einem scharfen Messer so abgeschnitten, daß die Ansatzstelle am Holz nicht beschädigt wird.

Die Bohnen werden an Ort und Stelle oder an der Aufbereitungsanlage aus den Früchten entfernt. Das Öffnen erfolgt mit einem Schlagholz, die Bohnen werden mit den Fingern entfernt und gesammelt. Das Erntegut besteht gewöhnlich aus reifen und nahezu überreifen Früchten. Eine Verzögerung des Öffnens um weniger als 24 Stunden wirkt sich nicht nachteilig auf die Fermentationsprozesse aus.

Die Fermentation ist für die Bildung der Schokoladengeschmacks- und Aromastoffe unbedingt notwendig. Der Prozeß verläuft in folgenden Abschnitten: Füllen der nassen Bohnen in Haufen, Körbe oder Schwitzkästen. Umsetzung der Pulpe und Abfluß des Fruchtsaftes (Vergärung der zuckerhaltigen Pulpe zu Alkohol bei Temperaturanstieg durch Hefen), Zutritt von Luft (gefördert durch Mischen und Bewegen der Bohnen), bakterielle Oxidation des Alkohols zu Essigsäure (weiterer Temperaturanstieg), Abtötung der Kakao-Kotyledonen, Verlust der Keim-

fähigkeit. Diffusion von Inhaltsstoffen aus den abgestorbenen, verfärbten Zellen, Zersetzung der Anthocyanine, Entwicklung des Schokoladenaromas und der Geschmacksstoffe.

Die Methode, nach der Kakaobohnen fermentiert werden, hängt von der aufzubereitenden Menge ab und ist lokal verschieden. Teilweise erfolgt die Fermentation in zentralen Aufbereitungsanlagen. Die Dauer des Prozesses wird weitgehend von der Sorte bestimmt – Criollo-Kakao benötigt zwei bis drei Tage, Forastero-Kakao sechs bis acht. Maßgebend ist vor allem auch die Durchlüftung. Bei guter Durchlüftung wird der Temperaturanstieg gefördert. Erst Temperaturen zwischen 40 bis 50 °C und ein bestimmter Säuregehalt lassen die Zellen absterben und ihren Inhalt im Gewebe diffundieren. Einer der Zellinhaltsstoffe scheint mit der Entwicklung des typischen Schokoladen-Geruchs und -Geschmacks verbunden zu sein. Bei kleinen Mengen kann man guten Kakao schon nach 30 Stunden erhalten. Früchte, die das Erntestadium noch nicht erreicht haben, können einige Tage ungeöffnet liegenbleiben und eine etwas bessere Ausbeute bei einer gleichzeitigen Verkürzung des Fermentierungsprozesses bringen.

Nach dem Absterben quellen die Bohnen auf, und die Temperatur sinkt etwas. Der Bearbeitungsprozeß muß dann aber noch einige Tage fortgeführt werden. Der Fermentierungsprozeß kann dann beendet werden, wenn in einer durchgeschnittenen Bohne ein äußerer brauner Ring an den Kotyledonen erkennbar ist. Die Fermentierung hält nämlich auch bei Beginn des Trocknungsprozesses noch an.

Abweichende Bohnenfarben, unangenehmer Beigeschmack und Geruch sowie Schimmelbildung sind die Folge, wenn die Fermentation nicht richtig verläuft. Der Anteil dieser unerwünschten Bohnen darf bestimmte Prozentsätze nicht übersteigen.

Die Bohnen werden an der Sonne oder in Anlagen getrocknet. Das Trocknen sollte zunächst langsam, dann aber rascher vonstatten gehen, um Schimmelbildung zu vermeiden. Die Bohnen sind lagerfähig, wenn sie einen Feuchtigkeitsgehalt von weniger als 7 % haben. Sie trocknen schneller, wenn sie nach der Fermentierung gewaschen werden, und sie kleben dann auch während der Trocknung nicht zusammen. Beim Waschen besteht die Gefahr, daß die Samenschalen brechen. Der Kakao kann nach der Trocknung für längere Zeit in Jutesäcken mit Plastikeinlage, die eine Aufnahme von Feuchtigkeit verhindern, gelagert werden (5, 13, 21).

Die Aufbereitung der Bohnen (Rösten, Mahlen) für die Herstellung der Verbrauchsprodukte (Kakaopulver, Schokolade) geschieht mit Ausnahme von Brasilien überwiegend in den Verbraucherländern (s. o.). Als Nebenprodukt fällt bei der Bereitung von Kakaopulver die hochbezahlte Kakaobutter an, die auch aus allen nicht für die Nahrungsmittelindustrie geeigneten Bohnen extrahiert wird. Auch das Theobromin ist ein lohnendes Nebenprodukt, das hauptsächlich aus den Abfällen der normalen Kakaoverarbeitung gewonnen wird (4, 22).

Literatur

1. ALVIM, P. DE T. (1977): Cacao. In: ALVIM P. DE T., and KOZLOWSKI, T. T. (eds.): Ecophysiology of Tropical Crops, 279–313. Academic Press, New York.
2. ANONYM (1981): Cocoa Statistics 1981. Gill and Duffus Group, New York.
3. ANONYM (1982): Cocoa Market Report No. 303. Gill and Duffus Group, New York.
4. BRADEAU, J. (1969): Le Cacaoyer. Maisonneuve et Larose, Paris.
5. CENTRO DE PESQUISAS DO CACAU (1981): Fermentação de Cacau. Levantamento Bibliográfico. Cepec-Ceplac, Ilhéus, Bahia, Brasilien.
6. CUATRECASAS, J. (1964): Cacao and its allies. A taxonomic revision of the genus *Theobroma*. Contr. U.S. Nat. Herb. 35, 379–614.
7. ENTWISTLE, P. F. (1973): Pests of Cocoa. Longman, London.
8. ESDORN, J. und PIRSON, H. (1973): Die Nutzpflanzen der Tropen und Subtropen in der Weltwirtschaft. 2. Aufl. Gustav Fischer, Stuttgart.
9. FAO (1973–85): Production Yearbook, Vol. 26–39. FAO, Rom.
10. HARDY, F. (1960): Cacao Manual. Interam. Inst. Agric. Sci., Turrialba, Costa Rica.
11. MUELLER, W. (1957): Seltsame Frucht Kakao. Geschiche des Kakaos und der Schokolade. Gordian Max Rieck, Hamburg.
12. PAULIN, D. (1981): Contribution à l'étude de la biologie florale du cacaoyer. Bilan de pollinisations artificielles. Café Cacao Thé 25, 105–112.
13. ROHAN, T. A. (1963): Processing of Raw Cocoa for the Market. FAO Agric. Studies No. 60. FAO, Rom.
14. THOROLD, C. A. (1975): Diseases of Cocoa. Clarendon Press, Oxford.
15. TOXOPEUS, H. (1969): Cacao. In: FERWERDA, F. P., and WIT, F.: Outlines of Perennial Crop Breeding in the Tropics, 79–109. Veenman, Wageningen.
16. TOXOPEUS, H. (1985): Botany, types and populations. In: (23), 11–37.
17. TOXOPEUS, H. (1985): Planting material. In: (23), 80–92.
18. VAN HIMME, M. (1959): Étude du système radiculaire du cacaoyier. Bull. Agric. Congo Belge 50, 1541–1600.
19. WESSEL, M. (1985): Shade and nutrition. In: (23), 166–194.
20. WOOD, G. A. R. (1985): Propagation. In: (23), 93–118.
21. WOOD, G. A. R. (1985): From harvest to store. In: (23), 444–504.
22. WOOD, G. A. R. (1985): Consumption and manufacture. In: (23), 587–597.
23. WOOD, G. A. R., and LASS, R. A. (1985): Cocoa. 4th ed. Longman, London.

6.3   Tee

KNUD CAESAR

Botanisch:	*Camellia sinensis* (L.) O. Kuntze
Englisch:	tea
Französisch:	thé
Spanisch:	té

Wirtschaftliche Bedeutung

Die Teepflanze (5, 9, 13, 17) wurde von alters her in Ost- und Südostasien als bäuerliche Nutzpflanze angebaut. Da über Teehandel im Altertum wenig bekannt ist, wurde das Produkt offensichtlich im Lande selbst verbraucht. Wie ein Vergleich der Produktions- und Exportzahlen in Tab. 87 zeigt, ist dies auch heute noch in vielen Ländern der Fall.

In der zweiten Hälfte des 19. Jahrhunderts wurde der Tee auch in Europa, insbesondere in Großbritannien, geschätzt, so daß in den britischen Kolonien Asiens ein ausgedehnter Teeanbau in größeren Betrieben entwickelt wurde. Außer China und der UdSSR sind die heute noch wichtigsten Tee-Erzeugerländer frühere britische Kolonien (Tab. 87). Nach dem Zweiten Weltkrieg wurde Teeanbau auch in Ostafrika eingeführt, wo er heute, aus bäuerlichen Betrieben kommend, in vielen, auch kleineren Ländern ein wichtiges Exportprodukt darstellt. Darüber hinaus sind auch verschiedene Länder im Nahen Osten, wo der Teeverbrauch traditionell hoch ist, zu Anbauländern geworden (17). Obwohl die Qualität dort als nicht besonders gut gilt, sind sie doch als Importeure im Welthandel

Tab. 87. Anbau, Ertrag, Produktion und Export von Tee wichtiger Erzeugerländer, 1983. Nach (6, 7).

Gebiet	Fläche (1000 ha)	Ertrag (kg/ha)	Produktion (1000 t)	Export (1000 t)
Welt	2616	772	2020	933
China	1308	328	429	92
Indien	370	1608	595	209
Sri Lanka	241	726	175	158
Indonesien	110	1004	110	69
UdSSR	80	1875	150	25
Kenia	79	1420	112	100
Japan	61	1677	102	2
Vietnam	55	509	28	10
Türkei	66	1038	68	1
Iran	110	1004	110	2
Argentinien	39	1038	41	45
Malawi	21	1810	38	36
Tansania	18	1000	18	14
Simbabwe	4	2561	11	8
Bolivien	1	2615	1	–

verschwunden. – Bemerkenswert ist, daß in Lateinamerika bisher nur Argentinien eine größere Anbaufläche hat, deren Produktion fast vollständig exportiert wird (2). Bolivien fällt durch einen besonders hohen Ertrag auf.
Die wichtigsten Importländer sind in Tab. 88 zusammengestellt. Auffällig sind die großen Verbrauchsunterschiede, gemessen an der Bevölkerungszahl.

Tab. 88. Teeimport wichtiger Verbraucherländer, 1983. Nach (7).

Land	Import (1000 t)
Vereinigtes Königreich	184
USA	77
UdSSR	77
Pakistan	81
Ägypten	40
Irak	32
Polen	26
Niederlande	23
Australien	21
Marokko	18
Kanada	20
Iran	12
BRD	16
Saudi-Arabien	17

Botanik

Die Teepflanze *Camellia sinensis* (L.) O. Kuntze gehört zur Familie der Theaceae. Es werden unterschieden: *C. sinensis* var. *sinensis*, der sogenannte chinesische Tee, der nur etwa 3 bis 4 m Höhe erreicht und kleine dunkelgrüne Blätter besitzt, und *C. sinensis* var. *assamica* (Mast.) Kitamura, der 10 bis 15 m hoch wachsende Assam-Tee mit größeren, glänzenden Blättern. Im Laufe der Zeit sind durch Fremdbefruchtung viele Hybriden entstanden, so daß die reinen Formen nur noch schwer zu finden sind.
Unter natürlichen Bedingungen wächst die Teepflanze als Baum (Abb. 221), der eine kräftige Pfahlwurzel mit gut entwickelten Nebenwurzeln bildet, die bis in große Tiefen vordringen können. Die Wurzeln speichern Reservestoffe, die dem Wiederaustrieb nach dem Schnitt dienen (s. u.).
Blätter und Zweige entwickeln sich aus Knospen in den Achseln alter Blätter, die in alternierender Stellung sitzen. Die Blätter sind kurz gestielt, elliptisch bis eiförmig und am Rande gesägt. Assam-Tee hat dünne, 12 bis 15 cm lange und bis zu 10 cm breite Blätter, während der chinesische Tee kürzere, schmalere und dickere Blätter besitzt. Tee ist immergrün, die Blätter können ein Alter von mehreren Jahren erreichen.
Die Blüten stehen in den Blattachseln einzeln oder zu zwei bis vier. Sie haben eine unterschied-

Abb. 221. Tee: Samenträgerbäume in Sri Lanka.

liche Zahl von Kelchblättern, gewöhnlich fünf bis sieben, die nicht abfallen. Die weiß- bis rosafarbigen Blütenblätter sind miteinander am Grunde und mit den zahlreichen Staubblättern (20 bis 200) verwachsen. Der Fruchtknoten hat einen Griffel mit drei Narbenästen und ist behaart. Die grüne Kapsel ist dreifächerig und dickwandig und öffnet sich durch Platzen von der Spitze her mit drei Klappen. Jedes Segment enthält einen Samen, der braun und dünnschalig ist und etwa 1,0 cm Durchmesser hat. Der Embryo trägt zwei große Keimblätter.

Ökophysiologie

Klima. Die Teepflanze kann große Temperaturunterschiede vertragen, manche Sorten überstehen sogar Frost von −10 °C. Der gleichmäßigste Zuwachs findet bei 16 bis 20 °C statt, während die Qualität durch eine große Temperaturamplitude mit Tagestemperaturen bis 30 °C und kühlen Nächten unter 10 °C verbessert wird.
Bezüglich der Niederschläge kennt Tee keine obere Grenze. In Indien und Sri Lanka gibt es Gegenden mit über 5000 mm Regen, in denen Tee gut gedeiht. Durch die Pfahlwurzel, an der sich bei günstigen Bodenverhältnissen bis in größere Tiefen viele Seitenwurzeln bilden können, überstehen ältere Pflanzen auch Trockenzeiten

bis zu drei Monaten gut, haben dann allerdings einen geringen Zuwachs. Da die gleichzeitig herrschenden Temperaturverhältnisse die Qualität fördern, gleichen die höheren Preise die geringere Menge meistens aus. Im allgemeinen wird eine Niederschlagsmenge von 1250 mm/Jahr als untere Grenze angesehen, wenn nicht andere klimatische und sonstige Faktoren für einen Anbau sprechen. Die relative Luftfeuchtigkeit scheint keinerlei Einfluß auf Wachstum und Qualität zu haben (4).
Auch die Tageslänge übt wahrscheinlich einen Einfluß auf das Blattwachstum aus. So wurde in Bangladesh, etwa 25° n. B., während der Winterwochen, wenn die Temperaturen das Wachstum noch keineswegs stark beeinträchtigen, ein erheblich zurückgehender Zuwachs beobachtet. Die günstigsten Wachstumsbedingungen findet Tee im Hochland der Niederen Breiten bis ca. 2300 m NN, wo während der Regenzeit gleichmäßige Temperaturen herrschen und während der Trockenzeit eine deutliche Temperaturamplitude auftritt. In Indien, Sri Lanka und Kenia finden sich solche Verhältnisse. Aber auch in tiefen Lagen wird Tee angebaut. Dort führen die hohen Nachttemperaturen allerdings zu starker Veratmung, was sowohl den Zuwachs als auch die Qualität beeinträchtigt.
In größerer Entfernung vom Äquator, etwa im Darjeeling-Distrikt Nordindiens, wo Tee ebenfalls noch in über 2000 m NN auftritt, in Georgien/UdSSR, im Nordiran und in der Türkei unterbrechen die Wintertemperaturen das Wachstum vollständig, und in einigen Gebieten bedeckt Schnee die Teepflanzen für einige Zeit.
Boden. Tee stellt an die Herkunft, Textur und Struktur der Böden keine speziellen Ansprüche. In Ost- und Westafrika, Indonesien und Japan wird er auf alten und sehr jungen Böden vulkanischen Ursprungs angebaut. Einige der besten Teeböden der Welt finden sich auf den alluvialen Ablagerungen des Brahmaputra in Assam (Nordindien), aber auch auf alten Urgesteinsböden wie Gneis (Sri Lanka, Südindien, Tansania) oder Granit (Malawi). Wahrscheinlich schließen nur Böden mit stauender Nässe den Teeanbau aus.
In bezug auf die chemischen Eigenschaften der Böden sind Bodenreaktionen und Basensättigung besonders wichtig. Gewöhnlich sind Tee-Böden infolge von Erosion und Auswaschung mäßig mit Nährstoffen versorgt, und die obere

Grenze des pH-Wertes liegt bei 5 (Sri Lanka) bis 6 (Ostafrika). Es gibt allerdings Ausnahmen, wie die extrem nährstoffreichen jungen vulkanischen Böden der Kamerun-Berge in Westafrika, auf welchen Tee gut gedeiht. Der pH-Wert dieser Böden variiert zwischen 5,5 und 7,0. Infolgedessen sollte die Frage der alkalischen Bodenreaktion nicht unbedingt als schädliches Bodencharakteristikum per se angesehen werden, sondern vielmehr als Symptom für einige andere störende Bodenfaktoren.

Geklonte Teestecklinge wurden erfolgreich in Wasserkulturen bei pH 7 angezogen, vorausgesetzt, daß genügende Mengen von Aluminiumsulfat zur Nährlösung gegeben wurden. Ohne diese Zugabe starben die Pflanzen ab. Neben Aluminium wurde das Wachstum bei hohem pH-Wert auch noch durch Verdünnung der Nährstoffkonzentration der Kulturlösung gefördert.

Tee ist ein Aluminiumspeicherer, und Teeblätter können bis zu 2 % Al in der Trockenmasse enthalten, also ebensoviel wie an Makronährstoffen, z. B. Mg. Bei solchen Verhältnissen könnte das schlechte Gedeihen von Tee auf Böden mit hohem pH-Wert eher durch Mangel an verfügbarem Al bedingt sein als durch Alkalität des Bodens an sich. Der erfolgreiche Teeanbau auf den jungen vulkanischen Böden der Kamerun-Berge in Westafrika kann damit erklärt werden, daß diese Böden beträchtliche Mengen an Al-Oxiden aus leicht verwitterbaren Bodenmineralien verfügbar machen.

Tee gedeiht also am besten auf tiefgründigen, gut durchlüfteten und nicht zu nährstoffreichen Böden. Im allgemeinen sind dies nicht zu schwere Böden, die einen niedrigen pH-Wert von etwa 4,5 haben.

Züchtung

Eine gezielte Kreuzungszüchtung hat erst nach 1950 eingesetzt. Bis dahin wurden nur Mutterbäume mit guter Wüchsigkeit und Blattqualität als Samenproduzenten selektiert. Ihre Nachkommenschaft war aber inhomogen, da Tee eine überwiegend selbststerile Pflanze ist. Untersuchungen in Sri Lanka zeigten, daß die 25 % des Bestandes ausmachenden besten Büsche 50 % des Gesamtertrages lieferten, während geringwertige Pflanzen mit einem Bestandsanteil von 25 % nur 10 % beitrugen (16).

Eine Änderung brachte die Möglichkeit der vegetativen Vermehrung. Stecklingsvermehrung wurde in den 30er Jahren entwickelt; sie wurde zu Beginn der 50er Jahre allgemein gebräuchlich. Nun konnten nicht nur einheitliche Nachkommenschaften hervorragender Mutterbäume erzeugt werden, sondern gute Kreuzungsnachkommen konnten sofort als Klon zum Anbau kommen. Durch weitere planmäßige Kreuzungen solcher Nachkommen sind heute viele, an die verschiedensten Umweltbedingungen angepaßte, leistungsfähige und durch hohe Qualität ausgezeichnete Klone verfügbar, die schnell im praktischen Anbau Eingang fanden. Diese systematische Züchtungsarbeit wird an spezialisierten Forschungseinrichtungen (Tea Research Institutes, TRI) in Indien, Sri Lanka, Bangladesh, Indonesien u. a. durchgeführt.

Durch Stecklinge vermehrte Teepflanzen haben aber zwei Nachteile: sie bilden keine Pfahlwurzel und sind daher, zumindest in den ersten Jahren, empfindlich gegen Trockenheit, was zuweilen zu großen Ausfällen geführt hat, und die genetische Homogenität des Bestandes bildet ein hohes Risiko gegenüber Krankheits- und Schädlingsbefall. Deshalb wurde eine Hybridzüchtung entwickelt, bei der zwei, besser mehrere Klone mit guter Kombinationseignung zur Erzeugung von Saat angebaut werden. Diese Polyklonsorten sind für alle praktischen Zwecke ausreichend homogen. Vegetativ vermehrt werden hier nur die Mutterbäume, zum Anbau verwendet man wie früher die Samen (10, 18).

Anbau

Vermehrung. Wenn die Vermehrung durch Saat erfolgt, werden die Samen direkt ins Feld gesät oder in Anzuchtbeeten bzw. heute meist in Kunststoffbeuteln angezogen. Bei der alten Anzucht in Saatbeeten wuchsen die Jungpflanzen 2 bis 3 Jahre in der Baumschule; dann wurden sie bis auf ein kurzes Stammstück zurückgeschnitten (stumps) und ohne Blätter ausgepflanzt. Bei Anzucht in Plastikbeuteln dauert es 6 bis 8 Monate, bis die Sämlinge groß genug sind, um — ohne jeden Rückschnitt — ins Feld gepflanzt zu werden.

Bei der Vermehrung durch Stecklinge werden Einzelnodien mit einem Blatt und dem darunter befindlichen Internodium von ausgewählten Mutterpflanzen genommen. Der Schnitt erfolgt unmittelbar über der achselständigen Knospe im

Abb. 222. Blattstecklinge des Tees in Plastikbeuteln; oben Kokosfasergeflecht als Sonnenschutz.

grünen oder wenig älteren roten Holz (Abb. 222). Auf diese Weise können bis zu 800 Stecklinge von einem Busch gewonnen werden. Die Bewurzelungsfähigkeit ist sortenbedingt. Bei hoher Luftfeuchtigkeit ist die Bewurzelung der Stecklinge bei den meisten Sorten fast 100 %. Bis zur Bewurzelung und dem Beginn des Sproßaustriebs ist eine Beschattung gegen direkte Sonneneinstrahlung angezeigt.

Landvorbereitung. Tee wird gewöhnlich entweder in frisch gerodetes Land oder nach Beseitigung alter Teeanlagen erneut gepflanzt. Da die kleinen Pflänzchen empfindlich und wenig konkurrenzfähig sind, sollte das Land sauber zubereitet und möglichst ohne große Wurzelrückstände sein. Bei altem Tee ist das besonders wichtig, weil sich Krankheitserreger und Schädlinge, insbesondere Nematoden, noch jahrelang in den abgestorbenen Wurzeln halten können und somit eine ständige Verseuchungsquelle darstellen.

Zur besseren Vorbereitung des Bodens wird zuweilen eine Zwischenfrucht eingeschaltet, entweder Guatemalagras (*Tripsacum fasciculatum* Trin. ex Aschers.) oder auch Gemüse, das gleichzeitig eine Einnahme während der ertraglosen Zeit bringt.

Pflanzen und Erziehungsschnitt. Die in Plastikbeuteln angezogenen Stecklinge oder Sämlinge werden bei einer Größe von 30 bis 40 cm direkt auf Endabstand ins Feld gepflanzt. Der Pflanzabstand hat zu berücksichtigen, daß die Pflücker auch im ausgewachsenen Bestand zwischen den Reihen gehen können, daß der Bestand aber auch geschlossen sein muß. Bei einer Reihenweite von 120 cm und einem Pflanzenabstand von

Abb. 223. Teeanlagen in Sri Lanka: Vorder- und Mittelgrund Konturpflanzung, sonst alte Anlagen ohne Rücksicht auf die Topographie.

60 cm in der Reihe ergibt sich eine Pflanzenzahl von 15 000 bis 16 000 Stück/ha. In der Praxis wird diese Zahl nie ganz erreicht, besonders in hängigem Gelände nicht, wo außer Wegen noch Auffanggräben (bunds and drains zur Erosionsverhütung) zur Ableitung von Überschußwasser angelegt werden müssen. Auch größere Pflanzabstände, z. B. 120 × 120 cm bis 150 × 150 cm, sind gebräuchlich, so daß die Pflanzenzahl nur 4000 bis 8000/ha beträgt. Als weitere Maßnahme zur Erosionsverhütung müssen die Reihen entlang der Kontur verlaufen und nicht, wie noch die überwiegende Anzahl der älteren Anlagen, unabhängig von der Kontur (Abb. 223).

In den ersten zwei bis vier Jahren, ehe die Teepflanzen den Boden bedecken, ist ein Schutz des Bodens und der jungen Pflanzen vor zu starker Sonneneinstrahlung, heftigem Regen und starkem Wind durch Mulchen oder Zwischensaat flachwurzelnder Pflanzen, die nicht in Konkurrenz zu den Teepflanzen treten, notwendig.

Jahrzehntelang war es selbstverständlich, daß Schattenbäume (→ CAESAR, Kap. 14) zur Teekultur gehören. Diese in Asien praktizierte Maßnahme wurde bei den neuen Teeanlagen in Ostafrika überprüft mit dem Ergebnis, daß dort ohne Schattenbäume höhere Erträge erzielt wurden. Als daraufhin in Sri Lanka die Schattenbäume beseitigt wurden, gab es in den ersten beiden Jahren Mehrerträge, dann aber starke Ertragsrückgänge. Diese Reaktion der Teepflanzen hat vermutlich mehrere Ursachen: Einmal dienen die Schattenbäume auch als Windschutz insbesondere in Monsungebieten, wo die starke Luftbewegung die Transpiration und Respiration sehr stimuliert, so daß es zu Ertragsminderung kommt. Zum anderen führt die größere Einstrahlung bei fehlender Beschattung zu stärkerem Wachstum und damit nach kurzer Zeit zur Verarmung des Bodens an Nährstoffen, so daß nur höhere Nährstoffgaben den gestiegenen Ertrag halten könnten. Die Konsequenz wäre, daß auf Schattenbäume nur bei optimalem Management und hoher Düngeranwendung verzichtet werden kann. Die Schattenwirkung auf die Qualität des Tees ist kaum oder nur in sehr langen Versuchsserien zu prüfen. Dennoch halten manche Pflanzer an der Meinung fest, daß auch nur kurzzeitige Beschattung des Busches die Qualität des Tees verbessert (3, 8, 14, 19). In flachgründigen Böden können Bäume, ob zur Schatten- oder Windschutzwirkung, Nährstoff- und Wasserkonkurrenz darstellen.

Sobald die Pflanzen angewachsen sind, beginnt der *Erziehungsschnitt*. Das Schneiden soll zur Bildung eines guten Verzweigungssystems führen, aus dem die Sprosse entspringen, die gepflückt werden.

In Assam läßt man die junge Teepflanze bis zu drei Jahren wachsen, erst dann wird sie auf eine Höhe von 45 cm zurückgeschnitten. Zur selben Zeit werden kräftig wachsende endständige Zweige bis zum Ansatzpunkt der Verzweigung abgeschnitten. Diese Maßnahme wird als Zentrierung (centering) bezeichnet. Danach kann sich der Busch bis zu einer Höhe von 68 cm regenerieren und wird dann zum ersten Mal vorsichtig gepflückt.

In Sri Lanka, Indonesien und Ostafrika erfolgt der erste Schnitt der jungen Pflanzen sehr frühzeitig, wenn die Zweige in 15 bis 30 cm Höhe gerade bleistiftdick sind. Nach der Regeneration werden ein oder mehrere Schnitte bei zunehmender Höhe zwischen 30 bis 45 cm je nach Art der Verzweigung durchgeführt. Die Büsche werden bei einer Pflückhöhe von 60 cm ertragfähig. Der Hauptzweck dieser Schnittmethode besteht darin, eine niedrige Verzweigung zu sichern, ohne zu große Verletzungen durch das Schneiden dicken Holzes zu verursachen. Um junge Teepflanzen mit wenigen Schnitten zur Produktion zu bringen, werden die Zweige heruntergezogen. Dabei bedient man sich häufig dünner Bambusstäbe, die, über Äste gebogen, mit beiden Enden in die Erde gesteckt werden. Auf diese Weise wird die Pflanze veranlaßt, mit ihren Seitenzweigen stärker horizontal zu wachsen, wodurch der Boden schneller bedeckt wird.

Düngung, Pflege und Schnitt. Der Hauptnährstoff für eine vegetativ genutzte Pflanze wie Tee ist Stickstoff. Obwohl die alten, aus Samen entstandenen Anlagen mit Einführung der Düngung große Ertragssteigerungen brachten, haben die Untersuchungen über an die Ertragsfähigkeit angepaßte Düngung mit der vegetativen Vermehrung an Intensität zugenommen. Es gibt daher detaillierte Empfehlungen für die Düngung junger Anlagen während der ersten fünf Jahre und weiterhin für bestimmte Ertragsniveaus. Ausgegangen wird dabei immer vom Stickstoff. Während Phosphorsäure nur in den Anfangsjahren regelmäßig, später nur bei Bedarf für notwendig gehalten wird, gilt Kalium entsprechend

Tab. 89. Düngungsempfehlung für junge Teeanlagen. Nach (1).

Pflanzenalter	Nährstoff in kg/ha				Nährstoff in g/Busch			
	N	P_2O_5	K_2O	MgO	N	P_2O_5	K_2O	MgO
1. Jahr	80	90	60	30	6,4	7,2	4,8	2,4
2. Jahr	120	120	90	–	9,6	9,6	7,2	–
3. Jahr	180	120	120	30	14,4	9,6	9,6	2,4
4. Jahr	180	120	120	–	14,4	9,6	9,6	–
5. Jahr	200	90	120	30	16,0	7,2	9,6	2,4

Tab. 90. Düngungsempfehlung für pflückreife Teeanlagen nach Ertrag. Nach (1).

Erwarteter Ertrag (kg/ha)	Nährstoff in kg/ha		Nährstoff in g/Busch	
	N	K_2O	N	K_2O
1000	80–120	0– 40	6,4– 9,6	0 – 3,2
1500	140–160	40– 60	11,2–12,8	3,2– 4,8
2000	180–200	60– 90	14,4–16,0	4,8– 7,2
2500	225–250	100–120	18,0–20,0	8,0– 9,6
3000	275–300	150–180	22,0–24,0	12,0–14,4
3500	350–375	200–240	28,0–30,0	16,0–19,2
4000	400–450	240–300	32,0–36,0	19,2–24,0

den steigenden Mengen von Stickstoff als unentbehrlich. In vielen Fällen hat sich auch Magnesiumdüngung als ertragsteigernd erwiesen, insbesondere bei hohen Gaben von N und K. Lediglich im Schnittjahr kann mit der Stickstoffmenge heruntergegangen werden, während Kalium auf größerer Höhe bleiben sollte (11). Beispiele von Düngerempfehlungen werden in Tab. 89 und 90 gegeben.

Unkrautbekämpfung ist ein wichtiges Problem im Teeanbau. Allerdings wird ihm oft auch übertriebene Aufmerksamkeit gewidmet. Da die Bekämpfung oft auf hängigem Gelände in Handarbeit auszuführen ist, stellt sie einen wichtigen Bestandteil der Produktionskosten dar. Erhebliche Kosteneinsparung kann durch Anwendung von Herbiziden, z. B. von Mischungen aus Paraquat und Simazin, in niedrigen Dosierungen erreicht werden. Jährliche Gaben von 0,5 bis 1 l Paraquat (in handelsüblicher Form) und 1 kg Simazin/ha erwiesen sich als ausreichend. Auch andere Herbizide (Atrazin, Dalapon, Diuron) sind im Tee anwendbar (20, 21).

Das bedeutungsvollste Charakteristikum des Teeanbaus ist die ständige Verletzung der Pflanze. Vegetative Organe werden einmal durch den Pflückprozeß in kurzen Intervallen und zum anderen in langen Zwischenräumen durch das Schneiden entfernt. Durch das Pflücken und Schneiden wird die Pflanze dauernd in der vegetativen Phase gehalten und dadurch die Bildung von pflückbaren Sprossen, d. h. den zu erntenden Teilen des Busches, gefördert. Das Schneiden ist notwendig, um die Höhe des Busches für ein bequemes und ergiebiges Pflücken zu begrenzen sowie ein gesundes System der Verzweigung zu erhalten, aus welcher sich das Wachstum erneuert.

Für einen Busch, selbst wenn er für ein ergiebiges Pflücken nicht zu hoch gewachsen ist, kann ein Schnitt immer dann vorteilhaft sein, wenn das vegetative Wachstum erschöpft ist und der Ertrag abfällt. In welchem Zeitintervall ein Schnittzyklus sinnvoll ist, hängt ab vom Typ des Tees (Assam- oder China-Hybride), von der Methode des Schneidens (wie kräftig geschnitten wird), dem System des Pflückens (wie stark die Pflanze gepflückt wurde), von der natürlichen Fruchtbarkeit des Bodens und vom Klima. In kühleren Lagen sind die Schnittzyklen länger, da

Abb. 224. Der einfachste Teeschnitt, das Skiffing, zur Verminderung der Buschhöhe.

Abb. 226. Mittlerer Teeschnitt; einzelne Zweige als „Lungen" belassen.

das Wachstum langsamer verläuft. In Gebieten mit regelrechter Winterruhe (Assam, UdSSR) wird allerdings auch jährlich geschnitten.

Der einfachste Schnitt ist das „skiffing" (Abb. 224). Hierbei wird das Blattwerk tafelförmig glatt geschnitten, und der Schnitt wird am grünen Stamm oder bei einem stärkeren „skiff" am jungen roten Holz ausgeführt. Dies soll das Blattwerk reduzieren, bevor permanentes Welken während einer Trockenperiode eintritt, oder die zu hoch gewachsene Pflückfläche wieder verbessern.

Die radikalste Art des Schneidens ist der Kragenschnitt oder „collar pruning", bei dem der Busch fast bis zum Grund geschnitten wird (Abb. 225). Da dem Kragenschnitt eine lange ertraglose Periode folgt, ist er nur gerechtfertigt, wenn die Verzweigung des Busches in einem sehr schlech-

Abb. 225. Collar pruning, der radikalste Teeschnitt.

ten, auf Vernachlässigung, Holzfäule usw. beruhenden Zustand ist und wenn andere, weniger radikale Schnittsysteme diese Situation nicht bessern können. Die Gefahren eines radikalen Schnittes liegen in einer Schädigung der Pflanze, die eventuell nur schwach treibt oder gar abstirbt. Solcher Schaden ist weniger zu befürchten in Klimaten mit langer Ruheperiode, wie im Winter in Assam oder in den Trockenzonen des südlichen Tansania oder im Hochland von Sri Lanka, wo der Stärkegehalt der Wurzeln höher ist als im Tiefland. Das erneute Austreiben nach dem Schnitt hängt wesentlich von den verfügbaren Nährstoffreserven in den Wurzeln ab.

Zwischen diesen beiden Extremen des Schneidens gibt es eine Reihe von intermediären Schnittarten, die häufiger angewandt werden (Abb. 226). Sie unterscheiden sich in der Anzahl, der Dicke und der Länge der belassenen Zweige, die als „Lungen" bezeichnet werden. Sie sollen in Gebieten, in denen die Reservestoffbildung in den Wurzeln wegen der höheren Temperaturen nicht besonders gut ist, die Assimilate für den Wiederaustrieb der geschnittenen Zweige liefern. Die Lungen werden später ebenfalls entfernt. Dieses als „rimlung-pruning" bezeichnete Schnittsystem garantiert eine schnelle Erholung der Pflanzen. Generell müssen also Überlegungen zu Termin und Art des Schnittes betriebswirtschaftliche Bedingungen (Fabrikkapazität und Arbeitsverteilung), Klima (schlechte Regeneration und Absterben von Zweigen während der Trockenzeit; Pilzbefall bei nassem Wetter; jahreszeitliche Schwankungen von Menge und Qualität der Ernte) und die physiologische Kondition des Busches (Nährstoffreserven, Ruheperiode) berücksichtigen. Die Zeit vor dem Wiederaustrieb wird dazu benutzt, die Pflanzen durch Spritzen von Moosen und Insekten zu reinigen. Das abgeschnittene Blattwerk kann als Mulch und Mineralstoffquelle auf dem Boden bleiben. Mehrere Monate nach dem Schnitt wird die Pflanze entspitzt („tipped"). Hierunter versteht man das Zurückschneiden des neuen Wuchses auf eine Höhe, auf welcher auch die Sprosse gebildet werden. Wenn das Entspitzen zu früh geschieht, gibt es eine ungenügende Menge Blattwerk zur Erhaltung des Busches, und das neue Holz des Astwerks hat nicht genug Zeit zur Entwicklung. Wird es zu spät vorgenommen, bedeutet es einen Ernteverlust, da pflückreife Sprosse beim Entspitzen vernichtet werden. Die Menge des Erhaltungsblattwerkes wird einerseits durch die Entspitzungshöhe bestimmt, ist aber auch von dem folgenden Pflücksystem abhängig.

Ernte. Vom Zeitpunkt des Auspflanzens der jungen Teepflanze ins Feld bis zur vollen Produktion vergehen etwa zwei bis vier Jahre. Die Pflanzungen können viele Jahre produktiv bleiben. In Sri Lanka gibt es Bestände, die nach 100 Jahren noch immer gute Erträge bringen.

Geerntet werden junge Triebe, die sich aus der Knospe der obersten Blattachsel des gepflückten Sproßstumpfes entwickeln. Am neuen Trieb bildet sich zunächst ein rudimentäres, bald abfallendes Blatt. Das darüber entstehende Blatt, welches kleiner ist als die normalen Blätter, wird Kepel- oder Fischblatt (fish leaf) genannt. Das noch nicht voll entfaltete Spitzenblatt eines jungen Triebes ist die sogenannte Pekoespitze (bud oder pecco). Sie liefert die beste Qualität. Mit zunehmendem Alter nimmt die Qualität der Blätter ab.

Gepflückt wird einmal in ein bis zwei Wochen. In Assam und Ostafrika, wo das Pflücken normalerweise bis hinunter zum Kepelblatt durchgeführt wird, wird ein größerer Anteil von Erhaltungsblättern und damit eine größere Entspitzungshöhe benötigt. In Sri Lanka ist es normale Praxis, die zu pflückenden Sprosse wachsen zu lassen, bis sich eine Knospe (Pekoespitze)

und drei Blätter über dem Kepelblatt entwickelt haben. Von diesen Sprossen werden bei der Pflücke nur zwei Blätter und eine Knospe gepflückt. Das Blatt oberhalb des Kepelblattes bleibt zurück und gehört damit zum Erhaltungsblattwerk des Busches. Dieses System erhöht die Höhe der Pflückfläche und die Menge des Erhaltungsblattwerkes stetig. In Assam und Ostafrika pflückt man anders, weil dort die Sprosse sehr viel längere Internodien haben. Als Folge davon würde die Pflückfläche zu schnell hochwachsen, wenn ein Blatt an jedem gepflückten Stengel übrigbliebe.

In fast allen Teeanbaugebieten ist die Handpflücke nach wie vor üblich, weil nur sie eine volle Ausnutzung des Aufwuchses und gleichzeitig Qualität des Erntegutes garantiert. Jede Schneidemaschine, ob von einer einzelnen Person handbedient oder große, über die gesamte Hecke fahrende Maschinen, wie sie in der UdSSR entwickelt worden sind, nehmen einerseits zu viel Stengelmasse mit und belassen andererseits pflückfähiges Blattwerk an der Pflanze. Es ist also abzuwägen zwischen Arbeitslohn für das Pflücken und Qualität des Erntegutes, ob ein Maschineneinsatz sinnvoll ist.

Die Erträge schwanken in Abhängigkeit von Standort, Alter der Pflanzung, Pflege und den genetischen Eigenschaften außerordentlich. Wie Tab. 87 zeigt, sind die Erträge nicht abhängig von dem Umfang der Anbaufläche. Doch liegen die jüngeren Anlagen, z. B. Ostafrikas, über dem Durchschnitt, der allerdings von dem geringen Ertragsniveau in China stark gesenkt wird.

In den allerbesten Klon-Anlagen können jährliche Durchschnittserträge von 6000 bis 8000 kg verbrauchsfertigem Tee/ha gewonnen werden. Aus 4 bis 4,5 kg frischem Erntegut gewinnt man annähernd 1 kg verbrauchsfertigen Tee.

Verarbeitung

Die Verarbeitung von frischen, grünen Teeblättern zu schwarzem Tee läuft als kontrollierter Fermentationsprozeß ab. Dabei muß die erblich fixierte Qualität des Blattes vom Augenblick des Pflückens an bis zum Beginn der Verarbeitung erhalten und in dem folgenden Verarbeitungsprozeß herausgebracht werden.

Die Qualität der Teeblätter beruht auf der chemischen Zusammensetzung besonders der Bestandteile, die den Geschmack, die Farbe, die Stärke und Schärfe des Tees als Getränk bestim-

men. Die anorganischen Substanzen der Teeblätter unterscheiden sich von denen anderer
Pflanzen hauptsächlich durch ihren hohen Gehalt an Aluminium und Mangan, der sich mit
dem Älterwerden der Blätter bis zu 2 bzw. 1 %
in der Trockenmasse erhöhen kann. Es gibt Anzeichen dafür, daß Aluminium und Mangan einen bestimmenden Einfluß auf die arteigene
Qualität frischer Teeblätter haben. Die typischen organischen Bestandteile des Teeblattes
sind die Polyphenole (Catechine) im Zellsaft.
Die enzymatische Oxidation der Tee-Polyphe-
nole wird als der wichtigste Teil des Fermentationsprozesses während der Teeverarbeitung angesehen. Das Ausmaß der Oxidation und die
Menge der gebildeten Kondensationsprodukte
hängen teils von dem Gehalt des Blattes an
Polyphenolen und Enzymen teils von der Verar-
beitungsroutine ab, welcher das Blatt in der
Fabrik unterworfen wird. Beides, die Blattzu-
sammensetzung und die Verarbeitungsvorgänge
in der Fabrik, beeinflussen wesentlich die endgültige Qualität des fertigen Produktes.

Versuche haben gezeigt, daß die Qualität des
fertigen Tees bestimmt wird durch

1. die Pflückarbeit: je jünger und einheitlicher
   die gepflückten Blätter, desto besser die Qualität;
2. die nach dem Schnitt verstrichene Zeit: die
   Qualität des gepflückten Blattes erhöht sich,
   je weiter das Schneiden des Busches zurück-
   liegt;
3. das Klima: im Hochland von Sri Lanka wird
   in der Trockenzeit mit kalten Nächten sehr
   viel besserer Tee erzeugt als in der Regenzeit
   mit gleichmäßigeren Temperaturen. Der
   Hochland-Tee aus Darjeeling in Indien ist für
   seine Qualität berühmt;
4. die Ernte-Arbeit: unverletzte Blätter, die während des Transportes und der Aufbewahrung
   in der Fabrik lose gepackt sind, fermentieren
   unkontrolliert nur wenig.

Die Verarbeitung von Tee ist darauf abgestellt,
erstens das Blatt zur Fermentation vorzuberei-
ten, zweitens die besten Verhältnisse für die
Fermentation zu schaffen, drittens die Fermentation zu beenden, wenn der Prozeß weit genug
fortgeschritten ist, und viertens ein Trockengut
zu produzieren, das für lange Lagerung ohne
Qualitätsschwund geeignet ist.

Folgende Abschnitte können in dem Verarbeitungsprozeß unterschieden werden: Die Fermentation beginnt, sobald das Blatt gequetscht wird,
sei es während des Pflückens oder während des
Transports zur Fabrik. Der erste kontrollierte
Schritt ist dann das Welken, um den Feuchtigkeitsgehalt zu verringern und das Blatt für die
weitere Bearbeitung geschmeidiger zu machen.
Wenn die Feuchtigkeit stark reduziert wird, wie
es in Sri Lanka praktiziert wird, kann von mittlerem bis starkem Welken gesprochen werden.
Ist der Wasserverlust weniger hoch, wie in Assam und Ostafrika üblich, spricht man von
leichtem Welken. Der Welkegrad, ausgedrückt

Abb. 227. Ventilierte Tröge zum Welken des Erntegutes.

als Gewichtsverlust, beträgt etwa 40 % für leichtes Welken und 45 % bis 50 % für mittleres bis starkes Welken.

Für das Welken können verschiedene Verfahren angewendet werden. Heute allgemein üblich ist die Verwendung von 8 bis 10 m langen und 1 bis 1,5 m breiten Trögen, in denen die Blätter bis zu 50 cm hoch liegen (Abb. 227). Durch den Bodenrost wird, meist angewärmte, Luft geblasen. Das Welken dauert so etwa 4 bis 5 Stunden.

Wesentlich arbeitsaufwendiger ist das flache Ausbreiten der Blätter auf Ablagen (tats) aus straff gespanntem Nylon, Jutenetzen oder Leichtmetallsieben (Abb. 228). Die oberen Stockwerke jeder Teefabrik bestehen aus diesen Anlagen. Hier dauert das Welken bis zu 20 Stunden, auch wenn durch riesige Ventilatoren für Belüftung gesorgt wird. Inzwischen kaum noch gebräuchlich ist das Trommelwelken, bei dem die Blätter in durchlöcherten Trommeln gedreht werden. In jedem Fall hat der Welkeprozeß wesentlichen Einfluß auf die Beschaffenheit des Fertigproduktes.

Nach dem Welken ist das Blatt fertig zum Rollen. Während des Rollprozesses wird es gedreht, gequetscht und ausgepreßt. Die heutigen Rollmaschinen pressen und drehen das Blatt in gleicher Weise, wie es im Altertum von den Chinesen gehandhabt wurde, die das Blatt zwischen den Handflächen rieben. Durch das Rollen wird der Zellsaft ausgepreßt, die Catechine und Enzyme kommen in Kontakt und werden der Luft ausgesetzt, wodurch sich der Fermentationsprozeß beschleunigt. In diesem Stadium beginnt die grüne Blattfarbe in den braunen, schwarzen oder kupfernen Farbton des oxidierten Produktes umzuschlagen. Der Rollprozeß wirkt sich auf die Qualität und das Aussehen des Fertigproduktes aus. Beim Entleeren der Roller wird die Blattmasse zu Stücken, den sogenannten Dhools, zusammengepreßt. Diese werden durch den Rollbrecher auseinandergebrochen, danach gesiebt und auf dem Fermentationstisch ausgebreitet. Dort setzt sich die Fermentation weiter fort, wobei die Dichte bzw. Schichthöhe der ausgebreiteten Masse den Zutritt von Sauerstoff und damit die Temperatur des Fermentationsgutes und die notwendige Dauer des Fermentationsprozesses bestimmt. Je nach Witterungsverhältnissen (Temperatur und relative Luftfeuchtigkeit) wird zwischen 1¾ und 2½ Stunden fermentiert. Es ist die Kunst des „teamakers", die richtige Fermentationsdauer zu finden.

Statt des Rollens wird heute oft das CTC-Verfahren (crushing-tearing-curling) angewendet, wobei die Blätter geschnitten werden und die

Abb. 228. Erntegut zum Welken auf Nylon-Ablagen.

Vermischung mit dem Zellsaft intensiver ist. Der Fermentationsprozeß wird damit intensiviert und dauert nur halb so lange wie nach dem Rollen. Dadurch sind Farbe und Geschmack meist strenger.

Die Fermentation wird mit der Trocknung beendet. In der Trocknungsanlage wird der fermentierte Tee bei 60 bis 80 °C in 45 bis 90 Minuten auf einen Feuchtigkeitsgehalt von etwa 3 % getrocknet. Auch noch die Art des Trocknens kann die Qualität des Tees beeinflussen. Bei zu hohen Temperaturen leiden Aroma, Schärfe und Geschmack, während bei zu niedrigen Temperaturen der Feuchtigkeitsgehalt zu hoch bleiben und zu Schimmelbildung im Lager führen kann.

Schließlich werden die verschiedenen Teesorten durch mehrere Siebungen voneinander getrennt, wobei die Größe der Sieblöcher die verschiedenen Fraktionen bestimmt. Auf diese Weise lassen sich die feineren Blatteile von den größeren Stengelteilen, die in ihrer Qualität unterschiedlich sind, trennen. In Spezialmaschinen können mit Hilfe feinster Eisenspäne durch Magneten die gröbsten, den Geschmack negativ beeinflussenden Teile entfernt werden.

Vor der Verpackung in möglichst luftdicht verschlossenen Holzkisten werden Proben für den Geschmackstest entnommen. Obwohl erst der Test durch neutrale Prüfer vor der Auktion die Qualitätseinstufung festlegt, gibt der fabrikeigene Test bereits Hinweise auf die Preisgestaltung. Tee wird ausschließlich nach der Qualität bezahlt.

In den Handel kommt Tee mit der Herkunftsbezeichnung und dem Sortennamen wie Broken Orange Pekoe (BOP), Broken Pekoe (BP), Orange Pekoe (OP), Pekoe (P), Fannings und Dust. BOP ist das beste Produkt mit einem hohen Anteil zarter Blatteile, während die nächsten Qualitäten jeweils mehr ältere Blatteile und Stielchen enthalten.

Grüner Tee unterscheidet sich von schwarzem Tee dadurch, daß er nicht fermentiert ist, die Blätter nach dem Pflücken durch heißen Dampf sofort abgetötet werden, wodurch sie auch die grüne Farbe behalten. Da er hauptsächlich in China, Japan und Marokko getrunken wird, gibt es im Welthandel wenig grünen Tee.

Krankheiten und Schädlinge

Tee ist eine langlebige Pflanze, die als Monokultur auf ausgedehnten Flächen angebaut wird.

Die Monokultur und die Umstellung im Anbau von Sämlingen (Genotypengemisch) auf Klonanbau (reine Linien) bringen bei Infektionen und Schädlingsbefall die Gefahr von Epidemien und starker Vermehrung der Schädlinge mit sich. Ein Mischanbau mit verschiedenen Klonen in einer Plantage bzw. von Polyklon-Sorten ist daher dem Anbau nur eines Klons vorzuziehen, auch wenn dieser den örtlichen Verhältnissen am besten angepaßt ist. Von den pflanzlichen Parasiten, die die Teepflanzen befallen, sind die Pilze an Wurzeln, Stengeln und Blättern die gefährlichsten. Von den Tieren gelten die Milben in allen Teeanbaugebieten als ernsthafteste Schädlinge. Nematoden, Viren und Algen treten nur örtlich auf, während Bakteriosen beim Tee bisher unbekannt sind (12).

Blattkrankheiten und -schädlinge. Die gefährlichste und verbreitetste Pilzkrankheit des Tees ist die Blasenkrankheit (blister blight, *Exobasidium vexans*). In Sri Lanka – ausgenommen im Tiefland – und in Südindien erschien diese Krankheit 1946 und wurde schnell epidemisch. Sie wurde erfolgreich durch regelmäßiges, wiederholtes Spritzen von Kupfer-Fungiziden niedriger Konzentrationen während der feuchteren Monate des Jahres bekämpft. Bei 20 und weniger Sonnenscheinstunden innerhalb von fünf Tagen ist die Gefahr einer Infektion besonders groß und eine Spritzung anzuraten. Auf lange Sicht kann der Anbau von resistenten Klonen ein Ausweg sein.

Die Teeblätter werden besonders in Nord- und Südindien, aber auch in anderen Gebieten von den roten bzw. rosafarbenen Milben (*Oligonychus coffeae* und *Calacarus carinatus*) befallen. In ernsten Fällen können diese Schädlinge starken Blatt- und Ernteverlust verursachen. Erfolgreiche Bekämpfung wurde mit den neueren Akariziden und organischen Phosphorverbindungen erreicht. Den natürlichen Milben-Feinden, den Marienkäfern, sollte im Rahmen einer biologischen Bekämpfung besondere Beachtung geschenkt werden.

Bis zur Einführung von DDT-Spritz- und Stäubemitteln um 1948 waren die Wanzen (*Helopeltis* spp.) sehr gefährliche Schädlinge, besonders in Indien und Indonesien, wo sie Ernteverluste bis zu 50 % verursachten.

Der Teewickler (*Homona coffearia*) auch Teatortrix genannt, ist ein verhältnismäßig unbedeutender Schädling. Seine Bekämpfung durch

die Schlupfwespe *Macrocentrus homonae*, eines
Hyperparasiten aus Java im Jahre 1935 ist eines
der bekannten Beispiele für erfolgreiche biologische Bekämpfung.
Wurzelkrankheiten und -schädlinge. *Poria hy-*
polateritia und mehrere andere Pilze können die
Wurzeln befallen und erhebliche Produktions-
ausfälle verursachen. Das vollständige Roden
der befallenen und der noch gesund erscheinen-
den Nachbarpflanzen bis zu einer Tiefe von 1 m
hilft gegen die Verbreitung, ist aber teuer. Eine
bewährte Maßnahme ist die Bodenentseuchung
mit organischen Bodenbegasungsmitteln vor einer Neupflanzung in gefährdeten Lagen.
Nematoden (*Meloidogyne* spp., *Pratylenchus*
spp.) haben örtlich erhebliche Schäden verursacht. Bei starker Verseuchung sind Rodung und
zeitweiliger Fruchtwechsel oder chemische Bodenentseuchung nötig. Hygienemaßnahmen gegen Nematoden in der Baumschule sollten eine
Selbstverständlichkeit sein. Gegen einige Nematodenarten sind resistente Klone verfügbar (15).
Stamm- und Zweigkrankheiten und -schädlinge.
Von den Zweigkrankheiten ist die durch *Physa-*
lospora neglecta hervorgerufene krebsartige
Wucherung wahrscheinlich die ernsteste. Die Selektion von toleranten Klonen ist zur Zeit die
meistversprechende Bekämpfung.
Der Holzborkenkäfer *(Xyleborus fornicatus)*
kann als gefährlicher Schädling auftreten. In
einem Gebiet von etwa 100 000 ha in mittelhohen Lagen von Sri Lanka (zwischen 600 und
1400 m NN) wurde der durch diesen Borkenkäfer hervorgerufene Ernteverlust 1953/55 auf
8 % bis 20 % der Gesamternte geschätzt. Ertragssteigerungen von 50 % und mehr wurden
nach Spritzung mit Dieldrin in befallenen Plantagen festgestellt. Die Büsche werden nach dem
Schnitt behandelt. Dieldrin tötet allerdings nicht
nur den Käfer, sondern auch die Schlupfwespe
Macrocentrus, die den Teewickler parasitiert
(s. o.). Dies zeigt, wie die chemische Bekämpfung eines Schädlings das biologische Gleichgewicht stören und das Auftreten anderer Schadinsekten fördern kann. In Indonesien und Indien
ist der Borkenkäfer ein unbedeutender Schädling.
Wenn eine Blattpflanze wie Tee gespritzt wird,
dann ist es wichtig, die Menge so zu dosieren
und den Zeitpunkt der Applikation so zu wählen, daß keine toxischen Rückstände im Blatt
verbleiben. Speziell in den USA wird Tee auf

Rückstände genau untersucht. Aber auch die
Farbe kann durch Rückstände beeinträchtigt
werden, was zu Preisabschlägen führt.

Literatur

1. ANONYM (1979): East and South-East Asia Programme. Int. Potash Inst. and Potash Phosphate
   Inst. of North America. Singapur.
2. BARTELINK, A., und PUGLISI, C. (1981): Argentinien – Verbesserung der Teeproduktion. Entw.
   und ländl. Raum 15 (4), 16–18.
3. BARUA, D. N. (1970): Light as a factor in metabo-
   lism of the tea plant. In: LUCKWILL, L. C., and
   CUTTING, C. V. (eds.): Physiology of Tree Crops,
   307–322. Academic Press, London.
4. CARR, M. K. V. (1970): The role of water in the
   growth of tea. In: LUCKWILL, L. C., and CUTTING,
   C. V. (eds.): Physiology of Tree Crops, 287–305.
   Academic Press, London.
5. EDEN, T. (1976): Tea. 3rd ed. Longman, London.
6. FAO (1984): Production Yearbook, Vol. 37.
   FAO, Rom.
7. FAO (1984): Trade Yearbook, Vol. 37. FAO,
   Rom.
8. FORDHAM, R. (1977): Tea. In: ALVIM, P. DE T., and
   KOZLOWSKI, T. T. (eds.): Ecophysiology of Tropical Crops, 333–349. Academic Press, New York.
9. FRANKE, G. (1982): Nutzpflanzen der Tropen und
   Subtropen, Bd. I, 4. Aufl. Hirzel, Leipzig.
10. FUCHS, A. (1984): Nutzpflanzen der Tropen und
    Subtropen (Hrsg. FRANKE, G.), Band IV, Pflanzen-
    züchtung, 2. Aufl. Hirzel, Leipzig.
11. GEUS, J. G. DE (1973): Fertilizer Guide for the
    Tropics and Subtropics. 2nd ed. Centre d'Étude de
    l'Azote, Zürich.
12. HAINSWORTH, E. (1952): Tea Pests and Diseases
    and Their Control. Heffer, Cambridge.
13. HARLER, C. R. (1966): Tea Growing. Oxford Uni-
    versity Press, London.
14. HILTON, P. J. (1974): The effect of shade upon the
    chemical composition of the flush of tea (*Camellia*
    sinensis L.). Trop. Sci. 16, 15–22.
15. PEACHEY, J. E. (ed.) (1969): Nematodes of Tropi-
    cal Crops. Commonwealth Agric. Bureaux, Farn-
    ham Royal, Bucks, England.
16. SCHOOREL, A. F. (1949): Handleiding voor de
    Theecultuur. Veenman, Wageningen.
17. SORKAR, G. K. (1972): The World Tea Economy.
    Oxford University Press, London.
18. VISSER, T. (1969): Tea. In: FERWERDA, F. P., and
    WIT, F. (eds.): Outlines of Perennial Crop Breding
    in the Tropics, 459–493. Veenman, Wageningen.
19. WILLEY, R. W. (1975): The use of shade in coffee,
    cocoa and tea. Hort. Abstr. 45, 791–798.
20. WILLIAMS, C. N. (1975): The Agronomy of the
    Major Tropical Crops. Oxford University Press,
    Kuala Lumpur.
21. WILLIAMS, C. N., CHEW, W. Y., and RAJARATNAM,
    J. H. (1980): Tree and Field Crops of the Wetter
    Regions of the Tropics. Longman, London.

6.4 Tabak

WILLY REISCH

Botanisch:	*Nicotiana tabacum* L., *N. rustica* L.
Englisch:	tobacco
Französisch:	tabac
Spanisch:	tabaco

Wirtschaftliche Bedeutung

Mit der starken Zunahme des Rauchens in allen Ländern der Erde hat sich auch der Tabakanbau entsprechend ausgebreitet. Die Weltproduktion erhöhte sich von 1909/1913 bis 1983 von 2 Mio. t auf 6 Mio. t bei gleichzeitig verbesserten Anbau- und Erntemethoden, Verwendung von leistungsfähigeren Sorten sowie intensiverer Schädlings- und Krankheitsbekämpfung.

Seit Anfang der 70er Jahre hat China die USA als größter Tabakproduzent abgelöst (Tab. 91). Die USA sind aber der weitaus größte Tabakexporteur geblieben. Für eine Reihe von Entwicklungsländern ist der Tabakexport ein wichtiger ökonomischer Faktor (Brasilien, Simbabwe, Malawi u. a.). Als hochwertiges Verkaufsprodukt, dessen Anbau auch für kleine Betriebe geeignet ist und viel Handarbeit erfordert, kann Tabak einen wichtigen Beitrag zur Entwicklung ländlicher Gebiete leisten (9, 15, 19, 24, 26).

Bei den Exportzahlen von Tab. 91 ist zu beachten, daß sie nur den unverarbeiteten Tabak wiedergeben; für einige Entwicklungsländer spielt daneben die Ausfuhr von Zigarren eine erhebliche Rolle (Brasilien, Kuba, Philippinen).

Tabak ist einzigartig unter allen Kulturpflanzen durch die hohen Einnahmen, die seine Besteuerung vielen Staaten bringt; in einigen Ländern besteht sogar ein staatliches Monopol, das sich auch auf den Anbau erstrecken kann.

Botanik

Der spitzblättrige, mehr oder weniger am Stengel breit ansetzende, rosa blühende gewöhnliche Tabak (N. *tabacum* L.) und der rundblättrige, gestielte, grünlich-gelb blühende Bauerntabak (N. *rustica* L.) (Solanaceae) sind die einzigen Gebrauchstabake von etwa 60 Arten der Gattung *Nicotiana* (12, 14). Beide Arten haben 2 n = 48 Chromosomen und sind, wie man nachweisen konnte, als Amphidiploide aus na-

Tab. 91. Produktion und Export von Blatt-Tabak (1000 t) der wichtigsten Erzeugerländer 1984. Nach (6, 7).

Region/Land	Produktion (1000 t)	Export (1000 t)
Asien	3358	304
davon		
China	1815	25
Indien	493	81
Türkei	178	70
Indonesien	109	19
Südkorea	98	30
Thailand	90	36
Philippinen	54	22
Nord- und Mittelamerika	1035	327
davon		
USA	784	247
Mexiko	55	13
Kuba	45	10
Dominik. Republik	28	17
Südamerika	579	238
davon		
Brasilien	414	187
Argentinien	75	27
Kolumbien	43	11
Europa	810	344
davon		
Italien	161	97
Griechenland	142	88
Bulgarien	141	61
Afrika	342	180
davon		
Simbabwe	125	90
Malawi	70	70
Südafrika	37	5
Ozeanien	17	–
UdSSR	339	1
Welt	6480	1396

türlichen Kreuzungen zweier Arten unter Verdoppelung der Chromosomenzahl hervorgegangen. Sie sind wahrscheinlich im südamerikanischen Genzentrum von Peru und Bolivien entstanden, und zwar N. *tabacum* L. aus N. *sylvestris* Speg. et Comes und N. *tomentosiformis* Goodspeed (je 2 n = 24) bzw. N. *rustica* L. aus

Abb. 229. Getrocknete Blätter wichtiger Schneidegut-Typen (Foto Landesanstalt Forchheim).

Abb. 231. Getrocknete Blätter verschiedener Zigarrengut-Typen (Foto Landesanstalt Forchheim).

N. paniculata L. und *N. undulata* Ruiz et Pavon (ebenfalls 2 n = 24) (4).
Eine Klassifikation in die hauptsächlichen Grundtypen von *N. tabacum* L. (Abb. 229, 230, 231) wird häufig nach dem jeweiligen Verwendungszweck bei der Tabakverarbeitung vorgenommen: Virgin, Orient, Burley, Maryland, Kentucky, Havanna, Brasil.

Während der flue-cured (röhrengetrocknete) oder bright Virginia für Zigaretten und hellfarbige Pfeifentabake verwendet wird, eignet sich der fire-cured (feuergetrocknete) Virgin für dunkle Rauchtabake und Kautabak. Die Sortierung erfolgt je nach Farbe, Größe und Beschaffenheit des Blattes in etwa 60 bis 70 Gradierungen und Typen. Der meist kleinblättrige, sonnengetrocknete (sun-cured) Orienttabak ist von der Zigarettenproduktion sehr gefragt, wird aber auch gerne als Mischtabak für Feinschnitt verwendet. Burley, meist ganzpflanzengeerntet und luftgetrocknet (air-cured), ist 1864 in Ohio/USA durch eine Chlorophyllmutation aus Maryland broadleaf entstanden und ergibt bei seiner speziellen Auftrocknung einen hell rötlich-braunen Tabak mit einem artspezifischen Aroma, der in der Lage ist, bedeutende Mengen Soßen aufzunehmen. Gemischt mit Virgin-, Orient- und Marylandherkünften liefert er einen gefragten Rohstoff für die sog. Blendzigarette. Maryland, der als Schneidegut und auch für die dunkle Marylandzigarette Verwendung findet, wird luftgetrocknet und besitzt ein mildes und süßliches Aroma. Als Kentucky-Tabak bezeichnet man bestimmte Fire-cured-Tabaksorten, die sich hauptsächlich für die Kautabakherstellung eignen, aber auch von der Rauchtabakindustrie für die Herstellung kräftiger und mittelschwerer Fabrikate sowie für bestimmte Zigarettensorten sehr gefragt sind. Havannatabake wiederum erbringen allseits bekannte Um- und Deckblattqualitäten mit guten Brand- und speziellen Aromaeigenschaften. Der Brasiltabak eignet sich als Um- und Deckblatt sowie für Einlagematerial zur Herstellung meist dunkelfarbiger Zigarren. Besonders erwähnenswert sind die Provenienzen

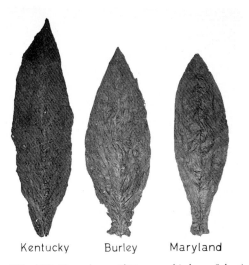

Abb. 230. Getrocknete Blätter verschiedener Schneidegut-Typen (Foto Landesanstalt Forchheim).

aus Indonesien (Sumatra, Java), welche als Deck- und Umblatt Weltgeltung erreicht haben. Weltweit liefern röhrengetrockneter Virgin rund 45 %, dunkle sonnen- oder luftgetrocknete Tabake 20 %, Orient 17 % und Burley 10 % des Handelsgutes, die anderen genannten Typen jeweils nur wenige Prozent (2, 8, 16, 23, 28).

Die Varietäten von *N. rustica*, wie Machorka (UdSSR) und Tombak (Persien und Türkei), werden teils als Zigaretten (Papyros) mit süßlichem Charakter, teils wegen ihres hohen Nikotingehaltes als Wasserpfeifentabak (Nargileh) verwendet.

Infolge der besonderen Ernte- und Trocknungsverfahren ergeben die Virgintabake wegen ihrer hohen Zucker- und niedrigen Stickstoffgehalte bei der Verbrennung einen sauren inhalierbaren Rauch, demgegenüber Zigarrentabake wegen ihres hohen Stickstoffgehaltes alkalisch reagieren und meist nicht inhalierbar sind. Burley- und Marylandtabake bilden normalerweise einen schwach sauren Rauch.

Ökologie

Klima. Obwohl die meist großblättrige, subtropische Tabakpflanze im allgemeinen einen hohen Wärme- und Wasserbedarf hat, ist ein Tabakanbau auch in weniger klimatisch günstigen Regionen erfolgreich. Allerdings bewirken nur bestimmte Klimazonen mit entsprechendem Mikroklima beim Tabak jene Qualitätsleistungen, die schließlich für die sog. Provenienzen einer Sorte charakteristisch sind (25). Bei allen Sorten von *N. tabacum* beträgt das Keimungstemperaturminimum 10 bis 14 °C, für die von *N. rustica* 5 bis 8 °C; die Optimaltemperatur für die Samenkeimung ist 20 bis 30 °C. Für eine optimale Entwicklung auf dem Feld sind Temperaturen zwischen 23 und 30 °C erforderlich. Bei höheren Temperaturen tritt bei vielen Sorten eine wesentliche Verlangsamung des Wachstums ein. Bei ausreichender Wasserversorgung vermag die Tabakpflanze durch Transpiration über begrenzte Zeit die Temperatur des Blattes herabzusetzen, so daß das Wachstumsoptimum gewahrt bleibt. Kälteschäden (chilling injuries, → Bd. 3, REHM, S. 103) sind festzustellen, wenn die Temperaturen auf weniger als 4 °C absinken und 3 bis 4 Stunden anhalten. Die höchste Wachstumszunahme zeigt sich bei einer Sonnenscheindauer von täglich etwa 4½ Stunden und einer Wasserversorgung von 3 bis 5 mm je nach Tagestemperatur.

Boden. Zigarettentabake (Orient und Virgin) bevorzugen sandige Böden mit nicht zu hohem Humus- und niedrigem Stickstoffgehalt (pH 5 bis 6), während ein erfolgreicher Anbau von Zigarren- und Pfeifentabaken auf schwereren und sandigen Lehmböden zu erzielen ist (pH 6,5 bis 7,2). Der Boden sollte stets ein gutes Wasserspeicherungsvermögen und eine entsprechende Kapillarität besitzen. Ausgesprochen schwere Böden sind für den Qualitätstabakbau ungeeignet.

Tabak hat ein ausgedehntes, kräftiges Wurzelsystem mit einer sehr aktiven VA-Mykorrhiza. Nur wenn diese sich gut entwickeln kann, wächst Tabak befriedigend (17, 22), außerdem vermindert sie die Gefahr des Befalls durch Schadorganismen (3).

Wind. Der großblättrige Tabak ist in seinem Wachstum gegen bodenaustrocknende Winde sehr empfindlich. Durch Windeinfluß bedingte Blattbeschädigungen auf dem Feld und selbst solche während der Trocknung schmälern die Qualität des Tabaks ganz erheblich (ungleichmäßige Farbgestaltung und Blattstrukturveränderungen).

Licht. Unter den Tabaksorten gibt es sog. Kurz- und Langtagtypen. Für den Welttabakanbau dominierend sind allerdings solche mit einem neutralen Verhalten.

Züchtung

Die Aufgaben und das Hauptziel der Tabakzüchtung sind:

1. Steigerung der Ertragsleistung und Ertragssicherheit
2. Verbesserung der Blatt- und Rauchqualität
3. Anpassung an die derzeitige Anbautechnik
4. Erhöhung und Stabilisierung der Umwelt- und Krankheitsresistenz
5. Verminderung der Schadstoffe (z. B. Nikotin, Kondensat, CO) bzw. der Rückstände im Tabakblatt und Tabakrauch.

Dabei bedient man sich weltweit verschiedener Zuchtmethoden. Bei der seit bald 50 Jahren vornehmlich in den USA praktizierten Resistenzzüchtung gegen die verheerend auftretenden Tabakkrankheiten mußte oft auf Wildarten als Resistenzträger zurückgegriffen werden, z. B. *N. glutinosa* L. (Mosaikvirus), *N. longiflora* Cav.

(Wildfeuer), *N. debneyi* Domin. (Blauschimmel) und *N. repanda* Willd. ex Lehm. (Nematoden). Wiederholte Rückkreuzung mit den entsprechenden Wirtschaftsorten führte in vielen Fällen zu Sorten, welche die gefragte Tabakqualität mit der Krankheits- oder Schädlingsresistenz verbinden (11, 14). Da Erreger mit einer höheren Aggressivität immer wieder spontan auftreten, ist es notwendig, die Resistenz einer Sorte laufend zu überprüfen.

Anbau

Saatgutvermehrung. Wesentlich für den Erhalt der Sortenreinheit ist der Schutz vor Fremdbefruchtung durch Insekten und Wind, weshalb Tabaksaatgutvermehrungsfelder nur dann frei abblühen dürfen, wenn im Umkreis von 1000 m keine andere Sorte angebaut ist. Andernfalls müssen die Blütenstände eingehüllt werden. Zur Erzielung von großkörnigem Saatgut mit guter Keimfähigkeit hat sich weltweit das Ausschneiden der Blütenstände bewährt, wobei nur die frühzeitig aufgeblühten und kräftigsten etwa 20 bis 30 Kapseln belassen werden. Von einer Tabakpflanze können je nach Sorte 10 bis 15 Gramm Saatgut gewonnen werden, was bei 10 000 bis 14 000 Einzelkörnern je g einer Reproduktionsfähigkeit von 1:200 000 entspricht. Für den Anbau von 1 ha Tabak reicht demnach die Saatgutmenge aus der Ernte von 2 Pflanzen voll aus. Vom Auspflanzen des Tabaks bis zur Samenernte benötigt die Tabakpflanze etwa 140 bis 150 Tage.

Setzlingsanzucht. Nur gedrungene und rechtzeitig abgehärtete Pflanzen mit einer starken Wurzelausbildung garantieren für späterhin einheitliche und vor allem gesunde Tabakbestände. Bei dem sehr feinkörnigen Tabaksamen und der langsamen Jugendentwicklung des Tabaks von etwa 55 bis 65 Tagen bis zum Auspflanzen muß die Aussaat in frostfreien Gebieten in Freilandbeeten mit Schattierungsgewebe zum Schutz gegen rasche Austrocknung und in frostgefährdeten Zonen in Warmbeeten unter Glas bzw. in Folienhäusern vorgenommen werden. Eine Direktaussaat, auch mit pilliertem Saatgut, auf das Feld hat sich bislang nicht bewährt.

Die Anzuchterde muß humushaltig, locker, feinkörnig und vor allem frei von Wurzelpilzen, Nematoden und sonstigen Krankheitserregern sein. Ebenso ist dafür zu sorgen, daß auch die Beetanlage und das benötigte Gerät rechtzeitig desinfiziert werden, sei es durch chemische Mittel oder eine durchdringende Dämpfung. Heute wird meist eine genormte sogenannte Einheitserde verwendet, die in ihrer Zusammensetzung den optimalen Forderungen für die Keimung und den Aufwuchs bis zur Auspflanzung entspricht. Eine Beimpfung der sterilisierten Erde mit Mykorrhizapilzen ist nützlich (17, 22). Während des Wachstums müssen die Beetpflanzen regelmäßig vor schädigenden Insekten (Virusüberträger) und gegen Pilzkrankheiten durch entsprechende Insektizide und Fungizide geschützt werden.

Tabaksamen ist ein Lichtkeimer, d. h. er muß an der Bodenoberfläche liegen, die stets feucht zu halten ist. Die Aussaatmenge je m^2 Beetfläche soll bei einer Keimfähigkeit von wenigstens 85 % nicht mehr als 0,2 g betragen. Das sofortige Abdecken mit einer Plastikfolie zum Erhalt der Wärme und Feuchtigkeit hat sich bestens bewährt. Je nach der Außentemperatur muß etwa 10 bis 14 Tage nach dem Auflaufen täglich zunehmend gelüftet werden (Optimaltemperatur 20 bis 25 °C), und kurz vor dem Auspflanzen sind die Fenster abzunehmen bzw. die Folie hochzuziehen, damit die Setzlinge bei der Auspflanzung entsprechend abgehärtet sind. Ein Quadratmeter Saatbeetfläche liefert durchschnittlich 700 bis 900 Setzlinge.

Fruchtfolge. Die Tabakpflanze muß als einjährige Kultur in die Fruchtfolge des Betriebes eingebaut werden. Dabei ist eine möglichst breite Rotation zu empfehlen, um eine Anhäufung von Pilzkrankheiten und Nematoden zu verhindern, gegen die die jeweiligen Tabaksorten unterschiedlich reagieren. Als Vorfrucht scheiden alle Langzeitleguminosen, Dauerbrachland und Wiesen aus (Stickstoffschub). Auch Kartoffeln und Tomaten sind wegen der Möglichkeit einer Übertragung von gleichen Viruskrankheiten ungeeignet. Lediglich ein Fruchtwechsel mit Getreide und Mais garantiert bei Tabak hohe Erträge und beste Qualität.

Düngung. Wohl bei keiner anderen Kulturpflanze spielt hinsichtlich der gewünschten Qualität die richtige und sachgemäße Düngung eine so große Rolle wie bei Tabak.

Die verschiedenen Typen werden sehr unterschiedlich gedüngt (Tab. 92), entsprechend ihrer Wuchsleistung (Nährstoffbedarf und Nährstoffentzug), aber auch der zu erzielenden Qualität. Das kritischste Element ist der Stickstoff. Die

Tab. 92. Mineraldüngerbedarf (kg/ha) der wichtigsten Tabaktypen.

Sorte	N (kg/ha)	P₂O₅ (kg/ha)	K₂O (kg/ha)
Virgin	20– 60	80–160	100–200
Burley	70–120	80–120	150–200
Maryland	40– 60	80– 90	200–250
Zigarrengut	80–150	80– 90	200–250
Orient	6– 10	50– 60	50– 60

Höhe der Mineraldüngergabe richtet sich selbstverständlich nicht nur nach dem Tabaktyp, sondern auch nach dem Nährstoffvorrat im Boden (Bodenanalyse!) und den Klimaverhältnissen. Neben der ausreichenden Wasserversorgung und der Freiheit von Krankheiten und Schädlingen liegt der Schlüssel zum Anbauerfolg beim Tabak in der richtigen Düngung.
Die günstigste N-Düngung zu Tabak ist die in Form von Salpeter. Chloridhaltige Düngemittel sind streng zu vermeiden, weil der Tabak bei einem Chloridgehalt von mehr als 0,6 % in der Trockensubstanz schwer oder überhaupt nicht brennt und so auch im Rauchgenuß nicht befriedigt. Außerdem ist ein solcher Tabak sehr hygroskopisch, wodurch er in der Fermentation sehr dunkel bzw. mürbe wird und nur bedingt lagerungsfähig ist. Die Phosphorsäure wird am besten als Super- oder Doppelsuperphosphat verabreicht, und beim Kali hat sich das schwefelsaure Kali (50 % K₂O) bewährt (5, 18, 25).
Auspflanzen. Während noch vor Jahren allgemein von Hand hinter dem Pflug oder vormarkiert ausgepflanzt wurde, hat dies heute vielerorts die Pflanzmaschine übernommen und damit eine deutliche Arbeitsreduzierung bewirkt. Von großer Bedeutung für Ertrag und Qualität sind dabei die jeweiligen Pflanzweiten, die bei Schnei-

Tab. 93. Beispiele von Pflanzweiten für verschiedene Tabaksorten und Verwendungszwecke.

Tabaksorte	Land	zwischen den Reihen (cm)	in den Reihen (cm)	Pflanzenzahl je ha ca.
Virgin	USA	120	50	16 600
	Simbabwe	105	60	15 800
Burley	USA	105	35	27 200
	Simbabwe	112	40	22 300
Maryland	USA	90	70	15 800
		90	90	12 300
Zigarrentabak		Doppelreihen		
a) Deckblatt	Sumatra	100 u. 50	45	29 600
	Connecticut/USA	90	35	31 800
	Kuba	75	20	66 700
b) Einlage	USA	90	70	15 800
	Kuba	90	25	44 500
Orienttabak	Griechenland	40	12	208 000
	Türkei	40	15	167 000
	Rep. Südafrika	75	20	66 700

degut wegen der Ausreifung und beim Zigarren-deckblatt wegen der gewünschten Feinblättrig-keit weiter oder enger gewählt werden (Tab. 93).

Bodenpflege und Unkrautbekämpfung. Die Bo-denoberfläche ist stets offen zu halten, was bio-logisch durch die Bodenorganismen (Schatten-gare) und mechanisch durch eine mehrmalige Hackarbeit möglich ist (1. Arbeitsspitze). Ein Anhäufeln der Tabakpflanzen ist wegen der bes-seren Bodendurchlüftung und der damit beding-ten größeren Standfestigkeit der Pflanzen emp-fehlenswert. Vor der Anwendung eines Herbi-zids gegen auflaufendes Unkraut muß sich der Tabakpflanzer vergewissern, ob dieses Mittel für den Tabak verträglich und wegen der ver-bleibenden Rückstände im Tabakblatt auch zu-lässig ist.

Köpfen und Geizen sind Pflegemaßnahmen be-sonderer Art, die in ihrer Wirkung auf die innere Substanzanreicherung und Zusammensetzung der oberen Ernteanteile in engem Zusammen-hang mit der Stickstoffdüngung gesehen werden müssen (2. Arbeitsspitze). Ein Abschneiden bzw. Köpfen der Blütenstände unterbricht den Strom der Assimilate, die für das Wachstum der vege-tativen Organe verfügbar werden und ändert den Wuchsstoffhaushalt. Demzufolge sprießen verstärkt aus den Blattachseln die Seitentriebe

(Geizen), die mitunter ebenfalls späterhin Blüten bilden. Wird auch dieser Austrieb mechanisch entfernt oder chemisch unterbunden, so reagiert die Pflanze wie beim Köpfvorgang. Für den Zeit-punkt des Köpfens entscheidend ist die Sorte, die Wahl der Köpfhöhe, die Triebfähigkeit (N-Dün-gung) und der spätere Verwendungszweck. Die-ser Einschnitt in das natürliche Verhalten der Tabakpflanze bewirkt eindeutig eine merkliche Ertragssteigerung von 10 bis 15 % (Blattgröße, Blattdicke, Rippenstärke). Vielerorts wird die Köpfarbeit im Lohnverfahren durchgeführt. In-wieweit dabei auch qualitätsmindernde Vor-kommnisse auftreten, bedarf allerdings noch eingehender Untersuchungen. Jedenfalls darf nicht zu früh und tief geköpft werden. Das Köpfen des Blütenstandes regt zu stärkerer Wur-zelausbildung an, so daß geköpfte Pflanzen eine Trockenperiode besser überstehen.

Schattentabake. Auf direkte Sonneneinstrahlung reagiert die Tabakpflanze sehr empfindlich, wes-halb der Anbau von feinblättrigen, farblich ein-heitlichen und gut brennenden Deckblattabaken nur in Gebieten mit hoher Luftfeuchtigkeit und günstiger Regenverteilung während der Haupt-vegetationszeit des Tabaks, wie z. B. in Sumatra, möglich ist. In Connecticut und Florida (USA) sowie in Kuba und Italien wird Deckblattabak daher unter großen Schattenzelten kultiviert

Abb. 232. Deckblatt-Tabakpflanzen unter Schattenzelt (Foto Landesanstalt Forchheim).

(Abb. 232). Diese Einrichtungen wirken auch als Windschutz und vermindern die Sonneneinstrahlung um 40 bis 50 %. Allerdings sind diese zusätzlichen Aufwendungen sehr kostspielig, so daß eine Wirtschaftlichkeit nur bei entsprechend hohen Preisen gewährleistet ist, ganz abgesehen davon, daß die Erträge in der Regel niedriger als im Freiland liegen. Dagegen ist der Deckblattanteil bei Schattentabaken 50 bis 60 %, bei normalem Anbau nur 30 %.

Wasserversorgung. Im sogenannten „Rosettenstadium", etwa 3 bis 4 Wochen nach dem Auspflanzen, hat die Tabakpflanze nur einen verhältnismäßig geringen Wasserbedarf. In der Zeit des Hauptwachstums dagegen ist dieser sehr hoch und beträgt je nach Tagestemperatur 3 bis 5 mm je Tag, was in kühleren Klimazonen monatlich 100 und in warmen Gebieten bis 200 mm ausmacht. In Gegenden mit nur geringen und über die Vegetationszeit sehr ungünstig verteilten Niederschlägen kann es deshalb sehr nützlich sein, den Tabak zu bewässern (1, 13). Das zu verwendende Wasser darf allerdings höchstens 40 mg Chlor/l enthalten. Wassermangel, in der Hauptwachstumszeit des Tabaks auch nur vorübergehend, führt allgemein zu Dickblättrigkeit, schlechter Farbgestaltung und zu einer merklichen Erhöhung verschiedener Inhaltsstoffe, insbesondere an Nikotin.

Reife, Ernte, Trocknung und Ertrag

Reife. Der richtige Reifezustand des Tabakblattes bietet die auslösende Voraussetzung für den Erntevorgang. Das Blatt ist dann erntereif, wenn es in seiner Entwicklungsphase den Zustand erreicht hat, der seinem späteren speziellen Verwendungszweck im äußeren Erscheinungsbild und in der inneren Zusammensetzung genau entspricht. Dieser Prozeß vollzieht sich kontinuierlich von Blatt zu Blatt von unten nach oben in einem zeitlichen Gesamtunterschied von 30 bis 40 Tagen (Abb. 233).

Ernte. Diese wird größtenteils noch mit der Hand durchgeführt. In den USA hat sich allerdings im Virginanbau der Vollernter etabliert und in vielen europäischen Ländern ist das Ernteband und die halbautomatische Erntemaschine im Vormarsch. Allgemein unterscheidet man bei Tabak zwischen Blatt- und Stamm- bzw. Ganzpflanzenernte.

Für die Qualität des Tabaks nach der Trocknung und Fermentation ist der richtige Reife-

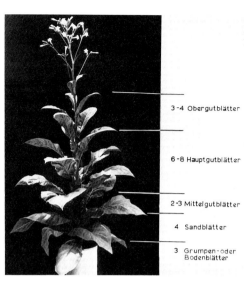

Abb. 233. Tabakpflanze mit Kennzeichnung der von unten nach oben reifenden Erntestufen (Foto Landesanstalt Forchheim).

grad ausschlaggebend. Je nachdem, ob es sich um Zigarrengut, das alkalische Raucheigenschaften besitzen soll, oder um hellfarbige Virgin-, Burley- oder Orienttabake handelt, mit saurem Hauptstromrauch und einem süßlichen Charakter, muß in einem unterschiedlichen Reifestadium geerntet werden. Zigarrentabake z. B. werden vital bei beginnender Blattreife gepflückt, wobei der Entwicklungszustand bei Einlagesorten weiter fortgeschritten ist als bei Um- und Deckblattvarietäten. Virgin-, Burley- und Orienttabake dagegen erntet man im vollreifen, postvitalen Zustand, d. h., wenn die Blätter hellgrün bis gelblich-grün sind, aber noch keine braunen Spitzen und Ränder haben. Marylandtabak wiederum muß hellgrün sein und gelbliche Reifeflecken zeigen.

Die Sandblatternte (4 Blätter) erfolgt meist etwa 70 bis 75 Tage nach dem Auspflanzen, die des folgenden Mittelgutes (3 Blätter) nach weiteren 8 bis 10 Tagen, die des Hauptgutes (6 bis 8 Blätter) 2 bis 3 Wochen später und schließlich das Obergut nach weiteren 5 bis 7 Tagen. Die untersten, aber kleineren Bodenblätter oder Grumpen werden in vielen Anbaugebieten nicht geerntet, außer wenn sie eine Mindestlänge von 30 cm haben.

Die Ernte jeder Blattstufe muß streng getrennt gehalten werden, weil die Struktur und der Verarbeitungswert stark verschieden sind. Bei den großblättrigen Tabaksorten sind die unteren Erntestufen die wertvollsten, im Gegensatz zu dem kleinblättrigen Orienttabak (18 Ernten mit je 3 Blättern), wo die oberen Ernteanteile oder „Hände" allgemein würziger und aromatischer sind.

Bei der Ganzpflanzen- oder Stammernte wird die Tabakpflanze am Boden abgeschlagen oder abgemäht und dann umgekehrt zum Trocknen aufgehängt. Vielfach wird auch die kombinierte Ernte praktiziert, wobei Grumpen und Sandblatt einzeln von Hand gepflückt werden und erst 2 bis 3 Wochen später der Stengel mit den restlichen Blättern abgeschnitten wird. Bei beiden Methoden bleiben die geernteten Pflanzen zum Abwelken der Blätter kurze Zeit auf dem Felde liegen und werden erst dann für die Trocknung im Schuppen auf Holzstäben aufgespießt oder an Drähten aufgehängt (Abb. 234). Die Ganzpflanzenernte ist allerdings nur dort praktikabel, wo keine Frühfröste zu erwarten sind. Sie erbringt eindeutig eine Qualitätsverbesserung insbesondere hinsichtlich geringer Schadstoffe; eine merkliche Ertragseinbuße von 10 bis 15 % muß allerdings mit in Kauf genommen werden.

Trocknung. Das zeitraubende Einfädeln mit der Hand wurde zunächst durch die Einfädelmaschine und dann durch die Einnähmaschine sehr zurückgedrängt, womit eine weitere Arbeitsspitze wesentlich eingedämmt und für die Spezialisierung und Schwerpunktbildung des Betriebes ein gangbarer Weg eingeräumt wurde.

Abb. 234. Ganzpflanzentrocknung von Burley – an Drähten aufgehängte Pflanzen (Foto Landesanstalt Forchheim).

Die Tabaktrocknung stellt die erste Phase bei der Verarbeitung des Tabakblattes zum industriellen Rohstoff dar. Die Vorgänge, die sich dabei abspielen, sind vielgestaltig, denn je nach dem Feuchtigkeits- und Chlorophyllgehalt bzw. dem Reifegrad einer Tabaksorte sowie den Licht- und Temperaturverhältnissen verläuft der Absterbeprozeß (Vergilbung) mehr oder weniger intensiv. Dabei ist zu bedenken, daß das Tabakblatt seinen ursprünglichen Wassergehalt von 85 bis 90 % je nach Trocknungsart auf 18 bis 28 % reduzieren muß.

Beim Trocknungsprozeß des Tabaks unterscheidet man:

1. die natürliche Trocknung (Luft- und Sonnentrocknung)
2. die künstliche Trocknung (Röhren-, Feuer- und Räuchertrocknung)
3. die forcierte (leicht gelenkte) Trocknung bei manchen Zigarrendecktabaken.

Die Lufttrocknung (air curing) von Zigarrengut mit einem nach der Trocknung farblich braunen, fahlen, mausgrauen Grundton muß langsam und im Dunkeln erfolgen, damit Eiweiß und Nikotin abgebaut werden und eine alkalische Reaktion im Hauptstromrauch gewährleistet ist. Saure Tabake, wie Burley (rötlich-braun) und insbesondere Virgin (hellgelb-goldgelb), die den Abbauprozeß schon weitgehend im Reifevorgang durchschritten haben, verlangen eine schnellere Vergilbung, um den vor allem beim Virgintabak wichtigen Zuckergehalt (25 bis 30 %) zu bewahren. Je nach Sorte, Erntestufe und Witterung beträgt die Trocknungszeit 4 bis 10 Wochen.

Die postvital geernteten, kleinblättrigen, dicht eingefädelten Orienttabake werden an der Sonne getrocknet, wobei sie gegen Regen und Nässe zu schützen sind. Manchmal findet noch eine Nachtrocknung im Schatten oder selbst in der Röhrentrocknung statt, um den Blättern, insbesondere in den Haupttrippen, das Wasser zu entziehen.

Die Röhrentrocknung (flue curing) beginnt bei etwa 30 °C. Die Temperatur wird je nach Sorte und Erntestufe in 1 bis 3 Tagen auf etwa 33 bis 35 °C erhöht bei einer konstanten rel. Luftfeuchtigkeit von 80 bis 90 % (Farbfixierung). Während anfolgend die Temperatur stündlich um 1 bis 1,5 °C auf 60 °C gesteigert wird, muß die Feuchtigkeit entsprechend auf 40 % gesenkt werden (Blatttrocknung). Je nach der Rippen-stärke erfolgt dann eine rasche Temperaturerhö-hung bis auf 75 bis 80 °C bei einer Luftfeuchtig-keit von weniger als 40 % (Rippentrocknung). Hiernach wird der Tabak abgekühlt und kondi-tioniert. Die gesamte Trocknung nimmt 5 bis 7 Tage in Anspruch.

Beim sogenannten Bulk-Curing-Verfahren wer-den die Virgin-Tabakblätter nicht wie üblich eingefädelt, eingenäht oder auf Stäben aufge-schlauft, sondern lose in Metallrahmen gepackt (35 bis 40 kg) und mit einer Reihe von Draht-spießen festgehalten. Die Kammer muß voll be-schickt werden. Zur Vergilbung und Trocknung wird erwärmte Luft (je kg Grüntabak 4 bis 5 m^3) unter Druck ständig durch den eng zusammen-gefügten Tabak hindurchgeführt. Allein durch die Wasserabgabe der grünen Blätter herrscht in der Kammer eine Feuchtigkeit, die für die Ver-gilbung voll ausreicht.

Für die Feuertrocknung (fire curing), deren Rauchentwicklung besonderen Einfluß auf die Qualität des Rauchproduktes hat, verwendet man Hickory-, Eichen- oder Buchenholz. Diese Trocknungsmethode wird hauptsächlich bei ganzpflanzengeernteten Kentucky- und dunklen Virgintabaken angewendet, die vor allem für Mixturen von Rauchtabak benutzt werden. Auch der niedrige, kleinblättrige Latakiatabak aus Syrien zeichnet sich durch seine rauchbe-dingte Würze aus.

Bei der forcierten Trocknung schließlich wird bei zeitweise ungünstigen Trocknungsbedingun-gen (niedrige Temperaturen und hohe Luft-feuchtigkeit) die natürliche Trocknung vielfach durch kleine schwelende Feuer unterstützt.

Flächenertrag. Die Ertragsleistungen der einzel-nen Tabaksorten und -typen sind sehr unter-schiedlich und stark abhängig vom Standort, Witterungsverlauf und der Pflanzenzahl je ha (Tab. 93). Beim kleinblättrigen Orienttabak be-trägt z. B. der Hektarertrag nach der Trocknung 600 bis 800 kg, bei Virgintabak 1200 bis 1800 kg, bei Burley 1600 bis 2200 kg und bei Zigar-rengutsorten 1800 bis 2500 kg. Marylandtabak wiederum, der im allgemeinen auf leichten Sand-böden angebaut wird, hat einen Blatttrockener-trag von 1100 bis 1500 kg und Kentucky, der tief geköpft wird, erbringt eine Ertragsleistung von 1600 bis 2000 kg/ha. Diese Angaben sind nur rohe Richtwerte, die auf günstigeren Stand-orten noch überschritten werden können, in den

bäuerlichen Betrieben der Entwicklungsländer allerdings kaum erreichbar sind.

Fermentation und Lagerreifung

Der Rohstoff „Tabak" für die verarbeitende Industrie entsteht aus dem vom landwirtschaftli-chen Betrieb gelieferten getrockneten Rohtabak durch Fermentation und Lagerreifung, die in staatlichen, industriellen oder von den Erzeu-gern betriebenen kooperativen Unternehmungen durchgeführt werden. Die dabei ablaufenden Prozesse beruhen auf der Wirkung von pflanzen-eigenen Enzymen und auf der Tätigkeit von Mikroorganismen, die der erfahrene Techniker weitgehend lenken kann. Erst durch sie entwik-kelt sich ein spezielles Tabakaroma, wobei ins-besondere Eiweißstoffe und Restzucker abge-baut werden und sich z. B. auch der Nikotinge-halt entsprechend der angewandten Fermenta-tionsmethode mehr oder weniger verringert. Be-vor der Tabak zum Transport in die jeweiligen Verarbeitungsbetriebe kommt, erlangt er schließlich noch eine ausreichende Nachreifung, auch „aging" genannt (2, 16, 19, 23).

Alle Zigarren- und dunkelfarbigen Schneidegut-tabake (alkalische Reaktion) werden der Natur-, Stock-, Stapel- oder Haufenfermentation (älteste Methode) unterworfen. Nach der kontrollierba-ren Selbsterhitzung auf höchstens 50 bis 60 °C müssen die runden oder viereckigen Stapel 4- bis 5mal umgeschlagen werden, so daß die Fermen-tationskampagne bis zu einem halben Jahr in Anspruch nehmen kann (Abb. 235). Hellfarbige

Abb. 235. Stapelfermentation von Tabak in einem Fermentationsbetrieb (Foto Landesanstalt Forch-heim).

Schneideguttabake indessen unterliegen einer sogenannten forcierten bzw. Kammerfermentation mit Hilfe feuchtwarmer Luft. Dadurch wird der Reifungsprozeß innerhalb weniger Wochen abgeschlossen und die helle Blattfarbe nach der Trocknung bleibt größtenteils erhalten.

Ganzpflanzengeerntete Burley- und heißluftgetrocknete Virgintabake (saure Reaktion) benötigen bei guter Ausreifung auf dem Feld keine Naturfermentation; sie werden der Hellfarbigkeit wegen lediglich im „redry"-Verfahren konditioniert und haltbar gemacht.

Die Lagerreifung erfolgt, gleich welche Methode angewendet wurde, in Ballen oder Fässern.

Die sonnengetrockneten, voll ausgereiften Orienttabake machen nur eine Ballenfermentation durch, wobei die Selbsterwärmung 30 bis 32 °C nicht übersteigen darf. Für den Erhalt des sortenspezifischen Tabakaromas erscheint allerdings ein mehrmaliges Umsetzen der Ballen notwendig.

Krankheiten und Schädlinge

Als vorbeugende Maßnahmen (10, 20, 27) sind eine gesunde Pflanzenanzucht und ein geregelter Fruchtwechsel auf dem Feld von besonderer Bedeutung.

Pilzkrankheiten. Die Wurzelbräune (black root rot) wird durch den Pilz *Thielaviopsis basicola* übertragen; die Wurzeln färben sich braun und sterben schließlich vollkommen ab, was auch bei einer teilweisen Regenerierung während des Wachstums zu Kümmerwuchs führt. Die Bekämpfung erfolgt durch eine frühzeitige Desinfektion der Saatbeeterde und eine zweckmäßige Fruchtfolge. Mykorrhiza erhöht die Resistenz (3).

Der Blauschimmel (blue mold, downy mildew), hervorgerufen durch den Pilz *Peronospora tabacina*, ist seit mehr als 50 Jahren bekannt; in Europa trat er 1959 erstmals in Holland und Nordwestdeutschland in Erscheinung. Es bilden sich symptomatisch gelbe Blattflecken und braune Nekrosen, die auf der Blattunterseite einen blau-violetten Schimmelrasen haben. Ein Totalverlust der Tabakernte kann die Folge sein. Eine vorbeugende Behandlung im Saatbeet und im Freiland erfolgt durch Thiocarbamat-haltige Stäube- und Spritzmittel sowie durch das systemisch wirkende Ridomil (Wirkstoff: Metalaxyl). Überzählige Saatbeetpflanzen sind frühzeitig zu vernichten, und die Ernterückstände

auf dem Feld müssen baldigst untergepflügt werden.

Die Stengelfäule *(Sclerotinia sclerotiorum)* bewirkt ein starkes Welken der Pflanzen, streifenförmige Fäulnis an den Stengeln und Hauptrippen der Blätter sowie Naßfäule bei der Trocknung im Schuppen. In der ausgefaulten Markhöhle befinden sich feste, grauschwarze Körner, durch die der Pilz im Boden überwintert. Eine chemische Bekämpfung mit systemischen Fungiziden blieb bisher ohne Erfolg; lediglich durch einen längeren Fruchtwechsel ist eine Befallsminderung erreichbar.

Der Echte Mehltau (white mold) wird durch den Pilz *Erysiphe cichoracearum* verursacht. Er tritt besonders in Trockengebieten auf und bildet auf der Blattoberseite einen mehlartigen Überzug, was das Wachstum der Pflanzen stark behindert. Befallene Blätter sind wegen des unangenehmen Geruchs wertlos. Eine Bekämpfung kann vorbeugend mit Schwefelpräparaten oder mit systemischen Fungiziden erfolgen.

Die Braunfleckigkeit (brown spot), im Fachjargon auch Spickel genannt, wird durch *Alternaria longipes* hervorgerufen und äußert sich nach der Trocknung dadurch, daß das Gewebe schwarzbraun und brüchig wird. Eine Bekämpfung mit Kontaktfungiziden führt nur im Frühstadium zu Teilerfolgen.

Die Froschaugenkrankheit *(Cercospora nicotianae)* (frog eyes) verursacht noch vor der Reifung des Blattes hauptsächlich an den unteren Blättern rotbraune, weißumrandete Flecken. Insbesondere bei nebligem und kaltem Wetter kann die Krankheit noch während der Dachtrocknung verstärkt zunehmen und das Blatt völlig wertlos machen. Wegen des Spätbefalls ist eine Bekämpfung meistens erfolglos.

Die Anthraknose *(Colletotrichum destructivum)* ist eine hauptsächlich in den USA vorkommende Saatbeetkrankheit, die zunächst an den Blättern rötlichbraune, später papierartige weiße Flecken bildet; dann rollen sich die Blätter ein und sterben oft ganz ab. Das Myzel des Pilzes kann auch in die Samen eindringen. Als Vorbeugung ist eine Bodenentseuchung, Saatgutbeizung und eine Beetpflanzenbehandlung mit Thiocarbamathaltigen Stäube- oder Spritzmitteln zu empfehlen.

Die Schwarzbeinigkeit (black shank), hervorgerufen durch den Pilz *Phytophthora parasitica* var. *nicotianae*, ist eine der gefährlichsten Tabakkrankheiten, da die Ausbreitung bei feuchtem Wetter katastrophal ist. Ein rasches Absterben der befallenen Pflanzen ist symptomatisch. Erstbefallene Pflanzen müssen sofort vernichtet werden und auf befallenen Feldern ist eine weite Fruchtfolge unvermeidbar.

Bakterienkrankheiten. Das Wildfeuer (wildfire) wird durch *Pseudomonas tabaci* hervorgerufen. Meist bleibt die Krankheit auf die unteren Blätter beschränkt, wo sie hauptsächlich nach Schlagregen durch große, runde, rotbraune Flekken mit einem schwefelgelben Hof verheerenden Schaden verursachen kann. Da das Bakterium boden-übertragen ist, kann nur durch Saatbeetdesinfektion und Fruchtwechsel Abhilfe geschaffen werden.

Das Schwarzfeuer (black fire), durch *Pseudomonas angulata* bewirkt, bildet eckige, zuerst braune, später dunkel werdende Flecken mit gelbem Hof. Die Bekämpfung erfolgt wie bei Wildfeuer.

Viruskrankheiten. Das Tabakmosaik (TMV), dessen Erstinfektion stets vom Boden ausgeht und durch Kontakt weiter verbreitet wird, verursacht Störungen im Blattgrün und Blattdeformierungen. Es ist ungewöhnlich persistent und wird auch durch die Blattfermentation nicht abgetötet.

Die Tabakrippenbräune (Y-Virus) wird vor allem durch die Pfirsichblattlaus *(Myzus persicae)*, meist von der Kartoffel ausgehend, übertragen und richtet vor allem im Virginanbau verheerenden Schaden an. Die Haupt- und Nebenrippen werden braun (nekrotisch) und das ganze Blatt stirbt schließlich ab.

Das Gurkenmosaik (CMV) wird ebenfalls von Läusen verschleppt. Da es sich in viele Einzelstämme differenziert, ruft es auch verschiedene Krankheitssymptome an der Tabakpflanze hervor. Seine besondere Bedeutung erhält das Gurkenmosaik als Infektionspartner des Rippenbräunevirus.

Weitere den Tabak mehr oder weniger stark schädigende Viruskrankheiten sind: Luzernemosaik, Ringspot, Mauke oder Rattle Virus, X-Virus und Tomatenbronceflecklenvirus (21).

Eine direkte Bekämpfung der Viruskrankheiten mit chemischen Mitteln ist nicht möglich. Die Gesunderhaltung der Tabakbestände wird durch verschiedene Vorbeugungsmaßnahmen erreicht, wie z. B. keine Kartoffeln als Vorfrucht, Desinfektion der Saatbeeterde und vor allem durch eine rechtzeitige und durchdringende Be-

kämpfung der Virusüberträger. Vor allem aber kann das Anbaurisiko durch die Züchtung gegen Viren feldresistenter Tabaksorten wesentlich verringert werden (11, 14).

Schädlinge. Die Zahl der Schädlinge, die auf Tabak festgestellt wurden, ist groß (10). Relativ wenige aber stellen eine regelmäßige Gefahr dar, gegen die entsprechende züchterische, anbautechnische oder chemische Maßnahmen ergriffen werden müssen. Wichtig ist in allen Fällen, daß ein Befall frühzeitig zu bekämpfen ist, da wegen der Rückstands- und Qualitätsprobleme Spritzungen der ausgewachsenen Blätter möglichst zu vermeiden sind.

Im Saatbeet können Asseln, Springschwänze und Schnecken Schaden anrichten.

Auf dem Felde können Drahtwürmer, Erdraupen, Engerlinge, Blattläuse, Blasenfüße *(Thrips tabaci* u. a.), Blattwanzen, Weiße Fliege *(Bemisia tabaci)*, blattfressende Käfer, Minierfliegen und Miniermotten eine Bekämpfung erfordern.

Im Lager ist der Tabakkäfer *(Lasioderma serricorne)* weltweit, besonders aber in warmen Ländern, eine ernste Gefahr; er erfordert überall Vorbeuge- und Bekämpfungsmaßnahmen (z. B. Begasung mit Ethylenoxid).

Nematoden zählen in den Subtropen und Tropen zu den gefährlichsten Schädlingen, vor allem die Wurzelnematoden *(Meloidogyne* spp., *Pratylenchus, Paratrichodorus)*, weniger Blatt- und Stengelnematoden *(Ditylenchus dipsaci, Aphelenchoides ritzemabosi)*. Neben Fruchtwechsel und Bodenentseuchung, vor allem im Saatbeet, hat sich bei ihnen die Resistenzzüchtung als erfolgreich erwiesen. Im übrigen zeigen kräftig wachsende Pflanzen, die gesund aus dem Saatbeet kamen, i. a. eine wesentlich bessere Toleranz gegenüber Nematoden als schwächliche.

Die meisten der genannten tierischen Schädlinge können Virosen übertragen, die, wenn die Infektion früh erfolgt, eine ernstere Gefahr darstellen als die Insekten und Nematoden selbst. Auch wenn wegen der geringen Schäden eine Bekämpfung der Schädlinge nicht nötig erscheint, kann sie zur Verhinderung der Infektion mit Virosen ratsam sein.

Literatur
1. ACHTNICH, W. (1980): Bewässerungslandbau. Ulmer, Stuttgart.
2. AKEHURST, B. C. (1981): Tobacco. 2nd ed. Longman, London.

3. BALTRUSCHAT, H., und SCHÖNBECK, F. (1975): Untersuchungen über den Einfluß der endotrophen Mykorrhiza auf den Befall von Tabak mit *Thielaviopsis basicola*. Phytopath. Z. 84, 172–188.
4. BRÜCHER, H. (1977): Tropische Nutzpflanzen. Springer, Berlin.
5. DIERENDONCK, F. J. VAN (1959): The Manuring of Coffee, Cocoa, Tea and Tobacco. Centre d'Étude de l'Azote. Genf.
6. FAO (1986): Production Yearbook, Vol. 39. FAO, Rom.
7. FAO (1986): Trade Yearbook, Vol. 39. FAO, Rom.
8. FRANKE, G. (1982): Nutzpflanzen der Tropen und Subtropen, Bd. 1. 4. Aufl. Hirzel, Leipzig.
9. FRIEDRICH, K. T. (1964): Erzeugung von Qualitätstabaken in der Föderation von Rhodesien und Njassaland. Z. ausl. Landw. 3, 254–257.
10. FRÖHLICH, G., und RODEWALD, W. (1970): Pests and Diseases of Tropical Crops and Their Control. Pergamon Press, Oxford.
11. FUCHS, A.(1984): Nutzpflanzen der Tropen und Subtropen (Hrsg. G. FRANKE), Bd. 4, Pflanzenzüchtung, 2. Aufl. Hirzel, Leipzig.
12. GERSTEL, D. U. (1976): Tobacco. *Nicotiana tabacum* (Solanaceae). In: SIMMONDS, N. W. (ed.): Evolution of Crop Plants, 273–277. Longman, London.
13. GOFFINET, R. (1964): L'Irrigation par Aspersion du Tabac White Burley à Kaniama (Haut Lomami). Publ. Inst. Nat. Étude Agron. Congo, Sér. Techn. 72. Bruxelles.
14. GOODSPEED, T. H., VALLEAU, W. D., und BOLSUNOV, J. (1961): Tabak. In: KAPPERT, H., und RUDORF, W. (Hrsg.): Handbuch der Pflanzenzüchtung, Bd. 5, 115–203. 2. Aufl. Parey, Berlin.
15. HELLMEIER, R. (1966): Die regionale Struktur des Tabakanbaues in Rhodesien. Z. ausl. Landw. 5, 157–193.
16. HITIER, H., et SABOURIN, L. (1970): Le Tabac. Presses Universitaires de France, Paris.
17. KHANAQA, A. (1987): Influence of soil pH and temperature on Burley tobacco without and with VA myocorrhiza. Angew. Bot. 61, 337–345.
18. LINSER, H., und SCHMID, K. (1965): Tabak *(Nicotiana tabacum, N. rustica)*. In: LINSER, H. (Hrsg.): Handbuch der Pflanzenernährung und Düngung, Bd. 3, 1065–1096. Springer, Wien.
19. LOLLICHON, F. (1965): La culture des tabacs bruns en Afrique Équatoriale. Rev. Intern. Tabacs (Paris) 40, 99–107, 120.
20. LUCAS, G. B. (1965): Diseases of Tobacco. Scarecrow Press, New York.
21. NIENHAUS, F. (1981): Virus and Similar Diseases in Tropical and Subtropical Areas. GTZ, Eschborn.
22. PEUS, H. (1958): Untersuchungen zur Ökologie und Bedeutung der Tabakmyorrhiza. Archiv Mikrobiologie 29, 112–142.
23. PROVOST, A. (1959): Technique du Tabac. Généralités – Tabacs Coupes – Cigarettes. Heliographia, Lausanne.
24. SCHEFFLER, W. (1968): Bäuerliche Produktion unter Aufsicht am Beispiel des Tabakanbaues in Tanzania. IFO-Inst. Wirtschaftsforschung, Afrika-Studien Nr. 27. Weltforum, München.
25. TSO, T. C. (1972): Physiology and Biochemistry of Tobacco Plants. Dowden, Hutchinson & Ross, Stroudsburg, Pa.
26. WANROOY, G. L. (1959/60): Tobacco growing and rural welfare. Netherl. J. Agric. Sci. 7, 283–308, 8, 103–123.
27. WOLF, F. A. (1957): Tobacco Diseases and Decays. 2nd ed. Duke Univ. Press, Durham.
28. WOLF, F. A. (1962): Aromatic or Oriental Tobaccos. Duke Univ. Press, Durham.

6.5   Kola

COR L. M. VAN EIJNATTEN

Botanisch:	*Cola nitida* (Vent.) Schott et Endl., *C. acuminata* (P. Beauv.) Schott et Endl.
Englisch:	cola, kola
Französisch:	cola
Spanisch:	cola

Wirtschaftliche Bedeutung

Kola ist eine vorwiegend in Westafrika angebaute Kulturpflanze. Zu Beginn des Jahrhunderts wurden jährlich schätzungsweise 11 000 t Kolanüsse in den Regenwaldgebieten Ghanas und der Elfenbeinküste geerntet (9), während Nigeria etwa 2000 t erzeugte. In den fünfziger Jahren stieg die Produktion der ersten beiden Länder auf 30 000 t pro Jahr, dagegen erhöhte sich die Produktion in Nigeria um das Fünfundfünfzigfache auf 110 000 t pro Jahr (3, 26). Dieses Land wurde der Haupterzeuger von Kolanüssen. Da die Nachfrage nach Kolanüssen ständig weitersteigt, setzt sich dieser Trend fort. Die Schätzungen für 1985 liegen bei einer Kolaproduktion von ca. 400 000 t (19). Geringere Mengen Kolanüsse werden noch in anderen afrikanischen Ländern produziert, wie Kamerun, Zentralafrikanische Republik (10), Guinea und Sierra Leone, außerdem in einigen südamerikanischen Ländern wie Brasilien, Bolivien und den Karibischen Inseln.

Verwendung. Seit der Entdeckung der stimulierenden Wirkung der Kolanuß wird sie weithin als wertvolles Anregungsmittel – besonders für Reisende und Bauern – anerkannt und geschätzt. Die Kolanuß ist in vielen Teilen Westafrikas, wo der Schwerpunkt ihres Verbrauchs liegt, sogar zu einem Bestandteil ländlichen Brauchtums geworden. Die Nachfrage aus den

Savannengebieten, in denen die Kolanuß nicht angebaut werden kann, hat zu einem intensiven Handel aus den Produktionszentren der Regenwaldzone geführt, wo der Kolabaum seinen Ursprung hat und erfolgreich kultiviert werden kann (12, 20).

Die anregende Wirkung der Kolanuß beruht auf ihren Alkaloiden, hauptsächlich Coffein (1,5 bis 2,3 %) und etwas Theobromin, daneben auch der Catechin-Verbindung Kolanin. Die Nüsse werden im frischen Zustand gekaut. Getrocknete Kolanüsse von meist schlechterer Qualität werden in geringen Mengen für pharmazeutische Zwecke nach Europa und Nordamerika exportiert. Kola ist auch ein Bestandteil verschiedener Erfrischungsgetränke, für deren Herstellung eine gewisse Menge getrockneter Kolanüsse nach Nordamerika exportiert wird.

Abb. 236. Kolanüsse auf einem Markt in Ghana (Foto Espig).

Botanik und Vermehrung

Die Gattung *Cola* gehört wie der Kakao zur Familie Sterculiaceae. Die wirtschaftlich bei weitem bedeutendste Art ist *C. nitida*, die ihr Genzentrum im westlichen Teil der westafrikanischen Regenwaldzone hat. Eine zweite Art, *C. acuminata*, hat ihren Ursprung im östlichen Teil der westafrikanischen Regenwaldgebiete und wahrscheinlich auch in der Zentralafrikanischen Republik, Zaire und Angola. Als kultivierte Art wird *C. acuminata* mehr und mehr durch *C. nitida* ersetzt. Die Aufmerksamkeit konzentriert sich daher auf die letztere Art. Andere eßbare Kolaarten sind nur von lokaler Bedeutung (23). *C. nitida* und *C. acuminata* wurden in viele andere tropische Länder eingeführt, jedoch werden sie nur in Westafrika in größerem Umfang angebaut.

Die Bezeichnung Kolanuß ist botanisch eigentlich falsch, hat sich aber fest eingebürgert. Die Kolanuß ist tatsächlich der Embryo mit zwei dicken fleischigen Kotyledonen, von dem die Samenschale (inneres und äußeres Integument) einschließlich Resten des Nucellusgewebes entfernt wurde (Abb. 236, 237). Zur Keimung sollte die Nuß in ein feuchtes Medium gepflanzt werden, in dem sie nach wenigen Wochen, mitunter auch erst nach mehreren Monaten, keimt. Die Samen scheinen eine Ruheperiode durchzumachen, deren Dauer unter anderem von der Herkunft der Nuß abhängt. Die Länge der Ruheperiode kann durch erhöhte Temperatur und

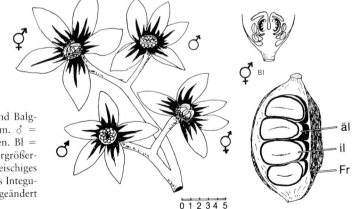

Abb. 237. Blütenstand, Blüte und Balgkapsel von *Cola*. Maßstab in cm. ♂ = männliche, ♀ = zwittrige Blüten. Bl = Längsschnitt durch Blüte bei vergrößertem Maßstab. äI = äußeres, fleischiges Integument, iI = inneres, dünnes Integument, Fr = Fruchtblatt. (Abgeändert nach 23)

Dauerbeleuchtung verkürzt werden. Das Saatgut sollte von ganz reifen Früchten genommen werden, da sonst die Keimung verzögert werden oder sogar unterbleiben kann. Chemikalien wie Kinetin, Thioharnstoff und Thioharnstoffdioxid können eine gleichmäßigere Keimung als die gewöhnlich erzielte herbeiführen (4). Durch Entfernen der Kotelydonenspitzen kann die Keimung ebenfalls gefördert werden, wie in Ghana gezeigt wurde, sowie durch Einweichen der Nüsse für 24 Stunden vor dem Pflanzen (8, 17).

Nach der Keimung durchläuft die junge Pflanze eine schnelle Entwicklung. Das Wachstum ist zunächst monopodial, später, gewöhnlich vom dritten Jahr ab, wird es sympodial. Zwei- bis dreimal jährlich durchläuft der Baum eine Wachstumsperiode, während der sich neue Sprosse entwickeln. Der erste Austrieb beginnt bald nach Einsetzen des Regens im März oder April, spätere erfolgen in unregelmäßigen Zeitabständen.

Vom sechsten Jahr an beginnt der Baum zu blühen, obwohl die am sympodialen Wachstum erkennbare Blühreife früher erreicht wird. Aus den Basalknospen sympodialer Zweige entwickeln sich Blütenstände. Die oberen Knospen können sich zu neuen Trieben entwickeln, während die Terminalknospen entweder absterben oder zu einem Büschel kleiner Blätter werden.

Viele Blüten werden in der Zeit von Juli bis November gebildet, besonders aber in den Monaten August und September (Abb. 237). In der übrigen Zeit des Jahres werden Blüten nur selten angelegt. Die zuerst sich entwickelnden Blütenstände an jungen Pflanzen haben nur männliche Blüten mit rudimentären Fruchtknoten. Hermaphrodite Blüten können an denselben Blütenständen gebildet werden, aber obwohl der Pollen lebensfähig ist, ist er für die Bestäubung nicht verfügbar, da die Staubbeutel sich nicht öffnen. Der Prozentsatz hermaphroditer Blüten ist normalerweise gering, variiert aber von Baum zu Baum und ist abhängig vom Zeitpunkt der Blütenentwicklung und von klimatischen Faktoren.

Die Anwendung von Trijodbenzoesäure vermehrte die Anzahl der Blütenstände, erhöhte den Anteil hermaphroditer Blüten und die Produktivität der Kolabäume (5).

Wenn die klebrigen Pollenkörner, welche wahrscheinlich durch Insekten übertragen werden, die Befruchtung bewirkt haben, entwickelt sich die Frucht in ungefähr 130 Tagen. Die Fruchtblätter trennen sich, bleiben aber an der Basis verwachsen und bilden eine meist 5zählige, sternförmige Sammelbalgfrucht. Jeder Balg enthält bis zu 12 Samen. Zur Reifezeit springen die Bälge auf. Jetzt können die Samen leicht durch vielerlei Insektenschädlinge befallen werden. Daher ist es wichtig, die Früchte zu ernten, bevor sie sich öffnen.

Die Kolabäume erreichen im Alter von 15 bis 20 Jahren eine Höhe von 12 bis 18 m. Sie können aber auch bis zu 25 m hoch werden, bevor sie im Alter von 50 Jahren beginnen abzusterben. Es hat sich jedoch gezeigt, daß solche Bäume durch starkes Zurückschneiden, das einen üppigen Stockaustrieb auslöst, verjüngt werden können.

Befruchtungsverhältnisse. Nur ein geringer Prozentsatz der hermaphroditen Blüten bildet Früchte (7, 22). Künstliche Befruchtung kann den Fruchtansatz erheblich erhöhen und entsprechend den Ertrag des Baumes. Dies geschieht, indem man frisch geöffnete männliche Blüten mit ihren Staubgefäßen über die Narbe der hermaphroditen Blüten streicht. Der Pollen kann auch mit einem kleinen angespitzten Stöckchen übertragen werden (16). Bei kreuzungsfertilen Partnern ist jede dritte künstliche Bestäubung erfolgreich.

Viele der nichttragenden Bäume bilden keine Früchte, auch wenn sie mit dem eigenen oder dem Pollen anderer fruchttragender Bäume bestäubt wurden. Man vermutet, daß es sich in diesen Fällen um sterile Artbastarde von *C. nitida* und *C. acuminata* handelt. Dies konnte durch die Tatsache belegt werden, daß solche durch kontrollierte Bestäubung erzeugte Hybriden steril waren, da sich ihre Chromosomen in der Meiose abnorm verhielten (18).

Es zeigte sich außerdem, daß viele der ertragfähigen Bäume selbststeril waren. Dies ist von besonderer Bedeutung bei der Wahl der Pollenelternteile für künstliche Bestäubung oder beim Pflanzen von Klonsorten. Bäume, die sich aus roten Kolanüssen entwickeln, haben sich oft als selbststeril erwiesen. Wenn jedoch derartige Bäume selbstfertil sind, dann entwickeln sich unter den Nachkommen rote und rosafarbige oder rote und weiße Nüsse im Verhältnis 3:1. Daher sind offenbar Bäume, die für „rote Nußfarbe" heterozygot sind, selbstfertil (14). Bäume aus rosafarbigen oder weißen Nüssen können sowohl selbstfertil als auch selbststeril sein. Bei der Selektion von Bäumen zur Entwicklung von Klonsorten ist es wichtig, das Bestäubungsverhalten festzustellen.

Die *vegetative Vermehrung* von Kola hat sich auf mehreren Wegen als möglich erwiesen. Die Vermehrung durch Verwendung beblätterter Stecklinge ist gründlich erforscht worden. Bei hoher relativer Luftfeuchtigkeit und niedriger Lichtintensität entwickeln die Stecklinge innerhalb von 2 bis 4 Monaten nach dem Setzen Wurzeln (21, 24). Jedoch variiert der prozentuale Erfolg von einem Baum (oder Genotyp) zum anderen. Der durchschnittliche Prozentsatz liegt bei 30 %, einzelne Bäume können aber auch höhere Prozentsätze erreichen.

Die beblätterten Stecklinge von sympodialen Zweigen kehren nicht ins Jugendstadium zurück und blühen oft schon im ersten Jahr nach der Bewurzelung. Testpflanzungen von Kolastecklingen sind in nicht unerheblichem Ausmaß in Nigeria angelegt worden und jetzt 10 bis 15 Jahre alt.

Stecklinge von orthotropen Trieben, die monopodial wachsen, d. h. von Sämlingen, Wassertrieben oder Schößlingen, sind viel leichter zu bewurzeln als das sympodiale Stecklingsmaterial. Die Induktion von orthotropem Wachstum durch scharfes Zurückschneiden könnte daher die Grundlage für eine erfolgreichere Bewurzelung darstellen. Eine langsamere Vermehrungsrate wird mit Markottieren erreicht, welches durch Behandlung mit Indolbuttersäure besonders erfolgreich ist.

Auch Okulierverfahren sind entwickelt worden und haben zu 50 bis 100 % Erfolg geführt. Bis jetzt ist jedoch keine Information über ihr Verhalten im Reifestadium verfügbar (6, 15).

Ökologie und Anbau

Klimaanforderungen. Die Jahresdurchschnittstemperatur sollte zwischen 23 und 28 °C liegen. Die Regenzeit sollte sich mindestens über 8 bis 9 Monate mit jeweils über 50 mm Niederschlag erstrecken. Der durchschnittliche jährliche Regenanfall sollte 1200 mm oder mehr betragen. Lange Trockenperioden mit einer relativen Luftfeuchtigkeit von 50 bis 60 % oder weniger sind schädlich, es sei denn, die Grundwasserversorgung ist gut. Ausgedehnte Trockenzeiten führen zu Blätterfall. Geschieht dies sehr plötzlich, kann es sogar zum Tod des Baumes führen.

Anbaumethoden. Die gegenwärtigen Anbaumethoden wurden aus den Erfahrungen von Farmern entwickelt, die Kolabäume beim Roden der ursprünglichen Waldvegetation stehen ließen. Später erwies sich der Baum als geeignet zum Mischanbau mit anderen Baumkulturen (Kakao!) und sogar als Einzelkultur.

Die Kolapflanze benötigt einen feuchten, aber gut dränierten Boden. Die Jungpflanzen, entweder aus Sämlingen oder Stecklingen gewonnen, sollten mindestens während der ersten Trockenperiode beschattet werden. Vom Zeitpunkt des Pflanzens bis nach der zweiten oder dritten Trockenperiode sollte der Boden um die Pflanze mit Mulch bedeckt sein. Am wirksamsten ist der Schutz, wenn vor Beginn der Trockenzeit gemulcht wird. Normale Abstände von 5 bis 6 m sind zu dicht. Hierdurch entwickeln sich die Bäume zu großer Höhe, so daß die Erntemaßnahmen erschwert werden. Bei Pflanzabständen von 8 bis 9 m entwickeln die Bäume ihre charakteristischen kuppelförmigen Kronen, die fast bis auf den Boden reichen. Bei der Anlage von Kolapflanzungen in Waldgebieten ist zu empfehlen, zunächst jeglichen Pflanzenwuchs zu beseitigen. Nach dem Pflanzen sollte aller Bewuchs bis zu 1 m über die Kronentraufe hinaus entfernt werden, um eine freie Entfaltung des Kolabaumes zu ermöglichen. Jeder weiter von den Kolabäumen entfernte Bewuchs hilft, die jungen Pflanzen gegen Regengüsse und austrocknende Winde zu schützen.

Totes Holz und parasitäre Pflanzen sollten entfernt werden, aber weitere Schnittmaßnahmen sind nicht ratsam.

Krankheiten und Schädlinge

Kolafrüchte können durch *Botryodiplodia theobromae* geschädigt werden. Sie ruft rostbraune Flecken auf den Kolanüssen hervor, die sich schwarz färben, austrocknen und hart werden. Mehrere andere Krankheiten sind beschrieben worden (1, 13), der größte Schaden wird jedoch durch die Wurzelkrankheit *Fomes lignosus* hervorgerufen; dies ist von besonderer Wichtigkeit, wenn Kola auf ehemaligem Waldboden angepflanzt wird. Gewöhnlich läßt der Angriff nach, wenn die ehemalige Waldvegetation vollständig beseitigt wurde (2).

Weit ernsthafterer Schaden kann durch Insekten verursacht werden. Die gefährlichsten Schädlinge sind die Kola-Stengelbohrer (*Phosphorus virescens* und *P. gabonator*) und die Kola-Rüsselkäfer (*Balanogastris kolae* und *Sophrorhinus* spp.) (3). In Nigeria erscheinen die ausgewachsenen Stengelbohrer vom August an. Ihre Zahl wächst schnell bis Oktober, aber sie verschwinden bald mit dem Beginn der Trockenzeit. Die Larven sind im Dezember am zahlreichsten. Sie schädigen die jungen Triebe, bevor sie sich in das ältere Holz bohren. Man kann systemische Insektizide verwenden, um die Larven zu töten, solange sie sich in den jungen Trieben aufhalten. Kola-Rüsselkäfer können bis zu 60 % der Kolanüsse beschädigen. Die Insekten legen ihre Eier auf freiliegenden Nüssen ab. Nach 4 bis 6 Tagen schlüpfen die Larven und bohren sich in die Nüsse. Nach drei Wochen erscheinen die ausgewachsenen Käfer, und der Kreislauf beginnt von neuem. Es ist möglich, die Schädlinge durch Begasung auszurotten. Um die Erstinfektion abzuschwächen, ist es sehr wichtig, alle abgefallenen Früchte und unbrauchbaren Nüsse von der Kolapflanzung zu entfernen.

Ernte und Verarbeitung

Die Reife der Balgfrüchte ist an ihrem Farbwechsel von Dunkelgrün zu Hellgrün erkennbar. Zu dieser Zeit sollten die Früchte vom Baum entfernt werden, da sie sonst aufplatzen, so daß die Nüsse von Insekten beschädigt werden können.

Erträge. Die meisten Bäume beginnen mit 7 oder 8 Jahren Früchte zu tragen. Volle Erträge können jedoch erst von 15- bis 20jährigen Bäumen erwartet werden. Die produktive Lebensdauer von Kolapflanzungen mit heutigen Pflanz- und Pflegetechniken liegt bei ungefähr 50 Jahren. Danach beginnen viele Bäume zurückzusterben. Beobachtungen auf Versuchspflanzungen haben gezeigt, daß niedrige Durchschnittserträge von 200 bis 300 Nüssen pro Baum darauf zurückzuführen sind, daß viele Bäume keine oder nur sehr wenige Früchte tragen. Drei Viertel der Bäume bringen jährlich weniger als 300 Nüsse pro Baum und nur wenige besitzen ein hohes Ertragspotential (11, 22). Die gegenwärtigen Anbaumethoden und die Verwendung von unselektiertem Pflanzenmaterial sind die Hauptursachen für die niedrige Produktivität. Diese wiederum ist verantwortlich für die geringe Sorgfalt, die man für die Kolapflanzungen aufbringt. Durch eine rigorose Selektion, wie sie in Nigeria praktiziert wird (25), wurden Elternbäume mit dem 5- bis 9fachen des Durchschnittsertrages

gewonnen. Um dies zu erreichen, wurden Angaben von Farmern über die Leistung einzelner Bäume benutzt; die Produktivität dieser Bäume wurde dann drei Jahre lang geprüft und mit der zufällig ausgewählter Bäume auf der gleichen Farm verglichen. Hier wurden die Bäume auch auf die Bewurzelungsfähigkeit des Steckholzes hin ausgewählt, die von 21 % auf einen Bereich von 32 bis 52 % angehoben werden konnte. Die kombinierte Auswahl repräsentierte einen Selektionsdruck von 0,15 bis 0,26 %. Auf diese Weise wurden 140 Klonmutterbäume identifiziert, die 1975/76 in Ifo, Nigeria, in einem Versuch mit den nötigen Wiederholungen angepflanzt wurden. Die Auswertung dieses Materials wird in nächster Zukunft erwartet.

Verarbeitung. Nach der Ernte müssen die Samen feucht gehalten werden, um die Fermentation der Samenschale zu ermöglichen. Dies wird oft getan, indem man die Samen nach ihrer Entfernung aus den Früchten in Haufen schichtet, über die Wasser gesprüht wird.

Nach der Fermentierung können die Samenschalen leicht entfernt werden, ohne die Nüsse zu beschädigen. Nachfolgend werden die Nüsse in Körben aufbewahrt, in denen sie etwa vier Tage lang trocknen. Danach werden sie nach Qualität sortiert, wobei besonderer Wert auf die Farbe und den Nichtbefall durch Insekten gelegt wird. Die Kolahändler sind imstande, die Kolanuß frisch zu halten, indem sie sie in Körbe legen, die mit Blättern von Bananen oder *Marantochloa* spp. ausgelegt sind. Die Nüsse können auf diese Weise ihren Turgor bis zu neun Monaten behalten, die Blätter jedoch müssen in regelmäßigen Abständen erneuert werden.

Während der Lagerzeit zeigen die Kolanüsse einen Rückgang in der Gesamttrockenmasse durch Abbauprozesse, die anfangs sogar den Feuchtigkeitsgehalt der Saat steigern. Diese Vorgänge verringern sich nach einigen Wochen. Zu diesem Zeitpunkt könnten die Kolanüsse in Polyethylensäcken versiegelt werden; auf diese Weise gelagert, würde der folgende Anstieg von Kohlendioxid ein Überleben von schädlichen Insekten unmöglich machen.

Literatur
1. Adebayo, A. A. (1967): Kola diseases. Ann. Rep. Cocoa Res. Inst. Nigeria 1965/66, 127–130.
2. Adebayo, A. A. (1975): Studies on the *Fomes* root diseases of kola, *Cola nitida* (Vent.) Schott and Endlicher. Ghana J. Agric. Sci. 8, 11–15.

3. ALIBERT, H., et MALLAMAIRE, A. (1955): Les charançons de la noix de cola en Afrique occidentale Française, moyens de les combattre. Bull. Prot. Vég., Gouv. Gén. Afr. Occ. Franç., Dir. Gén. Serv. Econ., Inspectorat Gén. Agric., Dakar.

4. ASHIRU, G. A. (1969): Effect of kinetin, thiourea and thiourea dioxide, light and heat on seed germination and seedling growth of kola. J. Amer. Soc. Hort. Sci. 94, 429–432.

5. ASHIRU, G. A. (1973): The influence of TIBA on the growth and flowering of kola, *Cola nitida* (Vent.) Schott and Endlicher, trees. Turrialba 23, 451–455.

6. ASHIRU, G. A., and QUARCOO, T. (1971): Vegetative propagation of kola, *Cola nitida* (Vent.) Schott and Endlicher. Trop. Agric. (Trinidad) 48, 85–92.

7. BODARD, M. (1955): Contribution à l'étude de *Cola nitida*, croissance et biologie florale. Bull. Centre Rechn. Agron. Bingerville No. 11, 3–28.

8. BROWN, A. L., and AFRIFA, M. K. (1971): Effect of cutting cola nut on the germination rate and subsequent seedling characters. Ghana J. Agric. Sci. 4, 117–120.

9. CHEVALIER, A., et PERROT, E. (1911): Les Végétaux Utiles de l'Afrique Tropicale Française. Fasc. VI: Les Colatiers et les Noix de Cola. Challamal, Paris.

10. DUBLIN, P. (1965): Le colatier *(C. nitida)* en République Centreafricaine. Café, Cacao, Thé 9, 97–115, 175–191, 294–306.

11. EIJNATTEN, C. L. M. VAN (1962): Selection of Kola Trees from Kola Farms at Agege. Mem. Fed. Dep. Agric. Res., Nigeria, No. 37.

12. EIJNATTEN, C. L. M. VAN (1964): Statistics on the Production of Kolanuts and the Trade in This Commodity, with Special Reference to Nigeria. Mem. Cocoa Res. Inst. Nigeria, No. 1.

13. EIJNATTEN, C. L. M. VAN (1965): Diseases and Pests of Kola. A Literature Review. Mem. Cocoa Res. Inst. Nigeria, No. 7.

14. EIJNATTEN, C. L. M. VAN (1966): Report on Research into the Kola Crop. Annual Report, Cocoa Res. Inst. Nigeria, 1964.

15. EIJNATTEN, C. L. M. VAN (1969): Kolanut. In: FERWERDA, F. P., and WIT, F. (eds.): Outlines of Perennial Crop Breeding in the Tropics, 289–307. Veenman, Wageningen.

16. EIJNATTEN, C. L. M. VAN (1973): Kola, a review of the literature. Trop. Abstr. 28, 541–550.

17. IBIKUNLE, B.O., and MACKENZIE, J. A. (1974): Germination of kola. Turrialba 24, 187–192.

18. JACOB, V. J., and OPEKE, L. K. (1969): Interspecific hybridisation in the genus *Cola*. Proc. Ann. Conf. Agric. Soc. Nigeria 5.

19. OLAYIDE, S. O., OLATUNBOSUN, D., IDUSOGIE, E., and ABIAGON, J. D. (1972): A Quantitative Analysis of Food Requirements, Supplies and Demands in Nigeria 1968–1985. Federal Dep. Agric., Lagos, Nigeria.

20. OPEKE, L. K. (1982): Tropical Tree Crops. John Wiley, Chichester.

21. PYKE, E. E. (1934): A note on the vegetative propagation of kola *(Cola acuminata)* by softwood cuttings. Trop. Agric. (Trinidad) 11, 4.

22. RUSSEL, T. A. (1955): The kola of Nigeria and the Cameroons. Trop. Agric. (Trinidad) 32, 210–240.

23. SPRECHER VON BERNEGG, A. (1934): Der Kolabaum. Tropische und subtropische Weltwirtschaftspflanzen. III. Teil: Genußpflanzen, 1. Bd., Kakao und Kola, 214–256. Enke, Stuttgart.

24. SWARBRICK, J. T. (1964): A note on the rooting of kola *(Cola* spp.) cuttings. Emp. J. Exp. Agric. 32, 225–227.

25. VEEN, H. A. G. VAN, FUERSTE, L. J., AWONUSI, R. O., ODUSOLU, E. O., EIJNATTEN, C. L. M. VAN, and OLANIRAN, Y. A. O. (1977): Final Report, Kola Pilot Project, Sep. 1970–April 1976. Ogun-State, Nigeria.

26. WILLS, J. B. (1962): Agriculture and Land Use in Ghana. Oxford University Press, London.

6.6 Weitere Genußmittel

SIGMUND REHM

Die in den vorausgegangenen Abschnitten besprochenen Genußmittel haben alle eine meist erhebliche Bedeutung als Exportprodukte. Daneben werden lokal viele Pflanzen als Genuß- und Anregungsmittel gebraucht, z. T. in großem Umfang, so daß sie im Inland bedeutenden ökonomischen Wert haben können. Die wichtigsten werden im folgenden kurz benannt; Hinweise auf weitere Arten finden sich in (3, 8, 15).

Areca catechu L., Betelpalme, arecanut palm, Familie Palmae, wird in Südostasien bis zu den pazifischen Inseln und in Ostafrika angebaut. Am wichtigsten ist sie in Indien; dort nehmen die Betelpalmenpflanzungen 185 000 ha ein, die Produktion beläuft sich auf 150 000 t Nüsse. Der Anbau erfolgt in Reinbeständen oder in Mischkultur mit Kakao, Pfeffer, Banane u. a. Halbreife und reife Nüsse werden in verschiedener Weise, je nach den lokalen Gewohnheiten, aufgearbeitet. Der aktive Bestandteil, der dem Betelbissen seine stimulierende Wirkung gibt, ist das Alkaloid Arecolin (1, 2, 6, 11).

Aspalathus linearis (Burm. f.) R. Dahlgr. ssp. *linearis*, Rooibostee, Familie Leguminosae, wird im Kapland (Südafrika) angebaut. Die Produktion der getrockneten Blätter übersteigt 1000 t. In geringem Umfang wird der Tee auch ausgeführt (5, 13, 20).

Cannabis sativa L. ssp. *indica* (Lam.) Small et Cronq., Hanf, hemp, Familie Cannabidaceae, liefert im Harz der weiblichen Blüten (in geringer Konzentration auch in den Blättern) Haschisch oder Marihuana. Die Pflanze wird in allen Kontinenten in erheblichem Umfang zur Gewinnung des Rauschgifts angebaut. Zahlen über die Produktion gibt es nicht, da der Handel in vielen Ländern illegal ist, doch ist die Pflanze mit Sicherheit die am weitesten verbreitete Rauschdroge. Allein in Indien werden jährlich über 1000 t der verschiedenen Haschischpräparate verbraucht. Die aktiven Bestandteile sind Cannabidiol und Tetrahydrocannabinol (6, 8, 12, 17).

Catha edulis (Vahl) Forssk. ex Endl., Kat, Familie Celastraceae, kommt wild von Äthiopen bis Südafrika vor. Der Anbau beschränkt sich auf Nordjemen und Äthiopien. Die Blätter werden meist frisch gekaut und haben eine stimulierende, aber auch abstumpfende Wirkung. Die verschiedenen Kat-Alkaloide gehören zu den Ephedrinen. Im Jemen hat der Katanbau den Kaffeeanbau spürbar zurückgedrängt (16, 17, 20).

Cichorium intybus L. var. *sativum* Lam. et DC., Wurzelzichorie, Familie Compositae, spielt als Kaffeezusatz und Kaffeesurrogat eine erhebliche Rolle. Außer in Ländern der gemäßigten Zone wird die Wurzelzichorie vor allem in Indien und Südafrika angebaut (6, 8).

Erythroxylum coca Lam., Coca, Familie Erythroxylaceae, ist nicht nur ein wichtiges Anregungsmittel in den südamerikanischen Anbauländern, sondern liefert auch Cocain für medizinische Zwecke. Der Cocaingehalt der Blätter beträgt 0,5 bis 2 %. Der Anbau ist in den Andengebieten von Peru, Bolivien und Kolumbien konzentriert (3, 8, 17).

Ilex paraguariensis St. Hil., Mate, Familie Aquifoliaceae, ist in Brasilien, Paraguay, Uruguay und Argentinien eines der Hauptgetränke. Durch seinen Coffeingehalt von etwa 1,5 % wirkt er ebenso anregend wie Tee. Der Anbau beschränkt sich im wesentlichen auf die genannten Länder, die zusammen über 200 000 t produzieren. Die grünen Blätter werden durch Hitze schnell abgetötet, dann getrocknet und zerkleinert (3, 8, 14, 19).

Paullinia cupana H. B. K., Guaraná, Familie Sapindaceae, ist eine starkwüchsige Liane des Amazonasgebiets, die im Samen 4 bis 5 % Coffein enthält. Im Anbau wird sie durch Beschneiden strauchförmig gehalten. Die Produktion der trockenen Samen beträgt in Brasilien etwa 250 t. Der Export ist bisher auf die USA beschränkt geblieben (7, 10, 18).

Piper betle L., Betelpfeffer, Familie Piperaceae, wird in allen Ländern, in denen die Betelnuß gekaut wird, angebaut, da die grünen oder gebleichten Blätter zur Umhüllung des Betelbissens gebraucht werden; durch ihren frischen, aromatischen Geschmack erhöhen sie den Genuß entscheidend. Die Pflanze braucht ein gleichmäßig feuchtwarmes Klima. Der Anbau erfolgt meist in Hausgärten oder kleinen Betrieben unter ziemlich dichtem Schatten (6).

Piper methysticum Forst., Rauschpfeffer, kava, Familie Piperaceae, ist ein durch Stammstecklinge vermehrter Strauch, der auf vielen pazifischen Inseln angebaut wird. Aus den Wurzeln wird ein narkotisch wirkendes Getränk bereitet (1, 9, 17).

Uncaria gambir (Hunter) Roxb., Gambir, Familie Rubiaceae, liefert aus dem Saft der Blätter und Zweige aromatischen Gerbstoff, der in vielen Ländern dem Betelbissen zugesetzt wird. Die Produzenten sind Malaysia und Indonesien. Als Ersatz wird auch der Blattextrakt von *Trigonopleura malayana* Hook. f., gamber ooran, Familie Euphorbiaceae, gebraucht (4, 6).

Literatur

1. BARRAU, J. (1962): Les Plantes Alimentaires de l'Océanie. Ann. Musée Colon. Marseille, Fasc. Unique. Fac. Sci. Marseille.
2. BAVAPPA, K. V. A., NAIR, M. K., and KUMAR, T. P. (eds.) (1982): The Arecanut Palm (*Areca catechu* L.). Central Plantation Crops Res. Inst., Kasaragod, Indien.
3. BRÜCHER, H. (1977): Tropische Nutzpflanzen. Springer, Berlin.
4. BURKILL, I. H. (1966): A Dictionary of the Economic Products of the Malay Peninsula. 2 Vols. Ministry Agric. Co-operatives, Kuala Lumpur.
5. CHENEY, R. H., and SCHOLTZ, E. (1963): Rooibos tea, a South African contribution to world beverages. Econ. Bot. 17, 186–194.
6. COUNCIL OF SCIENTIFIC AND INDUSTRIAL RESEARCH, New Delhi (1948–1976): The Wealth of India. Raw Materials. 11 Vols. Publications Information Directorate, C.S.I.R., New Delhi.
7. ERICKSON, H. T., CORRÊA, M. P. F., and ESCOBAR, J. R. (1984): Guaraná (*Paullinia cupana*) as a commercial crop in Brazilian Amazonia. Econ. Bot. 38, 273–286.
8. FRANKE, W. (1981): Nutzpflanzenkunde. 2. Aufl. Thieme, Stuttgart.
9. GATTY, R. (1956): Kava – Polynesian beverage shrub. Econ. Bot. 10, 241–249.
10. GONÇALVES, J. R. C. (1971): A cultura do guaraná. Ser. Cult. Amazonica. Inst. Pesq. Exp. Agropec. Norte (IPEAN) 2 (1), 1–13.

11. INDIAN FARMING (1982): Special Number on Are-canut. Indian Farming 32 (9), 3–51.

12. JOSEPH, R. (1971): The economic significance of *Cannabis sativa* in the Moroccan Rif. Econ. Bot. 27, 235–240.

13. MORTON, J. F. (1983): Rooibos tea, *Aspalathus linearis,* a caffeine-less, low-tannin beverage. Econ. Bot. 37, 164–173.

14. PORTER, R. H. (1950): Maté – South American or Paraguay tea. Econ. Bot. 4, 37–51.

15. REHM, S., und ESPIG, G. (1984): Die Kulturpflanzen der Tropen und Subtropen. 2. Aufl. Ulmer, Stuttgart.

16. REVRI, R. (1983): *Catha edulis* Forssk. Geographical Dispersal, Botanical, Ecological and Agronomical Aspects with Special Reference to Yemen Arabic Republic. Göttinger Beitr. Land- und Forstwirtschaft Trop. und Subtrop. Heft 1. Göttingen.

17. SCHMIDBAUER, W., und SCHEIDT, J. VOM (1971): Handbuch der Rauschdrogen. Nymphenburger, München.

18. SPRECHER VON BERNEGG, A. (1934): Kaffee und Guaraná. Tropische und subtropische Weltwirtschaftspflanzen, III. Teil, Bd. 2. Enke, Stuttgart.

19. SPRECHER VON BERNEGG, A. (1936): Der Teestrauch und der Tee. Die Mate- oder Paraguayteepflanze. Tropische und subtropische Weltwirtschaftspflanzen III. Teil, Bd. 3. Enke, Stuttgart.

20. WATT, J. M., and BREYER-BRANDWIJK, M. G. (1962): The Medicinal and Poisonous Plants of Southern and Eastern Africa. Livingstone, Edinburgh.

7 Gewürze

WOLFRAM ACHTNICH

7.1 Pfeffer

Botanisch: *Piper nigrum* L.
Englisch: pepper
Französisch: poivre
Spanisch: pimienta

Schon im 1. Jh. v. Chr. wurde Pfeffer im mediterranen Kulturkreis als Gewürz geschätzt und ein hoher Preis für die auf dem Land- oder Seeweg aus dem Orient bezogene Importware bezahlt. Der griechische Gelehrte Theophrastus (372 bis 287 v. Chr.) beschreibt in seinen botanischen Schriften bereits den schwarzen und den langen Pfeffer, wobei letzterer sich, im Gegensatz zum heutigen Gebrauch, besonderer Beliebtheit erfreute. Eine im Jahre 176 durch den römischen Kaiser Marcus Aurelius eingeführte Pfeffersteuer verdeutlicht weiter die Wertschätzung des Gewürzes, dem eine Art Zahlungsmittelfunktion zukam. So erstaunt es auch nicht, daß der Westgotenkönig Alarich im Zuge der Blockade Roms im Jahre 409 von den Römern u. a. 3000 Pfund Pfeffer forderte und erhielt. Später begründete der Gewürzhandel den Reichtum der Republik Venedig. Das venezianische Monopol fand jedoch in der Zeit der großen Entdeckungsreisen (Kolumbus 1492, Vasco da Gama 1498), deren Anlaß nicht zuletzt die Suche nach einem Zugang zu den Pfeffer produzierenden Ländern und Inseln war, mit der Errichtung von Stützpunkten in den Tropengebieten Südostasiens (Goa, Kotchin, Malakka, Bantam) durch portugiesische und holländische Seefahrer und Kaufleute ein Ende.

Heimat des schwarzen Pfeffers ist die Malabarküste in Südindien. Auswandernde Hindus verbreiteten den Anbau nach Indonesien und Malaysia schon vor 2000 Jahren. Außerhalb Südostasiens wird dagegen Pfeffer erst in jüngerer Zeit kultiviert. Hauptanbaugebiete sind heute Indonesien, Indien, Malaysia, Thailand und Sri Lanka, in Lateinamerika Brasilien und Mexiko. Die Exportstatistik weist bei insgesamt langsamem Anstieg erhebliche Schwankungen bezüglich der Jahre und Länder auf (Tab. 94). Dies gilt besonders für Brasilien, dessen Pfefferexporte im Verlaufe der letzten 10 Jahre zwischen 13 761 und 46 889 t/Jahr lagen (2, 9, 13, 15, 16, 21).

Die formenreiche Gattung *Piper* gehört zur Familie der Piperaceae. Unter den etwa 700 Arten finden sich buschförmige, kriechende, kletternde und epiphytische Typen. Der schwarze Pfeffer ist eine etwa 10 m Höhe erreichende Kletterpflanze des tropischen Waldes, die in Plantagen auf maximal 4 m gehalten wird. Das Sproßsystem ist (ähnlich wie bei der Baumwolle) in vegetative, monopodiale, aufrecht wachsende Hauptsprosse und achselständige, fruchttragende, sympodiale, mehr oder weniger horizontal wachsende Seitensprosse gegliedert. An den Nodien der orthotropen Sprosse werden Haftwurzeln gebildet. Die Wildformen sind oft diözisch, die Kultursorten monözisch mit Ähren, die nur zwittrige oder zwittrige und männliche Blüten tragen. Die beerenartigen Früchte (botanisch Steinfrüchte) entwickeln sich an bis zu 15 cm langen Fruchtständen (Abb. 238). Sie reifen in etwa 6 Monaten. Die vollreif roten Früchte haben einen Durchmesser von 3 bis 5 mm. Das Tausenkorngewicht getrockneter Früchte (Pfefferkörner) beträgt 30 bis 80 g. Die Früchte enthalten 1 bis 2,5 % ätherisches Öl, 5 bis 9 % Piperin, 1 % Chavicin, 8 % Piperidin, 6 bis 8 % fettes Öl, 0,5 % Harz, 22 bis 42 % Stärke und 8 bis 13 % Wasser. Das scharfschmeckende Alkaloid Piperin ist vor allem im Endokarp konzentriert, während das Mesokarp hauptsächlich die aromatischen ätherischen Öle und Harze enthält (11, 12, 15).

Die züchterische Bearbeitung, erschwert durch die komplizierte Blütenbiologie, bestand jahrhundertelang in der Auslese zu vegetativer Vermehrung geeigneter Klone. Auswahlkriterien waren hoher Ertrag, hermaphrodite Blütenanlage (Selbstbestäubung) und geringe Anfälligkeit gegenüber Wurzelfäule. Erst in jüngerer Zeit werden Kreuzungen durchgeführt, die sich jedoch wegen der genetischen Vielfalt (2 n = 36, 48, 52, 60, 104, 128. Basiszahl x = 12 bis 16) schwierig gestalten. Zuchtziel sind kurze Vegetationszeit, Ertragssicherheit, gleichzeitiges Ausreifen, kräftiges Wachstum, Resistenz gegenüber Krankheiten und Schädlingen, Ausbildung zahlreicher, langer, dicht mit Blüten besetzter Infloreszenzen, hoher Anteil hermaphroditer Blüten, zahlreicher Fruchtansatz, Ausbildung großer

Tab. 94. Pfeffer-Export und -Import wichtiger Erzeuger- und Verbraucherländer (1983). Nach (4).

Land	Export			Import		
	(t)	(%)	(1000 US-$)	(t)	(%)	(1000 US-$)
Indonesien	45 061	27,54	51 998	15	0,01	46
Brasilien	30 380	18,59	34 742	32	0,02	77
Indien	27 980	17,12	37 500	520	0,32	880
Malaysia	23 402	14,32	34 137	154	0,09	240
Singapur	21 665	13,25	29 627	18 406	11,28	28 421
Mexiko	1 649	1,01	3 033	28	0,02	58
Niederlande	1 587	0,97	2 775	3 498	2,14	5 414
USA	1 561	0,96	4 092	32 107	19,67	35 196
Hongkong	1 433	0,88	2 217	2 105	1,29	3 246
Sri Lanka	1 294	0,79	1 890	100	0,06	95
Thailand	1 015	0,62	1 390	–	–	–
Bundesrepublik	830	0,51	2 520	12 850	7,87	20 252
Frankreich	811	0,50	2 086	8 699	5,33	12 488
Kolumbien	794	0,49	929	325	0,20	513
Türkei	781	0,48	980	876	0,54	1 127
Belgien/Lux.	764	0,47	1 844	2 016	1,24	3 830
Madagaskar	429	0,26	598	–	–	–
Großbritannien	373	0,23	823	5 706	3,50	8 754
Macau	341	0,21	622	386	0,24	363
UdSSR	–	–	–	13 264	8,13	16 385
Saudi-Arabien	150	0,09	200	5 277	3,23	7 439
Japan	–	–	–	5 144	3,15	8 007
Ägypten	–	–	–	4 928	3,02	7 291
Italien	35	0,02	106	3 122	1,91	4 682
Kanada	–	–	–	2 959	1,81	4 688
Marokko	–	–	–	2 745	1,68	3 394
Algerien	–	–	–	2 712	1,66	3 837
Ungarn	–	–	–	2 285	1,40	3 336
Tschechoslowakei	–	–	–	1 800	1,10	3 067
Argentinien	–	–	–	1 749	1,07	3 072
DDR	–	–	–	1 500	0,92	3 900
Spanien	69	0,04	85	1 479	0,91	2 276
Schweiz	12	0,01	27	1 407	0,86	2 762
Jugoslawien	9	0,01	57	1 380	0,85	2 369
Südkorea	–	–	–	1 374	0,84	2 656
Österreich	10	0,01	29	1 056	0,65	1 645
Iran	–	–	–	1 053	0,64	1 693
Welt	163 451	100,00	216 316	163 209	100,00	234 534

Früchte und Samen mit hohem Anteil an Alkaloiden und Aromastoffen. Aus Kreuzungen verschiedener indischer Landsorten am Pfeffer-Forschungsinstitut in Panniyur, Kerala/Indien, ging die inzwischen sehr bekannt gewordene Sorte Panniyur 1 hervor mit einem Fruchtertrag (grün) von 10,5 kg/Pflanze im 3. Ertragsjahr, kräftigem Wuchs und geringer Krankheitsanfälligkeit (3, 11, 15, 18, 20, 21).

Pfeffer ist eine Pflanze der feuchten Tropen in Höhenlagen bis zu 500 m (seltener bis 1500 m) im Bereich zwischen 20° nördlicher und südlicher Breite. Ganzjährig ausreichend Wärme (etwa 25 °C Jahrestemperaturmittel, jedoch nie kühler als 10 °C) und reichliche Niederschläge (2000 bis 3000 mm/Jahr) sowie humoser, nährstoffreicher Boden sind wesentliche Voraussetzungen für gute Erträge. Bevorzugt werden allu-

Abb. 238. *Piper nigrum*. Fruchtende Pflanze.

viale, gut durchlüftete Böden der Talauen mit hoher Wasserkapazität und über pH 5,5 liegender Bodenreaktion. Überflutung und Staunässe werden nicht vertragen. Die höchsten Erträge werden auf vulkanischem Verwitterungsboden (Indonesien) erzielt.

Die Anzucht der Jungpflanzen erfolgt fast ausschließlich aus Stecklingen, die aus dem terminalen Bereich bis zu zwei Jahre alter orthotroper Sprosse gewonnen werden. Das etwa 60 cm lange, entblätterte Steckholz mit 6 bis 7 Knoten wird mit 3 bis 4 Knoten schräg (45°) etwa 15 cm tief gepflanzt und durch Auflage von Farnblättern beschattet. Es werden auch kurze Stecklinge mit zwei oder auch nur einem Knoten und Blatt verwendet (1). Nach 10 Wochen werden die im Anzuchtbeet gut bewurzelten Stecklinge am endgültigen Standort im 2,5 × 2,5 bis 3,5 × 3,5-m-Verband (1600 bzw. 816 Pflanzen/ha) gepflanzt. Bei sofortiger Pflanzung frisch geschnittener Stecklinge am endgültigen Standort werden diese im oberirdischen Bereich nicht entblattet. Es ergeben sich dann mehrere Sprosse. Häufigeres Zurückschneiden stärkt den Sproß und fördert die buschartige Verzweigung. Gepflanzt wird auf etwa 15 cm hohe Erdhügel mit 45 cm Durchmesser, die aus einem Gemisch von Erde, Kompost und organischem Material zusammengeschoben werden. Jede Jungpflanze erhält einen etwa 1 m hohen Stock. Haben die Pflanzen 50 bis 100 cm Wuchshöhe erreicht, wird der Stock durch einen 3 bis 4 m hohen, etwa 60 cm tief in den Boden geschlagenen Pfosten ersetzt. Die Pfosten sollten aus termitenfestem Material sein (z. B. Eisenholz, *Eusideroxylon zwageri* Teijsm. et Binn., auf Borneo). Verbreitet ist auch der Aufwuchs an in entsprechendem Verband gepflanzten Bäumen, die

Abb. 239. Pfefferpflanzung im Mündungsgebiet des Amazonas (Brasilien).

dann gleichzeitig zur Beschattung und auch als Windschutz dienen, wobei die Wuchshöhe der Pfefferpflanzen dann bis über 8 m betragen kann. Als Stütz- und Schattenbäume eignen sich Arten wie Jackfruit (*Artocarpus heterophyllus* Lam.), Kapok (*Ceiba pentandra* Gaertn.), Korallenbaum (*Erythrina variegata* L., *E. subumbrans* [Hassk.] Merr.), Mangopflaume (*Spondias pinnata* [J. G. Koenig ex L.f.] Kurz), Silbereiche (*Grevillea robusta* A. Cunn.) und häufig auch die Betelpalme (*Areca catechu* L.) (2, 3, 11, 15).

Zur Deckung des hohen Nährstoffbedarfs der Pfefferpflanze ist eine Düngung, besonders auf sandigem Boden, erforderlich. Verwendet werden hauptsächlich organische Düngemittel (Kompostierte Hausabfälle, Rückstände aus der Gambir-Gewinnung, aus Stallungen abgegrabene Urin-Erde, Fischmehl, Guano). Im Plantagenbetrieb werden mineralische Handelsdünger eingesetzt. Als mittlere Gabe gelten 75 g N, 25 g P und 60 g K je Pflanze. Auf saurem Boden wird gekalkt. Gut bewährt hat sich auch eine Mulchauflage (Reisspelzen, Sägemehl, Grünmasse) oder bei ganzjährig ausreichender Feuchtigkeit die Einsaat von Bodenbedeckern (*Crotalaria anagyroides* H.B.K., *C. pallida* Ait., *Calopogonium mucunoides* Desv.). Kürzere Trockenperioden werden durch häufigere kleine Wassergaben überbrückt (8, 10, 15, 17).

Im dritten Jahr nach der Pflanzung beginnen die Pfefferpflanzen zu tragen, erreichen im 8. bis 15. Jahr die höchste Ertragsleistung und lassen dann zunehmend bis zum 25. Jahr im Ertrag nach. Über diesen Zeitpunkt hinaus ist eine Erhaltung des Bestandes normalerweise unwirtschaftlich. Die Ernte erstreckt sich infolge ungleichmäßiger Abreife, die mehrfaches Pflücken erforderlich macht, über mehrere Wochen. In Kerala beginnt die Blüte mit dem Einsetzen des Monsuns im Juni–Juli, geerntet wird ab Dezember bis Februar–März. Den höchsten Gehalt an ätherischem Öl haben die Früchte nach etwa 4 bis 5 Monaten, der Piperingehalt nimmt dagegen bis zur Vollreife zu.

Der Erntezeitpunkt wird im Hinblick auf die weitere Aufbereitung der Früchte festgelegt: Für grünen und schwarzen Pfeffer werden die ausgewachsenen Früchte grün gepflückt, für weißen Pfeffer werden vollreife rote Früchte verwendet, für rosa Pfeffer („poivre rose") erfolgt die Ernte bei beginnender Rötung der Früchte. Gepflückt werden immer die ganzen Fruchtstände. Die Er-

träge variieren erheblich. Je Pflanze werden 0,5 bis 15 kg (bei Hochleistungssorten auch über 20 kg) grüne Früchte geerntet. Im bäuerlichen Anbau beträgt die Ernte an grünem Pfeffer je Hektar in Indien 0,3 bis 1 t, in Sri Lanka etwa 2,5 t, in Sumatra etwa 1,4 t und auf der Malayischen Halbinsel 2 bis 4,5 t. Im Intensivanbau Malaysias und Indonesiens werden bis zu 18 t/ha grüner Pfeffer geerntet. 100 kg grüner Pfeffer ergeben 33 bis 37 kg schwarzen Pfeffer bzw. 25 bis 28 kg weißen Pfeffer (3, 15, 20).

Unter den Krankheiten und Schädlingen sind es vor allem die Wurzelfäule auslösenden Pilze, welche die Produktion in den klassischen Pfefferanbauländern Südostasiens aber auch in den erst in jüngerer Zeit für den Anbau erschlossenen Gebieten erheblich beeinträchtigen. Die enormen Schwankungen der brasilianischen Pfefferexporte zeigen dies deutlich. Symptome des die Wurzelfäule verursachenden Pilzes *Phytophthora palmivora* sind Blattwelke bei gleichzeitiger Gelbfärbung mit folgendem Blattfall, Absterben von Trieben und schließlich der ganzen Pflanze. Die Zoosporen des Pilzes dringen vom Boden in die Wurzeln ein, durchsetzen diese mit Myzel, an welchem sich Sporangien entwickeln, die durch das Bodenwasser oder auch Tiere (Afrikanische Riesenschnecke *Achatina fulica*) weiter verbreitet werden. Die oberirdisch sichtbaren Krankheitssymptome treten 50 bis 60 Tage nach der Wurzelinfektion auf. Chemisch läßt sich der Pilz nicht bekämpfen. Vermindert wird die Infektionsgefahr durch Grasaussaat zwischen den Pflanzstellen, Zurückschneiden der unteren Zweige, die direkt infiziert werden können, Vermeidung der Bodenzufuhr von außerhalb, Desinfizieren der Arbeitsgeräte, sorgfältiges Durchführen der Erdarbeiten (Entfernung von Baumstümpfen, Dränage, Terrassierung). Versuche, ertragreiche Pfeffersorten ('Kuching') auf Wurzelfäule-resistente Unterlagen (*Piper colubrinum* Link) zu pfropfen, brachten noch keine befriedigenden Ergebnisse (15). Weitere Erreger von Wurzelfäule sind *Fusarium solani* var. *piperi*, besonders in Pará/Brasilien, *Rigidoporus lignosus* (Syn. *Fomes lignosus*), weiße Wurzelfäule, vor allem bei auf Heveakultur folgendem Pfefferanbau und *Ganoderma lucidum*, rote Wurzelfäule, verbreitet in Sarawak/Malaysia. Blattflecken verursachen Pilze der Gattungen *Colletotrichum* und *Rhizoctonia* sowie Bakterien der Gattung *Pseudomonas*.

Die Früchte werden durch eine parasitierende Alge, *Cephaleuros parasiticus* geschädigt, welche die Fruchtschale zerstört (black berry) und vorzeitigen Fruchtfall bewirkt. Unter den Schädlingen verursachen Nematoden, *Meloidogyne javanica* und *Radopholus similis*, größeren Schaden, vor allem in Indonesien. Fraß- und Saugschäden an Blättern, Blüten und Früchten verursachen Wanzen, Schmier-, Schild- und Blattläuse, Käfer und Schmetterlingsraupen (5, 7, 11, 15).

Nach Gewinnung und Aufbereitung der Pfefferfrüchte werden unterschieden:

Schwarzer Pfeffer. Im bäuerlichen Betrieb werden die grün gepflückten Fruchtstände auf Matten oder betonierten Flächen zum Trocknen in der Sonne ausgebreitet. Sie verfärben sich innerhalb etwa einer Woche bei gleichzeitigem Schrumpfen braun und schließlich schwarz. Nach der Trocknung werden die Früchte durch Ausschlagen oder Austreten von den Fruchtständen getrennt und verlesen. Bei unzureichender Sonneneinstrahlung erfolgt die Verfärbung durch Fermentation der für einige Stunden in Haufen aufgesetzten grünen Fruchtstände mit anschließender Nachtrocknung. In Großbetrieben wird auch künstlich im 80 °C heißen Luftstrom, zweimal je 4,5 Stunden mit 6 Stunden Zwischenzeit, getrocknet.

Wichtige Pfeffer-Handelssorten sind: Indischer Pfeffer, hauptsächlich von der Malabarküste, zeichnet sich durch Geschmack, intensiven Geruch und Schärfe aus. Lampong-Pfeffer aus dem Distrikt Lampong in Südostsumatra, kleinfrüchtig, dünnschalig, weniger scharf, besonders für die Gewinnung von Extraktstoffen geeignet. Sarawak-Pfeffer aus dem zu Malaysia gehörenden, im Norden der Insel Borneo gelegenen Staat Sarawak, aromatisch, mäßig scharf. Sri Lanka-Pfeffer mit dunkelgrauer Schale, kräftig im Geschmack mit hoher Ausbeute an Extraktstoffen. Brasilianischer Pfeffer aus dem im Nordosten gelegenen Bundesstaat Pará mit sehr dunkler Schale, hellerem Endokarp und charakteristischem, angenehm mildem Geschmack.

Weißer Pfeffer. Zur Gewinnung des weißen Pfeffers werden die reifen roten Früchte nach der Ernte von den Fruchtständen gelöst, in leicht strömendes Wasser gelegt, wobei sich die Schale zersetzt, und anschließend gewaschen und getrocknet. Bei künstlicher Trocknung beträgt die Temperatur 40 °C. Im Handel befindet sich hauptsächlich Ware aus Indonesien, Malaysia und Brasilien.

Grüner Pfeffer. Die grünen Früchte werden sofort nach der Ernte von den Fruchtständen abgetrennt und in flüssigen Zubereitungen (Salzwasser, Essig, Zitronensäure) konserviert. Das Produkt gilt als besonders aromatisch. Wichtige Exportländer sind Indien, Madagaskar und Brasilien.

Rosa Pfeffer. Die Ernte erfolgt etwas später als bei grünem Pfeffer, die Aufbereitung ist die gleiche. Das Produkt wird häufig mit den auch als „pink pepper" bezeichneten rosaroten Früchten des peruanischen Pfefferbaumes, *Schinus molle* L., verwechselt.

Weitere neben den verschiedenen Aufbereitungen von *Piper nigrum* im Handel befindliche Pfefferarten sind:

Bengalpfeffer, langer Pfeffer, *Piper longum* L., beheimatet in den Vorbergen des Himalaya. Es werden die 3 bis 4 cm langen Fruchtstände gehandelt. Verbrauch hauptsächlich in Indien und Sri Lanka (für Konserven, Curry, Pickles). Früher auch in Europa wegen seines milden Geschmacks geschätzt.

Javapfeffer, Piper retrofractum Vahl, beheimatet in Malaysia und Indonesien. In Anbau und Verwendung dem Bengalpfeffer sehr ähnlich, jedoch etwas schärfer im Geschmack.

Ashantipfeffer, Piper guineense Schum. et Thonn., beheimatet im tropischen Afrika von Westafrika (Pfefferküste) bis zum Kongo. Wurde von den Portugiesen schon 1485 in den Handel gebracht. Heute nur noch von lokaler Bedeutung.

Kubebenpfeffer, Piper cubeba L.f., beheimatet in Indonesien und Malaysia. Die gestielten Früchte (Stielpfeffer) wurden im 17. bis 19. Jahrhundert in Europa als Gewürz geschätzt und finden heute noch in der Medizin (Fructus Cubebae, Oleum Cubebae) und Parfümerie Verwendung (3, 6, 13, 14, 15, 20).

Literatur

1. BAVAPPA, K. V. A., and GURUSINGHE, P. A. (1980): A new technique for the rapid multiplication of pepper planting material. Ind. Cocoa, Arecanut and Spices J. 3 (3), 53–55.

2. BRÜCHER, H. (1977): Tropische Nutzpflanzen. Springer, Berlin.

3. COUNCIL OF SCIENTIFIC AND INDUSTRIAL RESEARCH (1969): The Wealth of India. Raw Materials, Vol. 8. Publications and Information Directorate, CSIR, New Delhi.

4. FAO (1984): Trade Yearbook, Vol. 37. FAO, Rom.

5. FRÖHLICH, G. (Hrsg.) (1974): Pflanzenschutz in den Tropen. 2. Aufl. Harri Deutsch, Zürich.

6. GÖÖCK, R. (1977): Das Buch der Gewürze. 4. Aufl. Mosaik, Gütersloh.

7. ICHINOHE, M. (1984/85): Integrated control of the root-knot nematode, *Meloidogyne incognita*, on black pepper plantations in the Amazonian region. Agric., Ecosyst. and Environm. 12, 271–283.

8. KATO, O. R., ALBUQUERQUE, F. C. DE, KATO, M. DO S. A., e KATO, A. K. (1980): Influência de natureza da cobertura morta na cultura da pimenta-do-reino. Pesquisa em Andamento, Altamira (Brasilien), No. 3.

9. KAY, D. E. (1970): The production and marketing of pepper. Trop. Sci. 12, 201–218.

10. KUMAR, B. M., and CHEERAN, A. (1981): Nutrient requirements of pepper vines trained on live and dead standards. Agric. Res. J. Kerala (Indien) 19 (1), 21–26.

11. MAISTRE, J. (1969): Les Plantes à Épice. Maisonneuve et Larose, Paris.

12. MELCHIOR, H., und KASTNER, H. (1974): Gewürze. Botanische und chemische Untersuchung. Parey, Berlin.

13. PARRY, J. H. (1969): Spices. 2 vols. Chemical Publishing Co., New York.

14. PRUTHI, J. S. (1980): Spices and Condiments: Chemistry, Microbiology, Technology. Academic Press, New York.

15. PURSEGLOVE, J. W., BROWN, E. G., GREEN, C. L., and ROBBINS, S. R. J. (1981): Spices. 2 vols. Longman, London.

16. ROSENGARTEN, F. jr. (1973): The Book of Spices. 2nd ed. Pyramid Books, New York.

17. SENANAYAKE, Y. D. A., and KIRTHISINGHE, J. P. (1983): Effect of shade and irrigation on black pepper (*Piper nigrum* L.) cuttings. J. Plantation Crops 11, 105–108.

18. SHARMA, A. K., and BHATTACHARYYA, N.K. (1959): Chromosome studies on two genera of the family Piperaceae. Genetica 29, 256–289.

19. WAARD, P. W. F. DE (1980): Problem areas and prospects of production of pepper (*Piper nigrum* L.). An Overview. Dept. Agric. Res., Royal Trop. Inst., Amsterdam, Bull. No. 308.

20. WAARD, P. W. F. DE, and ZEVEN, A. C. (1969): Pepper. In: FERWERDA, F. P., and WIT, F. (eds.): Outlines of Perennial Crop Breeding in the Tropics, 409–426. Veenman en Zonen, Wageningen.

21. ZEVEN, A. C. (1976): Black pepper. *Piper nigrum* (Piperaceae). In: SIMMONDS, N. W. (ed.): Evolution of Crop Plants, 234–235. Longman, London.

7.2   Gewürzpaprika

Botanisch:	*Capsicum annuum* L. und 4 weitere Arten
Englisch:	chillies, red pepper, Cayenne pepper
Französisch:	piment, poivre rouge, poivre d'espagne
Spanisch:	pimiento, chile, ají

Als wichtigstes Gewürz amerikanischen Ursprungs hat Paprika oder roter Pfeffer schon wenige Jahrzehnte nach der Entdeckung Amerikas in Afrika, Europa und Asien Verbreitung gefunden. Seine Verwendung konnte von Archäologen an Hand von Grabbeigaben in der Tempelstadt Tehuacan (Mexiko) bereits für die Zeit um 7000 v. Chr. nachgewiesen werden (25). In den tieferen Lagen der Anden wurde Paprika um 2500 v. Chr. kultiviert (21). Die Hauptanbaugebiete liegen heute in Asien, Europa und Nordamerika, wo ein erheblicher Teil der Produktion auch konsumiert wird, so daß die Export- und Importstatistik nur ein unvollständiges Bild über Erzeugung und Verbrauch in den verschiedenen Regionen vermittelt (6).

Gewürzpaprika-Export 1983 insgesamt 107 721 t. Afrika 2776 t (darunter Tunesien 1771 t), Amerika 3898 t (darunter Jamaika 2999 t), Asien 70 014 t (darunter China 22 268 t, Indien 19 520 t, Singapur 10 151 t, Malaysia 5738 t, Pakistan 3826 t), Europa 31 203 t (darunter Spanien 16 650 t, Ungarn 9892 t).

Gewürzpaprika-Import 1983 insgesamt 120 918 t. Afrika 5659 t (darunter Algerien 4123 t), Amerika 15 275 t (darunter USA 12 552 t), Asien 63 348 t (darunter Singapur 19 939 t, Malaysia 10 000 t, Sri Lanka 9421 t, Pakistan 3313 t, Thailand 3021 t), Europa 30 746 t (darunter Bundesrepublik Deutschland 15 024 t, Frankreich 3550 t, Österreich 2917 t, Großbritannien 2602 t, Niederlande 2525 t) (6). Der spanische oder rote Pfeffer, auch Cayennepfeffer oder Chillies genannt, gehört zur Gattung *Capsicum* in der Familie der Solanaceae. Die formenreiche Gattung wird heute in 30 Arten gegliedert, von welchen 5 als Kulturpflanzen angebaut werden (3, 7, 13, 14, 16, 20, 23).

C. annuum L., Paprika, ist die bekannteste und am meisten verbreitete Art. Sie umfaßt neben den scharfen Chillies auch die als Gemüse genutzten Sorten (→ PRINZ, Kap. 4.7). Als Wildform gilt var. *glabriusculum* (Dun.) Heiser et Pickersgill, während die angebauten Sorten als Cultivare der var. *annuum* angesehen werden (13, 14). Die größte Variabilität, vor allem hinsichtlich der Fruchtform und -farbe, findet sich in Mexiko und Zentralamerika, so daß diese Region als Ursprungsgebiet betrachtet werden kann. Die einjährig genutzten Pflanzen wachsen bis zu 1 m hoch, blühen weiß und bilden längliche, konische oder rundliche, meist hängende und im Reifezustand sich gelb, rot bis dunkelpurpurn verfärbende Früchte (vielsamige Beeren) (Abb. 240).

C. frutescens L., Cayennepfeffer oder bird pepper, ist eine auf die Tropengebiete beschränkte, 2 bis 3 Jahre ausdauernde, bis zu 1,5 m hochwachsende Pflanze mit grünlich-weißen Blüten und aufrecht stehenden kleinen, in der Reife roten und als sehr scharf bekannten Früchten. Die in Westindien heimische Art ist heute im pazifischen Raum, Südostasien, Indien und Afrika verbreitet. Besonders bekannt ist die cv. 'Tabasco', die einzige auch in den USA (Louisiana) angebaute Sorte von *C. frutescens* (16) (Abb. 241).

C. baccatum L., Peruanischer Pfeffer, wächst in den tieferen Lagen (bis 1500 m) der Andenländer. Als Wildform gilt var. *baccatum*. Die Kulturform var. *pendulum* (Willd.) Eshbaugh wird seit etwa 4000 Jahren angebaut. Sie unterscheidet sich von der sehr ähnlichen *C. annuum*

Abb. 240. *Capsicum annuum*. Gewürzpaprika (Indien).

Abb. 241. *Capsicum frutescens*. Cayennepfeffer (Zaire).

durch auffällige gelbe Saftmale im unteren Bereich der Blüte (3, 5).

C. pubescens Ruiz et Pav. ist vor allem im Hochland der Anden (1500 bis 2500 m) verbreitet und in Peru unter dem Namen Rocoto bekannt. Durch ihre feine Behaarung, bläulich-dunkelrote Blüten und schwarze Samen unterscheidet sich die Spezies deutlich von den anderen C.-Arten. Die vielgestaltigen, dickfleischigen Früchte sind zur Reifezeit orangegelb, rot oder braun gefärbt. Außerhalb des Andengebietes wird *C. pubescens* verstreut im Hochland von Costa Rica, Guatemala und Südmexiko angebaut (4).

C. chinense Jacq. kommt verbreitet in Amazonien und Westindien sowie im feuchttropischen Afrika und Asien vor. Die unzutreffende Benennung beruht auf einem Irrtum. Heimisch ist die Spezies in Lateinamerika. Die wegen ihrer besonderen Schärfe geschätzten und wegen ihrer farbenprächtigen Früchte auch als Zierpflanze angebaute Art steht im Habitus *C. frutescens* sehr nahe (3).

Alle bisher untersuchten *Capsicum*-Arten sind diploid (2 n = 24) und miteinander kreuzbar. Schwierigkeiten treten lediglich bei *C. pubescens* und einigen Wildformen auf. Von *C. annuum* gelang die Erstellung polyploider Formen, die jedoch bislang keine kommerzielle Bedeutung erlangt haben. Auch Haploide sind bekannt und werden in der Züchtung verwendet. Die Auffindung cytoplasmatisch bedingter männlicher Sterilität (22) hat die Erzeugung von Hybridsaatgut wesentlich verbilligt. Als Heterosiseffekt treten Frühreife, geringerer Blütenfall, gleichmäßigere Fruchtausbildung und höherer Ertrag, größere Samen mit größeren Embryonen und erhöhter Keimfähigkeit sowie bessere Anpassung der Pflanzen an widrige Umweltbedingungen auf. Bei Kreuzungen erwiesen sich folgende, durch ein Gen gesteuerte Eigenschaften als dominant: Mehrjährigkeit gegenüber Einjährigkeit, hängende Frucht gegenüber stehender Frucht, Rotfärbung gegenüber Gelbfärbung, hoher Scharfstoffgehalt gegenüber geringem Scharfstoffgehalt. Zuchtziel sind einjährige Pflanzen mit großen, hängenden, gut ausgefärbten Früchten, der Nutzung entsprechend hohem oder niedrigem Scharfstoffgehalt und ausgeprägter Resistenz gegenüber Virosen und Pilzbefall.

Capsicum gedeiht am besten auf nährstoffreichem, humosem Lehmboden mit höherem Kalkgehalt (pH 5,5 bis 6,5) und frei von stauender Nässe. Die optimale Temperatur liegt bei 20 bis 25 °C. Temperaturen unter 10 °C vermindern den Fruchtansatz. Bei geringer Luftfeuchtigkeit und hoher Temperatur werden Knospen, Blüten und Früchte abgeworfen. Im Regenfeldbau wird *Capsicum* bei 450 bis 1250 mm Jahresniederschlag kultiviert. In Trockengebieten oder bei längeren Trockenperioden ist Bewässerung üblich. Zur Vermeidung krankheits- und schädlingsbedingter Ertragseinbußen erfolgt der Anbau im Wechsel mit Reis, Mais, Hirse, Soja und anderen Leguminosen, Maniok, Yam, Zuckerrohr und Baumwolle, nicht jedoch nach anderen Solanaceen. Mischanbau ist weit verbreitet. Der Boden wird tief bearbeitet, gartenmäßig hergerichtet und vor der Aussaat mit gut verrottetem Stallmist oder Kompost (20 bis 40 t/ha) gedüngt. Die Aussaat erfolgt entweder direkt an den Standort (2 bis 4 kg/ha, Reihenabstand ca. 1 m, in der Reihe nach Ausdünnung 30 bis 90 cm) oder ins Anzuchtbeet (1 kg auf 200 m², ausreichend für die Bepflanzung von 1 ha). Bei Direktsaat auf etwa 25 cm hohe Dämme (Furchenbewässerung) werden je Pflanzstelle 5 bis 7 Samen abgelegt. Die kleinen Samen (TKG 6 bis 9 g) keimen nach 1 bis 2 Wochen. Im Alter von 4 bis 6 Wochen werden die im Anzuchtbeet gezogenen Pflanzen ausgepflanzt. Wichtige Pflegemaßnahmen sind wirksame Unkrautbekämpfung, Bodenbefeuchtung nach der Aussaat und der Verpflanzung, ohne die Pflanzen zu überstauen, Düngung (besonders auf sandigem Boden) und Bodenbedeckung (Mulch) sowie Bewässerung bei Bedarf. Nach 2 bis 3 Monaten beginnt die sich über längere Zeit erstreckende Blüte, so daß sich auch ein langer Erntezeitraum ergibt, der mehrmaliges Durchpflücken erforderlich macht. Die Vegetationszeit beträgt 4 bis 7 Monate, bei ausdauernden Formen auch 3 Jahre. Die Erträge liegen bei 300 kg/ha im Regenfeldbau (Indien), 1,5 bis 3 t/ha mit Bewässerung und über 5 t/ha im Intensivanbau (1, 2, 8, 11, 15, 17, 19, 23).

Die Erträge im Paprikaanbau können durch zahlreiche Schädlinge und Krankheiten, besonders Virosen, erheblich vermindert werden. Typische Symptome des Virusbefalls (Gurkenmosaikvirus, Tabakmosaikvirus, Bronzefleckenvirus, Kartoffelvirus A, X, Y u. a.) sind Blattflecken, Blattkräuselung, gestauchtes Wachstum und Entwicklung verkümmerter Früchte. Übertragen werden die Viren mechanisch oder durch Blattläuse, Zikaden, Thripse und Nematoden. Die Bekämpfung erfolgt durch Vernichtung der Vektoren mit organischen Phosphorverbindungen in Form von Granulaten oder Ölemulsionen. Unter den bakteriellen Krankheitserregern sind besonders *Pseudomonas solanacearum* (Blattwelke) und *Xanthomonas campestris* pv. *vesicatoria* (Blatt- und Fruchtfäule) zu nennen. Beide sind chemisch nicht wirksam zu bekämpfen. *Capsicum* schädigende Pilze sind vor allem *Phytophthora capsici* (Wurzel-, Stengel- und Blattfäule), *Corticium rolfsii* (Blattwelke), *Gloeosporium piperatum* (Anthraknose) u. a. Zur Bekämpfung werden Fungizide (Maneb, Zineb, Ziram, Ferbam) eingesetzt. Unter den Schädlingen sind die Virusüberträger *Empoasca lybica* (Baumwollzikade) und *Scirtothrips dorsalis* (Chillithrips) besonders zu erwähnen (8, 9, 18, 23).

Die geernteten Früchte finden entweder frisch (grün oder reif) oder getrocknet Verwendung. Zur Trocknung werden die Früchte längsgeteilt und entkernt. Kleinfrüchtige Formen trocknen ungeteilt. Der Gewichtsverlust bei der Trocknung beträgt etwa 70 %. Wesentlicher Bestandteil der Frucht sind die Scharfstoffe, insbesondere das Capsaicin, ein Vanillylamid ($C_{18}H_{27}NO_3$), das zu 0,2 bis 1 % in der getrockneten Frucht, vor allem im Plazentagewebe, enthalten ist. Die in Alkohol lösliche Fraktion des aus den Früchten gewonnenen balsamartigen, dunkelroten Extraktes wird als Capsicin oder Oleoresin (Paprika-Öl) bezeichnet. Sie enthält neben den Scharfstoffen und Fettsubstanzen den roten Farbstoff Capsanthin und andere Carotinoide (10, 12, 17, 23, 24). Im Handel werden unterschieden:

Cayennepfeffer, Chillies, kleinfrüchtig, aus Ostafrika, Indien, China, Japan, Mexiko, gemahlen oder auch als ganze Frucht. Oleoresin Chilli (auch „African capsicum oleoresin") enthält 4 bis 14% Capsaicin, ist weniger gefärbt und findet bevorzugt in der Pharmazie (Stomachium, Digestivum, Carminativum, Vomativum, Antirheumaticum u. a.) sowie in der Lebensmittel- und Getränkeindustrie (Ingwerbier) Verwendung. 1 kg Oleoresin entspricht 20 kg Chillies guter Qualität.

Roter Pfeffer, Capsicums, mittelgroße Früchte, aus Äthiopien, den Balkanländern, Spanien und den USA, meist gemahlen. Oleoresin red pepper enthält 0,6 bis 4 % Capsaicin, ist stärker gefärbt und findet vor allem für Lebensmittel Verwendung. 1 kg Oleoresin entspricht 10 kg rotem Pfeffer.

Paprika, größere Früchte (nur *C. annuum*), aus den Mittelmeerländern, Osteuropa (besonders Ungarn), der Sowjetunion und Nordamerika, immer gemahlen. Oleoresin-Paprika enthält bis zu 8 % (12 %) Capsaicin, ist sehr stark gefärbt (15 % Carotinoide) und findet zum Würzen und Färben von Lebensmitteln Verwendung. 1 kg Oleoresin entspricht 12 bis 15 kg Paprika.

Literatur

 1. ALKÄMPER, J. (1972): *Capsicum*-Anbau in Äthiopien für Gewürz- und Färbezwecke. Bodenkultur 23, 97–107.
 2. BEESE, F., HORTON, R., and WIERENGA, P. J. (1982): Growth and yield response of chile pepper to trickle irrigation. Agron. J. 74, 556–561.
 3. BRÜCHER, H. (1977): Tropische Nutzpflanzen. Springer, Berlin.
 4. CARDENAS, M. (1969): Manual de Plantas Económicas de Bolivia. Imprenta Ichthus, Cochabamba, Bolivien.
 5. ESHBAUGH, W. H. (1970): A biosystematic and evolutionary study of *Capsicum baccatum* (Solanaceae). Brittonia 22, 31–43.
 6. FAO (1985): FAO Trade Yearbook, Vol. 38. FAO, Rom.
 7. FERRARI, J. P., et AILLAUD, G. (1971): Bibliographie du Genre *Capsicum*. J. Agric. Trop. Bot. Appl. 18, 385–479.
 8. FRANKLIN, W. M., SANTIAGO, J., and COOK, A. A. (1979): The Peppers, *Capsicum* Species. U.S. Dept. Agric., Science and Education Administration, New Orleans, U.S.A.
 9. FRÖHLICH, G. (Hrsg.) (1974): Pflanzenschutz in den Tropen. 2. Aufl. Harri Deutsch, Zürich.
10. GÖÖCK, R. (1977): Das Buch der Gewürze. 4. Aufl. Mosaik, Gütersloh.
11. GOYAL, M. R. (1983): Labor-input requirements for experimental production of summer peppers under drip irrigation. J. Agric. Univ. Puerto Rico 67, 22–27.
12. HARKAY-VINKLER, M. (1974): Storage experiments with raw material of seasoning paprika, with particular reference to the pigment components. Acta Alim. Acad. Sci. Hung. 3, 239–249.
13. HEISER, C. B. jr.(1976): Peppers. *Capsicum* (Solanaceae). In: SIMMONDS, N. W. (ed.): Evolution of Crop Plants, 265–268. Longman, London.
14. HEISER, C. B. jr., and PICKERSGILL, B. (1969): Names of cultivated *Capsicum* species (Solanaceae). Taxon 18, 277–283.
15. HOLLE, M., VELIZ, G., y SAUNDERS, J. (1983): Productividad de dos tipos de ají picante (*Capsicum* spp.) para industria de encurtido, sembrado en dos épocas, dos modalidades y tres densidades de siembra. Turrialba 33, 343–350.
16. JURENITSCH, J., KUBELKA, W., und JENTZSCH, K.(1979): Identifizierung kultivierter *Capsicum*-Sippen. Taxonomie, Anatomie und Scharfstoffzusammensetzung. Planta medica 35, 174–183.
17. MAISTRE, J. (1964) Les Plantes à Épice. Maisonneuve et Larose, Paris.
18. MARCHOUX, G., POCHARD, E., et SELASSIE, K.G. (1983): Perspectives nouvelles du lutte contre les virus affectant les piments *Capsicum* L. Med. Fac. Landbouwwetens., Rijksuniv. Gent 48, 847–858.
19. MAURYA, K. R., and DHAR, N. R. (1983): Effect of different composts on yield and composition of chilli (*Capsicum annuum* L.). Anales Edafol. Agrobiol. 42, 183–191.
20. MCLEOD, M. J., GUTTMAN, S. I., and ESHBAUGH, W. H. (1982): Early evolution of chili pepper (*Capsicum*). Econ. Bot. 36, 361–368.
21. PICKERSGILL, B. (1969): The domestication of chili peppers. In: UCKO, P. J., and DIMBLEBY, G. W. (eds.): The domestication and exploitation of plants and animals, 443–440. Duckworth, London.
22. PETERSON, P. A. (1958): Cytoplasmically inherited male sterility in *Capsicum*. American Naturalist 92, 111–119.
23. PURSEGLOVE, J. W., BROWN, E. G., GREEN, C. L., and ROBBINS, S. R. J. (1981): Spices. 2 vols. Longman, London.
24. ROSENGARTEN, F. jr. (1973): The Book of Spices. 2nd ed. Pyramid Books, New York.
25. SMITH, C. E. (1968): The New World centres of origin of cultivated plants and the archaeological evidence. Econ. Bot. 22, 253–266.

7.3   Vanille

Botanisch:	*Vanilla planifolia* Andr.
Englisch:	vanilla
Französisch:	vanille
Spanisch:	vainilla

Schon lange vor der Ankunft der Spanier in Mexiko war die in Zentralamerika beheimatete Vanille eine im Aztekenreich als Gewürz und Heilmittel geschätzte Pflanze. Zusammen mit Kakaobohnen gelangten Vanillefrüchte Anfang des 16. Jahrhunderts nach Europa und wurden in Spanien zu Schokolade verarbeitet. Später fand auch die Pflanze Eingang in die Tropengebiete der Alten Welt. Zu einer Produktion konnte es jedoch wegen des Fehlens der für die Bestäubung erforderlichen Kolibris und Insekten nicht kommen. Im Jahre 1846 wurde mit der Entwicklung eines für den praktischen Betrieb brauchbaren Handbestäubungsverfahrens die Voraussetzung für den Vanilleanbau außerhalb Mexikos geschaffen. Seither haben sich Madagaskar, die Komoren, Maskarenen und Seychellen sowie Java und einige Pazifikinseln neben Zentralamerika und den kleinen Antillen als Anbaugebiete entwickelt. Die Produktion hat sich inzwischen auf die seit 1964 in der „Alliance de la Vanille" zusammengeschlossenen Produzenten Madagaskars, der Komoren und Réunions, die 1983 etwa 72 % des gesamten Vanille-Exports bestritten, konzentriert (2, 3, 5, 6, 16, 17, 18).

Vanille-Export 1983 insgesamt 1691 t. Afrika 1219 t (darunter Madagaskar 1033 t, Komoren 177 t), Asien 234 t (Indonesien), Europa 222 t Re-Export (darunter Bundesrepublik Deutschland 141 t, Frankreich 64 t), Ozeanien 15 t.

Vanille-Import 1983 insgesamt 1728 t. Afrika 10 t, Amerika 1029 t (darunter USA 977 t, Kanada 29 t), Asien 57 t (darunter Japan 42 t), Europa 619 t (darunter Frankreich 261 t, Bundesrepublik Deutschland 200 t, Niederlande 31 t, Schweiz 29 t, Großbritannien 20 t) (5).

Die zu den Orchideen gehörende Vanille ist eine im tropischen Regenwald wachsende Schlingpflanze mit sproßbürtigen Saugwurzeln, dickfleischigen Blättern und weißlichgelben Blüten mit nur einem Staubblatt. Die Frucht, eine 10 bis 25 cm lange Kapsel, oft auch als Schote bezeichnet, enthält einige tausend winzige Samen. Aus der nach BOURIQUET (2) etwa 100 Spezies um-

fassenden Gattung *Vanilla* befinden sich 3 Spezies im Anbau:

V. planifolia (Syn. *V. fragrans* [Salisb.] Ames), die mexikanische oder echte Vanille. Sie stammt aus Zentralamerika, wird heute aber überwiegend auf den Inseln des Indischen Ozeans und in Indonesien angebaut.

V. pompona Schiede, die westindische Vanille. Sie wird auf den Inseln der Kleinen Antillen angebaut.

V. tahitensis J. W. Moore, die Tahiti-Vanille. Sie wird auf Tahiti und anderen Inseln Polynesiens angebaut.

Bei der züchterischen Bearbeitung der Vanille steht nach der Entwicklung vereinfachter Verfahren für die Pflanzenanzucht aus Samen die Erstellung resistenter Hybriden im Vordergrund (10, 15). Besondere Bedeutung haben in diesem Zusammenhang die Anthraknose und Fusarium-Welke verursachenden Pilze. Die bisher untersuchten Vanillearten sind diploid und miteinander kreuzbar (2 n = 32). Die aus der Kreuzung von *V. planifolia* mit *V. phaeantha* Rchb. f. und anderen Arten gewonnenen Hybriden sind gegenüber Fusarium-Welke resistent (16). Vor der Aussaat werden die sehr kleinen, zusammenklebenden Samen kurz mit hochkonzentrierter alkoholischer Lösung behandelt und mehrfach mit destilliertem Wasser gewaschen. Die Ansaat erfolgt auf sterilisiertes Medium im dunklen Inkubator bei 32 °C. In jüngster Zeit wird zunehmend mit aus Gewebekulturen gewonnenen Pflanzen gearbeitet (9, 11, 13).

Als Pflanze des feuchttropischen Tieflandes bevorzugt Vanille ein ausgeglichenes warm-maritimes Klima mit häufigem, nicht übermäßigem Niederschlag (2000 bis 2500 mm/Jahr) und Temperaturen zwischen 21 und 32 °C, im Mittel 27 °C. Eine nicht zu stark ausgeprägte trockenere Phase (etwa 2 Monate) fördert die Blütenentwicklung. Leichte Beschattung, wie sie sich durch das Laubdach der Stützbäume ergibt, ist vorteilhaft. Der Boden soll nährstoff- und humusreich und frei von Staunässe sein (2, 16). Vanille verlangt einen gut gelockerten und durchlüfteten Boden. Verrottende Pflanzenteile werden zerkleinert im Boden belassen und Mulchreste eingearbeitet. Frischer Stallmist und anderer tierischer Dünger sind der Vanille nicht zuträglich. Die Anwendung sorgfältig hergestellter Komposte erwies sich gegenüber mineralischer Düngung als vorteilhaft (2). Die Pflanzen werden aus kurzen (30 cm) oder längeren (1 bis 2 m) Sproßstecklingen gezogen, die nach Entfernung der am unteren Ende befindlichen Blätter in mit Humus gefüllte und anschließend mit Mulch abgedeckte Pflanzlöcher gepflanzt werden. Innerhalb der Reihen beträgt der Abstand der Pflanzen 1,2 bis 1,5 m, zwischen den Reihen etwa 3 m. Zur Beschleunigung der Ausbildung von Luftwurzeln ist bei längeren Stecklingen die Befestigung an Stützbäumen erforderlich. Als solche finden rasch wachsende, leicht beschattende, schnittverträgliche Arten Verwendung. In Frage kommen u. a. *Albizia lebbek* (L.) Benth., *Anacardium occidentale* L., *Artocarpus heterophyllus* Lam., *Bauhinia purpurea* L., *Croton tiglium* L., *Erythrina variegata* L., *Ficus elastica* Roxb., *Gliricidia sepium* (Jacq.) Steud., *Jatropha curcas* L., *Morus alba* L., *Persea americana* Mill., *Pandanus hornei* Balf. f., *Spondias mombin* L. (3, 17). Bei Junganlagen kann auch ein zusätzlicher seitlicher Schatten und Windschutz durch kurzlebige Arten (Mais, Banane) zweckmäßig sein. Besonders wichtig ist jedoch eine sorgfältige Mulchanwendung, die niedrig wachsendes Unkraut weitgehend unterdrückt. Hochrankender Unkrautwuchs muß regelmäßig entfernt werden. In gut gepflegten Pflanzungen beträgt das Sproßwachstum 50 bis 100 cm pro

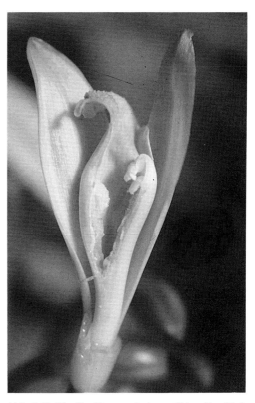

Abb. 243. Vanille, längsgeschnittene Blüte. Das Säulchen (Gynostemium) trägt am Ende die Anthere, darunter das Rostellum, an dessen Unterseite sich die Narbe befindet (Foto Espig).

Monat. Nach 3 bis 4 Jahren kommen die Vanillepflanzen in Ertrag. Eine kräftige Pflanze entwickelt 10 bis 20 Infloreszenzen, in welchen sich die Blüten nacheinander jeweils nur für einige Stunden öffnen. Die Bestäubung erfolgt durch Kolibris und auf Vanille spezialisierte Bienen der Gattungen *Melipona* und *Trigona* bzw. bei deren Nichtvorhandensein auf künstlichem Wege (Handbestäubung) durch Hochbiegen des Rostellums mit Hilfe eines dünnen Stäbchens oder einer Nadel und Aufdrücken des Polliniums — der Gesamtheit der im einzigen Staubblatt befindlichen Pollen — mit dem Finger auf die Narbe (Abb. 242 und 243) (2, 6, 16, 17).

Bei Handbestäubung wird nur etwa die Hälfte der Blüten, vorzugsweise die unten im Blütenstand befindlichen, bestäubt. Die restlichen Knospen sowie mißgebildete und beschädigte Kapseln werden entfernt. Außer durch Bestäu-

Abb. 242. *Vanilla planifolia*, Blütenstand.

bung kann die Fruchtentwicklung auch durch Wachstumsregulatoren ausgelöst werden. Gute Ergebnisse wurden mit 2,4-D (2,4-Dichlorphenoxyessigsäure), DICAMBA (2-Methoxy-3,6-Dichlorbenzoesäure) und einer 1:1-Mischung von IAA (Indolessigsäure) und IBA (Indolbuttersäure) erzielt, wobei die Wirkstoffe von den behandelten Blüten auch wirksam in weitere Knospen des selben Blütenstandes, im Falle von DICAMBA auch anderer Blütenstände, translo-ziert wurden (8).

Die Ernte der Kapseln erfolgt in gelbreifem Zu-stand 6 bis 9 Monate nach der Blüte. Zu früh gepflückte Früchte haben einen geringeren Ge-halt an Inhaltsstoffen, überreif geerntete Kapseln platzen während der Aufbereitung auf. Die Ein-haltung eines optimalen Erntezeitpunktes macht mehrfaches Durchpflücken erforderlich. Die Er-träge schwanken entsprechend Anbaugebiet und Jahr im Bereich zwischen 250 und 1000 kg/ha aufbereitete Früchte (2). Als guter Ertrag bei siebenjähriger Nutzung werden 500 bis 800 kg/ha/Jahr angesehen. Etwa 6 kg frisches Erntegut ergeben 1 kg fertige Ware (16).

Krankheits- und schädlingsbedingte Ertragsein-bußen sind in allen Vanilleanbaugebieten ver-breitet. Insbesondere wird Vanille durch An-thraknose geschädigt. Die durch Zusammenwir-ken verschiedener Pilzarten (*Calospora vanillae*, *Glomerella vanillae* u. a.) an Blättern, Sproß und Wurzeln verursachten Schäden werden durch übermäßige Feuchte, zu starke Beschattung und zu engen Pflanzverband verstärkt. Zur Bekämp-fung werden Fungizide (Maneb, Ferbam, Ziram, Captan) eingesetzt. Mindererträge ergeben sich auch durch Fusarium-Welke (*Fusarium oxyspo-rum* f. sp. *vanillae*). Der Pilz infiziert die Pflanze vom Boden her. Durch Hitze, Nährstoffmangel und zu starken Fruchtansatz geschwächte Pflan-zen sind besonders gefährdet. Der Pilz ist che-misch nicht zu bekämpfen, nicht infizierte Pflan-zen lassen sich jedoch mit Hilfe von Gewebekul-turen gewinnen (13). Wirksamen Schutz ermög-licht der Anbau resistenter Hybriden (s. o.).

Unter den Schädlingen tritt ein Wickler, *Clysia vanillana*, besonders auf, dessen Raupen Schaden an den Kapseln anrichten. Die Bekämpfung er-folgt mit organischen Phosphorverbindungen. Regional wird Vanille auch von verschiedenen anderen Insekten (z. B. Käfer, *Cratopus* sp., *Hoplia* sp.; Wanzen, *Nezara* sp.; Zwergzikaden, *Trioza* sp.) geschädigt (2, 3, 16).

Die sich über mehrere Monate erstreckende Auf-bereitung des Ernteguts beginnt mit der Abtö-tung („killing") der Kapseln durch Heißluft- oder Heißwasserbehandlung (70 bis 75 °C) und an-schließender Fermentation. Im folgenden Schwitzprozeß wird die Fermentation bei erhöh-ter Temperatur intensiviert, wobei das in den Früchten enthaltene Glucovanillin zu Glucose und freiem Vanillin hydrolisiert wird. Gleichzei-tig erfolgt die Braunfärbung (Oxidation) der zunehmend geschmeidig werdenden Kapseln. Nach mehrfach wiederholtem Schwitzen in luft-dichten Kisten werden die Kapseln langsam ge-trocknet und anschließend zur Aroma- und Ge-schmacksentwicklung bis zu 3 Monate lang in geschlossenen Behältern gelagert. Vanille enthält neben Vanillin (0,75 bis 3,7 %) u. a. noch Vanil-linsäure, Vanillylalkohol, Zimtsäureester, p-Hy-droxybenzaldehyd und weitere Geruchs- und Geschmacksstoffe sowie Zucker, Harze, Schleim-stoffe, Gerbstoffe und Fett. Neben den aufberei-teten Kapseln (Vanille-Stangen) werden auch die vermahlenen Früchte als Vanillepulver oder mit Zucker vermischt als Vanillezucker angeboten. Dieser ist deutlich zu unterscheiden von dem aus Eugenol oder Guajacol synthetisierten Vanillin, das in Verbindung mit Zucker als Vanillin-Zuk-ker wesentlich billiger verkauft wird. Weitere Handelsprodukte sind Vanille-Extrakt, ein alko-holischer Auszug (35 % Alkohol) mit Zucker und Bindemittel (Glycerin), der in verschiedenen Verdünnungsgraden Verwendung findet, sowie Vanille-Oleoresin, eine cremeartige Substanz, die aus dem Extrakt nach Entfernung des Lösungs-mittels gewonnen wird. Auf dem Weltmarkt werden als wichtige Vanille-Handelssorten un-terschieden (1, 2, 3, 4, 6, 7, 12, 14, 16, 17):

Mexikanische Vanille mit bis zu 25 cm langen Kapseln, feinem Aroma und 1,3 bis 1,8 % Vanil-lin. Das Hauptanbaugebiet liegt an der Ostküste Mexikos in Meeresnähe nördlich von Veracruz. In den letzten Jahrzehnten ist der Export (haupt-sächlich in die USA) stark rückläufig.

Bourbon-Vanille mit 15 bis 22 cm langen Kap-seln, vollem würzig-süßem Aroma, bis zu 2,9 % Vanillin und besonders dunklen Früchten, deren Oberfläche mit Vanillinkristallen besetzt ist. Hauptanbaugebiete sind Madagaskar, Réunion und die Comoren mit zunehmendem Export besonders nach Europa.

Indonesische Vanille mit unterschiedlich langen Kapseln, starkem Aroma und bis zu 2,7 % Vanillin. Hauptanbaugebiet ist Java. Im Handel wird das gemahlene Produkt auch mit synthetisch gewonnenem Vanillin vermischt angeboten.

Tahiti-Vanille, V. tahitensis, mit 12 bis 14 cm langen rötlich-braunen Kapseln, süßlich parfümartigem Aroma und bis zu 1,5 % Vanillin. Abweichend von den vorgenannten Handelssorten enthalten die Früchte Piperonal und gelten deshalb als minderwertig. Das Anbaugebiet liegt im pazifischen Raum (Tahiti, Fidschi, Hawaii). Der Export ist rückläufig.

Vanillons, V. pompona, mit bis zu 12 cm langen Kapseln, geringem Vanillingehalt und schwach aromatischem, an Anis erinnerndem süßlichem Duft. Hauptanbaugebiete sind Guadeloupe, Dominica und Martinique. Der Exportanteil ist unbedeutend.

Vanille ist eines der meistbenutzten Gewürze und findet für Backwaren, Süßwaren, Schokolade, Eiscreme, Getränke und Puddings sowie in der Likör- und Essenzindustrie und in der Parfümerie Verwendung.

Literatur

1. ANAND, N., and SMITH, A. E. (1986): The Market for Vanilla. G 198, Trop. Dev. Res. Inst., London.
2. BOURIQUET, G. (éd.) (1954): Le Vanillier et la Vanille dans le Monde. Lechevalier, Paris.
3. CORRELL, D. S. (1953): Vanilla. Its botany, history, cultivation and economic importance. Econ. Bot. 7, 291–358.
4. COUNCIL OF SCIENTIFIC AND INDUSTRIAL RESEARCH (1976): The Wealth of India. Raw Materials, Vol. X. CSIR, Publications and Information Directorate, New Delhi.
5. FAO (1985): Trade Yearbook, Vol. 38. FAO, Rom.
6. FRANKE,. W. (1981): Nutzpflanzenkunde. 2. Aufl. Thieme, Stuttgart.
7. GÖÖCK, R. (1977): Das Buch der Gewürze. Mosaik Verlag, Gütersloh.
8. GREGORY, L. E., GASKINS, M. H., and COLBERG, C. (1967): Parthenocarpic pod development by *Vanilla planifolia* Andrews induced with growth-regulating chemicals. Econ. Bot. 21, 351–357.
9. JARRET, R. L., and FERNANDEZ, Z. R. (1984): Shoot-tip vanilla culture for storage and exchange. Plant Gen. Res. Newsl., Turrialba, No. 57, 25–27.
10. KNUDSON, L. (1950): Germination of seeds of vanilla. Amer. J. Bot. 37, 241–247.
11. KONONOWICZ, H., and JANICK, J. (1984): In vitro propagation of *Vanilla planifolia*. Hort. Sci. 19, 58–59.
12. MELCHIOR, H., und KASTNER, H. (1974): Gewürze. Botanische und chemische Untersuchung. Parey, Berlin.
13. PHILIP, V. J., and NAINAR, S. A. Z. (1986): Clonal propagation of *Vanilla planifolia* (Salisb.) Ames using tissue culture. J. Plant. Physiol. 122, 211–215.
14. PRUTHI, J. S. (1980): Spices and Condiments: Chemistry, Microbiology, Technology. Academic Press, New York.
15. PURSEGLOVE, J. W. (1972): Tropical Crops. Monocotyledons. Longman, London.
16. PURSEGLOVE, J. W., BROWN, E. G., GREEN, C. L., and ROBBINS, S. R. J. (1981): Spices. Vol. 2. Longman, London.
17. REHM, S., und ESPIG, G. (1984): Die Kulturpflanzen der Tropen und Subtropen. 2. Aufl. Ulmer, Stuttgart.
18. ROSENGARTEN, F. jr. (1973): The Book of Spices. 2nd ed. Pyramid Communications, New York.

7.4 Senf

Botanisch:	*Sinapis alba* L., *Brassica* spp.
Englisch:	mustard
Französisch:	moutarde
Spanisch:	mostaza

Unter den zahlreichen Nutzpflanzen aus der Familie der Cruciferae gehört der Senf zu den ältesten der in Kultur genommenen Arten. Seine Heilkraft wird bereits im alten Indien vor über 5000 Jahren gepriesen und in der Antike gab es schon genaue Anweisungen für die Anwendung von Senfzubereitungen in der Medizin (5, 6). Als Gewürzpflanze steht Senf mengenmäßig in der Produktion mit etwa 275 000 t/Jahr an erster Stelle, wird jedoch wertmäßig von Pfeffer übertroffen. Hauptproduzenten sind Nordamerika, Großbritannien, Mittel- und Südeuropa, die UdSSR, Indien, China und Japan. Wichtige Verarbeitungszentren (Senfmehl, Mostrich) liegen in den USA, Großbritannien, Frankreich, Deutschland und Japan. Das zur Verarbeitung geeignete Erntegut stammt hauptsächlich von 3 Spezies. Weitere Arten haben lediglich lokale Bedeutung.

Sinapis alba L., weißer Senf. Er stammt aus dem östlichen Mittelmeerraum und dem Nahen Osten und ist heute in Europa, der UdSSR, China, Japan, Australien, Neuseeland und Amerika verbreitet. Weißer Senf ist einjährig, krautig mit behaartem Sproß, ungleichmäßig gelappten Blättern, traubigem Blütenstand und gelben Blüten mit waagerecht stehenden Kelchblättern (Ab. 244). Fremdbestäubung (Wind, Insekten)

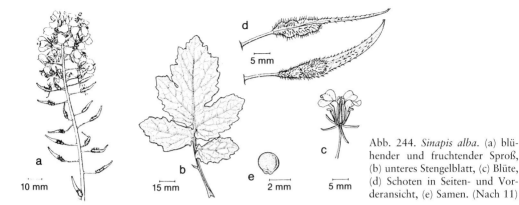

Abb. 244. *Sinapis alba*. (a) blühender und fruchtender Sproß, (b) unteres Stengelblatt, (c) Blüte, (d) Schoten in Seiten- und Vorderansicht, (e) Samen. (Nach 11)

ist die Regel. Die Frucht, eine 2,5 bis 4 cm lange Schote mit abgeplattetem Schnabel, enthält 2 bis 4 kugelige Samen. Ihr Durchmesser beträgt 2 bis 2,5 mm. Das TKG liegt bei 6 bis 9 g. Die züchterische Bearbeitung der diploiden Pflanze (2 n = 24) ist vor allem auf Erhöhung der Samenzahl je Schote, Steigerung des Gehalts an Inhaltsstoffen und Verbesserung der Platzfestigkeit der Schoten gerichtet.

Die Samen enthalten 1,5 bis 4,5 % Sinalbin, das bei Anfeuchtung des Senfmehls durch das Enzym Myrosin in Sinalbinsenföl (p-Hydroxybenzylisothiocyanat), Glucose und Sinapin (Cholinester der Sinapinsäure) gespalten wird. Sinalbinsenföl ist der stechend-scharfe Bestandteil im Speisesenf. Die Samen enthalten weiter u. a. 30 bis 36 % fettes Öl, 25 bis 28 % Eiweiß, Sinapin und Schleimstoffe (3, 5, 7, 8, 9, 10, 14, 15).

Brassica nigra (L.) Koch, schwarzer Senf. Die Art ist in Westasien und dem östlichen Mittel-meerraum beheimatet, wurde jedoch schon in der Antike nach Indien und Ostasien, Nordafrika und Europa verbreitet, später auch nach Nord- und Südamerika, Australien und Neuseeland. Der Anbau ist stark rückläufig und liegt bei weniger als 1 % der gesamten Senfanbaufläche. Die einjährige krautige Pflanze erreicht bis 1 m Höhe. Aus den gelben Blüten entwickeln sich 1 bis 2,5 cm lange, ungeschnäbelte, am Sproß anliegende Schoten (Abb. 245). *B. nigra* ist selbststeril. Die kleinen, dunklen Samen (Durchmesser 1 bis 1,5 mm) weisen eine mit der Lupe erkennbare netzartige Zeichnung der Samenhaut auf. Das TKG beträgt 2,5 bis 4 g. Trotz der schon lange erfolgten Inkulturnahme blieb der schwarze Senf züchterisch wenig bearbeitet. Besonders nachteilig ist das frühzeitige Aufplatzen der Schoten, welches eine Mechanisierung der Ernte erschwert, so daß der erragreichere, wesentlich platzfestere braune Senf interessanter erscheint.

Das Samenmehl enthält 1,1 bis 1,2 % Sinigrin, das nach Wasserzusatz durch Myrosin in Allylisothiocyanat (Allylsenföl), Glucose und Kaliumhydrogensulfat gespalten wird. Das Allylsenföl hat einen brennenden Geschmack, reizt die Schleimhäute und ist wasserdampfflüchtig. Weiter enthalten die Samen u. a. 27 bis 33 % fettes Öl, 15 bis 20 % Eiweiß, Sinapin und Schleimstoffe (2, 3, 5, 7, 8, 10, 14, 15).

Brassica juncea (L.) Czern., brauner Senf. Als Heimat dieser formenreichen Art werden der Kaukasus, Mittelasien, Südsibirien, China und Indien angesehen. Im Industal war *B. juncea* schon vor 4000 Jahren als Heil- und Gewürzpflanze sowie als Gemüse und zur Ölgewinnung in Gebrauch. Heute liegen die Hauptanbauzen-

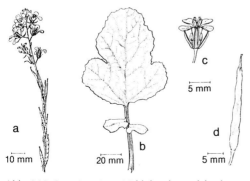

Abb. 245. *Brassica nigra*. (a) blühender und fruchtender Sproß, (b) unteres Stengelblatt, (c) Blüte, (d) Schote. (Nach 11)

tren in Nordindien, Pakistan, China, Japan und der UdSSR. Aber auch in Europa und Amerika nimmt die Anbaufläche zu (2, 14). Die einjährige, bis 1 m hochwachsende, krautige Pflanze ist reich verzweigt. Verglichen mit *S. alba* weist *B. juncea* weniger gelappte Blätter, Blüten mit anliegenden Kelchblättern und ungeschnäbelte, 1,5 bis 3 mm lange Schoten auf (Abb. 246). Es liegt ausschließlich Selbstbestäubung vor. Die bräunlichen Samen haben einen Durchmesser von 1,5 bis 2 mm. Das TKG beträgt 3,5 bis 7 g. *B. juncea* ist amphidiploid (2 n = 36), hervorgegangen aus einer Bastardierung von *B. rapa* L. s. l. (x = 10) mit *B. nigra* (x = 8) und anschließender Chromosomenverdopplung. Innerhalb der zahlreiche Formen umfassenden Art werden als Subspezies unterschieden Sareptasenf, *B. juncea* ssp. *eujuncea* Thell., und indischer Braunsenf, *B. juncea* ssp. *integrifolia* (West) Thell. Die Samen enthalten wie der schwarze Senf Sinigrin zu 0,75 bis 1,25 %. Daneben finden sich u. a. 26 bis 37 % fettes Öl, 15 bis 20 % Eiweiß, Sinapin und Schleimstoffe (1, 2, 4, 5, 6, 7, 10, 13, 15).

Neben den genannten Produkten sind regional am Markt u. a. noch äthiopischer Senf (*B. carinata* A. Br.), chinesischer Senf (*B. cernua* [Thunb.] Forb. et Hemsl.) und persischer Senf (*Eruca vesicaria* [L.] Cav. var. *sativa* [Mill.] Thell.) (1, 2, 3, 5, 10, 15).

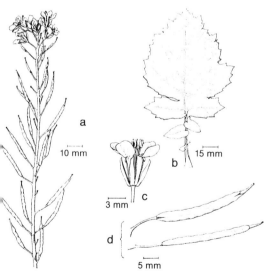

Abb. 246. *Brassica juncea*. (a) blühender und fruchtender Sproß, (b) unteres Stengelblatt, (c) Blüte, (d) Schoten in Seiten- und Vorderansicht. (Nach 11)

Senf wächst auf nahezu allen Böden, erfordert jedoch einen guten Kalkzustand und genügend Feuchtigkeit. Gartenmäßige Herrichtung des Saatbettes ist die Voraussetzung für einen befriedigenden Ertrag. Die Aussaat erfolgt breitwürfig oder in Reihen (5 bis 10 kg/ha, Reihenabstand 15 bis 30 cm). Bei Mischanbau mit Getreide oder Leguminosen (z. B. in Indien während der kühltrockenen Monate als Rabi-Kultur) beträgt die Aussaatmenge 3 bis 6 kg/ha. Der Anbau erfolgt in alternierenden Reihen, wobei die Leguminosen später eingesät werden. Geerntet wird nach 90 bis 120 Tagen mit dem Mähdrescher oder in Kleinbetrieben kurz vor der Vollreife durch Herausreißen der ganzen Pflanze oder Schnitt mit der Sichel. Zur Vermeidung von Samenausfall wird am frühen Morgen geerntet. Das geschnittene Erntegut muß ein bis zwei Wochen nachtrocknen. Die Erträge liegen bei weißem und braunem Senf zwischen 1 und 3 t/ha, bei schwarzem Senf zwischen 0,5 bis 1,5 t/ha. Ertragsminderung durch Krankheiten und Schädlinge tritt bei Senf nur in geringem Umfang auf. Schäden, vor allem bei *S. alba*, können verursacht werden z. B. durch Pilzbefall (*Alternaria, Sclerotinia, Phytophthora*), Blattläuse und den Kohlschotenrüßler (2, 3, 5, 9, 10, 12).

Als Gewürz findet Senf vielseitige Verwendung. Gurken, Fischmarinaden, Mixed Pickles und Wurstwaren werden mit ganzen Körnern gewürzt. Aus den vermahlenen Körnern wird Senfmehl und Speisesenf hergestellt. Mostrich, engl. mustard – eine Wortbildung aus dem lateinischen mustum (Weinmost) und ardens (brennend, scharf) – wird aus dem mit Weinessig oder Most verrührten Senfmehl unter Zugabe von Meerrettich, Estragon u. a. Gewürzen sowie natürlichem Farbstoff (Kurkuma) hergestellt. In der Heilkunde dienen Senfzubereitungen zur Regulierung im Magen-Darm-Bereich, zur Belebung und Blutreinigung sowie bei Fieberzuständen und akuten Entzündungen (3, 5, 10, 14, 15).

Literatur

1. CHEN, S.-R. (1982): The origin and differentiation of mustard varieties in China. Cruciferae Newsletters 7, 7–10.
2. COUNCIL OF SCIENTIFIC AND INDUSTRIAL RESEARCH (1948): The Wealth of India. Raw Materials. Vol. 1. C.S.I.R., New Delhi.
3. GÖÖCK, R. (1984): Das Buch der Gewürze. W. Heyne, München.

4. HARBERD, D. J. (1972): A contribution to the cyto-taxonomy of *Brassica* (Cruciferae) and its allies. Bot. J. Linn. Soc. 65, 1–23.

5. HEMINGWAY, J. S. (1976): Mustards. *Brassica* spp. and *Sinapis alba* (Cruciferae). In: SIMMONDS, N. W. (ed.): Evolution of Crop Plants, 56–59. Longman, London.

6. MEHRA, K. L. (1968): History and ethnobotany of mustard in India. Adv. Front. Pl. Sci. 19, 51–59.

7. MELCHIOR, H., und KASTNER, H. (1974): Gewürze. Botanische und chemische Untersuchung. Parey, Berlin.

8. NIMFÜHR, F. (1967): Zur Analytik der Senfölglucoside und des Allylsenföles in Senfsamen und Speisesenf unter Berücksichtigung des Bitterseins von Speisesenf. Diss. Univ. München.

9. PURSEGLOVE, J. W. (1968): Tropical Crops. Dicotyledons. 2 vols. Longmans, London.

10. ROSENGARTEN, F. jr. (1973): The Book of Spices. 2nd ed. Pyramid Books, New York.

11. SCHULTZE-MOTEL, J. (Hrsg.) (1986): Rudolf Mansfeld Verzeichnis landwirtschaftlicher und gärtnerischer Kulturpflanzen. 2. Aufl. Springer, Berlin.

12. SCHUSTER, W., und KLEIN, H. (1978): Über ökologische Einflüsse auf Leistung und Qualität der Samen einiger Sorten der Senfarten *Sinapis alba*, *Brassica juncea* und *Brassica nigra*. Z. Acker- und Pflanzenbau 147, 204–227.

13. SING, C. B., ASTHANA, A. N., and MEHRA, K. L. (1974): Evolution of *Brassica juncea* cultivars under domestication and natural selection in India. Genetica Agraria 28, 111–135.

14. STAESCHE, K. (1970): Gewürze. In: ACKER, L., BEGNER, K. G., DIEMAIR, W., HEIMANN, W., KIRMEIER, F., SCHORMÜLLER, J., und SOUCI, S. W. (Hrsg.) (1970): Handbuch der Lebensmittelchemie, Bd. 6, 426–610. Springer, Berlin.

15. VAUGHAN, J. G., and HEMINGWAY, J. S. (1959): The utilization of mustards. Econ. Bot. 13, 196–204.

7.5 Zimt

Botanisch: *Cinnamomum* spp.
Englisch: cinnamon, cassia
Französisch: cannelle
Spanisch: canela

Die aromatischen Rinde verschiedener *Cinnamomum-Arten* wurde in den Ländern des östlichen Mittelmeerraumes bereits in der Antike geschätzt, und hohe Preise wurden für die meist auf dem Landweg aus dem Orient importierte Ware bezahlt. Bis in das Mittelalter konnten die arabischen Händler ihr Monopol im Gewürzhandel wahren, und auch später nach der Auffindung des Seeweges nach Indien und Südost-

asien und der Inbesitznahme der für die Zimtproduktion wichtigen Insel Ceylon durch die Portugiesen (1536), Holländer (1636) und Engländer (1796) versuchten die jeweiligen Kolonialherren, den Zimthandel zu beherrschen. Seit der Mitte des 19. Jahrhunderts verbreitete sich der Anbau des Zimtbaumes weiter in den feuchten Tropen. Im Export hochwertiger Zimtqualitäten steht jedoch auch heute Sri Lanka neben den Seychellen und Madagaskar mit Abstand an erster Stelle (1, 2, 5, 7, 10, 12, 15, 17).

Zimt-Export 1982 insgesamt 44 360 t (darunter Indonesien 16 767 t, Sri Lanka 6 260 t, China 5 206 t), davon Re-Export 13 517 t (darunter Singapore 7 060 t, Hong Kong 5 080 t).

Zimt-Import 1982 insgesamt 44 000 t (darunter USA 9 584 t, Singapore 6 704 t, Hong Kong 5 583 t, Mexiko 2 776 t, Japan 1 653 t, Saudi-Arabien 1 367 t, Bundesrepublik Deutschland 1 328 t, Indien 1 039 t) (19).

Die zur Gattung *Cinnamomum* in der Familie der Lauraceae gehörenden Zimtbäume sind immergrüne reich verzweigte Gehölze, die bei unbeeinflußtem Wuchs 10 bis 18 m Höhe erreichen können. Ihre auf den leicht herabhängenden Ästen gegenständig angeordneten Blätter sind oval zugespitzt und durch 3 bzw. 5 von der Basis zur Spitze verlaufende Nerven gekennzeichnet. Das im Jugendstadium rosa-bräunlich gefärbte Laub verfärbt sich mit zunehmendem Alter dunkelgrün. Der rispige Blütenstand trägt zahlreiche weißlichgelbe Blüten. Die Frucht ist eine Beere. Haupternteprodukt der Zimtbäume ist die Rinde. Die primäre Rinde enthält neben großen Parenchymzellen Schleim- und Ölzellen sowie Steinzellengruppen, die zusammen mit verholzten Bastfasern einen gemischten Ring (Sklerenchymring) bilden. Die sekundäre Rinde besteht im wesentlichen aus dünnwandigen braunen Parenchymzellen mit kleinkörniger Stärke und kleinen Calciumoxalatkristallen sowie rundlichen Schleimzellen und zahlreichen, reihenweise hintereinander liegenden Ölzellen. Die verschiedenen Zimtarten weisen unterschiedliche Gehalte an Inhaltsstoffen auf. Den jeweiligen Standortverhältnissen, Ernte- und Aufbereitungsverfahren entsprechend wechselt auch der Anteil an primärer und sekundärer Rinde in der Marktware (4, 8, 10, 11, 12, 15). Am besten gedeiht der Zimtbaum auf feinsandigem Lehmboden mit gut durchwurzelbarem, ausreichend Nährstoffe enthaltendem Untergrund. Steinig-felsige Standorte sind ungeeignet. Zu feuchter oder staunasser Boden bewirkt einen bitteren Beigeschmack in der Rinde. Auf sehr fruchtbarem, schwerem Lehmboden kommt es zu beschleunigter, unerwünscht dikker, grober Rindenbildung. Vorteilhaft ist warmfeuchtes Klima mit einem Temperaturmittel von 27 °C und 2 000 bis 2 500 mm Niederschlag im Jahr.

Für den Anbau wird der Boden sorgfältig hergerichtet. Es empfiehlt sich, den Pflanzenbestand durch in lockerem Verband stehengelassene oder im 15 × 15-m-Verband gepflanzte Bäume zu beschatten. Die Pflanzenanzucht erfolgt aus Samen oder Stecklingen oder auch aus Wurzelstockteilen. Zimtsamen verlieren schon nach 4 bis 6 Wochen ihre Keimkraft, so daß nur frisches, wenige Tage altes Saatgut für die Anzucht geeignet ist. Ausgesät werden 6 bis 10 Samen je Pflanzstelle mit 20 cm Abstand. Es ist aber auch Aussaat in der Reihe gebräuchlich. Frisches Saatgut keimt in 2 bis 3 Wochen. Nach etwa 4 Monaten erfolgt die Verpflanzung aus dem Saatbeet in Anzuchtgefäße. Mit 8 bis 9 Monaten werden die Jungpflanzen im 1,75- bis 2,5-m-Verband am endgültigen Standort ausgepflanzt und bis zum Anwachsen gut befeuchtet und beschattet. Neben dem geschilderten Anzuchtverfahren ist auch Direktsaat mit jeweils mehreren Samen im 2-m-Verband möglich.

Bei vegetativer Vermehrung finden junge Triebe mit mindestens 2 Monaten Verwendung, die in humusreichem Substrat in Kunststoffbeuteln unter Folien herangezogen werden. Sie können nach 12 bis 18 Monaten ausgepflanzt werden. Als schnellstes Anzuchtverfahren hat sich die Verwendung von Wurzelstockteilen bewährt. Zur Gewinnung des Pflanzmaterials werden ältere Zimtbüsche auf etwa 15 cm zurückgeschnitten und der Wurzelstock zerteilt. Die mit dem noch anhaftenden Boden an den endgültigen Standort ausgepflanzten Teilstücke wachsen zügig weiter und können bereits 12 bis 18 Monate später beerntet werden. Ernte- und Aufbereitungsverfahren werden bei den verschiedenen Zimtarten unterschiedlich gehandhabt (4, 8, 10, 12, 15, 18).

Für den Weltmarkt interessant sind vor allem vier Spezies der Gattung *Cinnamomum*:
C. verum Presl. (Syn. *C. zeylanicum* Bl.), der Ceylon-Zimtbaum. Sein Ursprungs- und Hauptverbreitungsgebiet ist die Insel Sri Lanka. Weite-

Abb. 247. *Cinnamomum verum.* Ceylon-Zimtbaum (Sansibar).

re Anbaugebiete befinden sich u. a. in Indien, auf den Seychellen, in Madagaskar, Indonesien, Jamaika, Martinique, Französisch-Guayana und Brasilien. Als Wildpflanze erreicht der Baum bis zu 17 m Höhe und Stammdurchmesser von 30 bis 60 cm. In Kultur wird der aus dem Sämling oder Steckling in 3 bis 4 Jahren 2 bis 3 m hoch gewachsene Stamm dicht über der Bodenoberfläche abgeschnitten und der verbleibende Wurzelstock mit Boden bedeckt. Von dem erneuten Austrieb werden 4 bis 6 Triebe belassen, die dann nach etwa 2 Jahren bei Erreichen von 2 bis 3 m Höhe und 1 bis 2 cm Stammdurchmesser geschnitten werden können (Abb. 247). Nach der Ernte wird die Rinde in etwa 30 cm Abstand geringelt und auf beiden Seiten längs geschnitten. Die so gewonnenen Rindenstreifen werden anschließend geschabt, wobei sich die primäre Rinde weitgehend ablöst. Die ineinander geschobenen, sich beiderseits einrollenden, 0,3 bis 1 mm dicken Rindenstücke kommen als Zimtstangen in den Handel. Die Rinde enthält 1 bis 1,5 % ätherisches Öl, in welchem der das typische Zimtaroma bewirkende Zimtaldehyd zu 65 bis 75 % neben 4 bis 10 % Eugenol, das den würzig-brennenden Geschmack verursacht, und geringen Mengen an Phellandren, Linalool, Caryophyllen, α-Pinen u. a. enthalten sind. Weiter finden sich in der Rinde 2,5 bis 6 % Calciumoxalat sowie Gerbstoff, Schleim und Stärke. An Rinde werden 180 bis 220 kg/ha geerntet. Nach etwa 10 Jahren lassen die Erträge deutlich nach. Neben der Rinde fallen noch 60 bis 65 kg/ha Chips (Bruch und Abfall) an sowie 2 bis 2,5 t/ha frische Blattmasse, die für die Ölgewinnung Verwendung findet. Das ätherische Öl der Blätter enthält 65 bis 90 % Eugenol und nur etwa 4 % Zimtaldehyd (1, 2, 3, 4, 5, 8, 10, 11, 15, 19).

C. aromaticum Nees (Syn. *C. cassia* Presl.), chinesischer Zimtbaum, Zimtkassie. Die Spezies stammt aus Südchina, insbesondere aus den Provinzen Kwangsi, Kwangtung, und Kweichow, und wird in China, Vietnam, Laos, Birma und Indonesien angebaut. Ungeschnitten erreichen die Bäume bis 18 m Höhe. Im Anbau wird die Anzucht von Stecklingen bevorzugt. Der erste Schnitt erfolgt nach 7 bis 10 Jahren. Später werden die aufwachsenden Triebe bei Erreichen von 1,5 bis 2,5 m Höhe und einem Stammdurchmesser von 2,5 bis 4 cm geerntet. Nach dem meist nur unvollkommen durchgeführten Abschaben der äußeren Rinde beträgt die Wandstärke der 30 bis 60 cm langen und 2 bis 5 cm breiten Rindenstücke 1 bis 3 mm (Abb. 248). Die Rinde enthält 1 bis 2 % ätherisches Öl, mit einem Anteil von 75 bis 90 % Zimtaldehyd sowie Salicylaldehyd, Benzaldehyd, Cumarin, Benzoesäure, Zimtsäure u. a., jedoch kein Eugenol. Weiter befinden sich in der Rinde 2 bis 3 % Gerbstoff, Harz, Zucker, Stärke und Schleim. Neben der Rinde werden auch die getrockneten unreifen Früchte unter der Bezeichnung Kassia- oder Zimtblüten gehandelt. Die graubraunen bis rotbraunen, 6 bis 10 mm langen, süßlich-scharf schmeckenden Früchte enthalten 1,5 bis 1,9 %

Abb. 248. *Cinnamomum aromaticum*. Chinesischer Zimtbaum, Rindenstücke (Indien).

ätherisches Öl mit ca. 80 % Zimtaldehyd (2, 10, 11, 12, 13, 15).

C. burmanii (Nees) Bl., Padang-Zimtbaum. Der in der Region Padang an der Westküste Sumatras beheimatete Baum wächst bevorzugt in Höhenlagen zwischen 550 und 2 000 m, ist aber auch in tieferen Lagen des Malaiischen Archipels, Indonesiens und der Philippinen verbreitet. Der Baum erreicht ungeschnitten etwa 10 m Wuchshöhe. Die aus Samen oder Stecklingen gezogenen Pflanzen werden mit 9 bis 12 Monaten im 1-m-Verband etwas enger als *C. verum* ausgepflanzt. Nach 3 Jahren erfolgt ein Schnitt zur Ausdünnung des Bestandes und 2 Jahre später die erste Ernte. Anschließend werden in einem Zeitraum von 10 bis 15 Jahren die Bäume jährlich beschnitten. Die Rindenstücke sind bis zu 1 m lang, 7,5 bis 10 cm breit und 0,6 bis 3,2 mm dick. Die Rinde enthält 1,3 bis 3,5 % ätherisches Öl mit unterschiedlichen Gehalten an Zimtaldehyd aber ohne Eugenol (2, 10, 11, 15).

C. loureirii Nees, Saigon-Zimtbaum. Beheimatet und als Wildpflanze und im Anbau verbreitet ist der Baum auf den fruchtbaren Böden vulkanischen Ursprungs in Vietnam. Für die Entwicklung guter Rindenqualität werden Niederschläge in Höhe von 2 500 bis 3 000 mm/Jahr benötigt. Die Vermehrung erfolgt überwiegend aus Samen. Mit 1 Jahr werden die dann etwa 1 m hoch gewachsenen Jungpflanzen an den endgültigen Standort gepflanzt, häufig zusammen mit anderen Kulturen (Betelpalme, Banane, Jackfrucht u. a.). Geerntet wird nur einmal, frühestens nach 4 bis 5 Jahren, normalerweise nach 10 bis 12 Jahren; bei der Nutzung von wild gewachsenen Bäumen auch erst nach 30 bis 50 Jahren. Bei älteren Bäumen wird die Rinde in etwa 30 × 40 cm großen Stücken mit Hilfe einer Bambus- oder Hornspatel abgelöst und anschließend gewaschen, leicht fermentiert, auf dicke Bambusstücke aufgerollt und getrocknet. Die kleinen Äste und Zweige werden in der üblichen Weise geschält und die Rinde geschabt. Die Inhaltsstoffe gleichen weitgehend denen des chinesischen Zimtbaumes (2, 3, 10, 11, 12, 15).

Weitere für die Rindengewinnung genutzte *Cinnamomum*-Arten von meist nur lokaler Bedeutung sind *C. culilawan* Bl. (Indien, Malaysia), *C. deschampsii* Gamble (Malaysia, Singapore), *C. iners* Reinw. ex Bl. (Indochina, Indonesien, Philippinen), *C. javanicum* Bl. (Indonesien, Malaysia), *C. massoia* (Becc.) Schewe (Neuguinea), *C.*

oliverii F. M. Bailey (Australien), *C. sintoc* Bl. (Java), *C. tamala* (Buch.-Ham.) Nees et Eberm. (Indien, Bangladesch, Birma) (9, 15).

Dank ihrer intensiv wirksamen Inhaltsstoffe werden die Zimtbäume von Krankheiten und Schädlingen in vergleichsweise geringem Umfang und meist auch nur als Folge unsachgemäßen Anbaus befallen. Bei übermäßger Nässe tritt Wurzelfäule (*Rosellinia, Phellinus, Leptoporus*) auf, die mit Kupferpräparaten, Pentachlornitrobenzol (PCNB) u. a. bekämpft oder besser durch angemessene Standortwahl, Entwässerung, Bodenpflege und Bestandsdichte vermieden werden kann. Auf der Rinde siedeln sich Streifenkrebs (*Phytophthora cinnamomi*) und pink diesease (*Corticium salmonicolor*) an, wobei besonders die jungen Triebe von dem rosa Myzel des Pilzes überzogen werden. Zur Bekämpfung der bei zu starker Beschattung und Feuchte auftretenden Krankheit werden kupferhaltige und organische Fungizide eingesetzt, der Bestand ausgelichtet und besonders geschädigte Bäume entfernt und vernichtet. An den Blättern können Blattfleckenkrankheit *(Leptosphaeria)* und Blasenkrankheit *(Exobasidium)* auftreten (6, 10, 15).

Die bisher untersuchten *Cinnamomum*-Spezies haben als Basiszahl x = 12 und als somatische Diploide 2n = 24. Für die züchterische Bearbeitung könnte die Selektion von Stämmen mit höherem Zimtölgehalt und einheitlichem Triebwachstum im Gen-Mannigfaltigkeitsgebiet Sri Lankas sowie die Resistenz gegenüber Streifenkrebs und pink disease interessant sein (1, 15). Handelsprodukte aus dem Anbau der verschiedenen Cinnamomum-Arten sind: *Zimtrinde* in Form von Stangen (quills) oder Rindenstücken (slabs), die geschnitten oder gemahlen zum Würzen von Süßspeisen, Suppen und Heißgetränken verwendet werden. *Zimtbruch* (fatherings), der beim Schneiden der Zimtstangen anfällt und meist vermahlen wie Stangenzimt verwendet wird. *Abschaber* (chips) als Abfall beim Schälen der Rinde. Wegen des hohen Gerbstoffgehaltes dürfen diese nicht zur Herstellung von Zimtpulver sondern nur zur Gewinnung von Zimtöl benutzt werden. *Zimtpulver* (ground cinnamon) aus gemahlener Rinde, vor allem von *C. aromaticum*, findet Verwendung zum Würzen von Süßspeisen und Backwerk und ist auch Bestandteil von Curry-powder. In der Heilkunde dient es als Geruchs- und Geschmackskorrigens sowie als Stomachicum. *Zimtblüten* (cassia buds), die

unreif geernteten getrockneten Früchte von *C. aromaticum*. Sie werden vielfältig als Gewürz und Aromaticum, u. a. auch bei sweet pickles, verwendet. *Zimtöl* (cinnamon bark oil), gewonnen aus der Rinde und dem bei der Rindenaufbereitung anfallenden Bruch und Abfall. Es findet in der Genußmittelindustrie (Schokoladen- und Zuckerwaren, Liköre, Tabakaromen), Pharmazie (Stomachicum, Tinctura cassiae) und Kosmetik (Parfüm, Mundwasser, Seife) Verwendung. Das aus den Blättern destillierte Öl wird in ähnlicher Weise gebraucht. *Zimtresinoid* (cinnamon oleoresin) mit unterschiedlichem Gehalt an ätherischem Öl. Das Resinoid wird durch Extraktion der gesamten Aromastoffe mit organischen Lösungsmitteln gewonnen und vor allem in der Getränkeindustrie (Limonaden, Liköre) und Parfümerie (Essenzen, Emulsionen) verwendet (7, 11, 14, 15, 16, 17, 19).

Literatur

1. BRÜCHER H. (1977): Tropische Nutzpflanzen. Ursprung, Evolution und Domestikation. Springer, Berlin.
2. BURKILL, I. H. (1966): A Dictionary of the Economic Products of the Malay Peninsula. Ministry of Agriculture and Co-operatives, Kuala Lumpur, Malaysia.
3. CHAKRAVARTI, H. L., and CHAKRABORTY, D. P. (1964): Spices of India. Indian Agriculturist 8, 124–177.
4. COUNCIL OF SCIENTIFIC AND INDUSTRIAL RESEARCH (1950): The Wealth of India. Raw Materials. Vol. 2. C. S. I. R., New Delhi.
5. FOCK-HENG, P. A. (1965): Cinnamon of the Seychelles. Econ. Bot. 19, 237–261.
6. FRÖHLICH, G. (Hrsg.) (1974): Pflanzenschutz in den Tropen. 2. Aufl. Harri Deutsch, Zürich.
7. GÖÖCK, R. (1984): Buch der Gewürze. 2. Aufl. W. Heyne, München.
8. ILYAS, M. (1978): The Spices of India II. Econ. Bot. 32, 238–263.
9. KOSTERMANS, A. J. G. H. (1964): Bibliographia Lauracearum. Ministry of National Research, Bogor.
10. MAISTRE, J. (1964): Les Plantes à Épice. Masonneuve et Larose, Paris.
11. MELCHIOR, H., und KASTNER, H. (1974): Gewürze. Botanische und chemische Untersuchung. Parey, Berlin.
12. PARRY, J. W. (1969): Spices. 2 vols. Chemical Publishing Co., New York.
13. PLUCKNETT, D. L. (1979): Cassia. A tropical essential oil crop. In: RITCHIE, G. A. (ed.) (1979): New Agricultural Crops. Amer. Ass. Adv. Sci., Selected Symposium 38, 149–166. Westview Press, Boulder/Colorado, USA.

14. PROVATOROFF, (1973): Some details of the distilla-
tion of spice oils. In: Tropical Products Institute
(1973): Proc. Conference on Spices, 1972,
173–181. Trop. Prod. Inst., London.
15. PURSEGLOVE, J. W., BROWN, E. G., GREEN C. L.,
and ROBBINS, S. R. J. (1981): Spices. Vol. 1. Longman, London.
16. REHM, S., und ESPIG, G. (1984): Die Kulturpflanzen der Tropen und Subtropen. 2. Aufl. Ulmer,
Stuttgart.
17. ROSENGARTEN, F. jr. (1973): The Book of Spices.
2nd ed. Pyramid Communications, New York.
18. SAMARAWIRA, J. S. E. (1964): Cinnamom. World
Crops 16, 45–48.
19. SMITH, A. E. (1986): International Trade in Cloves, Nutmeg, Mace, Cinnamom, Cassia and Their
Derivatives. Report G 193. Tropical Development
and Research Institute, London.

7.6   Muskat und Mazis

Botanisch: *Myristica fragrans* Houtt.
Englisch: nutmeg, mace
Französisch: noix muscade, macis
Spanisch: nuez de moscada, mácias

Heimat und Domestikationszentrum des Muskatnußbaumes sind die Molukken, insbesondere
die Banda-Inseln sowie Ambon. Nach der Entdeckung und Besetzung der Inseln durch die
Portugiesen (1512) und später durch die Holländer hielten diese bis zur vorübergehenden Inbesitznahme der Inseln durch die Engländer (1796)
das Monopol im Muskathandel. Im 19. Jh. wurde der Anbau in Indonesien, Malaysia, Teilen
von China, Südindien, Sri Lanka, auf den Maskarenen, Seychellen und Sansibar sowie in Westindien (Grenada 1843), Guayana und Brasilien
verbreitet. Hauptexportländer sind heute Indonesien, Grenada und Sri Lanka (1, 7, 11).
Muskat-Export 1982 insgesamt 18 663 t (darunter Indonesien 7746 t, Grenada 2040 t, Sri Lanka 318 t), davon Re-Export 8209 t (darunter
Singapore 6530 t, Niederlande 1042 t, Bundesrepublik Deutschland 122 t).
Muskat-Import 1982 insgesamt 18 493 t (darunter Singapore 7433 t, USA 2447, Niederlande
1784 t, Bundesrepublik Deutschland 1323 t).
Mazis-Export 1982 insgesamt 3486 t (darunter
Indonesien 1517 t, Grenada 344 t, Sri-Lanka
35 t), davon Re-Export 1540 t (darunter Singapore 1381 t, Belgien/Luxemburg 46 t, Bundes-
publik 41 t).

Mazis-Import 1982 insgesamt 3340 t (darunter
Singapore 1477 t, Bundesrepublik Deutschland
493 t, USA 224 t, Niederlande 218 t) (17).
Der Muskatnußbaum gehört zur Familie der
Myristicaceae. Der 10 bis 15 m hoch wachsende,
auch niedriger gehaltene immergrüne Baum hat
tief am Stamm angesetzte Zweige mit wechselständig angeordneten 5 bis 15 cm langen Blättern (Abb. 249). *M. fragrans* ist diözisch. Von
den in traubigen Blütenständen angeordneten
gelblich-weißen Blüten stehen bei den männlichen Pflanzen bis zu 10, bei den weiblichen
Pflanzen 2 oder 3 zusammen. Der Pollen wird
durch Insekten übertragen. In der einem Pfirsich
vergleichbaren gelben Frucht befindet sich eingebettet in ein fleischiges Perikarp der als Mus-
katnuß bezeichnete, von einer dunkelbraunen
Samenschale und einem orangeroten Samen-
mantel (Arillus) umhüllte Same (Abb. 250).
Durch Hereinragen des äußeren Perisperms in
das den Embryo umgebende Endosperm kommt
es zur Ausbildung des für den Kern typischen
gefalteten „ruminierten" Endosperms (Abb.
251). Ernteprodukt ist neben dem Kern auch der
getrennt aufbereitete Arillus, der als Mazis
(„Muskatblüte") gehandelt wird (1, 2, 3, 9, 11,
13, 15).

Abb. 249. *Myristica fragrans*. Muskatnußbaum (Sansibar).

Abb. 250. *Myristica fragrans*. Früchte.

Weitere zur Gewinnung von Muskat und Mazis genutzte Spezies der Gattung *Myristica* sind: *M. argentea* Warb. Der aus Südwest-Neuguinea stammende Papua-Muskatnußbaum wird als Gewürzlieferant und zur Gewinnung des in der Kosmetik verwendeten ätherischen Öles genutzt. Aus dem weichen Perikarp wird Marmelade hergestellt. *M. dactyloides* Gaertn. Der bis zu 27 m hoch wachsende Baum ist in Südindien und Sri Lanka beheimatet und wird als Schattenbaum geschätzt. Die fettreichen Kerne liefern Muskatbutter. *M. malabarica* Lam. Die schwach aromatischen Ernteprodukte dieses an der Malabarküste in Indien auch wild vorkom-

menden Baumes sind als Bombay-Muskat und -Mazis am Markt. Sie werden hauptsächlich lokal in der Volksmedizin genutzt und finden zur Verfälschung der echten Muskat-Produkte Verwendung. *M. succedanea* Bl. Die wohlriechenden, sehr aromatischen Kerne und Arillen dieser auf der zu den nördlichen Molukken gehörenden Insel Ternate beheimateten Spezies sind unter der Bezeichnung Halmahera-Muskat und -Mazis bekannt. Alle vier genannten Arten kommen als Unterlage für *M. fragrans* in Frage (2, 3, 4, 5, 8, 9, 11, 12, 15).

Ideale Voraussetzungen für den Anbau des Muskatnußbaums ergeben sich im warm-feuchten, tropisch-maritimen Klima äquatornaher Inseln und Küstenlandschaften mit einer Jahresniederschlagssumme von 1500 und 3000 mm und einem Temperaturmittel um 28 °C. Der Boden soll tiefgründig, humus- und nährstoffreich sein, nicht zu sandig und auf keinen Fall staunaß. Hervorragend geeignet sind vulkanische Verwitterungsböden, aber auch gut entwässernde alluviale Lehmböden in Höhenlagen bis zu 500 m (3, 5, 11, 15). Der Anbau erfolgt üblicherweise unter Schattenbäumen auf sorgfältig bearbeitetem, möglichst unkrautfreiem Boden, häufig auch in Mischkultur mit Kokos- oder Betelpalmen, Hevea, Kaffee und Bananen. Meist werden die Jungpflanzen aus Samen gezogen, wobei wegen des raschen Nachlassens der Keimfähigkeit nur frisches, etwa 3 Tage altes Saatgut verwendet werden sollte. Ausgesät wird im 30-cm-

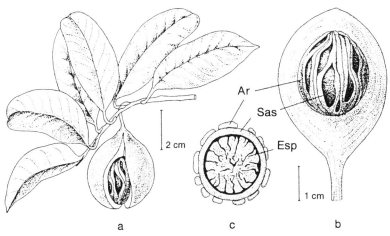

Abb. 251. *Myristica fragrans*. (a) fruchtender Zweig, (b) Frucht, längs geöffnet, (c) Querschnitt durch den Samen. Ar = Arillus, Esp = Endosperm, Sas = Samenschale. (Nach 16)

Verband 2,5 bis 5 cm tief. Geschälte Samen keimen nach 4 bis 8 Wochen, ungeschälte Samen benötigen zur Keimung 3 bis 4 Monate. Im Alter von 6 Monaten bei Erreichen von etwa 15 cm Höhe, mitunter auch erst nach 12 bis 18 Monaten mit 60 bis 90 cm Höhe, erfolgt die Verpflanzung an den endgültigen Standort im 6- bis 9-m-Verband. Bei Sämlingen bereitet die Bestimmung des Geschlechts Schwierigkeiten, so daß oft mit der Entfernung überzähliger männlicher Pflanzen bis zur ersten Blütenbildung mit 5 bis 8 Jahren gewartet wird. Im Bestand kann ein Anteil von 5 bis 10 % männlicher Pflanzen als ausreichend angesehen werden. Neben der Anzucht aus Samen wird auch vegetativ durch Stecklinge, Absenker oder Markottage vermehrt. Die von leicht verholzten Wasserschossen gewonnenen etwa 30 cm langen bleistiftstarken Stecklinge werden zur besseren Bewurzelung mit Indolbuttersäure (0,05 %) behandelt. Vegetativ vermehrte Pflanzen fruktifizieren bereits mit 4 bis 5 Jahren. Verbreitet ist auch die Okulation oder Pfropfung von Sämlingen mit Augen bzw. Reisern ertragreicher Bäume. Als Unterlage finden dabei neben M. fragrans vor allem auch gegenüber Wurzelfäule resistente Myristica-Spezies (s. o.) Verwendung (9, 13, 14, 18).

Wesentliches Ziel der züchterischen Bearbeitung von M. fragrans (x = 7, 2n = 42) ist die Selektion und vegetative Vermehrung ertragreicher Typen mit runden Kernen und reichlicher Mazis-Produktion. Erschwert wird die Arbeit durch das langsame Wachstum des Muskatnußbaumes, den geringen Aufwuchserfolg bei vegetativer Vermehrung und die große Variabilität hinsichtlich Wuchsform, Belaubung, Blütenansatz, Fruchtausbildung und Gesamtproduktivität. Weibliche und männliche Pflanzen werden zu etwa gleichen Teilen ausgebildet, doch finden sich auch bisexuelle Formen, deren Anbau allein oder zusammen mit nur weiblichen Pflanzen interessant sein könnte. Die jahrhundertelange Beschränkung der Domestikation und des Anbaus auf das kleine Areal der Banda-Inseln mit ertragsorientierter Auslese bei gleichzeitiger Isolierung vom genetischen Mannigfaltigkeitszentrum des indonesischen Gesamtbereichs darf als Ursache für die größere Anfälligkeit von M. fragrans gegenüber verschiedenen Krankheiten und Schädlingen angesehen werden, wie es der Befall und die Vernichtung der Muskatnuß-

baumbestände durch den Käfer Phloeosomus cribatus in Penang (Malaysia) verdeutlicht. Größeren Schaden verursachen vor allem die schwarze Wurzelfäule (Rosellinia pepo) sowie Pilzbefall an Zweigen, Blättern und Früchten (Marasmius, Corticium, Phytophthora, Diplodia). An Blättern und Früchten treten häufiger auch Schildläuse (Ischnaspis u. a.) auf (1, 3, 5, 6, 9, 11, 15).

Die Zeit von der Blüte bis zur Fruchtreife beträgt 6 bis 9 Monate, wobei ganzjährig oder jahreszeitlich bedingt zu 2 Haupterntezeiten reife Früchte anfallen. Geerntet wird durch Pflücken, auch mit Einsatz von Pflückgeräten, oder einfach durch Aufsammeln der abgefallenen reifen Früchte. Nach Entfernung des fleischigen Perikarps und Abtrennung des Arillus wird der ungeschälte Same einige Wochen in der Sonne oder in beheizten (35 bis 40 °C) Trocknungsanlagen getrocknet und anschließend geschält. Geerntet werden 500 bis 1200 kg/ha Muskatnüsse (getrocknete Kerne) und 80 bis 170 kg/ha Mazis. Der Gewichtsverlust während der Trocknung beträgt etwa 25 %. Der Kern enthält bis zu 16 % ätherisches Öl, 25 bis 30 % fettes Öl, 30 bis 40 % Stärke sowie Zucker, Pektine und Lipase. Für den Export bestimmte Nüsse wurden zur Verhinderung unerwünschter Aussaat an anderen Standorten durch Behandlung mit Kalkmilch abgetötet und gleichzeitig gegen Lagerschädlinge geschützt. Muskat findet Verwendung zum Würzen von Suppen, Fleischgerichten, Backwaren und Getränken, in der Volksmedizin bei Erkrankungen im Magen- und Darmbereich sowie als Abortivum oder auch als Rauschmittel (1, 10, 19).

Die bei reichlichem Verzehr des Gewürzes auftretende toxische Wirkung des Muskats wird durch das im ätherischen Öl enthaltene Myristicin (Methoxy-Safrol) verursacht. Die vom Samen abgetrennten Arillen werden einige Stunden in der Sonne getrocknet, wobei sie die für indonesische Mazis typische orangerote Farbe annehmen. Die einige Monate im Dunkeln gelagerte westindische Mazis ist blaß-orangegelb gefärbt und von hornartig-spröder Beschaffenheit. Mazis enthält 4 bis 12 % ätherisches Öl, etwa 20 % fettes Öl, bis zu 30 % Amylodextrin sowie Zucker und Pektin. Mazis ist Bestandteil von Gewürzmischungen für feines Gebäck, Fleischspeisen (Brühe) und Wurstwaren und findet als Aromaticum vielseitig Verwendung. Das aus dem Kern und den Arillen gewonnene Muskatöl enthält verschiedene Terpene (α-Pinen, Camphen, Limonen, p-Cymen), Alkohole (Linalool, Borneol, Terpineol, Geraniol) und bis zu 8 % Myristicin. Es findet in der Getränkeindustrie (Likör) und Kosmetik (Parfüm, Seife) sowie medizinisch als Stimulans, Stomachicum und Carminativum Verwendung. Das meist aus beschädigten Kernen ausgepreßte fette Öl, Muskatbutter, dient als Salbengrundlage in der Medizin und wird ähnlich wie Muskat- und Mazis-Oleoresin in der Nahrungsmittelindustrie und Parfümerie verwendet (7, 9, 11, 12, 15).

Literatur

 1. BRÜCHER, H. (1977): Tropische Nutzpflanzen, Ursprung, Evolution und Domestikation. Springer, Berlin, Heidelberg, New York.
 2. BURKILL, J. H. (1966): A Dictionary of the Economic Products of the Malay Peninsula. Ministry of Agriculture and Co-operatives, Kuala Lumpur, Malaysia.
 3. COUNCIL OF SCIENTIFIC AND INDUSTRIAL RESEARCH (1962): The Wealth of India. Raw Materials. Vol. 6. C.S.I.R., New Delhi.
 4. FLACH, M. (1966): Nutmeg cultivation and its sexproblem. Meded. Landbouwhogeschool, Wageningen 66 (1), 1–87.
 5. FLACH, M., and CRUICKSHANK (1969): Nutmeg. *Myristica fragrans* Houtt. and *Myristica argentea* Warb. In: FERWERDA, F. P., and WIT, F. (eds.): Outlines of Perennial Crop Breeding in the Tropics, 329–338. Veenman, Wageningen.
 6. FRÖHLICH, G. (Hrsg.) (1974): Pflanzenschutz in den Tropen. 2. Aufl. Harri Deutsch, Zürich.
 7. GÖÖCK, R. (1984): Buch der Gewürze. 2. Aufl. W. Heyne, München.
 8. ILYAS, M. (1978): The Spices of India II. Econ. Bot. 32, 238–263.
 9. JOSEPH, J. (1980): The nutmeg – its botany, agronomy, production, composition and uses. J. Plantation Crops 8, 61–72.
10. KALBHEN, D. A. (1971): Nutmeg as a narcotic. Angew. Chem. (Int. Ecl.) 10, 370–374.
11. MAISTRE, J. (1964): Les Plantes à Épice. Maisonneuve et Larose, Paris.
12. MELCHIOR, H., und KASTNER, H. (1974): Gewürze. Botanische und chemische Untersuchung. Parey, Berlin.
13. NICHOLS, R., and CRUICKSHANK, A. M. (1964): Vegetative propagation of nutmeg (*Myristica fragrans*) in Grenada, West Indies. Trop. Agric. (Trinidad) 41, 141–146.
14. NICHOLS, R., and PRYDE, J. F. (1958): The vegetative propagation of nutmeg by cuttings. Trop. Agric. (Trinidad) 35, 119–129.
15. PURSEGLOVE, J. W., BROWN, E. G., GREEN, C. L., and ROBBINS, S. R. J. (1981): Spices. Vol. 1, Longman, London.
16. REHM, S., und ESPIG, G. (1984): Die Kulturpflanzen der Tropen und Subtropen. 2. Aufl. Ulmer, Stuttgart.
17. SMITH, A. E. (1986): International Trade in Cloves, Nutmeg, Mace, Cinnamon, Cassia and Their Derivatives. Report G 193. Tropical Development and Research Institute, London.
18. SUNDARARAJ, J. S., and VARADARAJAN, E. N. (1956): Propagation of nutmeg on different rootstocks. South Indian Hort. 4, 85–86.
19. WEIL, A. T. (1965): Nutmeg as a narcotic. Econ. Bot. 19, 194–217.

7.7   Gewürznelke

Botanisch:	*Syzygium aromaticum* (L.) Merr. et L. M. Perry (Syn. *Eugenia aromatica* (L.) Baill.)
Englisch:	clove tree
Französisch:	giroflier
Spanisch:	clavero

Der Gewürznelkenbaum ist auf den östlich gelegenen Inseln Indonesiens (Molukken, West-Neuguinea) beheimatet und wurde schon im 3. Jh. v. Chr. nach China verbreitet. Als begehrtes Gewürz wurden Nelken bereits im 2. und 3. Jh. in den östlichen Mittelmeerländern gehandelt. Der Anbau blieb jedoch weitgehend auf die Molukken beschränkt und wurde dort später auch durch die Portugiesen und Holländer eng begrenzt. Nach der Durchbrechung des Anbau- und Handelsmonopols durch die Franzosen und Engländer dehnte sich der Anbau auf die am Indischen Ozean liegenden Länder (Malaysia, Indien, Sri Lanka, Mauritius, Réunion) und die tropischen Gebiete Amerikas (Antillen, Guayana, Brasilien), Anfang des 19. Jahrhunderts besonders auch auf die Inseln Sansibar, Pemba und die Komoren aus. Hauptanbaugebiete sind heute Indonesien (mit überwiegendem Eigenverbrauch), Madagaskar, Tansania und zunehmend auch Brasilien. Die Gesamtproduktion liegt bei etwa 60 000 t/Jahr (1, 2, 7, 9, 13, 14, 15, 19).

Gewürznelken-Export 1982 insgesamt ca. 25 000 t (darunter Madagaskar 10 471 t, Tansania 6906 t), davon Re-Export ca. 4500 t (darunter Singapur 4014 t).

Gewürznelken-Import 1982 insgesamt 19 600 t (darunter Indonesien 7998 t, Singapore 4014 t, USA 1107 t, Saudi-Arabien 857 t, Frankreich 657 t, Bundesrepublik Deutschland 496 t) (14).

Abb. 252. *Syzygium aromaticum*. Gewürznelkenbäume (Sansibar).

Der Gewürznelkenbaum gehört zu den Myrtaceae. Die formenreiche Gattung *Syzygium* umfaßt über 500 Arten, darunter auch viele Obstgehölze. *S. aromaticum* ist ein bis 15 m hoch wachsender, immergrüner, dichtbelaubter

Abb. 253. *Syzygium aromaticum*. Blätter und Blütenknospen.

Baum, der ein Alter von über 100 Jahren erreichen kann (Abb. 252). Neben der nur geringe Tiefe erreichenden Primärwurzel werden zahlreiche oberflächennahe Seitenwurzeln in einem Umkreis bis zu 10 m gebildet. Der Stamm erreicht bis zu 30 cm Durchmesser. Die Verzweigung ist tief angesetzt. Die 7 bis 13 cm langen, oval zugespitzten, glatten Blätter sind gegenständig. Der Blütenstand, eine endständige Trugdolde, weist wenige bis zahlreiche, vierzählige, rötlich-weiße, zwittrige Blüten auf (Abb. 253). Sie werden von verschiedenen Insektenarten besucht, so daß neben der Selbstbestäubung auch Fremdbefruchtung vorkommen kann. Als Frucht entwickelt sich eine ein-, selten zweisamige, 2,5 bis 3,5 cm lange Beere, die „Mutternelke", die in der Volksmedizin gebraucht wird. Haupternte- und -handelsprodukt sind die in geschlossenem Zustand gepflückten Blütenknospen. Auf den Molukken und in West-Neuguinea ist eine Wildform der kultivierten Gewürznelke verbreitet, die auch als eigene Art (*Eugenia obtusifolia* Reinw.) beschrieben wurde; sie hat größere Blätter und Knospen und ist weniger aromatisch (6, 9, 13, 15).

Der Gewürznelkenbaum gedeiht am besten im tropisch-maritimen Klima bei 1500 bis 3000 mm/Jahr Niederschlag und einem Temperaturmittel von 27 bis 30 °C in Höhenlagen bis zu 400 m. Längere trockene oder kühle Zeitabschnitte werden schlecht vertragen. Heftige

Winde verursachen erheblichen Schaden. Für das Wachstum sind vulkanische, durchlässige Böden in leichter Hanglage, wie sie auf den Inseln im Ursprungsgebiet von *S. aromaticum* vorherrschen, optimal. Schwere, zu Vernässung neigende Tonböden und flachgründige Sande sind ungeeignet. Die Anzucht der Jungpflanzen erfolgt aus Samen, die aus vollreifen Früchten gewonnen werden. Zur Erleichterung des Schälens werden die Früchte drei Tage befeuchtet, dann wird das Fruchtfleisch von Hand abgestreift. Die olivgrünen Samen haben ein TKG von ca. 900 g. Ohne besondere Maßnahmen behalten sie ihre Keimfähigkeit nur wenige Tage. Die Aussaat erfolgt in Anzuchtbeete oder Plastikbeutel, die beschattet und gut feucht gehalten werden. Nach 10 bis 15 Tagen keimt die Saat. Mit 16 Monaten werden dann die bis 50 cm hohen, kräftigen, gut verzweigten Sämlinge nach vorheriger Abhärtung (Reduzieren von Schatten und Wassergabe) mit Ballen auf möglichst unkrautfreien Boden zu Beginn der Regenzeit mit 6 bis 9 m Abstand ausgepflanzt. Vegetative Verfahren zur Vermehrung waren bisher nicht erfolgreich. Für den jungen Baumbestand sind Windschutz und Beschattung unerläßlich. Als Schattenbäume kommen auch Fruchtbäume wie Mango und Jackfrucht in Frage. Wichtige Pflegemaßnahmen während der Jugendentwicklung sind Unkrautbekämpfung, besonders gegen Alang-Alang, und Bodenbedeckung (Mulch). Bei ausreichender Wasserversorgung sind lebende Bodenbedecker, vor allem Leguminosen, sinnvoll. Auch Zwischenkulturen, z.B. Taro, Tania, auch Kakao und Banane (als Windschutz) kommen in Frage (3, 4, 5, 9, 13, 18, 19).

Krankheiten und Schädlinge spielten jahrhundertelang in der Gewürznelkenkultur keine besondere Rolle. Im 20. Jh. jedoch verursachten epidemisch auftretende Seuchen erhebliche Verluste. So brachte die als „sudden death" bezeichnete Krankheit 1950 den Anbau auf Sansibar fast zum Erliegen. Als Erreger wurde 1953 der Pilz *Valsa eugeniae* erkannt (11). Der Pilz dringt vom Boden her in die Pflanze ein, wobei es zu weitgehender Zerstörung der Feinwurzeln kommt, so daß der Baum schnell wegen Wassermangels eingeht. Erkennbar wird der Befall durch Laubverfärbung, Welke und Blattfall. Ähnliche Symptome zeigt auch das durch den Pilz *Cryptosporella eugeniae* und andere Organismen verursachte „die-back", wobei die Infektion durch Verletzungen an den Zweigen, oft bedingt durch unsachgemäße Beerntung, erfolgt. Zur Bekämpfung werden die Zweige unterhalb der Befallstelle abgeschnitten, was jedoch nur vorübergehend Abhilfe schafft. In Indonesien wird eine im Erscheinungsbild ähnliche Erkrankung, deren Erreger noch weitgehend unbekannt sind, als „matibudjang" bezeichnet. Sie findet sich vor allem auf für den Anbau weniger geeigneten Standorten. Schäden werden auch verursacht durch *Fusarium, Mycosphaerella, Phytophthora* und *Rhizoctonia* sowie durch die parasitische Alge *Cephaleuros mycoidea*. Unter den Schädlingen sind es neben verschiedenen Käfern, deren Larven Fraßschäden verursachen, vor allem Termiten (*Bellicositermes bellicosus*), die insbesondere Jungpflanzen schädigen, und die rote Ameise (*Oecophylla longinoda*), welche eine Schildlaus (*Saissetia zanzibarensis*) auf den Bäumen verbreitet und die Ernte durch Belästigung (unangenehme Bisse) der Arbeiter erschwert (1, 5, 8, 11, 12, 13, 16, 17, 18).

Für die züchterische Bearbeitung von *S. aromaticum* wirken sich die über Jahrhunderte erzwungene Einengung des Anbaugebietes auf einige kleine Inseln bei gleichzeitiger Vernichtung der genetischen Ressourcen wilder Baumbestände und die meist auf wenige Pflanzen zurückgehende spätere Ausdehnung des Anbaus in andere Gebiete wegen der in beiden Fällen durch Isolation eingetretenen Genverluste nachteilig aus. Die Ende des 17. Jh. noch beschriebenen verschiedenen Typen von *S. aromaticum* sind weitgehend verschwunden. Genotypische Unterschiede wurden durch die einseitig auf regelmäßige hohe Erträge ausgerichtete Auslese verdrängt. Die aus geschmuggeltem Saatgut herangezogenen Pflanzungen auf den Maskarenen, Madagaskar und Sansibar sind so einheitlich, daß sie im Hinblick auf die heute gefragte Resistenz gegen „sudden death", „die-back" und „matibudjang" keine Möglichkeiten erschließen. Kreuzungen mit der resistenten, im Ertrag und der Qualität des Ernteproduktes jedoch unbefriedigenden Wildform bzw. anderen im Ursprungsgebiet noch zu findenden Typen des angebauten Gewürznelkenbaumes erscheinen aussichtsreicher. Bedeutung ist auch der Tatsache beizumessen, daß Hybride aus Herkünften von Indonesien und Sansibar einen deutlichen Heterosiseffekt hinsichtlich Ertrag und Qualität zeigen. Die Entwicklung von Methoden der vegetativen Vermehrung und die Auffindung selbstinkompatibler Mutterbäume sind weitere wichtige Aspekte der Züchtung (1, 4, 5, 13, 18, 19). Die erste Beerntung der Bäume ist nach 4 bis 5 Jahren möglich. Die Bäume erreichen jedoch den vollen Ertrag erst mit etwa 20 Jahren und stehen dann weitere 50 Jahre in Ertrag. Der Erntezeitpunkt ist gegeben, wenn die Knospen voll entwickelt sind und sich zu färben beginnen. Gepflückt wird von Hand, jeweils nur das reife Erntegut in mehreren Durchgängen. Das Besteigen der Bäume ist gefährlich und erfordert Sachkenntnis. Beschädigungen der Äste wirken sich nachteilig auf die folgende Ernte aus. Der Ertrag liegt bei 5 bis 10 kg/Baum bzw. 450 bis 900 kg/ha frischem Erntegut. Die Tagesleistung eines geübten Pflückers liegt bei bis zu 50 kg, im Mittel jedoch meist unter 20 kg. Nach der Ernte werden die Stiele von den Knospen abgetrennt und diese anschließend 3 bis 5 Tage auf Matten in der Sonne getrocknet. Hundert kg frische Knospen ergeben etwa 30 kg trockene Nelken mit einem Wassergehalt von 12 bis 16 %. Aus den getrockneten Stielen wird Nelkenstielöl destilliert. In verschiedenen Anbaugebieten (Indonesien, Madagaskar, Seychellen) werden auch Blätter zur Öldestillation geerntet, was jedoch die Bäume schwächt und das Auftreten von „die-back" begünstigt.

Gewürznelken enthalten 14 bis 20 % ätherisches Öl, 10 bis 12 % Gerbstoff und geringe Mengen von Fett, Schleim u. a. Als Gewürz finden sie als Ganzdroge oder gemahlen Verwendung für Süßspeisen, Backwaren, Fleischwaren und Marinaden sowie Heißgetränke (Glühwein) und Likör. In der Heilkunde dient die Droge zur Herstellung galenischer Präparate. Der weitaus größte Teil der Nelken wird jedoch in Indonesien zur Herstellung von Kretekzigaretten, die etwa 25 % zerkleinerte Nelken enthalten, verwendet. Weitere wichtige Produkte sind die Nelkenöle: Nelkenöl aus getrockneten Blütenknospen, Nelkenstielöl aus getrockneten Knospenstielen und Nelkenblattöl aus Blättern und Zweigen; sie werden vielseitig verwendet in der Gewürz-, Likör- und Nahrungsmittelindustrie, in der Parfümerie und Kosmetik sowie medizinisch als Aromaticum, Antisepticum und Desinfiziens. Nelkenoleoresin wird aus zerkleinerten Nelken durch Extraktion mit organischen Lösungsmitteln gewonnen, enthält 70 bis 80 % ätherisches Öl und findet hauptsächlich in der Kosmetik

sowie in verschiedenen Bereichen der Nahrungsmittelindustrie Verwendung (2, 3, 7, 9, 10, 13, 14, 15, 19).

Literatur

1. BRÜCHER, H. (1977): Tropische Nutzpflanzen. Springer, Berlin.
2. BURKILL, I. H. (1966): A Dictionary of the Economic Products of the Malay Peninsula. Ministry of Agriculture and Co-operatives, Kuala Lumpur, Malaysia.
3. COUNCIL OF SCIENTIFIC AND INDUSTRIAL RESEARCH (1976): The Wealth of India. Raw Materials, Vol. 10. C.S.I.R., New Delhi.
4. DUFOURNET, R., et RODRIGUEZ, H. (1972): Travaux pour l'amélioration de la production du girofler sur la côte orientale de Madagascar. Agron. Trop. 27, 633–638.
5. FRANKE, G. (1967): Zur Frage der Nelkenmonokultur auf Sansibar und Pemba (Vereinigte Republik von Tansania). Beitr. Trop. Subtrop. Landw. und Tropenveterinärmed. 5, 243–253.
6. FRANKE, W. (1981): Nutzpflanzenkunde, 2. Aufl. Thieme, Stuttgart.
7. GÖÖCK, R. (1984): Buch der Gewürze, 2. Aufl. W. Heyne, München.
8. HADIWIDJAJA, T. (1956): Matibudjang disease of the clove tree (Eugenia aromatica). Contr. Gen. Agric. Res. Sta. Bogor 143, 1–74.
9. MAISTRE, J. (1964): Les Plantes à Épice. Maisonneuve et Larose, Paris.
10. MELCHIOR, H., und KASTNER, H. (1974): Gewürze. Botanische und chemische Untersuchung. Parey, Berlin.
11. NUTMAN, F. J., and ROBERTS, F. M. (1954): Valsa eugeniae in relation to the sudden-death disease of the clove tree, Eugenia aromatica. Ann. Appl. Biol. 41, 23–44.
12. NUTMAN, F. J., and ROBERTS, F. M. (1971): The clove industry and the diseases of the clove tree. PANS 17, 147–165.
13. PURSEGLOVE, J. W., BROWN, E. G., GREEN, C. L., and ROBBINS, S. R. J. (1981): Spices, Vol. 1. Longman, London.
14. SMITH, A. E. (1986): International Trade in Cloves, Nutmeg, Mace, Cinnamom, Cassia and Their Derivatives. Report G 193, Trop. Devel. Res. Inst., London.
15. TIDBURY, G. E. (1949): The Clove Tree. Crosby Lockwood, London.
16. WAY, M. L. (1955): Studies of the life history and ecology of the ant Oecophylla longinoda Latr. Bull. Ent. Res. 45, 93–112.
17. WAY, M. L. (1955): Studies of the association of the ant Oecophylla longinoda Latr. (Formicidae) with the scale insect Saissetia zanzibarensis Williams (Coccidae). Bull. Ent. Res. 45, 113–134.
18. WIT, F. (1969): The clove tree. In: FERWERDA, F. P., and WIT, F. (eds.): Outlines of Perennial Crop Breeding in the Tropics, 163–174. Veenman, Wageningen.

19. WIT, F. (1976): Clove. *Eugenia caryophyllus* (Myrtaceae). In: SIMMONDS, N. W. (ed.): Evolution of Crop Plants, 216–218. Longman, London.

7.8   Ingwer

Botanisch:	*Zingiber officinale* Rosc.
Englisch:	ginger
Französisch:	gingembre
Spanisch:	jengibre

Ingwer gehört zu den alten, schon vor Jahrtausenden genutzten und geschätzten Kulturpflanzen. Von Indien ausgehend wurde der Anbau in Ostasien verbreitet. Arabische Händler brachten das hochbezahlte Gewürz in die Länder des Mittelmeerraumes. Im 9. Jh. wurde Ingwer in Mitteleuropa bekannt, und zu Beginn des 16. Jh. erfolgte bereits der Anbau in Jamaika, so daß im Jahre 1547 schon 1100 t Ingwer von der Insel nach Spanien verschifft werden konnten. Hauptanbaugebiet ist aber heute noch Indien mit einer Jahresproduktion von über 50 000 t getrocknetem Ingwer, wovon jedoch nur 15 bis 20 % exportiert werden. Die wichtigsten Exporteure (Tab. 95) sind auch die Hauptanbauländer. Die Hauptimportländer sind in Tab. 96 zusammengestellt (1, 5, 6, 8, 13, 16).

Ingwer gehört zu den Zingiberaceae, einer Familie, die zahlreiche andere, lokal genutzte, überwiegend asiatische Gewürzpflanzen umfaßt (18). Zur Gattung *Zingiber* gehören etwa 90 in Südostasien beheimatete Arten. Die Pflanze ist eine mehrjährige Staude mit fleischig-knolligen, mit Schuppenblättern besetzten Rhizomen. Die Knospen in den Achseln der Schuppenblätter entwickeln sich zu 30 bis 100 cm hohen Laubtrieben mit bis zu 20 cm langen, lanzettlichen Blattspreiten (Abb. 254) oder zu 15 bis 25 cm langen, mit Schuppenblättern besetzten Blütentrieben mit etwa 5 cm langen, ährenförmigen Blütenständen. Die gelben Blüten sind durch eine aus zwei miteinander verwachsenen, kro-

Tab. 95. Ingwer-Export ausgewählter Erzeugerländer. Mittelwerte in t/Jahr für 1969–1978. Nach (1)

Land	Frisch (t/Jahr)	Konserviert (t/Jahr)	Trocken (t/Jahr)	Gesamt (t/Jahr)
Taiwan	4279	429	–	4708
Indien	–	–	4626	4626
Hongkong	82[1]	2151[2]	–	2233
Nigeria	–	–	2099	2099
China	1397	164	–	1561
Fidschi-Inseln	1029	11	–	1040
Australien	–	923	–	923
Sierra Leone	–	–	527	527
Jamaika	–	–	328	328

[1]) Re-Export; [2]) davon 540 t Re-Export

Tab. 96. Ingwer-Import ausgewählter Verbraucherländer. Mittelwerte in t/Jahr für 1969–1978. Nach (1).

Land	Frisch (t/Jahr)	Konserviert (t/Jahr)	Trocken (t/Jahr)	Gesamt (t/Jahr)
Hongkong	6325	575	8	6908
USA	703	639	1572	2914
Großbritannien	730	622	1268	2620
Saudi Arabien	–	–	1399	1399
BR Deutschland	15	418	328	761
Kanada	162	218	130	510
Niederlande	31	150	144	325
Frankreich	35	48	26	109

Abb. 254. Ingwer: Rhizom und Basis der Laubtriebe (Foto WILDER)

nenblattartig umgebildeten Staubblättern entstandene purpurfarbene Lippe gekennzeichnet. Zur Ausbildung der Frucht, einer dreifächrigen Kapsel mit kleinen, schwarzen Samen kommt es meist nicht (5, 6, 11, 13, 16).

Zu gutem Gedeihen braucht Ingwer tropisch warm-feuchtes Klima mit 1500 bis 3000 mm/ Jahr Niederschlag und Temperaturen zwischen 28 und 35 °C. Er wächst in Höhenlagen bis zu 1500 m, 300 bis 900 m sind optimal. Dem hohen Nährstoffbedarf der Pflanze entsprechend soll der Boden fruchtbar, tiefgründig, gut durchlüftet und gut dräniert sein. Vulkanische Verwitterungsböden, alluviale Talböden, auch leichtere sandige Lehme in Hanglage sind geeignet. Reiner Sand und schwerer toniger Lehm scheiden dagegen als Standort aus. Der Boden wird meist mehrfach bearbeitet und gartenmäßig für den Anbau hergerichtet. Eine Grunddüngung mit 20 bis 30 t/ha gut verrottetem Mist-Kompost ist üblich. Zur Vermehrung der Ingwerpflanzen finden 2,5 bis 5 cm lange und 20 bis 30 g schwere Saatrhizome mit 2 bis 3 Augen Verwendung, die auf erhöhten Beeten (Malabar-System) oder, vor allem bei Bewässerung, auf Dämmen zwischen Furchen (South-Kanara-System) ausgepflanzt werden. Auf den 3 bis 6 m langen, 1 m breiten und etwa 15 cm hohen Beeten beträgt der Abstand in der Reihe 15 bis 20 cm, zwischen den Reihen 25 bis 45 cm. Die Pflanztiefe liegt bei 5 cm. Für 1 ha Fläche werden 1000 bis 1500 kg

Saatrhizome benötigt. Beim Anbau auf Dämmen werden meist größere Rhizome (30 bis 50 g, 5 bis 8 Augen) in 30 bis 40 cm Abstand gepflanzt. Der Furchenabstand beträgt 100 bis 120 cm. Nach dem Pflanzen wird der Boden befeuchtet und mit schnell verrottendem organischem Material gemulcht. Zweckmäßig ist die Anpflanzung von reichlich Blattmasse produzierenden Pflanzen (*Crotalaria juncea, Vigna radiata, Macrotyloma uniflorum* u. a.) zur Gründüngung und Gewinnung von Mulchmaterial. Nach 2 bis 4 Wochen treiben die Saatrhizome aus. Während dieser Zeit soll der Boden unkrautfrei und leicht beschattet sein. Die in den indischen Kleinbetrieben übliche Unkrautbekämpfung durch Jäten wird besser vertragen als Herbizide. Zur Ergänzung der organischen Düngung kann eine Handelsdüngergabe (je ha etwa 80 kg N, 30 kg P und 50 kg K) angebracht sein. Häufig werden neben Kompost auch bis zu 2 t/ha Asche in den Boden eingearbeitet. Als zweckmäßig hat sich in Indien der Anbau in Mischkulturen mit Rizinus, Straucherbse, Fingerhirse u. a. oder auch als Unterkultur unter Kokos- und Betelpalmen erwiesen sowie im Hinblick auf Nematoden (*Meloidogyne* spp.) und andere Schadorganismen die Einhaltung einer weiträumigen Fruchtfolge mit Reis, Sesam, Hirse, Nigersaat und Leguminosen (5, 11, 12, 15, 16, 17).

Den größten Schaden am Rhizom der Ingwerpflanze richtet die Weichfäule (soft rot) an, verursacht durch *Pythium aphanidermatum* u. a. *Pythium*-Arten, bei welcher nach Vergilben und Vertrocknen der Blätter die Basis der Laubtriebe und zunehmend auch das Rhizom weich und faulig werden bei gleichzeitiger dunkler Verfärbung. Begünstigt wird der Befall durch übermäßige Feuchtigkeit (Staunässe) und Luftmangel im Boden. Zur Bekämpfung wird die Beizung der Saatrhizome durch 30 min langes Eintauchen in Ceresanlösung (0,1 %) empfohlen. Vorbeugend sind wichtig vor allem richtige Standortwahl, wirksame Entwässerung und eine zweckmäßige Fruchtfolge. Als weitere Krankheiten treten u. a. Blattflecken (*Colletotrichum, Phyllosticta, Septoria*) und bakterielle Welke (*Pseudomonas*) auf. Unter den Schädlingen sind besonders der Stengelbohrer (Raupen der Motte *Dichocrocis punctiferalis*), Schildläuse und Thripse zu nennen (5, 7, 12, 15, 16, 17).

Die züchterische Bearbeitung wird bei *Z. officinale* (2n = 22) durch die meist fehlende Frucht-

und Samenbildung behindert. Angebaut werden Sorten, die zum Teil schon vor sehr langer Zeit aus Pflanzenbeständen in Südindien und dem malaiischen Raum selektiert und über Jahrhunderte vegetativ vermehrt wurden. Zuchtziele sind Formen, die gegenüber Weichfäule und bakterieller Welke resistent sind, und ertragreiche Typen mit hohem Ölgehalt und geringem Faseranteil (3, 12, 15).

Ingwer ist erntereif bei beginnender Gelbfärbung und Welke der Blätter. Dem Verwendungszweck entsprechend wird grüner Ingwer zur Herstellung von Ingwerkonserven früher, d. h. nach 5 bis 6 Monaten Vegetationszeit, Ingwer zur Trocknung reif mit etwa 7 Monaten geerntet. Längeres Wachstum verringert den Ölgehalt und erhöht den Faseranteil. Die Rhizome werden vorsichtig ausgegraben, gewaschen und die peridermale Korkschicht ganz oder teilweise mit einem Bambusmesser abgeschabt, ohne die dicht darunter liegenden, ätherisches Öl enthaltenden Sekretzellen zu verletzen. Anschließend werden die Rhizome auf Matten 3 bis 5 Tage lang in der Sonne getrocknet. Die Erträge an frischem Ingwer liegen bei 5 bis 15, auch 25 t/ha. Durchschnittlich werden in Indien etwa 12 t/ha geerntet. Durch die Trocknung tritt ein Gewichtsverlust von 75 bis 85 % ein, so daß zwischen 0,75 und 3,75 t/ha getrockneter Ingwer produziert werden. Getrockneter Ingwer enthält noch 7 bis 12 % Feuchtigkeit. Im Erntegut beträgt der Anteil kleiner Rhizome (Saatrhizome) 25 bis 30 % (2, 5, 11, 13, 15, 16).

Ingwer wird in vielfältiger Weise konsumiert und genutzt. Das frisch geerntete, gewaschene und geschälte Rhizom wird erhitzt und als Konserve in Zuckersirup eingelegt (Präservierter Ingwer). Zur Aufbewahrung dienen Tongefäße, Fässer und Kanister. Er findet als Gewürz, vor allem in der fernöstlichen Küche, stark aromatisches Kompott und als Zusatz zu vielerlei Speisen Verwendung. Kandiert und mit Schokolade überzogen ist Ingwer ein beliebtes Konfekt. Als Handelsprodukt weit verbreitet ist das getrocknete Rhizom, wobei nach der Aufbereitung bedeckter oder schwarzer Ingwer (nicht oder nur teilweise geschält, grau bis hellbraun) und unbedeckter oder weißer Ingwer (sorgfältig geschält, häufig auch mit Kalkmilch behandelt, hellgelb bis weißlich) unterschieden werden. In Stücken oder zu Pulver vermahlen dient der getrocknete Ingwer als Gewürz für Backwaren und eingeleg-

te Früchte (Gurke, Kürbis). Gemahlener Ingwer ist Bestandteil des Curry-Pulvers und anderer Gewürzmischungen. Weitere Anwendungsbereiche sind die Getränkeherstellung und Süßwarenindustrie. Medizinisch wird getrockneter Ingwer als Aperitivum, Stimulans, Carminativum sowie Geruchs- und Geschmackskorrigens verwendet. Ingwer enthält 0,25 bis 3 % ätherisches Öl, Gingerol (Ursache des scharfen Geschmackes), Methylgingerol, Shogaol und Zingeron sowie Stärke (50 %), Zucker, Fette, Harze und organische Säuren. Ingweröl besteht zu 70 % aus Zingiberen. Weitere Bestandteile sind β-Phellandren, Borneol, Linaool, Cineol, Citral, d-Camphen, Limonen und Zingiberol (Ursache des typischen Ingwer-Geruchs). Das aus getrocknetem Ingwer und den Schälabfällen gewonnene Öl findet Verwendung als Gewürz für Lebensmittel und Getränke (Likörindustrie), als Bestandteil kosmetischer Präparate (Orientparfüm) sowie medizinisch als Stomachicum und Stimulans. Zunehmend an Bedeutung gewinnt das aus Ingwerpulver mit organischen Lösungsmitteln extrahierte Ingwer-Oleoresin, eine dunkelbraune Flüssigkeit mit 25 bis 30 % Gehalt an ätherischem Öl. Die Würzkraft von 1 kg Oleoresin soll der von etwa 28 kg gutem Ingwer-Pulver entsprechen. Das Oleoresin ist heute die Grundlage von Ingwerbier.

Nach der Herkunft werden im Handel unterschieden: Jamaika-Ingwer (0,6 bis 1 % ätherisches Öl, ca. 0,8 % Gingerol, geschält, feines Aroma), Bengal-Ingwer (2 bis 3 % ätherisches Öl, 0,6 bis 1,8 % Gingerol, meist gekalkt, beste indische Sorte), Malabar-Ingwer (1,35 bis 1,5 % ätherisches Öl, 0,6 % Gingerol, meist geschält, oft gekalkt, schärfer im Geschmack) und Westafrikanischer Ingwer (ca. 1,6 % ätherisches Öl, ca. 1,5 % Gingerol, ungeschält, dunkelfarbig, scharf mit kampferähnlichem Geruch). Japan-Ingwer stammt von der verwandten ostasiatischen Art Z. mioga (Thunb.) Rosc. (1,23 % ätherisches Öl, geschält, meist gekalkt, scharf mit bergamottähnlichem Aroma) (1, 4, 6, 8, 9, 10, 14, 16).

Literatur

1. ANAND, N. (1982): Selected Markets for Ginger and its Derivatives with Special Reference to Dried Ginger. Rep. G 161, Tropical Products Institute, London.

2. BENDALL, R. L., and DALY, R. A. (1966): Ginger growing in the Nambour Area, Queensland. Quart. Rev. Agric. Econ. 19, 83–96.

3. BRÜCHER, H. (1977): Tropische Nutzpflanzen. Springer, Berlin.

4. BURKILL, I. H. (1966): A Dictionary of the Economic Products of the Malay Peninsula. Ministry of Agriculture and Co-operatives, Kuala Lumpur, Malaysia.

5. COUNCIL OF SCIENTIFIC AND INDUSTRIAL RESEARCH (1976): The Wealth of India. Raw Materials. Vol. 11. C.S.I.R., New Delhi.

6. ESDORN, I., und PIRSON, H. (1973): Die Nutzpflanzen der Tropen und Subtropen in der Weltwirtschaft. 2. Aufl. G. Fischer, Stuttgart.

7. FRÖHLICH, G. (Hrsg.) (1974): Pflanzenschutz in den Tropen. Harri Deutsch, Zürich.

8. GÖÖCK, R. (1984): Das Buch der Gewürze. 2. Aufl. W. Heyne, München.

9. HACHE, V. (1979): Verfahren zur Gewinnung von Gewürzkonzentrat aus Ingwer. Entw. u. ländl. Raum 13 (1), 19–20.

10. HOPPE, H. A. (1975/1977): Drogenkunde. 8. Aufl., 2 Bde. de Gruyter, Berlin.

11. ILYAS, M. (1978): The spices of India. II. Econ. Bot. 32, 238–263.

12. JOURNAL OF PLANTATION CROPS (1980): National Seminar on Ginger and Turmeric. Summary of Proceedings and Recommendations., April 1980, Calicut, Kerala, India. J. Plantation Crops 8, 48–52.

13. MAISTRE, J. (1964): Les Plantes à Épice. Maisonneuve et Larose, Paris.

14. MELCHIOR, H., und KASTNER, H. (1974): Gewürze. Botanische und chemische Untersuchungen. Parey, Berlin.

15. PAULOSE, T. T. (1973): Ginger cultivation in India. Proc. Conf. on Spices, 1972. Trop. Prod. Inst., London.

16. PURSEGLOVE, J. W., BROWN, E. G., GREEN, C. L., and ROBBINS, S. R. J. (1981): Spices, Vol. 2, Longman, London.

17. RADHAWA, K. S., and NANDPURI, K. S. (1970): Ginger (*Zingiber officinale* Rosc.) in India – a review. Punjab Hort. J. 10, 111–122.

18. REHM, S., und ESPIG, G. (1984): Die Kulturpflanzen der Tropen und Subtropen. 2. Aufl. Ulmer, Stuttgart.

7.9 Gelbwurzel, Kurkuma

Botanisch:	*Curcuma longa* L. (Syn. *C. domestica* Val.)
Englisch:	turmeric
Französisch:	curcuma, turméric, safran des Indes
Spanisch:	turmérico, cúrcuma

Die Domestikation der heute vor allem in den Küstengebieten Indiens, Indonesiens, Malaysias, Taiwans und Südasiens angebauten Gelbwurzel erfolgte im malaiisch-indonesischen Raum. Von dort aus gelangte die nicht nur als Gewürz sondern vielerorts bevorzugt auch im Rahmen kultischer Zusammenhänge verwendete Pflanze im 7. Jh. nach China, über Indien nach Ostafrika und im 13. Jh. nach Westafrika, wo sie besonders wegen ihres Farbstoffs geschätzt wird. Im 18. Jh. erfolgte die Ausdehnung des Anbaus in die Länder der Karibik. Als Erzeuger von 120 000 bis 180 000 t/Jahr dominiert Indien im Kurkuma-Anbau. Nur 6 bis 10 % der indischen Produktion werden exportiert. Das sind etwa 70 % des bei 15 000 bis 25 000 t/Jahr liegenden Kurkuma-Gesamtexports in der Welt. Weitere Exportländer sind China, Taiwan, Indonesien, Jamaika, Peru u. a. Hauptimportländer sind der Iran, die arabischen Länder, Japan, USA, Großbritannien, Bundesrepublik Deutschland und die Niederlande (15, 18, 20).

Die der Familie der Zingiberaceae zugeordnete Gattung *Curcuma* umfaßt über 50 Arten, von welchen in Indien ca. 30 vorkommen. Neben *C. longa* werden mehrere Arten zur Gewinnung des als Gewürz genutzten Rhizoms angebaut (s. u.). Das Rhizom von *C. longa* gliedert sich in die 5 cm lange und 2,5 cm dicke Hauptknolle, die zahlreiche, 5 bis 8 cm lange, fingerartige Sekundär-Rhizome ausbildet, an denen weitere, tertiäre Rhizome entstehen können. Die Blattscheiden der am Rhizom inserierten, bis 1 m hohen Blätter bilden einen Scheinstengel, aus welchem der mit weißlich-grünen Brakteen besetzte, ährenförmige Blütenstand herauswächst (Abb. 255). In der trichterförmigen, cremefarbenen Blüte werden Staubblätter zu einem Labellum umgebildet. Fruchtansatz und Samenbildung sind selten, so daß die mehrjährige krautige Pflanze fast ausschließlich durch Rhizome oder Rhizomstücke vermehrt wird (2, 6, 7, 8, 11, 15). Am besten wächst die Gelbwurzel im feuchtheißen Tropenklima bei 1000 bis 2500 mm Niederschlag im Jahr auf nährstoffreichem, gut durchlüftetem Lehmboden. Steinige, tonige und staunasse Böden sind ungeeignet. Der Anbau erfolgt in Höhenlagen bis 1300 m. Zur Anpflanzung wird der Boden sorgfältig durch meist mehrfaches Pflügen hergerichtet und in flache Beete oder, besonders bei Anbau mit Bewässerung, in 25 cm hohe und bis zu 50 cm breite Dämme unterteilt. Vor dem Pflanzen ist eine Düngung mit 20 bis 30 t/ha verrottetem Stall-

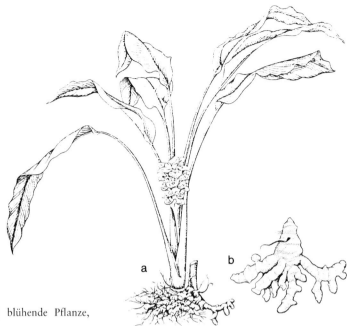

Abb. 255. *Curcuma longa*. (a) blühende Pflanze,
(b) Rhizom. (Nach 17a)

mist oder Kompost üblich. Den örtlichen Gegebenheiten entsprechend wird auch mineralisch
gedüngt. Als Pflanzgut finden primäre oder
Mutterrhizome (ca. 2,5 t/ha) oder sekundäre
Finger- oder Tochterrhizome (ca. 3 t/ha) Verwendung. Der Pflanzverband beträgt 15 × 15
bis 30 × 30 cm. Nach 2 bis 4 Wochen treiben die
Rhizome aus. Die Blattbildung läßt nach 4 bis 5
Monaten zu Gunsten einer dann verstärkt einsetzenden Rhizomentwicklung nach. Gleichzeitig kommt es gelegentlich zur Ausbildung von
Blüten. Während der gesamten Vegetationszeit
soll der Boden ausreichend feucht und möglichst
unkrautfrei sein. Beides wird durch Mulchen mit
Crotalaria juncea, Zweigen von *Shorea robusta*
u. a. gefördert (1, 7, 11, 15). Gegen Blattflecken
verursachende Pilze *(Colletotrichum, Taphrina)*
werden Bordeaux-Brühe, Zineb, Mancozeb u. ä.
eingesetzt. Die Erreger der Rhizom-Weichfäule
(*Pythium* spp.) können durch Beizung der Saatrhizome mit Ceresanlösung bekämpft werden.
Die durch Larven des Stengelbohrers *Dichocrocis punctiferalis* befressenen Scheinsprosse werden entfernt (5, 7, 9, 15, 16).
Die Züchtung von *C. longa* (2n = 32, 62, 64)
wird durch die geringe Samenbildung erschwert.
Aus Samen gezogene Pflanzen wachsen langsamer als die vegetativ vermehrten Pflanzen. Ihre

Rhizomentwicklung ist kümmerlich. Es ist versucht worden, mit Hilfe der Polyploidie-Züch-
tung den Ertrag zu verbessern. Weitere Zuchtziele sind die Erhöhung des Curcumin-Gehaltes
sowie Resistenz gegenüber *Colletotrichum*. Gegenwärtig wird die Erreichung dieser Ziele
hauptsächlich durch intensive Selektion angestrebt (11, 14, 15, 17, 19).
Nach 8 bis 10 Monaten ist die Gelbwurzel erntereif. Der Zeitpunkt ist an der beginnenden Gelbfärbung der unteren Blätter zu erkennen. Zur
Ernte soll der Boden gut durchfeuchtet sein, so
daß die Rhizome ohne Beschädigung aus dem
Boden gehoben werden können. Nach Entfernung der anhaftenden Blattreste und Wurzeln
werden die Rhizome gewaschen und die Tochterrhizome (Finger) von den primären Rhizomen
abgetrennt. Bei einer gut entwickelten Pflanze
kommt es zur Ausbildung von 2 bis 8 primären
und 10 bis 40 sekundären und tertiären Rhizomen mit einem Gesamtfrischgewicht von 1,5 bis
3,0 kg. An frischen Rhizomen werden 17 bis
22 t/ha (bewässert) bzw. 7 bis 9 t/ha (unbewässert) geerntet. Die gewaschenen Rhizome werden in heißem, leicht alkalischem (0,05 bis
0,1 % Kalkmilch oder Natriumbicarbonat)
Wasser gebrüht, anschließend 1 bis 2 Wochen in
der Sonne getrocknet und sodann geschält (Abb.

Abb. 256. Gelbwurzel auf dem Markt in Südindien.

256). Aus 100 kg frischem Erntegut werden etwa 20 kg trockene Gelbwurzel gewonnen (1, 7, 11, 14, 15).
Trockene Kurkumarhizome enthalten 1,3 bis 5,5 % ätherisches Öl, 30 bis 40 % Stärke, Bitterstoff, Fett, Säuren und Harze sowie die Kurkumafarbstoffe Curcumin, Desmethoxycurcumin und Bisdesmethoxycurcumin. Im Handel werden runde Kurkuma, bulbs (Curcuma rotunda), lange Kurkuma, fingers (Curcuma longa) und geschnittene Kurkuma, splits, unterschieden. Im Erntegut fallen runde und lange Rhizome etwa im Verhältnis 1:3 an. Gemahlene Kurkuma findet Verwendung als Gewürz für Soßen, Fleisch- und Fischgerichte, vor allem aber als Bestandteil von Gewürzmischungen (z. B. Currypulver), und auch in der Volksmedizin als Cholagogum und Cholereticum. Besondere Bedeutung hat die Gelbwurzel als Färbemittel zum Färben von Textilien, Leder, Papier und Holz sowie als Farbstoff für Lebensmittel (Butter, Käse, Gebäck, Likör) und Kosmetika (Puder, Cremes). Kurkumaöl besteht zu etwa 65 % aus Sesquiterpenen, vor allem Turmeron, 25 % Zingiberen und geringen Mengen Phellandren, Sabinen, Borneol und Cineol. Es findet in der Volksmedizin und Kosmetik Verwendung. Kurkuma-Oleoresin wird aus Kurkumapulver extrahiert. Je nach Gewinnungsverfahren enthält es 3,3 bis 7,2 % ätherisches Öl und 2,2 bis 5,4 % Curcumin, besonders angereicherte Konzentrate bis zu 42 % Curcumin. Es wird hauptsächlich in der Lebensmittelindustrie verwendet (3, 7, 10, 11, 12, 13, 14, 15).
In größerem Umfang gehandelt werden:
Alleppey-Kurkuma aus Kerala (Indien) mit bis

zu 6,5 % Curcumin. Die intensiv orange-gelb gefärbten Rhizome werden überwiegend ungeschält vermarktet. Hauptimporteur sind die USA. Nur etwa 1 % der Kurkumaproduktion Indiens entfällt auf Alleppey-Kurkuma.
Madras-Kurkuma aus Tamil Nadu und Andhra Pradesh mit 3 bis 3,5 % Curcumin. Die meist geschälten, mostrichgelben Rhizome werden bevorzugt nach Europa exportiert. Der Anteil von Madras-Kurkuma an der Kurkumaproduktion Indiens beträgt rd. 50 %.
Rajapore-Kurkuma aus Maharashtra (Indien) mit 3,5 bis 4 % Curcumin. Zur Vermarktung werden die Rhizome geschält. Hauptabnehmer ist Japan. 15 bis 20 % der Kurkumaproduktion Indiens entfallen auf Rajapore-Kurkuma.
Chinesische Kurkuma aus verschiedenen Provinzen Zentral- und Südwestchinas. Die Rhizome sind äußerlich gelb bis hellbraun, im Bruch mehr orangegelb. Die Qualität ist gut, das Produkt am Weltmarkt jedoch weniger bekannt als die indischen Kurkumas.
Westindische Kurkuma aus den karibischen, zentralamerikanischen und südamerikanischen Anbaugebieten. Die meist kleineren, gelblich braunen Rhizome erzielen im Handel geringere Preise als die indischen Herkünfte (7, 13, 15, 18).
Die weiteren Spezies der Gattung *Curcuma*, die als Gewürze Verwendung finden, sind:
C. amada Roxb., Mango-Ingwer, mit typischem Mangogeruch, kommt in Indien als Wildpflanze vor und wird in Bengalen, Andhra Pradesh und Tamil Nadu angebaut. Die Rhizome werden als Gewürz verwendet und auch eingelegt als Pickles konsumiert.
C. mangga Val. et van Zijp, Temu mangga, verbreitet in Indonesien und Malaysia. Das blaßgelbe, nach Mango riechende Rhizom wird als Gewürz und Medizin verwendet.
C. xanthorrhiza Roxb., Javanische Gelbwurzel, Temu lawak. Die Pflanze wächst wild auf Java und wird in Indonesien, Malaysia, Thailand und China angebaut. Das bei der Aufbereitung nicht gebrühte, stechend bitter schmeckende, gelbe bis gelbbraune Rhizom enthält etwa 3,8 % ätherisches Öl. Es kommt in Scheiben geschnitten oder als Pulver in den Handel.
C. zedoaria (Berg.) Rosc., Zitwer, Temu kuning, beheimatet in Nordindien und Indochina, wird in Indien, Sri Lanka und Malaysia angebaut. Die äußerlich blaßgelben Rhizome erscheinen im

Bruch honiggelb bis braun. Sie enthalten ca. 1,5 % ätherisches Öl, etwa 50 % Stärke sowie fettes Öl, Harz und Schleim. Zitwer findet Verwendung zum Würzen von Speisen und Getränken (Likör), in der Parfümerie und in der Medizin als Stomachicum, Aromaticum und Cholereticum (3, 4, 7, 10, 13, 15).

Literatur

1. AIYADURAI, S. G. (1966): A Review of Research on Spices and Cashew Nut in India. Indian Council Agric. Research, Ernakulam (Indien).
2. BRÜCHER, H. (1977) Tropische Nutzpflanzen. Springer, Berlin.
3. BURKILL, J. H. (1966): A Dictionary of the Economic Products of the Malay Peninsula. Ministry of Agriculture and Co-operatives, Kuala Lumpur, Malaysia.
4. CHAKRAVARTY, A. K., and CHAKRABORTY, D. P. (1964): Spices in India. Indian Agriculturist 8, 124–177.
5. CHATTOPADHYAY, S. B. (1967): Diseases of Plants Yielding Drugs, Dyes and Spices. Indian Council Agric. Research, New Delhi.
6. COBLEY, L. S., and STEELE, W. M. (1976): An Introduction to the Botany of Tropical Crops. 2nd ed. Longman, London.
7. COUNCIL OF SCIENTIFIC AND INDUSTRIAL RESEARCH (1950): The Wealth of India. Raw Materials. Vol. 2. C.S.I.R., New Delhi.
8. ESDORN, J., und PIRSON, H. (1973): Die Nutzpflanzen der Tropen und Subtropen in der Weltwirtschaft. 2. Aufl. G. Fischer, Stuttgart.
9. FRÖHLICH, G. (Hrsg.) (1974): Pflanzenschutz in den Tropen. 2. Aufl. Harri Deutsch, Zürich.
10. HOPPE, H. A. (1975): Drogenkunde. 8. Aufl. Bd. 1, Angiospermen. W. de Gruyter, Berlin.
11. ILYAS, M. (1978): The Spices of India II. Econ. Bot. 32, 238–263.
12. KRISHNAMURTHI, N., MATHEW, A. G., NAMBUDIRI, E. S., SHIVASHANKAR, S., LEWIS, Y. S., and NATARAJAN, C. P. (1976): Oil and oleoresin of tumeric. Trop. Sci. 18, 37–45.
13. MELCHIOR, H., und KASTNER, H. (1974): Gewürze. Botanische und chemische Untersuchung. Parey, Berlin.
14. PHILIP, J. (1983): Studies on growth, yield and quality components in different turmeric types. Indian Cocoa, Arecanut and Spices J. 6 (4), 93–97.
15. PURSEGLOVE, J. W., BROWN, E. G., GREEN, C. L., and ROBBINS, S. R. J. (1981): Spices. Vol. 2. Longman, London.
16. RATHAIAH, Y. (1982): Rhizome rot of turmeric. Indian Phytopathology 35, 415–417.
17. RATNAMBAL, M. J., and NAIR, M. K. (1986): High yielding turmeric selection PCT-8. J. Plantation Crops 14, 94–98.
17a. SCHULTZE-MOTEL, J. (Hrsg.) (1986): Rudolf Mansfeld Verzeichnis landwirtschaftlicher und gärtnerischer Kulturpflanzen. 2. Aufl. Springer, Berlin.
18. SMITH, A. (1982): Selected Markets for Tumeric, Coriander Seed, Cumin Seed, Fenugreek Seed and Curry Powder. Report G 165, Tropical Products Institute, London.
19. SMITH, P. M. (1976): Minor crops. In: SIMMONDS, N. W. (ed.) (1976): Evolution of Crop Plants, 301–324. Longman, London.
20. SOPHER, D. E. (1964): Indigenous Uses of Tumeric (Curcuma domestica) in Asia and Oceania. Anthropos 59, 93–127.

7.10 Weitere Gewürze

Kardamom, *Elettaria cardamomum* (L.) Maton
Die in Südostasien, vor allem in Südindien und Sri Lanka, verbreitete Pflanze wird heute auch in China, Thailand, Birma, Malaysia und Indonesien sowie in Afrika, Madagaskar und Zentralamerika (Guatemala) angebaut. Hauptexporteur (etwa 70 % der ca. 3000 t umfassenden Gesamtausfuhr) ist Indien, gefolgt von Guatemala und Sri Lanka. Die zur Familie Zingiberaceae gehörende, mehrjährige, krautige Pflanze wächst in tropisch-feuchtem Klima bei 1500 bis 5000 mm/Jahr Niederschlag und einem Temperaturmittel von 22 °C in Höhenlagen zwischen 600 und 1500 m am besten auf frisch gerodetem Waldboden unter mäßiger Beschattung (Abb. 257), häufig auch als Unterkultur unter Betelnußpalmen, Hevea oder Kaffee. Kardamom bildet aus einem fleischigen Rhizom 2 bis 4 m hohe Laubsprosse und 60 bis 120 cm lange, niederliegende oder aufrechte, 8 bis 12 zwittrige weiße Blüten tragende Blütenstände (Abb. 258). Als Frucht entwickelt sich eine dreiteilige Kapsel mit 15 bis 20 etwa 3 mm langen, von einem klebrigen Arillus eingehüllten, braunen Samen. Die Anzucht der Jungpflanzen erfolgt aus Samen oder Rhizomstücken. Wegen der Selbststerilität der Blüten müssen mindestens 2 Klone im Bestand vorhanden sein. Mit 2 Jahren werden die Jungpflanzen ausgepflanzt. Etwa 3 Jahre später erfolgt die erste Ernte. Der Bestand kann 10 bis 15 Jahre lang genutzt werden. Geerntet wird kurz vor der Reife, der fortwährenden Fruchtbildung entsprechend, im Abstand von 4 bis 6 Wochen. Der Ertrag liegt bei 50 bis 150 kg/ha. Nach der Aufbereitung werden künstlich im heißen Luftstrom getrocknete grüne, 3 bis 4 Tage sonnengetrocknete und geschälte Kardamomen unterschieden. Die Samen enthalten 2 bis 8 % ätherisches Öl, bis zu 10 % fettes Öl, 20 bis

Abb. 257. Kardamom-Pflanzung in Südindien.

40 % Stärke sowie Zucker, Protein und Gummi. Wichtige Bestandteile des Kardamom-Öls sind Borneol, Cineol, Campher, Limonen, Sabinen, α-Terpinen, α-Terpineol, Terpinylacetat und Eucalyptol. Kardamom-Oleoresin besteht zu 52 bis 58 % aus ätherischem Öl. 1 kg Oleoresin entspricht 20 kg gemahlenem Gewürz. Kardamom findet Verwendung als Küchen- und Kuchengewürz (Pfefferkuchen) mit kräftig-würzigem Geschmack, für Obstspeisen, Marinaden und Würste sowie in der Likör- und Parfümindustrie. In den arabischen Ländern wird Karda-

mom als Kaffeegewürz besonders geschätzt. Im Handel werden Malabar-Kardamom aus Südindien und Sri Lanka und Mysore-Kardamom mit etwas größeren rundlichen Früchten aus Mysore und Madras unterschieden. Als „Falsche Kardamomen" lokal gehandelt werden Bastard-Kardamom (*Amomum xanthioides* Wall.), Bengal-Kardamom (*A. aromaticum* Roxb.), Java-Kardamom (*A. compactum* Soland. ex Maton), Kambodscha-Kardamom (*A. krervanh* Pierre), Nepal-Kardamom (*A. subulatum* Roxb.) sowie Madagaskar-Kardamom (*Aframomum angustifolium* (Sonn.) K. Schum.) (2, 3, 6, 9, 13, 14, 16, 17, 18, 19, 21, 23, 27).

Piment, *Pimenta dioica* (L.) Merr.
Die Heimat des wegen seines an Gewürznelke, Zimt und Pfeffer erinnernden Aromas auch Nelkenpfeffer genannten Pimentbaumes ist Zentralamerika und Westindien, besonders Jamaika. Hauptanbaugebiete sind Jamaika, Mexiko, Honduras und Guatemala sowie in geringerem Umfang auch Indien und Reunion. Piment gehört zur Familie Myrtaceae. Der bis 10 m hoch wachsende Baum bevorzugt kalkreichen, gut dränierten Boden in Höhenlagen bis etwa 1000 m, Niederschläge zwischen 1000 und 1500 mm/Jahr und ein Temperaturmittel von 25 bis 27 °C. In der dichten Baumkrone entwickeln sich aus den in Trugdolden stehenden, kleinen, weißen Blüten zahlreiche, in der Reife braunrote, zweisamige Beerenfrüchte (Abb. 259). Die zwittrigen Blüten sind funktionell verschiedenge-

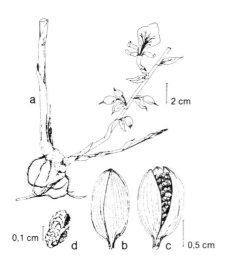

Abb. 258. *Elettaria cardamomum*. (a) Basis der Pflanze mit Blütenstand, (b) und (c) geschlossene und geöffnete Kapsel, (d) Samen. (Nach 22)

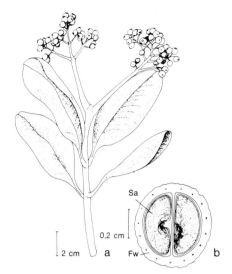

Abb. 259. *Pimenta dioica.* (a) fruchtender Zweig, (b) Frucht im Querschnitt. Fw = Fruchtwand, Sa = Samen. (Nach 22)

schlechtlich, so daß männliche und weibliche Pflanzen unterschieden werden. Im Anbau hat sich deshalb nach der jahrhundertelang üblichen Anzucht aus Samen die Vermehrung mit Hilfe okulierter oder gepfropfter Sämlinge durchgesetzt. Gepfropfte Jungpflanzen tragen bereits nach 3 Jahren, unveredelt angezogene Bäume benötigen 5 bis 6 Jahre bis zum ersten Fruchtansatz. Geerntet werden die 3 bis 4 Monate nach der Blüte voll ausgewachsenen, jedoch noch grünen Früchte. Die Ernte erfolgt durch Abschneiden der Fruchtstände. Das häufig praktizierte Herunterreißen von Zweigen bewirkt erhebliche Beschädigungen des Baumes und verstärkt die Alternanz. In Ertragsjahren werden bis über 20 kg/Baum grüne Früchte geerntet. Im Mittel liegen die Erträge aller Pimentbäume in Jamaika jedoch nur bei ca. 2 kg/Baum. Das Erntegut wird auf 12 % Feuchtegehalt getrocknet (Gewichtsverlust 38 bis 48 %), wobei sich die Beeren rotbraun verfärben. Die Früchte enthalten 3 bis 5 % ätherisches Öl, fettes Öl, Harz und Gerbstoffe. Wichtige Bestandteile des Pimentöls sind ca. 35 % Eugenol, 40 bis 45 % Eugenolmethylether, Caryophyllen, α-Phellandren und Cineol. Pimentblätteröl (Ausbeute 0,7 bis 2,9 %) besteht zu 65 bis 96 % aus Eugenol. Piment dient zum Würzen von Gebäck, Gemüse, Salaten, Fleischgerichten, Würsten und Marinaden. Pimentöl

findet bei der Likörherstellung sowie in der Kosmetik und Seifenindustrie Verwendung. Pimentblätteröl dient hauptsächlich zur Isolierung von Eugenol. Piment-Oleoresin wird mit einem Gehalt von 60 bis 68 % ätherischem Öl angeboten. Im Handel werden Jamaika-Piment mit besonders geschätztem Aroma, 6 bis 9 mm Beerendurchmesser und 4 bis 4,5 % Ölgehalt, Mexiko-Piment aus Mexiko, Guatemala und Honduras, von geringerer Qualität und deshalb meist vermahlen, mit 8 bis 10 mm Beerendurchmesser und 2 bis 3 % Ölgehalt und Belize-Piment aus ehem. Britisch Honduras von mittlerer Qualität mit ca. 3,5 % Ölgehalt unterschieden (1, 4, 5, 9, 13, 17, 21, 27).

Lorbeer, *Laurus nobilis* L.
Der Lorbeerbaum ist in den östlichen Mittelmeerländern beheimatet und dort als Gewürzpflanze auch am weitesten verbreitet. Als Zierpflanze findet sich das zur Familie Lauraceae gehörende, immergrüne Hartlaubgehölz weltweit im wärmeren Klimabereich. Für den Export wichtige Anbauländer sind die Türkei und Griechenland sowie Jugoslawien, Italien und Marokko, in geringerem Umfang auch Mexiko und Guatemala. Der Gesamtexport liegt bei 2000 bis 3000 t/Jahr. Lorbeer ist in seinen Ansprüchen an Klima und Boden bescheiden, benötigt zu gutem Gedeihen jedoch einen geschützten, sonnigen, gut dränierten Platz. Der 15 bis 18 m hoch wachsende Baum zeichnet sich durch den aromatischen Duft seiner 2,5 bis 7,5 cm langen, dunkelgrünen, glänzenden Blätter aus (Abb. 260). An den traubigen Blütenständen entwickeln sich nebeneinander männliche, weibliche und zwittrige gelblich-weiße Blüten. Als Frucht entsteht eine in der Reife dunkelrote, einsamige Beere. Im Anbau erfolgt die Vermehrung vegetativ durch Stecklinge, die aus leicht verholzten Trieben geschnitten werden. Die Ernte ist jahreszeitlich nicht gebunden. Die ledrigen, etwas spröden Blätter werden von Hand gepflückt, sodann etwa 2 Wochen im Halbschatten getrocknet und anschließend sortiert. In der Standardqualität FAQ (Fair Average Quality) finden sich noch einige ungleich gewachsene oder beschädigte Blätter. Spitzenqualitäten sind sorgfältig nach Größe und einheitlicher Farbe ausgelesen. Das Lorbeerblatt enthält 1 bis 3 % ätherisches Öl. Es dient zum Würzen von Suppen, Gemüse, Fleischgerichten, besonders auch Wild,

Abb. 260. *Laurus nobilis*. Lorbeerbaum (Südfrankreich).

sowie Fischkonserven. Es ist Bestandteil verschiedener Gewürzmischungen. Wichtige Inhaltsstoffe des ätherischen Öls sind 45 bis 50 % Cineol, α- und β-Pinen, α-Phellandren, α-Terpinol, Linalool, Geraniol, Eugenol, Aceteugenol und Methyleugenol. Das aus dem Blatt gewonnene ätherische Öl findet hauptsächlich in der Likörindustrie und Medizin Verwendung. Die Frucht enthält neben ca. 1 % ätherischem Öl 30 bis 40 % fettes Öl, Stärke und Zucker. Sie dient als Gewürz, Appetitanregungs- und Magenmittel. Das aus den Beeren ausgepreßte Öl, eine salbenartige, durch Chlorophyll grün gefärbte Mischung aus ätherischem und fettem Öl (Lorbeerbutter) enthält 1 bis 2,5 % ätherisches Öl, Bitterstoff sowie Glyceride der Laurin-, Palmitin-, Öl- und Linolsäure und Myricylalkohol. Es findet medizinisch Verwendung (9, 10, 11, 13, 19, 20, 24).

Sternanis, *Illicium verum* Hook. f.
Seit über 3000 Jahren wird Sternanis in China als Gewürz- und Heilpflanze genutzt. Von seinem Ursprungsgebiet in den südostchinesischen Provinzen Kwangsi, Kwangtung und Yünnan sowie Tonking in Nordvietnam hat sich der Anbau auf einige malaiische Inseln, die Philippi-

nen und Japan ausgedehnt. Der immergrüne, 6 bis 10 m Höhe erreichende Baum gehört zur Familie Illiciaceae. Die Belaubung ist dunkelgrün mit Blattlängen von 10 bis 15 cm. Aus der geruchlosen gelb bis rötlichen Blüte entwickelt sich eine aus 6 bis 8 kahnförmigen Karpellen sternförmig zusammengesetzte, nach Anis duftende Sammelbalgfrucht (Abb. 261). Die nach 3 bis 4 Monaten oben aufplatzenden Karpelle enthalten je 2 bis 4 gelbbraune, geschmackneutrale Samen. Die aromatischen Stoffe befinden sich im Perikarp der Frucht. Im Anbau erfolgt die Vermehrung über Samen. Die Sämlinge werden mit etwa 2 Jahren an den endgültigen Standort in mit Kompost gefüllte Pflanzlöcher ausgepflanzt. Nach 7 bis 8 Jahren erfolgt die erste Fruchtbildung. Mit 15 bis 20 Jahren sind volle Erträge in Höhe von etwa 30 kg/Baum zu erwarten. Die Bäume können einige Jahrzehnte alt werden. Die Ernte wird vor Vollreife der Früchte unter Zuhilfenahme von Bambusleitern durch sorgfältiges Pflücken durchgeführt. Frische Früchte enthalten 5 bis 8 % ätherisches Öl, ca. 22 % fettes Öl, Gerbstoffe, Shikimisäure und Chinasäure. Sternanis findet zum Würzen von Gebäck, Süßspeisen, Obst (Pflaumenmus), in der Süßwarenindustrie (Bonbons) und in der Medizin als Carminativum, Stomachicum und Expectorans Verwendung. Das ätherische Öl besteht zu 85 bis 90 % aus Anethol (Anisöl). Weitere Bestandteile sind Limonen, Phellandren, α-Pinen, Pipenten, α-Terpineol, Safrol, p-Cymol, Cineol und Methylchavicol. Es dient als Gewürz, insbesondere auch in der Likörfabrikation (Anisette), und findet in der Kosmetik (Seife,

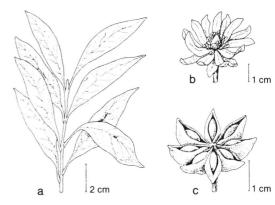

Abb. 261. *Illicium verum*. (a) Zweig, (b) Blüte, (c) Frucht. (Nach 22)

Zahnpasta, Kaugummi zur Atemverbesserung) und in der Medizin als Husten- und Magenmittel sowie zur Parasitenbekämpfung (Läuse, Wanzen) Verwendung. Im Handel kommen Verfälschungen von *I. verum* mit der qualitativ deutlich geringwertigeren Spezies *I. cambodianum* Hance, gelegentlich auch mit giftigen Shikimifrüchten (*I. anisatum* L.) vor, dessen nicht nach Anis riechenden Früchte und Blätter medizinisch, und dessen Rinde im religiösen Zeremoniell zum Räuchern verwendet werden (6, 13, 15, 17, 19, 20, 24).

Koriander, *Coriandrum sativum* L.

Aus seinem Ursprungsgebiet im Vorderen Orient hat sich der Anbau von Koriander schon vor Jahrtausenden im Bereich der alten Kulturen Asiens und des mediterranen Raumes ausgedehnt. Haupterzeugerländer sind heute Indien, Pakistan, China, Japan, Südrußland und die Balkan- und Mittelmeerländer, besonders Marokko und Ägypten sowie die USA, Argentinien und Chile. An der Gesamtproduktion von etwa 200 000 t/Jahr ist Indien mit über 100 000 t beteiligt. Das Exportvolumen beträgt jedoch nur etwa 35 000 t/Jahr. Die zur Familie Umbelliferae gehörende einjährige, krautige Pflanze wächst

Abb. 262. *Coriandrum sativum.* Blühende Pflanze (Marokko).

40 bis 80 cm hoch. Sie bildet zunächst eine Rosette grundständiger dreilappiger Blätter, an die sich nach oben deutlich gegliederte Blätter anschließen. Die weißen bis rötlichen Blüten stehen in endständigen Dolden (Abb. 262). Als Frucht entwickelt sich eine rundliche Doppelachaene. Als Starkzehrer bevorzugt Koriander einen lehmigen, gut dränierten, nährstoffreichen Boden. In Frage kommen besonders die schwarzen Baumwollböden (Vertisole), auf welchen Koriander in Indien auch im Mischanbau mit Baumwolle oder Bohnen kultiviert wird. Nach gründlicher Bodenbearbeitung und reichlicher organischer und mineralischer Düngung erfolgt die Aussaat breitwürfig oder in Reihen (8 bis 12 kg/ha). Die Samen keimen nach 10 bis 25 Tagen. Pflegemaßnahmen während der 100 bis 120 Tage betragenden Vegetationszeit sind mehrmalige Unkrautbekämpfung und ggf. Bewässerung. Koriander reift ungleichmäßig ab. Geerntet wird, wenn etwa die Hälfte der Früchte sich braun verfärbt hat. Unreife Früchte weisen einen unangenehm wanzigen Geruch auf. Das Erntegut wird vor dem Dreschen nachgetrocknet. Die Erträge liegen im Anbau mit Bewässerung bei 1,4 bis 2,2 t/ha, unbewässert bei 400 bis 700 kg/ha und im Mischanbau bei 150 bis 250 kg/ha. Korianderfrüchte enthalten 0,2 bis 1,2 % ätherisches Öl, 13 bis 20 % fettes Öl, bis 17 % Eiweiß, Zucker, Gerbstoffe und Vitamin C. Sie finden als ganze Früchte oder gemahlen Verwendung als Gewürz in Backwaren, Fleischspeisen und Fischgerichten, besonders in der orientalischen und südamerikanischen Küche. Sie sind ferner Bestandteil verschiedener Gewürzmischungen (25 bis 40 % in Curry-Powder). Das ätherische Öl enthält 60 bis 70 % Linalool (Coriandrol), α- und β-Pinen, γ-Terpinen, α- und β-Phellandren, Camphen, Geraniol, Borneol und p-Cymol. Es findet in der Lebensmittelindustrie, Parfümerie und Medizin (als Carminativum, Spasmolyticum und Rheumamittel) Verwendung. Koriander-Oleoresin verwendet die Getränke- und Süßwarenindustrie. Im Handel werden großfrüchtiger indischer Koriander (var. *vulgare* Alef.) mit einem Fruchtdurchmesser von 3 bis 5 mm und 0,2 % Ölgehalt und kleinfrüchtiger, hauptsächlich zur Gewinnung des ätherischen Öls genutzter, russischer Koriander (var. *microcarpum* DC.) mit einem Fruchtdurchmesser von 1,3 bis 3 mm und 0,8 bis 1,0 % Ölgehalt unterschieden (6, 13, 15, 17, 20, 21, 25, 26, 27).

Kümmel, *Carum carvi* L.

Als Gewürzpflanze des gemäßigten bis subtropischen Klimas ist Kümmel in Europa, Nordafrika, Asien und Nordamerika verbreitet. Hauptanbaugebiete liegen in Westeuropa, Marokko, der Sowjetunion und den USA. Von lokaler Bedeutung ist der Anbau in Nordindien, Afghanistan, Iran und Nordostchina. Kümmel gehört zur Familie Umbelliferae. Die meist zweijährig angebaute, krautige Pflanze hat eine fleischige Wurzel (Rübe) und bildet zunächst (1. Jahr) eine dichte Rosette mit mehrfach gefiederten Blättern aus. Später (2. Jahr) folgt ein bis 80 cm hoher, verzweigter, schwach beblätterter Blütenstand mit weißblühenden Doppeldolden. Die Früchte bestehen aus 2 sichelförmig gekrümmten, 3 bis 5 mm langen Teilfrüchten (Kümmelkörnern). Kümmel gedeiht im warm-gemäßigten Klima und dem kühleren Gebirgsklima der Subtropen am besten auf staunässefreiem, humosem sandigem Lehm. Die Aussaat erfolgt in Anzuchtbeete oder am endgültigen Standort (7 bis 10 kg/ha). Nach 10 bis 20 Tagen keimen die Samen. Die Reife vollzieht sich ungleichmäßig und macht mehrfache Beerntung erforderlich. Vor dem Drusch wird das Erntegut einige Tage getrocknet. Der Ertrag liegt bei 0,7 bis 2,0 t/ha. Die Früchte enthalten 3 bis 7 % ätherisches Öl, 10 bis 25 % fettes Öl, etwa 20 % Eiweiß, 4,5 % Stärke, 3 % Zucker, Harz und Gerbstoff. Sie finden zum Würzen von Brot, Sauerkraut, Kartoffel- und Kohlgerichten, Quark und Käse sowie zur Herstellung von Gewürzextrakt (Oleoresin) Verwendung. In der Medizin werden sie als Carminativum, Stomachicum, Lactagogum und Spasmolyticum genutzt. Das ätherische Öl enthält 50 bis 85 % Carvon (Geruchsträger), 20 bis 30 % Limonen, Carveol, Dihydrocarveol, Perillylalkohol, d-Dihydropinol u. a. Es dient besonders zur Likörherstellung und wird in der Kosmetik (Mundwasser, Seife) und Medizin (gegen Hautparasiten) verwendet. Der Destillationsrückstand mit einem Gehalt von 14 bis 22 % Fett und 20 bis 25 % Protein dient als Kraftfutter in der Rinderhaltung. Im Handel wird Kümmel häufig verfälscht mit Früchten verwandter Arten wie *Bunium bulbocastanum* L., *B. persicum* (Boiss.) Fedch. und *Trachyspermum roxburghianum* (DC.) Craib angeboten (6, 12, 13, 15, 17, 22).

Kreuzkümmel, *Cuminum cyminum* L.

Das Ursprungsgebiet des Kreuzkümmels oder römischen Kümmels liegt in Vorderasien. Ausgehend von Turkestan und Iran hat sich der Anbau nach Indien und in den Mittelmeerraum, besonders Syrien, Ägypten, Marokko, Malta, Zypern, und nach Asien (Rußland, China) und in geringerem Umfang nach Amerika (USA, Argentinien, Brasilien, Chile) ausgedehnt. Hauptanteil an dem insgesamt etwa 25 000 t/Jahr betragenden Export haben Indien und der Iran. Kreuzkümmel ist eine einjährige, krautige, 30 bis 40 cm hoch wachsende Pflanze aus der Familie Umbelliferae. Sie hat zarte, faserige Wurzeln und einen aufrechten Wuchs mit oben stärker verzweigten Stengeln. Die Blätter sind tief gespalten. Die weiß oder rosa bis rötlich gefärbten

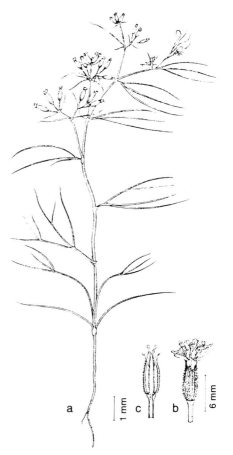

Abb. 263. *Cuminum cyminum.* (a) Blühende Pflanze, (b) Blüte, (c) Frucht im Längsschnitt. (Nach 24a)

Blüten stehen an endständigen Dolden (Abb. 263). Die stark duftende Frucht gliedert sich in 2 durch ein Säulchen verbundene, 5 bis 6 mm lange Teilfrüchte. Kreuzkümmel benötigt warmes Klima und wächst am besten an windgeschützten Standorten auf kalkhaltigem, humusreichem Lehmboden. Im Anbau wird in Anzuchtbeete oder direkt am Standort ausgesät (10 bis 15 kg/ha). Nach insgesamt 4 bis 6 Monaten erfolgt die Ernte mit beginnender Gelbfärbung der Früchte. Das unterschiedlich ausgereifte Erntegut wird vor dem Drusch einige Tage getrocknet. Der Ertrag liegt bei 0,3 bis 1,2 t/ha. Die Früchte enthalten 2,3 bis 5 % ätherisches Öl, 10 % fettes Öl, 15 % Eiweiß, Harz und Gerbstoff. Sie dienen als Gewürz für Brot, Suppen, Käse und Fleischgerichte sowie medizinisch als Carminativum. Bestandteile des ätherischen Öles sind 20 bis 40 % Cuminaldehyd (Cuminol), Eugenol, α- und β-Pinen, β-Phellandren, p-Cymol, α-Terpineol, Terpinen u. a. Das ätherische Öl findet in der Parfümerie sowie medizinisch im Magen-Darm-Bereich Verwendung (3, 6, 13, 15, 17, 27).

Anis, *Pimpinella anisum* L.

Die Heimat des zur Familie Umbelliferae gehörenden Anis liegt im östlichen Mittelmeerraum, wo der Jahrtausende alte Anbau von Ägypten seinen Ausgang nahm. Wichtige Produktionszentren sind heute die Sowjetunion, Iran und die Türkei, Südeuropa, besonders Spanien und Italien, Nordafrika und weniger bedeutend auch Indien, Japan, Mexiko, Argentinien und Chile. Anis entwickelt zarte, schwach beblätterte, 30 bis 70 cm hohe Stengel. Die unteren Blätter sind ungeteilt, die mittleren gefiedert mit keilförmigen, eingeschnittenen Fiederblättern, die oberen dreispaltig. Die stark duftenden, weißen Blüten stehen an lockeren Doppeldolden. Die rundliche, in der Reife grünlichgraue, 3 bis 5 mm lange Spaltfrucht wird aus 2 fester zusammenhaftenden Teilfrüchten gebildet. Anis benötigt warmes Klima und sandig-humosen, gut durchlässigen Boden. Schwerer, naßkalter Tonboden ist ungeeignet. Nach sorgfältiger Bodenbearbeitung erfolgt die Aussaat breitwürfig oder gedrillt mit 10 bis 12 kg/ha. Das Saatgut wird eingeeggt und mit der Walze leicht angedrückt. Es keimt nach 10 bis 15 Tagen. Während der etwa 4 Vegetationsmonate wird mehrmals gejätet. Die Ernte erfolgt von Hand, mit dem Grasmäher oder auch mit dem Mähdrescher zur Vermeidung von Ausfallverlusten frühmorgens. Vor dem Dreschen wird das Erntegut einige Tage getrocknet, wobei eine verstärkte Aromaentwicklung stattfindet. Die Früchte enthalten 2 bis 6 % ätherisches Öl, 10 bis 30 % fettes Öl, 16 bis 18 % Eiweiß und 3,5 bis 5,5 % Zucker. Sie dienen als Gewürz zu Brot, Feingebäck, Obst und Gemüse sowie medizinisch als Aromaticum, Stomachicum, Carminativum und Lactagogum. Das ätherische Öl enthält 80 bis 90 % Anethol, Dianethol, Methylchaviacol u. a. Durch Oxidationsprozesse während der Trocknung wird die Würzkraft durch das Entstehen von Anisketon, Anissäure und Anisaldehyd verbessert. Das ätherische Öl findet Verwendung in der Likörindustrie (Anisette, Pernod, Raki, Ouzo), in der Kosmetik (Seife, Parfüm), in der Medizin (Antisepticum, Spasmolyticum, Expectorans) und in der Tiermedizin (Einreibungen gegen Läuse, Milben u. a.). Der 17 bis 19 % Protein und 16 bis 22 % Fett enthaltende Extraktionsrückstand ist als Viehfutter geeignet (6, 9, 12, 13, 15, 17, 20, 24).

Fenchel, *Foeniculum vulgare* Mill.

Ausgehend vom Ursprungsgebiet im östlichen Mittelmeerraum ist Fenchel als Gewürz- und Heilpflanze, besonders aber auch als Gemüse, weit verbreitet in Europa, Nordafrika, Asien und Amerika. Für den Gewürzhandel wichtige Anbauregionen sind neben den Mittelmeerländern vor allem Mittel- und Westeuropa, die Sowjetunion, Indien, China und Japan. Fenchel gehört zur Familie Umbelliferae. Die formenreiche Spezies wird in verschiedene Unterarten und Varietäten gegliedert, von welchen innerhalb der ssp. *vulgare* die var. *dulce* (Mill.) Batt. et Trab. und *vulgare* als Gewürz- und Heilpflanzen interessant sind. Fenchel ist zwei- bis mehrjährig. Aus der zunächst gebildeten Blattrosette entwickeln sich zahlreiche, verzweigte, 1 bis 1,5 m hohe Stengel mit drei- bis vierfach fiederteiligen Blättern mit fadenartigen Fiederblättchen. Die gelben Blüten stehen in endständigen Doppeldolden (Abb. 264). Die stark gerippte 4 bis 10 mm lange Frucht besteht aus 2 Teilfrüchten. Für den Anbau geeignet ist humusreicher, gut durchlüfteter Lehmboden. Das Klima soll mild, im subtropischen Bereich eher kühl und nicht zu naß sein. Die Anzucht erfolgt aus Samen, die entweder in Anzuchtbeete oder direkt am endgültigen

Abb. 264. *Foeniculum vulgare*. Blühende Pflanze.

Standort ausgesät werden. An Saatgut werden 3 bis 5 kg/ha (Anzuchtbeet) bzw. 10 bis 15 kg/ha (Direktsaat) benötigt. Der Pflanzenbestand wird mehrmals gejätet und bei Bedarf bewässert. Die Vegetationszeit vom Austrieb bis zur Ernte beträgt 5 bis 7 Monate. Der Ertrag liegt bei 0,5 bis 2 t/ha. Die Früchte enthalten 2 bis 6 % ätherisches Öl, 12 bis 18 % fettes Öl, 14 bis 22 % Eiweiß und 4 bis 5 % Zucker. Sie finden Verwendung als Gewürz für Brot, Gebäck, Gemüse, Salate, Fischgerichte und Marinaden sowie medizinisch als schleimlösende Mittel (Fencheltee, Fenchelhonig), Carminativum, Lactagogum und Spasmolyticum. Hauptbestandteile des ätherischen Öls sind 50 bis 60 % Anethol, Methylchavicol, Safrol, α- und β-Pinen, Camphen, Limonen, α- und β-Phellandren, α- und γ-Terpinen, p-Cymol u. a. Entsprechend der Varietät und Herkunft des Produkts weist die Zusammensetzung des ätherischen Öls jedoch Unterschiede auf. Bei süßem oder römischem Fenchel (var. *dulce*) betragen die Gehalte an Fenchon 0,4 bis 0,8 %, Limonen 4,2 bis 5,4 % und α-Pinen 0,4 bis 0,8 %, bei bitterem Fenchel (var. *vulgare*) steigt der Anteil des den bitteren Geschmack bedingenden Fenchons auf 12 bis 22 %, neben 1,5 bis 2,5 % Limonen und 1,8 bis 4,7 % α-Pinen. Fenchelöl wird in der Likörindustrie sowie medizinisch gegen Husten und Heiserkeit (Bonbons) und als Diureticum und Beruhigungsmittel verwendet (6, 9, 12, 13, 15, 17, 20, 24).

Dill, *Anethum graveolens* L.
Im Gewürzhandel werden europäischer, im Mittelmeerraum beheimateter Dill (ssp. *graveolens*) und indischer Dill (ssp. *sowa* (Roxb.) Gupta)

unterschieden. Die Verbreitungs- und Anbaugebiete liegen entsprechend in Europa, Nordafrika und Amerika bzw. in Indien und den ostasiatischen Ländern. Die zur Familie Umbelliferae gehörende einjährige Pflanze entwickelt nach einigen mehrfach fiedergeteilten Grundblättern einen fein gerillten, sich oben verästelnden, 70 bis 120 cm hohen Sproß mit wenigen fadenförmig gefiederten Blättern. Die leuchtend gelben Blüten stehen auf endständigen Doppeldolden. Die Frucht ist eine aus 2 rundlichen geflügelten, 2 bis 5 mm langen Teilfrüchten gebildete Doppelachaene. Alle Organe der Pflanze enthalten stark duftendes ätherisches Öl. Für den Anbau ist sandiger Lehmboden am besten geeignet. Übermäßige Nässe wird schlecht vertragen, ein im alkalischen Bereich liegender pH jedoch toleriert. Die Aussaat erfolgt breitwürfig oder in Reihen mit 8 bis 10 kg/ha. Nach 7 bis 9 Tagen läuft die Saat auf. Die Blüte beginnt nach etwa 50 Tagen und erstreckt sich über einige Wochen, so daß der Bestand nach insgesamt 4 bis 5 Monaten Vegetationszeit ungleichmäßig abreift und mehrmals beerntet wird. Der Ertrag liegt bei 0,5 bis 1,5 t/ha. Die Früchte enthalten 2,5 bis 4 % ätherisches Öl, 10 bis 20 % fettes Öl und ca. 20 % Eiweiß. Sie finden als Gurkengewürz und zu Salaten, Soßen und Fischgerichten und zur Herstellung von Extrakten (Oleoresin) Verwendung. Das ätherische Öl besteht zu 40 bis 60 % aus d-Carvon und enthält ferner d-Limonen, Phellandren, Terpinen, Dillapiol, Myristicin u. a. Es wird in der Likörindustrie sowie medizinisch als Carminativum, Diureticum und Vermifugum verwendet. Neben Früchten und Öl ist auch das frische und getrocknete Kraut als Gewürz in Gebrauch (6, 9, 10, 12, 13, 15, 17).

Bockshornklee, *Trigonella foenum-graecum* L.
Das Ursprungsgebiet des zu den Leguminosae gehörenden Bockshornklees ist der westasiatische Raum vom Iran bis nach Nordindien. Hauptanbau- und zugleich auch Verbrauchsländer sind Indien, Pakistan, Iran, Türkei, die Mittelmeerländer, besonders Spanien und Marokko, sowie China. Der Gesamtexport beträgt etwa 10 000 t/Jahr. Bockshornklee ist ein einjähriges, 30 bis 60 cm hoch wachsendes Kraut mit dreizähligen Blättern. Aus den achselständigen, gelben Schmetterlingsblüten entwickeln sich schlanke, gekrümmte, 6 bis 11 cm lange, in einen bis 2,5 cm langen Schnabel auslaufende

Hülsen (Abb. 265). Sie enthalten 10 bis 20 abgeflachte, gelblich-braune Samen. In Indien wird Bockshornklee während der kühleren Zeit (Rabi), vorzugsweise auf lehmigem Boden, häufig auch nach Baumwolle auf „black cotton soil" (Vertisol) angebaut. Sorgfältige Bodenbearbeitung und Düngung werden empfohlen. Die Saat wird gedrillt, etwa 25 kg/ha. Die Samen keimen in wenigen Tagen. Nach 150 bis 165 Tagen ist der Bestand erntereif. Die Pflanzen werden mit den Wurzeln aus dem Boden gezogen, nachgetrocknet und anschließend die Samen aus den sich leicht öffnenden Hülsen herausgeschlagen. Im Reinbestand liegt der Ertrag bei 1,5 bis 2 t/ha. Im Mischanbau mit Bohnen, Nigersaat oder Koriander werden 0,3 bis 0,8 t/ha geerntet. Neben dem Anbau zur Samengewinnung spielt die Erzeugung für den Frischverzehr eine erhebliche Rolle. Die Samen enthalten 0,38 % Trigonellin, Nicotinsäure und 0,014 % eines den typischen Bocksgeruch bewirkenden ätherischen Öls; ferner 30 bis 38 % Schleimstoffe (Mannogalaktane), 6 bis 10 % fettes Öl, ca. 27 % Eiweiß, 0,05 % Cholin, Rutin, Harze, Bitterstoff, Flavonoidverbindungen und die Steroidsapogenine Diosgenin (0,1 bis 0,2 %), Gitogenin, Yamogenin und Spuren von Tigogenin. In den Ländern des Nahen und Mittleren Ostens ist Bockshornklee ein beliebtes Gewürz, das fast allen Speisen zugesetzt wird. Der unangenehme Geruch der Samen wandelt sich beim Rösten oder Kochen in ein angenehmes Aroma um. In der Medizin wird die Droge bei chronischen Erkältungen, Drüsenschwellungen und Furunkeln, gegen Koliken, Dysenterie, Diarrhoe, Dyspepsie und Diabetes sowie als Emmenagogum und Diureticum angewendet (2, 6, 7, 8, 9, 13, 17, 20, 26).

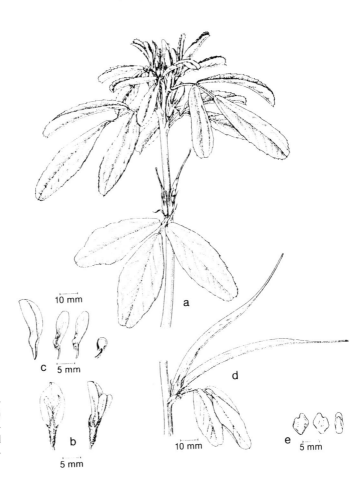

Abb. 265. *Trigonella foenum-graecum.* (a) Blütensproß, (b) Blüten in Vorder- und Seitenansicht, (c) Fahne, Flügel und Schiffchen (von links), (d) Fruchtstand, (e) Samen. (Nach 24a)

Literatur

1. BRÜCHER, H. (1977): Tropische Nutzpflanzen. Springer, Berlin.
2. BURKILL, I. H. (1966): A Dictionary of the Economic Products of the Malay Peninsula. Ministry of Agriculture and Co-operatives, Kuala Lumpur, Malaysia.
3. CHAKRAVARTY, A. K., and CHAKRABORTY, D. P. (1964): Spices of India. Indian Agriculturist 8, 124–177.
4. CHAPMAN, G. P. (1964): Some aspects of dioecism in pimento (allspice). Ann. Bot. N. S. 28, 451–458.
5. CHAPMAN, G. P. (1965): A new development in the agronomy of pimento. Carribean Quarterly 2, 1–12.
6. COUNCIL OF SCIENTIFIC AND INDUSTRIAL RESEARCH (1948–1976): The Wealth of India. Raw Materials. C.S.I.R., New Delhi.
7. DAWIDAR, A. M., SALEH, A. A., and ELMOTEI, S. L. (1973): Steroid sapogenin constituents of fenugreek seed. Planta Medica 24, 367–370.
8. FAZLI, F. R. Y., and HARDMAN, R. (1968): The spice fenugreek (Trigonella foenum-graecum L.): its commercial varieties of seed as a source of diosgenin. Trop. Sci. 10, 66–78.
9. FRANKE, W. (1981): Nutzpflanzenkunde. 2. Aufl. Thieme, Stuttgart.
10. GREENHALGH, P. (1979): The Market for Culinary Herbs. Rep. G 121, Trop. Prod. Inst., London.
11. GREENHALGH, P. (1980): Production, trade and markets for culinary herbs. Trop. Sci. 22, 159–188.
12. HEEGER, E. F. (1956): Handbuch des Arznei- und Gewürzpflanzenbaues. Deutscher Bauernverlag, Berlin.
13. HOPPE, H. A. (1975): Drogenkunde. Bd. 1, Angiospermen. 8. Aufl. W. de Gruyter, Berlin.
14. ILYAS, M. (1978): The Spices of India. II. Econ. Bot. 32, 238–263.
15. ILYAS, M. (1980): Spices of India. III. Econ. Bot. 34, 236–259.
16. MAISTRE, J. (1964): Les Plantes à Épices. Maisonneuve et Larose, Paris.
17. MELCHIOR, H., und KASTNER, H. (1974): Gewürze. Botanische und chemische Untersuchung. Parey, Berlin.
18. PARAMESWAR, N. S. (1973): Floral Biology of Cardamom (Elettaria cardamomum Maton). Mysore J. Agric. Sci. 7, 205–213.
19. PARRY, J. W. (1969): Spices. 2 vols. Chemical Publishing Co., New York.
20. PRUTHI, J. S. (1976): Spices and Condiments. National Book Trust, New Delhi.
21. PURSEGLOVE, J. W., BROWN, E. G., GREEN, C. L., and ROBBINS, S. R. J. (1981): Spices. 2 vols. Longman, London.
22. REHM, S., und ESPIG, G. (1984): Die Kulturpflanzen der Tropen und Subtropen. 2. Aufl. Ulmer, Stuttgart.
23. RIVALS, P., et MANSOUR, A. H. (1974): Sur les cardamomes de Malabar (Elettaria cardamomum Maton). J. Agric. trop. Bot. appl. 21, 37–43.
24. ROSENGARTEN, F. JR. (1973): The Book of Spices. 2nd ed. Pyramid Communications, New York.
24a. SCHULTZE-MOTEL, J. (Hrsg.) (1986): Rudolf Mansfeld Verzeichnis landwirtschaftlicher und gärtnerischer Kulturpflanzen. 2. Aufl. Springer, Berlin.
25. SHANKARACHARY, N. B., and NATARAJAN, C. P. (1971): Coriander – chemistry, technology and uses. Indian Spices 8 (2), 4–13.
26. SMITH, A. (1982): Selected Markets for Tumeric, Coriander Seed, Cumin Seed, Fenugreek Seed and Curry Powder. Report G 165. Trop. Prod. Inst. London.
27. SMITH, P. M. (1976): Minor crops. In: SIMMONDS, N. W. (ed.) (1976): Evolution of Crop Plants, 301–324. Longman, London.

8 Arzneipflanzen

WOLFRAM ACHTNICH

8.1 Betäubungs- und Beruhigungsmittel, krampflösende Heilpflanzen

Rauvolfia serpentina (L.) Benth., Apocynaceae, Schlangenholz. Die Heimat dieser in Indien seit Jahrtausenden genutzten Heilpflanze ist Südostasien, besonders Indien, Nepal und Birma. In Kultur befindet sich *Rauvolfia* in Indien, Sri Lanka, Bangladesh, Thailand, Vietnam und auf den Philippinen, in geringem Umfang auch in der Sowjetunion. Die als Unterholz im feucht-warmen Tropenwald wachsende, strauchige Pflanze entwickelt eine verdickte Pfahlwurzel. Der 30 bis 90 cm hohe, reich verzweigte Sproß trägt oval zugespitzte dunkelgrüne Blätter. Aus den in achselständigen Trugdolden stehenden weißen bis rötlichen Blüten entwickeln sich, häufig zu zweit miteinander verwachsen, ein- bis zweisamige, in der Reife sich schwarzpurpurn verfärbende Steinfrüchte (Abb. 266). Für den Anbau eignen sich humusreiche tonige Lehmböden (Oxisole) im sauren Bereich (pH 4 bis 5) in Höhenlagen bis zu 1200 m. Auf Sand ist die Wurzelentwicklung langsam und die Ausbeute gering. *Rauvolfia* wächst im Temperaturbereich zwischen 10 und 32 °C bei Niederschlägen bis zu 5000 mm/Jahr. Die Vermehrung der Pflanzen erfolgt durch Sämlinge, die aus frischen Samen (5 bis 7 kg/ha) in Saatbeeten angezogen und im Alter von 3 Monaten ausgepflanzt werden, oder

Abb. 266. *Rauvolfia serpentina*. Blühende und fruchtende Pflanze.

mit Hilfe von 2,5 bis 5 cm langen Wurzel- oder 15 bis 25 cm langen, verholzten Sproßstecklingen. Geerntet wird nach frühestens 15 Monaten, üblicherweise jedoch nach etwa 3 Jahren. Die dem Boden entnommenen Wurzeln werden gewaschen und an der Luft auf 12 bis 20 % Feuchtegehalt getrocknet. Bessere Lagerfähigkeit wird durch zusätzliche, künstliche Trocknung auf 8 % erreicht. Als Erträge ergeben sich bei Anzucht aus Samen 1 bis 1,5 t/ha luftgetrocknete Wurzeln, bei Vermehrung aus Wurzelstecklingen 0,3 bis 0,4 t/ha, aus Sproßstecklingen 0,15 bis 0,2 t/ha. *Rauvolfia*-Wurzeln (Radix Rauvolfiae) enthalten über 50 Alkaloide, u. a. Serpentin, Serpentinin, Alstomin, Ajmalin, Rauwolfinin, Vomaldin, Reserpin, Rescinnamin, Ajmalicin und Yohimbin. Reserpin, das wichtigste Alkaloid, ist mit 0,04 bis 0,2 % enthalten. Der Gesamtalkaloidgehalt beträgt 1,7 bis 3 %. Neben Alkaloiden enthält die Wurzel noch fettes Öl, Stärke, Zucker, Harz, ungesättigte Alkohole, Fumarsäure, Ölsäure u. a. Die Droge findet Verwendung als Sedativum (Reserpin, Rescinnamin) und Tranquilizer bei Angstzuständen und Aggressivität, zur Absenkung des Blutdrucks (Serpentin, Reserpin, Ajmalin, Ajmalicin, Yohimbin) durch Gefäßerweiterung bei essentieller Hypertonie und gegen Herzrhythmusstörungen (Ajmalin). In der indischen Medizin dient *Rauvolfia* als Gegenmittel bei Schlangenbissen und Insektenstichen, Fieber, Durchfall und Eingeweidewürmern. Weitere medizinisch genutzte, auch versuchsweise kultivierte *Rauvolfia*-Spezies sind u. a. *R. vomitoria* Afzel. in Afrika (Guinealänder, Nigeria, Zaire) und *R. tetraphylla* L. in Amerika (Mexiko, Zentralamerika, Westindische Inseln, Venezuela, Kolumbien, Ecuador, Peru) (2, 10, 14, 15, 17, 24, 28, 29, 33, 34, 38, 44, 50).

Catharanthus roseus (L.) G. Don, Apocynaceae, Periwinkle. Die in Madagaskar beheimatete Pflanze ist in den Tropen weltweit verbreitet und wird in Madagaskar, Südafrika, Australien, China, Indien und Südosteuropa angebaut. Periwinkle ist ein ausdauerndes, bis 75 cm hoch

Abb. 267. *Catharanthus roseus*. Blühender Pflanzenbestand.

wachsendes, sich reich verzweigendes Kraut mit
Milchsaft enthaltenden Stengeln und gegenständigen, 3 bis 9 cm langen Blättern (Abb. 267).
Aus den achselständigen, rosa oder weißen Blüten entwickeln sich zweiteilige, in der Reife aufplatzende Balgfrüchte. Im Anbau wird die Pflanze auf leicht saurem, sandigem Lehm kultiviert.
Die Anzucht der Pflanzen erfolgt aus Samen
oder Stecklingen. Nach etwa 6 Monaten beginnt
die Blatternte. Weitere Ernten werden in den
folgenden Monaten durchgeführt und schließlich nach insgesamt etwa einem Jahr die verholzende Pflanze zurückgeschnitten oder zur Gewinnung der Wurzeln ausgegraben. Während
der sich anschließenden Trocknung des Ernteguts verlieren die Blätter etwa 75 %, die Wurzeln etwa 66 % ihres Gewichts. Die Erträge
liegen bei 2,5 bis 4 t/ha getrockneten Blättern
bzw. 0,7 bis 2 t/ha getrockneten Wurzeln. Die
Droge (Blatt und Wurzel) enthält über 70 Alkaloide, darunter die Rauvolfia-Alkaloide Serpentin, Alstonin, Reserpin und Ajmalicin sowie die
in der Leukämie- und Krebstherapie eingesetzten Alkaloide Vincaleukoblastin und Vincristin.
Weiter enthält die Droge u. a. Campher, Cholin,
Lochnerol, Ameisensäure, Glykoside und ätherisches Öl. Medizinisch wirkt *Catharanthus* auch
als Sedativum, Emmenagogum, Antihypertonicum und Onkolyticum (2, 7, 9, 10, 20, 24, 31,
32, 38, 46).
Vinca minor L., Apocynaceae, Immergrün. Die
Pflanze stammt aus Europa und Kleinasien und
wird hauptsächlich in Südost-Europa, dem Nahen Osten, in Südrußland und Indien angebaut.
Die mehrjährige Pflanze bildet bis zu 3 m lange,
kriechende Stengel mit aufsteigenden, blütentra-

genden Seitensprossen. Die ledrigen, lanzettlich-
elliptischen Blätter stehen gegenständig. Aus ihren Achseln entwickeln sich die aus 5 lilablauen,
schiefgestutzten Kronblättern bestehenden Blüten, die zu einer zweiteiligen, mehrere Samen
enthaltenden Balgfrucht reifen. Für den Anbau
kommen frostfreie Standorte mit lockerem,
kalkhaltigem Lehmboden in Frage. Zur Vermehrung werden Stecklinge oder Samen verwendet. Die Blatternte ist zeitlich nicht festgelegt
und erfolgt mehrfach, vor allem mit zunehmendem Alkaloidgehalt vom zweiten Anbaujahr an.
Nach der Ernte werden die Blätter sorgfältig
getrocknet. Die Droge (Herba Vincae pervincae)
enthält insgesamt 0,26 bis 0,95 % Alkaloide,
besonders Vincamin (bis 0,06 %) und Vincin
sowie auch Vincaleukoblastin und Vincristin,
ferner Urolsäure, Kautschuk, Flavonoidglykosi-
de und Gerbstoff. Sie wird medizinisch als Sedativum, Antihypertonicum und zur Senkung des
Blutzuckerspiegels sowie bei katarrhalischen
Entzündungen verwendet. Vincaleukoblastin
und Vincristin wirken onkolytisch. In ähnlicher
Weise wie *V. minor* wird *V. major* L. angebaut
und genutzt (10, 24, 31, 32, 33, 45).
Atropa bella-donna L., Solanaceae, Tollkirsche.
Die in Mittel- und Südeuropa, Kleinasien und
dem Iran beheimatete Pflanze befindet sich heute vor allem in Europa, Südrußland, Nordindien, Nordamerika und Brasilien im Anbau. Die
aus einem perennierenden Wurzelstock alljährlich austreibende, krautige Pflanze verfügt über
ein ausgebreitetes Wurzelsystem. Die reich verzweigten, bis 1,80 m hochwachsenden Sprosse
tragen 8 bis 23 cm lange, wechselständige, dunkelgrüne Blätter mit rötlicher Mittelrippe und
einem vorgestellten Nebenblatt. In den Blattachseln entwickeln sich glockenförmige, rotviolett
gefärbte, selbststerile Blüten. Aus ihnen geht die
von einem deutlich ausgeprägten, fünfteiligen
Kelch umgebene, in der Reife schwarz glänzende
Beerenfrucht hervor (Abb. 268). Alle Organe
von *A. bella-donna* sind für Mensch und Tier
giftig. Die Tollkirsche benötigt nährstoffreichen,
tiefgründigen, leicht saueren, tonigen Lehmboden und verträgt keine Staunässe. Am besten
wächst die Pflanze im Halbschatten. Im Anbau
erfolgt die Anzucht entweder aus Stecklingen
oder Wurzelstockteilen oder meist aus Samen.
Die Aussaat erfolgt mit ca. 4 kg/ha ins Anzuchtbeet. Dabei kann Hartschaligkeit des Saatgutes
die normalerweise nach 10 bis 15 Tagen erfol-

Abb. 268. *Atropa bella-donna*. Pflanzenbestand.

gende Keimung erheblich beeinträchtigen. Nach 8 bis 10 Wochen werden die Jungpflanzen pikiert und anschließend bei Erreichen von 15 bis 20 cm Wuchshöhe an den endgültigen Standort ausgepflanzt. Mehrfaches Jäten, Bodenlockerung und gute Wasserversorgung (ggf. durch Bewässerung) sind während dieser Zeit erforderlich. Erntegut sind die Blätter. Sie werden im ersten Anbaujahr einmal, in den Folgejahren zwei- bis dreimal geschnitten. Nach 3 bis 4 Jahren werden auch die Wurzeln geerntet. Die Blätter und die gewaschenen und auf 10 cm Länge geschnittenen Wurzeln werden im Freien an der Sonne oder auch künstlich (24 Stunden bei 40 °C) getrocknet. Der Ertrag an getrocknetem Erntegut liegt bei 0,5 bis 1,5 t/ha Blättern bzw. 180 bis 250 kg/ha Wurzeln. Die Blätter (Folia Belladonnae) enthalten 0,1 bis 1,3 % Alkaloide, zu 74 bis 98 % l-Hyoscyamin, das leicht zu Atropin (d/l-Hyoscyamin) racemisiert, weiter l-Scopolamin und als Spurenalkaloide u. a. Apoatropin, Belladonnin, Cuskhygrin und Helladin. Weiter enthalten sind Fermente, Flavonglykoside und 8 bis 9 % Gerbstoffe u. a. In den Wurzeln (Radix Belladonnae) beträgt der Gesamtalkaloidgehalt 0,45 bis 0,85 %. Er besteht zu 77 bis 87 % aus Atropin und bis zu 1 % aus l-Scopolamin. Weitere Bestandteile der Wurzeln sind u. a. Apoatropin, Belladonnin, Scopolin und Cuskhygrin sowie Stärke und 10 % Gerbstoffe. *A. bella-donna* findet Verwendung als Narcoticum, Nervinum und Antispasmodicum, vor allem bei Asthma, Angina, Bronchitis und Keuchhusten, bei Neuralgie, Herzbeschwerden, Magen- und Leberleiden sowie in der Augenheilkunde (2, 5, 8, 10, 21, 24, 28, 33, 38, 44, 49).

Hyoscyamus niger L., Solanaceae, Bilsenkraut. Heimat und Hauptverbreitungsgebiet der Heilpflanze ist Mittel- und Südeuropa und Westasien. Im Anbau befindet sich Bilsenkraut auch in Pakistan, Indien, Japan und den USA. Die ein- bis zweijährige, krautige Pflanze entwickelt eine kräftige Wurzel. Aus der zunächst gebildeten Blattrosette wächst ein klebrig behaarter, 1 bis 2 m Höhe erreichender, reich verzweigter Stengel, an welchem bis zu 20 cm lange, tief eingebuchtete, am Rand gezähnte Blätter stehen. Die blaßgelben, innen schmutzig-roten Blüten entwickeln sich achselständig und endständig an einem einseitswendigen Wickel. Die Frucht, eine zweifächerige Deckelkapsel, enthält zahlreiche nierenförmige, graubraune Samen. Die gesamte Pflanze, insbesondere die Wurzeln und Früchte, sind hochgiftig. Bilsenkraut gedeiht auf humosem Sand, meist in der Nähe von Siedlungen, auf Schuttplätzen oder an Wegrändern, und erfordert im Anbau einen gut entwässerten Standort, reichliche Nährstoffversorgung und gleichmäßig verteilte Niederschläge. Die Temperatur sollte 10 °C nicht unterschreiten; optimal sind 20 bis 30 °C. Die Vermehrung erfolgt durch Samen (2,5 bis 3,5 kg/ha), die zur Aussaat mit Sand vermischt werden. Die Saat keimt nach 2 bis 4 Wochen. Nach Erreichen des Rosettenstadiums wird der Bestand gejätet und ausgedünnt. Im Kleinbetrieb ist auch eine Aussaat ins Anzuchtbeet mit Auspflanzung nach 8 bis 10 Wochen gebräuchlich. Beim Anbau zweijähriger Formen werden im ersten Jahr nur Blätter, im zweiten Jahr bei beginnender Blüte Blätter und Blütenstände geerntet. Für die Samengewinnung müssen die Früchte ausgereift sein. Das Erntegut wird 3 bis 4 Tage im Schatten getrocknet. Der Blattertrag liegt bei 0,7 bis 1,5 t/ha getrockneter Droge. Die Blätter enthalten 0,06 bis 0,17 % Gesamtalkaloide, hauptsächlich l-Hyoscyamin, Atropin und l-Scopolamin sowie Apoatropin, Trapin, Scopin u. a. Weiter enthalten die Blätter Hyoscypicrin, Wachse, Harz, Cholin, Rutin, ätherisches Öl und ca. 8 % Gerbstoffe. Samen enthalten 0,05 bis 0,3 % l-Hyoscyamin, Atropin, l-Scopolamin u. a. sowie 25 bis 35 % fettes Öl, Hyoscypicrin und ca. 3,5 % Gerbstoff. In der Wurzel sind ca. 0,08 % l-Hyoscyamin, d-Hyoscyamin, Atropin, l-Scopolamin, Atroscin und ca. 5 % Gerbstoff enthalten. Die Blattdroge dient als schmerz- und reizlinderndes, krampflösendes und sekretionsbeschränkendes Heilmittel bei Erkrankungen der Atmungsorgane, Parkinsonsyndrom, Sehstörungen, Erregungszuständen und Psychosen. Samen und Wurzeln finden hauptsächlich zur Darstellung der Alkaloide Verwendung. Ähnlich wie Bilsenkraut wird *H. muticus* L. in Indien, Iran, Arabien, Ägypten, Griechenland und Jugoslawien genutzt (2, 7, 10, 21, 23, 24, 28, 33, 38).

Duboisia myoporoides R. Br., Solanaceae. Die vor etwa 50 Jahren in Kultur genommene Heilpflanze ist in Australien und Neukaledonien beheimatet. Der Anbau hat sich von Australien nach Neuguinea und Japan ausgedehnt. Das perennierende Gehölz erreicht bis zu 12 m Höhe, treibt jedoch nach Abholzung oder Brand meist buschartig aus. Wegen seiner grauen, korkigen Rinde wird die Pflanze Corkwood genannt. Die wechselständig angeordneten Blätter sind 6 bis 10 cm lang. Aus zahlreichen, in endständigen, rispigen Blütenständen stehenden weißen Blüten entwickeln sich kleine, rundliche, 6 bis 12 Samen enthaltende, schwarze Früchte. Blätter und Früchte sind giftig. Ihr Verzehr bewirkt Sehstörungen bis zu völliger Erblindung. *Duboisia* wächst bei 650 bis 800 mm Niederschlag auf verschiedenen, im sauren Bereich (pH 4,5 bis 5,5) liegenden Böden. Die Anzucht erfolgt aus Samen, die in ein gut beschattetes windgeschütztes Vermehrungsbeet ausgesät werden. Mit 15 bis 20 cm Wuchshöhe werden die Sämlinge im 3 oder 4 m-Verband ausgepflanzt. Die erste Blatternte findet nach ca. 8 Monaten statt. Die Blätter werden 2 bis 4 Wochen getrocknet und anschließend vorsichtig, unter Vermeidung gesundheitsschädlicher Staubentwicklung (Alkaloide!) abgetrennt. Der Ertrag liegt bei 0,5 bis 2 t/ha getrocknetem Erntegut. Die Blätter enthalten ca. 2 % Alkaloide, darunter 0,21 bis 0,59 % Hyoscin und 0,07 bis 0,24 % Hyoscyamin sowie Tigloidin, Valeroidin, Poroidin, Nicotin u. a. Die Droge wird als Narcoticum, besonders in der Augenheilkunde, Spasmolyticum und Sedativum, zu einem großen Teil auch für die Gewinnung der Alkaloide Hyoscin und Hyoscyamin zur Darstellung von Scopolamin (l-Hyoscin) und Atropin (d/l-Hyoscyamin) gebraucht. Neben *D. myoporoides* befindet sich noch *D. leichhardtii* F. v. Muell. und vor allem auch das sich durch hohen Scopolamin-Gehalt (1 bis 3 %) auszeichnende Kreuzungsprodukt beider Arten in Australien im Anbau (3, 4, 6, 22, 24, 25, 28).

Datura stramonium L., Solanaceae, Stechapfel. Die aus dem tropischen Zentral- und Südamerika stammende Pflanze ist heute weltweit verbreitet und vielerorts verwildert. Wichtige Anbaugebiete sind Europa, vor allem die Balkanländer, die Sowjetunion, Indien, Pakistan, Ägypten, Äthiopien, Amerika, besonders Ecuador und Argentinien. Die einjährige Pflanze entwickelt eine kräftige Pfahlwurzel und bis 1 m hoch wachsende Stengel mit großen, weichen, gezähnten Blättern und trichterförmigen weißen Blüten (Abb. 269). Die Frucht ist eine vierlappig aufspringende, stachelige Kapsel. Sie enthält zahlreiche schwarzbraune Samen. *Datura* benötigt nährstoffreichen, kalkhaltigen, tonigen Lehmboden. Die Aussaat (10 bis 15 kg/ha) erfolgt in Reihen mit 60 cm Abstand kurz vor der Regenzeit. Wenn die Pflanzen 15 cm Höhe erreicht haben, wird der Bestand im Rahmen einer Unkrautbekämpfung auf 30 bis 60 cm Pflanzenabstand ausgedünnt. Die Blätter werden vor Beginn der Blüte, von unten beginnend mehrmals geerntet. Die Samenernte erfolgt, wenn sich die Kapseln zu öffnen beginnen. Das Erntegut wird in der Sonne bei guter Belüftung getrocknet. Die in den Morgenstunden zur Zeit des höchsten Alkaloidgehaltes geernteten Blätter (Folia Stramonii) enthalten 0,13 bis 0,58 % Alkaloide,

Abb. 269. *Datura stramonium,* blühender Sproß (Foto Espig).

hauptsächlich l-Hyoscyamin sowie Atropin, l-Scopolamin, Apoatropin und Belladonnin, etwa 0,045 % ätherisches Öl und 4 bis 7 % Gerbstoff. Die Samen enthalten 0,3 bis 0,5 % Alkaloide, besonders l-Hyoscyamin, Atropin und l-Scopolamin, 15 bis 20 % fettes Öl und 1 bis 2 % Gerbstoff. Das ausgepreßte Öl ist praktisch frei von Alkaloiden. *Datura* findet Verwendung als Spasmolyticum bei Asthma (Asthmazigaretten), Krampfhusten und Keuchhusten. Die aus den Samen gewonnenen Alkaloide werden in der Augenheilkunde (Atropin) und als Beruhigungsmittel (Scopolamin) eingesetzt. Weitere angebaute Spezies der Gattung *Datura* sind u. a. *D. metel* L. in China, Indien und Äthiopien und *D. innoxia* Mill., besonders in Indien (2, 10, 19, 21, 24, 28, 33, 38, 44, 48).

Papaver somniferum L., Papaveraceae, Schlafmohn. Die Domestikation des im mediterranen Raum beheimateten Schlafmohns erfolgte in den westlichen Mittelmeerländern. Der Mohnanbau hat sich jedoch bereits in der Antike weit bis in die Länder Südost- und Ostasiens ausgedehnt. Der Anbau zur Opiumgewinnung wird hauptsächlich in der Sowjetunion, dem Iran, in Indien und Ägypten, illegal auch in Thailand, Laos, Vietnam u. a. asiatischen Ländern, in geringerem Umfang für medizinische Zwecke auch in Europa, besonders in Bulgarien, Jugoslawien und Ungarn, durchgeführt. Durch Anbauverbo-

Abb. 270. *Papaver somniferum*, Pflanzenbestand in Ungarn.

te stark eingeschränkt wurde der Anbau in China, Afghanistan und der Türkei. Schlafmohn ist eine einjährige, krautige Pflanze mit kräftiger Pfahlwurzel, einem 70 bis 120 cm hoch wachsenden, runden, sich verzweigenden Stengel mit stengelumfassenden, grobgezähnten, blaugrünen Blättern (Abb. 270). Aus der endständig auf borstig behaartem Stiel stehenden, bis 10 cm großen, weiß, hellrot oder lila gefärbten Blüte entwickelt sich eine rundliche, 4 bis 6 cm dicke Kapselfrucht mit aufliegender Narbenscheibe und zahlreichen Poren, die sich bei eintretender Reife öffnen und die Samen ausfallen lassen (Schüttmohn), bei manchen Sorten auch geschlossen bleiben (Schließmohn). Mohn gedeiht am besten auf tiefgründigem, gut durchlässigem, kalkreichem sandigem Lehm in windgeschützter Lage. Für den Anbau soll der Boden gartenmäßig bearbeitet werden, unkrautfrei und mit Nährstoffen gut versorgt sein. Zur Aussaat werden die kleinen Samen (TKG 0,25 bis 0,7 g) mit Sand vermischt. Der Saatgutbedarf liegt bei 2 bis 5 kg/ha. Die Samen werden mit 20 bis 40 cm Reihenabstand gedrillt und später in der Reihe auf 15 bis 25 cm vereinzelt. Im Kleinbetrieb ist Mischanbau mit Gemüsepflanzen verbreitet. Die Keimung erfolgt nach 1 bis 2 Wochen. Nach 70 bis 90 Tagen blüht der Bestand. Etwa 10 Tage später werden die grünen Kapseln geritzt und der austretende, rasch trocknende Milchsaft abgeschabt. Das Ritzen wird mehrfach wiederholt oder der gesamte Bestand nach dem ersten Ritzen, das die höchste Alkaloidausbeute bringt, maschinell geerntet und die Alkaloide aus der Pflanzenmasse extrahiert.

Der Ertrag liegt bei 30 bis 35 kg/ha Opium. Es wird jedoch auch wesentlich mehr und in den asiatischen Ländern oft deutlich weniger geerntet. Der Gesamtalkaloidgehalt des getrockneten Milchsaftes (Rohopium) liegt zwischen 15 und 25 %. Als wichtigste unter den über 40 in Opium nachgewiesenen Alkaloiden sind im Ernteprodukt enthalten Morphin (2,3 bis 20 %), sein Monomethylether Codein (0,2 bis 0,8 %) und sein Dimethylether Thebain (0,2 bis 0,5 %) sowie Narcotin (4 bis 10 %) und Papaverin (0,3 bis 4,7 %). Weitere Bestandteile des Opiums sind Kautschuk, Schleim und Pectinstoffe, Harze und Wachse, Proteine, Aminosäuren, Zucker und Enzyme. Das im Opium hauptsächlich enthaltene Morphin wirkt als stärkstes schmerzlinderndes Pflanzenalkaloid zugleich euphorisierend und einschläfernd, kann aber bei größeren Gaben zu einer zentralen Atemlähmung führen. Bei häufigerer Anwendung besteht akute Suchtgefahr. Sie tritt bei Gebrauch von Diacetylmorphin (Heroin) verstärkt auf. Codein wirkt zentralberuhigend und hustenreizstillend. Es potenziert die Wirkung anderer Analgetica. Wegen des hohen Bedarfs an Codein werden 80 bis 90 % des gewonnenen Morphins durch Methylierung zu Codein weiterverarbeitet. Thebain wirkt besonders auf das Zentralnervensystem in schwacher Dosierung stärkend, bei erhöhter Dosis krampflösend. Papaverin und Narcotin wirken erschlaffend auf die glatte Muskulatur bei Spasmen im Bereich der Bronchien, des Magen-Darm-Kanals und der Harn- und Gallenwege (2, 10, 11, 13, 18, 24, 26, 28, 40, 44, 47).

Papaver bracteatum Lindl., Papaveraceae. Die im Kaukasus, der Nordosttürkei und im Nordwesten Irans beheimatete Pflanze gewinnt als rauschgiftfreie Droge zunehmend an Bedeutung und wird heute zur Erzeugung von Thebain als Grundstoff für die Darstellung von Codein in den USA und verschiedenen europäischen Ländern sowie in Israel, Indien und Australien angebaut. Die 50 bis 150 cm Höhe erreichende, ausdauernde Pflanze entwickelt hoch aufgerichtete Rosettenblätter, aus welchen im ersten Jahr ein nur eine Blüte tragender Sproß empor wächst. Im zweiten Jahr werden etwa 5 und in den Folgejahren bis zu 20 blütetragende Sprosse gebildet. Aus den bis 15 cm großen, leuchtend roten Blüten entwickeln sich etwa 4 cm große, leicht aufspringende Kapseln. An Klima und Boden stellt *P. bracteatum* keine besonderen Ansprüche. Im Ursprungsland wächst die Pflanze auf kargem, steinigem Boden bis 3000 m Höhe. In der Kultur ist sie für gut bearbeiteten, nährstoffreichen Boden dankbar. Der Anbau vollzieht sich in gleicher Weise wie bei *P. somniferum*, erstreckt sich jedoch über 8 bis 10 Jahre. Im Ertrag liegt *P. bracteatum* mit 15 bis 70 kg/ha extrahiertem Thebain und 10 bis 50 kg/ha daraus gewonnenem Codein deutlich höher als *P. somniferum* (2, 12, 16, 24, 28, 30, 39).

Erythroxylum coca Lam., Erythroxylaceae, Kokastrauch. Die in den östlichen Anden verbreitete und dort auch noch als Wildpflanze vorkommende Spezies befindet sich vor allem in Peru, Kolumbien und Brasilien im Randbereich des Amazonasbeckens sowie in höheren Lagen in Afrika und Indonesien im Anbau. *E. coca* ist ein

Abb. 271. *Erythroxylum coca*, blühender Zweig (Foto ESPIG).

immergrüner, etwa 5 m hoch wachsender Strauch mit rötlicher Rinde und bis zu 5 cm langen Blättern, in deren Achsel jeweils mehrere unscheinbare, gelblich-weiße Blüten stehen (Abb. 271). Als Frucht entwickelt sich eine in der Reife rote Steinfrucht. Koka gedeiht gut auf nährstoffreichem, humosem Boden an der Schattenseite der Berge in frostfreien Höhenlagen zwischen 800 und 1800 m. Die Vermehrung erfolgt durch Stecklinge oder Sämlinge. Die luftgetrockneten Früchte oder Samen werden in beschattete, mäßig feucht gehaltene Anzuchtbeete ausgesät und mit 30 bis 50 cm Wuchshöhe im 1 m-Verband ausgepflanzt. Als Pflegearbeiten sind Bodenlockerung und Unkrautbekämpfung üblich. Die Sträucher werden durch Schnitt in der Wuchshöhe auf 1,5 bis 1,8 m begrenzt. Nach 2 bis 3 Jahren kann mit der Blatternte begonnen werden. Die Blätter werden dann im Abstand von 2 bis 3 Monaten gepflückt und in der Morgensonne oder bei mäßiger, künstlicher Erwärmung (ca. 40 °C) getrocknet. Trockene Blätter (Folia cocae) enthalten 0,5 bis 1,3 % Alkaloide, zu etwa 75 % Cocain. Je nach Standort und Varietät schwankt der Cocain-Gehalt zwischen 0,2 und 1,0 %. Als weitere Alkaloide treten Tropacocain, Cinnamylcocain, Benzoylecgonin und Truxillin sowie Hygrin, Cuskhygrin und Nicotin auf. Ferner sind im Blatt 0,02 bis 0,13 % ätherisches Öl, Wachs und Säuren enthalten. Kokablätter werden als Nervenanregungs- und Magenmittel sowie zur Darstellung des Cocains verwendet. Der weitaus größte Teil der gewonnenen Droge wird jedoch von der Bevölkerung in den Erzeugerländern als Stimulantium und Euphoricum konsumiert. Medizinisch wird Cocain als Schleimhautanaestheticum in der Mund-, Rachen-, Kehlkopf- und

Nasenschleimhauttherapie, seltener noch in der Augenheilkunde eingesetzt. Bei häufiger Cocainanwendung besteht Suchtgefahr. Neben *E. coca* wird, vor allem in tieferen Lagen, besonders auch außerhalb Südamerikas, *E. novogranatense* (Morris) Hieron. angebaut (24, 27, 28, 35, 37, 38, 41, 43, 44).

Ammi visnaga (L.) Lam., Umbelliferae, Echter Ammei. Die Pflanze ist im Mittelmeergebiet beheimatet und befindet sich dort, vor allem in Ägypten sowie in Südosteuropa, der Sowjetunion, Indien und den USA im Anbau. Die einjährige Pflanze entwickelt an einem aufrecht wachsenden, bis 90 cm hohen, wenig verzweigten und mit mehrfach geteilten, fiederschnittigen Blättern besetzten Stengel zahlreiche weiße Blüten tragende, bis 25 cm große Doppeldolden. Die als Doppelachänen ausgebildeten, 1,5 bis 2,5 mm langen, graubraunen Früchte bestehen aus zwei Teilfrüchten. Typisch für *A. visnaga* ist das bei Trockenheit eintretende nestartige Zusammenkrümmen der harten, in Ägypten als Zahnstocher (Zahnstocherkraut) benutzten Doldenstrahlen. Für den Anbau eignen sich sandighumose Lehmböden, die meist mehrfach bearbeitet werden. Das sehr kleine, leichte Saatgut (1 bis 2 kg/ha) wird zur Aussaat mit feinem Boden vermischt und in Reihen mit 70 bis 90 cm Abstand gesät. Die Keimung erfolgt in etwa 14 Tagen. Wenn die Pflanzen 8 bis 12 cm Höhe erreicht haben, wird der Bestand in Verbindung mit sorgfältiger Unkrautbekämpfung auf etwa 75 cm Abstand in der Reihe ausgedünnt. Die Pflanzen blühen und fruchten während eines längeren Zeitraums, so daß mehrfache Beerntung erforderlich ist. Es werden jeweils die grünreifen Fruchtstände in halber Höhe abgeschnitten und bis zur Vollreife nachgetrocknet. Beim anschließenden Dreschen fallen die Früchte meist als Teilfrüchte an. Die Droge (Fructus Ammeos visnagae) enthält als Hauptwirkstoff 0,5 bis 1 % Khellin. Weitere Bestandteile sind Visnagin, Visnadin, Khellol, Ammiol u. a. sowie Flavonglykoside, 12 bis 18 % fettes Öl, 12 bis 14 % Proteine und ca. 20 % Cellulose. *A. visnaga* wird hauptsächlich als Antispasmodicum im Magen-, Darm- und Gallenbereich sowie bei Asthma bronchiale und Angina pectoris eingesetzt. Die nah verwandte Species *A. majus* L., im Anbau verbreitet in Südeuropa (Jugoslawien), Nordafrika, Westasien (Sowjetunion), Amerika und Australien, enthält anstelle der bei *A. visnaga* vorkommenden Furanchromone verschiedene Furocumarine, besonders Xanthotoxin, das für die Repigmentierung der Haut bei Leukodermatosen (Vitiligo) Verwendung findet (1, 2, 10, 24, 33, 36, 42, 44).

Literatur

1. Akačić, B., und Kuštrak, D. (1960): Versuchskulturen von *Ammi visnaga* (L.) Lam. und *Ammi majus* L. Planta Med. 8, 203.
2. Atal, C. K., and Kapur, B. M. (eds.) (1977): Cultivation and Utilization of Medicinal and Aromatic Plants. Regional Research Laboratory, Jammu-Tawi, Indien.
3. Barnard, C. (1952): The duboisias of Australia. Econ. Bot. 6, 3–17.
4. Barrau, J. (1957): *Duboisia myoporoides* R. Br., plante médicinale de la Nouvelle-Calédonie. J. Agric. Trop. Bot. Appl. 4, 453–457.
5. Brewer, J. G., and Laurie, A. (1944): Culture studies of the drug plant *Atropa bella-donna*. Proc. Amer. Soc. Hort. Sci. 44, 511–517.
6. Carr, A. R. (1974): Duboisia growing. Queensl. Agric. J. 100, 495–505.
7. Chopra, R. N., Nayar, S. L., and Chopra, I. C. (1956): Glossary of Indian Medicinal Plants. Council of Scientific and Industrial Research, New Delhi.
8. Choudhary, D. K. (1975): Causes of poor and erratic germination in *Atropa bella-donna*. Planta Med. 27, 18–23.
9. Claus, E. P., Tyler, V. E., and Brady, L. R. (1970): Pharmacognosy. 6th ed. Lea and Febiger, Philadelphia.
10. Council of Scientific and Industrial Research (1948–1976): The Wealth of India. Raw Materials. 11 vols. C.S.I.R., New Delhi.
11. Dalev, D. L., Iliev, L., and Ilieva, R. (1960): Poppy cultivation in Bulgaria and the production of opium. Bull. Narc. 12 (1), 25–36.
12. Duke, J. A. (1973): Utilization of papaver. Econ. Bot. 27, 390–400.
13. Duke, J. A., Gunn, C. R., Leppik, E. E., Reed, C. F., Solt, M. L., and Terrel, E. E. (1973): Annotated Bibliography on Opium and Oriental Poppies and Related Species. ARS-NE-28, U.S. Dep. Agric., Washington, D.C.
14. Dutta, P. K., Chopra, I. C., and Kapoor, L. D. (1963): Cultivation of *Rauvolfia serpentina* in India. Econ. Bot. 17, 243–251.
15. Esdorn, I., und Schmitz, H. (1956): Pharmazeutisch bedeutsame *Rauwolfia*-Arten. Pharmazie 11, 50–63.
16. Fairbairn, J. W., and Hakim, F. (1973): *Papaver bracteatum* Lindl. – a new plant source of opiates. J. Pharm. Pharmacol. 25, 353–358.
17. Feuell, A. J. (1955): The genus *Rauwolfia*. Some aspects of its botany, chemistry and medicinal uses. Col. Plant Animal Prod. 5, 1–33.
18. Franke, W. (1981): Nutzpflanzenkunde. 2. Aufl. Thieme, Stuttgart.

19. GERLACH, G. H. (1948): *Datura innoxia* – a potential commercial source of scopolamine. Econ. Bot. 2, 436–454.

20. GUPTA, R. (1977): Periwinkle produces anti-cancer drug. Indian Farming 27 (4), 11–13.

21. HEEGER, E. F. (1956): Handbuch des Arznei- und Gewürzpflanzenbaues. Deutscher Bauernverlag, Berlin.

22. HILLS, K. L. (1948): Duboisia in Australia – a new source of hyoscine and hyoscyamine. J. New York Bot. Gard. 49, 185–188.

23. HOCKING, G. M. (1947): Henbane – healing herb of Hercules and Apollo. Econ. Bot. 1, 306–316.

24. HOPPE, H. A. (1975): Drogenkunde. Bd. 1, Angiospermen. 8. Aufl. De Gruyter, Berlin.

25. IKENAGA, T., and OHASHI, H. (1978): Cultivation and harvest method of *Duboisia* by cultivators in Australia. Japan. J. Trop. Agric. 21, 221–222.

26. KRIKORIAN, A. D., and LEDBETTER, M. C. (1975): Some observations on the cultivation of opium poppy (*Papaver somniferum* L.) for its latex. Bot. Rev. 41, 30–103.

27. MARTIN, R. T. (1970): The role of coca in history, religion and medicine of South American Indians. Econ. Bot. 24, 422–437.

28. MORTON, J. F. (1977): Major Medicinal Plants. Botany, Culture and Uses. Thomas, Springfield, Illinois.

29. NATTKÄMPER, G. (1967): Die Kultivierung der *Rauwolfia* spec. Pharmazie 22, 281–286.

30. NYMAN, U., and BRUHN, J. C. (1979): *Papaver bracteatum* – a summary of current knowledge. Planta Med. 35, 97–117.

31. PAREEK, S. K., SINGH, S., SRIVASTAVA, V. K., MANDAL, S., MAHESHWARI, M. L., and GUPTA, R. (1981): Advances in periwinkle cultivation. Indian Farming 31 (6), 18–21.

32. PARIS, R., et MOYSE, H. (1957): Les pervenches indigènes et exotiques. J. Agric. Trop. Bot. Appl. 4, 481–489.

33. PERROT, E., et PARIS, R. (1971): Les Plantes Médicinales. 2 vols. Presses Universitaires de France, Vendome.

34. PERRY, L. M. (1980): Medicinal Plants of East and Southeast Asia: Attributed Properties and Uses. MIT Press, Cambridge, Massachusetts.

35. PLOWMAN, T. (1979): Botanical perspectives on coca. J. Psychedelic Drugs 11, 103–117.

36. QUIMBY, M. W. (1953): *Ammi visnaga* Lam. – a medicinal plant. Econ. Bot. 7, 89–92.

37. RIVIER, L. (ed.) (1981): Coca and cocaine 1981. J. Ethnopharmacology 3, 111–379.

38. RIZZINI, C. T., e MORS, W. B. (1976): Botânica Econômica Brasileira. Ed. da Universidade de São Paulo, São Paulo.

39. SEDDIGH, M., JOLLIFF, G. D., CALHOUN, W., and CRANE, J. M. (1982): *Papaver bracteatum,* potential commercial source of codeine. Econ. Bot. 36, 433–441.

40. SHULJGIN, G. (1969): Cultivation of the opium poppy and the oil poppy in the Soviet Union. Bull. Narc. 21 (4), 1–8.

41. SCHATZMAN, M. A., SABBADINI, A., and FORTI, L. (1976): Coca and cocaine; a bibliography. J. Psychedelic Drugs 8, 95–128.

42. SCHINDLER, H. (1953): Über den echten Ammei, *Ammi visnaga* (L.) Lam., eine khellinhaltige, spasmolytisch wirksame mediterrane Droge. Pharmazie 8, 176–179.

43. SCHULTES, R. E. (1980): Coca in the Northwest Amazon. Bot. Mus. Leafl. Harv. Univ. 28, 47–60.

44. STAHL, E. (1962): Lehrbuch der Pharmakognosie. 9. Aufl. Fischer, Stuttgart.

45. STEINEGGER, E., und HÄNSEL, R. (1972): Lehrbuch der Allgemeinen Pharmakognosie. 3. Aufl. Springer, Berlin.

46. TAYLOR, W. I., and FARNSWORTH, N. R. (eds.) (1973): The *Catharanthus* Alkaloids: Botany, Chemistry, Pharmacology and Clinical Use. Marcel Decker, New York.

47. TOOKEY, H. L., SPENCER, G. F., and GROVE, M. D. (1975): Effects of maturity and plant spacing on the morphine content of two varieties of *Papaver somniferum* L. Bull. Narc. 27 (4), 49–57.

48. WEIN, K. (1954): Die Geschichte von *Datura stramonium.* Kulturpflanze 2, 18–71.

49. WIRTH, H. (1965): Die Tollkirsche und andere medizinisch angewandte Nachtschattengewächse. Ziemsen, Wittenberg.

50. WOODSON, R., YOUNGKEN, H. W., SCHLITTLER, E., and SCHNEIDER, J. A. (1957): *Rauwolfia:* Botany, Pharmacognosy, Chemistry and Pharmacology. Little, Brown, Boston.

8.2   Herzfunktion und Kreislauf beeinflussende Heilpflanzen

Digitalis lanata Ehrh., Scrophulariaceae, Wolliger Fingerhut. Die in Südosteuropa beheimatete Pflanze wird in West- und Mitteleuropa, in der Sowjetunion sowie in Nordindien, Nepal, Ägypten, USA und Brasilien angebaut. Die meist zweijährige Pflanze entwickelt im ersten Jahr eine aus 25 bis 30 cm langen, etwa 3 cm breiten, unterseits behaarten Blättern bestehende Rosette, aus welcher im zweiten Jahr ein 100 bis 125 cm hoher, im Oberteil filziger Blütensproß mit stengelumfassenden Blättern emporwächst (Abb. 272). Zwischen den glockenförmigen, blaßgelben, 1,5 bis 2,5 cm langen Blüten mit brauner Aderung befinden sich stark behaarte Blättchen. Die eiförmig zugespitzten Früchte enthalten zahlreiche, sehr kleine, braune Samen. Alle Organe der Pflanze sind giftig. Für den Anbau eignen sich gut dränierte, kalkhaltige, humose Lehmböden. Zur Aussaat (5 bis 8 kg/ha) wird das feine Saatgut mit Sand vermischt. Die Keimung erfolgt nach 4 bis 8 Tagen. Bei Direktsaat mit 45 cm Reihenabstand werden die Pflanzen später auf 30 cm Zwischenraum ver-

einzelt. Anzucht im Saatbeet und Auspflanzung nach 40 bis 50 Tagen ist arbeitsaufwendig und wird nicht so gut vertragen. Während des ersten Jahres ist Unkrautbekämpfung erforderlich. Die erste Blatternte erfolgt meist noch im ersten Jahr. Im zweiten Jahr wird kurz vor bzw. zu Beginn der Blüte geerntet (Abb. 273). Die frischen Blätter werden 36 Stunden in der Sonne und anschließend 7 bis 10 Tage im Schatten auf 8 bis 12 % Feuchtegehalt getrocknet. Bei künstlicher Trocknung soll die Temperatur 60 °C nicht übersteigen. Die Erträge liegen bei 300 bis 500 kg/ha getrocknetem Erntegut. Die Droge enthält bis zu 1 % an herzwirksamen Glykosiden, die zu etwa 50 % aus den therapeutisch wichtigen Lanatosiden A, B, C, D und E bestehen. Bisher wurden über 60 Lanata-Glykoside beschrieben. Die Züchter sind bemüht, durch Inzucht Lanata-Rassen zu erzeugen, die das begehrte Lanatosid A oder C als Hauptglykosid enthalten. Lanata-Glykoside finden therapeutische Anwendung bei allen Formen der Herzinsuffizienz. Neben *D. lanata* befindet sich noch *D. purpurea* L. im Anbau. Die Produktion nimmt jedoch zugunsten der etwa viermal wirk-

← Abb. 272. *Digitalis lanata*. Blühende Pflanze.

Abb. 273. *Digitalis lanata*. Blatternte in Ungarn. ↓

sameren Lanata-Droge deutlich ab (1, 3, 6, 7, 9, 10, 12, 13).

Strophanthus gratus (Wall. et Hook.) Baill., Apocynaceae. Heimat und Hauptanbaugebiet der verschiedenen, kultivierten *Strophanthus*-Arten ist Afrika. In geringerem Umfang wird die Droge auch in Asien, besonders in Indien, sowie in den USA produziert. *S. gratus* ist eine Pflanze der feucht-tropischen Zone Westafrikas und wächst in der Baumsavanne als kleiner Strauch, im tropischen Regenwald als bis zu 10 m lange Liane. Die gegenständigen, bis 15 cm langen, oval-zugespitzten, dunkelgrünen Blätter haben eine ausgeprägte, rötlich gefärbte Mittelrippe. Die in endständigen Büscheln stehenden, rosa bis weißen Blüten gehen aus violett gefärbten Knospen hervor. Sie haben innerhalb der fünfblätterigen Blumenkrone einen purpurroten Anhang mit 10 aufwärts gerichteten, 4 bis 6 cm langen, goldgelben Zipfeln. In der aus 2, bis zu 40 cm langen Teilfrüchten bestehenden Frucht befinden sich zahlreiche, kleine, braune mit einem langen Haarschopf versehene Samen. Wegen ihrer außergewöhnlichen Blütenbildung und ihres besonders in der Nacht auftretenden starken Duftes wird *Strophanthus* als Zierpflanze geschätzt. Alle Teile der Pflanze sind jedoch hochgradig giftig. Dem Standort seines natürlichen Vorkommens entsprechend benötigt *S. gratus* feuchtwarmes Klima und humusreichen Boden. Kürzere Trockenzeiten werden in leicht beschatteter Lage vertragen. Im Anbau erfolgt die Pflanzenanzucht aus Samen oder Stecklingen im Vermehrungsbeet. Nach etwa 6 Monaten werden die Jungpflanzen ausgepflanzt. Zur ertragreichen Entwicklung sind Stützbäume (*Spondias cytherea, Persea americana* u. a.) erforderlich. Die ersten Früchte werden nach 3 Jahren gebildet, volle Erträge jedoch erst nach 6 bis 10 Jahren erreicht. Ernteprodukt sind die nach zwölfmonatiger Vegetationszeit in den Früchten gereiften, 3 bis 5 mm großen Samen. Der Samenertrag liegt bei etwa 1 kg/Pflanze. Die Samen (Semen Strophanthi) enthalten 3 bis 8 % eines Glykosidgemisches, das zu 90 bis 95 % aus g-Strophanthin (Quabain) besteht, sowie 0,17 bis 0,27 % Saponine, Harz, Schleim, Eiweiß, Cholin, Trigonellin, Enzyme und 30 bis 35 % fette Öle. Strophanthin findet Verwendung zur intravenösen Injektion bei akutem Herzversagen (Notfalltherapie). In den Erzeugerländern dient die Droge als sehr wirksames Pfeilgift. Neben

S. gratus werden in Afrika und Indien noch *S. hispidus* DC. und *S. kombe* Oliver sowie *S. sarmentosus* DC. in Afrika, Asien und den USA angebaut (2, 3, 7, 8, 9, 10, 12).

Pilocarpus microphyllus Stapf, Rutaceae, Jaborandi. Beheimatet ist der kleine Baum in Südamerika und wird dort auch in Brasilien und Paraguay sowie in Westindien und der Sowjetunion angebaut. Die strauch- oder baumartig bis etwa 3 m hoch wachsende Pflanze hat einfach gefiederte, graugrüne Blätter. Die 2 bis 5 cm langen Fiederblättchen lassen auf der Unterseite gut sichtbare Öldrüsen erkennen. Aus den in achsel- oder endständigen, traubigen Blütenständen stehenden, weißen bis purpurfarbenen Blüten entwickeln sich fünffächerige, schwarze Samen enthaltende Kapselfrüchte. *Pilocarpus* wächst im warmen und feuchten bis mäßig feuchten Klima auf sandigem Lehmboden. Vermehrt wird der Strauch meist durch Stecklinge. Im zweiten oder dritten Jahr kann mit der Blatternte begonnen werden. Es wird mehrfach im Jahr gepflückt. Die Blattdroge (Folia Jaborandi) dient hauptsächlich zur Gewinnung des Alkaloids Pilocarpin, das den größten Teil des im getrockneten Erntegut mit 0,15 bis 1,9 % vorhandenen Gesamtalkaloidgehaltes ausmacht. Weitere Bestandteile der Droge sind Isopilocarpin, Pilocarpidin, Isopilocarpidin, Pilosin und Pilosinin und 5 weitere Basen sowie etwa 0,5 % ätherisches Öl. Pilocarpin wirkt zentralerregend, stimuliert die Speichel- und Schweißsekretion sowie die Sekretion der Bronchial- und Tränendrüsen. Außerdem wird es als Gegenmittel bei Hyoscyamin-Atropin-Vergiftungen eingesetzt. Im Handel werden neben Maranham-Jaborandi (*P. microphyllus*) Paraguay-Jaborandi (*P. pennatifolius* Lem.), Aracati-Jaborandi (*P. spicatus* St.-Hil.), Peruambuco-Jaborandi (*P. jaborandi* Holmes), Ceara-Jaborandi (*P. trachylophus* Holmes) und Guadeloupe-Jaborandi (*P. racemosus* Vahl) unterschieden (2, 7, 9, 10, 12).

Cinchona officinalis L. und *C. pubescens* Vahl, Rubiaceae, Chinarindenbaum. Ursprungsgebiet der 40 *Cinchona*-Spezies ist der Ostabhang der Anden von Kolumbien bis Bolivien. Ausgehend von diesen Ländern hat sich der Anbau in Afrika (Zaire, Uganda, Tansania) und Asien (Indien, Sri Lanka, Indonesien, Sowjetunion) ausgedehnt. Der bis zu 30 m hoch wachsende Chinarindenbaum entwickelt eine gleichmäßig verzweigte Krone mit gegenständigen, dunkelgrü-

Abb. 274. *Cinchona officinalis*. Anbau in Burundi.

nen Blättern (Abb. 274). Aus den in endständigen, rispigen Blütenständen stehenden, angenehm duftenden Blüten entwickeln sich rundliche, 2 bis 5 cm lange Kapselfrüchte, die zahlreiche, geflügelte Samen enthalten. C. *officinalis* (Syn. C. *calisaya* Wedd., C. *ledgeriana* Moens ex Trim.) ist gekennzeichnet durch grausilberig helle, innen gelbliche Rinde, etwa 20 cm lange Blätter, rahmgelbe, kleine Blüten und rötliche, 4 mm lange Samen. C. *pubescens* (Syn. C. *succirubra* Pav. ex Klotzsch) weist dagegen graubraune, innen sich rot färbende Rinde, bis zu 45 cm lange Blätter, rosa-weißliche Blüten und gelbliche, bis 6 mm lange Samen auf. Chinarindenbäume werden in Höhenlagen zwischen 800 und 2400 m bei Temperaturen zwischen 8 und 22 °C und Niederschlägen von 2000 bis 4000 mm angebaut. Gleichmäßige, hohe Luftfeuchtigkeit ist erwünscht. Am besten gedeihen die Bäume auf vulkanischem Verwitterungsboden oder frisch gerodeten Flächen mit hohem Humusgehalt. Auf ärmeren Böden sind sehr sorgfältige Bodenbearbeitung und reichliche Düngung unerläßlich. Die Anzucht der Pflanzen erfolgt im Saatbeet bzw. in Plastikbeuteln aus Samen, die vor der Aussaat einige Stunden eingeweicht werden. Sie keimen in 10 bis 20 Tagen. Mit 25 bis 50 cm Wuchshöhe wird im 1–2-m-Verband ausgepflanzt. Weit verbreitet ist die Veredelung der Sämlinge durch Pfropfen mit ertragreichen Hybriden mit hohem Alkaloidgehalt. Als Unterlage findet meist die robuste C. *pubescens* Verwendung. Bei der nach 6 bis 7 Jahren beginnenden Rindenernte werden entweder nur Teilstücke der Rinde entfernt und die geschälte Fläche zur Rindenerneuerung mit Moos und dgl. geschützt (Morsing-Verfahren) oder die Bäume gefällt und total entrindet (Coppicing-Verfahren). Der Ertrag bei der meist üblichen Totalernte liegt bei 6 bis 9 t/ha getrockneter Rinde. Die Rinde kommt in Form 0,5 m langer, eingerollter Röhren („quills") oder Doppelröhren in den Handel. Der Gesamtalkaloidgehalt (3 bis 14 %) der verschiedenen Chinarinden-Drogen (Cortex Chinae regiae, Cortex Chinae succirubrae) und die mengenmäßige Zusammensetzung ist sehr unterschiedlich. Die wichtigsten Alkaloide sind 1 bis 3 % Chinin, 0 bis 4 % Chinidin, 2 bis 8 % Chinchonin, 1,25 bis 8 % Chinchonidin usw. (insgesamt über 20 Nebenalkaloide). Weiter enthält die Droge u. a. verschiedene organische Säuren, Bitterstoffglykoside, Chinarot, Chinon,

Harz, Zucker, Stärke und Wachs. In der medizinischen Therapie hat Chinin als Mittel gegen Malaria seit der Einführung synthetischer Präparate wie Atebrin und Plasmochin an Bedeutung verloren; dagegen spielt Chinidin in der Herztherapie (Vorhofflimmern) eine wichtige Rolle. Cortex Chinae wird als Antipyreticum, Stomachicum und bitteres Probans gebraucht und findet in großem Umfang in der Getränkeindustrie Verwendung (1, 3, 4, 5, 7, 9, 10, 12).

Literatur

1. ATAL, C. K., and KAPUR, B. M. (eds.) (1977): Cultivation and Utilization of Medicinal and Aromatic Plants. Regional Research Laboratory, Jammu-Tawi, Indien.
2. CLAUS, E. P., TYLER, V. E., and BRADY, L. R. (1970): Pharmacognosy. 6th ed. Lea and Febiger, Philadelphia.
3. COUNCIL OF SCIENTIFIC AND INDUSTRIAL RESEARCH (1948–1976): The Wealth of India. Raw Materials. 11 vols. C.S.I.R., New Delhi.
4. FRANKE, W. (1981): Nutzpflanzenkunde. 2. Aufl. Thieme, Stuttgart.
5. HARTEN, A. M. VAN (1976): Quinine. Cinchona spp. (Rubiaceae). In: SIMMONDS, N. W. (ed.): Evolution of Crop Plants, 255–257. Longman, London.
6. HEEGER, E. F. (1956): Handbuch des Arznei- und Gewürzpflanzenanbaues. Deutscher Bauernverlag, Berlin.
7. HOPPE, H. A. (1975): Drogenkunde. Bd. 1, Angiospermen. 8. Aufl. De Gruyter, Berlin.
8. IRVINE, F. R. (1961): Woody Plants of Ghana with Special Reference to Their Uses. Oxford Univ. Press, London.
9. MORTON, J. F. (1977): Major Medicinal Plants. Botany, Culture and Uses. Thomas, Springfield, Illinois.
10. PERROT, E., and PARIS, R. (1971): Les Plantes Médicinales. 2 vols. Presses Universitaires de France, Vendome.
11. RIZZINI, C. T., e MORS, W. B. (1976): Botânica Econômica Brasileira. Ed. da Universidade de São Paulo, São Paulo.
12. STAHL, E. (1962): Lehrbuch der Pharmakognosie. 9. Aufl. Fischer, Stuttgart.
13. WERNER, K. (1962): Die kultivierten Digitalis-Arten. Kulturpflanze Beih. 3, 167–182.

8.3   Im Bereich der Atemwege und von Magen und Darm wirksame Heilpflanzen

Cassia angustifolia Vahl, Leguminosae. Die in Indien, Arabien und Ostafrika beheimatete Pflanze wird in diesen Regionen sowie auch in Kalifornien angebaut. *C. angustifolia* ist ein einjähriger, 50 bis 75 cm hoch wachsender, verholzender Strauch mit 15 cm langen, gefiederten, aus 4 bis 8 Fiederblattpaaren bestehenden Blättern und achsel- sowie endständig stehenden gelben Blüten, aus denen 4 bis 7 cm lange, flache Hülsen mit 5 bis 7 dunkelbraunen Samen hervorgehen. *Cassia* wächst auf lehmigem Sand und bevorzugt trockenere Standorte. Bewässerung und Düngung werden meist nicht verabfolgt. Die Aussaat geschieht breitwürfig oder in Reihen mit 7 bis 10 kg/ha. Nach 3 bis 5 Monaten werden zu Beginn der Blüte die Blütenstände zur Anregung der Ausbildung von Seitentrieben entfernt und die erste Blatternte durchgeführt. Etwa einen Monat später erfolgt die zweite Blatternte, nach welcher dann die Pflanzen zur Fruchtausbildung kommen. Später werden die reifen Hülsen zusammen mit der dritten Blatternte gepflückt. Das frische Erntegut wird sorgfältig ausgebreitet 7 bis 10 Tage im Schatten getrocknet, wobei sich die Blätter gelbgrün verfärben. Der Gesamtertrag von 3 Ernten liegt bei 0,8 bis 1,2 t/ha getrocknetem Blatt. An Hülsen werden 85 bis 170 kg/ha geerntet. Im Bewässerungslandbau liegen die Erträge bei etwa der doppelten Menge. Die therapeutische Wirkung der Droge (Folia Sennae) beruht auf den als Sennoside A bis D bezeichneten Glykosiden. Neben diesen enthält die Droge u. a. noch verschiedene Sennidine, Sennanigrin, Aloeemodin-Verbindungen, Kampferol, Pinit, Gerbstoff, Bitterstoffe, Fett, Wachs, Säuren und Phytosterin. Die Droge findet als mildwirkendes Laxans, auch in Teemischungen, besonders in der Kinderheilkunde Verwendung. Neben *C. angustifolia* werden noch *C. senna* L. (Sudan, Indien, Sowjetunion), *C. absus* L. (Indien) und *C. corymbosa* Lam. (Südamerika) in ähnlicher Weise genutzt (2, 4, 6, 7, 13, 17, 19, 20, 27).

Glycyrrhiza glabra L., Leguminosae, Süßholz. Die im Mittelmeerraum beheimatete Pflanze ist in Europa, Vorder- und Mittelasien verbreitet. Im Anbau befindet sie sich in Südeuropa, Ägypten, Syrien, der Türkei sowie in Mittelasien, Indien, Kalifornien, Brasilien und Australien. Die mehrjährige, 1 bis 2 m hoch wachsende Staude bildet einen kräftigen, sich mit 1 bis 2 m langen Ausläufern verzweigenden Wurzelstock. Aus den liegenden Sprossen entwickeln sich im zweiten Vegetationsjahr blatt- und blütentragende Stengel. In den Achseln der gefiederten Blätter stehen an bis zu 15 cm langen, traubigen Blütenständen die blaßblauen Schmetterlingsblüten, aus welchen sich etwa 3 cm lange, 3 bis 5 Samen enthaltende Hülsen entwickeln. Süßholz benötigt tiefgründigen, humosen Boden mit ausreichender Feuchte im Frühjahr. Zu guter Entwicklung der Pflanzen und Holzausreifung ist ein warm-trockener Herbst erwünscht. Im Anbau erfolgt die Vermehrung meist durch Wurzelstecklinge, die mit 60 cm Zwischenraum in der Reihe und 90 bis 120 cm Reihenabstand gepflanzt werden. Die Pflanzen können auch aus Samen angezogen werden. Im Herbst des dritten oder vierten Jahres werden die Wurzeln geerntet und sogleich nach der Ernte getrocknet. Der Ertrag liegt bei 10 bis 12,5 t/ha getrocknetem Erntegut. Im Handel wird Süßholz in 1 m langen, 2 bis 4 cm dicken Stangen (Herkünfte aus Südosteuropa, Nahost-Ländern und der Sowjetunion, *G. glabra* var. *glandulifera* (Waldst. et Kit.) Herd. et Regel) oder 15 bis 20 cm langen Stücken (Herkünfte aus den Mittelmeerländern, *G. glabra* var. *glabra*) oder auch als Süßholzextrakt (Succus Liquiritiae, Lakritz) angeboten. Die Droge (Radix Liquiritiae) enthält als wichtigsten Inhaltstoff 5 bis 15 % Glycyrrhizinsäure, ferner 5 % Saccharose und andere Zucker, Liquiritin (Flavonoglykosid), l-Asparagin, Harz, Bitterstoffe und bis zu 20 % Stärke. Medizinisch findet die Droge Verwendung als Expectorans in Hustenmitteln, Diureticum und Spasmolyticum, besonders auch bei Magenleiden (1, 5, 6, 7, 9, 11, 13, 17, 20, 22, 27, 28, 29).

Cephaelis ipecacuanha (Brot.) A. Rich., Rubiaceae, Brechwurzel. Die Pflanze ist im tropischen Südamerika beheimatet und wird in Brasilien, Bolivien, Kolumbien, Nicaragua, Indien, Birma, Malaysia und der Sowjetunion angebaut. Die ausdauernde, bis 50 cm hoch wachsende, krautige Pflanze bildet aus dem teilweise im Boden befindlichen Stengel horizontal wachsende Wurzeln, von welchen sich einige zu stärkehaltigen, wulstigen Speicherwurzeln entwickeln (Abb. 275). Die ziegelrot bis dunkelbraun gefärbten Speicherorgane schmecken bitter und haben einen dumpfen Geruch. Der oberirdisch wachsende, sich wenig verzweigende, vierkantige Stengel trägt 5 bis 10 cm lange, oberseits dunkelgrüne, unterseits blaßgrüne Blätter. Die weißen Blüten stehen zu 10 bis 20 in endständigen Büscheln. Als Frucht wird eine etwa 1 cm lange, im Reife-

Abb. 275. *Cephaelis ipecacuanha.* Pflanze mit Wurzelstock. (Nach 27)

zustand dunkelrote bis schwarze, ein- bis zweisamige Steinfrucht gebildet. Die Brechwurzel gedeiht im Regenwaldklima mit über 2000 mm Jahresniederschlag auf humusreichem, tiefgründigem Boden. Die Vermehrung geschieht im Anzuchtbeet oder in Plastikgefäßen mitunter auch direkt am Standort durch 3 bis 6 cm lange Wurzelstücke, Stecklinge oder auch Samen. Angebaut wird die Pflanze unter Schattenbäumen oder als Unterkultur zusammen mit Hevea, *Cinchona* u. a. Die Ernte der Wurzel erfolgt zur Zeit der Blüte. Die Speicherwurzeln werden vorsichtig von der Pflanze abgetrennt, gewaschen und einige Tage an der Sonne getrocknet, anschließend in 10 bis 20 cm lange Stücke geschnitten. Eine Pflanze ergibt 5 bis 10 brauchbare Speicherwurzeln. Der Ertrag liegt bei 0,5 bis 1,5 t/ha getrocknetem Erntegut. Wurzeln guter Qualität sollen maximal 5 mm dick, umgeben von dunkelbrauner, wulstartiger Rhizodermis, innen weiß und im inneren Holzteil hellgelb sein. Das als Giftdroge eingestufte Handelsprodukt (Radix Ipecacuanhae) enthält 1,8 bis 3,2 % Alkaloide, darunter als Hauptalkaloid 1,5 % Emetin sowie 0,5 % Cephaelin, 0,02 bis 0,32 % Psychotrin u. a. Begleitalkaloide, weiter noch 30 bis 40 % Stärke, 25 % saure Saponine, verschiedene Glykoside, Pflanzensäuren, Cholin, Harz, Wachs und geringe Mengen ätherisches und fettes Öl. Medizinisch wird die Droge als Expectorans bei Keuchhusten, Bronchitis und Bronchialasthma, bei Lungenerkrankungen sowie gegen Amoebenruhr verwendet. Als weitere, ähnlich genutzte Art wird *C. acuminata* Karst. in Südamerika, Zentralamerika und Indien angebaut (1, 3, 5, 6, 8, 10, 13, 17, 18, 21, 26, 27).

Rhamnus purshianus DC., Rhamnaceae, Amerikanischer Faulbaum. Der Baum ist im Westen Nordamerikas beheimatet und dort auch in Kultur. Angebaut wird er auch in Ostafrika und Indien. Er erreicht bis zu 18 m Höhe und 50 cm Stammdurchmesser. Die außen grau bis braunrote und innen gelbe Rinde ist 1 bis 5 mm dick. Die 5 bis 15 cm langen Blätter werden abgeworfen. Aus den kleinen, in achselständigen, traubigen Blütenständen stehenden, grün-gelben Blüten entwickeln sich rote, später schwarze, 2- bis 3samige Steinfrüchte. Seinem natürlichen Standort im kalifornischen Chaparral entsprechend gedeiht der Faulbaum im Buschwald bis zu 1500 m Höhe, vorzugsweise an Wasserläufen im Halbschatten auf alluvialem, sandigem Lehm. Im Anbau erfolgt die Vermehrung durch Samen. Zur Erreichung intensiver Verzweigung werden die Sämlinge zurückgeschnitten. Ernteprodukt ist die Rinde, die von stehenden oder gefällten Bäumen abgeschält und etwa 5 Tage in der Sonne getrocknet wird. Aus dem 10 cm hohen Baumstumpf erfolgt ein neuer Austrieb. Die in den Handel kommenden, etwa 20 cm langen und bis zu 6 cm breiten Rindenstücke sind geruchlos und schmecken bitter. Sie müssen vor dem Gebrauch ein Jahr gelagert haben. Die Rinde (Cortex Rhamni purshiani) enthält zu 3 bis 4 % über 20 Anthracenderivate, die als Hauptwirkstoff anzusehen sind, sowie Bitterstoff, Fett, Riechstoffe, Zucker und Enzyme. Die Droge wird als dickdarmwirksames Laxans bei chronischer Obstipation, vor allem in Form galenischer Präparate verwendet. Frische Rinde wirkt, bedingt durch Rhamnotoxin, brechenerregend. Neben *R. purshianus* finden in ähnlicher Weise *R. frangula* L. (Europa, Asien, Nordamerika) und *R. wightii* Wight et Arn. (Indien) Verwendung (5, 6, 11, 17, 20, 27).

Silybum marianum (L.) Gaertn., Compositae, Mariendistel. Die in Südeuropa beheimatete und im Mittelmeerraum, dem Nahen und Mittleren Osten verbreitete Pflanze wird heute zunehmend in den entsprechenden Ländern angebaut. Die 100 bis 150 cm hoch wachsende, krautige Pflanze ist ein- bis zweijährig. Sie bildet zunächst eine Rosette aus großen, lappig-gebuchteten, weiß marmorierten, derben Blättern, aus welcher der unten stark und im oberen Teil nur schwach beblätterte Stengel emporwächst. Die Pflanze ist mit kräftigen Stacheln besetzt. Die in einem eiförmigen Köpfchen vereinten, roten Blüten sind von einem Kranz harter, stacheliger Hüllblätter umgeben (Abb. 276). Als Frucht entwickelt sich eine etwa 8 mm lange gelbbraune bis schwarze Achäne. An den Boden stellt *S. marianum* keine besonderen Ansprüche. Die Pflanze gedeiht noch auf steinigen Böden bis an den Rand der Wüste, lohnt aber im Anbau eine bessere Nährstoffversorgung. Die Anzucht erfolgt aus Samen. Erntegut sind vor allem die Früchte, etwa 250 bis 900 kg/ha. Aber auch Blätter und Wurzeln finden Verwendung. Die Droge (Fructus Cardui Mariae) enthält als

Abb. 276. *Silybum marianum*. Mariendistel. (Nach 24)

Hauptwirkstoff etwa 0,7 % Silymarin und Sily-diamin (dem Silymarin isomer). Weitere Inhaltstoffe sind Tyramin, Histamin, verschiedene Flavone, Polyine, Fumarsäure, Harze, Schleimstoffe, Kohlenhydrate, 26 bis 28 % Eiweiß, 16 bis 28 % fettes Öl und ca. 0,08 % ätherisches Öl. Medizinisch wird die Droge bei Milz-, Leber- und Gallenerkrankungen, besonders bei Hepatitis und Koliken, eingesetzt (6, 11, 13, 20, 28).

Plantago ovata Forssk., Plantaginaceae. Die Pflanze ist im Mittleren und Nahen Osten, Nordafrika, Spanien und auf den Kanarischen Inseln verbreitet und befindet sich in Indien, dem Irak, Südbrasilien und den Südstaaten der USA im Anbau. *P. ovata* ist eine einjährige, krautige Pflanze mit einer Rosette lanzettlich zugespitzter, 10 bis 25 cm langer, behaarter Blätter. Die kleinen weißen Blüten stehen in 2 bis 4 cm langen, endständigen Ähren. Die Frucht, eine 5 bis 8 mm lange Kapsel, enthält 2 rosa-braune, von einer schleimhaltigen Schale umgebene Samen. Die Pflanze stellt keine besonderen Ansprüche an Klima und Boden. Sie gedeiht gut bei kühler, nicht zu feuchter Witterung auf sandigem Lehm. Zum Anbau soll der Boden gut gelockert und feinkrümelig sein. Die Aussaat erfolgt breitwürfig oder in Reihen mit 30 cm Abstand. An Saatgut werden 6 bis 12 kg/ha

benötigt. Die Vegetationszeit beträgt 3 bis 4 Monate. Geerntet wird bei beginnender Verfärbung der Fruchtstände in den Morgenstunden. Der Samenertrag liegt bei 0,5 bis 1,1 t/ha. Handelsprodukt sind die Samen oder auch die von den Samen abgetrennten Schalen. Die Samen (Semen Psylii) enthalten 20 bis 25 % Schleim, bestehend aus d-Xylose, l-Arabinose, l-Rhamnose, d-Galacturonsäure u. a. Weitere Bestandteile der Droge sind 5 % fettes Öl, Aucubin, Gerbstoffe, Eiweiß, Stärke und Enzyme. Die Droge findet Verwendung als mildes Laxans, Antidysentericum, Expectorans sowie als Antiphlogisticum und Antirheumaticum. Ähnlich wie *P. ovata* werden *P. afra* L. (Syn. *P. psyllium* L.) mit 4 bis 12 % Schleim (Europa, Israel, europ. Sowjetunion, Indien, Pakistan, Japan, Brasilien, Kuba) und *P. arenaria* Waldst. et Kit. (Syn. *P. indica* L.) mit 10 bis 15 % Schleim (Europa, bes. Frankreich, Westasien, Indien, Nordamerika) verwendet (5, 6, 13, 15, 17, 20, 23).

Ipomoea purga (Wender.) Hayne (Syn. *Exogonium purga* (Wender.) Benth.), Convolvulaceae, Purgierwinde. Beheimatet ist die Pflanze in der ostmexikanischen Kordillere. Der Anbau erstreckt sich über Süd- und Zentralamerika, Jamaika nach Indien und Sri Lanka. Aus dem annähernd horizontal im Boden liegenden, ver-

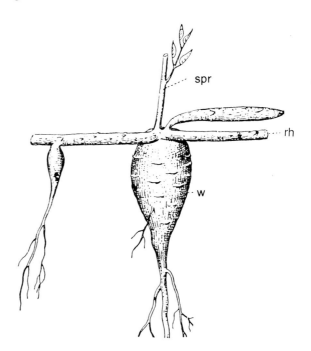

Abb. 277. *Ipomoea purga*, Wurzelstock. rh = Rhizom, spr = Laubsproß, w = verdickte Wurzel. (Nach 27)

zweigten und mit schuppenförmigen Niederblättern besetzten rhizomartigen Sproß bildet die
Pflanze rankende, wechselständige Blätter tragende Laubsprosse und als Stärkespeicher die-
nende Wurzelknollen (Abb. 277). In achselständigen Blütenständen stehen 3 bis 4 trichterför-
mige, rosa bis purpurn gefärbte Blüten, aus welchen sich die Fruchtkapseln entwickeln. Für den
Anbau sind vor allem höhere Lagen bis zu
2500 m geeignet. Sie sollen ausreichend feucht,
jedoch nicht zu naß, humusreich und tiefgründig
sein. Die Pflanzen werden aus Stecklingen oder
kleinen Knollen angezogen. Die Pflanzweite beträgt etwa 30 cm. Für das windenartige Ge-
wächs werden Stützen benötigt. Leichte Beschattung ist vorteilhaft. Nach etwa 3 Jahren und
dann weiter in mehrjährigem Abstand werden
die 3 bis 7 cm dicken, braunen Knollen geerntet.
Sie faulen leicht und werden deshalb zur Trocknung in Scheiben geschnitten. Der Ertrag liegt
bei 1 bis 1,5 t/ha getrocknetem Ernteprodukt.
Die sehr harte und schwere, schwach riechende,
giftige Droge schmeckt fade und kratzend. Verwendung finden die pulverisierte Knolle (Radix
Jalapae), bestehend aus bis zu 20 % Harz, Man-
nit, Zucker, Stärke, Gummi und ätherischem Öl
in geringer Menge, und vor allem das aus der
Knolle gewonnene Harz (Resina Jalapae). Es
enthält etwa 55 % Convolvulin, 7 % Jalapin,
9 % Tiglinsäure, 7 % Exogensäure u. a. organische Säuren. Es dient als stark wirkendes Laxans
(Drasticum), besonders auch in der Tiermedizin.
Mehrere andere Convolvulaceen haben ähnliche
Wirkung wie *I. purga* und werden wie diese
verwendet, z. T. auch angebaut, wie *Operculina
convolvulus* S. Manso und *O. alata* (Ham.) Urb.
in Brasilien, *O. turpethum* (L.) S. Manso in
Indien und *Merremia tuberosa* (L.) Rendle auf
den Westindischen Inseln, in Afrika und Indien
(4, 5, 6, 13, 20, 26, 27).

Aloe vera (L.) N. L. Burm. (Syn. *A. barbadensis*
Mill.), Liliaceae. Als Heimat wird der Mittelmeerraum, Arabien, Ostafrika, Nordwestindien
und Südchina angesehen. Etwa um 1650 wurde
A. vera nach Barbados eingeführt und dort auch
jahrhundertelang kultiviert. Hauptanbaugebiete
sind heute Süd- und Zentralamerika, Texas, Florida und Westindien, Ägypten, Südarabien, Ostafrika, Indien, Malaysia, die Philippinen, Taiwan, Südchina und die Sowjetunion. Als mehrjährige, sukkulente Pflanze bildet *A. vera* einen
30 bis 50 cm hohen Stamm mit einer Rosette

dicht stehender, fleischiger und mit Randstacheln versehener Blätter. Der etwa 1 m lange,
sich verzweigende und mit Brakteen besetzte
Blütensproß trägt an einem traubigen Blütenstand zahlreiche gelborange Blüten. Die als Kapsel ausgebildete Frucht enthält mehrere Samen.
In ihren Standortansprüchen ist die Pflanze ge-
nügsam. Sie wächst im subtropischen warm-
trockenen Klima auf sandig-lehmigem, auch
steinigem Boden. Zur Vermehrung finden die
zahlreich im unteren Blattbereich gebildeten
Schößlinge Verwendung, die bei Erreichen von
15 bis 20 cm Länge abgetrennt werden können.
Die Ernte erfolgt nach der Regenzeit. Die Blätter
werden dicht am Stamm abgeschnitten und mit
der Schnittfläche nach unten in größere Gefäße
oder abgedichtete Erdgruben gestellt. Der austretende Saft wird gesammelt und langsam eingedickt. Das Endprodukt (Succus Aloe inspina-
tus), eine dem Trocknungsverfahren entsprechend leberfarben (Aloe hepatica) bis schwarzbraun gefärbte, glänzende, feste Masse, enthält
33 bis 40 % des Hauptwirkstoffes Aloin (Barba-
loin), außerdem Aloeemodin sowie weitere Anthracenderivate. Die Droge findet Verwendung
als Laxans, Amarum und Choleretum, äußerlich
auch bei schlecht heilenden Wunden, Geschwü-
ren, Brandwunden und in kosmetischen Haut-
pflegemitteln. Neben *A. vera* werden *A. barteri*
Baker (Westafrika), *A. camperi* Schweinf.
(Westindien), *A. perryi* Baker (Ostafrika, Arabien), *A. ferox* Mill. (Südafrika) und *A. arbores-
cens* Mill. (Osteuropa, Mittelmeergebiet, Nordamerika) für die gleichen Zwecke verwendet (6,
12, 13, 14, 16, 17, 20, 21, 25, 27).

Curcuma xanthorrhiza Roxb., Zingiberaceae,
Javanische Gelbwurzel (→ ACHTNICH, Kap.
7.9). Das getrocknete Rhizom wird als Droge
(Rhizoma Curcumae javanicae) verwendet. Es
enthält ca. 3,8 % ätherisches Öl, dessen wichtigste Bestandteile l-Cycloisopren (85 %), p-Tolylmethylcarbinol (5 %), Campher (3 %) und Xan-
thorrhizol sind, und 1,2 bis 5,4 % Curcumin.
Das p-Tolylmethylcarbinol fördert die Gallense-
kretion; Curcumin regt die Gallenblase zur
rhythmischen Kontraktion an (6, 13, 20, 21, 27,
28).

Curcuma zedoaria (Bergius) Rosc., Zingiberaceae, Zitwer. Die als Droge (Rhizoma Zedo-
ariae) verwendeten getrockneten, 2,5 bis 4 cm
langen Rhizomstücke haben einen kampherarti-
gen Geruch und schmecken bitter. Sie enthalten

ca. 1,5 % ätherisches Öl mit den wesentlichen Bestandteilen Zingiberen, Cineol, Borneol, d-Campher, Camphen und d-α-Pinen. Die Droge wird im Magen- und Darmbereich zur Harmonisierung und Anregung der Verdauung (Aromaticum, Stomachicum) angewandt und soll auch choleretisch wirksam sein (4, 6, 13, 21, 27, 28).

Literatur

1. ATAL, C. K., and KAPUR, B. M. (eds.) (1977): Cultivation and Utilization of Medicinal and Aromatic Plants. Regional Research Laboratory, Jammu-Tawi, Indien.
2. BRENAN, J. P. M. (1958): New and noteworthy cassias from tropical Africa. Kew Bull. 13, 231–255.
3. CARDENAS, M. (1969): Manual de Plantas Económicas de Bolivia. Imprenta Icthus, Cochabamba.
4. CHOPRA, R. N., NAYAR, S. L., and CHOPRA, I. C. (1956): Glossary of Indian Medicinal Plants. Council of Scientific and Industrial Research, New Delhi.
5. CLAUS, E. P., TYLER, V. E., and BRADY, L. R. (1970): Pharmacognosy. 6th ed. Lea and Febiger, Philadelphia.
6. COUNCIL OF SCIENTIFIC AND INDUSTRIAL RESEARCH (1948–1976): The Wealth of India. Raw Materials. 11 vols. C.S.I.R., New Delhi.
7. DUKE, J. A. (1981): Handbook of Legumes of World Economic Importance. Plenum Press, New York.
8. FISHER, H. H. (1973): Origin and uses of ipecac. Econ. Bot. 27, 231–234.
9. FRANKE, W. (1981): Nutzpflanzenkunde. 2. Aufl. Thieme, Stuttgart.
10. GUPTA, R. (1971): Ipecac: a promising subsidiary crop for the northeastern plantation regions. Indian Farming 21 (4), 19–21.
11. HEEGER, E. F. (1956): Handbuch des Arznei- und Gewürzpflanzenbaues. Deutscher Bauernverlag, Berlin.
12. HODGE, W. H. (1953): The drug aloes of commerce with special reference to the Cape species. Econ. Bot. 7, 99–129.
13. HOPPE, H. A. (1975): Drogenkunde. Bd. 1, Angiospermen. 8. Aufl. De Gruyter, Berlin.
14. JEPPE, B. (1969): South African Aloes. Purnell, Cape Town.
15. KUMAR, S. (1973): Famous plants: isubgol. Botanica (Indien) 24, 39–42.
16. MORTON, J. F. (1961): Folk uses and commercial exploitation of aloe leaf pulp. Econ. Bot. 15, 311–319.
17. MORTON, J. F. (1977): Major Medicinal Plants. Botany, Culture and Uses. Thomas, Springfield, Illinois.
18. OHN, T., KHAING, Y., GALE, M., and THEIN, M. (1970): Preliminary chemical examination of Cephaelis ipecacuanha test-cultivated in Burma. Union Burma J. Sci. Technol. 3, 251–254.
19. PENDSE, G. S., DANGE, P. S., and SURANGE, S. R. (1974): The present and future senna cultivation in India. J. Univ. Poona 46, 151–162.
20. PERROT, E., et PARIS, R. (1971): Les Plantes Médicinales. 2 vols. Presses Universitaires de France, Vendome.
21. PERRY, L. M. (1980): Medicinal Plants of East and Southeast Asia: Attributed Properties and Uses. MIT Press, Cambridge, Massachusetts.
22. PUTSCHER, M. (1968): Das Süßholz und seine Geschichte. Diss. Univ. Köln.
23. RANDHAWA, G. S., SAHOTA, T. S., BAINS, D. S., and MAHAJAN, V. P. (1978): The effect of sowing date, seed rate and nitrogen fertilizer on the growth and yield of isabgol (Plantago ovata F.). J. Agric. Sci. (Cambridge) 90, 341–343.
24. RECHINGER-MOSER, F., WETTSTEIN, O., und BEIER, M. (1961): Italien. Franck'sche Verlagsbuchhandlung, Stuttgart.
25. REYNOLDS, G. W. (1974): The Aloes of South Africa. Balkema, Rotterdam.
26. RIZZINI, C. T., e MORS, W. B. (1976): Botânica Econômica Brasileira. Ed. da Universidade de São Paulo, São Paulo.
27. STAHL, E. (1962): Lehrbuch der Pharmakognosie. 9. Aufl. Fischer, Stuttgart.
28. STEINEGGER, E., und HÄNSEL, R. (1972): Lehrbuch der Allgemeinen Pharmakognosie. 3. Aufl. Springer, Berlin.
29. WILLIMOT, S. G. (1963): The culture and application of liquorice. World Crops 15, 473–479.

8.4 Zur Wundbehandlung verwendete Heilpflanzen

Matricaria recutita L. (Syn. *M. chamomilla* L.), Compositae, Echte Kamille. Als Ursprungsgebiet der Kamille wird Vorderasien sowie Ost- und Südeuropa angesehen. Heute wird sie vor allem in Europa, der Sowjetunion, im Nahen und Mittleren Osten, besonders Indien, und in den USA angebaut. Die einjährige Echte oder Feldkamille hat aufrecht wachsende, 20 bis 40 cm hohe, sich reich verzweigende Stengel, die mit gegenständigen, doppelt gefiederten Blättern besetzt sind. Die endständigen Blütenkörbchen haben außen einen Kranz nach unten gerichteter, weißer, weiblicher Rand- oder Zungenblüten und in der Mitte zahlreiche, gelbe, zwittrige Scheiben- oder Röhrenblüten (Abb. 278). Die Frucht, eine ca. 1 mm lange, stäbchenförmige Achaene, ist gelblich-grau gefärbt. *M. recutita* gedeiht gut auf kalkigem, alkalischem Lehmboden an sonnig-warmen Standorten. Der Boden wird gartenmäßig bearbeitet. Die Pflanzenanzucht geschieht aus Samen, die entweder in ein

Abb. 278. *Matricaria recutita*. Echte Kamille. (Nach 7)

Saatbeet (5 bis 6 kg Saatgut für die Bepflanzung von 1 ha), mit nach sechswöchiger Anzuchtzeit erfolgender Auspflanzung, oder direkt ausgesät werden. Während des Aufwuchses ist Unkrautbekämpfung erforderlich. Im Laufe ihrer einjährigen Vegetationszeit kommt die Kamille mehrfach zur Blüte, wobei sich der Ölgehalt während der Blühphase deutlich ändert. Die Ernte beginnt jeweils 3 bis 5 Tage nach dem Aufblühen, am besten mittags zur Zeit des höchsten Gehalts an ätherischem Öl. Nach der Ernte werden die Blütenköpfchen dünn geschichtet im Schatten 10 bis 14 Tage lang getrocknet. Bei künstlicher Warmlufttrocknung soll die Temperatur 35 °C nicht übersteigen. Der Ertrag an getrocknetem Erntegut liegt bei 800 bis 1400 kg/ha. Die Droge (Flores chamomillae) enthält 0,5 bis 1,5 % ätherisches Öl, 0,3 % Cholin, Cumarinderivate (Herniarin, Umbelliferon), Flavanglykoside (Apigenin, Quercimeritrin), Carotinoide, Zucker, Sterine, Fettsäuren u. a. Hauptbestandteil des ätherischen Öls (Oleum Chamomillae aethereum) ist der Sesquiterpenalkohol l-(−)-Bisabolol (bis zu 50 %) und das sich bei der Wasserdampfdestillation aus Matricin bildende, blauschwarze Chamazulen (bis zu 10 %) sowie weitere Terpene, Sesquiterpenalkohole u. a. Die Droge wird bei Entzündungen der Schleimhäute, Asthma bronchialis und bei schwer heilenden Wunden sowie als Antisepticum, Diaphoricum, Cholagogum und Spasmolyticum verwendet (1, 3, 4, 5, 6, 8, 9).

Anthemis nobilis L. (Syn. *Chamaemelum nobile* (L.) All.), Compositae, Römische Kamille. Die in Südeuropa beheimatete Pflanze wird in Europa, Nordafrika, Rußland, Indien, Irak, USA, Brasilien und Argentinien angebaut. Aus dem vielköpfigen Wurzelstock der mehrjährigen, krautigen Pflanze entwickeln sich zahlreiche, verzweigte, mehr oder weniger niederliegende, 30 bis 50 cm hohe Stengel mit wechselständigen, zweifach fiederteiligen Blättern. Die 2 bis 3 cm großen Blütenkörbchen bestehen aus weißen Rand- oder Zungenblüten, die mehrreihig um die in der Mitte befindlichen gelben Scheiben- oder Röhrenblüten stehen. Bevorzugt angebaut wird eine gefülltblütige Form, die nur weibliche Zungenblüten bildet und keine Samen ansetzt. Die ganze Pflanze duftet angenehm aromatisch. Für den Anbau eignen sich tiefgründige, nährstoffreiche, schwere, jedoch nicht zu nasse Lehmböden. Die Vermehrung der gefüllt blühenden Form erfolgt durch Stecklinge oder Teilstücke des Wurzelstocks. Gepflanzt werden etwa 10 Pflanzen/m². Günstiger Zeitpunkt für die Ernte der Blütenköpfchen ist die Zeit des höchsten Ölgehalts kurz vor der Vollblüte. Nach der Ernte werden die Blütenstände in dünner Schicht bei maximal 35 °C getrocknet. Der Ertrag liegt bei 600 bis 1200 kg/ha getrocknetem Erntegut. Die Droge (Flores chamomillae romanae) enthält 0,6 bis 2,4 % ätherisches Öl, ca. 0,6 % Bitterstoff (Nobilin), Apigenin, Cosmosiin, Cholin, Kaffeesäure, Cumarine u. a. Hauptbestandteil des ätherischen Öls (Oleum Chamomillae romanum aetherum) sind verschiedene Ester der Angelica-, Tiglin- und Isobuttersäure, Anthemen, Anthemol, Cuminaldehyde und Methylethylpropanylalkohol. In der Medizin findet *A. nobilis* Verwendung als mildes Spasmolyticum und Diaphoricum sowie zu Mund- und Wundspülungen und bei Entzündungen und Verbrennungen (2, 3, 4, 5, 6, 8).

Literatur

1. ATAL, C. K., and KAPUR, B. M. (eds.) (1977): Cultivation and Utilization of Medicinal and Aromatic

Plants. Regional Research Laboratory, Jammu-Tawi, Indien.

2. CHOPRA, R. N., NAYAR, S. L., and CHOPRA, I. C. (1956): Glossary of Indian Medicinal Plants. Council of Scientific and Industrial Research, New Delhi.
3. COUNCIL OF SCIENTIFIC AND INDUSTRIAL RESEARCH (1948–1976): The Wealth of India. Raw Materials. 11 vols. C.S.I.R., New Delhi.
4. HEEGER, E. F. (1956): Handbuch des Arznei- und Gewürzpflanzenbaues. Deutscher Bauernverlag, Berlin.
5. HOPPE, H. A. (1975): Drogenkunde. Bd. 1, Angiospermen. 8. Aufl. De Gruyter, Berlin.
6. PERROT, E., et PARIS, R. (1971): Les Plantes Médicinales. 2 vols. Presses Universitaires de France, Vendome.
7. SCHÖNFELDER, B., und FISCHER, W. J. (1958): Welche Heilpflanze ist das? Franckh'sche Verlagshandlung, Stuttgart.
8. STAHL, E. (1962): Lehrbuch der Pharmakognosie. 9. Aufl. Fischer, Stuttgart.
9. TOMAN, J., und STARY, F. (1965): *Matricaria chamomilla* oder *Matricaria recutita?* Taxon 14, 224–228.

8.5   Grundstoffe für Steroidhormone

Dioscorea spp., Dioscoreaceae, Yams (→ DE BRUIJN, Kap. 1.2.3). Neben den als Nahrungsmittel genutzten Arten haben zahlreiche Spezies der artenreichen, weltweit in den Tropen verbreiteten Gattung seit etwa 50 Jahren besondere Bedeutung als Grundstoff für die Gewinnung von Cortison und Steroidhormonen erlangt.
Dioscorea composita Hemsl. (Syn. *D. macrostachya* Benth.). Die in Mexiko beheimatete, dort als Barbasco bezeichnete Spezies wird außerhalb ihres Heimatlandes noch in den Südstaaten der USA, Puerto Rico, Surinam und Costa Rica zur Diosgenin-Gewinnung angebaut. Aus der mehrjährigen, diözischen, windenden Staude entwickeln sich bis zu 1,5 m lange und 5 kg schwere, weißfleischige, außen braune Knollen. Die Ranke trägt wechselständige, herzförmige, 10 bis 20 cm lange Blätter. Die männlichen Blüten stehen traubig zusammen an langen, rispigen Blütenständen. Die gelben, weiblichen Blüten, auf anderen Pflanzen, stehen in langen, dicht besetzten Ähren. Als Frucht entwickelt sich eine dreiteilige, 1,5 bis 3 cm lange, ledrige Kapsel mit zahlreichen, 3 bis 5 mm langen, geflügelten Samen. Für den Anbau sind gut entwässerte, sandig-lehmige Böden geeignet, die etwa 30 cm tief bearbeitet werden. Die Vermehrung von *D. composita* erfolgt durch Samen, Saatknollen,

Knollenstücke oder Ranken- bzw. Blattstecklinge. Einige der im Anbau befindlichen Klone können nur vegetativ vermehrt werden. Die in Anzuchtbeete ausgesäten Samen keimen in 3 Wochen. Die Jungpflanzen bedürfen einer Stütze. Mit 4 bis 6 Monaten erfolgt die Verpflanzung. Im Alter von 3 bis 5 Jahren werden die Knollen zur Zeit des höchsten Saponingehaltes im Herbst geerntet. Die gewaschenen Knollen werden entweder sofort zur Saponin-Extraktion angeliefert oder in Stücke zerkleinert und getrocknet bis zur Anlieferung gelagert. Die in den Knollen enthaltenen Saponine bzw. die durch Hydrolyse als Aglucon gewonnenen Sapogenine, darunter besonders das Diosgenin, sind Grundstoffe für die Herstellung des Cortisons und der Steroidhormone. Neben *D. composita*, mit 4 bis 13 % Diosgenin, werden in ähnlicher Weise vor allem *D. floribunda* Mart. et Gal. (6 bis 10 % Diosgenin) in Zentralamerika, den USA und Indien, ferner *D. balcania* Košanin (Europa, 1,5 bis 2 %), *D. colletti* Hook. f. (China, 1 bis 2 %), *D. friedrichsthalii* R. Knuth (Zentralamerika, 4 bis 6 %), *D. spiculiflora* Hemsl. (Mexiko, 0,7 bis 1,5 %) und *D. sylvatica* Eckl. (Südafrika, 2 bis 3,4 %) genutzt, z. T. auch angebaut. Die in der Literatur für den Diosgeningehalt genannten Zahlen differieren erheblich (1, 2, 3, 4, 6, 7, 8, 9, 10, 14, 15, 17).
Solanum spp. Nachdem es den Chemikern gelungen war, aus einem der bitteren Solanaceen-Alkaloide, dem Solasodin, Steroidhormone herzustellen, hat die Kultur solasodinreicher *Solanum*-Arten in den letzten 15 Jahren großes Interesse gefunden, da sie viel leichter anzubauen sind als die *Dioscorea*-Arten.
Solanum viarum Dun. (Syn. *S. khasianum* C.B. Clarke var. *chatterjeeanum* Sen Gupta), Solanaceae. Die im tropischen Südamerika beheimatete, in verschiedene Gebiete Afrikas und Asiens eingebürgerte Pflanze wird in Indien, Pakistan und Israel als Heilpflanze angebaut. *S. viarum* ist ein kleiner, bis 1,5 m hoch wachsender, bestachelter Strauch mit großen, gelappten, beiderseits behaarten Blättern. Die weißen bis blaßgelben Blüten stehen in zwei- bis vierblütigen Trauben. Als Frucht entwickelt sich eine zahlreiche Samen enthaltende, grün-gelbe Beere. Die Pflanze wächst am besten auf gut entwässertem, sandigem Lehmboden. Im Anbau erfolgt die Aussaat entweder direkt oder, mit besserem Ergebnis, ins Anzuchtbeet. Im 6-Blatt-Stadium wird

im 50 cm-Verband ausgepflanzt. Der Bestand muß mehrfach gejätet und bei Bedarf bewässert werden. Etwa 4 bis 6 Monate nach der Verpflanzung ist die Kultur erntereif. Mit eintretender Gelbfärbung weisen die Früchte den höchsten Solasodin-Gehalt auf. Nach der Ernte werden die Beeren getrocknet und der Wirkstoff extrahiert. Der Ertrag liegt bei 0,7 bis 1,5 t/ha getrocknetem Erntegut mit einem Solasodin-Gehalt zwischen 1,5 und 3 %. Zur Herstellung von Steroidhormonen aus Solasodin angebaute *Solanum*-Spezies sind ferner noch *S. aviculare* Forst. f. (Neuseeland, Australien, Indien, Sowjetunion, USA) und *S. laciniatum* Ait. (Neuseeland, Australien, Israel, Ungarn, Polen, Sowjetunion) (1, 2, 5, 6, 7, 9, 10, 11, 12, 13, 16, 18). Als weitere Spezies für die Produktion von Grundstoffen zur Darstellung von Steroidhormonen kommen u. a. *Agave vera-cruz* Mill. und andere *Agave*-Arten, auch *A. sisalana* (→ LOCK, Kap. 10.4), *Costus speciosus* (J. G. Koenig) Sm., *Smilax regelii* Killip et Morton, *Trigonella foenum-graecum* (→ ACHTNICH, Kap. 7.10) und *Yucca brevifolia* Engelm. in Betracht.

Literatur

1. ASOLKAR, L. V., and CHADA, Y. R. (1979): Diosgenin and Other Drug Precursors. Council for Scientific and Industrial Research, New Delhi.
2. ATAL, C. K., and KAPUR, B. M. (eds.) (1977): Cultivation and Utilization of Medicinal and Aromatic Plants. Regional Research Laboratory. Jammu-Tawi, Indien.
3. BAMPTON, S. S. (1961): Yams and diosgenin. Trop. Sci. 3, 150–153.
4. CHARNEY, W., and HERZOG, H. L. (1967): Microbial Transformations of Steroids. Academic Press, New York.
5. CHAUDHURI, R. K., and CHATTERJEE, S. K. (1979): Variations of solasodine in *Solanum khasianum* fruits as influenced by altitude and sucrose feeding. Indian J. Pharm. Sci. 41, 76–78.
6. COPPEN, J. J. W. (1979): Steroids: from plants to pills – the changing picture. Trop. Sci. 21, 125–141.
7. COUNCIL OF SCIENTIFIC AND INDUSTRIAL RESEARCH (1948–1976): The Wealth of India. Raw Materials. 11 vols. C.S.I.R., New Delhi.
8. COURSEY, D. G. (1967): Yams. Longman, London.
9. HARDMAN, R. (1969): Pharmaceutical products from plant steroids. Trop. Sci. 11, 169–228.
10. HOPPE, H. A. (1975): Drogenkunde. Bd. 1, Angiospermen. 8. Aufl. De Gruyter, Berlin.
11. LANCASTER, J. E., and MANN, J. D. (1975): Changes in solasodine content during the development of *Solanum laciniatum*. New Zealand J. Agric. Res. 18, 139–144.
12. LESTER, R. N. (1978): The identity of *Solanum viarum* Dun. (= *S. khasianum* C. B. Clarke var. *chatterjeeanum* Sen Gupta). Solanaceae Newsletter 5, 5–6.
13. MANN, J. D. (1978): Production of solasodine for the pharmaceutical industry. Adv. Agron. 30, 207–245.
14. MARTIN, F. W., CABANILLAS, E., and GASKINS, M. H. (1966): Economics of sapogenin-bearing yam as a crop plant in Puerto Rico. J. Agric. Univ. Puerto Rico 50, 53–64.
15. MORTON, J. F. (1977): Major Medicinal Plants. Botany, Culture and Uses. Thomas, Springfield, Illinois.
16. PATIL, S., and LALORAYA, M. M. (1983): Effect of drying conditions on the solasodine content of *Solanum viarum* berries. Current Sci. 52, 252–254.
17. RIZZINI, C. T., e MORS, W. B. (1976): Botânica Econômica Brasileira. Ed. da Universidade de São Paulo, São Paulo.
18. YANIV, Z., WEISSENBERG, M., PALEVITCH, D., and LEVY, A. (1981): Effect of seed number and fruit weight on content and localization of glycoalkaloids in *Solanum khasianum*. Planta Med. 42, 303–306.

9 Ätherische Öle

SIGMUND REHM

Die als Aromastoffe für Nahrungsmittel, alkoholische und nichtalkoholische Getränke, Kaugummi, Bonbons, für Parfüme und viele andere kosmetische Artikel (Seife, Zahnpasta, Hautsalben, Deodorante), zur Geruchsüberdeckung von Haushaltmitteln (Bohnerwachs, Sprays usw.) und in pharmazeutischen Präparaten gebrauchten wohlriechenden flüchtigen Öle (engl. essential oils, franz. huiles essentielles) stammen nur zum Teil von Pflanzen, die zu ihrer Erzeugung feldmäßig angebaut werden. Viele werden auch heute noch von Wildpflanzen gewonnen (z. B. Salbeiöl, Rosmarinöl, Rosenholzöl), viele sind Produkte forstlich kultivierter Arten (z. B. Kiefernöle, Eukalyptusöle, Sandelholzöl), und ein erheblicher Teil stammt von Arten, die primär für andere Zwecke angebaut werden. Bei diesen stehen die verschiedenen Zitrusöle an erster Stelle; daneben liefern auch viele Gewürze und Küchenkräuter (Nelkenöl, Anisöl, Fenchelöl u. a.) und Arzneipflanzen (Kamille u. a.) wichtige ätherische Öle.

Die statistischen Angaben über die Produktion ätherischer Öle sind meist unsicher oder fehlen ganz, wenn die Öle für den Inlandverbrauch gewonnen werden. Die Angaben in der älteren Literatur über Erzeugerländer und Mengen sind überholt, da der Markt in den letzten Jahren fühlbar geschrumpft ist. Der Hauptgrund hierfür liegt in der Entwicklung synthetischer Produkte der chemischen Industrie, die hoch konkurrenzfähig sind, da sie mit gleichbleibender Qualität, regelmäßiger und gewöhnlich billiger als die Naturprodukte angeboten werden. Daneben spielen auch die hohen Arbeitskosten für die Gewinnung der natürlichen ätherischen Öle in manchen Ländern eine zunehmende Rolle; die Erntearbeiten sind nur in wenigen Fällen mechanisierbar und besonders bei den Blütenölen (Neroliöl, Rosenöl, Jasminöl) ungewöhnlich aufwendig. Einigermaßen gehalten haben sich die billigen, in großen Mengen gebrauchten Öle (Eukalyptusöl, *Mentha arvensis*-Öl, *Cymbopogon*-Öle), die bisher nicht ersetzbaren Öle (Vetiveröl, Patchouliöl) und die für die teuersten Parfüme gebrauchten Öle (Neroliöl, Rosenöl). Hier sollen im einzelnen nur die in tropischen und subtropischen Regionen feldmäßig angebauten Aromaöle genannt werden. Vollständigere Listen ätherischer Öle finden sich in (1, 4, 5, 9, 14, 15).

Agavaceae

Polianthes tuberosa L. ist eine weltweit bekannte Zierpflanze, deren stark duftende Blüten das Tuberosenöl liefern. Es wird in kleinen Mengen für teure Parfüme gebraucht. Zur Ölgewinnung wird die Pflanze außer in Südfrankreich auch in Indien, Nordafrika und auf Réunion angebaut (2, 16).

Araceae

Acorus calamus L. kommt in Nordamerika, Europa und Asien wild in sumpfigem Gelände und am Rand von Gewässern vor. Aus den Rhizomen wildwachsender oder feldmäßig angebauter Pflanzen wird das Kalmusöl durch Destillation gewonnen, das medizinisch, für Getränke und Parfüme gebraucht wird. Der größte Produzent ist Indien (2).

Geraniaceae

Pelargonium-Hybriden, die aus südafrikanischen Wildarten gezüchtet wurden (engl. rose geranium, franz. geranium rosat) liefern Geraniumöl, eines der wichtigsten Parfümöle. Zur Destillation des Öles werden die beblätterten Sprosse geschnitten, wenn die untersten Blätter vergilben. Die Pflanzen sind ausdauernd und werden durch Stecklinge vermehrt. Bei guter Pflege kann sich die Nutzung einer Pflanzung über mehrere Jahre erstrecken. Der größte Produzent ist heute China, gefolgt von Réunion (beste Qualität, Produktion in den letzten Jahren sehr zurückgegangen) und Ägypten. Kleinere Mengen liefern auch Marokko, Algerien, Indien und einige andere Länder. Der früher bedeutende Anbau in Zentralafrika (Zaire, Kenia, Tanganjika) ist praktisch zum Erliegen gekommen (7, 12).

Gramineae

Cymbopogon citratus (DC.) Stapf und *C. flexuosus* (Nees ex Steud.) W. Wats. liefern Lemongrasöl; das von *C. citratus* wird im Handel als „westindisches", das von *C. flexuosus* als „ostindisches" bezeichnet. Die Öle unterscheiden sich nur geringfügig. Beide Arten stammen aus dem tropischen Asien. *C. citratus* wird in ganz Südostasien als Suppengewürz angebaut. Indien ist der größte Produzent von *C.-flexuosus*-Öl, von dem der größte Teil im Inland verbraucht bzw. zu Derivaten (Citral, Vitamin A) verarbeitet wird. Der größte Exporteur ist Guatemala *(C. citratus)*, das etwa 50 % des Weltbedarfs liefert, dann folgen Indien und China. Sri Lanka, Brasilien, Argentinien und Indonesien exportieren nur kleine Mengen. Das Gras wird durch Teilung der Horste vermehrt (*C. flexuosus* auch durch Samen), die Bestände werden alle 2 Monate geschnitten und können 8 bis 10 Jahre genutzt werden (2, 6, 11).

Cymbopogon martinii (Roxb.) W. Wats. liefert Palmarosaöl, für das Indien ein Monopol hat. Ein erheblicher Teil des Öls wird aus Naturbeständen des Grases, welches in relativ trockenen offenen Wäldern fast Reinbestände bildet, gewonnen. Der Anbau nimmt aber zu, nachdem hochproduktive Sorten selektiert wurden (8). Der Name rührt von dem hohen Geraniolgehalt des Öles (bis zu 90 %) her, durch den es dem Rosenöl ähnelt. Die Vermehrung geschieht durch Samen oder Teilung der Horste. Der Export ist in den letzten Jahren zurückgegangen (2, 6).

Cymbopogon nardus (L.) Rendle und *C. winterianus* Jowitt sind die Quelle von Citronellöl. *C. nardus* wird fast ausschließlich auf Sri Lanka angebaut, sein Öl wird als „Ceylon-Citronellöl" gehandelt. Den weitaus größeren Teil liefert *C. winterianus*, dessen Öl „Java-Citronellöl" heißt. Indonesien liefert 40 bis 50 % des exportierten Citronellöls, gefolgt von China, Taiwan, Guatemala und Brasilien. Der Weltexport des Citronellöls beläuft sich auf 2000 bis 2500 t. Ein Teil wird in den Erzeugerländern zur Gewinnung von Geraniol und Citronellal verarbeitet und ist in den Ölexportzahlen nicht enthalten.

Die Vermehrung des Grases geschieht durch Teilung der Wurzelstöcke; eine Pflanzung bleibt 5 bis 15 Jahre produktiv (2, 6, 11).

Vetiveria zizanioides (L.) Nash liefert aus seinen Wurzeln das Vetiveröl. Das Gras stammt aus Indien, wo die Wurzeln seit alters für Knüpfwaren, Matten und Fächer verwendet werden. Das Ausgraben der Wurzeln ist schwere Arbeit, daher werden leichtere Böden für den Anbau bevorzugt. Vor der Destillation des Öles werden die Wurzeln gewaschen, getrocknet und gepulvert. Das Öl hat einen eigenen herben Geruch, wird aber vor allem als Fixativ in Mischung mit leichtflüchtigen anderen Ölen gebraucht. Haiti und Indonesien sind die Hauptexporteure (jeweils etwa 100 t), geringere Mengen liefern Réunion und China. Indien und Brasilien verwenden den größten Teil ihrer Produktion im Inland (2, 10).

Labiatae

Lavandula angustifolia Mill., der echte Lavendel, wird hauptsächlich in der gemäßigten Zone Europas angebaut, daneben in kleinem Umfang in den Mittelmeerländern, Tasmanien und Argentinien. Ebenso ist *L.* × *intermedia* Emeric, von der das wegen seines Kampfergeruchs minderwertige Lavandinöl stammt, nur für Länder mit Mittelmeerklima von Interesse; sie wird außer in Südfrankreich auch in Italien und einigen Balkanländern angebaut (4).

Mentha arvensis L. var. *piperascens* Holmes und var. *glabrata* Holmes (letztere die chinesische Form) ist die einzige für die Tropen wichtige Minze. Das Öl enthält 70 bis 95 % Menthol, das durch Auskristallisieren bei −5 °C entfernt wird, um das Handelsöl (das immer noch 45 % Menthol enthält) zu gewinnen. Das dementholisierte Öl wird als Arvensisöl, cornmint oil (USA) oder Japanese mint oil gehandelt und wie Pfefferminzöl gebraucht, besonders in pharmazeutischen Präparaten. Die Pflanze wird durch Stecklinge vermehrt. Im 1. Jahr sind die Erträge gering, danach wird das Material 2- bis 4mal im Jahr geschnitten. Nach dem 3. oder 4. Jahr ist eine Neupflanzung nötig. Paraguay und Brasilien sind heute die wichtigsten Produzenten (jeweils etwa 1000 t), aber auch China, Indien, Taiwan, Argentinien, Nord- und Südkorea und Thailand erzeugen erhebliche Mengen (3).

Mentha × *piperita* L., die Pfefferminze, und zwar der Mitcham-Typ (black mint) wird nur in geringem Umfang in einigen subtropischen Ländern zur Ölerzeugung angebaut (Italien, Marokko, Australien, Argentinien); die USA haben inzwischen fast ein Monopol für Pfefferminzöl, ebenso für Krauseminzöl von *M. spicata* L. (spearmint, auch in China produziert) und *M. cardiaca* Gerard ex Baker (Scotch spearmint), die für wärmere Länder ungeeignet sind (3).

Pogostemon cablin (Blanco) Benth. ist eine strauchig wachsende tropische Pflanze, aus deren Blättern das Patchouliöl gewonnen wird. Sie stammt aus den Philippinen, der traditionelle Hauptproduzent ist Indonesien, das 75 % des exportierten Öles liefert. Daneben spielt nur noch China eine Rolle auf dem Weltmarkt, während die kleinen Produzenten wie Taiwan oder Brasilien zu vernachlässigen sind. Die Weltproduktion liegt bei 500 bis 550 t. Das Öl wird, ähnlich wie Vetiveröl, überwiegend als Fixativ gebraucht. Der Strauch wird durch Ableger vermehrt, die grünen Blätter werden mehrmals im Jahr geerntet. Nach 2 Jahren ist meist eine Neupflanzung nötig (10).

Salvia sclarea L., der Muskatellersalbei, liefert aus seinen Blütenständen ein teures Öl, das in kleinen Mengen hauptsächlich in der Parfümerie gebraucht wird. Die Pflanze ist zweijährig. Die Hauptproduzenten sind UdSSR, die Balkanländer und Marokko (4, 14).

Malvaceae

Abelmoschus moschatus Medik., eine 1- bis 2jährige Pflanze Indiens, enthält in der Testa der Samen (Moschuskörner, musk seeds, ambrette seeds) ein stark nach Moschus riechendes Öl, das meist durch Extraktion gewonnen wird. Auch die ganzen Samen oder das Samenpulver werden in den Heimatländern Indien und Pakistan zum Parfümieren gebraucht. Die Produktion ist nirgends von größerer wirtschaftlicher Bedeutung (2).

Oleaceae

Jasminum grandiflorum L. liefert durch Extraktion der Blüten das Jasminöl, das in teuren Parfüms gebraucht wird. Es wird hauptsächlich in den nordafrikanischen Mittelmeerländern, Südfrankreich und Indien produziert (Jahresproduktion 2 bis 5 t). In Indien werden die Blüten direkt zum Parfümieren von Tee benutzt (1, 2).

Rosaceae

Rosa × centifolia L., *R. × damascena* Mill. f. *trigentipetala* (Dieck) Keller und *R. × alba* L. liefern das Rosenöl, das eines der traditionellen Parfümöle ist aber auch für feines Konfekt gebraucht wird. *R. centifolia* wird in Marokko und Südfrankreich angebaut; ihr Blütenöl wird durch Extraktion gewonnen. *R. damascena* und in geringem Umfang *R. alba* sind die in Bulgarien, der Türkei, der UdSSR und Indien angebauten Arten; dort wird das Öl mit Wasserdampf destilliert. Die Produktion hat etwas abgenommen, liegt aber immer noch bei rund 800 t Öl, neben Rosenwasser und Rosenkonkret (13, 15, 17).

Literatur

1. BOURNOT, K. (1968): Ätherische Öle. Die Rohstoffe des Pflanzenreichs, Lfg. 7. J. Cramer, Lehre.
2. COUNCIL OF SCIENTIFIC AND INDUSTRIAL RESEARCH (1948–1976): The Wealth of India. Raw Materials. 11 vols. Publications and Information Directorate, CSIR, New Delhi.
3. GREENHALGH, P. (1979): The Markets for Mint Oils and Menthol. Tropical Products Institute, London.
4. GUENTHER, E. (1948–1952): The Essential Oils. 6 vols. Van Nostrand, New York.
5. HOWARD, G. M. (1974): W. A. POUCHER's Perfumes, Cosmetics and Soaps. Vol. I: The Raw Materials of Perfumery. 7th ed. Chapman and Hall, London.
6. JAGADISHCHANDRA, K. S. (1975): Recent studies on *Cymbopogon* Spreng. (aromatic grasses) with special reference to Indian taxa: cultivation and ecology: a review. J. Plantation Crops 3, 1–5. – Taxonomy, cytogenetics, chemistry, and scope. J. Plantation Crops 3, 43–57.
7. MICHELLON, R. (1978): Geranium rosat in Réunion: rise in cropping intensity and genetic improvement prospects. Agron. Trop. 33, 80–89.
8. PAREEK, S. K., MAHESHWARI, M. L., and GUPTA, R. (1981): Cultivation of palmarosa oil grasses. Indian Farming 31 (4), 22–25.
9. REHM, S., und ESPIG, G. (1984): Die Kulturpflanzen der Tropen und Subtropen. 2. Aufl. Ulmer, Stuttgart.
10. ROBBINS, S. R. J. (1982): Selected Markets for the Essential Oils of Patchouli and Vetiver. Tropical Products Institute, London.
11. ROBBINS, S. R. J. (1983): Selected Markets for the Essential Oils of Lemongrass, Citronella and Eucalyptus. Tropical Products Institute, London.
12. ROBBINS, S. R. J. (1985): Geranium oil: market trends and prospects. Trop. Sci. 25, 189–196.
13. SINGH, L. B. (1970): Utilization of saline-alkali soils without prior reclamation – *Rosa damascena*, its botany, cultivation and utilization. Econ. Bot. 24, 175–179.

14. TREIBS, W. (Hrsg.) (1956–1963): GILDEMEISTER und HOFFMANN, Die ätherischen Öle. 4. Aufl., 8 Bde. Akademie-Verlag, Berlin.

15. TROPICAL PRODUCTS INSTITUTE (1968): Essential Oils Production in Developing Countries. Trop. Prod. Inst., London.

16. TRUEBLOOD, E. W. E. (1973): Omixochitl – the tuberose (Polianthes tuberosa). Econ. Bot. 27, 157–173.

17. WIDRLECHNER, M. P. (1981): History and utilization of Rosa damascena. Econ. Bot. 35, 42–58.

10 Faserpflanzen

10.1 Baumwolle

GUSTAV HIEPKO und HERWIG KOCH

Botanisch:	*Gossypium* spp.
Englisch:	cotton
Französisch:	coton
Spanisch:	algodón

Wirtschaftliche Bedeutung

Baumwolltextilien sind schon seit etwa 5000 Jahren in Gebrauch, wie archäologische Funde in Peru und Indien zeigen. In Europa fanden sie allerdings erst nach den Erfindungen der Entkörnungsmaschine, der Spinnmaschine und des mechanischen Webstuhls gegen Ende des 18. Jh. größere Verbreitung. Zu dieser Zeit lieferte die Baumwolle etwa 4 % der Rohtextilien, aber schon 1890 fast 80 % (11). Nach der Entwicklung von synthetischen Fasern hat sie heute einen Anteil von 45 % an allen Fasern und von 70 % an den Pflanzenfasern (47). Die Gesamtfläche unter Baumwolle hat sich seit 1950 um weniger als 10 % erhöht, die Produktion ist jedoch auf das Doppelte gestiegen. Die höheren Flächenerträge beruhen vor allem auf dem Einsatz von Pflanzenschutzmitteln, die im Baumwollanbau eine entscheidende Rolle spielen. Die Produktion anderer Pflanzenfasern, wie Jute, Kenaf, Sisal und Abaca, hat sich dagegen während der letzten Jahrzehnte nur wenig verändert. Der Baumwollanbau hat sich in erheblichem Maße von den USA nach Indien, China und der UdSSR verlagert (Tab. 97). Die Hälfte der Baumwollflächen ist jetzt in Südasien zu finden und jeweils rund 10 % in den USA, Afrika, Lateinamerika und der UdSSR. Von der Gesamtproduktion entfallen 30 % auf die Industrieländer, von der Fläche aber nur 20 %. Europa und Asien sind die Nettoimporterdteile von Baumwollfasern, von denen 40 % aus den USA, je 20 % aus der UdSSR und Afrika, 15 % aus Lateinamerika und 5 % aus Australien kommen. Aus den weniger entwickelten Erzeugerländern werden zunehmend mehr verarbeitete Produkte anstelle von Fasern exportiert.

Wenn der Produzentenpreis für Baumwolle von der Marktlage abhängt, wie in den USA, Brasilien, der Türkei, Mexiko und anderen lateinamerikanischen Staaten, ist die Anbaufläche relativ starken Schwankungen von Jahr zu Jahr unterworfen. Die Angaben für die Weltanbaufläche können sich dadurch um mehr als 1 Mio. ha verändern. In Ländern mit zentraler Wirtschaftsplanung, zu denen zahlreiche Staaten der Dritten Welt gehören, hat die Baumwollfläche oft eine leicht zunehmende Tendenz, wenn Baumwolle die wichtigste und am stärksten geförderte Verkaufskultur ist und damit eine hervorragende volkswirtschaftliche und sozialökonomische Bedeutung hat. Mit ihrer Hilfe wird oft versucht, den Subsistenzanbauer in den Wirtschaftskreislauf einzubeziehen. Produktionsschwankungen werden hier vor allem durch Umwelteinflüsse hervorgerufen.

Das primäre Ernteprodukt Saatbaumwolle besteht zu etwa $\frac{1}{3}$ aus Fasern und zu $\frac{2}{3}$ aus den Samen. In der Baumwollsaat sind 5 % Filz (linters), 25 % Öl, 33 % Preßkuchen und 33 % Schalen enthalten. Preßkuchen und Baumwollsaatmehl sind wichtige Futtermittel. Das Öl wird in vielen Entwicklungsländern als Grundnahrungsmittel verwendet, aber auch zu Seife, kosmetischen Artikeln und Anstrichmitteln verarbeitet. Aus dem Gesamtanfall von 30 Mio. t Baumwollsamen werden fast 12 Mio. t Mehl und Preßkuchen und rund 3 Mio. t Öl gewonnen, die Ölproduktion könnte also noch erheblich gesteigert werden. Die Produkte aus den Samen werden fast vollständig in den Erzeugerländern verbraucht. Vom Preßkuchen tauchen im Welthandel nur 700 000 t, vom Öl nur rund 300 000 t auf.

Botanik

Als Baumwolle werden verschiedene Arten der Gattung *Gossypium* bezeichnet, die zur Familie der Malvaceae gehört. Die Wildformen sind perennierend und kommen in allen Sommerregengebieten der Tropen und Subtropen vor. Die Kulturformen werden meist einjährig genutzt; sie bilden Büsche von je nach Sorte, Umweltbe-

Tab. 97. Anbauflächen von Baumwolle, Produktion und Nettoexport oder -import von Fasern, 1983. Nach (22, 23).

	Fläche (1000 ha)	Produktion (1000 t)	Nettoexport (1000 t)	Nettoimport (1000 t)
Asien	18 109	7 440		1 075
Indien	8 100	1 260	70	
China	6 200	4 637		287
Pakistan	2 270	520	254	
Türkei	608	520	285	
Südkorea	4	1		337
Japan	–	–		666
UdSSR	3 189	2 760	597	
USA	2 967	1 682	1 201	
Lateinamerika	4 339	1 317	377	
Brasilien	2 955	552	171	
Argentinien	343	111		
Paraguay	325	81	73	
Mexiko	189	220	67	
Peru	132	87	20	
Guatemala	50	48	39	
Afrika	3 914	1 203	589	
Ägypten	425	410	208	
Nigeria	405	15		42
Sudan	392	201	222	
Tansania	357	57	30	
Uganda	607	43	6	
Europa	239	190		1 813
Australien	84	101	128	
Welt	32 841	14 692		

dingungen und Anbausystem sehr unterschiedlicher Größe. Die Pfahlwurzel kann bei günstigen Bodenverhältnissen Tiefen bis zu 3 m erreichen. Die Blätter sind langgestielt, drei- bis siebenlappig und wechselständig angeordnet. Große Unterschiede treten in ihrer Form, Farbe und Behaarung auf. In ihrem Gewebe liegen, wie in allen Teilen der Pflanze (Wurzelrinde, Stengel, Kelch, Kapsel, Keimblätter) als dunkle Punkte für das bloße Auge sichtbare Öldrüsen, die das giftige Gossypol enthalten. Gossypol ist ein intensiv gefärbtes Polyphenol mit hoher chronischer Toxizität für Mensch und Tier; nur für Wiederkäuer ist es unschädlich (33).

Die Baumwollpflanze zeigt einen ausgeprägten Dimorphismus in der Verzweigung. Der Haupttrieb und die unteren Seitenzweige, die bereits dicht über dem Boden entstehen, entwickeln sich monopodial und vegetativ, die höheren Verzweigungen dagegen sympodial und reproduktiv. Die meist kurzgestielten Blüten stehen einzeln oder zu mehreren jeweils am Sproßende, weitere Zweige wachsen aus den Achseln der Tragblätter (Abb. 279). Daher werden nicht alle Blüten der Pflanze gleichzeitig gebildet, und die Reifung erfolgt über einen längeren Zeitraum. Die Anzahl der vegetativ bleibenden Seitenzweige ist arten- und sortenspezifisch, aber auch umweltabhängig. Wenige vegetative Zweige führen zu einer schnellen Blüte, aber auch zu einem frühen Ende des Gesamtwachstums und damit zu vergleichsweise niedrigen Erträgen.

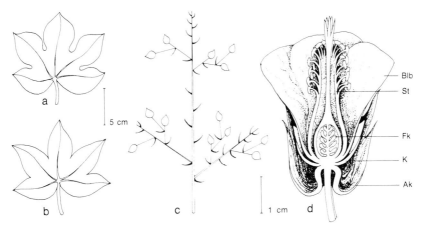

Abb. 279. *Gossypium* ssp. (a) Blatt von *G. herbaceum*, (b) Blatt von *G. hirsutum*, (c) Schema des Sproßaufbaus, (d) Längsschnitt durch die Blüte. Ak = Außenkelch, Blb = Blütenblätter, Fk = Fruchtknoten, K = Kelch, St = Staubfadensäule. (Aus 47)

Solche Sorten können vor allem in Gegenden mit kurzer Vegetationszeit und für besondere Anbaumethoden interessant sein.

Ein dreiblättriger, tief gezähnter Hüllkelch (Brakteen) umschließt die Blüte, der eigentliche Kelch wird nur schwach ausgebildet. Der Hüllkelch wird während der Blütenknospenentwicklung zuerst sichtbar („square"-Stadium). Die Blütenkronenblätter erscheinen erst etwa drei Wochen später, ihre Farbe ist je nach Art und Sorte weiß oder gelb, selten rot, manchmal mit einem lebhaft gefärbten Fleck an der Basis. Die

Frucht besteht aus einer drei- bis fünffächrigen, kugel- bis kegelförmigen Kapsel, deren Größe artbedingt ist. Zur Zeit der Reife springt die Kapsel auf, und die behaarten Samen quellen heraus (Abb. 280, 281). Die Samenhaare, die eigentliche „Baumwolle", werden aus den Epidermiszellen der Samenschale gebildet. Während der Fruchtreife verdicken sich die Zellwände durch Anlagerung von Zellulose; schließlich trocknen die Faserhaare aus und fallen zu einem spiralig gedrehten Band zusammen. Die Länge der Fasern, Stapellänge genannt, ist abhängig von Art, Sorte und Anbaubedingungen. Außer der langen Faser (lint) haben die meisten Arten auch kurze Samenhaare (Grundwolle, fuzz oder linters). Die Samen sind oval bis birnenförmig.

Taxonomie. In der Gattung *Gossypium* sind mehr als 30 Arten bekannt, von denen jedoch nur vier kultiviert werden (44). Den Wildformen

Abb. 280. Baumwollpflanze mit Blüte und geöffneten Kapseln (Foto ESPIG).

Abb. 281. Erntereifer Baumwollbestand in Costa Rica (Foto PUSCHENDORF).

fehlen die langen Samenhaare, sie sind daher nur für Züchtung auf Krankheitsresistenz interessant. Zwei der Kulturarten stammen aus der alten Welt, *G. herbaceum* L. und *G. arboreum* L., und haben das Genom AA (2n = 26). Wildformen von *G. herbaceum* wachsen in den Savannen des südlichen Afrika, dort dürfte auch die Herkunft dieser Art zu suchen sein, während *G. arboreum* in Indien entstanden und nur in Kultur bekannt ist. Die Arten der Neuen Welt, *G. hirsutum* L. und *G. barbadense* L. (Syn. *G. vitifolium* Lam.) sind amphidiploid mit dem Genom AADD (2n = 52). Das Genom A stammt von *G. herbaceum*, das Genom D von der peruanischen Art *G. raimondii* Ulbr. (12, 14, 44, 48, 54). Die zahlreichen Zuchtsorten, teilweise Hybriden, lassen sich nicht immer einer der genannten botanischen Arten zuordnen.

G. hirsutum ist die bei weitem wichtigste Baumwollart und liefert mehr als ⅘ der Gesamtproduktion. Sie wird allgemein als „American Upland Cotton" bezeichnet, ihre zahlreichen Sorten sind überall im Baumwollanbau zu finden. Mit zunehmender Intensivierung verdrängt sie die anspruchsloseren, aber auch qualitativ minderwertigen Altweltarten. Selbst klassische Erzeugerländer für besonders hochwertige Baumwolle, die von *G. barbadense* gewonnen wird, bauen zunehmend Upland-Sorten für den Eigenbedarf an.

Die Art *G. hirsutum* wird in 7 Typen oder Rassen unterteilt, von denen man drei als Varietäten ansprechen kann (15, 25, 46). Die einjährigen und in allen Baumwollanbaugebieten verbreiteten Formen werden als var. *hirsutum* bezeichnet. Sie bilden kleine Büsche mit geringer vegetativer Verzweigung. Die var. *punctatum* (Schumach. et Thonn.) Roberty ist in der Regel perennierend und wird im Wuchs deutlich höher, in Westafrika sind aber auch einjährige Typen entwickelt. Trotz geringer Erträge und kurzer Fasern hat diese Varietät eine gewisse Bedeutung wegen ihrer bemerkenswerten Resistenz gegen Schädlinge und Krankheiten, insbesondere *Xanthomonas campestris* pv. *malvacearum*, und ihrer großen Anpassungsfähigkeit an ungünstige ökologische Bedingungen. Außer in Zentralamerika kommt sie auch in der Alten Welt vor. Die perennierende var. *marie-galante* (Watt) Hutchins. bildet große Büsche oder Bäume bis 7 m Höhe und viele vegetative Zweige. Sie wird in Mittelamerika und Brasilien ange-

baut. Die Moco-Baumwolle Brasiliens, die auch in Indien eingeführt wurde, gehört zu dieser Varietät. Die anderen vier Rassen von *G. hirsutum* kommen nur als Wildformen in Zentralamerika oder im Primitivanbau vor.

G. barbadense hat wegen der extralangen und besonders feinen Fasern erhebliche wirtschaftliche Bedeutung. Diese Art liefert etwa 15 % der Weltproduktion und wird auch als ägyptische oder Maco-Baumwolle bezeichnet. Im Vergleich zu *G. hirsutum* hat sie schmalere, spitz zulaufende Blattzipfel, breitere Brakteen und kegelförmige Kapseln, deren Oberfläche durch versenkte Öldrüsen rauh ist. *G. barbadense* ist bedeutend anspruchsvoller an Boden- und Klimaverhältnisse als *G. hirsutum* und benötigt vor allem eine längere Vegetationszeit und eine gleichmäßigere Wasserversorgung sowie wesentlich höheren Arbeitsaufwand bei der Ernte, da ihre typischen Vertreter nicht maschinell geerntet werden können. Auch innerhalb dieser Art gibt es große Unterschiede zwischen den verschiedenen Sorten, besonders in der Länge und Qualität der Faser.

Ihre Heimat liegt im tropischen Südamerika. Schon Ende des 18. Jh. wurde eine Zuchtform unter dem Namen „Sea Island Cotton" von den Siedlern in Amerika angebaut. Wirtschaftliche Bedeutung bekam diese Art aber erst später, als in Ägypten die klassischen Hochqualitätsformen entwickelt wurden. Weitere bedeutende Anbauländer sind der Sudan und Peru, wo die Baumwolle in geringem Umfang noch mehrjährig gehalten wird (9). Relativ geringe Flächen kommen in Marokko, den USA, der UdSSR und in Indien vor.

Auch bei *G. barbadense* werden botanische Varietäten unterschieden. In der Regel ist im Anbau die var. *barbadense* zu finden. Im östlichen Südamerika kommt die baumförmige var. *braziliense* (Raf.) Fryx., deren Samen zu nierenförmigen Klumpen verwachsen sind, und auf den Galapagosinseln die var. *darwinii* (Watt) Hutchins., Silow et Stephens vor.

G. arboreum und *G. herbaceum* haben nur noch lokale Bedeutung zur Eigenversorgung in Afrika und Asien; sie liefern wenige Prozent der Gesamtproduktion.

Bis 1950 wurde in China vorwiegend *G. arboreum* angebaut, inzwischen ist diese Art fast vollständig durch *G. hirsutum* ersetzt (54). In Indien jedoch wird noch fast die Hälfte der

Baumwollfläche mit den altweltlichen Arten bestellt; dies erklärt u.a. den recht niedrigen durchschnittlichen Flächenertrag (42, 47).

Qualitätsmerkmale. Der wichtigste Bewertungsmaßstab für Baumwolle ist die Faserlänge, im Handel „staple" genannt, die zwischen 12 und 50 mm variiert. Handelsüblich wird zwischen kurz-, mittel- und langstapeliger Baumwolle unterschieden, jedoch ist diese Einteilung nicht international genormt und je nach Art auch verschieden. Die Klassifizierung muß in Spezialräumen mit Kunstlicht bei 21 °C und 65 % rel. Luftfeuchtigkeit vorgenommen werden. Zur Bestimmung der Faserlänge wird eine Probe von etwa 7 g zwischen den Fingern geradegezogen und gemessen (41). Folgende Gruppen der Stapellänge sind an den Weltbörsen weitverbreitet (2):

kurz	< 22,2 mm (⅞ inch)
mittel	bis 24,6 mm (³¹⁄₃₂ inch)
mittellang	bis 27,8 mm (1¹⁄₃₂ inch)
lang	bis 30,9 mm (1⁵⁄₁₆ inch)
extralang	> 33,4 mm (> 1⁵⁄₁₆ inch)

Das Department of Agriculture der USA bezeichnet amerikanische Upland-Baumwolle bis zu einer Stapellänge von 24,6 mm noch als kurz und ab 31,7 mm als extralang, ägyptische Fasern *(G. barbadense)* dagegen werden bis 27,8 mm als kurz und erst über 41,3 mm als extralang eingestuft (41). Im übrigen werden auch innerhalb der Gruppen noch Unterteilungen vorgenommen, und zwar bis ⅞ inch in Schritten von ¹⁄₁₆ inch, bei größeren Längen sogar in der feineren Differenzierung von ¹⁄₃₂ inch (34). Der Durchmesser der Baumwollfasern liegt zwischen 12 und 45 µm.

Wenigstens 80 % der Weltproduktion haben eine Stapellänge von 22 bis 30 mm *(G. hirsutum)*. Die längsten und feinsten Fasern, die am wertvollsten sind, liefert *G. barbadense*. Das Garn ist feiner und fester als das aus kürzeren Fasern und dient für Luxustextilien und besondere technische Gewebe (41). Die kürzesten und gröbsten Fasern hat *G. herbaceum*, die insbesondere zur Herstellung von Verbandwatte dienen. Die linters, von denen über 1 Mio. t anfallen, werden für Putzwolle, Schießbaumwolle und Zellulose verwendet.

Für die Beurteilung und Klassifizierung von Baumwolle sind noch weitere Merkmale von Bedeutung: die Struktur und der „Griff" (Reife),

die Dehnungsfähigkeit und Reißfestigkeit, der Reinheitsgrad (Beimengungen von Fremdbestandteilen, Kapsel- und Stengelresten), die Farbe und der Glanz (41).

Ökophysiologie

Die Baumwolle ist sehr wärmeliebend, extrem frostempfindlich und verlangt für gute Blüte und Fruchtbildung viel direktes Sonnenlicht. Unterhalb einer Schwellentemperatur von etwa 15 °C sind die Keimung und auch das Wachstum kaum möglich. Deshalb sind selbst für Sorten mit einer kurzen Vegetationszeit von 5 Monaten mindestens 180 bis 200 frostfreie Tage erforderlich. Als Optimaltemperaturen für die Keimung werden 34 °C, für die Jugendentwicklung 24 bis 29 °C und für das spätere Wachstum 32 °C angegeben. Solange ausreichend Bodenfeuchte vorhanden ist, scheint es kaum eine Wachstumsgrenze durch Hitze zu geben, aber im späten Stadium der Vegetationszeit können die Kapseln bei Temperaturen über 40 °C und starker Insolation beschädigt werden und abfallen.

Bei Baumwolle können Interaktionen zwischen Temperatur und Tageslänge auftreten. Die Entwicklung von *G. hirsutum* wird in der Regel von der Tageslänge nicht beeinflußt, bei Sorten mit langer Vegetationszeit kann der Blühbeginn aber durch Kurztag beschleunigt werden. Bei relativ niedrigen Temperaturen und im Langtag werden nur wenige Blüten und Früchte gebildet. Hohe Temperaturen fördern ganz allgemein die generative gegenüber der vegetativen Entwicklung.

Die Baumwolle verträgt kaum Beschattung durch längere Phasen mit starker Bewölkung oder durch andere Pflanzen; dies gilt insbesondere während des Sämlingsstadiums. Hohe Lichtintensität begünstigt kräftige Pflanzen mit gut ausgewogenem Verhältnis vegetativer und generativer Organe, während diffuses Licht und hohe Luftfeuchtigkeit das vegetative Wachstum auf Kosten der generativen Entwicklung fördern. Die Pflanze wird dann sehr hoch und breit, wirft überproportional viele Blüten und Kapseln ab, die Verlustrate durch Kapselfäulen ist deutlich höher. Ähnliche Symptome können auch durch unausgewogene, zu stickstoffreiche Düngung und übermäßiges Wasserangebot hervorgerufen werden (21, 41, 46, 47, 50).

Bei Anbau auf Regenfall werden 500 bis 700 mm/a als Minimum angesehen. Wenn 800 bis 1000 mm/a fallen, gilt die Kultur von hochwertigen Upland-Sorten als sicher. Mehr als 1500 mm/a sind ungünstig, weil sie mit langen Perioden starker Bewölkung und höherem Krankheitsbefall verbunden sind. Wichtiger als die absolute Regenmenge ist aber die Verteilung der Niederschläge. Insbesondere starke Regenschauer schädigen die Pflanzen zu jedem Zeitpunkt der Vegetationsperiode. Nach dem Öffnen der Kapseln ist Regen extrem unerwünscht, da durch ihn die Faserqualität leidet und erhebliche Verluste auftreten können. Zur Zeit der Keimung und im Jugendstadium ist eine gute Bodendurchfeuchtung notwendig, wenn die Pflanzen aber ihr tiefes Wurzelsystem entwickelt haben, sind sie recht tolerant gegen trockene Perioden. Entsprechend der Herkunft der Baumwolle aus dem semiariden Sommerregengebiet und ihren hohen Ansprüchen an Temperatur und Insolation wachsen die Pflanzen optimal in Trockengebieten, wenn die Bodenfeuchte durch Bewässerung reguliert werden kann und die Luftfeuchtigkeit niedrig bleibt, was die Ausbreitung von Krankheiten mildern kann; Schädlinge werden allerdings unter solchen Bedingungen i. a. begünstigt. In ariden Gebieten, wie südliche UdSSR und Ägypten, wo Baumwolle unter Bewässerung angebaut wird, werden die höchsten Flächenerträge erzielt.

Die Bodenansprüche der Baumwolle sind nicht hoch, solange der Bedarf an Licht, Wärme, Wasser und Nährstoffen befriedigt wird. Unter Ausnutzung des Sortenangebotes und der verschiedenen Anbautechniken läßt sich Baumwolle auf den unterschiedlichsten Bodenarten erfolgreich kultivieren. Auf schweren Tonböden wächst sie besser als viele andere Kulturen; die Vertisole der Tropen und Subtropen werden deshalb auch als „Black Cotton Soils" bezeichnet. Wegen des tiefen Wurzelsystems der Baumwolle sind flachgründige, steinige Böden und solche mit länger anhaltender Staunässe ungeeignet. Die Salztoleranz der Pflanzen ist beachtlich, sie können in der Regel einen Salzgehalt im Boden von 0,5 bis 0,6 % vertragen, allerdings bestehen erhebliche Unterschiede zwischen den Sorten, und auch die Anbautechnik kann einen Einfluß haben. Der pH-Wert des Bodens sollte zwischen 5 und 8 liegen.

Allgemein sind die Umweltansprüche der Baumwolle arten- und sortenbedingt. *G. barbadense* stellt wesentlich höhere Anforderungen als die übrigen Arten. Wegen des sehr breiten Sortenspektrums ist *G. hirsutum* sicherlich die anpassungsfähigste Art (25, 36, 47).

Züchtung

Für die Steigerung der Erträge hat die Heterosiszüchtung große Bedeutung, insbesondere in Indien, wo wesentliche Fortschritte in der Baumwollproduktion durch Hybridsorten (z. B. 'Hybrid-4', 'Varalaxmi') erzielt wurden. Wegen der großen Blüten sind Selbstungen und Kreuzungen relativ einfach und werden jährlich neu von Hand durchgeführt. Trotzdem ist der Arbeitsaufwand beträchtlich; deshalb wird versucht, Hybridsorten auch auf der Basis von männlich sterilen Linien herzustellen, vor allem in den USA.

Die Züchtung auf Faserqualität erfordert eine erhebliche technische Ausstattung der Zuchtstation. Besonders wichtig bei Baumwolle ist die Resistenzzüchtung, die bei der Entwicklung von Sorten, die gegen Krankheiten zumindest tolerant sind, deutliche Erfolge hatte (z. B. BAR-Sorten = black arm resistant). Resistenzen gegen Schädlinge sind schwieriger zu erzielen und beruhen vor allem auf morphologischen Merkmalen wie der Behaarung oder den Gossypoldrüsen. Weitere Zuchtziele sind frühe und gleichmäßige Reife, niedriger Wuchs, geringe Verzweigung und ausreichende, aber nicht zu feste Verankerung der Samen in der geöffneten Kapsel, in manchen Gebieten auch Toleranz gegen Kälte, Dürre oder Bodenversalzung. Zur Erreichung dieser Zuchtziele werden oft verschiedene Arten und Varietäten miteinander gekreuzt. Wenn Tetraploide mit Diploiden kombiniert werden sollen, müssen die letzteren vorher polyploidisiert werden.

Seit einiger Zeit werden in manchen Ländern auch gossypolfreie (glandless) Sorten angebaut, um die Produkte aus den Samen leichter nutzen zu können. Zu beachten ist dabei aber eine u. U. größere Gefährdung durch Schädlinge (17, 18, 27, 28, 31, 35, 37, 42).

Anbau

Organisation. Überall, wo der Baumwollanbau mehr als nur einfachsten Selbstversorgungsansprüchen genügen und ein marktfähiges Produkt erzeugen soll, müssen bestimmte organisatorische Voraussetzungen erfüllt sein: Eine Entkernungsanlage (ginnery) muß erreichbar sein, und in deren Einzugsbereich dürfen nur wenige Sor-

ten angebaut werden. Das macht geregelte Saat-
gutversorgung der Anbauer ebenso notwendig
wie zeitgerechte Erfassung des Erntegutes. Die
Organisation übernimmt oft auch die Saatgut-
aufbereitung, Beizung usw., in günstigen Fällen
auch die Vermehrung und Erhaltungszüchtung
sowie die Schädlingsbekämpfung. Sie kann einen Ansatzpunkt für die Weiterentwicklung der
Landwirtschaft in einem Gebiet darstellen, wenn
ihre Dienste auf andere Kulturarten ausgedehnt
werden.

Anbausysteme. Baumwolle wird in den verschiedensten Systemen von der Kleinbauernkultur
ohne andere Produktionsmittel als Boden und
Arbeit bis zum vollmechanisierten Großbetrieb
erzeugt. Da kaum eine andere Kulturpflanze von
so zahlreichen Schädlingen befallen und in ihrer
Ertragsleistung beeinträchtigt wird wie die
Baumwolle, verdienen alle Möglichkeiten, die
eine Vermehrung und Ausbreitung von Schädlingen und Krankheiten hemmen können, die
größte Beachtung. Im einfachen Anbau ohne
Düngung und Pflanzenschutz mit Ernten von
selten mehr als 150 bis 200 kg/ha Rohbaumwolle kommen zur Verbesserung des Gewinns und
insbesondere zur Risikominderung Mischkultursysteme mit Körnerleguminosen, Mais, Sorghum und Erdnüssen in Betracht. Allerdings ist
sorgfältig zu prüfen, ob die Zweitkultur unter
den örtlichen Verhältnissen als Zwischenwirt
für einen Schädling fungieren und damit zu dessen Vermehrung beitragen kann (32, 40, 42,
43).

Im intensiveren Baumwollanbau mit hochertragreichen Sorten, Mineraldüngung und gegebenenfalls Bewässerung können unter günstigen
Bedingungen, wie z. B. in Australien, über 3 t/ha
Rohbaumwolle geerntet werden, der Weltdurch-
schnittsertrag lag 1984 bei fast 1,5 t/ha (22).
Zur Erzielung hoher Erträge und guter Qualitäten sind spezifische Bearbeitungs-, Pflege- und
fast immer auch chemische Pflanzenschutzmaßnahmen erforderlich, die sich am besten in Reinkulturen durchführen lassen, vor allem dann,
wenn Maschinen eingesetzt werden sollen. Die
Verfügbarkeit von Pflanzenschutzmitteln war
wohl der entscheidende Faktor für die Steigerung der Baumwollerträge auf etwa das Doppelte nach dem zweiten Weltkrieg. Da die Baumwolle fast während der gesamten Vegetationsperiode gefährdet ist, wurden nicht selten 10 bis 20
oder gar mehr Applikationen von Insektiziden

vorgenommen, manchmal einfach nach zeitli-
chem Spritzplan ohne Überprüfung des Befalls.
Solche Methoden können die Prädatorenfauna
empfindlich stören, was zur Vermehrung auch
bisher unbedeutender Schädlinge führen kann;
auch die Ausbildung von Resistenzen bei den
Schädlingen gegen die Mittel ist möglich. Außerdem sind die Pflanzenschutzmittel kostspielig
und belasten zwangsläufig auch die Umwelt.
Wenn zu der Häufigkeit der Anwendung noch
falscher Umgang mit den Präparaten kommt,
sind schwerwiegende langfristige wirtschaftliche
Folgen unvermeidlich. In manchen Gebieten
wurde die Baumwollerzeugung wegen der Kosten für die Mittel oder der Unmöglichkeit der
chemischen Bekämpfung durch die Resistenz der
Schädlinge schon unwirtschaftlich. Vom Anbausystem her sind zur Verminderung des Bedarfes
an chemischem Pflanzenschutz zwei Punkte zu
nennen:

– Obwohl die Baumwolle bemerkenswert
  selbstverträglich ist und in verschiedenen Gegenden seit vielen Jahren in Monokultur angebaut wird, ist ein Fruchtwechsel unbedingt
  vorzuziehen, da dadurch der Schädlingsdruck
  und das Auftreten von bodenübertragenen
  Krankheiten vermindert werden kann. In vielen Ländern darf Baumwolle nur im Turnus,
  meist in jedem 3. Jahr auf dem gleichen Feld
  angebaut werden, und die Pflanzen müssen
  nach der Ernte sofort vollständig einschließlich der Wurzeln vernichtet werden. Eine
  zweijährige Nutzung durch Zurückschneiden
  der Pflanzen nach der Ernte (ratooning), die
  vielleicht auch heute noch gelegentlich vorkommt (25), wird deshalb kaum zu empfehlen sein. Wegen der großen Verbreitung der
  Baumwolle kommt sie in Fruchtfolgen mit
  vielen Arten vor; besonders günstig ist ein
  Wechsel mit Leguminosen. Neben dem phytosanitären Aspekt haben geregelte Fruchtfolgen langfristig positive Auswirkungen und
  sind wohl eine Voraussetzung zur Erzielung
  hoher Baumwollerträge. Im übrigen ist Baumwolle eine sehr gute Vorfrucht für viele andere Kulturen (7, 25, 36, 39, 41).

– Da die Vegetationsdauer in unmittelbarem
  Zusammenhang mit der Anzahl der benötigten Insektizidapplikationen steht, ist man seit
  längerem bestrebt, die Vegetationszeit der
  Baumwolle durch Anbau von „short-season
  cotton" abzukürzen. Solche Sorten blühen

früh, bilden eine für einen guten Ertrag ausreichende Fruchtzahl in einer verhältnismäßig kurzen Blüteperiode und reifen schnell ab. Auf die besonderen Methoden, die für die Kultur solcher Sorten erforderlich sind, wird bei der Beschreibung der einzelnen Anbaumaßnahmen hingewiesen. „Short-season"-Sorten können in der Art G. hirsutum sehr gut entwickelt werden, nicht aber bei G. barbadense (3, 16, 52).

Neben dem stark verminderten Pflanzenschutzmittelbedarf bei einer Verkürzung der Vegetationszeit kann der Boden u. U. für eine Vor- oder Nachkultur genutzt werden. Die Bedeutung, die einer zusätzlichen Nahrungskultur in vielen Ländern zukommt, braucht hier nicht hervorgehoben zu werden.

Saatgut. Die Baumwolle ist überwiegend selbstbestäubend, doch meist kommt auch Fremdbefruchtung vor, in Einzelfällen bis zu 50 %. Erhaltungszüchtung und überwachte Saatgutvermehrung zur Bewahrung der Sorteneigenschaften sind deshalb unumgänglich. Baumwollsamen, deren Größe und Gewicht standortabhängig sind (TKG 50 bis 150 g), müssen zur Lagerung weniger als 8 % Wassergehalt haben und frei von tierischen Schädlingen sein. Wenn sie feuchter sind, nimmt die Keimfähigkeit vor allem bei G. hirsutum schon nach 2 Monaten deutlich ab (41).

Zur Aussaat werden die linters, da sie Klumpenbildung in Drillmaschinen begünstigen und die Wasseraufnahme des Samens wegen ihrer wasserabweisenden Cuticula behindern können, mit geeigneten Maschinen oder mit Schwefelsäure entfernt. Saatgutbeizung gegen Krankheiten und Schädlinge fördert einen gleichmäßigen Aufgang und ist im intensiveren Anbau üblich.

Bodenbearbeitung. Die Bodenbearbeitung ist örtlich sehr verschieden und hängt von den Standortverhältnissen ebenso ab wie vom Niveau des Anbausystems. Entscheidend ist es, der Baumwollsaat ein gut gekrümeltes, unkrautfreies und tief gelockertes Saatbett zu bereiten, da die epigäisch keimenden Sämlinge mit ihren verhältnismäßig großen Keimblättern harten oder verkrusteten Boden kaum durchdringen können, in den ersten 3 Wochen wenig Konkurrenzkraft gegenüber Unkräutern haben und ein tiefes, weitverzweigtes Wurzelsystem ausbilden. Dazu sind oft mehrere Bearbeitungsgänge notwendig.

Aussaat und Bestandesdichte. Der Boden muß zur Aussaat hinreichend erwärmt und durchfeuchtet sein. Die Saatzeit richtet sich deshalb nach dem Jahresgang von Temperatur und Niederschlag oder der Verfügbarkeit von Bewässerungswasser. Weiterhin können die Ernte der Vorfrucht, die Möglichkeiten zur Bodenbearbeitung und auch Gradationszeiten von Schädlingen, denen die Baumwolle bei veränderter Aussaatzeit u. U. entgehen kann, einen Einfluß haben. Vor allem ist zu beachten, daß während der kritischen Entwicklungsstadien mit günstigen Witterungsverhältnissen zu rechnen ist, d. h. zunächst mit ausreichend Wasser und Sonne, zur Reifezeit aber mit Trockenheit. Je länger die Kultur im Felde steht, desto früher muß in der Regel gesät werden, „short-season"-Anbau erlaubt im Prinzip spätere Saat oder frühere Ernte. Meist ist allerdings örtlich eine Zeitperiode bekannt, in der die Aussaat erfolgen muß, wenn die Baumwolle ihren optimalen Ertrag erbringen soll. Den Möglichkeiten zur Veränderung des Saattermins sind also durchaus Grenzen gesetzt. Wenn im Boden günstige Temperatur- und Feuchtigkeitsbedingungen herrschen, kann das Saatgut für 1 bis 2 Tage in Wasser vorgequollen werden, um den Aufgang zu beschleunigen. Falls der Keimvorgang jedoch nach der Saat unterbrochen wird, ist mit erheblichen Ausfällen zu rechnen. Die Ausbringung erfolgt in den Industrieländern mit Pflanzmaschinen. In den Entwicklungsländern wird oft noch von Hand gedibbelt. Dabei können die Pflanzlöcher auf sehr schweren Böden mit Sand gefüllt werden, um den Aufgang zu erleichtern. Dies ist allerdings nur in Ausnahmefällen möglich, wenn genügend billige Arbeitskräfte zur Verfügung stehen, wie z. B. in Ägypten. Breitwürfige Saat ist selten, da sie im Vergleich zu Reihensaat die Pflegemaßnahmen erschwert. Die Saattiefe hängt von der Art und der Feuchtigkeit des Bodens ab und schwankt meist zwischen 2 und 5 cm. Zu tiefe Saat ist zu vermeiden, da der Aufgang dadurch erschwert wird.

Für die Bestandesdichte werden Zahlen von 35 000 bis 500 000 Pflanzen/ha angegeben. Diese außerordentliche Variabilität ist zunächst im grundsätzlich unterschiedlichen Standraumbedarf aufgrund verschiedener Wuchsformen und Verzweigungen der Sorten und vor allem der Arten – der Habitus von G. barbadense ist größer und breiter als der von G. hirsutum – begründet.

Im übrigen müssen die Standweiten mit zunehmender Fruchtbarkeit oder abnehmender Feuchtigkeit des Bodens vergrößert werden. Im Rahmen der Möglichkeiten, die durch Sorteneigenschaften und Standortbedingungen bestimmt werden, kann die Baumwolle über einen recht weiten Bereich der Bestandesdichte zwar den gleichen optimalen Gesamtertrag liefern, indem die Einzelpflanzen je nach Standraum mehr oder weniger Früchte tragen, aber wegen des sympodialen Wachstums der Fruchtzweige ist eine höhere Kapselzahl pro Pflanze nur in einer längeren Blüte- und damit auch Reifeperiode möglich. Um diese in bezug auf Schädlingsbefall und ungünstige Witterung besonders kritischen Perioden und auch die Gesamtvegetationszeit abzukürzen, wird heute eine relativ dichte Saat meist bevorzugt. Im Vergleich zu einem weiten Stand kann dies zu einem besseren Aufgang, weniger Unkraut, einer besseren Ausnutzung der Bodenfeuchte, weniger Bedarf an Pflanzenschutzmitteln und zu früherem Ernteabschluß führen.

Weiterhin haben die Arbeitsmethoden einen Einfluß auf die Wahl der Bestandesdichte, insbesondere, wenn mechanisch geerntet werden soll. Typen mit geringer Verzweigung, die es nur bei G. hirsutum gibt, müssen dicht gesät werden, um die gleichzeitige Reife aller Kapseln zu erzielen, wenn nur einmal geerntet werden kann. Wenn die Pflanzenzahl/ha etwa 150 000 übersteigt, was nur bei manchen der für mechanische Ernte geeigneten Sorten möglich ist, spricht man von „short-season"-Anbau, dessen Grundlage Dichtsaat ist. Eventuelle Mindererträge, die aber keineswegs immer zu erwarten sind, werden durch geringeren Aufwand mehr als kompensiert. Dieser Anbau erfordert sorgfältige, termingerechte Pflanzenschutzmaßnahmen und chemische Unkrautkontrolle, da eine mechanische Bekämpfung wegen des geringen Pflanzenabstandes nicht zweckmäßig ist.

Die Aussaat kann auf den flachen Boden, auf Dämme oder in Furchen erfolgen. Dämme sind günstig unter Bewässerung und auf schlecht dränierten Böden. Sie fördern das Eindringen des Wassers in den Boden, wenn die Niederschläge unregelmäßig fallen, während Furchen vor Flugsand schützen können.

Die Abstände zwischen den Reihen schwanken entsprechend den unterschiedlichen Bestandesdichten zwischen 20 und 120 cm, selten mehr, die Abstände in der Reihe zwischen 10 und 60 cm. Bei „short-season cotton" werden gerne Doppelreihen angelegt, um die durch den dichten Stand bedingte Lagergefahr zu vermindern. Wenn zur Einsparung von Handarbeit gleich auf die endgültige Standweite, unter Berücksichtigung der Keimfähigkeit, gesät wird, sind meist 20 bis 40 kg/ha Saatgut notwendig, deutlich weniger aber bei sehr großen Standweiten, wie z. B. bei den indischen Hybridsorten. Dagegen können Saatgutmengen in der Größenordnung von 100 kg/ha nötig sein, wenn wie z. B. in vielen Entwicklungsländern von Hand gedibbelt wird. Dabei gelangen oft 10 oder mehr Samen in ein Pflanzloch, während 2 bis 3 Pflanzen pro „Station" eine Voraussetzung für eine kräftige Entwicklung des Bestandes sind. Die Ausdünnung ist deshalb frühzeitig durchzuführen (3, 4, 7, 9, 10, 16, 25, 30, 34, 36a, 41, 45, 52).

Nährstoffversorgung. Bei vielen Feldfrüchten können die Konzentrationen der Mineralstoffe im Ernteprodukt einen Hinweis auf den Nährstoffbedarf für die Kultur bieten. Bei Baumwolle besagen solche Werte jedoch recht wenig, da die Fasern mit einem Aschegehalt von nur etwa 1,25 % auch zusammen mit den Samen höchstens 25 % der Nährstoffe enthalten, die von den Pflanzen aufgenommen wurden. Der Nährstoffbedarf richtet sich deshalb in erster Linie nach der vegetativen Masse, deren Verhältnis zur Ertragsmenge bei verschiedenen Sorten und Anbaubedingungen sehr unterschiedlich ist.

Wenn die Ernterückstände im Boden verbleiben, ist der Entzug durch die Baumwollernte gering. Trotzdem muß der Düngung große Aufmerksamkeit geschenkt werden, denn P wirkt reifebeschleunigend, K ist wichtig für die Faserqualität und die Resistenz gegen Krankheiten und fördert die Trockenverträglichkeit. Der Bedarf an Ca ist sehr hoch; manchmal kommt Mangel an Mg, S und Spurenelementen, insbesondere B, vor. Obwohl hohe Erträge meist nicht ohne N-Düngung zu erzielen sind, darf das N-Angebot nicht zu groß sein, da sonst das vegetative Wachstum gegenüber der Blüten- und Kapselentwicklung übermäßig gefördert wird. Dies hat in der Regel eine Verzögerung der Blüte und Reife, eine größere Anfälligkeit für Krankheiten und eine verminderte Effektivität der Pflanzenschutzmittel zur Folge. Wenn aus den zum Standraum dargestellten Überlegungen dichter gesät wird, muß die N-Gabe reduziert werden, bei „short-season cotton" im Vergleich zu normalem Anbau um 30 bis 60%. Bei der Bemessung der Düngermengen sind auch Rückstände aus der Vorfrucht zu berücksichtigen, besonders nach Leguminosen oder wenn die Baumwolle, wie im „short-season"-Anbau möglich, unmittelbar auf eine andere Kultur folgt.

Da die Pflanzen etwa ⅔ der Nährstoffe schon während der ersten 60 Tage der Vegetationszeit aufnehmen, werden die Düngemittel vor der Saat ausgebracht. Nur bei großen N-Mengen oder wenn die Gefahr der Auswaschung besteht, kann eine Aufteilung in mehrere Gaben zweckmäßig sein, jedoch darf die letzte nicht zu spät erfolgen, da die Reife sonst verzögert wird.

Neuere Untersuchungen haben ergeben, daß die Baumwolle auf Blattdüngung kurz nach der Blüte sehr deutlich reagiert. Besonders in extremen Lagen mit begrenzter Wasserverfügbarkeit, aber auch unter normalen Bedingungen werden oft Mehrerträge erzielt, ohne daß die Reifeperiode verlängert wird. Vor allem Spurenelemente werden oft über das Blatt appliziert. Die Spritzung von S und B (Solubor) ist z. B. in Zentralafrika Standardbehandlung, und auch Kleinbauern setzen das Produkt zusammen mit Insektiziden ein. Die Anwendung chelatisierter Spurenelementmischungen brachte in Hochertragsgebieten, wie in der Türkei und Ägypten, nicht nur zusätzliche Erträge, sondern vermochte auch in Kombination mit dem Wachstumsregulator Mepiquatchlorid durch Spätsaat verursachte Ertragsminderungen weitgehend aufzuheben (6, 7, 9, 25, 29, 34, 36).

Bewässerung. Anbau unter Bewässerung bringt in der Regel die höchsten Erträge, ist jedoch auch mit dem größten Aufwand verbunden. Besonders in sehr heißen Gebieten mit schnellem Wachstum werden alle Möglichkeiten und Probleme des Baumwollanbaus durch die Bewässerung gewissermaßen potenziert, so daß an die Sachkenntnis des Anbauers besondere Anforderungen zu stellen sind.

Abhängig von Anbausystem, Topographie und anderen örtlichen Gegebenheiten wird in Furchen, Becken, mit Beregnung und auch mit anderen Verfahren bewässert. Entscheidend für die Pflanze ist, daß sie vor allem zur Zeit der Keimung und in der Phase von der Anlage der frühen Blütenknospen bis zur Ausbildung der letzten Kapseln, also etwa von der 5. bis zur 15. Woche nach dem Aufgang, ausreichend mit Wasser versorgt wird. Bei Formen von *G. barbadense* und bei langen Vegetationszeiten kann diese Spanne noch bedeutend größer sein. Allgemein ist jedoch zu beobachten, daß Baumwolle eher zu viel als zu wenig bewässert wird. Dadurch wird der Ausbreitung von Unkräutern ebenso Vorschub geleistet wie übermäßigem vegetativem Wachstum und der Ausbildung später Knospen und Blüten, die keinen Ertrag mehr bringen, aber die Lebensgrundlage für Schädlinge darstellen können (1, 7, 8, 9).

Pflege. Zu den Pflegemaßnahmen gehören die Bodenlockerung nach Regen oder Bewässerung, gegebenenfalls das Vereinzeln und insbesondere die Unkrautbekämpfung. Wenn möglich, ist eine Bewässerung mit anschließender Bodenbearbeitung vor der Saat ein hervorragendes Mittel, den Unkrautdruck zu vermindern. Ein sauberes Saatbett hat die größte Bedeutung, da die Baumwolle gerade zu Beginn der Vegetationszeit für etwa einen Monat bis zum Bestandesschluß durch Unkraut außerordentlich gefährdet ist, während sie danach eine gute Konkurrenzkraft aufweist. Später auftretende Unkräuter beeinflussen deshalb den Ertrag meist nicht mehr, können aber zu Schwierigkeiten bei der Ernte führen und die Kapselfäule deutlich erhöhen. Die Dauer der besonders kritischen Zeit, in der Unkrautbekämpfung unbedingt erforderlich ist, hängt allerdings von der Sorte, ihrem Standraum, vor allem aber von der Witterung ab. Bei Aussaat im Sommer muß die Pflege früher beginnen als bei langsam wachsenden Frühjahrssaaten, und im ganzen sind die Bestände so lange zu reinigen, wie es ohne Schädigung der Pflanzen möglich ist.

Herbizide werden vor allem vor der Saat eingearbeitet oder im Vorauflauf appliziert, seltener gezielt auf die stehenden Pflanzen gespritzt. Ihre Anwendung setzt sich zunehmend auch in den Entwicklungsländern durch. Die Baumwolle wird besonders in der kritischen Zeit nach dem Aufgang sicher geschützt. Außerdem gewinnt man weitgehende Unabhängigkeit von der Witterung nach dem Auflaufen. In dieser Zeit können längere Regenperioden, in denen mechanische Unkrautbekämpfung gar nicht möglich oder ineffektiv ist, sehr nachteilig für die spätere Entwicklung der Bestände sein. Im übrigen ist zu beachten, daß der Ertrag durch Unkräuter auf schweren Böden stärker als auf leichteren gemindert werden kann (20, 55).

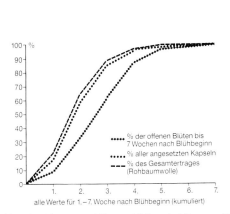

alle Werte für 1.–7. Woche nach Blühbeginn (kumuliert)

●●●●● % der offenen Blüten bis 7 Wochen nach Blühbeginn

····· % aller angesetzten Kapseln

– – – % des Gesamtertrages (Rohbaumwolle)

Abb. 282. Blüten- und Ertragsbildung bei Baumwolle. (Nach 5)

Ertragsbildung. Die Blüteperiode dauert, wenn sie nicht durch die erwähnten Anbaumethoden verkürzt wird, häufig etwa sieben Wochen. Für den späteren Ertrag besonders wichtig sind jedoch die in den ersten drei bis vier Wochen entwickelten Blüten (Abb. 282). Da die Baumwollpflanze immer mehr generative Organe ausbildet, als sie bis zur Ausreife ernähren kann, ist ein gewisser Verlust an Knospen und Blüten unvermeidlich, wenn aber die ersten Blüten übermäßig abgeworfen werden, ist mit einer Verzögerung der Ertragsbildung zu rechnen. Deshalb muß alles getan werden, um den Abfall dieser früh gebildeten Blüten soweit wie möglich einzudämmen. Neben anbautechnischen Faktoren wie ausgewogene Düngung, gleichmäßiger nicht zu wüchsiger Pflanzenbestand, rechtzeitige Unkrautbekämpfung, gezielte Bewässerung und effektiver Pflanzenschutz kann man auch mit Hilfe von Wachstumsregulatoren eine zu üppige vegetative Entwicklung reduzieren und so offenere Bestände schaffen, die ein besseres Mikroklima haben und in denen die Schädlingsbekämpfung leichter und mit mehr Erfolg durchge-

führt werden kann (24). Zu beachten ist jedoch, daß diese Substanzen nur dort erfolgreich eingesetzt werden können, wo die Baumwolle gute Wachstumsbedingungen hat und konsequent vor Schädlingen geschützt ist. Für den Einsatz von Bioregulatoren wurde nach der Einführung von Mepiquat-chlorid ein Durchbruch erzielt (29). Jedoch werden auch Chlormequat, das eine geringere Selektivitätsspanne als Mepiquat-chlorid hat, und Naphthylessigsäure, der eine abwurfhemmende Wirkung zugeschrieben wird, in begrenztem Umfang in einigen Ländern (z. B. Brasilien, Sowjetunion, Indien) eingesetzt (38). Die Erhaltung der ersten Blüten für die Ertragsbildung ist auch deshalb von besonderem Interesse, da die aus ihnen gebildeten Kapseln mehr und meist auch qualitativ bessere Baumwolle tragen als später entwickelte Kapseln (Tab. 98).

Ernte. Die aus der geöffneten Kapsel hervorquellende Saatbaumwolle wird mit der Hand oder maschinell gepflückt. Die Erntearbeit wird wesentlich erleichtert, wenn der Bestand durch die genannten Methoden schneller und gleichmäßiger reift. Die langfaserigen Qualitätssorten (*G. barbadense*) können nur von Hand geerntet werden, und auch sonst ist diese Art der Ernte, vor allem in den Entwicklungsländern, weit verbreitet. Sie ist die Arbeitsspitze im Baumwollanbau, da ein Arbeiter nur 20 bis 80 kg Rohbaumwolle am Tag pflücken kann. Handpflücke hat aber die Vorteile, daß das Erntegut sehr sauber und der Gesamtertrag in der Regel höher als bei maschineller Ernte ist, da 3- bis 4mal oder noch häufiger gepflückt wird. Qualität und Ergiebigkeit nehmen allerdings mit den Pflückdurchgängen ab, deren Ertrag deshalb manchmal getrennt verarbeitet und vermarktet wird.

Die Erfolge der Anbautechnik haben die maschinelle Ernte ermöglicht, die in den USA, der UdSSR und in Australien fast ausschließlich, aber auch in manchen anderen Ländern in zunehmendem Umfang angewendet wird.

Vor der maschinellen Ernte muß der Bestand entlaubt werden. Dafür stehen verschiedene Mittel zur Verfügung, deren erfolgreicher Einsatz allerdings beträchtliche Sachkenntnis und Erfahrung voraussetzt (38).

Außerdem müssen in der Entkörnungsanlage besondere Reinigungsmaschinen vorhanden sein, um Pflanzenteile, Unkräuter und anderes aus dem Erntegut vor der Entkörnung zu entfernen. Die Erntemaschinen arbeiten nach verschiede-

Tab. 98. Saatbaumwolle pro Kapsel aus verschiedenen Wochen der Blütenperiode. Nach (5).

Woche der Blütenbildung	Saatbaumwolle pro Kapsel (g)
1.	5,2
2.	4,6
3.	3,7
4.	2,8
5. und 6.	3,2

nen Prinzipien. Man unterscheidet „spindle picker", die das Erntegut durch rotierende Nadeln aus den Kapseln ziehen und eine relativ saubere Rohbaumwolle gewinnen, und „stripper", die den Kapselinhalt von den Pflanzen abstreifen. Sie sind wesentlich billiger in der Anschaffung und Pflege und werden bevorzugt für „short-season cotton" angewendet. Da sie jedoch erheblich mehr Pflanzenteile abreißen, kann nur mit sehr wirksamer Vorreinigung vollwertige Reinbaumwolle erzeugt werden.

Pflanzenschutz

Auf die große Gefährdung der Baumwollkultur insbesondere durch Schädlinge, deren erfolgreiche Begrenzung oft ausschlaggebend für die Wirtschaftlichkeit des Anbaus ist, wurde schon wiederholt hingewiesen. Die Möglichkeiten zur Eindämmung durch die Anbautechnik und andere Maßnahmen sollen hier zusammengefaßt und ergänzt werden. Von den Insektenarten und Krankheiten können nur die wichtigsten, allgemein verbreiteten genannt werden, ebenso muß auf die Beschreibung von Schadbildern und spezifischen Bekämpfungsverfahren verzichtet werden (s. dazu 11, 19, 26, 49, 51).

Generell müssen alle Infektionsquellen im Anbaugebiet ausgeschaltet werden. Dazu gehören die Beseitigung von befallenen Stengeln und Blättern, z. B. durch Ausziehen der Wurzeln und Stengel (→ Bd. 3, WIENEKE, S. 370) und tiefes Unterpflügen oder Verbrennen, neben schnellstmöglicher Aufarbeitung des Erntegutes, besonders der Samen, aus denen ohnehin durch Erwärmen bestimmte Schädlinge vertrieben werden müssen. Weiterhin sind baumwollfreie Zeitspannen im Anbau strikt einzuhalten, in denen auch andere Wirtspflanzen für Baumwollschädlinge und Krankheitserreger entfernt werden müssen.

In dieser Zeit muß jeder Auswuchs aus Samen oder Stoppeln rechtzeitig vernichtet oder schädlingsfrei gehalten werden. Durch geeignete Sorten lassen sich heute schon viele Schäden vermeiden, die durch Pilze, Bakterien und Virosen, in geringerem Maße auch durch Insekten bedingt sind. Fast alle tierischen Schädlinge vermehren sich in mehreren Generationszyklen während der Vegetationszeit. Ihr Schaden ist deshalb an spätreifenden Früchten besonders ausgeprägt. Alle Maßnahmen, die die Reife beschleunigen, vermindern deshalb auch den Schaden. Eine Verkürzung der Vegetationszeit bedeutet fast automatisch eine Verminderung der nötigen Pflanzenschutzmaßnahmen. Die seit einigen Jahren mögliche Beeinflussung der Wuchsform und die Beschleunigung der Abreife durch den Einsatz von Bioregulatoren bieten neue und sicher noch nicht voll ausgeschöpfte Möglichkeiten zur Optimierung des Pflanzenschutzes.

Auch bei peinlichster Beachtung der verschiedenen Vorbeugungsmethoden ist Spritzen und Stäuben von Pflanzenschutzmitteln oft unvermeidbar. Die früher verwendeten Insektizide werden in den letzten Jahren zunehmend durch synthetische Pyrethroide verdrängt (13). Diese zeichnen sich durch sehr gute Pflanzenverträglichkeit und sichere Wirkung, insbesondere gegen Schmetterlingsraupen, aus, müssen aber zur Bekämpfung saugender Insekten und Spinnmilben durch Zusätze ergänzt werden. Der Bedarf an direkten Bekämpfungsmaßnahmen konnte drastisch reduziert werden, wo durch Ermittlung von Schadschwellen bei regelmäßiger Überwachung der Schädlingspopulationen im Bestand (Scouting) oder durch Einsatz von Sexuallockstoffen (Pheromonen) integrierte Bekämpfungssysteme entwickelt wurden, die das Spritzen nach dem Kalender zunehmend ersetzen. Dazu gehört auch die Förderung von Prädatoren. Die Möglichkeiten für einen solchen biologischen Pflanzenschutz sind aber örtlich außerordentlich unterschiedlich. Voraussetzung für integrierte Pflanzenschutzsysteme ist ein hohes Niveau an Kenntnis der Schädlingsbiologie wie auch eine erhebliche Schlagkraft für den kurzfristigen Einsatz von Bekämpfungsmaßnahmen (→ Bd. 3, KRANZ und ZOEBELEIN, S. 429 ff.).

Kapseln und Knospen werden hauptsächlich durch folgende Arten geschädigt: Baumwollkapselkäfer (*Anthonomus grandis*), Amerikanischer Kapselwurm (*Heliothis* spp), Roter Baumwollkapselwurm (*Pectinophora gossypiella*), Sudanesischer Baumwollkapselwurm ((*Diparopsis* spp.), Ägyptischer Baumwollkapselwurm (*Earias insulana*) und andere *Earias* spp., Ägyptischer Baumwollwurm (*Spodoptera littoralis*), Südamerikanischer roter Kapselwurm (*Sacadodes pyralis*) sowie *Helopeltis* und *Dysdercus* spp. (letztere oft im Zusammenwirken mit Pilzen, *Nematospora* sp.).

Vornehmlich an Blättern schädigen (neben *Spodoptera*): die Raupen von *Loxostege similalis*, *Alabama argillacea* und *Bucculatrix thurberiel-*

la, die Blattwanze *Psallus seriatus,* *Lygus*-Wanzen, Breitmilben *(Hemitarsonemus latus),* besonders aber gemeine Spinnmilben *(Tetranychus* spp.), Blasenfüße *(Thrips tabaci* u. a.), die Gurkenblattlaus *(Aphis gossypii),* Zwergzikaden oder Jassiden *(Empoasca* spp.) und die Weiße Fliege *(Bemisia tabaci),* die sich in verschiedenen Anbaugebieten zu einem großen Problem entwickelt hat, da sie nicht nur die Pflanze schädigt, sondern auch durch Honigtauabscheidung die Faserqualität erheblich reduzieren kann. Neben diesen nur zum Teil auf Baumwolle und andere Malvaceen spezialisierten Arten verursachen in manchen Ländern polyphage Erdraupen *(Agrotis ipsilon* und *Peridroma saucia)* an Sämlingen und jungen Pflanzen erheblichen Schaden. Wurzeln werden manchmal von Wurzelgallenälchen *(Meloidogyne* spp.) und anderen Nematodenarten befallen.

Weniger zahlreich sind die Erreger von wirtschaftlich wichtigen Baumwollkrankheiten. Der Einsatz von Fungiziden ist weitgehend auf Beizmittel beschränkt und tritt gegenüber Resistenzzüchtung und zweckmäßigen Anbauverfahren zurück. Den größten Anteil der Ertragsminderung durch Krankheiten verursachen:
Auflauf- und Keimlingskrankheiten *(Rhizoctonia solani, Sclerotium rolfsii, Macrophomina phaseolina, Phymatotrichum omnivorum, Pythium* spp., *Rhizopus* spp., *Aspergillus* spp., *Fusarium* spp.), deren Auswirkungen, vor allem von *Rhizoctonia,* besonders gravierend sein können, da sie die Resistenz der Baumwolle gegen bestimmte Herbizide herabsetzen können. Welkekrankheiten *(Verticillium albo-atrum, V. dahliae, Fusarium oxysporum* f. sp. *vasinfectum)* treten besonders bei Monokultur oder engen Fruchtfolgen auf. Neben dem Anbau resistenter Sorten kann eine Verkürzung der Vegetationsperiode die Schäden deutlich vermindern.
Kapselfäulen, die vielfach im Gefolge von Insektenschäden auftreten und zum vorzeitigen Öffnen der Kapseln oder dem Verderb der Fasern führen (Anthraknose = *Glomerella gossypii, Rhizopus* spp., *Aspergillus* spp. u. a.) können durch Schaffung offener Bestände, z. B. durch Wachstumsregulatoren und/oder den Anbau schwachwüchsiger Sorten, erheblich reduziert werden.
Die Bakteriose *(Xanthomonas campestris* pv. *malvacearum,* angular leaf spot, black arm disease und andere Bezeichnungen) ist potentiell die gefährlichste Baumwollkrankheit, hat aber durch den Anbau resistenter Sorten und Beizmittel nur noch örtlich größere Bedeutung.

Verwertung

Die Trennung von Samen, Fasern und Linters erfolgt durch Maschinen, die meist mit kreissägeähnlichen Werkzeugen arbeiten (saw-gin). Weniger effektive, mit Walzen arbeitende Maschinen werden fast nur noch für hochwertiges Erntegut *(G. barbadense)* verwendet.
Nach der Entkörnung wird die Faser auf einen bestimmten Feuchtigkeitsgehalt gebracht und zu Ballen gepreßt, die in grobes Jutegewebe eingeschlagen werden. Die Ballengewichte schwanken in den einzelnen Ländern und betragen in den USA ca. 227 kg, in Indien bei großer Variation durchschnittlich 180 kg. Ägyptische Baumwolle wird in Ballen von 318 bis 363 kg gehandelt. Die weitere Verwendung für unterschiedliche Zwecke wurde schon im Abschnitt über die Qualitäten erwähnt.
Die Samen werden geschält, erhitzt und zur Ölgewinnung ausgepreßt. Die ungeschälten Samen enthalten 18 bis 25 % Fett und 29 bis 34 % Rohprotein. Das Öl ist durch Oxidationsprodukte des Gossypols tief orangerot gefärbt. Durch die üblichen Verfahren der Raffinierung wird das Öl entfärbt und entgiftet und ist ein hochwertiges, geruch- und geschmackloses Speiseöl, das zum Direktverzehr ebenso wie zur industriellen Weiterverarbeitung geeignet ist. Die Preßrückstände ergeben ein wertvolles Kraftfutter, aus dem bei Verfütterung an Monogastrier das Gossypol entfernt werden muß; manchmal werden sie auch als Düngemittel verwendet. Auch die Samenschalen werden verfüttert, haben aber nur geringen Futterwert. In Gebieten mit Handernte und warmer Witterung zur Erntezeit ergeben die Blätter nach der Ernte noch ein brauchbares Futter und werden besonders in ariden Gebieten von Kamelen und anderen Haustieren abgeweidet. Die Stengel finden zur Herstellung von Pappe u. ä. Materialien, vor allem aber als Brennmaterial, z. B. in Ägypten, Verwendung, soweit sie nicht sofort untergepflügt oder anderweitig vernichtet werden.

Literatur

1. ACHTNICH, W. (1980): Bewässerungslandbau. Agrotechnische Grundlagen der Bewässerungswirtschaft. Ulmer, Stuttgart.

2. ACLAND, J. D. (1971): East African Crops. Longman, London.

3. ADKISSON, P. L., NILES, G. A., WALKER, J. K., BIRD, L. S., and SCOTT, H. B. (1982): Controlling cotton's insect pests: A new system. Science 216, 19–22.

4. ANASTASSIOU-LEFKOPOULOU, S., and SORTIRIADIS, S. E. (1984): Effect of plant population and spacing on cotton. I. Plant characters/density relationship and production stability. Cot. Fib. Trop. 39, 15–21.

5. ANONYM (1978): Cotton Fruiting Calendar. Delta Agric. Digest, Clarksdale, Mississippi.

6. ANTER, F., RASHEED, M. A., ABD EL-SALAM, M., and METWALLY, A. I. (1979): Effect of foliar application of manganese, iron and metallic chelating compounds on fiber quality of cotton plants growing on calcareous soils. Cot. Fib. Trop. 34, 301–304.

7. ARNON, I. (1972): Crop Production in Dry Regions. Leonhard Hill, London.

8. AYALON, Y. (1983): Irrigation of cotton. In: FINKEL, H. J. (ed.): Handbook of Irrigation Technology. Vol. 2, 105–117. CRC Press, Boca Raton, Florida.

9. BERGER, J. (1969): The World's Major Fibre Crops. Their Cultivation and Manuring. Centre d'Étude de l'Azote, Zürich.

10. BROWN, C. H. (1955): Egyptian Cotton. Leonhard Hill, London.

11. BROWN, H. B., and WARE, J. O. (1958): Cotton. 3rd ed. McGraw-Hill, New York.

12. BRÜCHER, H. (1977): Tropische Nutzpflanzen. Springer, Berlin.

13. CAUQUIL, J. (1981): Utilization de deux pyréthrinoides de synthèse (deltaméthrine et cyperméthrine) pour la protéction des cultures cotonnières de la Républiques Centrafricaine. Cot. Fib. Trop. 36, 227–231.

14. COBLEY, L. S., and STEELE, W. M. (1976): An Introduction to the Botany of Tropical Crops. 2nd ed. Longman, London.

15. COUNCIL OF SCIENTIFIC AND INDUSTRIAL RESEARCH (1956): The Wealth of India. Raw Materials. Vol. 4. Publications Information Directorate, C.S.I.R., New Delhi.

16. CURLEY, R. G. (1982): Long-term study reaffirms yield increases of narrow-row cotton. Calif. Agric. 36 (9/10), 8–10.

17. DANI, R. G. (1984): Heterosis in Gossypium hirsutum L. for seed oil and lint characteristics. Cot. Fib. Trop. 39, 55–60.

18. DAVIS, D. D. (1978): Hybrid cotton: Specific problems and potentials. Adv. Agron. 30, 129–157.

19. DELATTRE, R. (1973): Parasites et Maladies en Culture Cotonière. Div. Docum. l'I.R.C.T., Paris.

20. DEAT, M. (1986): Chemical cotton weed control in West Africa. Research results and their use in farmers' field. Cot. Fib. Trop. 41, 21–28.

21. EATON, F. M. (1955): Physiology of the cotton plant. Ann. Rev. Plant Physiol. 6, 299–328.

22. FAO (1984/1985): FAO Production Yearsbooks, Vol. 37, 38. FAO, Rom.

23. FAO (1984): FAO Trade Yearbook, Vol. 37. FAO, Rom.

24. FOLLIN, J. C. (1979): Action des réducteurs de croissance sur le cotonnier en Afrique de l'Ouest et en Afrique Centrale. Presentation au 10. COLUMA, 13. 12. 1979, Paris.

25. FRANKE, G. (1984): Nutzpflanzen der Tropen und Subtropen. Bd. 2, 4. Aufl. Hirzel, Leipzig.

26. FRÖHLICH, G. (1974): Pflanzenschutz in den Tropen. 2. Aufl. Deutsch, Zürich.

27. FUCHS, A. (1984): Pflanzenzüchtung. In: FRANKE, G. (Hrsg.): Nutzpflanzen der Tropen und Subtropen. Bd. 4, 2. Aufl. Hirzel, Leipzig.

28. HAU, B., and RICHARD, G. (1986): Results of the first large-scale growing of glandless varieties in the Ivory Coast. Cot. Fib. Trop. 41, 97–101.

29. HEYENDORFF-SCHEEL, R. C. V., SCHOTT, P. E., und RITTIG, F. R. (1983): Mepiquat-chlorid, ein Bioregulator für Baumwolle. Z. Pflanzenkrankh. Pflanzenschutz 90, 585–590.

30. HUGHES, H. D., and METCALFE, D. S. (1972): Cotton. 3rd ed. Macmillan, New York.

31. INCEKARA, F., und EMIROGLU, S. M. (1985): Baumwolle (Gossypium spec.). In: HOFFMANN, W., MUDRA, A., und PLARRE, W. (Hrsg.): Lehrbuch der Züchtung landwirtschaftlicher Kulturpflanzen. Bd. 2, 2. Aufl., 326–339. Parey, Berlin.

32. KASS, D. C. L. (1978): Polyculture Cropping Systems: Review and Analysis. Cornell Int. Agric. Bull. 32. Cornell Univ., Ithaca, New York.

33. LIENER, I. E. (ed.) (1969): Toxic Constituents of Plant Foodstuffs. Academic Press, New York.

34. MARTIN, J. H., LEONHARD, W. H., and STAMP, D. L. (1976): Principles of Field Crop Production. 3rd ed. Macmillan, New York.

35. MESHRAM, M. K., and SHEO RAJ (1986): Reaction of the germ-plasm of Gossypium hirsutum Linn. to bacterial blight. Indian J. agric. Sci. 56, 236–237.

36. MÜLLER, G. (1968): Cotton. Cultivation and Fertilization. Ruhr-Stickstoff AG, Bochum.

36a. MUNRO, J. M. (1987): Cotton. 2nd ed. Longman, Essex.

37. NARAYANAN, S. S., SINGH, J., and VARMA, P. K. (1984): Introgressive gene transfer in Gossypium. Goals, problems, strategies and achievements. Cot. Fib. Trop. 39, 123–135.

38. NICKEL, L. G. (1982): Plant Growth Regulators. Agricultural Uses. Springer, Berlin.

39. PAL, B. P. (1984): Environmental conservation and agricultural production. Indian J. agric. Sci. 54, 233–250.

40. PALANIAPPAN, S. (1985): Cropping Systems in the Tropics. Principles and Management. Wiley Eastern, New Delhi.

41. PARRY, G. (1982): Le Cotonnier et ses Produits. Maisonneuve et Larose, Paris.

42. PATEL, G. (1977): Gujarat's Agriculture. Overseas Book Traders, Ahmadabad, Gujarat, Indien.

43. PERRIN, R. M. (1977): Pest management in multiple cropping systems. Agro-Ecosystems 3, 93–118.

44. PHILLIPS, L. L. (1976): Cotton, Gossypium (Malvaceae). In: SIMMONDS, N. W. (ed.): Evolution of Crop Plants, 196–200. Longman, London.

45. Prentice, A. N. (1972): Cotton. With Special Reference to Africa. Longman, London.
46. Purseglove, J. W. (1968): Tropical Crops. Dicotyledons. Vol. 2. Longman, London.
47. Rehm, S., und Espig, G. (1984): Die Kulturpflanzen der Tropen und Subtropen. Ulmer, Stuttgart.
48. Santhanam, V., and Hutchinson, J. B. (1974): Cotton. In: Hutchinson, J. B. (ed.): Evolutionary Studies in World Crops, 89–100. Cambridge Univ. Press, London.
49. Schmutterer, H. (1977): Plagas y Enfermedades del Algodón en Centroamérica. Deutsche Gesellschaft f. Technische Zusammenarbeit (GTZ), Eschborn.
50. Tharp, W. H. (1979): The Cotton Plant. Agricultural Handbook. USDA, Washington.
51. Watkins, G. M. (ed.) (1981): Compendium of Cotton Diseases. Amer. Phytopathol. Soc., St. Paul, Minnesota.
52. World Farming (1971): The population explosion in cotton. World Farming 13 (1), 4–7.
53. Yuxiang, L., and Yusheng, D. (1984): Development of cotton science and technology in China. Cot. Fib. Trop. 39, 61–73.
54. Zeven, A. C., and De Wet, J. M. J. (1982): Dictionary of Cultivated Plants and Their Regions of Diversity. Pudoc, Wageningen.
55. Zimdahl, R. L. (1980): Weed Crop Competition. A Review. Int. Plant Prot. Center, Oregon State Univ., Corvallis, Oregon.

10.2 Jute

Sambhu L. Basak

Botanisch:	*Corchorus capsularis* L. und *C. olitorius* L.
Englisch:	jute
Französisch:	jute
Spanisch:	yute

Wirtschaftliche Bedeutung

Jute ist heute nach Baumwolle die zweitwichtigste Naturfaser. Der größte Teil der Jutefaser wird in Indien, Bangladesh und China gewonnen. Weitere wichtige Erzeugerländer sind Nepal, Brasilien, Burma, Thailand und Vietnam. In Indien liegt das Hauptanbaugebiet in den östlich gelegenen Bundesstaaten wie West-Bengalen, Assam, Tripara, Bihar, Orissa und Uttar Pradesh, in welchen während der Sommermonate der notwendige Niederschlag sichergestellt ist. In Bangladesh werden die jährlich überschwemmten fruchtbaren Niederungen für die Juteproduktion genutzt. In Brasilien wird sie

überwiegend auf der Várzea an den Ufern des Amazonas angebaut, wo die Fruchtbarkeit des Bodens regelmäßig durch alluviale Ablagerungen wiederhergestellt wird. Das wichtigste chinesische Anbaugebiet ist entlang des Yangtze-Flusses in Chinkiang zu finden. Weitere bedeutende Regionen für die Juteerzeugung sind Kiangsu, Hunan und Kiangi. Während in Südchina Jute in Deltagebieten und im Wuchan-Distrikt der Provinz Kwantung wächst, ist in Burma die Pegu-Irrawardy-Region das hauptsächliche Anbaugebiet.

Indien und Bangladesh erzeugen zusammen mehr als ⅘ der Weltproduktion an Jutefasern. Fast die gesamte indische Produktion wird im Inland verarbeitet. Davon werden ungefähr ⅓ in Form von Fertigwaren exportiert. Bangladesh verarbeitet nur etwa die Hälfte der Jutefasern, während der Rest als Rohfaser exportiert wird. Dagegen beteiligt sich China noch nicht am internationalen Handel.

Jute spielt in der nationalen Wirtschaft von Indien und Bangladesh eine lebenswichtige Rolle. In Indien sind 4 Mio. Bauernfamilien mit der Faserproduktion beschäftigt, und 0,5 Mio. Familien wirken in der Juteindustrie an ihrer Verarbeitung mit. 1981 verdienten Indien und Bangladesh US $ 327 Mio. bzw. 283 Mio., allein durch den Export von Jutefasern und Fertigwaren aus Jute.

In Tab. 99 sind die Produktionszahlen der wichtigsten Anbauländern nach der FAO-Statistik zusammengestellt. Diese Zahlen schließen „juteähnliche Fasern", neben Kenaf (→ Boulanger, Kap. 10.3) auch Kongojute, Chinesische Jute u. a. (→ Rehm, Kap. 10.5), ein. In China und Brasilien trägt echte Jute nur rund 30 %, in Thailand etwa 3 % zu den Werten der Tabelle bei; selbst in Indien beträgt der Anteil echter Jute an der angegebenen Zahl höchstens 80 %. Der für China errechnete Flächenertrag ist zu hoch, wahrscheinlich weil die Flächenangabe zu klein ist.

Botanik

Die Jutefaser wird von zwei krautartigen, einjährigen Arten, und zwar *Corchorus olitorius* L. (Tossa-Jute) und *C. capsularis* L. (weiße Jute), der Familie Tiliaceae gewonnen. In Indien wurde der Juteanbau Ende des 18. Jahrhunderts wirtschaftlich bedeutend, als festgestellt wurde,

Tab. 99. Anbaufläche. Produktion und Ertrag von Jute (einschließlich juteähnlicher Fasern) in den Haupterzeugerländern 1983/84. Nach (8).

Land	Fläche (1000 ha)	Produktion (1000 t)	Ertrag (t/ha)
Indien	1096	1403	1,3
China	257	1256	(4,9)
Bangladesch	588	896	1,5
Thailand	198	217	1,1
Brasilien	66	68	1,0
Burma	58	60	1,0
Vietnam	22	39	1,8
Nepal	27	32	1,2

Tab. 100. Morphologische und anatomische Unterschiede zwischen den beiden *Corchorus*-Arten. Nach (15).

Merkmal	*C. capsularis*	*C. olitorius*
Samen	Größer, 300 Samen/g Farbe glänzend braun	Kleiner, 500 Samen/g Farbe meist mattgrau oder grün
Keimpflanzen	Samenkeimung (Petrischale) einheitlich innerhalb 24 Std., Keimpflanzen wachsen schnell	Samenkeimung (Petrischale) unregelmäßig innerhalb 48 Std., Keimpflanzen wachsen langsamer
Stengel	Stengeldurchmesser nimmt nach oben stark ab. Farbe variiert von tiefgrün bis dunkelrot. Periderm an der Basis auffällig entwickelt. 40–45 Tage nach der Saat langsameres Wachstum, Stengelänge zur Zeit der Blüte 1,5–3,7 m	Stengeldurchmesser von der Basis bis zur Spitze annähernd zylindrisch. Farbe: grün, hell- oder dunkelrot. Periderm fehlt fast völlig. 40–45 Tage nach der Saat schnelleres Wachstum. Stengellänge zur Zeit der Blüte 1,5–4,5 m
Verzweigung	Größere Verzweigungsneigung	Geringere Verzweigungsneigung
Blätter	oval-lanzeolat, Rand grob gezähnt, Rand grob gezähnt, die untersten Zacken weniger auffallend zu haarartigen Verlängerungen entwickelt. Geschmack der kultivierten Sorten bitter	Elliptisch-lanzeolat, Rand leicht gezähnt, die untersten Zacken zu stark ausgeprägten Verlängerungen entwickelt. Geschmack in der Regel nicht bitter
Blüten	Klein, im offenen Zustand 8 mm Durchmesser; stehen den Blättern gegenüber in Gruppen zu 2–5. Öffnen sich 1 bis 2 Stunden nach Sonnenaufgang	Größer, im offenen Zustand 10–12 mm Durchmesser; stehen den Blättern gegenüber in Gruppen zu 2–3. Öffnen sich 1 Stunde oder weniger vor Sonnenaufgang
Frucht	Rund, 1–1,5 cm im Durchmesser, normalerweise mit runzliger Oberfläche, 5fächerig (Abb. 283). 7–10 Samen pro Fach in 2 Reihen. 35–50 Samen pro Frucht. Nicht platzend	Länglich, 6–10 cm lang und 0,3–0,8 cm im Durchmesser, der Länge nach gefurcht, 5–6 Fächer (Abb. 284). 25–40 Samen in einer Reihe pro Fach. 125–200 Samen pro Frucht. Meist platzend
Wurzeln	Flach wurzelnd. Bei Staunässe zahlreiche Adventivwurzeln gebildet	Tiefer wurzelnd. Bei Staunässe weniger Adventivwurzeln gebildet
Rinde	Bündel kompakter, Markstrahlen und Phloemteile schmal, Parenchymzellen und Siebröhren kleiner	Bündel weniger kompakt, breitere Markstrahlen, größere Phloemteile, Parenchymzellen und Siebröhren größer
Faserbündel	An der Stammbasis in 8–19 Lagen. Bündel im Querschnitt größer und in geringerer Zahl	An der Stammbasis in 10–24 Lagen. Bündel im Querschnitt kleiner und in größerer Zahl

daß die Jutefaser ein guter Ersatz für Flachs bei der Herstellung von Sackleinen war. Außerdem werden die Blätter, vor allem von *C. olitorius*, in verschiedenen Gebieten Asiens und Afrikas als Gemüse genutzt. Die Gattung *Corchorus* umfaßt annähernd 40 Arten, die hauptsächlich in den tropischen Regionen Afrikas und Asiens verbreitet sind. Allerdings kommen einige Arten auch in Australien und Süd-Amerika vor. Die primären und sekundären Herkunftszentren sind für *C. olitorius* wahrscheinlich Afrika bzw. Indien, für *C. capsularis* ist das primäre Ursprungsgebiet wohl die Region Indo-Burma einschließlich Süd-China (7, 14).

Die Jutefaser wird aus der Stengelrinde der Pflanze gewonnen. Sie entsteht durch meristematische Tätigkeit des Kambiums. Die einzelnen Faserzellen strecken sich nach der Differenzierung aus dem Kambium in der Längsrichtung des Stengels. Sie sind in Bündeln vereinigt, die durch die Siebteile, die Markstrahlen und das Rindenparenchym getrennt werden. Durch das sekundäre Dickenwachstum haben die Bündel einen keilförmigen Querschnitt, d. h. sie werden nach innen breiter. In der Rinde voll entwickelter Pflanzen sind sie in Ringen angeordnet, deren Zahl an der Stammbasis am höchsten ist.

Die beiden Jutearten sind morphologisch deutlich unterschieden. Ihre Hauptmerkmale sind in Tab. 100 zusammengestellt. Die charakteristischen Kapselformen zeigen Abb. 283 und 284.

Abb. 284. Langgestreckte Früchte von *C. olitorius*.

Ökophysiologie

Jute benötigt hohe Luftfeuchtigkeit, hohe Niederschläge und Temperaturen sowie ausreichend Sonnenlicht und einen langen Tag, um sich zu voller Länge zu entwickeln. Die relative Luftfeuchtigkeit soll um 85 % mit einer Tagesschwankung zwischen 40 % und 97 %, die Temperatur zwischen 18 und 34 °C liegen. Die Entwicklung der Pflanze verzögert sich, wenn während der aktiven Wachstumsphase die Tag- und Nachttemperaturen unter 21 bzw. 18 °C fallen. Bei einem jährlichen Niederschlag von 1500 mm oder mehr ist ein gutes Jutewachstum gewährleistet, wobei die Hälfte des Niederschlags gut verteilt während der Wachstumsmonate März, Mai, Juni und Juli fallen sollte. Der gesamte Wasserbedarf der Pflanze liegt bei 500 mm. *C. capsularis* ist für das Tiefland und mittlere Lagen und *C. olitorius* für mittlere und höhere Lagen geeignet. *C. capsularis* kann im fortgeschrittenen Wachstumsstadium zeitweise Staunässe vertragen. *C. olitorius* kann mäßige Trockenheit in einem frühen Wachstumsstadium tolerieren, verträgt aber zu keiner Zeit Staunässe. Am besten wächst Jute in alluvialen, tonig-lehmigen oder lehmigen Böden mit einem pH-Wert zwischen 6,0 und 7,5.

Beide Arten sind photoperiodisch sensitiv (21). Wird Jute in der nördlichen Hemisphäre angebaut, beginnen die einzelnen Sorten Ende August oder Anfang September zu blühen. Nach 15

Abb. 283. Runde Früchte von *C. capsularis*.

bis 20 Tagen haben sich alle Blüten geöffnet. Allerdings gibt es Sorten, die früher bzw. später blühen. Langtagverhältnisse liefern ideale Bedingungen für das vegetative Wachstum von C. olitorius, und zwar mit 12,5 Std. Tageslicht und 11,5 Std. Dunkelheit (9). Kurztag induziert die Blütenbildung. Bei C. olitorius genügen 3 Kurztage mit 10 Std. Tageslicht und 14 Std. Dunkelheit, um den Blühbeginn zu verursachen (18). Die Zahl der Blüten, die eine Pflanze produziert, vergrößert sich, wenn die Kurztagzyklen von 3 auf 30 erhöht werden. Bei 3 bis 7 Kurztagen werden nur am Hauptstengel Blüten ausgebildet, bei längerer Dauer der Kurztagzyklen entwickeln sich auch an den Zweigen Blüten. Die Dauer bis zum Blühbeginn wird beträchtlich, und zwar um 30 bis 40 %, reduziert, wenn die Keimpflanzen eine Kurztagbehandlung erfahren. Zur Samenproduktion muß auf Grund dieser physiologischen Eigenschaften die Aussaat verspätet erfolgen, um die Pflanzen schneller den Kurztagsbedingungen auszusetzen. Von den zwei kultivierten Jutearten reagiert C. olitorius vergleichsweise empfindlicher auf Kurztage als C. capsularis. Neben der Tageslänge verursachen andere Faktoren, wie z.B. bedeckte Tage, Boden- und Lufttrockenheit, plötzlicher Abfall der Temperaturen und eine geringe Vitalität der Samen durch Überalterung, einen frühzeitigen Blühbeginn.

Züchtung

Jute ist diploid mit 2n = 14 Chromosomen. Beide Arten sind vorwiegend selbstbestäubend. Die Anzahl der natürlichen Fremdbestäubungen ist gering und beläuft sich bei C. olitorius auf 8,3 % (2) und bei C. capsularis auf 2,1 % (4). Die Stengel trocknen während der Fruchtreife aus, so daß aus ihnen keine Fasern mehr gewonnen werden können. Der Faserertrag kann daher nicht als Selektionskriterium benutzt werden; die Selektion geschieht vielmehr aufgrund der Pflanzenhöhe und des Stengelbasisdurchmessers, da diese beiden Eigenschaften eng und positiv mit dem Faserertrag korreliert sind. Von beiden Merkmalen ist die Pflanzenhöhe zuverlässiger und effektiver als Auslesekriterium zu gebrauchen. Ihre Heritabilität ist höher als die des Stengelbasisdurchmessers. Sie beträgt bei C. olitorius ungefähr 40 % und bei C. capsularis etwa 60 %. Die Heritabilität des Stengelbasisdurchmessers überschreitet dagegen nie die

20%-Grenze. Der Erblichkeitsgrad des Faserertrages beträgt 40 % und entspricht somit der Heritabilität der Pflanzenhöhe (3). Aus diesem Grund ist anzunehmen, daß ein genetischer Fortschritt durch die Auslese auf Pflanzenhöhe auch einen genetischen Fortschritt hinsichtlich des Faserertrages mit sich bringt, vorausgesetzt, daß die genetische Korrelation beider Faktoren unverändert bleibt.

Ein weiteres wünschenswertes Merkmal, das bei der Selektion berücksichtigt wird, ist die späte Blüte. Sie verursacht ein größeres vertikales Stengelwachstum und unterdrückt die Verzweigung. Die Anzahl der Tage bis zur Blüte hat bei beiden Arten die hohe Heritabilität von 70 %. Allgemein stehen in bezug auf den Blühtermin 3 Genotypen zur Verfügung, und zwar ein früher, ein mittlerer und ein später Typ. Die spät blühenden Genotypen haben im Schnitt eine geringere Wachstumsrate. Aus diesem Grund wird versucht, späten Blühtermin und schnelle Wachstumsrate zu kombinieren, damit der Faserertrag pro Zeit- und Flächeneinheit gesteigert werden kann.

Die Auslese auf einen höheren Fasergehalt der Pflanze ist ein anderer Schritt, um den Faserertrag zu erhöhen. Die Arbeit im Jute Agricultural Research Institute in Indien hat genetische Variabilität des Ernteindexes der beiden Arten nachgewiesen, und daher sollte die Auslese auf einen höheren Fasergehalt eine Ertragserhöhung bewirken (13).

Da Jute in hoher Dichte gepflanzt wird, findet während der Hauptwachstumsphase eine Konkurrenz zwischen den Pflanzen um die Bodenfeuchte, die Nährstoffe und das Sonnenlicht statt. Es wurde deshalb vorgeschlagen, einen Pflanzentyp mit aufrechten Blättern, einem tiefreichenden Wurzelsystem und einheitlichem Stengeldurchmesser zu züchten (3).

Die Faserqualität wird hauptsächlich von der Stärke, der Feinheit und der Farbe bestimmt. Die Faserstärke wird durch Polygene kontrolliert (20). Je länger die Endfaser ist, desto feiner ist sie auch. Diese Eigenschaft wird ebenfalls durch Polygene bestimmt. Der Genotyp beider Arten zeigt hierin genetische Variabilität (12), daher ist eine Züchtung auf eine bessere Faserqualität möglich. In Bangladesh (1) wurde festgestellt, daß eine schneeweiße Faserfarbe, Resistenz gegen Stengelfäule und Toleranz gegen Staunässe bei C. capsularis-Formen von einfachen und unabhängig dominanten Genen bestimmt werden. Segreganten, die schneeweiße Faserfarbe, Stengelfäuleresistenz und Stauwassertoleranz kombinieren, sind isoliert worden.

Seit den frühen sechziger Jahren laufen Bemühungen, Hochertragsmutanten durch physikalische und chemische Mutagene zu erzeugen (6), aus denen aber nur die Sorte JRC 7447 hervorgegangen ist. Sie findet im kommerziellen Anbau Verwendung, da sie besser auf hohe Stickstoffgaben anspricht. Bis jetzt ist es nicht geglückt, durch eine solche Mutationszüchtung eine Ertragserhöhung, eine bessere Qualität und Resistenzen gegen verschiedene Arten von Streßsituationen zu erzielen.

Für die Züchter in den verschiedenen Juteanbauländern wurde es nach 1960 leichter, Genmaterial aus verschiedenen Ländern einzuführen.

Die Entwicklung von Hochertragssorten aus der Kreuzung von einheimischen und ausländischen Formen war erfolgreich. Die bemerkenswerteste Leistung in der Jutezüchtung war die Entwicklung spätblühender C. olitorius-Sorten wie z. B. JRO 878, JRO 7835 und JRO 524 im Jute Agricultural Research Institute in Indien. Diese Sorten ermöglichten den indischen Bauern, die Jute einen Monat früher auszusäen und eine zweite Frucht in die Fruchtfolge einzuplanen.

In Burma ist unlängst eine C. capsularis-Sorte aus äquatorialen Typen entwickelt worden, die noch im November bis zum 16. bis 30.° nördlicher Breite in Irrwardy Division ausgesät werden konnte. Die Ernte erfolgte Anfang April und ergab einen Faserertrag von 2,4 t/ha (10).

Anbau

Saatvermehrung. Die Vermehrung der Jute erfolgt durch Samen. Da die Faser vor der Fruchtreife geerntet wird, müssen für die Samenproduktion Extrakulturen angelegt werden, für die hochgelegenes und gut drainiertes Land verwendet werden sollte. Während der Bodenvorbereitung müssen P und K als Grunddünger und später N als Kopfdünger (20 bis 30 kg/ha) gegeben werden. Es wird von Mitte Mai bis Mitte Juni in Reihen ausgesät. Der Abstand zwischen den Reihen beträgt 30 cm und in der Reihe 20 cm. Der weite Standraum der einzelnen Pflanzen fördert die Ausbildung einer Vielzahl blütentragender Zweige. 30 bis 40 Tage nach dem Aufgang wird eine Unkrautbekämpfung durchgeführt, die Kopfdüngung mit N gegeben und der Boden mit Mulch bedeckt. Außer bei sehr später Aussaat werden die Pflanzen im Alter von 40 bis 45 Tagen zurückgeschnitten, um die Verzweigung zu fördern.

Ende November reifen die Früchte. Die ganzen Pflanzen werden geerntet, in Bündeln 4 bis 5 Tage zum Trocknen aufgestellt und dann gedroschen. Die Samen werden gesäubert, in einer Lage auf einer Plane ausgebreitet und in der Sonne getrocknet. Zum Erntezeitpunkt enthalten die Samen noch 21 % Feuchtigkeit. Nach viermaligem Trocknen wird dieser Gehalt auf 7 % reduziert. Im Schnitt betragen die Samenerträge bei C. capsularis 0,4 bis 0,5 t/ha und bei C. olitorius 0,3 bis 0,4 t/ha. In den meisten Fällen wird die Samenmenge, die in einem Jahr produziert wird, nicht vollständig im selben Jahr verbraucht. Die restlichen Samen können im nächsten Jahr als Saatgut Verwendung finden, obwohl sie nach 8 bis 10 Monaten beginnen, ihre Keimkraft zu verlieren. Versuche haben gezeigt, daß fast ein Jahr altes Saatgut seine Keimfähigkeit behält, wenn es in Wasser oder in verdünnten Lösungen von Na-Chlorid, Na-Thiosulfat oder Na-Phosphat für 2 bis 3 Stunden eingeweicht und danach auf sein ursprüngliches Gewicht zurückgetrocknet wird (5).

Bodenvorbereitung. Zum Winterende wird der Boden 3- bis 5mal gepflügt, und nach jedem Pflügen eine beschwerte Bambusleiter über das Feld gezogen, um eine feine Krume zu schaffen und um Unkraut und Stoppeln der vorigen Frucht zu beseitigen. Das Land wird Anfang März bearbeitet zur Aussaat früher Sorten oder Ende März für späte Sorten. Während der Bodenvorbereitung werden 5 t Wirtschaftsdünger oder Kompost und 20 bis 40 kg P_2O_5, 60 kg K_2O und 20 kg N pro ha eingearbeitet. N kann auch später als Kopfdüngung verabreicht werden. Die genauen N-, P- und K-Mengen müssen sich nach den Nährstoffgehalten des Bodens richten. Mit der Einarbeitung von organischem Material gibt man dem Boden Mikronährstoffe, Stickstoff und andere für das Jutewachstum benötigte Nährstoffe. Auf sauren Standorten oder dort, wo ein ununterbrochener Juteanbau erfolgt, ist es notwendig, den Boden aufzukalken, um eine volle Wirksamkeit der N-, P- und K-Gaben zu erreichen. Diese Maßnahme und ein ausgeglichenes K:Ca-Verhältnis vermindern die Krankheitsanfälligkeit der Pflanzen (16). Je nach der Bodentextur und dem Ausgangs-pH-Wert werden 2 bis 4 t Kalk/ha einmal in 4 Jahren ausgebracht. Die Kalkung sollte spätestens 6 Wochen vor der Aussaat beendet sein. Vorteilhaft ist es, den Kalk in Raten zu geben. Der Empfindlichkeit der Jute gegen Mg-Mangel kann bei der Kalkung Rechnung getragen werden, indem ein saurer Boden mit dolomitischem Kalk oder pulverisierter Thomasschlacke aufgekalkt wird, die beide reichlich Mg enthalten. Zu neutralen Mg-armen Böden werden 20 bis 40 kg MgO/ha als Grunddünger in Form von Magnesiumsulphat gegeben.

Der Nährstoffentzug zur Produktion von 1 t Faser durch die beiden Jutearten ist in Tab. 101

Tab. 101. Nährstoffentzug (kg) für 1 t Faser durch die beiden Jutearten. Nach (17)

Art	N (kg)	P (kg)	K (kg)	Ca (kg)	Mg (kg)
C. capsularis (cv. JRC 212)	42	8	74	42	15
C. olitorius (cv. JRO 632)	36	9	53	40	8

zusammengestellt. Daraus wird deutlich, daß *C. olitorius* in bezug auf die Nährstoffaufnahme und die Faserproduktion wesentlich effizienter und ökonomischer ist als *C. capsularis*.

Aussaat und Pflege. In Indien werden alle *C. capsularis*-Sorten zwischen Anfang März und Mitte April ausgesät. Die Aussaat der *C. olitorius*-Sorten, die resistent gegen einen frühen Blühbeginn sind (JRO 878, JRO 7835 und JRO 524), werden Mitte März und der Rest (JRO 632) Mitte April gesät. In Gebieten, wo der Juteanbau auf die Niederschläge angewiesen ist, kann die Aussaat durch verspätetes Einsetzen des Regens verzögert sein. Es wird breitwürfig oder in Reihen ausgesät, und zwar mit handbetriebenen Drillmaschinen. Bei der breitwürfigen Aussaat beträgt die benötigte Aussaatmenge für *C. olitorius* 7 kg und für *C. capsularis* 10 kg Samen/ha. Wird in Reihen gedrillt, benötigt man für *C. olitorius* 5 kg und für *C. capsularis* 7 kg Samen/ha. Bei breitwürfiger Saat wird der Samen mit einer Harke mit Boden bedeckt und anschließend eine beschwerte Bambusleiter über das Feld gezogen, um ihn in guten Kontakt mit dem feuchten Boden zu bringen. Nach dem Auf-

laufen der Saat können die Keimpflanzen mit einem Kratzer in parallelen 25 cm breiten Bändern beseitigt werden, zwischen denen 2 bis 3 cm breite Steifen junger Pflanzen stehen bleiben. Die Aussaat mit der Drillmaschine dauert zwar sehr lange, jedoch ist diese Methode sehr wirksam, um eine geeignete und gleichmäßige Ablagetiefe und einen sparsamen Verbrauch an Saatgut zu gewährleisten (Abb. 285). Sie läßt außerdem eine leichte und richtige Pflege des Bestandes zu, die notwendig ist, um hohe Erträge zu erzielen. Zur Saatzeit sollte die Bodenfeuchte 20 % betragen. Liegt sie niedriger, muß bewässert werden, und zwar sollten die Gaben vor der Saat 80 mm Niederschlag und 7 bis 10 Tage nach der Saat zusätzlich noch einmal 70 mm Niederschlag entsprechen. In gedrillten Beständen beträgt der Reihenabstand für *C. capsularis* 30 cm und für *C. olitorius* 20 cm. Überschüssige Pflanzen werden das erste Mal 3 Wochen nach der Saat durch Ausdünnen beseitigt. Der Pflanzenabstand innerhalb der Reihen soll 5 bis 7 cm in gedrillten Beständen, 10 cm in breitwürfig gesäten Beständen und 4 cm in den mit dem Kratzer geschaffenen Reihen nach Breitsaat betragen. Gleichzeitig mit dem Ausdünnen erfolgt eine manuelle Unkrautbekämpfung oder Mulchen mit einer Radhacke (Abb. 286). Bis jetzt ist für Jute noch kein brauchbares Herbizid gefunden worden. Zur Zeit der ersten Unkrautbe-

Abb. 285. In Reihen gesäter Bestand von *C. olitorius*.

Abb. 286. Mulchen zwischen Jutereihen mit der Radhacke.

kämpfung erfolgt auch die N-Kopfdüngung. 6 Wochen nach der Saat wird zum zweiten Mal das Unkraut bekämpft und gemulcht. Zu dieser Zeit erfolgt eine zweite N-Kopfdüngung von 20 bis 40 kg N/ha für *C. olitorius* und von 20 bis 60 kg N/ha für *C. capsularis*. Stickstoff ist entscheidend für das Erreichen der maximalen Stengelhöhe und damit für die Faserlänge.

Die Angaben über N-Kopfdüngung gelten für lehmige Böden. Auf leichten Böden sollten diese Gaben innerhalb der 3., 5. und 7. Woche nach der Saat erfolgen. Bei mäßigem bis geringem Niederschlag ist auf schweren Böden eine einmalige Applikation als Kopfdüngung ratsam. Wo das Keimlingswachstum bis zum Beginn des Monsuns auf die Restfeuchtigkeit im Boden angewiesen ist, wird die N-Düngung als einmalige Grunddüngung gegeben. Wenn die N-Applikation über den Boden auf Grund von Trockenheit, Staunässe oder starker Auswaschung keine ausreichenden Resultate gewährleistet, ist es möglich, sie teilweise durch eine Blattdüngung zu ersetzen. In diesem Fall können 10 bis 15 kg N/ha in Form einer 10- bis 20%igen Harnstofflösung, und zwar in der 5. und 7. Woche nach der Saat, sehr fein versprüht werden. Zu berück-

sichtigen ist immer, daß eine übermäßige Stickstoffgabe die Empfindlichkeit der Pflanzen gegen Krankheiten und Lagern erhöht und die Fasern gröber werden.

Fruchtwechsel. Im Regenfeldbau können auf Jute Reis, Gerste, Hülsenfrüchte oder Senf folgen. Unter Bewässerungsbedingungen sind in Indien folgende Fruchtfolgen üblich: Jute – Reis – Reis; Jute – Reis – Weizen; Jute – Reis – Senf; Jute – Reis – Kartoffeln.

Krankheiten und Schädlinge

Die wichtigsten *Krankheiten* sind Auflaufkrankheit, Stengel-, Wurzel- und Halsfäule, alle verursacht durch *Macrophomina phaseolina*, und die Welkekrankheit, an der *Rhizoctonia bataticola*, *Pseudomonas solanacearum* und *Fusarium solani* beteiligt sein können. Die letztgenannte Krankheit ist auf Böden ein Problem, die häufig Solanaceen tragen. Zur Bekämpfung der Auflaufkrankheit und der Fäulen kann eine Samenbehandlung mit organischen Quecksilbermitteln, Dithiocarbamaten oder Carbendazim und eine Blattspritzung mit Kupferoxychlorid und Carbendazim wirksam sein. Gegen die Welkekrankheit sind Samenbehandlung und Blattspritzung mit Carbendazim, die Herausnahme der Solanaceen aus der Rotation und die Düngung mit organischem Material, Kalk und Kalium wirksame Methoden der Eindämmung.

Die größten *Juteschädlinge* sind der Stengelrüsselkäfer *Apion corchori*, die Juteeule *Anomis sabulifera*, die gelbe Milbe *Polyphagotarsonemus latus* und das Wurzelgallenälchen *Meloidogyne incognita*. Gegen die drei erstgenannten Schädlinge hilft eine Blattspritzung mit Endosulfan. Die Ausbreitung der Nematoden wird durch eine Fruchtfolge mit Getreide und besonders Reis in Grenzen gehalten.

Ernte und Fasergewinnung

Jute kann zwischen dem 110. und 150. Wachstumstag geerntet werden. Die beste Faserqualität ergibt die Ernte am 120. Tag. Eine spätere Ernte steigert zwar den Ertrag, aber die Faser wird gröber. Die Pflanzen werden kurz oberhalb der Bodenoberfläche mit einer Sichel abgeschnitten.

Die geernteten Pflanzen werden zu Bündeln mit einem Durchmesser von 15 bis 20 cm zusammengebunden und auf dem Feld 2 bis 3 Tage aufgestellt, damit die Blätter trocknen und abfal-

Abb. 287. Einlegen von Jutebündeln in Wasser für die Röste.

len. Der blattreiche obere Teil der Pflanze wird abgeschnitten, dann werden die Bündel nebeneinander in einfacher oder doppelter Lage in ein Wasserbecken oder in einen Kanal mit langsamer Wasserströmung gelegt (Abb. 287). Bedeckt wird diese Schicht mit Laubmaterial wie z. B. von Wasserhyazinthen, *Pistia, Hydrilla* und Kokospalmen, um die obere Fläche vor dem Austrocknen durch das Sonnenlicht zu bewahren. Sonnenlicht bedingt nicht nur die Austrocknung, sondern auch die verstärkte Ausbildung von Adventivwurzeln entlang des Stengels, welche Faserdefekte verursachen. Auf die Lagen werden hölzerne Blöcke, Betonplatten oder Steine als Gewichte gleichmäßig verteilt, so daß die Bündel nicht an der Oberfläche treiben aber auch nicht auf den Gewässergrund sinken, sondern 10 cm unter der Wasseroberfläche bleiben. Das Wasservolumen sollte immer mindestens zwanzigmal höher sein als das Volumen des Pflanzenmaterials. Eine geringere Menge verursacht eine verzögerte und unvollständige Faserröste.

Das Wasser sollte möglichst weich sein, da hierdurch eine bessere Faserqualität gewonnen wird als in hartem oder leicht salzigem Wasser. Während der Röste sollte die Wassertemperatur 34 ± 2 °C betragen (19). Unter diesen Bedingungen ist der Prozeß der Röste nach 10 bis 12 Tagen abgeschlossen. Wird befürchtet, daß auf Grund zu niedriger Temperaturen oder einem zu hohen Alter der Pflanzen die Dauer der Röste verlängert wird, können 3 bis 4 gut gewachsene Stämme von *Sesbania* sp. oder *Crotalaria juncea* den Bündeln beigegeben werden, um die Röste zu beschleunigen. Während der Röste lockern sich die Fasern in der Rinde und trennen sich von dem hölzernen Kern. Die Ursache hierfür liegt in der Tätigkeit einer Vielzahl von aeroben und anaeroben Mikroorganismen. Innerhalb dieser Mikroflora spielen Bakterien der Gattung *Clostridium* die wichtigste Rolle. Nach Beendigung der Röste werden die Fasern entweder von Hand von jeder Pflanze einzeln abgetrennt (Abb. 288), oder sie werden zunächst durch das Schlagen der Bündel mit hölzernen Schlegeln gelöst, die Bündel gebrochen und schließlich die Fasern durch ruckartiges Schleudern gewonnen. Bei der ersteren Extraktionsmethode bleiben die Fasern parallel geordnet, ohne sie zu vernetzen. Im Gegensatz dazu kommt es bei der zweiten Methode zu einem Fasergewirr, und oft kleben gebrochene Holzstückchen an ihnen, was qualitätsmindernd wirkt. Nach der Extraktion wer-

Abb. 288. Lösen der Faser vom Stengel nach der Röste.

den die Fasern sorgfältig in klarem Wasser gewaschen, um sie von Schmutz und allen Pflanzenresten zu befreien und ihnen Glanz zu geben. Schließlich werden sie für 3 bis 4 Tage an der Sonne getrocknet. Die Bauern verkaufen die Fasern in rohen, handgemachten Ballen auf dem lokalen Markt.

Die Gewinnung der Faser aus dem grünen Stengel auf mechanische Weise mit einer Schäl- oder Entfaserungsmaschine ist möglich. Es folgt eine Röste in wenig Wasser. Obwohl die mechanische Extraktion eine bessere Faserqualität hervorbringt, kann diese Methode wegen des hohen Anschaffungspreises der Maschinen nur begrenzt angewendet werden. In China und Taiwan wird das manuelle Abstreifen und in Brasilien das mechanische Entschälen praktiziert (7). Wenn alle empfohlenen Kulturmaßnahmen befolgt worden sind, produzieren C. olitorius und C. capsularis 3,0 bzw. 2,5 t Faser/ha. Zu späte Aussaat, zu frühe Ernte, unvollständige bzw. verspätete Unkrautbekämpfung, fehlende Düngung besonders mit Stickstoff und längere Trockenheit sind entscheidende Faktoren, die den Ertrag erheblich reduzieren können.

In Indien ist die Faserqualität in acht Klassen unterteilt. Die Bewertung erfolgt auf der Grundlage folgender Eigenschaften: Stärke, Farbe, Glanz, Dichte, Feinheit, Gehalt an Wurzeln und Faserdefekten. Bezeichnungen sind für C. capsularis W1 bis W8 und für C. olitorius TD1 bis TD8, wobei W1 und TD1 die beste und W8 und TD8 die schlechteste Faserqualität repräsentieren. Die Preise richten sich nach den unterschiedlichen Qualitäten.

Verarbeitung und Verwendung

Die Jutefaser wird normalerweise zu Garn versponnen und zu Geweben verarbeitet. Je nach der Faserqualität entstehen verschiedene Gewebearten. Fasern von bester Qualität werden mit anderen langen Pflanzenfasern wie Ramie, Ananas und Banane oder synthetischen Fasern vermischt, um feine Garne für die Herstellung von Dekorationsstoffen zu bekommen.

Aus Fasern guter Qualität werden mittelschwere Garne hergestellt und Tuch gewebt, das als Verpackungsmaterial sowie als Grundgewebe für Teppiche und Linoleum genutzt wird. Fasern von geringer Qualität werden zu mittleren und schweren Garnen verarbeitet und finden in der Sack- und Taschenherstellung Verwendung. Neben den oben erwähnten Nutzungsmöglichkeiten wird die Jutefaser in Kleinindustrien in vielfältiger Weise zu Seilen, Bindfäden, Dachmaterial, Polstergewebe und Ausfütterungsmaterial verarbeitet.

Literatur

1. AHMED, S., AHMED, Q. A., and ISLAM, A. S. (1983): Inheritance study of fibre colour, disease resistance and waterlogging resistance in Corchorus capsularis L. for breeding a variety with snow white fibre. Bangladesh J. Bot. 12, 207–215.
2. BASAK, S. L., and GUPTA, S. (1972): Quantitative studies on the mating system of jute (Corchorus olitorius L.). Theor. Appl. Genet. 42, 319–324.
3. BASAK, S. L., JANA, MRINAL K., and PARIA, P. (1974): Approaches to genetic improvement of jute. Indian J. Genet. 34A, 891–900.
4. BASAK, S. L., and PARIA, P. (1975): Quantitative studies on the mating system of jute (Corchorus capsularis L.). Theor. Appl. Genet. 46, 347–351.
5. BASU, R. N., CHATTOPADHYAY, K., BANDOPADHYAY, P. K., and BASAK, S. L. (1978): Maintenance of vigour and viability of stored jute seed. Seed Res. 6, 1–13.
6. CHATTOPADHYAY, S., and BASAK, S. L. (1982): Induction of mutation in jute by chemical and physical mutagenic agents. Mutation Breeding News Letter 20, 5–6.
7. DEMPSEY, J. M. (1975): Fibre Crops. University Presses of Florida, Gainesville, USA.
8. FAO (1986): Production Yearbook Vol. 39. FAO, Rom.
9. FAWUSI, M. O. A., and ORMORD, D. P. (1981): Photoperiod response of Corchorus olitorius in controlled environments. Ann. Bot. 48, 635–638.
10. GHOSH, T. (1984): Handbook of Jute. FAO, Rom.
11. INDIAN JUTE (1983): A Bulletin of Jute Manufacture's Development Council, India, 2.
12. JANA, M., BASAK, S. L., and JANA, MRINAL K. (1980): Genetics analysis of ultimate fibre length in cultivated jute. Bangladesh J. Bot. 9, 16–21.

13. JUTE AGRICULTURAL RESEARCH INSTITUTE (1979): Annual Report 1979. J.A.R.I., Barrackpore, Indien.

14. KUNDU, B. C. (1951): Origin of jute. Indian J. Genet. 11, 95–99.

15. KUNDU, B. C., BASAK, K. C., and SARKAR, P. B. (1959): Jute in India. Indian Central Jute Committee, Calcutta.

16. MANDAL, A. K., DOHAREY, A. K., PAL, H., and ROY, A. B. (1976): Nutrition and disease resistance of jute in relation to potassium. Bull. Indian Soc. Soil 10, 279–284.

17. MANDAL, A. K., ROY, A. B., and PAL, H. (1981): Fertilizer use in jute based cropping systems in different agroclimatic zones. Fertilizer News 26, 45–50.

18. NWOKE, F. J. O. (1980): Effect of number of photoperiodic cycles on induction and development of fruits on Corchorus olitorius L. Ann. Bot. 45, 569–576.

19. ROY, A. B., and MANDAL, A. K. (1967): Retting and quality of jute fibre. Jute Bull. 30, 1–10.

20. SAHA, AMITAVA, BASU, M. S., and BASAK, S. L. (1983): Inheritance of fibre strength in white jute. SABRAO J. 15.

21. SENGUPTA, J. C., and SEN, N. K. (1944): The photoperiodic effect of jute plants. Indian J. agric. Sci. 14, 196–202.

10.3   Kenaf und Roselle

JACQUES BOULANGER

Botanisch: *Hibiscus cannabinus* L.
Englisch: kenaf, mesta (Indien)
Französisch: kénaf, dah du Mali
Spanisch: kenaf

Botanisch: *Hibiscus sabdariffa* L. var. *altissima* Wester
Englisch: roselle, Thai mesta
Französisch: roselle, oseille de Guinée
Spanisch: rosella

Wirtschaftliche Bedeutung

Außerhalb der traditionellen Anbaugebiete von Jute, Indien und Bangladesh, scheinen Kenaf aus Westafrika und Roselle aus Äquatorialafrika am besten an einen weiten Bereich edaphisch-klimatischer Bedingungen angepaßt zu sein (2, 9).

Die Faserproduktion durch Faserhibiskus übersteigt 1 Mio. t, wovon 70 % auf Rosellefaser entfallen. Die Gesamtmenge entspricht mehr als 30 % der Gesamtproduktion juteartiger Fasern:

Jute, Kenaf, Roselle, *Urena, Triumfetta, Abutilon* und *Crotalaria*. Die Hauptproduzenten sind Indien, Thailand und China mit einer durchschnittlichen Produktion von etwa 300 000 t. Die UdSSR und die Länder Lateinamerikas und Afrikas besitzen eine niedrigere Produktion von 15 000 t (10). Die rohe Faser wird zu einem Garn verarbeitet, das der Herstellung von grober Leinwand zur Verpackung großer Frachtstücke und der Fertigung von Säcken für den Transport landwirtschaftlicher Produkte dient.

Obwohl der weltweite Verbrauch jedes Jahr leicht ansteigt und die gesamte Produktion aufnimmt, haben die juteähnlichen Fasern seit der Einführung des Transports als Schüttgut oder in Polypropylenverpackung ständig Märkte in den Industrieländern verloren; das hat eine Verdrängung der faserverarbeitenden Industrie in die Erzeugerländer zur Folge gehabt. Die Nutzung des gesamten Stengels zur Herstellung von Papierpulpe und Karton könnte dieser Kultur neuen Auftrieb verleihen.

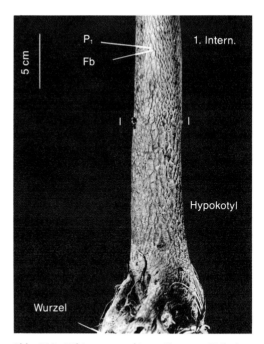

Abb. 289. *Hibiscus cannabinus.* Unterster Teil einer ausgewachsenen Pflanze nach Röste. Wurzel, Hypokotyl, Insertionsstelle der Keimblätter (I) und 1. Internodium. Die bloßgestellte innere Rinde zeigt Faserbündel (Fb) und rautenförmige Parenchyminseln (Pi). (Nach 6)

Botanik

Hibiscus cannabinus und *H. sabdariffa* gehören der Tribus Hibisceae der Familie Malvaceae an, und in dieser der Sektion *Furcaria* DC., die mehr als 40 Arten umfaßt, deren einfache Chromosomenzahl 18 ist. Eines der beiden Genome der tetraploiden Art *H. sabdariffa* gleicht dem Genom der diploiden Art *H. cannabinus* (17).

Kenaf und Roselle sind annuelle Pflanzen mit aufrechtem, wenig verzweigtem Stengel, an dem die kurz gestielten Blüten in den Blattachseln sitzen. Die Frucht ist eine 5fächrige lokulizide Kapsel, die etwa 30 nierenförmige Samen enthält (4, 20). Der Anteil natürlicher Fremdbefruchtung kann bei Kenaf 10 bis 15 % erreichen und ist bei Roselle praktisch gleich null (9).

Die Stengel besitzen einen verholzten Innenteil, umgeben von einer feinen Rinde, in der Bündel untereinander verbundener Phloemfasern schichtweise in Form konzentrischer Netze angeordnet sind. Abb. 289 zeigt, wie die äußeren Faserbündel (Fb) miteinander vernetzt sind und Rauten bilden, in deren Innerem sich Inseln von Parenchym befinden (Pi). Zu Beginn der Blüte weisen die Fasern jene Eigenschaften der Feinheit, Festigkeit und Geschmeidigkeit auf, die von den Spinnereien verlangt werden.

Ökophysiologie

Eine ausreichende Entwicklung der Stengel von Kenaf und Roselle vor der Blüte erfolgt gewöhn-lich in Gebieten mit mittleren Tagestemperaturen zwischen 15 und 30 °C während der Vegetationszeit von 2 bis 4 Monaten bei Kenaf und 4 bis 5 Monaten bei Roselle, bei bewässertem Anbau oder monatlichen Niederschlägen von 130 bis 150 mm (Abb. 290). Die Samenbildung erfordert 2 bis 3 Monate mit Tagestemperaturmitteln über 15 °C nach Beginn der Blüte. Kenaf läßt sich aufgrund der bestehenden großen Variabilität der Sorten hinsichtlich des photoperiodischen Verhaltens (weniger als 12 bis über 13 Std. Tageslänge) vom Äquator bis in höhere geographische Breiten bis zu 45 °N anbauen. Der Anbau von Roselle ist wegen einer kritischen Photoperiode von etwa 12 Std. auf Gebiete unterhalb 25 ° geographischer Breite beschränkt und profitiert von einer langen Regenzeit, die bis Anfang Oktober auf der nördlichen Hemisphäre und bis Anfang April auf der südlichen Hemisphäre andauert (2, 4, 9).

Kenaf und Roselle stellen keine besonderen Bodenansprüche, verlangen jedoch eine gute Dränage. Tonig-sandige, durchlässige Böden, die nicht zu schnell austrocknen, sagen ihnen am besten zu. Sie gedeihen gewöhnlich auf sauren Böden (pH 4,5 bis 5) ebenso wie auf alkalischen (9).

Züchtung und Sortenwahl

Wenn die Dauer und die Verteilung der Regenfälle günstig sind, werden vom Anbauer Sorten

Abb. 290. Teilweise abgeernteter Kenafbestand im Gebiet von Sab, Mali. (Nach 2)

von Roselle wegen ihrer Stachellosigkeit und ihrer Resistenz gegen Anthraknose *(Colletotrichum hibisci)* und wurzelgallenbildende Nematoden *(Meloidogyne incognita acrita)* bevorzugt. Jedoch können Kulturen von Roselle im Gegensatz zu Kenaf unter starkem Befall einer Stengelfäule *(Phytophthora parasitica)* leiden. Verschiedene andere pilzliche Parasiten der Stengel, Blätter und Wurzeln, *Phoma sabdariffae, Macrophomina phaseoli, Rhizoctonia solani, Botrytis cinerea* und *Sclerotium rolfsii,* verursachen selten Schäden mit wirtschaftlicher Bedeutung (9). Die Methode der intraspezifischen Hybridisierung mit nachfolgender Selektion erlaubte es, Resistenzfaktoren gegen Stengelfäule und Anthraknose, die bei eßbarer Roselle (11, 12, 14) und in Populationen von Kenaf (13, 15) gefunden wurden, in Kultursorten einzukreuzen, um den Ertrag bei hohem Faseranteil und Stachellosigkeit anzuheben. Im Gegensatz dazu wurde bei den Sorten von Kenaf keine einzige Form der Nematodenresistenz gefunden (1). Interspezifische Kreuzung mit *H. acetosella* Welw. ex Hiern und *H. radiatus* Cav. und zwischen Roselle und Kenaf haben bis heute, ebenso wie der Einsatz mutagener Stoffe, nicht zur Isolierung von Linien mit landwirtschaftlichem Wert geführt (18, 21).

Abgesehen von der Wahl einer Rosellesorte für einen Blühbeginn bei unter 12 Std. Tageslänge hat der Anbauer die Möglichkeit, eine Kenafsorte zu wählen, deren kritische Photoperiode das Erscheinen von Blüten bis zum Beginn der Trockenzeit in der tropischen Zone oder bis zum Auftreten von Minimumtemperaturen um 0 °C in der gemäßigten Zone verhindert. Im intensiven Anbau ermöglicht die vernünftige Auswahl der Sorten nach unterschiedlichem photoperiodischem Verhalten, den Schnittzeitpunkt vor das Ende der Regenzeit zu legen, solange die Vegetationsdauer noch eine ausreichende Faserproduktion gewährleistet (2, 4, 9).

Anbau

Kenaf und Roselle, die im allgemeinen auf den ärmsten Böden angebaut werden, nehmen häufig jedes Jahr eine neue Parzelle ein oder folgen der Brache oder Nahrungskulturen: Reis, Mais, Sorghum, Bohnen, Erdnuß, usw. und sehr selten Industriekulturen: Baumwolle und Zuckerrohr. Die Vorbereitung des Bodens umfaßt Pflügen mit nachfolgender Oberflächenbearbeitung, um

den gleichmäßigen und schnellen Aufgang des kleinkörnigen Saatguts zu erleichtern. Der günstigste Saattermin liegt, abhängig von der Niederschlagsverteilung oder zusätzlicher Bewässerung, so, daß vor Beginn der Blüte eine Vegetationsdauer von 4 bis 5 Monaten bei Roselle und denjenigen Sorten von Kenaf, deren kritische Photoperiode unter 12 Std. liegt, und von 2 bis 3 Monaten bei Sorten von Kenaf mit kritischer Photoperiode zwischen 12 und 12½ Std. gewährleistet ist (2). Die optimale Saatstärke, die die Verzweigung der Stengel zur Fasergewinnung begrenzt, bewegt sich in der Größenordnung von 600 000 Pflanzen/ha (Abstände 20 × 8 cm oder 30 × 5 cm), d. h. 20 bis 23 kg Saatgut/ha bei Kenaf bzw. 15 bis 18 kg Saatgut/ha bei Roselle, wobei ungefähr 3 Wochen nach dem Auflaufen vereinzelt werden muß (2, 9, 19). Zur Samenproduktion erfolgt die Aussaat häufig zu einem späteren Zeitpunkt, und die Bestandesdichte wird auf 30 000 bis 100 000 Pflanzen/ha reduziert (8, 9).

Kenaf und Roselle reagieren stark auf mineralische und organische Düngung, wodurch die Faserproduktion sehr oft verdoppelt werden kann. Stickstoff ist der wichtigste Nährstoff kurz nach dem Auflaufen und zwischen dem 30. und 40. Tag nach der Aussaat (2, 16). Bei Regenfeldbau liegt ein guter Ertrag an getrockneten, entblätterten Stengeln bei 8 bis 9 t/ha, entsprechend 1,5 bis 2 t Fasern; er übersteigt 18 t bei Bewässerungsanbau (2,4). Zumindest einmaliges Jäten ist 2 bis 3 Wochen nach dem Auflaufen notwendig. Es wird vorteilhafterweise durch die Einarbeitung eines Herbizids auf der Basis von Trifluralin oder einer Ametryn-Prometryn-Mischung vor der Aussaat ersetzt (5). Bei Kulturen mit mehr als 3 Monaten Vegetationsdauer ist ein zweites Jäten unumgänglich. Eine gute Dränage, die Beseitigung von Stengel- und Blattrückständen, eine Fruchtfolge über mehrere Jahre sowie die Desinfektion des Saatguts erlauben es, laufende Schäden durch Anthraknose, Wurzelhalsfäule und Nematoden zu vermeiden. Gegen Erdflöhe der Gattung *Podagrica* ist meist eine einmalige Insektizidbehandlung nach dem Auflaufen ausreichend (2, 9).

Bei nicht mechanisiertem Anbau erfolgt die Ernte der Stengel zur Gewinnung von Qualitätsfasern nach dem Erscheinen der ersten 5 Blüten durch Schneiden in 5 bis 10 cm Höhe über dem Boden und Köpfen der Stengel um 20 bis 30 cm der an nutzbaren Fasern armen Spitze. Die mechanisierte Ernte wird mit Mähbindern ohne Knüpfer durchgeführt, mit oder ohne zweiten Schnittbalken für die Stengelspitzen.

Zur Samenproduktion sind eine oder zwei zusätzliche Behandlungen gegen *Dysdercus* zwischen Beginn der Blüte und Reife der Kapseln unumgänglich. Zur Ernte werden die Enden der kapseltragenden Stengel abgeschnitten. Sie erfolgt bei Kenaf zu dem Zeitpunkt, zu dem die Mehrzahl der Kapseln reif ist, bei Roselle zum Zeitpunkt des Aufspringens der ersten Kapseln. Nach dem Trocknen der Schäfte müssen die Kapseln gedroschen und die Samen mit einem Fungizid behandelt werden (2, 8). Die Ernte der Samen mit Mähdreschern ist bei sehr dichter Saat möglich, die so spät erfolgt, daß der Blühbeginn zu kürzeren Tageslängen hin verschoben wird, um Höhe und Dicke der Stengel zu begrenzen.

Fasergewinnung

Die Gewinnung der Faser von Kenaf und Roselle erfolgt gewöhnlich durch eine biologische Röste mit nachfolgender mechanischer Abtrennung des Holzes. Zweck der Röste ist es, die Textilfaserbündel, die in der Rinde der Stengel liegen und untereinander durch eine Art „Zement" aus Pektin verbunden sind, abzutrennen und zu isolieren, ohne die zu kurzen Elementarfasern zu erreichen. Sie besteht im vollständigen Untertauchen des Materials, der Stengel oder Rindenstreifen entweder in das fließende Wasser eines Flusses oder, wenn dies nicht möglich ist, in das stehende Wasser eines Grabens. Das Tauchen in kaltes oder erwärmtes Wasser von Becken oder Kanälen, mit oder ohne chemische Beschleuniger, bietet den Vorteil rationellerer Arbeitsgänge der Aufbereitung, Säuberung und Verladung bei weitergehender Mechanisierbarkeit.

Die bei Kleinerzeugern übliche Verarbeitungsmethode ist die Röste der frischen Stengel, die im Verlauf einer kurzen Feldtrocknung zuvor entblättert wurden, in Bündeln von 20 bis 30 cm Durchmesser. Die Röste wird bei getrockneten und gestapelten Stengeln schnell gar, und die Fasern verlieren ihren Widerstand. Die Röste getrockneter Rindenstreifen erlaubt es, den Schnitt unabhängig von der Kapazität der Röstanlagen durchzuführen und die Fasergewinnung über die Feldkampagne hinaus auszudehnen, bei bedeutender Verringerung von Gewicht und Volumen für den Transport und die Beschickung der Rösten. Jedoch birgt diese Technik Probleme bei der Trocknung und Lagerung, die zum Verlust von Streifen bei der Handhabung führen, die Dauer des Eintauchens verlängern und die Entfernung des Pektinmaterials beim Wässern erschweren. Darüber hinaus sind die Methoden zur Herstellung der Streifen nicht voll befriedigend. Die am häufigsten angewandte ist die Entrindung von Hand. Dabei wird der Stengel an der Basis längs eingeschnitten und dann die Rinde direkt von Hand oder mit einem Werkzeug, das die Entfernung der Rinde erleichtert, abgelöst (9). Leichte Abziehgeräte, die aus gewellten Walzen bestehen, mit oder ohne „Entholzer-Schlag"-Walzen, sind für den Anbauer von geringem Interesse wegen des hohen Kraftaufwands bei Handbetrieb beziehungsweise wegen der hohen Kosten eines Motorantriebs bei unzureichender Auslastung (7). Der mechanisierte Anbau auf mehreren hundert Hektar führte zur Herstellung gezogener oder eigenmotorisierter schwerer Entrindungsmaschinen, deren Tagesleistung meist bei weniger als einem Hektar frisch geschnittener Stengel liegt und die nur für zwei Monate im Jahr genutzt werden.

Die Röste beruht auf der Einwirkung einer Anzahl meist anaerober, nichtpathogener Bakterien (*Clostridium* spp. u.a.). Sie ist beendet, wenn sich die Fasern in Form langer Stränge auf der gesamten Länge des Stengels leicht vom Zentralzylinder lösen und sich einfach durch Auswaschen reinigen lassen. Bei frisch geschnittenen Stengeln dauert die Röste bei über 24 °C Wassertemperatur 8 bis 12 Tage und mehr als 3 Wochen bei Wassertemperaturen unter 20 °C. Sie ist weniger mühsam, wenn die Stengel einheitliche Dicke aufweisen und in klares fließendes Wasser eingetaucht sind. Zu kurze Röste liefert grobe Fasern, die schwierig zu reinigen und zu zerteilen sind, während zu lange Röste zu Fasern führt, die ihre Festigkeit verloren haben. Die Vorbereitung der Fasern zum Verkauf ist bei den Bauern darauf beschränkt, sie nach Länge, Farbe, Sauberkeit, Aussehen, Festigkeit und Geschmeidigkeit in 3 Qualitätsstufen einzuteilen, sie zu Strängen zu drehen und zu Paketen mit 1 bis 2,5 kg gebündelter Fasern zu verschnüren.

Anbauformen

Fast die gesamte Faserproduktion von Kenaf und Roselle wird von dem nichtmechanisierten, bäuerlichen Anbau geliefert. Er erfolgt auf tausenden einzelner Parzellen, die um Wasserstellen herum angelegt sind und einige Ar, selten mehr als 1 oder 2 Hektar, groß sind. Der Arbeitsaufwand in Achtstundentagen, der zum Anbau von 1 ha mit einer Faserproduktion von 1 t nötig ist, beträgt 93 bis 145 Tage während der Anbauphase, davon 15 bis 30 Tage für den Transport der Stengel zur Röste und 86 bis 116 Tage zur Fasergewinnung, von denen 70 bis 100 für das Auswaschen der Fasern aus den gerösteten Stengeln aufgewendet werden; das führt zu einem Gesamtarbeitsbedarf von 179 bis 261 Tagen. Das Anlegen von Wasserstellen verlangt zusätzliche Arbeit des Bauern, deren Umfang von Art und Menge der Wasserversorgung abhängt (2). Die Anlage agro-industrieller Komplexe von mehreren tausend Hektar in der Umgebung einer Sackwarenfabrik ließ zahlreiche menschliche und technische Probleme sichtbar werden. Um eine Fläche von 1000 ha mit einer Faserproduktion von 1500 bis 1800 t zu bewirtschaften, müssen, unabhängig von der angewandten Technik, von Verwaltungsdiensten und eventuell von Bewässerungsdiensten etwa 17 000 Arbeitstage ständiger Arbeitskräfte bereitgestellt werden, davon 3000 Traktorfahrertage, zusätzlich während 5 oder 6 Monaten 183 000 Tage von Zeitarbeitskräften, dazu eine technische Ausstattung mit etwa 20 Traktoren von 60 PS (ausgerüstet mit 2 Offset-Scheibenpflügen, 2 Häufelpflügen, 3 Sämaschinen, 3 Spritzgestängen, 8 Mähmaschinen, 25 Entrindungsmaschinen, 3 Säuberungsmaschinen, 8 Anhängern, 2 Maschinen zum Geschmeidigmachen der Fasern und 2 Pressen), eine fachkundige Mechanikerwerkstatt und 7 bis 8 Röstebecken mit einem Fassungsvermögen von 1000 m^3 Wasser. Die geringe Verfügbarkeit von Arbeitskräften in der Umgebung großer Ländereien, die sich überdies in der Erntezeit noch verschlechtert, die Kosten und der Unterhalt eines umfangreichen Maschinenparks, begleitet von Organisations- und Koordinationsproblemen bei der Lagerung zwischen Stengelschnitt und Fasergewinnung, haben zu einer Einstellung des Anbaus in Moçambique, Tansania, Benin und der Elfenbeinküste geführt und zu einer Verlangsamung des Projekts im Sudan. Die Nutzung des gesamten Stengels zur Herstellung von Papierpulpe, mit oder ohne Gewinnung der Blätter zu Fütterungszwecken, würde die Anforderungen an Menschen und Material in der landwirtschaftlichen Phase begrenzen (9).

Literatur

1. ADENIJI, M. O. (1970): Reactions of kenaf and roselle varieties to the root-knot nematodes in Nigeria. Plant Dis. Rep. 54, 547–549.
2. BOULANGER, J. (1972): Implantation de la culture des Hibiscus textiles en Centrafrique, au Bénin, en Côte d'Ivoire et au Mali. Cot. Fib. Trop. 27, 311–317.
3. BOULANGER, J. (1977): Classification des Malvales fibres jutières. Cot. Fib. Trop. 32, 285–290.
4. BOULANGER, J., et GRAMAIN, E. (1979): Comportement des Hibiscus textiles dans le sud de la France. Cot. Fib. Trop. 34, 321–327.
5. BOULANGER, J., ZUIJLEN, TH. VAN, DINH-NGOC-YUAN et GRAMAIN, E. (1973): Le désherbage chimique des Hibiscus textiles en Afrique occidentale. Cot. Fib. Trop. 28, 569–576.
6. BOURELY, J. (1980): Ontogénie des fibres textiles de l'*Hibiscus cannabinus* L. (Malvacées). Cot. Fib. Trop. 35, 283–319.
7. BUI-XUAN-NHUAN (1956): Contribution technologique à la production des fibres jutières dans les territoires français d'Outre-Mer. Cot. Fib. Trop. 11, 48–57.
8. CABANGBANG, R. P., and ZABATE, P. Z. (1978): Plant height, capsule formation and seed production of kenaf grown at three fertiliser levels and plant densities. Phil. Agric. 61, 381–385.
9. DEMPSEY, J. M. (1975): Fiber Crops. University Presses of Florida, Gainesville, Florida.
10. FAO (1962–1981): Intergovernmental Group on Jute, Kenaf and Allied Fibres. FAO, Rom.
11. FOLLIN, J. C. (1975, 1977): Le chancre du collet de la roselle (*Hibiscus sabdariffa* var. *altissima* Hort.). Cot. Fib. Trop. 30, 459–463, 32, 241–247.
12. FOLLIN, J. C. (1975): L'anthracnose du kénaf (*Hibiscus sabdariffa* L.). Cot. Fib. Trop. 30, 465–473.
13. FOLLIN, J. C. (1977): Influence de la témperature, de la lumière et de la nutrition minérale sur l'expression de la résistance du kénaf (*Hibiscus cannabinus* L.) a l'anthracnose (*Colletotrichum hibisci* Poll.). Cot. Fib. Trop. 33, 391–398.
14. FOLLIN, J. C. (1981): Analyse des élements de la résistance d'*Hibiscus sabdariffa* L. au chancre (*Phytophthora parasitica* Dast.) dans les lignées F_3 d'un croisement d'une variété à fibres *H. s.* var. *altissima*) avec une variété alimentaire (*H. s.* var. *edulis*). Cot. Fib. Trop. 36, 241–246.
15. FOLLIN, J. C., et SCHWENDIMAN, J. (1974): La résistance du kénaf (*Hibiscus cannabinus* L.) a l'anthracnose (*Colletotrichum hibisci* Poll.). Cot. Fib. Trop. 29, 331–338.
16. LAKSHMINARAYAND, A., MURTY, R. K., RAO, M. R., and RAO, P. A. (1980): Efficiency of nitrogen utilization by roselle and kenaf. Ind. J. Agric. Sci. 50, 244–248.
17. MENZEL, M. Y., and WILSON, D. F. (1969): Genetic relationships in *Hibiscus* sect. *Furcaria*. Brittonia 21, 91–125.

18. NEVINNYCH, V. A. (1966): (Ergebnisse der Selektion von Kuba-Kenaf in den letzten 25 Jahren) (Russisch). Arbeiten des Forschungsinstituts für Landwirtschaft, Bd. 2, 147–156.

19. VINENT, E. (1980): Nueva distancia de siembra en kenaf *(Hibiscus cannabinus)* para la producción de fibras: primer año. Agrotecnia de Cuba 12, 83–88.

20. WILSON, F. D., and MENZEL, M. Y. (1964): Kenaf *(Hibiscus cannabinus)*, roselle *(H. sabdariffa)*. Econ. Bot. 18, 80–91.

21. WILSON, F. D., and MENZEL, M. Y. (1967): Interspecific hybrids between kenaf *(Hibiscus cannabinus)* and roselle *(H. sabdariffa)*. Euphytica 16, 33–34.

10.4 Sisal und Henequen

GEORGE W. LOCK †

Botanisch:	*Agave sisalana* Perr.
Englisch:	sisal
Französisch:	sisal
Spanisch:	sisal

Botanisch:	*Agave fourcroydes* Lem.
Englisch:	henequen, Mexican sisal
Französisch:	henequen
Spanisch:	henequén, yacci

Wirtschaftliche Bedeutung

Die Weltproduktion von Sisal- und Henequenfasern ist seit 1966 erheblich zurückgegangen, vor allem in Afrika, besonders in Tansania, das einmal der größte Produzent war, und in Angola und Moçambique, wo die Produktion praktisch zum Erliegen gekommen ist. Auch die Henequenproduktion in Mexiko beträgt heute weniger als die Hälfte von früher. In den letzten fünf Jahren war der Rückgang der Hartfaserproduktion nicht mehr so groß, nachdem sich das Preisverhältnis zu den konkurrierenden Synthesefasern eingespielt hat (6). Brasilien, der weitaus größte Produzent und Exporteur, hat sein Niveau sogar leicht steigern können; dort ist der Sisalanbau im trockenen Nordosten ein wichtiger Wirtschaftsfaktor (4).

Die Produktions- und Exportzahlen gibt Tab. 102 wieder. Nach dem Vorbild Mexikos und Brasiliens hat nun auch Tansania eine heimische Spinnerei-Industrie entwickelt. Die Jahreseinkünfte aus dem Export der Agavefasern beliefen sich 1979 bis 1981 im Mittel auf 243 Mio. US-$, davon entfielen auf Seilerfertigwaren 132 Mio. US-$ (6). Über den Wert dieser Deviseneinkünfte hinaus liegt die Bedeutung von Sisal und Henequen für die Anbauländer darin, daß beide Arten in trockenen Regionen gedeihen, die kaum für andere Kulturen genutzt werden können.

Während in Ostafrika die Fasern meistens von großen Plantagen gewonnen werden bzw. wurden, liegt das Hauptgewicht der Produktion in Brasilien bei kleinen Bauernbetrieben. Der Anbau von Henequen ist im wesentlichen auf die Halbinsel Yucatan in Mexiko beschränkt, wo die gesamte Faserproduktion von der nationalen Spinnerei-Industrie abgenommen wird.

Die Agave-Fasern werden aus den Blättern gewonnen und nach Länge und Stärke sortiert,

Tab. 102. Sisal- und Henequenproduktion und Export der wichtigsten Erzeugerländer 1983. Nach (5).

Land	Produktion (1000 t)	Export	
		Gesamt (1000 t)	Seilerwaren (%)
Sisal			
Brasilien	162	187	47
Kenia	50	39	1
Tansania	46	46	41
Madagaskar	13	12	2
Henequen			
Mexiko	76	31	100
Welt	399	333	45

weil diese Eigenschaften für die Herstellung von
Garnen, Seilen und Tauen wichtig sind; außerdem
werden sie zur Teppichherstellung verwendet.

Botanik

Die Gattung *Agave*, Familie Agavaceae, stammt
aus dem tropischen Amerika (15). Von den südlichen
USA bis ins nördliche Südamerika kommen
300 Arten vor, von denen mehrere zur
Fasergewinnung genutzt und zum Teil auch angebaut
werden. Sisal und Henequen sind bei
weitem die wichtigsten. Andere dienen der Gewinnung
von Pulque.

Morphologisch sind Sisal und Henequen einander
sehr ähnlich. Bei Sisal besteht die riesige
Rosette aus langen dunklen, blaugrün glänzenden,
lanzettförmigen, starren fleischigen Blättern,
die quirlartig um einen kurzen, gedrungenen
Stamm und seinen endständigen Vegetationspunkt
angeordnet sind (Abb. 291 a). Henequen
hat graugrüne, stachelige Blätter, und seine
Wuchsform ist wegen des längeren Stammes
offener. Bei beiden Arten werden die Blätter
etwa 120 cm lang, sind am Grunde dick und am
oberen Ende zu einem scharfen Stachel zugespitzt.
Sisalblätter haben gewöhnlich einen weichen
Rand oder lediglich verkümmerte Randstacheln.
Die Außenseite ist wachsartig. Ein Blatt
enthält etwa 1100 spitzulaufende Faserbündel
unterschiedlicher Länge, von denen ein Viertel
im Querschnitt halbkreisförmig (Sklerenchym
auf beiden Seiten der Gefäßbündel), drei Viertel

Abb. 292. Sisalpflanzung in Ostafrika. Links Feld in
vollem Ertrag, rechts Feld am Ende der Produktion:
ein Teil der Pflanzen hat bereits Blütenschäfte getrieben.

rund (freie Sklerenchymbündel) und von feinerer
Qualität sind (Abb. 291 b). Die Blätter sind
in Form eines Trichters angeordnet, der den
Regen auffängt, um ihn auf dem Grunde der
Pflanze zu sammeln. Diese Eigenart, in Verbindung
mit den sukkulenten Blättern, ermöglicht
es den Agaven, Trockenzeiten zu überstehen.

Agaven gehören zu den Monokotyledonen, die
stark verholzte Faserwurzeln besitzen. Aus
Knospen am Grunde der Pflanze werden Rhizome
gebildet, aus denen neue Pflanzen entstehen,
sogenannte Wurzelschößlinge (suckers). Diese
können abgetrennt und verpflanzt werden.

Sisal und Henequen sind monokarpe mehrjährige
Pflanzen mit einer Lebensdauer zwischen
sechs und neun Jahren für Sisal und noch länger
für Henequen. Das Alter ist von Umweltbedingungen
und Kulturmaßnahmen abhängig. Jede
Pflanze produziert insgesamt 220 bis 250 Blätter,
d. h. durchschnittlich zwei bis drei neue
Blätter im Monat.

Gegen Ende der vegetativen Phase verlängert
sich der endständige Vegetationspunkt stark
und entwickelt sich zu einem etwa 5 m hohen
Blütenstand, englisch gewöhnlich pole genannt
(Abb. 292). An dem grün-roten Blütenschaft
entstehen lange offene Rispen mit zahlreichen
blaßgrünen Blüten. Meistens werden normale
Blüten mit lebensfähigem Pollen ausgebildet. Bei
A. sisalana fallen die Blüten innerhalb der Bestäubungszeit
ab, was durch die Ausbildung eines
Trennungsgewebes direkt unter dem Fruchtknoten
bedingt wird. Infolgedessen setzt Sisal
selten Samen an, während Henequen fast regelmäßig
Samenkapseln entwickelt. Agavensamen

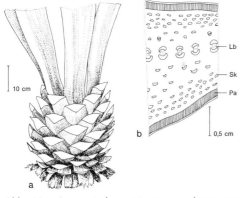

Abb. 291. *Agave sisalana*. (a) unterer, abgeernteter
Teil der Pflanze, (b) schematischer Querschnitt durch
das Blatt; Lb = Leitbündel, Pa = Palisadenparenchym,
Sk = Sklerenchymfaserbündel. (Nach 13)

sind dünn, dreieckig bis rund, schwarz und papierartig.

Kurz nachdem die Blüten abgefallen sind, entwickeln sich in den Achseln der Brakteolen auf den Blütenzweigen Brutknospen („bulbils"), welche schließlich abfallen und Wurzeln schlagen können.

Über Brutknospen und Wurzelschößlinge kommt es bei *A. sisalana* zur vegetativen Vermehrung und damit zur Klonbildung. Die Homogenität eines Klons hat den großen Vorteil, daß eine einheitliche Faserqualität erzielt wird (1, 9, 10, 12).

Ökophysiologie

Sisal ist eine tropische Pflanze, liebt heißes gleichmäßiges Klima und gedeiht am besten nahe dem Äquator. Die mittlere Maximum-Temperatur sollte zwischen 27 und 32 °C liegen, die Minimum-Temperatur möglichst nicht unter 16 °C, da sonst das Wachstum verzögert wird und die Pflanzen zu fleischig werden. Frost würde die Sisalblätter stark schädigen. Der tägliche Temperaturunterschied sollte nicht mehr als 7 bis 10 °C betragen.

Es kann nicht allgemein gesagt werden, die Agave sei eine Pflanze der ariden Gebiete mit großer Trockenheitsresistenz. Obgleich Xerophyten mit CAM-Photosynthese (→ Bd. 3, REHM, S. 96), reagieren die Faser-Agaven günstig auf eine gut verteilte Regenmenge von 1200 bis 1800 mm, weil dadurch die Blattproduktion gefördert wird. Das Wachstum hört während einer langen Trockenperiode auf, doch sterben die Agaven infolge ihrer Sukkulenz nicht ab, wodurch ihr Anbau, klimatisch gesehen, nicht besonders risikoreich ist. Übermäßig nasses Klima beschränkt die Wurzelentwicklung. Damit ist der Sisalanbau für die feuchten Tropen nicht geeignet.

Agaven können stauende Nässe oder versalzene Böden nicht vertragen und gehen unter solchen Bedingungen bald ein. Andererseits paßt sich Sisal einer großen Anzahl von Bodentypen an, jedoch nur, wenn sie locker und gut dräniert sind. Undurchlässige, bei Trockenheit rißbildende, bei Nässe quellende Tonböden (Vertisole) oder verdichtete Böden sind völlig ungeeignet. Sisal bevorzugt nahezu neutrale Böden, die reich an Basen, speziell an Kalzium, sind, wie etwa die Korallenablagerungen oder die aus Kalkstein entstandenen Roterden, Rendzinen, jüngere vulkanische Lehme und viele alluviale Böden. Sisal

wächst aber auch noch auf sauren Böden (pH 5,5 bis 6,0), z.B. auf Oxisolen mit kaolinitischem Tonanteil sowie auf sandigen Böden. Die Fruchtbarkeitsreserven solcher Böden werden unter Sisal schnell verbraucht, so daß Kalken und Düngen nach ein oder zwei Zyklen erforderlich werden. In Yucatan wird Henequen auf flachgründigen Muschelkalkböden mit einem verhältnismäßig hohen Grundwasserstand angebaut. Jedoch beträgt die jährliche Regenmenge nur 600 mm.

Züchtung

Die Grundzahl der Chromosomen bei der Gattung *Agave* beträgt x = 30 (15). *A. sisalana* ist ebenso wie *A. fourcroydes* pentaploid und hat 138 bis 150 Chromosomen. Diese natürlich vorkommenden polyploiden Formen sind durch Bastardierung entstanden.

Versuche, *A. sisalana* durch Züchtung zu verbessern, scheiterten bisher an der polyploiden Konstellation und der Unfruchtbarkeit. Bessere Erfolge wurden bei Kreuzungen und Rückkreuzungen diploider Arten wie *A. amaniensis* Trel. et Nowell und *A. angustifolia* Haw. erzielt (11). Erstere hat die gewünschten Blatt- und Fasereigenschaften, letztere die Faktoren für hohe Blattproduktion. Eine in Tansania entstandene F_2-Hybride, Nr. 11648, hat zufriedenstellende Blatteigenschaften und produziert darüber hinaus mehr als 600 Blätter pro Pflanze vor dem Schossen. Der Ertrag betrug in Versuchen unter intensiven Anbaubedingungen bis zu 62,8 t Faser/ha. Jedoch wird diese Agave durch Käfer geschädigt und ist anfällig gegen *Phytophthora* sp., die Fäule verursacht, besonders unter nassen Bedingungen. Nichtsdestoweniger wird diese Hybride in Tansania in wirtschaftlich bedeutsamem Ausmaß angebaut. Sie liefert dort etwa 15 % der Faserproduktion und gilt als wirtschaftlich günstiger als *A. sisalana*. Auch in Südafrika, Brasilien und Mexiko wurde sie eingeführt (11).

Anbau

Die *Vermehrung* durch Brutknospen und Wurzelschößlinge ist einfach. Die Fasererträge sind bei Brutknospen wie bei Wurzelschößlingen gleich, da ihre Erbanlagen identisch sind. Meist sind Brutknospen schwach ausgebildeten Wurzelschößlingen vorzuziehen, weil sie gleichmäßiger sind und mehr Blätter haben, wodurch sie eine schnellere Entwicklung während des Jugendstadiums gewährleisten.

Brutknospen sollen nur von Elternpflanzen genommen werden, die keine Randstacheln besitzen. Die kleinen Knospen unter 10 cm sind zu verwerfen. Baldiges Pflanzen in wohlvorbereitete Anzuchtbeete ist erforderlich. Die Gesamtzahl soll 80 000 Pflanzen/ha nicht übersteigen, um zu dichten Stand und Lichtmangel zu vermeiden. Eine brauchbare Pflanzweite ist 50×25 cm. Chemische Unkrautbekämpfung ist bei der Pflege der Pflanzgärten eine große Hilfe.

Das Düngen der Brutknospen-Anzuchtbeete mit verrottetem Sisalabfall (Blattpulpe) ist sehr vorteilhaft. Manchmal ist eine zusätzliche Kalkung oder Kalidüngung notwendig. Auch eine Beregnung während trockener Perioden ist anzuraten. Nach einem Jahr sollen die jungen Pflanzen eine Höhe von 35 bis 40 cm, einen entsprechend starken Stamm und ein Gewicht von etwa 1 kg erreicht haben. In diesem Stadium können sie herausgenommen und durch Zurückschneiden der Wurzeln bis nahe an den Stamm sowie Entfernen der untersten, spröden Blätter zum Verpflanzen fertiggemacht werden.

1200 bis 2000 ha Sisal sind notwendig, um genügend Blattmaterial für eine Entfaserungsmaschine (decorticator) mit einer Kapazität von 1500 t Trockenfaser pro Jahr zu liefern. Dies gilt als eine „wirtschaftliche Einheit". Um die jeweils notwendigen Blattmengen sicherzustellen, sind pro Einheit jährlich 120 bis 200 ha überalterter Pflanzungen zu ersetzen.

Jungfräuliches Land mit Busch oder lichtem Waldbestand kann in Handarbeit oder mit Maschinen gerodet werden. Danach ist der Boden kreuz und quer aufzureißen, um alles Wurzelwerk zu entfernen, und dann mit einem schweren Scheibenpflug zu pflügen. Übermäßige Störung der Krume und zu tiefes Pflügen sollten vermieden werden. Eine rauhe, klumpige Oberfläche genügt für die Sisalpflanzung.

Die einfachste Art, alte Sisalfelder umzubrechen, ist der Einsatz eines Strauchbrechers, der die Pflanzen niederwalzt. Ein Jahr später sind die zerstörten Stämme verrottet und können untergepflügt werden. Buschbrache ist nicht in der Lage, die Bodenfruchtbarkeit wiederherzustellen.

Die Höhe der Düngergaben richtet sich nach den natürlichen Standortverhältnissen und nach dem Alter der Pflanzung. Auf sauren Böden (pH 5,0

und weniger) sollten 5 t Kalk/ha zu einem Anbauzyklus gegeben werden. Stickstoff kann in einer Höhe von 100 kg/ha und Jahr während der ersten drei Jahre gegeben werden; u. U. ist es vorteilhafter, an Stelle von Stickstoffdüngung die Abstände zwischen den Doppelreihen mit einer Leguminosendeckfrucht zu bepflanzen. Die Phosphor-Ansprüche der Pflanze sind relativ gering; es genügt, 100 kg/ha zum Zeitpunkt des Pflanzens zu geben, um die Bewurzelung zu fördern. Kali ist nur auf K-Mangelböden und dann in Mengen von etwa 250 kg/ha über fünf Jahre verteilt notwendig. In ausgelaugten Böden kann Sisal an Mangelkrankheiten leiden, die unterschiedliche Blattsymptome hervorrufen. Die wichtigste ist die Streifen-Krankheit (banding disease), die durch Kali-Mangel verursacht wird und leicht durch K-Düngung beseitigt werden kann. Andere Symptome werden durch Mangel an Stickstoff, Phosphor, Magnesium oder Bor bedingt, aber auch durch die Aufnahme von Schwermetallen wie Kobalt in toxischen Mengen.

Sisal wird im allgemeinen von Hand in langen, rechteckigen Blöcken von 10 ha gepflanzt. Die Pflanzen sollen fest, jedoch nicht zu tief in den Boden eingesetzt werden.

Die Pflanzweite bei Sisal ist umstritten. Zunächst ist zu entscheiden, ob Einzelreihen- oder Doppelreihenpflanzung vorzunehmen ist, wobei zu bedenken ist, daß jede Pflanzart ihre Vor- und Nachteile hat. Zum Beispiel ergeben Abstände von $2,50 \times 0,80$ m in Einzelreihen oder $4,00 + 1,00 \times 0,80$ m in Doppelreihen jeweils eine Pflanzenzahl von 5000/ha. Sisal in Einzelreihen ist einfacher zu schneiden, dagegen ist bei Doppelreihen jederzeit eine mechanische Bearbeitung, Schädlingsbekämpfung und Zwischenpflanzung von Deckpflanzen möglich (8, 14). Auf fruchtbarem Boden wird der Faserertrag stärker von der Pflanzenanzahl als von der -anordnung bestimmt. Eine Pflanzenanzahl zwischen 4000 bis 6000 je ha ist je nach den ökologischen Verhältnissen optimal (14).

Unkraut kann die Sisalagave besonders im Jugendstadium schädigen, später weniger, und dann kann es durch Fräsen vernichtet werden. Nach dem ersten Schneiden – gewöhnlich zwei oder drei Jahre nach dem Pflanzen – ist das Entfernen der Wurzelschößlinge notwendig.

Leguminosen sind als Deckpflanzen zwischen die Doppelreihen zu säen. Sie bewirken eine

Abb. 293. Geschnittener und gebündelter Sisal wird auf Lastwagen verladen (Ostafrika).

Nährstoff- und Bodenverbesserung. Tropical Kudzu (*Pueraria phaseoloides,* → CAESAR, Kap. 14) bewährt sich in Gegenden mit reichlichem Niederschlag, während kurzlebige, sich selbst aussamende Formen wie *Mucuna*-Arten in trockenen Gegenden bevorzugt werden (8).

Ernte

Sisalblätter werden in Handarbeit dicht am Stamm abgeschnitten (Abb. 293); eine maschinelle Ernte ist nicht möglich (2). Der Schnitter entfernt auch den endständigen Stachel. Die Standardmenge betrug viele Jahre lang 2700 Blätter pro Arbeiter und Tag, wobei Bündelung und Transport an die Straße oder Feldbahnlinie einbezogen sind (Abb. 293).

Mit dem Schnitt kann bei einer Pflanzenhöhe von 1,5 m begonnen werden, d.h. je nach Wachstum zwei bis drei Jahre nach dem Auspflanzen. In kühleren Klimagebieten kann es auch vier Jahre dauern. Verspäteter Schnittbeginn hat Ernteverluste zur Folge, die Blattanzahl

liegt niedriger, der Faseranteil wird geringer und früheres Schossen tritt ein. Das Schneiden wird etwa in Abständen von 9 bis 15 Monaten wiederholt. Die Dauer der Zyklen wirkt sich in keiner Weise auf die Fasererträge aus.

Eine zu starke Entblätterung der Sisalpflanze kann schwerwiegende Folgen haben. Es wird empfohlen, beim Schneiden 20 bis 25 Blätter an der Pflanze zu belassen.

Der Faseranteil von 10 bis 30 g je Blatt erhöht sich mit dem Alter der Sisalpflanze. Die Blattlänge nimmt bis zum dritten Jahr zu, von dann ab bleibt sie konstant, bis sie kurz vor dem Schossen stark zurückgeht (Tab. 103).

Schädlinge und Krankheiten

Bei den Faseragaven kommen nur wenige Schädlinge und Krankheiten vor. Der wichtigste Schädling ist der Sisalrüßler *(Scyphophorus interstitialis),* wenngleich er nur in bestimmten Gegenden endemisch ist. Junge, frisch verpflanzte Pflanzen werden durch Larvenfraß zerstört,

Tab. 103. Fasererträge von Sisal auf einem Boden mittlerer Fruchtbarkeit bei einer jährlichen Regenmenge von 900 mm mit zwei Regenzeiten. Nach (10).

Schnitt	1.	2.	3.	4.	5.	6.	Total
Anzahl der Blätter[a]	100	125	150	175	200	225	225
Anzahl der pro Pflanze geschnittenen Blätter	40	25	25	25	25	20	160
Faserertrag t/ha	0,8	1,5	2,0	3,0	2,7	2,0	12,0
Faseranteil in %	2,2	3,0	3,5	4,2	5,0	4,5	

[a] Zahl der Blätter, die seit dem Verpflanzen gewachsen sind

aber Spritzen oder Stäuben mit Kontaktinsektiziden gibt einen wirkungsvollen Schutz. Die ausgewachsenen Käfer fressen an den weißen, weichen Geweben am Grunde der wachsenden Blätter großer Sisalpflanzen und zerstören damit die äußeren Fasern. Phytosanitäre Maßnahmen und Zerstörung der Brutplätze sind die besten Kontrollmaßnahmen. Schildläuse (*Aonidiella* sp.) können einzelne Pflanzen befallen, ohne jedoch Schaden anzurichten.

Stengelfäule, hervorgerufen durch den Pilz *Aspergillus niger*, der durch Wundstellen eindringt, tritt bei nassen Witterungsbedingungen auf oder in Gegenden, wo Sisal auf schlecht dränierten oder Calcium-armen Böden angebaut wird. Phytophthora schädigt nur die Agavenhybriden.

Plötzliche Wetteränderungen sind geeignet, „Sonnenbrand" an den Sisalblättern hervorzurufen, während man annimmt, daß „parallel streak" von einem Virus in Verbindung mit niedrigen Temperaturen herrührt (3).

Wilde Tiere beschädigen Sisal durch Abbrechen der wachsenden Blätter und Fraß an den sukkulenten Geweben.

Verarbeitung

Ausgedehnte Sisalproduktion verlangt eine zentral gelegene Aufbereitungsanlage. Kleine Erzeuger benutzen Raspadoren (Quetschmaschinen mit Handbeschickung), doch ist diese Methode arbeitsaufwendig und primitiv.

Sisalblätter werden mit Feldbahnen oder auf Straßen zur Fabrik befördert. In der Entfaserungsanlage werden die Bündel geöffnet, die fehlerhaften Blätter aussortiert und die anderen einer Maschine zugeführt, wo sie von einer Anzahl endloser Bänder erfaßt und in hochtourige Schwingtrommeln weiterbefördert werden. Hier wird die Blattpulpe abgeschabt, und die Fasern, die sofort durch einen Wasserstrahl gewaschen werden, werden freigelegt. Die nassen weißen Faserstränge werden auf Leinen in der Sonne getrocknet, sofern nicht künstliche Trocknung angewandt wird. Der Ausstoß einer großen Anlage beträgt 500 kg Trockenfaser pro Stunde.

Nach dem Abtrocknen werden die steifen, verklebten Faserbündel eingesammelt, in Strähnen gebunden und „gebürstet" oder in Maschinen geschlagen, wodurch die reine Faser freigelegt und anhaftende parenchymatische Teile entfernt werden. Nach der Sortierung werden die Stränge in Kisten verpackt, bevor sie für den Export in Ballen gepreßt werden, wobei auf 1 t vier Ballen kommen.

Als Nebenprodukte der Sisalverarbeitung fallen in großen Mengen „Bagasse" oder „Pulp" an. Sie dienen als Düngemittel, werden aber auch verfüttert; durch Silierung können sie leicht haltbar gemacht werden (7).

Literatur

1. BERGER, J. (1969): The World's Major Fibre Crops. Their Cultivation and Manuring. Centre d'Étude de l'Azote, Zürich.
2. BHANDARI, V. K., MAJAJA, B. A., and SHINE, S. J. (1984): Mechanical Sisal Harvester Units. Amer. Soc. Agric. Engineers, Paper No. 84-1538.
3. BOCK, K. R., and PINKERTON, A. (1963): Parallel Streak of Sisal. Kenya Sisal Board, Bull. No. 44–46.
4. DROUVOT, H., FREY, J. P., et RETOUR, D. (1984): L'Économie du Sisal dans le Nordeste Brésilien. Diagnostic et Perspectives. Université de Grenoble II, Grenoble, Frankreich.
5. FAO (1984): Statistics on Sisal and Henequen, 1979–1984. Intergov. Group on Hard Fibres, 19th Session. FAO, Rom.
6. FAO (1984): Agricultural Raw Materials: Competition with Synthetic Substitutes. Econ. and Social Devel. Paper 48. FAO, Rom.

7. HARRISON, D. G. (1984): Sisal by-products as feed for ruminants. World Animal Rev. 49, 25–31.
8. HOPKINSON, D. (1967): Studies on the Use of Leguminous Cover Crops for the Maintenance of Soil Fertility in Sisal in Tanganyika. Tanganyika Sisal Grower's Association, Sisal Res. Sta. Bull.
9. KIRBY, R. H. (1963): Vegetable Fibres. Leonard Hill, London.
10. LOCK, G. W. (1969): Sisal. 2nd ed. Longmans, London.
11. OSBORNE, J. F., and SINGH, D. P. (1980): Sisal and Other Long Fibre Agaves. Hybridization of Crop Plants. Amer. Soc. Agron., Madison, USA.
12. PURSEGLOVE, J. W. (1972): Tropical Crops. Monocotyledons. 2 vols. Longmans, London.
13. REHM, S., und ESPIG, G. (1984): Die Kulturpflanzen der Tropen und Subtropen. 2. Aufl. Ulmer, Stuttgart.
14. RICHARDSON, F. E. (1966): Plant Population and Field Spacing. Kenya Sisal Board, Bull. No. 57.
15. WIENK, J. F., and S'CHENDELLAAN, A. VAN (1976): Sisal and its relatives. Agave (Agavaceae-Agaveae). In: SIMMONDS, N. W. (ed.): Evolution of Crop Plants, 1–4. Longman, London.

10.5   Weitere Faserpflanzen

SIGMUND REHM

Außer den ausführlich behandelten Pflanzen werden in den Entwicklungsländern hunderte anderer Arten zur Fasergewinnung genutzt (12). Von diesen spielen im Welthandel nur Kokosfaser (Cocos nucifera → SATYABALAN, Kap. 3.2), und Abacá oder Manilahanf (Musa textilis Née) eine nennenswerte Rolle (Tab. 104). Beide sind Hartfasern, die aus Blattorganen gewonnen werden, bei der Kokospalme aus dem Mesokarp der Fruchtblätter, bei Abacá aus dem von den Blattstielen gebildeten Scheinstamm. Die Hauptproduzenten von Kokosfaser sind Indien und Sri Lanka. Der Exportmarkt von Abacá wird von den Philippinen und Ecuador beliefert. Die exportierte Abacá-Faser wird ganz überwiegend für hochwertige Papiere verwendet, lokal werden aus ihr auch Seilerwaren hergestellt, neben verschiedenen Handarbeitsartikeln (2, 12, 16). Im folgenden können nur die wichtigsten der lokal verwendeten bzw. in kleinem Umfang exportierten Faserpflanzen genannt werden.

Haarfasern

Ceiba pentandra (L.) Gaertn. und Bombax ceiba L. (Salmalia malabarica (DC.) Schott et Endl.), Familie Bombacaceae, liefern Kapok, der aus den langen, einzelligen Haaren an der Innenseite der Fruchtwand besteht. Wegen ihrer dünnen Wand und ihres großen Lumens sind die Fasern nicht spinnbar und können nur als Polstermaterial für Matratzen und zur Füllung von Kissen gebraucht werden. Die Ausfuhr spielt eine ganz geringe Rolle. C. pentandra kommt im tropischen Amerika und Afrika vor, B. ceiba wird hauptsächlich in Indien und Südostasien angebaut (2, 3, 17).

Bastfasern

Die beiden überwiegend in der gemäßigten Zone angebauten Arten Hanf (Cannabis sativa L., Cannabidaceae) und Flachs (Linum usitatissi-

Tab. 104. Export (1000 t) von Kokosfaser und Abacá aus den Erzeugerländern 1983. Nach (7, 8).

Land	Faser (1000 t)	Verarbeitete Produkte (1000 t)	Gesamt (1000 t)
Kokosfaser			
Sri Lanka	78,7	2,5	81,2
Indien	0,1	29,8	29,9
Thailand	4,5	0,1	4,6
Andere Länder	1,0	–	1,0
Zusammen	84,3	32,4	116,7
Abacá			
Philippinen	30,0	22,0	52,0
Ecuador	10,0	0,3	10,3
Zusammen	40,0	22,3	62,3

mum L., Linaceae) werden auch in einigen Entwicklungsländern angebaut, Hanf vor allem in
China, Indien und den Balkanländern, Flachs
(neben seinem wichtigeren Anbau als Ölpflanze,
→ REHM, Kap. 3.11) besonders in China und
Ägypten. Die Produktion beider Fasern geht
weltweit zurück (2, 3, 4, 9).

Eine große Zahl von Faserpflanzen gehört zu
den Malvaceen; von ihnen werden *Abutilon the-
ophrasti* Medik., Chinesische Jute, in Indien,
China und der UdSSR, und *Urena lobata* L.,
Kongojute, in Asien, Afrika und Südamerika
(größter Produzent Brasilien mit 50 000 t) in
erheblichem Umfang angebaut. Alle Malvaceen-
Arten stellen relativ geringe Anforderungen an
Boden und Wasser. Die meisten kommen auch
als Unkraut vor. Ihre Fasern haben ähnliche
Eigenschaften wie Jute (Namen!). Andere Gattungen, deren Arten zur Fasergewinnung genutzt werden, sind *Malachra* und *Sida* (3, 4).

Von den faserliefernden Leguminosen ist nur
Crotalaria juncea L., San-Hanf, engl. sun oder
sunn hemp, von größerer Bedeutung. Er ist eine
alte Faserpflanze Indiens, das heute noch jährlich 60 000 bis 70 000 t produziert. Außerhalb
Indiens und Bangladeshs hat nur Brasilien eine
regelmäßige Produktion von etwa 8000 t; dort
wird die Faser für Zigarettenpapier gebraucht,
in Indien für Garne, Fischnetze und grobes
Tuch. *C. juncea* ist daneben eine der besten
Gründüngungspflanzen für tropische und subtropische Sommerregengebiete (→ CAESAR, Kap.
14) (3, 4, 5).

Ramie, *Boehmeria nivea* (L.) Gaud., hat trotz
der besonderen Eigenschaften der Faser (Feinheit, Stärke, gute Spinnbarkeit) und des leichten
Anbaus nie größere Bedeutung erlangt. Gründe
hierfür sind ihr hoher Anspruch an Bodenfruchtbarkeit, die Schwierigkeit der Fasergewinnung
und die Konkurrenz der Synthesefasern. Im Heimatgebiet China soll die Produktion bis zu
100 000 t betragen; außerhalb Chinas sind Brasilien, Südkorea und die Philippinen Produzenten, freilich nur in kleinem Umfang. Auf dem
Weltmarkt spielt Ramie kaum mehr eine Rolle.
In manchen Ländern ist Ramie eine geschätzte
und ertragreiche Futterpflanze (2, 4, 10, 11, 13).

Blattfasern

Zur Gattung *Agave* gehören außer Sisal und
Henequen (→ LOCK, Kap. 10.4) mehrere weitere
faserliefernde Arten: *A. cantala* Roxb., cantala,

auf den Philippinen, *A. lecheguilla* Torr., tula
istle, Tampicofaser, in Nordmexiko (harte Faser
für Bürsten), *A. letonae* F. W. Taylor, Salvador-
Henequen, in El Salvador in erheblichem Umfang angebaut, und *A. xylonacantha* Salm-
Dyck, ixtle de jaumave, deren Faser für Bürsten
und Pinsel in Mexiko benutzt wird. Andere faserliefernde Gattungen der Familie Agavaceae
sind *Furcraea*, *Phormium* und *Samuela*. *Furcraea cabuya* Trel., cabuya, wird in Mittel- und
Südamerika für Garne und Seilerwaren genutzt,
F. foetida (L.) Haw., Mauritiushanf, wird nur
noch in geringem Umfang angebaut, und *F.
macrophylla* (Hook.) Bak., fique, ist die wichtigste Hartfaserpflanze Kolumbiens (Produktion
30 000 bis 40 000 t), deren Faser hauptsächlich
für Kaffee- und Zuckersäcke verwendet wird.
Phormium tenax J. R. et G. Forst., Neuseeland-
flachs, liefert eine gute, juteähnliche Faser; wegen hoher Ansprüche an Boden und Klima wird
die Art nur noch wenig in Südafrika, Argentinien und Chile (Gesamtproduktion 10 000 t)
angebaut. *Samuela carnerosana* Trel., palma ixtle, liefert in Mexiko eine gute Faser für Pinsel
und Seilerwaren (1, 6, 12, 14, 17).

Eine weitere Familie mit faserliefernden Arten
sind die Bromeliaceen. Ihre Fasern werden nur
lokal genutzt, so auch die Blattfaser der Ananas
(→ LÜDDERS, Kap. 5.4). Besonders zu erwähnen
ist *Neoglaziovia variegata* (Arr. Cam.) Mez, die
caroá der nordostbrasilianischen Caatinga, die
im Habitus an Sisal erinnert; ihre Blattfasern
werden für grobe Stoffe, Matten und Taschen
gebraucht (12, 15).

Eine große Zahl von Palmen liefert aus Blattspreite, -mittelrippe oder -basis lokal genutzte
Fasern. Für den Export spielt in Brasilien die
Piassavefaser von *Attalea funifera* Mart. und
von *Leopoldinia piassaba* Wallace eine gewisse
Rolle; sie besteht aus den Gefäßbündeln der
Blattscheiden und wird für harte Besen gebraucht. Zu nennen sind ferner *Chamaerops
humilis* L., die Zwergpalme des Mittelmeergebietes (Algerien, Marokko), deren grobe Blattfaser („vegetabilisches Roßhaar") als Polstermaterial verwendet wird, *Raphia* spp. (*R. farinifera*
(Gaertn.) Hyl. von Madagaskar und *R. hookeri*
Mann et Wendl. aus Westafrika), deren Blatt-
oberhaut den in der Gärtnerei und für Flechtwerk genutzten Raphiabast liefert, und *Trachy-
carpus fortunei* (Hook.) H. Wendl., die ostasia-
tische Hanfpalme (engl. windmill palm), die zur

Gewinnung ihrer vielseitig verwendbaren Faser oft angepflanzt wird (3, 12, 15).

Eine Behandlung der Faserpflanzen wäre unvollständig ohne einen Hinweis auf die Arten, welche keine extrahierbare Faser liefern, die aber wegen ihres Fasergehaltes vor allem zur Papierherstellung, aber auch als Flecht- und Bindematerial genutzt werden. Dazu gehören verschiedene asiatische Bambusarten, vor allem *Bambusa vulgaris* Schrad. ex J. C. Wendl., Espartogras (*Lygeum spartum* Loefl. ex L.) und Halfagras (*Stipa tenacissima* L.) aus Nordafrika, die verschiedenen südostasiatischen *Calamus*-Arten (Palmae), die Rattan- und Peddigrohr liefern, *Carludovica palmata* Ruiz et Pav. (Cyclanthaceae) aus Mittelamerika, deren Blätter für Panamahüte und anderes Flechtwerk genutzt werden, und die zahlreichen *Pandanus*-Arten (Pandanaceae), deren Blätter in Afrika, besonders aber in Südostasien und im pazifischen Raum als Flechtmaterial gebraucht werden (3, 12, 17).

Literatur

1. BEMELMANS, J. (1957): *Phormium tenax* Foster. Culture et industrialisation. Ann. Geml. (Brüssel) 63, 211–239, 297–322.
2. BERGER, J. (1969): The World's Major Fibre Crops. Their Cultivation and Manuring. Centre d'Etude de l'Azote, Zürich.
3. COUNCIL OF SCIENTIFIC AND INDUSTRIAL RESEARCH (1948–1976): The Wealth of India. Raw Materials. 11 vols. Publications and Information Directorate, C.S.I.R., New Delhi.
4. DEMPSEY, J. M. (1975): Fiber Crops. Univ. Florida Presses, Gainsville, Florida.
5. DUKE, J. A. (1981): Handbook of Legumes of World Economic Importance. Plenum Press, New York.
6. FAO (1984): Statistics on Sisal and Henequen. Intergov. Group on Hard Fibres, 19th Session. Fao, Rom.
7. FAO (1984): Coir Statistics, 1979–84. Intergov. Group on Hard Fibres. FAO, Rom.
8. FAO (1984): Statistics on Abaca, 1979–84. Intergov. Group on Hard Fibres. FAO, Rom.
9. FAO (1986): Production Yearbook, Vol, 39. FAO, Rom.
10. GREENHALGH, P. (1979): Ramie fibre: production, trade and markets, Trop. Sci. 21, 1–9.
11. JARMAN, C. G., CANNING, A. J., and MYKOLUK, S. (1978): Cultivation, extraction and processing of ramie fibre: a review. Trop. Sci. 20, 91–116.
12. KIRBY, R. H. (1963): Vegetable Fibres. Leonard Hill, London.
13. MACHIN, D. H. (1977): Ramie as an animal feed: a review. Trop. Sci. 19, 187–195.
14. PEREZ, J. A. (1974): El Fique. Compañia de Empaques, Medellin, Kolumbien.
15. RIZZINI, C. T., e MORS, W. B. (1976): Botânica Econômica Brasileira. Ed. Pedagógica e Universitária, São Paulo.
16. TROPICAL PRODUCTS INSTITUTE (1980): Abaca for Papermaking: an Atlas of Micrographs. G 136, Trop. Prod. Inst., London.
17. WILLIAMS, L. O. (1981): The Useful Plants of Central America. Ceiba 24 (1–4), 1–381.

11 Kautschuk

Marius Wessel

11.1 Hevea

Botanisch:	*Hevea brasiliensis* (H. B. K.) Muell. Arg.
Englisch:	hevea, rubber tree
Französisch:	hévéa, caoutchouc
Spanisch:	hevea, cauchotero

Wirtschaftliche Bedeutung

Produktion und Anbaugebiete: Die Weltproduktion von Naturkautschuk beträgt über 4 Mio. t (5) mit einem jährlichen Bruttowert von mehr als 3 Mrd. US-$. Praktisch der gesamte erzeugte Kautschuk gelangt in den Handel (8). Den größten Anteil des Naturkautschuks liefert *Hevea brasiliensis*, weniger als 1 % stammt von anderen kautschukproduzierenden Pflanzen. Die ursprüngliche Heimat von Hevea ist Brasilien. Im Jahre 1876 sammelte Henry Wickham annähernd 70 000 Samen aus der Nähe von Boim – zwischen dem Rio Tapajós und dem Rio Madeira – und verschiffte sie nach England. Von dort wurden über 2000 Sämlinge nach Südostasien versandt, wo sich heute die wichtigsten Anbauländer für Hevea befinden (Tab. 105).

Tab. 105. Produktion und Haupterzeugergebiete von Naturkautschuk, 1983. Nach (5).

Gebiet	Produktion (1000 t)
Welt	4032
Asien	3771
Malaysia	1562
Indonesien	997
Thailand	587
Sri Lanka	140
Afrika	203
Südamerika	43

In Afrika begann man in den zwanziger Jahren dieses Jahrhunderts in Liberia mit einer kleinen, jedoch strategisch bedeutenden Kautschukindustrie. Später wurde Hevea auch in anderen westafrikanischen Ländern angebaut. Da die Klimabedingungen jedoch nicht optimal waren und die technischen bzw. räumlichen Voraussetzungen fehlten, konnte sich außer in Liberia und Elfenbeinküste keine Kautschukproduktion im großen Maßstab entwickeln. Versuche, große Kautschukplantagen in Südamerika anzulegen, schlugen fehl wegen der südamerikanischen Blattkrankheit (South American Leaf Blight, SALB), hervorgerufen durch *Microcyclus ulei*.

Zu den Entwicklungen der Kautschukproduktion haben Plantagen und mit ihnen verbundene Forschungsorganisationen in großem Maße beigetragen. Durch Selektion, Züchtung und verbesserte Anbau- und Zapftechniken konnten die Erträge der Plantagen binnen 50 Jahren von 500 kg auf 1800 kg pro ha gesteigert werden. Die bedeutendste Gruppe der Kautschukproduzenten sind jedoch Kleinbetriebe, die mehr als ¾ der 6,90 Mio. ha Weltanbaufläche von Hevea 1978 bearbeiteten (8). Diese Kleinbetriebe stellen ca. 1,5 Mio. Produktionseinheiten dar. Von der gesamten Naturkautschukproduktion leben 12 Mio. Menschen. In Thailand werden mehr als 95 % des Hevea-Anbaus von Kleinbauern betrieben. In Indonesien sind es ungefähr 80 % und in Malaysia 65 %. Kautschuk ist eine besonders günstige Baumkultur für Kleinbauern. Das Zapfen sorgt für ganzjährige Beschäftigung und regelmäßiges Einkommen. Es kann jedoch unterbrochen werden, um anderen anfallenden Erntearbeiten nachzugehen. Die Verarbeitung des Latex auf der Farm ist einfach und erfordert keine großen Investitionen.

Verwendung des Naturkautschuks. Ungefähr 65 % der gesamten Kautschukproduktion (synthetischer und Naturkautschuk) werden im Kraftfahrzeugbau gebraucht, besonders für Reifen. Obwohl der Naturkautschuk durch den synthetischen Kautschuk in erheblichem Umfang ersetzt werden kann, eignet er sich besser für die Bereifung von Flugzeugen und Lastfahrzeugen, für Gürtelreifen, für die Latexprodukte und Klebstoffe. Allgemein läßt sich feststellen, daß Naturkautschuk für 70 % des Gesamtmarktes technisch geeignet ist. Ökonomische und marktbezogene Faktoren verringern jedoch den gegenwärtigen Marktanteil auf ungefähr 30 % (8).

Zukunftsaussichten. Die Weltbank schätzt in einem kürzlich erschienenen Sector Policy Paper, daß die Nachfrage nach Kautschuk in den Jahren 1980 bis 2000 um jährlich ca. 4,8 % steigen wird, von gegenwärtig ca. 13 Mio. t auf 33,5 Mio. t am Ende des Jahrhunderts (8). Derselbe Bericht besagt, daß die rapide Ölpreiserhöhung während der letzten Jahre die Konkurrenzfähigkeit des Naturkautschuks gegenüber dem synthetischen wesentlich verbessert hat.

Es fragt sich, ob die Naturkautschukindustrie sich verbesserten Marktsituationen genügend anpassen kann. Resultate verschiedener Versuchsstationen und gut geführter Plantagen beweisen, daß eine weitere Steigerung der Kautschukerträge durchaus möglich ist. Dies trifft besonders für die Kleinbetriebe zu, deren Erträge sehr niedrig sind, oft nur um 400 kg/ha. Um höhere Erträge zu erzielen, müssen verbesserte Anbau- und Zapfmethoden weiterentwickelt und angewendet werden, die besonders für Kleinbetriebe geeignet sind. Da ungefähr 50 % des Baumbestandes der Kleinbetriebe aus alten, unproduktiven Hevea-Bäumen bestehen, müßten Neuanpflanzungen in großem Ausmaß erfolgen. Auch verbesserte Verarbeitungs- und Vermarktungssysteme sind notwendig. Diese Fakten zeigen, daß beträchtliche Anstrengungen zur Stärkung der Naturkautschukindustrie gemacht werden müssen, ehe sie von der günstigen langfristigen Weltmarktlage profitieren kann.

Botanik

Taxonomie und Verbreitung. Das Genus *Hevea* gehört zur Familie der Euphorbiaceae und umfaßt neun Arten. Nur *H. brasiliensis* wird für kommerzielle Zwecke angebaut. Mehrere Arten sind interessant wegen ihrer Resistenz gegen SALB (*H. benthamiana* Muell. Arg.) *H. guianensis* Aubl., *H. pauciflora* (Spruce) Muell. Arg., *H. spruceana* (Benth.) Muell. Arg.) (24). Alle neun Arten kommen in Brasilien vor, sechs in Kolumbien, fünf in Peru und Venezuela, zwei in Bolivien, Guyana und Surinam, eine in Französisch-Guyana und Ecuador (10). Die Chromosomenanzahl der Haupttheveaarten ist $2n = 36$ (6).

Morphologie. H. brasiliensis ist ein schnellwachsender Baum, der in Plantagen eine Höhe von etwa 15 m erreicht, wildwachsende Bäume können jedoch über 40 m hoch werden. Die Stämme der Sämlingsbäume verjüngen sich nach oben und sind kegelförmig. Veredelte Bäume haben einen fast zylindrischen Stamm. Nur wenn Knospen vom unteren Teil des Stammes junger Sämlinge entnommen werden, haben die daraus resultierenden Jungpflanzen einen konischen Stamm*. Die äußere Rinde ist gewöhnlich glatt und grünlich-braun bis grau. Die Äste entwickeln sich ab einer Höhe von 2,5 m. Sämlinge (also auch Sämlings-Unterlagen veredelter Pflanzen) haben eine lange, gut entwickelte Pfahlwurzel mit langen Seitenwurzeln. Dem Wurzelsystem durch Stecklinge und Markottieren gewonnener Jungpflanzen fehlt gewöhnlich die zentrale Pfahlwurzel, und sie werden leicht vom Wind umgerissen; deshalb werden sie nicht im kommerziellen Anbau verwendet.

Die dreiteiligen Blätter sind spiralförmig angeordnet. Die ältesten Blätter eines Austriebs sind größer und haben längere Blattstiele als die am Ende des Austriebs gebildeten. Die Fiederblätter sind kurzgestielt. Junge Blätter sind bronzefarben und werden beim Hartwerden grün.

Die Blüten werden an flaumig behaarten Rispen gebildet. Sie entwickeln sich saisonal (gewöhnlich nach dem Blattabwurf) in den Achseln der Blätter an neuen Trieben, hauptsächlich am Ende der Äste. Die Blüten sind klein, unisexuell und von grünlicher oder gelblichweißer Farbe. Die männlichen Blüten sind kleiner und zahlreicher als die weiblichen. Die Klone können im Verhältnis männlicher zu weiblichen Blüten erheblich variieren.

Die reife Frucht ist eine große dreifächrige Kapsel, die drei walnußgroße Samen enthält, umgeben von einer dicken grauen oder blaßbraunen Samenschale mit unregelmäßigen dunkelbraunen Linien oder Flecken. Diese für jeden Mutterbaum spezifische Zeichnung kann zur Identifizierung der Samen verschiedener Klone benutzt werden.

Anatomie des Stammes. Die Rinde besteht außen aus Korkschichten und einem Korkkambium. Nach innen folgt die harte Rinde mit Steinzellen, Parenchym, kollabierten Siebröhren

---

* Veredelte Pflanzen mit einem konischen Stamm nennt man „jugendlicher Typ" oder J. T. buddings; die mit der zylindrischen Form „reifer Typ" oder M. T. buddings.

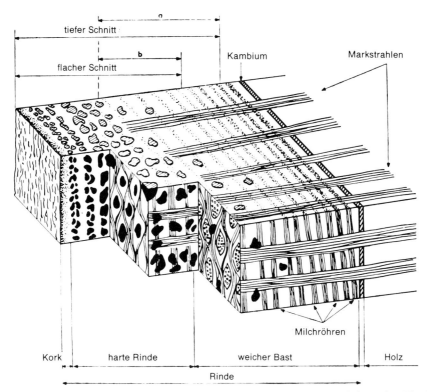

Abb. 294. Dreidimensionales Diagramm der Rinde von Hevea. a) Produktiver Bereich bei tiefem Einschnitt, b) produktiver Bereich bei flachem Einschnitt (Quelle: Revue Générale du Caoutchouc 1961, 38, S. 696, Fig. 2).

und einigen Milchröhren, dann der weiche Bast mit Parenchymzellen, vertikalen Reihen von Siebröhren, einigen Markstrahlen und Milchröhren (Abb. 294).

Die letzteren gehen aus Kambiumzellen hervor, die durch Auflösung der Querwände in der Längsrichtung verschmelzen (gegliederte Milchröhren). Sie werden periodisch in konzentrischen Zylindern, die im Querschnitt als Ringe erscheinen, gebildet. In jedem Zylinder sind die Milchröhren seitlich eng miteinander verbunden. Zwischen den Milchröhren benachbarter Zylinder bestehen nur wenig Verbindungen (7). Die Anzahl der Milchröhren eines Zylinders, die Zahl der Zylinder und der Durchmesser der einzelnen Milchröhre hängen, neben Alter und Wachstumsbedingungen des Baumes von genetischen Eigenschaften der Klone ab. Diese drei Faktoren, Durchmesser der Milchröhren, Zahl der Milchröhren pro Zylinder und Anzahl der Zylinder in der Rinde, bestimmen maßgeblich die Latexproduktion eines Klons.

In den konisch geformten Sämlingsbäumen vermindert sich mit der Höhe stetig die Anzahl der Milchröhren. In der Regel laufen die Milchröhren entgegen dem Uhrzeigersinn in einem Winkel von etwa 3,5° zur Vertikalen. Daher werden die Zapfschnitte von links oben nach rechts unten geführt, um eine maximale Zahl von Milchröhren anzuschneiden.

Wachstum und Entwicklung. Lebensfähige Samen keimen 7 bis 10 Tage nach dem Pflanzen. Sämlinge und Stecklinge zeigen einen periodischen Wachstumsrhythmus. Die Endknospen des Hauptstammes entwickeln zunächst lange Internodien, dann kurze, so daß die Blätter an der Spitze der Triebe gedrängt stehen (Quirl). Einjährige Sämlinge können schon eine Höhe von 2,5 m erreichen. Nach der Verzweigung beginnt das Dickenwachstum des Stammes, und die Periodizität der Triebbildung ist weniger ausgeprägt. Wenn die Bäume angezapft werden, verringert sich das Dickenwachstum. Wegen des Windschadens wird ein ziemlich kurzer Baum, dessen symmetrische Krone ungefähr 3 m über dem Boden beginnt, bevorzugt. Wenn die Bäume ein gewisses Alter erreicht haben, werfen sie gewöhnlich einmal im Jahr teilweise oder völlig alle Blätter ab. Die Intensität des Blattabwurfs – das sogenannte „wintering" – hängt von den klimatischen Bedingungen ab und variiert mit den Klonen. Zusammen mit den neuen Blättern werden Blüten gebildet. Kleine Insekten sorgen für Selbst- und Kreuzbestäubung. Viele gute Hevea-Klone sind weiblich steril, männliche Sterilität ist ziemlich selten. Selbstunverträglichkeit kommt in einigen Klonen vor. Nur ein geringer Prozentsatz der weiblichen Blüten setzt Früchte an und ein großer Teil der jungen Früchtchen wird abgeworfen. Auch mit Handbestäubung entwickeln nur 5 % der Blüten eine reife Frucht. Diese Entwicklung dauert ungefähr 5 Monate. Die Samen sind nur einige Tage lebensfähig. Durch die Lagerung in versiegelten Behältern mit feuchter Holzkohle kann die Lebensfähigkeit bis zu einem Monat verlängert werden.

Physiologie. Der Latex wird in den Milchröhren gebildet und besteht aus einer kolloidalen Suspension von Kautschukpartikeln in dem wäßrigen Serum. Der Kautschukanteil gezapfter Bäume liegt zwischen 25 bis 40 %, aber normalerweise bei 30 bis 35 %. Das Grundmolekül des Kautschuks ist das Isopren, das zu 1.4-*cis*-Polyisopren $(C_5H_8)_n$ polymerisiert. Es wird in der Pflanze durch komplizierte Prozesse aus Kohlenhydraten gebildet; die Funktion für die Pflanze ist noch unbekannt. Die Kautschukproduktion geht zu Lasten des Wachstums. Dies wird in Tab. 106 dargestellt, die den Effekt des Zapfens auf die Trockenmasseproduktion in Stamm und Krone verdeutlicht, und zeigt, daß die Wachstumsreduzierung mit den Klonen variiert.

Ökologie

Hevea ist hauptsächlich eine Pflanze des tropischen Tieflands. Die optimale durchschnittliche Tagestemperatur liegt zwischen 26 und 28 °C. Hevea wird möglichst nicht in Höhen über 400 bis 500 m NN angebaut, da die niedrigere Umgebungstemperatur das Dickenwachstum und den Beginn des Zapfens verzögert, und die Latexproduktion herabsetzt. Die Hauptanbaugebiete von Hevea liegen zwischen 6 °N und 6 °S. Für die kommerzielle Produktion bildet eine gut verteilte jährliche Regenmenge von 1500 mm die untere Grenze. In Indonesien erhalten die besten Hevea-Anbaugebiete eine jährliche Regenmenge zwischen 2500 bis 4000 mm (4). In Gebieten mit hohem Niederschlag müssen die Böden gut dräniert sein. Eine große Anzahl von Regentagen, besonders mit Regen am Morgen, ist unerwünscht, da sie den Zapfplan unterbrechen. Eine Trockenperiode von einem Monat oder länger verursacht einen teilweisen oder völligen Blattfall. Daraus resultiert ein Absinken der Latexproduktion besonders während der Wiederbelaubung. Die Blattproduktion zu Beginn der Regenzeit erhöht das Risiko der Blattkrankheiten, insbesondere des Echten Mehltaus (*Oidium heveae*). Wind spielt eine wichtige Rolle, da Äste und Stämme leicht brechen. Es gibt jedoch windbeständige Klone.

Tab. 106. Wirkung des Zapfens auf Trockengewichtzuwachs von Stamm und Krone verschiedener Heveaklone. Nach (28).

Klon	Behandlung	Zuwachs pro Baum (kg)			Gezapfter Kautschuk (kg)	Kautschuk/ Sproßgewichtverlust (%)
		Stamm	Krone	Gesamtsproß		
RRIM 501	ungezapft	16,2	71,0	87,2		
	gezapft	4,3	37,4	41,7	4,63	10
	Verlust	11,9	33,6	45,5		
RRIM 612	ungezapft	22,8	89,4	112,2		
	gezapft	18,4	84,5	102,9	3,09	33
	Verlust	4,4	4,9	9,3		
RRIM 618	ungezapft	16,3	74,0	90,3		
	gezapft	9,9	73,4	83,3	5,40	77
	Verlust	6,4	0,6	7,0		

Wegen seines extensiven Wurzelsystems benötigt Hevea einen gut dränierten, durchlässigen Boden von mindestens 1 m Tiefe mit einer ausreichenden Wasserkapazität. Zeitweilige Staunässe mit fließendem Wasser verursacht nur geringen Schaden. Hevea stellt niedrigere Ansprüche an die Bodenfruchtbarkeit und Bodenbeschaffenheit als andere Nutzbäume, wie Ölpalme und Kakao, und wird oft auf Land angebaut, das für diese Pflanzen ungeeignet ist. In hügeligem Land wird Hevea oft auf Terrassen gepflanzt. Es muß nicht betont werden, daß Hevea am besten auf nährstoffreichen Böden wächst und daß flaches Gelände wegen der Infrastruktur, Dränage und niedrigerer Anlagekosten bevorzugt wird. In Westmalaysia hat man die Anbaugebiete in Zonen eingeteilt, basierend auf Faktoren, die das Wachstum und die Produktion begrenzen, wie starke Winde, Krankheitsbefall, Bodentyp und Topographie. Gleichzeitig wurden die wichtigsten Klone auf ihre Reaktion gegenüber diesen Faktoren getestet. Basierend auf diesen Informationen wurden für jede Zone Empfehlungen für geeignetes Pflanzenmaterial herausgegeben, die sogenannten environmax planting recommendations (12).

Selektion und Züchtung

Ziele. Die Hauptziele für Züchtung und Selektion sind höherer Latexertrag und Resistenz gegenüber Blattkrankheiten, besonders SALB. Zur Erhöhung der Ertragsfähigkeit wird auf Rindenstärke, Rindenerneuerung, Dickenwachstum, Triebkraft, Windbeständigkeit, Art der Verzweigung und Qualität des Latex geachtet. Nach der Einführung der Latexstimulation stellt die Reaktion hierauf ebenso wie die auf geringe Zapfintensität ein zusätzliches Kriterium der Selektion dar.

Methoden. Bei Hevea verfährt man nach einem System, in dem die Selektion der Klone und die generative Vermehrung abwechseln. Sämlingspflanzungen bilden die Grundpopulation, aus der Mutterbäume ausgesucht werden, die die Grundlage der ersten Klone bilden. Besondere Exemplare werden für den kommerziellen Anbau verwendet und für Selbst- und Kreuzbestäubungen mit dem Ziel, optimale Nachkommen für den kommerziellen Anbau zu erzielen sowie Mutterbäume für eine neue Klongeneration, die man als sekundäre Klone bezeichnet. Das vollständige System ist in (6), Abb. 6, S. 440, dargestellt.

Dieses Zuchtverfahren wurde fortgesetzt und drei volle Zyklen konnten bei den meisten Vorhaben bis jetzt vollendet werden. Vom Augenblick der Selbstbefruchtung und Kreuzung an vergehen ungefähr 16 Jahre, bevor man ein ungefähres Urteil über die neuen Klone fällen kann.

Es dauert nochmals 10 bis 12 Jahre, ehe sie endgültig bewertet und für den großflächigen Anbau empfohlen werden können.

Um diesen Prozeß zu beschleunigen, hat man schnellere Methoden entwickelt, die die Zeit bis zur vorläufigen Bewertung der Klone von 16 auf 10 Jahre herabsetzen (6, 10). Um neue Klone dem kommerziellen Gebrauch schneller zugänglich zu machen, wurden in Malaysia im kleinen Maßstab Versuchsklone in verschiedenen „environmax"-Gebieten (s. o.) angelegt, um ihre Reaktion auf Umweltbedingungen kennenzulernen. Die hieraus gewonnenen Informationen und die Einteilung der Hevea-Anbaugebiete in klimatische Zonen machen es heute möglich, Empfehlungen für die Pflanzung neuer Klone ohne weitere Bewertung in kommerziellen Pflanzungen zu geben (10).

Erfolge. Mehr als 60jährige Arbeit wurde mit guten Resultaten darauf verwendet, eine systematische Verbesserung von Hevea zu erzielen. Die Einführung von Primärklonen in den 30er Jahren erhöhte den Ertrag der Plantagen in Indonesien um 300 %. Die später entwickelten sekundären und tertiären Klone erhöhten die Produktion weiter, so daß man gegenwärtig in Südostasien über Klonmaterial verfügt, das in der kommerziellen Praxis Durchschnittserträge von 1600 bis 2000 kg/ha erzielt, 3- bis 4mal so hoch wie der Ertrag der Ursprungsgeneration. Gleichzeitig wurden verbesserte Sämlingsfamilien entwickelt, die in bezug auf ihre Ertragsfähigkeit kaum schwächer sind als die kommerziell gepflanzten Klone.

Der Versuch, SALB-resistente Pflanzen zu züchten, war bis jetzt wenig erfolgreich. In Brasilien wurde schon vor mehr als 50 Jahren mit dem Züchtungsprogramm für SALB-Resistenz mit *Hevea benthamiana* als Hauptquelle der Resistenz begonnen. Dieses Programm hat nur eine begrenzte Anzahl von Klonen ergeben, die zwar einen hohen Resistenzgrad besaßen, aber nur niedrige Erträge lieferten. Um zu verhindern, daß diese Krankheit sich nach Afrika und Asien ausbreitet, hat man in Liberia, Sri Lanka und Malaysia mit langfristigen Züchtungsprogrammen begonnen, die auf brasilianischen SALB-resistenten Klonen und auf hochertragreichen, aber anfälligen ostasiatischen Klonen basieren. In Malaysia erzielte man eine Anzahl guter Kreuzungen, die Ertragsfähigkeit mit Wuchskraft und Resistenz vereinen. Durch die Entdeckung von neuen extrem virulenten physiologischen Rassen von *Microcyclus ulei* sind sie jedoch nur von begrenztem Wert. HO (10) hat deshalb vorgeschlagen, daß zukünftige Züchtungsarbeiten darauf abzielen sollten, polygene Resistenz anstatt der Ein-Gen-Resistenz zu erhalten, ein Versuch, der in Brasilien gescheitert ist (30).

Ausblick. FERWERDA (6) und HO (10) sprechen in ihren Berichten über die Züchtungsprogramme in Malaysia und Indonesien die Meinung aus, daß die Möglichkeiten einer Ertragsteigerung kommerzieller Klone und verbesserter Sämlingsfamilien in Südasien begrenzt sind, da Hevea dort fast gänzlich auf Nachkommen des Wickham-Materials begrenzt ist. Sie schlagen vor, weitere Ertragsverbesserungen dadurch zu erzielen, daß neues Elternmaterial aus dem weiten Gen-Reservoir des Amazonasbeckens benutzt wird. HO ist der Meinung, daß in Malaysia Bedarf und genügend Raum für die Verbesserung der sekundären Merkmale der Klone bestehen. Beide Autoren sehen eine Möglichkeit zur Ertragsteigerung der vorhandenen Klone darin, daß die Komponenten, die nicht unmittelbar auf der Ertragsleistung des Stammes beruhen, verbessert werden. FERWERDA verweist auf frühere Versuche in Sumatra mit Edelreis-Unterlage-Kombinationen, in welchen mit *H.-spruceana*-Hybridwurzelstöcken Ertragserhöhungen bis zu 30 % erzielt wurden, und empfiehlt, sich näher mit der Verwendung von verbesserten Unterlagen zu befassen. Von einer günstigen Krone-Stamm-Wechselwirkung ausgehend, die man bei einer Anzahl von Kronenveredelungen beobachtet hat, erwartet HO, daß dieses Verfahren weiterentwickelt werden kann, um einige ungünstige Eigenschaften, einschließlich der Latexqualität, in sonst ertragreichen Klonen zu verbessern. Hybridkronen könnten zur Ertragsteigerung genutzt werden.

Anbau

Die Ziele des modernen Hevea-Anbaus sind:
- die Verkürzung der unproduktiven Zeit zwischen Pflanzen und Zapfen;
- Erhöhung der Erträge, besonders des frühzeitigen Ertrages, ohne nachteilige Wirkung auf den physiologischen Zustand des Baumes;
- Reduzierung der Zapfkosten durch die Entwicklung von Methoden, die weniger technisches Können der Arbeiter benötigen.

Durch ständige Forschung sind diese Ziele mindestens teilweise erreicht worden. Durch verbesserte Baumschultechnik, Produktion von gut entwickeltem Pflanzmaterial und gute Anbaupraktiken konnte die Zeit vom Auspflanzen bis zur Zapfreife von ca. 6 Jahren auf 4 Jahre herabgesetzt werden, und es besteht die Aussicht, noch früher mit dem Zapfen beginnen zu können. Sachgemäßer Gebrauch von Stimulatoren erzielt höhere Erträge, die über lange Zeiten aufrechterhalten und mit weniger Zapfvorgängen erzielt werden können. Neue Zapftechniken sind entwickelt worden, die einfacher auszuführen sind. Beträchtliche Steigerungen der frühen Erträge sind möglich, sie gehen aber zu Lasten der späteren Ertragsfähigkeit. Deshalb bevorzugt man die Optimierung der frühen Erträge gegenüber der Maximierung. Das Zusammenspiel aller dieser Punkte hat eine beachtliche Wirkung auf die Ökonomie der heutigen und künftigen Naturkautschukindustrie.

Vermehrung. Heveasaat kann direkt ins Land gesät werden, gewöhnlich werden aber die Jungpflanzen in der Baumschule angezogen und dann ins Feld verpflanzt. Das gilt für Sämlinge wir für okulierte Pflanzen.

Für Unterlagen verwendet man Saat von starkwüchsigen, ertragreichen Eltern, damit das Potential des Edelreises voll zur Geltung kommt. Die Samen werden gleich nach der Ernte in schattigen Beeten angekeimt und dann in perforierte Polythenbeutel oder in Beete verpflanzt.

Das Okulierholz wird von dicht gepflanzten Bäumen des betreffenden Klons gewonnen. Große Mengen grünen Okulierholzes erhält man durch wiederholtes Zurückschneiden der Mutterbäume: im Jahr können auf diese Weise etwa vier Generationen von Okulierholz erzielt werden. Braunes Okulierholz kann nur einmal im Jahr geerntet werden. Wenn die Schnittenden des Holzes gut versiegelt und die Zweige so verpackt werden, daß sie nicht austrocknen und die Knospen unbeschädigt bleiben, kann das Okulierholz 14 Tage oder länger gelagert werden.

Zum Okulieren wird die Rinde der Unterlage 4 bis 5 cm über dem Boden durch einen umgekehrten U-Schnitt abgelöst, das Schildchen mit dem Edelauge ohne Blattstiel eingesetzt und der Rindenstreifen darüber festgebunden. Nach etwa drei Wochen wird der Rindenlappen geöffnet und die Unterlage oberhalb der Okulierstelle abgeschnitten, um das Auge zum Austreiben zu bringen. Nähere Einzelheiten der Okuliertechnik finden sich in (4).

Die traditionelle Okuliermethode ist das „brown budding", bei dem 1 bis 2 Jahre alte Unterlagen mit Augen von Edelholz gleichen Alters okuliert werden. Mehr Geschick verlangt das „green budding", bei dem auf 4 bis 6 Monate alte Unterlagen, deren Rinde noch grün ist, mit den Augen von jungen, grünen Zweigen veredelt wird. Vorteile dieser Methode sind die kurze Dauer in der Baumschule und die wirtschaftlichere Erzeugung des Okulierholzes. Die neueste Entwicklung ist das Okulieren auf 7 bis 8 Wochen alte Sämlinge; dieses Verfahren wird als „young budding" bezeichnet und zur schnellen Vermehrung von „fortgeschrittenem" (s. u.) Pflanzmaterial gebraucht.

Gelegentlich werden auch direkt gesäte Sämlinge veredelt (field budding), entweder im Alter von 5 bis 6 Monaten (green budding) oder von 1 Jahr (brown budding).

Als Kronenveredelung („crown budding") ist das doppelte Okulieren bekannt, durch das Bäume geschaffen werden, die aus drei Komponenten bestehen: der Unterlage, dem ertragreichen Stamm und der krankheitsresistenten Krone. Das Kronenauge wird nach der vollen Entwicklung des Stammes im Feld in etwa 2 m Höhe eingesetzt. Die Technik ist schwierig und zeitraubend. Sie wird in geringem Umfang in Südamerika angewendet (*Microcyclus*-resistente Krone, z. B. *Hevea guianensis*) und in Teilen Malaysias, wo Zweigkrankheiten vorkommen (12).

Je nachdem, ob die Jungpflanzen mit nackten Wurzeln aus Saatbeeten oder mit Erde aus Containern ausgepflanzt werden, werden sie in verschiedener Weise aufgezogen. Bei Anzucht in Beeten ist die gebräuchlichste Methode das Auspflanzen von *„budded stumps"* (okulierte Stümpfe) (Abb. 295). Nach dem Zurückschnei-

Abb. 295. Budded stump nach dem Auspflanzen. Das Edelauge ist ausgetrieben und hat den ersten Blattquirl gebildet.

den der Unterlage (s. o.) werden die Pflänzlinge innerhalb 14 Tagen, d. h. bevor das Auge austreibt, verpflanzt. Dabei werden die Pfahlwurzel auf 50 cm, die Seitenwurzeln auf etwa 20 cm gekürzt. In der Regel wird direkt ins Land gepflanzt, man kann aber die budded stumps auch in große Container verpflanzen und sie im 6- bis 7-Quirl-Stadium auspflanzen (s. u.).

Budded stumps sind leicht zu handhaben und lassen sich gut über weite Entfernungen transportieren. Es vergehen jedoch 5 bis 6 Jahre nach dem Verpflanzen, ehe sie eine zapfbare Größe erreichen. Aus diesem Grund wird das sog. fortgeschrittene („advanced") Pflanzenmaterial hergestellt, z. B. stumped buddings und große Containerpflanzen.

Bei den *„stumped buddings"* (geköpfte okulierte Pflanzen), auch als „high stumps" oder „maxi stumps" bezeichnet, bleiben die veredelten Pflanzen in der Baumschule, bis der neue Austrieb ca. 3 m braunes Holz produziert hat, und werden dann gestutzt und auf das Feld verpflanzt. 5 bis 6 Wochen vor dem Verpflanzen wird die Pfahlwurzel auf eine Länge von 45 bis 60 cm vom Kragen aus gekappt. Ungefähr 2 Wochen vor der Verpflanzung wird der Trieb in einer Höhe von 3 m ungefähr 5 cm über einem Blattquirl abgeschnitten. Die Stümpfe werden mit Kalk bestrichen, um Überhitzung zu verhindern, und mit gekürzten Seitenwurzeln verpflanzt. Der Hauptvorteil gegenüber budded stumps ist eine Verkürzung der unfruchtbaren

Periode im Feld um 12 bis 18 Monate. Direkt nach der Pflanzung sind Maxi-Stümpfe sehr anfällig gegen Trockenheit, einmal gut angewachsen, sind sie weniger anfällig gegen Insektenfraß und Herbizide als jüngeres Material.

Bei den „mini stumps" wird das Reis gekürzt, wenn sein bereits braunrindiger Stammteil 60 cm lang ist. Dieses Material ist leicht zu handhaben und hat den Vorteil gegenüber budded stumps, daß der Pflanzerfolg nicht nur von der Entwicklung einer einzigen Knospe abhängt. Die Extrakrümmung, die entsteht, wenn ein neuer Trieb das senkrechte Wachstum übernimmt, schwächt jedoch den Stamm und erhöht seine Windanfälligkeit (H. T. TAN, pers. Mitt.). Für die Anzucht von veredelten Pflanzen, deren Wurzeln beim Verpflanzen in Erde bleiben, gibt es drei Verfahren. „Two-whorl polybag-raised buddings"* (okulierte, in Containern angezogene Pflanzen mit zwei Blattquirlen) werden in „normalen" Plastikbeuteln (Größe in ungeöffnetem Zustand 23 × 41 cm) aufgezogen und im Alter von 4 bis 6 Monaten okuliert (green-budded). Man läßt sie noch weitere 3 Monate wachsen, bis sie 2 oder drei voll ausgewachsene Blattquirle entwickelt haben, ehe man sie auf das Feld verpflanzt. Der größte Vorteil dieses Pflanzenmaterials besteht in der ökonomischen Produktion von Okulierholz, der kurzen Zeit in der Baumschule und einer kürzeren Unreifeperiode im Feld.

Bei den „Large polybag-raised buddings"* (große, in Containern angezogene Pflanzen) werden die Unterlagen in großen Plastikbeuteln herangezogen (Größe in ungeöffnetem Zustand

_____
* In Malaysia gebräuchliche Terminologie (12)

38 × 64 cm). Sie werden durch green- oder brown-budding veredelt und so lange in den Containern belassen, bis sich 6 oder 7 Blattquirle voll entwickelt haben. In diesem Stadium werden sie dann auf das Feld verpflanzt. Ebenso wie maxi stumps haben große Containerpflanzen nur eine kurze Unreifeperiode im Feld. Da man über eine neue Pflanztechnik (s. u.) für maxi stumps verfügt, werden diese den großen Containerpflanzen vorgezogen, die eine intensive Pflege in der Baumschule benötigen und deren Transport teuer und schwierig ist.

Wenn der Baumschulboden einen hohen Tongehalt hat, so daß die Erde beim Herausheben und Transport fest an den Wurzeln haftet, können „soil-core whorled buddings"* (quirlblättrige Veredelungen mit Bodenkern) mit 2, 3 oder 4 Ballquirlen verpflanzt werden. Die Pflanzen werden mit einem Spezialwerkzeug aus dem Boden gehoben und die Bodensäulen in Papier oder Plastik gehüllt, um das Zerfallen der Bodenkerne während des Transports zu verhindern.

Die Unterschiede zwischen den verschiedenen Typen des Pflanzmaterials bezüglich der Länge der Baumschulzeit und Unreifeperiode im Feld sind in Tab. 107 zusammengefaßt. Die Aufzucht von Jungpflanzen, die mit nackten Wurzeln verpflanzt werden sollen (budded stumps und stumped buddings), erfordert einen geeigneten und gut präparierten Boden, während die Containerpflanzen nur die Erde zum Füllen der Behälter und eine gute Wasserversorgung benötigen. Das Herausheben und Wurzelstutzen der Pflanzen ohne Erde ist zeit- und arbeitsintensiv. Danach aber ist das Material einfach zu handhaben und zu transportieren. Containerpflanzen benötigen ständige Pflege (Bewässerung). Sie

Tab. 107. Verschiedene Typen von Pflanzmaterial: Dauer der Anzucht in der Baumschule und Zeit im Feld bis zum ersten Ertrag bei guter Pflege.

Pflanzmaterial	Baumschulzeit (Monate)	Unproduktive Periode im Feld (Monate)
Wenig entwickelt:		
Budded stumps	12–18	66–72
Green-budded polybag-raised	9	54–60
Weit entwickelt:		
Large polybag-raised buddings	20–24	42–48
Stumped buddings (maxi stumps)	24–30	42–48

sind jederzeit verpflanzbar, brauchen aber große Sorgfalt während des Transports, um Wurzelschäden zu vermeiden. Große Containerpflanzen sind schwierig zu handhaben. Sie entwickeln sich jedoch schneller nach dem Auspflanzen. Soilcore buddings haben fast dieselben Vor- und Nachteile wie Containerpflanzen, da sie aber in den Boden gepflanzt werden, sind sie in der Baumschule weniger trockenheitsempfindlich.

Für die Produktion der Sämlingsbäume benutzt man Klonsaat. Diese besondere Bezeichnung bezieht sich auf Samen von Mono- oder Polyklon-Pflanzungen, von denen man weiß, daß sie ertragreiche Familien hervorbringen. Diese Klonsämlinge sind billiger herzustellen, können windbeständiger sein und früher die Reife erreichen als brown-budded Hevea, sie haben jedoch eine größere Variabilität und erbringen gewöhnlich niedrigere Erträge. Keimung und Aufzucht sind im wesentlichen dieselben wie für Unterlagen, in Plastikbehältern oder Anzuchtbeeten. Im letzteren Fall unterscheidet man Sämlingsstumps (Pflanzen gestutzt in einer Höhe von 60 cm) und Hoch-stumps.

Schon in der Baumschule sollten sie hinsichtlich ihrer Wuchskraft selektiert werden. Nach dem Auspflanzen sollten sie entsprechend ihrem Ertrag in den ersten Zapfjahren vereinzelt werden, bis die endgültige Pflanzdichte erreicht ist.

Alles Pflanzenmaterial – Veredlungen und Sämlinge – wird ausgegeizt, um die Entwicklung auf einen einzigen astfreien, bis zu 3 m hohen Stamm zu begrenzen. Niedrigere Verzweigung ist unerwünscht, da nicht genug zapfbare Rinde für das Zapfen im hohen Bereich (high panel tapping) verfügbar ist.

Landvorbereitung. Wenn Hevea auf bewaldetes Land gepflanzt werden soll, werden die üblichen Rodungsverfahren angewendet. Problematisch ist die Neupflanzung auf alten Heveaplantagen, da Wurzelkrankheiten von den Stubben der alten auf die jungen Bäume übergehen können. Die alten Stümpfe werden chemisch abgetötet und ihre Schnittflächen mit Creosot bestrichen, um ihre Kolonisierung durch Krankheitssporen zu verhindern. Da diese Behandlung die Infektionsquellen nur teilweise vernichtet, werden oft alle Stubben und Wurzeln durch Tiefpflügen und Harken entfernt. Dieses Verfahren ist teuer und zerstört den Boden; daher wird heute der Bereich zwischen den alten Baumreihen mit Herbiziden behandelt (H. T. TAN, pers. Mitt.).

Sofort nach der Rodung werden Bodenbedecker gesät, meist *Pueraria phaseoloides*, *Centrosema*

Abb. 296. Zweijährige Heveabäume mit Bodenbedecker (Foto: PTP IV, Tebing Tinggi, Sumatra).

pubescens und *Calopogonium mucunoides*, oft in Mischbeständen, um die Gefahren von Krankheiten und Schädlingen zu mindern. Obwohl die Leguminosen im ersten Jahr stark mit Hevea konkurrieren, ist der Gesamteffekt günstig. Dies drückt sich durch höhere N- und P-Werte in den Blättern und besseres Wachstum aus. Gleichzeitig wird die unproduktive Zeit im Vergleich zu Hevea mit natürlichen Bodenbedeckern bis zu zwei Jahre verkürzt. Die frühen Erträge sind sehr viel höher, hauptsächlich als Resultat der größeren Gleichheit der Bäume (Abb. 296) und des somit erleichterten Zapfvorganges (26). Günstige Einflüsse können sich bis zu einer Zeit von 20 Jahren erstrecken (2).

In Kleinbetrieben werden meistens Futterpflanzen oder andere Zwischenfrüchte zwischen den Reihen angebaut, die finanzielle Einkünfte liefern, solange die Bäume noch keine Erträge bringen. Forschungsergebnisse bestätigen, daß auf flachem oder sanft gewelltem Land in den ersten drei Jahren nach der Pflanzung Zwischenfruchtbau ohne nachteiligen Effekt auf Hevea betrieben werden kann. Mit guten Anbaumethoden kann dies sogar das Wachstum von Hevea stimulieren, besonders bei einer Fruchtfolge mit Leguminosen wie Erdnuß oder Sojabohne (17).

Feldpflanzung. Für budded stumps mit nackten Wurzeln benutzt man Pflanzlöcher von $45 \times 45 \times 45$ cm. Man hebt sie im voraus aus, füllt sie wieder auf und gibt der Erde Zeit, sich zu setzen. Bei der Auffüllung wird Rohphosphat (ca. 100 g pro Loch) zugefügt. Bei der Pflanzung macht man mit einem spitzen Stock ein Loch in den Boden, das weit und tief genug ist, um die gekappte Pfahlwurzel des Hevea-Stumpfes aufzunehmen. Bei der Pflanzung weiterentwickelten Pflanzmaterials (maxi stumps) mit nackten Wurzeln verwendet man eine ähnliche Methode mit größeren Pflanzlöchern. Maxi stumps sind extrem empfindlich gegen Trockenheit. Um dieses Problem zu umgehen, wird zeitweilig ein Zylinder aus Plastikfolie („Sarong") in das Pflanzloch eingebracht, der die obere Hälfte der Pfahlwurzel und den größten Teil der Seitenwurzeln umschließt. Er wird mit einer Mischung aus gutem Boden und Rohphosphat gefüllt und nach dem Bewässern mit Gras bedeckt. Diese Maßnahme hilft, Regenwasser zu sammeln und die Bodenfeuchtigkeit zu konservieren; sie reduziert die während einer Trockenzeit benötigte Wassermenge und bietet somit ein gutes Medium für die Wurzelentwicklung. Wenn die ersten Blätter genügend abgehärtet sind, wird der „Sarong" entfernt und das äußere Loch mit Boden aufgefüllt (27). Für Containerpflanzen macht man die Löcher zur Zeit des Pflanzens, die nicht viel größer als der Umfang des gefüllten Pflanzbeutels zu sein brauchen.

Räumliche Anordnung und Standweiten. Die Bäume werden entweder im Quadratverband (etwa 5×5 m) oder in Reihen mit Abständen von 8 bis 10 m zwischen und 2 bis 3 m in den Reihen gepflanzt. Der Quadratverband nutzt Boden und Raum am besten, führt zu frühem Kronenschluß und leidet weniger unter Windbruch. Der Reihenverband verursacht wegen der kürzeren Wege geringere Zapfkosten und bietet Raum für Zwischenfruchtanbau. Das Rubber Research Institute of Malaysia empfiehlt heute für Kleinbauern, die Zwischenkulturen pflanzen, Hevea in Ost-West verlaufenden Reihen mit Abständen von 9×3 oder 2,7 m anzubauen (17).

Hohe Pflanzdichte gibt höchste Erträge pro ha, die Bäume benötigen jedoch eine längere Zeit, um die zapfbare Größe zu erreichen, und ergeben niedrigere Erträge pro Baum und Zapfer. Aus diesem Grund pflanzen die Kleinbauern, die meistens an einem Höchstertrag interessiert sind, ihre Bäume in höheren Dichten (500 bis 600 Bäume pro ha) als die Plantagen (400 bis 450 Bäume pro ha), die an der Maximierung der Nettoeinkünfte interessiert sind.

Um Verluste durch Wurzelkrankheiten und Windschäden auszugleichen (die in den ersten Jahren nach der Pflanzung auftreten), werden 10 bis 15 % mehr Bäume als nötig gepflanzt. Bei Sämlingsbäumen werden gewöhnlich 10 bis 20 % mehr gepflanzt als bei veredelten.

Unkrautkontrolle. Während der unreifen Periode ist die Unkrautkontrolle die wichtigste und kostenintensivste Maßnahme. Da junge Bäume – besonders während der ersten zwei Jahre nach der Feldpflanzung – sehr empfindlich gegenüber der Konkurrenz um Nährstoffe und Wasser sind, ist häufiges Jäten erforderlich. Zu Beginn werden nur die Baumscheiben in einem Radius von 1 m gejätet, später die ganze Baumreihe. Gleichzeitig sollten schädliche Unkräuter auf den mit Leguminosen bedeckten Zwischenstreifen kontrolliert oder entfernt werden. Wenn die Bäume zapffrei sind, kann die Jätung reduziert werden, da die geschlossenen Baumkronen mehr

Schatten werfen. Bei reifen Hevea-Beständen genügt es, die Pfade zu jäten und die Vegetation zwischen den Reihen ein- oder zweimal im Jahr abzuschlagen. Auf den Plantagen hat die chemische Unkrautbekämpfung das manuelle Hacken ersetzt; eine Ausnahme bildet das erste Jahr nach der Pflanzung, wenn grüne Triebe und Blätter noch in 1 m Höhe vorkommen. Für den Aufwuchs und Erhalt der Leguminosen als Bodenbedecker werden heute ebenfalls Herbizide verwendet. Die Auswahl der Herbizide hängt von verschiedenen Faktoren ab, wie z.B. dem Unkrauttyp, dem Alter der Hevea-Bäume, der Lichtintensität und der Höhe des Grundwasserspiegels. Allgemein übliche Herbizide findet man in (12). Eine völlig andere Methode der Unkrautbekämpfung ist die Beweidung durch Schafe, die neuerdings empfohlen wird (13).

Düngung. Ausbringung von Dünger bei jungen Pflanzen stimuliert im allgemeinen das Wachstum und die Entwicklung und verringert die unproduktive Zeit. In der Baumschule und den ersten Jahren nach der Feldpflanzung werden regelmäßig kleine Düngergaben verabreicht, später erfolgt die Düngung nur noch zweimal im Jahr; wenn die Bäume ihre Reife erreicht haben, genügt eine jährliche Düngung vor dem Wiederaustrieb der Blätter. Der Nährstoffentzug durch den Latex ist niedrig, er kann sich aber beträchtlich durch den Einsatz von Latexstimulatoren steigern. Um diese Verluste auszugleichen und für die Festlegung der Nährstoffe in Stamm und Zweigen (Tab. 108) empfehlen sich jährliche Düngergaben in einer Größenordnung von 50 kg N, 20 kg P, 60 kg K und 20 kg Mg pro ha.

Die Düngerempfehlung für junge Bäume richtet sich nach dem jeweiligen Bodentyp, für reife Bäume nach Boden- und Blattanalyse, Stimulation und bestimmten Anforderungen der Klone. In Malaysia erhalten junge Hevea-Bäume vorwiegend N und P. P wird auch zu Beginn ins Pflanzloch gegeben. Düngerempfehlungen unterscheiden zwischen sandigen und lehmigen Böden. Reife Bäume erhalten N und K, hingegen gibt man P und Mg nur, wenn die Blattanalyse einen Bedarf anzeigt (Rubb. Res. Inst. Malaysia, pers. Mitt.).

Zapfen

Durch den Anschnitt der Latexgefäße wird der Turgordruck dieser Gefäße drastisch verringert. Als Reaktion ziehen sich die Gefäßwände zusammen und pressen den Latex aus. Gleichzeitig dringt Flüssigkeit aus den Zellen des umgebenden Gewebes zum Druckausgleich in die Latexgefäße ein. Als Folge dieses Prozesses ist der Latexfluß zu Beginn hoch und verringert sich im Laufe der Zeit, zuerst schnell, später langsamer, bis er schließlich durch den Verschluß des angeschnittenen Gefäßendes stoppt (Abb. 297). Durch frische Anschnitte werden die Latexgefäße erneut geöffnet. Klone können beträchtlich in ihrem Zapfverhalten differieren. Als Maßstab dieser Differenzen wurde der Verschließungsindex eingeführt (P = Fluß pro Minute in den ersten 5 Minuten in Relation zum Gesamtfluß). Ein niedriger Index ist günstig, da dies bedeutet, daß der Latexertrag pro Zapfvorgang nicht durch den frühzeitigen Verschluß der Latexgefäße begrenzt wird.

Tab. 108. Nährstoffkreislauf in einer reifen Heveapflanzung. Nach (16).

Vorgang	Nährstoffe (kg/ha)			
	N	P	K	Mg
Verlust im Latex:				
Normales Zapfen (Ertrag 1400 kg/Jahr)	9,4	2,3	8,3	1,7
Mit Stimulierung (Ertrag 2600 kg/Jahr)	23,9	7,2	22,3	4,1
Durchschnittliche jährliche Festlegung (6.–33. Jahr)	39	8	34	11
Durchschnittlicher jährlicher Rücklauf (abgefallene Blätter und Früchte, Auswaschung aus Blättern durch Regen)	77,5	5,5	35,0	15,0
Jährliche Aufnahme bei normalem Zapfen	125,9	15,8	77,3	27,7
Jährliche Aufnahme bei Stimulierung	140,4	20,7	91,3	30,1

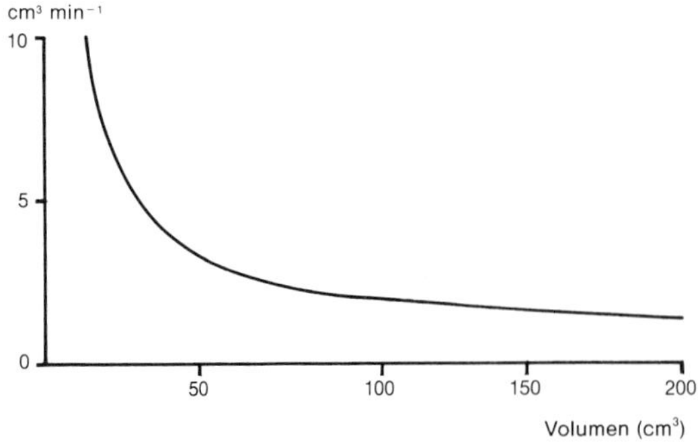

Abb. 297. Geschwindigkeit des Latexflusses nach dem Anzapfen. (Aus (4) nach FREY-WYSSLING 1933)

Abb. 298. Übliche Schnittzapfmethode (Foto: Royal Trop. Inst., Amsterdam).

Zapfen am frühen Morgen ergibt einen höheren Latexertrag (jedoch mit einem geringeren Kautschukgehalt) als das Zapfen später am Tag, wenn der Turgordruck durch die Transpiration reduziert ist.

Das Zapfen eines Klonbestandes beginnt, wenn ungefähr 70 % der Bäume einen Stammumfang von 45 bis 50 cm, gemessen 150 cm über der Okulierstelle, erreicht haben. Veredelte Bäume werden gewöhnlich in einer Höhe von 125 bis 150 cm oberhalb der Okulierstelle durch einen Halbspiralschnitt mit einem Winkel von rund 30° gegenüber der Horizontalen angeschnitten. Sämlingsbäume haben wegen ihrer konischen Stammform mehr Milchröhren im unteren Teil und werden daher tiefer, in einer Höhe von 90 bis 100 cm mit einem Winkel von etwa 25° angeschnitten.

Bei jedem Zapfvorgang wird eine dünne Schicht der Rinde entfernt. Der Latex fließt entlang dem Schnitt und dann in einer vertikalen Rinne zu einer Metalltülle, die in den Stamm hineingetrieben ist und den Latex in ein Gefäß ableitet (Abb. 298). Bei der üblichen Zapfmethode führen die aufeinander folgenden Schnitte von oben nach unten bis ungefähr 5 cm über der Verwachsungsstelle. Über dem Schnitt wird die Rinde vom Kambium erneuert. Um eine gute Rindenerneuerung zu gewährleisten, sollten die Zapfschnitte nicht tiefer als 1,5 mm vom Kambium entfernt geführt werden. Der normale Rindenverbrauch für einen jeden zweiten Tag geführten Halbspiralschnitt beträgt bei jungfräulicher Rinde ca. 2 cm im Monat und bei regenerierter Rinde 2,5 cm. Ohne periodische Ruhepausen dauert es 5 bis 6 Jahre, bis ein Rindenfeld von

150 cm Höhe gezapft ist. Nach Beendigung des Zapfens auf dem ersten Feld A wird das zweite Feld B in derselben Höhe auf der gegenüberliegenden Seite des Stammes geöffnet. Ist dieses Feld verbraucht, beginnt das Zapfen auf der erneuerten Rinde von Feld A, das nun Feld C genannt wird, später auf der erneuerten Rinde von B, die dann D genannt wird. Bei dieser Methode hat die Rinde ungefähr 10 Jahre zur Erneuerung Zeit, bis sie wieder angeschnitten wird. Ist dieser Zyklus beendet, sind die Bäume ca. 30 Jahre alt, und die Plantagen werden für die Wiederbepflanzung begutachtet. Vor der

Abb. 299. Stechzapfmethode (Foto: PTP IV, Tebing Tinggi, Sumatra).

Wiederbepflanzung werden die Bäume 3 Jahre lang intensiv gezapft oder „ausgeschlachtet", ehe sie gefällt werden.

In Kleinbetrieben, wo die Bäume oft täglich angezapft werden, ist der Rindenverbrauch oft sehr viel höher. Nachdem die Felder A, B, C und D gezapft worden sind, wird noch die höhergelegene Rinde ausgebeutet. Ein sog. „Hochfeld" (high panel) wird auch auf den Plantagen benutzt, kombiniert mit einem niedrigen, regenerierten Feld, entweder auf der gleichen oder der gegenüberliegenden Seite des Stammes. Bei diesem Doppelschnittsystem wechseln die Perioden sich ab, in denen nur die obere oder untere Seite gezapft wird. Aufwärtszapfen hoher Felder ergibt höhere Erträge als Abwärtszapfen (26), es erfordert aber größere Geschicklichkeit, den Schnitt mit dem Zapfmesser durchzuführen. Um den Rindenverbrauch auf einem annehmbaren Niveau zu halten, wird oft ein Viertelschnitt angewendet.

Um die Beschreibung und den Vergleich der verschiedenen Gewinnungsverfahren von Hevea zu erleichtern, hat man den Begriff Zapfintensität eingeführt. Er bezieht sich auf die Kombination von Anzahl der Schnitte pro Baum, Länge des Schnittes und Häufigkeit des Zapfens. Gemäß einer internationalen Vereinbarung wird die Länge des Schnittes als eine Fraktion des Umfanges angegeben: S/1 ist eine volle Spirale, S/2 eine Halbspirale, und 2 S/2 bedeutet zwei Halbspiralen pro Baum. Die Häufigkeit des Zapfens wird als d/1 (d = day) für tägliches Zapfen ausgedrückt, d/2 für Zapfen an jedem zweiten Tag.

Wenn die Bäume eine Ruhepause haben, z. B. während der Trockenzeit, kann dies als eine Fraktion hinzugefügt werden. So bezieht sich z. B. S/2, d/2, 9 m/12 auf ein System, bei dem der Baum mit einer Halbspirale an abwechselnden Tagen 9 Monate lang gezapft wird und 3 Monate ausruht. Aufwärtszapfen wird ausgedrückt, indem man ↑ vor die Bezeichnung der Spirale setzt, während ↑↓ anzeigt, daß die Perioden des Aufwärts- und Abwärtszapfens abwechseln. Man betrachtet das System S/2, d/2 als Standard, und es bezieht sich auf eine Intensität von 100 %. Die relative Intensität anderer Systeme wird als Prozentsatz der Standardintensität ausgedrückt durch die Multiplizierung der zahlenmäßigen Werte der Zapfnotierungen und ihres Produkts mit 400:

S/2, d/2 (Kalkulation $\frac{1}{2} \times \frac{1}{2} \times 400$) = 100 %; S/1, d/4 = 100 %; S/3, d/2 = 67 %; 2 S/2, d/2 = 200 %; S/2, d/2, 6 m/9 = 67 %.

Vollständige Angaben über das Prinzip der üblichen Zapfsysteme findet man in (4).

Stimulation des Ertrages. Der Ertrag kann durch die Anwendung von Ethylen bildenden Mitteln (z. B. 2,4-D, 2,4,5-T und Ethephon) auf den Zapfschnitt jüngerer Bäume und auf die Rinde älterer Bäume stimuliert werden, entweder indem man die Rinde direkt unter (Abwärtszapfen) oder über (Aufwärtszapfen) dem Zapfschnitt behandelt. Diese Chemikalien verzögern das Verstopfen der Milchröhren durch Erhöhung der Stabilität des Latex, wodurch die Fließzeit nach dem Zapfschnitt verlängert wird. Außerdem steigern sie die Latexbildung durch Erhöhung der Aktivität der Latexinvertase (29). Die höhere Latexflußrate geht einher mit einem niedrigeren Kautschukgehalt und einer Vergrößerung des Rindenbezirks, aus dem der Latex gezogen wird (9).

Diese kombinierten Effekte ergeben den zusätzlichen Ertrag. Da dieser bei jungen Bäumen auf Kosten des Wachstums geht und somit auch zu Lasten der zukünftigen Latexerträge, ist die Stimulierung junger Bäume nicht ratsam. Die Rubber Research Station of Malaysia empfiehlt, erst ab Feld C zu stimulieren. Dagegen schlägt die Chemera Research Station einen früheren Beginn vor, nämlich während des Zapfens des unteren Teils von Feld B (26). In der Elfenbeinküste, wo auf Grund der mangelnden Arbeitskräfte nur einmal in der Woche gezapft wird, beginnt man mit der Stimulierung schon bei Feld A. In Malaysia wird neuerdings vorgeschlagen (1), schon in einem früheren Stadium nichtintensive Methoden der Stimulierung anzuwenden, d. h. niedrige Ethephonkonzentrationen und weniger häufige Anwendung mit periodischen Unterbrechungen der Stimulierung.

Um eine Langzeitproduktion und eine Langzeitreaktion auf die Stimulierung zu garantieren, sollten die Ertragssteigerungen am Anfang gering sein und auch später nicht die physiologischen Grenzen des Baumes überschreiten. ABRAHAM (1) gibt als vernünftige Ertragssteigerung folgende Prozentsätze an: Feld A: 10 bis 15 %; B: 15 bis 25 %; C: 24 bis 40 %; D: 40 bis 50 %. Besonders bei jungen Bäumen sollte man nicht nach einer Ertragmaximierung, sondern lieber nach einer Ertragoptimierung streben. Um sicherzugehen, daß die Stimulation nicht zur Erschöpfung führt, schlägt Tan (26) vor, daß die Bäume, für welche die Stimulierung in Erwägung gezogen wird, in gutem Zustand und frei von Krankheiten und Schädlingen sein, angemessene Düngermengen erhalten haben und Latex mit einem Kautschukgehalt von mindestens 30 % liefern sollten. Wird die Stimulation mit höherer Zapfintensität kombiniert (durch Steigerung der Anzahl oder der Länge der Schnitte oder der Häufigkeit des Zapfens), führt dies unweigerlich zu katastrophalen Folgen. Tatsächlich sollte die Stimulation immer mit einer geringen Zapfintensität einhergehen, die niedriger liegen sollte als vor dem Beginn der Stimulierung. Wie schon Tab. 108 zeigte, benötigt die Stimulation der Bäume eine Steigerung der Düngergaben. Obwohl in der obigen Diskussion über die Prinzipien und das Ausmaß der Stimulation häufig von Ertragsteigerungen die Rede war, ist dies gewöhnlich nicht das primäre Ziel einer Anwendung dieser Technik. In der Praxis stellt die Stimulation eine Maßnahme dar, um ausreichend hohe Erträge bei einer geringen Zapfhäufigkeit zu erreichen oder aufrechtzuerhalten, um auf diese Weise Arbeit und Kosten zu sparen.

Vor der Einführung der Stimulation wurden eine Menge verschiedener Zapfsysteme bei verschiedenen Klonen und in verschiedenen Zapffeldern angewandt. Da man jetzt allgemein Stimulatoren in einem späteren Produktionsstadium anwendet, ist es ratsam, für den Anfang solche Systeme zu bevorzugen, die nach der Stimulierung in weniger intensive Systeme abgewandelt werden können. Für nicht trockenheitsempfindliche Klone wird S/2 d/2 (100 %) empfohlen, und für Klone, die gegenüber Braunbast (s. u.) empfindlich sind, S/2 d/3 (67 %), die später leicht in Systeme mit einer Häufigkeit von d/3 und d/4 umgewandelt werden können (26). Für Kleinbetriebe, die täglich zapfen und Stimulatoren benutzen, werden spezielle 1/4 S Systeme empfohlen, um eine Erschöpfung der Bäume zu verhindern (11).

Neue Zapfmethoden. Die Anwendung von Stimulatoren hat die Entwicklung von unkonventionellen Methoden ermöglicht, die weniger Geschick von den Arbeitern verlangen, da sie zum Öffnen der Latexgefäße kein Zapfmesser, sondern eine Nadel verwenden. Die aussichtsreichsten sogenannten Mikrozapftechniken sind das Stechzapfen (puncture tapping) und das Mikro-X-Zapfen. Bei der ersten Methode, die zuerst in der Elfenbeinküste, später auch in Malaysia entwickelt wurde, werden pro Zapfvorgang 4 bis 6 Einstiche auf einem 60 bis 100 cm langen und 1 bis 2 cm breiten vertikalen Streifen Rinde ausgeführt, der zuvor abgeschabt und mit Ethephon behandelt wurde. Günstige Erträge wurden sowohl von der Stechzapfung selbst als auch später beim konventionellen Zapfen der vorher durch Einstiche gezapften Rinde erzielt. Einige Klone zeigten jedoch eine ungünstige Rindenreaktion, die manchmal zu großen Wunden führte (23).

Das Mikro-X-System verbindet das Stechzapfen mit dem üblichen Schnittzapfen. Bei dieser Methode werden neunmal auf der vorhandenen Halbspirale 3 Einstiche auf d/2 ausgeführt. Daran schließen sich 3 aufeinanderfolgende Schnittzapfungen mit gleicher Häufigkeit an. Diese Methode erfordert weniger sorgfältige Arbeit, und der Rindenverbrauch ist gering (ca. 1 cm pro Monat). Somit wird die ökonomische Lebenszeit der Bäume verlängert (23). Der Rindenschaden ist minimal, da die punktierte Rinde weggezapft wird.

Der größte Vorteil der Stechzapfung besteht darin, daß sie das Wachstum des Baumes nicht so sehr verzögert wie das konventionelle Zapfen, obwohl ein Stimulator verwendet wird. Diese Beobachtung hatte Experimente zur Folge, junge Bäume schon frühzeitig durch Stechzapfen zu öffnen. Dieses System wird noch in Malaysia erforscht (1), aber in Sumatra ist es schon zu einem kommerziellen Verfahren entwickelt worden (14). Es umfaßt Stechzapfen von Bäumen mit einem Stammumfang von mindestens 30 cm mit einer Halbspirale von 40° an jedem 4. Tag mit periodischer 2,5 %iger Ethephon-Stimulierung über einen Zeitraum von zwei Jahren. Danach folgt konventionelles Zapfen, zuerst auf der vorher durch Einstiche gezapften Rinde und danach auf der restlichen jungfräulichen Rinde desselben Feldes. Diese Methode wird in Abb. 299 dargestellt. Da sie die unproduktive Periode um 12 bis 18 Monate verkürzt, hohe Erträge aus der zuvor punktierten Rinde erzielt und keine zusätzliche Rinde verbraucht, hat diese Methode wahrscheinlich gute Zukunftschancen.

Von einer zukünftigen Anwendung des Mikrozapfens zum kommerziellen Gebrauch ausgehend, hat das R.R.I.M. Spezialwerkzeuge entwickelt, die eine zweckmäßigere und schnellere

Handhabung des Mikrozapfens ermöglichen (23).

Die Anzahl der Bäume, die ein Zapfer an einem Tag zu bearbeiten hat, nennt man tapping task. Der Umfang richtet sich nach der Länge und der Anzahl der Schnitte pro Baum sowie nach dem Alter und Zustand der Bäume und der Topographie des Landes. Ein geschickter Zapfer kann mit halbspiraligem Abwärtszapfen 300 bis 400 Bäume in 3 bis 4 Stunden zapfen. Wenn ein Zapfer um 6 Uhr morgens beginnt, kann er das Sammeln des Latex 5 Stunden später beginnen, wenn der Latexfluß des Schnittes beendet ist. Der Latex wird in Eimern gesammelt und an einem zentralen Platz zusammengegossen und von da zur Fabrik gebracht.

Bei Regen oder nasser Rinde kann kein Zapfen stattfinden. Auf den Plantagen der Elfenbeinküste, wo es an Arbeitskräften mangelt, werden, wie gesagt, die stimulierten Bäume nur einmal in der Woche gezapft. Der Latex fließt von der Rinne in Plastikbeutel, die nur einmal im Monat durch einfache Arbeiter eingesammelt werden. Diese Beutel enthalten dann den koagulierten Latex von vier Zapfungen, der ein spezielles Aufbereitungsverfahren verlangt.

Krankheiten und Schädlinge

Wurzelkrankheiten spielen in Asien und Afrika die wichtigste Rolle; sie vernichten hauptsächlich junge Bäume. Die drei bedeutendsten Pilze in Südostasien sind (in absteigender Rangfolge geordnet): *Rigidoporus lignosus, Ganoderma pseudoferreum* und *Phellinus noxius*. Sie verursachen Weiß-, Rot- und Braunwurzelkrankheit (13, 18, 30). In Afrika werden durch *Armillaria mellea* ebenfalls Wurzelkrankheiten hervorgerufen. Infektionsquellen sind Wurzelreste verschiedener Waldbäume und alter Hevea-Bäume. Wenn ein gesunder Baum mit einer Infektionsquelle in Berührung kommt, breiten sich Myzelstränge entlang den Wurzeln aus und durchdringen das Wurzelgewebe. Ist ein größerer Teil des Kragens oder der Pfahlwurzel abgetötet, stirbt der Baum unweigerlich. Diese Bäume werden zu neuen Infektionszentren, die auch entstehen, wenn beim Fällen der Bäume für Wiederanpflanzungen pathogene Sporen durch Wind oder Insekten auf gesunde stumps übertragen werden.

Es ist wichtig, Infektionen frühzeitig zu erkennen. Die Zeit, die eine regelmäßige Kragen-In-

spektion aller jungen Bäume erfordert, wird heute durch die Kroneninspektion ersetzt (18). Nur Bäume, die eine charakteristische Blattverfärbung zeigen, und ihre unmittelbaren Nachbarn werden einer Wurzelinspektion unterzogen. Die kranken Wurzelteile werden herausgeschnitten und die Kragen mit Fungiziden behandelt. Unheilbare Bäume werden mitsamt den Wurzeln entfernt und verbrannt. In älteren Plantagen werden infizierte Bäume oft ihrem Schicksal überlassen und mit einem Isoliergraben umgeben, um ein weiteres Ausbreiten der Krankheit zu verhindern.

Die wirkungsvollste Kontrollmaßnahme ist, die Ausbreitung von Wurzelkrankheiten in jungen Hevea-Beständen zu verhindern (s. o.). Früher Bewuchs durch Deckfrüchte ist auch ein wirksames Mittel zur Kontrolle von Wurzelkrankheiten. Sie sorgen für Bedingungen, die das Verrotten der Wurzelüberreste begünstigen und ein schnelles Wachstum saprophytischer Organismen fördern, die mit den Parasiten um geeignete Substrate konkurrieren. Für die Kontrolle der Weißwurzelkrankheit empfiehlt man in manchen Ländern die Behandlung der Pflanzlöcher mit Schwefel, der giftig ist und das Wachstum von *Trichoderma*-Arten fördert, d. h. Pilzen, die offensichtlich Antagonisten des *Rigidoporus lignosus* (22) sind.

Von den *Blattkrankheiten* ist SALB, Erreger *Microcyclus ulei*, am schädlichsten und gefürchtetsten. Bis jetzt ist die Krankheit auf Süd- und Zentralamerika beschränkt. Infizierte Bäume verlieren ihre Blätter nach jedem neuen Blattaustrieb, was zu Wipfeldürre und auf lange Sicht zum Tod der Bäume führt. Man hat auf drei verschiedene Arten versucht, den Pilz einzudämmen: Fungizid-Behandlung, Kronenveredelung und Resistenz-Züchtungen. Das Aussprühen kupferhaltiger Fungizide war unwirksam, der Gebrauch von Carbamaten scheint jedoch einigermaßen erfolgversprechend, besonders da ihre Anwendung jetzt durch die thermische Neblertechnik effektiver und weniger kostenintensiv geworden ist (3, 13, 21). Die Veredlung ertragreicher Stämme mit krankheitsresistenten Kronen hat sich nicht durchsetzen können. Wie im Abschnitt über Züchtung gesagt, hat auch die Kreuzung von *H. brasiliensis* mit SALB-resistenten Arten bisher keine resistenten Hybrid-Klone hervorgebracht (30). Die beste Lösung des SALB-Problems ist gegenwärtig die Kombination der Verwendung toleranter Klone, vernünftiger Anwendung von Fungiziden, korrekte Düngung und Pflege und Anbau in etwas trockeneren Gebieten (3).

Mehltau, *Oidium heveae*, spielt besonders in Asien und Afrika eine Rolle. Besonders schwer tritt er in den höher gelegenen Gebieten Sri Lankas auf.

Auf der malayischen Halbinsel wird durch ihn, manchmal auch durch *Colletotrichum gloeosporioides (Glomerella cingulata)*, der sog. sekundäre Blattfall verursacht. Die jungen Blätter sind sehr infektionsanfällig, wenn sie sich nach der Winterruhe mit Beginn der Regenzeit entwickeln. Durch eine schützende Schwefelbestäubung kann der Mehltaubefall begrenzt werden. In großen Befallsgebieten wird die Krankheit durch Sprühen von Entlaubungsmitteln aus dem Flugzeug ein paar Wochen vor dem normalen Blattabwurf eingedämmt. Die Wiederbelaubung findet dann in einer relativ trockenen Zeit statt. Eine zusätzliche Stickstoffgabe wird ebenfalls empfohlen; sie beschleunigt den Austrieb der Blätter, die hart werden, bevor sich ein starker Infektionsdruck aufgebaut hat (19).

Phytophthora-Blattfall wird hauptsächlich durch *P. botryosa* verursacht; er ist eine wichtige Krankheit in Südindien, wo er zu beträchtlichen Ertragsverlusten führt. Vorsorgliches Sprühen mit regenresistenten Fungiziden ist eine effektive Gegenmaßnahme (13, 19).

Von den *Rindenkrankheiten* sind die folgenden zu nennen: *Phytophthora palmivora* verursacht eine Zapffeld-Krankheit, die unter der Bezeichnung black stripe bekannt ist. Seltener greift der Pilz die jungfräuliche Rinde des Stammes an, wo er Baumkrebs hervorruft. Beide Krankheiten können mit Fungiziden kontrolliert werden (20). Schimmelfäule (mouldy rot), *Ceratocystis fimbriata*, infiziert nur die frisch gezapfte Rinde, wo sie einen gräulichen Schimmel direkt über dem Zapfschnitt bildet; danach entstehen Wunden, und das Kambium stirbt ab. Diese Krankheit tritt örtlich unter sehr nassen Bedingungen auf; man bekämpft sie durch verringertes Zapfen und Anwendung von Fungiziden (15).

„Pink disease", verursacht durch *Corticium salmonicolor*, ist eine Stamm- und Astkrankheit junger Bäume. Sie beginnt als eine Rindenkrankheit und breitet sich später im unterliegenden Holz aus. Das charakteristische Symptom ist ein lachsfarbener Überzug auf der Rinde, verursacht

durch das Myzelwachstum. Spätere Symptome sind Verwelken, Wipfeldürre, Krebs und Latexbluten. Die Krankheit tritt in sehr humiden Gebieten auf, man kontrolliert sie durch Kupferspritzmittel (4, 13, 15).

Braunbast ist eine physiologische Störung, hervorgerufen durch Überzapfen. Die Krankheit beginnt mit erhöhtem Austritt von wäßrigem Latex. Später trocknet der Zapfschnitt teilweise oder ganz aus, und es kann zu krebsartigem Wachstum kommen. Die angegriffene Rinde sollte ausgeschnitten werden; ist weiter unten noch gesunde Rinde vorhanden, kann man dort mit weniger intensivem Zapfen fortfahren (4, 15).

Detaillierte Beschreibungen und Illustrationen der genannten und weiterer Hevea-Krankheiten findet man vor allem in (25).

Hevea wird relativ wenig von *Schädlingen* befallen. Termiten können die Wurzeln beschädigen, wenn Überreste der vorhergehenden Vegetation im Boden belassen werden. Säugetiere wie Elefanten, Hochwild, Ratten, Eichhörnchen und besonders Wildschweine können beträchtlichen Schaden verursachen, besonders wenn die Bäume noch jung sind. Riesenschnecken *(Achatina fulica)* verursachen Schäden in Teilen von Indonesien (4).

Aufbereitung

Flüssiger und koagulierter (scrap) Latex werden mit unterschiedlichen Verarbeitungsmethoden zur Herstellung verschiedener Produkte aufbereitet. Der nachfolgende Überblick über die Hauptverarbeitungsmethoden ist nach (12) zusammengefaßt.

Sheet-Kautschuk wird in drei Hauptschritten aus Latex hergestellt. Der erste ist die Koagulation. Der Latex wird mit Wasser verdünnt und koaguliert dann mit Zusatz von Ameisen- oder Essigsäure in Aluminiumtanks mit versetzbaren Zwischenwänden. Der zweite Schritt, das Walken, geschieht folgendermaßen: Man läßt Platten koagulierten Kautschuks durch aufeinanderfolgende Paare verstellbarer Walzen laufen, von welchen das letzte Paar mit Rillen versehen ist, so daß jedem sheet Rippen aufgedrückt werden, um die Oberfläche für das Trocknen zu vergrößern. Jede Walze ist mit Wassersprühdüsen ausgestattet, um Verunreinigungen wegzuwaschen. Die nassen sheets werden dann auf einer Leine

Abb. 300. Getrockneter Sheet-Kautschuk, fertig zum Räuchern.

aufgehängt, damit das Wasser abtropfen kann, und nachfolgend für die Konservierung geräuchert (Abb. 300). Dieses ist der letzte Schritt im Arbeitsprozeß. Das Endprodukt nennt man Ribbed Smoked Sheets (RSS). Kleinbauern, die keine Einrichtungen zum Räuchern haben, verkaufen die sheets als Unsmoked Sheets (USS).

Die verschiedenen Arten des *Krepp-Kautschuks* (crepe rubber) werden hauptsächlich von Plantagen und Aufbereitungsanlagen produziert. Pale und Sole Crepes (Sohlenkrepp) werden aus Latex hergestellt, Remilled Crepes aus bereits koaguliertem Latex, der aus vorzeitig koaguliertem Kautschuk (lumps), an der Baumrinde koaguliertem Kautschuk (scraps) und ungeräucherten sheets schlechter Qualität bestehen kann.

Bei der Herstellung von Krepp-Kautschuk aus frischem Latex werden der Kautschukmilch Chemikalien (meist Na-Sulfit) zugefügt, um eine dunkle Verfärbung zu verhindern. Der Koagulationsprozeß ist derselbe, der bereits für Sheet-Kautschuk beschrieben wurde. Die Platten des Koagulats laufen durch Walzen, die mit unterschiedlicher Geschwindigkeit rotieren und den Kautschuk in dünne crepes walken. Bei der Herstellung von Sohlenkrepp wird die Technik der

fraktionellen Koagulation angewandt. Die erste Fraktion enthält den größten Anteil des gelbgefärbten Materials, das man nur für getönten Pale Crepe verwenden kann. Die zweite Fraktion ist das weiße, wertvollere Material.

Bei der Verarbeitung von bereits koaguliertem Latex durchläuft das Rohmaterial in mehreren Schritten eine Zerreiß- (macerator) oder Schneide- (cutter) Maschine und dann die Kreppmaschine, um den Schmutz zu entfernen und die wünschenswerte Konsistenz sicherzustellen. Die Remilled Crepes werden gewöhnlich in langen Streifen in luftigen Gebäuden getrocknet, die das Sonnenlicht ausschließen.

Blockkautschuk (gepreßter crumb rubber) wird aus Latex und Feldkoagulat hergestellt. Bei der Latexverarbeitung wird das Rohmaterial von verschiedenen Quellen gesammelt und sorgfältig unter Zugabe spezieller Chemikalien gemischt. Dieser Mischvorgang und die Auswahl der Chemikalien ist wichtig, um die Herstellung einheitlicher und standardisierter Qualitäten zu sichern. Nach der Koagulation wird das Koagulat gepreßt, in kleine Stücke geschnitten und gekörnt. Die Krümel werden in heißer Luft getrocknet und in Blöcke gepreßt.

Da das Feldkoagulat während des Sammelns, des Transportes und der Lagerung oft verschmutzt, braucht man besondere Reinigungs- und Mischprozeduren. Die folgenden Vorgänge der Zerkleinerung, Trocknung und Pressung sind denen bei Latexverarbeitung ähnlich. Die Produktion von Blockkautschuk aus Koagulat ist von besonderem Interesse für diejenigen Gebiete, wo die Sammlung von Latex auf Grund unzulänglicher Transportmöglichkeiten nicht durchführbar ist.

Latexkonzentrate sind flüssig mit einem Kautschukgehalt von 60 bis 70 %. Man verwendet verschiedene Methoden, um den Latex zu konzentrieren, z.B. Zentrifugieren, Verdampfen und Aufrahmen (creaming). Nur ein geringer Anteil von Kautschuk wird als Latexkonzentrat exportiert.

Um die Vermarktung von Kautschuk zu standardisieren, sind internationale Bewertungs- und Verpackungssysteme entwickelt worden. Traditionelle Sheet- und Krepp-Kautschuke werden noch visuell bewertet, die neuen Formen von Kautschuk, z.B. Blockkautschuk, sind technisch spezifiziert, man nennt sie Technically Specified Natural Rubbers (TSNR).

Literatur

1. ABRAHAM, P. D. (1981): Recent innovations in exploitation of *Hevea*. Planter (Kuala Lumpur) 57, 631–648.
2. BROUGHTON, W. J. (1977): Effect of various covers on soil fertility under *Hevea brasiliensis* Muell. Arg. and on growth of the tree. Agro-ecosystems 3, 147–170.
3. CHEE, K. H. (1980): Management of South American Leaf Blight. Planter (Kuala Lumpur) 56, 314–325.
4. DIJKMAN, M. J. (1951): Hevea, Thirty Years of Research in the Far East. Univ. Miami Press, Coral Gables, Florida.
5. FAO (1984): Production Yearbook, Vol. 37. FAO, Rom.
6. FERWERDA, F. P. (1969): Rubber. In: FERWERDA, F. P., and WIT, F. (eds.): Outlines of Perennial Crop Breeding in the Tropics, 427–458. Veenman, Wageningen.
7. FREY-WYSSLING, A. (1935): Die Stoffausscheidung der höheren Pflanzen. Springer, Berlin.
8. GOERING, T. J. (1982): Natural Rubber (Sector Policy Paper). I.B.R.D. Washington, D.C.
9. GROENENDIJK, E. J. M. (1981): Achtergronden en Toepassingen van Groeiregulatoren met Ethyleen als Werkzame Component bij de Teelt van Ananas en Rubber. Literatuurstudie. Trop. Plantenteelt, Landbouwhogeschool, Wageningen.
10. HO, C. Y. (1979): Contributions to Improve the Effectiveness of Breeding, Selection and Planting Recommendations of *Hevea brasiliensis* Muell. Arg. Rijks Universiteit, Gent.
11. MANIKAM, B., and ABRAHAM, P. D. (1976): Stimulation procedures for rubber smallholders. Proc. Rubb. Res. Inst. Malaysia Planters' Conf. 1976, Kuala Lumpur. 208–211.
12. PEE, T. Y., and ANI BIN AROPE (1976): Rubber Owners' Manual. Rubb. Res. Inst. Malaysia, Kuala Lumpur.
13. PLANTERS' BULLETIN (1985): (Spezielle Nummer über Krankheiten und Unkrautbekämpfung in Heveapflanzungen Malaysias.) Planters' Bull. Rubb. Res. Inst. Malaysia No. 182, 1–28.
14. PERKEBUNAN, P. T. IV (1982): Deresan mikro (micro tapping). Unpublished report.
15. PURSEGLOVE, J. W. (1968): Tropical Crops, Dicotyledons, 2 vols. Longman, London.
16. RUBB. RES. INST. MALAYSIA (1972): Cycle of nutrients in rubber plantation. Planters' Bull. 120, 73–81.
17. RUBB. RES. INST. MALAYSIA (1973): Intercropping with annual crops in immature rubber. Planters' Bull. 126, 85–92.
18. RUBB. RES. INST. MALAYSIA (1974): Root diseases. Part I. Detection and recognition. Part II Control. Planters' Bull. 133, 111–120 and 134, 157–164.
19. RUBB. RES. INST. MALAYSIA (1976): Increased nitrogen manuring for avoiding Oidium SLF. Planters' Bull. 146, 120–124.
20. RUBB. RES. INST. MALAYSIA (1979): Phytophthora diseases of rubber in Peninsular Malaysia. Planters' Bull. 158, 11–19.
21. RUBB. RES. INST. MALAYSIA (1979): South American Leaf Blight – Recent advances. Planters' Bull. 158, 20–24.
22. RUBB. RES. INST. MALAYSIA (1979): Effect of clearing methods and soil amendments on root disease incidence. Planters' Bull. 158, 25–27.
23. RUBB. RES. INST. MALAYSIA (1980): Puncture tapping – an overview; the micro-x tapping system; implements for micro-tapping. Planters' Bull. 164, 101–135.
24. SCHULTES, R. E. (1977): Wild Hevea: an untapped source of germ plasm. J. Rubb. Res. Inst. Sri Lanka 54, 227–257.
25. SRIPATHI RAO, B. (1975): Maladies of Hevea in Malaya. Rub. Res. Inst. Malaya, Kuala Lumpur.
26. TAN, H. T. (1976): Recent developments in rubber exploitation. Perak Planters' J. for 1976, 43–48.
27. TAN, H. T. (1977): Towards shorter immaturity period of rubber. Proc. 3rd Kumpulan Guthrie Sendirian Berhad. 6–29. Chemara Research Station, Layang Layang (Malaysia).
28. TEMPLETON, J. K. (1969): Partition of assimilates. J. Rubb. Res. Inst. Malaya 21, 259–263.
29. TUPY, J. (1973): The regulation of invertase activity in the latex of *Hevea brasiliensis* Muell. Arg. J. Exp. Bot. 24, 516–524.
30. WASTIE, R. L. (1986): Disease resistance in rubber. FAO Plant Prot. Bull. 34, 193–199.

11.2 Weitere Kautschukpflanzen

Bis zum Beginn des 20. Jahrhunderts wurde Kautschuk von vielen tropischen Planzenarten gewonnen, dann von einer kleinen Zahl angebauter Arten, bis schließlich Hevea praktisch die einzige Quelle von Naturkautschuk wurde. Die anderen kultivierten Kautschukpflanzen waren Arten der Gattungen *Castilla*, *Ficus*, *Funtumia*, *Manihot*, *Parthenium* und *Taraxacum* (3).

Da *Parthenium argentatum* A. Gray, Guayule, eine wichtige Kautschukquelle war und jetzt wieder Interesse findet, soll es zunächst etwas ausführlicher behandelt werden. Guayule lieferte 1910 etwa 10 % des Naturkautschuks in der Welt. Die Produktion beruhte hauptsächlich auf der Nutzung der wilden Guayulebestände in Nordmexiko. Nach dem Zusammenbruch dieser Industrie wurde während des 2. Weltkrieges die Art in den USA in großem Umfang angebaut. Nach der riesigen Zunahme der Synthesekautschukproduktion und dem Ende des Krieges wurde der Guayuleanbau aufgegeben. Nur in Mexiko läuft noch eine geringe Produktion aus natürlichen Beständen weiter. Forschung über Guayule wird aber in den USA fortgesetzt (Firestone Tire & Rubber Company); in Arizona wird z. Z. (1987) eine Modellanlage zur Extraktion von Guayulekautschuk eingerichtet.

P. argentatum gehört zu den Compositae und stammt aus den trockenen Teilen von Nordmexiko und Südtexas. Es ist ein etwa 60 cm hoher Strauch mit schmalen, von weißem Wachs bedeckten Blättern und einer langen Pfahlwurzel, die bis zu einer Tiefe von 6 m reichen kann und zahlreiche Seitenwurzeln trägt. Der Kautschuk findet sich in den Parenchymzellen von Stamm, Zweigen und Wurzeln (1). Obwohl Guayule am natürlichen Standort nur 200 bis 300 mm Regen, in trockenen Jahren noch weniger, empfängt, lohnt sich der kommerzielle Anbau nur bei 350 bis 650 mm Regen. Höhere Niederschläge fördern nur das vegetative Wachstum, nicht die Kautschukbildung, für die Trockenperioden günstig sind. Die Pflanze braucht gut dränierte Böden.

Zur kommerziellen Praxis gehören die Anzucht von Sämlingen in der Baumschule und das Auspflanzen ins Feld mit einem Abstand von 70 cm zwischen und 40 bis 50 cm in den Reihen. Unter Bewässerung erreichen die Pflanzen Erntegröße nach drei Jahren, ohne Bewässerung zwei Jahre später. Der Kautschukgehalt beträgt bis zu 20 % des Trockengewichts, die Flächenerträge liegen bei 1000 kg Kautschuk pro ha. Extrahiert werden die oberirdischen verholzten Teile und die Wurzeln. Der gesamte Anbau kann mechanisiert werden. Die bisherigen Züchtungsarbeiten lassen erhebliche Ertragssteigerungen erwarten.

Die Aufarbeitung des Erntegutes schließt Heißwasserbehandlung zur Koagulation des Kautschuks, feines Zerkleinern zur Freilegung des Kautschuks aus den Zellen, die Trennung des Kautschuks vom Pflanzenmaterial, die Extraktion von Harzen und die Reinigung von unlöslichen Fremdstoffen ein. Der gereinigte Kautschuk wird getrocknet und in Blöcke gepreßt (2, 5).

Castilla, eine Baumgattung der Moraceae, ist heimisch in Teilen des tropischen Südamerika, in Mittelamerika und Südmexiko. Bis zur Mitte des 19. Jahrhunderts waren Wildarten, besonders *C. ulei* Warb. im Amazonasgebiet, eine wichtige Kautschukquelle. Später war *C. elastica* Sessé ex Cerv. in Mexiko in großem Umfang angepflanzt; der Anbau und die Zapfmethoden wurden nicht weiter entwickelt.

Ficus gehört ebenfalls zu den Moraceae und kommt mit vielen Arten in den Tropen und Subtropen vor. In Asien wurden etwa 28 Arten als Quelle von Kautschuk vorgeschlagen, aber nur *F. elastica* Roxb. wurde in größerem Umfang angebaut, mußte aber bald Hevea weichen.

Manihot ist eine südamerikanische Baumgattung der Euphorbiaceae. Wegen ihrer Trockenheitstoleranz wurden *Manihot*-Arten in Gebieten, die für Hevea zu trocken waren, angebaut, besonders der Cearakautschuk, *M. glaziovii* Muell. Arg., in Ostafrika. Auch dieser Anbau ist längst aufgegeben, da sich der Baum schlecht zapfen läßt und niedrige Erträge bringt.

Zu *Futumia*, Apocynaceae, gehören mehrere Kautschuk-liefernde Bäume in Afrika. Angebaut wurde *F. elastica* (Preuss) Stapf in trockeneren Teilen des tropischen Afrika. Das Hauptproblem war die sehr lange Zeit bis zur Zapfreife, daneben auch niedrige Erträge.

Die russischen Kompositen *Taraxacum kok-saghyz* Rodin und *Scorzonera tau-saghyz* Lipschitz et Bosse produzieren in ihren verdickten Wurzeln brauchbaren Kautschuk; sie wurden in der UdSSR vor und während dem 2. Weltkrieg in großem Umfang angebaut.

Unter den kautschukliefernden Pflanzen ist schließlich auf die Arten hinzuweisen, deren Milchsaft nicht für technische Zwecke, sondern als Kaugummi-Basis gebraucht wird. Ihr Milchsaft enthält neben Kautschuk auch Guttapercha, langkettige Alkohole und Harze. Er wird großenteils von wildwachsenden Bäumen gewonnen. Die wichtigsten Arten sind *Dyera costulata* (Miq.) Hook. f. (Apocynaceae), Jelutong, in Südostasien, und *Manilkara zapota* (L.) van Royen (Sapotaceae) (→ LÜDDERS, Kap. 5.17), Chicle, in Mittelamerika. Weitere Arten, die in diese Gruppe gehören, sind in (4) aufgeführt.

Literatur

1. BACKHAUS, R. A., and WALSH, SH. (1983): The ontogeny of rubber formation in guayule, *Parthenium argentatum* A. Gray. Bot. Gaz. 144, 391–400.
2. NATIONAL ACADEMY OF SCIENCES (1977): Guayule: An Alternative Source of Natural Rubber. Nat. Acad. Sci., Washington, D.C.
3. POLHAMUS, L. G. (1962): Rubber. Botany, Production and Utilization. Leonard Hill, London.
4. REHM, S., und ESPIG, G. (1984): Die Kulturpflanzen der Tropen und Subtropen. 2. Aufl. Ulmer, Stuttgart.
5. RITCHIE, G. A. (ed.) (1979): New Agricultural Crops. Amer. Ass. Adv. Sci., Washington, D.C.

12   Andere Rohstoffe

SIGMUND REHM

12.1   Gummen und Schleime

Gummen und Schleime sind hochpolymere Kohlenhydratderivate, die in Wasser quellen oder löslich sind. Die als Rohstoff gewinnbaren werden in der Rinde, im Endosperm oder in der Samenschale gebildet. Sie werden in der Nahrungsmittelindustrie, in pharmazeutischen und kosmetischen Präparaten, in der Textilindustrie (Appreturen), für Papiere, in Druckfarben, zur Erzaufbereitung und für zahlreiche andere technische Zwecke gebraucht (11).

Rindengummen

Das wichtigste Rindengummi ist Gummiarabikum von *Acacia*-Arten (Weltproduktion etwa 60 000 t). Die beherrschende Art ist *A. senegal* (L.) Willd. Sie liefert das beste Gummi; 80 bis 90 % des Handelsproduktes stammen von ihr. Sie kommt in der gesamten Sahelzone häufig vor; nach Osten erstreckt sich ihre Verbreitung bis Nordwest-Indien. Der Hauptproduzent ist die Republik Sudan, wo der Baum z. T. in Halbkultur gepflegt wird. Durch Verletzung der Rinde, meist durch Abziehen schmaler Rindenstreifen, wird die Gummiabscheidung sehr verstärkt. Besondere Beachtung hat *A. senegal* in den letzten Jahren im Westsudan gefunden; dort wird sie zur Bekämpfung der Desertifizierung angepflanzt und ist ein wichtiger Faktor in der Entwicklung agroforstwirtschaftlicher Nutzungssysteme (→ Bd. 3, VON MAYDELL, S. 169f). Neben der Produktion von Gummiarabikum spielt *A. senegal* auch als Tierfutter und als Brennholzlieferant eine Rolle. Von den anderen *A.*-Arten werden vor allem *A. nilotica* (L.) Willd. ex Del. (Syn. *A. arabica* (Lam.) Willd.), babul, vom tropischen Afrika bis Indien verbreitet, und *A. seyal* Del. aus Afrika zur Gummiproduktion genutzt. Die Rinde von *A. nilotica* ist in Indien auch ein wichtiger Gerbstofflieferant. Das Holz beider Arten ist geschätzt, aber schwer zu bearbeiten (1, 2, 3, 4, 8).

Wesentlich kleiner ist der Export der anderen Rindengummen. Da sie erheblich teurer sind als Gummiarabikum, werden sie überwiegend in der Lebensmittelindustrie und Pharmazie gebraucht. Tragant (englisch tragacanth) stammt von kleinasiatischen *Astragalus*-Arten (Leguminosae), vor allem von *A. gummifer* Labill. Iran ist der Hauptexporteur. Das Gummi wird von Wildpflanzen gesammelt, bei denen es an der Oberfläche der Stämme und Wurzeln ausgeschieden wird. Größer ist der Export des weniger hoch bezahlten Karayagummis aus Indien (rund 1000 t im Jahr), der von *Sterculia urens* Roxb. (Sterculiaceae), einem bis 15 m hohen Baum der laubwerfenden Bergwälder Mittelindiens, stammt. Zur Gewinnung des Gummis wird in den trockenen Monaten die Stammrinde eingeschnitten; die erstarrten Klumpen werden nach 3 bis 4 Tagen eingesammelt, dann werden die Schnittränder zur Ausscheidung weiterer Gummis erneuert. Ein Baum liefert 1 bis 5 kg Gummi pro Jahr. In geringem Umfang wird aus Indien auch Ghattigummi exportiert, das von dem Baum *Anogeissus latifolia* (Roxb. ex DC.) Wall. ex Bedd. (Combretaceae) stammt und geringere Preise erzielt (1, 2, 5).

Endospermgummen

Mehrere Leguminosen enthalten in ihren Samen gummireiches Endosperm. Es wird bei dem Johannisbrotbaum, *Ceratonia siliqua* L., und der Tamarinde, *Tamarindus indica* L., seit langem genutzt; von diesen hat nur Johannisbrotkernmehl (engl. locust bean gum oder carob gum) eine Bedeutung im internationalen Handel erlangt. Neu auf dem Markt ist seit Anfang der 50er Jahre das Gummi der einjährigen Guarbohne, *Cyamopsis tetragonoloba* (L.) Taub. (→ REHM, Kap. 4.5.8), engl. cluster bean. Heute ist es das meistproduzierte aller Gummen und ein wichtiges Ausfuhrprodukt Indiens und Pakistans. Außerdem wird die Guarbohne in mehreren anderen Ländern angebaut, vor allem in den USA, die aber den heimischen Bedarf bei weitem nicht aus eigener Produktion decken. Der Anbau ist einfach und voll mechanisierbar, zudem ist die Pflanze ein willkommener Bodenverbesserer in Fruchtfolgen. Der Preis von Guargummi ist etwa so hoch wie der von Gummiarabikum mittlerer Qualität. Es wird wie dieses in Nahrungsmitteln, Kosmetika und pharmazeutischen Präparaten gebraucht, die größte Menge für technische Zwecke. Für Nahrungsmittel wird neuerdings auch Tarakernmehl (von *Caesalpinia spinosa*) (→ REHM, Kap. 12.4) gebraucht, das ähnliche Eigenschaften wie Johannisbrotkernmehl hat. Auch die Samengummen von *Crotalaria* spp., *Sesbania* spp. und *Trigonella foenumgraecum* (→ ACHTNICH, Kap. 7.10) kommen für eine industrielle Produktion in Frage (1, 2, 6, 7, 10, 12, 13).

Samenschalenschleime

Seit alters werden Samen mit quellfähigen, schleimführenden Schalen medizinisch wegen ihrer entzündung- und reizmildernden Wirkung und als Laxativa verwendet. Kommerzielle Bedeutung haben die Samen von *Cydonia oblonga* Mill., Quitte, *Linum usitatissimum* L., Lein, und *Plantago ovata* Forssk. und *P. afra* L. (→ ACHTNICH, Kap. 8.3). Die Quittensamen des Handels stammen von kleinasiatischen Wildformen und aus der Konservenindustrie. Die Schleime von Quitte und Wegerich werden in geringem Umfang auch für kosmetische Präparate und technische Zwecke gebraucht (1, 9).

Literatur

1. COUNCIL OF SCIENTIFIC AND INDUSTRIAL RESEARCH (1948–1976): The Wealth of India. Raw Materials. 11 vols. Publications Information Directorate, C.S.I.R., New Delhi.
2. DUKE, J. A. (1981): Handbook of Legumes of World Economic Importance. Plenum Press, New York.
3. FAO (1974): Tree Planting Practices in African Savannas. FAO Forestry Devel. Paper No. 19. FAO, Rom.
4. FRANKE, G. (1980): Nutzpflanzen der Tropen und Subtropen, Bd. 1, 3. Aufl. Hirzel, Leipzig.
5. GENTRY, H. S. (1957): Gum tragacanth in Iran. Econ. Bot. 11, 40–63.
6. JUD, B., und LÖSSL, U. (1986): Tarakernmehl – ein Verdickungsmittel mit Zukunft. Z. Lebensmitteltechn. Verfahrenstechn. (ZFL) 37, Heft 1.
7. KAY, D. E. (1979): Food Legumes. Trop. Prod. Inst., London.
8. MAYDELL, H.-J. V. (1983): Arbres et Arbustes du Sahel – Leurs Caractéristiques et Leurs Utilisations. GTZ Schriftenreihe Nr. 147, Eschborn.
9. MODI, J. M., MEHTA, K. G., and RAJENDRA GUPTA (1974): Isabgol, a dollar earner of North Gujarat. Indian Farming 23 (10), 17–19.
10. NATIONAL ACADEMY OF SCIENCES (1979): Tropical Legumes: Resources for the Future. Nat. Acad. Sci., Washington, D.C.
11. WHISTLER, R. L. (ed.) (1973): Industrial Gums. Polysaccharides and Their Derivatives. 2nd ed. Academic Press, New York.
12. WHISTLER, R. L. (1982): Industrial gums from plants: guar and chia. Econ. Bot. 36, 195–202.
13. WHISTLER, R. L., and HYMOWITZ, T. (1979): Guar. Agronomy, Production, Industrial Use, and Nutrition. Purdue Univ. Press, West Lafayette, Indiana.

12.2   Harze

Zahlreiche Pflanzen haben in Holz und Rinde Sekretgänge, in die Harze, d. h. Gemische von Diterpenen und Terpenen zusammen mit anderen Verbindungen, ausgeschieden werden. Bei manchen Arten finden sich die Harze in einzelnen Zellen, als Ausscheidungen von Drüsenzellen der Epidermis, oder sie werden erst nach Verletzung des Gewebes gebildet. Im Pflanzengewebe sind die Harze flüssig, an der Luft erstarren sie oder bleiben knetbar (Weichharze oder Balsame).

Die meisten Harze sind stark aromatisch und werden für Kaugummi, Kosmetika, als Fixative für Parfüms, in pharmazeutischen Präparaten, in Getränken, als Speisewürze und als Räucherwerk gebraucht. In (2, 7) finden sich lange Listen solcher Harze, auch in (9) werden alle wichtigen genannt; hier müssen einige Beispiele genügen: Mastix von *Pistacia lentiscus* L. var. *chia* Desf. (Anacardiaceae), die verschiedenen Burseraceenharze wie Myrrhe von *Commiphora abyssinica* Engl., Opopanax von *C. erythraea* Engl. und Olibanum oder Weihrauch von *Boswellia sacra* Flückiger, ferner Storax von *Liquidambar orientalis* Mill. (Hamamelidaceae), Perubalsam und Tolubalsam von *Myroxylon balsamum* (L.) Harms var. *pereirae* (Royle) Harms bzw. var. *balsamum* (Leguminosae), Asant von *Ferula assa-foetida* L., Galbanum von *F. gummosa* Boiss. (beide Umbelliferae) und Benzoe von *Styrax benzoin* Dryand. (Styracaceae) (1, 2, 3, 4, 6, 7, 10, 12).

Mengenmäßig wichtiger ist die Verwendung von Harzen für technische Zwecke, auch wenn ihr Verbrauch durch die Konkurrenz der synthetischen Harze stark zurückgegangen ist. Abgesehen vom lokalen Markt werden sie in erheblichen Mengen für Lacke, Firnisse, Linoleum, als

Bindemittel für Farben, für Papier und als Klebe- und Kittmittel exportiert. Die wichtigsten Gruppen der technischen Harze sind Koniferenharze (5), Kopale (7) und Schellak, das Produkt der vor allem in Indien auf verschiedenen Futterpflanzen gezogenen Lackschildläuse (3, 8, 9).

Die meisten Harze werden von Wildpflanzen gewonnen. Daneben stammt ein erheblicher Teil von forstlich kultivierten Bäumen, bei denen die Holzproduktion oft wichtiger ist als die Harzgewinnung. Bei den technischen Harzen hat die Produktion von Tallharz stark zugenommen, das als Nebenprodukt der Zellulosegewinnung aus Koniferenholz anfällt. Die größten Harzproduzenten sind die USA (rund 300 000 t), China (rund 200 000 t) und die UdSSR (rund 120 000 t); die Zahlenangaben schließen Tallharz ein (5). In Südeuropa wird Harz durch Anzapfen von *Pinus pinaster* Ait. noch in großen Mengen in Portugal und Spanien gewonnen. In anderen europäischen Ländern (Frankreich) ist die Harzgewinnung wegen der hohen Kosten der Zapfarbeiten stark zurückgegangen. In den Tropen sind die wichtigsten Harzlieferanten die Dipterocarpaceen *Dipterocarpus costatus* Gaertn. f. (Gurjunbalsam,), *Shorea robusta* Gaertn. f. (Salharz), *S. wiesneri* Schiffn. (Dammarharz) und *Vateria indica* L. (Pineyharz), ferner die Araucariacee *Agathis dammara* (Lamb.) L. C. Rich. (Manilakopal), die Leguminose *Hymenaea courbaril* L. (amerikanischer Kopal) und *Styrax benzoin* Dryand. (Benzoe) (3, 7, 11, 12). Nur zwei Arten werden landwirtschaftlich ausschließlich zur Harzgewinnung angebaut: das strauchige Bäumchen *Pistacia lentiscus* var. *chia* auf der griechischen Insel Chios zur traditionellen Produktion von Mastix, der als Gemäldelack, als Klebemittel und als Aromatikum in Süßwaren, Kaugummi und Branntwein gebraucht wird, und *Toxicodendron verniciofluum* (Stokes) Barkl., ebenfalls eine Anacardiacee, der Lacksumach Japans und Chinas, dessen Harz für das Lackieren von Kunst- und Gebrauchsgegenständen unersetzbar ist (6, 7).

Literatur

1. ADAMSON, A. D. (1971): Oleoresins. Production and Markets with Particular Reference to the United Kingdom. G 56, Trop. Prod. Inst., London.
2. BERGER, F. (1964): Handbuch der Drogenkunde. Bd. 6. Maudrich, Wien.
3. COUNCIL OF SCIENTIFIC AND INDUSTRIAL RESEARCH (1948–1976): The Wealth of India. Raw Materials. 11 vols. Publications Information Directorate, C.S.I.R., New Delhi.
4. DUKE, J. A. (1981): Handbook of Legumes of World Economic Importance. Plenum Press, New York.
5. GREENHALGH, P. (1982): The Production, Marketing and Utilization of Naval Stores. Rep. G 170, Tropical Products Institute, London.
6. HOWARD, G. M. (1974): W. A. POUCHER's Perfumes, Cosmetics and Soaps. Vol. 1, The Raw Materials of Perfumery. 7th Ed. Chapman and Hall, London.
7. HOWES, F. N. (1949): Vegetable Gums and Resins. Chronica Botanica, Waltham, Mass.
8. INDIAN FARMING (1976): (Sondernummer über Lackproduktion.) Indian Farming 27 (8), 3–35.
9. REHM, S., und ESPIG, G. (1984): Die Kulturpflanzen der Tropen und Subtropen. 2. Aufl. Ulmer, Stuttgart.
10. RIZZINI, C. T., e MORS, W. B. (1976): Botânica Econômica Brasileira. Ed. Pedagógica e Universitária, São Paulo.
11. SCHULTZE-MOTEL, J. (1966): Verzeichnis forstlich kultivierter Pflanzenarten. Akademie-Verlag, Berlin.
12. WILLIAMS, L. O. (1981): The Useful Plants of Central America. Ceiba 24 (1–4), 1–381.

12.3 Farbstoffe

Von den Farbstoffen, die aus Blättern, Blüten, Holz, Rinde, Wurzeln, Gummen und Harzen zu gewinnen sind, spielen heute nur noch wenige im internationalen Handel eine nennenswerte Rolle, obwohl lokal eine große Zahl zum Färben von Speisen, Kleiderstoffen, Teppichen, Matten, Dekorationsstoffen und Leder und für kosmetische Zwecke gebraucht wird. Chemische Synthesefarben haben die Naturfarben aus der industriellen Produktion von Nahrungsmitteln, Textilien usw. weitgehend verdrängt. Überraschenderweise ist aber der Export von zwei Naturfarben in den letzten 20 Jahren erheblich gestiegen: Henna (Export 1980 6000 bis 8000 t) und Anatto (jährlicher Export über 3000 t) (1). Auch die Produktion von Indigo zeigt eine gewisse Wiederbelebung, wohl hauptsächlich für den lokalen Verbrauch (3). Nicht nur die Unbedenklichkeit der Pflanzenfarben für die Gesundheit (viele Synthesefarben sind krebserregend) spielt dabei eine Rolle, sondern auch die Mode (Indigo für Blue Jeans, Henna in Shampoos). Ausschließlich oder primär für die Produktion von Farbstoffen werden nur noch wenige Arten angebaut. Henna, *Lawsonia inermis* L., Lythraceae, ist ein kleiner Baum, der in der Kultur strauchförmig gehalten wird. Die größten Produzenten sind Indien, Pakistan, Ägypten, Niger und Sudan. Gebraucht werden hauptsächlich die Blätter (rote Farbe), daneben auch die Wurzeln („black henna") und das Stammholz („neutral henna"). Die Hauptabnehmer sind die arabischen Länder, doch hat der Export in die USA, Großbritannien und die Bundesrepublik bemerkenswert zugenommen (1, 2, 4, 5). Anatto, *Bixa orellana* L., Bixaceae, stammt aus Südamerika und ist als Zierstrauch in allen warmen Ländern verbreitet. Die rote Farbe aus den Papillen, welche die Samen bedecken, wurde schon immer von den Indianern zum Bemalen des Körpers verwendet. Die beiden Farbkomponenten Bixin (fettlöslich) und Norbixin (als Alkalisalz wasserlöslich) werden bei uns ganz überwiegend in der Nahrungsmittelindustrie (Butter, Öl, Konserven) verwendet. Der weitaus größte Exporteur ist Peru; aber auch die Dominikanische Republik und Indien exportieren erhebliche Mengen (1, 2, 6, 7). Alle anderen primär zur Farbstoffgewinnung angebauten Pflanzen spielen eine wesentlich geringere Rolle. Zu nennen sind *Indigofera arrecta* Hochst. und andere *I.*-Arten (Leguminosae), deren Blätter Indigo als Textilfarbstoff liefern, *Carthamus tinctorius* L. (Compositae) (→ SCHUSTER, Kap. 3.7), dessen Blütenblätter vom westlichen Mittelmeergebiet bis Indien zum Färben von Speisen („falscher Safran") benutzt werden, und *Alkanna tinctoria* (L.) Tausch (*A. tuberculata* (Forssk.) Meikle) (Boraginaceae), Alkanna, die in Vorderasien noch in kleinem Umfang zur Gewinnung des roten Farbstoffs aus den Wurzeln angebaut wird (2, 3, 4). Nur beispielhaft kann hier auf die zahlreichen Pflanzen verwiesen werden, bei denen Farbstoffe in der Nutzung als Gemüse (Tomate, rote Bete für Konserven), als Obst (Orangen, Aprikosen, Rosella u. a. für Getränke) und als Gewürz (Gelbwurzel, Safran, Paprika) eine wichtige Rolle spielen. Nur ausnahmsweise wird der Farbstoff eigens extrahiert und in der Nahrungsmittelindustrie verwendet (Gelbwurzel, Extrakt blauer Traubenschalen) (2, 4, 9). In diese Gruppe gehört auch das Chlorophyll, das für pharmazeutische Präparate und als Cu-Chlorophyllin für Nahrungsmittel gebraucht wird; es wird hauptsächlich aus Spinat oder Brennesseln extrahiert (5). Aus Holz und Rinde einiger forst-

lich kultivierter Arten wird auch heute noch Farbstoff gewonnen. Für den Export spielt dabei nur das Hämatoxylin aus *Haematoxylum campechianum* L. (Leguminosae), Blauholz (engl. logwood), eine Rolle; es wird in Jamaika zur Farbstoffgewinnung angebaut, die Produktion beträgt 300 bis 500 t pro Jahr. Überwiegend lokal wird der Farbstoff von *Acacia catechu* (L.f.) Willd., *Caesalpinia sappan* L. und *Pterocarpus santalinus* L. f. gebraucht; alle drei Arten gehören zu den Leguminosen und werden in Indien angebaut (1, 2, 4, 9).

Endlich werden noch Farbstoffe wildwachsender Pflanzen gewonnen, freilich meist nur lokal für Speisen, Textilien und Kosmetika gebraucht. Dazu gehören in Indien *Rubia cordifolia* L., Rubiaceae, „Indian madder", *Symplocos* spp., Symplocaceae und *Woodfordia fruticosa* Kurz, Lythraceae, in Thailand und Indochina *Garcinia hanburyi* Hook., Guttiferae, „gambodge", und in Südamerika *Escobedia curialis* (Vell.) Pennell, Scrophulariaceae, „color azafrán". Von Flechten, hauptsächlich *Roccella tinctoria* DC., stammt der Farbstoff Orseille. Die Flechte wächst im westlichen Mittelmeergebiet bis zu den Cap Verden, der Farbstoff wird zur Herstellung von Lackmuspapier, für Kosmetika und zum Färben von Textilstoffen und Nahrungsmitteln exportiert (2, 4, 5, 8, 9, 10).

Literatur

1. ANAND, N. (1983): The Market for Annatto and Other Natural Colouring Materials, with Special Reference to the United Kingdom. G 174, Trop. Dev. Res. Inst., London.
2. COUNCIL OF SCIENTIFIC AND INDUSTRIAL RESEARCH (1948–1976): The Wealth of India. Raw Materials. 11 vols. Publications Information Directorate, C.S.I.R., New Delhi.
3. DUKE, J. A. (1981): Handbook of Legumes of World Economic Importance. Plenum Press, New York.
4. FRANKE, W. (1981): Nutzpflanzenkunde. 2. Aufl. Thieme, Stuttgart.
5. HOWARD, G. M. (1974): W. A. Poucher's Perfumes, Cosmetics and Soaps. Vol. 1, The Raw Materials of Perfumery. 7th Ed. Chapman and Hall, London.
6. INGRAM, J. S., and FRANCIS, B. J. (1969): The annatto tree (*Bixa orellana* L.). A guide to its occurrence, cultivation, preparation and uses. Trop. Sci. 9, 97–103.
7. OHLER, J. G. (1968): Annatto (*Bixa orellana* L.). Trop. Abstr. 23, 409–413.
8. PÉREZ-ARBELÁEZ, E. (1978): Plantas Útiles de Colombia. 4a ed. Roldan, Bogotá, Kolumbien.

9. REHM, S., und ESPIG, G. (1984): Die Kulturpflanzen der Tropen und Subtropen. 2. Aufl. Ulmer, Stuttgart.
10. RIZZINI, C. T., e MORS, W. B. (1976): Botânica Econômica Brasileira. Ed. Pedagógica e Universitária, São Paulo.

12.4 Gerbstoffe

Phenolische Verbindungen sind in höheren Pflanzen allgemein verbreitet; sie finden sich häufig in besonderen Zellen und Geweben angehäuft. In Nahrungs- und Genußmitteln beeinflussen sie den Geschmack (Tee,→ CAESAR Kap. 6.3), außerdem haben sie eine deutliche pharmakologische Wirkung. Oxidations- und Kondensationsprodukte phenolischer Verbindungen sind die Gerbstoffe, die sich bei manchen Pflanzen in hoher Konzentration in Rinde, Holz, Fruchtwänden, Blättern und Blattgallen, und in Wurzeln finden. Ihre Nutzung zur Lederherstellung aus Häuten ist uralt. Seit der Erfindung der Chrom- und Aluminiumgerbung und der synthetischen Gerbstoffe (Syntans) ist der Weltbedarf an pflanzlichen Gerbstoffen stark zurückgegangen. Doch spielen in den Entwicklungsländern bei der Aufarbeitung von Häuten und Fellen für den Eigenbedarf und für die Andenkenindustrie (Kunstgewerbe, Wildtierfelle) (7) die natürlichen Gerbstoffe die Hauptrolle, da sie örtlich verfügbar und billiger als die synthetischen Gerbstoffe sind; insofern sind die Hunderte von gerbstoffliefernden Pflanzen (4, 6) auch heute noch von Interesse. In den Industrieländern werden natürliche Gerbstoffe bei der Lederbereitung als Zusatz gebraucht, um dem Leder eine gewünschte Färbung und mehr Gewicht zu geben. Außer zur Ledergerbung werden Gerbstoffe in erheblichem Umfang als Flockungsmittel zur Reinigung von Trink- und Industriewasser (Bohrwasser) und in Erztrennungsverfahren gebraucht; daneben dienen sie als Farbstoffe für Textilien und Druckfarben.

Im Export nach den Industrieländern dominieren zwei Gerbstoffe: Mimosarinde (wattle extract) von *Acacia mearnsii* de Wild. (Leguminosae), in Südafrika, Indien und Brasilien in großem Umfang angebaut und Quebracho von *Schinopsis balansae* Engl. und *S. quebrachocolorado* (Schlechtend.) Barkl. et T. Mey. (Anacardiaceae), von Wildbeständen in Argentinien,

Paraguay und Südbrasilien gewonnen. Einen wesentlich kleineren Umfang hat der Export von Divi-divi aus den Hülsen von *Caesalpinia coriaria* (acq.) Willd. (Leguminosae, Hauptexporteure Kolumbien und Venezuela), Tarapulver von *C. spinosa* (Mol.) O. Kuntze (Hauptexporteur Peru), Myrobalanen von *Terminalia chebula* Retz. (Combretaceae) aus Indien, und Valonenextrakt (valonea extract) aus den Fruchtbechern von *Quercus macrolepis* Kotschy (*Q. aegilops* auct. non L.) (Fagaceae) aus der Türkei. Im Handel zwischen Entwicklungsländern spielen Gambir aus den Blättern von *Uncaria gambir* (Hunter) Roxb. (Rubiaceae, Hauptexporteur Indonesien, Hauptimporteure Indien und China, auch als Zusatz zum Betelbissen gebraucht) und die Rinde verschiedener Mangrovearten der Küsten Südostasiens und Afrikas (*Rhizophora* spp., *Sonneratia* spp. u.a.) eine wichtige Rolle. Praktisch nur im Inland werden in Indien *Acacia nilotica* (L.) Del. (Leguminosae, Gerbstoff aus Rinde und Hülsen) und *Cassia auriculata* L. (Leguminosae, Gerbstoff aus der Rinde) und in Argentinien *Astronium balansae* Engl. (Anacardiaceae, Gerbstoff aus dem Holz) als Gerbstofflieferanten gebraucht. Für weitere Beispiele muß auf die Literatur verwiesen werden (1, 2, 3, 4, 5, 6, 8).

Pflanzenbaulich sind - außer den rein forstlich kultivierten (*Castanea sativa Mill.*) oder den aus Wildbeständen genutzten (*Schinopsis* spp.) Arten - die strauch- bis baumförmigen Gerbstofflieferanten wichtig, da sie sich gut für agroforstliche Systeme eignen oder bedeutende Nebennutzungen haben. *Acacia mearnsii* wird nach etwa 7 Jahren zur Gewinnung der Rinde gefällt. In der Regel wird dann das Land ackerbaulich genutzt. Bei der Neuanlage steht das Land im ersten Jahr für Zwischenkulturen zur Verfügung, da die Bäume mit einem Reihenabstand von 2 m und einem Abstand in der Reihe von 1 bis 2 m gepflanzt werden. Die tropische Liane *Uncaria gambir* wird in Indonesien und Malaysia zwischen die Reihen von Hevea oder Ölpalme gepflanzt und durch Schnitt strauchförmig gehalten (wie Guaraná in Brasilien (→ REHM, Kap. 6.6)). Dem Erosionsschutz dienen in Indien *Acacia nilotica* und *Cassia auriculata*, zum Schutz gegen Tiere werden in Südamerika *Caesalpinia coriaria* und *C. spinosa* als Hecken gepflanzt. Neben solchen Nutzungen werden die Blätter und Früchte verschiedener Gerbstoffpflanzen als Viehfutter gebraucht und bei den meisten Arten stellt das Holz ein wichtiges Nebenprodukt, bei den größeren Bäumen oft auch das Hauptprodukt dar (1, 2, 3, 8, 9).

Literatur

1. BURKILL, I.H. (1966): A Dictionary of the Economic Products of the Malay Peninsula. 2 vols. Ministry Agric. Cooperatives, Kuala Lumpur.
2. COUNCIL OF SCIENTIFIC AND INDUSTRIAL RESEARCH (1948–1976): The Wealth of India. Raw Materials. 11 vols. Publications Information Directorate, C.S.I.R., New Delhi.
3. DUKE, J.A. (1981): Handbook of Legumes of World Economic Importance. Plenum Press, New York.
4. ENDRES, H., HOWES, F.N., und REGEL, C. VON (1962): Gerbstoffe. Tanning Materials. In: REGEL, C. VON (Hrsg.): Wiesner, Rohstoffe des Pflanzenreichs. 5. Aufl., Lfg. 1. Cramer, Weinheim.
5. FRANKE, W. (1981): Nutzpflanzenkunde. 2. Aufl. Thieme, Stuttgart.
6. HOWES, F.N. (1953): Vegetable Tanning Materials. Chronica Botanica, Waltham, Massachusetts.
7. LOCKHART-SMITH, C.J., and ELLIOT, R.G.H. (1974): Tanning of Hides and Skins. G 86, Trop. Prod. Inst., London.
8. SCHULTZE-MOTEL, J. (1966): Verzeichnis forstlich kultivierter Pflanzenarten. Akademie-Verlag, Berlin.
9. SHERRY, S.P. (1971): The Black Wattle (*Acacia mearnsii* de Wild.). Univ. Natal Press, Pietermaritzburg, Südafrika.

12.5   Pestizide

Die Zahl der Pflanzen, die Pestizide oder Repellents enthalten, umfaßt einige tausend Arten (1, 7, 8a, 10, 19). Viele von ihnen wurden und werden lokal zur Bekämpfung von Ungeziefer an Menschen und Haustieren genutzt. Landwirtschaftlich angebaut werden nur wenige. Die wichtigsten von ihnen enthalten als insektizide Wirkstoffe Pyrethrine, Rotenon oder Nicotin.

Lieferant der Pyrethrine ist *Chrysanthemum cinerariifolium* (Trev.) Vis. (Compositae), Pyrethrum, eine niedrige Staude, deren Blüten etwa 1,4 % Pyrethrine (bezogen auf das Trockengewicht) enthalten. Nach dem Pflanzen liefert die Pflanze 4 bis 5 Jahre lang einen lohnenden Blütenertrag. Der Hauptproduzent ist seit Jahrzehnten Kenia, das etwa zwei Drittel der Weltproduktion liefert; 1982 erzeugte es 17 000 t getrocknete Blüten. Kleinere Exporteure sind Tanzania, Ruanda, Ecuador und Papua New Guinea. Außerdem wird es in einigen Ländern für den lokalen Bedarf angebaut (Südafrika, Australien). Das Handelsprodukt ist der Pyrethrumextrakt mit einem Pyrethringehalt von meist 25 bis 30 %. Die Pyrethrine haben eine kräftige, schnelle Wirkung auf Insekten, sind kaum toxisch für Warmblüter und werden im Licht schnell abgebaut. Sie werden fast ausschließlich in Haussprühmitteln eingesetzt. Eine schwere Konkurrenz ist dem pflanzlichen Pyrethrum seit Ende der 70er Jahre in den synthetischen Pyrethroiden erwachsen. Sie sind billiger, ähnlich gering toxisch für Mensch und Haustier und bieten ebenfalls kaum Rückstandsprobleme. Ihre Produktion übersteigt bereits 500 t Wirkstoff, davon werden etwa 100 t in Haussprühmitteln verwendet (von pflanzlichem Pyrethrum rund 200 t Wirkstoff). Ob sich Pyrethrum gegen die Konkurrenz der Pyrethroide wird halten können, ist fraglich (3, 15, 17).

Rotenon und verwandte Verbindungen (Rotenoide) finden sich vor allem in Leguminosen. Bis zum 2. Weltkrieg waren *Derris elliptica* Benth. und *D. malaccensis* (Benth.) Prain die Hauptlieferanten von Rotenon, heute ist nur noch der Export von Cubé-Pulver von *Lonchocarpus utilis* A. C. Sm. bzw. von Cubé-Extrakt mit 25 bis 40 % Rotenon aus Peru erwähnenswert. Hauptsächlich als Fischgift wird in Asien und Afrika *Tephrosia vogelii* Hook. f. angebaut; als Produzent von Rotenon zur Bekämpfung von Insekten hat sie nie kommerzielle Bedeutung erlangt. Außer den genannten enthalten auch andere *Derris-*, *Lonchocarpus-* und *Tephrosia-*Arten Rotenon; ihre Nutzung ist immer lokal beschränkt geblieben (5, 6, 16, 21, 23).

Nicotin und die verwandten Verbindungen Nornicotin und Anabasin werden aus Abfällen von *Nicotiana tabacum* und *N. rustica* (→REISCH Kap. 6.4) bzw. von *Anabasis aphylla* L. gewonnen. Der Gebrauch von Nicotin als Insektizid ist alt und spielt auch heute noch eine nicht unerhebliche Rolle, da es sehr wirksam ist und keine ernsthaften Rückstandsprobleme bietet; eingeschränkt wird seine Nutzung durch die hohe Toxizität, die in Entwicklungsländern gefährlich für die Arbeiter sein kann. Die Weltproduktion von Nicotin beläuft sich auf über 600 t, die aber nicht ausschließlich im Pflanzenschutz gebraucht werden (5, 7, 16).

Andere pflanzliche Insektizide, die in geringem Umfang produziert werden, sind Ryania und

Quassia. Ryaniapulver aus dem Stammholz und der Wurzel von *Ryania pyrifera* (L.C. Rich.) Uittien et Sleumer und anderen *R.*-Arten (Flacourtiaceae, Wirkstoff Ryanodin) wird aus Südamerika in die USA exportiert; es hat eine wesentlich längere Schutzwirkung als Pyrethrum oder Rotenon. Quassiaextrakt aus dem Holz von *Quassia amara* L. und *Picrasma excelsa* (SW.) Planch., Simaroubaceae, wird nur lokal in der Karibik und im nördlichen Südamerika gebraucht (7, 20, 23).

Viel Aufmerksamkeit hat in den letzten Jahren der Nimbaum, *Antelaea azadirachta* (L.) Adelbert (meist unter dem Synonym *Azadirachta indica* Juss. angeführt) gefunden. Alle seine Teile (Samen, Blätter, Rinde) haben insektizide bzw. repellente Wirkung. Nim ist ein schnellwüchsiger Baum, der wenig Ansprüche an Wasser und Boden stellt und deswegen auch außerhalb seiner indischen Heimat angebaut wird. Wirtschaftlich am interessantesten ist das Samenmehl, das als Rückstand nach der Ölgewinnung verbleibt, wenig schädlich für den Menschen und die Haustiere ist, gegen verschiedene Insekten und Milben eingesetzt werden kann und seine Schutzwirkung längere Zeit behält (5, 14, 18).

Pflanzen können nicht nur Insektizide enthalten sondern auch Abwehrstoffe gegen Nematoden, Mollusken, Pilze, Bakterien und Viren (2). Unter diesen sind Nematizide und Molluskizide von besonderem Interesse. Daß die Zwischenkultur oder der Fruchtwechsel mit bestimmten Arten die Nematodengefahr vermindert, ist seit langem bekannt. Nicht in allen Fällen ist die Anwesenheit nematizider Verbindungen mit Sicherheit nachgewiesen worden (*Eragrostis curvula* (Schrad.) Nees, *Tripsacum fasciculatum* Trin. ex Aschers. (Gramineae), Sesam, Rizinus), bekannt sind aber vor allem die nematiziden Thiophene in den Wurzeln verschiedener *Tagetes*-Arten (*T. erecta* L., *T. patula* L., Compositae) oder die nematizide Wirkung von *Crotalaria*-Alkaloiden (besonders in *C. spectabilis* Roth). Keine dieser Pflanzen wird zur Gewinnung der Wirkstoffe angebaut (4, 6, 7, 8).

Molluskizide werden vor allem zur Bekämpfung der Bilharzia-übertragenden Süßwasserschnekken gesucht. Besonders wirkungsvoll ist hierfür *Phytolacca dodecandra* L'Her. (Phytolaccaceae), aber auch *Balanites aegyptiaca* Del. (Simaroubaceae) oder cashew nut shell liquid, die bei der Aufarbeitung von Cashewnüssen anfällt, sind interessant. Auch bei diesen Pflanzen wird nicht so sehr an den Anbau zur Gewinnung der reinen Wirksubstanz gedacht als vielmehr an die Behandlung von Wasser mit an Ort und Stelle angebautem oder wildwachsendem Pflanzenmaterial (7, 9, 11, 12, 13, 22).

Literatur

1. AHMED, S., GRAINGE, M., HYLIN, J.W., MITCHEL, W.C., and LITSINGER, J.A. (1984): Some promising plant species for use as pest control agents under traditional farming systems. In: (18), 565–580.
2. BÉZANGER-BEAUQUESNE, L., et TROTIN, F. (1979): Les produits naturels en phytopharmacie. Plantes Medicinales et Phytothérapie 13, 213–238.
3. CASIDA, J.A. (ed.) (1973): Pyrethrum: the Natural Insecticide. Academic Press, New York.
4. CAUBEL, G. CURVALE, J.P., HEMERY, F., et BOHEC, J.LE (1981): Observations écologiques et expérimentations des méthodes de lutte contre *Pratylenchus penetrans*, nematode nuisible à l'artichaut en Bretagne. 3° Congr. Internat. Studi Carciofo, Bari, 985–1002. Industria Grafica, Laterza, Italien.
5. COUNCIL OF SCIENTIFIC AND INDUSTRIAL RESEARCH (1948–1976): The Wealth of India. Raw Materials. 11 vols. Publications Information Directorate, C.S.I.R., New Delhi.
6. DUKE, J.A. (1981): Handbook of Legumes of World Economic Importance. Plenum Press, New York.
7. FEUELL, A.J. (1965): Insecticides. REGEL, C. VON (Hrsg.): WIESNER, Rohstoffe des Pflanzenreichs, 5. Aufl., Lfg.4. J. Cramer, Lehre.
8. GNANAPRAGASAM N.C. (1981): The influence of cultivating *Eragrostis curvula* in nematode-infected soil on the subsequent build-up of populations in replanted tea. Tea Quaterly 50, 160–162.
8a. GRAINGE, M., and AHMED, S. (1988): Handbook of Plants with Pest-Control Properties. Wiley, New York.
9. HOSTETTMANN, K. (1984): On the use of plants and plant-derived compounds for the control of schistosomiasis. Naturwissenschaften 71, 247–251.
10. JACOBSON, M., and CROSBY, D.G. (eds) (1971): Naturally Occurring Insecticides. Dekker, New York.
11. KLOOS, H., and MCCULLOUGH, F.S. (1982): Plant molluscicides. Planta Medica 46, 195–209.
12. MARSTON, A., and HOSTETTMANN, K. (1985): Plant molluscicides. Phytochemistry 24, 639–652.
13. NAKANISHI, K. (1982): Recent studies on bioactive compounds from plants. J. Natural Products 45, 15–26.
14. RADWANSKI, S.A., and WICKENS, G.E. (1981): Vegetative fallows and potential value of the neem tree (*Azadirachta indica*) in the tropics. Econ. Bot. 35, 398–414.
15. RIJN, P.J.VAN (1974): The production of pyrethrum. Trop. Abstr. 29, 237–244.

16. RIZZINI, C.T., e MORS, W.B. (1976): Botânica Econômica Brasileira. Ed. Pedagógica e Universitária, São Paulo.

17. ROBBINS, S.R.J. (1984): Pyrethrum: A Review of Market Trends and Prospects in Selected Countries. G 185, Trop. Devel. Res. Inst., London.

18. SCHMUTTERER, H., and ASCHER, K.R.S. (eds.) (1984): Natural Pesticides from the Neem Tree (*Azadirachta indica* A. Juss.) and Other Tropical Plants. GTZ, Eschborn.

19. SECOY, D.M., and SMITH, A.E. (1983): Use of plants in control of agricultural and domestic pests. Econ. Bot. 37, 28–57.

20. SPOON, W. (1959): Het tropische plantaardige insecticide ryania. Landbouwk. Tijdschrift 71, 369–373.

21. SPOON, W., en TOXOPEUS, H.J. (1950): Derriswortel. In: HALL C.J.J., en KOPPEL, C. VAN DE (uitgev.): De Landbouw in den Indischen Archipel. Deel 3, 578–608. Van Hoeve, s'Gravenhage.

22. SULLIVAN J.T., RICHARDS, C.S., LLOYD, H. A., and KRISHNA, G. (1982): Anacardic acid: molluscicide in cashew nut shell liquid. Planta Medica 44, 175–177.

23. WILLIAMS, L.O. (1981): The Useful Plants of Central America. Ceiba 24 (1–4), 1–381.

12.6 Wachse

Als Wachse werden im Handel fettige Substanzen mit einem Schmelzpunkt zwischen 50 und 90 °C bezeichnet. Chemisch sind sie überwiegend Ester langkettiger Fettsäuren mit langkettigen primären Alkoholen. Ausnahmen sind „Japanwachs" aus dem Fruchtfleisch von *Toxicodendron succedaneum* (L.) O. Kuntze, das zwar einen Schmelzpunkt von 51 bis 55 °C besitzt aber hauptsächlich aus Palmitinsäureglycerinester besteht, und „Bayberrywachs" von *Myrica*-Arten, deren Früchte eine dicke Wachsschicht tragen, die ebenfalls aus Glyceriden langkettiger Fettsäuren besteht (9, 12, 13). Chemisch entspricht Jojobaöl den echten Wachsen, wird aber wegen seines niedrigen Schmelzpunktes meist zu den Ölen gestellt (→LÜDDERS, Kap. 3.10).

Im Welthandel spielen nur drei Pflanzenwachse eine nennenswerte Rolle. Das bedeutendste ist Carnaúbawachs, das von den Blättern der in Brasilien in großen Beständen vorkommenden Palme *Copernicia prunifera* H.E. Moore gewonnen wird, in kleinen Mengen auch von *C. alba* Morong (brasilianisch „carandá"). Die Blätter werden in der Trockenzeit abgeschnitten, zum Trocknen ausgelegt und dann das Wachs durch Schlagen und Schaben abgelöst. Die Wachsschuppen werden in kochendem Wasser ge-

schmolzen und gereinigt. Das Wachs hat einen besonders hohen Schmelzpunkt (83 bis 86 °C) und ist daher ein unentbehrlicher Bestandteil von Autolacken, Poliermitteln, Kohlepapier und anderen technischen Erzeugnissen. Es gibt kein anderes natürliches oder synthetisches Wachs, das es ersetzen könnte. Der jährliche Export aus Brasilien beträgt 12 000 t mit einem Großhandelswert von 30 Mio. US-$. Die 10 Mio. *C. prunifera*-Palmen in den Staaten Piauí und Ceará werden durch Aussaat und Einzäunung zum Schutz des Aufwuchses gegen Viehfraß in dichten Beständen erhalten, die eine intensive Nutzung erlauben. Pro Palme werden im Jahr 120 bis 160 g Wachs gewonnen. Die Bestände von *C. alba* vom Mato Grosso bis zum Gran Chaco werden bisher wenig genutzt. Diese Art produziert nur 1,5 bis 2 g Wachs pro Blatt gegenüber 3 bis 10 g bei *C. prunifera* (1, 5, 6, 7, 10).

An zweiter Stelle steht das Candelillawachs. Es stammt größtenteils von *Euphorbia antisyphilitica* Zucc., deren rutenförmige, blattlose Stengel von einer dicken Wachsschicht überzogen sind, die 3 bis 5 % des Frischgewichts bildet. *E. antisyphilitica* kommt wild in den Wüsten Mexikos bis in die Südstaaten der USA vor. Sie gedeiht bei einem Regenfall von 100 bis 500 mm; deshalb wurde ihr Anbau in anderen Trockengebieten versucht, hat sich aber nirgends durchgesetzt. Der einzige Lieferant ist Mexiko geblieben, das jährlich rund 3000 t aus Wildbeständen produziert; der Hauptimporteur sind die USA. *Pedilanthus pavonis* Boiss., eine ähnliche Euphorbiacee der mexikanischen Trockengebiete liefert einen kleinen Teil des Candelillawachses des Handels. Candelillawachs ist weniger rein und hat einen niedrigeren Schmelzpunkt (67 bis 68 °C) als Carnaúbawachs und ist deshalb billiger; es wird für Lacke, Polituren und Kaugummi gebraucht (4, 8).

Licuri-, auch Urucuri-, Ouricury- oder Uricuri-Wachs wird im Staate Bahia (Brasilien) von den Blättern der Palme *Syagrus coronata* (Mart.) Becc. gewonnen. Es enthält größere Mengen Harz als Carnaúbawachs und erzielt daher niedrigere Preise als dieses. Die Produktion beträgt etwa 3000 t pro Jahr, der Export nur einige 100 t. Die Palme liefert neben dem Blattwachs in ihren Samen ein Öl, das lokal für Margarine und Seife gebraucht wird (1, 10).

Lokal werden Wachse von verschiedenen anderen Arten gewonnen. Als Beispiele seien genannt: *Calathea lutea* (Aubl.) Meyer (Marantaceae), *Coccoloba cerifera* Schw. (Polygonaceae), beide in Brasilien, und *Ceroxylon alpinum* Bonpl., die Andenwachspalme. Erwähnenswert ist auch, daß Wachs nicht nur an der Oberfläche pflanzlicher Organe ausgeschieden wird, sondern auch aus dem Milchsaft einiger Moraceen gewonnen werden kann; am bekanntesten ist das Gondangwachs von *Ficus ceriflua* Jungh., das für Kerzen und Batikarbeiten gebraucht wird (2, 3, 6, 9, 11, 14). In absehbarer Zeit hat keine der genannten Arten Aussicht, für die kommerzielle Wachsgewinnung oder gar für einen Anbau Bedeutung zu erlangen.

Als Nebenprodukt wird das Wachs, das die Stengel von Zuckerrohr und Sorghum oder die Spelzen von Reis bedeckt, aus dem Filterkuchen bzw. den Müllereiabfällen extrahiert; die Produktion hat aber nur einen kleinen Umfang, ebenso wie das Wachs, das bei der Fasergewinnung aus den Blättern der *Raphia*-Palmen (→REHM, Kap. 10.5) anfällt.

Literatur

1. BALICK, M.J. (1979): Amazonian oil palms of promise: a survey. Econ. Bot. 33, 11–28.
2. BURKILL, I.H. (1966): A Dictionary of the Economic Products of the Malay Peninsula. 2 vols. Ministry Agric. Co-operatives, Kuala Lumpur.
3. FRANKE, W. (1981): Nutzpflanzenkunde. 2. Aufl. Thieme, Stuttgart.
4. HODGE, W.H., and SINEATH, H.H. (1956): The Mexican candelilla plant and its wax. Econ. Bot. 10, 134–154.
5. JOHNSON, D. (1972): The carnauba wax palm (*Copernicia prunifera*). II. Geography. Principes 16, 42–48. III. Exploitation and plantation growth. Principes 16, 111–114. IV. Economic uses. Principes 16, 128–131.
6. LÖTSCHERT, W. (1985): Palmen. Ulmer, Stuttgart.
7. MARKLEY, K.S. (1955): Caranday - a source of palm wax. Econ. Bot. 9, 39–52.
8. NATIONAL ACADEMY OF SCIENCES (1975): Underexploited Tropical Plants with Promising Economic Value. Nat. Acad. Sci., Washington, D.C.
9. PÉREZ-ARBELÁEZ, E. (1978): Plantas Útiles de Colombia. 4a ed. Roldan, Bogotá, Kolumbien.
10. RIZZINI, C.T., e MORS, W.B. (1976): Botánica Econômica Brasileira. Ed. Pedagógica e Universitária, São Paulo.
11. SCHULTES, R.E. (1979): The Amazonia as a source of new economic plants. Econ. Bot. 33, 259–266.
12. VAUGHAN, J.G. (1970): The Structure and Utilization of Oil Seeds. Chapman & Hall, London.
13. WILLIAMS, L.O. (1958): Bayberry wax and bayberries. Econ. Bot. 12, 103–107.
14. WILLIAMS, L.O. (1981): The Useful Plants of Central America. Ceiba 24 (1–4), 1–381.

13 Feldfutterpflanzen

Gustav Espig

Einführung

Die Verdrängung der Brache durch den Feldfutterbau begann in Mitteleuropa vor etwa 200 Jahren. Diese Fruchtfolgemaßnahme hat entschieden dazu beigetragen, die Bodenfruchtbarkeit zu steigern, den Landwirten durch gesteigerte Milch- und Fleischproduktion ein höheres Einkommen zu ermöglichen und die Bevölkerung mit proteinreicher, tierischer Nahrung besser zu versorgen.

Eine ähnliche Entwicklung hat sich in den letzten zwei Jahrzehnten vor allem in Südeuropa, Nordafrika und im Nahen Osten abgezeichnet, wo für aus Mittel- und Westeuropa importiertes Milchvieh eine bessere Futtergrundlage geschaffen werden mußte. Der Feldfutterbau im Mittelmeergebiet ist aber nicht neu. Traditionell angebaut wurden dort Luzerne, Alexandrinerklee und persischer Klee. In Indien werden seit Jahrhunderten *Macrotyloma uniflorum* und *Lathyrus sativus* als Futterleguminosen angebaut. Die ältesten angebauten Futtergräser der warmen Länder sind Elefanten- und Sudangras. In den Tropen hat die Selektion und züchterische Bearbeitung von Futterleguminosen erst in der Mitte dieses Jahrhunderts angefangen. Die ersten Arten waren *Centrosema pubescens*, *Pueraria phaseoloides*, *Calopogonium mucunoides* und *Stylosanthes guianensis* (26).

Zwischen den Arten, die als Weiden angesät oder zur Graslandverbesserung untergesät werden, und denen, die als Feldfutterpflanzen angebaut werden, läßt sich keine klare Grenze ziehen. Der Anteil des Futters aus angebauten Futterpflanzen ist nirgendwo erfaßt, ist aber global gesehen gering. Der überwiegende Teil stammt von extensiv genutzten Weideflächen, den Nebenprodukten des Ackerbaus (Stroh, Kaff, Blatt), der Agroindustrie (Müllereinachprodukte, Ölkuchen, Schlempe, Treber, Melasse) (10) sowie Unkräutern und Resten der Kulturen beim Nachweiden von Stoppeln. An Geflügel, Schweine und als Kraftfutter an Milchvieh, vor allem am Rande von Ballungsgebieten, werden auch Agrarprodukte verfüttert, die der menschlichen Nahrung dienen könnten (Getreide und andere Stärkepflanzen, Körnerleguminosen und Ölfrüchte). In diesem Bereich hängt es vom Einkommen der Bevölkerung ab, ob das Tier zum Nahrungskonkurrenten des Menschen wird.

Größere Beachtung als bisher könnte beim Feldfutterbau in Zukunft Tiergruppen geschenkt werden, deren Ernährung zu verbessern wäre; dazu zählen Fische (15) und Nutzinsekten wie Bienen, Seidenraupen sowie Lack- und Wachsschildläuse (5, 6, 47).

Der Feldfutterbau dient der Gewinnung von Frisch- oder Kraftfutter, Heu oder Silage durch vorwiegend dafür angebaute Kulturpflanzen. Neben den einjährigen Arten gehören dazu auch Bäume und Sträucher, die gleichzeitig auch der Einzäunung, dem Erosionsschutz oder der Schattenspende dienen können (→Caesar, Kap. 14). Nicht behandelt werden alle Arten, die hauptsächlich als Weide dienen (→ Bd. 5) und solche, die in den Kapiteln über Nahrungspflanzen behandelt wurden, auch wenn es von manchen der Arten spezielle Futtersorten gibt wie bei Mais, Sorghum, Perlhirse, Körner- und Gemüseleguminosen, Kohl, *Beta*-Rüben und Wassermelonen.

Daß der Feldfutterbau in der Landwirtschaft der Entwicklungsländer ständig an Bedeutung gewinnt, hat verschiedene Gründe. In semiariden Gebieten sichert er die ganzjährige Versorgung des Viehs mit energie- und eiweißreichem Futter. In den feuchten Tropen ist er Grundlage der Stallhaltung von Kühen, die beim Weidegang in höherem Maße den Infektionskrankheiten ausgesetzt sind. In der Umgebung von Großstädten hat sich in vielen Entwicklungsländern eine intensive Tierhaltung entwickelt, nicht nur zur Milchproduktion sondern auch für Eier und Schlachtgeflügel, die überwiegend auf intensivem Futterbau oder dem Kauf von Futter beruht. Betriebswirtschaftlich spielt dabei der anfallende Tierdung eine wichtige Rolle, da er den Kauf teurer Mineraldünger ersetzt; er wird im eigenen Betrieb verwendet oder an Gartenbau-

betriebe verkauft (39). Darüber hinaus ist Feldfutterbau ein wichtiger Ansatz zur Diversifizierung im Betrieb, sei es in der Form des Leyfarming (→ Bd. 3, PRINZ, S. 137), sei es durch Erweiterung der Fruchtwechselmöglichkeiten zur Bekämpfung von bodenbürtigen Schadorganismen (Nematoden, Pilze, Bakterien, → Bd. 3, KRANZ und ZOEBELEIN, S. 393 ff.) oder zur Verbesserung der Bodenfruchtbarkeit. Über die erweiterten Fruchtwechselprogramme hinaus kann der Feldfutterbau zur Bekämpfung ökologischer Gefahren eingesetzt werden, vor allem als Mittel der Erosionsbekämpfung (schnelle Bedeckung von Brachflächen, Begrünung von Terrassenböschungen, Verminderung des Weidegangs der Tiere zur Vermeidung von Trittschäden an Hängen und von Bodenkompaktierung (→ Bd. 3, PRINZ, S. 115 ff.)). Nicht zuletzt können durch den Anbau von Feldfutterpflanzen marginale Standorte genutzt werden, auf denen andere Kulturen nicht gedeihen oder ernste ökologische Schäden verursachen können. Hier ist zunächst die Nutzung und gegebenenfalls Verbesserung versalzter Böden durch salzverträgliche Futterpflanzen zu nennen (1) (Chenopodiaceae wie *Atriplex, Beta, Haloxylon* und *Kochia (Bassia)* spp., *Salvadora indica* Royle, einige Leguminosen wie *Medicago* spp., *Sesbania cannabina* (Retz.) Pers., *Trifolium fragiferum*, und Gräser wie *Bouteloua eriopoda, Paspalum vaginatum* und *Stenotaphrum secundatum*). Auch sumpfige und versauerte Böden können zur Futterproduktion genutzt werden durch Leguminosen wie *Desmodium uncinatum, Sesbania cannabina* oder *Trifolium fragiferum*, und Gräser wie *Brachiaria mutica, Echinochloa pyramidalis* und *E. stagnina*. Endlich sind auch trockene Standorte oft am besten und ohne ökologische Schäden für Futterpflanzen geeignet; trockenresistent sind die Opuntien, Leguminosen wie *Lespedeza cuneata, Medicago truncatula, Trifolium subterraneum* und *Prosopis*-Arten, und Gräser wie *Cenchrus ciliaris, Cynodon dactylon* und mehrere andere Arten (23, 47).
Außer bei hochertragfähigen Arten wie Luzerne, *Pennisetum* spp. oder Futterrüben, die bei Bewässerung und guter Düngung sehr wohl mit Nahrungspflanzen konkurrieren können, müssen als Feldfutterpflanzen geeignete Arten einige Eigenschaften haben, die nicht von Nahrungspflanzen verlangt werden, um ihren Anbau loh-

nend zu machen, da ihr Deckungsbeitrag oft vergleichsweise gering ist. Der Anbau darf keine technischen Probleme der Bodenvorbereitung bieten, die Saat soll schnell keimen (bei hartschaligen Leguminosen u. U. ein Problem (22)), die jungen Pflanzen sollen sich schnell entwickeln und den Boden rasch bedecken, um Unkräuter zu unterdrücken, und sie sollen keine hohen Ansprüche an die Bodenfruchtbarkeit stellen – im Gegenteil, an marginalen Standorten sollen sie den Boden schützen und verbessern und im Fruchtwechsel sollen sie den Boden in gutem Zustand für die folgende Hauptfrucht zurücklassen. Weiterhin sind ein guter Futterwert zu fordern und Resistenz gegen Schädlinge und Krankheiten, da der Einsatz von Pestiziden in der Regel zu teuer ist und gefährliche Rückstandsprobleme liefern würde. Zu beachten ist auch, daß die gewählten Arten nicht zum Unkraut werden können, sowohl in den Folgekulturen (diese Gefahr besteht vor allem bei rhizombildenden Gräsern) als auch durch Saatausbreitung auf andere Flächen.
Wenn oben gesagt wurde, daß Feldfutterpflanzen in der Regel keine hohen Ansprüche an die Bodenfruchtbarkeit stellen sollten, so ist doch darauf hinzuweisen, daß bei manchen Leguminosen auf sauren Böden eine geringe Kalkgabe oder mit Kalk pilliertes Saatgut deutlich bessere Erträge bewirken und ökonomisch voll gerechtfertigt sein können. Das gleiche gilt für Mikronährstoffe, deren Mangel mit geringen finanziellen Aufwendungen zu beheben ist.
Im Anbau von Feldfutterpflanzen ist die Wahl des besten Aussaattermins zu beachten. Er wird meist zu Beginn der Regenzeit liegen; u. U. ist aber die Untersaat in eine abreifende Kultur angebracht, damit die Futterpflanze noch die vorhandene Restfeuchte im Boden nutzen kann. Schneiden, Trocknen oder Silieren des Erntegutes ist oft mit erheblichem Arbeitseinsatz verbunden. In Großbetrieben können diese Arbeitsgänge voll mechanisiert werden, auch wenn dabei besondere Techniken nötig sind, z. B. um bei Luzerne ein schnelles Vertrocknen der Stengel zu erreichen und hierdurch das Abfallen der Blätter während der Trocknung zu verhindern. Die rationellste Nutzung des Feldfutters erfolgt im Kleinbetrieb durch das Tüdern der Tiere. In größeren Betrieben kann in den Tropen zur Rationsbeweidung auch der Elektrozaun Bedeutung erlangen.

Der Wert des Futters ist nicht nur von der gewählten Pflanzenart, sondern auch von der optimalen Schnittzeit abhängig, oder bei Überschüssen von der richtigen Konservierung. Heu- und Silagebereitung sind Techniken, die den Wert des Futters stark beeinflussen. Ein jahreszeitlich bedingtes Überangebot an Futter, gut konserviert, kann über die Tierhaltung zu einer Art Sparkasse für Notzeiten oder Feste werden. Die Getreidezüchtung für die Entwicklungsländer sollte den Aspekt einbeziehen, daß dort das Stroh immer noch zum wichtigsten Viehfutter gehört und eine Erhöhung seiner Verdaulichkeit und des Proteingehaltes die Agrarproduktion über den Wiederkäuer verbessern hilft. Derartige Überlegungen sollten auch bei der Züchtung neuer Kulturarten angestellt werden.

Gräser

Für Futtergetreide besteht in den Tropen und Subtropen vor allem dort Bedarf, wo Legehühnerhaltung und Hähnchenmast sich ausbreiten, d. h. in der Nähe von Großstädten. Die Futtermittelindustrie kann vielerorts den z. Z. steigenden Bedarf kaum befriedigen und kauft das notwendige Getreide auf dem Weltmarkt. Der Devisenmangel vieler Entwicklungsländer läßt darum oft Engpässe in der Versorgung mit Eiern und Geflügel aufkommen, und die Preise schwanken stark. Der Anbau von Mais, Sorghum (43) und in den Subtropen und tropischen Höhenlagen auch Gerste und Weizen könnte hier Abhilfe schaffen. Hafer, das klassische Futtergetreide der gemäßigten Breiten, eignet sich in tropischen Höhenlagen ausgezeichnet als Grünfutter durch starkes vegetatives Wachstum, der Körnerertrag bleibt aber aus. Triticale gewinnt auch in den Tropen und Subtropen an Bedeutung (→PLARRE, Kap. 1.1.5). Bei Sorghum und vielen Hirsen (*Pennisetum americanum, Eragrostis tef, Coix lacryma-jobi*) gibt es z. T. schon Sorten, die sich sehr gut als Grünfutter eignen und die besonders in Australien, den südlichen USA und Südafrika angebaut werden. Einige Länder exportieren Vogelfutter; neben Saflor, Sonnenblume, Hanf und Lein gehören dazu auch die Hirsen *Panicum miliaceum, Pennisetum americanum, Phalaris canariensis, Setaria italica* u.a. (→ REHM, Kap. 1.1.7).
Von den etwa 10 000 Grasarten, die es auf der Erde gibt, werden in den Tropen und Subtropen

nur etwa 50 Arten für die Weideverbesserung oder als Feldfutterpflanzen kultiviert. Die Zahl der anbauwürdigen Arten wird weiter steigen. Die wichtigste Voraussetzung für den Anbau sind:
ökologische Anpassung,
höherer Ertrag an Trockenmasse (bei *Pennisetum purpureum* bis 80 t/ha im Jahr)
gute Verdaulichkeit (der Rohfaseranteil nimmt mit dem Alter der Gräser zu und ist bei tropischen Gräsern in der Regel höher als bei den Gräsern gemäßigter Breiten),
gute Annahme durch das Vieh, die meistens mit der Verdaulichkeit einhergeht, und
Freiheit von Giftstoffen.
Die Vermehrung vieler tropischer Gräser erfolgt vegetativ. Stengelabschnitte mit etwa 3 bis 4 Nodien werden einzeln ausgepflanzt oder in mechanisierten Großbetrieben mit einem Miststreuer verteilt und mit Scheibeneggen eingearbeitet.
Andropogon gayanus Kunth (engl.: gamba grass) (2, 18, 24, 44, 47) ist ein tropisches, mehrjähriges Gras, das ökologisch weit angepaßt ist, auch an saure Böden und Trockenzeiten. Es wird über Samen vermehrt. Der Futterwert ist mäßig. Gemische mit *Stylosanthes guianensis* und *Clitoria ternatea* haben sich bewährt.
Bouteloua eriopoda (Torr.) Torr. (engl.: black grama) (2, 18, 47) ist ein tropisches Gras, das sich besonders durch seine Trockenresistenz und Salzverträglichkeit auszeichnet. Auch andere B.-Arten werden, besonders zur Weideverbesserung, verwendet.
Brachiaria mutica (Forssk.) Stapf, Paragras (engl.: buffalo grass) (2, 18, 19, 34, 47) ist ein rauhes, kriechendes, mehrjähriges Gras, das sich an den Nodien bewurzelt und vegetativ vermehrt wird. Es wächst auch auf versumpften oder überfluteten Böden, kann aber leicht zum Ungras werden, und hat sich in Gemischen mit *Centrosema pubescens, Cajanus cajan, Lablab purpureus* und *Pueraria phaseoloides* bewährt. Starke Beweidung wird schlecht vertragen, darum erfolgt die Nutzung besser als Heu oder Silage. Andere *Brachiaria*-Arten sind weniger nässeverträglich.
Cenchrus ciliaris L., Büffelgras (engl.: buffel grass) (2, 18, 44, 47) ist ein sehr trockenresistentes, mehrjähriges Gras der Tropen und Subtropen, trittfest und gut für Leguminosengemische geeignet. Es wird durch Samen vermehrt.

Chloris gayana Kunth (engl.: Rhodes grass) (2, 18, 44, 47) ist ein mehrjähriges Gras der Tropen und Subtropen und wird durch Samen vermehrt. Trockenresistente und salzverträgliche Ökotypen sind vorhanden.

Cynodon dactylon (L.) Pers., Bermudagras (engl.: stargrass) (2, 18, 19, 34, 44, 45, 55) ist in allen warmen Ländern als Rasengras verbreitet. Es ist mehrjährig, sehr trockenresistent, salzverträglich und trittfest. Durch seine zählebigen Rhizome ist es ein gefürchtetes Unkraut, z. B. in Luzerne.

Digitaria decumbens Stent, Pangolagras (engl.: pangola grass) (2, 18, 19, 44, 47) ist ein mehrjähriges Gras der Tropen und Subtropen mit langen, sich bewurzelnden Ausläufern. Die Vermehrung erfolgt vegetativ, ca. 2 t/ha ausgereifte Stengel werden dafür benötigt. Es ist trittfest, gut verdaulich und kann hohe N-Gaben verwerten. Die Ansprüche an den Boden sind nicht sehr hoch. Für Gemische geeignete Leguminosen sind *Centrosema pubescens*, *Macroptilium atropurpureum* und *Desmodium intortum*. Andere *Digitaria*-Arten werden vor allem für Weiden verwendet.

Die *Echinochloa*-Arten *E. polystacha* (H.B.K.) Hitchc. (span.: pasto alemán) *E. pyramidalis* (Lam.) Hitchc. et Chase (engl.: antelope grass) und *E. stagnina* (Retz.) P. Beauv. (18, 47) sind mehrjährig, besonders nässeverträglich und werden vegetativ vermehrt.

Eragrostis curvula (Schrad.) Nees (engl.: weeping lovegrass) (2, 18, 47) ist ein mehrjähriges Gras der Subtropen, trockenresistent und wird durch Samen vermehrt. Es ist ein wichtiges Gras für Leyfarming, da es auch in der Trockenzeit grün bleibt und lange seinen hohen Futterwert behält.

Panicum maximum Jacq., Guineagras (engl.: Guinea grass) (2, 18, 19, 34, 44, 45, 47) ist ein robustes, mehrjähriges Horstgras der Tropen und Subtropen. Es wird durch Samen vermehrt, hat einen hohen Futterwert und eignet sich gut für Heu und Silage, wenn man im Turnus von 6 bis 8 Wochen schneidet. Futtergemische mit *Centrosema pubescens* und *Stylosanthes guianensis* haben sich bewährt.

Paspalum vaginatum Sw. (engl.: biscuit grass) (18, 47) ist ein mehrjähriges nässeverträgliches und sehr salzresistentes Gras der Tropen und Subtropen, das durch Samen vermehrt wird.

Pennisetum purpureum Schum. Elefantengras (engl.: napier fodder) (2, 18, 19, 34, 44, 45, 55) ist in den Tropen und Subtropen weltweit verbreitet, weil es zu den wichtigsten Futtergräsern gehört. Es wird durch Stecklinge vermehrt. Sein hohes Ertragspotential kann nur auf fruchtbaren Böden und durch hohe Düngung, besonders mit N, und regelmäßige Bewässerung ausgeschöpft werden. Es gedeiht von den humiden Tropen bis in die ariden Subtropen. Mindestens alle zwei Monate sollte es geschnitten werden. Zwischen *P. purpureum* und *P. americanum* wurden Hybriden gezüchtet, die in verschiedenen Ländern angebaut werden.

Phalaris arundinacea L., Rohrglanzgras (engl.: reed canary grass) (18, 47) hat nicht nur in der gemäßigten Zone, sondern auch in den Subtropen in Überschwemmungsgebieten als Futtergras Bedeutung. Es ist mehrjährig und wird über Samen, aber auch vegetativ vermehrt und sollte für Heu und Silage jung geschnitten werden.

Puccinellia airoides (Nutt.) Wats. et Coult. (Syn. *P. nuttalliana* (Schult.) Hitchc.) (engl.: Nuttal alkali grass) (47) ist besonders in den Subtropen für versalzte Böden von Interesse. Es ist mehrjährig und wird durch Samen vermehrt.

Setaria anceps Stapf ex Massey (engl.: golden timothy) (2, 18, 19, 44, 47) ist ein mehrjähriges Gras der Tropen und Subtropen, das über Samen vermehrt wird. Es ist nährstoffreich und eignet sich gut für Heu und Silage. In guten Lagen ist es auch für Leyfarming geeignet.

Stenotaphrum secundatum (Walter) O. Kuntze (engl.: St. Augustine grass) (2, 18, 44, 47) ist ein mehrjähriges Gras der Tropen und Subtropen, sehr widerstandsfähig und wird vegetativ vermehrt. Es zeichnet sich besonders durch seine Salzresistenz und Nässeverträglichkeit aus.

Tripsacum fasciculatum Trin. ex Aschers. (Syn. *T. laxum* Nash), Guatemalagras (2, 44, 47) ist ein mehrjähriges Horstgras der Tropen, das vegetativ vermehrt wird. Es ist nässeverträglich und eignet sich gut für Heu und Silage.

Krautige, überwiegend einjährig angebaute Leguminosen

Wenn auch die Trockenmasseproduktion bei den krautigen Leguminosen nicht an die der starkwüchsigen Gräser heranreicht, haben sie doch den Vorteil, daß eine altersbedingte Verminderung der Verdaulichkeit nicht so stark auftritt.

Der hohe Proteingehalt, den die Leguminosen durch ihre Symbiose mit N_2-bindenden Rhizobien in der Rhizosphäre erreichen, macht sie nicht nur als Viehfutter, sondern auch als Bodenverbesserer hochinteressant für die Landwirtschaft (→ CAESAR, Kap. 14).

Die Samen der Sojabohne und aller für die menschliche Ernährung angebauten Körnerleguminosen (→ Kap. 4.5) werden auch als Futter gebraucht. Die größte Bedeutung hat hier die Soja (→ SCHUSTER, Kap. 3.3) an zweiter Stelle stehen neuerdings die Süßlupinen (→ PLARRE, Kap. 4.5.4) (11), an dritter folgt wahrscheinlich *Vicia faba* (→HAWTIN, Kap. 4.5.6) (50); meist ist schwer abzuschätzen, welcher Anteil der Körnererernte zur menschlichen Ernährung und welcher als Viehfutter gebraucht wird. Bei der Verfütterung von Leguminosensamen an Tiere ist der häufige Gehalt an toxischen Verbindungen (Alkaloide, Saponine, Hämagglutinine, Cyanverbindungen u. a. (→ Bd. 2, HERZ, S. 104 ff.) zu beachten, die bei der Zubereitung menschlicher Nahrung durch Wässern und Kochen größtenteils entfernt oder zerstört werden; in der Tierfütterung zwingen sie zum Maßhalten in den Rationen.

Viele Körnerleguminosen sind bei der Hülsenreife noch grün und liefern daher Grünfutter oder Heu als Nebenprodukt. Zu nennen sind hier vor allem die Erdnuß (→ HIEPKO und KOCH, Kap. 3.4), deren Heu etwa den Wert von Luzerneheu hat, die Straucherbse (→ FARIS Kap. 4.5.1), die auch als Futter für Schellackinsekten und Seidenraupen dient, und *Trigonella foenum-graecum* (→ ACHTNICH, Kap. 7.10), die allerdings für Milchkühe ungeeignet ist, da ihre Geschmackstoffe in die Milch übergehen (34).

Da viele der einjährigen Körnerleguminosen, z. T. aufgrund ihrer großen Samen, sehr schnell Grünmasse produzieren, werden sie nicht selten als reines Grünfutter angebaut und sind als Zwischenfrüchte für die Futtergewinnung besonders gut geeignet. Selbst die Soja wird in einigen Ländern als reine Grünfutterplanze angebaut. Als besonders trocken- und hitzeresistent sind *Phaseolus acutifolius*, die Teparybohne (→ THUNG, Kap. 4.5.5), und *Vigna aconitifolia*, die Mattenbohne (→ REHM, Kap. 4.5.7), wichtige Futterpflanzen in Perioden mit niedrigem Regenfall.

Als reine Grünfutterpflanzen sind die folgenden Leguminosen zu nennen:

Alysicarpus vaginalis (L.) DC. (engl.: alyce clover) (2, 18, 47) ist eine mehrjährige wertvolle Futterpflanze der Tropen, die auch auf sauren Böden gedeiht und erfolgreich mit *Brachiaria*-Arten angebaut werden kann.

Arachis glabrata Benth. (engl.: perennial peanut) (47, 51) ist perennierend mit kriechendem Habitus und kann über Rhizome vermehrt werden. Die N_2-Fixierung ist nicht hoch, gute Erträge (bis 9 t/ha und Jahr) werden nur bei Düngung erreicht. Der Rohproteingehalt kann bis 18 % betragen.

Centrosema pubescens Benth. (engl.: centro) (2, 18, 44, 47, 49, 51) ist eine mehrjährige kriechende oder kletternde Futter- und Weidepflanze der Tropen, die in Trockenperioden lange grün bleibt und sich sehr gut für die Heuwerbung eignet (Abb. 301). Die Saatgutgewinnung ist schwierig. Bei ausreichender Feuchtigkeit gedeiht sie aufgrund ihrer guten N_2-Fixierung auch auf nährstoffarmen Böden. Erträge bis zu 12 t Trockenmasse pro ha und Jahr und ein Rohproteingehalt bis 24 % werden erzielt. Besonders produktiv ist sie in Grasgemischen mit *Pennisetum*- und *Digitaria*-Arten. Sie ist besonders in Kombination mit *Calopogonium* und/

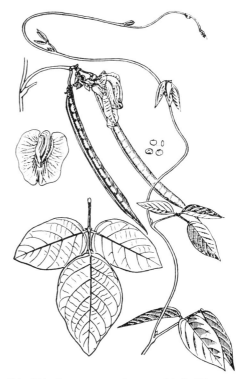

Abb. 301. *Centrosema pubescens.* (Nach 51).

oder *Pueraria* eine wichtige Bodenbedecker-
pflanze (→ CAESAR, Kap. 14). Unter den anderen C.-Arten ist vor allem C. *macrocarpum*
Benth. eine vielversprechende neue Futterpflanze (49).

Clitoria ternatea L. (engl.: butterfly pea) (2, 7,
47, 51) ist eine Futterpflanze, die auch unter
trockenen Bedingungen noch gute Erträge liefern kann.

Desmodium intortum (Mill.) Urb. (engl.: green-
leaf desmodium) (2, 7, 18, 44, 47) eignet sich
gut für Grasmischungen, vor allem mit *Digitaria
decumbens* oder *Brachiaria mutica*. Es hat verhältnismäßig hohe Wasseransprüche, aber eine
weite ökologische Anpassung in tropischen Gebieten von der Küste bis ins Hochland. Es fixiert
bis zu 300 kg N/ha und Jahr, wird aber als
Alleinfutter nicht gern vom Vieh angenommen.
Von den anderen D.-Arten, die als Futterpflanzen genutzt werden (51), ist D. *tortuosum* (Sw.)
DC. (engl.: Florida clover) schattenverträglich,
gut zur Heugewinnung und auch als Gründünger oder Bodenbedecker geeignet und D. *uncinatum* (Jacq.) DC. (engl.: silverleaf desmodium)
eine gute Futterpflanze für schlechte Lagen, die
für andere D.-Arten zu naß sind.

Hedysarum coronarium L., Spanische Esparset-
te, Sulla (7, 45, 47) ist eine der nährstoff- und
ertragreichsten Futter- und Weidepflanzen des
Mittelmeergebietes für kalkreiche tiefgründige
Böden. Sie ist trockenresistent, wird meist zweijährig angebaut, eignet sich gut für Bewässerung
und ist neben Grünfutter auch für Heu und
Silage verwertbar.

Lespedeza cuneata (Dum. Cours.) G. Don
(engl.: sericea oder perennial lespedeza), eine
ausdauernde Art, und die einjährigen L. *stipulacea* Maxim. (Syn. *Kummerowia stipulacea* (Maxim.) Makino) (engl.: Korean lespedeza) und L.
striata (Thunb. ex Murr.) Hook. et Arn. (Syn.
Kummerowia striata (Thunb.) Schindl.) (engl.:
common lespedeza) (7, 18, 34, 47) sind trockenresistent und nur für warmgemäßigtes oder subtropisches Klima geeignet. Außer ihrer Nutzung
als Futterpflanzen sind sie auch als Bodenschutz
und -verbesserer wertvoll.

Lotus corniculatus L., Hornklee (engl.: birds-
foot trefoil) (2, 7, 19, 47) ist mehrjährig und
nässeverträglich, und seit langem in vielen subtropischen Gebieten und tropischen Höhenlagen
zur Verbesserung von Weide und Futter eingeführt.

Macroptilium atropurpureum (DC.) Urb. (engl.:
siratro) (2, 7, 44, 47, 51) ist mehrjährig und
trockenresistent. Es hält sich gut in Grasmischungen mit *Cenchrus ciliaris*, *Chloris gayana*
und *Setaria anceps* und hat sich in vielen Ländern der Tropen und Subtropen zur Gewinnung
nahrhaften Grünfutters oder Heus bewährt.

Macrotyloma axillare (E. Mey.) Verdc. (engl.:
archer) (2, 51) stammt aus Afrika und wird in
Australien, Bolivien und den Philippinen als Futterpflanze propagiert. Sie verträgt keinen Frost,
ist einerseits trockenresistent und verträgt andererseits hohe Niederschläge.

Medicago lupulina L., Gelbklee (engl.: hop clover) (19, 47) ist für leichte Böden der gemäßigten Zone, aber auch der Tropen und Subtropen
geeignet, hier aber in der kühleren Jahreszeit.
Mischungen mit *Festuca arundinacea* Schreb.
und *Lolium*-Arten haben sich bewährt.

Medicago sativa L., Luzerne (engl.: lucerne;
amerik. und span.: alfalfa) (2, 7, 17, 18, 19, 32,
34, 44, 45, 47) ist die wichtigste Futterpflanze
guter Böden mit Bewässerung in den ariden
Gebieten. Die Anbaufläche wird weltweit auf 5
Mio. ha geschätzt. Die höchsten Erträge bringt
sie in den subtropischen Gebieten und den tropischen Höhenlagen. In den tropischen Niederungen wird die Pflanze im allgemeinen zu stark von
Unkräutern, Schädlingen und Krankheiten befallen. Sie ist auch besonders empfindlich gegen
hohen Grundwasserstand, niedrigen pH und
auch geringen Kaliumgehalt. Sie liefert ein sehr
hochwertiges Futter, das sich auch besonders
zur Heubereitung eignet. Sehr jung geschnittene
und schnell, evtl. künstlich, getrocknete Luzerne
findet auch Verwendung in Futtermischung für
Monogastrier, z. B. Hühner und Schweine; daher hat gutes Luzerneheu erhebliche kommerzielle Bedeutung. Luzerne eignet sich auch ausgezeichnet für Grünfutter und zur Beweidung.
Während der Blüte stellt sie eine ausgezeichnete
Bienenweide dar. Speziell in Nordafrika wird ein
System praktiziert, bei dem selbst-ausgesäte Lu-
zernesaat im Herbst flach untergepflügt wird;
während der Regenzeit im Winter wird Weizen
angebaut, danach erhält das Feld eine geringe
Phosphatgabe, wodurch die Entwicklung der
Luzerne im Aufgangsstadium gefördert wird. In
den folgenden Monaten kann sie beweidet oder
gemäht werden. Bei guter Bewässerung sind unter günstigen Bedingungen 12 bis 15 Schnitte im
Jahr möglich. Da einige Baumwollschädlinge

während der trockenen Jahreszeit an der Luzerne überleben, kann sie in einigen Teilen Ägyptens nicht angebaut werden. Kreuzungen mit ssp. *falcata* (L.) Arcang. (auch als eigene Art, *M. × varia* Martyn, behandelt), sind anspruchsloser und vertragen mehr Kälte.

Medicago truncatula Gaertn. (engl.: barrel medic) (18, 45, 47) wird viel in Australien als Weide- und Futterpflanze angebaut. Sie ist einjährig und zeichnet sich durch Trockenresistenz und eine bessere Salzverträglichkeit als andere *Medicago*-Arten aus.

Melilotus indica All. (Syn. *M. parviflora* Desf.), Indischer Steinklee (engl.: yellow sweet clover) (2, 7, 34, 47) wird in den Tropen und Subtropen besonders in der kühleren Jahreszeit angebaut, ist einjährig, trockenresistent und salzverträglich.

Mucuna pruriens (L.) DC., Samtbohne (engl.: velvet bean) (2, 7, 18, 19, 34, 45, 47, 51) ist eine trockenresistente, in den Tropen und Subtropen weitverbreitete Futter- und Hilfspflanze. Sie wächst sehr üppig und eignet sich gut für den Mischanbau mit den Gräsern *Brachiaria mutica* und *Panicum maximum*, mit den Futtersorten der Hirsen *Eragrostis tef* und *Setaria italica*, und mit Sorghum.

Neonotonia wightii (Arn.) Lackey (Syn. *Glycine wightii* (Wight et Arn.) Verdc.) (engl.: glycine) (2, 7, 47, 51) ist eine mehrjährige, tiefwurzelnde Pflanze für neutrale oder leicht saure, gut dränierte Böden. Sie liefert bis zu 8 t Trockenmasse pro ha und Jahr mit bis zu 20 % Rohprotein und wird gerne vom Vieh gefressen. Wegen ihres starken Wachstums kann sie in *Hyparrhenia*-Grasland eingesät werden oder mit anderen hochwüchsigen Gräsern (*Panicum maximum, Pennisetum purpureum*) im Mischbestand angebaut werden.

Ornithopus sativus Brot., Serradella (3a, 7, 19, 47) ist eine für arme, saure Böden der Subtropen geeignete, trockenresistente einjährige Futterpflanze, die besonders für die kühlere Jahreszeit gut ist.

Pueraria phaseoloides Benth. (engl.: tropical kudzu) (2, 7, 18, 44, 47, 51), gehört zu den wichtigsten Futterpflanzen der tropischen Gebiete mit hohen Temperaturen und hohen Niederschlägen. Sie ist eine üppig wachsende mehrjährige Pflanze mit stark behaarten Ranken, wenig empfindlich gegenüber Feuchtigkeit und geeignet für schwere Böden. Sie verträgt keinen

Frost und sollte in den Tropen nur unterhalb 1000 m angebaut werden. Optimale Niederschläge liegen bei 1200 bis 1500 mm. 2 bis 3 Monate Trockenzeit werden vertragen; der optimale pH-Wert ist 4 bis 5. Die N_2-Fixierung ist besonders gut (mehr als 200 kg/ha und Jahr), die Saatgutproduktion erreicht bis 100 kg/ha. Der Rohproteingehalt kann bis zu 19 % betragen. Trotz ihrer Behaarung wird sie gern vom Vieh gefressen. Sie eignet sich zur Herstellung von Silage und wird auch als Bodenbedecker oder Gründüngungspflanze viel gebraucht.

Stylosanthes guianensis Sw. (Syn. *S. gracilis* H.B.K.) (engl.: stylo oder Brazilian lucerne) (2, 7, 18, 34, 44, 47, 51, 53) ist an unterschiedliche, also auch saure Böden, angepaßt und gehört zu den wichtigsten tropischen Weide- und Futterpflanzen. Sie wird bis zu 1,20 m hoch, kann bis zu 240 kg N/ha und Jahr fixieren und toleriert niedrige P-Gehalte im Boden, da sie über eine sehr aktive VA-Mykorrhiza verfügt. Der Trockenmasseertrag geht bis 10 t/ha, der Rohproteingehalt bis zu 18 %. Sie ist mehrjährig und auch nässeverträglich. Allerdings ist sie empfindlich gegen Überweidung und Feuer, und wächst nicht unter Schatten.

Stylosanthes hamata (L.) Taub. (engl.: Caribbean stylo) (2, 47, 53) ist trockenresistent und gedeiht auch auf sandigen Böden, z. B. auf Dünen und am Strand.

Stylosanthes humilis H.B.K. (engl.: Townsville lucerne, Townsville stylo) (2, 7, 44, 47, 51, 53) ist einjährig und trockenresistent. Sie hat einen sehr geringen Nährstoffbedarf und eignet sich darum gut für arme Böden, ist aber empfindlich gegen Beschattung, darum müssen Grasgemische ausreichend beweidet werden. Sie wird in Florida hauptsächlich mit *Digitaria decumbens* angebaut und in Queensland/Australien hauptsächlich mit *Cenchrus ciliaris*. Die Samenbildung ist reichlich, so daß der Bestand sich jährlich selbst erneuert. Allein oder in Grasgemenge liefert sie gutes Heu.

Trifolium alexandrinum L., Alexandrinerklee, Bersim (engl.: berseem) (2, 7, 18, 19, 34, 44, 45, 47, 55) ist einjährig, stammt aus dem Mittelmeergebiet und wurde in alle Gebiete der Subtropen eingeführt. Er wird besonders in Ägypten und Indien angebaut und ist in diesen Ländern die wichtigste Winter- und Frühjahrsfutterpflanze. Hohe Erträge bringt er nur auf fruchtbaren Böden mit häufiger Bewässerung. Er besitzt eine gewisse Salzresistenz und gedeiht darum auch auf alkalischen und leicht versalzten Böden. Unter günstigen Bedingungen liefert er alle vier bis fünf Wochen einen Schnitt. Hauptsächlich wird er grün verfüttert, er läßt sich aber auch silieren und zu Heu trocknen. Seltener wird er beweidet oder für Gründüngung genutzt. Auch als Untersaat in Baumwolle, Mais oder sogar Reis bietet er sich an. Für gutes Wachstum ist neben der eventuell nötigen Beimpfung mit *Rhizobium leguminosarum* ausreichende Versorgung mit Calcium und Phosphat im Boden, u. U. auch eine Spurenelementdüngung mit Molybdän, nötig. Er wird in Indien im Wechsel mit Sorghum und Baumwolle angebaut, ebenso ist er in Ägypten ein wichtiges Glied im Fruchtwechsel.

Trifolium fragiferum L., Erdbeerklee (engl.: strawberry clover) (18, 34, 47) zeichnet sich besonders durch seine hohe Nässeverträglichkeit und gute Salzresistenz aus. Er ist mehrjährig.

Trifolium pratense L., Rotklee (engl.: red clover) (2, 18, 47), *T. repens* L., Weißklee (engl.: white clover) (2, 18, 34) und *T. incarnatum* L., Inkarnatklee (engl.: crimson clover) (18, 34, 47) sind ebenfalls Kleearten, die in den Subtropen zur Winterzeit oder in kühleren Hochlagen der Tropen zur Heugewinnung oder als Weide- oder Futterpflanzen angebaut werden.

Trifolium resupinatum L., Persischer Klee (engl.: Persian clover) (18, 34, 44, 45, 47) ist ein einjähriger Winterklee im Mittelmeergebiet, von den Kanaren bis Nordpersien und Indien verbreitet. Da er mehr Kälte verträgt als Alexandrinerklee und auch über eine größere Trockenresistenz verfügt, ist er eine geschätzte Futterpflanze für kühlere Lagen oder wo Bewässerung nicht möglich ist.

Trifolium subterraneum L., unterirdischer Klee (engl.: subclover), (2, 7, 23, 28) stammt aus dem Mittelmeergebiet und wurde als Weide- und Futterpflanze durch den erfolgreichen Anbau im Fruchtwechsel mit Weizen in Südwest-Australien bekannt. Die Art ist einjährig, bildet aber genug Saat, um jedes Jahr neue geschlossene Bestände zu bilden. In Australien wurden Sorten für verschiedene Standorte selektiert, die sich auch in anderen Ländern, nicht nur solchen mit Mittelmeerklima, bewährt haben. Durch ihren kriechenden Wuchs ist die Art eine wichtige Hilfe zur Erosionsverhütung.

Hier konnten nur die wichtigeren Arten der krautigen Futterleguminosen erwähnt werden.

Weitere Arten, die vielleicht in Zukunft an Bedeutung gewinnen, sind in (2, 7, 18, 23, 47, 48, 51, 55) zu finden. Ferner ist darauf hinzuweisen, daß außer den genannten Arten auch andere krautige Leguminosen gelegentlich als Futter verwendet werden, deren Hauptnutzung bei anderen Produkten liegt (z. B. Guar, → REHM, Kap. 12.1) oder die in erster Linie als Bodenbedecker oder in anderer Weise als Hilfspflanzen gebraucht werden wie *Calopogonium mucunoides*, *Indigofera hirsuta* oder *Pueraria lobata* (→ CAESAR, Kap. 14). Im übrigen sind noch längst nicht alle krautigen Leguminosenarten auf ihre Eignung als Futterpflanzen untersucht: die Zahl der namentlich für marginale Standorte brauchbaren Arten wird noch wachsen (27).

Baum- und Strauchleguminosen

Die ausdauernden, holzigen Leguminosen haben in den letzten Jahren viel an Bedeutung als Futterpflanzen gewonnen. Ihre größte Bedeutung haben sie in Trockengebieten: dort sind sie das wichtigste Glied zur Bekämpfung des Vordringens der Wüste (Desertifizierung, → Bd. 3, PRINZ S. 136, 159 f., VON MAYDELL S. 176 ff.) liefern nahrhaftes Futter (Blätter und Hülsen) in der Trockenzeit und nicht zuletzt auch das dringend benötigte Brennholz. Aber auch in den humiden Tropen sind sie wichtig für die ökologische Stabilisierung einiger Anbausysteme und für die Verbesserung der Eiweißversorgung der Nutztiere. Alle Arten haben mehr als eine Funktion. Bei vielen steht ihre Bedeutung für Bodenschutz und -verbesserung an erster Stelle (→ CAESAR, Kap. 14), einige liefern auch Nahrungsmittel für den Menschen (*Cassia fistula*, *Ceratonia siliqua*, *Inga* spp., *Tamarindus indica*), einige haben als Gummilieferanten Bedeutung (*Acacia nilotica*, *Ceratonia siliqua*, *Tamarindus indica*, → REHM, Kap. 12.1)

Die Besprechung der Arten muß sich auf wenige Beispiele beschränken, bei denen die Funktion als Futterlieferanten im Vordergrund steht[1]; einige weitere Arten werden im folgenden Kapitel über Hilfspflanzen (CAESAR) angeführt. Für vollständigere Angaben muß auf die umfangreiche Literatur über Baum- und Strauchleguminosen als Futterpflanzen verwiesen werden (3, 4,

---

[1] Für die Überlassung wichtiger Unterlagen danke ich Herrn RAYMOND JONES, Division of Tropical Crops and Pastures, CSIRO, Australien

7, 8, 9, 13, 16, 20, 25, 30, 31, 33, 34, 35, 37, 39, 40, 42, 47, 48, 51, 53a).

Calliandra callothyrsus Meissn. (37, 40) stammt aus Zentralamerika und ist jetzt hauptsächlich in Indonesien zu finden, wo sie ursprünglich für die Holzgewinnung und auch als Futterbaum angepflanzt wurde. Sie wächst schnell auf eine Höhe von mehr als 10 m und ist an wenig fruchtbare Böden angepaßt, gedeiht aber auch auf schweren Lehmböden. Der jährliche Ertrag liegt zwischen 7 und 10 t/ha Trockenmasse. Sie wird gerne von Rindern, Schafen und Ziegen gefressen. Die Verdaulichkeit ist nicht hoch, vergleichbar mit der von *Leucaena*. Am besten ist sie an Gebiete mit über 1000 mm Niederschlägen angepaßt, toleriert aber eine Trockenzeit von 3 bis 4 Monaten. Sie ist in den Tropen als Zierbaum weit verbreitet, aber auch als Schattenbaum und als Gründüngungspflanze geeignet.

Gliricidia sepium (Jacq.) Kunth ex Walp. (Syn. *G. maculata* (H.B.K.) Kunth ex Walp.) (span. madre de cacao) (33, 38, 47) ist ein tiefwurzelnder, kleiner Baum, der aus Südamerika stammt, inzwischen aber in den tropischen Bereichen aller Erdteile verbreitet ist. Er wächst schnell, liefert viel Blattmaterial, verträgt das Schneiteln sehr gut und läßt sich leicht über Stecklinge vermehren. An arme, versauerte und staunasse Böden ist er besser angepaßt als *Leucaena*. Ihre große Verbreitung verdankt *Gliricidia* ihrer vorzüglichen Eignung als Schattenbaum besonders für Kakao, ihrer Nutzung für Zaunpfähle, geschnitten oder lebend, als Stützbäume, z. B. für Vanille, und ihrer hohen Grünmasseproduktion für Mulch und Gründünger. Die Blüten können auch als Gemüse gegessen werden (5). Als Futter ist sie nur für Wiederkäuer geeignet; sie wird anfänglich nur ungern angenommen, kann dann aber besonders im Gemisch mit Gras (auch schlechter Qualität) oder Stroh in Gaben von mehr als 50 % der Grundfuttermenge gegeben werden (4, 52). Bei Milchtieren beeinflußt sie den Geschmack der Milch negativ. In bezug auf Geschmack, Verdaulichkeit und Resistenz gegenüber Krankheiten und Schädlingen ist sie *Leucaena* überlegen.

Leucaena leucocephala (Lam.) de Wit (engl.: horse tamarind, ipil-ipil) (2, 3, 20, 22, 25, 37, 42, 47) ist ein Strauch oder kleiner Baum, der aus Zentralamerika stammt (Abb. 302). Er wird nicht nur als Viehfutter gebraucht, vielmehr nut-

Abb. 302. *Leucaena leucocephala* mit reifen Hülsen.

zen die Südostasiaten die jungen Blätter, Blüten, Hülsen und Samen regelmäßig als Gemüse. In einigen Gebieten ist er zum Unkraut geworden. Die großen und wüchsigen Formen produzieren im allgemeinen wenig Saat. Für den Anbau werden vor allem drei Sorten genutzt: 'Peru', 'Cunningham' und 'K8'. Alle drei liefern ein gutes Futter, wenn sie regelmäßig kurz gehalten werden. Bei Rindern wurden Gewichtszunahmen bis zu 500 g pro Tier und Tag registriert. *Leucaena* verträgt keine staunassen Böden und verlangt einen pH von über 5,5.

Wo *Leucaena* neu eingeführt wird, ist die Impfung mit den Rhizobienstämmen CB 81, NGR 8 oder TAL 1145 zu empfehlen. Die Probleme mit der Hartschaligkeit der Samen können durch eine Heißwasserbehandlung (80 °C für drei Minuten) gelöst werden. Die Saat sollte nicht tiefer als 2,5 cm gelegt werden. Reihenabstände betragen 1 bis 4 m. Das Anfangswachstum ist langsam, darum ist in diesem Stadium eine Unkrautkontrolle notwendig. Wenn die Pflanzen 1,5 bis 2 m groß sind, soll mit der Nutzung (Schneiden oder Beweiden) begonnen werden, um eine bessere Verzweigung zu stimulieren. In jedem Fall soll geerntet werden, wenn die unteren Blätter sich gelb verfärben oder abfallen, abhängig von den Wachstumsbedingungen alle 6 bis 12 Wochen. Bei kurzen Schnittintervallen erhält man ein qualitativ hochwertiges Futter, aber dadurch, daß die Wüchsigkeit der Pflanzen geschwächt wird, können Unkräuter zum Problem werden. Die Blätter und Zweige können frisch oder getrocknet verfüttert werden. Ein besonders hochwertiges Eiweißfutter sind die pelletierten Fiederblättchen.

Das Abfressen durch die Tiere muß streng reglementiert werden. Einerseits sollen die Tiere nur eine relativ kurze Zeit im Bestand weilen, zum anderen soll den Pflanzen nach der Beweidung eine mindestens 4- bis 8wöchige Ruheperiode gelassen werden. Auf keinen Fall soll das Vieh die neu sprießenden Zweige abfressen. Die Erträge erreichen bis 25 t Trockenmasse pro ha und Jahr. Der Rohproteingehalt kann bis 19 % betragen. Das Eiweiß ist allerdings arm an Tryptophan und schwefelhaltigen Aminosäuren. Der Gehalt an Vitamin A und C ist hoch.

Leucaena enthält die giftige Aminosäure Mimosin, die bis zu 5 % des Roheiweißes ausmachen kann, und ist deswegen für die Fütterung an Pferde, Schweine und Geflügel ungeeignet. Die Pansenbakterien der Wiederkäuer verwandeln das Mimosin in 3-Hydroxy-4(1H)-Pyridon (DHP) (54). Man dachte, dies wäre für Wiederkäuer ungiftig. Neuerdings weiß man, daß *Leucaena* auch für Wiederkäuer nicht unschädlich ist und es wird empfohlen, nicht mehr als 30 % der Trockenmasse des Futters aus *Leucaena* bestehen zu lassen. In einigen tropischen Ländern hat man entdeckt, daß einige Wiederkäuer Bakterien im Pansen hatten, die sowohl das DHP als auch das Mimosin abbauen. Inzwischen wird versucht, über Infusionen diese Bakterien in andere Tiere zu übertragen und somit die Möglichkeit des Einsatzes der *Leucaena* noch zu vergrößern. Den Pflanzenzüchtern ist es gelungen, Mimosin-arme Formen zu isolieren, die aber bisher alle niedrigere Futtermengen lieferten als die Standardsorten (3).

Leucaena ist relativ resistent gegen Krankheiten und Schädlinge, jedoch gibt es in Südamerika Blattschneideameisen, die über Nacht große Schäden anrichten können. In einigen Gebieten ist auch Termitenschaden festgestellt worden.

Sesbania grandiflora (L.) Pers. (agati) (5, 33, 37, 38, 47, 51) ist ein aus Asien stammender Baum, der gewöhnlich in der Trockenzeit für die Futterwerbung genutzt wird. Seine Blüten, Hülsen und jungen Triebe werden als Gemüse gegessen.

Er hat keine spezifischen Bodenansprüche, wächst vorwiegend auf nassen Plätzen, Sümpfen oder staunassen Böden, gedeiht sogar auf alkalischen Böden und verfügt über ein gutes Stickstoffbindungsvermögen. Er kann sowohl über die Saat als auch über Stecklinge vermehrt werden und wird gern vom Vieh angenommen. Es gibt eine weiße und eine rotblühende Form. Die weiße Form wächst etwas üppiger. Wenn er auch normalerweise schneller wächst als *Leucaena* wird er als Futter nicht so gut vertragen. Er ist anfällig gegen Nematoden. Seine Hauptverwendung ist für Mulch und Gründünger.

Futterpflanzen anderer Familien

Grundsätzlich werden nicht nur Arten der Gramineen und Leguminosen als Futter verwendet; wie in der Einführung gesagt, können alle Pflanzen, die dem Menschen als Nahrung dienen, auch verfüttert werden. Viele dieser Arten werden direkt als Futter angebaut. Die folgende Zusammenstellung nennt die in den Tropen und Subtropen häufig als Futterpflanzen genutzten Arten. Die meisten von ihnen werden ausführlich in den Kapiteln über Pseudozerealien, Knollenpflanzen, Ölpflanzen, Gemüse und Faserpflanzen besprochen.

Amaranthaceae: *Amaranthus* spp. (5, 41, 47) (→ ACHTNICH, Kap. 1.1.8).

Araceae: *Alocasia* spp. *Amorphophallus* spp. *Colocasia* spp., *Cyrtosperma* spp. und *Xanthosoma* spp. (47) (→ PLARRE, Kap. 1.2.5).

Boraginaceae: *Symphytum asperum* Lepech., Komfrey, *S. officinale* L., Beinwell u. a. (21, 47).

Cactaceae: *Opuntia ficus-indica* (L.) Mill. (12, 29, 47, 56); stachellose Sorten sind in der Trockenzeit ein gutes Saftfutter.

Caryophyllaceae: *Spergula arvensis* L. (34, 47).

Chenopodiaceae: *Atriplex* spp., *Beta* spp., *Kochia* spp. (14, 18, 33, 47).

Compositae: *Helianthus annuus* L. (→ SCHUSTER, Kap. 3.5), *H. tuberosus* L., *Lactuca indica* L. (speziell Futter für Geflügel und Kleintiere), *Polymnia sonchifolia* Poepp. et Endl. (34, 47).

Cruciferae: *Brassica* spp. (Markstammkohl eignet sich gut für tropische Höhenlagen), *Raphanus sativus* L. – Futterrettich, Japanischer Radies (34, 47).

Cucurbitaceae: *Cucurbita pepo* L. – Futterkürbis, *Citrullus lanatus* (Thunb.) Matsum. et Nabai – Futtermelonen (47).

Hydrophyllaceae: *Phacelia* spp. (z. B. *P. tanace-tifolia* Benth., Phazelie) (47).

Malvaceae: *Hibiscus cannabinus* L. (→ BOULAN-GER, Kap. 10.3).

Polygonaceae: *Fagopyrum esculentum* Moench und *F. tartaricum* (L.) Gaertn. (→ ACHTNICH, Kap. 1.1.8) eignen sich besonders auch als Bienenfutter, Gründünger und Bodenbedek-ker (→ CAESAR, Kap. 14), die Körner sind ein gutes Hühnerfutter (47).

Pontederiaceae: *Eichhornia crassipes* Solms, Wasserhyazinthe (→ Bd. 3, ALKÄMPER, S. 458 f.) (36, 46).

Urticaceae: *Boehmeria nivea* (L.) Gaudich. (→ REHM, Kap. 10.5) (47).

Literatur

1. BARRETT-LENNARD, E. G., MALCOLM, C. V., STERN, W. R., and WILKINS, S. M. (eds.) (1986): Forage and Fuel Production from Salt Affected Wasteland. Elsevier, Amsterdam.
2. BODGAN, A. V. (1977): Tropical Pasture and Fodder Plants (Grasses and Legumes). Longman, London.
3. BRAY, R. A., HUTTON, E. M., and BEATIE, W. M. (1984): Breeding *Leucaena* for low-mimosine: field evaluation of selections. Trop. Grasslands 18, 194–198.
3a. CARNAP, M. R. (1986): Pflanzenbauliche Untersuchungen an *Ornithopus compressus* und *O. sativus* im Hinblick auf Weideansaaten unter mediterranen Bedingungen. Göttinger Beitr. Land- und Forstwirtsch. Trop. und Subtrop., Heft 16.
4. CHADHOKAR, P. A., and KANTHARAJU, H. R. (1980): Effect of *Gliricidia maculata* on growth and breeding of Bannur ewes. Trop. Grasslands 14, 78–82.
5. COUNCIL OF SCIENTIFIC AND INDUSTRIAL RESEARCH (1948–76): The Wealth of India. Raw Materials. 11 vols. Publications Information Directorate. C.S.I.R., New Delhi.
6. CRANE, E. (1978): Bibliography of Tropical Agriculture No. 15. Bee Forage in the Tropics. International Bee Research Association, London.
7. DUKE, J. A. (1981): Handbook of Legumes of World Economic Importance. Plenum Press, New York.
8. FELKER, P. (1979): Mesquite, an all-purpose leguminous arid land tree. In: RITCHIE, G. A. (ed.): New Agricultural Crops, 89–132. Amer. Ass. Adv. Sci., Washington, D.C.
9. GÄRTNER, G., KOCHENDÖRFER, G., und KOLBUSCH, P. (1982): Nutzungsmöglichkeiten ausgewählter Trockenzonenpflanzen in Entwicklungsländern. Forschungsber. BMZ, Bd. 27. Weltforum, München.
10. GASPARY, U., KOLBUSCH, P., ROOS, W., und SEIFERT, H. S. H. (1982): Verwertung von rohfaserreichen Futterpflanzen und agroindustriellen Abfallprodukten für die Tierernährung in den Tropen. Forschungsber. BMZ, Bd. 28. Weltforum, München.
11. GLADSTONES, J. S. (1984): Present Situation and Potential of Mediterranean/African Lupins for Crop Production. Proc. 3rd Intern. Lupine Congress. Le Ministre de l'Agriculture, Paris.
12. GLANZE, P., und WENIGER, E. (1981): Zur Nutzung von Opuntien als Futtermittel. Beitr. trop. Landw. Veterinärmed. 19, 157–172.
13. GÖHL, B. (1981): Tropical Feeds. 2nd ed. FAO, Rom.
14. GOODIN, J. R. (1979): *Atriplex* as a forage crop for arid lands. In: RITCHIE, G. A. (ed.): New Agricultural Crops, 133–148. Amer. Ass. Adv. Sci., Washington, D.C.
15. GROSS, R., and BUNTING, E. S. (1982): Agricultural and nutritional aspects of lupines. Proc. 1st Intern. Lupine Workshop, 1982. Schriftenreihe GTZ Nr. 125. GTZ, Eschborn.
16. HABIT, M. A. (1981): *Prosopis tamarugo:* arbuste fourragère pour zones arides. FAO, Rom.
17. HANSON, C. H. (ed.) (1972): Alfalfa – Science and Technology. Agronomy Series Nr. 15. Amer. Soc. Agron. Madison, Wisconsin.
18. HAVARD-DUCLOS, B. (1967): Les Plantes Fourragères Tropicales. Maisonneuve et Larose, Paris.
19. HEATH, M. E., METCALFE, D. S., and BARNES, R. F. (1973): Forages, 3rd ed. Iowa State University Press, Ames, Iowa.
20. HILL, G. D. (1971): *Leucaena leucocephala* for pastures in the tropics. Herbage Abstr. 4, 111–119.
21. HILLS, L. D. (1975): Comfrey Report. Henry Boubleday Research Association. Essex, England.
22. HUMPHREYS, L. R. (1978): Tropical Pastures and Fodder Crops. Longman, London.
23. JARITZ, G. (1982): Amélioration des Herbages et Cultures Fourragères dans le Nord-Ouest de la Tunisie: Étude Particulière des Prairies de Trèfles-Graminées avec *Trifolium subterraneum*. Schriftenreihe GTZ Nr. 119. GTZ, Eschborn.
24. JONES, C. A. (1979): The potential of *Andropogon gayanus* Kunth in the oxisol and ultisol savannas of tropical America. Herbage Abstr. 49, 1–6.
25. JONES, R. J. (1979): The value of *Leucaena leucocephala* as a food for ruminants in the tropics. World Animal Review 31, 13–23.
26. JONES, R. M., TOTHILL, J. C., and JONES, R. J. (1984): Pastures and Pasture Management in the Tropics and Subtropics. Occasional Publication No. 1. Tropical Grassland Society of Australia. Deutsche Fassung in HORST, P. (Hrsg.): Handbuch der Landwirtschaft und Ernährung in den Entwicklungsländern, Bd. 5. Erscheint voraussichtlich 1990. Ulmer, Stuttgart.
27. KELLER-GREIN, G. (1984): Untersuchungen über die Eignung von Herkünften wenig bekannter Leguminosenarten als Weidepflanzen für südamerikanische Savannengebiete. Göttinger Beitr. Land- und Forstwirt. Trop. Subtrop., Heft 5.
28. KNIGHT, W. E., HAGEDORN, C., WATSON, V. H., and FRIESNER, D. L. (1982): Subterranean clover in the United States. Adv. Agron. 35, 165–191.

29. KOCK, G. C. DE, and AUCAMP, J. D. (1970): Spineless Cactus. The Farmers Provision against Drought. Leaflet No. 37. Department of Agricultural Technical Services, Pretoria.

30. LEGEL, S. (1984): Futterwerttabellen tropischer Futtermittel. VEB Deutscher Landwirtschaftsverlag, Berlin.

31. LE HOUEROU, H. N. (ed.) (1980): Browse in Africa. The Current State of Knowledge. ILCA, Addis Abeba.

32. MILLER, D. A. (1984): Forage Crops. McGraw-Hill, New York.

33. NAIR, P. K. R., FERNANDES, E. C. M., and WAMBUGU, P. N. (1984): Multipurpose leguminous trees and shrubs for agroforestry. Agrofor. Systems 2, 145–163.

34. NARAYANAN, T. R., and DABADGHAO, P. M. (1972): Forage Crops of India. Indian Council Agric. Res., New Delhi.

35. NATIONAL ACADEMY OF SCIENCES (1975): Underexploited Tropical Plants with Promising Economic Value. Nat. Acad. Sci., Washington, D.C.

36. NATIONAL ACADEMY OF SCIENCES (1976): Making Aquatic Weeds Useful. Nat. Acad. Sci., Washington, D.C.

37. NATIONAL ACADEMY OF SCIENCES (1979): Tropical Legumes: Resources for the Future. Nat. Acad. Sci., Washington, D.C.

38. NATIONAL ACADEMY OF SCIENCES (1980, 1983): Fire Wood Crops. Vol. 1 and 2. Nat. Acad. Sci., Washington, D.C.

39. NATIONAL ACADEMY OF SCIENCES (1981): Food, Fuel and Fertilizers from Organic Wastes. Nat. Acad. Sci., Washington, D.C.

40. NATIONAL ACADEMY OF SCIENCES (1983): *Calliandra:* A Versatile Small Tree for the Humid Tropics. Nat. Acad. Press, Washington, D.C.

41. NATIONAL ACADEMY OF SCIENCES (1983): Amaranth: Modern Prospects for an Ancient Crop. Nat. Acad. Sci., Washington, D.C.

42. NATIONAL ACADEMY OF SCIENCES (1984): *Leucaena:* Promising Forage and Tree Crop for the Tropics. 2nd ed. Nat. Acad. Press, Washington, D.C.

43. OWEN, F. G., and MOLINE, W. J. (1970): Sorghum for Forage. In: WALL, J. S., and ROSS, W. M. (eds.): Sorghum Production and Utilization, 382–416. AVI Publ., Westport, Connecticut.

44. PÄTZOLD, H. (1978): Grasland und Feldfutterbau. In: FRANKE, G. (Hrsg.): Nutzpflanzen der Tropen und Subtropen, Bd. 3. Hirzel, Leipzig.

45. PARDO, E. M., y GARCIA, C. R. (1984): Praderas y Forrajes. Mundi-Prensa, Madrid.

46. PHILIPP, O., KOCH, W., and KÖSER, H. (1983): Utilization and Control of Water Hyacinth in Sudan. GTZ-Schriftenreihe Nr. 122. GTZ, Eschborn.

47. REHM, S., und ESPIG, G. (1984): Die Kulturpflanzen der Tropen und Subtropen. 2. Aufl. Ulmer, Stuttgart.

48. REPUBLIQUE POPULAIRE DU BENIN (1984): Inventaire des Fourrages Courants. Direction des Études et de la Planification. Cotonou, Benin.

49. SCHULTZE-KRAFT, R. (1986): Natural distribution and germplasm collection of the tropical pasture legume *Centrosema macrocarpum* Benth. Angew. Bot. 60, 407–419.

50. SIMPSON, A. D. F. (1983): Utilization of *Vicia faba* L. In: HEBBLETHWAITE, P. D. (ed.) (1983): The Faba Bean (*Vicia faba* L.). Butterworths, London.

51. SKERMAN, P. J. (1977): Tropical Forage Legumes. FAO, Rom.

52. SMITH, O. B., and VAN HOUTERT, M. F. J. (1987): The feeding value of *Gliricidia sepium*. A review. World Animal Rev. No. 63, 57–68.

53. STACE, H. M., and EDYE, L. A. (eds.) (1984): The Biology and Agronomy of *Stylosanthes*. Proc. Intern. Symposium, Townsville Nov. 1982. Academy Press, London.

53a. STEPPLER, H. A., and NAIR, P. K. R. (eds.) (1987): Agroforestry, A Decade of Development. ICRAF, Nairobi, Kenya.

54. TER MEULEN, U., and EL-HARITH, E. A. (1985): Mimosine – a factor limiting the use of *Leucaena leucocephala* as animal feed. Tropenlandwirt 86, 109–127.

55. VILLAX, E. J. (1963): La Culture des Plantes Fourragères dans la Région Meditérrانéene Occidentale. Inst. Nat. Res. Agron., Rabat.

56. WESTPHAL, A. (Hrsg.) (1984): Landwirtschaftliche Nutzung von Kakteen und ihre Problematik. Gießener Beitr. Entwicklungsforsch., Reihe I, Bd. 11. Tropeninstitut Gießen.

14   Hilfspflanzen

Knud Caesar

Einführung

Als Hilfspflanzen werden in Land- und Forstwirtschaft solche Nutzpflanzen verstanden, die nicht zur Gewinnung von Produkten angebaut werden, sondern Gedeihen und Ertrag anderer Pflanzen fördern. Solche Wirkungen können erzielt werden durch:

1. Bodenbedeckung und Einarbeiten des Pflanzenmaterials in den Boden als Gründüngung zur Bodenverbesserung;
2. Windschutz und Einzäunung; und
3. Schattengebung.

Jede Art von *Bedeckung* schützt den Boden vor unmittelbarer Einwirkung der Witterungsfaktoren, die durch starke Sonneneinstrahlung eine Austrocknung und Erhitzung, durch Windeinfluß ein Verwehen der Feinbestandteile und durch Regenfall ein Verschlämmen oder Abspülen des Bodens bewirken können (→ Bd. 3, PRINZ, S. 115 ff.). Darüber hinaus wird Unkrautwuchs unterdrückt. Weiterhin üben die Wurzeln und die in den Boden eingearbeiteten oberirdischen Teile der Pflanzen durch Zuführen organischer Masse einen günstigen Einfluß auf die Bodenstruktur und den Humusgehalt aus (7, 15).

Unter Bodenverbesserung ist also einmal die mittelbare Schutzwirkung durch Pflanzen zu verstehen, zum anderen die unmittelbare Zuführung von organischen Bestandteilen, die die Bodenqualität günstig beeinflussen (Gründüngungspflanzen und solche mit viel Wurzelmasse). Beim Anbau sind diese beiden Wirkungen der Pflanzen nicht zu trennen. Indes kann die einzelne Pflanzenart mehr dem einen oder dem anderen Zweck dienen (4, 8).

Die Aussaat erfolgt entweder in Reihen zwischen mehrjährigen Kulturen oder auch breitwürfig als alleinige Kulturart innerhalb einer Fruchtfolge. Hartschalige Samen müssen oft durch Vorquellen in heißem Wasser, mit Hilfe von Chemikalien oder durch maschinelles Ritzen vorbehandelt werden, um einen gleichmäßigen Aufgang zu erreichen. Falls Gründüngungs- und bodenbedeckende Pflanzen mit Mineraldünger versorgt werden, bildet sich wesentlich mehr organische Masse, und der Vorrat an Nährstoffen im Boden wird langsamer erschöpft.

Die meisten der zur Bodenverbesserung angebauten Pflanzen gehören der Familie der Leguminosen an. Sie bieten den Vorteil, daß der durch die Knöllchenbakterien gebundene Stickstoff für andere Pflanzen verfügbar wird. Die Anzahl der aus dieser Familie geeigneten Arten ist so groß, daß hier nur eine Auswahl beschrieben werden kann.

Als *Windschutz* angebaute Pflanzen sollen die Kulturen vor der unmittelbaren Einwirkung der mit hoher Geschwindigkeit angreifenden Luft schützen, die in erster Linie zu mechanischen Schäden führt (3). Gerade in warmen Klimaten ist aber auch die Steigerung der Transpiration durch starke Luftbewegung nicht zu unterschätzen, die zu Welkeerscheinungen und in deren Folge zu Substanzverlusten führen kann. Windschutzanlagen sollen ca. 30 bis 40 % Durchlässigkeit gewährleisten, weil ein zu dichter Stand selbst bruchgefährdet ist und zu Luftwirbeln führt, welche die Schutzwirkung zunichte machen. Ihre Wirkung hängt von der Höhe der Pflanzen ab und hört in einer Entfernung vom 10- bis 25fachen der Höhe gänzlich auf (→ Bd. 3, PRINZ, S. 122 ff.).

Für den Windschutz werden schnellwachsende Bäume mit tiefer Bewurzelung gewählt, die möglichst den Wasservorrat tieferer Bodenschichten beanspruchen als sie der zu schützenden Kultur zugänglich sind. Windschutzpflanzen können gleichzeitig Brennholz liefern und auch der Einzäunung, also dem mechanischen Schutz von Kulturanlagen, dienen. Zäune aus lebenden Pflanzen müssen nicht besonders hoch sein, so daß sich auch buschartige Gewächse dafür eignen. In vielen Fällen liefern sie zusätzlich Grünfutter und werden oftmals speziell für diese Doppelnutzung ausgewählt. Auch dazu eignen sich viele Leguminosen besonders gut (→ ESPIG, Kap. 13).

Die Wirkung von *Beschattung* ist generell umstritten. Zwar gibt es Kulturen wie Kakao, bei denen eine positive Wirkung von Schatten nachgewiesen ist; bei anderen Kulturpflanzen wie Kaffee und Tee hängt dies sehr von den örtlichen Gegebenheiten ab. Oft werden Beschattung und Windschutz als zusammengehörende Aufgabe entsprechender Anpflanzungen genannt, ohne daß die einzelne Wirkung zu analysieren wäre. Wenn sich die Schatten- und Windschutzbäume im Teeanbau Ostafrikas als ertraghemmend erwiesen, so hat ihre Beseitigung im Monsunklima Sri Lankas schwere Ertragseinbußen zur Folge gehabt. Ob Beschattung die Qualität von Inhaltsstoffen, z. B. bei Tee, verbessern kann, ist bisher nicht nachgewiesen, wird aber von vielen Teepflanzern behauptet. Untersuchungen über Schattenwirkungen sind außerordentlich langwierig und ihre Ergebnisse schwer duplizierbar. Dennoch wird in manchen Gegenden und zu manchen Kulturpflanzen ihr Anbau gefordert. Dabei brauchen die Bäume nicht höher als 5 bis 8 m zu sein. Je nach gewünschtem Beschattungsgrad werden sie in unterschiedlichem Abstand angebaut oder ein- bis zweimal im Jahr geschneitelt. Das geschnittene Laub bleibt als Dünger in der Pflanzung oder wird als Viehfutter gebraucht (15).

Leguminosen

Hier werden hauptsächlich die Arten angeführt, die nicht auch als Futterpflanzen vielerorts genutzt werden; diese sind im vorausgehenden Kapitel (→ ESPIG) behandelt. Doch schließt diese Trennung nicht aus, daß nicht auch manche der hier genannten Arten als Viehfutter dienen können; das sind alle die Arten, die nicht durch giftige oder schlechtschmeckende Inhaltsstoffe bzw. durch die Struktur ihrer Organe, z. B. rauhe Behaarung, für die Tiere ungenießbar sind.

Krautige und niedrige strauchige Arten

Calopogonium mucunoides Desv. (Abb. 303) ist eine kletternde oder kriechende, einjährige Pflanze, die fast ausschließlich zum Zweck der Gründüngung und Bodenerhaltung angebaut wird und in allen tropischen Zonen verbreitet ist. Sie gedeiht auf allen Böden, hält längere Überflutung und Staunässe aus, ist jedoch empfindlich gegenüber starker Beschattung. Da sie bereits innerhalb von fünf Monaten den Boden dicht bedeckt, nach sieben bis acht Monaten

Abb. 303. *Calopogonium mucunoides*. (Nach 13)

reife und keimfähige Samen entwickelt, die nach dem Ausfallen z. T. sofort keimen und im Schutze der alten Pflanzen einen neuen Bestand bilden, eignet sie sich besonders zum Anbau in jungen Palmen- und Heveaanlagen (2, 13). Selbst kurze Trockenzeiten kann *C. mucunoides* gut überstehen. Zuweilen wird sie im Gemisch mit *Centrosema* oder *Pueraria* angebaut. Die Angaben über benötigte Saatgutmengen schwanken zwischen 3 und 15 kg/ha, da der Anteil an hartschaligen und damit langsam keimenden Samen je nach Sorte und Herkunft unterschiedlich groß ist. Sie wird auch als Futterpflanze gebraucht, wird aber nicht gern gefressen.

Centrosema plumieri (Turp. ex Pers.) Benth. war die erste in indonesischen Plantagen als Bodenbedecker eingesetzte Art, wird aber kaum mehr benutzt, da *C. pubescens* i. a. wüchsiger ist. Sie ist eine schnellwachsende und wegen ihres tiefreichenden Wurzelsystems auch trockenheitstolerante Pflanze, die besonders für junge Kokosnuß- und Heveaanlagen empfohlen wird. Die Samenproduktion ist nur dann befrie-

Abb. 304. *Crotalaria juncea* als Gründüngungspflanze, blühender Bestand (Foto REHM).

digend, wenn die Pflanzen ranken. Der Bedarf an Saatgut beträgt 3 bis 8 kg/ha. Auch als Futterpflanze ist die Art wesentlich schlechter als *C. pubescens* (13).

Crotalaria (Abb. 304) ist mit etwa 500 Arten eine der umfangreichsten tropischen und subtropischen Leguminosengattungen. Wohl zwei Dutzend Arten haben eine wirtschaftliche Bedeutung, z. T. allerdings nur regional, überwiegend als bodenbedeckende und Gründüngungspflanzen (11).

Die wichtigste Art ist *C. juncea* (→ REHM, Kap. 10.5). Sie verträgt sehr hohe Temperaturen und eignet sich deshalb zur Gründüngung in Reisfeldern, für den Zuckerrohranbau sowie für Obst- und andere Plantagenkulturen. Da sie den Schnitt nicht verträgt, sollte sie voll ausgewachsen in den Boden eingearbeitet werden. Durch ihr schnelles Wachstum ist sie bei dichter Saat eine hervorragende Hilfe zur Bekämpfung perennierender Unkräuter. Im Kurztag kommt sie früh zur Blüte und liefert wenig Masse; in den Subtropen und Randtropen sollte die Aussaat daher erst im späten Frühjahr erfolgen. Um einen dichten Bestand zu erreichen, werden mindestens 50 kg Saatgut pro ha benötigt.

Von den anderen *C.*-Arten ist auf *C. spectabilis* Roth hinzuweisen, durch deren Anbau die Population einiger Nematodenarten im Boden verringert werden soll. Ferner ist zu erwähnen, daß einige *C.*-Arten trotz eines gewissen Gehaltes an toxischen Verbindungen außer zur Bodenverbesserung auch als Viehfutter angebaut werden (2, 14); die wichtigsten von diesen sind *C. anagyroides* H. B. K. (Syn. *C. micans* Link), *C. brevidens* Benth., *C. lanceolata* E. Mey., *C. ochroleuca* G. Don, *C. pallida* Ait. und *C. zanzi-*

barica Benth. Mit Ausnahme von *C. lanceolata* können alle diese Arten mehr als ein Jahr ausdauern.

Zahlreiche der etwa 450 beschriebenen *Desmodium*-Arten werden als Futter- und Weidepflanzen genutzt (9, 13) (→ ESPIG, Kap. 13); sie werden ebenso als Bodenbedecker und zur Gründüngung eingesetzt. Außer den schon beschriebenen Arten sind die folgenden besonders erwähnenswert: *D. adscendens* (Sw.) DC. ist für höhere Lagen und feuchte Standorte geeignet. In Südostasien und Afrika wird es zur Bodenbedeckung in Tee- und Kaffeeplantagen verwendet. Auf frisch gerodeten Flächen und entlang Gräben und Bächen wird es als Bodenbedecker und zur Unterdrückung von Unkraut angepflanzt. Gut schattenverträglich und daher in Baum- und Strauchplantagen sehr geeignet sind die ausdauernden Arten *D. gyroides* (Roxb. ex Link) DC. (Syn. *Codariocalyx gyroides* (Roxb. ex Link) Hassk.) und *D. salicifolium* (Poir.) DC. Durch Trockenresistenz ist *D. triflorum* (L.) DC. ausgezeichnet (9). Erwähnt sei noch, daß die Blätter einiger *D.*-Arten medizinische Verwendung finden bzw. lokal auch als Gemüse gegessen werden.

Indigofera umfaßt etwa 700 Arten, die in den Tropen und Subtropen aller Kontinente verbreitet sind. Die meisten Arten sind niedrige Sträucher. Am bekanntesten ist die Gattung als Quelle von Indigo (→ REHM, Kap. 12.3), wichtiger ist aber ihre Nutzung als Bodenverbesserer, daneben auch als Futterpflanzen, obwohl manche Arten wegen der Behaarung der Blätter vom Vieh nicht gern gefressen werden oder giftige Inhaltsstoffe besitzen. Einige Arten der Naturweiden werden jedoch vom Vieh gern gefressen, und die ein- bis zweijährigen Arten *I. cordifolia* Heyne ex Roth, *I. hirsuta* L. und *I. linnaei* Ali (Syn. *I. enneaphylla* L.) werden in einigen Ländern als Futterpflanzen gesät, besonders auf armen, sandigen Böden (1, 2, 9, 16).

I. hirsuta, creeping indigo oder hairy indigo, ist die bedeutendste Gründüngungspflanze der Gattung. An ihren rankenden Stengeln erzeugt sie sehr viel Blattmasse, doch werden die Blätter im Alter hart und dann nicht mehr gern gefressen. Als Erosionsschutz und zur Verbesserung sandiger Böden ist sie hervorragend geeignet. Reinsaaten werden mit etwa 15 kg/ha ausgesät. Der Bestand kann sich selbst erneuern, da die ausfallenden Samen rasch keimen.

I. spicata Forssk. (Syn. *I. endecaphylla* Poir.), trailing indigo, ist mehrjährig, kriechend und durch ihr kräftiges Wurzelsystem sehr trockentolerant. Sie hat in den Plantagenkulturen aller tropischen Gebiete bis über 1200 m NN hinaus weite Verbreitung gefunden, doch ist ihre Konkurrenzkraft gegen Unkraut nicht groß. Da die Samenproduktion schlecht ist, wird sie meist durch Verpflanzen von Stengelteilen vermehrt.

Als weitere Arten, die in bestimmten Gebieten zur Bodenverbesserung Verwendung finden, sind zu nennen: *I. arrecta* Hochst. ex A. Rich., *I. pilosa* Vahl ex Poir. und *I. tinctoria* L.

Mimosa ist eine Gattung mit 450 bis 500 Arten tropischer Bäume, Sträucher und krautiger Gewächse, die meist im tropischen und subtropischen Amerika heimisch sind. Nur wenige von ihnen haben eine landwirtschaftliche Bedeutung. *M. invisa* Mart. ist eine einjährige, windende Pflanze, die in Südostasien viel als Gründüngung und zur Bodenbedeckung angebaut wird. Ihre sehr dünnen, langen Stengel sind mit winzigen Stacheln besetzt, so daß sie als Futterpflanze ungeeignet ist. Neuerdings ist eine stachellose Form, var. *inermis* Adelb., bekannt geworden.

M. invisa wird mit 6 bis 8 kg/ha ausgesät und erhält sich durch das rasche Keimen ihrer ausfallenden Samen selbst. Da sie den Boden dicht bedeckt, kann sie Ungräser wie *Imperata cylindrica* (L.) Raeusch. gut unterdrücken. In Trockenzeiten stirbt sie schnell ab, und die trockene Pflanzenmasse bildet eine große Gefahr für die Ausbreitung von Bränden. Es ist besser, sie vor dem Vertrocknen in den Boden einzuarbeiten. Neuerdings soll festgestellt worden sein, daß sie für das die Schleimkrankheit hervorrufende Bakterium *Pseudomonas solanacearum* als Feindpflanze wirkt und die nach ihr angebauten Kulturarten weniger befallen werden.

M. pigra L. wurde zum Erosionsschutz in Nordthailand eingeführt, ist aber dort und in Malaysia zu einem gefährlichen Unkraut geworden. *M. pudica* L., die Sinnpflanze, ist überall in den Tropen als Unkraut an Wegrändern verbreitet, gilt aber als gute Futterpflanze in regenreichen Lagen auf Fiji und Hawaii.

Von der Gattung *Pueraria* wurde *P. phaseoloides* bei den Futterpflanzen besprochen; daneben ist sie einer der wichtigsten Bodenbedecker in tropischen Plantagenkulturen wie Hevea und

Abb. 305. *Pueraria phaseoloides* als Bodenbedecker in einer jungen Ölpalmenpflanzung im Amazonasgebiet (Foto Rehm).

Ölpalme (Abb. 305). Die Art *P. lobata* (Willd.) Ohwi, kudzu, ist eher subtropisch und hat ihre größte Bedeutung zur Bodenerhaltung und -verbesserung an erosionsgefährdeten oder bereits erodierten Stellen. Sie ist eine rankende, leicht verholzende Pflanze, die an Weinreben erinnert und ähnlich wie diese am besten in warmen Klimagebieten gedeiht, aber auch leichte Fröste überstehen kann. Da die Saatgutproduktion im allgemeinen gering ist, werden die „Kronen" verpflanzt. Dies sind verdickte Nodien, an denen sich Wurzeln und Sprosse bilden und die im Alter von ein bis zwei Jahren gepflanzt werden. Normalerweise geht die Jugendentwicklung langsam vor sich, und erst nach drei bis vier Jahren hat sich ein dichter Bestand gebildet, der dann lange Zeit aushält. Dann kann auch vorsichtig beweidet oder Heu geworben werden.

Zur Gattung *Sesbania* gehören etwa 50 Arten, von denen mehrere wichtige Gründüngungspflanzen und Bodenverbesserer sind. Auch die einjährigen Arten wachsen sehr schnell, bilden verholzte Stengel und erreichen Höhen von über 3 m. Die meisten Arten besitzen eine hohe Salzverträglichkeit, einige vertragen stauende Nässe und selbst dauernde Überflutung. Man sieht *S.*-Arten oft als Umgrenzung von Feldern angebaut, wo sie auch als Windschutz und Umzäunung dienen. Mehrere Arten liefern eine grobe Bastfaser, die lokal Verwendung findet, manche dienen als Futterpflanzen, und das Samenendosperm kann zur Gummigewinnung genutzt werden (→ Rehm, Kap. 12.1) (1, 2, 5, 9, 16).

S. cannabina (Retz.) Pers. (Syn. *S. aculeata* (Willd.) Pers., *S. bispinosa* (Jacq.) W. F. Wight), prickly sesban, daincha, kommt in mehreren Formen vor, die wohl am besten als zu einer Art gehörend behandelt werden; manche Autoren führen aber *S. bispinosa* als selbständige Art an. Sie ist in Indien heimisch und ist dort eine weit verbreitete Gündüngungspflanze. Alle Formen sind einjährig, verzweigen sich und bilden rasch eine unkrautunterdrückende Pflanzendecke. Da sie feuchte Standorte bevorzugen, können sie sogar zum Unkraut in Reisfeldern werden. Sie vertragen aber ebenso Trockenheit und gedeihen auf leicht versalzenen Böden.

S. exaltata (Raf.) Cory (Syn. *S. macrocarpa* Muhlenb. ex Raf.) findet sich vorwiegend in Nordamerika. Obwohl einjährig, wird sie bis 3 m hoch und verzweigt sich baumartig. Besonders geeignet ist sie für bewässerte Felder in subtropisch heißen Gebieten. Bei breitwürfiger Aussaat werden etwa 20 kg Saatgut pro ha benötigt.

S. rostrata Brem. et Oberm., eine afrikanische Art, hat in den letzten Jahren viel Aufmerksamkeit gefunden, da sie auch im stehenden Wasser gedeiht. Bemerkenswert ist, daß sie außer an den Wurzeln auch am Stengel über der Wasseroberfläche Rhizobienknöllchen bildet. Ihre N_2-Fixierung ist so gut, daß sie zur Produktion von 6 t Reis/ha ausreicht (5, 12).

S. speciosa Taub. wird besonders in Südindien als Gründüngungspflanze für Reisfelder empfohlen, wo sie in vier bis fünf Monaten zur Samenreife kommt. Auch diese Pflanze wird sehr hoch, sie ist außerdem trockenheits- und salzverträglich. Die Pflänzchen werden im Saatbeet angezogen und nach vier bis sechs Wochen im Abstand von ca. 15 cm verpflanzt.

Die Liste der Leguminosenarten, die als Gründüngungspflanzen, als Bodenschutz und zur Bodenverbesserung angebaut werden, ist notwendigerweise unvollständig. Besonders sei darauf hingewiesen, daß einige der als Nahrungs- und Futterpflanzen genannten Arten auch rein als Gründüngungspflanzen und zur Bodenverbesserung angebaut werden; dazu gehören z. B. *Lablab purpureus*, *Mucuna pruriens*, *Phaseolus lunatus* und mehrere *Vigna*-Arten.

Hohe Sträucher und Bäume

Die hier zusammengestellten Arten werden in erster Linie als Schattenspender und zum Windschutz gepflanzt. Durch N_2-Bindung und als „Nährstoffpumpe" (→ Bd. 3, Prinz, S. 134, 147, 152) dienen sie auch der Bodenverbesserung, besonders wenn sie geschneitelt werden und das Laub zur Bodenbedeckung und als Gründünger liegen bleibt. Bei vielen Arten ist eine Nebennutzung, mindestens als Brennholz, häufig als Futter, gegeben. Die Liste ist sehr unvollständig; weitere Beispiele finden sich in Bd. 3 (Prinz, S. 115 ff., Von Maydell, S. 169).

Albizia enthält etwa 100 bis 150 Arten von Sträuchern und Bäumen, die in den tropischen und subtropischen Gebieten aller Erdteile heimisch sind. Sie werden als Schattenbäume angebaut, doch lassen sie sich auch schneiden, so daß Zweige und Blätter als Gründüngung und als Futter genutzt werden können. Normalerweise lassen sie sich ohne Schwierigkeiten durch Samen vermehren, doch wird in der Praxis meist

Abb. 306. *Albizia falcataria*. (Nach 13)

die Stecklingsvermehrung der mühsamen Anzucht von Sämlingen vorgezogen.

A. chinensis (Osb.) Merr. (Syn. *A. stipulata*
Boiv.) dient neben ihrer Nutzung als Schattenbaum auch als Lieferant von Gründüngungsma-
terial. Er wird sowohl durch Samen als auch
durch Stecklinge vermehrt.

A. falcataria (L.) Fosb. (Syn. *A. falcata* (L.)
Backer, *A. moluccana* Miq.) (Abb. 306) hat als
Schattenbaum besondere Bedeutung in den
Plantagenwirtschaften Asiens, aber auch in Ostafrika. Der Baum wächst sehr schnell, wird bis
45 m hoch, gewöhnlich aber nicht älter als 20
Jahre. So dient er gleichzeitig als Lieferant für
Brennholz. Die kräftige Pfahlwurzel durchdringt
fast jede Art von Erdreich, so daß sich sogar
oberflächlich vernäßte Böden allmählich dränie-
ren lassen.

A. lebbek (L.) Benth. ist in den Tropen Asiens,
Afrikas und Lateinamerikas verbreitet. Sie ver-
trägt das Schneiden sehr gut und wird dadurch
zuweilen niedrig gehalten. Trockenzeiten ver-
mag sie gut zu überstehen. Auch können die
Samen als Konzentrate verfüttert werden.
Weitere Arten, die in verschiedenen Gebieten
unterschiedlich starke Bedeutung haben, sind *A.
carbonaria* Britt. in Mittelamerika, *A. montana*
(Jungh.) Benth. ex Miq. (Syn. *A. lophantha*
(Willd.) Benth.) in Malaysia, *A. odoratissima*
Benth. in Indien und *A. sumatrana* van Steenis in
Indonesien.

Cassia ist eine Gattung, die an die 600 Kräuter,
Strauch- und Baumarten umfaßt, von denen viele als Zierpflanzen, Bodenbedecker und Gründüngungspflanzen genutzt werden. Die Blätter

der meisten Arten sind für Tiere ungenießbar.
Im allgemeinen werden sie durch Samen vermehrt und vertragen das Schneiden der Äste gut.
Als Schattenbaum und Windschutz ist die pan-
tropische *C. siamea* Lam. die wichtigste Art; sie
ist sehr schnellwüchsig und verjüngt sich gut aus
Stockausschlag.

Erythrina umfaßt etwa 100 Arten, von denen
einige als Schattenbäume in Tee-, Kaffee- und
Kakaoplantagen weit verbreitet sind. Meist werden sie durch Stecklinge, und zwar 1 bis 2 m
lange bis armdicke Aststücke, zuweilen auch
durch Samen vermehrt. Als Schattenbäume werden besonders *E. fusca* Lour. (Syn. *E. glauca*
Willd.), *E. poeppigiana* (Walp.) O. F. Cook, *E.
subumbrans* (Hassk.) Merr. (Syn. *E. lithosper-
ma* Miq.), *E. mitis* Jacq. (Syn. *E. umbrosa* H. B.
K.) und *E. variegata* L. var. *orientalis* (L.) Merr.
(Syn. *E. indica* Lam.) gebraucht.

Unter den *Indigofera*-Arten (s. o.) ist *I.
zollingeriana* Miq. aus Indochina ein Baum, der
über 6 m Höhe erreicht und als Schattenbaum
für Tee, Kaffee oder Kakao Bedeutung erlangt
hat. Auch zur Regeneration des Bodens im Wanderfeldbau wird er eingesetzt (16).

Inga ist eine Gattung mit rund 200 Bäumen und
Sträuchern, die im tropischen Amerika beheimatet sind und von denen einige Arten besonders
als Schattenbäume für Kaffee geschätzt werden.
Bei den meisten Arten sind die Samen von einer
weißen, süßlichen Pulpe umgeben, die für Süßspeisen verwendet wird („ice-cream bean"). Die
Hülsen werden deswegen überall auf den lokalen Märkten angeboten. Diese Nutzung als
Obstbaum hat sicher zur weiten Verbreitung
einiger Arten geführt, wie *I. edulis* Mart. (Abb.
307), die von Mexiko bis Kolumbien und Brasilien zu finden ist. Als Schattenbaum für Kaffee
ist sie hervorragend geeignet, da der Baum eine
breite Krone entwickelt und die tiefreichenden
Wurzeln nicht in Konkurrenz zur Kulturpflanze
treten. Zur Anpflanzung werden die Sämlinge in
Anzuchtbeeten herangezogen (2). Ebenso sind *I.
laurina* (Sw.) Willd. und *I. spuria* Humb. et
Bonpl. ex Willd. im ganzen Gebiet anzutreffen,
während andere Arten nur lokal als Schattenbäume angebaut werden wie *I. feuillei* DC. in
Bolivien und Peru oder *I. rodrigueziana* Pitt. in
Südmexiko und Guatemala.

In der schon behandelten Gattung *Sesbania* ist der
Baum *S. sesban* (L.) Merr. (Syn. *S. aegyptiaca*
(Poir.) Pers.), common sesban, wichtig, der von

Abb. 307. *Inga edulis* als Schattenbaum für Kakao (Foto ESPIG).

Afrika über Südasien bis Australien vorkommt und als Windschutz, Heckenpflanze, Schattenspender und Bodenverbesserer genutzt wird. Er wächst schnell, erreicht eine Höhe von 6 m, ist salzverträglich und gedeiht auch in staunassen oder periodisch überschwemmten Böden. Seine Blätter können auch als Viehfutter dienen (1, 13).

Tephrosia enthält in der Hauptsache verholzende, aufrecht bis stark verzweigte Sträucher, deren Blätter rauh, z. T. behaart und wegen ihrer Giftigkeit (→ REHM, Kap. 12.5) selten zum Füttern geeignet sind. Einige Arten gehören zu den wichtigsten Gründüngungs- und bodenbedeckenden Pflanzen (1, 2).

T. candida DC. wird bis zu 4,5 m hoch, gedeiht auf fast allen Bodenarten und ist in den meisten Tropenzonen verbreitet. Da sie Schnitt gut verträgt und rasch wieder Blattmasse bildet, eignet sie sich besonders als Heckenpflanze, dabei auch zum Windschutz. Der Samenansatz ist reichlich, so daß die Vermehrung nicht schwierig ist.

T. purpurea (L.) Pers. ist ein aufrechter, bis 1 m hoch wachsender Busch, der besonders in Asien und Australien als Gründüngungspflanze z. B. in Heveapflanzungen angebaut wird.

T. vogelii Hook. f., die von alters her in Afrika als Lieferant von Fischgift kultiviert wird, ähnelt in der Wuchshöhe *T. candida* und wird ebenso wie diese als Gründüngungspflanze, Bodendecker und Windschutz angebaut. Sie darf nicht so häufig geschnitten werden wie *T. candida*.

Gräser

Fast alle Gräser können auch als Gründüngungs- und bodenbedeckende Pflanzen genutzt werden, doch steht bei ihnen der Anbau als Futterpflanzen ganz im Vordergrund (→ ESPIG, Kap. 13). Für beide Zwecke gleichermaßen wird ein großer Teil der Hirsearten (→ REHM, Kap. 1.1.7) verwendet. Nicht sonderlich gut als Futter geeignet, aber als tiefwurzelndes und schnell wachsendes Gras wird *Tripsacum fasciculatum* Trin. ex Aschers. (Syn. *T. laxum* Nash) in Sri Lanka nach dem Roden alter Teesträucher und vor der Wiederanpflanzung von Tee zur Bodenverbesserung besonders saurer Böden angebaut. Es bildet auch bis in Höhen von 2500 m NN einen dichten, bis 2 m hohen Bestand, vermehrt sich im Kurztag aber nicht durch Samen. Doch ist die Vermehrung durch Teilung des Wurzelstockes nicht schwierig. Als Windschutzhecken werden vielerorts hochwüchsige, hartstengelige Gräser benutzt, besonders *Saccharum spontaneum* (→ Husz, Kap. 2.1) und *Pennisetum purpureum* (→ Espig, Kap. 13).

Pflanzen anderer Familien

Neben einer Reihe von Wildpflanzen, die als Unkräuter vorkommen und nicht zu den Leguminosen oder Gräsern gehören, deren Vorhandensein aber zuweilen als willkommene Bodenbedeckung angesehen wird, gibt es kaum weitere Kulturpflanzen, die den Boden verbessern oder schützen. Der als Kulturpflanze in zeitweise warmen Gebieten und auf armen Böden bekannte Buchweizen *Fagopyrum esculentum* Moench (→ Achtnich, Kap. 1.1.8) hat sich durch seine einfache Vermehrungsmöglichkeit und kurze Vegetationszeit zur Überbrückung sehr kurzer Anbaupausen, in denen der Boden stark durch Erosion gefährdet ist, eingeführt. Bei nur 15 bis 20 kg/ha Saatgutverbrauch deckt er den Boden wenige Tage nach der Keimung, verträgt dann Wind und starke Niederschläge. Die reifenden Samen können geerntet und als Hühnerfutter oder zur menschlichen Ernährung genutzt werden. Wenn sie ausfallen, keimen sie rasch, und der Bestand erhält sich lange Zeit selbst. Durch einmaligen Schnitt vor der Samenreife ist er schnell zu beseitigen.

Als Windschutz werden in vielen Gebieten der Tropen und Subtropen verschiedene Arten von *Eucalyptus,* Myrtaceae, gum tree (blue gum, red gum u. a.) in Reihen angepflanzt. Dieser aus Australien stammende Baum wächst verhältnismäßig schnell, verzweigt sich gut und bildet viel Blattmasse. Läßt man ihn über 40 m hoch werden, wird er unten kahl, und die Windschutzwirkung ist dann gering. Er bildet ein tiefreichendes Wurzelsystem aus, so daß ihm nachgesagt wird, er trockne das Land aus. Wahrscheinlich wird in vielen Böden tatsächlich eine stärkere Wasserabführung in den Untergrund durch die Wurzelwirkung ermöglicht. Neben der Nutzung des Holzes werden in Indien die Blätter laufend gepflückt und daraus ätherische Öle destilliert. Da in diesem letzteren Fall die weitausladenden Seitenäste gekappt werden, ist bei dieser Nutzung ein Windschutz kaum mehr gegeben. Die Vermehrung aller Eukalyptus-Arten geschieht durch Samen, d. h. durch Anziehen von Jungpflanzen in Baumschulen und späteres Verpflanzen.

Zwei Baumarten, die häufig als Windschutz gepflanzt werden, verdienen besondere Erwähnung, da sie mit Actinomyceten *(Frankia)* Wurzelknöllchen bilden, die N_2 ähnlich gut binden wie die Rhizobien der Leguminosen (6). *Alnus jorullensis* H. B. K. (Syn. *A. acuminata* O. Kuntze), Betulaceae, stammt aus dem Bergland Mittel- und Südamerikas und wird zum Bodenschutz, zur Bodenverbesserung, als Schattenspender für Kaffee und Weideland oder als Windschutz gepflanzt (→ Bd. 3, Von Maydell, Abb. 58). *Casuarina equisetifolia* J. R. et G. Forst., Casuarinaceae, ist schnellwüchsig und salztolerant und seit langem in Küstennähe oder manchen Bewässerungsgebieten der beliebteste Windschutzbaum. Nicht nur seine ökologische Anpassung, sondern auch die Struktur seiner feinen, biegsamen Zweige machen ihn zum idealen Baum für diesen Zweck. Nähere Angaben über beide Arten finden sich u. a. in (10), wo auch weitere Baumarten, die als Hilfspflanzen in Frage kommen, hier aber nicht aufgezählt werden können, besprochen werden.

Literatur

1. Council of Scientific and Industrial Research (1948–1976): The Wealth of India. Raw Materials. 11 vols. Publications Information Directorate, C.S.I.R., New Delhi.
2. Duke, J. A. (1981): Handbook of Legumes of World Economic Importance. Plenum Press, New York.
3. Eimern, J. van, Karschon, R., Razumova, L. A., and Robertson, G. W. (1964): Windbreaks and Shelterbelts. Techn. Note No. 59, World Meteorol. Organization, Genf.
4. Evans, D. O., Yost, R. S., and Lundeen, G. W. (1983): A Selected and Annotated Bibliography of Tropical Green Manures and Legume Covers. Hawaii Inst. Trop. Agric. and Human Resources. Univ. of Hawaii, Honolulu.
5. Ghai, S. K., Rao, D. L. N., and Batra, L. (1985): Comparative study of the potential of sesbanias for green manuring. Trop. Agric. (Trinidad) 62, 52–56.
6. Graham, P. H., and Harris, S. C. (eds.) (1982): Biological Nitrogen Fixation Technology for Tropical Agriculture. Centro Intern. Agric. Trop., Cali, Kolumbien.
7. Lal, R., and Greenland, D. J. (1979): Soil Physical Properties and Crop Production in the Tropics. Academic Press, London.
8. Mirchandani, T. J., and Khan, A. R. (1957): Green Manuring. Indian Council Agric. Res., New Delhi.

9. NATIONAL ACADEMY OF SCIENCES (1979): Tropical Legumes: Resources for the Future. Nat. Acad. Sci., Washington, D.C.

10. NATIONAL ACADEMY OF SCIENCES (1980): Firewood Crops. Shrub and Tree Species for Energy Production. Nat. Acad. Sci., Washington, D.C.

11. POLHILL, R. M. (1982): *Crotalaria* in Africa and Madagaskar. Balkema, Rotterdam.

12. RINAUDO, G., DREYFUS, B., and DOMMERGUES, Y. (1982): *Sesbania rostrata* as a green manure for rice in West Africa. In: (6), 441–445.

13. SKERMAN, P. J. (1977): Tropical Forage Legumes. FAO Plant Production and Protection Series No. 2. FAO, Rom.

14. SMOLENSKI, S. J., KINGHORN, A. D., and BALANDRIN, M. F. (1981): Toxic constituents of legume forage plants. Econ. Bot. 35, 321–355.

15. WEBSTER, C. C., and WILSON, P. N. (1980): Agriculture in the Tropics. 2nd ed. Longman, London.

16. WHYTE, R. O., NILSSON-LEISSNER, G., and TRUMBLE, H. C. (1953): Legumes in Agriculture. FAO Agric. Studies No. 21. FAO, Rom.

Sachregister